河南省农业科学院植物保护研究所
河南省植物保护学会 主编

河 南 昆 虫 志

半翅目：异翅亚目

彩万志　崔建新　刘国卿　王景顺 等　著

河南省基础与前沿技术研究计划资助项目（No. 082300430370）
河南省重点实验室建设专项（112300413221）

科 学 出 版 社
北 京

内 容 简 介

本书是作者近 20 年来对河南省蝽类昆虫考查与研究的系统总结。本书分为总论和各论两大部分，总论部分简要介绍了河南省蝽类昆虫研究史，简述了半翅目的形态学、生物学及经济意义，并初步分析了河南省半翅目昆虫的区系与生物地理学特点。各论部分系统记述了河南省目前已知蝽类昆虫 6 次目 44 科 252 属 434 种，增加了 4 个河南省新记录科、2 个河南省新记录亚科、10 个河南省新记录属、27 个河南省新记录种、2 个中国新记录种。编制了河南省蝽类昆虫分属和分种检索表。书末附有参考文献、英文摘要、索引及部分种类的彩绘整体图。

本书可供有关科研机构、农业、林业及环保部门的科研人员及高等院校有关专业的师生使用与参考。

图书在版编目 (CIP) 数据

河南昆虫志. 半翅目：异翅亚目/彩万志等著. —北京：科学出版社，2017.3
ISBN 978-7-03-047330-1

（河南昆虫志）

Ⅰ. ①河… Ⅱ. ①彩… Ⅲ. ①昆虫志-河南省 ②半翅目-昆虫志-河南省 ③异翅亚目-昆虫志-河南省 Ⅳ. ①Q968.226.1

中国版本图书馆 CIP 数据核字(2016)第 026732 号

责任编辑：韩学哲 孙 青 /责任校对：郑金红 何艳萍
责任印制：肖 兴 /封面设计：刘新新

科 学 出 版 社 出版
北京东黄城根北街 16 号
邮政编码：100717
http://www.sciencep.com

中 国 科 学 院 印 刷 厂 印刷
科学出版社发行 各地新华书店经销

*

2017 年 3 月第 一 版　　　　开本：787×1092 1/16
2017 年 3 月第一次印刷　　　　印张：51 1/4 插页：16
字数：1 215 000

定价：350.00 元

INSECT FAUNA OF HENAN

Hemiptera: Heteroptera

By

Cai Wanzhi   Cui Jianxin   Liu Guoqing   Wang Jingshun   *et al.*

Science Press

Beijing, China

序　言

　　昆虫，这一自然界中最复杂的生物类群，不仅和农、林、牧业生产有直接的关系，而且还和人们身体健康、社会安定发展以及人类文化活动等有密切的联系，更在大自然能量循环及保持生态平衡中发挥至关重要的作用。

　　河南，作为中华民族和华夏文明的摇篮，也是最早和昆虫有密切接触的地方。追溯人类养蚕和养蜂的历史，均起源于中原地带。在数千年人类历史长河中，记载的蝗虫灾害也是触目惊心。但由于种种历史原因和社会原因，河南对近代、现代昆虫学的研究，特别是昆虫分类、分布、区系等基础研究一直比较薄弱，以致到20世纪前半叶，基本是一片空白。新中国成立后，党和政府对农业、林业生产、国民经济及科学研究非常重视，为了查清河南昆虫资源，在全省范围内先后多次开展了昆虫调查和普查工作，其中比较重要的有1960年河南自然区划中的昆虫普查；1977年植物检疫性病虫害普查；1979—1981年农业害虫天敌资源调查；1980—1982年森林病虫害调查以及粮食系统组织的储藏物昆虫调查、卫生系统组织的医学昆虫调查。所有这些工作，在一定深度和广度上掌握了全省昆虫的基本情况，解决了生产和生活上迫切需要解决的问题。何均、贺钟麟、苏寿祇、陈启宗、刘芹轩、杨有乾、葛凤翔、王万林、顾万钧、丁文山、屈孟卿、周亚君等老一辈昆虫学家为河南昆虫分类区系工作的建立和发展作出了历史性的贡献。

　　进入社会主义建设新时期，昆虫学研究和其他工作一样，取得了长足的进步。在老一辈科学家的指导下，一批年富力强的中青年昆虫学工作者迅速成长，相继对一些重要的昆虫类群进行了更为深入的研究，发表的新种和新记录不断增多，由历史形成的落后局面逐渐改变。比较出色的工作有《河南森林昆虫志》(杨有乾等)的出版，直翅类昆虫和蝶类的研究(王治国、牛瑶等)，跳小蜂的分类(时振亚等)，天牛的研究(周亚君，尹新明等)，蜘蛛种类的调查(毛景英等)，玉米螟种类的重新鉴定(姜仲雪)，金龟子的分类研究(司胜利等)，毛翅目新种的描述(薛银根)，蚊蝇区系的调查(李书建、陈浩利等)，《河南农业昆虫志》的出版(于思勤等)，《河南昆虫名录》(申效诚等)的编撰。到1993年，河南共记录昆虫(包括蜘蛛和螨类)3850种。1995年和1999年，河南省昆虫学会组织编写了《河南昆虫志　蝶类》和《河南昆虫志　鞘翅目(一)》，拉开了《河南昆虫志》出版的序幕。2007年，王治国先生的《河南直翅类昆虫志》和《河南蜻蜓志》出版了。

　　20世纪90年代初，申效诚、时振亚、司胜利、牛瑶等在河南省农业科学院植物保护研究所商议策划组织全省昆虫科学考察，并于1995年在全国昆虫分类区系会议上向全国专家发出邀请。在有关主管部门、学会、业务部门的通力合作下，从1996年开始到2008年共计进行昆虫科学考察13年30多次，参加考察的是全国66个单位的昆虫分类学界老、中、青三代科学家，省外专家355人次，省内专家139人次，考察地点涉及伏牛山区、大别山区、太行山区、桐柏山区、平原地区及湿地共33处，采集标本

35 余万号，经过鉴定，发现并描述昆虫新种 858 种，建立昆虫新属 17 个，发现中国新记录和河南新记录 4000 多种，发表论文 515 篇，其中 SCI 论文 30 篇，出版考察报告 6 卷。至此，河南昆虫种类达到 8637 种，是考察前的 2.2 倍，使河南由昆虫资源贫乏省份步入全国前列，伴随着科学考察，河南省昆虫分类专业队伍从无到有，并已初具规模。

回顾 10 余年的发展，我们永远铭记全国老一辈昆虫学家的热情支持和帮助。中国农业大学杨集昆教授，南开大学郑乐怡教授、任树芝教授，中国科学院动物研究所黄复生研究员、章有为研究员、史永善研究员，北京林业大学陈树椿教授等不顾高龄，冒着酷暑参加考察，周尧教授为《河南昆虫分类区系研究》撰写序言并赠送资料，张广学院士、宋大祥院士、郭予元院士从多方面给予热情支持与指导，尹文英院士、夏凯龄研究员、毕道英研究员、何俊华教授、归鸿教授、李法圣教授、杨莲芳教授和袁峰教授帮助鉴定标本。老一辈昆虫学家的高尚情操、敬业精神及治学态度是激励我们前进的宝贵精神财富。我们难以忘记黄大卫研究员、杨星科研究员、郑哲民教授、赵修复教授、李丽英研究员等业界巨擘通过各种方式表达的关怀、支持与鼓励，这是鞭策我们奋斗的巨大动力。我们永远牢记我国当代昆虫分类学家的鼎力支持和参与，李后魂教授、杨定教授、魏美才教授、盛茂领教授、朱明生教授、蔡平教授、彩万志教授、张雅林教授、王淑霞教授、花保祯教授、武春生研究员、薛大勇研究员、卜文俊教授、任国栋教授、任东教授、武三安教授、杨忠岐研究员、杜予州教授、林坚贞研究员、虞国跃研究员、陈学新教授、吴鸿教授、陈祥盛教授、杨明旭教授、傅荣恕教授、刘宪伟研究员、许再福教授、李强教授、霍科科教授等先后多次来河南山区进行考察。这些正当中年、精力充沛的科学家的刻苦顽强、一丝不苟的工作态度和献身科学、献身人民的高贵品德是我们的学习楷模。还有更多的副教授、讲师、博士生、硕士生参加考察，他们目前也已成为业界精英和学术骨干。此外，日本九州大学三枝丰平教授，斯洛文尼亚自然博物馆赛维思教授，丹麦哥本哈根大学卡绍特教授、彼得斯库教授，俄罗斯科学院远东分院科诺年科教授先后参加考察或鉴定标本。正是这些来自不同国家、不同省区、不同单位的科学家，用他们的智慧和辛勤劳动，构建起河南昆虫资源的大厦。

为了使丰硕的考察成果尽快转化为现实生产力，尽快为农业、林业生产，人类健康，环境保护服务，我们重新组织力量，继续进行《河南昆虫志》的编撰出版工作，特别对与生产关系密切的昆虫类群优先安排。

《河南昆虫志》的编撰出版是河南昆虫学事业的一项基本建设，自始至终得到有关主管部门的高度重视和关心，得到省内外高等院校、科研单位及生产部门的专家、学者的热心指导、热情支持和无私帮助，在此一并致以崇高的敬意和诚挚的感谢。

为了使丰硕的考察成果尽快转化为现实生产力，尽快为农业、林业生产，人类健康，环境保护服务，在前期昆虫考察的基础上，2008—2014 年申效诚研究员等组织全国分类学力量编著出版了《河南昆虫志·鳞翅目·螟蛾总科》、《河南昆虫志·膜翅目·姬蜂科》、《河南昆虫志·鳞翅目·刺蛾科 枯叶蛾科 舟蛾科 灯蛾科 毒蛾科 鹿蛾科》、《河南昆虫志·双翅目·舞虻总科》、《河南昆虫志·区系及分布》等 5 卷《河南昆虫志》

和 1 卷《河南蜘蛛志》。为河南省昆虫学科平台建设奠定了深厚而坚实的基础。

历史的车轮进入了"十三五"时期。为尽快培养青年一代，以申效诚研究员为代表的老一辈昆虫学家主动从主编岗位上退下来，组成新一届《河南昆虫志》编委会，继续进行《河南昆虫志》的编撰出版工作，本着成熟一卷出版一卷的原则，特别对与生产关系密切的昆虫类群优先安排。我们深感老一辈昆虫学家的殷殷期盼和厚望，也深感肩上的责任重大，一定要把《河南昆虫志》这个接力棒传好，这是时代赋予我们的责任与使命！

《河南昆虫志》的编撰出版是河南昆虫学事业的一项基本建设，自始自终得到有关主管部门的高度重视和关心，得到省内外高等院校、科研单位及生产部门的专家、学者的热心指导、热情支持和无私帮助，在此一并致以崇高的敬意和诚挚的感谢！

《河南昆虫志》编辑委员会

2016 年 5 月

前　言

　　蝽类昆虫是昆虫纲半翅目中的重要类群，也是我们日常生活中常见的一类昆虫，河南省民众俗称其为放屁虫、臭大姐等，它们在农林业生产、卫生防疫等方面有着重要的作用。本书的研编从标本采集、鉴定到写作、出版历时近 20 年，书中共记录了河南省目前已知蝽类昆虫 6 次目 44 科 252 属 434 种；作者涉及 10 余个单位，每个章节的分工标注在目录中。

　　在河南昆虫考察过程中，我们得到了河南省农业科学院申效诚研究员、马万杰研究员、鲁传涛研究员、任应党研究员等，河南省科学院生物研究所王治国研究员、张秀江研究员，河南农业大学闫凤鸣教授、原国辉教授、尹新明教授、蒋金炜教授等，河南师范大学牛瑶教授、杨新芳教授等，河南科技学院王运兵教授、陈锡岭教授、李卫海博士等，河南科技大学李定旭教授，河南省林业厅尚忠海先生，北京农学院张志勇教授等提供的大力支持和帮助。河南省蝽类的研究得到国家"973"计划项目（No. 2013CB127601）、科技部基础性工作专项（No. 2012FY111100）、国家杰出青年基金项目(No. 30825006)的资助，保证了研究工作的顺利进行。

　　在本书的编写过程中，得到中国农业大学杨集昆教授、李法圣教授、杨定教授等，西北农林科技大学周尧教授、袁锋教授、张雅林教授、花保祯教授等，南开大学郑乐怡教授、任树芝教授等，江西农业大学章士美教授和林毓鉴教授，内蒙古师范大学能乃扎布教授，中山大学陈振耀教授、华立中教授及梁铬球教授等，山西大学李长安教授，中国科学院动物研究所康乐院士、黄大卫研究员、杨星科研究员、乔格侠研究员、梁爱萍研究员等，中国农业科学院植物保护研究所吴孔明院士、雷仲仁研究员等，首都师范大学任东教授、姚云志教授，日本国立科学博物馆友国雅章博士，东京农业大学石川忠博士，英国自然历史博物馆Mick Webb先生，奥地利自然历史博物馆Ernst Heiss博士，俄罗斯科学院 Nikolai N. Vinokurov博士、I. M. Kerzhner博士，美国自然历史博物馆Randall T. Schuh博士，美国康尼迪克大学Carl W. Schaefer教授，美国史密森研究院Thomas J. Henry博士的帮助。马志华女士、牛鑫伟先生帮助绘图。在此作者对上述国内外同行的支持和帮助一并表示衷心的感谢。

　　河南省蝽类昆虫的生物学研究较少，书中关于生物学的知识，大部分来自有关经济昆虫志，在此方面还有很多基础研究有待开展。书中的检索表仅涉及目前在河南省记录的阶元，编写时参考了萧采瑜等（1977，1981）、Schuh 和 Slater (1995)、郑乐怡（1999）等的著作，谨此致谢。

　　尽管最近几年我们进行了比较系统的采集，但已知河南省异翅亚目多样性远未达到其应有的程度，如异翅亚目中最大的科盲蝽科本书仅收录 60 种，若能深入采集与研究，河南省盲蝽科昆虫应在 300 种以上；新近入侵种悬铃木方翅网蝽 *Corythucha ciliata* (Say) 等也未收录；因此，本书仅仅是我们研究工作的一个阶段性总结。但愿本书的出版能为后来的研究提供一个基础与平台，促进河南省蝽类昆虫多样性的研究。

　　本书所涉及的内容范围广泛，由于作者的水平有限，书中一定会存在一些缺点和不足之处，我们期待着大家的指教与建议。

彩万志

2016 年 6 月 20 日于北京

目　　录

序言

前言

总论 ……………………………………………… 彩万志　崔建新　白小冬 1

一、经济意义 …………………………………………………………………… 1

  (一) 有害方面 ………………………………………………………………… 1

    1. 对农业、林业的为害 ………………………………………………… 1

    2. 扰人传病 ……………………………………………………………… 2

    3. 对渔业的为害 ………………………………………………………… 3

  (二) 有益方面 ………………………………………………………………… 3

    1. 农业、林业、仓库及卫生害虫的重要天敌 ………………………… 3

    2. 食用昆虫 ……………………………………………………………… 3

    3. 药用昆虫 ……………………………………………………………… 3

二、研究简史 …………………………………………………………………… 4

三、形态特征 …………………………………………………………………… 5

  (一) 一般体形 ………………………………………………………………… 5

  (二) 头部 ……………………………………………………………………… 6

    1. 头部骨片 ……………………………………………………………… 7

    2. 口器 …………………………………………………………………… 8

    3. 触角 …………………………………………………………………… 8

    4. 复眼 …………………………………………………………………… 9

    5. 单眼 …………………………………………………………………… 9

  (三) 胸部 ……………………………………………………………………… 10

    1. 胸部的外骨骼 ………………………………………………………… 10

    2. 翅 ……………………………………………………………………… 12

    3. 足 ……………………………………………………………………… 15

  (四) 腹部 ……………………………………………………………………… 18

    1. 腹节的构造 …………………………………………………………… 18

    2. 雄性外生殖器 ………………………………………………………… 18

    3. 雌性外生殖器 ………………………………………………………… 20

    4. 雌性内部生殖器官 …………………………………………………… 20

四、分类与系统发育 …………………………………………………………… 20

  (一) 亚目名沿革 ……………………………………………………………… 20

  (二) 高级阶元的分类 ………………………………………………………… 21

    1. 总科级以上的分类 ···························· 21

    2. 总科级的分类 ······························ 23

    3. 科级分类 ·································· 23

  （三）高级阶元的系统发育 ·························· 24

 五、河南省异翅亚目昆虫的地理分布 ····················· 24

  （一）河南省昆虫区系研究的重要性 ···················· 24

  （二）河南省自然地理生态环境简介 ···················· 25

  （三）区系性质 ······························· 26

   1. 河南省异翅亚目昆虫的组成 ····················· 26

   2. 区系成分分析 ···························· 28

   3. 东洋、古北两界在河南省的分界 ··················· 28

各论 ·· 30

 I 奇蝽次目 Enicocephalomorpha ············ 崔建新 彩万志 30

  一、奇蝽科 Enicocephalidae ······················ 30

   （一）沟背奇蝽属 *Oncylocotis* Stål, 1855 ·············· 30

    1. 褐沟背奇蝽 *Oncylocotis shirozui* Miyamoto, 1965 ········ 31

 II 黾蝽次目 Gerromorpha ·············· 崔建新 曹亮明 32

  二、水蝽科 Mesoveliidae ························ 32

   （二）原水蝽属 *Mesovelia* Mulsant et Rey, 1852 ········· 33

    2. 背条原水蝽 *Mesovelia vittigera* Horváth, 1859 ········· 33

  三、尺蝽科 Hydrometridae ······················ 34

   （三）原尺蝽属 *Hydrometra* Latreille, 1796 ··········· 34

    3. 白纹原尺蝽 *Hydrometra albllineata* (Scott, 1874) ······· 34

  四、黾蝽科 Gerridae ·························· 35

   （四）大黾蝽属 *Aquarius* Schellenberg, 1800 ·········· 35

    4. 长翅大黾蝽 *Aquarius elongatus* (Uhler, 1879) ········· 36

    5. 圆臀大黾蝽 *Aquarius paludum* (Fabricius, 1794) ········ 36

  五、宽蝽科 Veliidae ·························· 38

   （五）小宽蝽属 *Microvelia* Westwood, 1834 ··········· 38

    6. 小宽黾蝽 *Microvelia douglasi* Scott, 1874 ·········· 38

 III 蝎蝽次目 Nepomorpha ········· 刘国卿 崔建新 彩万志 39

  六、蝤蝽科 Ochteridae ························ 40

   （六）蝤蝽属 *Ochterus* Latreille, 1807 ············· 40

    7. 蝤蝽 *Ochterus marginatus* (Latreille, 1804) ········· 40

  七、负蝽科 Belostomatidae ······················ 40

   （七）负蝽属 *Diplonychus* Laporte, 1833 ············ 41

    8. 褐负蝽 *Diplonychus rusticus* (Fabricius, 1776) ········ 41

   （八）渤负蝽属 *Lethocerus* Mayr, 1809 ············· 43

9. 大渐负蝽 *Lethocerus* (*Lethocerus*) *deyrolli* (Vuillefroy, 1864) ················· 43

八、蝎蝽科 Nepidae ················· 45

(九) 壮蝎蝽属 *Laccotrephes* Stål, 1866 ················· 45

10. 日本壮蝎蝽 *Laccotrephes japonensis* Scott, 1874 ················· 46

(十) 螳蝎蝽属 *Ranatra* Fabricius, 1790 ················· 47

11. 中华螳蝎蝽 *Ranatra chinensis* Mayr, 1865 ················· 48

12. 一色螳蝎蝽 *Ranatra unicolor* Scott, 1874 ················· 50

九、划蝽科 Corixidae ················· 52

(十一) 小划蝽属 *Micronecta* Kirkaldy, 1897 ················· 52

13. 萨棘小划蝽 *Micronecta sahlbergii* (Jakovlev, 1881) ················· 52

(十二) 烁划蝽属 *Sigara* Fabricius, 1775 ················· 53

14. 钟迁烁划蝽 *Sigara bellula* (Horváth, 1897) ················· 53

15. 横纹烁划蝽 *Sigara substriata* (Uhler, 1897) ················· 53

十、仰蝽科 Notonectidae ················· 54

(十三) 小仰蝽属 *Anisops* Spinola, 1837 ················· 55

16. 普小仰蝽 *Anisops ogasawarensis* Matsumura, 1915 ················· 55

(十四) 粗仰蝽属 *Enithares* Spinola, 1837 ················· 56

17. 华粗仰蝽 *Enithares sinica* (Stål, 1854) ················· 56

(十五) 大仰蝽属 *Notonecta* Linnaeus, 1758 ················· 57

18. 中华大仰蝽 *Notonecta chinensis* Fallou, 1887 ················· 57

19. 碎斑大仰蝽 *Notonecta montandoni* Kirkaldy, 1897 ················· 58

十一、固蝽科 Pleidae ················· 58

(十六) 邻固蝽属 *Paraplea* Esaki et China, 1928 ················· 58

20. 毛邻固蝽 *Paraplea indistinguenda* (Matsumura, 1905) ················· 59

IV 细蝽次目 Leptopodomorpha ················· 白晓拴　崔建新 60

十二、跳蝽科 Saldidae ················· 60

(十七) 跳蝽属 *Saldula* van Duzee, 1914 ················· 60

21. 泽跳蝽 *Saldula palustris* (Douglas, 1874) ················· 60

22. 毛顶跳蝽 *Saldula pilosella* (Thomson, 1871) ················· 61

V 臭蝽次目 Cimicomorpha ················· 61

十三、猎蝽科 Reduviidae ················· 彩万志　赵　萍　曹亮明 62

(十八) 健猎蝽属 *Neozirta* Distant, 1919 ················· 64

23. 环足健猎蝽 *Neozirta eidmanni* (Taueber, 1930) ················· 64

(十九) 钳猎蝽属 *Labidocoris* Mayr, 1865 ················· 65

24. 亮钳猎蝽 *Labidocoris pectoralis* (Stål, 1963) ················· 66

(二十) 盾猎蝽属 *Ectrychotes* Burmeister, 1835 ················· 67

25. 黑盾猎蝽 *Ectrychotes andreae* (Thunberg, 1784) ················· 67

(二十一) 斯猎蝽属 *Scadra* Stål, 1859 ················· 69

26. 华斯猎蝽 *Scadra sinica* Shi et Cai, 1997 ················ 69

(二十二) 赤猎蝽属 *Haematoloecha* Stål, 1874 ················ 70

　27. 福建赤猎蝽 *Haematoloecha fokinensis* Distant, 1903 ················ 70

　28. 异赤猎蝽 *Haematoloecha limbata* Miller, 1954 ················ 70

　29. 黑红赤猎蝽 *Haematoloecha nigrorufa* (Stål, 1867) ················ 71

(二十三) 大蚊猎蝽属 *Myiophanes* Reuter, 1881 ················ 73

　30. 广大蚊猎蝽 *Myiophanes tipulina* Reuter, 1881 ················ 73

(二十四) 田猎蝽属 *Agriosphodrus* Stål, 1867 ················ 76

　31. 多氏田猎蝽 *Agriosphodrus dohrni* (Signoret, 1862) ················ 76

(二十五) 土猎蝽属 *Coranus* Curtis, 1833 ················ 78

　32. 大土猎蝽 *Coranus dilatatus* (Matsumura, 1913) ················ 79

　33. 中黑土猎蝽 *Coranus lativentris* Jakovlev, 1890 ················ 81

(二十六) 勺猎蝽属 *Cosmolestes* Stål, 1867 ················ 82

　34. 环勺猎蝽 *Cosmolestes annulipes* Distant, 1879 ················ 82

(二十七) 红猎蝽属 *Cydnocoris* Stål, 1867 ················ 83

　35. 艳红猎蝽 *Cydnocoris russatus* Stål, 1866 ················ 83

(二十八) 素猎蝽属 *Epidaus* Stål, 1859 ················ 84

　36. 瘤突素猎蝽 *Epidaus tuberosus* Yang, 1940 ················ 84

(二十九) 菱猎蝽属 *Isyndus* Stål, 1858 ················ 85

　37. 褐菱猎蝽 *Isyndus obscurus* (Dallas, 1850) ················ 85

(三十) 棘猎蝽属 *Polididus* Stål, 1858 ················ 87

　38. 棘猎蝽 *Polididus armatissimus* Stål, 1859 ················ 87

(三十一) 瑞猎蝽属 *Rhynocoris* Hahn, 1833 ················ 89

　39. 独环瑞猎蝽 *Rhynocoris altaicus* Kiritshenko, 1926 ················ 90

　40. 云斑瑞猎蝽 *Rhynocoris incertis* (Distant, 1903) ················ 92

　41. 红彩瑞猎蝽 *Rhynocoris fuscipes* (Fabricius, 1787) ················ 95

　42. 黄缘瑞猎蝽 *Rhynocoris marginellus* (Fabricius, 1803) ················ 98

(三十二) 轮刺猎蝽属 *Scipinia* Stål, 1861 ················ 101

　43. 轮刺猎蝽 *Scipinia horrida* (Stål, 1859) ················ 101

(三十三) 猛猎蝽属 *Sphedanolestes* Stål, 1867 ················ 104

　44. 红缘猛猎蝽 *Sphedanolestes gularis* Hsiao, 1979 ················ 105

　45. 环斑猛猎蝽 *Sphedanolestes impressicollis* (Stål, 1861) ················ 106

　46. 斑缘猛猎蝽 *Sphedanolestes subtilis* (Jakovlev, 1893) ················ 109

(三十四) 脂猎蝽属 *Velinus* Stål, 1866 ················ 111

　47. 黑脂猎蝽 *Velinus nodipes* (Uhler, 1860) ················ 111

(三十五) 裙猎蝽属 *Yolinus* Amyot et Serville, 1843 ················ 112

　48. 淡裙猎蝽 *Yolinus albopustulatus* China, 1940 ················ 113

(三十六) 盗猎蝽属 *Peirates* Serville, 1831 ················ 114

49. 黄纹盗猎蝽 *Peirates atromaculatus* (Stål, 1870)·····115
50. 日月盗猎蝽 *Peirates arcuatus* (Stål, 1870) ·····116
51. 茶褐盗猎蝽 *Peirates fulvescens* Lindberg, 1939 ·····117
52. 乌黑盗猎蝽 *Peirates turpis* Walker, 1873 ·····118
(三十七) 直头猎蝽属 *Sirthenea* Spinola, 1837 ·····118
53. 黄足直头猎蝽 *Sirthenea flavipes* (Stål, 1855) ·····119
(三十八) 螳瘤猎蝽属 *Cnizocoris* Handlirsch, 1897 ·····121
54. 华螳瘤猎蝽 *Cnizocoris sinensis* Kormilev, 1957 ·····121
(三十九) 荆猎蝽属 *Acanthaspis* Amyot et Serville, 1843 ·····123
55. 淡带荆猎蝽 *Acanthaspis cincticrus* Stål, 1859 ·····123
(四十) 猎蝽属 *Reduvius* Fabricius, 1775 ·····127
56. 黑腹猎蝽 *Reduvius fasciatus* Reuter, 1887 ·····127
57. 福氏猎蝽 *Reduvius froeschneri* Cai et Shen, 1997 ·····130
(四十一) 刺胫盲猎蝽属 *Gallobelgicus* Distant, 1906 ·····131
58. 原刺胫盲猎蝽 *Gallobelgicus typicus* Distant, 1906·····132
(四十二) 普猎蝽属 *Oncocephalus* Klug, 1830 ·····133
59. 双环普猎蝽 *Oncocephalus breviscutum* Reuter, 1882 ·····133
60. 四纹普猎蝽 *Oncocephalus lineosus* Distant, 1903 ·····136
61. 南普猎蝽 *Oncocephalus philippinus* Lethierry, 1981 ·····136
62. 盾普猎蝽 *Oncocephalus scutellaris* Reuter, 1881 ·····137
63. 短斑普猎蝽 *Oncocephalus simillimus* Reuter, 1888 ·····138
(四十三) 刺胸猎蝽属 *Pygolampis* Germar, 1817 ·····140
64. 双刺胸猎蝽 *Pygolampis bidentata* (Goeze, 1778) ·····140
65. 污刺胸猎蝽 *Pygolampis foeda* Stål, 1859 ·····142
(四十四) 舟猎蝽属 *Staccia* Stål, 1866 ·····144
66. 淡舟猎蝽 *Staccia diluta* Stål, 1859 ·····145
67. 广舟猎蝽 *Staccia laticollis* (Miller, 1940) ·····146
(四十五) 敏猎蝽属 *Thodelmus* Stål, 1859·····147
68. 敏猎蝽 *Thodelmus falleni* Stål, 1859 ·····147
(四十六) 锥绒猎蝽属 *Opistoplatys* Westwood, 1835 ·····149
69. 褐锥绒猎蝽 *Opistoplatys mustela* Miller, 1954·····149
(四十七) 绒猎蝽属 *Tribelocephala* Stål, 1854 ·····150
70. 瓦绒猎蝽 *Tribelocephala walkeri* China, 1940 ·····150
十四、盲蝽科 Miridae ·····齐宝瑛　刘国卿 151
(四十八) 蕨盲蝽属 *Bryocoris* Fallén, 1829 ·····153
71. 萧氏蕨盲蝽 *Bryocoris hsiaoi* Zheng et Liu, 1992·····153
72. 隆背蕨盲蝽 *Bryocoris biquadrangulifer* (Reuter, 1906) ·····153
(四十九) 烟盲蝽属 *Nesidiocoris* Kirkaldy, 1902 ·····154

73. 烟草盲蝽 *Nesidiocoris tenuis* (Reuter, 1895) ················154

(五十) 点盾盲蝽属 *Alloeotomus* Fieber, 1807 ················156

74. 突肩点盾盲蝽 *Alloeotomus humeralis* Zheng et Ma, 2004 ················157

(五十一) 齿爪盲蝽属 *Deraeocoris* Kirschbaum, 1856 ················157

75. 黑食蚜齿爪盲蝽 *Deraeocoris* (*Camptobrochis*) *punctulatus* (Fallén, 1807) ················158

(五十二) 军配盲蝽属 *Stethoconus* Flor, 1861 ················159

76. 日本军配盲蝽 *Stethoconus japonicus* Schumacher, 1917 ················159

77. 扑氏军配盲蝽 *Stethoconus pyri* (Mella, 1869) ················160

(五十三) 苜蓿盲蝽属 *Adelphocoris* Reuter, 1896 ················162

78. 苜蓿盲蝽 *Adelphocoris lineolatus* (Geoze, 1778) ················162

79. 三点苜蓿盲蝽 *Adelphocoris fasciaticollis* Reuter, 1903 ················164

80. 乌须苜蓿盲蝽 *Adelphocoris fuscicornis* Hsiao, 1962 ················167

81. 黑唇苜蓿盲蝽 *Adelphocoris nigritylus* Hsiao, 1962 ················168

82. 中黑苜蓿盲蝽 *Adelphocoris suturalis* (Jakovlev, 1882) ················169

83. 淡须苜蓿盲蝽 *Adelphocoris reicheli* (Fieber, 1836) ················170

(五十四) 后丽盲蝽属 *Apolygus* China, 1941 ················171

84. 皂荚后丽盲蝽 *Apolygus gleditsiicola* Lu et Zheng, 1997 ················172

85. 绿后丽盲蝽 *Apolygus lucorum* (Meyer-Dür, 1843) ················173

86. 斯氏后丽盲蝽 *Apolygus spinolae* (Meyer-Dür, 1841) ················174

87. 榆后丽盲蝽 *Apolygus ulmi* (Zheng et Wang, 1983) ················176

(五十五) 纹唇盲蝽属 *Charagochilus* Fieber, 1858 ················177

88. 狭领纹唇盲蝽 *Charagochilus angusticollis* Linnavuori, 1961 ················177

(五十六) 乌毛盲蝽属 *Cheilocapsus* Kirkaldy, 1902 ················178

89. 乌毛盲蝽 *Cheilocapsus thibetanus* (Reuter, 1903) ················178

90. 斑足乌毛盲蝽 *Cheilocapsus maculipes* Liu et Wang, 2001 ················179

91. 暗乌毛盲蝽 *Cheilocapsus nigrescens* Liu et Wang, 2001 ················180

(五十七) 光盲蝽属 *Chilocrates* Horváth, 1889 ················181

92. 多变光盲蝽 *Chilocrates patulus* (Walker, 1873) ················182

(五十八) 淡盲蝽属 *Creontiades* Distant, 1883 ················182

93. 花肢淡盲蝽 *Creontiades coloripes* Hsiao, 1963 ················183

(五十九) 拟厚盲蝽属 *Eurystylopsis* Poppius, 1911 ················183

94. 棒角拟厚盲蝽 *Eurystylopsis clavicornis* (Jakovlev, 1890) ················184

(六十) 厚盲蝽属 *Eurystylus* Stål, 1871 ················185

95. 淡缘厚盲蝽 *Eurystylus costalis* Stål, 1871 ················185

96. 眼斑厚盲蝽 *Eurystylus coelestialium* (Kirkalely, 1902) ················186

(六十一) 草盲蝽属 *Lygus* Hahn, 1833 ················188

97. 牧草盲蝽 *Lygus pratensis* (Linnaeus, 1758) ················188

98. 长毛草盲蝽 *Lygus rugulipennis* (Poppius, 1911) ················190

99. 斑草盲蝽 *Lygus punctatus* (Zetterstedt, 1838) ····················192

100. 东方草盲蝽 *Lygus orientis* Aglyamzyanov, 1994 ···············193

(六十二) 奥盲蝽属 *Orthops* Fieber, 1858 ································194

101. 东亚奥盲蝽 *Orthops* (*Orthops*) *udonis* (Matsumura, 1917) ·······194

(六十三) 植盲蝽属 *Phytocoris* Fallén, 1814 ·····························195

102. 长植盲蝽 *Phytocoris longipennis* Flor, 1861 ·····················195

(六十四) 异盲蝽属 *Polymerus* Hahn, 1831 ·····························197

103. 红楔异盲蝽 *Polymerus cognatus* (Fieber, 1858) ··················197

(六十五) 狭盲蝽属 *Stenodema* Laporte, 1832 ·························198

104. 山地狭盲蝽 *Stenodema* (*Stenodema*) *alpestris* Reuter, 1904 ·····199

(六十六) 纤盲蝽属 *Stenotus* Jakovlev, 1877 ·························200

105. 赤条纤盲蝽 *Stenotus rubrovittatus* (Matsumura, 1913)···········200

(六十七) 赤须盲蝽属 *Trigonotylus* Fieber, 1858 ·····················201

106. 条赤须盲蝽 *Trigonotylus coelestialium* (Kirkaldy, 1902) ·········201

(六十八) 胝突盲蝽属 *Cyllecoris* Hahn, 1834 ························203

107. 直缘胝突盲蝽 *Cyllecoris rectus* Liu et Zheng, 2000 ···········203

(六十九) 盔盲蝽属 *Cyrtorhinus* Fieber, 1858 ························204

108. 黑肩绿盔盲蝽 *Cyrtorhinus lividipennis* Reuter, 1885 ···········205

(七十) 跃盲蝽属 *Ectmetopterus* Reuter, 1906 ························206

109. 甘薯跃盲蝽 *Ectmetopterus micantulus* (Horváth, 1905)·········206

(七十一) 跳盲蝽属 *Halticus* Hahn, 1833 ·····························207

110. 微小跳盲蝽 *Halticus minutus* Reuter, 1885····················207

(七十二) 直头盲蝽属 *Orthocephalus* Fieber, 1858 ·················208

111. 直头盲蝽 *Orthocephalus funestus* Jakovlev, 1887 ·············208

(七十三) 合垫盲蝽属 *Orthotylus* Fieber, 1858 ·····················209

112. 杂毛合垫盲蝽 *Orthotylus* (*Melanotrichus*) *flavosparsus* (Sahlberg, 1842) ·····210

(七十四) 突额盲蝽属 *Pseudoloxops* Kirkaldy, 1905 ···············211

113. 紫斑突额盲蝽 *Pseudoloxops guttatus* Zou, 1987 ···············211

(七十五) 微刺盲蝽属 *Campylomma* Reuter, 1878 ···················213

114. 异须微刺盲蝽 *Campylomma diversicornis* Reuter, 1878 ·········213

115. 显角微刺盲蝽 *Campylomma verbasci* (Meyer-Dür, 1843) ········214

(七十六) 蓬盲蝽属 *Chlamydatus* Curtis, 1833 ·····················215

116. 黑蓬盲蝽 *Chlamydatus pullus* (Reuter, 1870) ·················215

(七十七) 欧盲蝽属 *Europiella* Reuter, 1909 ························216

117. 小欧盲蝽 *Europiella artemisiae* (Becker, 1864) ···············217

(七十八) 吸血盲蝽属 *Pherolepis* Kulik, 1968 ······················218

118. 鳞毛吸血盲蝽 *Pherolepis aenescens* (Reuter, 1901) ············219

119. 长毛吸血盲蝽 *Pherolepis longipilus* Zhang et Liu, 2009·········220

(七十九) 亮足盲蝽属 *Phylus* Hahn, 1831 ···220
　　120. 米氏亮足盲蝽 *Phylus miyamotoi* Yasunaga, 1999 ·············221
(八十) 束盲蝽属 *Pilophorus* Hahn, 1826 ··222
　　121. 朝鲜束盲蝽 *Pilophorus koreanus* Josifov, 1977 ·············222
　　122. 黄束盲蝽 *Pilophorus aureus* Zou, 1983 ····························223
　　123. 长毛束盲蝽 *Pilophorus setulosus* Horváth, 1905 ·············224
　　124. 亮束盲蝽 *Pilophorus lucidus* Linnavuori, 1962 ··············225
(八十一) 斜唇盲蝽属 *Plagiognathus* Fieber, 1858 ························226
　　125. 远东斜唇盲蝽 *Plagiognathus collaris* (Matsumura, 1911) ·····226
　　126. 龙江斜唇盲蝽 *Plagiognathus amurensis* Reuter, 1883 ·······227
(八十二) 杂盲蝽属 *Psallus* Fieber, 1858 ··228
　　127. 苹果杂盲蝽 *Psallus mali* Zheng et Li, 1990 ··················229
　　128. 韩氏杂盲蝽 *Psallus hani* Zheng et Li, 1990 ··················229
　　129. 壮杂盲蝽 *Psallus fortis* Li et Liu, 2007 ·······················230
　　130. 河南杂盲蝽 *Psallus henanensis* Li et Liu, 2007 ·············230
十五、网蝽科 Tingidae ···齐宝瑛 231
(八十三) 负板网蝽属 *Cysteochila* Stål, 1873 ·······························233
　　131. 满负板网蝽 *Cysteochila ponda* Drake, 1937 ·················233
(八十四) 菱背网蝽属 *Eteoneus* Distant, 1903 ·······························234
　　132. 角菱背网蝽 *Eteoneus angulatus* Drake et Maa, 1953 ·······234
(八十五) 贝脊网蝽属 *Galeatus* Curtis, 1837 ·································235
　　133. 短贝脊网蝽 *Galeatus affinis* (Herrich-Schäffer, 1835) ·····235
(八十六) 柳网蝽属 *Metasalis* Lee, 1971 ·······································236
　　134. 杨柳网蝽 *Metasalis populi* (Takeya, 1932) ···················236
(八十七) 小板网蝽属 *Monosteira* Costa, 1863 ······························237
　　135. 小板网蝽 *Monosteira discoidalis* (Jakovlev,1883) ··········237
(八十八) 冠网蝽属 *Stephanitis* Stål, 1873 ····································238
　　136. 梨冠网蝽 *Stephanitis* (*Stephanitis*) *nashi* Esaki et Takeya, 1931 ·····239
　　137. 钩樟冠网蝽 *Stephanitis* (*Stephanitis*) *ambigua* Horváth, 1912 ·····240
(八十九) 菊网蝽属 *Tingis* Fabricius, 1803 ····································241
　　138. 卷刺菊网蝽 *Tingis buddlieae* Drake, 1930 ····················241
　　139. 卷毛裸菊网蝽 *Tingis crispata* (Herrich-Schäffer, 1838) ·····242
(九十) 角肩网蝽属 *Uhlerites* Drake,1927 ·····································243
　　140. 褐角肩网蝽 *Uhlerites debilis* (Uhler, 1896) ··················243
十六、姬蝽科 Nabidae ···王孟卿　彩万志 244
(九十一) 高姬蝽属 *Gorpis* Stål, 1859 ···245
　　141. 山高姬蝽 *Gorpis* (*Oronabis*) *brevilineatus* (Scott, 1874) ·····245
　　142. 角肩高姬蝽 *Gorpis* (*Gorpis*) *humeralis* (Distant, 1904) ······247

143. 日本高姬蝽 *Gorpis* (*Gorpis*) *japonicus* Kerzhner, 1968 ················248

（九十二）希姬蝽属 *Himacerus* Wolff, 1881 ··················250

144. 泛希姬蝽 *Himacerus* (*Himacerus*) *apterus* (Fabricius, 1798) ··················250

（九十三）姬蝽属 *Nabis* Lattreille, 1802 ··················252

145. 北姬蝽 *Nabis* (*Milu*) *reuteri* Jakovlev, 1876 ··················253

146. 波姬蝽 *Nabis* (*Milu*) *potanini* Bianchi, 1896 ··················255

147. 小翅姬蝽 *Nabis* (*Milu*) *apicalis* Matsumura, 1913 ··················256

148. 原姬蝽 *Nabis* (*Nabis*) *ferus* (Linnaeus, 1758) ··················258

149. 华姬蝽 *Nabis* (*Nabis*) *sinoferus* Hsiao, 1964 ··················259

150. 暗色姬蝽 *Nabis* (*Nabis*) *stenoferus* Hsiao, 1964 ··················261

151. 类原姬蝽亚洲亚种 *Nabis* (*Nabis*) *punctatus mimoferus* Hsiao, 1946 ··················263

（九十四）花姬蝽属 *Prostemma* Laporte, 1832 ··················265

152. 角带花姬蝽 *Prostemma hilgendorffi* Stein, 1878 ··················265

153. 黄翅花姬蝽 *Prostemma kiborti* Jakovlev, 1889 ··················267

（九十五）光姬蝽属 *Rhamphocoris* Kirkaldy, 1901 ··················268

154. 黑头光姬蝽 *Rhamphocoris hasegawai* (Ishihara, 1943) ··················269

十七、花蝽科 Anthocoridae··················卜文俊 270

（九十六）叉胸花蝽属 *Amphiareus* Distant, 1904 ··················271

155. 黑头叉胸花蝽 *Amphiareus obscuriceps* (Poppius, 1909) ··················271

（九十七）镰花蝽属 *Cardiastethus* Fieber, 1860 ··················273

156. 小镰花蝽 *Cardiastethus exiguus* Poppius, 1913 ··················273

（九十八）小花蝽属 *Orius* Wolff, 1811 ··················275

157. 东亚小花蝽 *Orius sauteri* (Poppius, 1909) ··················275

158. 微小花蝽 *Orius minutus* (Linnaeus, 1758) ··················276

（九十九）仓花蝽属 *Xylocoris* Dufour, 1831 ··················278

159. 日浦仓花蝽 *Xylocoris* (*Proxylocoirs*) *hiurai* Kerzhner et Elov, 1976 ··················278

十八、细角花蝽科 Lyctocoridae ··················卜文俊 279

（一〇〇）细角花蝽属 *Lyctocoris* Hahn, 1835 ··················280

160. 东方细角花蝽 *Lyctocoris beneficus* (Hiura, 1957) ··················280

十九、臭蝽科 Cimicidae··················崔建新 282

（一〇一）臭蝽属 *Cimex* Linnaeus, 1758 ··················282

161. 温带臭虫 *Cimex lectularius* Linnaeus, 1758 ··················282

VI　蝽次目 Pentatomomorpha ··················283

二十、扁蝽科 Aradidae··················白晓拴　彩万志 285

（一〇二）扁蝽属 *Aradus* Fabricius, 1803 ··················286

162. 皮扁蝽 *Aradus corticalis* (Linnaeus, 1758) ··················287

163. 文扁蝽 *Aradus hieroglyphicus* Sahberg, 1878 ··················288

164. 东洋扁蝽 *Aradus orientalis* Bergroth, 1885 ··················291

165. 刺扁蝽 *Aradus spinicollis* Jakovlev, 1880 ················· 292

166. 郑氏扁蝽 *Aradus zhengi* Heiss, 2001 ················· 294

(一〇三) 脊扁蝽属 *Neuroctenus* Fieber, 1860 ················· 295

167. 黑脊扁蝽 *Neuroctenus ater* (Jakovlev, 1878) ················· 296

168. 素须脊扁蝽 *Neuroctenus castaneus* (Jakolev, 1878) ················· 297

169. 栎脊扁蝽 *Neuroctenus quercicola* Nagashima et Shono, 2003 ················· 299

(一〇四) 副无脉扁蝽属 *Paraneurus* Jacobs, 1986 ················· 300

170. 日本无脉扁蝽 *Paraneurus nipponicus* (Kormilev et Heiss, 1976) ················· 300

二十一、跷蝽科 Berytidae ················· 孙 路 彩万志 302

(一〇五) 华椎跷蝽属 *Chinoneides* Studak, 1989 ················· 303

171. 庐山华椎跷蝽 *Chinoneides lushanicus* (Hsiao, 1974) ················· 303

(一〇六) 背跷蝽属 *Metacanthus* Costa, 1843 ················· 305

172. 娇背跷蝽 *Metacanthus pulchellus* (Dallas, 1852) ················· 305

(一〇七) 肩跷蝽属 *Metatropis* Fieber, 1859 ················· 307

173. 光肩跷蝽 *Metatropis brevirostris* Hsiao, 1974 ················· 307

174. 齿肩跷蝽 *Metatropis denticollis* Lindberg, 1934 ················· 308

175. 圆肩跷蝽 *Metatropis longirostris* Hsiao, 1974 ················· 310

(一〇八) 锤跷蝽属 *Yemma* Horváth, 1905 ················· 311

176. 锤胁跷蝽 *Yemma signatus* (Hsiao, 1974) ················· 311

(一〇九) 异跷蝽属 *Yemmatropis* Hsiao, 1977 ················· 314

177. 肩异跷蝽 *Yemmatropis dispar* (Hsiao, 1974) ················· 314

二十二、杆长蝽科 Blissidae ················· 崔建新 彩万志 316

(一一〇) 狭长蝽属 *Dimorphopterus* Stål, 1872 ················· 316

178. 高粱狭长蝽 *Dimorphopterus spinolae* (Signoret, 1857) ················· 317

179. 大狭长蝽 *Dimorphopterus pallipes* (Distant, 1883) ················· 319

(一一一) 巨股长蝽属 *Macropes* Motschulsky, 1859 ················· 319

180. 中华巨股长蝽 *Macropes harringtonae* Slater, Ashlock et Wilcox, 1969 ················· 320

(一一二) 后刺长蝽属 *Pirkimerus* Distant, 1904 ················· 321

181. 竹后刺长蝽 *Pirkimerus japonicus* (Hidaka, 1961) ················· 321

二十三、莎长蝽科 Cymidae ················· 崔建新 彩万志 323

(一一三) 蔺长蝽属 *Ninomimus* Lindberg, 1934 ················· 323

182. 黄足蔺长蝽 *Ninomimus flavipes* (Matsumura, 1913) ················· 323

二十四、大眼长蝽科 Geocoridae ················· 崔建新 彩万志 325

(一一四) 大眼长蝽属 *Geocoris* Fallén, 1814 ················· 325

183. 大眼长蝽 *Geocoris pallidipennis* (Costa, 1843) ················· 325

184. 宽大眼长蝽 *Geocoris varius* (Uhler, 1860) ················· 327

二十五、翅室长蝽科 Heterogastridae ················· 崔建新 彩万志 328

(一一五) 异腹长蝽属 *Heterogaster* Schilling, 1829 ················· 328

185. 中华异腹长蝽 *Heterogaster chinensis* Zou et Zheng, 1981 ················329

（一一六）裂腹长蝽属 *Nerthus* Distant, 1909 ················329

186. 台裂腹长蝽 *Nerthus taivanicus* (Bergroth, 1914) ················330

二十六、长蝽科 Lygaeidae ················崔建新　王景顺　彩万志 331

（一一七）柄眼长蝽属 *Aethalotus* Stål, 1874 ················332

187. 黑头柄眼长蝽 *Aethalotus nigriventris* Horváth, 1914 ················332

（一一八）肿腮长蝽属 *Arocatus* Spinola, 1837 ················333

188. 韦肿腮长蝽 *Arocatus melanostoma* Scott, 1874 ················334

（一一九）红长蝽属 *Lygaeus* Fabricius, 1794 ················335

189. 红长蝽 *Lygaeus dohertyi* Distant, 1904 ················336

190. 横带红长蝽 *Lygaeus equestris* (Linnaeus, 1758) ················337

191. 角红长蝽 *Lygaeus hanseni* Jakovlev, 1883 ················339

192. 拟方红长蝽 *Lygaeus oreophilus* (Kiritschenko, 1931) ················340

193. 拟红长蝽 *Lygaeus vicarius* Winkler et Kerzhner, 1977 ················341

（一二〇）脊长蝽属 *Tropidothorax* Bergroth, 1897 ················343

194. 斑脊长蝽 *Tropidothorax cruciger* (Motschulsky, 1860) ················343

195. 中国脊长蝽 *Tropidothorax sinensis* (Reuter, 1888) ················345

（一二一）小长蝽属 *Nysius* Dallas, 1852 ················346

196. 谷子小长蝽 *Nysius ericae* (Schilling, 1829) ················346

二十七、梭长蝽科 Pachygronthidae ················崔建新　王景顺　彩万志 349

（一二二）梭长蝽属 *Pachygrontha* Germar, 1837 ················349

197. 长须梭长蝽 *Pachygrontha antennata* (Uhler, 1860) ················349

二十八、地长蝽科 Rhyparochromidae ················崔建新　王景顺　彩万志 351

（一二三）球胸长蝽属 *Caridops* Bergroth, 1894 ················352

198. 白边球胸长蝽 *Caridops albomarginatus* (Scott, 1874) ················352

（一二四）松果长蝽属 *Gastrodes* Westwood, 1840 ················353

199. 中国松果长蝽 *Gastrodes chinensis* Zheng, 1981 ················354

（一二五）缢胸长蝽属 *Gyndes* Stål, 1862 ················355

200. 川鄂缢胸长蝽 *Gyndes sinensis* (Zheng, 1981) ················355

（一二六）刺胫长蝽属 *Horridipamera* Malipatil, 1978 ················356

201. 褐刺胫长蝽 *Horridipamera inconspicua* (Dallas, 1852) ················356

（一二七）迅足长蝽属 *Metochus* Scott, 1874 ················358

202. 短翅迅足长蝽 *Metochus abbreviatus* Scott, 1874 ················358

（一二八）宽地长蝽属 *Naphiellus* Scudde, 1962 ················360

203. 宽地长蝽 *Naphiellus irroratus* (Jakovlev, 1889) ················360

（一二九）毛肩长蝽属 *Neolethaeus* Distant, 1909 ················362

204. 东亚毛肩长蝽 *Neolethaeus dallasi* (Scott, 1874) ················362

（一三〇）狭地长蝽属 *Panaorus* Kiritshenko, 1951 ················363

205. 白斑狭地长蝽 *Panaorus albomaculatus* (Scott, 1874)·····················364

(一三一) 点列长蝽属 *Paradieuches* Distant, 1883 ·····························365

206. 褐斑点列长蝽 *Paradieuches dissimilis* (Distant, 1883)·················366

(一三二) 刺胸长蝽属 *Paraporta* Zheng, 1981 ·······························367

207. 刺胸长蝽 *Paraporta megaspina* Zheng, 1981 ·························367

(一三三) 斑长蝽属 *Scolopostethus* Fieber, 1860 ·························369

208. 中国斑长蝽 *Scolopostethus chinensis* Zheng, 1981 ···············369

(一三四) 浅缢长蝽属 *Stigmatonotum* Lindberg, 1927 ·····················370

209. 小浅缢长蝽 *Stigmatonotum geniculatum* (Motschulsky, 1863)·······371

210. 山地浅缢长蝽 *Stigmatonotum rufipes* (Motschulsky, 1866) ·········371

二十九、束长蝽科 Malcidae·······························崔建新　彩万志 372

(一三五) 突眼长蝽属 *Chauliops* Scott, 1874 ·····························373

211. 豆突眼长蝽 *Chauliops fallax* Scott, 1874 ·····························373

(一三六) 束长蝽属 *Malcus* Stål, 1860 ·····································375

212. 中国束长蝽 *Malcus sinicus* Štys, 1967·······························375

三十、大红蝽科 Largidae ·································徐希莲　彩万志 377

(一三七) 斑红蝽属 *Physopelta* Amyot et Serville, 1843 ···············377

213. 颈带斑红蝽 *Physopelta cincticollis* Stål, 1863 ·····················377

214. 四斑红蝽 *Physopelta quadriguttata* Bergroth, 1894·················378

三十一、红蝽科 Pyrrhocoridae ···························徐希莲　彩万志 380

(一三八) 棉红蝽属 *Dysdercus* Guérin-Méneville, 1831 ···············381

215. 离斑棉红蝽 *Dysdercus cingulatus* (Fabricius, 1775)···············381

216. 叉带棉红蝽 *Dysdercus decussatus* Boisduval, 1835 ···············383

(一三九) 红蝽属 *Pyrrhocoris* Fallén, 1814·······························384

217. 先地红蝽 *Pyrrhocoris sibiricus* Kuschakewitsch, 1866···············384

218. 曲缘红蝽 *Pyrrhocoris sinuaticollis* Reuter, 1885·····················387

(一四〇) 直红蝽属 *Pyrrhopeplus* Stål, 1870 ·····························388

219. 直红蝽 *Pyrrhopeplus carduelis* (Stål, 1863) ·····················389

三十二、蛛缘蝽科 Alydidae·······························王景顺　彩万志 391

(一四一) 蛛缘蝽属 *Alydus* Fabricius, 1803 ·····························392

220. 亚蛛缘蝽 *Alydus zichyi* Horváth, 1901 ·····························392

(一四二) 稻缘蝽属 *Leptocorisa* Latreille, 1829 ·························393

221. 异稻缘蝽 *Leptocorisa acuta* (Thunberg, 1783) ·····················393

(一四三) 长缘蝽属 *Megalotomus* Fieber, 1860 ·························395

222. 黑长缘蝽 *Megalotomus junceus* (Scopoli, 1763) ···················395

(一四四) 副锤缘蝽属 *Paramarcius* Hsiao, 1964 ·························396

223. 副锤缘蝽 *Paramarcius puncticeps* Hsiao, 1964 ···················396

(一四五) 蜂缘蝽属 *Riptortus* Stål, 1859·································396

224. 条蜂缘蝽 *Riptortus linearis* (Fabricius, 1775)··················397

225. 点蜂缘蝽 *Riptortus pedestris* (Fabricius, 1775)··················398

三十三、缘蝽科 Coreidae··················王景顺　彩万志 400

(一四六) 瘤缘蝽属 *Acanthocoris* Amyot et Serville, 1843··················401

226. 瘤缘蝽 *Acanthocoris scaber* (Linnaeus, 1763)··················401

(一四七) 安缘蝽属 *Anoplocnemis* Stål, 1873··················402

227. 斑背安缘蝽 *Anoplocnemis binotata* Distant, 1918··················403

228. 红背安缘蝽 *Anoplocnemis phasianus* (Fabricius, 1781)··················404

(一四八) 勃缘蝽属 *Breddinella* Dispons, 1962··················406

229. 肩勃缘蝽 *Breddinella humeralis* (Hsiao, 1963)··················406

(一四九) 棘缘蝽属 *Cletus* Stål, 1860··················406

230. 禾棘缘蝽 *Cletus graminis* Hsiao et Cheng, 1964··················407

231. 短肩棘缘蝽 *Cletus pugnator* Fabricius, 1803··················407

232. 稻棘缘蝽 *Cletus punctiger* Dallas, 1852··················408

233. 长肩棘缘蝽 *Cletus trigonus* (Thunberg, 1783)··················409

(一五〇) 缘蝽属 *Coreus* Fabricius, 1794··················410

234. 波原缘蝽 *Coreus potanini* Jakovlev, 1890··················410

(一五一) 奇缘蝽属 *Derepteryx* White, 1839··················411

235. 褐奇缘蝽 *Derepteryx fuliginosa* (Uhler, 1860)··················411

236. 月肩奇缘蝽 *Derepteryx lunata* (Distant, 1900)··················412

(一五二) 岗缘蝽属 *Gonocerus* Latreille, 1825··················413

237. 扁角岗缘蝽 *Gonocerus lictor* Horváth, 1879··················413

238. 长角岗缘蝽 *Gonocerus longicornis* Hsiao, 1964··················413

(一五三) 同缘蝽属 *Homoeocerus* Burmeister, 1835··················414

239. 广腹同缘蝽 *Homoeocerus dilatatus* Horváth, 1879··················414

240. 锡兰同缘蝽 *Homoeocerus cingalensis* (Stål, 1860)··················415

241. 纹须同缘蝽 *Homoeocerus striicornis* Scott, 1874··················415

242. 一点同缘蝽 *Homoeocerus unipunctatus* (Thunberg, 1783)··················416

243. 瓦同缘蝽 *Homoeocerus walkerianus* Lethierry et Severin, 1894··················417

(一五四) 黑缘蝽属 *Hygia* Uhler, 1861··················418

244. 环胫黑缘蝽 *Hygia lativentris* (Motschulsky, 1866)··················419

245. 大黑缘蝽 *Hygia magna* Hsiao, 1964··················419

246. 暗黑缘蝽 *Hygia opaca* (Uhler, 1860)··················420

(一五五) 曼缘蝽属 *Manocoreus* Hsiao, 1964··················421

247. 闽曼缘蝽 *Manocoreus vulgaris* Hsiao, 1964··················421

(一五六) 侎缘蝽属 *Mictis* Leach, 1814··················422

248. 黑胫侎缘蝽 *Mictis fuscipes* Hsiao, 1963··················422

249. 黄胫侎缘蝽 *Mictis serina* Dallas, 1852··················422

250. 曲胫侎缘蝽 *Mictis tenebrosa* (Fabricius, 1787)·······················423

(一五七) 赭缘蝽属 *Ochrochira* Stål, 1873 ·······················424

251. 波赭缘蝽 *Ochrochira potanini* (Kiritshenko, 1916)·······················425

(一五八) 普缘蝽属 *Plinachtus* Stål, 1859 ·······················425

252. 钝肩普缘蝽 *Plinachtus bicoloripes* Scott, 1874·······················425

(一五九) 辟缘蝽属 *Prionolomia* Stål, 1873·······················426

253. 满辟缘蝽 *Derepteryx mandarina* (Distant, 1900) ·······················426

(一六〇) 棒棍蝽属 *Clavigralla* Spinola, 1837·······················427

254. 大棒缘蝽 *Clavigralla tuberosus* Hsiao, 1964·······················427

(一六一) 颗缘蝽属 *Coriomeris* Westwood, 1842 ·······················428

255. 颗缘蝽 *Coriomeris scabricornis* (Panzer, 1809) ·······················428

三十四、姬缘蝽科 Rhopalidae ·······················王景顺　崔建新　彩万志 428

(一六二) 姬缘蝽属 *Corizus* Fallén, 1814·······················429

256. 亚姬缘蝽 *Corizus tetraspilus* Horváth, 1917 ·······················429

(一六三) 粟缘蝽属 *Liorhyssus* Stål, 1870 ·······················430

257. 粟缘蝽 *Liorhyssus hyalinus* (Fabricius, 1794)·······················430

(一六四) 迷缘蝽属 *Myrmus* Hahn, 1831 ·······················432

258. 黄边迷缘蝽 *Myrmus lateralis* Hsiao, 1964 ·······················432

(一六五) 伊缘蝽属 *Rhopalus* Schilling, 1827 ·······················432

259. 点伊缘蝽 *Rhopalus latus* (Jakovlev, 1882) ·······················433

260. 黄伊缘蝽 *Rhopalus maculatus* (Fieber, 1836) ·······················435

261. 褐伊缘蝽 *Rhopalus sapporensis* (Matsumura, 1905)·······················436

(一六六) 环缘蝽属 *Stictopleurus* Stål, 1872 ·······················437

262. 开环缘蝽 *Stictopleurus minutus* Blöte, 1934 ·······················437

263. 绿环缘蝽 *Stictopleurus subviridis* Hsiao, 1977 ·······················438

三十五、狭蝽科 Stenocephalidae ·······················崔建新　彩万志 439

(一六七) 狭蝽属 *Dicranocephalus* Hahn, 1826 ·······················439

264. 长毛狭蝽 *Dicranocephalus femoralis* (Reuter, 1888) ·······················439

三十六、同蝽科 Acanthosomatidae·······················张爱霞 439

(一六八) 同蝽属 *Acanthosoma* Curtis, 1824 ·······················440

265. 粗齿同蝽 *Acanthosoma crassicauda* Jakovlev, 1880 ·······················441

266. 伸展同蝽 *Acanthosoma expansum* Horváth, 1905 ·······················441

267. 细铗同蝽 *Acanthosoma forficula* Jakovlev, 1880 ·······················442

268. 宽铗同蝽 *Acanthosoma labiduroides* Jakovlev, 1880 ·······················443

269. 黑背同蝽 *Acanthosoma nigrodorsum* Hsiao et Liu, 1977 ·······················444

270. 陕西同蝽 *Acanthosoma shensiensis* Hsiao et Liu, 1977 ·······················444

271. 泛刺同蝽 *Acanthosoma spinicolle* Jakovlev, 1880 ·······················445

(一六九) 直同蝽属 *Elasmostethus* Fieber, 1860 ·······················446

272. 宽肩直同蝽 *Elasmostethus humeralis* Jakovlev, 1883 ················447

273. 甘肃直同蝽 *Elasmostethus kansuensis* Hsiao et Liu, 1977 ················447

274. 钝肩直同蝽 *Elasmostethus nubilus* (Dallas, 1851) ················448

(一七〇) 匙同蝽属 *Elasmucha* Stål, 1864 ················449

275. 棕角匙同蝽 *Elasmucha angularis* Hsiao et Liu, 1977 ················449

276. 糙匙同蝽 *Elasmucha aspera* (Walker, 1867) ················450

277. 构树匙同蝽 *Elasmucha broussonetiae* Li et Zheng, 2000 ················450

278. 娇匙同蝽 *Elasmucha decorata* Hsiao et Liu, 1977 ················451

279. 背匙同蝽 *Elasmucha dorsalis* (Jakovlev, 1876) ················451

280. 匙同蝽 *Elasmucha ferrugata* (Fabricius, 1787) ················452

281. 齿匙同蝽 *Elasmucha fieberi* (Jakovlev, 1865) ················452

282. 灰匙同蝽 *Elasmucha grisea* (Linnaeus, 1758) ················453

283. 光腹匙同蝽 *Elasmucha laeviventris* Liu, 1979 ················453

(一七一) 板同蝽属 *Lindbergicoris* Leston, 1953 ················454

284. 绿板同蝽 *Lindbergicoris hochii* (Yang, 1933) ················454

(一七二) 锥同蝽属 *Sastragala* Amyot et Serville, 1843 ················455

285. 伊锥同蝽 *Sastragala esakii* Hasegawa, 1959 ················455

三十七、土蝽科 Cydnidae ················崔建新　王景顺 457

(一七三) 哎土蝽属 *Adomerus* Mulsant et Rey, 1866 ················458

286. 长点哎土蝽 *Adomerus notatus* (Jakovlev, 1882) ················458

287. 短点哎土蝽 *Adomerus rotundus* (Hsiao, 1977) ················458

288. 三点哎土蝽 *Adomerus triguttulus* (Motschulsky, 1866) ················459

(一七四) 鳖土蝽属 *Adrisa* Amyot et Serville, 1843 ················460

289. 大鳖土蝽 *Adrisa magna* (Uhler, 1860) ················460

(一七五) 轮土蝽属 *Canthophorus* Mulsant et Rey, 1866 ················460

290. 白边轮土蝽 *Canthophorus niveimarginatus* Scott, 1874 ················461

(一七六) 弗土蝽属 *Fromundus* Distant, 1901 ················461

291. 侏弗土蝽 *Fromundus pygmaeus* (Dallas, 1851) ················462

(一七七) 革土蝽属 *Macroscytus* Fieber, 1860 ················463

292. 青革土蝽 *Macroscytus subaeneus* (Dallas, 1851) ················463

(一七八) 根土蝽属 *Schiodtella* Signoret, 1882 ················464

293. 根土蝽 *Schiodtella formosanus* (Takano et Yanagihara, 1939) ················464

三十八、兜蝽科 Dinidoridae ················崔建新　彩万志 466

(一七九) 九香蝽属 *Coridius* Illiger, 1807 ················466

294. 九香蝽 *Coridius chinensis* (Dallas, 1851) ················467

(一八〇) 皱蝽属 *Cyclopelta* Amyot et Serville, 1843 ················468

295. 大皱蝽 *Cyclopelta obscura* (Lepeletier et Serville, 1828) ················469

296. 小皱蝽 *Cyclopelta parva* Distant, 1900 ················470

(一八一) 瓜蝽属 *Megymenum* Guérin-Méneville, 1831 ················471

   297. 细角瓜蝽 *Megymenum gracilicorne* Dallas, 1851 ················471

三十九、朱蝽科 Parastrachiidae ················ 崔建新　彩万志 473

  (一八二) 朱蝽属 *Parastrachia* Distant, 1883 ················473

   298. 日本朱蝽 *Parastrachia japonensis* (Scott, 1880) ················474

四十、蝽科 Pentatomidae ················ 王景顺　李淑娟　彩万志　崔建新 474

  (一八三) 蠋蝽属 *Arma* Hahn, 1832 ················475

   299. 蠋蝽 *Arma chinensis* Fallou, 1881 ················476

  (一八四) 瘤蝽属 *Cazira* Amyot et Serville, 1843 ················478

   300. 峨眉瘤蝽 *Cazira emeia* Zhang et Lin, 1982 ················479

   301. 峰瘤蝽 *Cazira horvathi* Breddin, 1903 ················480

   302. 无刺瘤蝽 *Cazira inerma* Yang, 1935 ················482

  (一八五) 喙蝽属 *Dinorhynchus* Jakovlev, 1876 ················483

   303. 喙蝽 *Dinorhynchus dybowskyi* Jakovlev, 1876 ················483

  (一八六) 厉蝽属 *Eocanthecona* Bergroth, 1915 ················485

   304. 厉蝽 *Eocanthecona concinna* (Walker, 1867) ················485

   305. 黑厉蝽 *Eocanthecona thomsoni* (Distant, 1911) ················487

  (一八七) 益蝽属 *Picromerus* Amyot et Serville, 1843 ················488

   306. 益蝽 *Picromerus lewisi* Scott, 1874 ················488

  (一八八) 并蝽属 *Pinthaeus* Stål, 1867 ················489

   307. 并蝽 *Pinthaeus humeralis* Horváth, 1911 ················490

  (一八九) 蓝蝽属 *Zicrona* Amyot et Serville, 1843 ················491

   308. 蓝蝽 *Zicrona caerulea* (Linnaeus, 1758) ················491

  (一九〇) 麦蝽属 *Aelia* Fabricius, 1803 ················499

   309. 尖头麦蝽 *Aelia acuminata* (Linnaeus, 1758) ················499

   310. 华麦蝽 *Aelia fieberi* Scott, 1874 ················500

  (一九一) 伊蝽属 *Aenaria* Stål, 1876 ················501

   311. 伊蝽 *Aenaria lewisi* (Scott, 1874) ················501

   312. 宽缘伊蝽 *Aenaria pinchii* Yang, 1934 ················502

  (一九二) 羚蝽属 *Alcimocoris* Bergroth, 1891 ················503

   313. 日本羚蝽 *Alcimocoris japonensis* (Scott, 1880) ················503

  (一九三) 实蝽属 *Antheminia* Mulsant et Rey, 1866 ················504

   314. 甜菜实蝽 *Antheminia lunulata* (Goeze, 1778) ················504

   315. 多毛实蝽 *Antheminia varicornis* (Jakovlev, 1874) ················505

  (一九四) 驼蝽属 *Brachycerocoris* Costa, 1863 ················505

   316. 驼蝽 *Brachycerocoris camelus* Costa, 1863 ················505

  (一九五) 薄蝽属 *Brachymna* Stål, 1861 ················506

   317. 薄蝽 *Brachymna tenuis* Stål, 1861 ················506

(一九六) 格蝽属 *Cappaea* Ellenrieder, 1862 ·················507

318. 柑橘格蝽 *Cappaea taprobanensis* (Dallas, 1851) ·················508

(一九七) 辉蝽属 *Carbula* Stål, 1864 ·················509

319. 红角辉蝽 *Carbula crassiventris* (Dallas, 1849) ·················510

320. 辉蝽 *Carbula humerigera* (Uhler, 1860) ·················510

321. 北方辉蝽 *Carbula putoni* (Jakovlev, 1878) ·················512

322. 凹肩辉蝽 *Carbula sinica* Hsiao et Cheng, 1977 ·················513

(一九八) 果蝽属 *Carpocoris* Kolenati, 1846 ·················513

323. 紫翅果蝽 *Carpocoris purpureipennis* (De Geer, 1773) ·················514

324. 东亚果蝽 *Carpocoris seidenstueckeri* Tamanini, 1959 ·················515

(一九九) 岱蝽属 *Dalpada* Amyot et Serville, 1843 ·················515

325. 中华岱蝽 *Dalpada cinctipes* Walker, 1867 ·················517

326. 绿岱蝽 *Dalpada smaragdina* (Walker, 1868) ·················517

(二〇〇) 斑须蝽属 *Dolycoris* Mulsant et Rey, 1866 ·················520

327. 斑须蝽 *Dolycoris baccarum* (Linnaeus, 1758) ·················520

328. 印度斑须蝽 *Dolycoris indicus* Stål, 1876 ·················523

(二〇一) 滴蝽属 *Dybowskyia* Jakovlev, 1876 ·················523

329. 滴蝽 *Dybowskyia reticulata* (Dallas, 1851) ·················523

(二〇二) 麻皮蝽属 *Erthesina* Spinola, 1837 ·················524

330. 麻皮蝽 *Erthesina fullo* (Thunberg, 1783) ·················524

(二〇三) 菜蝽属 *Eurydema* Laporte, 1832 ·················526

331. 菜蝽 *Eurydema dominulus* (Scopoli, 1763) ·················527

332. 横纹菜蝽 *Eurydema gebleri* Kolenati, 1846 ·················529

333. 新疆菜蝽 *Eurydema ornata* (Linnaeus, 1758) ·················532

334. 云南菜蝽 *Eurydema pulchra* (Westwood, 1837) ·················532

(二〇四) 黄蝽属 *Eurysaspis* Signoret, 1851 ·················533

335. 黄蝽 *Eurysaspis flavescens* Distant, 1911 ·················533

(二〇五) 厚蝽属 *Exithemus* Distant, 1902 ·················534

336. 厚蝽 *Exithemus assamensis* Distant, 1902 ·················535

(二〇六) 二星蝽属 *Eysarcoris* Hahn, 1834 ·················536

337. 拟二星蝽 *Eysarcoris annamita* Breddin, 1909 ·················536

338. 二星蝽 *Eysarcoris guttigerus* (Thunberg, 1783) ·················537

339. 锚纹二星蝽 *Eysarcoris rosaceus* Distant, 1901 ·················539

340. 广二星蝽 *Eysarcoris ventralis* (Westwood, 1837) ·················540

341. 瘤二星蝽 *Eysarcoris gibbosus* Jakovlev, 1904 ·················542

(二〇七) 青蝽属 *Glaucias* Kirkaldy, 1908 ·················542

342. 黄肩青蝽 *Glaucias crassus* (Westwood, 1837) ·················543

343. 青蝽 *Glaucias dorsalis* (Dohrn, 1860) ·················543

(二〇八) 条蝽属 *Graphosoma* Laporte, 1833 ·················544

344. 赤条蝽 *Graphosoma rubrolineatum* (Westwood, 1837)·················544

(二〇九) 茶翅蝽属 *Halyomorpha* Mayr, 1864·················547

345. 茶翅蝽 *Halyomorpha halys* (Stål, 1855) ·················547

(二一〇) 卵圆蝽属 *Hippotiscus* Bergroth, 1906·················549

346. 卵圆蝽 *Hippotiscus dorsalis* (Stål, 1870) ·················549

(二一一) 全蝽属 *Homalogonia* Jakovlev, 1876·················550

347. 灰全蝽 *Homalogonia grisea* Josifov et Kerzhner, 1978·················550

348. 全蝽 *Homalogonia obtusa* (Walker, 1868) ·················551

349. 松全蝽 *Homalogonia pinicola* Lin et Zhang, 1992 ·················552

(二一二) 玉蝽属 *Hoplistodera* Westwood, 1837 ·················554

350. 玉蝽 *Hoplistodera fergussoni* Distant, 1911 ·················554

351. 红玉蝽 *Hoplistodera pulchra* Yang, 1934 ·················555

(二一三) 剑蝽属 *Iphiarusa* Breddin, 1904 ·················555

352. 剑蝽 *Iphiarusa compacta* (Distant, 1887) ·················555

(二一四) 广蝽属 *Laprius* Stål, 1861 ·················556

353. 广蝽 *Laprius varicornis* (Dallas, 1851) ·················556

(二一五) 弯角蝽属 *Lelia* Walker, 1867 ·················557

354. 弯角蝽 *Lelia decempunctata* (Motschulsky, 1860) ·················557

(二一六) 曼蝽属 *Menida* Motschulsky, 1861 ·················558

355. 北曼蝽 *Menida disjecta* (Uhler, 1860)·················559

356. 宽曼蝽 *Menida lata* Yang, 1934 ·················560

357. 稻赤曼蝽 *Menida versicolor* (Gmelin, 1790)·················561

358. 紫蓝曼蝽 *Menida violacea* Motschulsky, 1861 ·················562

(二一七) 绿蝽属 *Nezara* Amyot et Serville, 1843 ·················564

359. 黑须稻绿蝽 *Nezara antennata* Scott, 1874 ·················564

360. 稻绿蝽 *Nezara viridula* (Linnaeus, 1758) ·················565

(二一八) 褐蝽属 *Niphe* Stål, 1867 ·················568

361. 稻褐蝽 *Niphe elongata* (Dallas, 1851) ·················568

(二一九) 浩蝽属 *Okeanos* Distant, 1911 ·················570

362. 浩蝽 *Okeanos quelpartensis* Distant, 1911 ·················570

(二二〇) 碧蝽属 *Palomena* Mulsant et Rey, 1866 ·················572

363. 川甘碧蝽 *Palomena chapana* (Distant, 1921) ·················572

364. 缘腹碧蝽 *Palomena limbata* Jakovlev, 1904 ·················573

365. 西藏碧蝽 *Palomena tibetana* Zheng et Ling, 1989 ·················573

366. 宽碧蝽 *Palomena viridissima* (Poda, 1761)·················574

(二二一) 卷蝽属 *Paterculus* Distant, 1902 ·················575

367. 卷蝽 *Paterculus elatus* (Yang, 1934)·················576

(二二二) 真蝽属 *Pentatoma* Olivier, 1789 ···································577

　　368. 角肩真蝽 *Pentatoma angulata* Hsiao et Cheng, 1977 ···········577

　　369. 红足真蝽 *Pentatoma rufipes* (Linnaeus, 1758) ···················577

　　370. 褐真蝽 *Pentatoma semiannulata* (Motschulsky, 1860) ··········579

(二二三) 璧蝽属 *Piezodorus* Fieber, 1860································580

　　371. 璧蝽 *Piezodorus hybneri* (Gmelin, 1790) ························580

(二二四) 莽蝽属 *Placosternum* Amyot et Serville, 1843 ···············582

　　372. 莽蝽 *Placosternum taurus* (Fabricius, 1781) ····················583

　　373. 斑莽蝽 *Placosternum urus* Stål, 1876 ···························583

(二二五) 珀蝽属 *Plautia* Stål, 1865 ··································585

　　374. 珀蝽 *Plautia crossota* (Dallas, 1851) ···························585

　　375. 庐山珀蝽 *Plautia lushanica* Yang, 1934 ·······················586

　　376. 斯氏珀蝽 *Plautia stali* Scott, 1874 ·····························587

(二二六) 润蝽属 *Rhaphigaster* Laporte, 1833 ·························587

　　377. 庐山润蝽 *Rhaphigaster genitalia* Yang, 1934 ··················588

(二二七) 珠蝽属 *Rubiconia* Dohrn, 1860·······························588

　　378. 珠蝽 *Rubiconia intermedia* (Wolff, 1811) ······················588

　　379. 圆颊珠蝽 *Rubiconia peltata* Jakovlev, 1890 ····················590

(二二八) 黑蝽属 *Scotinophara* Stål, 1867 ····························590

　　380. 弯刺黑蝽 *Scotinophara horvathi* Distant, 1883 ·················591

　　381. 稻黑蝽 *Scotinophara lurida* (Burmeister, 1834) ················591

(二二九) 丸蝽属 *Sepontiella* Miyamoto, 1990·························592

　　382. 紫黑丸蝽 *Sepontiella aenea* (Distant, 1883) ····················593

(二三○) 点蝽属 *Tolumnia* Stål, 1867 ································593

　　383. 点蝽 *Tolumnia latipes* (Dallas, 1851) ·························593

(二三一) 突蝽属 *Udonga* Distant, 1921 ·······························595

　　384. 突蝽 *Udonga spinidens* Distant, 1921 ··························595

(二三二) 双斑蝽属 *Chalcopis* Kirkaldy, 1909 ·························596

　　385. 双斑蝽 *Chalcopis glandulosa* (Wolff, 1811) ····················596

(二三三) 剪蝽属 *Diplorhinus* Amyot et Serville, 1843 ················598

　　386. 剪蝽 *Diplorhinus furcatus* (Westwood, 1837) ··················598

(二三四) 拟谷蝽属 *Gonopsimorpha* Yang, 1934 ·······················599

　　387. 拟谷蝽 *Gonopsimorpha ferruginea* Yang, 1934·················599

(二三五) 谷蝽属 *Gonopsis* Amyot et Serville, 1843 ···················600

　　388. 谷蝽 *Gonopsis affinis* (Uhler, 1860) ···························601

(二三六) 梭蝽属 *Megarrhamphus* Bergroth, 1891 ·····················602

　　389. 梭蝽 *Megarrhamphus hastatus* (Fabricius, 1803) ···············602

　　390. 平尾梭蝽 *Megarrhamphus truncatus* (Westwood, 1837) ········604

(二三七) 角胸蝽属 *Tetroda* Amyot et Serville, 1843 ·················· 606

　　391. 角胸蝽 *Tetroda histeroides* (Fabricius, 1798) ·················· 606

四十一、龟蝽科 Plataspidae ·················· 袁建成　崔建新　彩万志 608

(二三八) 圆龟蝽属 *Coptosoma* Laporte, 1833 ·················· 609

　　392. 双列圆龟蝽 *Coptosoma bifarium* Montandon, 1897 ·················· 610

　　393. 双痣圆龟蝽 *Coptosoma biguttulum* Motschulsky, 1859 ·················· 610

　　394. 浙江圆龟蝽 *Coptosoma chekianum* Yang, 1934 ·················· 611

　　395. 达圆龟蝽 *Coptosoma davidi* Montandon, 1897 ·················· 612

　　396. 高山圆龟蝽 *Coptosoma montanum* Hsiao et Ren, 1977 ·················· 612

　　397. 孟达圆龟蝽 *Coptosoma mundum* Bergroth, 1893 ·················· 613

　　398. 小黑圆龟蝽 *Coptosoma nigrellum* Hsiao et Ren, 1977 ·················· 613

　　399. 显著圆龟蝽 *Coptosoma notabile* Montandon, 1894 ·················· 614

　　400. 小饰圆龟蝽 *Coptosoma parvipictum* Montandon, 1892 ·················· 614

　　401. 子都圆龟蝽 *Coptosoma pulchellum* Montandon, 1894 ·················· 615

　　402. 类变圆龟蝽 *Coptosoma simillimum* Hsiao et Ren, 1977 ·················· 615

　　403. 多变圆龟蝽 *Coptosoma variegatum* (Herrich-Schäffer, 1839) ·················· 616

(二三九) 豆龟蝽属 *Megacopta* Hsiao et Ren, 1977 ·················· 617

　　404. 双峰豆龟蝽 *Megacopta bituminata* (Mondandon, 1897) ·················· 617

　　405. 筛豆龟蝽 *Megacopta cribraria* (Fabricius, 1798) ·················· 618

　　406. 圆头豆龟蝽 *Megacopta cycloceps* Hsiao et Ren, 1977 ·················· 619

　　407. 狄豆龟蝽 *Megacopta distanti* (Montandon, 1893) ·················· 620

　　408. 镶边豆龟蝽 *Megacopta fimbriata* (Distant, 1887) ·················· 620

　　409. 和豆龟蝽 *Megacopta horvathi* (Montandon, 1894) ·················· 620

四十二、盾蝽科 Scutelleridae ·················· 彩万志　崔建新 621

(二四〇) 角盾蝽属 *Cantao* Amyot et Serville, 1843 ·················· 622

　　410. 角盾蝽 *Cantao ocellatus* (Thunberg, 1784) ·················· 622

(二四一) 丽盾蝽属 *Chrysocoris* Hahn, 1834 ·················· 624

　　411. 丽盾蝽 *Chrysocoris grandis* (Thunberg, 1783) ·················· 624

　　412. 紫蓝丽盾蝽 *Chrysocoris stollii* (Wolff, 1801) ·················· 626

(二四二) 扁盾蝽属 *Eurygaster* Laporte, 1832 ·················· 628

　　413. 麦扁盾蝽 *Eurygaster integriceps* Puton, 1881 ·················· 628

　　414. 扁盾蝽 *Eurygaster testudinarius* (Geoffroy, 1758) ·················· 628

(二四三) 亮盾蝽属 *Lamprocoris* Stål, 1865 ·················· 630

　　415. 亮盾蝽 *Lamprocoris roylii* (Westwood, 1837) ·················· 630

(二四四) 宽盾蝽属 *Poecilocoris* Dallas, 1848 ·················· 631

　　416. 斜纹宽盾蝽 *Poecilocoris dissimilis* Martin, 1902 ·················· 632

　　417. 金绿宽盾蝽 *Poecilocoris lewisi* (Distant, 1883) ·················· 633

(二四五) 长盾蝽属 *Scutellera* Lamarck, 1801 ·················· 635

418. 长盾蝽 *Scutellera perplexa* (Westwood, 1873) ··· 635

四十三、荔蝽科 Tessaratomidae ·· 彩万志　崔建新 637

(二四六) 硕蝽属 *Eurostus* Dallas, 1851 ··· 637

419. 硕蝽 *Eurostus validus* Dallas, 1851 ······································· 638

(二四七) 巨蝽属 *Eusthenes* Laporte, 1833 ······························· 640

420. 暗绿巨蝽 *Eusthenes saevus* Stål, 1863 ··································· 640

(二四八) 荔蝽属 *Tessaratoma* Lepeletier et Serville, 1825 ··········· 642

421. 荔蝽 *Tessaratoma papillosa* (Drury, 1773) ····························· 642

四十四、异蝽科 Urostylididae ·· 万霞　彩万志 645

(二四九) 华异蝽属 *Tessaromerus* Kirkaldy, 1908 ····················· 646

422. 光华异蝽 *Tessaromerus licenti* Yang, 1939 ···························· 646

423. 宽腹华异蝽 *Tessaromerus tuberlosus* Hsiao et Ching, 1977 ········· 647

(二五〇) 壮异蝽属 *Urochela* Dallas, 1850 ······························· 649

424. 亮壮异蝽 *Urochela distincta* Distant, 1900 ···························· 649

425. 短壮异蝽 *Urochela falloui* Reuter, 1888 ······························· 650

426. 花壮异蝽 *Urochela luteovaria* Distant, 1881 ·························· 651

427. 无斑壮异蝽 *Urochela pallescens* (Jakovlev, 1890) ···················· 653

428. 红足壮异蝽 *Urochela quadrinotata* Reuter, 1881 ····················· 653

429. 黑足壮异蝽 *Urochela rubra* Yang, 1938 ······························· 654

(二五一) 盲异蝽属 *Urolabida* Westwood, 1837 ························· 655

430. 淡边盲异蝽 *Urolabida marginata* Hsiao et Ching, 1977 ············· 655

(二五二) 娇异蝽属 *Urostylis* Westwood, 1837 ························· 655

431. 环斑娇异蝽 *Urostylis annulicornis* Scott, 1874 ······················· 656

432. 匙突娇异蝽 *Urostylis striicornis* Scott, 1874 ·························· 657

433. 淡娇异蝽 *Urosytlis yangi* Maa, 1947 ·································· 657

434. 黑门娇异蝽 *Urostylis westwoodii* Scott, 1874 ························· 660

参考文献 ··· 662

英文摘要 (English summary) ··· 687

中文学名索引 ··· 749

拉丁学名索引 ··· 760

寄主中名索引 ··· 772

寄主学名索引 ··· 778

图版

总　论

半翅目异翅亚目昆虫通称蝽，古称椿象，河南省群众俗称它们为放屁虫、臭屁虫、臭板虫、臭大姐等。"椿象"之名，最早见于明崇祯年间刘侗的《促织志》中，从字面可推测这类昆虫得名于其中一种的寄主（为椿树）及该种具有类似大象一样的"鼻子"——喙。20 世纪 40 年代以来，中国昆虫学家为了中文命名统一才广泛使用"蝽"为异翅亚目昆虫的总称。河南人之所以称蝽为"放屁虫"、"臭屁虫"等是因为蝽类昆虫能自腺孔分泌一种难闻的气味。

异翅亚目昆虫全世界已知 40 000 余种，中国已知 4200 余种，河南省已知 434 种。

一、经 济 意 义

异翅亚目昆虫是农业、林业及水生等生态系统中常见的一类昆虫，与人类的生产及生活有着密切的联系。其经济意义大体可分为有益、有害两大方面。

(一) 有 害 方 面

异翅亚目对人类的为害主要有 3 个方面。

1. 对农业、林业的为害

大约有 65% 的异翅亚目昆虫为植食性昆虫，它们常以刺吸式口器取食多种经济植物（特别是农作物）的幼芽、嫩枝、根、茎、叶、花、果的汁液，常使被害植物叶片变黄、卷曲、幼芽凋萎、果实畸形等，不仅影响植株的长势，而且使经济植物的产量降低、品质下降，严重为害者可使受害植物绝收。有些种类除取食植物汁液外，还能传播病毒病等，造成更大的损失。

河南省的异翅亚目害虫已知有 200 余种，其中农田有害蝽类 100 余种，森林有害蝽类 170 余种，牧草有害蝽类 30 余种。但为害较重者仅 20 余种。根土蝽 *Schiodtella formosanus* (Takano et Yanagihara, 1939)、斑须蝽 *Dolycoris baccarum* (Linnaeus)、华麦蝽 *Aelia nasuta* Wagner 是小麦 *Triticum aestivum* 的重要害虫，常造成小麦缺苗断垄及穗小粒秕等。稻绿蝽 *Nezara viridula* (Linnaeus)、棘缘蝽属的种类 *Cletus* spp.、稻黑蝽 *Scotinophara lurida* (Burmeister) 等为害水稻 *Oryza sativa*，是豫南稻区的重要害虫，水稻苗期被害时，出现黄斑或枯心，抽穗灌浆期受害时，造成秕谷、白穗或"花米"。苜蓿盲蝽属的种类 *Adelphocoris* spp.等是河南省产棉区的重要棉田害虫，造成棉花 *Gossypium hirsutum* 破叶疯及蕾、铃脱落等。多种菜蝽 *Eurydema* spp.、赤条蝽 *Graphosoma rubrolineatum* (Westwood)为害十字花科及伞形花科蔬菜，多种瓜蝽 *Megymenum* spp.为害葫芦科瓜类，均造成一定损失。梨冠网蝽 *Stephanitis nashi* Easki et Takeya、麻皮蝽 *Erthesina fullo* (Thunberg)、茶翅蝽 *Halyomorpha halys* (Stål)、多种壮异蝽 *Urochela* spp. 和娇异蝽 *Urostylis* spp.等是苹果 *Malus pumila*、梨 *Pyrus* sp.、桃 *Amygdalus persica* 等果树的重要害虫，叶片受害后变黄或枯死，幼芽受害后不能正常萌发或死亡，果实受害后表面凸凹不平，并硬化等，如淡娇异蝽 *Urostylis yangi* Maa 曾于 1979~1980 年在河南省信阳县栗 *Castanea mollissima* 产区大发生，仅东双河、狮河港两乡就有上千亩[①]栗幼林被害死亡，减产 90%左右。

2. 扰人传病

异翅亚目昆虫在医学上的危害主要有 4 个方面。

(1) 叮刺致疼　异翅亚目昆虫中能叮刺人、畜的种类有臭虫科 Cimicidae、猎蝽科 Reduviidae、花蝽科 Anthocoridae、姬蝽科 Nabidae、红蝽科 Pyrrhocoridae、长蝽科 Lygaeidae、缘蝽科 Coreidae、盲蝽科 Miridae、负蝽科 Belostomatidae 及仰蝽科 Notonectidae 的部分种类，其中以臭虫科叮人最为常见。这些科的昆虫大部分种类并不主动进攻人、畜，多数情况的叮刺是它们被触动时的自卫反应或误叮，人被这类昆虫叮刺后，由于蝽类口针的刺入及其唾液中含有解朊酶、磷脂酶、透明质酸酶等化学物质而常导致剧痛、红肿，甚至化脓等。例如，有人被猎蝽叮刺后，不但被叮刺部位疼痛，皮肤过敏者能引起持续数天的严重不适 (Hill and Cheng, 1978)。在豫南稻区，人们在水田中劳动时，偶尔会有被褐负蝽 *Diplonychus rusticus* (Fabricius) 所刺叮的情况发生。这种叮刺虽然能引起疼痛，但多与传播疾病无关。

(2) 吸血　在河南省分布的异翅亚目昆虫中经常吸食人体血液者仅温带臭虫 *Cimix lectularius* (Linnaeus) 一种。臭虫，旧称壁虱、床虱；新中国成立前，由于卫生条件差，臭虫极易孳生，李时珍 (1578) 在《本草纲目》中记述道："壁虱即臭虫也，状如酸枣，咂人血食，与蚤皆为床榻之害"。Venkatachatam 和 Belavady (1962) 报道，受臭虫严重侵害的居民会发生缺铁性贫血，每个体积较大的臭虫，在吸血后平均含铁量为 0.73 mg。世界臭虫科分类学权威——已故的 R. L. Usinger 博士在 1966 年曾报道他本人在实验室用自己的血养殖臭虫的 7 年间，即便口服或注射铁剂，其血色素仍从 14.5 g/100 ml 降至 11.5 g/100 ml，在停止被臭虫叮食 1 年后，他的血色素才回升到 13.2 g/100 ml，这是一个因长期受臭虫叮刺吸血而引起血色素下降的直接证据。可想，对儿童而言，血内铁质长期损失，对健康的威胁更大。

(3) 骚扰　虽然有的人被臭虫叮刺后并无明显的反应，但大多数人被臭虫叮刺后被叮处会出现荨麻疹样肿块，数日不退，瘙痒难忍，甚至失眠、虚脱、神经过敏等，严重影响人们的身体健康。有的地方一个床板臭虫的寄生数可达百只以上，其对人们睡眠的干扰可以想象。

此外，臭虫所散发的臭味及所排泄粪便的污染可引起有些人的强烈厌恶感，并有诱发哮喘的报道 (Sternberg, 1930)。

---

① 1 亩≈667 m²，下同。

(4) 与疾病的关系　虽然在世界范围内一些异翅亚目昆虫能传播多种疾病，但河南省分布的蝽类昆虫中仅温带臭虫是传病的怀疑对象。臭虫嗜食人血，并且在人的居室内繁殖，与人类接触频繁，长期以来，一直有人怀疑它们是人类多种疾病传播的媒介昆虫。Burton (1963)曾对此加以综述，他在文中罗列了人们在 1962 年以前曾怀疑由臭虫传播的疾病多达 41 种；虽然在实验室中可以使臭虫传播东方疖、回归热、乙型肝炎、鼠疫等疾病，但在自然条件下都未能证实臭虫能传播这些疾病。因此，臭虫是否是疾病的传播者尚需今后的详细研究。

3. 对渔业的为害

水生、半水生的仰蝽科、负蝽科、蝎蝽科、划蝽科等类群昆虫能捕食鱼卵、鱼苗，是渔业生产上的害虫之一。

(二) 有 益 方 面

异翅亚目昆虫有益之处有 3 个方面。

1. 农业、林业、仓库及卫生害虫的重要天敌

在河南省目前已知的蝽类中，天敌昆虫在 80 种左右；其中益蝽亚科、猎蝽科、姬蝽科昆虫能捕食多种鳞翅目幼虫、同翅目昆虫等害虫，在农业、林业害虫的自然控制方面起着重要的作用，如蠋蝽 *Arma chinensis* Fallou 的低龄若虫主要捕食蚜虫，3 龄后到成虫阶段多捕食鳞翅目、鞘翅目的成虫和幼虫、蛹和卵，最喜刺蛾和叶甲科幼虫 (章士美和胡梅操，1993)，该蝽在河南省棉田及豆田中种群较大。多氏田猎蝽 *Agriosphodrus dohrni* (Signoret) 常密集在果树或林木的疤痕处，对果树害虫、林木害虫的发生有着明显的控制作用。姬蝽属的许多种类是蚜虫、叶蝉、飞虱等害虫的重要天敌。花蝽科昆虫虽然个体小，但有时种群数量大，是各种作物和果树的小型害虫 (如蓟马、蚜虫及螨类) 的有效天敌，如微小花蝽 *Orius minutus* (Linnaeus) 是多种农田、菜园、果园中常见害虫的天敌，主要捕食叶螨、蚜虫、蓟马、叶蝉及棉铃虫等多种鳞翅目害虫的卵，该蝽在河南省一年发生 6~7 代，3~11 月均可活动在田间。仓花蝽 *Xylocoris cursitans* (Fallén) 等在仓库害虫的控制方面起一定的作用。水生蝽类能捕食蚊、蠓的幼虫，是卫生害虫的自然天敌之一。

2. 食用昆虫

世界范围内，能食用的异翅亚目昆虫主要有蝽科、缘蝽科、划蝽科、仰蝽科和负蝽科等类群，对此文礼章 (1997) 曾有简介。中国人以及东南亚人最喜欢吃的异翅亚目昆虫应推桂花蝉 *Lethocerus indicus* Lepeletier et Serville。河南省民间喜食异翅亚目昆虫者不常见，但大渤蝽和麻皮蝽等是可以开发与利用的食用或动物饲料资源。

3. 药用昆虫

中国药用昆虫很多，正式纳入药典的有 300 种左右。异翅亚目昆虫入药者有多种水黾和九香虫 *Coridius chinensis* (Dallas) 等，其中以九香虫最为常用，该虫常被用来医治外伤、肝病、肾病、胃病等，早在李时珍的《本草纲目》中就有主治 "隔脘滞气，脾肾

亏损，壮阳元"之记载。该蝽也分布于豫南。

二、研 究 简 史

河南省异翅亚目昆虫分类研究起步较晚。萧采瑜等(1977，1981)在其《中国蝽类昆虫鉴定手册》一、二两册中共涉及河南省蝽类 12 科 34 属 35 种，章士美(1985，1995)分别涉及河南省分布的蝽类 12 科 32 属 37 种和 8 科 17 属 17 种。

首次对河南省蝽类进行专门分类研究的学者是山西大学李长安教授，他在 20 世纪 80 年代曾率学生到嵩山、鸡公山等地深入采集，并先后报道两地的蝽类 4 科 36 种 (李长安，1983) 和 11 科 66 种(李长安等，1985)。卢宝泉(1990)虽然对鸡公山地区陆生异翅亚目昆虫区系做过较详细的分析，但他仅列出以鸡公山为分布北限或南限的 34 种蝽类。

1993 年申效诚主编的《河南昆虫名录》的出版、1994 年《河南昆虫分类区系研究》系列丛书的刊行、1996 年开始的 "伏牛山、大别山、太行山昆虫考察"、1998 年《河南昆虫志》首卷的问世是河南省昆虫学研究史上的里程碑，使河南省的昆虫分类研究进入了一个新阶段。河南省异翅亚目昆虫的分类也不例外。《河南昆虫名录》中共记载了 1993 年以前所报道的河南省蝽类 20 科 153 属 217 种 (申效诚，1993)，使河南省蝽类有名可知，促进了有关研究的进展。1994 年，路进生、彩万志研究了河南省各地馆藏的猎蝽科昆虫标本，报道了该科昆虫 36 种 (Lu and Cai, 1994)；同年，杨新芳 (1994) 报道了河南省新记录蝽类 15 种。1996 年，牛瑶等 (1996) 及杨新芳等 (1996) 分别报道了董寨鸟类自然保护区及太行山猕猴桃自然保护区的蝽类 11 科 51 种及 8 科 55 种。1997 年，石明旺和彩万志描述了分布于河南省的华斯猎蝽 *Scadra sinica* Shi et Cai；同年，彩万志和申效诚描述了分布于河南省的福氏猎蝽 *Reduvius froeschneri* Cai et Shen。1998 年，彩万志等报道了 1996 年伏牛山昆虫考察所得蝽类 13 科 78 属 102 种。1999 年，郑乐怡等报道了伏牛山南坡的蝽类 11 科 55 属 69 种。

彩万志等 (1999) 研究了当时河南省昆虫考察所得的标本，中国农业大学、中国科学院动物研究所、西北农林科技大学、河南省科学院生物研究所、河南省森林病虫害防治检疫站、河南农业大学、河南师范大学、河南科技学院等单位的馆藏异翅亚目标本，在申效诚等 (1993) 名录的基础上，鉴定、整理出河南省异翅亚目 29 科 221 属 374 种。

此后，又有一些学者发表了一些河南省蝽类的新种与新记录种。2000 年，李传仁和郑乐怡描述了采自内乡县宝天曼自然保护区的构树匙同蝽 *Elasmucha broussonetiae* Li et Zheng；同年，刘国卿和郑乐怡描述了采自安阳的直缘胝突盲蝽 *Cyllecoris rectus* Liu et Zheng。此外，申效诚和时振亚 (1994，1998)、申效诚和邓桂芬 (1999) 在河南省昆虫名录补遗中又记录了一些种类。近年来，刘国卿等记述了河南省盲蝽科的几个新种。

本书中记述了河南省目前已知蝽类 6 次目 44 科 252 属 434 种，其中增加了 4 个新记录科、2 个新记录亚科、10 个新记录属、29 个新记录种 (含 2 个中国新记录种)。按照目前国际上流行的分类系统，河南省蝽类为 44 科 252 属 434 种。正如我们在前言中所指明的那样，河南省异翅亚目的区系调查才刚刚开始，随着调查的深入，河南省蝽类的种类至少应该比目前已知的种类数量翻一番。

三、形态特征

(一) 一般体形

绝大多数异翅亚目昆虫体略上下扁平,扁蝽科 Aradidae、部分猎蝽科 Reduviidae 的昆虫体甚扁平。其形为椭圆形或长椭圆形 (图 1),但也有一些种类体形多样,大部分蚊猎蝽亚科 Emesinae、尺蝽科 Hydrometridae 等类群的昆虫体形为细棒状;龟蝽科 Plataspidae、

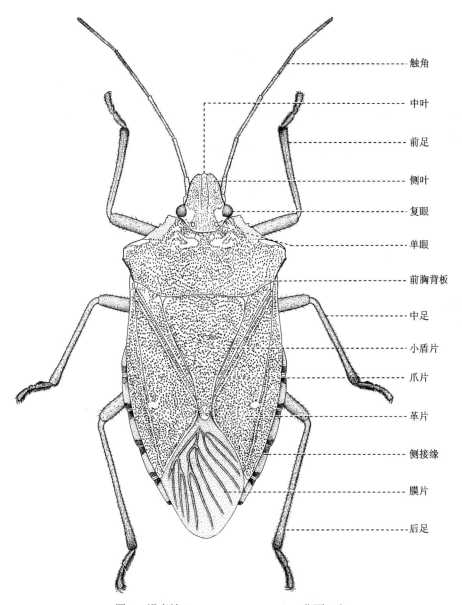

触角

中叶

前足

侧叶

复眼

单眼

前胸背板

中足

小盾片

爪片

革片

侧接缘

膜片

后足

图 1　褐真蝽 *Pentatoma semiannulata* 背面 (♂)

部分盾蝽科 Scutelleridae 的昆虫形近球形。蝽类昆虫体长为 2~100 mm，但大多数种类的体长为 8~20 mm。河南省已知异翅亚目最大者为大渤蝽 *Lethocerus deyrolli* (Vuillefroy)，体长可达 71 mm，宽可达 28 mm；华螳蝎蝽 *Ranatra chinensis* Mayr 体长 43 mm，若连同呼吸管体长可达 97.2 mm。一些捕食性的种类等体表具有刺、瘤、棘等状突起，一些网蝽科 Tingidae 昆虫体表具片状延伸构造。蝽类的体色多淡黄色或暗黄色，少数种类为红色、绿色、黑色等，有些种类还具有金属光泽。大多数蝽类的色斑型比较稳定，仅个别种具有色斑多型现象。

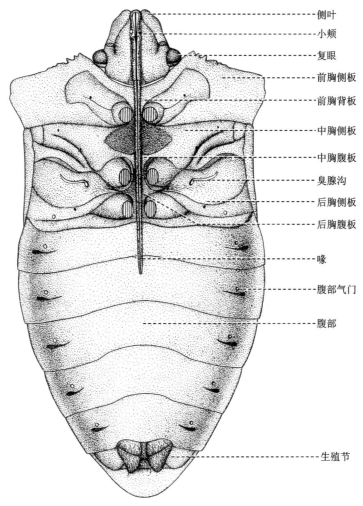

侧叶
小颊
复眼
前胸侧板
前胸背板
中胸侧板
中胸腹板
臭腺沟
后胸侧板
后胸腹板
喙
腹部气门
腹部
生殖节

图 2　褐真蝽 *Pentatoma semiannulata* 腹面 (♀)

(二) 头　部

蝽类昆虫的头部相对身体的其他部分较小，略向下倾。植食性种类头多短宽而活动范围较小，而捕食性的种类头部活动比较自由。自背面观头有三角形、梯形、纺锤形、

锥形等形状 (图 3)。

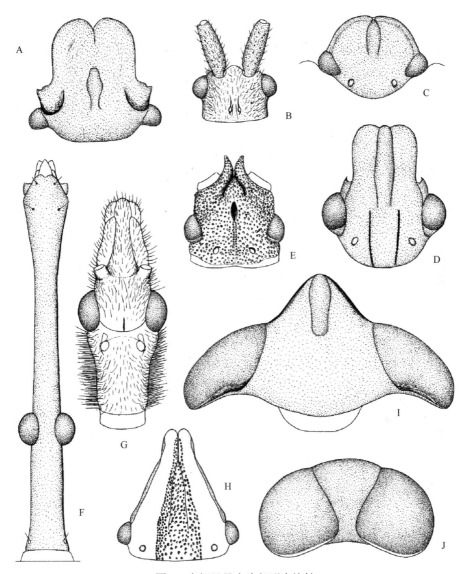

图 3　半翅目昆虫头部形态比较

A. 细角瓜蝽 *Megymenum gracilicorne*；B. 豆突眼长蝽 *Chauliops fallax*；C. 大鳖土蝽 *Adrisa magna*；D. 厉蝽 *Eocanthecona concinna*；E. 波原缘蝽 *Coreus potanini*；F. 尺蝽一种 Hydrometridae sp.；G. 多氏田猎蝽 *Agriosphodrus dohrni*；H. 华麦蝽 *Aelia fieberi*；I. 褐负蝽 *Diplonychus rusticus*；J. 中华大仰蝽 *Notonecta chinensis*

1. 头部骨片

Snodgrass (1935) 在论及异翅亚目昆虫的头部时指出："在异翅类中头部在几方面与同翅类昆虫不同,其各部分之同源关系更难确定"。的确,异翅亚目头部术语曾一度存在着混乱。

蝽类昆虫头壳各部分紧密愈合,缝、线大多消失,但额唇基沟 (frontclypeal sulcus) 及

蜕裂线 (ecdysial line 或 ecdysial sulcus) 的侧干有时存在于某些种类中。异翅亚目昆虫头背面的大部分区域曾被笼统地称为头顶 (vertex) 是不准确的，其实，只要弄清了蜕裂线与额唇基沟位置后，头部背面的骨片就相对容易区分了。蜕裂线在有些蝽类的若虫阶段相当明显，但到成虫期已不易找到；一般可以根据若虫阶段蜕裂线的位置大体判定成虫阶段蜕裂线的位置；额唇基沟在有些种类，如猎蝽科中相当明显，位于触角或复眼之间，通常称为头顶横缢。蜕裂线与额唇基沟之间的部分就是额 (frons 或 front)，其形状变化较大，但其总面积却相对很小。蜕裂线以后的部分才是真正的头顶，头顶的区域随眼后区的变化而变化。额唇基沟的正前方为唇基和上唇；唇基包括后唇基 (postclypeus) 与前唇基 (anteclypeus)。后唇基所占面积比例较大，前端有时具有各种突起等。前唇基为后唇基前端、上唇之后、上颚之间的区域，一般为一狭长的骨片，在较老的分类文献中常被称为 "中叶" (tylus 或 median lobe)。紧靠前唇基的一对狭长的骨片为上颚片 (mandibular plate)，以前称侧叶 (jugum 或 lateral lobe 或 lorum) 或侧唇基 (paraclypeus)。

头部侧面在复眼之前、上颚片之下、外咽片之上的区域为下颚片 (maxillary plate)，下颚片之后、头顶之下、外咽片之上的大部分区域为颊 (gena)，颊与前方的下颚片、背方的头顶、腹方的外咽及后方后头区均无明显的界线。

大多数蝽类 (特别是头部延长的种类) 口器与后头孔之间相距较远，所以头部腹面有一狭长的外咽片 (gula)，但外咽片与头部侧面的骨片紧密愈合。外咽片的前部中央凹陷以容纳喙的基部，这一凹陷称为喙沟 (rostral groove)。喙沟两侧有时有一对直立的小片称小颊 (buccula) (图 2)，外咽片最前端的连接两小颊的隆脊称颊桥 (buccular bridge)。

2. 口器

蝽类的口器 (mouthparts) 属于典型的刺吸式口器 (piercing-sucking mouthparts)，着生于头的前端，在不取食时置于身体腹面，取食时可伸向身体下方或前方。整个口器呈长管状，长短不一，长者可近达腹部末端，短者仅达头的后端；植食性种类的喙管多平直，而肉食性种类的喙管多弯曲。外面能见到的绝大部分构造为下唇变成的喙管，多为 2~4 节 (图 2)，划蝽科昆虫的喙管仅 1 节。上唇为小三角形，覆盖在口器基部。喙管内藏有 2 对分别由上颚及下颚衍变而成的细长口针，4 根口针嵌合成一束，其中两根下颚口针内侧各具 2 凹槽，并由这些凹槽合成食物道 (food canal) 和唾液道 (salivary canal)。

3. 触角

异翅亚目的触角 (antenna，复数 antennae) 多为丝状，变化主要表现在着生位置、长短、节数、各节的比例及毛点与刚毛等方面。

水生、半水生的蝽类触角多着生在复眼前下方，并陷藏在头部下方，短小，且形状强烈变化。陆生种类则多暴露且正常，有些种类触角着生在头的腹面，如蝽总科的种类；而大多数陆生种类的触角则着生在头前部背侧方。

大多数蝽类昆虫的触角较短，短于身体的长度，特别是水生蝽类与土栖蝽类触角长度明显短于体长，而大部分跷蝽科及束蝽科种类、部分猎蝽科、盲蝽科及缘蝽科种类的触角可明显长于体长。

异翅亚目昆虫触角的基本节数为 4 节，由柄节 (scape)、梗节 (pedicel)、基鞭节

(basiflagellum) 及端鞭节 (distiflagellum) 组成。不同类群中触角节数有所变化，表面的节数可以为 1~8 节，甚至十几节至 30 余节。触角 1 节者仅见于蚤蝽科 Helotrephidae 的部分种类，其 4 个触角节合并为 1 节。触角 2 节者见于蝎蝽科和负蝽科的部分种类，它们的第 2~4 节愈合为 1 节。触角 3 节者有两种情况：少数蝽科及仰蝽科昆虫的第 3、第 4 节合并为 1 节；而部分蚤蝽科第 1、第 2 节触角合并为 1 节。触角 5 节者有两种情况：股蝽科 Pachynomidae 和蝽总科部分种类的第 2 节分为 2 亚梗节 (pedicellite) (图 1)；而尺蝽科、水蝽科、膜蝽科和盲蝽科的 5 节触角是由基鞭节或端鞭节分为 2 节所致。触角为第 7、第 8 节者见于猎蝽和部分亚科中，是基鞭节与端鞭节分节而致。部分猎蝽科的昆虫梗节有 8~28 亚节 (Usinger, 1943；Maldonado-Capriles and Santiago-Blay，1991)。Miller (1956b) 声称猎蝽科 Hammacerinae 亚科触角总节数可能达 40 多节是不准确的。

异翅亚目昆虫触角各节的长短及粗度在不同分类阶元间差别较大，是该类群分类的重要特征之一。

触角表面还有多少、长短、粗细、颜色不同的毛被，这些在种类鉴定时也有一定用途，值得注意的是在有些类群中同种昆虫雌、雄个体触角的毛被会略有差别。对异翅亚目昆虫触角的结构，Zrzavý (1990) 曾有详细的描述。

4. 复眼

复眼 (compound eyes 或 eyes) 是蝽类头部的重要感觉器官之一 (图 3)。多为圆形、椭圆形或肾形，位于头部侧面，一般向两侧突出，部分长蝽科、扁蝽科昆虫的复眼长在短柄上。复眼的变化主要表现在 3 个方面。

(1) 复眼的有无　绝大多数蝽类具有发达的复眼，而一些奇蝽亚目的种类，全部的外寄生于蝙蝠体上的寄蝽科 Polyctenidae 昆虫及喜欢白蚁的�蝽科 Temitaphididae 种类复眼完全消失 (Myers，1924；Schuh and Slater，1995)。China (1945)曾描述了采自特立尼达岛土中长蝽科的一种无复眼的长蝽 Anommatocoris mintissimus China；China 和 Usinger (1949) 报道了一种采自非洲的无眼绒猎蝽 Xenocaucus mancinii China et Usinger。

(2) 复眼的大小　复眼的大小及小眼的数目因不同的类群、同一种类的不同性别、同一性别的不同发育阶段而有所差异。奇蝽次目 Enicocephalomorpha、盲蝽科及大眼长长蝽属的种类等的复眼与头的大小相比前者显得很大，而某些网蝽科的复眼就小得多。同种昆虫中，雌性个体的复眼多小于雄性个体的复眼。同一性别的个体的复眼随着龄期的增大而增大，到成虫阶段达到顶峰。另外，同种蝽类无翅型和短翅型个体的复眼小于长翅型个体的复眼。

(3) 复眼表面的结构　异翅亚目复眼表面结构的差异主要表现在小眼间有无刚毛等，大部分种类成虫阶段复眼各小眼间无刚毛，但少数猎蝽科昆虫及一些丝蝽科 Plokiophilidae 若虫的复眼具刚毛。

5. 单眼

单眼 (ocellus, 复数 ocelli) 的有无是异翅亚目分科及分亚科的重要特征 (图 3)。异翅亚目昆虫若具单眼，则单眼的数目为 2，位于复眼的前方或后侧。蝎蝽次目 Nepomorpha 的许多科 (图 3-I、图 3-J)、大部分盲蝽 (图 67)、部分猎蝽等昆虫无单眼。通常，同种昆虫短翅型及无翅型的个体单眼常消失。单眼的大小及单眼间距在不同类群间也有一定差异。

(三) 胸　　部

异翅亚目胸部的结构与翅的有无及翅的发达程度有关，无翅或短翅种类或个体各胸节不甚发达，而长翅型的种类或个体各胸节较发达。

1. 胸部的外骨骼

胸部骨片的形状与结构在 3 个胸节中差别很大。

(1) 前胸　异翅亚目昆虫前胸骨片最突出的特点是前胸背板 (pronotum) 非常发达，常向后延伸盖住中胸背板大部，有时可盖住中胸、后胸大部 (图 4)。前胸背板常为四角形或六角形，其各角与边有固定的名称。四角形前胸背板的前、后两对角分别称前角

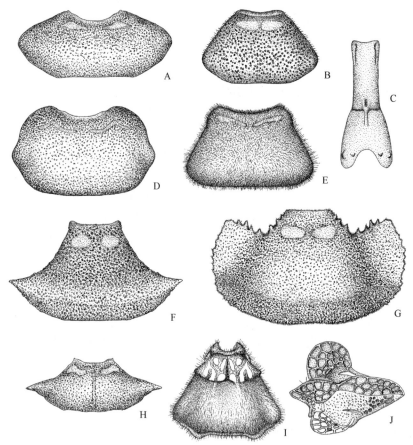

图 4　半翅目昆虫前胸形态比较

A. 宽碧蝽 Palomena viridissima；B. 食虫齿爪盲蝽 Deraeocoris punctulatus；C. 中华螳蝎蝽 Ranatra chinensis；D. 筛豆龟蝽 Megacopta cribraria；E. 亚姬缘蝽 Corizus tetraspilus；F. 稻棘缘蝽 Cletus punctiger；G. 褐奇缘蝽 Derepteryx fuliginosa；H. 红玉蝽 Hoplistodera pulchra；I. 褐菱猎蝽 Isyndus obscurus；J. 梨冠网蝽 Stephanitis (Stephanitis) nashi　背侧视

(anterior angles)、后角 (posterior angles)，四边分别称为前缘 (anterior margin)、侧缘 (lateral margins) 及后缘 (posterior margin)。六角形前胸背板 6 个角分别称为前角、侧角 (lateral angles) 及后角，6 个边分别称为前缘、前侧缘 (antero-lateral margins)、后侧缘 (postero-lateral margins) 及后缘。有些种类侧角与后角相距很近。四边形前胸背板的后角处及六角形前胸背板的侧角外有时有刺状或角状突。前胸背板的侧角常有一横缢把前胸背板分为两大部分，分类学中把这两部分称为前胸背板前叶 (anterior pronotal lobe 或 fore lobe of pronotum) 及前胸背板后叶 (posterior pronotal lobe 或 hind lobe of pronotum)。前胸背板前叶的前缘常有一狭片——领 (collar)，领之两端因突起状而称领端突 (collar processes)。领的后方常有一对略为隆起而光滑的区域，称为胝 (callus,复数 calli)，胝区后方有时具一对横列的凹痕，称眉印 (cicatrice)；猎蝽科昆虫前胸背板前叶上常具对称的印纹。前胸背板的表面有时具有不同形状的突起。

异翅亚目昆虫的前胸侧板 (propleura) 不甚发达，与前胸背板间无明显的界限，侧板缝 (propleural suture) 较短，端缝下方与基节臼裂 (coxal cleft) 相连，前侧片 (episterna) 及后侧片 (epimera) 在基节臼裂前后的双层盖片分别称为前侧片叶 (episternal lobe) 和后侧片叶 (epimeral lobe)。

前胸腹板常不发达，与侧板之间界限不明显；其后缘有时呈角状突，称剑突 (xyphus)。大部分猎蝽科、瘤蝽科、姬蝽科的种类前胸腹板中央具有摩擦发音沟，沟内几十至数百个横纹脊，喙的端部与这些脊摩擦能发出声音。猎蝽科摩擦发音沟的结构彩万志等曾有报道(Cai et al., 1994)。

(2) 中胸 异翅亚目中胸骨片的特点是背板大部被前胸背板遮盖而骨化程度弱，侧板与腹板则骨化程度强。其背板的端背片 (acrotergite) 常仅存中央部分，前背片 (prescutum)中部退化或很狭窄，两侧呈不规则的狭片状；盾片 (scutum) 非常发达，中部与亚侧部常具 3 条纵凹以加固盾片。小盾片 (scutellum) 大部分情况下呈三角外露 (图 1)，顶端有时具上翘的突起，在盾蝽科、龟蝽科等类群中小盾片非常发达，几乎可以盖住整个腹部；但黾蝽次目 Gerromorpha 种类的小盾片则甚小或消失。小盾片的侧缘具一狭片，称小盾侧片 (frenum 或 lateral scutellar sclerite)。

大多数情况下中胸侧板与腹板远比前胸的相应部位发达，其腹板中央常具有纵凹或纵脊等，大部分同蝽科昆虫的中胸腹板具强烈的纵隆脊并向前伸出。

(3) 后胸 蝽类昆虫的后胸没有中胸那样发达，后胸背板由于前翅与中胸小盾片覆盖骨化程度弱，前背片甚小或退化，盾片也显著小于中胸盾片；后胸小盾片与后胸背片相比较为发达，也呈横片状，两侧较宽。

后胸侧板与腹板的结构与形状多与中胸相应部分相似，有些种类的后胸侧板比中胸侧板还要发达。

大多数蝽类昆虫后胸侧板前侧，中足、后足基节间有一臭腺 (scent gland) 开口，称臭腺孔 (opening of scent gland)，孔外有时延伸成长短、宽窄不一的臭腺沟，沟外常有隆起的臭沟缘 (peritreme 或 ostiolar peritreme)；有些种类臭腺孔或臭腺沟外有表面皱褶的挥发域 (evaporative area)，此域有时可占据后胸侧板及腹板的大部，甚至可扩展到中胸侧板的后部，极端的情况出现在部分龟蝽科昆虫中，其各胸节的侧板与腹板全部成为臭腺挥发域。

2. 翅

异翅亚目昆虫的翅形变化较大 (图 5、图 6)，翅脉多减少，气体供应方式多变，并有不定脉状结构出现，因此，各脉间的同源关系颇难解释。百年来虽经几代学者 (Comstock and Needham, 1898; Handlirsch, 1908; Comstock, 1918; Tillyard, 1926; Tanaka, 1926; Hoke, 1926; Davis, 1961; Wootton and Betts, 1986) 的研究，但到目前对该类群翅脉的命名仍没有统一的看法。此处，作者综合大家的见解并结合自己的体会简介如下。

(1) 前翅　蝽类的一对前翅休息时多重叠平置于体背，左、右前翅居上方的机会基本上是随机的。前翅的质地多加厚，一般厚于后翅。大部分蝽类的前翅基部革质而端部膜质，称半翅或半鞘翅 (hemelytron, 复数 hemelytra, 或 hemielytron, 复数 hemielytra)，但在奇蝽次目、鞭蝽次目、黾蝽次目和部分蝎蝽次目及臭虫次目的种类中前翅质地均一，或由基部至端部逐渐变薄，类似某些同翅类昆虫的前翅。

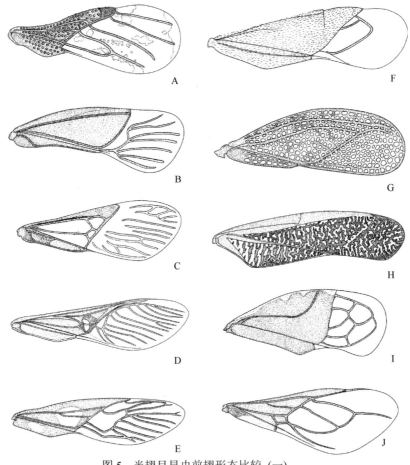

图 5　半翅目昆虫前翅形态比较 (一)

A. 隆肩束长蝽 *Malcus gibbus*；B. 珀蝽 *Plautia crossota*；C. 开环缘蝽 *Stictopleurus minutus*；D. 版纳同缘蝽 *Homoeocerus bannaensis*；E. 大红蝽 *Macroceroea grandis*；F. 苜蓿盲蝽 *Adelphocoris lineolatus*；G. 长毛菊网蝽 *Tingis pilosa*；H. 副划蝽 1 种 *Paracorixa* sp.；I. 蜍蝽属 1 种 *Ochterus* sp.；J. 红缘历猎蝽 *Rhynocoris rubromarginatus*

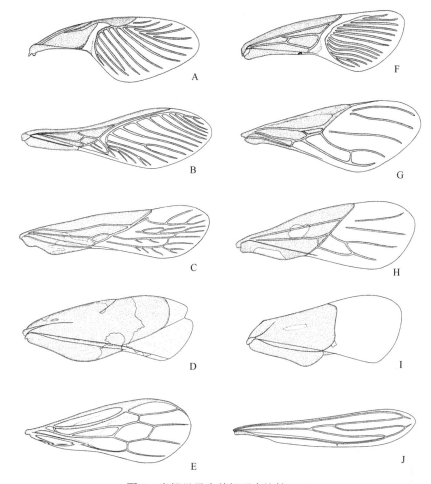

图6　半翅目昆虫前翅形态比较（二）

A. 双痣圆龟蝽 *Coptosoma biguttula*；B. 条蜂缘蝽 *Riptortus linearis*；C. 希姬蝽属 1 种 *Himacerus* sp.；D. 华粗仰蝽 *Enithares sinica*；E. 红足光背奇蝽 *Stenopirates jeanneli*；F. 金绿宽盾蝽 *Poecilocoris lewisi*；G. 华螳瘤猎蝽 *Cnizocoris sinensis*；H. 斑脊长蝽 *Tropidothorax cruciger*；I. 盖蝽 1 种 Aphelocheiridae sp.；J. 黾蝽属 1 种，*Gerris* sp.

　　在典型的半翅中，端半部或端部大半部区域膜质，称膜片(membrane)，构造相对简单，表面分布有不同形式的翅脉，这些脉相是异翅亚目分科的主要特征之一。半翅的基半部革质，不同类群的革质部分又可由若干条缝把此区分为若干片。翅基部前方 Sc 脉前的区域或 C+Sc 脉之前的区域常有一下折的狭片称下前片(hypocostal lamina 或 hypocostal bridge 或 hypocosta)，以前中文分类文献中称此片为"缘褶"。翅基部后方有一纵褶称为爪片缝 (claval suture)，该缝后的狭长区域称爪片 (clavus)。下前片内缘与爪片缝之间的革质区域称为革片 (corium)。有些蝽类革片的 R+M 脉旁有一条中裂(medial fracture) 将革片分为外革片 (exocorium) 和内革片 (endocorium) 两部分 (图 5-F、图 6-D)，在有些类群中，外革片又称为缘片 (embolium)。在革片端部的前缘有些类群中有一与前翅前缘垂直的切痕称为前缘裂 (costal fracture)，前缘裂可延伸成楔片缝 (cuneal suture)，楔片缝将革片端部划分出一个近三角的区域——楔片 (cuneus) (图 5-F)。大部分缘蝽科、长蝽科、盲蝽科、姬蝽科昆虫等左、右前翅的爪片端部有一段相遇在体中线处，二爪片间的缝称为爪片缝 (claval commissure) (图 179)。革质部分上的翅脉不易辨认，特别是在革片表面密被绒毛的种类中。水生昆虫前翅的内侧及外侧常有绒毛，可能利用其储存氧气。

(2) 后翅　后翅膜质，多较前翅短宽，但有些种类(特别是体型较大的种类)在翅基部和中部有加厚的区域。一般情况下蝽类后翅的表面具有 3 条褶 (图 7-E)，从前至后依次为肘褶 (cubitual fold)、臀褶 (anal fold)、轭褶 (jugal fold)，这些褶把翅面分为 4 个区，从前至后依次为前区 (anterior region)、肘区 (cubital region)、臀区 (anal region) 及轭区 (jugal region)。

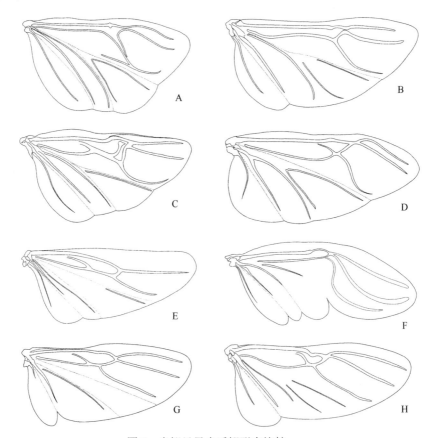

图 7　半翅目昆虫后翅形态比较

A. 赤条蝽 Graphosoma rubrolineatum；B. 壮异蝽属 1 种 Urochela sp.；C. 比蝽 Pycanum ochraceum；D. 金绿宽盾蝽 Poecilocoris lewisi；E. 红坚猎蝽 Durgandana formidabilis；F. 双痣圆龟蝽 Coptosoma biguttula；G. 角红长蝽 Lygaeus hanseni；H. 点棘长蝽 Cletomorpha simulans

后翅脉相变化较大 (图 7)，有些类群的翅脉明显减少。大多数蝽类的后翅基部有一个较大的中室 (median cell)，其前缘为 Sc+R 脉；后缘为 Cu 脉的基部；在中室端部常有一斜向上伸的弯曲的脉，为 M 脉的遗迹，该脉常被称为钩脉 (hamus)，在部分类群中 M 脉较直而发达；中室端部上方有 1 条脉 (R+M 脉) 或 2 条脉 (R 脉与 M 脉)，中室后方的 1 条脉为 Cu_1。肘区内有 2 条通常被认为是次生的脉，通过与同翅类昆虫的脉相比较，笔者认为这 2 条脉可能是 Cu_{2a} 与 Cu_{2b}。臀区内常具 2~3 条脉，分别称为 1A、2A、3A脉。轭区常只有 1 条脉，即 1J，有时轭区的脉消失。

(3) 翅的连锁　Betts (1986a, 1986b, 1986c) 对部分蝽类腋片及飞行动力学的研究表明，蝽类的前翅完全具有类似机翼的飞行能力，加厚了的革片与爪片支持着翅面，控制着翅的三维形状，并通过翅的拍击循环调节着翅的飞行姿态。但 Wootton (1992) 则认为这些功能可以更经济地从其他方面获得，半翅沉重的基部会使惯性矩比仅为翅脉所支撑的膜质翅的惯性矩大，其拍击所需要的能量也相应增大。蝽类在飞翔时，前翅、后翅间常借一些连锁器官 (coupling apparatus) 或称连翅器 (claustrum, 复数 claustra) 连接起来，使前翅、后翅能相互配合，动作协调。

第一位进行异翅亚目昆虫连翅器研究的学者是 Teodoro (1924)，他仅在光学显微镜下观察了几种蝽类的连翅器构造；1949 年，俄罗斯学者 Б. Н. Щванвич 在其著名的《普通昆虫学教程》中图示了一种条蝽 Graphosoma sp.连翅器的示意图；1978 年 Schneider 和 Schill 用电子显微镜观察了几种蝽类的连翅器；1982 年，Wygodzinsky 和 Štys 较详细地描述了采自新加坡的奇蝽科两个原始属的连翅器；1991 年，美国学者 Wygodzinsky 和 Schmidt 详细地用电子显微镜观察了西半球奇蝽科 11 属昆虫的连翅器；彩万志和徐希莲研究了异翅亚目 32 科 426 种蝽类的连翅器 (Cai and Xu, 2002)；此外，美国的 D. R. Rider 还研究了异翅亚目多种昆虫的连翅器，发现了一些有用的分类特征 (Rider，个人通信)。

蝽类的连翅器基本上属于翅嵌型，即在其前翅腹面近爪片的端部有一个夹状构造，在蝽类飞行时夹住后翅的前缘。用电子显微镜能清楚地观察到其构造。例如，盗猎蝽亚科的乌黑盗猎蝽 Peirates (Peirates) turpis Walker 雄虫夹状构造前臂有近 20 个较长的指形突，而锥猎蝽亚科的广锥猎蝽 Triatoma rubrofaciata (De Geer) 雄虫夹状构造前臂仅有几个短突。

(4) 翅的多型现象　一些蝽类的翅具有多型现象，特别是在雌性个体中较为常见。根据翅的长短可把具有翅多型现象的个体分为大翅型 (macropterous type)、短翅型 (brachypterous type)、小翅型 (micropterous type) 及无翅型 (apterous type) 4 类。无翅型个体与大翅型个体相比有一系列形态上的变化，如前者的体型变大、复眼变小、单眼消失、前胸背板前叶发达而后叶变小、中胸与后胸变小、腹部变宽等。在鉴定这些多型性种类时应予以注意。

3. 足

胸足 (thoracic legs) 是着生在各胸节侧腹面基节臼 (或称基节窝) (coxal cavity) 里的成对附肢 (图 8)；同种的成虫、若虫相应胸足的结构有一定差异，主要表现在跗节的数目等方面。

(1) 胸足的基本构造　异翅亚目成虫的足大多由 6 节组成。

基节 (coxa, 复数 coxae) 是足最基部的一节，常短粗，但捕食性的种类(如部分猎蝽科、姬蝽科、蝎蝽科等)前足基节却很长。在早期的文献中常把异翅亚目昆虫的基节分为能向多方转动的球基型(trochalopodous)和仅能按一轴方向运动的合页型 (pagiopodous)两类。

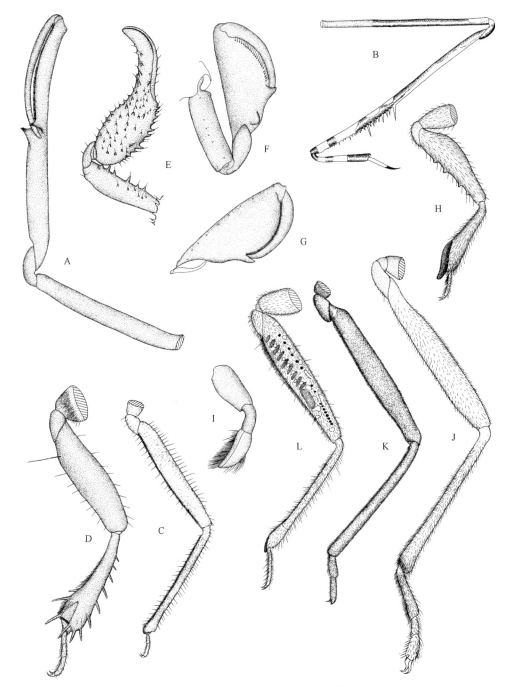

图 8　半翅目昆虫前足的形态比较

A. 一色螳蝎蝽 *Ranatra unicolor*；B.海南杆蝎猎蝽 *Ischnobaenella hainana*；C.褐菱猎蝽 *Isyndus obscurus*；D. 大螯土蝽 *Adrisa magna*；E.云南刺瘤蝽 *Carcinocoris yunnanus*；F. 三齿盾瘤蝽 *Glossopelta tridens* (外侧，示基节、转节、股节、胫节)；G. 三齿盾瘤蝽 *Glossopelta tridens* (内侧，示转节、股节、胫节)；H.黑股隶猎蝽 *Lestomerus affinis*；I.横纹烁划蝽 *Sigara substriata*；J. 瓦同缘蝽 *Homoeocerus walkerianus*；K. 圆臀大黾蝽 *Aquarius paludum*；L.泛希姬蝽 *Himacerus apterus*

转节 (trochanter)　一般较小,基部与基节以前、后关节相连,端部常与股节紧密相连而不很活动。蝽类的转节多为 1 节,但有些盲蝽的转节表面上为 2 节,中间的节痕为肢体自断时的断裂处。

股节 (femur,复数 femora)　又称腿节,常是足各节中最发达的一节,其基部与转节紧密相连,端部与胫节以前后关节相接。捕食性蝽类前足的股节表面,特别是内侧常具有齿与刺。有些植食性的种类前足股节也非常发达而且表面也有一些刺,其作用尚待研究。后足发达的股节常与跳跃有关。

胫节 (tibia,复数 tibiae)　一般细长,与股节之间的双关节很发达,使胫节可以折叠到股节之下;捕食性的种类胫节内侧常具刺或齿,有些蝽类前足或后足胫节具叶状扩展;猎蝽科、姬蝽科昆虫前足、中足胫节的端部常具海绵沟 (sponge furrow) 以帮助捕食猎物。在一对或多对足的胫节末端常具有起清洁作用的胫节栉(tibial comb)。

跗节 (tarsus,复数 tarsi)　昆虫的跗节由 1~4 个亚节,即跗分节 (tarsite 或 tarsomere) 组成。低等蝽类若虫的跗节多为 1 节,高等蝽类若虫的跗节多为 2 节,成虫期跗节常为 3 节,但也有的种类跗节消失,跗节为 4 节的情况发现于寄蝽科昆虫中。

前跗节 (pretarsus,复数 pretarsi)　是胸足最末端的构造,在蝽类昆虫变化较大,构造复杂。除具两个侧爪或单爪外,有些种类还具有副爪间突 (parempodium)、爪垫 (pulvillus)、伪爪垫(pseudopulvillus)、中垫 (arolium) 等构造。

(2) 胸足的类型　大部分蝽类的足是适于行走的器官,由于生活环境的不同,足的功能与形态出现了一些变化,根据其结构与功能,可把异翅亚目昆虫的足大致分为 5 种。

步行足 (walking legs 或 ambulatorial legs) 为蝽类昆虫中最常见的一类足 (图 8-K、图 8-L),即便是某些特化类型的足有时也能用于行走,步行足还有帮助捕食、清洁、抱握雌虫、攀援等功能。Schuh 和 Slater (1995) 还专门把陆生异翅亚目昆虫用于快跑的足称疾走足 (cursorial legs)。

跳跃足 (jumping legs 或 saltatorial legs) 的股节特别发达,胫节一般细长,当股节肌肉收缩时,折在股节下的胫节又突然伸开而使虫体向前上方快速运动,如跳盲蝽属 *Halticus* 种类的后足。

捕捉足 (grasping legs 或 raptorial legs) 的基节多延长 (图 8-A),股节发达,股节与胫节上多有相对的齿或刺而形成一个捕捉机构,如螳蝎蝽、猎蝽、瘤蝽等很多捕食性昆虫的足 (图 8-E、图 8-F)。蟹瘤蝽亚科 Carcinocorinae 昆虫的前足前端具有类似螃蟹螯肢的捕捉结构。有些猎蝽的足并不特化,但它们能用前足蘸植物的胶粘捕猎物。植食性的地长蝽亚科 Rhyparochrominae 的很多种类前足也呈捕捉足状,但这些长蝽的前足不是为了捕食动物猎物,而是用于抱握种子等。

开掘足 (digging legs 或 fossorial legs) 较宽扁,股节或胫节上具齿,适于挖土及拉断植物的细根,如土蝽科昆虫的前足 (图版 XX-3)。

游泳足 (swimming legs 或 hatatorial legs 或 natatorial elegs) 稍扁平,具较密缘毛 (图版 I-9),形若桨,适于划水,水生蝽类的足 (除有些种类的前足外) 均有不同程度的适应游泳的形态特化。Schuh 和 Slater (1995) 还专门把宽蝽科 Veliidae 及黾蝽科 Gerridae 昆虫用于在水面上行走的足称为划行足 (rowing legs)。

(四) 腹　　部

蝽类腹部的形状和结构与体形密切相关，大部分情况下腹部明显大于头部和胸部，但一些水生类群的无翅个体腹部则明显小于胸部。

1. 腹节的构造

蝽类昆虫的腹部由 11 节组成(图 2)。雌虫第 1~7 腹节和雄虫第 1~8 腹节称为脏节 (visceral segments) 或生殖前节 (pregenital segments)，雌虫第 8 和第 9 两节和雄虫的第 9 腹节为生殖节 (genital segments)，生殖节以后的各节为生殖后节 (postgenital segments)。腹部体节常有不同程度的愈合或退化现象，如第 1 腹节常仅存部分背板，腹面可见的第 1 腹节一般实为第 2 腹节。

大多数蝽类腹部两侧对称，某些科的雄虫腹部常左右不对称，甚至末端明显向一侧弯曲，这可能与交配时左右贴近的习性有关。

蝽类昆虫腹部背面多平坦，骨化程度较弱，第 1~3 腹节背板上常具一些起加固作用的脊纹；背板由主背片和侧背片组成，位于各节中央的主要骨片称主背片或中背片 (mediotergite)，两侧较小的骨片称侧背片 (laterotergite)，主背片和侧背片以膜相连，有时膜消失。有些蝽亚目昆虫的主背片外侧有两个侧背片，内侧者称内侧背片 (inner laterotergite)，外侧者称外侧背片 (outer laterotergite)。腹面多圆隆，骨化程度较强，有些种类有明显的中央纵脊；腹板也可分为主腹片或中腹片 (mediosternite) 和侧腹片 (laterosternite)。侧背片和侧腹片一起构成侧接缘 (connexivum)。

在第 3 和第 4、第 4 和第 5、第 5 和第 6 腹节背片间常有臭腺的开口或臭腺开口的遗痕，背板上一般没有突起，但有些种类有成对的突起。腹板上的突起有两类：一类是不可动的大小各异的突起；另一类是可动的由 Ghauri (1964)在部分猎蝽中发现的脏节突 (extragenital process) 或加氏突 (Ghauri's process)。侧接缘上常有各式各样的刺突或扩展。

2. 雄性外生殖器

雄性第 9 腹节发达而特化，一般变形呈碗状或杯状 (图 9-A、图 9-B)，称生殖节或尾节 (pygophore 或 pygofer 或 genital capsule)。其背方的体壁陷入成为大形陷窝，称生殖腔 (genital chamber)，生殖腔底部有大孔，阳茎由此伸出。

(1) 阳茎　阳茎 (phallus) 为一圆筒状构造 (图 9-F~H、图 150-H)，斜悬于生殖腔底部大孔中，大多包括阳茎基 (phallobase) 和阳茎体 (phallosoma) 两部分。其基部为阳茎基，形态变化较大，多为一支架状骨片，成为阳茎的底座，由两侧伸出一圆片状骨化片，称 "头状突起" (capitate process)，为阳茎提肌的附着处。

阳茎体的结构复杂,蝽类典型的阳茎体由阳茎鞘 (phallotheca) 和内阳茎 (endosoma) 组成。阳茎鞘一般为骨化鞘状结构，包围着内阳茎，有的蝽类阳茎鞘与阳茎体愈合在一起，表面有时有固定或不固定的叶、钩、刺等突起。内阳茎基部为系膜 (conjunctivum)，端部一般具可以翻缩的阳茎端 (vesica)，系膜与阳茎端上有各种骨化的突起与膜质的囊突。

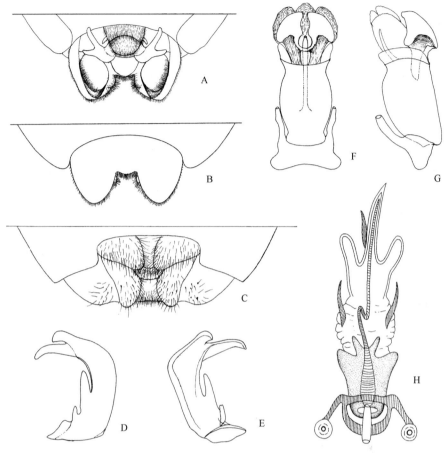

图 9　半翅目昆虫外生殖器形态

A. 雄虫生殖节背面；B. 雄虫生殖节腹面；C. 雌虫生殖节腹面；D. 抱器；E. 抱器 (另一角度)；F. 阳茎背面；G. 阳茎侧
面；H. 半翅目阳茎模式；A~G. 褐真蝽 *Pentatoma semiannulata*

　　在交配时，阳茎可伸缩的部分在肌肉与血液压力的作用下，逐渐膨胀，使阳茎伸出体外，插入雌虫体内，有时充分伸展的阳茎可比不交配时的阳茎长几倍至十几倍。解剖干制标本的雄性外生殖器时，很难使阳茎达到自然伸展状态；在不同伸展状态下阳茎的表面结构差别很大，在鉴定种类时应特别注意此点。

　　(2) 抱握器　抱握器 (claspers 或 parameres 或 gonostyli，单数 gonostylus) 简称抱器，是着生在第 9 腹节上的棒状、叶状或其他形状的突出物；形状常因种类而异，为有用的分类特征 (图 9-D、图 9-E)。起源说法不一，有人认为它是第 9 腹节的附肢，有人认为它是由阳基侧突演变而来。一般不分节，部分种类中部骨化程度甚弱，可弯曲，似成 2 节状。抱握器常为 1 对对称的结构，有时仅有 1 个，个别种类抱握器消失。例如，盲蝽科、花蝽科等科中左右两侧抱握器不对称，形状可有很大差异；臭蝽科及花蝽科的某些属发展到一侧的抱握器消失，只存在一个抱握器；奇蝽科及一些猎蝽科种类则抱握器完全退化。以前大多数学者认为抱握器在交配时起抱握雌虫的作用，但据笔者观察，至少异翅亚目昆虫的抱握器在交配时的主要作用是控制阳茎的运动。

此外，在一些蝽亚目的昆虫中，生殖腔内壁上有时还有 1 对或 2 对附器，薄片状或树枝状，称为下生殖板副片 (parandrium，复数 parandria)。可位于生殖腔的两侧、背面及腹面，位于两侧者有人称之为假抱握器 (pseudoclasper)，位于背面者称为下生殖板上副片 (hypandrium superior lamina) 或下生殖板后副片 (posterior parandrium)，位于腹面者称为下生殖板下副片 (hypandrium inferior lamina) 或下生殖板前副片 (anterior parandrium) (图 197-C、图 197-D、图 198-E、图 198-F)。

3. 雌性外生殖器

雌性外生殖器常称产卵器，由第 8 和第 9 腹节的生殖附肢形成 (图 9-C)，其基肢片 (gonocoxite) 的部分形成载瓣片 (valvifer)，载瓣片内侧向后伸出的生殖突 (gonapophysis) 形成产卵瓣 (valvula)，第 8 腹节者称第 1 载瓣片与第 1 产卵瓣，第 9 腹节者称第 2 载瓣片与第 2 产卵瓣。2 对产卵瓣在体中线处靠拢，形成骨化很强的锥状或针状产卵器。载瓣片的发达程度不一，常成为包围于产卵瓣外的护鞘。部分类群在第 2 载瓣片后端有一突起状构造，称之为第 3 产卵瓣。产卵器的发达程度与产卵的场所密切适应，产卵于植物组织或其他物体内的种类，其产卵器常长大呈锥状，而且产卵瓣末端常有锯齿。产卵于物体表面的种类，产卵器或多或少缩短，在蝽总科、缘蝽总科和红蝽总科中，产卵器为片状。

4. 雌性内部生殖器官

雌性内部生殖器官的构造常为有用的分类特征。雌性生殖孔 (阴门) 开口于第 8、第 9 腹节之间的节间膜上，阴门内为生殖腔。水栖蝽类以及陆栖的蝽亚目各科在生殖腔背面有一起源于外胚层的受精囊 (spermatheca)，是非常有用的种类鉴别特征。受精囊的基部多细小，近基部和中部常有不同程度的膨大，有些种类受精囊中部则呈肠状弯曲，受精囊管末端多少膨大，称为球部 (bulb)，其上有时有多种突起，在球部基方的受精囊管特化为唧筒状构造，称为"泵" (pump)，其两端常有檐状构造，称基檐 (proximal flange) 与端檐 (distal flange) (图 234-G)。从荔蝽科阳茎和受精囊结构与大小分析，受精囊的基半部似乎是容纳阳茎端背突的结构。猎蝽科、网蝽科等科与上述受精囊同源的器官丧失储精的功能，变形成"受精囊腺" (spermathecal gland)，具分泌功能，而接受精液的作用则为中胚层性质的成对囊形器官代替，称为"假受精囊" (pseudospermatheca)。

四、分类与系统发育

(一) 亚目名沿革

谈到异翅亚目的名称就必然涉及异翅亚目与同翅亚目 Homoptera 或异翅目与同翅目的关系问题。Linnaeus (1735) 设立半翅目 Hemiptera，除真正的异翅亚目昆虫外还包括了现代的同翅亚目、直翅目、鞘翅目、膜翅目等种类；1758 年其修订的《自然系统》第 10 版中仍然包括了现代缨尾目的种类。1775 年 Fabricius 创立有吻类 Ryngota，1803 年写作 Rhynota；Burmeister (1834) 将其修正为 Rhynchota，为 Hemiptera 的异名，但至今仍有人采用，如 Hennig (1950) 等。Latreille (1810) 把半翅目分为两类，即现在的异翅亚目与同翅亚目，得到了 Van Duzee (1917)、Butler (1923)、Parshley (1925)、Tillyard (1926)、Imms (1934)、Perrier (1935)、Essig (1942)、素木得一 (1954)、陈世骧(1958)、萧采瑜(1963)、萧采瑜等 (1977)、Richards 和 Davis (1977)、Hennig (1981)、Kristensen (1981)的赞同。Macleay (1821) 建议将同翅目和异翅目分别作为不同的目，其支持者有 Handlirsch (1908，1925)、Comstock (1924)、Brues 和 Melander (1932)、Weber (1933)、Folsom 和 Wardle (1934)、Lutz (1935)、Brues 等 (1954)、Borror 和 Delong (1957) 等。Boudreaux (1979) 将异翅目 Heteroptera 和同翅目 Homoptera 一起归在半翅亚部 (subcohort Hemipterida) 之下。

的确，Heteroptera 与 Homoptera 的分类地位一直存在着争论 (Cobben, 1978; Boudreaux, 1979)；连 Hennig (1953) 也认为有吻类的系统是一个非常困难的领域；Boudreaux (1979) 声称半翅亚部 Hemipterida 的亲缘关系一直是一个谜。20 世纪以前，中国学者中大部分从事同翅类研究的学者主张将两者视为独立的目；而部分异翅类学者则主张两者应归为一目。有趣的是由章士美 (1985) 主编、由众多异翅亚目学者执笔的《中国经济昆虫》第三十一册中，分类系统介绍时 Hemiptera 与 Heteroptera 是混淆在一起的。由郑乐怡和归鸿 (1999) 主编的《昆虫分类》一书中有关作者也是各持己见。

据目前国际上的趋势，本书中将蝽类昆虫归为异翅亚目 Heteroptera，属于广义的半翅目 Hemiptera。

(二) 高级阶元的分类

1. 总科级以上的分类

异翅亚目中总科级以上的分类是从 Latreille (1825) 开始的，他根据触角的构造及生活的环境在当时的亚目下设立陆栖组 Geocorisae 与水栖组 Hydocorisae。Fieber (1851) 的显角类 Gymnocerata 与隐角类 Cryptocerata 实质上分别相当于 Latreille 的陆栖组与水栖组。这一分类至今仍有较大影响，一些把异翅亚目作为亚目的学者，如素木得一 (1954) 等亚目下的分类也是采用了 Latreille 的观点。

Dufour (1833) 在其经典的解剖学专著中，正式将 Heteroptera 分为 3 类，即陆栖蝽类 Geocorises、两栖蝽类 Amphibicorises 及水栖蝽类 Hydrocorises，其实质与 Latreille (1825) 的分法无多大差别，仅是从 Latreille 的陆栖蝽类中分出来一个两栖蝽类而已，但 Dufour 的分法影响更广。以后的很多学者，如 Ekblom (1929)、Spooner (1938)、Leston 等 (1954)、Stichel (1955)、Pendergrest (1957)、China 和 Miller (1959)、Miyamoto (1961)、Wagner (1961)、萧采瑜 (1963) 等或采用此分法，或多或少受其影响。

Schidet (1869) 将异翅类分为 Trochalopoda 及 Pagiopoda 两类，虽然在当时有一定影响，但由于其分类切断了自然的科之类群，现在这一观点几乎被遗忘。

Borner (1904) 将划蝽科 Corixidae 单独称为履喙类 Sandaliorrhyncha，与其他异翅目蝽类相并列，这一观点曾多少影响了 Reuter (1910)、Esaki 和 China (1927)、Ekblom (1929)、Spooner (1938)、Poisson (1951) 对异翅目的系统划分。

Reuter (1910) 在总结前人意见的基础上将异翅亚目分为 6 组，后来他 (1912) 又对自己 1910 年的系统略加调整，采用了 Borner (1904) 的履喙类的用法，将异翅亚目昆虫归在 7 组之中。由于 Reuter 主要根据爪垫的有无、触角的结构以及单眼的有无等不太稳定的特征进行分类，因此，其组的划分比较紊乱，并未有多大影响。

Tullgren (1918) 发现了蝽类昆虫腹部的毛点，提出了毛点类 Trichophora，大致相当于蝽次目 Pentatomomorpha。Leston (1954) 对翅脉的研究肯定了其见解，并指出臭蝽次目中猎蝽科 Reduviidae 与网蝽科 Tingidae 的翅脉相近，而与臭蝽总科翅脉相距较远。

Singh-Pruthi (1925) 通过对异翅亚目昆虫雄性外生殖器的研究发现，其结构可为蝽型和猎蝽型两类；也在一定程度上影响了后来的学者。Baptist (1941) 发现异翅亚目昆虫的唾腺有两个类型：蝽科、缘蝽科、跷蝽科、长蝽科、红蝽科等为一个类型；其余为另一类型。Miles (1972) 报道大多数异翅亚目昆虫的唾腺均有前后叶分化明显的主腺管和束状副腺管，臭蝽次目的附腺为薄壁的囊，而蝽次目的端囊完全消失，但端部的附腺导管则膨大呈囊状。Southwood (1954) 发现陆栖异翅亚目昆虫的卵可分为两种类型：毛点类与扁蝽总科属一类；臭蝽次目属于另一类。Pendergrast (1957) 研究了异翅亚目昆虫雌、雄内生殖器官的构造，肯定了 Dufour (1833) 将异翅亚目昆虫分为 3 组的见解。任树芝等 (1990) 通过对中国异翅亚目蝽类卵为破卵器的研究发现，陆栖蝽类有蝽型破卵器、缘蝽型破卵器和臭虫型卵器。

Leston 等 (1954) 基于他们自己对异翅亚目翅脉、消化道及卵等的研究，结合前人的意见，特别是 Singh-Pruthi (1925) 关于蝽类雄性外生殖器的意见，将陆栖蝽类分为 Pentatomomorpha 与 Cimicomorpha 两类；其文虽短，但对高级阶元的命名影响却较大，正如 Cobben (1968) 所言，自 Leston 等 (1954) 始异翅高级阶元的分类进入了 "-morpha" 时代。China 和 Miller (1959) 及 Wagner (1961) 关于陆栖蝽类的分组均是受了 Leston 等 (1954) 的影响。

Stichel (1955) 将异翅亚目分为 5 组：Hydrocoriomorpha、Amphibicoriomorpha、Enicocephalomorpha、Cimicomorpha 及 Pentatomomorpha。但其分法不具体，各组命名也不协调，受到 Scudder (1959) 的批评。虽然 Scudder 建议将 Stichel (1955) 的前两类用 Nepomorpha 和 Gerromorpha 代替，但他没有正式提出 (Štys and Kerzhner, 1975)；Miyamoto (1961) 根据异翅亚目 36 科昆虫的消化器官的结构，将异翅亚目的陆栖类分为 3 组，除 Pentatomomorpha 与 Cimicomorpha 之外，还创立了鞭蝽组 Dipsocorimorpha；并将两栖类与水栖类也分别分为两类，但未予命名。

第一个将该目所有的大类用规范的词尾命名的是俄罗斯古异翅亚目学家 Popov，他 1971 年将异翅亚目分为 5 个次目 (infraorder)：Nepomorpha、Leptopodidomorpha、Enicocephalomorpha、Cimicomorpha 及 Pentatomomorpha。1975 年 Štys 和 Kerzhner 全面总结了前人的研究成果，将异翅亚目分为 7 次目 (或型)：奇蝽次目 Enicocephalomorpha、鞭蝽次目 Dipsocorimorpha、蝎蝽次目 Nepomorpha、黾蝽次目 Gerromorpha、细蝽次目 Leptopodidomorpha、臭蝽次目 Cimicomorpha 与蝽次目 Pentatomomorpha；奠定了目前异翅亚目高级阶元分类的基础。Schuh (1979, 1986)、Schuh 和 Slater (1995) 基本上完全赞同 Štys 和 Kerzhner (1975) 的系统。

Cobben (1968, 1978) 详细地进行了异翅亚目主要类群卵的形态、胚胎发育及口器构造等的研究，于 1978 年提出异翅亚目可分为 10 大类，除 Štys 和 Kerzhner (1975) 的 7 类外，Cobben 将猎蝽总科 Reduvioidea、短足蝽科 Joppecidae 及桐蝽总科 Thaumas-tocorioidea 单独提出。但这一分法并未被其他学者所接受。在这一时期还有两个非 "-morpha" 式的分类方案。Popov (1968) 比较模糊地将异翅亚目分为 Saldinea 及 Cimicinea 两类，其中其 Saldinea 为 Esaki 和 China (1927) 水栖类 Hydrocorisa 概念的扩展。Carayon (1971) 根据后胸腺体系统的特征将该目分为 Archeocorisae 及 Geocorisae (s. str.) 两亚目；但两者的分法均未对后来的学者有多大影响。

Štys (1983, 1984) 认为奇蝽科 Enicocephalidae 是其他所有蝽类 (Štys 称为真异翅类 Euheteroptera) 的姐妹群；Štys (1985) 还设立了新异翅类 Neoheteroptera 与泛异翅类 Panheteroptera，得到 Schuh (1986) 的支持。

上述各类的地位大部分是在亚目之下总科之上的阶元，即所谓的次目。主张异翅亚目为独立一目的学者则认为以上各类的地位为亚目；但是 Verhoeff (1893) 则称 Heteroptera 为 Hemiptera 纲的一个亚纲，下设目。

2. 总科级的分类

Kirkaldy (1909) 仅将异翅亚目分为 4 总科。Reuter (1910) 将该目分为 12 总科，1912 年又分为 13 总科，这些总科名多为后来的学者所用。但是，总科一级的学名用法比较混乱，因此有些学者，如 Essig (1942)、China 和 Miller (1959) 等干脆不设此阶元。萧采瑜 (1963) 综合各家意见，将异翅亚目分为 15 总科；周尧 (1963) 将该目昆虫分为 23 总科，其中他所建立的膜蝽总科 Hebroidea (时称芥蝽总科)、尺蝽总科 Hydrometoidea、潜蝽总科 Naucoroidea 及跳蝽总科 Saldoidea 均完全或部分具有目前的意义；Štys 和 Kerzhner (1975) 的分类系统中将异翅亚目分为 20 总科；Schuh (1986) 将鼋蝽次目、细蝽次目、蝎蝽次目、臭蝽次目及蝽次目的种类分为 19 总科，在奇蝽次目与鞭蝽次目之下则未设总科。Schuh 和 Slater (1995) 将奇蝽次目与鞭蝽次目之外的类群分为 23 总科，奇蝽亚目与鞭蝽亚目之下仍未设总科。

3. 科级分类

异翅亚目现在的科名大部分来源于 Leach (1815)、Amyot 和 Serville (1843)；后来通过 Fieber (1861) 及 Stål 1864~1876 年杰出的工作，在 19 世纪中叶约有 3/5 的科，尤其是大科已基本确定。Horváth (1911) 的著作中包括 43 科；Reuter (1912) 将异翅亚目分为 49 科；以后经过其他学者的修订与补充，到 1959 年 China 和 Miller 全面总结了前人的研究，共分该目昆虫为 54 科，这一分类法有较大的影响，萧采瑜 (1963)、周尧 (1964) 等对该类群科的设置均一定程度上受 China 和 Miller (1959) 的影响。此后一些小科相继被发现和建立，Štys 和 Kerzhner (1975) 的文章中已包括 73 个科，Schuh (1986) 的评述中列了 76 科。Schuh 和 Slater (1995) 的著作中将异翅亚目昆虫分为 75 科；2008 年 Shuch 等根据采自南美洲的标本建立了 Curaliidae 科，至今异翅亚目昆虫共有 76 科。

关于异翅亚目高级阶元的分类，Reuter (1910)、Pendergrast (1957)、Scudder (1957)、Cobben (1968)、Popov (1971)、Štys 和 Kerzhner (1975) 及 Schuh (1986) 均有较为详细的评述，尤其是 Štys 和 Kerzhner (1975) 的著作最为全面地介绍了异翅亚目总科级以上

的分类史况。

(三) 高级阶元的系统发育

异翅亚目高级阶元系统发育的研究大致可分为两个阶段，即进化系统学阶段和支序系统学阶段。

在进化系统学阶段中，可以说自 Latreille (1825) 已开始探索该类群的系统发育关系，但第一个专文论及此题的是 Oshorn (1895)，第一个提出异翅亚目系统发育树的是德国古生物学家和异翅亚目学家 Handlirsch (1908)，当时他根据化石等证据，分析了 30 个科的系统发育关系。Kirkaldy (1909) 讨论异翅亚目 26 科间的系统发育。Reuter (1910) 是第 3 个提出异翅亚目系统发育见解的学者，他的系谱图中包括 6 类 11 总科 41 科，在当时是最全面的。以后 Singh-Pruthi (1925)、Esaki 和 China (1927)、China (1933) 等均讨论过异翅亚目系统树，对此 Kirichenko (1951) 有比较详细的评述。

Hennig 支序分类学英文版的发表，对分类学领域产生了自 Mayr (1942)《系统学及物种起源》出版以来前所未有的影响 (Schuh, 1986)；从而使异翅亚目系统发育的研究进入了一个新阶段。此间各亚目最主要的著作有：奇蝽亚目 (Štys, 1970, 1977, 1983; Wygodzinsky and Štys, 1982)、鞭蝽亚目(Emsley, 1969; Štys, 1970, 1974, 1977, 1982, 1983)、黾蝽亚目 (Andersen, 1982; Calabrese, 1980)、细蝽亚目(Polhemus，1981；Schuh and Polhemus，1980)、蝎蝽亚目 (Popov, 1971)、臭蝽亚目 (Reieger, 1977; Kerzhner, 1981; Ford, 1979; Schuh and Polhemus, 1980; Schuh and Štys, 1991)、蝽亚目 (Štys, 1967; Schaefer and Chopra, 1982)。在异翅亚目总体的系统发育方面，Cobben (1968, 1978, 1981a, 1981b)、Schuh (1979, 1981, 1986)、Štys (1983, 1984) 曾有论及，其中 Schuh (1986) 的评述对该问题的了解有很大的帮助。

近十多年来，部分学者从分子生物学方面对异翅亚目高级阶元的系统发育进行了探索 (Wheeler et al., 1993; Hua et al., 2008)。

五、河南省异翅亚目昆虫的地理分布

(一) 河南省昆虫区系研究的重要性

昆虫地理学是研究昆虫在一定时空内分布与演替及其规律的科学，昆虫地理学知识对于充分理解昆虫的起源、进化及有效地管理昆虫有着十分重要的意义。在世界动物地理区划上，中国跨古北与东洋两区，但两区的分界线百余年来一直都有着争论。

1876 年，Wallce 主张将南岭山脉作为分界线，P. L. Sclater (1858) 却将其划在黄河北岸，Heilprin (1887) 与 Lydekker (1896) 均主张以长江流域为分界，W. L. Sclater 和 P. L. Sclater (1899) 又将其改在黄河与长江之间。Бобринский (1951) 将其划分在 30°N 附近，В. Г. Гелтнер 等将其划在 25°N ~26°N ，А. Л. Хормозоь (1956, 1959) 将此线划在 25°N，并认为这条界线基本上发生了热带东洋区与亚热带古北区物种分类上与数量上优势统治地位的更替。

我国学者对这一问题的研究始于 20 世纪 30 年代。杨维义 (1937) 根据蜻类研究，将长江以北至 40°N 之间的地带列为混合区，长江南岸即划入东洋区；冯兰洲 (1938) 根据蚊虫研究，则以 30°N 区分两区；马世骏 (1959) 参考前人工作，并分析国内各方面所积累的经济昆虫区系资料，认为在 28°N 左右为东洋区和古北区的分界；章士美 (1963) 根据近千种农业昆虫在秦岭以东分布的交叉复杂情况，提出秦岭以东的分界线大致在淮河南岸，进入安徽后，稍偏南穿过江淮分水岭而至江苏，再顺长江北岸，至东海海边为止，即位于 32°N 附近；吴鸿和俞平 (1991) 在分析浙江西天目山昆虫区系的基础上，也认为这种划分比较合理。杨有乾和司胜利 (1994) 根据河南省农业昆虫的种类组成、发生特点、作物种类、地形地势、气候条件的类似性，将两界在河南省境内的分界线划在自秦岭、沿伏牛山主脉向东部倾斜至淮河一线。张汉鹄 (1995) 在分析了安徽省农林昆虫地理区划后，提出两区在安徽省境内分界线为大别山北缘向东至江淮分水岭，界南为江北低丘，界北为淮南台地，此界线西接河南省，东进江苏六合一带。对此，章士美 (1996，1998)、陈学新 (1997) 有较为详细的评述。

就大多数学者而言，两区在秦岭以西的分界线的认识大体相同。但由于秦岭以东的广大地区无大的天然屏障，两区的种类混合发展，使得大家对秦岭以东的界线意见不一。

河南省是秦岭山脉东部余脉消失之地，研究该区昆虫的分布对了解古北区与东洋区在中国的界限至关重要。异翅亚目昆虫，特别是陆生异翅亚目昆虫无明显的迁飞习性，大多数种类扩散能力相对较弱，是研究生物地理学的理想材料。因此，我们以河南省分布的异翅亚目为对象，进行初步地理分布的分析。

(二) 河南省自然地理生态环境简介

河南省位于祖国中原腹地，黄河中下游地区，黄河以北占 1/5，黄河以南占 4/5。北纬 31°23′~36°22′，南北相距 550 km。东经 110°~116°39′，东西横跨 570 km。总面积 167 000 km²。省内的主要山脉分别自西向东北和东南方向呈扇形展开，秦岭山系在河南省西部分成 4 条支脉向东延伸，北支崤山，中间两支为熊耳山和外方山，南支伏牛山脉环绕于南阳盆地的西侧和北缘，构成了面积广大的豫西山地。西部和南部山区海拔大都为 500~1500 m，北部太行山的鳌背山海拔 1929 m。伏牛山主峰老君山海拔 2192 m，桐柏山主峰太白顶海拔 1140 m，中原腹地的名胜中岳嵩山海拔 1440 m，风景秀丽的避暑胜地鸡公山海拔 764 m。位于灵宝县境内的老鸦岔海拔 2414 m，是全省最高点。豫西山地向东逐渐进入浅山丘陵区，海拔从 400 m 逐渐下降到 100 m。东面是辽阔的豫东平原，海拔 50~100 m。在东南部淮滨县的沿淮一带是全省的最低处，海拔 30 m 以下。

河南省地处暖温带和亚热带的过渡地带，全省平均气温为 14~15℃，1 月平均气温全省 0℃，7 月平均气温 27~28℃。无霜期 190~240 d，平均为 213 d。10℃以上年积温从栾川县的 3751.8 度日到横川县的 4917.6 度日，平均为 4641 度日。全省大部分地区降水量为 600~900 mm，部分地区降水量为 1000~1100 mm。降水过程的时间分布非常不均，大部分集中在 7 月、8 月，因此春旱夏涝现象出现频次较高。总的气候特点是春季干旱风沙多，夏季炎热雨集中，秋季晴和日照长，冬季寒冷风雪少。

全省的水系发育，受地形的影响明显。主要河流均发源于西部、西北部和东南部山地，分别流往东、南、东南和东北方向，黄河、淮河、卫河和汉水为本省的四大水系。

河南省农业有悠久的发展历史，农业在全省国民经济中占很大比例，是我国重要农业生产基地。全省耕地面积 7 066 000 hm^2，大都是一年两熟，两年三熟也有一定比例，为中国重要粮棉产区。

河南省林地面积 1 730 000 hm^2，连同四旁植树，林木总覆盖率 12.9%，活立木总蓄积量 7000 万 m³。林木种类从常绿树到落叶树，从针叶林到阔叶林，呈现明显的南北兼容的过渡特征。木本植物共 1100 多种。全省天然草场面积不大，但随着牲畜从役用型向肉用型发展，牧草种植将会有一定规模的发展。

(三) 区 系 性 质

从理论上讲，每个物种都占有一定的空间和地理区域，没有两个物种的分布区域或空间地位绝对相同。每一特定地理区域，其生物区系由存在于本地区的所有物种组成，它反映了这一地区的共同分布特征，又体现了它的进化历史。通过研究某一地域的区系组成及其特点，探讨其与周围地区的关系，可以揭示当地区系来源及演替规律，明确物种分化形成途径。

1. 河南省异翅亚目昆虫的组成

目前，已知的河南省异翅亚目昆虫由 44 科组成，各科种的多度顺序如表 1 所示。其中前 5 个科共 252 种，占河南省已知异翅亚目昆虫种类的 58.1%，而其他 39 科仅占河南省已知蝽类的 41.9%。除盲蝽科、网蝽科外，各科的组成基本上反映了已知各科种类的组成比例。

表 1　河南省半翅目昆虫科级阶元数目统计

科	已知种类数量	占河南省已知蝽类的比例/%
蝽科	93	21.43
盲蝽科	60	13.82
猎蝽科	48	11.06
缘蝽科	30	6.91
同蝽科	21	4.84
龟蝽科	18	4.15
姬蝽科	14	3.23
地长蝽科	13	3.00
异蝽科	13	3.00
长蝽科	10	2.30
网蝽科	10	2.30

科	已知种类数量	占河南省已知蝽类的比例/%
扁蝽科	9	2.07
盾蝽科	9	2.07
土蝽科	8	1.84
姬缘蝽科	8	1.84
跷蝽科	7	1.61
蛛蝽科	6	1.38
花蝽科	5	1.15
红蝽科	5	1.15
仰蝽科	4	0.92
杆长蝽科	4	0.92
兜蝽科	4	0.92
蝎蝽科	3	0.69
划蝽科	3	0.69
荔蝽科	3	0.69
黾蝽科	2	0.46
负蝽科	2	0.46
跳蝽科	2	0.46
大眼长蝽科	2	0.46
翅室长蝽科	2	0.46
束长蝽科	2	0.46
大红蝽科	2	0.46
奇蝽科	1	0.23
水蝽科	1	0.23
尺蝽科	1	0.23
宽蝽科	1	0.23
蟾蝽科	1	0.23
固蝽科	1	0.23
细角花蝽科	1	0.23
臭虫科	1	0.23
莎长蝽科	1	0.23
梭长蝽科	1	0.23
狭蝽科	1	0.23
朱蝽科	1	0.23

2. 区系成分分析

具体到每个种而言，河南省异翅亚目不但具有典型的东洋种，如多变圆龟蝽 *Coptosoma variegatum* (Herrich-Schäffer)、角盾蝽 *Cantao ocellatus* (Thunberg)、短肩棘缘蝽 *Cletus pugnator* Fabricius，也有典型的古北种，如颗缘蝽 *Coriomeris scabricornis* Panzer、角红长蝽 *Lygaeus hanseni* Jakovlev、异须微刺盲蝽 *Campylomma diversicornis* Reuter。且这些种类在河南省多处可以采到，因此异翅亚目两区昆虫在河南省境内呈现出互相渗透、交错分布的现象。

3. 东洋、古北两界在河南省的分界

中原大部分地区地势比较平坦，对昆虫的分布阻障远没有西部那么明显，南方种和北方种彼此或多或少的互相渗透。究竟以何处为分界线比较合适，从 20 世纪 40 年代起，不少学者都有自己的看法和论据，分歧颇大。

从河南省蝽类昆虫来看，东洋性质成为主导的区系性质。古北东洋过渡成分也占一定比例，这一类型有明显的东亚特征，随着更多材料的支持，该类型可能有更大的动物区划意义。

章士美 (1963) 曾把秦岭以东的地区横向划分 5 条界线，即长城 (40°N 左右)、黄河 (35°N 左右)、淮河 (32°N~33°N)、长江 (30°N 左右) 及南岭 (25°N 左右)，此处作者将以这 5 个界线分别对相关种类河南省异翅亚目昆虫做出地理统计。

(1) 北限可达到长城以北的东洋种共 45 种，占 10.4%。例如，褐伊缘蝽 *Rhopalus sapporensis* (Matsumura) 的最北采集地为黑龙江的高岭子，而点蜂缘蝽 *Riptortus pedestris* Fabricius 的最北采集地为辽宁的沈阳和熊岳。

(2) 北限可达黄河以北，但基本不过长城的东洋种有 61 种，占 14.1%。例如，青革土蝽 *Macroscytus subaeneus* (Dallas) 的最北采集地为北京，稻棘缘蝽 *Cletus punctiger* Dallas 的最北采集地为北京、河北，淡带荆猎蝽 *Acanthaspis cincticrus* Stål 的最北采集地为北京的西山、河北的雾灵山，亮钳猎蝽 *Labidocoris pectoralis* (Stål) 的最北采集地为北京的西山、卧佛寺，天津的水上公园，黄足直头猎蝽 *Sirthenea flavipes* (Stål) 的北限为河南省的辉县、获嘉、延津、焦作、卢氏。南限可达长城以南，但基本不过黄河的古北种约占 1%。例如，长毛狭蝽 *Dicranocephalus femoralis* (Reuter) 的最南采集地为河南省的辉县。

(3) 北限可达淮河以北，但基本不过黄河的东洋种有 176 种，占 40.6%。例如，短翅迅足长蝽 *Metochus abbreviatus*(Scott)的北限为信阳、鸡公山，异稻缘蝽的最北采集地为信阳、固始。南限可达黄河以南，但基本上不过淮河的古北种占 11.9%。例如，茶褐盗猎蝽 *Peirates fulvescens* Lindberg 的最南采集地为信阳，亚蛛缘蝽 *Alydus zichyi* Horváth 的最南采集地为安阳、信阳。

(4) 南限可达淮河以南，但基本上不过长江的古北种有 66 种，占 15.2%。例如，宽肩直同蝽 *Elasmostethus humeralis* Jakovlev 的最南采集地为湖北的神农架，红楔异盲蝽 *Polymerus cognatus* (Fieber) 在我国的长江以北地区均有分布。

(5) 南限可达长江以南，但基本上不过南岭的古北种有 28 种，占 6.5%。例如，苇肿腮长蝽 *Arocatus melanosotomus* Scott 的最南采集地为浙江的天目山、湖南的南岳、江西

的庐山,褐奇缘蝽 *Derepteryx fuliginosa* (Uhler)的最南采集地为福建的建阳、江西的于都。

(6) 南限可达南岭以南的古北种有 16 种,占 3.7%。例如,白边光土蝽 *Sehirus niriemarginatus* Scott 的最南采集地为云南的呈贡,背匙同蝽 *Elasmucha dorsalis* Jakovlev 的最南采集地为广西的龙胜,广腹同缘蝽 *Homoeocerus dilatatus* Horváth 的最南采集地为广州。

从上述 6 种情况可以看出,过长城的东洋种占 10.4%。以长城为北限,黄河为南限的异翅亚目昆虫有 14.1%。以淮河为南限,黄河为北限的异翅亚目昆虫共有 40.6%。以淮河为北限,长江为南限的古北种有 15.2%。以长江为北限,南岭为南限的古北种有 6.5%。过南岭的古北种共有 3.7%。根据上述数据,在黄河、淮河之间的异翅亚目昆虫所占比例较大,且东洋种、古北种都有一定量的典型种类分布。对于河南省异翅亚目昆虫来讲,单独定某个界线为东洋、古北的分界线,都不符合现实,并且容易引起误解。因此,把淮河与黄河之间定为一个过渡区域,在淮河以南的多为东洋区种,黄河以北的多为古北区种。

值得指出的是昆虫的分布不仅受现代众多生物因子与非生物因子的影响,而且与历史上许多地理事件及古气候的变迁密切相关,可以预言,随着相关研究的进展,对河南省异翅亚目区系及演化规律的认识将更加全面。

各 论

次目检索表

1. 前翅多质地均一，不呈典型的半翅，无爪片缝 ······························· 2
   前翅多呈明显的半翅，具爪片缝 ······························· 3
2. 头部中央具横缢，明显分为前后两叶；单眼若有则着生在后叶上。复眼有时退化或缺如。陆生 ·····
   ································· 奇蝽次目 Enicocephalomorpha
   头部中央多无横缢，不分为两叶。复眼发达。水生 ············· 黾蝽次目 Gerromorpha
3. 触角短于头部，除蟾蝽科外，多折叠隐藏于头部腹面的凹陷中；背面观看不到触角或仅见其末端。
   大部分为水生，少部分为陆生 ····························· 蝎蝽次目 Nepomorpha
   触角一般长于头部，不隐藏于头部腹面的凹陷中。陆生 ······························· 4
4. 前翅膜片有 3~5 个封闭的翅室，无翅脉从这些翅室上伸出 ············· 细蝽次目 Leptopodomorpha
   前翅膜片无翅室或有 1~2 个翅室，若翅室多于 2 个，则有翅脉从这些翅室上伸出 ············· 5
5. 前翅膜片多具翅室。腹部腹板无毛点。爪具爪垫或无爪垫 ············· 臭蝽次目 Cimicomorpha
   前翅膜片多无翅室。腹部腹板具毛点。爪具爪垫 ············· 蝽次目 Pentatomomorpha

I 奇蝽次目 Enicocephalomorpha

一、奇蝽科 Enicocephalidae

体小型至中小型，色泽晦暗，头长，分前后两叶，前叶柱形，后叶球形。复眼显著；单眼着生在后叶球体前侧方；触角 4 节；喙 4 节；前胸背板分为 3 叶，有 2 横沟；前足胫节端部加粗，跗节 1~2 节，各足具 1~2 爪；前足基节窝向后开口；前翅完全膜质。奇蝽为捕食性天敌昆虫，多生活于隐蔽潮湿的环境。世界已知 55 属 405 种，中国已知 4 属 7 种，河南省已知 1 属 1 种。该科为河南省新记录科。

(一) 沟背奇蝽属 *Oncylocotis* Stål, 1855

Oncylocotis Stål, 1855a: 44. Type species by monotypy: *Oncylocotis nasutus* Stål.

体毛浓密，前胸背板中叶中央具纵沟，其两侧还有"Y"形沟各 1 个，后叶后缘两侧平直，在中间折线形，折向前方。该属为河南省新记录属。

1. 褐沟背奇蝽 *Oncylocotis shirozui* Miyamoto, 1965 (图 10，图版 I-1)

Oncylocotis shirozui Miyamoto, 1965d: 298; Ren, 1981: 371; Kerzhner, 1995: 3.

形态特征　**体色**　褐色。头背面，触角第 1、第 2 节，前胸背板前叶、后叶，小盾片褐色；复眼黑褐色；触角第 3、第 4 节，前胸背板中叶，各足 (爪除外)，前翅、后翅浅褐色；前翅 (脉纹除外)、后翅半透明。

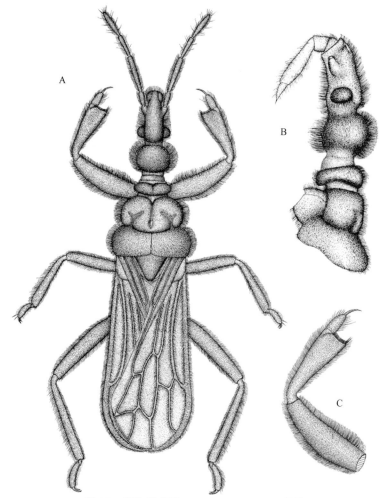

图 10　褐沟背奇蝽 *Oncylocotis shirozui* 结构

A. 体背面 (habitus)；B. 头前胸侧面 (head and prothorax, lateral view)；C. 前足 (基节、转节缺) (fore leg, without coxa and trochanter)

结构　体密被长毛，绝大部分长毛长度可超过触角第 1 节。头后叶球状突起上、前胸背板中叶上的长毛甚至长于复眼直径。体细长，体壁骨化程度弱。头在复眼后方有 1 显著横沟，将头分成 2 部分。头前叶圆柱形，头后叶球形，直径稍大于两复眼外缘间距。

触角基发达，明显可见；触角 4 节，第 1 节最短，伸达头末端，第 2 节最长，第 4 节纺锤形，长度与第 3 节接近，有第 2 节长度的 2/3 左右。头后叶后方颈部显著，光泽无毛。喙第 1 节粗壮，极短，第 2 节特别长，达复眼中部，第 3 节，长度和第 1 节接近，锥状，末端尖锐。头腹面后叶前方在横沟及稍后位置具 1 薄片状纵脊，几乎透明。前胸背板被 2 条深横沟分为 3 叶。前叶短小，仅比头后叶略宽，具浅纵沟，两侧边缘弧形；中叶最长，中部不隆出，侧缘弧形，纵沟显著，与前方横沟共同形成 "Y" 形，向后至后方横沟前显著加宽，变浅，不达后方横沟；纵沟侧方各有 "Y" 形凹陷，仅向后和横沟相连。后叶短，宽于中叶，具弱纵脊，侧缘弧形，后缘两侧直，纵脊后最为内收。小盾片三角形，平，末端圆钝。前翅明显超过腹末，完全膜质，脉纹处略加厚，翅脉两侧毛显著，长而弯，翅室上毛极短，绒状。胸部侧板显著退化，前胸侧板和背板界限不清，前胸背板后叶向下延伸至基节臼后方，使得前足基节臼后方开放，中胸侧板和后胸侧板极为退化，在基节臼上方形成狭片状。前足胫节末端纵扁，显著加宽，背侧着生跗节，腹侧边缘具 7 个长短不一的刺突，内缘着生 1 排整齐的栉状刚毛。跗节 1 节，末端生 2 个大小不等的爪，内侧的 1 个显著粗大，外侧的细弱，长度只有前者的 2/3。中足、后足胫节正常，跗节 2 节，第 1 节极短；爪 2 个，大小对称。腹部末节腹面中央具 1 大型圆形凹陷构造。

量度　体长 5.3 mm，体宽 1.4 mm。头长 1.4 mm，宽 0.6 mm；头前叶长 0.83 mm，头后叶长 0.60 mm (包括颈部)；前胸背板长 1.3 mm，宽 1.4 mm；前翅长 3.3 mm，宽 1.4 mm；小盾片长 0.40 mm，宽 0.67 mm；触角各节长 I：II：III：IV=0.22：0.61：0.42：0.43 mm；喙各节长 I：II：III：IV=0.12：0.13：0.64：0.18 mm。

分布　河南 (桐柏)；四川、台湾。

简记　本种名中文学名曾被称为沟背奇蝽 (印刷错误为沟背奇猎蝽) (萧采瑜等，1981)。该种为河南省新记录种。

II　黾蝽次目 Gerromorpha

科 检 索 表

1. 体细长；头长为宽的 3 倍以上；眼远离头的后缘 ···························· **尺蝽科 Hydrometridae**
   体不细长；头长至多为宽的 3 倍；眼靠近或接触头的后缘 ··································· 2
2. 爪着生于跗节最端处，跗节末端不分裂 ··································· **水蝽科 Mesoveliidae**
   爪着生于跗节末端前方，跗节末端分裂 ··· 3
3. 喙 3 节。头部背面中央具明显的纵凹。后足股节常粗于中足股节 ·················· **宽蝽科 Veliidae**
   喙 4 节。头部背面中央无纵凹。后足股节常细于中足股节 ···················· **黾蝽科 Gerridae**

二、水蝽科 Mesoveliidae

水蝽科昆虫体微小至小型，3~6 mm；活时多为黄绿色，储藏标本绿色常褪去；头部和胸部侧腹面具有拒水毛层。触角 4 节，喙 3 节，复眼较大，单眼 2 个。前胸背板较发达，中部横缢不明显，后缘多平截；中胸小盾片外露；前翅翅脉少，常具无翅类型；中足、后足较长，跗节 2 节。长翅型个体的第一腹节中背片有 1 对纵脊；射精管基部具膨大的球状构造。

该科昆虫生活于静水或溪流中或水体旁边的植物或飘浮的枝叶上，均为捕食性，以小型节肢动物为食。可在水面上迅速爬行。有些热带种类生活于林下的地被物间，部分种类有穴居习性。

全世界已知 12 属 46 种，中国已知 1 属 2 种，河南省已知 1 属 1 种。该科为河南省新记录科。

(二) 原水蝽属 *Mesovelia* Mulsant et Rey, 1852

Mesovelia Mulsant & Rey, 1852: 138. Type species: *Mesovelia furcata* Mulsant et Rey. Monotypic.

原水蝽属是水蝽科最常见的一个大属，分布较广。中国已知 2 种：背条原水蝽 *M. vittigera* Horváth 和日本原水蝽 *M. japonica* Miyamoto。该属为河南省新记录属，目前仅知广布种背条原水蝽 1 种。

2. 背条原水蝽 *Mesovelia vittigera* Horváth, 1859

Mesovelia vittigera Horváth, 1895: 160; Anderson, 1995: 78; Polhemus, Jansson & Kanyukova, 1995: 78.

Mesovelia orientalis Kirkaldy, 1901: 804; Takara, 1957: 59; Miyamoto & Lee, 1963: 34; Miyamoto, 1964: 199.

Mesovelia proxima Schouteden, 1905: 388.

形态特征　体色　淡灰黄色。复眼、单眼及喙第 3 节褐黑色至黑褐色；触角第 4 节、前翅革质部分和翅脉、第 2 跗分节暗黑色至黑褐色；前胸背板后叶、各足上的粗刚毛、第 1 跗分节基部暗褐色；触角 1~3 节褐色；前翅膜质部分半透明，灰白色。

结构　体小，长椭圆形；身体腹面密被粉白色拒水毛。喙较细长，末端尖锐，伸达中足基节中后部；触角第 2 节最短，第 1、第 3、第 4 节近等长；单眼间距大于单眼与复眼之间的距离。前胸背板近梯形，前叶中部有两个凹陷，后叶圆鼓，侧角钝圆，后缘近直；小盾片端部弧圆；各足近等粗，股节和胫节稀布较粗刚毛；前翅爪片不发达，翅脉分布靠前缘，膜片无脉，达到或略超过腹部末端。

量度　体长 3.3 mm，宽 1.1 mm。

生物学特性　可在流水中采到，具趋光性；7 月初至 8 月中旬可以在河南省采到该蝽的成虫，但在河南省的详细生活史尚待观察。

经济意义　食物主要是水生昆虫。

分布　河南 (许昌、郑州、漯河)；西北、西南、台湾；古北区、东洋区、澳洲区许多国家。

简记　该种为河南省新记录种。

三、尺蝽科 Hydrometridae

体形多细长呈杆状，中型、大型或小型，体长为2.7~22 mm。头部强烈延长；复眼较小，着生于头的近中部；喙细长，3节，第1节和第2节短小；触角4节，第4节末端有一明显的凹陷。前胸背板多近长方形，少数种类中向后呈三角形延伸；翅脉简单；足多细长，着生处偏于两侧。雌、雄外生殖器构造均较简单。

全世界已知7属126种，中国已知1属8种；河南省仅知1属1种。

（三）原尺蝽属 *Hydrometra* Latreille, 1796

Hydrometra Latreille, 1796, Precis Carac. Gen. Ins., p.86. Type species: *Cimex stagnorum* Linnaeus. Designated by Latreille, 1810, Consid. Gen., p. 434.

体中型到大型，形近杆状。前胸背板延长，前叶和后叶分界不明显，后缘平截；足细长，可以在水面迅速爬行。河南省目前仅记录白纹原尺蝽1种。

3. 白纹原尺蝽 *Hydrometra albllineata* (Scott, 1874) (图版 I-2)

Limnobates albllineata Scott, 1874: 447.

Hydrometra albllineata: Hungerford & Evans, 1934: 74; Takara, 1957: 59; Miyamoto & Lee, 1963: 46; Miyamoto, 1964: 212; Andersen, 1995: 83.

Hydrometra vittata (non Stål): Matsumura, 1904: 185. Misidentification.

Hydrometra greeni var. *suensoni* Hungerford & Evans, 1934: 110. Nomen nudum.

形态特征 体色 灰褐色。复眼、领、前胸背板后部两侧的斑纹、各足股节端部、胫节端部及跗节黑褐色至褐黑色；前胸背板纵纹和头前叶上的纵纹黄白色至灰白色；头端部、喙、各足大部黄色至黄褐色；前翅上的纵纹灰白色至银白色；腹部背板红褐色，闪光；腹部腹面近侧接缘处有暗色纵纹。

结构 有长翅型、短翅型和无翅型。头部很长，前端略膨大，眼前区长于眼后区的2倍；复眼大，复眼直径大于复眼间距；触角4节，细长，约等于体长之半，第1节最短，第3节最长；喙细长，伸达眼后区中部。前胸背板后叶具刻点，端部中央和两侧隆起；足细长，有短绒毛，基节和转节短，股节、胫节特别细长；跗节3节，第1和第3节短，第2节长于第1和第3节之和，2爪。腹部侧接缘向上略翘，第8分节背板末端锥状，向后突出。

量度 体长15.5~15.7 mm，宽0.89~0.94 mm。

卵 长约1 mm，包括卵柄在内为2.2 mm左右，灰褐色，细长枣核形，前端为呼吸管，后端为卵柄，卵壳上并有一些纵纹和细小横纹。

若虫 共5龄，各龄触角均为4节，前4龄腹部末端上翘，5龄腹部末端平伸。1龄若虫淡褐色或褐绿色，复眼红色；体长1.5~1.8 mm。触角约与体等长，喙伸达腹部第

1 节。2 龄若虫淡绿色或淡褐色，复眼红色；体长 2.5~3 mm；触角约等于体长的 5/6，喙伸达中足基节间。3 龄若虫淡绿色，复眼紫色；体长 4.5~5 mm；触角约等于体长的 4/5，喙伸达前足基节之后。翅芽短小，伸达后胸背板中部。4 龄若虫淡褐绿色，复眼紫色；体长 7~8 mm；触角约等于体长的 2/3，喙伸达前足基节之后，翅芽伸达腹部第 1 节前缘。5 龄若虫体长 10~12 mm，淡褐绿色，复眼黑色；触角约等于体长之半，喙长不到前足基节处，翅芽伸达腹部第 2 节的前半部。

生物学特性　江西南昌一年 4 代，有世代重叠现象。以成虫在向阳避风的河边、塘边枯草丛或土缝等处越冬。翌年 3 月上旬、中旬爬出活动，6 月上旬产卵，7 月上旬第 1 代成虫羽化，中旬产卵。第 2 代成虫于 8 月上旬、中旬羽化，8 月中旬、下旬产卵。第 3 代成虫 9 月中旬、下旬羽化，9 月下旬、10 月上旬产卵。第 4 代成虫 10 月下旬、11 月上旬羽化，11 月中旬开始越冬。

各虫态历期：南昌第 1 代卵期为 7~10 d，1 龄期 4 d，2 龄期 4 d，3 龄期、4 龄期、5 龄期各 5 d，整个若虫期约 23 d。第 2、第 3 代卵期 6 d，若虫期各 20 d 左右。第 4 代卵期 7~10 d，若虫期约 23 d。成虫产卵期 10 d 左右。该蝽可多次产卵，每次 20~50 粒，卵产在水面或水边的草叶等物体上，常以卵柄固定，竖立或悬挂，也有少数平放。

经济意义　捕食蚜虫、飞虱和叶蝉等的小若虫和卵，并能吸食漂浮在水面的蚜虫、叶蝉、飞虱、蝇类、蜉蝣等虫尸的汁液。

分布　河南 (潢川)；湖北、湖南、江苏、江西、四川、上海、台湾、广东；日本、朝鲜。

四、黾蝽科 Gerridae

黾蝽科昆虫微型到大型，体长为 1.7~40 mm，一般为 10~20 mm；形多狭长；体色多灰暗；体表被有银灰色或金黄色拒水毛。头短宽，复眼发达，喙较短，触角 4 节，第 1 节较长。前胸背板无领；翅具多型现象；长翅型种类前胸背板发达，向后延伸，遮盖中胸背板及后胸背板；无翅的个体中胸最发达，腹部变小；前足特化，中足、后足甚长。阳茎结构较为复杂，对称或不对称；产卵器不同程度地退化。

大多数种类生活在各种水体表面，活动敏捷，以落入水中的昆虫或其他水生昆虫为食，卵多产于漂浮于水面的物体上。

全世界已知 67 属 751 种，中国已知 18 属 75 种；按照河南省的地理位置，该科至少应有 15 种以上，但河南省目前仅记载 1 属 2 种。

(四) 大黾蝽属 *Aquarius* Schellenberg, 1800

Aquarius Schellenberg, 1800: 25. Type species: *Aquarius paludum* Schellenberg [nec Fabricius, 1794], a junior synonym of *Cimex najas* de Geer, 1773. Designated by Kirkaldy, 1906: 155.

体中型到大型，体多暗黑。部分种类具翅的多型现象，前足较发达。河南省仅知 2 种。

种 检 索 表

1.　体长在 20 mm 以上，侧接缘黄色···长翅大黾蝽 *A. elongatus*

　　体长在 20 mm 以下，侧接缘黑褐色有淡色斑····································圆臀大黾蝽 *A. paludum*

4. 长翅大黾蝽 *Aquarius elongatus* (Uhler, 1879) (图版 I-3)

Limnotrechus elongatus Uhler, 1897: 273.

Gerris mikado Kirkaldy, 1899: 89.

Aquarius elongatus: Anderson, 1995: 98; Chen, 1999: 11; Aukema & Rieger, 1995: 98.

　　形态特征　体色　黑褐色至褐黑色。前胸背板前叶的纵纹、前胸背板后叶两侧、侧接缘边缘黄色。

　　结构　体大型，较狭长，身体腹面密被银白色短毛。前胸背板发达，后叶长约为前叶长的 3 倍，各足长而直，前足股节较粗壮。腹部细长，两侧近平行；末端的刺突长而尖，超过腹部末端。雄虫第 8 腹节大，腹面中线两侧具凹陷；生殖节呈椭圆形突起状；抱握器棒状，较小。

　　量度　体长 20~22.5 mm (♂)，21.7~26.6 mm (♀)；胸部宽 3.8~4.3 mm (♂)，4.4~5.1 mm (♀)；前足股节长 7.2~7.5 mm (♂)，6.7~7.6 mm (♀)；前足胫节长 6.2~6.5 mm (♂)，6.3~7.1 mm (♀)；中足股节长 19.4~21.7 mm (♂)，19.7~23.5 mm (♀)；中足胫节长 11.8~13.3 mm (♂)，12.3~13.9 mm (♀)；后足股节长 17.5~18.9 mm (♂)，17.7~20.1 mm (♀)；后足胫节长 12.2~12.5 mm (♂)，12.8~13.1 mm (♀)；腹部宽 2.8~3.0 mm (♂)，2.8~3.1 mm (♀)。

　　分布　河南 (全省各地)；山东、湖北、江西、浙江、四川、福建、台湾、广东、海南；日本、朝鲜。

5. 圆臀大黾蝽 *Aquarius paludum* (Fabricius, 1794) (图 11，图版 I-4)

Gerris paludum Fabricius, 1794: 188.

Hydrometra japonica Motschulsky, 1866: 188.

Gerris fletcheri Kirkaldy, 1901: 51.

Cylindrostethus bergrothi Lindberg, 1922: 16.

Gerris (*Hygrotrechus*) *paludum* ab. *dermarginata* Puschning, 1925: 90.

Gerris uhleri Drake & Hottes, 1925: 69.

Gerris paludum palmonii Wagner, 1954: 205.

Gerris paludum insularis (non Motschulsky): Miyamoto, 1958: 118. Misidentification.

Aquarium paludum: Yang, 1985: 211.

Aquarius paludus paludus: Anderson, 1995: 98.

Aquarius paludum: Chen, 1999: 11. Zhang & Liu, 2009: 38.

　　别名　大黑水黾、水黾。

　　形态特征　体色　黑褐色至褐黑色。触角及各足黄褐色；前胸背板黑色，后叶有时呈红褐色，后叶两侧边缘略带黄色；前翅褐色至黑色；前足股节外侧有 1 黑色纵纹，各足胫节端半部色较深。

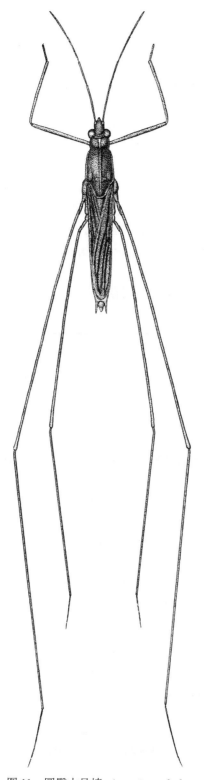

图 11　圆臀大黾蝽 *Aquarius paludum*

　　结构　较粗壮，具长翅型与短翅型个体。身体腹面及侧面密被银白色拒水毛。雄虫的侧接缘刺突细长，明显超过腹部末端；雌虫的侧接缘刺也超过腹部末端且常弯曲。载肛突长椭圆形，端部钝圆。

　　量度　体长 11.0~15.3 mm (♂)，12.7~17.4 mm (♀)；胸部宽 2.3~2.9 mm (♂)，2.6~3.1 mm (♀)；前足股节长 3.2~3.6 mm (♂)，3.5~3.9 mm (♀)；前足胫节长 3.1~3.4 mm (♂)，3.2~3.6 mm (♀)；中足股节长 9.4~9.8 mm (♂)，9.7~11.2 mm (♀)；中足胫节长 7.2~7.9 mm (♂)，8.3~8.9 mm (♀)；后足股节长 10.2~11.5 mm (♂)，10.8~12.1 mm (♀)；后足胫节长 6.2~6.5 mm (♂)，6.3~7.1 mm (♀)。

　　经济意义　生活在水面上，捕食落在水面上的蝇类、飞虱、叶蝉等小型昆虫。

　　分布　河南 (全省各地)；辽宁、吉林、黑龙江、北京、河北、江苏、江西、浙江、福建、台湾、广东；朝鲜、日本、泰国、缅甸、越南、印度、欧洲各国。

　　简记　此种为广布种，不同地区的个体在结构与颜色上略有变异。

五、宽蝽科 Veliidae

　　宽蝽科昆虫微型到中型，体长为 1.0~10 mm，体壁坚固。多在各种自然水体表面生活。体表密被微小绒毛，头较短宽，复眼显著，单眼退化。触角窝位于眼下方，背面不可见。喙 4 节，第 1、第 2 节短，第 3 节最长。前胸背板极度向后扩展。中足、后足基节左右距离较远，喙沟不明显。全世界目前已知 61 属近 962 种。河南省仅知 1 属 1 种。该科为河南省新记录科。

(五) 小宽蝽属 *Microvelia* Westwood, 1834

Velia (*Microvelia*) Westwood, 1834: 647. Type species: *Microvelia pulchella* Westwood. Monotypic.

　　头三角形，复眼显著，靠近或几乎接触前胸背板前缘。缺单眼，触角第 1 节粗壮，伸过头前缘，触角第 2 节的端部和第 1 节触角粗细接近。喙伸达中胸腹板中部。前胸背板后缘呈 1 角状向后伸展。前翅骨化程度很弱，仅翅脉略加厚。侧接缘翘明显，中足股节较长，后足股节略加粗。该属为河南省新记录属。世界已知 170 余种，我国已知 5 种，河南省已知 1 种。

6. 小宽黾蝽 *Microvelia douglasi* Scott, 1874
Microvelia douglasi Scott, 1874: 448; Andersen, 1995: 87.
Microvelia repentina Distant, 1903b: 174 (syn. Lundblad, 1933a: 348).
Microvelia singalensis Kirkaldy, 1903b: 180 (syn. Lundblad, 1933a: 348).
Microvelia kumaonensis Distant, 1909a: 500 (syn. Lundblad, 1933a: 348).
Microvelia samoana Esaki, 1928b: 67 (syn. Lundblad, 1933a: 349).

　　形态特征　体色　黑褐色至灰黑色，体表密被浓密白色短毛。触角及各足黄褐色；

前胸背板黑色 (前缘黄色横斑中部几乎被 1 黑色细纵纹分开)，后缘中域黑斑显著；前翅有数个不规则大斑；各节触角、头腹面、喙 (末节除外)、前胸背板侧角外侧腹面、各足基节臼、腹部腹面末端黄褐色。喙第 4 节、各足基节、转节淡黄色，中足、后足跗节第 1 节末端和第 2 节端半黑褐色，前足跗节第 1 节端半黑褐色。

结构　头部、前胸背板密被短刚毛。头部背面明显隆起，中部具 1 显著裸毛纵线，稍微下凹。头顶两侧靠近复眼位置有 4 个毛点毛，等距离间隔，呈外凸弧形排成 1 列。触角第 1 节末端约 1/3 伸出头前端。触角第 1 节最粗壮，长度与第 3 节基本相等，第 2 节最短，第 4 节最长。复眼较发达，单眼退化。喙伸达中胸腹板中部，距中足基节尚有一段距离。前胸背板微弱隆起，五边形，领较为明显，其后有 1 浅横沟；侧角圆钝，稍微向上隆起；中纵脊微弱，后方 1/3 几不可见；后缘中部极度向后延伸，至后足基节着生相应位置，末端圆弧形。前足跗节 1 节，中足、后足跗节均为 2 节，爪均从跗节近末端 (约 1/3 处) 位置伸出。前翅前缘有明显长毛外伸。腹部侧接缘上竖。前翅没有分化出爪片和膜片，表面质地似乎经过喷砂处理，不光亮。

量度　体长 1.8 mm，宽 0.9 mm。头长 0.5 mm，宽 0.3 mm；复眼间距 0.28 mm；触角各节长 I：II：III：IV=0.18：0.14：0.18：0.32 mm；喙各节长 I：II：III：IV=0.06：0.16：0.19：0.11 mm。前胸背板长 0.6 mm，宽 0.9 mm；前翅长 1.3 mm，宽 0.5mm。

分布　河南 (新乡)；湖北、福建、台湾、香港、四川、云南；日本、韩国、西太平洋岛屿。

简记　该种为河南省新记录种。

III　蝎蝽次目 Nepomorpha

科 检 索 表

1. 有单眼。复眼不呈柄状，小盾片平坦 ··**蚤蝽科 Ochteridae**
   无单眼 ··2
2. 喙短粗，不呈管状，锥形，分节不明显。前足跗节特化呈勺状 (图 8-I) ··········**划蝽科 Corixidae**
   喙较长，多少呈管状，分节明显。前足跗节不呈勺状 ··································3
3. 腹部末端具不能缩入体内的长呼吸管 (图 13-A、图 16-A) ··················**蝎蝽科 Nepidae**
   腹部末端无管状构造，或仅具极短而扁平的呼吸管 ··································4
4. 后足跗节末端无明显的爪。身体背面呈船底状，腹面中央具纵走隆脊。后足为发达的游泳足······
   ··**仰蝽科 Notonectidae**
   后足跗节末端具明显的爪。身体背面不呈船底状，腹面中央不具明显的纵走隆脊。后足不为明显的游泳足 ···5
5. 体小，长不足 3 mm。前翅鞘翅状，甲虫状，背拱圆 ··············**固蝽科 Pleidae**
   体大，长大于 3 mm。前翅半翅状，背多扁平 ··················**负蝽科 Belostomatidae**

六、蜍蝽科 Ochteridae

中小型，体长 4.5~9.0 mm。黑色，体表被细密短绒毛。卵圆形，扁平。头部横宽。复眼硕大，肾形，内缘凹入明显。具单眼。喙细长，第 3 节最长。触角 4 节，基部 2 节较粗短，端部 2 节细长；前翅中裂与前缘裂显著，共同形成 1 完整弧形裂缝结构。膜片具几个大型翅室，不呈网状。前足、中足跗节 2 节，后足跗节 3 节。雄虫生殖节左右不对称，右侧抱器退化。产卵器退化。水滨地带生活。世界已知 3 属 68 种，我国已知 1 属 1 种。

（六）蜍蝽属 *Ochterus* Latreille, 1807

Ochterus Latreille, 1807: 142. Type species by monotypy: *Acanthia marginata* Latreille.

卵圆形，背面圆鼓，体壁坚实。体色晦暗，复眼后缘内侧和下方各有 1 无小眼区域。前胸背板密布较深的刻点，侧缘薄边状。

7. 蜍蝽 *Ochterus marginatus* (Latreille, 1804)

Acanthia marginatus Latreille, 1804: 242.

Ochterus marginatus Jaczewski, 1934: 602~605; Kormilev, 1971: 433~436; Polhemus, Jansson & Kanyukova, 1995: 25; Li & Liu, 2009: 52.

形态特征　体色　黑色。触角基部 2 节、唇基、喙端部、前胸背板侧缘及中部前凹部分、前翅前缘斑块、各足 (基节除外) 黄褐色。各足基节、爪黑褐色。

结构　卵圆形，表面绒状。头半垂直，表面密布大致为横向的刻纹，额和头顶区纵向中线微隆起。单眼位于头顶后缘，相对靠近复眼。复眼大，表面有金属光泽，后缘覆盖前胸背板前缘少许。喙基部 2 节极为粗短，第 3 节基半粗大，端半细长，伸达后足基节。前胸背板密布刻点，侧缘扁薄，前叶窄，后叶明显宽大，后缘不成 1 条直线。小盾片表面圆隆，相对较大。革区刻点显著。体腹面扁平，密布淡色绒毛，胸部腹板具刻点。爪略弯曲。

量度　体长 4.4~5.5 mm，宽 2.4~2.9 mm。头宽 1.5~1.7 mm。触角各节长 I：II：III：IV=0.11：0.12：0.21：0.27 mm。前胸背板长 0.90~1.13 mm，宽 1.45~1.53 mm。

分布　河南；河北、北京、天津、内蒙古、江苏、福建、四川、贵州等。

七、负蝽科 Belostomatidae

负蝽科昆虫体扁，长 9~110 mm，卵圆形至长卵圆形。前足为捕捉足，中后足为游泳足，腹末具短呼吸管。触角多为 4 节，第 2~3 节具侧突，部分种类第 4 节也具突起。前足跗节 2~3 节，爪 1 个，中后足具游泳毛，爪 2 个。腹部第 8 节背板特化为呼吸管。

此科昆虫特别之处在于雌虫产卵于雄虫身体背面，后者保护卵至孵化。

世界上已知 9 属 160 种，我国已知 3 属 7 种，河南省已知 2 属 2 种。

亚科检索表

1. 腹部 3~7 节具中片及成对的侧片，侧片上具纵行沟缝，但不在中部穿过，该缝可伸达第 7 腹节中片端部附近……………………………………………………………………渤负蝽亚科 Lethocerinae

至少第 6 节腹板侧片中部具纵行沟缝，该缝可伸达第 7 腹节侧片内角附近……………………………………………………………………………………负蝽亚科 Belostomatinae

负蝽亚科 Belostomatinae

(七) 负蝽属 *Diplonychus* Laporte, 1833

Diplonychus Laporte, 1833, Mag. Zool. 2 (suppl.): 18. Type species: *Nepa rustica* Fabricius.

Sphaerodema Laporte, 1833, Mag. Zool. 2 (suppl.): 18.

Atomya Spinola, 1850, Rhyn. Fab., Rhyn. Burm. p.48.

Cyclodema Dufour, 1863, Ann. Soc. Ent. Fr. (4) 3: 397.

Nervinops Dufour, 1863, Ann. Soc. Ent. Fr. (4) 3: 398.

Nectocoris Mayr, 1871, Ver. Zool.-Bot. Ges. Wien 21: 432.

鉴别特征：体中型，褐黄色，背部平滑具光泽；头钝三角形，小颊不在头中叶前愈合，喙第 2 节最长且较第 1 节略粗；前胸背板侧缘直，呈薄边状。

8. 褐负蝽 *Diplonychus rusticus* (Fabricius, 1776) (图 12，图版 I-5)

Nepa plana Sulzer, 1776: 92.

Nepa rustica Fabricius, 1781: 333.

Appasus marginicollis Dufour, 1863: 393.

Dyplonychus indicus Venkatesan & Rao, 1980: 299.

Sphaerodema rustica : Yang, 1985: 215.

Diplonychus rusticus: Polhemus, 1994: 692; Polhemus, Jansson & Kanyukova, 1995: 20.

别名　褐负子蝽、锈色负子蝽、负子蝽。

形态特征　体色　褐色；复眼黑色。

结构　卵形。背面较平坦，腹面稍凸出，略如船底形。头部尖，复眼钝三角形。前胸背板显著宽于头部，侧缘具宽薄边，小盾片三角形，较大。前翅整齐地覆盖在身体背面，膜片上脉纹较简单。前足特化为捕捉足，具 1 爪，中足、后足有游泳毛，具 2 爪。腹部末端有短呼吸管。抱器细杆状，端部尖，稍螺旋扭曲。

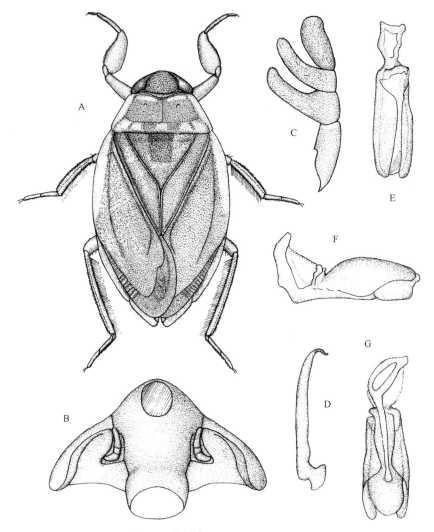

图 12　褐负蝽 *Diplonychus rusticus*

A. 体背面 (habitus)；B. 头腹面 (venter of head)；C. 触角 (antenna)；D. 抱器 (paramere)；E. 阳茎背面 (phallus, dorsal view)；F. 阳茎侧面 (phallus, lateral view)；G. 阳茎腹面 (phallus, ventral view)

量度　体长 15~17 mm，宽 9~11 mm。

卵　淡褐绿色，假卵盖褐色；腰鼓形；长 1.8 mm，宽 1 mm 左右。

若虫　有 5 龄。1 龄褐色，有许多黑色和淡黄色的点刻，复眼黑色，扁平，体长 4 mm、宽 2.5 mm 左右。2 龄体色同 1 龄，体长 6 mm、宽 6 mm 左右。3 龄黄褐色，复眼黑色，腹部背板中央褐色，边缘部分褐与淡黄相间，足黄褐色，体长 8 mm、宽 5.2 mm 左右。4 龄褐色，复眼紫黑色，中胸、后胸背板及腹部背板深褐色，腹部边缘褐与淡黄相间，体长 10 mm、宽 6.5 mm 左右。5 龄褐绿色，复眼紫黑色，腹部背面中央色较深，体长 13.5 mm、宽 8.2 mm 左右。

生物学特性　江西南昌一年 2 代，以成虫在池塘、河流、湖泊等水域的底层泥中越冬。翌年 3 月上旬爬出活动，4 月下旬开始产卵，5 月中旬孵化。5 月上旬是越冬成虫的产卵盛期，7 月中旬死亡。7 月下旬一代成虫盛羽，8 月下旬产卵。一般在 10 月下旬，2 代成虫羽化，11 月中旬开始越冬。第 1 代早批卵期 20 d，若虫期为 57 d，晚产的卵，由于温度逐渐升高，卵期和若虫期相应缩短，6 月上旬卵期缩短为 15 d，若虫期 44 d。第 2 代卵产出时水温较高，卵期 12 d，若虫期为 48 d。越冬代成虫寿命 8 个月左右，产卵期长达 75 d。负子蝽一般生活在浅水域的底层，喜欢在水草丛中游划觅食。它的产卵方式特别，雌虫把卵产在雄虫的背上，并分泌一种胶质黏着。卵分批产出，每批间隔数小时至 2 d，有的雄虫背上有 3 批卵。由于分批产出，所以也就分批孵化，前后相距 3~4 d。雄虫背上负的卵量多少不等，19 粒至 100 粒左右。成虫趋光性强。

经济意义　捕食性昆虫，本身又是鱼类的食料。除能捕食孑孓、水生半翅目若虫、豆娘稚虫、蜻蜓稚虫等水生昆虫外，还捕食水中其他节肢动物，如丰年虫等，有时捕食椎实螺、扁卷螺等软体动物，也会捕食少量孵化不久的鱼苗。

分布　河南 (信阳)；辽宁、河北、山西、江苏、上海、安徽、湖北、浙江、江西、湖南、四川、福建、广东；缅甸、孟加拉国、斯里兰卡、菲律宾、印度尼西亚、大洋洲。

㳠负蝽亚科 Lethocerinae

(八) 㳠负蝽属 *Lethocerus* Mayr, 1809

Belostoma Latreille, 1809: 384.

Iliastus Gistel, 1848: 149.

Lethocerus Mayr, 1853: 17. Type species: *Lethocerus cordofanus* Mayr.

Amorgius Stål, 1866: 179.

Montandonista Kirkaldy,1901: 6.

Kirkaldia Montandon, 1909: 138.

鉴别特征：体型极大，长卵圆形；触角 2~4 节背生指状突起；后足胫节、跗节极扁平；呼吸管较长，内缘基本相接。

9. 大㳠负蝽 *Lethocerus* (*Lethocerus*) *deyrolli* (Vuillefroy, 1864) (图 13，图版 I-6)

Belostoma deyrolli Vuillefroy, 1864: 141.

Belostoma deyrollei Mayr, 1871: 424.

Belostoma aberrans Mayr, 1871: 424.

Belostoma boutereli Montandon, 1895: 471.

Kirkaldyia deyrollei: 杨明旭，1985: 215.

Lethocerus (*Lethocerus*) *deyrolli* (Vuillefroy, 1864): Polhemus, Jansson & Kanyukova, 1995: 22.

Lethocerus deyrolli: Liu & Ding, 2009: 44.

别名　大田鳖、大田鳖蝽、田鳖、大鳖负蝽。

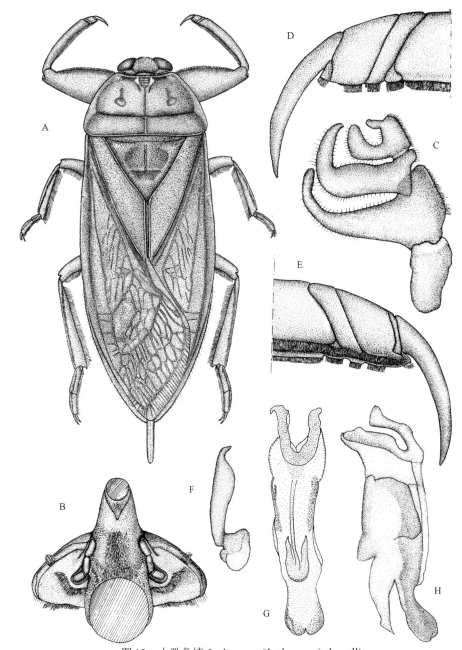

图 13　大沼负蝽 *Lethocerus* (*Lethocerus*) *deyrolli*

A. 体背面 (habitus)；B. 头腹面观 (venter of head)；C. 触角 (antenna)；D. 前足跗节内侧 (fore tarsa, inner side)；E. 前足跗节外侧 (fore tarsa, outer side)；F. 抱器 (paramere)；G. 阳茎背面 (phallus, dorsal view)；H. 阳茎侧面 (phallus, lateral view)

形态特征　**体色**　浅褐色至深褐色；复眼棕色至黑色，小盾片暗褐色。

　　结构　体长圆形，略扁；头小，略呈三角形，喙短。前胸背板发达，梯形，具宽薄边，中央有 1 纵纹，2/3 处有 1 横沟；小盾片三角形，较大；革片前缘域略淡，膜片基半部略革质化，其上脉纹不甚明显，此区基部中域密被细毛，略呈长椭圆形，膜片端半部膜质，具清晰网状脉纹；前足发达，股节特别粗大，中足、后足有游泳毛；腹部腹面中央突起，两边平坦，腹部末端有 1 根短呼吸管。抱器较粗壮，近端部明显粗大，后渐细弯呈钩状，但不扭曲。

量度　体长 55~70 mm，宽 20~26 mm。

经济意义　大渤负蝽生活在较深的水中，捕食水生昆虫及小鱼，对养殖业有较大的害处。

分布　河南 (辉县、信阳)；辽宁、河北、山西、江苏、安徽、湖北、浙江、江西、湖南、四川、福建、广东、广西、海南；菲律宾、缅甸、印度、马来西亚、印度尼西亚。属东洋区系。

八、蝎蝽科 Nepidae

蝎蝽科昆虫体褐色，长卵圆形或圆筒形，体长 15~45 mm；触角 3 节，第 2 节具指状突；膜区脉纹网状；足长且细，跗节均为 1 节；前足为捕捉足；成虫后胸和若虫腹部臭腺缺失；腹部 4~6 节侧接缘气门附近各生 1 个圆片状平衡感器；腹末呼吸管达到或超过体长。

全世界现已知 15 属 268 种；中国已知 5 属 16 种；河南省已知 2 属 3 种。

亚科检索表

1. 腹板侧区扁平，不与侧接缘形成密闭构造；腹部侧接缘不被纵向划分；雌虫下生殖板较宽短，不伸出腹末，如呈三角形，则不呈龙骨状；体扁；中足基节间距大于基节宽度⋯⋯**蝎蝽亚科 Nepinae**
   腹板侧区内凹纵折，与侧接缘形成密闭构造；腹部侧缘被纵向划分为 3 片；雌虫下生殖板侧扁呈龙骨状或明显伸出腹末；体圆柱形；中足基节间距小于基节宽度⋯⋯⋯⋯**螳蝎蝽亚科 Ranatrinae**

蝎蝽亚科 Nepinae

(九) 壮蝎蝽属 *Laccotrephes* Stål, 1866

Laccotrephes Stål, 1866: 186; Polhemus et al., 1995: 14. Type species: *Nepa atra* Linnaeus.

鉴别特征：体灰暗，长椭圆形。头小，头顶多具中脊，被有稀疏长毛。复眼明显突出于头侧。触角 3 节，被有许多绒毛，第 2 节常有横向指状突起。喙 4 节，粗短。前胸背板近矩形，缢缩明显，中央有两条隆起的纵脊。小盾片发达，顶端具 2 个小窝。前翅爪片缝明显，革片常具微绒毛，膜片发达，翅脉明显。各足跗节 1 节；前足为捕捉足，股节基部腹面具 1 明显的指状突起，无爪；中足、后足较为细长，各具 2 爪，胫节、跗节腹面具长毛。腹部腹面中央纵向隆起脊状，第 4~6 腹节气门附近有明显的圆片状平衡器。腹末呼吸管长于体长。雄虫生殖节末端较钝，微隆起，雌虫下生殖板尖锐。

10. 日本壮蝎蝽 *Laccotrephes japonensis* Scott, 1874 (图 14，图版 I-7)

Laccotrephes japonensis Scott, 1874: 450; Polhemus, Jansson & Kanyukova, 1995: 15; Liu & Ding, 2009: 46.
Nepa spinigera Ferrari, 1888: 175; Montandon, 1898: 507.

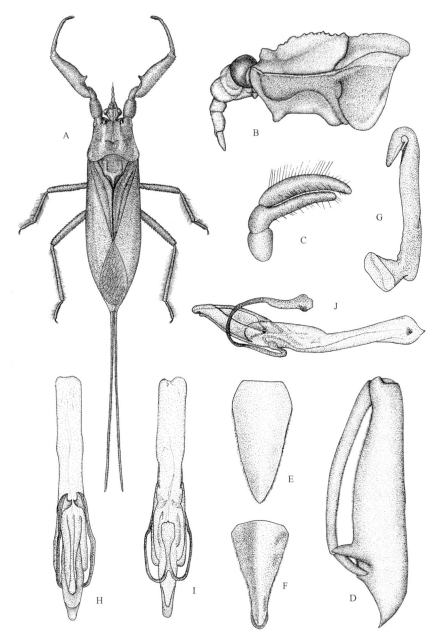

图 14 日本壮蝎蝽 *Laccotrephes japonensis*

A. 体背面 (habitus)；B. 头前胸侧面 (head and prothorax, lateral view)；C. 触角 (antenna)；D. 前足 (不包括基节、转节) (fore leg, excluding coxa and trochanter)；E. 雄虫生殖节 (genitalia, male)；F. 雌虫腹部末端腹面 (genitalia, female)；G. 抱器 (paramere)；H. 阳茎背面 (phallus, dorsal view)；I. 阳茎腹面 (phallus, ventral view)；J. 阳茎侧面 (phallus, lateral view)

形态特征　**体色**　身体绝大部分为褐色；喙第 3 节略带淡红色；后翅大部无色，翅脉浅褐色，腹部各节背板两侧橙红色，中部褐红色。

结构　头小，体壁粗糙，向前平伸；小颊粗大，位于头部侧叶前方，也向前伸；复眼大而突出；触角 3 节，第 2 节具指状突起，第 3 节朝向突起一侧略弯，整个触角可缩在复眼下后方头侧壁形成的凹陷内；喙 3 节，粗短，渐细；头部腹面具 2 个小突起，位于触角内侧；前胸背板梯形，体壁粗糙，前缘深凹入，其上生 2 个显著突起，位于复眼后方；侧缘内凹；后缘中部也内凹；两侧前角圆钝，向前伸出，两侧后角也圆钝，向后伸出；前胸背板在 2/3 处具清晰横缢，前叶中央具 2 纵脊，后叶侧角上也具 1 纵脊；前胸腹板具纵脊，脊上前后各有 1 隆突；小盾片上具 "U" 形脊；革爪较平整，前缘域略加厚；爪片也平整，宽大，爪片接缝明显长于小盾片；膜片不及腹部末端，上具网状脉纹；前足基节粗壮，关节活动范围甚大，向上可举过头顶，向后可平贴于前胸腹板下方凹陷中，腿节也粗壮，纵扁，腹面具凹槽，可容纳回折的胫节，凹槽内缘近基部具 1 粗大齿，齿基侧具 1 凹陷，可容纳跗节，跗节 1 节，爪缺失；中后足长，基节正常大小，胫节腹侧具 1 排长游泳毛，跗节也 1 节，上生 2 爪；腹部扁平，各节腹板中央具纵脊，呈龙骨状，腹板两侧区域凹入，各成一凹线，与龙骨平行。第 7 节腹板向后延伸，雄虫呈铲状，不及腹部末端，雌虫端部为矛状，及腹部末端；呼吸管柔软，与体长相近。

量度　体长 31~37 mm；体宽 8~10 mm；呼吸管长 28~35 mm。

卵　长 3.4~3.6 mm，乳白色或淡黄色，长椭圆形；卵前极前端略平，粗于后极，并有 7~8 根呼吸管。

生物学特性　成虫栖息于稻田、水塘中，雌虫产卵于水生莎草科等植物茎或叶脉组织中。

经济意义　可为害池塘水田中的鱼苗。

分布　河南 (新乡、信阳)；北京、台湾；朝鲜、日本。

(十) 螳蝎蝽属 *Ranatra* Fabricius, 1790

Ranatra Fabricius, 1790: 227; Douglas & Scott, 1865: 581; Hale, 1924: 510; Lundblad, 1933: 29; Larsen, 1938: 69; China, 1943: 280; China & Miller, 1959: 15; Hinton, 1961: 242; De Carlo, 1964: 133; Menke & Stange, 1964: 69; Poisson, 1965: 229; Lansbury, 1967: 641; Lansbury, 1972: 287; Polhemus et al., 1995: 17. Type species: *Ranatra linearis* (Linnaeus).

鉴别特征：　体长圆柱形，具呼吸管；前足基节长而突出，中后足基节小；前股长于前胸，其腹面具 1~2 齿状突起，自突起处向外具凹槽以容纳回折的胫节，凹槽缘生短毛；中后足远离前足，细长，胫节腹面具 1 排长毛；跗节均 1 节；前足爪缺失；复眼较大，球形；触角 3 节，藏于复眼下后方凹陷内；前胸背板具横缢，前叶长，其侧缘前方具浅沟；后侧角的前方侧缘也具浅沟；后缘深凹；前胸腹面具明显龙骨状突起；小盾片小，三角形，爪片和革片坚韧，膜片上具网状脉纹；各腹节背板平，第 1 节腹板不可见，第

2 节腹板小，位于后足基节间，3~6 节腹板具龙骨状突起，第 7 节腹板呈盖片状形成下生殖板。

种 检 索 表

1. 前足腿节腹面中部具 2 齿状突起 ··· 一色螳蝎蝽 *R. unicolor*
   前足腿节腹面中部具 1 齿状突起 ··· 中华螳蝎蝽 *R. chinensis*

11. 中华螳蝎蝽 *Ranatra chinensis* Mayr, 1865 (图 15，图版 I-8)

Ranatra chinensis Mayr, 1865: 446; Mayr, 1866: 191; Montandon, 1903: 102; Matsumura, 1905: 54; Distant, 1906: 21; Shiraki, 1913: 176; Esaki, 1915: 74; Hoffmann, 1930: 21; Lansbury, 1972: 301; Polhemus, Jansson & Kanyukova, 1995: 17; Liu & Ding, 2009 : 49.

Ranatra valida Stål: 136.

Ranatra pallidenotata Scott, 1874: 451.

形态特征　**体色**　通体褐色。复眼黑褐色；前胸腹板纵脊深褐色；革片前缘深褐色。

结构　复眼宽略小于两复眼内缘间距；小颊位于侧叶前方；前胸背板前叶具细绒毛，中央具 1 不大明显的纵脊，向后延伸至后叶，后叶上具很多浅横褶；前叶长约为后叶的 2 倍，两侧后角宽为两侧前角的 5/3~2 倍；前胸腹板具龙骨状突起，自横缢起向前逐渐显著，至端部隆起又不甚显著；后胸腹板较高，具不规则刻点；小盾片长约为宽的 2 倍，基部凸起，顶端具横纹；膜片伸达第 6 腹节背板后缘；前股中部略靠端部少许处具 1 长齿；近端部还有 1 不甚明显的小齿；后股略长于中股，在雄虫可伸达腹部第 6 节腹板后缘，在雌虫则略短；中足、后足间距均较腿节长，腹面具 2 排长毛；后足基节及后胸前侧片具长细毛；雌虫第 6 腹节简单，侧接缘向后端渐有扩展。

量度　体长 39~53 mm，体宽 4~5 mm，呼吸管长 35~54 mm。

卵　长 3.2 mm、宽 1 mm 左右，圆柱形，前端有 2 根长约 4 mm 的呼吸管。

若虫　体细长，棍棒形，褐色，复眼黑色。各龄体长 (不包括呼吸管) 如下：1 龄 6~8 mm，2 龄 12~14 mm，3 龄 19~21 mm，4 龄 30~32 mm，5 龄 6~38 mm。

生物学特性　在广东一年至少发生 2 代，在江西、河北等地，一年 1 代，以成虫在河流、湖泊、池塘等水域的底层泥中越冬。翌年 3 月下旬爬出活动，4 月中旬、下旬开始产卵。一般 6 月下旬至 7 月初，最早的在 6 月中旬，即羽化为成虫。越冬成虫在 7 月、8 月间死去。在春季卵期约 15 d，夏季高温季节为 1 周左右。若虫期为 33~60 d。成虫寿命达 1 年左右。中华螳蝎蝽生活在河流、湖泊、池塘、水田、沟渠等浅水域的底层，栖息深度为 1 m 左右或更浅，喜在水草丛中游划。卵散产，斜插在水生植物，如鸭舌草、节节草、稗、水竹叶等活的或腐朽的茎、叶组织中，前端外露。成虫在食物缺少、受到侵扰等情况下，也会爬出水面，飞往他处。

经济意义　食物主要是水生昆虫，最喜欢捕食孑孓，还捕食蜻蜓、豆娘稚虫，及其他水生半翅目昆虫，以及某些水生节肢动物，如丰年虫等，有时也捕食 2 cm 以下的鱼苗，大一点的鱼则可取食此种昆虫。

分布　河南 (罗山、信阳)；黑龙江、吉林、辽宁、河北、北京、山东、安徽、江苏、上海、湖北、浙江、江西、湖南、贵州、四川、福建、广东；朝鲜、日本、缅甸。属古北、东洋区系共有种。

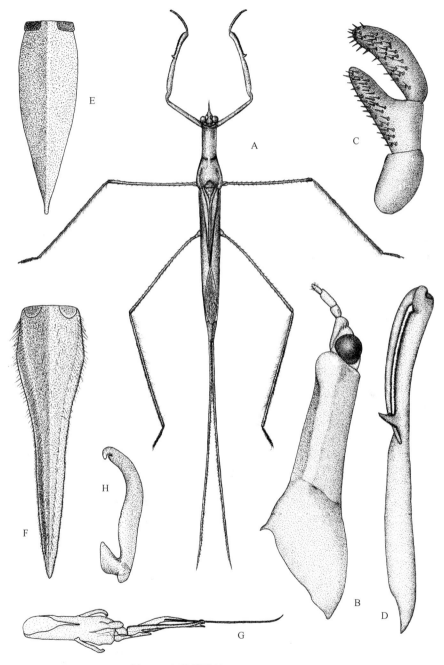

图 15　中华螳蝎蝽 *Ranatra chinensis*

A. 体背面 (habitus)；B. 头前胸侧面 (head and prothorax, lateral view)；C. 触角 (antenna)；D. 前足 (不包括基节、转节) (fore
leg, excluding coxa and trochanter)；E. 雄虫生殖节腹面 (genitalia, male)；F. 雌虫生殖节腹面 (genitalia, female)；G. 阳茎
(phallus)；H. 抱器 (paramere)

12. 一色螳蝎蝽 *Ranatra unicolor* Scott, 1874 (图 16，图版 I-9)

Ranatra unicolor Scott, 1874: 452; Kiritshenko, 1930: 436; Lansbury, 1972: 287; Polhemus, Jansson &
　　　Kanyukova, 1995: 18; Liu & Ding, 2009 : 50.

Ranatra brachyura Horváth, 1879: 150.

Ranatra sordidula Distant, 1904: 66.

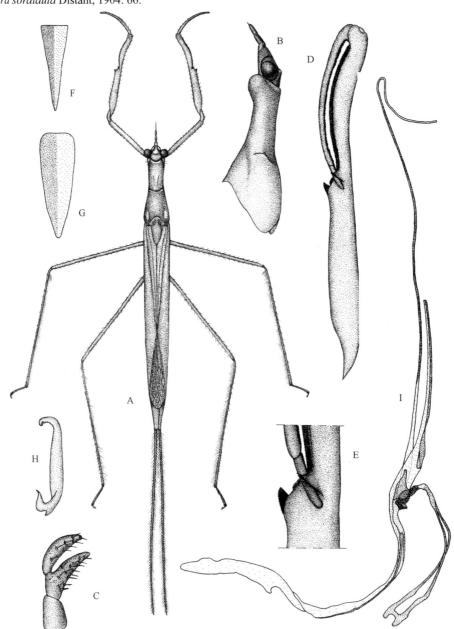

图 16　一色螳蝎蝽 *Ranatra unicolor*

A. 体背面 (habitus)；B. 头前胸侧面 (head and prothorax, lateral view)；C. 触角 (antenna)；D. 前足 (不包括基节、转节) (fore
leg, excluding coxa and trochanter)；E. 前足股节中部及跗节 (center of fore femora, enlarged)；F. 雌虫生殖节腹面 (genitalia,
female)；G. 雄虫生殖节腹面 (genitalia, male)；H. 抱器 (paramere)；I. 阳茎 (phallus)

形态特征　体色　通体淡黄色至黄褐色。复眼黑褐色；前胸背板前叶略淡于后叶；小盾片基部具 2 个暗褐斑；中足、后足腿节直立毛白色。

结构　头顶略高于复眼；前胸背板横缢清晰，前叶长约为后叶的 2 倍，两后侧角较两前侧角宽 1/3，前胸腹板前方具 1 宽大粗脊，向后渐宽圆，脊侧缘较平，向后端逐渐会聚于 1 个凹陷处；中胸腹板圆形且具光泽，后胸腹板平，端部最宽，基部收缩；中足基节间距宽于后足基节间距；小盾片长约为宽的 2 倍，基部前凹，前缘外侧具 2 个凹陷，朝向顶端；前股中部具 2 齿；中足、后足腿节具稀疏直立毛，后足腿节在雄虫仅可达到第 6 腹板的中部，在雌虫更短些；雌虫下生殖板不及侧接缘端部，较狭，雄虫可达侧接缘端部，略宽。

量度　体长 24~31 mm，体宽 2~3 mm，呼吸管长 16~23 mm。

卵　淡黄白色，长筒形。长 2.5~3 mm，宽 1 mm 左右，前端有 2 根长约 7.8 mm 的黑褐色呼吸管。

若虫　有 5 龄。1 龄体长 4 mm，连同呼吸管 5.5 mm 左右，宽约 0.5 mm。复眼球形，红色，突出在头部两侧。头顶有一突起。体背面黑褐色，腹面黄褐色。足细长，股节黄褐色，其余黑褐色。2 龄体长 6.5 mm 左右，包括呼吸管为 8.5 mm，宽约 1 mm。复眼黑色。体背面黑褐色，腹面黄褐色。股节黄、褐相间，余节黑褐色。3 龄体长 10 mm，包括呼吸管 12 mm 左右，体宽约 1.2 mm。出现小翅芽。4 龄体长 15 mm，包括呼吸管 20 mm 左右，宽约 1.6 mm，黄褐色。复眼黑色，突出，翅芽伸达腹部第 1 节前缘，5 龄体长 22 mm，包括呼吸管 30 mm 左右，宽约 2.1 mm，黄褐色。腿上之环纹较幼龄为淡，腹部背面中央黑褐色，边缘部分黄褐色。翅芽伸达腹部第 1 节中部。

生物学特性　经在江西南昌系统饲养观察，一年 2 代，以成虫在河流、湖泊、池塘等水域的底层泥中越冬。翌年 3 月下旬爬出活动，5 月中旬交配，下旬产卵，6 月上旬末孵化，7 月上旬、中旬羽化为成虫。越冬代成虫产卵后于 8 月中旬、下旬死亡。一代成虫 8 月上旬交配，8 月上旬、中旬产卵。第 2 代若虫在 8 月中旬、下旬孵化，最早在 9 月中旬，一般在 10 月上旬、中旬羽化而出，11 月上旬、中旬越冬。第 1 代成虫产卵后于 10~11 月死亡。第 1 代在水温 22℃时，卵期 15 d；25~30℃时，1 龄 7 d，2 龄 7 d，3 龄 5 d，4 龄 6 d，5 龄 8 d，整个若虫期计 33 d 左右。第 2 代产卵时水温较高，约 30℃，卵期 9 d；至若虫期，水温逐渐下降，在 18~23℃时，1 龄 8 d，2 龄 8 d，3 龄 7 d，4 龄 11 d，5 龄 13 d，整个若虫期共计 47 d。越冬代成虫产卵期长 1 个月左右，第 1 代成虫的交配前期约 21 d，产卵前期 14 d。一色螳蝎蝽生活在浅水域的底层和水草间，栖息深度一般在 1 m 左右或稍浅，特别喜欢栖息在水草丛中，待机捕食游过的水生昆虫等。卵一般散产于水生植物的茎、根或叶组织中，斜向嵌入，前端露出 1/3 或 1/2，有时可看到卵的中部嵌在叶片组织内而两端露出水中。每雌产卵量 20~60 粒，喜欢产卵的植物有鸭舌草、节节草、稗、水竹叶、水花生等。

经济意义　最喜捕食多种库蚊、按蚊的幼虫，其次为其他水生半翅目若虫、蜻蜓、豆娘、蜉蝣稚虫等。1 龄、2 龄若虫主要捕食水蚤及初龄孑孓，一天能捕食 5~10 个初龄的三带喙库蚊幼虫。成虫 2 d 能捕食 70 多个老熟的中华按蚊和三带喙库蚊幼虫，很有益处，但有时也捕食孵化不久的鱼苗，给养殖业带来一定损害。

分布　河南 (息县)；黑龙江、辽宁、河北、湖北、安徽、上海、江苏、浙江、江西、湖南、福建、广东；朝鲜、日本。

九、划蝽科 Corixidae

体小型至中小型，卵圆形或长筒形，色多淡而多具斑马式黑色斑纹。头部短宽，后缘多少覆盖于前胸背板上；复眼发达；触角短小，3 节或 4 节；喙短，锥状，陷入唇基内，分节不明显。前胸背板多向后扩展，后缘呈弧形或角状；前翅膜片发达程度不一，爪片甚发达，爪片缝长近等于前翅长度之半；前足多短粗，跗节 1 节并特化为匙状；中足细长，跗节 1 节或 2 节；后足较宽扁，呈桨状，具缘毛，适于游泳。雄虫第 6 腹节背面左侧常有一椭圆形骨化区域，尚有若干纵走刻纹；雄虫腹部端部数节很不对称；抱握器较简单。

划蝽生活在静水和缓慢流动的水体中，有时个体数量很大，多为植食性，主要以藻类为食，也有捕食孑孓等小型水生昆虫者。发声，趋光。

全世界已知 35 属 607 种，中国已知 9 属 50 余种；按全国已知比例推测，河南省该科昆虫至少应有 15 种左右；但河南省目前仅记述 2 属 3 种。

属 检 索 表

1 小盾片外露，体长小于 4 mm ···小划蝽属 *Micronecta* Kirkaldy
　小盾片完全被前胸背板遮盖，体长大于 4 mm ···················烁划蝽属 *Sigara* Fabricius

(十一) 小划蝽属 *Micronecta* Kirkaldy, 1897

Micronecta Kirkaldy, 1897a: 260. Type species by original designation: *Notonecta minutissima* Linnaeus, 1758.

小盾片外露，三角形，前足跗节特化，雌雄异型，雄虫前足跗节无齿列，前端爪呈长形囊状。前翅缘片沟短而浅。多数种类的雄虫腹部第 7 背板右侧有 1 片栉列。雄虫腹部端部左右不对称。

13. 萨棘小划蝽 *Micronecta sahlbergii* (Jakovlev, 1881)

Sigara sahlbergii Jakovlev, 1881: 213; Polhemus, Jansson & Kanyukova, 1995: 27.
Micronecta formosana Matsumura, 1915: 114.
Micronecta sahlbergii Miyamota, 1965: 489; Ren, 1992: 167; Ren, 1995: 32; Ren & Liu, 2009: 54.

形态特征　体色　体褐色。前翅具 4 条黑褐色纵纹。前胸背板褐色，头顶淡褐色。
结构　前足股节内侧近基部有 4 个小刺，跗节上缘和下缘各具 13 根长刚毛。第Ⅶ腹板亚中突显著向后伸出，近中域具 2 根较长的刚毛。右抱器细长，顶端尖锐；左抱器具显著小倒刺，亚端部略弯曲。雄虫腹部端部数节不对称。
量度　体长 3.0~3.4 mm，宽 1.2~1.6 mm。头长 0.28~0.30 mm，宽 1.10~1.20 mm；前

胸背板长 0.45~0.47 mm，宽 1.13~1.30 mm。

分布　河南；天津、黑龙江、江西、贵州、台湾、湖北；俄罗斯、朝鲜、韩国、日本。

（十二）烁划蝽属 *Sigara* Fabricius, 1775

Sigara Fabricius, 1775: 691. Type species: *Notonecta striata* Linneaus. Monotypic.

此属为划蝽科最大的一属，包括多个亚属。所有种类体长不超过 8 mm。前胸背板具 6~7 条黄色横纹。前足跗节具 2 列齿突。河南省仅记载 2 种。

种 检 索 表

1. 雄虫前足跗节具 1 列齿 ·· 钟迁烁划蝽 *S. bellula*
   雄虫前足跗节具 2 列齿 ·· 横纹烁划蝽 *S. substriata*

14. 钟迁烁划蝽 *Sigara bellula* (Horváth, 1897) (图版 II-1)
Corisa bellula Horváth, 1879a: 151.
Corixa ishidae Matsumura, 1915: 113 (syn. Miyamoto, 1965b: 484).
Callicorix bellula Ren & Liu, 1993: 92.
Sigara bellula (Horváth): Polhemus, Jansson & Kanyukova, 1995: 53; Ren, 1995: 33; Ren, 2004: 127; Ren & Liu, 2009: 58.

形态特征　成虫　体色　前胸背板具 6~7 条黄色宽横纹，其他窄纹褐色。前翅具蠕虫形黄色斑。

结构　头前缘前突明显，腹面平坦，中域凹陷；前胸背板具 6~7 条横纹，侧角圆钝，中央纵脊达第 2 条宽横纹，前翅及前胸背板表面具细微皱纹。前胸侧叶向端部渐狭，后胸腹突呈等边三角形。爪片缝长 2.1 mm，爪片霜域长 0.6 mm。前足跗节具 1 列齿突，由 28~29 个小齿组成，前端的 5 个齿突大而弯曲。前足股节摩擦区域大，由许多有序排列的小刺组成，中足的部分结构长度比例如下：股节：胫节：跗节：爪=1.6：0.7：0.6：0.9 mm。雄虫腹部后段不对称，第 6 腹背板无摩擦器构造。雄虫右抱器宽，向端部略加宽。

量度　体长 5.4~5.8 mm，腹部宽 1.9~2.1 mm。雄虫：头长 0.7 mm，宽 1.6 mm；眼宽 0.6 mm，眼间距 0.6 mm；前胸背板长 0.8 mm，宽 1.4 mm；前翅长 4.2 mm。

分布　河南；天津、陕西、山西、湖北、贵州、台湾；朝鲜、日本、俄罗斯。

15. 横纹烁划蝽 *Sigara substriata* (Uhler, 1897)
Corisa substriata Uhler, 1897: 275.
Sigara substriata: Yang, 1985: 217; Jansson, 1995: 55; Polhemus, Jansson & Kanyukova, 1995: 55.

别名　横纹划蝽。
形态特征　成虫　体色　初羽化时银白色，在水中有银色闪光，以后逐渐变深，为淡黄褐色。复眼、前胸背板上的条纹黑色。前翅密布不规则的黑色点刻和条纹。

结构　近于长筒形。喙宽短。前胸背板与头部分嵌合，露出部分半圆形，上有 5~6 条黑色横纹。小盾片极小，三角形。前足短而粗壮，用于捕食及挖泥取食腐殖质等，股节粗大，胫节极短，跗节粗大，上有刚毛，内侧略凹陷，边缘有许多小刺；中足细长，有刚毛，跗节末端 2 爪，适于握持水中物体；后足为游泳足。雄虫有发音器官，系由前足跗节上的 2 排几丁质小刺和前足股节基部内缘的一粗糙板块所组成，两者相碰击时，便发出一种响亮尖锐的吱吱声。

量度　体长 6 mm，宽 2 mm 左右。

卵　直径 0.5 mm 左右，近球形，淡黄色，上附长约 0.5 mm 的卵柄，少数卵粒无柄。

若虫　体大致为淡黄褐色，复眼紫红色，背面有十数条黑色横纹，腹部背面并有 2 个黑色半月形斑，雌雄花纹略有不同。共 5 龄；1 龄体扁平，近于透明，分节不明显，复眼红色。以后各龄体色渐深，体渐增厚，分节也渐明显。1 龄若虫体长 1 mm，宽 0.5 mm 左右；2 龄若虫体长 1.8 mm，宽 0.9 mm 左右；3 龄若虫体长 2.5 mm，宽 1.2 mm 左右；4 龄若虫体长 3.5 mm，宽 1.6 mm 左右；5 龄若虫体长 4.5 mm，宽 1.9 mm 左右。

生物学特性　据在江西南昌系统饲养，一年 3 代，以成虫在河、湖、塘等水域的泥底越冬。翌年 3 月上旬开始活动，5 月下旬、6 月上旬为产卵盛期。第 1 代成虫 7 月上旬、中旬羽化，第 2 代 8 月中旬、下旬羽化，第 3 代 9 月下旬至 10 月上旬羽化，11 月开始越冬。第 1 代卵期约 5 d，各龄期一般 5~6 d，整个若虫期为 1 个月左右；第 2 代卵期约 4 d，若虫期 14 d。第 3 代卵期、若虫期与第 2 代略同。越冬代成虫产卵期约 20 d。

该蝽生活在池塘、湖湾、水田、沟渠等浅水域的底层，喜用中足握持水草等物体，斜伸后足，频频地抖动身体。卵散生，附着于眼子菜、轮叶黑藻、金鱼藻等水生生物的叶反面，有时一片叶上黏附着 5~6 粒卵。成虫较活跃，常见脱离握持物，突然浮至水面，然后展翅飞向他处。趋光性强。

经济意义　是鱼类的良好食料，也可用作饲喂家禽等。它本身又是一种猎食性昆虫，能捕食摇蚊幼虫、水底线虫、水螨和多种水蚤。

分布　河南 (全省各地)；辽宁、河北、安徽、山东、湖北、江西、湖南、上海、江苏、浙江；俄罗斯 (远东地区)、日本、朝鲜。

十、仰蝽科 Notonectidae

仰蝽科昆虫体长 5~15 mm。较狭长，体向后渐狭尖，呈优美的流线形。体色多样，白色、灰白色及红色等。以背面向下、腹面向上的姿势在水中生活。体背面纵向隆起，呈船底状。头部复眼大，触角 3 节或 4 节，喙粗壮，较短。前翅膜片无脉。前足、中足变形不大，跗节 2 节，第 1 节短小，爪 1 对，发达，后足发达，成典型的游泳足。小仰蝽属前足胫节基部有一齿状摩擦发音构造，可与喙突摩擦发音。腹部中脊两侧下凹的区域两侧覆有长毛，形成一储气空间。

该类昆虫多生活于静水池塘、湖泊或流水中水流缓慢的部分。捕食性很强。部分种类具翅的多型现象。

世界已知 11 属 400 种。我国已知 4 属 21 种。河南省曾记载 3 属 5 种，但作者见到河南省该科标本者仅 3 属 4 种。小仰蝽 *Anisops fieberi* Kirkaldy 在河南省分布与否尚待证实。此处仅记载 4 种。

属 检 索 表

1. 前翅爪片接合缝前端有一小凹坑…………………………………………… 小仰蝽属 *Anisops* Spinola
   前翅爪片接合缝前端无凹坑………………………………………………………………………2
2. 前胸背板前角处各自呈凹陷小坑………………………………………… 粗仰蝽属 *Enithares* Spinola
   前胸背板前角正常，无上述凹陷小坑……………………………………… 大仰蝽属 *Notonecta* Linnaeus

(十三) 小仰蝽属 *Anisops* Spinola, 1837

Anisops Spinola, 1837: 58; Type species: *Notonecta niveus*, Fabricius.

爪片接合缝靠近小盾片末端处具感觉窝。触角 3 节。腹部腹中脊延伸至体末节，其两侧具长细毛；靠近腹部侧接缘各具 1 纵向凹陷；侧接缘内侧具长毛。雄虫前足跗节 1 节。雄虫中足、后足跗节及雌虫各足跗节 2 节。雄虫发音器由前足胫节内侧的发音梳和喙第 3 节上的喙突形成。雄虫抱器左右不对称，左抱器后缘具凹陷，顶端钩状，右抱器宽，盘状。

16. 普小仰蝽 *Anisops ogasawarensis* Matsumura, 1915 (图版 II-2)
Anisops scutellaris var. *ogasawarensis* Matsumura, 1915: 109.
Anisops genji Hutchinson, 1927: 377.
Anisops ogasawarensis: Liu & Zheng, 1991: 43; Polhemus et al., 1995: 66; Liu, 2009: 64.
Anisops scutellaris (non Herrich-Schäffer, 1849): Matsumura, 1931: 1226. Misidentification.

形态特征　体色　该蝽体色分为两型：褐色型，复眼褐色或灰色，头顶、前胸背板基部淡黄色，小盾片两侧黑褐色，中央色淡，边缘淡黄色，翅透明，与小盾片相交处呈一淡色狭带。腹部背面呈黑色或黑红色，故外观虫体呈黑色或褐色。淡色型，复眼灰色或褐色，头顶、前胸背板淡黄色，小盾片基部呈黑色，两基角处常各有一橘红色斑纹，其余部分淡黄色，翅透明，腹部背面淡黄色，有时端节呈黑色，故外观虫体呈淡黄色。两型腹部腹面均为黑色，中脊与侧接缘淡黄色或褐色。

结构　雄虫：头顶外形呈圆形，头顶端部稍超出复眼的前缘，头最宽与前胸背板长之比为 3：2，是头顶宽的 4 倍，顶缩宽阔，是头前端宽的 1/3。头长是前胸背板长之半。前胸背板宽是其长的几乎 2 倍，侧缘向两侧斜伸，其长超出前胸背板中长之半。额面有 1 三角形凹陷一直延伸到上唇基部，两侧各有两脊在顶端相交，上唇短，基宽长于中纵长。端部尖锐。喙突略短于第 3 喙节，爪片接合缝与前胸背板宽相等。前足胫节发音梳具 13 齿，各齿长度均一。

雌虫　与雄虫相似，头顶前端圆形，前缘稍超出复眼前缘。头宽约是头顶宽的 5 倍，是长的 3 倍，顶缩宽阔，是头顶宽的 1/3，头长超出前胸背板之半，前胸背板宽是其长的 2 倍，侧缘斜伸。后缘中央内凹。爪片接合缝较前胸背板 2 倍还长。

量度 体长 6.5~7.0 mm，宽 1.8 mm；头长 0.5，宽 1.5 mm；前胸背板长 1 mm，宽 1.7 mm；小盾片长 1.3mm，宽 1.5 mm；前翅长 5.5 mm。

分布 河南 (鸡公山)；北京、天津、江西、湖南、湖北、上海、广西、四川、贵州、云南、广东；日本。

(十四) 粗仰蝽属 *Enithares* Spinola, 1837

Enithares Spinola, 1837：60. Type species: *Notonecta indica* Fabricius.

属征 体背明显隆起。头窄于前胸背板。眼大，肾形，外侧弯曲，占据头部 2/3 面积，复眼内缘从前向后互相接近。无单眼。触角 4 节，隐藏于复眼后方前胸背板形成的小凹陷内。喙 4 节，宽大于长，侧缘向后渐宽，前侧缘有明显凹陷。小盾片三角形。爪片、革片均皮革质。革片前缘近端部有 1 横向裂缝，靠近膜片与革片的交界线。膜片分 2 叶。前足、中足跗节 3 节，第 2 节较退化。后足跗节 2 节。各足均具 2 爪。中足股节近端部具 1 尖锐小突起。各足基节下片光裸且具缘毛。腹板中央龙骨突光裸，其两侧边缘具缘毛。

17. 华粗仰蝽 *Enithares sinica* (Stål, 1854)

Notonecta sinica Stål, 1854: 241.

Enithares formosanus Matsumura, 1913: 97.

Enithares sinica: Liu & Zheng, 1991: 44; Polhemus et al., 1995: 68.

形态特征 **体色** 本种在我国分布较广，颜色变化较大，基本分为两个色斑型，即淡色型与黑色型。

淡色型 复眼褐色或褐红色，头顶及前胸背板前半部均为淡黄褐色，后半部呈褐色，背部其余部分均为黄褐色，腹部腹面褐色，中脊侧缘淡黄色。

黑色型 复眼红褐色，头顶前部、前胸背板前部为淡黄色，前胸背板后部透明，但呈黑褐色，是由小盾片基部黑色所致。小盾片两侧缘黄色，其余均为黑色，有时整个小盾片后半部均呈淡色。体背面其他部分均呈黑色，腹部腹面黑色，中脊、侧缘均为黄褐色。足呈淡黄色。

结构 体前半部较宽阔，向后渐窄。头部背面观呈圆形，雄虫头宽是顶缩宽的 4.7 倍，雌虫是 5.4 倍，雄虫顶缩小于或等于头顶宽的 1/2，雌虫顶缩大于或等于头顶宽度的 1/2，头的中纵长变化较大，与前胸背板中纵长比较，有长者、短者或相等，但头中长一般总是长于头顶前缘宽。前胸背板宽是其中纵长的 2.8 倍，前角处各自呈凹陷小坑，侧缘呈弧形，后缘近小盾片基部处几乎呈直线。小盾片三角形，基宽远大于长。雄虫前足第 1 跗节具密集的黑色硬刺。中爪外爪粗壮，向内弯曲，后足腿节靠端部处内侧具一大的指状突起。雄虫生殖器短粗，抱器较小。

量度　体长 9.0~10.5mm，宽 3.4~4.0 mm；头长 1.2mm，宽 2.6~3.0 mm；前胸背板长 1.3~1.5 mm，宽 3.2~4.0 mm；小盾片长 2.0~2.4mm，宽 2.7~3.0 mm；前翅长 7.0~8.0 mm。

分布　河南 (罗山)；陕西、湖北、江苏、浙江、福建、四川、云南、广东、海南、香港。

(十五) 大仰蝽属 *Notonecta* Linnaeus, 1758

Notonecta Linnaeus, 1758: 439. Type species: *Notonecta glauca* Linnaeus. Designated by Latreille, 1810: 434.

本属爪片接合缝基部无感觉窝。前胸背板前侧缘无肩窝。中足股节近端部具 1 大的针突。眼间距宽而分离。头长一般短于前胸背板长。前翅革质部分被细毛。抱器左右对称。

种 检 索 表

1. 雄虫前足转节内侧上方具一小齿状突 ·····················中华大仰蝽 *N. chinensis*
   雄虫前转节无钩状突起 ·····································碎斑大仰蝽 *N. montandoni*

18. 中华大仰蝽 *Notonecta chinensis* Fallou, 1887 (图版 II-3)

Notonecta sinica (non Stål, 1854): Walker, 1837: 204. Misidentification.
Notonecta chinensis Fallou, 1887: 413; Liu & Zheng, 1991: 43; Polhemus et al., 1995: 72; Liu, 2009: 66.

形态特征　体色　红黄色，头顶及前胸背板常黄色，额唇基常呈绿色，小盾片黑色。前翅有一黑色横带，贯穿爪片接全缝全长。有时此带在革片部分断续。体腹面黑褐色，足褐黄色或黄色略带绿色。

结构　体呈长椭圆形。背面观，头前缘呈弧形向前弯曲，复眼大，眼宽大于顶缩；头顶表面光滑；雌虫头顶宽是顶缩的 3.7 倍，雄虫头顶宽是顶缩的 4 倍；头宽是长的 2.6 倍。前胸背板梯形，表面光滑，侧缘前半部稍向内弯曲，后半部稍突出，前缘中部向前突出，后缘近小盾片基部处直，侧角圆钝。前胸背板宽大于长，几乎是长的 1 倍。小盾片三角形，长短于宽。膜片前后叶长度相等。雄虫前足转节内侧上方具一小齿状突，中足转节有角状突起。雌虫下生殖板中央下凹，有一小切口。

该种雄虫一般小于雌虫。从南到北本种色斑均有变化，在广东连县采到的个体，前翅革片、爪片端的黑色斑伸到翅的前缘，而南京的个体翅的黑色斑到前缘呈断续连接，北京标本，黑斑不伸达翅的前缘，只在爪片的顶角处。

量度　体长 13.5~14.9 mm，宽 5.0 mm；头长 1.3 mm，宽 3.4 mm；前胸背板长 2.7 mm，宽 5.0 mm；小盾片长 3.0 mm，宽 4.0 mm；前翅长 11.4 mm。

分布　河南 (罗山)；北京、山西、天津、江西、湖北、江苏、四川、广东；日本。

19. 碎斑大仰蝽 *Notonecta montandoni* Kirkaldy, 1897 (图版 II-4)

Notonecta montandoni Kirkaldy 1897: 56; Liu & Zheng, 1991: 43; Polhemus et al., 1995: 71.

Notonecta bivittata Matsumura, 1905: 59.

　　形态特征　体色　一般褐红色或黄红色。头顶、额唇基及前胸背板为橘黄色，上唇两侧缘褐色。前胸背板黄褐色，光滑，具光泽；干制标本中，有时在前缘中部具一小褐斑，前胸背板后半部呈淡褐色，该色是由盾片黑色所致。小盾片黑色。前翅褐红色或黄红色，表面具黑色碎斑，近中后部一般较多，有时在爪片接合缝后形成一明显的横带。膜片除暗色区域其余被黑色斑覆盖，后端色较淡，暗色带中也具黑色碎斑。体腹面黑褐色。足褐黄色。

　　结构　体长椭圆形。背面观，头顶前缘呈弧形弯曲，头宽大于长，长是前胸背板长之半，头顶宽度是顶缩的 2.7 倍。前胸背板梯形，表面光滑，宽大于长，侧缘近于直线，侧角圆钝，后缘靠近小盾片基部处直。小盾片稍长于前胸背板。爪片接合缝短于前胸背板之长，雄虫前转节无钩状突起，中足转节近于直角。雌虫下生殖板端部一般收缩，稍尖。雄虫生殖节较长，腹面具一较长的指状突。抱器较大，呈鸭头状。

　　该种个体大小、背面色斑具有一定的变化。

　　量度　体长 15~16 mm，宽 5.2~5.7 mm；头长 1.2~1.6 mm，宽 3.7~4.0 mm；前胸背板长 2.9~3.3 mm，宽 5.3~5.7 mm；小盾片长 3.6 mm，宽 4.5~4.8 mm；前翅长 11.3~12.1 mm。

　　分布　河南 (罗山)；河北、江西、湖北、江苏、湖南、四川、贵州、广西；日本、印度。

十一、固蝽科 Pleidae

　　固蝽科昆虫体长 1.5~3.0 mm。形似仰泳蝽，后足简单。体球形，具粗大刻点。头宽短，和胸部愈合紧密，不可相对移动。前唇基中部有 1 特殊的感觉器官 (Cobben, 1978; Mahner, 1993)。喙 4 节，短；触角 3 节；小盾片较大；前翅鞘质，在体中线相遇。后翅发达或退化。前跗节、中跗节 2~3 节，后足跗节为 3 节。世界已知 3 属 38 种 (Schuh and Slater, 1995)。我国已知 2 属 4 种。该科为河南省新记录科。

(十六) 邻固蝽属 *Paraplea* Esaki et China, 1928

Plea (*Paraplea*) Esaki & China, 1928: 166. Type species: *Plea pallescens* Distant. Original designation.

　　小型，体长 1.5~3.0 mm，身体宽短，坚实。体密被粗大刻点，头极为宽短，与前胸背板紧密结合。复眼大而显著，向侧后方伸出，超出头后缘许多。喙 4 节，粗短。触角 3 节，第 3 节细小。小盾片极为发达，末端尖锐。前翅膜片完全退化，革片扩展，在体中线左右相接。爪片极大。各足细长，前足、中足跗节 2 节，后足跗节 3 节，均具 2 爪。

腹部腹中线略隆起，尤以基部显著。该属为河南省新记录属。

20. 毛邻固蝽 *Paraplea indistinguenda* (Matsumura, 1905) (图 17，图版 II-5)

Plea indistinguenda Matsumura, 1905: 59.

Plea pallescens Distant, 1906: 48 (syn. Esaki, 1926a: 187).

Paraplea indistinguenda (Matsumura): Polhemus et al., 1995: 74; Liu & Ding, 2009: 69.

形态特征 体色　乳黄色。复眼红褐色。

结构　体壁强烈骨化，各结构紧密，体背面整体船底状，密被粗大刻点。前翅革片发达，左右相遇于体纵轴，膜片完全退化。头宽约为头长的 4 倍，背面具 1 明显中纵脊；复眼硕大，外缘与头侧缘形成完整的流线形。喙粗短，仅伸达前足基节，第 1 节腹面观梯形，基部宽大，两侧被小颊包围，第 2 节宽度约为第 1 节的 1/2，第 3 节宽度约为第 2 节的 1/2。前胸背板前缘平直；侧角圆钝，稍微伸出体侧少许；后方中域明显隆起。小盾片三角形，侧缘在近顶端处略内收。爪片宽大，爪片接合缝长度约为小盾片长度的 2/3。革片宽大，侧面观略成直角三角形，腹部侧接缘被遮不可见。腹部短小，约为体长的 2/5；腹面观两侧被鞘质化的革片包围，表面密布长刚毛，基部中央隆起，各腹节中部微弱隆起。各足基节左右接触。

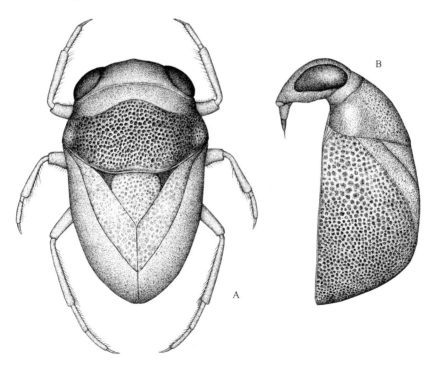

图 17　毛邻固蝽 *Paraplea indistinguenda*

A. 体背面 (habitus)；B. 体侧面观 (lateral view, without legs)

量度　体长 1.7 mm，宽 0.9 mm；头长 0.3 mm (0.2 mm，不包括向外侧后方伸出的复眼)，宽 0.8 mm；背面观复眼间距 0.36 mm (腹面观时为 0.32 mm)；喙各节长 I∶II∶

III：IV=0.050：0.070：0.106：0.074 mm。前胸背板长 0.52 mm，宽 0.92 mm；小盾片长 0.35mm，宽 0.42 mm；革片长 1.15 mm，爪片长 0.84 mm，宽 0.21 mm；爪片接合缝 0.30 mm。

分布　河南 (新乡)；天津、黑龙江、台湾；日本、朝鲜、俄罗斯。

简记　此种标本活体在显微镜下检查，发现其快速游动，各足均为游泳足，在胫节内缘密布长刚毛，辅助划水。胫节内缘的长刚毛在干制标本中紧贴胫节而几不可见。该种为河南省新记录种。

IV　细蝽次目 Leptopodomorpha

十二、跳蝽科 Saldidae

虫体小型至中小型，卵圆形，褐色至黑色。复眼大，2 个单眼，触角细长，头顶具 3 对毛点毛。喙伸达后足基节间，有长翅型和短翅型差异。前翅具浅色斑，膜片具 4~5 个并列翅室。足细长。雌性下生殖板宽大；雄性第 9 腹节为杯状生殖囊，后缘有 1 个突起上翘，其两侧着生抱器。多栖息在水滨地带，喜在岸边卵石上停留。

世界已知 29 属 335 种，我国已知 13 属近 50 种，河南省应有 10 种左右，但目前仅知 1 属 2 种。

(十七) 跳蝽属 *Saldula* van Duzee, 1914

Saldula van Duzee, 1914: 387. Type species: *Cimex saltatorius* Linnaeus.

体长大于 2.3 mm，体背具长直立毛。触角短，第 2~4 节长度之和小于颈片长的 2.5 倍，第 2 节具长直立毛；复眼超过前胸背板前角。前胸背板光滑，胝区微隆，侧缘弧形外突。小盾片宽于胝区宽度；革片翅脉清晰；前翅膜片缩短，上具 4 个翅室，最内翅室与临近翅室等长。

种 检 索 表

1. 头部有显著直立长刚毛，其他部位不明显 ·· 泽跳蝽 *S. palustris*
   体背面 (额区、前胸背板、前翅基部) 有显著直立长刚毛 ·················· 毛顶跳蝽 *S. pilosella*

21. 泽跳蝽 *Saldula palustris* (Douglas, 1874)

Salda palustris Douglas, 1874: 10.
Saldula palustris Chen & Lindskog, 1994: 408; Lindskog, 1995: 131; Guo & Liu, 2009: 73.

形态特征　成虫　体色　整体具光泽，深黑色。触角黑色，第 1 节黄褐色具黑褐色斑点，外侧也可全为黑色；第 2 节黄褐色；前翅暗色，爪片端部有 1 显著斑点。革片前缘中部具 1 线形条带，内侧还有 1 短的线形条带，革片具 2 斑点，1 个在端缘内角，边缘模糊，另 1 个长形斑点在长线条斑带的端缘外方，淡褐色 (此长形斑点后方还有 1 极小斑点)。足黄褐色；股节下方黑色，内侧具棕色杂点。胫节外侧具黑线。跗节末端 1/4 黑色。

结构　体小型，宽卵圆形，具细刻点，具密平伏毛。前胸背板光滑，胝区微隆，侧缘圆弧形。前翅膜片缩短，具 4 个翅室，最内翅室与临近翅室等长。

量度　体长 3.2~3.7 mm。

分布　河南 (内乡)；黑龙江、内蒙古、新疆、青海、甘肃、宁夏、河北、天津、陕西、山西、四川、西藏、云南。

22. 毛顶跳蝽 *Saldula pilosella* (Thomson, 1871)

Salda pilosella Thomson, 1871: 407.
Saldula pilosella: Lindskog, 1995: 132; Guo & Liu, 2009: 74.

形态特征　成虫　体色　体黑褐色。头部、触角第 2 节近基部 3/4 部分、触角第 3 和第 4 节、小颊、前胸背板及其上着生长刚毛、小盾片、前翅 (爪片端部除外)、各足基节黑色；触角第 1 节、足 (基节除外) 黄褐色，具黑斑；前足胫节背面连续条纹褐色。单眼红褐色；喙 (第 1 节基部除外) 黑褐色。前足基节白边缘、雌虫下生殖板端半部浅色。唇基各骨片黄白色。触角第 2 节仅端部及基部、喙第 1 节基部、前翅爪片端部黄色。前胸背板上密被短刚毛金黄色；长翅型个体革片斑纹变异较大。

结构　体长卵形，背面具直立长毛。头部额区具直立长毛，唇基到单眼的距离相当于额宽；触角被半倒伏毛，第 1 节短粗；复眼较大，后缘不靠近前胸背板前缘，两眼间距与复眼直径相当；喙末端伸达中足基节。前胸背板梯形，除密被短毛外，还密布直立长毛，前缘腹侧缘宽平，后缘中部凹入。前角和侧角圆钝。小盾片三角形，顶端尖锐。雄虫外生殖突起两端间距小于基部间距。

量度　体长 3.7~4.0 mm，宽 1.7~1.9 mm。

分布　河南；甘肃、河北、天津、辽宁、黑龙江、吉林、内蒙古、陕西、山东、青海、新疆、山西、江苏、四川、西藏、云南。

V　臭蝽次目 Cimicomorpha

分科检索表

1. 喙 4 节，着生于头部腹面，第 1 节伸达头后缘或略短；无海绵沟 …………………………2
   喙常 3 节，着生于头前侧，如 4 节，第 1 节不达头后缘；海绵沟至少在 1 对足上存在…………4
2. 前胸背板及前翅具很多小室构造；前翅没有明显的革片和膜片界限；触角第 2 节短，单眼缺；跗节 2 节 ……………………………………………………网蝽科 Tingidae (部分)

前胸背板及前翅绝无大量小室构造，但可有粗大刻点；前翅革片、爪片、膜片分界清晰，偶有前翅完全鞘质类型；触角第 2 节细长，一般长于第 1 节；单眼或有或缺；跗节 2~3 节……………………3

3. 长翅或短翅，少有完全鞘质化的前翅；前翅 R+M 脉不加高，不呈龙骨状；复眼正常；中足、后足股节有毛点毛；雄虫外生殖节常不对称；跗节 2~3 节……………………**盲蝽科 Miridae**
常鞘质化，密被刻点；复眼极度退化或缺；长翅类型复眼发达，有单眼；中足、后足股节无毛点毛；雄虫外生殖节对称；跗节 2 节……………………**网蝽科 Tingidae (部分)**

4. 前胸腹板具纵沟，沟内具多条细密横脊，可与沟内滑动的喙发声；喙粗短，强烈弯曲，偶有细长较直的类型；头在复眼后方细缩成颈状，常在单眼前方具横沟；膜片常具 2 个大型翅室，也有仅有少数几条翅脉的类型……………………**猎蝽科 Reduviidae**
前胸腹板没有纵沟；喙直或弯；头部在复眼后方不细缩，在单眼前方绝无横沟；膜片翅脉类型多样……………………5

5. 前翅一般较发达；不是外寄生的种类……………………6
前翅总是极为短小，小垫状；是外寄生的种类……………………**臭蝽科 Cimicidae**

6. 长翅型有前缘裂，有楔片……………………7
长翅型无前缘裂，无楔片……………………**姬蝽科 Nabidae**

7. 雌虫第 7 腹节腹板前缘有内生的骨化突起，伸向前方……………………**细角花蝽科 Lyctocoridae**
雌虫第 7 腹节腹板无内生的骨化突起……………………**花蝽科 Anthocoridae**

十三、猎蝽科 Reduviidae

猎蝽科为异翅目第二大科，体形与结构甚为多样。体小型到大型，体长多为 16 mm 左右。头较长，眼后区多变细。多具单眼。喙多为 3 节，少数为 4 节，多弯曲。触角 4 节，部分种类第 2~4 节分若干亚节或假节，长短变化较大。前胸背板发达，多具横缢，个别种类形状奇特。前翅革区和膜区的面积比例变化较大，一些种类无明显的革区，大多数种类在膜区有 2 个翅室。前足多为捕捉足，常具刺、齿等突起，有些种类的前足和中足胫节具海绵沟。侧接缘多无突出，部分种类有突出。抱器多棒状，弯曲，个别种类无抱器。

猎蝽科是半翅目昆虫中最大的捕食性类群，该科已知的猎蝽中除粪食性的 *Lophocephala querini* Laporte、可植食性的 *Zelus araneiformis* Haviland 及部分专化性很强的血食性锥猎蝽外，均为捕食性种类，是一类有效的天敌，在农林害虫的自然控制方面起着重要的作用。

目前，全世界共知猎蝽 981 属 6800 余种。中国已报道的有效种类近 400 种。河南省已知 29 属 48 种。

亚科检索表

1. 前足股节特别膨大，与前足胫节及跗节形成螳足状或蟹钳状。触角末端明显膨大……………………………………………………………………………………**瘤猎蝽亚科 Phymatinae**
前足股节不特别膨大，不与前足胫节及跗节形成螳足状或蟹钳状；如略成螳足状，但股节也不特别膨大。触角末端不明显膨大 ··· 2

2. 无单眼 (除澳大利亚的蚊猎蝽 *Armstrongocoris singularis* 外) ················· 3

   有单眼 ·· 5

3. 前足为标准的捕捉足，基节甚长，至少为宽的 4 倍，基节窝向前下方开口···············

   ·· **蚊猎蝽亚科 Emesinae**

   前足不为标准的捕捉足，基节短，不长于宽的 3 倍，基节窝向下方开口 ·············· 4

4. 身体狭长，不被浓密长毛。前胸背板及小盾片具长刺。前足胫节明显弯曲··· **盲猎蝽亚科 Saicinae**

   身体较宽，被浓密长毛。前胸背板及小盾片不具长刺。前足胫节不明显弯曲··················

   ·· **绒猎蝽亚科 Tribelocephalinae**

5. 小盾片顶端平截或具 2~3 叉突，不呈三角形 ················· **光猎蝽亚科 Ectrichodinae**

   小盾片呈三角形，顶端尖，常具直立或叉突 ·· 6

6. 前翅肘脉端部不分支，革片与膜片之间不形成四边形或六边形的翅室 ·····················7

   前翅肘脉端部分支，在革片与膜片之间形成 1 个四边形或六边形的翅室 ·················· 8

7. 前胸背板横缢位于背板后部。前足基节大，有时外侧扁平；前足股节通常粗大··················

   ·· **盗猎蝽亚科 Peiratinae**

   前胸背板横缢位于背板前部。前足基节不特别大，外侧不扁平；前足股节不显著加粗··········

   ·· **猎蝽亚科 Reduviinae**

8. 革片与膜片之间的翅室为六边形。触角第一节粗。爪简单··········· **细足猎蝽亚科 Stenopodainae**

   革片与膜片之间的翅室常为四边形，有时甚小。触角第一节细。爪具齿或其他附属物··········

   ·· **真猎蝽亚科 Harpactorinae**

光猎蝽亚科 Ectrichodinae

分属检索表

1. 在头的两侧，眼与喙的基部之间，有 1 个叶状突起，伸出于触角基的前下方 ················ 2

   头两侧、触角基的前下方无叶状突起 ·· 4

2. 触角 4 节 ··· **健猎蝽属 *Neozirta* Distant**

   触角 6 节、7 节或 8 节 ·· 3

3. 触角 7 节，小盾片的两个端突之间平直，无中央小突起·············· **钳猎蝽属 *Labidocoris* Mayr**

   触角 8 节，小盾片的两个端突中间有 1 个中央小突起·············· **盾猎蝽属 *Ectrychotes* Burmeister**

4. 单眼远离连接两眼后缘间的直线；前胸背板前叶的中央纵沟不与后叶纵沟相连接，前叶的两半前

   部常具凹陷··· **斯猎蝽属 *Scadra* Stål**

   单眼靠近连接两眼后缘间的直线；前胸背板前叶的中央纵沟通常与后叶纵沟相连接，前叶的两半

   光滑··· **赤猎蝽属 *Haematoloecha* Stål**

(十八) 健猎蝽属 *Neozirta* Distant, 1919

Neozirta Distant, 1919b: 147. Type speices by monotypy: *Neozirta orientalis* Distant.

属征 体大型，椭圆形，光滑有光泽，头部 (包括颈) 短于前胸背板；触角 4 节，第 1 节约等于或短于头部，第 2 节明显长于其他节；后唇基前部显著伸长；复眼大，侧面突出；单眼分离；眼前部长于眼后区 (包括颈)；喙粗大，第 1 节近似等于或略长于第 2 节。领部不发达；长翅型的雄虫前胸背板在中部靠前横向收缩，短翅型的雌虫在中部靠后横向收缩；中央有凹陷纵纹延伸到前叶，直至前叶后半部；前胸背板侧角钝圆；后缘微凸；摩擦发音器长，布满条纹；小盾片侧面宽阔，各边有一个圆形突起；雄虫翅达到或超过腹部末端，雌虫刚达到未超过第 2 腹节；足上无刺，前足胫节海绵窝长度超过相应足跗节的一半，而在中足胫节上则约等于跗节长度的一半。

该属在国内已知 2 种，河南省仅知 1 种。

23. 环足健猎蝽 *Neozirta eidmanni* (Taueber, 1930) (图 18)

Physorhynchus eidmanni Taueber (in Eidmann), 1930a: 325.

Ectrichodia eidmanni Wu, 1935: 466.

Neozirta annulipes China, 1940: 231.

Neozirta eidmanni: Cook, 1977: 82; Putshkov & Putshkov, 1996: 153.

Physorhynchus eidmanni Hsiao et al., 1981: 421.

形态特征 **体色** 体黑褐色。头、前胸背板、小盾片基部及中胸腹板暗黑色。前足股节，胫节中部宽带环，中、后股节近中部，胫节亚基部宽环及腹部侧接缘背面、腹面浅斑，腹部腹面两侧各节一个大侧斑，雄虫第 6 腹节腹面向两侧的长形斑均为黄色。

结构 头较平伸，不强烈向下弯，头中叶呈脊状，眼大；喙粗壮。两单眼之间的距离稍小于眼的直径。前胸背板前叶显著短于后叶，前角间宽甚狭于侧角间宽，前叶后部宽纵沟伸延达后叶后部但不达后缘，后角突出；小盾片宽阔，末端平截，各侧基半部具一钝突，末端两端突短。翅几达腹部末端。腹部侧接缘强烈向上翘折。雌虫为短翅型，前胸背板前叶宽阔而圆鼓，前叶稍短于后叶。腹部侧接缘向上翘折，并显著向两侧扩展。

量度 体长 19.9 mm，头长 2.5 mm，前胸背板前叶长 1.3 mm，前胸背板后叶长 3.5 mm，前胸背板宽 6.6 mm，触角长 I : II : III : IV=2.88 : 4.16 : 2.95 : 2.52 mm，喙长 I : II : III＝1.85 : 1.26 : 0.69 mm，小盾片长 2.16 mm，前翅长 16.1 mm，腹宽 8.0 mm，眼前区 0.90 mm，眼后区 0.54 mm，复眼间距 0.90 mm，单眼间距 0.36 mm。

分布 河南 (济源、信阳)；北京 (怀柔)、陕西 (秦岭)、安徽、江苏、浙江 (天目山)、海南 (黎母山、尖峰岭)、广西 (猫儿山)、广东 (南岭)。

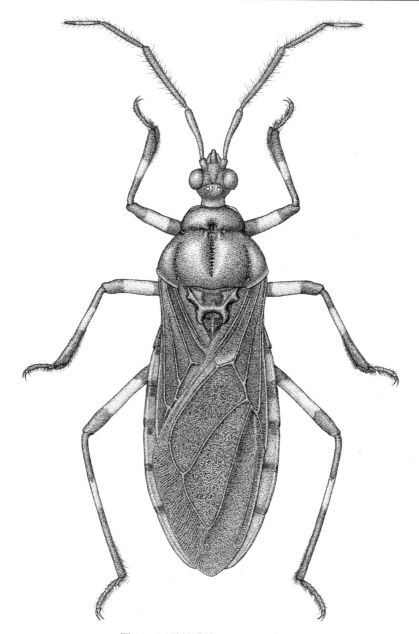

图 18　环足健猎蝽 *Neozirta eidmanni*

(十九) 钳猎蝽属 *Labidocoris* Mayr, 1865

Labidocoris Mayr, 1865: 440. Type speices by monotypy: *Labidocoris elegans* Mayr.

　　属征　头短宽，中叶呈隆脊状。触角 7 节，第 1 节稍长于头；喙第 1、第 2 两节约等长；前胸背板前叶中央纵沟几达后叶后缘，中部横缢在中央中断，有的种类前叶具 2

个小瘤突。小盾片后部狭窄，两个端突远离。前股节腹面亚顶端具 1 强刺；前胫节顶端海绵窝很小。腹部各节间具强烈的纵脊列。

　　该属在国内已知 2 种，河南省仅知 1 种。

24. 亮钳猎蝽 *Labidocoris pectoralis* (Stål, 1963) (图 19，图版 II-6)

Mendis pectoralis Stål, 1863: 46.

Ectrichodia pectoralis Walker, 1873: 47.

Mendis japonensis Scott, 1874: 445. Synonymized by Distant 1902: 291.

Labidocoris splendens Distant, 1883: 442. Synonymized by Esaki 1927: 181.

Labidocoris splendens var. *beta* Reuter, 1887:155.

Labidocoris pectoralis: Esaki, 1927: 181; Putshkov & Putshkov, 1996: 153; Ren, 2009: 79.

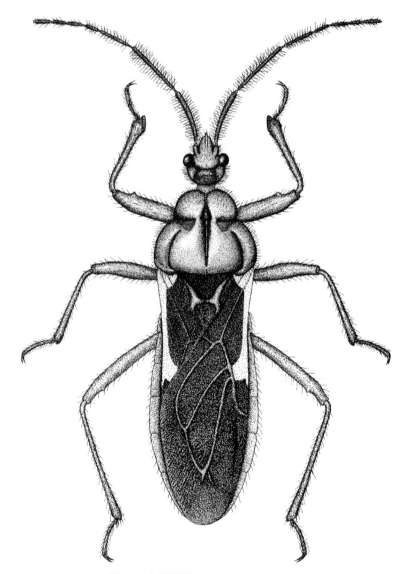

图 19　亮钳猎蝽 *Labidocoris pectoralis*

形态特征　体色　体红色，被绒毛。触角、头的腹面、前翅 (除基部、前缘域、革片翅脉及膜片基部翅脉红色外)、腹部第 2 腹板及各节两侧的大斑 (有时第 7、第 8 两节黑斑消失) 均为黑褐色或黑色。

结构　触角第 1 节稍短于头长，第 1~4 节密生长硬毛。前胸背板前叶显著短于后叶，前叶中央纵沟延伸达后叶中部。小盾片基部宽，两端突较长。

量度　体长 13.5~15.0 mm；头长 2.0 mm，宽 1.4 mm，头顶宽 0.9 mm；触角长 Ⅰ∶Ⅱ∶Ⅲ∶Ⅳ∶Ⅴ∶Ⅵ∶Ⅶ∶Ⅷ =1.9∶2.3∶1.2∶0.62∶0.67∶0.5∶0.77 mm∶? ；前胸背板长 3.1 mm，前叶长 1.0 mm，宽 2.3 mm，后叶长 2.1 mm，宽 3.9 mm。

分布　河南 (平顶山、信阳、鸡公山、商城)；北京、天津、山东、陕西、甘肃、江苏、上海、浙江、江西；日本。

(二十)　盾猎蝽属 *Ectrychotes* Burmeister, 1835

Ectrychotes Burmeister, 1835: 222, 237. Type species by subsequent designation (Distant, 1904b: 314):
　　Reduvius pilicornis Fabricius.

属征　头背面圆鼓，触角 8 节，前胸背板中央纵沟由前叶伸达后叶中部，小盾片两端突中间具 1 个中央小突起。

简记　该属中文属名大陆称光猎蝽属，台湾省称盾猎蝽属；但仔细推敲，按中文命名常识，光猎蝽亚科的模式属 *Ectrichodia* Lepeletier et Serville 才是真正的光猎蝽属，所以此处采用盾猎蝽属为该属中名。

该属在国内已知 12 种，河南省仅知 1 种。

25. 黑盾猎蝽 *Ectrychotes andreae* (Thunberg, 1784) (图 20，图版 II-7)

Cimex angreae Thunberg, 1784: 56.

Loricerus axillaris A. Costa, 1864: 79 (syn. Stål, 1874: 51).

Ectrychotes tsushimae Miller, 1955: 6 (syn. Miyamoto, 1970: 254).

Ectrychotes andreae (Thunberg): Putshkov & Putshkov, 1996: 150; Ren, 2009: 80.

别名　八节黑猎蝽、黑叉盾猎蝽、黑光猎蝽。

形态特征　体色　黑色，具蓝色闪光。各足转节、股节基部、腹部腹面大部红色；侧接缘 (雄虫除第 6 节后部、雌虫除第 3~6 节后部) 橘黄色至鲜红色，大多数个体为鲜红色；前翅基部、前足股节内侧的纵斑、前足胫节腹面及侧面的纵斑黄白色至暗黄色；喙末节、各足胫节及跗节黑褐色至黑色；触角第 3~4 节暗褐色至黑色。

结构　体近葵花籽形。头部背面、前胸背板前叶、各足股节、腹部各节腹板中央稀生褐色长刚毛；雄虫触角各节密生直立黑色长毛，第 4 节各亚节上的毛较少；雌虫触角第 1 节上毛斜生，短而稀少；第 2~4 节上的毛较多，略斜生；头的前端、喙末节端部、雌虫腹部腹面端部较密地生有短刚毛。头短粗；前唇基强烈隆起；喙第 1 节伸达复眼前缘，第 2 节最粗；触角第 1 节中后部较粗。前胸背板背面圆鼓，中央纵凹较深，后叶具有明显的皱纹，侧角圆钝，后缘略凸；发音沟亚宽全脊型，约由 150 个横纹脊组成；前足、中足股节亚端部腹面具不明显的突起，后足股节亚端部腹面有 1 明显的突起；雌虫前翅不达或仅达腹部末端。雄虫腹部近端部略扩展，雌虫腹部中度向两侧扩展。

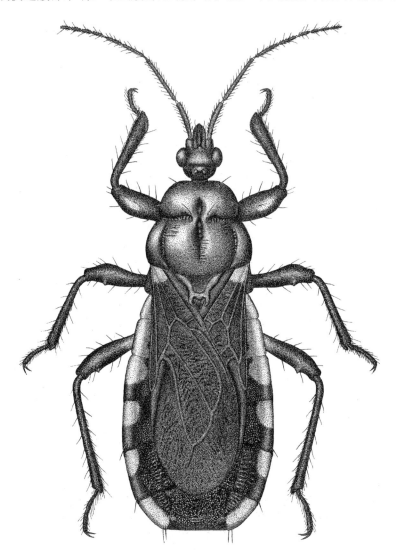

图 20　黑盾猎蝽 *Ectrychotes andreae*

量度　体长 11.5~15.4 mm (♂)，12.6~16.4 mm (♀)，腹部最大宽度 3.8~4.2 mm (♂)，4.3~5.9 mm (♀)。

分布　河南 (辉县、焦作、修武、获嘉、偃师、新安、卢氏、西峡、信阳、鸡公山)；北京、河北、陕西、山东、安徽、浙江、江苏、湖南、贵州、四川、重庆、福建、广东、广西、云南、海南；日本、朝鲜。

（二十一）斯猎蝽属 *Scadra* Stål, 1859

Scadra Stål, 1859b: 176, 182. Type speices by subsequent designation (Distant, 1904b: 308): *Physorhynchus lanius* Stål.

属征　头椭圆形，眼后部细缩，领狭窄，触角 8 节，具毛，第 1 节较短，但超过头的前端，喙第 1 节约与第 2、第 3 两节之和等长，头的眼后部分宽阔，前胸背板前叶两侧缘钝圆，中央纵沟不与后叶纵沟相接，前叶的两半常具凹陷，后叶无刻纹，小盾片端部具 2 个稍向内的端突。前股节稍粗，腹面无刺，前胫节海绵窝短。腹部第 2、第 3 腹板之间具显著的纵脊列。

该属在国内已知 7 种，河南省仅知 1 种。

26. 华斯猎蝽 *Scadra sinica* Shi et Cai, 1997 (图版 II-8)

Scadra sinica Shi & Cai, 1997: 197~198.

形态特征　体色　艳红色至褐红色。触角第 1、第 2 节，各足 (除跗节)，胸部侧板和腹板，前翅膜片大部，腹部腹板第 2、第 3 节的色斑黑褐色至黑色；复眼灰褐色至红褐色；喙基节端部和第 2、第 3 节，触角第 3~8 节，跗节浅褐色至黑褐色；胫节上具黄色环斑，有时后足胫节环斑消失，偶尔前足、中足胫节的环斑也消失或不显著；侧接缘和腹部腹面大部橘黄色至黄褐色。

结构　触角基节端半部加粗，第 2 节约等于第 3 节的 3 倍；头部腹面横向波纹褶皱。前胸背板前叶的两个小凹陷较浅，后叶粗糙；发音沟有大约 160 个横脊；小盾片端部突起短，明显短于两突起之间的距离；前翅仅达到腹部末端。

量度　体长 11.2~11.6 mm (♂)，11.5~12.7 mm (♀)，腹部最大宽度 3.8~4.0 mm (♂)，4.2~4.9 mm (♀)。头长 2.0~2.2 mm (♂)，2.3~2.7 mm (♀)，眼前区长 1.0~1.2 mm (♂)，1.3~1.5 mm (♀)，眼后区长 0.49~0.50 mm (♂)，0.5~0.6 mm (♀)，单眼间宽 0.70~0.75 mm (♂)，0.75~0.80 mm (♀)，复眼间距 0.18~0.20 mm (♂)，0.20~0.26 mm (♀)，触角各节长 I：II：III：IV：V：VI：VII：VIII=1.3~1.5 (♂)，1.2~1.3 (♀)：2.4~2.6 (♂)，2.2~2.4 (♀)：0.8~0.9 (♂)，0.80~0.85 (♀)：0.5~0.7 (♂)，0.60~0.65 (♀)：0.30~0.34 (♂)，0.30~0.35 (♀)：0.25~0.26 (♂)，0.25~0.30 (♀)：0.25~0.26 (♂)，0.25~0.30 (♀)：0.40~0.45 mm (♂)，0.45~0.50 mm (♀)，喙各节长 I：II：III=1.20~1.25 (♂)，1.20~1.27 (♀)：0.50~0.55 (♂)，0.5~0.6 (♀)：0.30~0.35 mm (♂)，0.25~0.30 mm (♀)，前胸背板前叶长 0.85~0.87 mm (♂)，1.1~1.2 mm (♀)，前胸背板后叶长 1.2~1.3 mm (♂)，1.25~1.60 mm (♀)，胸部最大宽度 2.9~3.2 mm (♂)，3.3~3.6 mm (♀)，小盾片长 1.0~1.1 mm (♂)，1.10~1.15 mm (♀)，前翅长 7.2~7.4 mm (♂)，7.5~7.9 mm (♀)。

分布　河南 (嵩县)；陕西 (紫阳)、福建 (永安、建阳)。

(二十二) 赤猎蝽属 *Haematoloecha* Stål, 1874

Haematoloecha Stål, 1874: 54. Type species by monotypy: *Scadra nigrorufa* Stål.

属征　头与触角第 1 节约等长，触角第 1、第 2 节近等长；单眼靠近连接两眼后缘间的直线；喙第 1 节长，长于第 2、第 3 两节之和；前胸背板前叶中央深沟由前缘伸达后叶中部，前叶两半较圆鼓。其侧缘显著；小盾片端部渐狭，两端突相距较近；前足股节加粗，无刺。胫节海绵窝约为胫节长的 1/4。

该属在国内已知 7 种，河南省仅知 3 种。

种 检 索 表

1. 腹部腹面红色，两侧具宽阔的黑色纵带 ………………………………… 福建赤猎蝽 *H. fokinensis*

  腹部腹面 (除侧缘外) 黑色，中央稍带红色，或完全为污黄色 ……………………………… 2

2. 头较长，长于触角第 2 节；喙第 1 节与第 2、第 3 两节之和等长；前翅仅前缘域红色………

  ……………………………………………………………………… 异赤猎蝽 *H. limbata*

  头短于触角第 2 节，喙第 1 节长于第 2、第 3 两节之和 ……………… 黑红赤猎蝽 *H. nigrorufa*

27. 福建赤猎蝽 *Haematoloecha fokinensis* Distant, 1903

Haematoloecha fokiensis Distant, 1903: 476; Putshkov & Putshkov, 1996: 151.

形态特征　**体色**　体红色。头、触角、喙、前胸背板纵沟及横缢、小盾片、爪片端部 2/3、革片靠近爪片处纵带、膜片、腹部腹面亚侧缘宽纵带斑均为黑色；基节、转节、小盾片端突均为褐色；跗节色浅。

结构　头前部向下倾斜，中叶隆起；触角具长毛，第 2 节长于第 1 节，而与头约等长。喙第 1 节长，稍超过眼的后缘。前足、中足股节腹面中央纵脊较显著。雄虫抱器粗短，基半部内侧突出，端部弯曲。

量度　体长 11.0~13.0 mm；头长 2.2 mm，宽 1.7 mm，头顶宽 0.7 mm；触角长 I：II：III：IV：V：VI：VII：VIII = 1.90：2.30：1.10：0.75：0.45：0.32：0.30：0.62 mm；喙长 I：II：III= 1.30：0.67：0.32 mm。

分布　河南 (信阳)；北京 (海淀区)、浙江 (天目山)、福建 (福州、建阳)。

28. 异赤猎蝽 *Haematoloecha limbata* Miller, 1954 (图版 II-9)

Haematoloecha limbata Miller, 1954: 30; Putshkov & Putshkov, 1996: 151.

Haematoloecha aberrans Hsiao, 1973: 61, 70 (syn. Lu & Cai, 1994: 18).

形态特征　**体色**　体棕黑色，光亮。前胸背板、前翅前缘域及腹部侧接缘红色；头的腹面两侧，单眼附近及中叶，喙第 2、第 3 节及小盾片顶端略带红色；前胸背板横沟及后叶的中央纵沟略带黑色。

结构　头具微细皱纹；由侧面观察眼前部分与眼加眼后部分约等长。触角被直立长毛。前胸背板光滑，或后叶稍具纵纹，纵沟后端为横脊所阻，不与后叶纵沟相连接。小盾片端部较窄，两个端突的顶端稍向内曲，其间的距离稍小于端突的长度。前翅几达于腹部末端。中足各节与前足约等长，股节稍窄；后足跗节第 1 节极短，由背面观察几不可见，腹部腹节间横纹微细，抱器基部粗，顶端尖。

量度　体长 11.0~11.5 mm，腹部宽 4.4~5.0 mm；头长 1.50 mm，宽 1.55 mm，头顶宽 0.7 mm；触角长 Ⅰ：Ⅱ：Ⅲ：Ⅳ：Ⅴ：Ⅵ：Ⅶ：Ⅷ = 1.40：1.90：0.70：0.65：0.40：0.30：0.30：0.70 mm；喙长 Ⅰ：Ⅱ：Ⅲ=1.1： 0.7： 0.4 mm；前胸背板长 2.4 mm，宽 3.5 mm，前叶长 1.05 mm，宽 2.30 mm，后叶长 1.35 mm；前翅长 7.8 mm；前足股节长 2.7 mm，宽 0.7 mm，胫节长 2.7 mm，海绵窝长 0.7 mm；后足股节长 3.7 mm，胫节长 4.2 mm，跗节第 2 节长 0.4 mm，第 3 节长 0.6 mm。

本种前胸背板前叶、后叶纵沟不互相连接，与 *Scadra* Stål 属近似，但就其单眼的位置与前胸背板前叶的构造应属于 *Haematoloecha* Stål 属。它和 *H. nigrorufa* Stål 接近，但身体较小，头较长，喙第 1 节较短，前翅及腹部的颜色和雄虫抱器的构造均与该种不同。

分布　河南 (偃师)；北京 (圆明园、香山、怀柔、海淀、天坛、门头沟、昌平)、陕西 (凤县、武功、杨陵)、山西 (兴县、太谷)、福建 (武夷山)、湖北 (狮子山)、山东 (昆嵛山)、浙江 (天目山)、四川 (峨眉山)。

29. 黑红赤猎蝽 *Haematoloecha nigrorufa* (Stål, 1867) (图 21，图版Ⅲ-1)

Scadra nigrorufa Stål, 1867: 301.

Ectrichodia includens Walker, 1873: 51 (syn. Bergroth, 1892: 263).

Heamatoloecha nigrorufa f. *rufa* Hsiao & Ren, 1981: 435.

Haematoloecha nigrorufa (Stål): Putshkov & Putshkov, 1996: 151.

别名　二色赤猎蝽、黑红猎蝽。

形态特征　体色　红色，光亮。头、各足、小盾片、身体腹面褐色至黑褐色，触角、前翅爪片 (除基部外)、革片上的斑黑褐色至褐黑色；前翅膜区褐黑色至黑色；各足跗节暗褐色；前胸背板前叶黑褐色至红褐色；侧接缘各节端半部红褐色至褐黑色。本种色斑变化较大，大体可分为普通型、红色型和黑色型 3 类：典型的普通型个体翅基部黑斑与膜区黑斑仅小部分相连；红色型个体翅基部斑与膜区黑斑不相连；黑色型个体翅基部黑斑与膜区黑斑相连区域大，前翅大部区域黑色或褐黑色，仅革片前缘、爪片基部红色。

结构　长椭圆形；体表除喙、触角及各足外光滑无毛。雄虫触角各节被直立长刚毛，第 3 节以后的毛较稀；雌虫触角第 1 节稀布斜生短刚毛，第 2 节以后被长短不一的斜生刚毛；喙被短刚毛；前足、中足股节腹面具斜生短毛；各足胫节及跗节具长短不一的刚毛。前唇基隆起，后唇基具明显的皱纹；喙第 2 节短粗。前胸背板中央纵沟及横缢较深，侧角圆鼓，后缘中部微凸；小盾片端突较长；前翅近达或达到腹末；前足股节较发达，海绵沟略短于前足胫节长的 1/3，中足海绵沟约为该足胫节长的 1/4。腹部略向两侧扩展。

量度　体长 10.8~12.3 mm (♂)，11.2~12.6 mm (♀)；腹部最大宽度 3.8~4.2 mm (♂)，4.7~5.9 mm (♀)。

分布　河南 (新县、南阳、信阳、鸡公山)；北京、河北、陕西、山东、湖北、浙江、江西、湖南、贵州、福建、台湾、广东、广西；日本、朝鲜。

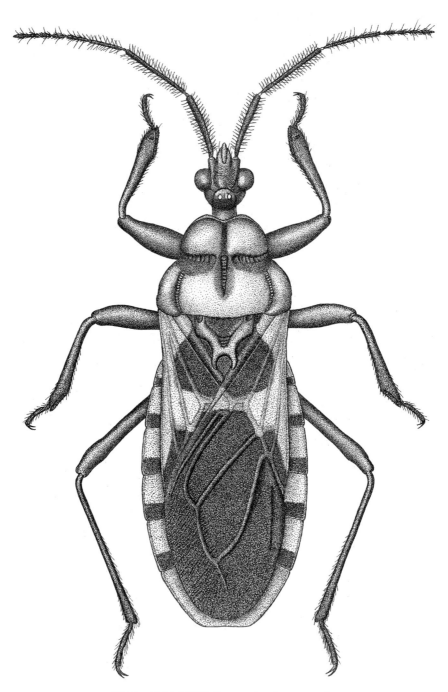

图 21　黑红赤猎蝽 *Haematoloecha nigrorufa*

蚊猎蝽亚科 Emesinae

体小型到大型，细长，触角及足甚细长。无单眼（除澳大利亚的蚊猎蝽 *Armstrongocoris singularis* 及华眼蚊猎蝽 *Ocelliemesina sinica* 外）。前足为捕捉式，基节甚长。无翅、短翅或长翅型；前翅膜质，翅脉简单。

全世界已知 26 属近 1000 种，中国已知 13 属 20 余种，河南省仅知 1 属 1 种。该亚科为河南省新记录亚科。

(二十三) 大蚊猎蝽属 *Myiophanes* Reuter, 1881

Myiophanes Reuter, 1881: 69. Type speices by monotypy: *Myiophanes tipulina* Reuter.

属征　体中型到大型，体长 13~23 mm。大翅或小翅型。头纺锤形；眼前部分长于眼后部分，两部分均向上鼓，眼前部分向前强烈狭窄，眼后部分向后细缩。前胸背板完全将中胸背板遮盖；足细长，前足股节具两列刺突及小刺，中足、后足股节等长。

该属中国仅知 1 种，为河南省新记录属。

30. 广大蚊猎蝽 *Myiophanes tipulina* Reuter, 1881 (图 22，图版Ⅲ-2)

Myiophanes tipulina Reuter, 1881: 70; Putshkov & Putshkov, 1996: 157; Ren, 2009: 77.
Orthunga bivittata Uhler, 1896: 272 (syn. Esaki, 1926: 88).
Myiophanes pilipes Distant, 1903: 253.

别名　大蚊猎蝽。

形态特征　体色　淡黄褐色毛。触角第 1 节顶端与第 2 节基部白色，前胸背板后叶两侧宽纵带浅色，前足基节中部环（常不明显）、股节顶端及中部两个淡色环纹、胫节基部、中足及后足股节亚基部环、后足股节与胫节连接处均为淡色或淡黄色。

结构　体具细长柔毛。触角细长，第 1 节长度约为前足胫节长的 2 倍。喙第 1、第 2 节较粗，第 2 节达眼的中部。前胸背板中部强烈收缩。足长；股节腹面具 2 列刺及刚毛，胫节短于股节；后足股节长度显著超过腹部末端。前翅超过腹部末端，M 脉与 Cu 脉在中室前不完全愈合。雄虫腹部末端生殖节呈半圆形，后缘中央呈长刺突，向上延伸，抱器细长，基部弯。

量度　雌虫长 16.2 mm；头长 1.8 mm，宽 1.2 mm；眼前区长 0.6 mm，眼长 0.45 mm，眼后区长 0.7 mm；触角第 1 节长 8.5 mm；喙各节长度Ⅰ∶Ⅱ∶Ⅲ=0.90∶0.65∶0.90 mm；前胸背板长 3.2 mm，前角间宽 1.1 mm，前叶长 1.4 mm，后叶长 1.9 mm，侧角间宽 2.1 mm；前足基节长 2.7 mm，股节长 5.9 mm，胫节长 4.7 mm，跗节长 0.5 mm；后足股节长 13.5 mm，胫节长 22 mm。前翅长 11.5 mm。

分布　河南 (项城)；北京、河北、四川、上海、浙江、西藏；日本、非洲、澳大利亚。

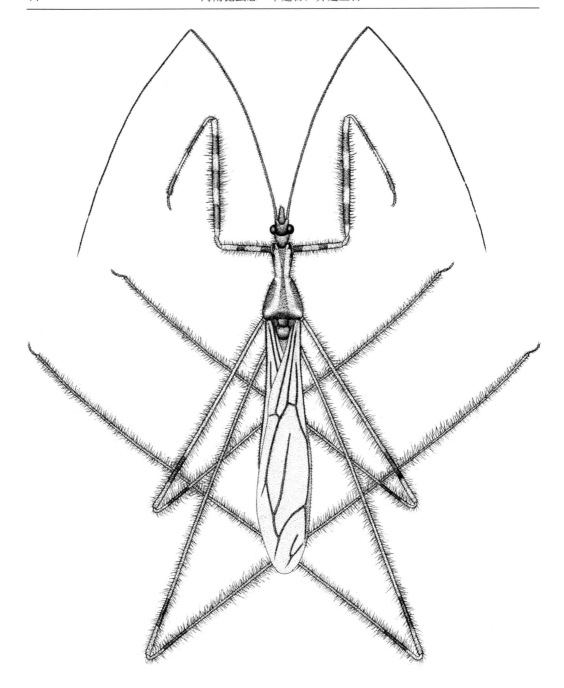

图 22 广大蚊猎蝽 *Myiophanes tipulina*

简记 该种为河南省新记录种。

真猎蝽亚科 Harpactorinae

属 检 索 表

1. 体表被大量瘤突或刺；各足股节，至少前足股节具成列的刺或突起·····················2

   体表无大量瘤突或刺；各足股节，或前足股节均不具成列的刺或突起·····················3

2. 腹部侧接缘各节刺状伸出；前胸背板后叶无刺突，表面呈网格状纹脊··· 轮刺猎蝽属 *Scipinia* Stål

   腹部侧接缘各节刺状伸出；前胸背板后叶具显著强刺和刺突··············棘猎蝽属 *Polididus* Stål

3. 触角基后方各具一个显著的刺或突起；一般头部呈圆柱状，眼后区延长；一般前胸背板侧角向两
   侧伸出，或具侧角刺···4

   触角基后方不具刺或突起；一般头部呈椭圆形至长椭圆形，或梭形；前胸背板侧角不伸出，钝圆
   ···6

4. 体型狭长；眼后区延长呈圆柱状；单眼不向两侧伸出；触角基后方刺细长或瘤突状；前胸背板侧
   角向两侧伸出···5

   体椭圆形至亚椭圆形；眼后区不延长，圆鼓；单眼略向两侧伸出；触角基后方具向前弯曲的粗壮
   强刺；前胸背板侧角钝圆····················· 红猎蝽属 *Cydnocoris* Stål

5. 前胸背板前叶侧缘后部有 1 个显著的突起·····················菱猎蝽属 *Isyndus* Stål

   前胸背板前叶侧缘后部无突起·····················素猎蝽属 *Epidaus* Stål

6. 头部和喙前后延长，长梭形，头显著长于前胸背板，喙伸达前足基节；腹部侧接缘多少扩展，表
   面呈突起和凹陷···7

   头部和喙不延长，椭圆形至长椭圆形，一般短于或约等于或不显著长于前胸背板，喙不达前足基
   节；腹部侧接缘一般不扩展，不呈凸起和凹陷·····················8

7. 头短，短于前胸背板和小盾片之和·····················田猎蝽属 *Agriosphodrus* Stål

   头长，长于前胸背板和小盾片之和·····················裙猎蝽属 *Yolinus* Amyot et Serville

8. 触角短，第 1 节约等于或不长于头·····················土猎蝽属 *Coranus* Curtis

   触角长，第 1 节显著长于头部···9

9. 腹部两侧后部扩展，侧接缘各节显著凸起或凹陷，各节间显著缺刻，各足股节显著呈结节状；小
   盾片端部具有勺状或乳突状坠突·····················10

   腹部两侧不扩展，侧接缘各节不呈显著凸起或凹陷，各节间无缺刻；各足股节不显著呈结节状；
   小盾片端部无任何坠突·····················11

10. 触角第 1 节显著长于前足股节；小盾片端部不呈勺状扩展·····················脂猎蝽属 *Velinus* Stål

    触角第 1 节不长于前足股节；小盾片端部呈勺状扩展·····················勺猎蝽属 *Cosmolestes* Stål

11. 前胸背板前叶较大，长于后叶的 1/2；前叶中纵沟短，向前不及领，向后不与横沟相通；前胸背板
    后叶前部中纵沟不显著，也不鼓起；后缘在小盾片前方平直，后角明显伸出·····················
    ·····················瑞猎蝽属 *Rhynocoris* Hahn

    前胸背板前叶较小，不长于后叶的 1/2；前叶中纵沟向前及于领，向后与横缝相通；前胸背板后缘
    通常平直或向内弧形弯曲，后角不显著·····················猛猎蝽属 *Sphedanolestes* Stål

(二十四) 田猎蝽属 *Agriosphodrus* Stål, 1867

Agriosphodrus Stål, 1867: 279. Type species by monotypy: *Eulyes dohrni* Signoret.

　　属征　头稍长于前胸背板，眼后区与眼前区约等长。喙第 1 节约为第 2 节的 1/2，稍长于眼前区，触角第 1 节与头近等长。前胸背板中部之前具横缢，无任何刺或突起。小盾片顶端钝圆。前翅超过腹部末端，腹部两侧强烈呈波状缘扩展。各足股节端半部呈轻微结节状。

　　该属在国内已知 1 种，河南省仅知 1 种。

31. 多氏田猎蝽 *Agriosphodrus dohrni* (Signoret, 1862) (图 23，图 24，图版III-3)

Eulyes dohrni Signoret 1862: 126.

Agriosphodrus dohrni Stål 1866: 279; Distant 1904: 359; Hsiao & Ren 1981: 523; Maldonado-Capriles 1990: 161; Putshkov & Putshkov 1996: 227.

　　形态特征　体色　黑色，光亮。单眼外侧的斑、侧接缘第 2~4 节端半部、第 5~7 节外缘及端半部淡黄色至暗黄色；喙第 2~3 节黑褐色至黑色；复眼褐色至黑色；各足基部色泽变化大，全部黑色或全为红色或仅前足基节为红色，有时也可见到基节为黄色的个体；雄虫第 7 腹节腹板中部、雌虫腹部末端多为红色；中胸、后胸侧板前部，腹部各节腹板两侧各具 1 白色蜡斑。

　　结构　体表除喙、触角、翅及侧接缘外密被较长直立黑色刚毛；触角第 1~2 节具短毛，末端两节毛更短；前翅革片具弯曲短毛；侧接缘背、腹两面稀被长短不一的斜生细毛。头较长，略短于或近等于前胸背板之长；喙长，伸达前足基节后部；而单眼远离。领端突较发达；前胸背板前叶圆鼓，后部中央具深凹；前胸背板后叶中部浅凹，侧角钝圆，后缘近直；小盾片中部凹陷；前翅超过腹末。侧接缘向两侧强烈扩展，各节中部背面圆隆；雌虫第 1 载瓣片内侧具毛丛。

　　量度　体长 20.0~25.2 mm，腹部最大宽度 7.9~10.7 mm；头长 3.9~4.52 mm；眼前区长 1.5~1.9 mm；眼后区长 1.5~1.9 mm；单眼间宽 0.5~0.7 mm；复眼间距 0.8~1.0 mm；触角各节长 I：II：III：IV= 4.4~5.4：1.6~2.1：1.2~1.3：4.1~4.9 mm；喙各节长 I：II：III=1.6~1.9：2.7~3.4：0.6~0.7 mm；前胸背板前叶长 1.2~1.5 mm；前胸背板后叶长 1.9~2.6 mm；胸部最大宽度 3.5~5.4 mm；前翅长 13.0~17.0 mm。

　　分布　河南 (桐柏、内乡、西峡、鲁山、渑池、新安、信阳、鸡公山)；安徽、福建 (福州、崇安三港、邵武)、甘肃、贵州 (茂兰、雷公山、贵阳、湄潭、纳雍、赤水、凤岗、贵定)、广东 (南岭、钦州)、广西 (猫儿山、靖西、金秀)、海南、湖北 (房县、咸丰)、湖南 (湘中)、江苏 (南京)、江西 (莲塘)、陕西 (龙岗寺、华县、西乡)、上海、四川 (成都、平武、峨眉山、雅安)、云南 (大理)、浙江 (杭州、江山)；印度、日本、越南。

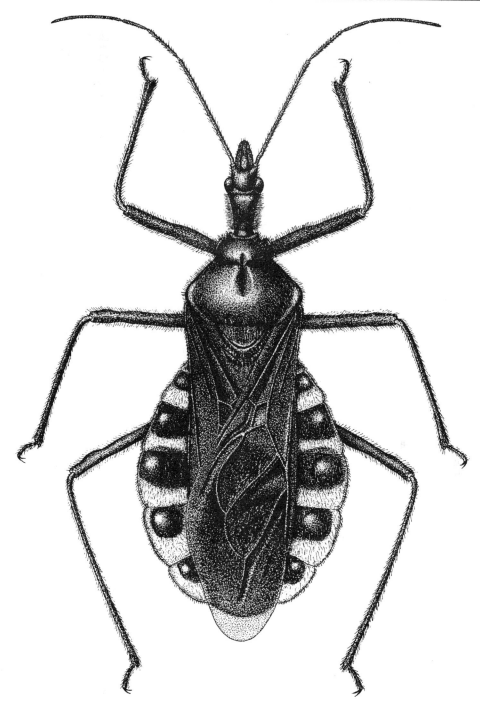

图 23　多氏田猎蝽 *Agriosphodrus dohrni*

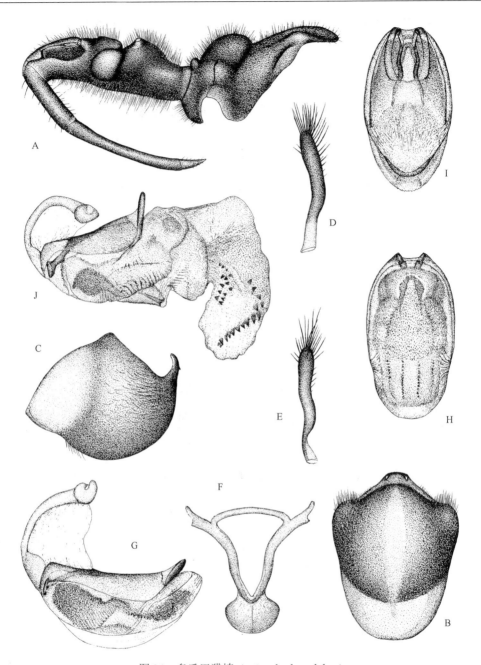

图 24　多氏田猎蝽 *Agriosphodrus dohrni*

A. 头和前胸侧面 (head and pronotum, lateral view)；B、C. 尾节 (pygophore)；D、E. 抱器 (paramere)；F. 阳茎基 (phallobase)；
G. 阳茎 (phallus)；H、I. 阳茎体 (phallosoma)；J. 阳茎展开状 (phallus, extended)

(二十五)　土猎蝽属 *Coranus* Curtis, 1833

Coranus Curtis, 1833: pl. 453. Type species by original designation: *Reduvius pedestris* Wolff.

Colliocoris Hahn, 1833: 23 (syn. Stål, 1866a: 93). Type species by monotypy: *Colliocoris griseus* Hahn (=*Cimex subapterus* De Geer, 1773).

Sinocoris Mulsant & Rey, 1873: 90 (as subgenus of Coranus; syn. V. G. Putshkov & P. V. Putshkov, 1988: 43).
　　Type species by monotypy: *Coranus revellieri* Mulsant & Rey (=*Harpactor niger* Rambur, 1840).

Velinoides Matsumura, 1913: 162 (syn. Kanyukova, 1982: 303). Type species by original designation: *Velinoides dilatatus* Matsumura.

　　属征　体小型到中型，长椭圆形，褐色至黑色，足常具淡色环斑，被浅色蓬松细长毛和淡色平伏浓密短弯毛。头粗壮，椭圆形，头部眼前区约等于眼后区；触角短，共5节，第1节极短，第2节长度约等于或略短于头；喙第1节和第2节长度不固定。前胸背板无任何突起，前叶约等于或短于后叶；前叶具刻纹，后叶具粗糙刻点；侧角圆；小盾片具中纵脊，端部有时具亚直立隆起的突起或刺；中胸侧板前缘具一小瘤突。腹部两侧中等扩展；足中等长度，前足股节略加粗。

　　该属在国内已知14种，河南省仅知2种。

分种检索表

1.　体大型，17.0~18.0 mm；胫节一致黑色 ··········· 大土猎蝽 *C. dilatatus*
　　体小型，小于13.0 mm；胫节具淡色环斑 ········· 中黑土猎蝽 *C. lativentris*

32. 大土猎蝽 *Coranus dilatatus* (Matsumura, 1913) (图25，图版III-4)

Velinoides dilatatus Matsumura 1913: 161; Matsumura 1931: 1214; Lindberg 1934: 30; Hoffmann 1944: 54.
Coranus magnus Hsiao & Ren 1981: 514, 621; Ren 1984: 281.
Coranus dilatatus: Kanyukova 1982: 303; Maldonado-Capriles 1990: 181; Putshkov & Putshkov 1996: 231.

　　形态特征　体色　黑色。前胸背板后叶、前翅、小盾片两侧深红褐色；触角基部黑色，第2节深褐色，第3~5节浅褐色；腹部腹面黑色，第3~7腹板两侧前缘具一个浅色小横斑，其各节两侧中部各有1个光秃淡斑，侧接缘各节端部1/4~1/3浅黄色；爪棕色。

　　结构　体大型；头、前胸背板、胸部侧板、基节和转节、小盾片被平伏短毛和直立细长毛；股节被细长毛；胫节被浓密斜生短毛和稀疏细长毛，胫节腹面及端部具黄红色浓密斜生刚毛；触角第1节具不同长度斜生刚毛，第2节具浓密斜生短刚毛，第3、第4节具平伏短绒毛；腹部腹面具斜生刚毛；腹部背面具黄色平伏软毛；雌性腹部末端具棕色刚毛。头圆柱状，眼前区略短于眼后区；眼后区不圆鼓，不显著细缩；侧面观，头前后两端向下倾斜较小；触角第3节短于第4节；喙第1节粗壮，约等长于第2节；复眼大，向两侧突出。前胸背板前叶两侧圆鼓，具云形刻纹，中央具宽深纵沟；后叶较长，具粗糙刻点及皱纹，侧角宽圆形，稍鼓，后缘呈弧形向内弯曲，附近带黑色，短翅型后叶不发达，短于前叶。小盾片中央纵脊后端宽阔，呈盾圆形向上翘起。股节略呈结节状，端部细缩，前足、中足股节略加粗；前翅具粗糙皱纹。生殖节后缘中央呈长刺状向上伸出，抱器短棒状。

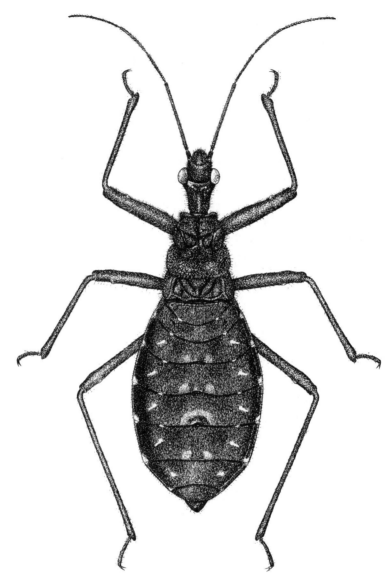

图 25 大土猎蝽 *Coranus dilatatus* (♀)

量度 (无翅型♂/♀，有翅型♂) 体长 13.75~14.76 /17.54~18.80，15.00 mm；腹部最大宽度 4.73~5.07 / 6.46~6.62，4.73 mm。头长 2.84~2.95 /3.41~ 3.47，2.90 mm；眼前区长 0.84~0.95 /0.95~1.00，0.92 mm；眼后区长 1.10~1.20 / 1.26~1.37，0.95 mm；复眼间距 1.00/1.10~1.11，1.05 mm；单眼间距 0.52~0.53 / 0.58~0.63，0.53 mm；触角各节长 Ⅰ：Ⅱ：Ⅲ：Ⅳ：Ⅴ = 0.37~0.45 / 0.37~0.47，? ：2.68~3.02 /3.41~3.47，? ：1.50 /1.58~1.63，? ：1.58/1.89~2.00，? ：2.36 /2.75~3.15，? mm；喙各节长 Ⅰ：Ⅱ：Ⅲ= 1.42~1.55 /1.73~1.75，1.58：1.31~1.51 /1.73~1.76，1.30：0.60~0.68 /0.70~0.79，0.68 mm；前胸背板前叶长 1.47~1.57 /1.79~1.94，1.68 mm；前胸背板后叶长 1.30~1.31 /1.26~1.31，2.31 mm；胸部最大宽度 2.52~2.73 /2.94~3.20，4.31 mm；小盾片长 0.68~0.84 /0.89~1.05，0.71 mm；前

翅长 0，1.00 mm。

　　分布 河南 (栾川、洛阳、济源)；北京、河北 (雾灵山、秦皇岛)、内蒙古 (锡林郭勒盟)、陕西 (眉县涝浴)、黑龙江 (尚志县帽儿山)、山西 (太古)、宁夏 (贺兰山、小口子)；日本、韩国、蒙古国、俄罗斯。

33. 中黑土猎蝽 *Coranus lativentris* Jakovlev, 1890 (图版III-5)

Coranus lativentris Jakovlev 1890: 559; Putshkov 1995: 259; Hsiao & Ren 1981: 513; Ren 1984: 280; Putshkov & Putshkov 1996: 233; Maldonado-Capriles 1990: 183; Ren, 2009: 94.

　　形态特征 **体色** 暗棕褐色。腹部腹面深褐色至褐色，中部色浅，中央具黑色纵走带纹，各节腹板两侧具浅色大斑和淡色散布斑点，侧接缘端部 3/5 淡色；复眼边缘，眼前区纵纹，眼后区下缘纵带，头部中叶，喙第 1 节基部，头前叶和后叶的背面中纵纹，复眼和单眼之间的带斑，头基部，前胸背板前叶侧缘、前缘和中纵带，前胸背板后叶 (除中部略深)，小盾片中纵带，基节臼，股节背面的斑纹，各足胫节基部和近基部环斑，前足、中足胫节近端部宽环斑，前胸腹板 (除中部)，中胸、后胸腹板淡色；触角浅黄褐色至深红褐色。

　　结构 体被灰白色浓密平伏短毛及棕色长毛。头约等于前胸背板，粗壮，眼后区不显著细缩，复眼中等大小，不显著向两侧突出；触角第 3 节显著长于第 4 节；喙粗壮，第 1 节长于第 2 节，达眼中部。前胸背板前叶与后叶几等长，前角间宽 1.5 mm，后角间宽 2.8 mm，侧角圆；后角显著；后缘中部向内凹；前叶中部两条纵脊伸达后叶前部，前胸背板横缢被高起的纵脊隔断；前叶圆鼓，具云状斜生刻纹；后叶具粗糙刻纹和刻点，短翅型后叶不发达，略扁平；小盾片中央脊状，向上翘起。短翅型，翅无膜质部，翅长 1.3 mm，仅达第 2 腹板后缘。腹部圆形，向两侧扩展，侧接缘向上翘折。雄虫体较小，腹部末端生殖节后缘中部具叉形锐刺，其锐刺侧扁；抱器端部圆，基部细，呈勺状。

　　量度 体长 10.8~12.0 mm；腹部最大宽度 3.9~4.7 mm。头长 (包括颈部) 1.8~2.6 mm；眼前区长 0.7~0.9 mm；眼后区长 0.9~1.1 mm；复眼间距 0.8~1.0 mm；单眼间距 0.6~0.7 mm；触角长 I：II：III：IV：V = 0.21~0.25：1.6~2.2：0.8~1.0：0.6~0.8：1.3~1.8 mm；喙长 I：II：III =1.2~1.4：1.1~1.2：0.4~0.6 mm。前胸背板前叶长 1.2~1.3 mm；前胸背板后叶长 1.0~1.1 mm；胸部最大宽度 2.1~2.6 mm；小盾片长 0.6~1.0 mm；前翅长 0.8~1.4 mm。

　　分布 河南 (安阳、新乡、修武)；北京 (香山、马连洼、八达岭、昌平十三陵、怀柔青龙峡、八宝山、延庆、涿县)、天津、河北 (永年、涿县)、山西 (太原、五台山)、山东 (烟台)、陕西 (武功、杨陵、甘泉清泉沟)；韩国。

　　简记 中黑土猎蝽 *C. lativentris* 与 *C. contrarius* 外部体形和体色，及外生殖器尾节中突非常相似，可能有较近的亲缘关系。触角第 3 节长于第 4 节，前胸背板后缘中部向内凹，翅无膜质部，为此种区别于其他种类的主要外部形态特征。

(二十六) 勺猎蝽属 *Cosmolestes* Stål, 1867

Cosmolestes Stål, 1867a: 285. Type species by subsequent designation (Distant, 1904: 345): *Reduvius pictus* Klug.

属征　体长椭圆形。头较短于前胸背板；眼后区长于眼前区；触角第 1 节与前足股节约等长。前胸背板前角显著尖锐；小盾片顶端阔勺状扩展。各足股节端部呈节结状，前足胫节稍长于股节和转节长度之和；腹部向两侧中度扩展。

该属在国内已知 4 种，河南省仅知 1 种。

34. 环勺猎蝽 *Cosmolestes annulipes* Distant, 1879 (图版III-6)

Cosmolestes annulipes Distant 1879: 132; Hsiao & Ren 1981: 527; Maldonado-Capriles 1990: 188; Putshkov & Putshkov 1996: 236.

形态特征　体色　淡黄色至土黄色。头背面 (除浅色斑纹)，触角第 1 节基部，小盾片 (除阔勺状端部和中纵线)，中胸、后胸侧板大部 (除淡色斑)，腹部腹板节间缝的条纹和各节腹板两侧的不规则斑纹，侧接缘基部的斑，股节端部 2 个环和中部 2 个隐约环纹，胫节基部 2 个环黑色；前胸背板前叶颜色由完全淡黄色至完全黑色；前胸背板后叶由淡黄色至土黄色，侧角亚端部斑暗褐色或消失；前翅革片、各足胫节端部 2/3、触角 (除第 1 节基部和中部的 2 个淡色环) 黄褐色；头部背面前叶中纵线和两侧斜带、后叶中纵线、头腹面、前胸背板前缘、小盾片中纵线和阔勺状顶端、膜片内室基部翅脉浅黄色至乳白色；前翅膜片浅褐色。

结构　小型至中型。体被稀疏直立短刚毛和白色扁毛；胫节被斜生浓密短刚毛。头横缢前部稍长于后部；眼后区圆鼓，长于眼前区；触角纤长，粗细均匀，第 1 节最长，其次为第 4 节，第 2、第 3 节短且约等长；喙第 1 节几乎达复眼后缘，第 1 节略短于或约等于第 2 节。前胸背板前叶短于后叶，中央具较深纵沟，两侧圆鼓；后叶较圆鼓，中部具浅纵沟；侧角钝圆；后侧缘内侧成较深的纵沟，边缘向上反卷；后缘向下弯曲；小盾片顶端阔勺状。前翅较狭长，显著超过腹部末端。雄性个体较小，末端生殖节后缘中央的尾节突具 2 个向后向下弯曲的短刺。

量度　体长 11.0~13.1 mm；腹宽 2.6~4.3 mm。头长 2.00~2.34 mm。眼前区长 0.7~0.8 mm；眼后区长 1.0~1.2 mm；复眼间距 0.5~0.6 mm；单眼间距 0.5~0.7 mm；触角各节长 Ⅰ：Ⅱ：Ⅲ：Ⅳ=4.4~5.3：1.3~1.6：1.5~1.6：4.0~5.4 mm；喙各节长 Ⅰ：Ⅱ：Ⅲ=1.1~1.3：1.1~1.3：0.3 mm；前胸背板前叶长 0.8~0.9 mm；前胸背板后叶长 1.3~1.7 mm；小盾片长 0.9~1.2 mm；胸部最大宽度 2.5~2.6 mm；前翅长 7.3~8.8 mm。

分布　河南 (信阳)；广东、广西 (龙州、龙胜、金秀)、海南 (琼中、万宁)、云南 (勐海勐遮，勐腊勐养、瑶区，河口，金平，普洱，西双版纳：景洪、橄榄坝、小勐养)、福建 (福州、武夷山)；印度、缅甸。

(二十七) 红猎蝽属 *Cydnocoris* Stål, 1867

Cutocoris Stål, 1859a: 374. Nomen oblitum (see Kerzhner, 1993: 49).

Cydnocoris Stål, 1867a: 274. Type species by subsequent designation (Distant, 1904: 361): *Myocoris gilvus* Burmeister.

Procerates Uhler, 1896: 270 (syn. Horváth, 1899: 374). Type species by monotypy: *Procerates rubida* Uhler.

　　属征　中等大小。体长椭圆形；头部椭圆形，粗壮，较短宽；横缢宽深，位于复眼后缘；眼前区短于眼后区，眼后区较圆鼓，无显著延长的颈部；复眼大，圆形，向两侧突出，头部两侧的复眼后部隆鼓；单眼较突出，着生在小隆突之上，略向两侧伸出；喙第1节最长，约等于或短于第2、第3节长度之和；触角基后方具钩状强刺，粗壮，向前弯曲；触角第1节长于头，约等长于第4节，第4节纤细，第2节短于第1节或第4节，第3节最短；雄性触角第2节较粗于其余各节，雌虫第2节不加粗。前胸背板梯形，前叶长约等于后叶；前角短锥状；前叶圆鼓，其中纵沟的后部呈深凹状；后叶侧角钝圆；后角不显著，钝圆；后缘较平直。前足胫节长于股节；前翅革区四边形小翅室宽大，其基部长于膜区内室的基部。腹部长椭圆形。抱器棒状，尾节中突具2个小钩状突起。

　　该属在国内已知9种，河南省仅知1种。

35. 艳红猎蝽 *Cydnocoris russatus* Stål, 1866 (图版Ⅲ-7)

Cydnocoris russatus Stål 1866b: 274; Hsiao & Ren 1981: 512; Maldonado-Capriles 1990: 190; Putshkov & Putshkov 1996: 237.

Procerates rubida Uhler 1896: 270. Synonymized by Horváth 1899: 374.

　　形态特征　体色　艳红色至深红色，略有光泽。触角、头部腹面中央、喙端部、各胸节侧板与腹板大部、各足 (除基节、转节和股节基部红色外)、腹部腹面各节的横斑 (横斑中央中断) 黑褐色至黑色；复眼银灰褐色具黑色碎斑；膜片褐色。

　　结构　头的背面及腹面、触角第1节、前胸背板、小盾片、各足具淡黄色和白色细长刚毛；头部腹面、胸部侧板及腹板、腹部腹面、前翅革片被黄白色弯曲平伏短毛；腹部腹面具长短不一的黄色短刚毛。头较短宽；雌虫触角第1节明显粗于其余各节，雄虫触角2节加粗；角后突羊角状向下弯曲，粗；喙第1节粗壮，约等长于第2、第3节长度之和；前胸背板前叶明显具有无毛印纹，前叶中央后部具较深的宽凹；前胸背板后叶中部圆鼓，侧角圆钝，略向两侧突出，后角略突出，后缘微凸；小盾片中部具较大隆脊；前翅显著超过腹部末端；腹部略向两侧扩展。

　　量度　体长 13.1~17.4 mm；腹部最大宽度 4.4~6.0 mm。头长 2.3~2.9 mm；眼前区长 0.8~1.1 mm；眼后区长 2.3~2.6 mm；单眼间宽 0.7~0.8 mm；复眼间距 1.0~1.1 mm；触角各节长 Ⅰ：Ⅱ：Ⅲ：Ⅳ=3.5~4.5：2.2~2.3：1.0~1.4：4.3 mm；喙各节长 Ⅰ：Ⅱ：Ⅲ=1.2~1.8：0.9~1.1：0.5~0.7 mm；前胸背板前叶长 1.1~1.4 mm；前胸背板后叶长 1.8~2.4 mm；

胸部最大宽度 3.8~4.8 mm；小盾片长 1.3~15 mm；前翅长 8.7~12.3 mm。

分布 河南 (商城、信阳、鸡公山)；陕西 (楼观台)、甘肃、江苏、安徽、浙江 (天目山)、江西 (庐山)、湖南 (湘东)、贵州 (习水、茂兰、都云、贵阳、贵定、湄潭、平塘、六枝、纳雍、雷山、榕江)、四川 (万县)、福建 (福州、建阳、顺昌、将乐、邵武、华安、武夷山、连城、龙栖山)、台湾、广东 (车八岭)、广西 (花坪、龙胜、桂林、金秀、融安、龙州、凭祥、宁明)、海南 (吊罗山)；朝鲜、日本、越南。

(二十八) 素猎蝽属 *Epidaus* Stål, 1859

Epidaus Stål, 1859b: 193. Type species by subsequent designation (Distant, 1904: 371): *Zelus transversus* Burmeister.

Gastroploeus Costa, 1864: 140 (syn. Stål, 1867b: 383; 1874: 22). Type species by monotypy: *Gastrploeus flavopustulatus* Costa.

属征 体中型到大型。头圆柱形，略短于前胸背板；触角基后部具刺突；眼前区粗于眼后区，眼后区长约为眼前区的 2 倍；触角长，第 1 节与前足股节近等长；喙第 1 节略短于或等于末端两节长度之和。前胸背板前叶圆鼓，具刻纹；前胸背板后叶后部中央具有 1 对刺突或瘤突，侧角刺状或瘤状；小盾片三角形，顶端圆钝；前足股节较粗，中足、后足股节近等粗；前翅超过腹部末端。雌虫腹部向两侧不同程度地扩展。抱器棒状，具长毛。

该属在国内已知 7 种，河南省仅知 1 种。

36. 瘤突素猎蝽 *Epidaus tuberosus* Yang, 1940

Epidaus tuberosus Yang，1940: 105; Maldonado-Capriles 1990: 200; Putshkov & Putshkov 1996: 240; Kerzhner & Putshkov 1979: 13.

形态特征 体色 黄褐色至红褐色，不同个体间有变化。复眼黑色；触角第 2 节端部、眼后区背部与侧面大部 (基部球形隆起除外)、前胸背板侧角刺突、前胸背板中后部 2 瘤突、中后部腹板、中胸侧板前缘、腹部第 1 节腹板大部黑褐色；腹部侧接缘第 3 节前方 1/3、第 4 节前方 1/5、第 5 节全部、第 6 节前方 2/5 暗红褐色；触角第 1 节 (基部、中部、端部三节略深于其间部分)、喙第 3 节、前胸背板后叶侧刺突前方侧缘、革片基部、前足股节大部、中后足股节近端部膨突外侧红褐色。各足胫节端部、各足跗节、爪褐色。各足其他部分黄褐色；体表刚毛淡黄褐色。

结构 体多毛，尤以前足股节、胫节腹侧浓密，此处刚毛较其他部分刚毛约短 1 倍。前胸背板侧角短刺状，不钝尖；后叶中后部生 2 瘤突，领两端膨突上生小瘤突；触角后方突起瘤状，其高度略小于第 1 节触角直径。雌虫腹部侧接缘略呈菱形扩散。

量度 体长 17.3~24.6 mm；腹部最大宽度 4.5~7.9 mm。头长 3.1~3.9 mm；眼前区长 1.1~1.5 mm；眼后区长 1.4~1.7 mm；复眼间距 0.7~1.0 mm；单眼间宽 0.5~0.6 mm；触角各节长为 I：II：III：IV=7.6~8.7：3.3~3.7：3.4~5.7：2.0~2.9 mm；喙各节长为 I：

Ⅱ：Ⅲ=1.8~2.2：1.3：0.6 mm。前胸背板前叶长 1.2~1.5 mm；前胸背板后叶长 2.1~3.0 mm；胸部最大宽度 4.1~6.0 mm；小盾片长 1.3~2.0 mm；前翅长 13.3~16.3 mm。

分布　河南 (济源、嵩县、栾川)；陕西 (留坝、太白山、武功、南五台)、北京 (小五台)、浙江 (天目山)、四川 (卧龙)。

(二十九)　菱猎蝽属 *Isyndus* Stål, 1858

Isyndus Stål, 1858:445. Type species by monotypy: *Isyndus heros* Stål.

属征　体中型到大型，长椭圆形，色多暗褐。头明显短于前胸背板；眼前部分略短于眼后部分；复眼向两侧突出；触角第 1 节与前足股节近等长，第 2、第 4 两节近等长，触角基后方有 1 小型瘤突；喙第 1 节粗壮，近等于第 2、第 3 节长度之和。前胸背板前叶具有云纹，两侧各具 1 瘤突或乳状突；前胸背板后叶明显宽于前叶，侧角圆钝或呈刺状突出；前翅伸达腹部末端。雌虫腹部明显向两侧扩展；抱握器棒状；尾节突小；阳茎结构相对特殊，阳茎系膜背面具有 1 对骨化的长刺状突起。

该属在国内已知 7 种，河南省仅知 1 种。

37. 褐菱猎蝽 *Isyndus obscurus* (Dallas, 1850) (图 26，图版Ⅲ-8)

Harpactor obscurus Dallas 1850: 7.
Isyndus obscurus: Stål 1863: 28; Stål 1866b: 268; Stål 1874: 21; Lethierry & Severin 1896: 187; Distant 1904: 377; Oshanin 1908: 556; Oshanin 1912: 54; Wu 1935: 472; China 1940: 254; Hoffmann 1944: 66; Hsiao & Ren, 1981: 494; Ren, 1981: 179; Maldonado-Capriles 1990: 221; Li, 1990: 30; Ren, 1992: 178; Cai & Wang 1998: 166.
Euagoras obscurus: Walker 1873: 122.
Isyndus obscurus obscurus: Dispons 1969: 71; Putshkov & Putshkov 1996: 241.

形态特征　**体色**　深褐色。触角第 2 节基部、第 3 节亚端部、第 4 节基半部黄褐色至红褐色，第 3 节基半部和端部、第 4 节端半部淡黄色至红色；复眼灰黄色至黄褐色，有不规则的暗色斑纹。侧接缘上的斑点红褐色至浅褐色。

结构　体密被黄白色平伏短毛并疏杂以直立长毛。头较细长；触角基后方的突起呈乳突状。前胸背板前叶印纹较深，后部中央有 1 深凹；后叶具有明显的横皱纹；侧缘不规则，侧角略呈角状，侧角后方有 1 明显的突起，后角圆钝，后缘近平直；发音器由 190 个摩擦脊组成；小盾片中央突起明显；雌虫前翅略超过腹部末端或仅达腹部末端，雄虫前翅显著超过腹部末端。雌虫侧接缘第 5、第 6 两节明显向两侧扩展；雄虫第 7 腹板基部有 1 突起，突起的顶端平截。**雄性外生殖器**　抱握器棒状，弯曲，端部较细，上生淡色长毛。尾节突短粗，顶端中央凸出，外侧有 2 个齿状突起。阳茎基片近端部弯曲，基片桥较细，阳茎基片延颈较细。阳茎体端部明显上翘；阳茎鞘背片中部中央具两个椭圆形突起；阳茎鞘支片小；阳茎系膜突起从基部至端部逐渐变细；阳茎端短粗；阳茎端侧

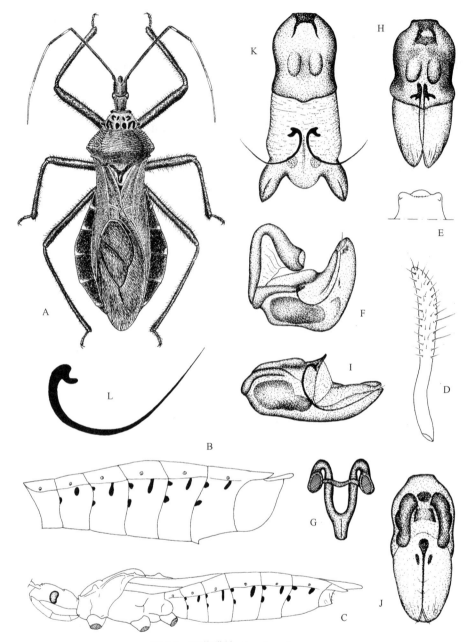

图 26　褐菱猎蝽 *Isyndus obscurus*

A.成虫 (habitus)；B. 雄虫腹部侧面 (abdomen of male, lateral view)；C. 体侧面 (body, lateral view)；D. 抱器 (paramere)；
E. 尾节突 (pygophore process)；F. 阳茎 (phallus)；G. 阳茎基 (phallobase)；H~K. 阳茎体 (phallosoma)；L. 阳茎系膜突起
(conjunctivum process)

突较细长，端尖。

　　量度　体长 20.1~29.2 mm；腹部最大宽度 4.7~10.0 mm；头长 3.5~4.0 mm；眼前部分长 1.7~2.23 mm；眼后部分长 1.4~1.8 mm；复眼间宽 1.1~1.4 mm；单眼间宽 0.65~

0.78 mm；触角长 Ⅰ∶Ⅱ∶Ⅲ∶Ⅳ= 5.1~8.0∶2.1~2.9∶4.5~5.1∶2.5~3.0 mm；喙各节长
Ⅰ∶Ⅱ∶Ⅲ= 1.8~2.2∶1.4~1.7∶0.5~0.6 mm。前胸背板前叶长 1.5~1.9 mm；后叶长 2.8~
4.2 mm；胸部最大宽度 5.5~7.9 mm；小盾片长 1.5~2.1 mm；前翅长 11.5~18.0 mm。

分布　河南 (辉县、鸡公山)；辽宁 (千山)、北京 (海淀、上房山)、甘肃 (文县)、
陕西 (涝峪)、西藏 (察隅、芒康)、山东 (牙山、泰山、昆嵛山、烟台)、安徽 (定城)、
河北 (雾灵山)、湖北 (神农架、兴山龙门河)、浙江 (杭州、安吉、天目山)、江西 (牯岭、
弋阳、庐山、南昌)、四川 (峨眉山、越西、西昌、泸定)、重庆、贵州 (贵阳、毕节、习
水)、福建 (建阳、崇安、福州、南平、大田、龙栖山)、广东 (舟山)、广西 (全县、龙
胜、资源、田林、隆林)、海南 (尖峰岭)、云南 (片马、泸水、安宁、丽江)；朝鲜、日
本、印度、不丹、越南。

简记　本种广泛分布于我国山东以南各省及周边日本、印度等国家，为亚洲东部特
有种类。

(三十) 棘猎蝽属 *Polididus* Stål, 1858

Polididus Stål, 1858: 448. Type species by monotypy: *Polididus spinosissimus* Stål.
Acanthodesma Uhler, 1896: 271 (syn. Bergroth, 1914: 362). Type species by monotypy: *Acanthodesma perarmata* Uhler.

属征　体长形。头背面和腹面、前胸背板、小盾片、腹部侧缘、股节具刺；小盾片具
3 个刺；腹部侧缘刺密；侧接缘各节后侧角刺显著长；头部眼前区略短于眼后区；前翅
膜区外室狭长；触角第 1 节与股节约等长；喙第 1 节显著长于第 2、第 3 节之和，并长
于头部眼前区。

该属在国内已知 1 种，河南省仅知 1 种。

38. 棘猎蝽 *Polididus armatissimus* Stål, 1859 (图 27，图版Ⅲ-9)

Polididus armatissimus Stål 1859b: 376; Distant 1904: 386, fig 246; Yasunaga et al., 1993; Putshkov & Putshkov, 1996: 245.
Acanthodesma perarmata Uhler 1896: 271 (synonymized by Bergroth 1914: 362).

形态特征　**体色**　淡棕色。腹部腹面两侧纵宽带黑褐色至黑色；前翅膜片翅脉，前
胸背板前叶，中胸、后胸侧板，胸腹板，小盾片，各足基节大部分深棕褐色；头部 (除
腹面)、股节 (除基部)、革片外侧大部、前胸背板后叶长刺基部红褐色至浅红褐色；复眼
褐色，单眼乳白色；前翅膜片、爪片、革区内侧、膜区半透明淡棕色；腹部腹面散布红
色斑点。

结构　体中等大小。头部、胸部 (除前叶的无毛刻纹)、腹部腹面 (除中间和两侧无毛
纵宽带)、腹部背面、前翅革区、基节、转节、股节被白色短毛 (头部、胸部、腹部的白
毛极为浓密，头部及胸部的白色短毛形成花纹)；腹部腹面、各足股节被稀疏黄色硬毛；
胫节端部、跗节密被斜生短毛。头前叶与后叶约等长；头背面和腹面稀疏地被有大小不

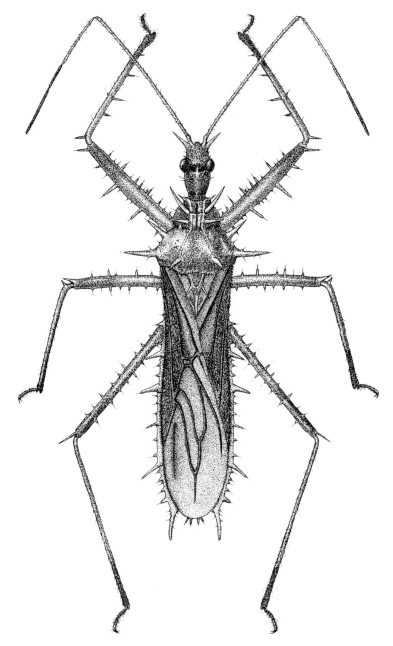

图 27　棘猎蝽 *Polididus armatissimus*

同的小刺突；单眼间距小于单眼与复眼间距 (0.55：0.75 mm)；触角第 1 节最长，第 3
节最短；触角基后方具长刺；喙第 1 节长于其他两节之和。前胸背板前角呈短小刺状伸
向前侧方；前叶短于后叶；前叶两侧中部各具 1 长刺，后部各具 2 个较短长刺，周围具
小刺；后叶两侧缘各具 1 长刺，后部中域具 2 长刺，周围具少数微小瘤突；后缘近直，
后角不显著；中胸、后胸侧板上具几个微小瘤突；小盾片顶端呈长刺伸向后上方，基部
中域具 2 个直刺。腹部侧接缘后角呈长刺状突出，侧接缘边缘具小刺突；膜片外室狭长，

内室较宽短，中室小且扁宽，前翅达腹部末端。前足股节较粗，中足、后足股节刺小于并少于前足，前足胫节腹面具 2 列长刺，中足、后足胫节不具刺。

量度　体长 10.2~11.3 mm；腹宽 2.0~2.7 mm；头长 1.7~1.8 mm；眼前区长 0.4~0.5 mm；眼后区长 0.8 mm；复眼间距 0.6~0.7 mm；单眼间距 0.38~0.45 mm；触角各节长 I：II：III：IV=4.20~4.60：1.83~1.94：0.65~0.67：1.51~1.61 mm；喙各节长 I：II：III=1.1~1.2：0.67~0.8：0.2~0.3 mm；前胸背板前叶长 0.9~1.0 mm；前胸背板后叶长 1.2~1.3 mm；小盾片长 0.8~1.0 mm；前翅长 6.6~7.5 mm。

分布　河南 (信阳)；湖北 (武昌珞珈山、南湖)、福建 (福州、浦城、建宁、东山)、广东 (白云山)、广西 (全州、临桂、象州、三江、来宾、藤县、苍梧、田东、田阳、武鸣、宁明、横县、北流、平南、容县、贵港市、合浦、防城)、贵州 (雷公山、罗甸、贵定、茂兰)、海南 (那大)、江西 (南昌、莲塘)、台湾、云南 (昆明、勐腊、勐仑、勐啊、勐康)；日本、韩国、沙特阿拉伯、亚洲热带地区及太平洋岛屿、越南、印度尼西亚 (爪哇、苏门答腊)、斯里兰卡、印度、缅甸。

(三十一) 瑞猎蝽属 *Rhynocoris* Hahn, 1833

Rhynocoris Hahn, 1833: 20. Type species by subsequent designation (Kirkaldy, 1900: 242): *Reduvius cruentus* Fabricius.

Harpactor (non Laporte, 1833): Amyot & Serville, 1843: 364, part.

Rhinocoris Kolenati, 1857: 460; auct. Unjustified emendation.

Oncauchenius Stål, 1872: 46 (as subgenus of *Reduvius*). Type species by subsequent designation (Villiers, 1948: 55): *Cimex annulatus* Linnaeus.

Chirillus Stål, 1874: 38 (as subgenus of *Reduvius*). Type species by subsequent designation (Jeannel, 1919: 290): *Reduvius marginatus* Fabricius.

Harpiscus Stål, 1874: 39. (as subgenus of *Reduvius*). Type species by subsequent designation (Jeannel, 1919: 287): *Harpactor tropicus* Herrich-Schäffer.

Lamphrius Stål, 1874: 39 (as subgenus of *Reduvius*). Type species by subsequent designation (Villiers, 1948: 55): *Reduvius marginellus* Fabricius.

属征　体小型到大型，多数中等大小，长椭圆形或椭圆形。头椭圆形，或适度延长，无任何突起；喙第 1 节长度有变化，但是总是短于第 2、第 3 节长度之和。前胸背板无任何突起，前叶短于后叶；前叶大，长于或约等于后叶的一半；前胸背板前叶的中纵沟短，向前不达领，向后不达横缢；后叶无明显纵凹沟；前胸背板后角和侧角钝圆，后角突出；后缘近直；小盾片三角形，具 "Y" 形脊。长翅型；翅达到或超过腹部末端；足中等长度，前足有时加粗。

该属在国内已知 12 种，河南省仅知 4 种。

种 检 索 表

1. 体小型，12~14 mm；触角第 2 节一般明显长于第 3 节；阳茎鞘背片的端部具 1 对对称的唇状骨化

　　结构，基部两侧延臂向前延伸···独环瑞猎蝽 *R. altaicus*

　　体型一般较大，常超过 14 mm；触角第 2 节一般短于、约等于或稍长于第 3 节；阳茎鞘背片的端部不具对称的唇状骨化结构，基部两侧延臂不向前延伸·····································2

2. 前胸背板前叶表面粗糙，具明显的云形刻纹···3

　　前胸背板前叶表面比较光滑，无明显刻纹·······················红彩瑞猎蝽 *R. fuscipes*

3. 体大型，粗壮，体长超过 14 mm；前胸背板前叶云形刻纹深·········云斑瑞猎蝽 *R. incertis*

　　体型略小和瘦长，体长小于 14 mm；前胸背板前叶刻纹浅·········黄缘瑞猎蝽 *R. marginellus*

39. 独环瑞猎蝽 *Rhynocoris altaicus* Kiritshenko, 1926 (图 28，图 29，图版Ⅳ-1)

Rhinocoris leucospilus altaicus Kiretshenko 1926: 222; China 1940: 253.

Harpactor leucospilus altaicus: Wu 1935: 468; Hoffmann 1944: 45.

Harpactor altaicus: Hsiao & Ren 1981: 531; Nonnaizab 1989: 444.

Rhynocoris leucospilus altaicus: Maldonado-Capriles 1990: 283; Putshkov & Putshkov 1996: 250.

　　形态特征　体色　体色多变，尤其雄性变化较大。黑色，闪光。头腹面，前胸背板前叶侧缘和后叶的侧缘、后缘，前足、中足基节臼边缘斑，前足基节内侧，各足股节基部环斑，各节侧接缘的后部 2/3，腹部各节腹板两侧的斑红色，有时呈暗黄色至红褐色；复眼灰褐色至黑色；单眼之间及和同侧复眼之间的斑，后足基节臼边缘斑暗黄色至黄褐色；发音沟后部暗黄色至红褐色；雌性腹部腹板第 1 节红色；雄性前胸背板和腹部腹面色斑型变化多样。

　　结构　体中等大小，椭圆形。头顶、前胸背板、小盾片被有浓密褐色中等长度的刚毛；前翅密被黄色平伏短刚毛；体腹面被黄白色长度不等的细刚毛。头部眼前区的长度约等于眼后区；眼后区略粗壮；触角第 2 节明显长于第 3 节，第 1 节约等于第 2、第 3 节长度之和。前胸背板前侧角短锥状，略发达；前胸背板前叶圆鼓，中纵沟宽，其后部呈深凹陷，两侧具浅凹印纹；前胸背板后叶中部略凹；后角圆；后缘略凹入；前翅略超过或明显超过腹部末端。抱器棒状，基部 1/3 处弯曲，端部略膨大，端部着生数根刚毛。尾节中突略长，端部两侧具 2 个小圆突起；阳茎基片略粗，基片桥短、粗、弯曲，基片延茎略长、宽。阳茎鞘背片 (除基部) 骨化，端部略卷曲，端部具一对唇形骨化结构；阳茎鞘背片的基部两侧延臂强烈骨化，且向前延伸到阳茎鞘背片的近端部，端部具锐角突起；阳茎鞘腹片后半部两侧具两个骨化带；阳茎鞘支片纤长，仅基部融合，压端部相互靠近，端部分开，向端部逐渐变细，略长于阳茎鞘背片的 2/3；内阳茎体的侧叶中等大小，端部无骨化结构；阳茎端的两侧和端部具大的齿状突起，其他部位具小的齿突。

　　量度　体长 13.2~14.6 mm；腹部最大宽度 3.7~4.5 mm。头长 2.8~3.4 mm；眼前区 0.9~1.5 mm；眼后区 0.9~1.3 mm；单眼间宽 0.8~1.1 mm；复眼间宽 0.5~0.7 mm；触角长 Ⅰ∶Ⅱ∶Ⅲ∶Ⅳ=3.4~4.4∶2.0~2.2∶1.1~1.5∶2.1~2.5 mm；喙长 Ⅰ∶Ⅱ∶Ⅲ= 0.90~1.20∶1.80~2.20∶0.35~0.45 mm；前胸背板前叶长 1.1~1.3 mm；前胸背板后叶长 1.9~2.2 mm；胸部最大宽度 3.4~3.8 mm；小盾片长 0.6~0.9 mm；前翅长 7.9~9.1 mm。

　　分布　河南 (嵩县、栾川)；内蒙古 (土默特左旗、科尔沁右翼中旗、北赉特旗、阿鲁科尔沁旗、喀喇沁旗)、北京 (香山、小龙门)、河北 (兴隆、平泉、宣化)、陕西 (西安、长安、太白山、华山、凤县)、宁夏 (贺兰山苏峪口)、山东 (烟台);蒙古国。

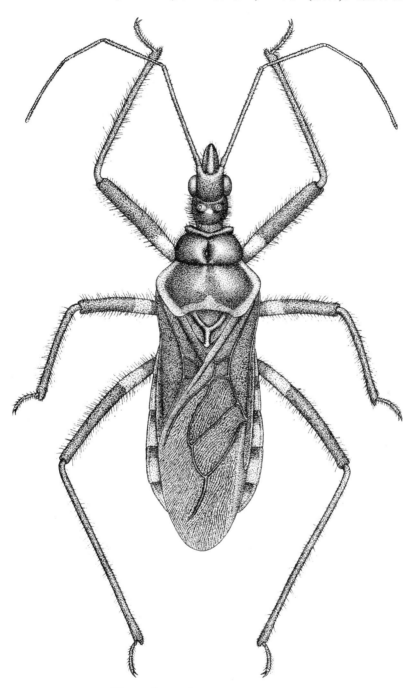

图 28　独环瑞猎蝽 *Rhynocoris altaicus*

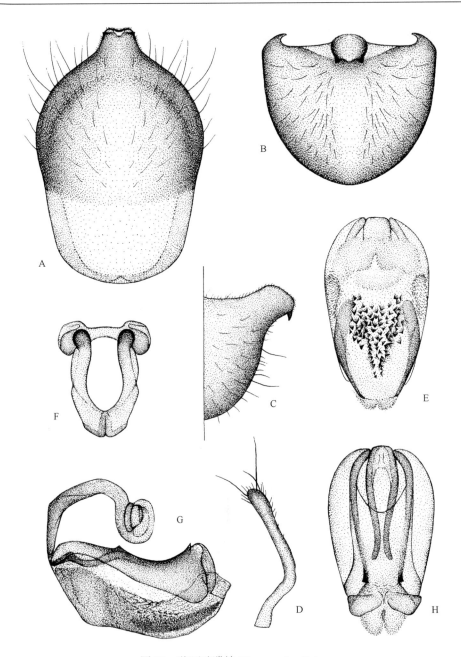

图 29 独环瑞猎蝽 *Rhynocoris altaicus*

A、B. 尾节 (pygophore)；C. 尾节末端侧面 (apical pygophore, lateral view)；D. 抱器 (paramere)；E、F. 阳茎基 (phallobase)；
G. 阳茎 (phallus)；H. 阳茎体 (phallosoma)

40. 云斑瑞猎蝽 *Rhynocoris incertis* (Distant, 1903) (图 30，图 31，图版Ⅳ-2)

Sphedanolestes incertis Distant 1903b: 209.

Sphedanolestes incertus: Oshanin 1908: 554; Oshanin 1912: 53; Wu 1935: 470; China 1940: 253; Hoffmann
    1944: 51; Maldonado-Capriles 1990: 301.

Harpactor incertus: Hsiao & Ren 1981: 531.

Rhynocoris incertis: Putshkov & Putshkov 1996: 249.

　　形态特征　体色　体黑色，具红色斑纹，色斑变化显著。头部腹面后半部、头部前叶背面复眼间横斑、单眼间小圆斑、前胸背板前叶中部、前胸背板后叶侧缘、基节、转节、前翅革片前缘基部、尾节红褐色至红色；喙第1节外侧，头前叶大部红色至红褐色，甚至黑褐色；前胸背板前叶从完全红色，逐渐加深，至完全黑色 (除中央红褐色外)；前胸背板后叶侧缘和后缘红色，红色区域逐渐减少，最后完全黑色；侧接缘从完全红色至

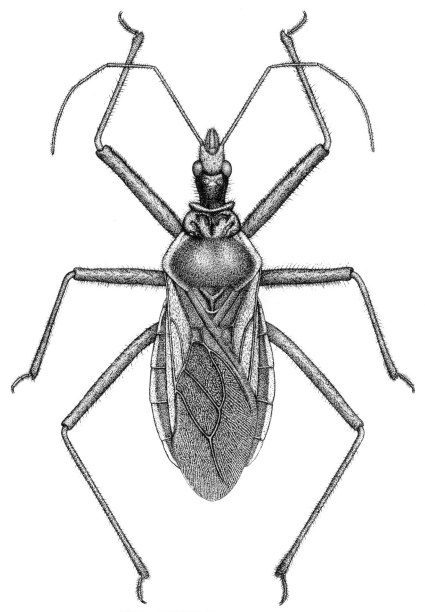

图 30　云斑瑞猎蝽 *Rhynocoris incertis*

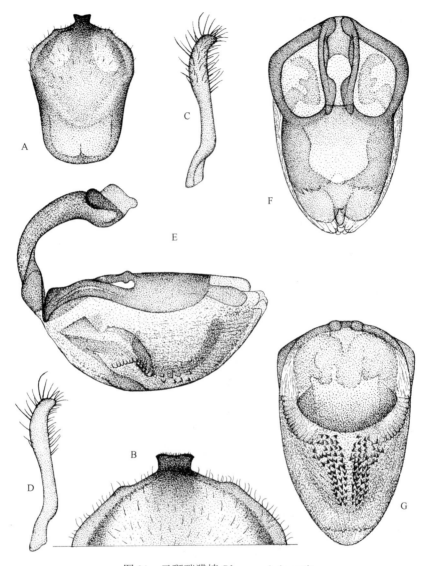

图 31 云斑瑞猎蝽 *Rhynocoris incertis*

A. 尾节 (pygophore)；B. 尾节放大 (pygophore，enlarged)；C、D. 抱器 (paramere)；E. 阳茎 (phallus)；F、G. 阳茎体
(phallosoma)

完全黑色；小盾片完全黑色，或端缘红色；腹部第 4~6 节后缘侧面、第 7 节前缘散布褐色斑点，或第 4~7 节完全黑色。

结构 体粗壮，腹部两侧适度扩展。体被褐色平伏软毛和中等长度的刚毛。眼后区向基部细缩；触角第 2 节明显长于第 3 节。领端角短锥状；前胸背板前叶表面具显著云形刻纹，后叶中部平；侧角圆钝；后侧缘边缘翘起；后缘略凹入；小盾片端部圆钝；前翅略超过腹部末端；腹部向两侧中等扩展。抱器棒状，基部 1/4 弯曲，端部向内弯曲，端半部具淡褐色长刚毛；尾节中突端部尖锐，端部两侧具角状突出。阳茎基片弓形，基片桥细，基片延茎略短粗。阳茎鞘背片后部 3/5 强烈骨化，端部弱骨化，基部两侧延臂弯曲；两条阳茎鞘背片支片彼此完全分开，基半部由一个骨片连接；阳茎端两侧具 40~50个齿突。

量度 体长 14.8~17.8 mm；腹部最大宽度 4.8~6.9 mm。头长 3.0~3.6 mm；眼前区 1.2~1.8 mm；眼后区 1.1~1.3 mm；单眼间宽 0.9~1.2 mm；复眼间宽 0.5~0.7 mm；触角长 I : II : III : IV=3.8~4.0 : 1.8~2.1 : 1.1~1.5 : 3.2 ~3.5 mm；喙长 I : II : III=1.5~2.3 : 2.2~2.6 : 0.5~0.6 mm；前胸背板前叶长 1.1~1.6 mm；前胸背板后叶长 2.0~2.6 mm；胸部最大宽度 4.0~5.1 mm；小盾片长 1.1~1.3 mm；前翅长 9.1~11.5 mm。

分布 河南 (新安、栾川、嵩县、鲁山、商城、太白山、内乡、登封、鸡公山)；河北 (小五台山)、陕西 (凤县、周至、户县、宁陕、留坝、终南山、南五台、楼观台、长安、陕南、翠华山、镇安、西安、苹县)、江苏 (兴化、南京)、安徽 (黄山、霍山、九华山、祁门、屯溪)、湖北 (神农架、武当山)、浙江 (天目山、秦顺、江山、莫干山、杭州、龙山、九龙山、云和、龙泉、庆元、安吉)、江西 (庐山、冈山、宜春、铜鼓、宜丰、萍乡、南昌、武夷山、景德、大和、永修、分宜、靖安)、湖南 (新宁、大庸、雪峰山、莽山、长沙、天平山、平江、衡山)、四川 (汶川、峨眉山、成都、草塘、万原、宝兴、雅安、青城山、秀山、酉阳)、重庆 (北碚、缙云山)、贵州 (道真、雷公山、湄潭、荔波、开阳、都匀、绥县、万山、独山、凤岗、大方、无县、岑县、瓮县、毕节、安顺、惠水、贵阳、广顺、剑河、雷山、威宁、凯里)、福建 (崇安、建阳、武夷山、邵武、宁化、光泽、建宁、梅花山)、广东 (怀集)、广西 (南宁)；日本。

41. 红彩瑞猎蝽 *Rhynocoris fuscipes* (Fabricius, 1787) (图 32，图 33，图版Ⅳ-3)

Reduvius fuscipes Fabricius 1787: 312; Fabricius 1794: 204; Fabricius 1803: 278; Stål 1859a: 203; Stål 1866b: 283; Stål 1868: 110; Stål 1870b: 689.

Cimex fuscipes: Gmelin 1788: 2200.

Reduvius sanguinolentus Wolff 1804: 166.

Reduvius corallinus Lepeletier & Serville 1825: 279.

Reduvius (*Reduvius*) *fuscipes*: Reuter 1883: 293 (part. *R. costalis* is a var. of *R. fuscipes*).

Reduvius costalis Stål 1866b: 285.

Reduvius (*Reduvius*) *fuscipes*: Stål 1874: 39; Reuter 1883: 293.

Harpactor fuscipes: Walker 1873: 110; Horváth 1889: 37; Lethierry & Severin 1896: 159; Distant 1903b: 205; Distant 1903c: 23; Distant 1904: 333; Matsumura 1913: 170; Wu 1935: 468; Hoffmann 1944: 43; Hsiao & Ren 1981: 532.

Reduvius (*Reduvius*) *costalis* Stål 1874b: 39.

Harpactor bicoloratus Kirby 1891: 120.

Rhinocoris fuscipes: Bergroth 1914: 362; Bergroth 1915: 176; Esaki 1926: 178; China 1940: 253.

Harpactor costalis: Distant 1904: 334; Distant 1910: 203.

Rhynocoris costallis: Maldonado-Capriles 1990: 278; Putshkov & Putshkov 1996: 247.

Rhynocoris fuscipes: Maldonado-Capriles 1990: 279; Putshkov & Putshkov 1996: 248.

形态特征 **体色** 体黑色，具红色和黄白色斑纹。头部横缢之前复眼之间的横斑、头部侧面复眼之后的斑、单眼之间斑点、前胸背板前角、前胸背板前叶 (除前缘中部和中纵沟前半部黑色)、前胸背板后叶两侧和后部 2/5、小盾片端部、前翅革片大部 (除内侧黑色)、侧接缘 (除各节基部)、基节、转节 (除基部)、腹部腹面 (除黑色和黄白色节间横带斑)、前胸侧板 (除中部和前部 2 个黑斑)、前胸腹板红色；中足、后足基节臼上的斑点，前半部黄白色，后半部红色；头部腹面、领 (除端角)、股节腹面一串斑点黄白色；腹部腹板黑色节间横带斑向两侧延伸，近达到侧接缘的边缘。

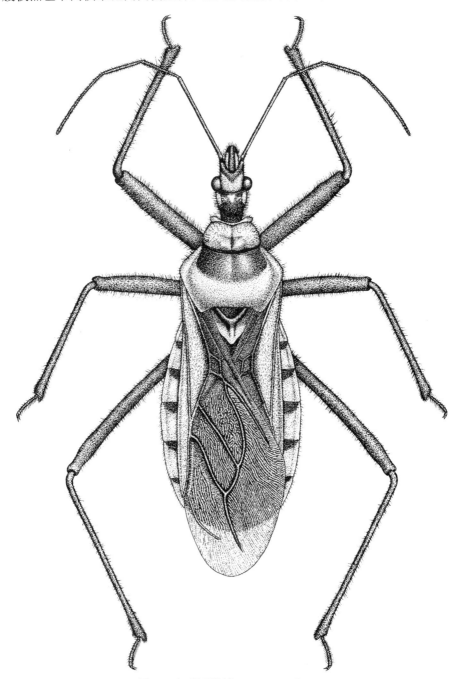

图 32　红彩瑞猎蝽 *Rhynocoris fuscipes*

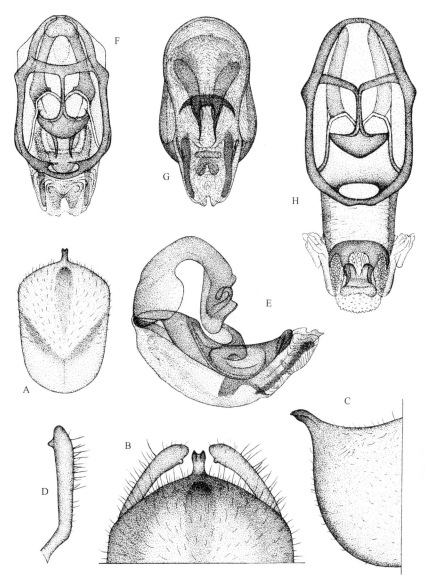

图 33　红彩瑞猎蝽 *Rhynocoris fuscipes*

A. 尾节 (pygophore)；B、C. 尾节突放大 (pygophore process, enlarged)；D. 抱器 (paramere)；E. 阳茎 (phallus)；F、G. 阳茎体 (phallosoma)；H. 阳茎体展开状 (phallus, extended)

　　结构　体中等大小，长椭圆形。体被淡色刚毛；前胸背板后叶，中胸、后胸侧板，前翅革片被淡色平伏短刚毛。眼前区长度约等于眼后区；眼后区基部细缩；触角第 2 节明显短于第 3 节；喙第 1 节略短，第 2 节约等于第 1 节的 1.5 倍。前胸背板前角突出，短锥状；前胸背板前叶表面具隐约刻纹，中纵沟深，中后部中纵沟两侧具两个显著的圆形隆起；后叶圆鼓，中部略平坦；后角向后突出；后缘近直；后翅明显超过腹部末端。抱器棒状，基部弯曲，亚端部内侧具一小突起。尾节中突端部略膨大，端部中央凹陷。基片粗，基片桥短粗，基片延茎宽，向两侧扩展。阳茎体复杂。阳茎鞘背片边缘四周强烈骨化，中部凹陷，中央具一个伞形骨化支撑结构，亚基部具横向骨片；阳茎鞘背片支片长，粗壮，几乎彼此完全分开；内阳茎体的叉状骨片纤长，端部尖锐；两侧具两个条形骨片；阳茎端的二叶状囊突的端部表面布满小突起。

量度　体长 11.9~16.2 mm；腹部最大宽度 3.0~5.6 mm；头长 (包括颈部) 2.4~2.8 mm；眼前区 0.7~1.1 mm；眼后区 1.1~1.3 mm；单眼间宽 0.6~0.8 mm；复眼间宽 0.4~0.5 mm；触角长 I：II：III：IV = 2.8~3.9：1.5~1.9：1.4 ~1.7：3.5~3.4 mm；喙长 I：II：III = 0.9~1.3：1.4~1.8：0.3 mm；前胸背板前叶长 0.9~1.2 mm；前胸背板后叶长 1.3~1.9 mm；胸部最大宽度 2.9~3.6 mm；小盾片长 0.8~1.2 mm；前翅长 7.9~10.6 mm。

分布　河南 (登封、信阳)；西藏、浙江 (庆元、龙泉、泰顺、遂昌、丽水)、江西 (石城、商昌、萍乡、广丰、余干、德安、金溪、修水、清江)、湖南 (长沙、东安)、四川 (成都)、贵州 (黄果树、云岗、罗甸)、福建 (崇安、长汀、惠安、连城、邵武、福州)、广东 (广州、郁南、封开、惠州、饶平、合山、阳春、河源、紫金、连县、梅县、罗岗、火平石、封开、始兴)、广西 (金秀、宜山、大苗山、梧州、苍梧、容县、龙州、龙津、上思、百寿、桂林、雁山)、云南 (开远、保山、蒙自、车川、师宗、澜沧、金平、易门、景洪、勐海、华宁、元江、杨武、新平、双江、景车、瑞丽、石屏、江川、永胜、思茅、宁蒗、文山、景谷、龙陵、昌宁、华坪、丽江、陆良、双柏、丘北、大姚)、海南 (马岭、兴隆、通什、白沙、光峰岭、崖县、那大、红毛山、乐东、吊罗山、海口)；越南、老挝、泰国、斯里兰卡、缅甸、印度、马来西亚、日本。

42. 黄缘瑞猎蝽 *Rhynocoris marginellus* (Fabricius, 1803) (图 34，图 35，图版IV-4)

Reduvius marginellus Fabricius 1803: 271; Stål 1859a: 202; Stål 1866b: 285; Stål 1868: 111.

Reduvius vicinus Stål 1859a: 202.

Reduvius mendicus Stål 1866b: 286.

Harpactor marginellus: Walker 1873b: 112; Lethierry & Severin 1896: 160; Distant 1904: 334; Hoffmann 1944: 46; Hsiao & Ren 198: 533.

Harpactor mendicus: Walker 1873: 111; Lethierry & Severin 1896: 160; Oshanin 1908: 546; Wu 1935: 469; Hoffmann 1944: 47; Hsiao & Ren 1981: 532.

Reduvius (*Lamphrius*) *marginellus*: Stål 1874b: 39.

Reduvius (*Lamphrius*) *mendicus*: Stål 1874b: 39.

Sphedanolestes mendicus: Distant 1904: 341; Maldonado-Capriles 1990: 304.

Rhinocoris marginellus: China 1940: 253.

Rhinocoris mendicus: China 1940: 253.

Rhynocoris mendicus: Putshkov & Putshkov 1996: 251.

Rhynocoris marginellus: Maldonado-Capriles 1990: 284; Putshkov & Putshkov 1996: 251.

形态特征　体色　体黑色，具红色斑纹，色斑变化较大，侧接缘颜色变化显著。通过对手上标本的观察，根据其体色将其划分为如下两种类型。

色型 I (color form I) 体黑色。单眼与同侧复眼之间的圆斑、单眼之间的圆斑橘红色、红褐色至黑色；前胸背板前叶大部分完全黑色，少数个体中部红褐色；各足大部分黑色，少数个体红褐色；侧接缘色斑变化多样，从几乎完全红黄色，仅基部具小圆斑，至基部黑色，端部黄色，至几乎完全黑色，仅端部具一个小圆斑。

色型 II (color form II) 体黑色，具红色斑纹。头部完全红色 (除后叶背面黑色斑) 至完全黑色；喙从完全红色至完全黑色，但端部颜色较深；前胸背板前叶，小盾片从完全红色至完全黑色，前胸背板后叶后缘、侧缘红色，红色区域的范围大小不一；各足颜色

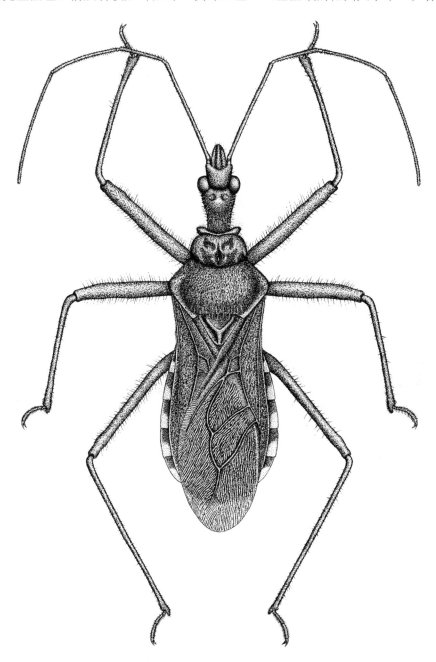

图 34　黄缘瑞猎蝽 *Rhynocoris marginellus*

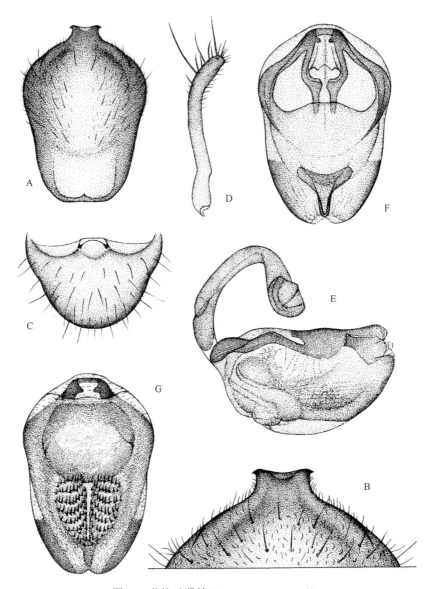

图 35　黄缘瑞猎蝽 *Rhynocoris marginellus*

A、C. 尾节 (pygophore)；B. 尾节末端放大 (pygophore process, enlarged)；D. 抱器 (paramere)；E. 阳茎 (phallus)；F、G. 阳茎体 (phallosoma)

从完全红色至完全黑色，但是一般基节、转节和股节红色，胫节和跗节褐色至黑色；腹部背面、腹面从完全黑色，至尾节变红色，至中纵部红色，最后完全变红；侧接缘颜色从完全黄色或红色，至红褐色，至各节基部经常具大小不一的黑褐色斑。

　　结构　雌虫体粗壮，雄虫体较瘦长。体被黄白色平伏短刚毛和长刚毛。头部眼前区约等于眼后区；眼后区逐渐向后细缩；触角第 2 节明显短于第 3 节。前胸背板前叶具明显刻纹，后叶中央具深纵沟，凹陷两侧具 2 个圆形隆起；前胸背板后叶中部圆鼓；基部具中纵凹陷；后角明显向后突出；后缘较狭窄，近直；前翅超过腹部末端。雌虫腹部两侧中等扩展，雄虫腹部两侧近平行。抱器棒状，略弯曲，端部向内弯曲；尾节中突短，端部中央凹陷，两侧具 2 个突起。基片细长，基片桥细，基片延茎短。阳茎鞘背片端部 2/3 强烈骨化，基部两侧延臂弧形，弯曲，强烈骨化；阳茎鞘腹片两侧具两条骨化片；阳茎鞘背片强烈骨化，由基部到端部完全分离，基部 2/5 由一骨片连接，亚端部弯曲，端部 1/3 细；内阳茎体的端部背面具 "A" 形骨片；内阳茎体的端半部具几列齿突。

量度　体长 11.6~16.0 mm；腹部最大宽度 3.4~5.3 mm。头长 2.5~3.5 mm；眼前区 0.9~1.2 mm；眼后区 1.1~1.4 mm；单眼间宽 0.7~0.9 mm；复眼间宽 0.5~0.6 mm；触角长 Ⅰ：Ⅱ：Ⅲ：Ⅳ=2.7~3.8：1.2~1.6：1.7~1.9：2.9~4.0 mm；喙长 Ⅰ：Ⅱ：Ⅲ=1.3~1.6：1.5~1.8：0.5~0.7 mm；前胸背板前叶长 1.0~1.3 mm；前胸背板后叶长 1.4~2.1 mm；胸部最大宽度 3.0~4.4 mm；小盾片长 0.6~0.9 mm；前翅长 6.8~8.4 mm。

分布　河南 (信阳、鸡公山)；海南、广东 (广州、封开、云浮、郁南、恩平)、广西 (桂林、龙州、龙津、宁明、融安、岑溪、上思、防城、靖西、田东、忻县、隆林、百色、百地)、江苏 (南京)、云南 (河口、澜沧、勐连、景洪、思茅、勐腊、勐海)；缅甸、柬埔寨、婆罗洲、马来西亚、印度、越南、爪哇。

简记　本种大小、体型和颜色变化非常大。我们通过对大量标本色斑变化的观察、不同色斑型的雄性生殖器的解剖，及分子系统发育的分析得出结论：红股瑞猎蝽 *Rhynocoris mendicus* (Stål) (即色斑型 Ⅱ，color form Ⅱ) 是黄缘瑞猎蝽 *Rhynocoris marginellus* (Fabricius) (即色斑型 Ⅰ，color form Ⅰ) 的同物异名，并对不同色斑型进行了详细的总结 (如上所述)。江苏南京的分布记载尚待今后考察。

(三十二) 轮刺猎蝽属 *Scipinia* Stål, 1861

Scipinia Stål, 1861: 137. Type species by monotypy: *Sinea horrida* Stål.

属征　体长椭圆形。头的长度短于或约等于前胸背板，头顶具 3 对长刺，长刺之间及其周围具大量刺突和微刺，眼前区显著长于眼后区；触角第 1 节略长于或约等于头的长度；单眼宽阔分开；喙第 1、第 2 节约等长。前胸背板前叶具 4 个长刺，长刺周围具许多小刺；后叶无刺突，具浓密网状凹陷；后叶侧角略向上翘；前胸背板后缘具几个小瘤突；中胸腹板两侧具小瘤突；前足股节膨大，结节状，亚端部背面具一个长刺，内侧两列刺；前足股节和胫节约等长，前足胫节具两列密排小刺突。雌性腹部向两侧膨大，尤其在侧接缘第 5、第 6 节。尾节中突向后延伸，抱器极退化或消失。

该属在国内已知 3 种，河南省仅知 1 种。

43. 轮刺猎蝽 *Scipinia horrida* (Stål, 1859) (图 36，图 37，图版 Ⅳ-5)

Sinea javanensis Amyot & Serville 1843: 376. Synonymized by Distant 1910: 217.
Sinea horrida Stål 1859: 262.
Sinea peltastes Dohrn 1860: 406. Synonymized by Stål 1874: 15.
Scipinia horrida: Stål 1861: 138; Distant 1904: 384; Hsiao & Ren 1981: 491; Maldonado-Capriles 1990: 293;
　　Putshkov & Putshkov 1996: 254; Huang et al., 2007: 57.

Scipinia peltastes: Stål 1866b: 264.

Scipinia javanensis: Stål 1874b: 15.

Irantha javanensis: Breddin 1909: 306.

形态特征 **体色** 赭色。头后叶背面 (除中纵带淡色)，喙第 3 节，头部横缢，中胸腹板，雌性侧接缘第 5 节背面和第 6、第 7 节基部，雄性第 6、第 7 节基半部，跗节端部黑褐色至黑色；触角第 1 节 (除中部淡黄色) 和第 2 节暗红褐色，第 3、第 4 节暗黄褐色；复眼黄褐色，具不规则黑色斑纹；小盾片基部黑色，端部和 "Y" 形脊淡黄褐色；腹部腹

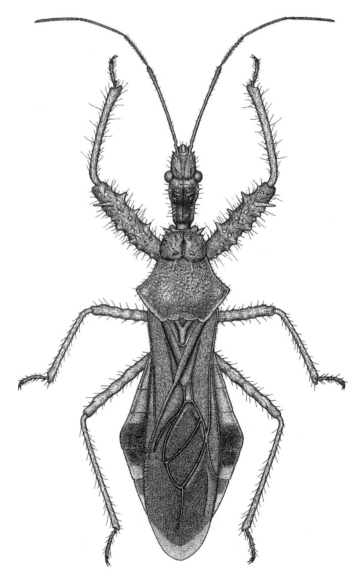

图 36　轮刺猎蝽 *Scipinia horrida*

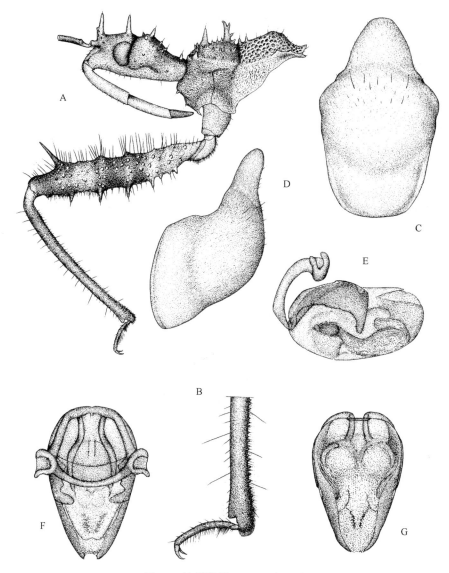

图 37　轮刺猎蝽 *Scipinia horrida*

A. 头和前胸侧面 (head and pronotum, lateral view)；B. 前足胫节端部和跗节 (apical fore tarsus and its tarsomere)；C、D. 尾节 (pygophore)；E. 阳茎 (phallus)；F、G. 阳茎体 (phallobase)

面淡黄褐色、红褐色或暗褐色，两侧具不规则的黑褐色纵条纹，或无；前翅革片基部大部淡黄色，基部紫红色；爪片暗褐色，膜片青铜色，闪光，端部淡色，半透明。头部腹面，喙 (除内侧和第 3 节)，前胸侧板、前胸腹版和后胸腹板，基节，转节，前足股节基部，中足、后足股节 (除端部略深) 淡黄褐色至黄褐色；中胸、后胸侧板，前胸背板后叶淡褐色；前足胫节、前足股节 (除基部)、头前叶背面、头后叶中纵带淡黄褐色至红褐色；中足、后足胫节淡灰褐色；前胸背板前叶暗褐色。

　　结构　体小型，亚长形。头、前胸背板、胸部腹板和侧板、前翅革片、腹部腹面被白色短弯毛；触角第 1 节被稀疏垂直长刚毛，第 2 节密被短刚毛，第 3、第 4 节被软毛；前足股节被直立长刚毛；前足胫节、中足、后足被大量斜生短刚毛。头圆柱状，背面具 3 对长刺，长刺周围具几个小刺；眼前区略长于眼后区的 1/2；喙弯曲，第 1 节延伸到复眼后缘，略长于第 2 节，第 3 节最短；触角第 1 节长于头，约等于或略长于前胸背板，第 2 节略长于前胸背板前叶，第 3、第 4 节约等长；前胸背板后叶后部具 1 对短刺。领端角多刺，端部具 1 对短刺；前胸背板前叶宽于长，具 2 对大刺，后面 1 对大刺的端部呈二分叉状，并且有许多小突起散布在周围，后部中央具深纵凹；前胸背板后叶两侧膨鼓，长于前叶，后缘和后侧缘具少数瘤突，后侧角近直角，后角圆；后缘略呈波浪状，中间凹入；小盾片端部圆；前翅超过腹部末端；前足股节膨大，强烈结节状，内侧有两列大刺，前足胫节略短于前足股节，整个内表面被微小瘤突；中足、后足股节略呈结节状，端部略加粗。抱器消失；尾节中突长，向后伸出，端部圆钝。阳茎鞘支片基部融合，端部分离。阳茎基片细，基片桥短、细；基片延茎短、简单。

量度 体长 8.2~10.8 mm；腹部最大宽度 1.7~2.8 mm。头长 1.8~2.3 mm；眼前区长 0.6~0.7 mm；眼后区长 1.0~1.3 mm；复眼间宽 0.4~0.6 mm；单眼间宽 0.4~0.5 mm；触角各节长 I：II：III：IV=2.1~2.5：0. 8~1.2：1.2~1.6：1.0~1.6 mm；喙各节长 I：II：III= 1.00~1.20：0.70~0.90：0.3~0.4 mm；前胸背板前叶长 0.8~0.9 mm；前胸背板后叶长 1.2~1.5 mm；胸部最大宽度 2.0~2.3 mm；小盾片长 0.3~0.7 mm；翅长 5.3~6.4 mm。

分布 河南 (许昌)；福建 (福州鼓岭、龙岩、邵武、建阳、崇安三港、南靖、沙县、建瓯、南平、武夷山、漳平、三明、长泰)、甘肃 (文县)、广东 (广州白云山、连县、车八岭)、广西 (桂林、龙胜、南丹、凤山、环江、巴马、融安、来宾、象州、忻城、鹿寨、柳城、钟山、田林、西林、百色、德保、凭祥、龙州、上林、马山、崇左、天等、宁明、邕宁、大新、隆安、南宁、贵港、北流、上思、浦北、钦州、雁山、容县、容安、友谊关、龙州、都安、猫儿山)、贵州 (茂兰、贵阳、罗甸、黄果树、平塘、望谟、雷山)、海南 (儋县、海口兴隆、乐东、保亭、通什、霸王岭、尖峰岭)、湖北 (神农架)、湖南 (岳阳、湘东)、江西、四川 (简阳)、陕西 (南郑龙岗寺)、云南 (景洪-勐海、勐养、景东)、西藏、浙江 (天目山、新安江)；斯里兰卡、印度 (锡金)、缅甸、菲律宾、印度尼西亚。

(三十三) 猛猎蝽属 *Sphedanolestes* Stål, 1867

Sphedanolestes Stål, 1867a: 284. Type species by subsequent designation (Distant, 1904: 339): *Reduvius impressicollis* Stål.

Graptosphodrus Stål, 1867a: 284. Type species by subsequent designation (Putshkov et al., 1987: 103): *Reduvius gulo* Stål.

属征 体椭圆形。头长椭圆形，无任何刺或突起。前胸背板无任何突起；前叶的中纵沟前后贯穿，前部达到领，后部达到横缢；后叶长度约等于前叶的 2 倍。足中等长度，股节近端部略呈结节状；前足股节略粗或不加粗。

该属在国内已知 15 种，河南省仅知 3 种。

种 检 索 表

1. 侧接缘一色，至少其边缘一色 ···························· 红缘猛猎蝽 *S. gularis*
　 侧接缘二色 ·· 2
2. 各足股节具明显的环纹，体较粗壮 ···················· 环斑猛猎蝽 *S. impressicollis*
　 各足股节一色，体较狭长 ································· 斑缘猛猎蝽 *S. subtilis*

44. 红缘猛猎蝽 *Sphedanolestes gularis* Hsiao, 1979 (图 38，图版Ⅳ-6)

Sphedanoletes gularis Hsiao 1979: 139; Hsiao & Ren 1981: 535; Ren 1987: 247; Maldonado-Capriles 1990: 301; Putshkov & Putshkov 1996: 256.

形态特征　**体色**　黑色，光亮。复眼褐色，具不规则的黑色斑纹，单眼黄色至黄褐色；头部腹面黄色，单眼间纵斑黄色至黄褐色；前胸背板后叶颜色较浅，有时呈黄褐色；腹部腹面红色，两侧具黑色斑纹，有时黑色斑纹消失。

结构　中等大小，较狭长。头部背面稀被较长粗毛，各足被长短不一的毛；其余部分密被细短毛，前胸背板较密地被有直立粗毛及平伏短毛，前翅革片上的毛平伏，前胸腹板两侧、前足基节、中腹腹板被白色蜡质毛。头略短于前胸背板；后唇基基部发达；触角第 1 节略长于第 2、第 3 节长度之和，第 2 节略短于第 3 节；单眼间距近等于复眼直径。颈端突瘤状，前胸背板前叶圆鼓，后叶凹较浅；发音沟约由 160 个横纹脊组成。侧接缘略上翘。抱器棒状，较细，端部 2/3 较直，并生有长短不一的刚毛，基部 1/3 弯曲，顶节圆钝；尾节突宽短，顶端中央平直，两侧具向下斜伸的片突。阳茎鞘背片基部 1/3 仅两侧骨化程度较强，阳茎鞘背片支片短粗；基部 2/3 愈合，端部 1/3 两片分开，外缘波形；阳茎鞘侧片长约为阳茎体长的 2/5；阳茎系膜基部背面中央有 1 对骨化的褐色突起，阳茎端囊两侧各具 9~10 个大短刺突，背面中央有 8 个大短刺突，分列两排；其余部分具较小的刺突。

量度　体长 11.8~13.1 mm；腹部最大宽度 2.4~3.1 mm。头部长 1.8~2.3 mm；眼前区长 0.7~0.9 mm；眼后区长 0.6~0.8 mm；复眼间宽 0.6~0.7 mm；单眼间宽 0.2~0.3 mm；触角各节长为 Ⅰ∶Ⅱ∶Ⅲ∶Ⅳ＝3.0~4.0∶1.2~1.7∶1.1~1.9∶1.8~2.0 mm；喙各节长为 Ⅰ∶Ⅱ∶Ⅲ＝0.8~1.2∶1.0~1.6∶0.2 mm。前胸背板前叶长 0.7~1.2 mm；前胸背板后叶长 1.4~1.9 mm；胸部最大宽度 2.4~3.1 mm；小盾片长 0.8~3.1 mm；前翅长 7.8~9.8 mm。

分布　河南 (新县、嵩县、栾川、信阳、鸡公山)；甘肃 (康县)、西藏 (察隅、易贡、麦通、墨脱)、安徽 (黄山、九华山、宁国)、湖北 (神农架、武当山、松柏盘水、兴山、鹤峰、郧县)、浙江 (天目山、庆元、杭州、凤阳山、建德、莫干山、所水、松阳、缙云)、江西 (井冈山、武功山、寻乌、宜丰、双石井、崇义)、湖南 (大庸、长沙、张家界、双牌、吉首)、四川 (汶川、峨眉、商州、宜兴、青城山)、重庆 (北碚、江津、长寿、黔江、秀山、酉阳、髻云山)、贵州 (雷公山、梵净山、茂兰、关岑、习水、凯里)、福建 (建阳、光泽、大安、崇安、正杭、连城、南平、武夷山、龙栖山)、广东 (曲江)、广西 (田林、金秀、龙胜、花坪、乐业、兴安)、云南 (个旧、金平、腾冲、片马、泸水、屏边、勐海、勐腊)。

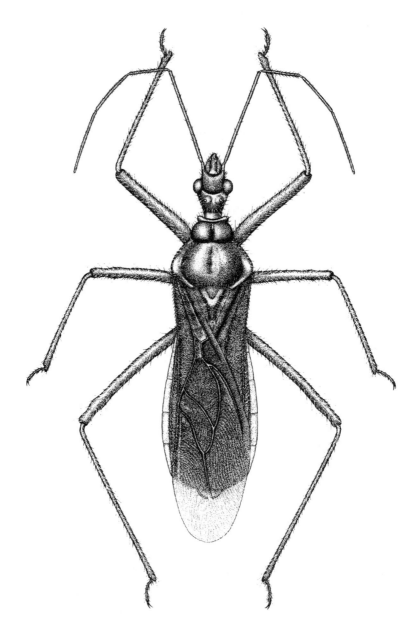

图 38　红缘猛猎蝽 *Sphedanolestes gularis*

45. 环斑猛猎蝽 *Sphedanolestes impressicollis* (Stål, 1861) (图 39，图版Ⅳ-7)

Reduvius impressicollis Stål 1861: 147.

Sphedanolestes impressicollis: Stål 1866b: 288; Horváth 1879: 148; Lethierry & Severin 1896: 166; Distant
　　1904: 339; Oshanin 1908: 553; Oshanin 1912: 53; Okamoto 1924: 63; Wu 1935: 470; Yamada 1936: 15,
　　21; China 1940: 253; Hoffmann 1944: 51; Hasegawa 1960: 48; Miyamoto 1965: 94; Miyamoto & Lee,
　　1966: 365; Hsiao & Ren 1981: 533; Ren 1987: 246; Maldonado-Capriles 1990: 301; Putshkov &

Putshkov 1996: 256; Ren, 2009: 96.

Harpactor impressicollis: Walker 1873: 111.

Sphedanolestes (*Sphedanolestes*) *impressicollis*: Stål 1874: 33.

Harpactor bituberculatus Jakovlev 1893: 319, Synonymized by Kiritshenko 1916: 164; Lethierry & Severin 1896: 158; Oshanin 1908: 552; Wu 1935: 468; Hoffmann 1944: 42.

Rhinocoris bituberculatus: Oshanin 1912: 53; China 1940: 253.

形态特征　体色　本种色斑型变化较大,基本色泽为黑色;喙第 1 节端半部或大部、头部腹面、单眼外侧、单眼之间的斑纹、腹部腹面、侧接缘侧各节端半部或大部黄色至黄褐色。变化主要表现在前胸背板、触角第 1 节、各足股节上的环纹、胫节的颜色及革片的色泽等处;前胸背板后叶可由全部黄色或淡黄褐色,经黄色具有两个小斑,小部分区域为黑色,大部分区域为黑色到全部为黑色,在淡色个体中触角第 1 节有两个明显的浅色环纹,各足股节多具 3 个完整的淡色纹,各足胫节中后部,革片可从黄色至黄褐色;而在黑色个体中,触角第 1 节的淡色环模糊,各足股节端部的淡色环不完整或完全消失,各足胫节、革片黑褐色,胫节近基部有 1 明显的淡色环纹。这种色泽的变化与地理分布有一定关系,采自福建、广西两省 (自治区) 的标本黑色个体比例较大,特别是福建个体黑色型比例可达 90%左右,其他地方的黑色型比例则较低,如陕西省黑色型个体仅占 1/4 左右。分布于日本的个体几乎全为黑色型。

结构　中大型,较粗壮。头部背面、前胸背板较密地分布着黄色中等长度的直立毛,头部腹面、各足生有不同长度的细毛,革片上密被弯曲短毛;腹部腹面较密地被有斜生短毛;各胸侧板与腹板上常密布白色短毛,形成明显的斑纹。头部较细长,复眼较大,明显向两侧突出,其直径大于单眼间距;喙第 1 节明显短于第 2 节;触角第 1 节略长于第 2、第 3 节长度之和, 第 2 节明显短于第 3 节, 第 3 节略短于第 4 节。颈端突发达,短锥状;前胸背板前叶圆鼓,两侧中央各具 1 个明显的小瘤突,后叶中央纵沟较宽深,侧角钝圆,后缘略凹;发音沟亚宽全脊型,约由 180 个横纹组成;雌虫前翅略微超过腹部末端,雄虫前翅明显超过腹末。雌虫腹部略向两侧扩展。抱器棒状,略弯曲,近端部略膨大,近端部较尖,端部 2/3 表面生有较粗的刚毛;尾节突较短,端部中央略凹,两侧具向下伸的锐角状突起。阳茎基片端部 1/3 正常,基部 2/3 外侧变薄;基片桥细短;基片延短粗。阳茎体略扁,背、腹两面观呈爪子状,阳茎背片较小,基部 2/5 仅两侧骨化程度较高;阳茎鞘背片支片粗短,基部 3/5 愈合,端部 2/5 分离,端部接触,其基部 2/5 处腹面有 1 个向下斜伸的构造;阳茎鞘端半部侧腹面两侧各有 1 个骨化片;阳茎系膜基部背面中央有 1 对骨化的突起;阳茎端囊两侧具较大刺突,中央及大部分区域具许多小刺突。

量度　体长 13.1~18.0 mm;腹部最大宽度 3.4~5.2 mm。头部长 2.2~2.6 mm;眼前区长 0.9~1.4 mm;眼后区长 0.6~1.0 mm;复眼间宽 0.5~1.0 mm;单眼间宽 0.2~0.4;触角各节长为 I：II：III：IV＝3.6~5.8：1.4~3.0：2.1~3.0：2.8~3.4 mm;喙各节长为 I：II：III＝0.9~1.2：1.6~2.2：0.2~0.4 mm。前胸背板前叶长 1.2~1.6 mm;前胸背板后叶长 1.9~2.8 mm;胸部最大宽度 3.2~4.1 mm;小盾片长 0.8~1.1 mm;前翅长 8.5~12.5 mm。

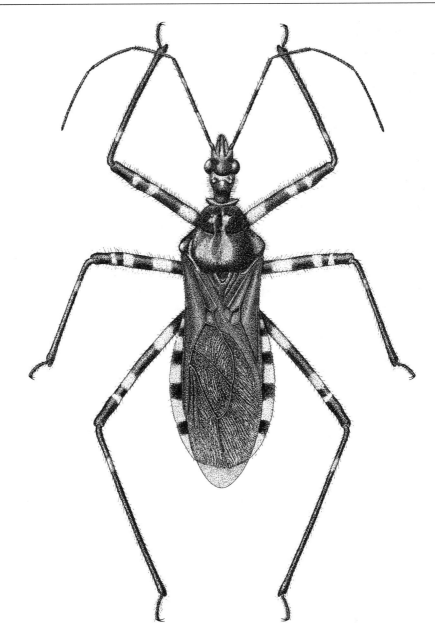

图 39　环斑猛猎蝽 *Sphedanolestes impressicollis*

分布　河南 (辉县、新县、许昌、嵩县、栾川、嵩山、商城、桐柏、信阳、鸡公山)；辽宁 (千山、凤城)、北京 (上房山)、陕西 (终南山、南五台、延安、陕南、凤县、镇安、陇县、周至、宝鸡、南郑、西安、武功、杨陵、太白山、黄龙、洋县)、甘肃 (康县)、山东 (苍山，烟台昆嵛山)、江苏 (南京、震泽)、安徽 (黄山、梅山、歙县、霍山)、湖北 (神农架、松柏、阳日、房县、来凤、鹤峰、大梧界、屈城、江永、兴山)、浙江 (天目山、杭州、开化、天台、庆元、牯岭、泰顺、雁荡山、龙泉、莫干山、龙尤、衢州、遂昌、东阳)、江西 (井冈山、庐山、元连山、武功山、南昌、龙南、寻乌、莲圹、全南、宜丰、怀玉山、崇义、景德镇、清江、遂川、萍乡、吉水、宜黄、金溪、永修、万年、长吉、牯岭)、湖南 (莽山、大庸、长沙、溆浦、衡山、桂东、衡南)、四川 (峨眉山、宝兴、雅安、琪县、万原、灌县、丰都、长寿、泸定)、重庆 (黔江、酉阳、秀山、北碚、南川、铜梁)、贵州 (贵阳、雷山、梵净山、黄果树、湄潭、松桃、毕节、宝华山、盘县、安顺、清镇、独山、遵义、绥阳、平圹、长顺、天柱、都匀、惠水、瓮安、岑巩、纳雍、威宁、荔波、六枝、水城、罗甸、望谟、剑河、凯里、凤凰山、元乃、三都、力平、习水)、福建 (崇安、武夷山、建阳、光泽、宁化、建宁、长汀、上杭、梅花山、邵武、福州、闽清、永春、宁德、龙岩、龙栖山)、广东 (始兴、连县、平远、封开、郁南、沙县、德化、广州)、广西 (田林、楷胜、百色、金秀、花坪、武鸣、洪滩、坐虎山、大瑶山、苗儿山、百寿、桂林、恭城、灵川、田阳、桂平)、云南 (昆明、屏边、潞西、砚山、广南、马关);朝鲜、日本、印度。

简记 ①此种不仅是猛猎蝽属的模式种,而且是广布于东亚的一个常见种,其种群数量大,常见于农田、林地、果园中,是一个有潜在开发能力的天敌资源昆虫。②此种的色斑型及大小在各地间存地一定差异,如自日本,华北、云南的个体明显小于广西、福建两地的个体。

46. 斑缘猛猎蝽 *Sphedanolestes subtilis* (Jakovlev, 1893) (图 40, 图版IV-8)

Harpactor subtilis Jakovlev 1893: 321; Lethierry & Severin 1896: 162; Oshanin 1908: 553; Wu 1935: 469.

Rhinocoris subtilis: Oshanin 1912: 53; China 1940: 253.

Sphedanolestes subtilis: Kiritshenko 1926: 224; Hoffmann 1944: 52; Hsiao & Ren 1981: 534; Maldonado-Capriles 1990: 307; Putshkov & Putshkov 1996: 258.

形态特征 **体色** 褐黑色至黑色。触角、各足及前翅褐色至黑褐色;复眼淡褐色至黑色,单眼间及单眼两侧的斑纹暗黄色至黄褐色;腹部腹面各节大部 (除前缘黑色横斑)、侧接缘各节端部 2/3 黄色至暗黄色,个别个体呈红褐色。

结构 中小型,体较狭长。头部腹面、各胸节外面、前翅革片密被黄白色平伏短毛,头部背面、前胸背板、小盾片被淡色长毛,各足具长短不一的淡色毛;腹部腹面被向后斜生的黄白色短毛。复眼大,明显向两侧突出,其直径大于单眼间距;触角第 1 节近等于第 2、第 3 节长度之和,第 2 节略短于第 3 节;喙第 1 节较短,明显短于第 2 节。颈端突发达,短锥状;前胸背板前叶圆鼓,长度约为后叶长的 3/5,后叶中央凹陷浅阔,后缘略凹;发音沟由 170 个横纵脊组成;前翅显著超过腹末。腹部较狭。抱器棒状,较短粗,略弯曲,近端部略膨大,顶端圆钝,端部 3/5 具有较长的刚毛。尾节突较短狭,顶端外侧各具斜向下伸的齿突。阳茎基片较细长;基片延颈短狭。阳茎体上下扁平,爪子形,基部 1/5 处最宽,从此处到端部渐狭;阳茎鞘背片较发达,基部 1/5 仅两侧骨化程度高,基部 1/5 处中部最宽,其呈短舌状向基中伸出且上隆,端部中央有一明显的凹陷;阳茎鞘侧片较狭长;阳茎鞘背片支片基部分离,中部接触,端部分离;系膜侧突较发达;系膜背突 2 个,背面观顶端较尖,侧面观顶端似齿状;阳茎端囊两侧外面有一些较大的刺突,其余部分表面具很多小刺突。

　　量度　体长 11.5~13.8 mm；腹部最大宽度 2.7~3.3 mm。头部长 1.6~2.4 mm；眼前区长 0.6~1.2 mm；眼后区长 0.4~0.8 mm；复眼间宽 0.2~0.6 mm；单眼间宽 0.2~0.3 mm；触角各节长为Ⅰ∶Ⅱ∶Ⅲ∶Ⅳ＝2.9~4.1∶1.2~1.7∶1.3~2.1∶1.4 mm；喙各节长为Ⅰ∶Ⅱ∶Ⅲ＝0.5~1.0∶0.9~1.8∶0.3~0.7 mm。前胸背板前叶长 0.6~1.1 mm；前胸背板后叶长 1.2~2.2 mm；胸部最大宽度 2.4~2.9 mm；小盾片长 0.8~1.3 mm；前翅长 8.4~9.4 mm。

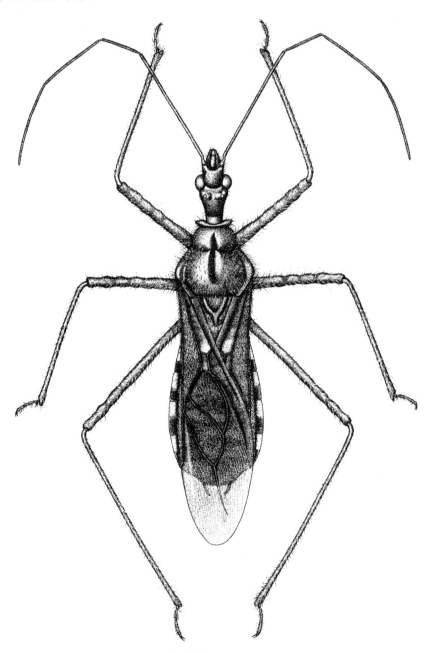

图 40　斑缘猛猎蝽 *Sphedanolestes subtilis*

分布　河南 (栾川、嵩县)；陕西 (南五台、太白山、陇县)、甘肃 (康县)、安徽 (九华山)、湖北 (神农架、红坪、松柏、宜恩、房县)、浙江 (天目山)、四川 (汶川、宝兴、灌县、卧龙、道孚、南江)、重庆 (黔江)、福建 (建阳、桐木、邵武、崇安)、广东 (广州)、云南 (昆明)、海南 (三亚)。

(三十四) 脂猎蝽属 *Velinus* Stål, 1866

Velinus Stål, 1866a: 52. Type species by subsequent designation (Distant, 1904b: 346): *Reduvius lobatus* Stål.

属征　头与前胸背板约等长或稍短之；眼前区显著短于眼后区，也略短于喙第 1 节；触角第 1 节长于前足股节；小盾片亚三角形，顶端不呈舌状扩展。体腹部中等扩展，腹部第 5 节或第 5、第 6 节向两侧呈弧形扩展；足细长，股节顶端呈结节状；前足胫节与前足股节和转节之和等长。

该属在国内已知 6 种，河南省仅知 1 种。

47. 黑脂猎蝽 *Velinus nodipes* (Uhler, 1860) (图 41，图版Ⅳ-9)

Harpactor nodipes Uhler 1860: 230.

Reduvius subcrispus Stål 1861: 146. Synonymized by Stål 1874: 31.

Velinus nodipes: Stål 1874: 31; Hsiao & Ren 1981: 525; Maldonado-Capriles 1990: 320; Putshkov & Putshkov 1996: 262.

形态特征　体色　黑色，油亮。触角第 1 节上的 2 个环纹、单眼间的斑、小盾片端部黄白色至淡黄色；各足股节上的 2 个环纹及胫节亚端部的环纹、腹部第 2~4 节侧接缘的后端、腹部腹面大小不一的淡色斑点黄色至黄褐色；触角第 3~4 节、各足股节 (除淡色环纹外) 黑褐色至黑色；复眼灰褐色具不规则的黑斑；前翅膜区灰褐色；腹部腹面第 5 节以后色淡，第 6~7 节腹节侧接缘黄褐色至黑褐色；各足胫节亚端部的环纹常消失。

结构　头、前胸背板、各足 (特别是股节膨大部分) 密被黑褐色较长刚毛；胸部腹板、腹部腹面被长短不一的刚毛；前翅革区被弯曲短毛；眼前区明显短于眼后区，眼后区较粗；喙较短，不达前足基节着生处。领端突发达，乳突状斜伸向前侧方；前胸背板前叶隆起，中央纵沟宽而深；前胸背板后叶中央具浅纵凹，侧角钝圆，后缘略凸；小盾片具"Y"形脊，末端突略膨大；各足股节呈明显的结节状，胫节略弯曲，基半部略粗；前翅超过腹末。侧接缘向两侧扩展，边缘呈波状，雄虫腹末背面观平截。

量度　体长 12.6~14.1 mm；腹宽 4.3~5.9 mm。头长 2.0~2.4 mm。眼前区长 0.6~0.8 mm；眼后区长 1.0~1.1 mm；复眼间宽 0.7 mm；单眼间距 0.5~0.6 mm；触角各节长 Ⅰ：Ⅱ：Ⅲ：Ⅳ=3.6~5.8：0.7~1.2：0.5~1.0：2.4~2.5 mm；喙各节长 Ⅰ：Ⅱ：Ⅲ =1.0~1.1：1.3：0.3~0.4 mm；前胸背板前叶长 0.9~1.1 mm；前胸背板后叶长 1.6~2.0 mm；小盾片长 0.7~1.0 mm；前翅长 8.4~10.1 mm。

分布　河南 (鲁山、济源、禹州、嵩县、许昌、商城、信阳、鸡公山)；江苏、浙江

(天目山)、江西、贵州 (茂兰、雷公山、贵阳、瓮安、平塘、广顺、凤凰山、花溪、独山、桐梓、罗甸、毕节、纳雍、天柱、六枝、望谟、丹寨、隆里、独山、平坝)、四川 (万县)、福建 (武夷山、福州、龙栖山)、广东、广西、云南 (昆明)；日本、印度。

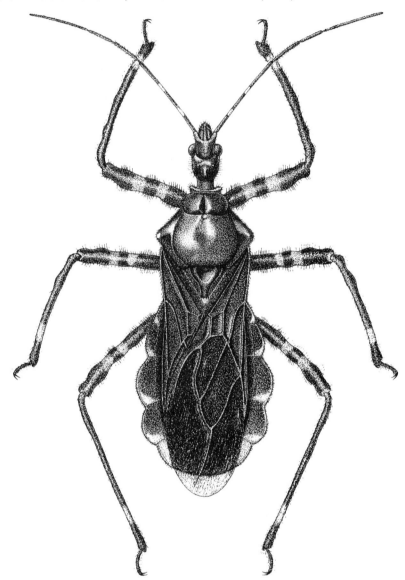

图 41 黑脂猎蝽 *Velinus nodipes*

(三十五) 裙猎蝽属 *Yolinus* Amyot et Serville, 1843

Yolinus Amyot & Serville, 1843: 358. Type species by monotypy: *Yolinus sufflatus* Amyot et Serville.

Colpochirocoris Reuter, 1881a: 15 (syn. Distant, 1903: 212). Type species by monotypy: *Colpochirocoris fasciativentris* Reuter.

　　属征　体亚椭圆形，腹部侧缘向两侧强烈扩展，具深凹缺刻，起伏不平，呈浮突状。头细长，几乎等于前胸背板与小盾片之和；喙第 2 节最长，约为第 1 节的 1.5 倍；眼前部分显著地短于眼后部分，触角第 1 节约与头等长；小盾片顶端钝圆；股节结节状。

　　该属在国内已知 2 种，河南省仅知 1 种。

48. 淡裙猎蝽 *Yolinus albopustulatus* China, 1940 (图 42，图版 V-1)

Yolinus albopustulatus China 1940: 235, 237; Hsiao & Ren 1981: 518; Maldonado-Capriles 1990: 324;
　　Putshkov & Putshkov 1996: 263; Ren, 2009: 93.

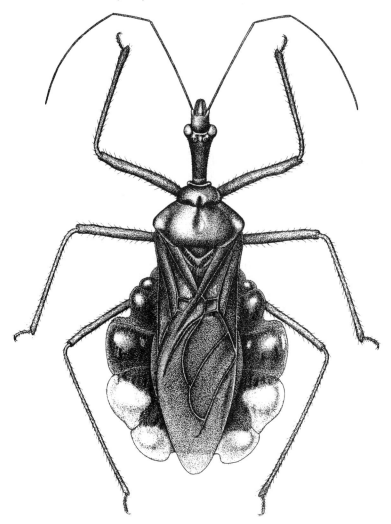

图 42　淡裙猎蝽 *Yolinus albopustulatus*

　　形态特征　**体色**　黑色，光亮。触角第 3~4 节、喙末端两节黑褐色至黑色；复眼灰褐色具黑斑或完全黑色；触角第 1 节中部大部有时褐色，大多数情况全为黑色；复眼下缘纵纹黄色至黄褐色；单眼外侧的小斑黄色至暗褐色，有时消失；第 6、第 7 腹节侧接缘色多变，大多数情况下乳白色至淡黄色，少数为黄褐色，甚至几乎完全黑色。腹部末

端 (雄性第 7 节中部和末节，雌性末节) 有时红色、黄褐色，或者完全黑色。

结构 头部、前胸背板及侧板中、后胸侧板及腹板、小盾片、各足具黑色直立短刚毛；革片具平伏弯曲短毛；腹部腹面具长短不一的斜生短毛；雌虫第 1 载瓣片内侧中部具刚毛丛。头细长，眼后区明显长于眼前区；喙细长，端部显著超过前足基节着生处。领端突瘤突状；前胸背板前叶甚小，圆鼓，中后部中央具纵凹；前胸背板后叶中部具浅纵凹，侧角圆钝，无明显后角，后缘中央略弧凹；小盾片宽短，中后部具隆脊；各足股节端部略呈结节状；前翅略超过腹末。第 4~6 腹节侧接缘甚为扩展，各节中部具向上的鼓凸，整个腹部裙状。

量度 体长 19.0~24.0 mm。头长 4.6~4.9 mm；眼前区长 1.5~1.7 mm；眼后区长 2.3~2.6 mm；单眼间宽 0.44~0.5 mm；复眼间宽 0.8~0.9 mm；触角各节长 I：II：III：IV=5.7~6.9：2.0~2.3：2.3~2.6：4.7~6.3 mm；喙各节长 I：II：III=2.4~2.7：3.7~4.2：0.5~0.7 mm；前胸背板前叶长 1.3~1.4 mm；前胸背板后叶长 2.0~2.5 mm；胸部最大宽度 4.3~5.3 mm；前翅长 12.5~14.8 mm。

分布 河南 (桐柏、信阳、鸡公山)；陕西 (火地堆)、安徽、浙江 (天目山)、江西 (武宁)、湖南 (湘东)、贵州 (茂兰、湄潭、贵阳、江口、万山、力元、遵义、隆里、雷公山、罗甸、梵净山)、四川 (峨眉山)、福建 (龙栖山)、广东 (连县、鼎湖)、广西 (龙胜、龙州、贺州、猫儿山、资源、全州、临桂、金秀、来宾、三江、西林、乐业、隆安、陆川、浦北)、云南 (勐海)。

简记 淡裙猎蝽 Yolinus albopustulatus China 1940 广泛分布在我国南部各省 (自治区)，向北最远达到陕西，向南、向东最远达到云南西双版纳，及广西、广东、福建沿海。分布最北的陕西个体体色较淡，呈淡灰褐色；广西、广东的个体比其他省份的个体体型略大；福建的标本腹部侧接缘第 6、第 7 节完全黑色，色斑变化最为特殊。

盗猎蝽亚科 Peiratinae

属 检 索 表

1. 头等于或稍长于前胸背板前叶，眼前区向下弯曲，其长度不及眼后区的 3 倍；触角着生处靠近眼的前缘··· 盗猎蝽属 *Peirates* Serville
2. 头长于前胸背板前叶，眼前区平伸，其长度为眼后区的 4 倍；触角着生于眼前区的中央··· 直头猎蝽属 *Sirthenea* Spinola

(三十六) 盗猎蝽属 *Peirates* Serville, 1831

Peirates Serville, 1831: 215. Type species by subsequent designation (Lucas, 1839: 458): *Cimex stridulus* Fabricius.

属征 体小型到中型。前胸背板前叶在横缢前强烈收缩，背面观几乎近圆形；发音沟长型；前足股节加粗，股节无齿突，海绵沟占胫节长度的 1/3~1/2。有些种类具脏节突；

雄性外生殖器在不同亚属间区别很大。

该属在国内已知 8 种，河南省仅知 4 种。

种 检 索 表

1. 小盾片顶端明显上翘··**日月盗猎蝽** *P. arcuatus*

   小盾片顶端不明显上翘··2

2. 前翅膜片具 2 个黑斑，1 个位于内室基部，另 1 个位于外室，几占全部外室··········
   ···**黄纹盗猎蝽** *P. atromaculatus*

   前翅膜片仅具 1 个大黑斑···3

3. 前翅革片大部分浅褐色······························**茶褐盗猎蝽** *P. fulvescens*

   前翅革片大部分黑色································**乌黑盗猎蝽** *P. turpis*

49. 黄纹盗猎蝽 *Peirates atromaculatus* (Stål, 1870) (图版 V-2)

Cleptocoris atromaculatus Stål, 1870: 69; Maldonado-Capriles, 1990: 347.

Pirates (*Cleptocoris*) *atromaculatus*: Stål, 1874: 58; Hoffmann, 1944: 29; Hsiao & Ren, 1981: 443.

Pirates atromaculatus: Lethierry & Severin, 1896: 124; Distant, 1902: 283; Distant, 1904: 301.

Pirates sinensis Walker, 1873: 114.

Pirates (*Cleptocoris*) *brachypterus* Horváth,1879:148; Lee & Kwon, 1991: 20.

Pirates brachypterus: Kanyukova, 1988: 872.

Cleptocoris brachypterus: Maldonado-Capriles, 1990: 348.

Peirates atromaculatus Stål: Putshkov & Putshkov, 1996: 177; Ren, 2009: 82.

形态特征　体色　黑色，光亮。复眼黄褐色至黑色；前翅革片中部具纵走带纹黄色至红褐色，膜区内室的小斑及外室的大斑均为深黑色；触角第 2~4 节、各足胫节端部及跗节黑褐色。

结构　头前部渐缩，向下倾斜；触角第 1 节超过头的前端，第 2 节约与前胸背板前叶等长；喙第 2 节伸过眼的后缘。前胸背板具纵、斜印纹；发音沟长型，雄虫发音沟约由 130 个横纹脊组成。具短翅型，尤其是雌虫居多；雄虫前翅一般超过腹末，雌虫前翅一般不达腹末。抱器阔三角形，末端膨大，左右两个略不对称；尾节突长，顶端钝；阳茎鞘背片第 3 突较钝，第 4 突呈腰刀状向上弯曲。

量度　体长 15.0~16.2 mm，腹宽 3.5~4.2 mm。

分布　河南 (辉县、许昌、鄢城)；辽宁 (绥中)、北京 (妙峰山)、陕西 (府谷、武功、勉县、眉县、宁陕、长安、紫阳、永寿、周至)、山东 (烟台)、江苏 (南京)、湖北 (武昌)、浙江 (天目山、舟山)、江西 (南昌、莲塘、德兴)、四川 (北碚、成都、合川、盐亭、射洪、武隆、琪县、遂宁、米易)、贵州 (贵阳、湄潭、安龙、茂兰、金沙)、福建 (崇安、建阳、光泽、宁德)、广东、广西 (隆林、桂林、柳城、凤山、天峨、龙胜、永福、田东、兴安、忻城、南丹、象州、浦北、鹿寨、阳朔、全州、恭城、清江、金秀、环江、那坡、来宾、荔蒲、贺县、抶绥)、云南 (泸水、盈江、南涧、蒙自、漾濞、福贡、马关、西盟、腾冲、镇源、龙陵、勐腊)、海南 (琼中、兴隆)；俄罗斯、朝鲜、日本、印度、斯里兰卡、缅甸、印度尼西亚 (爪哇)、菲律宾、越南。

50. 日月盗猎蝽 *Peirates arcuatus* (Stål, 1870) (图 43，图版 V-3)

Spilodermus arcuatus Stål, 1870: 692.

Piartes (*Spilodermus*) *arcuatus*: Stål, 1874: 58; Wu, 1935: 462; Hoffmann, 1944: 30.

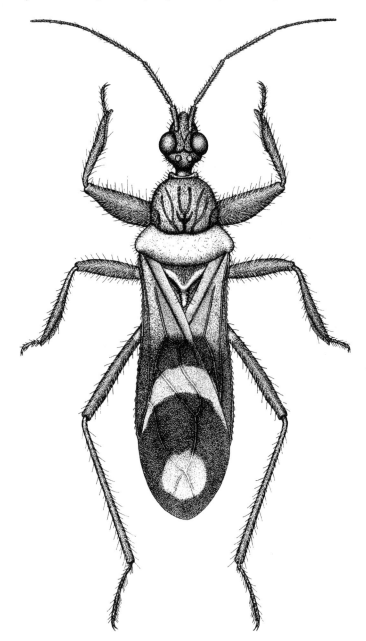

图 43 日月盗猎蝽 *Peirates arcuatus*

Pirates arcuatus: Walker, 1873: 123; Lethierry & Severin, 1896: 124; Distant, 1902: 288; Distant, 1904: 300;

Oshanin, 1908: 539; Esaki, 1916: 92; Esaki, 1926: 165.

Pirates mutilloides Walker, 1873: 120.

Ectomocoris flavomaculatus: Maldonado-Capriles, 1990: 353.

Peirates arcuatus: Putshkov & Putshkov, 1996: 177.

别名　日月猎蝽。

形态特征　体色　黑色。喙之末节、触角、各足胫节端部、跗节褐色至黑褐色，前胸背板、小盾片、爪片及革片基半部黄棕色至暗褐色，雄虫色较雌虫色深；前翅膜区基部横斑及亚端部的"圆斑"淡黄色至暗黄色，亚端部的"圆斑"形状变化较大，有的个体不甚规则。前胸背板前叶较后叶色深，有的个体前叶为暗褐色至黑色。各足基节 (除基部的一小部分)、中足及后足股节基部、侧接缘各节基部 2/3 部分黄色，各足转节黄褐色。

结构　身体腹面及胸部侧板及前胸背板密被银白色闪光短毛；雌虫触角被褐色短毛，雄虫触角上的毛较长；前胸背板具较长的褐色毛，小盾片背面具黄褐色至暗褐色长毛。雄虫复眼大而圆鼓，向两侧突出，几乎占头长的一半；喙第 1、第 2 节短粗，第 3 节尖细；触角第 2~4 节几等长。前胸背板印纹复杂，小盾片顶端圆鼓，上翘；雌虫前翅不达腹末，雄虫前翅超过腹末。雄虫具钩状小脏节突。

量度　体长 10.0~11.3 mm，腹宽 2.2~2.9 mm。

分布　河南 (许昌、郑州、禹州、南阳、内乡)；贵州、陕西、浙江、四川、重庆、湖南、福建、广东、广西、云南、海南；菲律宾。

简记　本种膜区基部的弧形斑像一樽新月，亚端部的圆斑则似一轮旭日，故中名有"日月猎蝽"之称。其色斑型、大小、结构等变异颇大，需要详加研究。

51. 茶褐盗猎蝽 *Peirates fulvescens* Lindberg, 1939 (图版 V-4)

Pirates fulvescens Lindberg, 1939: 123; Hoffmann, 1944: 39; Maldonado-Capriles, 1990: 364.

Pirates (Cleptocoris) fulvescens: Hsiao & Ren, 1981: 443.

Peirates fulvescens: Putshkov & Putshkov, 1996: 177; Ren, 2009: 83.

形态特征　体色　黑色，光亮。喙的第 3 节端半部、前翅革片 (除基部及端角外) 黄褐色；膜片灰色至浅黑色，内室端半部及外室 (除基部外) 深黑色；各足股节端部黑褐色。

结构　体被光亮的银白色及黄色短绒毛。触角第 1 节稍过头的前端，第 2~4 节各节几等长；喙基部两节较粗，端节逐渐变细，第 2 节伸达眼的后缘。前胸背板具纵、斜印纹；发音沟长型，约由 150 个横纹脊组成，中央及端部的脊间距较大，基部的脊间距较小。雄虫前翅超过腹末 1~2 mm；雌虫长翅型前翅达腹末，短翅型仅达第 6 腹节背板的中部。抱器阔三角形，端部明显扩大，左右两个不对称，左抱器较狭窄；尾节突长，顶端较钝；阳茎鞘背片第 3 突尖，第 4 突呈钩状向上弯曲。

量度　体长 14.8~16.5 mm，腹宽 3.4~3.7 mm。

生物学特性　趋光。

分布　河南 (辉县、郾城、许昌、信阳)；辽宁 (锦州)、北京 (香山、中关村、卧佛寺、圆明园)、天津、河北 (献县、蔚县、小五台山)、山西 (灵石)、陕西 (府谷、武功、凤县、周至、永寿、西安、宁陕、留坝)、山东 (烟台、威海)。

52. 乌黑盗猎蝽 *Peirates turpis* Walker, 1873 (图版 V-5)

Pirates turpis Wlaker, 1873:120; Lethierry & Severin, 1896: 127; Distant, 1902, 10: 284; Hoffmann, 1944, 10:29; Han & Zhang, 1978: 243.

Pirates (Cleptocoris) turpis: Hsiao & Ren, 1981: 443; Ren, 1987: 210; Lee & Kwon, 1991:20.

Pirates (Pirates) trupis: Wu, 1935: 461.

Pirates concolor Jakovlev, 1881: 213.

Pirates (Cleptocoris) moestus Reuter, 1881: 311.

Cleptocoris turpis: Maldonado-Capriles, 1990: 349.

Peirates turpis Walker: Putshkov & Putshkov, 1996: 178; Ren, 2009: 84.

别名 乌猎蝽。

形态特征 体色 黑色，光亮。前翅灰褐色至浅黑色，膜区内室基部及外室大部分深黑色；喙的第 3 节端部、各足胫节端部及跗节黑褐色。

结构 头顶及身体的腹面被银白色短毛，触角稀疏生有黑褐色短毛。触角第 1 节超过头的前端，第 2~4 节几等长；喙第 1 节短粗，第 2 节最长，超过眼的后缘。发音沟长型，约由 150 个横纹脊组成，各脊结构简单，无规则突起；雄虫前翅超过腹末 1~2 mm，雌虫前翅不达腹末；具短翅型。抱器阔三角形，左、右两个不对称，左抱器稍狭窄；尾节突长，顶端较尖；阳茎鞘背片背突尖锐，腹突向上弯曲。

量度 体长 14.0~15.1 mm，腹宽 3.2~3.8 mm。

生物学特性 趋光。猎物以鳞翅目幼虫为主。

分布 河南 (新安、许昌、新乡、焦作、修武、获嘉、安阳、渑池、禹州、平顶山、嵩县、信阳)；黑龙江 (五常)、吉林 (长白山、凤城)、辽宁 (沈阳)、北京 (卧佛寺、西山、八达岭)、河北 (小五台山)、山西 (太谷)、陕西 (甘泉、府谷、武功、永寿、西安、凤县、麟游、长安、宁陕、勉县、眉县、咸阳、紫阳、汉中、户县、渭南、礼泉)、江苏 (南京、灌云)、上海、湖北 (武昌、房县)、浙江 (杭州)、江西 (南昌、莲塘、宜丰、井冈山)、湖南 (长沙)、四川 (成都、黔江、万源、康定、彭县、硗碛)、贵州 (贵阳、湄潭、梵净山、遵义)、福建 (罗地、建阳)、广西 (花坪、龙胜)、海南；朝鲜、日本、越南。

(三十七) 直头猎蝽属 *Sirthenea* Spinola, 1837

Sirthenea Spinola, 1837: 325. Type species by monotypy: *Reduvius carinatus* Fabricius.

Sirtheneana Miller, 1958: 72 (syn. Willemse, 1985: 16). Type species by original designation: *Sirtheneana nigronitens* Miller.

属征 体黑褐色至黑色，具黄色斑纹；中型到大型。头长，近平直；眼前部分很长；触角着生处远离复眼；喙第 3 节细长，长于第 1 节，第 2 节至少为第 1 节长度的 2 倍。

前胸背板后缘明显弯曲，前侧角不呈瘤状突起；小盾片具隆起；中足除澳洲种 *S. laevicollis*
外均无海绵沟；翅具多型现象；发音沟长型，具雌雄二型现象，横纹脊数变化较大；雄
性外生殖器两侧不对称，抱器亚三角形，尾节突中部向后方凸出；阳茎多裂型至无裂型，
在多数情况下阳茎鞘背片分成几叶并具有第 1 或第 3、第 4 突；基片长短不定。

该属在国内已知 3 种，河南省仅知 1 种。

53. 黄足直头猎蝽 *Sirthenea flavipes* (Stål, 1855) (图 44，图版 V-6)

Rasahus flavipes Stål, 1855: 187.

Sirthenea flavipes: Stål, 1866: 252. ; Stål, 1872: 105; Stål, 1974: 57; Reuter, 1887: 156; Lethierry & Severin,
1896: 129; Distant, 1902: 286; Distant, 1904: 303; Oshanin, 1908: 540; Horváth, 1909: 358; Oshanin,
1912: 52; Okamoto, 1924: 63; Esaki, 1926: 167; Maruta, 1929: 325; Wu, 1935: 463; Yamada, 1936: 21;
Ishihara, 1937: 728; Hoffmann, 1944: 33; Esaki，1954: 248; Cai，1956: 343; Miyamoto，1956: 93;
Miyamoto & Lee, 1966: 361; Han & Zhang, 1978: 244; Hsiao & Ren, 1981: 444; Zhang, 1985: 181; Ren，
1987: 211; Chen, 1989: 133; Li, 1990: 20; Cai & Lu, 1990: 87; Maldonado-Capriles, 1990: 372;
Putshkov & Putshkov, 1996: 179.

Rasahus cumingi Dohrn, 1860: 407.

Sirthenea cumingi: Lethierry & Severin, 1896: 129.

Pirates strigifer Walker, 1873: 116.

Pirates basiger Walker, 1873: 117; Lethierry & Severin, 1896: 124.

Pharantes geniculatus Matsumura, 1905: 41.

别名　黄足猎蝽。

形态特征　体色　黑褐色，光亮。头、前胸背板前叶黄色至黄褐色；触角第 1 节、
第 2 节基部及第 3 节 (除基部外)、喙、革片基部、爪片两端、膜片端部、足、腹部侧接
缘斑点、腹部基部及末端的色斑均为土黄色；腹部腹面中央黄褐色到红褐色；单眼周围
及其前缘横缢黑色。

结构　头平伸，头的眼前部分显著长于眼后部分；触角第 1 节不达头的端部，第 2~4
节几乎等长；喙较细，第 2 节最长，略微超过眼的后缘。前胸背板前缘凹入，中央有纵
纹，两侧具斜印纹；发音沟长型，雄虫发音沟约由 170 个横纹脊组成；前翅一般不超过
腹部末端，仅个别雄虫的前翅超过腹末。

量度　体长 17.3~22.5 mm，腹宽 3.1~4.2 mm。

生物学特性　趋光。常见于稻田、棉田及玉米田，为重要的天敌资源之一。

分布　河南 (辉县、获嘉、延津、焦作、卢氏、漯河、郾城、许昌、汝州、周口、
鲁山、平顶山、确山、新安、南召、内乡、桐柏、信阳)；陕西 (勉县、武功、凤县、周
至、镇安、户县、南郑、宁陕、宁强、褒河、安康、洋县、西乡、汉中)、甘肃 (横观河)、
江苏 (南京)、上海 (金山、南江、大场)、安徽 (定城)、湖北 (武昌、狮子山、神农架、
鄂城)、浙江 (杭州、萧山、余杭、临安、西天目山、桐庐、建德、淳安、嘉兴、平湖、
桐乡、海宁、嘉善、长兴、湖州、安吉、德清、上虞、诸暨、绍兴、嵊县、宁波、鄞县、
四明山、奉化、宁海、象山、余姚、慈溪、定海、岱山、普陀、临海、天台、黄岩、温
岭、雁荡山、玉环、三门、仙居、永嘉、瑞安、平阳、秦顺、温州、龙泉、庆元、丽水、

永库、兰溪、浦江、义乌、东阳、开化、常山、莫干山)、江西 (弋阳、宜丰、南昌、九江、宜春、武夷山、莲塘)、 湖南 (长沙、株州、灵县、礼陵、新化、湘阴)、四川 (成都、北碚、白市驿、合川、忠县、盐亭、玉溪、卧龙、灌县、雅安、广元、岳池、普武、射洪、琪县、开县、万岭、米易)、贵州 (茂兰、三都、安龙、贵阳、台江、都匀、

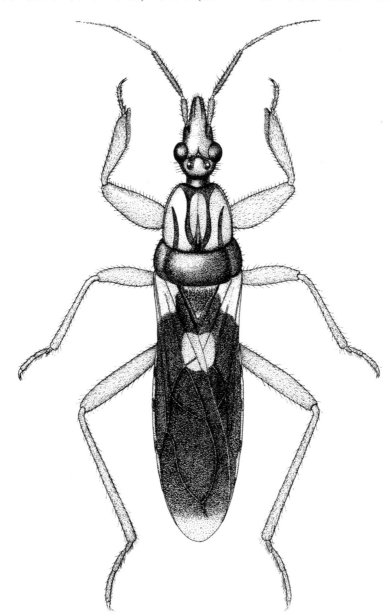

图 44　黄足直头猎蝽 *Sirthenea flavipes*

江口、独山、罗甸、荔波、赤水、习水、绥阳)、福建 (福州、崇安、建阳、邵武、沙县、莆田、龙岩、上杭、连城、德化、南平、泉州、建瓯、华安、梅花山)、广东 (广州、始

兴、从化、翁城、深圳、鼎湖山、新兴、普宁、饶平、云浮、紫金、佛山、连平、丰顺)、
广西 (资源、荔蒲、融安、全州、桂林、灌阳、象州、融水、忻城、宾阳、贵港、南宁、
兴安、平乐、柳城、武宣、钟山、三江、阳朔、灵山、龙胜、来宾、乐业、恭城、隆林、
金秀、浦北、临桂、鹿寨、百色、永福、钦州、田东、田阳、防城、靖西、田林、那坡、
合浦、北海、玉林、兴安、武鸣、富川、蒙山、昭平、腾县、凭祥、邕宁、博白、容县、
宁明、宁溪、崇左、玉林、桂平、隆安、大新、马山、贺县、东兰、天峨、巴马、宜山、
陆川、苍悟、雁山、柳江)、云南 (盈江、罗平、永灵源、蒙自、玉溪、富宁、元江、开
远、宜良、耿马、宾山、峨山、文山、思茅、景谷、屏边、勐连、石屏、景洪、勐海、
勐腊)、海南 (兴隆、儋县、琼山、五指山、通什、崖县、坝王岭、黎母、琼中、琼海、
尖峰岭);朝鲜、日本、越南、老挝、印度、印度尼西亚 (爪哇、加里曼丹、苏门答腊)、
斯里兰卡、菲律宾。

瘤猎蝽亚科　Phymatinae

　　中小型，粗壮，色多黄褐。复眼较小，眼前区短于眼后区;触角 4 节，末节常有不
同程度的膨大;喙 3 节，较短粗，第 3 节最小。前胸背板发达，前叶明显小于后叶;小
盾片发达，短舌形或长舌形;前足特化为与螳螂前足相似的捕捉足或与螃蟹螯肢相似的
捕捉足;前翅膜片有几条纵脉，偶有发育不全的横脉。腹部具明显的雌雄二型现象，雄
虫腹部多为椭圆形，雌虫腹部甚为开展而呈菱形或卵圆形。

　　成虫不善飞翔，多静伏于植物花序上，伏击访花的弱小昆虫。喙与前胸腹板上的横
纹脊摩擦能发音。

　　全世界已知 26 属近 300 种，中国已知 7 属 40 余种，河南省仅知 1 属 1 种。

(三十八)　螳瘤猎蝽属 *Cnizocoris* Handlirsch, 1897

Cnizocoris Handlirsch, 1897: 213. Type species by subsequent designation (Distant, 1903a: 149): *Cnizocoris
davidi* Handlirsch.

　　属征　小盾片相对短小，不超过腹部长的 1/3;雄虫腹部中央不强烈膨胀，侧缘长
弧形，长约为宽的 2 倍。

　　该属在国内已知 14 种，河南省仅知华螳瘤猎蝽 1 种。

54. 华螳瘤猎蝽 *Cnizocoris sinensis* Kormilev, 1957 (图 45，图版 V-7、图版 V-8)

Cnizocoris sinensis Kormilev，1957: 67; Liu, 1981: 381, 1985: 175; Froeschner & Kormilev, 1989: 22;
　　Putshkov & Putshkov, 1996: 182; Ren, 2009: 98.

　　别名　中国螳瘤蝽。

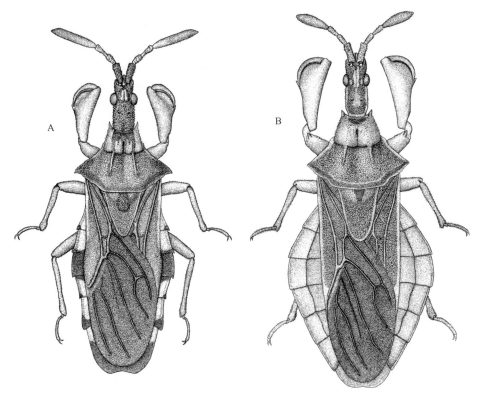

图 45　华螳瘤猎蝽 *Cnizocoris sinensis*

A. 雄虫 (male)；B. 雌虫 (female)

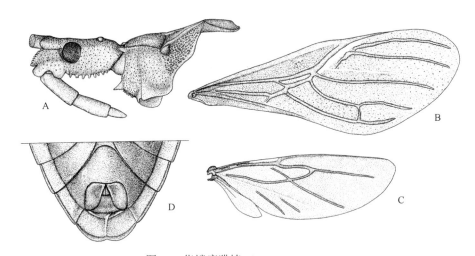

图 46　华螳瘤猎蝽 *Cnizocoris sinensis*

A. 头和前胸侧面 (head and pronotum, lateral view)；B. 前翅 (fore wing)；C. 后翅 (hind wing)；D. 雌虫腹部末端 (apical
segments of female)

　　形态特征　体色　黄褐色至棕褐色；头背面两侧、触角第 1 节背面、雄虫第 4 节端
半部、前胸背板侧角、小盾片基部中央斑、侧接缘各节后角及第 4 节全部黑褐色至黑色；

眼及单眼红色；前胸背板前叶基部中央及后叶两条纵脊通常棕黑色；革片端部、前翅膜片、腹部末端背面暗棕色至褐黑色；雌虫触角大部、前胸背板后叶、革片的纵脉、有时腹部末端棕红色；前翅革片 (特别是在久存的标本中) 前缘灰白色。

结构　触角第 1 节圆筒形，第 2 节近柱形，第 3 节棍棒形，第 4 节纺锤形；喙基部两节较粗壮，端节较尖细 (图 46-A)。前胸背板前角较尖，向前突出，前叶稍凸起，中央深凹，后叶具褐黑色刻点，侧角尖齿状向两侧突出，前叶和后叶的亚侧部有 1 对明显的纵隆；小盾片长三角形，端部钝圆，基部略隆起，中部具刻点，边缘有光滑的纵脊；前翅 (图46-B) 略微超过腹部末端，后翅如图 46-C 所示。腹部具明显的雌雄二型现象，雄性的腹部窄椭圆形，雌性的腹部近圆形 (图 45-B)；腹部末端中央稍凹入，腹面如图 46-D 所示。

量度　体长 8.9~10.6 mm，前胸背板宽 2.80~3.32 mm，腹部宽 3.40~4.90 mm。头长 1.76 mm，宽 0.94 mm，眼前叶长 0.42 mm，眼后叶长 0.72 mm，触角各节长为 I ∶ II ∶ III ∶ IV = 0.60 ∶ 0.40 ∶ 0.44 ∶ 1.68 mm。前胸背板长 1.80~2.30 mm。

生物学特性　该蝽多生活在山地植物上,喜欢伏在花序上等待捕食其他弱小的昆虫。

经济意义　能捕食多种小型昆虫。

分布　河南 (灵宝、栾川、辉县)；北京、内蒙古、河北、山西、陕西、甘肃、江苏。

猎蝽亚科 Reduviinae

属 检 索 表

1.　眼前区轻度向下弯曲，背面观等于或长于眼后区······························猎蝽属 *Reduvius* Fabricius
　　眼前区强烈向下弯曲，背面观明显短于眼后区···············荆猎蝽属 *Acanthaspis* Amyot et Serville

(三十九) 荆猎蝽属 *Acanthaspis* Amyot et Serville, 1843

Acanthaspis Amyot & Serville, 1843: 336. Type species by subsequent designation (Kirkaldy, 1903: 231):
　　Acanthaspis sexguttatus (non Fabricius): Amyot & Serville, 1843 (=*Reduvius flavovarius* Hahn, 1833).

属征　体中大型，长椭圆形或椭圆形；色泽变化较大，多黑色具浅斑。头的眼前区和眼后区等长；喙第 1、第 2 节一般约等长；触角瘤间平或具突起；复眼大，向两侧凸出；眼后区一般较细，个别较圆鼓，两单眼相距较近。领端突不发达；前胸背板横缢多位于中部，少数稍近前部或后部；前胸背板前叶具印纹或瘤突，无刺突；后叶中部刺突存在或消失；侧角刺状、瘤状或圆鼓；后缘圆凸或平直；发音沟多长型；小盾片具刺，上翘；个别种类具短翅型。抱器和阳茎分化很大。

该属在国内已知 10 余种，河南省仅知 1 种。

55. 淡带荆猎蝽 *Acanthaspis cincticrus* Stål, 1859 (图 47~49)

Acanthaspis cincticrus Stål, 1859b: 188; Putshkov & Putshkov, 1996: 186.

Acanthaspis humeralis (non Scott, 1874): Matsumura, 1905: 27. Misidentification (see Matsumura, 1930: 24).

Acanthaspis albovittata Matsumura, 1907: 141 (syn. Matsumura, 1931: 1206).

Acanthaspis cincticus: Ren, 2009: 87[misspelling].

别名　白带猎蝽。

形态特征　体色　黑褐色至黑色。复眼褐色至褐黑色。前胸背板侧角刺及基部的斑、后叶中部的两个斑 (有时 2 斑相连)、侧接缘各节端部 1/2、各足股节及胫节上的环纹、第 3 跗节基部浅黄色至黄色;革片前缘端部 2/3、膜区 (除翅脉黑色外) 浅褐色至灰黑色;革片上的斜带白色至黄白色。

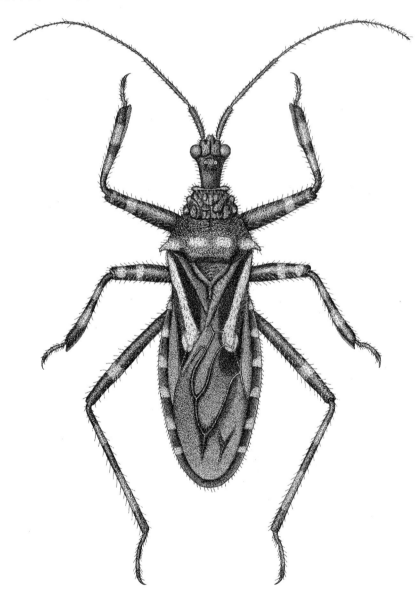

图 47　淡带荆猎蝽 *Acanthaspis cincticrus*

结构　身体腹面被淡色、长短不一的闪光毛；头的背面密被短的淡色平伏毛；头的背面、前胸背板前叶、小盾片散生褐色长刚毛；各足股节腹面密被黄褐色长短不一的细毛和稀疏的褐色长刚毛。头的眼前区短，约与眼后区等长；触角第 1 节约等于眼加眼前区之长；颊较圆鼓；触角瘤前面较隆起；单眼之间隆起。领端突发达，瘤状；前胸背板横缢位于近中部，前叶具显著的瘤状突起；后叶具皱纹，前部中央具 1 凹陷，侧角刺状，后缘中部近平直；发音沟长，约有 120 个横纹脊，沟基部的脊间距小，中后部脊间距大；小盾片中后部中央凹陷，端刺粗；雌虫一般为短翅型，其前翅仅达第 5 或第 6 腹节背板中部；雄虫前翅近达腹部末端。侧接缘第 2 节后角略突出。

量度　体长 13.0~17.3 mm，腹宽 3.5~5.6 mm。

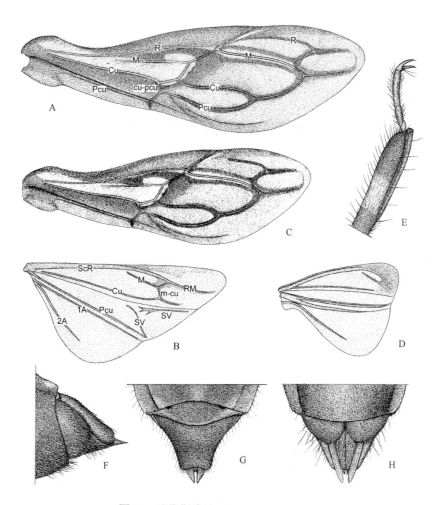

图 48　淡带荆猎蝽 *Acanthaspis cincticrus*

A. 长翅型前翅 (fore wing, macroptery)；B. 长翅型后翅 (hind wing, macroptery)；C. 短翅型前翅 (fore wing, brachyptery)；
D. 短翅型后翅 (hind wing, brachyptery)；E. 前足胫节端部和跗节 (apical tarsus and tarsomere of fore leg)；F~H. 雌虫腹部
末端 (apical segments of female)

　　生物学特性　据作者的观察，本种若虫喜食蚂蚁，常可在蚁巢附近发现，并且有伪
装行为，将吸食剩余的蚁壳、混杂土粒、草梗等黏附于体背。

　　分布　河南 (辉县、延津、修武、偃师、许昌、新安、南阳、信阳、鸡公山)；辽宁、
内蒙古、北京、河北、山西、陕西、甘肃、山东、江苏、安徽、浙江、江西、湖南、贵
州、广西、云南；朝鲜、日本、印度、缅甸。

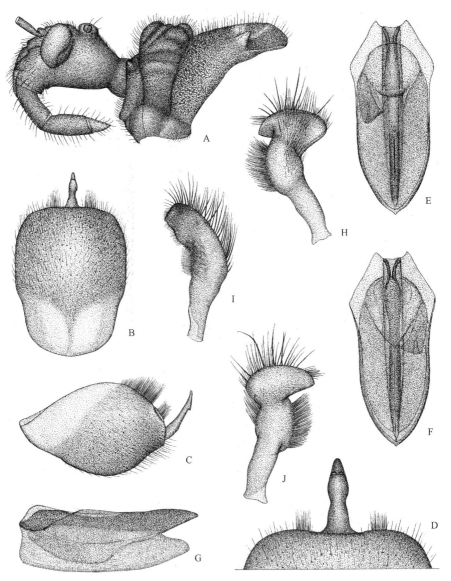

图 49　淡带荆猎蝽 *Acanthaspis cincticrus*

A. 头胸侧面观 (head and pronotum, lateral view)；B~D.尾节和尾节突 (pygophore and pygophore process)；　E~G. 阳茎
(phallus)；H~J. 抱器 (paramere)

(四十) 猎蝽属 *Reduvius* Fabricius, 1775

Reduvius Fabricius, 1775: 729. Type species by subsequent designation (Latreille, 1810: 433): *Cimex personatus* Linnaeus.

Ryparocoris Schummel, 1827: 22. Type species by monotypy: *Cimex personatus* Linnaeus.

Opsicoetus Klug, 1830: fol. e (as subgenus of *Reduvius*; syn. Burmeister, 1835: 234; Reuter, 1888b: 355). Type species by subsequent designation (China, 1943: 249): *Reduvius* (*Opsicoetus*) *tabidus* Klug.

Oplistopus Jakovlev, 1874: 78 (syn. Puton, 1886: 38). Type species by monotypy: *Oplistopus christophi* Jakovlev.

Holotrichiopsis Jakovlev, 1901b: 1901 (syn. Kiritshenko, 1916: 164). Type species by monotypy: *Holotrichiopsis ursinus* Jakovlev.

Pseudoreduvius Villiers, 1948: 276 (downgraded to subgenus of *Reduvius* by P. V. Putshkov, 1983: 730). Type species by original designation: *Reduvius armipes* Reuter.

Parthocoris Miller in China & Miller, 1950: 228 (syn. P. V. Putshkov, 1983: 730). Type species by original designation: *Parthocoris typicus* Miller.

属征　体小型到大型，体长 6~28 mm，一般中型，体长在 13 mm 左右。体长椭圆形，色泽变化很大，自淡色至全黑色。眼前部分长于眼后部分，复眼多较大，向两侧突出；复眼后方具明显的横缢；喙第 2 节长于第 1 节。触角第 1 节超过头的前端。颊及前唇基不甚发达；头顶在触角瘤之间常具明显的突出。领端突多中等程度发达；前胸背板中部之前具横缢，前叶具宽窄不一的纵沟或纵凹；后叶扩展，中央多具纵凹，后缘多突出，很少平直或凹入；侧角多圆钝，少数呈角状突；小盾片顶端刺状，末端多翘起；发音沟多梭形；前中足胫节具海绵沟，一般较大，中足海绵沟较前足海绵沟略小；雌虫腹部略向两侧扩展。抱器棒状，尾节突刺状或分叉；阳茎分化较大，但基片延颈均较发达，阳茎鞘支片分离，阳茎多长型。

该属在国内已知 12 种，河南省仅知 2 种。

种 检 索 表

1. 前胸背板黑色 (后叶侧缘除外)；雄虫腹部两侧近平行 ⋯⋯⋯⋯⋯⋯⋯⋯⋯⋯福氏猎蝽 *R. froeschneri*
   前胸背板前叶黑色，后叶完全黄色，或仅只在后叶前部黑色⋯⋯⋯⋯⋯⋯⋯ 黑腹猎蝽 *R. fasciatus*

56. 黑腹猎蝽 *Reduvius fasciatus* Reuter, 1887 (图 50，图 51)

Reduvius fasciatus Reuter, 1887: 159; Putshkov & Putshkov, 1996: 197; Ren, 2009: 88.
Reduvius fasciatus var. *limbatus* Lindberg, 1939: 121.

形态特征　体色　黑褐色至黑色。复眼灰褐色至黑褐色。前胸背板后叶 (除有的个体后叶中部与前叶相连的部分黑褐色外)、前翅革片前缘、膜区基部 1/3 处的横带暗黄色；喙、触角各足暗褐色至黑褐色。

结构　身体腹面被长短不一的黄白色闪光毛，头的背面、前胸背板、小盾片、各足股节及胫节被褐色直立长毛；革片上具弯曲的褐色毛。头的眼前区约为眼加眼后区之长；喙第 2 节为第 1 节的 1.5 倍，触角第 1 节略短于眼加眼前区之长；前唇基近基部有一明显的凹陷；横缢中部前方具深凹；单眼间距近 2 倍于单眼直径。领端突较发达，向两侧突出；前胸背板前叶印纹不明显，中央纵沟中后部较宽；后叶略长于前叶，中央及两侧具纵凹，具明显的皱纹；侧角圆，后缘略凹；发音沟长，约由 110 个横纹脊组成；小盾片中后部凹，端刺上翘；雌虫短翅型前翅仅达第 7 腹节背板中部，雄虫前翅显著超过腹部末端。

　　雄性外生殖器结构　抱器顶端几呈直角状弯曲；尾节突较长，顶端圆钝。阳茎鞘基片端部膨大，基片桥位于基片近中部，基片延颈较短宽。阳茎鞘仅背面末端较为骨化，腹面中后部具褐色纵线；阳茎鞘支片两片在中部相互靠近；内阳茎体结构较简单。雌性外生殖器：第 8 腹节背板后缘向后凸出，前缘基部两侧有两个小凹陷；第 9 腹节背板中央略隆起，两侧稍凹，后缘向前凹入；第 10 腹节背板相对较大。第 1 载瓣片发达，表面具皱纹，后角圆钝，两片端部分离；第 1 产卵瓣长片状，顶端尖，尾瓣长，向后伸出。

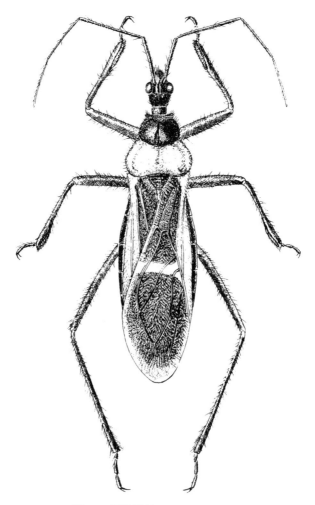

图 50　黑腹猎蝽 *Reduvius fasciatus*

量度 体长 13.5~16.5 mm，腹宽 3.0~5.1 mm。雄性个体度量头长 2.2 mm，眼前区 1.0 mm，眼后区 0.6 mm，复眼间距 0.55 mm，单眼间距 0.2 mm，触角第 1 节长 1.5 mm，其余各节缺；喙各节长 I：II：III=0.9：1.2：0.4 mm；前胸前叶长 1.0 mm，后叶长 1.3 mm，最大宽度 3.0 mm，小盾片长 1.2 mm，前翅长 9.5 mm；腹部最大宽度 3.0 mm。雌性个体度量头长 2.5 mm，眼前区 1.3 mm，眼后区 0.7 mm，复眼间距 0.9 mm，单眼间距 0.25 mm，触角各节长 I：II：III：IV=1.7：2.7：2.3：? mm (第 4 节缺)；喙各节长 I：II：III=0.9：1.3：0.5 mm；前胸前叶长 1.1 mm，后叶长 1.2 mm，最大宽度 3.5 mm，小盾片长 1.1 mm，前翅长 8.8 mm；腹部最大宽度 5.1 mm。

分布 河南 (济源、鸡公山、信阳)；北京 (卧佛寺、八达岭、妙峰山、南口)、内蒙古 (宁城)、陕西 (陇县)、甘肃、山东 (昆嵛山)、四川 (西康)。

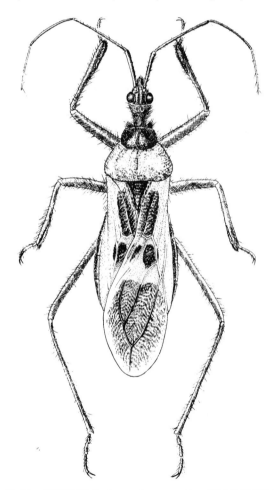

图 51 黑腹猎蝽 *Reduvius fasciatus* 另一常见色斑变异

简记 ①文中内蒙古的分布依据能乃扎布等 (1988) 的记载，不过从其描述与图示看似乎是指另一个种。②我们所查看的 Reuter 的全模标本 (其实只有 1 枚) 雄性体长仅 13.5 mm；远比现在采得的个体小。

57. 福氏猎蝽 *Reduvius froeschneri* Cai et Shen, 1997 (图 52)

Reduvius froeschneri Cai et Shen, 1997: 264.

　　形态特征　体色　黑色。前胸背板后叶侧缘橙色。革片前缘、膜片基部 1/3 斑块黄色至棕色；复眼褐色至黑褐色，后缘中部色泽有时略淡。

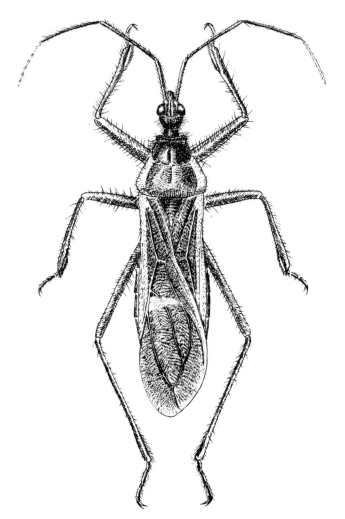

图 52　福氏猎蝽 *Reduvius froeschneri*

　　结构　喙、胸部侧板及腹板、腹部腹板覆盖黄白色闪光毛，长度多变；头顶、前胸背板前叶、小盾片、股节、胫节具黑褐色长毛。前胸背板后叶中央具褐色长毛。缘片具褐色短毛。喙第 2 节是第 1 节长度的 1.5 倍；触角第 1 节长度和眼前区及复眼长度的和近似相等；眼前区长度与复眼和眼后区长度之和相等；单眼间距长于单眼直径；横沟中部前方有 1 显著凹陷；雄虫后唇基后部具瘤状突起，雌虫在该处光滑。领侧方突起较为显著，瘤突状。前胸背板后叶长度为前叶长度的 1.3 倍；前叶雕刻状纹不特别明显；后叶显著皱褶；侧角圆钝；后缘微微向内凹入；小盾片中部具皱褶，端部细长并向上方弯起；发音沟包括 120 条横脊；雄虫前翅显著超过腹部末端，雌虫前翅微微超过腹部末端。前足胫节海绵窝约占 1/3 长度，中足海绵窝略长于胫节本身长度的 1/3。雄性抱器端部强烈弯曲，逐渐变细，末端尖锐，端部内侧有 1 小突起；下生殖板突起，长且较厚，末端梯状；基板略粗短，基桥细且短，基板延长区长；阳茎基背面后方骨化，阳茎鞘支片中部细长，后方加厚，互相分离 (仅端部相联结)。雌性第 1 载瓣片具表面皱纹，基部左右联结；第 1 产卵瓣宽，具皱褶，末端略尖锐，尾瓣发达。

　　量度　体长 16.0~16.6 mm (♂)，16.2~16. 8mm (♀)；腹部最大宽度 3.6~4.0 mm (♂)，4.8~5.3 mm (♀)。头长 2.3~2.5 mm (♂)，2.6~2.89 mm (♀)；头前叶长 1.2~1.3 mm (♂)，1.5~1.8 mm (♀)；头后叶长 0.5~0.7 mm (♂)，0.6~0.7 mm (♀)；复眼间距 0.7~0.8 mm (♂)，0.8~0.9 mm (♀)；单眼间距 0.15~0.20 mm (♂)，0.20~0.25 mm (♀)；触角各节长度 I：II：III：IV=1.7~1.8 mm (♂)，1.7~1.9 mm (♀)：2.9~3.2 mm (♂)，2.7~2.9 mm (♀)：2.6~2.7 mm (♂)，2.5~2.7 mm (♀)：1.7~1.9 mm (♂)，1.6~1.85 mm (♀)；喙各节长度 I：II：III=1.0~1.1 mm (♂)，1.0~1.12 mm (♀)：1.2~1.5 mm (♂)，1.5~1.6 mm (♀)：0.5~0.7 mm (♂)，0.5~0.6 mm (♀)。前胸背板前叶长 0.9~1.0 mm (♂)，1.0~1.1 mm (♀)，后叶长 1.5~1.6 mm (♂)，1.6~1.7 mm (♀)；胸部最大宽度 3.6~3.7 mm (♂)，3.7~3.8 mm (♀)；小盾片长 1.1~1.2 mm (♂)，1.3~1.35 mm (♀)；前翅长 11.2~11.5 mm (♂)，10.5~11.0 mm (♀)。

　　分布　河南 (栾川、嵩县)；陕西。

盲猎蝽亚科 Saicinae

　　体小型到中型，体狭长，触角及足细长。复眼较大；无单眼。前胸背板、小盾片具长刺，有时头部腹面也具刺。前足胫节明显弯曲。

　　全世界已知 21 属近 100 种，中国已知 2 属 8 种，河南省仅知 1 属 1 种。该亚科为河南省新记录亚科。

(四十一) 刺胫盲猎蝽属 *Gallobelgicus* Distant, 1906

Gallobelgicus Distant, 1906: 370. Type speices by original designation: *Gallobelgicus typicus* Distant.

　　属征　头中等长度，触角基瘤突间有向前方伸出的刺，复眼后方有深的横沟，眼后区中度球状隆起，其两侧边缘在复眼后方有细的中度长度的刺突。喙第 1 节粗壮，超过复眼，第 2 节略短且基部较为膨大。触角较细，第 1 节与头、前胸、小盾片长度之和约等长，第 2 节略短，短于第 3 节。前胸背板前叶长于后叶，前叶两侧缘各有 2 个小瘤突，后叶两侧边缘各具 1 长、细、略弯的刺。小盾片具 2 个长刺，1 个位于基部，直立；另 1 个位于端部，最长，斜向上伸。前翅伸达腹部末端，前足基节长约为前足股节的 1/3。足细长，前足股节、胫节具很多长的尖刺，前足股节上的略粗。中足、后足无刺。后足股节与前翅等长，略短于胫节。

　　该属为河南省新记录属。该属在国内已知 1 种，河南省仅知 1 种。

58. 原刺胫盲猎蝽 *Gallobelgicus typicus* Distant, 1906

Gallobelgicus typicus Distant, 1906: 370; Distant, 1910: 216.

　　别名　刺胫盲猎蝽。

　　形态特征　体色　浅棕褐色，较光亮，被浅色短毛。触角第 1 节近端部环斑和角后突、触角第 2 节和第 3 节 (除基部与端部外) 和第 4 节 (除末端外)、复眼周缘、头部两侧、喙第 1 节基部和第 2 节基半部、胸部侧板黑褐色；前胸背板后叶中部的两个隆脊处、各足股节近端部环斑、腹部基部和末端及两侧、侧接缘各节端部和基部褐色至深褐色；前翅浅灰色，前翅翅脉及晕斑淡色，前翅膜片中域具 1 黑色斑；复眼淡棕褐色，发亮；触角第 1 节端部、第 2 节和第 3 节端部及基部、第 4 节末端浅黄色。

　　结构　头前端两个触角突之间有 1 个呈锥状前伸的突起，小颊两侧各具有 1 个刺突，复眼下方两侧各具有 1 个刺突，眼后区两侧各具 2 个刺突；眼后具有深缢痕；眼后区略呈圆球状；喙第 1 节粗壮且长度超过复眼，第 2 节稍短并在基部膨大；触角细长，触角第 1 节与头、胸和小盾片的总长度相当，第 2 节短于第 3 节；前胸背板前叶长于后叶，前叶近平，后叶后侧角稍卷曲，细长呈刺状；小盾片具有 2 个长刺，靠近基部的刺较直立，靠近端部的刺略向后弯伸，前者短于后者；膜翅伸达腹部末端；足细长，前足胫节基半部具有 3 个尖锐长刺，微弯，第 3 个刺位于胫节中部前方，股节具有两列尖锐的长、短相间的刺，股节比胫节稍粗，略弯曲；中足和后足不具刺，后足股节与前翅约等长，且稍短于后足胫节。

　　量度　体长 5.51~5.78 mm (♂)，5.98~6.12 mm (♀)；腹部最大宽度 1.07~1.13 mm (♂)，1.11~1.18 mm (♀)。

　　生物学特性　该种成虫具趋光性。

　　分布　河南 (内乡)；湖北、贵州；印度、斯里兰卡。

　　简记　该种为河南省新记录种。

细足猎蝽亚科 Stempodainae

属 检 索 表

1. 前翅革片和膜片之间有 1 个五边形或六边形的翅室；膜片上的外室长于内室，其两端均超过内室的两端 ··2
　　前翅革片和膜片之间无五边形或六边形的翅室；膜片上的外室长于内室，但其基端不超过内室的基端 ··· 敏猎蝽属 *Thodelmus* Stål
2. 前足股节膨大，其粗度为胫节的 3 倍，腹面具有成列的刺 ·······································3
　　前足股节不膨大，粗度不及胫节的 3 倍，腹面无刺 ············· 刺胸猎蝽属 *Pygolampis* Germar
3. 头顶横沟之前区域长度为横沟之后区域长度的 2 倍左右 ············· 普猎蝽属 *Oncocephalus* Klug
　　头顶横沟之前区域长度为横沟之后区域长度的 1 倍左右 ··············· 舟猎蝽属 *Staccia* Stål

（四十二）普猎蝽属 *Oncocephalus* Klug, 1830

Oncocephalus Klug, 1830: fol. E (as subgenus of Reduvius). Type species by subsequent designation (Distant, 1903a: 227): *Reduvius notatus* Klug.

Spilalonius Stål, 1868: 128 (syn. Reuter, 1882d: 3). Type species by subsequent monotypy (Stål, 1872a: 123): *Spilalonius geniculatus* Stål.

Keliocoris Ren, 1992b: 176, 181. Type species by original designation: *Keliocoris wangi* Ren.

属征　体长形，颜色暗淡。头圆柱形，稍短于前胸背板，在触角基部之间具小刺或小角状突起，横缢明显，眼后部短；复眼大，在头部腹面几乎相接触，触角第 1 节短于头长；前胸背板前角显著；小盾片端角呈刺状；前足基节靠近，中足基节分开，后足基节远离；前胸腹板前端呈刺状突出。前翅革片和膜片之间具有一个六边形的大翅室；前足股节加粗，膨大，其粗为胫节的 3 倍，腹面具 1 列或 2 列刺。

该属在国内已知 12 种，河南省仅知 5 种。

种 检 索 表

1. 前足胫节中央具两个黑色环纹 ···················· 双环普猎蝽 *O. breviscutum*
   前足胫节中央具一个环纹 ·· 2
2. 前胸背板侧缘前叶亚基部有 1 个显著的侧突 ······································ 3
   前胸背板侧突不显著或缺失 ······················· 四纹普猎蝽 *O. lineosus*
3. 前胸背板侧角圆形或呈钝角，侧突不显著 ············· 南普猎蝽 *O. philippinus*
   前胸背板侧角尖锐，向外伸出，侧突较大 ··· 4
4. 前翅膜片外室内的黑斑较小，小于外室的 1/2 ·········· 短斑普猎蝽 *O. simillimus*
   前翅膜片外室内的黑斑较长，大于外室的 1/2 ·········· 盾普猎蝽 *O. scutellaris*

59. 双环普猎蝽 *Oncocephalus breviscutum* Reuter, 1882（图 53，图 54）

Oncocephalus breviscutum, Reuter, 1882: 36; Miyamoto, 1971: 96; Nozawa, 1990: 5; Hsiao, 1977: 76; Hsiao et al., 1981: 466; Putshkov & Putshkov, 1996: 212.

形态特征　**体色**　褐色，具有许多不规则的深色和淡色斑纹。头部腹面、喙第 2 节大部、前足股节（除淡色斑纹外）和胫节上的环纹、前翅中室里的斑纹黑色；复眼银灰色至黑褐色；触角第 1 节基半部、第 2 节大部、前胸背板近后缘的 2 个斑纹、中足、后足大部淡黄色至黄褐色。胸部腹面和腹部腹面色较深，具有大小不一的浅色斑纹。

　　结构　体大型；头圆柱形，头长短于前胸背板，头部眼前部分约为眼后部分的 2 倍，眼前部分两侧近平行；触角第 1 节较短，稍加粗而弯曲，毛少而短，第 2 节约为第 1 节长度的 2.5 倍，单眼位于横缢后缘，基部不甚隆起。前角发达，瘤状；前胸背板较平滑，前叶长于后叶，前缘内凹，侧缘中央不具瘤突，侧角较尖并略上翘，后缘中部近直；小盾片末端瘤突状，略上翘；前足股节腹面具 10~12 个刺，胫节两端具有环纹，中央具有两个环纹，中足和后足细长；前翅伸达或略超过腹部末端。腹部腹面的中央纵隆从基部伸达第 7 腹节腹部的中部；抱器不外露。

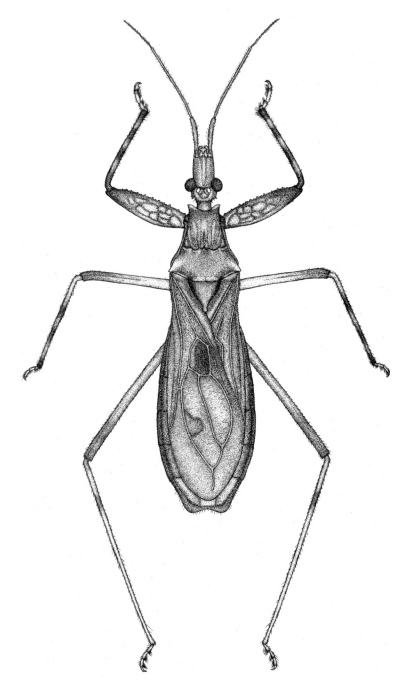

图 53　双环普猎蝽 *Oncocephalus breviscutum*

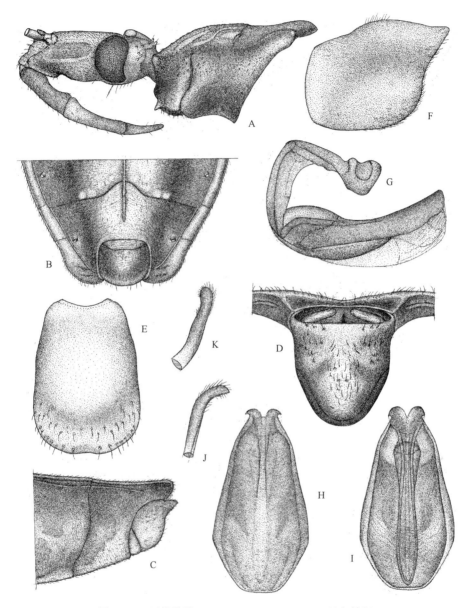

图 54　双环普猎蝽 *Oncocephalus breviscutum* 局部特征

A. 头和前胸侧面 (head and pronotum, lateral view)；B~D. 雄虫腹部末端 (apical segments of abdomen, male)；E、F. 尾节 (pygophore)；G. 阳茎 (phallus)；H、I. 阳茎体 (phallosoma)；J、K. 抱器 (paramere)

量度 (♂)　体长 15.7 mm，头长 2.6 mm，头宽 1.2 mm，头部眼前部分长 1.47 mm，复眼长 0.6 mm，头部眼后部分长 0.53 mm，单眼间距 0.53 mm，触角长 Ⅰ：Ⅱ：Ⅲ：Ⅳ＝ 1.60：3.47：0.53：0.93 mm，喙长 Ⅰ：Ⅱ：Ⅲ＝1.00：1.33：0.73 mm，前胸背板长 3.13 mm，前胸背板宽 3.2 mm，小盾片长 1.33 mm，小盾片基部宽 1.33 mm，前翅长 9.6 mm，腹宽 4.13 mm。

分布　河南 (桐柏)；贵州 (习水)、陕西 (南郑)、浙江、江西 (梅岭)、重庆、湖南 (长沙县)、广东、广西、云南；韩国、日本、印度尼西亚。

60. 四纹普猎蝽 *Oncocephalus lineosus* Distant, 1903

Oncocephalus lineosus Distant,1903: 230; China,1940: 251; Hoffamann，1944: 10；Hsiao et al.,1981: 470;
　　Putshkov & Putshkov, 1996: 214.

　　形态特征　**体色**　黄褐色；复眼黑色；触角第 1 节基半部淡土黄色；触角 (第 1 节基部除外)、头部两侧、头前叶纵向条带、后叶单眼后方、喙第 2 节端半部及第 3 节、前胸背板纵向色带及两侧、小盾片 (顶端黄色除外)、前足及中足胫节的 3 个环纹、各足股节带纹、前翅爪片、中室和膜片外室色斑、侧接缘斑点、腹部腹面纵向条纹褐色。

　　结构　体大型；触角第 1 节加粗，短于头部，触角第 1 节稀疏被短毛，后 3 节被长毛；头部眼前部分短于眼和眼后部分之和；前足股节膨大，腹面具有 12 个小刺，各足胫节具有三个环纹；前胸背板前角呈齿状稍向两侧突出，侧突不显著，侧角方形；小盾片顶端尖锐，稍向上翘起；前翅长，几达腹部末端；腹部腹面中央隆起，纵脊达第 6 腹板后缘；各腹节侧接缘基部具有色斑；抱器大部分隐蔽，看不到。

　　量度 (♂)　体长 14.8 mm，头长 2.3 mm，头宽 1.2 mm，头部眼前部分长 1.27 mm，复眼长 0.67 mm，头部眼后部分长 0.40 mm，单眼间距 0.53 mm，触角长 I：II：III：IV= 1.80：3.67：0.73：0.47 mm，喙长 I：II：III＝1.13：1.13：0.67 mm，前胸背板长 3.07 mm，前胸背板宽 3.0 mm，小盾片长 1.2 mm，小盾片基部宽 1.2 mm，前翅长 9.93 mm，腹宽 3.4 mm。

　　分布　河南 (新乡)；福建 (福州)、江苏 (镇江)、湖南 (花桥)；斯里兰卡、新加坡。

61. 南普猎蝽 *Oncocephalus philippinus* Lethierry, 1981

Oncocephalus philippinus. Hsiao et al.,1981: 468; Ren,1987: 222; Putshkov & Putshkov, 1996: 216.

　　形态特征　**体色**　浅黄褐色；复眼和单眼后方褐色；触角第 1 节 (基部除外)、第 2 节端部、第 3 节、第 4 节、头部两侧、前胸背板两侧、前胸背板纵向条带、前足股节不规则斑纹、中足和后足股节端部、各足胫节三个环纹、小盾片、前翅爪片色斑、中室和膜片外室色斑棕褐色；后足转节纵向条带褐色；喙第 1 节和第 2 节背面、第 3 节褐色；触角第 1 节基部浅色；腹部侧接缘斑点和腹部侧域纵向条带褐色，腹面大部淡黄色。

　　结构　体大型；触角第 1 节加粗，内侧稀疏被长刚毛，外侧无毛；两触角基部具有两个刺，头部前叶背面 "V" 形光滑凹痕不清晰，中央稍微隆起；复眼大，显著着生在两侧，单眼后方隆起；头部后叶两侧和后缘具刺突，其端部具长刚毛；喙第 1 节不到眼前缘；前胸背板前角稍向两侧突出，侧角方形；前足股节具有不规则斑纹，中足和后足股节端部具有深色环纹，各足胫节基部、亚基部、端部各具 1 个环纹；前翅长，超过第 7 腹背板后缘，但不超过第 7 腹背板后方突出部分；雄虫抱器小，稍微外露。

　　量度 (♂)　体长 14.53 mm，头长 2.13 mm，头宽 1.0 mm，头部眼前部分长 1.07 mm，复眼长 0.67 mm，头部眼后部分长 0.4 mm，单眼间距 0.47 mm，触角长 I：II：III：IV= 1.53：2.93：0.73：0.65 mm，喙长 I：II：III＝1.07：1.07：0.67 mm，前胸背板长 3.07 mm，

前胸背板宽 3.13 mm，小盾片长 1.33 mm，小盾片基部宽 1.33 mm，前翅长 9.47 mm，腹宽 3.6 mm。

分布　河南 (平顶山、许昌、信阳、新乡、焦作、修武)；陕西 (太白山)、湖北 (武昌)、江西 (莲塘、余江、梅岭)、浙江 (杭州)、四川 (成都)、福建 (福州、建阳、沙县)、广东 (连县、广州)、广西 (南宁)、云南 (西双版纳、小勐养、瑞丽、石城、景洪)、海南 (尖峰岭)、台湾；菲律宾。

62. 盾普猎蝽 *Oncocephalus scutellaris* Reuter, 1881 (图 55)

Oncocephalus scutellaris Reut., 1881: 37; Lethierry & Severin,1891: 88; China,1935: 251; Hoffamann,1944: 11; Hsiao et al., 1981: 469; Ren, 1987: 223; Putshkov & Putshkov, 1996: 217.

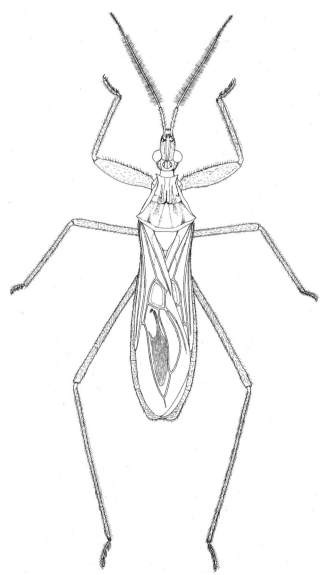

图 55　盾普猎蝽 *Oncocephalus scutellaris*

形态特征　**体色**　黄褐色；触角 (第 1 节基部除外)、头部两侧、单眼后方、前胸背板纵向条带、前胸背板两侧、前足股节内侧、前足和中足胫节 3 个环纹、小盾片、前翅爪片色斑、中室及膜片外室色斑、腹部腹面色斑、腹部侧接缘斑点褐色；复眼、腹部末端背面中央纵带黑色。

结构　体大型；触角第 1 节较短，稀疏被毛，稍短于头部前叶，其余各节密被长毛；复眼大，显著着生在头部两侧，在头部腹面几乎相接触；单眼后方隆起；前胸背板前角尖锐，向两侧突出，侧突显著，侧角尖锐，向外伸出，超过前翅的前缘；小盾片端刺长而尖锐，端部稍向上翘；前翅长，超过腹部末端，膜片外室内的色斑大，长度超过外室的 1/2。

量度 (♂)　体长 16.2 mm，头长 2.8 mm，头宽 1.2 mm，头部眼前部分长 1.20 mm，复眼长 0.80 mm，头部眼后部分长 0.47 mm，单眼间距 0.53 mm，触角长 I：II：III：IV= 1.80：5.00：0.73：1.20 mm，喙长 I：II：III＝1.07：1.13：0.73 mm，前胸背板长 2.73 mm，前胸背板宽 3.47 mm，小盾片长 1.47 mm，小盾片基部宽 1.40 mm，前翅长 11.5 mm，腹宽 3.5 mm。

分布　河南 (栾川)；陕西 (南郑、太白山)、福建 (莆田、福州)、湖南 (南岳、衡阳)、贵州 (桂阳、花溪、罗甸)、云南 (龙陵、保山、永平)、广东 (饶平)、广西 (大瑶山、弄岗、田林)；印度尼西亚 (加里曼丹)、越南。

63. 短斑普猎蝽 *Oncocephalus simillimus* Reuter, 1888 (图 56)

Oncocephalus simillimus Reuter, 1888: 201; Putshkov & Putshkov, 1996: 217

Oncocephalus confusus Hsiao, 1977: 76, 82; Hsiao et. al., 1981: 468.

Oncocephalus colusus Putshkov, 1987: 104.

Oncocephalus hsiaoi Maldonado Capriles, 1990: 514.

形态特征　**体色**　浅黄褐色；触角第 1 节端部、头部前叶背面、喙第 2 和第 3 节、股节上的条纹、胫节基部两个环纹及顶端均为浅褐色；触角第 1 节基部浅色，触角端部 3 节、头部两侧、单眼后方、前胸侧板两侧、小盾片、前翅中室的斑点、膜片外室内的斑点均为褐色；前胸背板的纵向条纹、前胸侧板、腹部腹板和侧接缘各节端部均带褐色。

结构　体大型，触角第 1 节稍长于头部前叶，触角第 1 节稀疏被毛，端部 3 节被浓密长毛，第 1 节从基部到端部渐粗，第 2 节最长，头部眼前部分稍长于复眼和眼后部分之和，复眼大，头部后叶两侧和后缘具有小突起；前胸背板前角呈短刺状向外突出，前叶侧缘具 1 列顶端具毛的颗粒，侧突很显著，前胸背板侧角尖锐，超过前翅前缘；小盾片尖端向上翘起，顶端粗钝；前翅长，超过腹部末端，膜片外室黑斑短，短于外室的 1/2；前足股节膨大，腹面具 12 个小刺；腹部腹面中央隆起，中央纵脊达第 6 腹板后缘；第 1 及第 2 生殖节后缘均显著向内弯曲，抱器部分露出。

量度 (♂)　体长 17.7 mm，头长 2.6 mm，头宽 1.3 mm，头部眼前部分长 1.33 mm，复眼长 0.73 mm，头部眼后部分长 0.53 mm，单眼间距 0.53 mm，触角长 I：II：III：IV=1.93：3.93：0.87：0.87 mm，喙长 I：II：III＝1.20：1.33：0.67 mm，前胸背板长 3.4 mm，前胸背板宽 4.0 mm，小盾片长 1.47 mm，小盾片基部宽 1.73 mm，前翅长 12.3 mm，

腹宽 4.0 mm。

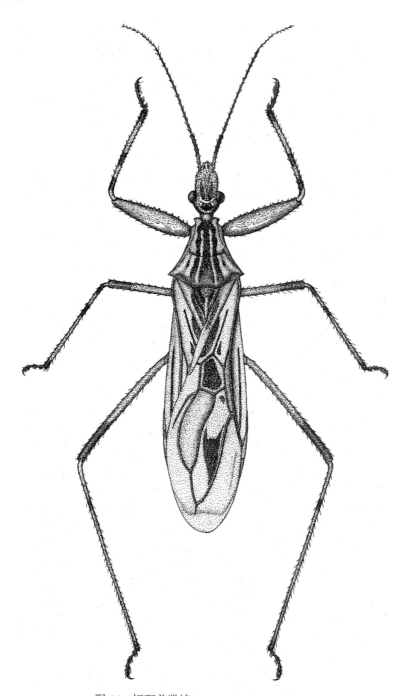

图 56　短斑普猎蝽 *Oncocephalus simillimus*

分布　河南 (辉县、新安、许昌、济源)；黑龙江 (哈尔滨)、辽宁 (凤城)、吉林 (临江)、内蒙古 (土默特左旗)、北京、河北 (易县、杨家坪)、陕西 (凤县、乾县)、江苏 (南京)、上海、浙江 (天目山)、安徽 (宣城)、湖北、广东、海南、四川 (青城山)、云南、福建 (太平漖)、山东 (济南、枣庄、临沂、惠民)。

(四十三) 刺胸猎蝽属 *Pygolampis* Germar, 1817

Pygolampis Germar, 1817: 286. Type species by monotypy: *Pygolampis denticulate* Germar (=*Cimex bidentatus* Goeze).

Ochetopus Hahn, 1833: 176 (syn. Burmeister, 1835: 243). Type species by monotypy: *Ochetopus spinicollis* Hahn (=*Cimex bidentatus* Goeze)

　　属征　中到大型，身体狭长，一般颜色暗淡。头部比前胸背板短，有时短很多或近似相等，头两侧 (从后部到触角基部) 近乎平行；眼前部分与眼后部分等长；眼后部分的侧面具有显著的侧刺；眼前部分的侧面有时也有侧刺；唇基显著。喙的第 1 节最长，长于后两节之和。触角第 1 节最粗，一般比头部稍长，有时比头部稍短或显著比头部长；其余几节休息时一般弯曲在头部下面；第 2 节最长。前胸背板狭长，前部狭窄，两侧边缘几乎呈直线，后部边缘波曲；前胸背板前叶与后叶近乎等长，有时稍长或稍短；前胸腹板两前角各有一个前伸的或弯曲的刺。摩擦发音沟为亚长全脊型 (Cai et al., 1994)。小盾片三角形，没有显著的刺状突起。前足和中足几乎等长，后足最长；前足基节紧靠；中足基节显著分离；后足基节远离；前足股节稍微膨大，有时不膨大或显著膨大；雌性股节比雄性要膨大得多。翅具有显著多态现象，一般翅比较大，有时有翅、微翅或无翅。

　　该属在国内已知 8 种，河南省仅知 2 种。

种 检 索 表

1.　触角第 1 节较短，不长于头部或与头部等长······································双刺胸猎蝽 *P. bidentata*

　　触角第 1 节较长，显著长于头部··污刺胸猎蝽 *P. foeda*

64. 双刺胸猎蝽 *Pygolampis bidentata* (Goeze, 1778) (图 57)

Cimex bidentata Goeze, 1778: 243.

Pygolampis bidentata Hsiao, 1977: 69; Hsiao et al.,1981: 474; Putshkov & Putshkov, 1996:219; Ren, 2009: 85.

　　形态特征　体色　棕褐色，具有不规则浅色或暗色斑点；触角褐色；头部腹面、单眼外侧斑点和前翅膜片上不规则斑点浅色；头部、前胸背板突起部分和革片被有浓密白毛；头顶、复眼、眼后两侧和小盾片黑色；腹部腹面暗黄色；各足股节端部、前足和中足胫节端部及亚中部环纹、腹部侧接缘各节基部及顶端均具褐色斑块。

　　结构　中型；身体密被浅色短毛，形成一定的花纹；触角具毛，第 1 节稍粗，内侧具有 1 列长斜毛，第 2 节最长，被有长毛；头部横缢前部长于后部，前部具有呈反箭头状 "V" 形光滑条纹，后部具有中央纵沟；头的腹面凹陷；复眼前部两侧下方密生顶端具毛的小突起，复眼后部具有分枝的棘，棘的顶端具毛；复眼圆形，向两侧突出，单眼突出，位于横缢后部的前缘，两个单眼之间的距离大于各单眼与其相邻的复眼之间的距离；

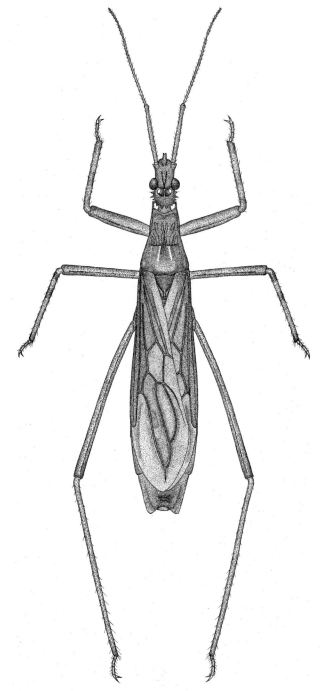

图 57　双刺胸猎蝽 *Pygolampis bidentata*

前胸背板前叶和后叶分界不明显，前叶长于后叶，后叶中央凹沟显著，两侧具光滑短纹，后叶后方稍向上翘，侧角呈圆形，向上突起；前翅达第 7 腹节亚后缘，但不超过腹部末端，膜片具有不规则斑点；前中足胫节亚中部及两端具褐色环纹；腹部第 7 背板两侧向后突出，前翅不达腹部末端。

量度 (♂)　体长 14.1 mm，头长 2.0 mm，头宽 0.87 mm，头部眼前部分长 0.87 mm，复眼长 0.40 mm，头部眼后部分长 0.73 mm，单眼间距 0.40 mm，触角长 Ⅰ：Ⅱ：Ⅲ：Ⅳ＝2.20：2.80：0.53：0.73 mm，喙长 Ⅰ：Ⅱ：Ⅲ＝1.47：0.40：0.27 mm；前胸背板长 2.53 mm，前胸背板宽 2.07 mm，小盾片长 0.87 mm，小盾片基部宽 0.73 mm，前翅长 8.93 mm，腹宽 2.8 mm。

分布　河南 (辉县、新乡、焦作、修武、许昌、禹县)；黑龙江 (哈尔滨、呼玛县)、北京、河北 (石家庄)、山西 (太原、垣曲)、陕西 (秦岭、洋县、杨陵)、山东 (济南、泰安)、湖北 (神农架)、广西 (桂林、桂平)、四川 (峨眉)、新疆 (博州)；本种广泛分布于欧洲。

65. 污刺胸猎蝽 *Pygolampis foeda* Stål, 1859 (图 58，图 59)

Pygolampis foeda Stål, 1859: 379; Stål, 1870: 699; Stål, 1874: 85; Lethierry & Severin, 1896: 82; Faun. 1903: 223; Kirk., 1908: 369; Bergr., 1921: 86; China, 1940: 251; Hoffamann, 1944: 4; Hsiao et al., 1981: 475; Ren, 1987: 224; Putshkov & Putshkov, 1996: 220.

形态特征　体色　褐色至暗褐色，有一些不规则浅色斑点。触角第 1 节、各足股节散布大小不一的白色小斑；复眼、喙末节、中胸腹板两侧的光滑纵纹黑色；喙第 1 节端部内侧、第 2 节大部、中足胫节两端及中部、后足胫节两端及中部黑褐色至褐黑色；小盾片、各足股节端部、腹部腹面中部及气门黑褐色；喙第 1 节大部，各足转节及胫节基部，前足、中足胫节上的淡色环淡黄色至黄褐色；前翅膜区外室具有 2 个明显的白色斑；侧接缘第 4~6 节后角灰黄色。

结构　中型，长梭形；密被黄色平伏短毛；触角第 1 节腹面具 1 列刺状长刚毛，触角第 2 节具细长刚毛，第 3、第 4 两节具细短刚毛；喙末节端部、各足胫节端部具短粗刚毛；前足股节腹面及胫节腹面具浓密的短毛；各足跗节腹面具较长的细刚毛。头后叶侧面及后部背面具分叉或不分叉的突，指突顶端具刺；头前叶背面具 "Y" 形光滑区域。前胸背板前叶中央凹陷较深，两侧具对称的印纹；侧角圆钝并略向上鼓，后缘外凸；前翅不达腹末。第 7 腹后角突出，后缘弧凹。上生殖片的中突长、内弯。

量度 (♀)　体长 16.9 mm，头长 2.3 mm，头部眼前部分长 0.93 mm，复眼长 0.62 mm，头部眼后部分长 0.75 mm，单眼间距 0.28 mm，触角长 Ⅰ：Ⅱ：Ⅲ：Ⅳ＝2.80：3.70：0.63：0.93 mm，喙长 Ⅰ：Ⅱ：Ⅲ＝1.60：0.49：0.31 mm，前胸背板长 2.85 mm，前胸背板宽 1.95 mm，小盾片长 0.90 mm，前翅长 10.41 mm，腹宽 2.6 mm。

分布　河南 (辉县、许昌、新乡、焦作、修武)；辽宁、陕西 (西乡)、上海、江西、湖南、湖北、四川、广东、广西 (雁山、南宁)、云南、贵州 (茂兰、湄潭、黄果树、荔波)、江苏 (安基山)、浙江 (西天目山)、海南；缅甸、印度、斯里兰卡、印度尼西亚、日本、澳大利亚。

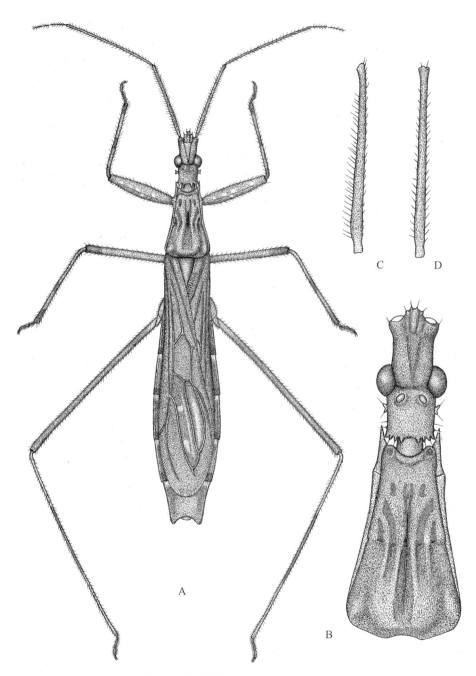

图 58　污刺胸猎蝽 *Pygolampis foeda*
A. 雄虫背面 (habitus, male)；B. 头和前胸背板背面观 (head and pronotum, lateral view)；C、D. 触角柄节 (pedicel)

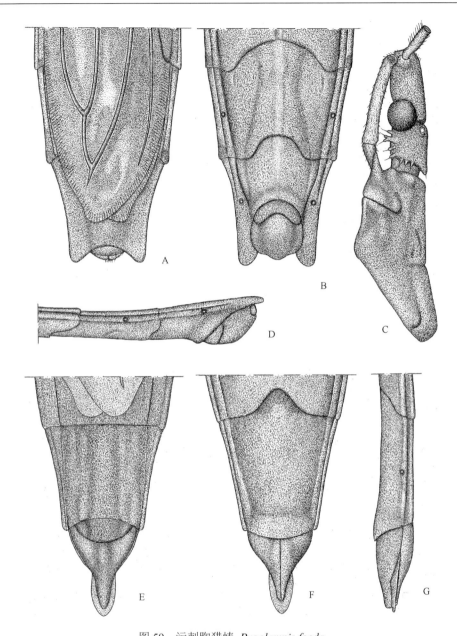

图 59　污刺胸猎蝽 *Pygolampis foeda*

A、B、D.雄虫腹部末端 (apical segments of abdomen, male)；C. 头和前胸背板侧面观 (head and pronotum, lateral view)；E~G.
雌虫腹部末端 (apical segments of abdomen, female)

(四十四) 舟猎蝽属 *Staccia* Stål, 1866

Staccia Stål, 1866a: 150. Type species by subsequent designation (Distant, 1903a: 225): *Oncocephalus dilutus* Stål.

Neostaccia Miller, 1940: 483 (syn. Aukema & Rieger, 1996: 222). Type species by original designation: *Neostaccia aspericeps* Miller.

属征 体型较小；触角第 1 节加粗，中部膨大，第 2 节最长；头的眼前部分长于眼后部分，头的侧叶不向前延伸成刺；前胸背板长宽约相等；前胸腹板前缘两边各具 1 长刺；前足股节膨大，腹面具强刺列，稍长于胫节；喙第 1 节长于第 2 节，但不长于第 2 和第 3 节之和。

该属在国内已知 2 种，河南省仅知 2 种。

种 检 索 表

1. 头眼前区两侧各具两个指向下方的强刺；前足股节腹面具 2 列强刺 ·············· 淡舟猎蝽 *S. diluta*
   头眼前区两侧无指向下方的强刺；前足股节腹面具 1 列强刺 ················· 广舟猎蝽 *S. laticollis*

66. 淡舟猎蝽 *Staccia diluta* Stål, 1859 (图 60)

Oncocephalus diluta Stål, 1859: 263.

Staccia diluta Stål，1866: 166；Stål，1870: 699；Stål，1874: 86；Lethierry & Severin，1896: 85；Distant，1903: 225；Distant，1910: 185；China，1940: 251；Hoffamann，1944: 7；Hsaio et al.，1981: 465~466；Ren，1987: 222；Nozawa, 1990: 4；Putshkov & Putshkov，1996: 222.

Staccia javanica Reuter, 1887: 165；Lethierry & Severin, 1896: 85；Oshanin, 1908: 516；Breddin, 1909: 305；Oshanin, 1912: 49；Wu, 1935: 455.

形态特征 **体色** 淡棕褐色；触角第 1 节和第 2 节基部黄色，其余部分褐色；复眼、小盾片中部和前翅膜片外室基部小斑点黑色；头部前叶、眼后部分两侧和前胸背板两侧褐色；各足胫节端部棕褐色，其余部分黄色；前胸背板背面黄色；前翅革片和膜片土黄色。

结构 体型较小；触角第 1 节加粗，中部膨大，第 2 节最长；头向前伸出，眼前部分腹面两边各具 2 个指向下方的强刺，靠近复眼处的 1 根最大；唇基前伸成 2 个强刺；中央横缢明显，头部前叶长于后叶，后叶稍粗于前叶；两单眼之间的距离大于与其相邻复眼之间的距离；喙第 1 节长，超过复眼中部，几达复眼后缘；前胸背板横缢明显，前叶显著长于后叶，前叶中部向上隆起，具有 3 条褐色纵纹，侧角呈圆形，向上突起；小盾片端部顶角略向后延伸，但不成直立的刺；前胸腹板前刺尖锐，前伸；前足股节膨大，腹面具 2 列强刺，大于胫节 3 倍，稍长于胫节；前翅长，但不超过腹部末端。

量度 (♂) 体长 8.9 mm，头长 1.6 mm，头宽 0.73 mm，头部眼前部分长 0.73 mm，复眼长 0.40 mm，头部眼后部分长 0.40 mm，单眼间距 0.33 mm，触角长 I∶II∶III∶IV= 0.80∶1.47∶0.67∶0.73 mm，喙长 I∶II∶III=1.13∶0.47∶0.33 mm，前胸背板长 1.9 mm，前胸背板宽 2.0 mm，小盾片长 0.73 mm，小盾片基部宽 0.86 mm，前翅长 5.7 mm，腹宽 2.3 mm。

分布 河南 (光山)；江苏 (南京)、江西 (南昌、莲塘)、湖北 (宜昌、孝感、武昌)、四川 (成都)、福建、广东 (广州)、云南 (河口小南溪)、浙江 (天目山)、广西 (宜川)、

贵州 (罗甸)；越南、缅甸、斯里兰卡、印度、印度尼西亚 (爪哇)。

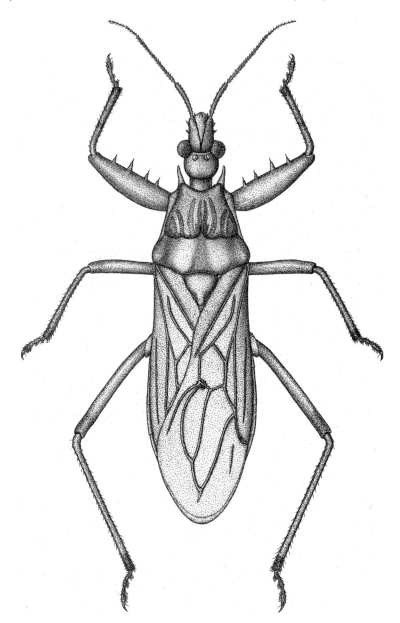

图 60　淡舟猎蝽 *Staccia diluta*

67. 广舟猎蝽 *Staccia laticollis* (Miller, 1940)

Neostaccia laticollis Miller, 1940: 484.

Staccia laticollis (Miller): Putshkov & Putshkov, 1996: 222.

　　形态特征　体色　淡棕褐色；复眼黑色；前胸背板前角和侧角圆形突起、前翅膜片内室基部翅脉、前翅端部褐色；触角第 2 节端半部、头部两侧、前胸背板两侧、小盾片两侧、前翅革片和膜片、后足股节端部淡棕褐色；喙、触角第 1 节和第 2 节基部、前足、中足股节、后足股节基半部和胫节大部淡土黄色。

　　结构　体小型；触角第一节加粗，中部膨大，显著短于头部，触角第 1 节无毛，其余各节具稀疏短毛；触角之间中央有 1 个不显著的光滑突起；头部前叶中部向两侧稍微膨大，后叶单眼远离，两侧具有很多刺状突起；前胸背板前缘弧凹，前角圆形向前突出，前叶中后部隆起，后叶侧角圆形突起，后缘波曲；小盾片三角形，端刺短钝；前胸腹板前部膨大，前刺长锥形前伸；前翅长，但不超过腹部末端；腹部第 7 腹节背板圆形，生殖节背视不可见。

　　量度 (♂)　体长 8.1 mm，头长 1.2 mm，头宽 0.8 mm，头部眼前部分长 0.53 mm，复眼长 0.40 mm，头部眼后部分长 0.27 mm，单眼间距 0.40 mm，触角长 Ⅰ：Ⅱ：Ⅲ：Ⅳ= 0.67：1.33：0.36：0.54 mm，喙长 Ⅰ：Ⅱ：Ⅲ=0.87：0.53：0.40 mm，前胸背板长 1.9 mm，前胸背板宽 2.0 mm，小盾片长 0.80 mm，小盾片基部宽 1.00 mm，前翅长 5.5 mm，腹宽 2.5 mm。

　　分布　河南 (辉县)；湖南 (长沙、索溪)、贵州 (罗甸)、云南 (勐腊)、广西 (贵县)。

(四十五)　敏猎蝽属 *Thodelmus* Stål, 1859

Thodelmus Stål, 1859a: 377. Type species by subsequent designation (Distant, 1903a: 235): *Thodelmus falleni* Stål.

　　属征　中型；身体狭长；喙第 1 节显著长于第 2 节；前足、中足胫节无海绵窝；前胸背板前叶后部侧缘无刺；腹部第 6 腹板端部呈角状，顶端突出呈刺状；雄虫生殖节的构造及外形与斑猎蝽的生殖节很相似。

　　该属在国内已知 1 种，河南省仅知 1 种。

68. 敏猎蝽 *Thodelmus falleni* Stål, 1859　　(图 61)

Thodelmus falleni Stål, 1859：378; Stål, 1874：89; Lethierry & Severin, 1896: 236; China,1940: 251; Hoffamann,1944: 13; Hsiao et al.,1981: 225; Putshkov & Putshkov, 1996: 224.
Thodelmus hastate Walker, 1873: 32.

　　形态特征　体色　浅黄褐色；触角、喙赭红色 (除第 1、第 2、第 3 节端部外)，触角被有浅色长毛；眼黑色；头部两侧及中央纵带，触角第 1、第 2、第 3 节端部，腹部腹面中央纵脊，各腹板亚侧域中部的小斑均为黑褐色；前胸背板侧面褐色，被面浅黄褐色；前翅革片前缘污黄色，革片及膜片具有很多褐色小斑；各足股节及胫节端部、各跗节褐色，其余部分浅黄褐色。

　　结构　大型；身体狭长；头部眼前部分显著长于眼后部分，约为眼后部分长度的 3 倍；触角第 1 节长于头部，第 2 节最长，被有直立的长毛；头部唇基显著，两侧前伸成刺，头顶前端具 2 个脊状突起，复眼大，着生在两侧，头部前叶长于后叶，后叶靠近单眼一侧隆起；喙直，第 1 节达复眼前缘，长于第 2 节，但不长于第 2、第 3 节之和；前胸背板横缢不显著，前叶短于后叶，前叶后缘不具刺，前角和侧角成刺状突起，侧角刺较大；小盾片三角形，尖端刺状向上伸；足细长，前足和中足胫细，无海绵窝；腹部第 6 腹节背板端部呈角状突出，腹部腹面中央隆起；前翅不达腹部末端。

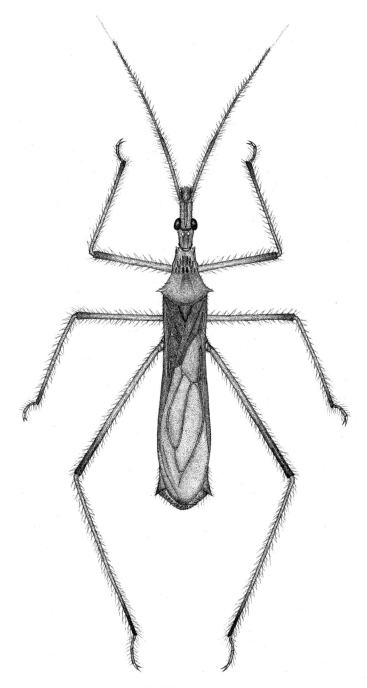

图 61　敏猎蝽 Thodelmus falleni

量度 (♂)　体长 22.3 mm，头长 4.2 mm，头宽 1.1 mm，头部眼前部分长 2.27 mm，复眼长 0.73 mm，头部眼后部分长 1.20 mm，单眼间距 0.40 mm，触角长 I：II：III=4.60：6.07：1.27 mm (第 4 节缺失)，喙长 I：II：III＝2.07：1.40：1.07 mm，前胸背板长 4.2 mm，前胸背板宽 3.8 mm，小盾片长 1.27 mm，小盾片基部宽 1.53 mm，前翅长 14.5 mm，腹宽 3.8 mm。

分布　河南 (信阳)；四川 (简阳)、海南、云南 (景东、新平)、贵州 (罗甸)；斯里兰卡。

绒猎蝽亚科 Tribelocephalinae

体小型到中型，长椭圆形；体色晦暗；体表密被绵毛和细长刚毛；无单眼，复眼不发达；头部前端尖削，后部宽圆，有些种类头顶具有长卷毛，类似人的卷发；前翅宽大，具 2 个大翅室，革区前缘增厚。该亚科昆虫具雌雄二型现象，较难鉴定。绒猎蝽常栖息在落叶或各种缝隙之中，昼伏夜出，具趋光性。

全世界已知 13 属近 130 种，中国已知 3 属 9 种，河南省已知 2 属 2 种。

属　检　索　表

1.　头前端呈刺状向前延伸···绒猎蝽属 *Tribelocephala* Stål
　　头前端不呈刺状向前延伸···锥绒猎蝽属 *Opistoplatys* Westwood

(四十六) 锥绒猎蝽属 *Opistoplatys* Westwood, 1835

Opistoplatys Westwood, 1835: 447. Type species by monotype: *Opistoplatys australasiae* Westwood.

Decius Stål, 1860: 263 (syn. Stål 1862: 444). Type species by monotype: *Cimbus terrens* Stål (= *Opistoplatys australasiae* Westwood).

Pangeranga Distant, 1906: 365 (syn. Bergroth 1921: 67). Type species by original designation: *Pangerange cinnamomea* Distant.

属征　体长椭圆形，密被细长刚毛和短刚毛。头较长，长于前胸背板，唇基不呈刺状向前伸出；无单眼；复眼大，侧面观中部缢缩，背面观相互靠近；触角第 1、第 2 节密被细长刚毛，其余几节纤细；喙第 1 节较长，通常超过复眼。前胸背板横缢显著；前叶中央低凹，两侧圆鼓，前角圆；小盾片近三角形。后足基节间的距离小于中足基节间的距离。雌雄二型现象显著。

简记　全世界已知 32 种，中国已知 5 种，河南省仅记述 1 种。

69. 褐锥绒猎蝽 *Opistoplatys mustela* Miller, 1954 (图版 V-9)

Opistoplatys mustela Miller, 1954: 77; Hsiao et al., 1981: 409; Putshkov & Putshkov, 1996: 225.

形态特征　**体色**　暗褐黄色，具淡土黄色毛，眼黑色，革片及膜片深棕褐色。

　　　结构　体卵圆形，后方略宽大。两眼之间几近平行；触角第 1 节显著伸过头端，显著长于前胸背板，第 2 节稍弯，其他各节鞭状。喙第 1 节达眼的中部。前胸背板横缢不甚显著，前叶显著短于后叶，长度只有后者的 1/2。前翅端缘阔圆，刚刚超过腹部末端。

　　　量度　体长 9.5~10.0 mm。头长 1.8 mm，宽 0.9 mm；头顶宽 0.14 mm；触角第 1 节长 1.60 mm，第 2 节长 1.82 mm；喙各节长为 1.25：0.85：0.12 mm。前胸背板长 1.5 mm，前叶长 0.5 mm，后叶长 1.0 mm，侧角间宽 2.2 mm；前翅长 6.6 mm。

　　　分布　河南 (鸡公山)；安徽、四川、浙江；印度尼西亚。

(四十七) 绒猎蝽属 *Tribelocephala* Stål, 1854

Tribelocephala Stål, 1854: 263. Type species by subsequent designation (Stål 1855: 45): *Tribelocephala boschjesmana* 1855.

　　　属征　体长椭圆形。头较长，基部缢缩，前端刺突发达，触角突显著发达；无单眼，复眼不发达，表面凹凸不平；喙第 1 节与第 2、第 3 节之和约等长；触角第 1 节粗壮，短于头长，第 2 节短于第 1 节，其余各节纤细；前胸背板中部之前具有横缢；小短片三角形；前翅稍短于腹部，并狭于腹部，革质部小，约占翅长的 1/2，膜质部很大。足较短，前足较粗壮。

　　　简记　绒猎蝽属 *Tribelocephala* Stål 是绒猎蝽族 Tribelocephalini Stål 1862 的模式属，包括 68 种，是绒猎蝽亚科最大的属。中国曾记录 2 种，China (1940) 根据采自香港的雌性标本建立了瓦绒猎蝽 *T. walkeri*；Villiers (1942) 在江西萍乡又描述了 *T. pullata* Villier，萧采瑜和任树芝 (1981) 认为该种与瓦绒猎蝽极为相似，有待进一步研究。

70. 瓦绒猎蝽 *Tribelocephala walkeri* China, 1940 (图 62，图版 VI-1)

Tribelocephala walkeri China 1940: 208; Hsiao & Ren 1981: 408; Putshkov & Putshkov, 1996: 226

　　　形态特征　体色　体深棕褐色至黑色。触角第 2~8 节、喙端半部及跗节淡黄褐色；前翅外室基横脉、革片顶端、爪片亚顶端处 R 脉斑为浅黄色。

　　　结构　体表密被弯曲短绵毛，杂以浓密细长刚毛；前翅仅革区前缘被毛。头部唇基由头顶呈长刺状向前延伸；喙第 1 节达眼中部，第 2 节略短于第 1 节，第 1 节与第 2、第 3 节之和约等长；触角第 1 节粗壮，约等长于头部，第 2 节较细，长度是第 1 节的 2/3，第 3~8 节纤细。前胸背板表面粗糙，较扁平；前叶短于后叶，中纵沟明显，两侧较圆鼓；后叶中纵部略凹，侧角圆，后缘略凹入，后角圆；后侧缘略向上翘折。前翅宽大，前缘骨化强；雄虫前翅近达腹部末端，雌虫前翅不达腹部末端；前翅具 2 个大翅室，翅室翅脉外缘具多个分叉细脉。

　　　量度　体长 12.7~14.7 mm；腹宽 4.2~4.9 mm。头长 3.2~3.4 mm；眼前区长 1.75~1.81 mm；眼后区长 1.00~1.11 mm；复眼间距 0.40~0.42 mm；触角各节长 I：II：III：IV：V：VI：VII：VIII=2.55~3.00：1.60~2.00：0.60~0.74：0.30：0.25：0.30：0.28：0.26 mm；喙各节长 I：II：III=1.40~1.50：1.10~1.25：0.30~0.31 mm；前胸背板前叶长

0.65~0.76 mm；前胸背板后叶长 1.22~1.35 mm；胸宽 2.9~3.1 mm；小盾片长 0.60~0.63 mm；前翅长 8.3 mm。

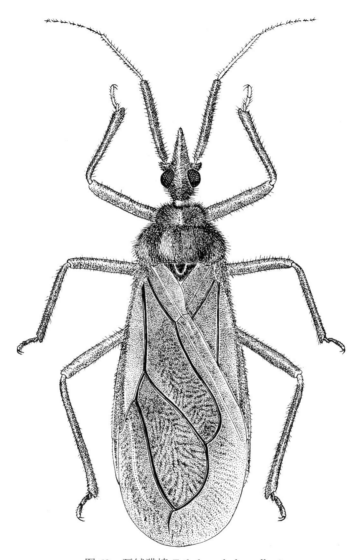

图 62　瓦绒猎蝽 *Tribelocephala walkeri*

分布　河南 (新乡)；陕西、贵州、广西、广东、云南。

十四、盲蝽科 Miridae

盲蝽科是半翅目异翅亚目中最大的科。体小型至中型。此类昆虫身体柔软，体色与其所栖息的植物的花、茎、叶等的颜色相当地协调一致。生活习性也极为多样。

盲蝽科昆虫多数为植食性，是多种作物、牧草、果树及林业害虫，为害植物的花蕾、嫩叶、幼果及花粉等，并可能传播病毒。植物受害后发生伤斑、枯萎，影响植物的生长发育，严重时甚至枯死，造成一定的经济损失。另外还有一些种类为捕食性，可捕食各种小型软体昆虫和其他害虫的卵及幼体等，对害虫有一定的控制作用。此外，有些盲蝽虽可捕食，但在生活史的一定阶段必须吸食植物汁液才能完成发育，因此也可对植物造成危害。盲蝽科昆虫极少数种类为吸血性昆虫，吸食人及其他动物的体液。

　　盲蝽科昆虫体型及外观变化极大。缺单眼，触角第 3、第 4 节略细于第 2 节；喙 4 节，位于头的腹面，通常长而向端部渐细，有时短而粗，第 1 节最短；唇基或多或少垂直。前翅通常具有明显的缘片及楔片，翅面在楔片缝之后常向下倾斜，膜片具 1 个或 2 个封闭翅室。足转节 2 节，跗节通常为 3 节，有时 2 节，爪的形状因种而异，爪垫通常位于爪腹面内侧，副爪间突刺状或特化为片状，假爪垫常由爪的基部发出，中足及后足腿节侧面及腹面具 2~8 个毛点 (偶尔更多)；成对的臭腺具臭腺孔及蒸发域，有时极为退化，若虫腹背臭腺位于第 4、第 5 腹节的前缘。生殖节明显，雄性抱握器通常左右不对称，左侧常较右侧发达；阳茎一般具有骨化的阳茎基鞘，阳茎系膜可膨胀，有时简单，但常具有不同的骨化刺突，阳茎端具各式端刺或无；雌性具受精囊腺，产卵器具锯齿状缘。

　　目前世界已描述盲蝽科昆虫 1300 属 10 400 种，隶属于 8 个亚科。我国已知有 700 种以上，隶属于 6 亚科，南方分布的种类较北方多，有些种类在全国广泛分布，也有些是地区性分布的种类。河南省已知 5 亚科 36 属 60 种。

亚科检索表

1. 两爪之间具 1 对副爪间突，大而明显，片状或囊状 ………………………………………2
   两爪之间的 1 对副爪间突均呈刚毛状 ……………………………………………………3
2. 副爪间突端向逐渐分歧。前胸背板具明显的领片 ……………………… **盲蝽亚科 Mirinae**
   副爪间突顶端相向弯曲。前胸背板有领片或无领片 ……… **合垫盲蝽亚科 Orthotylinae**
3. 假爪垫很明显，有时小 ……………………………………………………………………4
   不具假爪垫；爪的基部具齿或结节状突起 ……………… **齿爪盲蝽亚科 Deraeocorinae**
4. 前翅膜片具 1 个翅室，或 2 个，但小翅室极小；前胸背板领片极明显；第 3 跗节较其他节粗 ……
   …………………………………………………………………… **单室盲蝽亚科 Bryocorinae**
   前翅膜片具 2 个翅室；前胸背板无领片；第 3 跗节与其跗节等粗 ……………… **叶盲蝽亚科 Phylinae**

单室盲蝽亚科 *Bryocorinae*

分属检索表

1. 前胸背板在胝区后被横沟分成前后两部分；前翅革片端部不具大型横暗斑 ………………………
   ………………………………………………………………………… **烟盲蝽属 *Nesidiocoris* Kirkaldy**
2. 胸背板不被横沟分成前后两部分，向上圆鼓；前翅革片端部外侧具大的横行暗色斑 ………………
   …………………………………………………………………………… **蕨盲蝽属 *Bryocoris* Fallén**

(四十八) 蕨盲蝽属 *Bryocoris* Fallén, 1829

Bryocoris Fallén, 1829: 151. Type species: *Capsus pteridis* Fallén.

属征　体型较小，椭圆，光亮，身体背面具平伏的短亮毛被。头小，头顶极宽，额部圆鼓，眼不与前胸背板前缘相接触。前胸背板圆鼓，光亮，具清晰刻点。前翅几乎透明，Cu 脉十分明显且在此处翅面略下凹，也具清晰的细小刻点；常有短翅型，其前翅不覆盖腹部末端，长翅型膜片仅具 1 个翅室。后足跗节第 3 节较第 1、第 2 节粗。

该属是一较小的属，全世界已知 19 种，分布于亚洲及欧洲。我国已知 15 种。该属在河南省为首次记录，目前已发现 2 种。

种 检 索 表

1. 头一色黑，无淡色斑；体较小，体长不超过 4 mm ·· **萧氏蕨盲蝽 *B. hsiaoi***
   头非一色黑，沿复眼内侧各具 1 黄色纵带，延伸至复眼内后角及头的后缘；体略大，体长超过 4 mm
   ·· **隆背蕨盲蝽 *B. biquadrangulifer***

71. 萧氏蕨盲蝽 *Bryocoris hsiaoi* Zheng et Liu, 1992 (图版 VI-2)

Bryocoris hsiaoi Zheng & Liu, 1992: 290~291.

形态特征　**体色**　黄白色至黄褐色，毛被浅色而发亮。头黑，具光泽；触角黑褐色，第 1 节色较淡，其基部更淡。领黄褐色，无光泽；前胸背板黑，具光泽，侧角淡黄褐色或黄白色，毛被浅色；小盾片黑色。前翅爪片淡黄褐色或黄白色，基部 1/4~1/3 及端角黑褐色，革片及楔片黄白色或淡黄褐色，楔片缝前有 1 宽的黑褐色横斑，伸至 Cu 脉并呈直角形前折，形成主要位于 Cu 脉内侧的黑褐色细纵纹，并止于革片中部，前翅前缘具黑褐色窄边，楔片端缘黑褐色，膜片烟色，基外角具 1 大白色斑，其后区域色深，成 1 纵走深色宽带。足黄白色，腿节端半色变深。胸部侧板黑色，臭腺孔缘黄白色，腹下面黑褐色，基部数节侧缘处淡黄褐色。

结构　体长椭圆形，具细刻点。头背面圆鼓，后缘具细脊，两端前弯至眼后角；头具明显的眼后区。触角被密的粗毛，其长度约等于触角节的直径；喙弯曲伸达中足基节中部。前胸背板饱满而圆鼓，前半明显下倾，侧缘直，具明显的粗刻点，胝区平坦，侧方伸达前胸背板侧缘，无刻点，二胝间不下凹；小盾片表面多少呈 "丫" 脊状，微具横皱，毛长而密，刻点不明显，半鞘翅较平坦，Cu 脉处略下凹，前缘向外弯但较弱。

量度　体长 3.4~3.7 mm，宽 1.4 mm。

分布　河南 (栾川龙峪湾)；湖南、陕西、四川、西藏。

简记　该种为河南省新记录种。

72. 隆背蕨盲蝽 *Bryocoris biquadrangulifer* (Reuter, 1906)

Cobalorrhynchus biquadrangulifer Reuter, 1906: 2.

　　形态特征　体色　黄白色，具光亮。头黑褐色，沿复眼内侧缘具 1 纵向棕黄色带，并向后延伸，至复眼内后角及头后缘，向前延伸至触角基及唇基两侧；触角黑褐，第 1 节基部极小部分棕黄色。领背面棕黄色；前胸背板及小盾片黑褐色，前胸背板侧角棕黄色，小盾片端部略具浅色。前翅黄白色，爪片棕褐色，基部 1/3 及端部黑褐色，革片外缘 (前缘) 具极细的黑缘，楔片缝前具宽的黑褐色横斑，并在 Cu 脉处直角形前折并延伸，革片在爪片顶端平行位具隐约可见的暗色云斑，楔片内缘 1/3 黑褐色，膜片烟褐色，基外角具大的浅色斑。足浅棕黄色，后足腿节端 1/3 色暗。体腹面一色黑，仅中胸、后胸侧板下缘小部分浅棕黄色。

　　结构　长椭圆形，具浅色平伏短毛被。头顶圆鼓，两眼间距大，眼后不与前胸背板前缘相接触，喙顶端伸达中足基节间。领较低，不具光泽；前胸背板圆鼓，前端下倾，侧缘近直，后缘近直；小盾片向后下倾斜，具横皱及半直立毛被。前翅较平坦，仅在楔片缝后稍下倾，前翅革片前缘向外弧形弯曲。足具浅色短毛，胫节具浅色短刺。

　　量度　体长 4.2 mm，宽 1.5 mm。

　　分布　河南 (栾川)；四川。

　　简记　该种为河南省新记录种。

(四十九)　烟盲蝽属 *Nesidiocoris* Kirkaldy, 1902

Nesidiocoris Kirkaldy, 1902: 247. Type species: *Nesidiocoris volucer* Kirkaldy.

Cyrtopeltis Nesidiocoris: Carvalho, 1958:187.

Gallobelicus Distant, 1904: 477.

Nesidiocoris: Schuh, 1995: 502.

　　属征　身型窄长，前翅稍透明。额凸起，唇基突出。复眼与前胸背板前缘的距离约等于复眼高的一半，约与触角第 2 节粗相等。前胸背板胝区小、平坦、不明显。足和触角较长。雄性生殖节短而圆，不具突起，雄性右抱器长形，左抱器具明显的感觉叶；阳茎端较大，具 1 粗大的骨化端刺，阳茎系膜囊上具众多小骨化齿。

　　该属全世界已知有 20 余种，分布于非洲及亚太地区。我国仅记载 3 种。河南省仅 1 种。

73. 烟草盲蝽 *Nesidiocoris tenuis* (Reuter, 1895) (图 63)

Cyrtopeltis tenuis Reuter, 1895: 139.

Gallobelicus crassicornis: 陈凤玉, 1985: 201.

　　形态特征　体色　呈绿黄色。头顶具黑斑，头基部有黑色环纹。触角第 1 节黑色，基部和端部色淡，第 2 节基半黑色，端半黄褐色，顶端色淡，第 3、第 4 节褐色；喙黄绿色，末端黑色。前胸背板亮绿色，后部具 4 个长形纵走黑褐斑；小盾片绿色，两侧黄白色，顶端黑褐色。前翅灰白色，前缘及爪片边缘黄褐色，革片端部近前缘处有 1 黑斑，后缘端部有 1 段黑褐色，左右翅合并时，体背面可看到 5 个黑褐色斑点，膜片脉纹黑褐色。各足基节绿色，腿节、胫节均为黄色，胫节基部黑色，跗节黄褐色。雌虫腹末黄褐色，雄虫腹末黑色。

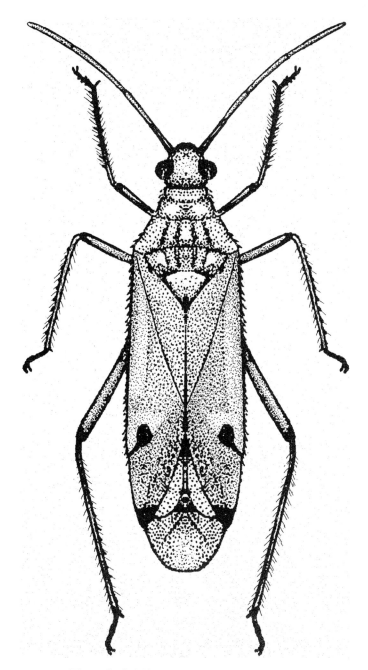

图 63　烟草盲蝽 *Nesidiocoris tenuis* (仿陈凤玉)

结构　身体长杆形。前胸背板具细刻点，其中央具 1 横沟将前胸背板分为前后两部。前翅细长。足各节具毛，胫节毛更多。雌虫腹末较肥壮，侧面观呈三角形，产卵器针状，雄虫腹末细瘦。

量度　体长 3.0~3.2 mm，宽 0.8~1.1 mm。

1 龄若虫体长 0.85~1.32 mm，宽 0.22~0.26 mm，卵形，初孵时无色透明，以后变为白色、黄色或黄红色。头大，复眼红色，触角淡褐色，足淡黄色。2 龄体长 1.48~1.76 mm，宽 0.32 mm，深绿色，翅芽初露。4 龄体长 2.10~2.50 mm，宽 0.60~0.70 mm，深绿色，翅芽伸达第 2 腹节。5 龄体长 2.60~3.10 mm，宽 0.80~1.00 mm，黄绿色至深绿色，翅芽伸达第 4 腹节。

生物学特征　一年发生 5 代，有明显的世代重叠现象。每年 4 月下旬至 5 月上旬可在烟草 *Nicotiana tabacum* 苗床发现成虫，第 1 代 5 月中旬至 7 月上旬，第 2 代 6 月中旬至 8 月中旬，第 3 代 7 月下旬至 10 月上旬，第 4 代 8 月上旬至 10 月上旬，第 5 代 10 月中旬开始，直到翌年 1 月末冰雪来临，烟草全部枯死时，才告绝迹。成虫昼夜均可见交尾，可行多次，每次 4~5 h 至 12 h。成虫主要在叶背活动，遇惊即飞起。卵散产在烟叶上，多产于中部叶片背面主脉或柄的表皮下，极少产于侧脉的表皮下，产卵处稍凹陷，有极不明显的褐点。每雌虫可产卵 5~13 粒。初孵若虫活动力弱，多栖于叶背主脉两侧，稍大即渐活跃，主侧脉附近均有，若虫很少在叶面活动为害。

经济意义　主要为害烟草、旱烟 *Anisodus acutangulus*、泡桐 *Paulownia fortunei*、芝麻 *Sesamum indicum*。烤烟上尤多，以生长茂密、绒毛较多的品种发生密度较大。成虫、若虫为害叶片、蕾、花，被害叶失绿发黄，影响烟叶品质；蕾、花被害，影响留种。除吸食植物汁液外，还可吸取其他昆虫的体液及糖蜜。

分布　河南 (全省)；天津、内蒙古、山东、浙江、江西、四川、广东、广西、贵州、云南、台湾、河北、山西、陕西、湖北、湖南、江苏、福建、海南；西亚库尔德斯坦、朝鲜、关岛、印度、缅甸、伊朗、以色列、土耳其、埃及、沙特阿拉伯、尼泊尔、斯里兰卡、加罗林群岛、爪哇、苏门答腊、斐济、罗得西亚、加纳利群岛、马里亚纳群岛、澳大利亚、乌干达、非洲西南部、乞力马扎罗山、苏丹、留尼汪、南非、佛得角群岛、北美洲、利比亚、波多黎各、古巴、阿根廷。

齿爪盲蝽亚科 Deraeocorinae

属 检 索 表

1.　半鞘翅革质部不透明，具明显刻点，缘片不明显加宽 ····························2

　　半鞘翅革质部透明，几无刻点，缘片明显加宽 ············· 军配盲蝽属 *Stethoconus* Flor

2.　后足第 1 跗节等于或长于第 2、第 3 节长度之和 ············· 点盾盲蝽属 *Alloeotomus* Fieber

　　后足第 1 跗节明显短于第 2、第 3 节长度之和 ············· 齿爪盲蝽属 *Deraeocoris* Kirschbaum

(五十) 点盾盲蝽属 *Alloeotomus* Fieber, 1807

Alloeotomus Fieber, 1858: 303. Type species: *Lygaeus gothicus* Fallén.

属征　体长卵形或卵形，光亮，具明显粗刻点，小盾片及前翅楔片上的刻点也明显可见。身体较扁平，头小。复眼圆鼓，触角及足较粗短。后足跗节第 1 节粗长，短于第 2、第 3 节长度之和，爪较细小，基部呈小尖突状，不成大齿。阳茎端系膜长指状，常具骨化刺，中央系膜囊两侧常具另外 2 个膜状突起并具骨化部分；雄左抱器大，镰状，感觉叶发达并具长毛，右抱器小。

该属世界已知有 12 种，分布于亚洲和欧洲。我国目前已知有 5 种，均分布于我国北方山地，尚无南方分布记录。河南省首次记载此属，目前仅发现 1 种。

74. 突肩点盾盲蝽 *Alloeotomus humeralis* Zheng et Ma, 2004

Alloeotomus humeralis Zheng & Ma, 2004: 479.

形态描述　体色　浅黄褐色，体表直立短毛浅色，刻点黑色。头浅黄褐色。头顶浅黄褐色，具浅褐色斑纹；后缘脊褐色。复眼红褐色。唇基黄褐色，背面观两侧有褐色纵纹；触角红褐色被浅色半直立毛，第 1 节偶有黄褐色；喙浅黄褐色，端半部红褐色。前胸背板浅黄褐色，其上刻点黑褐色；领黄褐色，晦暗；胝黄褐色，前缘及内侧缘黑色，稍相连。小盾片浅黄褐色，具黑褐色清晰刻点，中纵线黄白色。半鞘翅革质部浅黄褐色，具均一的清晰黑褐色刻点；楔片端部微染红色。膜片烟褐色，翅脉黄白色。足黄褐色，微染红色；股节具零星的红褐色碎斑；胫节基部背缘有两条红褐色纵纹；跗节端部黑褐色。腹部腹面浅黄褐色，微染红色，被浅色毛。臭腺沟缘黄白色。雄性左阳基侧突上着生长毛浅色。

结构　体长椭圆形，被直立短毛。前胸背板、半鞘翅革质部及小盾片具清晰刻点。头平伸，稍下倾，光滑；后缘脊褐色；唇基侧面观由亚基部显著隆起，唇基与额间凹纹明显；触角被半直立毛，第 1 节圆柱状，长是头顶宽的 1.4~1.6 倍；第 2 节线状，端部稍加粗，长是头宽的 1.5~2.0 倍；第 3、第 4 节较细；喙伸达中足基节。前胸背板具清晰刻点，前侧缘前端呈小尖突状；领窄，密被粉状绒毛；胝稍相连，略突出。小盾片具清晰刻点。半鞘翅革质部具均一的清晰刻点；腹部腹面被毛。雄性左阳基侧突感觉叶钝圆，其上被长毛，钩状突短，末端足状；右阳基侧突小，感觉叶不明显，钩状突短，端部足状；阳茎端具膜叶及 3 枚骨化附器：左侧附器杆状，末端二分叉；中间附器骨化弱，长颈瓶状；右侧附器相对较细，短于左侧附器。

量度　体长 5.3 mm，宽 1.9~2.1 mm。

分布　河南；湖北、贵州、陕西、甘肃。

简记　该种为河南省新记录种。

(五十一) 齿爪盲蝽属 *Deraeocoris* Kirschbaum, 1856

Deraeocoris Kirschbaum, 1856: 208; Schuh, 1995: 315; Kerzhner & Josifov, 1999: 35. Type species: *Capsus medius* Kirschbaum.

属征　体粗大，椭圆形至长椭圆形，背面具明显刻点，光亮。领不突出。前胸背板及半鞘翅的革质部具显著刻点。后足跗节第 1 节明显短于第 2、第 3 节长之和，爪基部具明显的齿，如爪基部齿不很大，则前胸背板小盾片不具刻点。雄性外生殖器右抱器极小，左抱器大，镰形，感觉叶上常具很长的毛。

该属全世界已知有 200 余种，为世界性分布。我国已记载的有 47 种。河南省发现 1 种。

75. 黑食蚜齿爪盲蝽 *Deraeocoris* (*Camptobrochis*) *punctulatus* (Fallén, 1807) (图 64)

Lygeaus punctulatus Fallén, 1807: 87

Deraeocoris (*Camptobrochis*) *punctulatus* Wagner & Weber, 1964: 52; Qi & Nonnaizab,1993: 292; Kerzhner & Josifov, 1999: 36.

Deraeocoris punctulatus: Hsiao et al., 1963: 444; Ren, 1985: 201.

形态特征　体光亮，黄褐色，具黑色及深褐色斑。

头背面黑，唇基中央、额纵中线及头顶后缘黄色，小颊局部棕褐色。喙褐色，顶端黑褐色；复眼红褐色；触角褐色，第 1 节大部棕褐色。领黄色，前胸背板黑褐色，前缘中央具 1 三角形黄斑，前胸背板中纵线、两侧及后缘黄色，胝区黑色；小盾片黑色，基部两侧及端部呈黄色斑。半鞘翅黄褐色，爪片基部及端部、革片端部内侧及外端角具深褐色斑，革片前缘具黑褐色细缘，楔片端半深褐色，膜片半透明，翅脉及膜片局部色稍暗。腹面黑褐色，领的腹面、前胸侧板下缘及中胸臭脉孔缘黄。足棕黄褐色，腿节基部色暗，胫节基部、亚基部、中部及端部褐色，跗节基部及端部和爪褐色。

结构　体小，长椭圆形，具明显的暗褐色刻点。头短，略下倾，后缘不具脊。眼大而突，表面粒状；触角第 2 节短于前胸背板宽度，第 3、第 4 节最细；喙伸达中足基节间。前胸背板稍鼓，胝区光亮而无刻点，前缘及侧缘近直，后缘略呈弧形；小盾片稍鼓。半鞘翅较平坦，在楔片缝后略向下倾斜，膜片半透明，明显长于腹部末端。足具棕色半直立短毛，胫节直，跗节弯曲，第 1 节与第 2 节近等长，第 3 节最长。

量度　体长 3.8~4.8 mm，宽 1.7~2.2 mm。

若虫初孵时体长 0.93 mm，淡黄色，复眼红色，1 h 后体色变成暗红色。第 5 龄若虫体长 3.1~3.5 mm，腹部宽 1.6~1.7 mm。翅芽伸达第 3 腹节后缘；体长圆形，灰褐色，具稀疏黑粗刚毛。喙长，达后足基节间，触角及各足具褐色环斑，体背面具褐色及浅色斑，腹部具不明显暗红色横纹，腹背板第 3~4 节之间具 1 臭腺孔。

生物学特征　华北每年发生 3~4 代，以成虫在杂草根部、残枝落叶下、树缝或树皮下及疏松表土层过冬。早春外出，在小麦、夏至草、酸模 *Rumex acetosa* 等植物丛间活动，4 月中旬产卵，5 月中下旬开始出现第 1 代若虫，从杂草大量向作物上迁飞，11 月中旬最后 1 代成虫越冬。雌虫将卵产在植物组织内，卵盖外露。若虫期共蜕皮 4 次，每次蜕皮相隔 5~7 天。成虫主要在植物的上层而若虫常在植物的下层及土表活动。

经济意义　捕食蚜虫、螨类、飞虱等小虫，是这类害虫的常见天敌，并常吸取少量植物汁液。

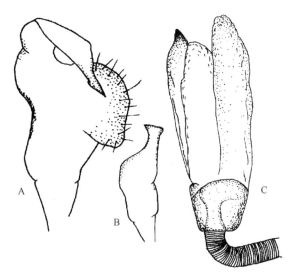

图 64　黑食蚜齿爪盲蝽 *Deraeocoris* (*Camptobrochis*) *punctulatus*
A. 左阳基侧突 (left paramere)；B. 右阳基侧突 (right paramere)；C. 阳茎端 (vesica)

分布　河南 (许昌、郑州、兰考、周口、南阳)；北京、天津、河北、山西、内蒙古、黑龙江、浙江、山东、四川、陕西、甘肃、宁夏、新疆；伊朗、日本、俄罗斯 (西伯利亚)、瑞典、德国、捷克、法国、意大利。

(五十二) 军配盲蝽属 *Stethoconus* Flor, 1861

Stethoconus Flor, 1861: 615. Type species by monotypy: *Capsus cyrtopeltis* Flor.

属征　体宽椭圆形，黄褐色，有光泽，具浅色半直立毛。头小，头宽小于前胸背板前缘宽；额顶具 "Y" 形黑褐色斑纹；额和唇基端侧面观相垂直，几乎不扩展到复眼前缘；背面观，额稍凹或平，头顶稍突出；复眼远离前胸背板前侧缘。触角细长，被有半直立浅色毛。喙伸达中足基节。领宽，胝平滑，不相连，稍突出；前胸背板具黑褐色斑点及浅色毛被，密被粗糙刻点，前缘明显狭窄，后缘宽，侧缘稍弯曲，肩角突出。小盾片平滑，隆起。雄虫生殖囊圆锥形，右阳基侧突非常小；左阳基侧突感觉叶圆形，钩状突长，指状；阳茎端膜质，无骨化附器。

本属世界已知 11 种。我国已知 4 种，河南省已知 2 种。

种 检 索 表

1. 小盾片具 2 个黄色斑··日本军配盲蝽 *S. japonicus*
   小盾片色泽单一，黑褐色··扑氏军配盲蝽 *S. pyri*

76. 日本军配盲蝽 *Stethoconus japonicus* Schumacher, 1917

Stethoconus japonicus Schumacher, 1917: 344; Carvalho, 1958: 206; Henry et al., 1986: 724; Wheeler &

Henry, 1992: 23; Yasunaga et al., 1996: 93; Yasunaga et al., 1997: 263; Schuh, 1995: 645; Kerzhner & Josifov, 1999: 32.

　　形态描述　体色　黄色，体表半直立软毛浅色。头黄色，自触角窝发出"Y"形斑纹褐色；复眼红褐色；复眼后方的红褐色斑带延伸到前胸背板前缘。触角黄色，其上密布浅色半直立短毛，第 1 节顶端有一红褐色窄环；第 2 节端部 1/3 红褐色；第 3 节端部浅红褐色；第 4 节红褐色，基部具 1 黄色环。唇基红褐色，中间有 1 黄色大斑。喙黄色。前胸背板粗大刻点红褐色，红褐色斑依中纵线对称。胝黄褐色，侧缘及后缘红褐色。小盾片红褐色，两侧中部均有黄白色半圆形斑。半鞘翅半透明，具红褐色斑带，革片沿爪片缘中部有 1 明显黄白色半圆形斑。膜片透明，翅脉黄褐色。胸部腹面红褐色，腹部腹面黄褐色，基部中间浅红褐色；腹面被浅色半直立短毛。臭腺沟缘黄白色。前足黄色，股节顶端有红褐色斑点，跗节端部和爪红褐色；中足和前足色斑一致；后足黄色，股节端部红褐色，近顶端处有 1 黄白色环。雄性左阳基侧突感觉叶上被稀疏浅色毛。

　　结构　雄虫体椭圆形，被半直立软毛。背面观，头部不可见额区或唇基；头顶宽是眼宽的 0.85 倍，头后脊明显。复眼大；触角密布半直立短毛，第 1 节圆柱状，基部较细，长是头顶宽的 1.41 倍；第 2 节线状，长是头宽的 1.70 倍；后两节较细；触角窝位于眼高的 1/2 处。喙约伸达中足基节。领宽，除中纵线部分外具稀疏刻点。前胸背板中纵线及后侧缘胝状隆起，具粗大刻点。胝稍隆起但不相连，两胝之间有 2 个显著的深刻点。小盾片三角形。小盾片瘤状隆起，近端部两侧扁平。腹部腹面被半直立短毛。雄性左阳基侧突感觉叶稍突出，其上被稀疏毛，钩状突向一侧稍弯曲，末端钝圆；右阳基侧突感觉叶不明显，末端稍翘起；阳茎端膜质。

　　量度　体长 3.3~3.5 mm，宽 1.6~1.7 mm。

　　分布　河南 (桐柏)；四川；日本、美国。

77. 扑氏军配盲蝽 *Stethoconus pyri* (Mella, 1869)

Acropelta pyri Mella, 1869: 203.

Stethoconus pyri: Kerzhner, 1970: 644; Schuh, 1995: 645; Linnavuori, 1995: 33; Kerzhner & Josifov, 1999: 32.

　　形态描述　体色　黄色，体表半直立毛浅色。头黄色，自触角窝发出褐色"Y"形斑纹；复眼大；复眼后方的红褐色斑带延伸到前胸背板前缘。触角黄色，密布浅色半直立短毛，第 1 节基部较细，顶端有 1 红褐色窄环；第 2 节端部 1/4 红褐色；第 3 节端半部浅红褐色；第 4 节红褐色，最基部有 1 黄褐色窄环。唇基黄褐色，有红褐色窄边。喙黄色，顶端红褐色。前胸背板红褐色斑依中纵线对称。胝黄褐色，侧缘及后缘红褐色。前胸腹板刺红褐色，顶端黄褐色。小盾片红褐色。半鞘翅革质部半透明，具红褐色斑带，革片沿爪片缘中部有 1 明显黄白色半圆形斑。膜片透明，翅脉黄褐色。胸部腹面红褐色，腹部腹面黄褐色，基部中央浅红褐色；腹面被浅色半直立短毛。臭腺沟缘黄白色。足黄褐色，跗节端部和爪红褐色，后足基节红褐色，股节端部 1/4 红褐色，近顶端处有 1 黄白色环。　雌虫色斑及形态与雄虫相似。

　　结构　雄虫体椭圆形，被半直立毛。头部在触角窝处下倾成 90°，由背面观不可见额区或唇基；头顶宽是眼宽的 1.80~2.00 倍，头后脊明显。复眼大；触角密布半直立短毛，第 1 节圆柱状，基部较细，长是头顶宽的 0.83~1.04 倍；第 2 节线状，端部 1/4 红褐色，长是头宽的 1.67~2.24 倍；后两节较细。喙约伸达中足基节。领宽，除中纵线部分外具稀疏刻点。前胸背板中纵线及后侧缘胝状隆起，具粗大刻点。胝稍隆起但不相连，两胝之间有 2 个显著的深刻点。前胸腹板刺圆锥状。小盾片三角形，瘤状隆起。腹部腹面被半直立短毛。雌虫小盾片侧面观隆起形状与雄虫不同。雄性左阳基侧突感觉叶稍突出，其上被稀疏毛，钩状突稍弯曲，末端圆钝；右阳基侧突感觉叶不突出，末端上翘；阳茎端膜质。

量度　体长 3.4~4.1 mm，宽 1.7~1.9 mm。

分布　河南；湖北、四川、贵州；意大利、俄罗斯。

盲蝽亚科 Mirinae

属 检 索 表

1.　跗节第 1 跗分节长于或等于第 2、第 3 节长度之和···2
　　跗节第 1 跗分节短于第 2、第 3 节长度之和···3
2.　小盾片具明显粗而深的刻点·······························狭盲蝽属 *Stenodema* Laporte
　　小盾片无刻点，或具细浅不明显的刻点·····················赤须盲蝽属 *Trigonotylus* Fieber
3.　前胸背板有明显刻点···4
　　前胸背板无刻点，或具稀浅小、呈痕迹状刻点；可有横皱··································9
4.　体背、腹两面被有略宽扁的闪光鳞状毛··5
　　体腹面无闪光鳞状毛··6
5.　前胸背板领约与触角第 2 节等粗。跗节第 1 跗分节短于第 2 节。体背面刻点较浅·····
　　···异盲蝽属 *Polymerus* Hahn
　　前胸背板领粗约为触角第 2 节直径之 2 倍。跗节第 1 节约与第 2 节等长。体背面刻点深·········
　　···纹唇盲蝽属 *Charagochilus* Fieber
6.　体小而厚实，体长多在 5.5 mm 以下·····················光盲蝽属 *Chilocrates* Horváth
　　体型相对较大；不呈厚实紧凑状···7
7.　小盾片上的毛直立，或略向后倾····························奥盲蝽属 *Orthops* Fieber
　　小盾片上的毛平伏或半直立···8
8.　左阳基侧突感觉叶表面具若干短棘刺；胫节刺黑色·················草盲蝽属 *Lygus* Hahn
　　阳基侧突感觉叶表面无短棘刺··························后丽盲蝽属 *Apolygus* China
9.　体毛二型：具黑色刚毛状毛及金黄、黄褐或淡色略宽扁的鳞状毛··················10
　　体毛一型···11
10.　触角第 1 节扁叶状。触角与复眼之间有 1 漆黑色的丝绒状斑·············厚盲蝽属 *Eurystylus* Stål
　　触角第 1 节圆柱形。触角与复眼之间不具漆黑色的丝绒状斑·····拟厚盲蝽属 *Eurystylopsis* Poppius
11.　足股节长，常略扁，伸过腹部末端·····················植盲蝽属 *Phytocoris* Fallén

　　　后足股节不伸过腹部末端 ···································· 12

12. 头顶具中纵沟 ·· 13

　　头顶无中纵沟 ·· 14

13. 前胸背板侧缘具棱边。额向前伸出 ········· 乌毛盲蝽属 *Cheilocapsus* Kirkaldy

　　前胸背板侧缘一般，不具棱边；喙伸过中足基节 ··· 苜蓿盲蝽属 *Adelphocoris* Reuter

14. 第 1 跗分节长于第 2 跗分节 ··················· 纤盲蝽属 *Stenotus* Jakovlev

　　第 1 跗分节不长于第 2 跗分节 ··············· 淡盲蝽属 *Creontiades* Distant

(五十三) 苜蓿盲蝽属 *Adelphocoris* Reuter, 1896

Adelphocoris Reuter, 1896: 168. Type species: *Cimex seticornis* Fabricius.

Trichophoroncus Reuter, 1896:168. Type species: *Calocoris albonotatus* Jakovlev; by original designation. Synonymized by Josifov & Kerzhner,1972:164.

Fulgentius Distant, 1904: 103. Type species: *Fulgentius mandarinus* Distant; by monotypy. Synonymized by Carvalho, 1952: 93.

　　属征　体大而较狭长，具明显而长的毛被。头顶中纵沟较浅，后缘无脊；触角及足较长。触角第 3、第 4 节与第 2 节基部等粗。前胸背板毛二型，领片明显，具直立毛及弯曲或半弯曲淡色闪光丝状毛。小盾片平，具较浅横皱。半鞘翅毛二型。足腿节相对较细，其上具成行排列的深色小斑，跗节第 1 节最短，第 3 节最长。腹下亚侧区各具 1 下凹小斑。阳茎端的次生生殖孔不发达，孔的背方右侧连接 1 较大的梳状骨板，次生生殖孔的左侧背方着生 1 较小的针状骨片，其基部与左侧膜囊相连。

　　该属世界已知近 50 种，为世界性分布。我国已记载有 28 种，分布于我国大部分地区。河南省目前已知有 6 种。

种 检 索 表

1. 小盾片中线两侧各有 1 深色纵带 ··················· 苜蓿盲蝽 *A. lineolatus*

　　小盾片无上述深色纵带 ······································· 2

2. 前胸背板除淡黄色的胝和胝前区外，全部黑色 ········· 淡须苜蓿盲蝽 *A. reicheli*

　　前胸背板色泽不如上述 ······································· 3

3. 前胸背板淡色，或胝后各有 1 黑色圆斑 ·························· 4

　　前胸背板后半具黑色横带 ····································· 5

4. 前胸背板淡色，无黑斑 ························· 黑唇苜蓿盲蝽 *A. nigritylus*

　　前胸背板 2 胝后各有 1 黑色圆斑 ················· 中黑苜蓿盲蝽 *A. suturalis*

5. 小盾片淡黄白或黄褐色，基角深色 ············· 三点苜蓿盲蝽 *A. fasciaticollis*

　　小盾片一色，灰黄褐色或污褐色 ················· 乌须苜蓿盲蝽 *A. fuscicornis*

78. 苜蓿盲蝽 *Adelphocoris lineolatus* (Geoze, 1778) (图 65，图 66，图版 VI-3)

Cimex lineolatus Goeze, 1778: 267.

Adelphocoris lineolatus: Hsiao, 1962: 84; Hsiao et al., 1963: 443; Zheng & Li, 1989: 80; Nonnaizab, 1985:
　　197; Zheng et al., 2004: 88.
CaLocoris chenopodii Fieber, 1861: 255 (syn. by Reuter, 1884: 133).

　　形态特征　生活时底色绿，干标本黄褐色，被金黄色平伏短细毛。头一色，或头顶中纵沟两侧各具 1 黑色小斑。复眼褐色，喙褐黄色，喙端部黑褐色；触角第 1 节同体色，第 2 节略带紫褐色。前胸背板棕黄色，胝色淡或黑色，后部有 2 个圆形黑斑；小盾片棕黄色，中纵线两侧多具 1 对黑褐色纵带。半鞘翅革片黄褐色，中部具 1 大的长三角形褐斑，爪片内半色常加深成淡黑褐色，膜片半透明，黑褐色。足黄褐，腿节具黑褐色小斑点，跗节第 3 节端部色深，爪黑褐色。腹部背面黄褐色，腹面枯黄色或黄褐色。

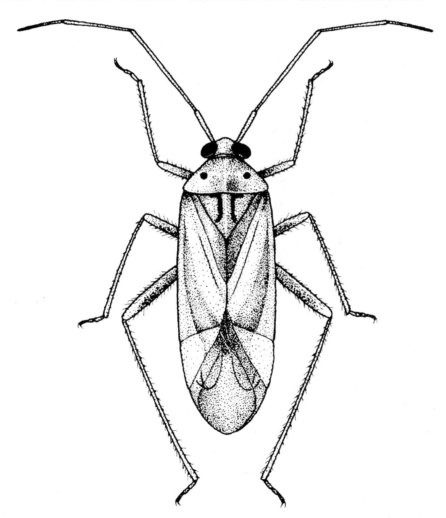

图 65　苜蓿盲蝽 *Adelphocoris lineolatus* (仿周尧)

　　结构　身体被金黄色平伏细毛。头背面观三角形，头顶光滑；复眼扁圆；喙长，伸达并超过中足基间。触角等于或略短于体长，第 1 节被黑褐色平伏细毛及少数半直立黑褐色毛。前胸背板梯形，较鼓，前缘、后缘、侧缘近直；小盾片三角形，基部略凹。前翅爪片处最高，革片外侧向下倾斜，翅在楔片缝后向下倾斜，革片与楔片间具明显缺刻。足胫节刺黑色，刺基部具小黑色斑点，跗节 3 节，第 1 节与第 2 节约等长，第 3 节最长。雄性阳茎梳状骨化片较大。

量度 体长 6.7~9.4 mm，宽 2.5~3.4 mm。

生物学特征 一年发生代数因地区而异。在新疆莎车一年 3 代；陕西关中、河南安阳 3~4 代，以卵在苜蓿 *Medicago sativa* 茎内过冬 (其他植物秆内也有，但不多)。河南越冬卵在翌年 4 月上旬、中旬 (平均气温达 17℃时) 开始孵化，5 月上旬第 1 代成虫出现，羽化期可长达 1 个月左右。6 月上旬第 2 代若虫大量孵出，为害棉花，6 月中下旬成虫羽化；7 月中旬为第 3 代若虫的为害期，7 月下旬羽化，从棉田转移到苜蓿上继续为害。第 4 代若虫 8 月下旬开始孵出，9 月上旬羽化，中旬为羽化盛期。10 月上旬成虫于产卵后死去。因产卵期不整齐，故有世代重叠现象。卵一般产在棉花、苜蓿的花柄或嫩茎上，多在夜间产卵。卵粒成排，每排 7~8 枚。成虫在 20~30℃的晴天较活跃，多在植物顶端群居为害，阴冷天气则潜伏于叶下而少活动。

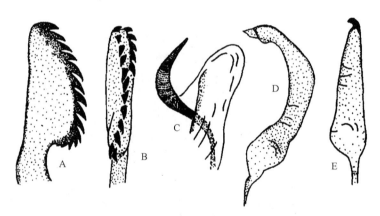

图 66 苜蓿盲蝽 *Adelphocoris lineolatus* (仿郑乐怡等)

A、B. 梳状板 (comb-shaped spiculum)；C. 针突及其相邻膜叶 (spicule and adjacent membranous lobe)；D. 左阳基侧突 (left paramere)；E. 右阳基侧突 (right paramere)

经济意义 主要为害棉花、苜蓿等经济作物及牧草。寄主植物涉及 21 科 55 种之多，其中锦葵科、豆科、禾本科、茄科、胡麻科、十字花科、鼠李科、杨柳科、桑科和茜草科的植物受害较重。成虫及若虫均能吸食嫩茎、芽及子房的汁液。被害嫩枝往往凋萎变黄，花蕾和子房脱落，只剩花梗，严重时茎叶整个枯干，大大影响作物和牧草的产量。

分布 河南 (全省)；黑龙江、吉林、辽宁、内蒙古、天津、河北、山西、宁夏、甘肃、新疆、山东、陕西、青海、江苏、浙江、安徽、江西、湖北、广西、四川、云南、西藏；古北界广布。

79. 三点苜蓿盲蝽 *Adelphocoris fasciaticollis* Reuter, 1903 (图 67,图 68)

Adelphocoris fasciaticollis Reuter, 1903: 8; Hsiao, 1962: 84; Hsiao & Meng, 1963:443; Nonnaizab, 1985: 198; Zheng et al., 1989:77; Zheng et al., 2004: 78.

　　形态特征　体色　淡黄褐色至黄褐色。头紫褐色，复眼暗紫色；触角紫褐色，各节端部色较深；喙黄褐色，端部黑色。前胸背板光泽强，胝黑色，成横列黑斑状，近后端有 1 黑色横纹；小盾片淡黄色至黄褐色，侧角区域黑褐色，具浅横皱；半鞘翅爪片一色黑褐或外半黄褐色，楔片黄白色，端角区黑色，膜片褐色。胸部腹板及足黄褐色，股节布有黑斑。腹部背面褐色，侧缘黄褐色，腹部腹面黄褐色或褐色，气门黑色。

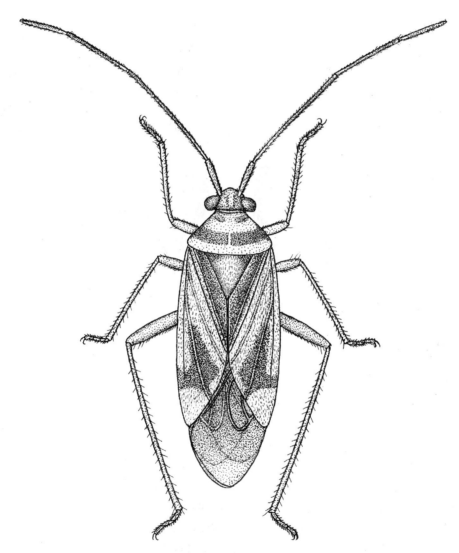

图 67　三点苜蓿盲蝽 *Adelphocoris fasciaticollis* (仿周尧)

　　结构　身体被白色细毛。头三角形，有光泽，额部成对平行斜纹与头顶 "八" 字形纹带共同组成较隐约而色深的 "X" 形暗斑状，或因上述斑纹界限模糊而头背面呈斑驳状。头背面毛刚毛状，褐色，较长，半平伏或半直立；上唇片基部直立大毛淡色及黄褐色；伸达后足基节末端前。前胸背板胝区黑，成横列大黑斑状；盘域后半具宽黑横带，有时断续成二横带,或二横带与两侧端的两个黑斑；胝前及胝间区闪光丝状平伏毛极少，不显著，或无。前胸背板前半刚毛状毛淡色或色较深，淡褐色至淡黑褐色，毛基常成暗色小点状，向后渐淡；黑斑带上的毛同底色；胝毛同盘域，但其稀疏。盘域刻点细浅较稀。小盾片具浅横皱。革片爪片与革片毛二型，长密，银色闪光丝状毛侧面观狭鳞状；刚毛状毛色同底色，深色部分毛色也加深，毛多明显长于触角第 2 节基段的直径。

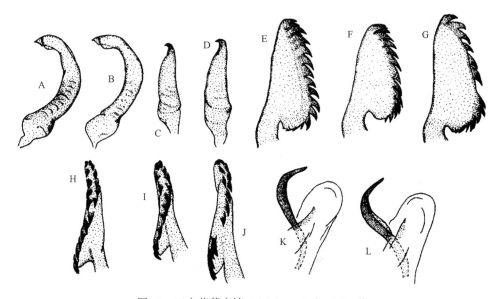

图 68　三点苜蓿盲蝽 *Adelphocoris fasciaticollis*

A、B. 左阳基侧突 (left paramere)；C、D. 右阳基侧突 (right paramere)；E~J. 梳状板 (comb-shaped spiculum)；K、L. 针突
及其相邻膜叶 (spicule and adjacent membranous lobe)

　　量度　体长 5~7 mm，宽 2.4~2.7 mm。

　　生物学特征　河南一年约发生 3 代，陕西关中 2~3 代。以卵在杨 *Populus* spp.、柳 *Salix* spp.、槐等树木的茎皮组织及疤痕处越冬。越冬卵 4 月下旬至 5 月初 (平均气温一般在 18℃以上) 开始孵化，但相对湿度低于 55%时，孵化即受到抑制。刚孵若虫借风力迁入棉田及豌豆 *Pisum sativum*、苜蓿地为害幼苗。第 1 代成虫 5 月下旬始羽，6 月上旬盛羽。6 月中旬第 2 代若虫孵化，7 月上旬羽化，并交配产卵。第 3 代若虫 7 月中旬始孵，8 月初盛孵。8 月中旬、下旬成虫羽化后陆续产卵越冬。因成虫产卵期较长而又不整齐，因而有世代重叠。雌虫多在夜间产卵，单产，有时也密集而叠置。每雌虫产卵数第 1 代 40~80 枚，第 2、第 3 代 20~25 枚。第 1、第 2 代卵多产在棉株或苜蓿茎叶交叉处，第 3 代越冬则多产在树木的茎皮组织及疤痕处。成虫喜趋向开放的花朵，夜间及早晨气温低时潜伏于叶下或植株下部不太活动，上午 10 时到下午 4 时前较活跃。

　　该苜蓿具有下列几种卵寄生蜂种，包括点脉缨小蜂 (*Anagrus* sp.)、盲蝽黑卵蜂 (*Telenomus* sp.)、柄缨小蜂 (*Pelymema* sp.) 等，越冬卵的寄生率可达到 23%~30%。

　　经济意义　主要为害棉花、苜蓿等经济作物及牧草，并为害马铃薯 *Solanum tuberosum*、豌豆、扁豆、大豆 *Glycine max*、菜豆 *Phaseolus vulgaris*、草木犀 *Melilotus* *officinalis*、向日葵 *Helianthus annuus*、芝麻、大麻 *Cannabis sativa*、蓖麻 *Ricinus communis*、洋麻 *Hibiscus cannabinus*、番茄、胡萝卜 *Daucus carota*、荞麦 *Fagopyrum esculentum*、玉米 *Zea mays*、高粱 *Sorghum bicolor*、小麦、藜 *Chenopodium album*、芦苇 *Phragmites australis*、杨、柳、榆 *Ulmus pumila* 等多种草本及木本植物。对棉花的危害特别严重，曾一度是华北棉区的重要棉花害虫。棉花自出土至铃期均遭为害。苗期受害时，生长点基部黑枯，不再出新芽；真叶受害时最初出现黑点，然后端部枯死，主茎节上枝叶丛生并徒长，影响结铃；蕾期受害后，幼蕾大量脱落；花期被害时，花冠出现黑斑，雄雌蕊变黑脱落，造成棉花大幅度减产。

分布　河南 (安阳)；黑龙江、吉林、辽宁、内蒙古、河北、北京、天津、山东、山西、陕西、江苏、安徽、江西、湖北、四川、海南。

80. 乌须苜蓿盲蝽 *Adelphocoris fuscicornis* Hsiao, 1962 (图 69)

Adelphocoris fuscicornis Hsiao, 1962: 83; Zheng & Li, 1989:80; Schuh, 1995: 688; Zheng et al., 2004: 85.

形态特征　**体色**　淡污黄褐色至污灰褐色。头一色，毛淡色或头顶区毛色略深，淡褐色至黑褐色，后缘处的数对长大刚毛可为黑褐色。触角第 1 节污黄褐色，基部黑褐色；第 2 节基半污黄褐色，最基部及端半黑褐色或紫黑褐色；第 3、第 4 节色同第 2 节，最基部淡黄色。前胸背板底色黄褐色，亚后缘区具粗黑横带，粗者可达盘域之半，后方可几达后缘，或极隐约微弱至全无而前胸背板一色不等。领上成排的直立刚毛状毛黑褐色者数较少，或全部淡色。胝前区及胝区半直立或半平伏刚毛状毛褐色至黑褐色，胝前区与胝间的少许丝状平伏毛短小闪光。盘域刚毛黄褐色至淡黑褐色，前方者色较深，毛基处常呈细小黑点状。

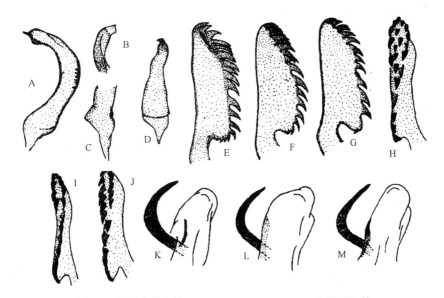

图 69　乌须苜蓿盲蝽 *Adelphocoris fuscicornis* (仿郑乐怡等)

A~C. 左阳基侧突 (left paramere)；D. 右阳基侧突 (right paramere)；E~J. 梳状板 (comb-shaped spiculum)；K~M. 针突及其相邻膜叶 (spicule and adjacent membranous lobe)

小盾片一色灰黄褐色至污褐色，毛同半鞘翅。爪片内半色常略深，革片后半略渐加深，边缘均极模糊。刚毛状毛黑色；缘片外缘黑褐色。楔片黄白色至黄褐色，端角黑褐色，基角区色不加深，外缘淡色，不成黑褐色。股节基半淡色，端半渐深成淡污灰褐色，端半可见成排的深色小斑。

结构 体较狭长，狭椭圆形，雄虫两侧平行。头后缘处有数对长大刚毛。头顶宽：眼宽=1：1.4。领上有直立大刚毛排成一行。脏前区及脏区具半直立或半平伏刚毛状毛，脏前区与脏间可有少许短小丝状平伏毛。盘域毛刚毛状，短，较强劲，较直立，向后渐细渐平伏；刻点较稀或密度中等。毛被二型，刚毛状毛半平伏；刻点浅密。楔片外缘较直，内缘略微内弯。阳茎端梳状板背面稍外凸，长 0.37~0.40 mm，梳柄连于亚基部。针突弯曲。右阳基侧突端突略弯曲。

量度 体长 6.9~7.8 mm，体宽 2.4~3.0 mm。

分布 河南；北京、天津、河北、山西、甘肃。

81. 黑唇苜蓿盲蝽 *Adelphocoris nigritylus* Hsiao, 1962 (图 70，图版 VI-4)

Adelphocoris nigritylus Hsiao, 1962: 85, 89; Schuh, 1995:691; Zheng & Li, 1989: 77; Zheng et al., 2004: 96.

形态特征 体淡褐色，具污黄色斑纹，被黄色细毛。头前端及腹面颜色较深，头中叶黑色。触角颜色较身体颜色稍浅，第 2 节最基部及端部 2/3 黑色。第 3 节及第 4 节除基部外暗黑色；喙第 1 节及第 4 节颜色较深。前胸背板颜色稍淡，两脏稍呈暗色；小盾片黑褐色，端部浅色，浅色部分有时向前延伸成一中线。半鞘翅前缘无黑色边缘，革片顶端外侧污黑色，楔片淡黄白色，内基角及顶端褐色，膜片烟黑色，脉褐色。体腹面污黑色，两侧中央具不规则的纵走污黄色斑纹，腹部斑纹外侧具 1 列纵走黑色斑点。足基节、转节及股节污褐色，后足股节具 2 列深色斑点，端部污黑色，近顶端处常具淡色环纹；胫节污黄色，刺黑色，基部无黑色小斑点。该种体色变异较大，浅色个体污黄色，有稍带棕色者，深色个体几成黑色。

图 70　黑唇苜蓿盲蝽 *Adelphocoris nigritylus* (仿郑乐怡等)

A~D. 梳状板 (comb-shaped spiculum)；E、F. 针突及其相邻膜叶 (spicule and adjacent membranous lobe)

结构 体长椭圆形，被细毛。触角较细；喙仅达于足后基部端。前胸背板具浅刻点；小盾片中部稍凸，后部具横皱纹。前翅前缘稍向外圆凸。

量度　体长 7.0~8.2 mm，体宽 2.1~3.2 mm。

生物学特征　多寄生于杂草间，仅在靠杂草近的棉田内有发现。以卵在杂草秆和树皮内越冬。

经济意义　为害蒿属 *Artemisia*、藜、马唐 *Digitaria sanguinalis*、牛筋草 *Eleusine indica* 及野苋 *Amaranthus lividus* 等植物。

分布　河南 (安阳)；黑龙江、吉林、辽宁、河北、北京、天津、宁夏、山东、山西、甘肃、陕西、江苏、安徽、浙江、江西、四川、贵州、海南、湖北。

82. 中黑苜蓿盲蝽 *Adelphocoris suturalis* (Jakovlev, 1882) (图 71)

Calocoris suturalis Jakovlev, 1882:169.

Adelphocoris suturalis: Hsiao, 1962: 85; Hsiao et al., 1963: 443; Yan, 1985: 198; Zheng & Li, 1989: 77; Zheng et al., 2004: 108.

形态特征　身体黄褐色或黄绿色。唇基黑褐色。前胸背板后叶具 1 对黑色小圆斑；小盾片黑褐色。前翅爪片基部及外侧淡黄褐色，向后、向内逐渐加深成黑褐色，革片大部淡黄褐色，内半向内渐深，至内角及其后方渐成淡黑褐色，故在翅合拢时背面中央连同小盾片呈 1 黑带状；膜片烟色。足色同体色，胫节刺黑色。

结构　体长椭圆形。头背面观三角形，头顶中央具 1 很浅的中纵沟；眼与前胸背板前缘接触。前胸背板梯形，刻点甚浅，密度中等，毛被短，浅色；领明显，胝区略隆起。

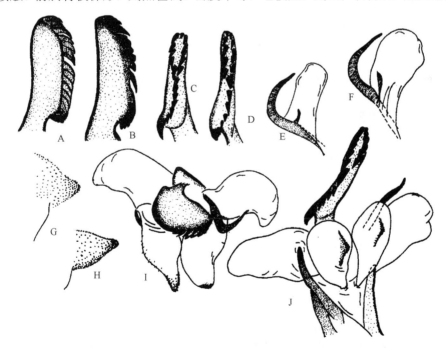

图 71　中黑苜蓿盲蝽 *Adelphocoris suturalis* (仿郑乐怡等)

A~D. 梳状板 (comb-shaped spiculum)；E、F. 针突及其相邻膜叶 (spicule and adjacent membranous lobe)；G、H. 膜叶突起放大 (membranous lobe process, enlarged)；I、J. 阳茎端 (vesica)

量度　体长 5.5~7.0 mm，宽 2.1~2.6 mm。

生物学特征　陕西泾阳、河南安阳一年 4 代，湖北荆州一年 5~6 代，江西南昌一年 6 代左右。各地均以卵在苜蓿或蒿类茎秆组织内越冬。越冬卵于 3 月下旬至 4 月中旬孵化。在棉区，通常先在越冬寄主上繁殖 1 代、2 代，再迁入棉田为害。其迁入期山东为 5 月下旬至 6 月上旬，湖北京山、江苏南京为 6 月上中旬，江西彭泽为 5 月中下旬。棉田中的为害烈期则多在 6 月中旬至 7 月中旬，此时正是棉花现蕾至开花初盛期。8 月迁返越冬寄主上，取食一段时间后，于 9 月中旬至 10 月上旬产卵越冬。卵期及若虫期的长短因温度条件而有所变化，为 7~18 d 和 11~35 d，卵产于寄主叶柄及嫩茎组织中，约 30 枚聚生在一起。产卵处有纵裂，卵盖上的丝状附属物 (称呼吸角) 外露。成虫、若虫多在嫩梢上活动，阴雨天躲于叶片。

经济意义　为害棉花，也为害豆科牧草、豆类、黄麻 *Corchorus capsularis*、高粱、玉米、蔬菜、果树以及多种树木和杂草等。成虫、若虫吸食汁液，影响植物的生长发育。棉株嫩叶被害，初现褐色坏死的小斑点，后叶片伸展，遂出现许多裂缝，全叶破烂，俗称 "破叶疯"；棉株顶芽和边心被害，则常变黑枯死，有的生长不定芽，丛生疯长枝。蕾、花、铃被害，显黑色斑点，重致脱落。

分布　河南 (安阳、西华)；天津、河北、辽宁、吉林、黑龙江、上海、江苏、浙江、安徽、江西、山东、湖北、广西、四川、贵州、陕西、甘肃；俄罗斯、日本、朝鲜。

83. 淡须苜蓿盲蝽 *Adelphocoris reicheli* (Fieber, 1836) (图 72，图版 VI-5)

Phytocoris reichelii Fieber, 1836: 103.

Adelphocoris flavicornis Hsiao, 1962: 81, 87 (syn. by Zheng & Li, 1989: 79, 85).

Adelphocoris reicheli: Carvalho, 1959: 18; Zheng & Li, 1989: 79, 85; Yasunaga, 1990a: 615; Qi et al., 1992: 43; Schuh, 1995: 692; Kerzhner & Josifov, 1999: 56; Zheng et al., 2004: 100.

形态特征　体褐色。头棕褐色，复眼内侧各具 1 边缘不明显的暗褐色斑，复眼红褐色；触角第 1 节褐色，第 2 节浅棕黄色，端部渐变暗褐色，第 3、第 4 节紫褐色；喙褐色，第 1 节背面及第 4 节顶端黑褐色。领褐色，中央色略暗，前胸背板除淡黄色领及胝前区外，全部黑色。小盾片黑褐色。半鞘翅革片后半有 1 黑褐色纵走的三角形大斑，斑的外侧大致以革片中部纵脉为界向后伸达楔片缝，后外端沿楔片缝外伸达缘片外缘；缘片外缘黑色；楔片黄白色，基缘及基内角黑褐色，端角黑色；膜片黑褐色，脉同色。足基节黑褐色，前足、中足腿节基部黑褐色，向端部渐变褐色，胫节浅棕黄色，后足黑褐色，胫节色稍淡，胫刺黑褐色，跗节棕褐色，仅端部色暗，胸部腹面褐色，局部黑褐色，臭腺孔缘及后胸侧板后缘棕黄色；腹部腹面褐色，略带红色。

结构　体长椭圆形，具平伏稀疏的浅褐色毛。头略下倾，头顶中央具 1 纵沟，向前至额，向后至头后缘；触角第 1 节等于或略长于头宽，长于第 1 节的 2 倍，短于第 3 节的 2 倍，长于前胸背板宽；喙直，顶端伸达后足基节端。前胸背板梯形，前缘、侧缘近直，后缘向后弯曲，胝区稍鼓，光滑，盘域具横皱纹；小盾片略鼓，具细密的横皱纹。半鞘翅较平坦，具平伏稀疏的浅褐色短毛，爪片与革片交界处下凹，革片外缘随缘片斜下倾。足腿节近无毛，仅在近端部具半直立褐色短刺，胫节向端部渐具半直立浅色毛，并且具半直立的黑色粗刺，端半部胫刺长于胫节粗度，跗节各节等粗，略弯。

量度　体长 7.8~9.9 mm，宽 2.5~3.4 mm。

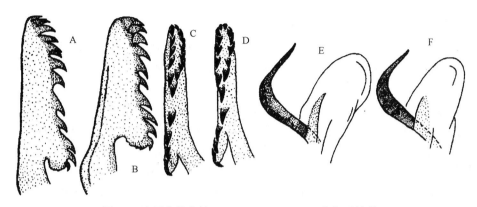

图 72　淡须苜蓿盲蝽 *Adelphocoris reicheli* (仿郑乐怡等)

A~D. 梳状板 (comb-shaped spiculum)；E、F. 针突及其相邻膜叶 (spicule and adjacent membranous lobe)

分布　河南 (栾川)；河北、内蒙古、黑龙江、山东、宁夏；欧洲、俄罗斯。

简记　该种为河南省新记录种。

(五十四) 后丽盲蝽属 *Apolygus* China, 1941

Apolygus China, 1941: 60 (as subgen. of *Lygus* Hahn, upgraded by Miyamoto, 1987: 582). Type species: *Phytocoris limbatus* Fallén.

属征　体较厚实，常呈绿色、黄绿色、黄褐色、红褐色、褐色或锈褐色，具光泽，背面无银白色平伏毛，多为金黄色。头垂直，后缘具完整横脊或两端具短横脊，头顶中纵沟两侧区域光滑，无小网刻状微刻。前胸背板前倾，具光泽，盘域具明显刻点，多向后渐密且较细。小盾片较平，表面常具浅横皱。半鞘翅多具光泽，刻点较密。左右阳基侧突感觉叶无瘤状或指状突起。阳茎端只有 1 根针突，极细，有时缺失。

世界已知 40 余种，我国已记载 28 种。目前河南省记述 4 种。

种 检 索 表

1. 体绿色、淡绿色或黄绿色，前胸背板、爪片及小盾片均无深色斑纹·······················2
   体褐色或淡褐色··榆后丽盲蝽 *A. ulmi*
2. 楔片末端黑色···3
   楔片末端同体色，不为黑色···绿后丽盲蝽 *A. lucorum*
3. 缘片端部深色，革片末端具深色斑；胫节刺基部具小黑点斑··········皂荚后丽盲蝽 *A. gleditsiicola*
   缘片与革片端部无深色斑；胫节刺基部无小黑点斑····························斯氏后丽盲蝽 *A. spinolae*

84. 皂荚后丽盲蝽 *Apolygus gleditsiicola* Lu et Zheng, 1997 (图 73)

Apolygus gleditsiicola Lu & Zheng, 1997a: 162; Kerzhner & Josifov, 1999: 64; Zheng et al., 2004: 151.

形态特征　**体色**　黄褐色，具光泽。

头黄褐色；唇基端部约 3/4 黑色；上唇黑。触角第 1 节黄褐色，端部具一极窄的褐色环；第 2 节褐色，亚基部有 1 黄褐色环，环的长度约为全长的 1/5；第 3、第 4 节除第 3 节基部黄白色外，均为褐色。

前胸背板黄褐色；胝色略深；具光泽。

小盾片淡黄褐色。半鞘翅黄褐色；缘片后端有 1 不大的淡黑褐色晕斑，可向内伸入革片的外端角区域。楔片基内角区域淡黑褐色，有时，此黑斑沿楔片缝外延，约达楔片缝的中点处，并略向前呈晕状扩散到革片后端区域；楔片端部 1/5 黑褐色。缘片最外缘侧面观淡色，楔片也同。膜片烟褐色，具 2 个深色斑，一个位于翅室内的外半端部，另一个位于楔片端部后方的膜片上。

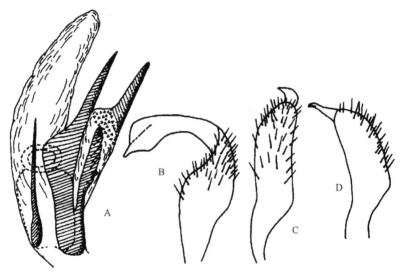

图 73　皂荚后丽盲蝽 *Apolygus gleditsiicola* (仿郑乐怡等)

A. 阳茎端 (vesica)；B. 左阳基侧突 (left paramere)；C、D. 右阳基侧突 (right paramere)

体腹面黄褐色，有时臭腺沟缘及蒸发域黄白色。足黄褐色；基节大多黄白色；后足股节亚端部具 2 个模糊的红色环；胫节基部外侧褐色，有时胫节端部色略深，胫节刺黑褐色，刺基具 1 深褐色小点斑。

结构　体较小，椭圆形。头垂直，被毛稀疏；雄头顶宽为头宽的 0.33 倍，雌为 0.38 倍；头顶中纵沟极浅，沟两侧区域饱满简单；后缘均匀略前拱，嵴细，明显，嵴后中央有 1 范围很窄的低平区。头前面观，眼前部分长约等于眼下缘至触角窝上缘之间的距离；下颚片较窄，外缘低宽弧弯，整体斜列。侧面观头高：眼高=5：3.4。喙伸达后足基节。

前胸背板饱满，拱隆与前倾程度中等；侧缘 (前角除外) 直，后缘中段直。领略粗于头后缘嵴。胝略隆出，界限清楚，二胝前半大致相连，但此部分胝间区仍低于胝，且有浅稀刻点，胝与胝前区连成一体，前伸达领。盘域刻点较密，略呈点皱状。小盾片具细浅横皱。楔片长约为基部宽的 1.6 倍，爪片与革片刻点密；毛较短密，半平伏。

左阳基、右阳基侧突均为典型 Apolygus 型。

量度 体长 3.6~4.2 mm，体宽 1.8~2.0 mm。

经济意义 寄主为皂荚 Gleditsia sp.。

分布 河南 (安阳)；河北。

85. 绿后丽盲蝽 *Apolygus lucorum* (Meyer-Dür, 1843) (图 74)

Capsus lucorum Meyer-Dür, 1843: 46.

Lygus lucorum: Hsiao, 1942: 256; Hsiao & Meng, 1963: 444.

Lygocoris lucorum: Schuh, 1995: 799.

Lygccoris (Apolygus) lucorum: Canlalho, 1959: 138; Zheng & Liu, 1992: 295; Yasunaga, 1992:12; Lu & Zheng, 1997: 284.

Apolygus lucorum: Kerzhner & Josifov, 1999: 65; Zheng et al., 2004: 157.

别名 绿盲蝽。

形态特征 体色 鲜绿色 (干标本淡绿色)，具光泽。头部唇基端部 1/3~4/5 黑色。触角第 1、第 2 节一色同体色；或第 2 节大部渐成很淡的黄褐色或绿褐色，少数在末端加深，近成褐色；第 3、第 4 节黑色。领具淡色后倾的半直立毛。小盾片一色，少数个体末端色深；半鞘翅绿色、黄绿色或淡黄褐色；缘片侧面观同色；革片端部内角常具不大的黑斑，包括楔片内角或内半均为黑色。雄虫有时爪片后半近内缘处常具隐约纵走黑纹，革片跨 Cu 脉常呈黑纹状，沿中裂内侧常具隐约黑斑纹；雌虫则多无这些深色斑纹，或不显。楔片末端不呈黑褐色，少数个体略微加深。膜片烟灰色。足淡绿色或淡黄绿色，股节背缘有时具 1 灰褐色纵带，腹缘有时也有；后足股节亚端部有 2 棕色环，有时隐约；胫节刺的基部无小黑点斑。体腹面 1 色，淡于背面，雄有时腹部侧缘附近具 1 隐约的黑纵纹。

结构 体椭圆形。头垂直；额区毛略长；头顶光滑，相对略宽，两性差距不大，头顶与复眼的宽度比约为 1.1：1，中纵沟区较宽，沟两侧区域后部有 1 浅小陷窝，无微刻，毛较疏小；后缘嵴完整。头前面观眼前部分明显长于触角窝基缘至眼下缘距离。触角第 1 节较细，伸过头端，毛短；第 2 节毛短而不甚整齐。喙伸达后足基节。前胸背板领较细，具后倾的半直立毛，雄虫较长。胝光滑而低，周缘不明显；二胝前半相连，内缘后半向内延突。盘域后缘中段几直；刻点较密，毛较短。小盾片具浅横皱，毛向两侧渐长。缘片侧缘微拱；半鞘翅刻点密而均匀，较明显，毛较长密，均匀整齐；楔片具毛，稀于革片。

胫节刺粗大，长，一般长于胫节直径，至少与直径等长，刺基无小黑点斑。雄虫生殖囊开口左侧在左阳基侧突着生处前方有 1 略呈三角形而末端不甚尖锐的小突起。载肛突左壁光滑，扩张成下俯的片状，后端宽圆。左阳基侧突杆部相对较短，端突较粗大，略呈鹅头状，顶端中央呈扁片状伸出。阳茎端缺针突，翼状骨片发达，长三角形，腹骨片片状，位于翼状骨片腹方，基部与之合生，其端缘 (或前缘) 呈骨化嵴状，外观呈色深的细条状，露出于翼状骨片前方，并与其端缘平行；侧骨片尖角状，较简单；亚侧骨片不显。导精管亚端部壶状膨大。

交配囊后壁与 *A. spinolea* 相似，但支间叶端部略膨大，中突圆形；环骨片的形状也各异。

量度　体长 4.4~5.4 mm，体宽 2.1~2.5 mm。头长 0.3~0.4 mm，头宽 1.0~1.1 mm，头顶宽 (♂) 0.40~0.42 mm，　(♀) 0.45~0.50 mm。触角各节长 0.50~0.60：1.60~1.85：0.90~1.10：0.60~0.70 mm。前胸背板长 0.9 mm，后缘宽 1.7~2.0 mm。革片长 2.1~2.5 mm，楔片长 1.05 mm。

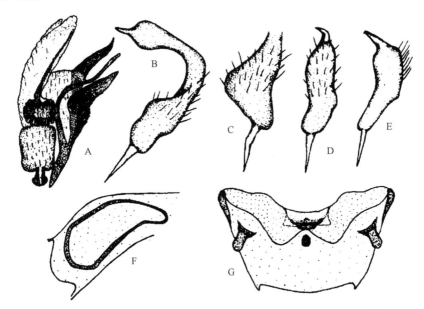

图 74　绿后丽盲蝽 *Apolygus lucorum* (仿郑乐怡等)

A. 阳茎端 (vesica)；B、C. 左阳基侧突 (left paramere)；D、E. 右阳基侧突 (right paramere)；F. 环骨片 (ring sclerite)；G. 交配囊后壁 (posterior wall of bursa copulatrix)

分布　河南；河北、山西、吉林、黑龙江、福建、江西、湖北、湖南、贵州、云南、陕西、甘肃、宁夏；俄罗斯、日本、埃及、阿尔及利亚、欧洲、北美洲。

简记　本种外形和外生殖器都与 *A. spinolea* 非常相似，容易混淆；两种的区别在于：后者楔片最末端黑色，交配囊后壁中突梨形，支间叶端部不膨大，且两者的阳茎端翼骨片和环骨片之形状也不尽相同；此外，*A. lucorum* 爪片与革片在深色个体中常染有一些隐约的深色斑，膜片色也较深。

86. 斯氏后丽盲蝽 *Apolygus spinolae* (Meyer-Dür, 1841) (图 75)

Capsus spinolae Meyer-Dür, 1841: 86.

Lygus spinolae: Hsiao, 1942: 265.

Lygocoris spinolae: Schuh, 1995: 804.

Lygocoris (Apolygus) spinolae: Carvalho, 1959: 139; Yasunaga, 1992a: 11.

Apolygus spinolae: Kerzhner & Josifov, 1999: 67; Zheng et al., 2004: 173.

形态特征　**体色**　单一绿色 (干标本淡黄褐色)，有光泽。唇基端部 1/6~1/5 黑色，上唇淡色；额区隐约可见若干成对的平行淡色横纹；触角黄绿色，第 2 节端部和第 3、第 4 节黑褐色，第 3 节基部具 1 黄绿色窄环，端部黑褐色。楔片最末端深色，淡黑褐色至黑褐色。膜片透明、色浅，散布少量淡褐色斑，基内角暗褐色。体腹面黄绿色或黄色。足黄绿色，后足股节端部有 2 个褐色环；胫节刺黑色，刺基部无深色小点斑。

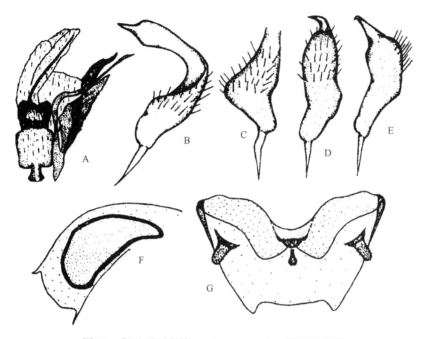

图 75　斯氏后丽盲蝽 *Apolygus spinolae* (仿郑乐怡等)
A. 阳茎端 (vesica)；B、C. 左阳基侧突 (left paramere)；D、E. 右阳基侧突 (right paramere)；F. 环骨片 (ring sclerite)；G. 交配囊后壁(posterior wall of bursa copulatrix)

结构　体椭圆形。头垂直；头顶与复眼的宽度比为 1.1：1；中纵沟两侧区域简单；后缘嵴微前拱，细，后半低平区范围小。头前面观眼前部分长约等于眼长之半，明显长于眼下缘至触角窝上端之间的距离；下颚片宽弧状，整体斜行。侧面观，头高：眼高约等于 3：2。触角第 2 节的长度与前胸背板基部的宽度之比为 1：1.1。喙伸达后足基节末端。前胸背板拱隆与前倾程度中等；侧缘 (前端除外) 直，后缘中段直。领略粗于头顶后缘嵴。胝略隆出，二胝前半相连，并与胝前区连成一体。盘域刻点清楚，密度中等；毛短，半平伏。小盾片具横皱。爪片与革片刻点密，清楚；毛长度中等，密，半平伏。左阳基侧突感觉叶较发达，约呈三角形。右阳基侧突端部弯曲。阳茎端针突缺；翼骨片宽大，三角形；腹骨片细而中段大弯状，与 *A. lucorum* 极似，但腹骨片端段更长。交配囊后壁支间叶细而直；背结构较小，半圆形；中突梨形。

量度　体长 4.2~6.0 mm，体宽 2.1~2.9 mm。

分布　河南；北京、天津、黑龙江、浙江、广东、四川、云南、陕西、甘肃；俄罗斯、日本、朝鲜、埃及、阿尔及利亚、欧洲。

87. 榆后丽盲蝽 *Apolygus ulmi* (Zheng et Wang, 1983) (图 76)

Lygus (*Apolygus*) *ulmi* Zheng & Wang, 1983b: 426.

Lygocoris (*Apolygus*) *ulmicolus* Lu et Zheng, 1996: 135 [new name for *ulmi* Zheng et Wang, 1983 as secondary homonymy with *Lygocoris ulmi* Kerzhner, 1979 (now in *Arbolygus*)].

Apolygus ulmi: Kerzhner & Josifov, 1999: 68 (name restored) ; Zheng et al., 2004: 177.

形态特征 体色 褐色，有光泽。头淡褐色，含有红褐色色泽；唇基端部 4/5 黑色，其余部分以及额的前端渐成深褐色；上唇黑色；额有时可见隐约的淡色成对平行横纹；触角第 2 节基部黑褐色，端部 1/2~3/5 黑色；第 3、第 4 节黑褐色，第 3 节基部具 1 黄绿色狭环。前胸背板淡褐色。胝有时色略深，周围尤显；小盾片色较淡，偏于黄褐色，基缘中段有时具褐色晕，中纵线区域有时淡白色。爪片与革片淡褐色；革片端缘内半及其周围不大的区域成深锈褐色晕斑，向后包括楔片基内端的三角形区域；楔片末端黑色；缘片外缘侧面观深褐色；膜片浅褐色，基内角黑色。体腹面和足均为黄褐色。后足股节端部有 2 个红褐色环。中足股节端部常有 2 个窄红环；胫节基部和末端褐色，胫节刺黑褐色至黑色，刺基有小黑点斑；第 3 跗分节黑褐色。

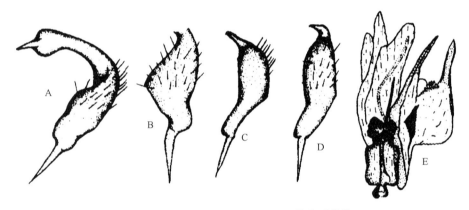

图 76 榆后丽盲蝽 *Apolygus ulmi* (仿郑乐怡等)

A、B. 左阳基侧突 (left paramere)；C、D. 右阳基侧突 (right paramere)；E. 阳茎端 (vesica)

结构 体椭圆形。头垂直；头顶与复眼的宽度比约为 1.1∶1，中纵沟两侧区域沿沟的后方有 1 不大的小网格状微刻区，其余部分光滑简单；头顶后缘嵴细，只在中央很小的范围有嵴后低平区。头前面观，眼前部分长等于眼下缘至触角窝上 1/3 之间的距离；下颚片外缘呈低宽的弧形，整体斜行。侧面观，头高∶眼高=2∶1.3。触角第 2 节长度与前胸背板基部的宽度之比为 1∶1.4。喙伸达后足基节末端。前胸背板拱隆较明显。领粗于头顶后缘嵴。胝微隆；胝与胝前区几成一整体，但两者之间可见印痕；二胝宽阔地相连，只后端胝间略下陷并具刻点。盘域略呈皱刻状，刻点较浅细，密度中等；毛短小，半平伏。背板侧缘直 (两端除外)，后缘中段平直。小盾片具浅横皱；爪片相对较宽；爪片与革片刻点细密；楔片具毛，略稀于革片毛。左阳基侧突杆部的端部粗大，端突锥形，感觉叶呈角形突出。右阳基侧突端突短。阳茎端翼骨片极小，三角形；针突细长，其长度约为翼骨片的 3.1 倍，其基部加粗部分小；侧骨片圆锥形，其基部的膜叶表面具骨化微刺区。

　　量度　体长 4.1~4.3 mm，体宽 2.0~2.2 mm。

　　分布　河南 (安阳)；北京、湖北。

　　简记　该种在河南省为首次记载。

(五十五) 纹唇盲蝽属 *Charagochilus* Fieber, 1858

Charagochilus Fieber, 1858: 309. Type species: *Lygaeus gyllenhalii* Fallén.

　　属征　体小，椭圆形，背面凸，体背面或腹面被金黄色或银白色扁平毛，毛易于脱落，体背面具很深的刻点。头几无刻点，背面圆拱；前胸背板具光泽，领粗，无光泽；胝前及领无刻点，盘域具明显较大的密刻点。小盾片饱满，具刻点和皱纹。半鞘翅革片外缘向外弯曲，爪片及革片两侧区域刻点均匀且较密。体腹面密被易脱落的平伏丝状毛。足短，第 2 跗节长于第 1 跗节。雄性外生殖器的阳茎囊状，具 2 个以上的阳茎端骨化附器。

　　该属世界已知有近 20 种，分布区包括欧洲、亚洲及非洲。我国目前已记载有 7 种，多数种类分布区偏于南方。河南省目前仅知 1 种。

88. 狭领纹唇盲蝽 *Charagochilus angusticollis* Linnavuori, 1961 (图 77)

Charagochilus angusticollis Linnavuori, 1961: 162; Zheng, 1990: 210; Schuh, 1995:738; Kerzhner & Josifov, 1999: 82; Zheng et al., 2004: 227.

　　形态特征　体黑色或黑褐色，领黑色。头顶两侧各具 1 小黄斑；触角第 1 节黄色，最基部黑色，黑色部分的范围以外侧较大；第 2 节淡色，两端黑色，或基部及端部 1/4 黑色，第 3、第 4 节黑色，第 3 节最基部黄白色。小盾片末端黄白色。前翅革片基部小斑、端缘处外侧及中央 2 个小斑、革片内角以及楔片端角黄白色，膜片暗色，基外角 1 斑及脉白色。腿节具 2~3 个白环，后足胫节基部 3/4 及末端黑褐色，其余黄白色。

　　结构　身体椭圆形，厚实，密被半平伏短毛。唇基伸出较短，头前面观，眼前部分长度远短于眼长的高度。前胸背板梯形，下倾，领粗，后叶较饱满，刻点深大。阳茎端骨化附器 3 枚，腹面刺状附器尖而弯曲，中央附器多少呈杯状，背面右侧颗粒状区域面积较大。

　　量度　体长 2.8~4.0 mm，宽 1.5~2.2 mm。

　　经济意义　栖息于狼杷草 *Bidens tripartita*、枣树 *Ziziphus jujuba*、蓼 *Polygonum* sp.、茴香 *Foeniculum vulgare* 等植物。

　　分布　河南 (焦作、安阳)；河北、北京、山西、陕西、湖南、安徽、浙江、福建、江西、广东、海南、广西、贵州、四川、云南；日本、朝鲜、俄罗斯 (远东地区)。

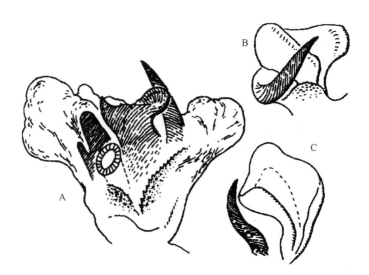

图 77　狭领纹唇盲蝽 *Charagochilus angusticollis* (仿郑乐怡等)
A. 阳茎端 (vesica)；B、C. 阳茎端腹面骨化附器及中央骨化附器 (ventral and sclerotized appendages of vesica)

(五十六) 乌毛盲蝽属 *Cheilocapsus* Kirkaldy, 1902

Cheilocapsus Kirkaldy, 1902b: 259. Type species: *Cheilocapsus flavomarginatus* Kirkaldy, by monotypy.
Parapantilius Reuter, 1903b: 5. (syn. by Yasunaga & Kerzhner, 1998: 88) Type species: *Paraoabtilius thibetanus* Reuter.

属征　身体大型，狭长，具明显的黑色刺状毛及银色丝状毛；身体两侧缘近平行；头顶具纵沟，头后缘具脊；触角第 1 节粗长，近等于头及前胸背板长度之和，密被半直立黑色粗毛；喙端伸达后足基节间；跗节第 1 节短于第 3 节；前翅狭长，具黑色刺状毛及银色丝状毛，楔片狭长，具黑色刺状毛。

该属为小属，世界已知有 5 种，我国均有分布。河南省已知 3 种。

种 检 索 表

1. 触角第 3 节基部 2/3~3/4 淡色。楔片 1/3 以上色深 ···2
   触角第 3 节基部 1/3~1/2 淡色。楔片端部 1/7~1/5 色深 ················· 斑足乌毛盲蝽 *C. maculipes*
2. 体背面黑褐色，阳茎端针突端部针状 ·· 暗乌毛盲蝽 *C. nigrescens*
   体背面黄褐色，阳茎端针突粗，端部较短渐急尖 ··································· 乌毛盲蝽 *C. thibetanus*

89. 乌毛盲蝽 *Cheilocapsus thibetanus* (Reuter, 1903)

Parapantilius thibetanus Reuter, 1903: 6.
Cheilocapsus thibetanus: Kerzhner & Josifov, 1999: 84; Zheng et al., 2004: 241.

形态特征　身体褐色，毛被黑色。头背面棕褐，小颊及唇基端部色稍淡，复眼背面黑褐色，腹面红褐色，头腹面棕黄色。触角第 1 节锈褐色，第 2 节色同第 1 节，但端部 1/3~2/5 黑色，第 3 节基半淡白色，端半黑色，第 4 节黑色，基部 1/4 淡白色。喙第 1 节棕黄色，其余色稍暗，顶端黑色。领棕褐色，中央具 1 小的纵向黑斑，两侧在复眼后各具 1 黑纵带；前胸背板棕褐色，两胝区间稍后具 1 小黑色斑，侧缘背面观可见 1 窄黑色条纹贯穿全缘并延续到侧角，侧角黑色，前胸背板侧面观侧缘的黑色纵带粗而明显，前向颈片两侧黑带连接，后延续到侧角，在雌虫此色带断裂成前端的 2 个黑色斑；小盾片棕褐色，端部白色，深色个体白色端部前方两侧各形成 1 暗斑。胸部腹面棕黄色，仅在中胸侧板后缘中部具 1 圆形小黑色斑。革片外侧基部色稍淡，膜片烟褐色，翅室端部外侧一区域稍淡，缘片及楔片基部 1/2 棕黄色，毛被黑色。足棕黄色，毛黑褐色，前足、中足胫节端部及跗节端部黑褐色，后足股节端部、胫节基部 2/5 及跗节第 3 节端部 1/3 黑褐色，各腿节外侧具多数小黑色斑点，后足腿节尤为明显。腹部棕黄色，仅在雄性生殖节顶端具玫瑰红色。

结构　体大而狭长，两侧近平行。头略下倾，头顶略鼓，刚毛状毛与银白色丝状毛多分布于额部，头前端毛较长，头顶具 1 较深而明显的纵沟，呈钉形，头顶缘后具脊；触角第 1 节粗长，长度略短于头与前胸背板长之和，具密生的黑色半直立毛被，第 2 节最长，较第 1 节细，粗细均匀，具半直立黑色毛被，第 3 节较第 2 节细。喙长，伸达中足基节。领较鼓，具长而半直立的黑毛，前胸背板梯形，前缘近直，侧缘直，后缘中部直，两端向前弯，胝区略鼓，具半直立黑毛，盘域略鼓，具平伏黑毛。小盾片大而鼓，基部凹成一平面，具平伏短黑毛。半鞘翅狭长，较平坦，爪片及革片具平伏黑色毛被，除黑毛外，也具平伏弯曲丝状毛，楔片长，呈狭三角形。后足股节及胫节长，股节略弯，具黑色平伏短毛，胫节直，浅色部分毛被也浅色。

量度　体长 9.5~10.0 mm，宽 3.0~3.4 mm。

分布　河南 (栾川)；宁夏、湖南、湖北、四川、西藏、福建、广西、云南、甘肃。

简记　该种为河南省新记录种。

90. 斑足乌毛盲蝽 *Cheilocapsus maculipes* Liu et Wang, 2001 (图 78)

Cheilocapsus maculipes Liu & Wang, 2001: 62; Zheng et al., 2004: 238.

形态特征　体色　淡污锈褐色。头黄褐色。触角具黑色和淡色的短毛，第 1 节红褐色，具黑斑点；第 2 节细，红褐色，端部黑色；第 3 节端部一半与第 4 节的 5/7 黑色，其余部分黑褐色。中胸侧板具 1 深色小斑。小盾片黄褐色，末端前具 1 对黑褐色斑，端角淡。革片黄褐色，中部及端角各有 1 黑斑；缘片淡黄，端部 1/7 色深。膜片烟色，端部与侧基部色加深，脉红褐色。足黄褐色，具黑毛；股节与胫节具小黑斑；后足胫节基部与端部黑色，基部 1/2 处常具 1 黑环。腹下黄色。雄虫生殖囊常有红斑。

结构　体长椭圆形，两侧平行。触角第 1 节长为头宽的 1.8 倍；第 2 节细，约为第 1 节长之 2 倍；喙伸达中足基节。前胸背板宽为长的 1.64 (雄) 倍或 1.73 (雌) 倍；领粗，略短于第 2 节的直径。半鞘翅具横皱。雄虫左阳基侧突基半粗，端部钩状；右阳基侧突弯曲，端突端部尖；阳茎端具 3 枚骨化附器，次生生殖孔右侧者最大，强烈弯曲，钩状。

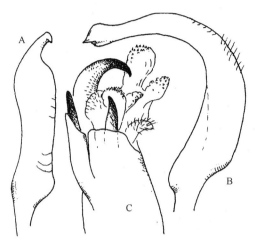

图 78　斑足乌毛盲蝽 *Cheilocapsus maculipes* (仿郑乐怡等)

A. 右阳基侧突 (right paramere)；B. 左阳基侧突 (left paramere)；C. 阳茎端 (vesica)

量度　体长 9.0~11.0 mm，体宽 3.4~3.8 mm。

分布　河南 (西峡)。

91. 暗乌毛盲蝽 *Cheilocapsus nigrescens* Liu et Wang, 2001 (图 79)

Cheilocapsus nigrescens Liu & Wang, 2001: 63; Zheng et al., 2004: 241.

　　形态特征　**体色**　头背面观锈褐色，侧面观唇基端半以及上颚片下半以下均为淡黄色或淡黄绿色。触角第 1、第 2 节均为深褐色至紫黑褐色，一色或几一色；第 3 节基部 3/4 黄白色或淡黄绿色，端部 1/4 黑色；第 4 节基部 1/5 黄色，其余黑色。前胸背板黄褐色；侧缘黑色，与眼后以及领侧方的黑带相连续；胝间有 1 中央黑斑；后侧角黑色。领和其后的胝间区中纵线为 1 连续的红褐色或黑褐色细纹。中胸侧板有 1 小黑斑。小盾片污褐色至污黑褐色，末端淡黄色。爪片与革片为均一的深褐色至黑色，革片银白色丝状毛呈毛斑状；缘片黄色；楔片黄色，端角与基内侧色加深。膜片烟色，脉黑褐色。各足股节橙红色，具小黑斑点；胫节淡黄褐色或淡灰绿色，后足胫节基部 1/3~2/5 黑褐色。腹下淡黄色。雄虫生殖囊常为红色。

　　结构　体相对较大，长椭圆形，两侧平行。触角第 1、第 2 节上的刚毛毛被相对粗密；第 1 节长为头宽的 1.67 倍；第 2 节细，长为第 1 节的 2.2 倍。喙伸达中足基节。前胸背板略前倾；后缘宽为背板长的 1.8 倍；领粗，与触角第 2 节等粗，表面略具浅横皱。半鞘翅具横皱；革片银白色丝状毛呈毛斑状。雄虫左阳基侧突大，中部近直角弯曲，基半相对粗；左阳基侧突相对长，端突端部尖；阳茎端次生生殖孔右侧前方骨化附器直而渐尖，较简单，左侧前方骨化附器较粗短，也较简单；后方右侧骨化附器基部甚宽，近圆形，然后一侧前伸成细长的针状；后方左侧骨化附器片状，末端尖锐。

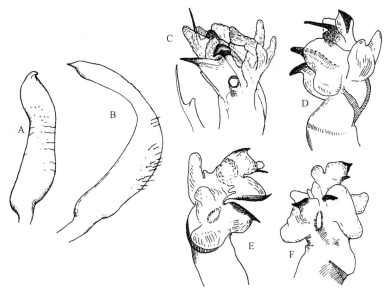

图 79　暗乌毛盲蝽 *Cheilocapsus nigrescens* (仿郑乐怡等)

A. 右阳基侧突 (right paramere)；B. 左阳基侧突 (left paramere)；C~F. 阳茎端 (vesica)

量度　体长 12.5~13.0 mm，体宽 3.5~4.0 mm。

分布　河南 (内乡)；陕西。

(五十七) 光盲蝽属 *Chilocrates* Horváth, 1889

Chilocrates Horváth, 1889: 39. Type species: *Chilocrates lenzii* Horváth. (junior synonym of *Capsus patulus* Walker); by monotypy.

Shana Kirkaldy, 1902c: 315. Type species: *Shana ravana* Kirkaldy; by monotypy.

Liocoridea Reuter, 1903: 13. Type species: *Liocoridea mutabilis* Reuter; by monotypy.

Gismunda Distant, 1904d: 463. Type species: *Gismunda chelonian* Distant; by monotypy.

属征　体中小型，较厚实宽圆，黄褐色、红褐色或黑褐色，有强光泽。

头垂直，毛短或几无毛，无刻点；前面观，头的眼前部分较发达，与头的其余部分等长或更长；侧面观上颚片相对较宽；额 1 头顶饱满，中纵沟极浅，几不可辨，头顶甚宽，后缘具完整的嵴，或嵴只隐约可见，至完全无嵴。眼常斜置。触角第 2 节多呈明显的棒状，在长度的一半以后明显加粗，略短于前胸背板后缘宽。

前胸背板拱隆，较前倾；光泽强，几无毛或毛很短小；领明显；胝略隆出，常成横列的椭圆形，界限清楚，光滑，二胝不相连或前半相连，胝间区常略凹或几不下凹，光滑无刻点；盘域刻点明显或较明显，较均匀或不甚均匀；后缘在小盾片前的部分较平直。小盾片略隆出，可具稀横皱，刻点几无或极稀浅；中胸盾片不外露。半鞘翅具黄褐色刚毛状毛，较短而半平伏；前缘较明显拱弯，刻点明显密于前胸背板。前缘裂缺口深大。后足胫节常较粗短，胫刺黑色，刺基多有 1 小黑点斑。

雄载肛突左壁明显隆出成黑色纵走的宽圆嵴。左阳基侧突杆部弯曲成直角，感觉叶发达突出，杆的亚端部略膨大，端突钩状。右阳基侧突长度中等，感觉叶发达，端突较细长，略弯，向端渐细，在体时端突多弯向尾方 (此点可与外表相似的 *Liistonotus* 属区别)。阳茎端有针突 1 枚，膜叶分为两叶，膜叶表面有具细齿的骨化区，次生生殖孔小，孔缘向端方延伸出 1 短骨化带。

世界现知共 3 种；我国均有分布。河南省已知 1 种。

92. 多变光盲蝽 *Chilocrates patulus* (Walker, 1873)

Capsus patulus Walker, 1873: 120; Carvalho, 1957: 73; Schuh, 1995: 616; Kerzhner & Josifov, 1999: 42;
　　Yasunaga & Schwartz, 2000: 154; Zheng et al., 2004: 245.

Chilocrates lenzii Horváth, 1889: 39; Carvalho, 1957: 73; Schuh, 1995: 616; Kerzhner & Josifov, 1999: 42.
　　Synonymized by Distant, 1904: 466.

形态特征　体全部黑色、黄褐色、红褐色或锈褐色；或黑色而头部红褐色，或前胸背板全部、前半或后缘以外区域黄褐色或红褐色。头部淡色的个体中，唇基常为黑褐色。触角全黑色；或第 1 节常为黄褐色，第 2 节黑色，基半或多或少黄褐色，第 3 节基半也常为淡色。小盾片具光泽。足黄褐色或黑褐色；中足及后足股节有时可见 2 褐环，胫节多淡色，基半或基环色深；后足胫节基部一半的胫节刺基部可见有 1 小黑点斑，但端半则不明显。体下全部黄褐色或黑色，或胸下黄褐色。臭腺沟区域均为黄白色。

结构　头顶宽与头宽之比约为 1：2.5 (雄) 或 1：2.2 (雌)，喙伸达后足基节末端。前胸背板胝及胝前区明显光滑，盘域刻点多数明显而较为稀疏，排列不甚均匀。小盾片具少数横皱，刻点极细浅或几无。革片大部刻点较细密，革片外半尤其如此，向内渐深大，爪片刻点粗糙深大，不甚规则。

量度　体长 4.8~5.0 mm，体宽 2.1~2.4 mm。

分布　河南 (栾川)；湖北、广西、四川、贵州、云南、西藏、陕西、甘肃；缅甸、尼泊尔、不丹、印度。

简记　此种在我国西南地区十分常见，但其生物学特性至今尚无任何记载。

(五十八) 淡盲蝽属 *Creontiades* Distant, 1883

Creontiades Distant, 1883: 237. Type species: *Megacoelum rubrinerve* Stål.

Pantiliodes Noualhier, 1893:15. Type species: *Phytocoris punctatum* Reuter (= *Phytocoris pallidus* Rambur);
　　by monotypy. Synonymized by Reuter. 1905: 3.

Kangra Kirkaldy, 1902:257. Type species: *Kangra dudgenoni* Kirkaldy (= *Capsus pallidifer* Walker); by
　　monotypy. Synonymized by Distant, 1904:105.

Tricholygus Poppius, 1910: 47.Type species: *Tricholygus hirsutus* Poppius; by original designation.
　　Synymized by Carvalho, 1952: 87.

属征　体长椭圆形，两侧近平行。头向下倾斜，头顶具中纵沟，后缘无脊；唇基与额之间具明显的沟相分界，额具细条纹；触角第 1 节长于头宽，第 3 节与第 1 节近等长。前胸背板侧面观侧缘圆滑，领明显，具两种毛。小盾片常具横皱。半鞘翅无刻点，后足股节圆柱形，跗节第 1 节不长于第 3 节。雄性生殖节开孔左侧不具齿或瘤状突。

该属为世界性分布。世界已知 72 种，我国记载的有 3 种，河南省仅记载 1 种。

93. 花肢淡盲蝽 *Creontiades coloripes* Hsiao, 1963

Creontiades coloripes Hsiao & Meng, 1963: 442; Yasunaga, 1997: 543; Kerzhner & Josifov,1999: 90; Zheng et al., 2004: 251.

形态特征 体色 体黄褐色至污黄褐色。头一色黄褐色，或唇基端半、上颚片、额区的平行皱纹、头顶沿眼内侧及中纵沟常染有红色色泽，"颈" 部也染红色。触角淡黄色，第 1 节常略深或染有红色，散布红色小点斑，直立毛淡色；第 2 节端部 1/4 渐染红色；第 3 节基部 2/3 淡灰褐色，端部 1/3 灰黄色。前胸背板亚后缘区较狭窄地黑褐色，最后缘狭窄地淡色，盘域后半部分毛基成小黑点斑；领的直立毛基部有小黑点斑；胝无光泽；盘域具光泽，半平伏至半直立毛淡色。小盾片深褐色至黑褐色，中央基半具 1 对黑纵带，向后渐狭，止于长度之半，二带间的中纵纹淡黄色，向后渐呈红褐色，渐深，至后端成一黑斑状，中纵纹后半两侧淡色，散布一些小黑点斑。半鞘翅淡黄褐色或污黄褐色，有时略呈半透明状；爪片内缘与接合缝、革片在爪片端以后的内缘至楔片内角狭窄地红色，或楔片内角呈红褐色斑状，缘片端角处红褐色；爪片内侧的红色区域内常散布小黑点斑。膜片淡烟褐色，脉红色。后足股节端半红褐色，具红褐色小碎斑；胫节刺淡色。

结构 头几平伸。触角第 1 节较长，明显长于头宽，其上直立毛稀，略短于该节直径；第 3 节较长，只微短于 2 节。喙略伸过后足基节末端。前胸背板几乎平置；胝无光泽，表面呈极细的鲨鱼皮状，具毛，胝间区毛密；盘域具光泽，背面不甚平整，略具微刻点，呈不明显的浅刻皱状，毛半平伏至半直立，较长而稀。小盾片平，具横皱；毛长，半直立或直立，基部中央的毛平伏而密。

量度 体长 6.8~7.1 mm，体宽 2.3 mm。

经济意义 是苜蓿地里常见的种类，在棉田内也有发现，但为害不重。

分布 河南 (安阳)；山东、湖北、江西、四川、贵州、云南、陕西、台湾；日本、朝鲜。

(五十九) 拟厚盲蝽属 *Eurystylopsis* Poppius, 1911

Eurystylopsis Poppius, 1911:18. Type species: *Eurystylopsis longipennis* Poppius.

属征 与 *Eurystylus* 属相近，小盾片隆起而后端陡削；头部相对较小，触角第 2 节具长毛；后足胫节细直不弯。有雌雄异型现象，雄性个体显著狭小而色深。前胸背板在淡色的底色上呈 1~3 条深色纵带，可减弱成 1 条深色的中央细纵纹及两侧隐约的晕状纵带，也可因侧缘成黑色而加深成 5 条宽纵带。革片中段外侧有 1 黑斑，端部有 2 块纵斑，深色个体中这些暗斑扩大,致使革片几乎全呈黑褐色,仅基部及中段外侧呈一淡色斜斑;触角基与复眼之间无丝绒状黑斑,触角第 1 节不背腹扁平,只具刚毛状毛。阳茎端不具明显的刺状或片状骨化附器。

　　该属为一小属,全世界已知仅有 6 种,均分布于亚洲。我国记载 4 种,分布偏南。河南省发现 1 种。该属为河南省新记录属。

94. 棒角拟厚盲蝽 *Eurystylopsis clavicornis* (Jakovlev, 1890) (图 80,图版 VI-6)

Calocoris clavicornis Jakovlev, 1890: 558.

Eurystylus clauicornis : Carvalho, 1959: 92.

Eurystylopsis clavicornis: Zheng & Chen, 1991: 201; Zheng et al., 2004: 267.

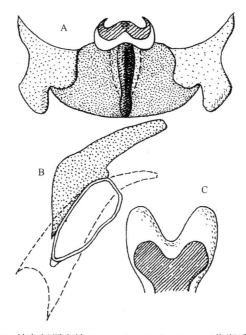

图 80　棒角拟厚盲蝽 *Eurystylopsis clavicornis* (仿郑乐怡等)

A. 交配囊后壁 (posterior wall of bursa copulatrix);B. 背唇片与腹唇片上的侧骨片 (lateral sclerites on dorsal and ventral labiate plate);C. 背结构 (dorsal structure)

　　形态特征　体色　棕褐色,具黑褐色斑。头顶棕褐色或中央具 1 大的黑褐色斑,唇基及颊黑褐色;头腹面黑褐色,喙第 1 节黑褐色,其余棕褐色,第 4 节端部黑褐色;触角黑褐色,第 2 节基部 1/2 左右棕褐色,第 3、第 4 节基部 1/5~1/4 处黄白色。领片中央棕黄色,两侧前端棕黄色,后端黑褐色;前胸背板底色棕褐色,具 3 条纵向黑褐色带,两侧色带贯穿前胸背板前后,中央纵带始于胝区后;小盾片黑褐色,仅基部两侧及顶端棕黄色。半鞘翅爪片黑褐色,仅外侧及顶端棕褐色,革片中部具 1 大的斜三角形黑褐色斑,端部具由多个纵斑合成的大黑褐斑,楔片黑褐色,中部具 1 斜长方形半透明浅斑,膜片烟褐色,翅室端部翅脉浅黄色,膜片中部具 1 横向浅黄白色带。前胸腹板浅黄色,中胸、后胸部腹面黑褐色，腹板后缘浅黄色，臭腺孔缘浅黄色；腹部腹面两侧呈黑褐色与红褐色相间的斑带，中部黑褐色，中部与两侧之间前端为浅黄色，后端红褐色。足腿节暗褐色，亚中部色稍浅，延中线处具 1 列大的暗色斑，胫节基部及端部暗褐色，其余棕黄色，跗节浅棕褐色，基部和端部及爪色暗。

　　结构　体长椭圆形，两侧近平行，较鼓，不具刻点，具浅色平伏毛被。头稍下倾，背面观三角形，毛被长而密，头后缘不具脊，头略宽于前胸背板前缘。触角具极短褐色毛被，第 1 节短于头宽，第 2 节呈棒状，端半明显变粗，第 3、第 4 节骤然变细，第 3 节长于第 4 节；喙伸达中足基节末端。前胸背板梯形，向前下倾斜，前缘及两侧缘近直，后缘向后弧形弯曲，中央略向前凹；小盾片鼓，在端部陡然下降形成陡坡状。半鞘翅较平坦，楔片缝之后骤然向下倾斜。后足腿节及胫节具极短的暗色刺。

　　量度　体长 4.5~5.0 mm，宽 1.9~2.3 mm。

　　分布　河南 (栾川)；甘肃、浙江、福建、广西、四川、贵州、云南、广东、陕西。

　　简记　该种为河南省新记录种。

(六十)　厚盲蝽属 *Eurystylus* Stål, 1871

Eurystylus Stål, 1871:671. Type species: *Eurystulus costalis* Stål.

Olympiocapsus Kirkaldy, 1902:255. Type species: *Olymiocapsus coelestialium* Kirkaldy; by monotypy. Synonymized by Reuter, 1910: 51.

Sabellicus Distant, 1904:113-114. Type species: *Capsus apicifer* Walker; by subsequent designation (Kirkaldy, 1906: 142) (syn. by Carvalho, 1952: 88).

　　属征　身体宽而厚，强烈上鼓，侧面观头背面远低于胸部背面。头部下倾，具两种毛，后缘无脊，无显著中纵沟；触角第 1、第 2 节粗于第 3、第 4 节，第 1 节粗大，略扁，被 2 种毛，第 2 节长，向端部渐粗。喙多伸达中足基节。前胸背板微隆，无刻点，表面有时可见浅纹；领片长，几乎等于胝区长。小盾片不明显隆起，表面可见横皱。半鞘翅不具刻点；楔片及膜片强烈下折，膜片具深色斑。后足腿节短粗，不超过腹部末端，基部不明显变粗。雄性阳茎端囊状且多分支，具明显的刺状或片状骨化附器。

　　该属分布区包括非洲、欧洲南部、亚洲、大洋洲地区。全世界已知有 45 种。在我国也较为常见，已记载有 5 种，分布区偏南，但个别种类在东部可延伸到黑龙江，甚至俄罗斯远东地区。河南省目前已记载 2 种。

种　检　索　表

1. 前胸背板大体 1 色，盘域无成对的明显深色斑 ·· 淡缘厚盲蝽 *E. costalis*
　 前胸背板盘域具 1 对明显的深色斑 ·· 眼斑厚盲蝽 *E. coelestialium*

95. 淡缘厚盲蝽 *Eurystylus costalis* Stål, 1871 (图 81)

Eurystylus costalis Stål, 1871: 671; Carvalho, 1959: 92; Zheng & Chen, 1991: 198; Schuh, 1995: 767; Zheng et al., 2004: 276.

形态特征　**体色**　头黑褐色，唇基一带污黄褐色或全部紫黑褐色而前略杂有黄褐色成对隐约的斜横纹；眼内侧有 1 黄褐色大斑，其前方触角基后有 1 深黑色斑。唇基中嵴黑色。头侧面黄色，下颚片中线黑色。前胸背板一色紫黑褐色或褐色，小盾片黑褐色或污黄褐色，中线处有时加深成 1 深色纹或在两侧处向外色加深，末端有 1 黄白色或青白色大斑。足黑褐色或紫黑褐色，基节前外侧黄色，中段背方常有 1 黄斑，半环状。

结构　体厚实，触角第 1 节强烈侧扁，宽 2 节逐渐强烈加粗，前胸背板强烈下倾，背面圆隆，后缘在小盾片侧角前成一角度前折，中部微前凹，呈浅波曲状。阳茎端主膜叶较复杂，有数个颇为长大的支叶，其中左侧分支基部有 1 长形骨片，顶端钝，形状不规则，其余无骨化部分。次生生殖孔左侧膜叶简单，粗短；右侧膜叶也较小，多粗短的分支。

量度　体长 5.0~7.0 mm，宽 2.2~2.7 mm。

经济意义　吸食枣树的花、蕾和幼果，可造成花、果的凋落，影响枣树的结实率。

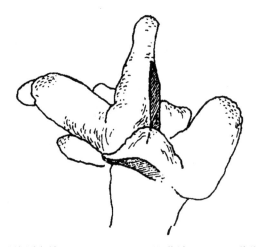

图 81　淡缘厚盲蝽 *Eurystylus costalis* 阳茎端 (vesica) (仿郑乐怡等)

分布　河南 (安阳)；北京、天津、河北、山东、安徽、江苏、浙江、四川、云南、陕西、甘肃；菲律宾、印度尼西亚、太平洋岛屿。

96. 眼斑厚盲蝽 *Eurystylus coelestialium* (Kirkalely, 1902) (图 82，图版 VI-7)

Olympiocapsus coelestialium Kirkalely, 1902: 255.

Eurystylus coelestialium: Zheng & Chen, 1991: 199; Schuh, 1995: 767; Kerzhner & Josifov, 1999: 99; Zheng et al., 2004: 274.

Euryyrtus bioculatus Reuter, 1908: 495 (syn. by Hsiao, 1942: 268).

形态特征　**体色**　黑褐色。头背面污褐色，在复眼内侧、触角基后各具 1 三角形黑色斑，背面观在两眼内缘处常各具 1 浅色斑，唇基与头色同，中央纵线黑色，小颊中部具 1 斜行黑斑。喙棕褐色，第 1 节基部，第 2、第 3 节端部黑褐色；复眼黑褐色；触角黑褐色，仅第 2 节基部及第 3 节基部浅黄色；前胸背板污黑褐色，前端及中央纵线处色略淡，后缘具细的淡色边缘，前胸侧板棕褐色，局部具深褐色，胝区黑色，呈两个黑色斑状，前胸背板盘域具 2 个黑色圆斑，斑的边缘深淡色，领中部污褐色，两侧黑褐色；小盾片与前胸背板色同，亚端部具 1 宽的浅棕黄色横带，顶端黑褐色，基部两侧各具 1 浅棕黄色三角形斑；半鞘翅污黑褐色，缘除端部黑褐色外其余部分浅棕黄色，革片亚端部外侧具 1 斜方形浅棕黄色斑，楔片内、外及顶角黑褐色，中部红褐色，膜片透明，端部烟灰色，翅脉烟污褐色，翅室顶端附近具 1 纵向的条形污褐色斑。足浅棕黄色，腿节端部、胫节基部及端部、跗节端部黑褐色。腹部腹面浅棕黄色，局部具不规则黑褐色。

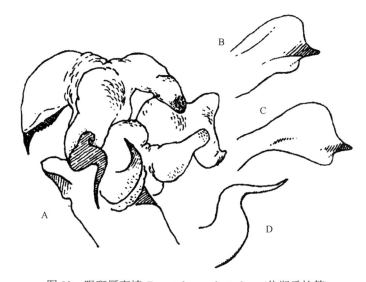

图 82　眼斑厚盲蝽 *Eurystylus coelestialium* (仿郑乐怡等)
A. 阳茎端 (vesica)；B、C. 左阳基侧突 (left paramere)；D. 阳茎端骨化附器 (sclerotized appendages of vesica)

结构　身体长椭圆形，较鼓，具浅色平伏短毛及银色毛被。头背面观三角形，唇基向前下方突，眼大，头宽于领及前胸背板前缘；触角第 1 节长于头宽，与领片等粗，背腹扁平，具黑褐色半直立短毛被，第 2 节最长，较第 1 节细，第 3、第 4 节最细，均具极短毛。领片平坦；前胸背板鼓，背面观因后缘形状而呈六边形，后缘中段略向前凹，小盾片长三角形，中部较鼓。半鞘翅在楔片缝后强烈向下倾斜，缘片、革片端部处及楔片具平伏黑毛，足腿节略粗，胫节刺黑，基部不具黑色斑。阳茎端主膜叶极大，顶部分为 3 支，后支末端骨化成鹰嘴状，下缘具密锯齿。左支末端为镰状骨片，端部渐细，末端渐上翘。右支末端略为骨化、钝，具若干小刺状粗糙构造。次生生殖孔两侧各有 1 膜叶，左膜叶左方有 1 弯曲骨化较弱的骨片，右膜叶无骨化结构。

量度　体长 6.0~8.0 mm，宽 2.5~3.5 mm。

分布　河南 (栾川)；北京、天津、黑龙江、河北、山东、江苏、安徽、浙江、湖北、江西、福建、湖南、广东、广西、四川、贵州、陕西；朝鲜、日本、俄罗斯。

(六十一) 草盲蝽属 *Lygus* Hahn, 1833

Lygus Hahn, 1833: 147. Type species: *Cimex pratensis* Linnaeus.

Exolygus Wagner, 1949: 37. Type species: *Cimex pratensis* Linnaeus; by original designation. Placed one Official Index of Rejected and Invalid Generic Names (Opinion 667/1963).

属征 身体长椭圆形，中等大小。前胸背板具少量的但显明的刻点。身体下方不具黄色或银色扁平毛，但被细绒毛或光滑无毛；头顶光亮，多无纵沟；头顶后缘有脊，多完整，少数仅在两侧可见；前胸背板具刻点；领有光泽，具淡色俯伏毛，或半直立而悬伏，多数较短。在胝后常有 1~2 深色斑或纵带。小盾片较平，具 1 对中纵带，或 1 对中纵带和 1 对侧纵带，或各侧的中带与侧带在端部相遇成 1 "W" 形斑或 1 对 "V" 形斑；表面具横皱及刻点。爪片与革片毛平伏，刚毛状，细或较宽扁而有闪光。膜片大翅室顶端外侧具 1 长形污斑。腿节端常具 2 个或 3 个深色斑，胫节两端也有深色斑点，胫刺黑色，刺基无小黑斑。雄性外生殖器阳茎端具大、小 2 个骨化叶，骨化叶端表面具众多骨化小齿，在大骨化叶旁的系膜内具 1 棒状骨化刺，该刺的长短、刺端部的形状及结构是分种的重要依据；雌虫的骨化环近方形。

该属世界已知 200 余种，分布区包括欧洲、亚洲及北美洲等地区。我国目前已记载有 15 种，大多分布于我国北方特别是蒙新地区，少数分布于四川及其西南地区。河南省目前仅知有 4 种。

种 检 索 表

1. 额区两侧具若干成对的平行横棱，如无则革片刻点直径仅达前胸背板刻点的 1/2 ……………… …………………………………………………………… 长毛草盲蝽 *L. rugulipennis*
   额区两侧无若干成对的平行横棱，革片刻点直径和前胸背板刻点大小相似 …………………… 2.
2. 革片中部刻点不密于前胸背板刻点；后部可有刻点显然稀疏的区域 ………斑草盲蝽 *L. punctatus*
   革片中部刻点分布均匀，较密于前胸背板刻点；后部无刻点显然稀疏的区域 …………………… 3
3. 楔片最外缘全部淡色，或至多两端深色 …………………………………… 牧草盲蝽 *L. pratensis*
   楔片最外缘至少基部 1/3 黑色 ………………………………………… 东方草盲蝽 *L. orientis*

97. 牧草盲蝽 *Lygus pratensis* (Linnaeus, 1758) (图 83)

Cimex pratensis Linnaeus, 1758: 448.

Lygus pratensis: Carvalho, 1959: 152; Aglyamzyanov, 1990: 38; Zheng & Yu, 1992: 353; Schwartz & Foottit, 1998: 315; Schuh, 1995: 822; Kerzhner & Josifov, 1999: 121; Zheng et al., 2004: 359.

形态特征 **体色** 体底色黄，污黄褐色或略带红色色泽。头部黄色，触角黄色，第 1 节腹面具黑色纵纹；第 2 节基部与端段黑褐色；第 3、第 4 节黑色。复眼黑褐色。前胸背板胝淡色、橙黄色或更深而成 1 对深色大斑块状；背板前侧角可有 1 小黑斑；后侧角有时具黑斑；胝内缘或内缘、外缘可各成黑斑状；胝后各有 1~2 个黑色斑或短纵带，中央 1 对较长，伸达盘域中部，或达后部而与后缘黑横带相连；侧缘可有斑带，后缘区亦同。前胸侧板可有小黑斑，有时伸达背面。盘域刻点浅或较深。前胸侧板有小黑斑。小盾片仅在基部中央具 1~2 条黑色纵走斑带，或为 1 对相互靠近的三角形小斑，末端向

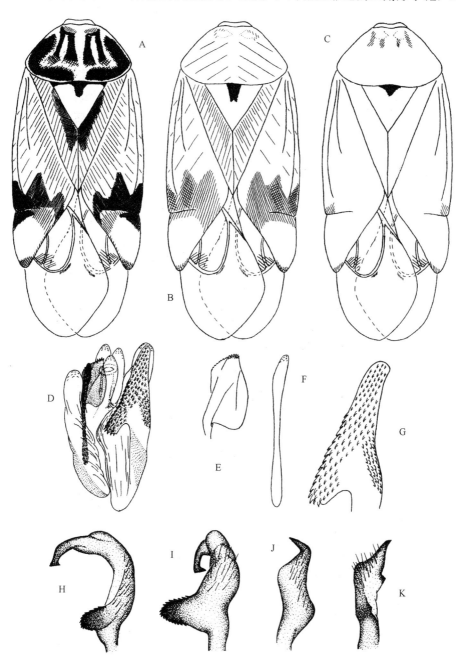

图 83　牧草盲蝽 *Lygus pratensis* (仿郑乐怡等)

A~C. 色斑类型 (patterns of color markings)；D. 阳茎端 (vesica)；E. 小膜叶 (small lobe of vesica)；F. 针突 (spicule)；G. 大膜叶 (large lobe of vesica)；H、I. 左阳基侧突 (left paramere)；J、K. 右阳基侧突 (right paramere)

后，呈二叉状；或伸长而成 1 端部二叉的黑色中央宽带；或 2 带完全愈合成完整而末端平截的宽带，基部较宽，向端渐狭，长短不一；或在基部中央有 1 宽短的小三角形黑斑。半鞘翅淡黄褐色，翅面具很多小的棕色斑点，膜片浅黄色，脉纹清楚。足同体色，后腿节的端半部常具深褐色环状斑 2 个，跗节末端及爪黑褐色。腹面淡绿褐色。

　　　结构　体椭圆形。头部短，三角形，头顶宽在雄虫 1.1 倍于眼宽，在雌虫 1.3 倍于眼宽；复眼向两侧突出。前胸背板宽是第 2 触角节长度的 1.3 倍 (雄)、1.5 倍 (雌)，具领片，侧缘、后缘呈弧形，稍具边，表面密布细刻点；小盾片小，三角形。足被稀短毛，胫节具小刺。雄虫左抱器较小，感觉叶圆，阳茎骨化枝大而粗，顶端略膨大并具多数小齿。

　　　量度　体长约 6 mm，宽 3.2 mm。

　　　生物学特征　发生代数因地区而异，2~4 代，均以成虫越冬。主要存在苜蓿田内，以根部、残茎间较多，油菜地、田边杂草、枯叶下以及田间土缝内也有。在山西一代越冬成虫于翌年 3 月底至 4 月初开始活动，多在返青的苜蓿地内，不久产卵，4 月底始孵，这一代主要在苜蓿和油菜 *Brassica campestris* 上；在棉产区部分成虫于此时可迁飞到附近棉苗上为害。5 月中旬当苜蓿成熟后，成虫即转入棉田、蔬菜及苹果、梨树上；6 月中旬、下旬 2 代若虫孵化时棉花已现蕾，此时为害最重。8 月中旬 3 代若虫羽化，大部转到蔬菜、苜蓿、杂草上为害。10 月初成虫开始越冬。卵产在苜蓿等嫩茎、叶柄、叶脉等处的组织内，排成一列，每处 5~6 粒或略多，产卵处表面于卵孵化前常呈褐色隆起。

　　　经济意义　主要为害苜蓿、棉花、豆类以及稻 *Oryza sativa*、小麦、白菜 *Brassica pekinensis*、萝卜 *Raphanus sativus*、马铃薯、油菜、菠菜 *Spinacia oleracea* 等，还为害苹果、梨、桃、杏 *Armeniaca vulgaris* 等果树。成虫、若虫刺吸植物的汁液，使叶面出现褐色点斑，棉蕾变褐皱缩，重至脱落。苹果、梨等主要为害幼果，果表面出现小褐斑，影响质量和产量。

　　　分布　河南 (开封)；北京、河北、山西、内蒙古、山东、四川、陕西、甘肃、新疆。

98. 长毛草盲蝽 *Lygus rugulipennis* (Poppius, 1911) (图 84)

Lygus rugulipennis Poppius, 1911: 96; Carvalho, 1959: 155; Aglyamzyanov, 1990: 36; Zheng et al., 1992: 353; Qi, 1993: 4; Aglyamzyanov, 1994: 70; Schuh, 1995: 824; Schwartz & Foottit, 1998: 54; Kerzhner & Josifov, 1999: 122; Zheng et al., 2004: 364.

　　　形态特征　**体色**　体褐色、污褐色或锈褐色，常带红褐色色泽。头棕黄绿或红褐色，具各式红褐或褐色斑；额区具成对平行横棱纹或无，有时具红褐色横纹。复眼黑褐色；触角黄、橙黄、红褐或深褐不等；第 1 节腹面常黑褐色；第 2 节多为红褐色，基部及端段深色。前胸背板常带红褐色，领棕黄或棕绿色；胝区淡色及周缘色深，其后延伸出黑色纵带；前胸背板后端侧角及近后缘呈连续的黑色斑，但侧角及后缘具细的浅色边缘；暗色个体前胸背板几呈黑褐色，在盘域隐约可见从胝区延续而出的纵条纹，侧角处具细的浅色边缘。小盾片基部发出 2 个黑色指形斑，顶端到达小盾片中部，或此外侧常有则带纹，不显著或显著。半鞘翅褐或红褐色，具斑驳的界限不明的黑褐色斑，楔片浅褐或棕褐色，顶端色稍暗，膜片烟灰褐色，翅脉浅棕褐色。足棕黄或棕褐色，股节色暗，股节端部及胫节基部具暗色环纹，暗色个体股节黑褐色，端部可见浅色环，胫节刺黑色，刺基部不具黑色斑。身体腹面中部黑褐色，两侧色略浅，臭腺孔及周围棕黄色，黑色个体腹面几为黑色，仅臭腺孔周围棕黄色。

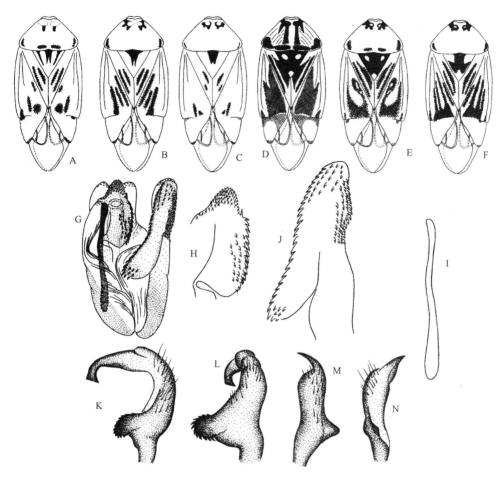

图 84　长毛草盲蝽 *Lygus rugulipennis* (仿郑乐怡等)

A~F. 色斑类型 (patterns of color markings)；G. 阳茎端 (vesica)；H. 小膜叶 (small lobe of vesica)；I. 针突 (spicule)；J. 大膜叶 (large lobe of vesica)；K、L. 左阳基侧突 (left paramere)；M、N. 右阳基侧突 (right paramere)

　　结构　身体较小，长椭圆形，具平伏浅色短毛被。前胸背板刻点较大而稀。前翅刻点较密而均匀，翅面在楔片处向下倾斜。雄性左抱器较小，顶端钩状，近中部外缘缺刻凸起，但不强烈，感觉叶短小，顶端钝锥形；右抱器较细小，基部外缘明显呈直角状突起；阳茎大骨化叶短阔，顶端钝角状，游离端长舌状，小骨化叶短，长卵形，骨化枝长棒状，顶端钝，具微齿，明显超过次生生殖孔缘。

　　量度　体长 5.6~6.5 mm，宽 2.6~3.1 mm。

　　分布　河南 (安阳)；黑龙江、辽宁、吉林、内蒙古、河北、新疆、西藏；日本、朝鲜、俄罗斯 (远东地区)、全北界。

99. 斑草盲蝽 *Lygus punctatus* (Zetterstedt, 1838) (图 85，图版 VI-8)

Phytocoris punctata Zetterstedt, 1838: 273.

Lygus punctatus: Carvalho, 1959: 154; Aglyamzyanov, 1990: 35; Zheng & Yu, 1992:352; Qi, 1993: 2; Aglyamzyanov, 1994: 69; Schuh, 1995: 822; Schwartz & Foottit, 1999: 40;Kerzhner & Josifov, 121; Zheng et al., 2004: 359.

Lygus kerzhneri Qi in Qi & Nonnaizab, 1993: 62, 63 (syn. by Aglyamzyanov, 2002: 326).

Lygus rutilans Horváth, 1888: 181 (syn. by Wagner, 1955: 152).

　　形态特征　体棕色，体背面散布不规则星形黑褐色斑点。头棕黄色或棕绿色，额区无成对平行横棱纹，有时具红褐色细横纹，中央有时具红褐色或褐色斑；复眼棕褐色或黑褐色；触角棕褐色，第 2 节细长，橙褐色至黑褐色，端半色较深，第 3、第 4 节黑褐色。领一色棕黄色或棕绿色；前胸背板棕黄色或棕褐色，胝区及其前方色略淡，胝区后 4 个黑斑或 4 条黑色纵带，长短不一，长时可达盘域之半处；后侧角处具 1 大黑色斑，有时近后缘处也具黑色。小盾片黑色斑呈 "W" 形，顶端浅棕黄色或棕绿色。半鞘翅棕色，散布星状黑斑而呈现斑驳状，前缘具明显黑色边缘，楔片浅色半透明，顶端黑色，内侧边缘棕红色，膜片烟褐色，翅脉棕褐色。体腹面棕黄色或棕绿色，足棕褐色，腿节端部及后足胫节基部分别具 2 个和 1 个褐色斑纹，胫节刺黑色，刺基部不具黑色斑点，跗节端部色略暗，爪浅色。

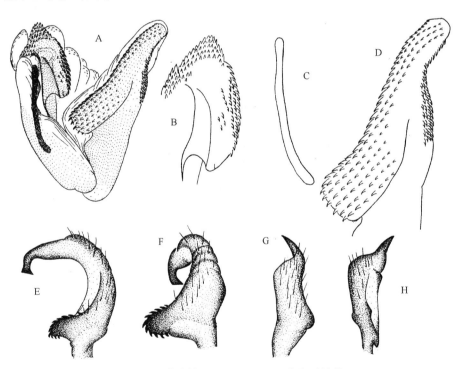

图 85　斑草盲蝽 *Lygus punctatus* (仿郑乐怡等)

A. 阳茎端 (vesica)；B. 小膜叶 (small lobe of vesbica)；C. 针突 (spicule)；D. 大膜叶 (large lobe of vesica)；E、F. 左阳基侧突 (left paramere)；G、H. 右阳基侧突 (right paramere)

结构 体椭圆，较鼓。前胸背板刻点明显，前翅刻点不显。头下倾，触角第 1 节略长于 (♂) 或约等于 (♀) 头顶宽，第 2 节不长于头及前胸背板长度之和，约等于第 3、第 4 节长度之和；喙伸达后足基节。前胸背板圆鼓，胝区略鼓，除胝区处其他部分具均匀而明显的刻点；小盾片鼓，刻点不明显。半鞘翅具平伏的浅色毛被，刻点不明显，翅面在楔片缝后明显下倾。阳茎大骨化叶长而阔，端部锥状，游离部末端微齿稠密；小骨化叶阔而厚实，具稠密的微齿，骨化枝长棒状，顶端圆钝，具微齿，伸过次生生殖孔缘。雄性左抱器粗大，镰状，顶端弯钩状，近中部处缘缺刻状凸起，感觉叶粗壮，具较强的微齿，柄端部粗大；右抱器粗大，顶端弯角状。雌性生殖环大而阔，骨化环前缘十分粗壮，环孔卵形。

量度 体长 6.0 mm，宽 2.9~3.0 mm。

分布 河南 (栾川)；黑龙江、内蒙古；西伯利亚。

简记 该种为河南省新记录种。

100. 东方草盲蝽 *Lygus orientis* Aglyamzyanov, 1994

Lygus orientis Aglyamzyanov, 1994: 72; Kerzhner & Josifov, 1999: 121; Zheng et al., 2004: 353.

形态特征 体色 体相对色淡，底色黄绿或淡黄褐色，多带有青黄色色泽。头部淡色，常一色，无明显深色斑纹。毛淡色短小，半直立。触角淡污红褐色，也较短而雄雌形状略有不同；第 1 节腹面色深，可成黑褐色纵带；第 2 节基段、端段或最末端黑褐色；第 3、第 4 节黑褐色，第 3 节基部常渐淡。前胸背板黑色斑带相对不发达：在最淡色个体中仅胝的内缘有 1 黑斑，胝内缘、外缘均有 1 黑斑，胝前区在中央也可有 1 对黑斑；胝后常无黑色斑带，或有 4 条黑色短纵带；侧缘区无黑色斑带，或在侧缘中部有 1 黑斑，或后半成黑带而与后侧角黑斑相连；后缘区有 1 对长短不一的黑横带，可与后侧角的黑斑相连，或无。前胸侧板无黑斑或有黑斑。小盾片黑色斑纹极不发达：较多个体小盾片一色淡色无黑斑，或基部中线两侧各有 1 甚短的三角形小黑斑，尖端向后，呈二叉状。爪片内缘黑褐，中段爪片脉两侧褐色，范围常不大，革片在 Cu 脉与中部纵脉的端部两侧区域黑褐色，外端角区域黑色。缘片外缘黑色。楔片最端角黑色，外缘基半黑色 (雄常基部 2/3 黑色或全黑色)。膜片淡烟色。后足股节端段有 3 褐环，中段有 2 褐色纵带或纵斑。后足胫节基部有 2 褐斑。体下淡色。

结构 体相对较狭小，两侧近平行；额无成对平行横棱，雄虫头顶狭于或略宽于眼 (0.8~1.2∶1)，雌虫略宽于眼 (1.05~1.25∶1)。喙伸达基节末端。前胸背板盘域刻点深或较浅，密度中等或较密，毛短小；领毛也短。半鞘翅两侧较平行，雄虫尤显。深色斑纹较少。爪片与革片刻点密，大小、深度与前胸背板刻点约相等，均匀，无明显光滑平坦区域，刻点间距多小于直径，少数与直径约相等；毛长度中等，长约 50 μm，前毛、后毛略为叠覆 (可多达 1/4~1/3)。

雄虫阳茎端针突很短，微弯，基部粗，端半明显渐细成针状，末端尖。

量度 体长 5.5~6.0 mm，体宽 2.4~3.0 mm。

分布 河南 (安阳)；山西、内蒙古、陕西、甘肃、新疆；哈萨克斯坦、吉尔吉斯斯坦、蒙古国。

(六十二) 奥盲蝽属 *Orthops* Fieber, 1858

Orthops Fieber, 1858: 311. Type species: *Lygaeus pastinacae* Fallén.

属征 体圆形或长椭圆形，具光泽。前胸背板及前翅具刻点。头垂直或近垂直，额-头顶区饱满，头顶具中纵沟及完整的后缘嵴。触角第 2 节较短，明显短于前胸背板后缘宽。前胸背板领明显，多无光泽；后缘中部平直。胫节刺基部无黑色小点斑。阳茎端具 1 枚针突。交配囊后壁的左右侧叶愈合成一体，横跨整个后壁。

该属全世界已知 30 多种，分布区域包括欧洲、北非、亚洲、北美洲等。我国记载有 5 种。河南省仅知 1 种。

101. 东亚奥盲蝽 *Orthops* (*Orthops*) *udonis* (Matsumura, 1917) (图 86)

Lygus udonis Matsumura , 1917: 434.

Orthops (*Orthops*) *udonis* (Matsumura): Kerzhner & Josifov, 1999: 134; Zheng & Lu, 2002: 499; Zheng et al., 2004: 454.

Lygus sachalinus Carvalho, 1959: 138. New name for *Lygus flacoscutellatus* Matsumura 1911. Syn. byYasunaga Miyamoto & Kerzhner, 1996: 93.

Orthops sachalinus (Carvalho): Kerzhner, 1978: 40; Kerzhner, 1988: 812; Zheng, 1995: 465; Schuh,1995: 858.

形态结构 体色 体色及斑纹变异较大；被金黄色柔毛，略具光泽。头黄褐色；唇基深褐至黑色；头顶常有 1 形状不等的黑褐斑；上颚片及下颚片多为黄白色，有时颊及小颊褐至黑褐色。触角深褐色，有时第 1 节黄褐色，端部具 1 褐色环，基部腹面褐色。前胸背板有时全黑色，有时为黄褐色，仅胝区或近后缘有褐色斑，有时为黑褐至黑色，中央有 1 黄褐色纵斑，有时前半部黄褐色；胝区黑褐色，后半部黑褐色，以后 2 种色斑型最为常见；领黄白色。小盾片黄白至浅黄褐色，基部中央有 1 深褐色斑，大小不一，大时几可占据整个小盾片。半鞘翅黄褐色；缘片外缘黑褐色；革片端部 1/3~2/5 黑褐色，有时仅在近端部具 1 褐色斑；爪片有时沿接合缝有 1 褐色纵斑，有时全部为黑褐色或黑色，仅基部外缘及近端部外缘黄褐色；楔片有时端部 1/3~2/5 深褐色；膜片烟褐色，通常楔片端部后方外侧的膜片有 2 个浅色大斑。体腹面为均一的黄褐色；有时胸部腹面黑色，臭腹沟缘及蒸发域黄白色，腹部腹面黄褐色，侧缘具 1 褐色至黑色的宽纵带，雄虫生殖节常为褐至黑褐色。足浅黄褐至黄褐色，股节亚端部具 2 个褐色环，前足、中足者常色极浅或消失，有时后足股节端半部褐色；胫节刺黑褐至黑色。

结构 体长卵形，被柔毛。头垂直，具稀疏毛；雄虫头顶宽为头宽的 0.42~0.46 倍，雌虫为 0.47~0.49 倍；头顶中纵沟明显；后缘嵴完整；喙伸达中足基节。领刻点小且浅。小盾片基半部具横皱。楔片长约为其基部宽的 1.5 倍。左阳基侧突感觉叶基部强烈膨大；端突端渐细，亚端部具 1 倒钩。右阳基侧突端突宽短，端缘平截，末端尖。阳茎端针突缓弯，端部 1/3 狭细，伸达片状骨片长的 4/5 处；边缘具锯齿的大形片状骨片宽大，较弯曲。

量度　体长 3.2~5.1 mm，宽 1.6~2.1 mm。

经济意义　已记载寄主均为伞形科植物 (Kerzhner，1978；Yasunaga，1993)；国内河南安阳的标本采自胡萝卜；内蒙古莫尔道嘎的标本采自伞形科的一种植物。

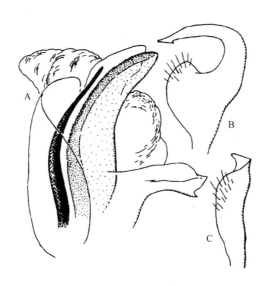

图 86　东亚奥盲蝽 *Orthops (Orthops) udonis* (仿郑乐怡等)
A. 阳茎端 (vesica)；B. 左阳基侧突 (left paramere)；C. 右阳基侧突 (right paramere)

分布　河南；河北、山西、内蒙古、吉林、黑龙江、江苏、湖北、广西、四川、贵州、云南、陕西、新疆；俄罗斯、日本、朝鲜半岛。

(六十三) 植盲蝽属 *Phytocoris* Fallén, 1814

Phytocoris Fallén,1814:10. Type species: *Cimex populi* Linnaeus.

属征　体椭圆形或狭长形，无刻点，不具光亮，具 2~3 种毛；颜色呈灰、褐、黄或绿等，背面常有多个、界限不明显及不规则的斑纹，在革片端部暗斑大而随意。下颚片隆起。触角很长，圆柱形，第 1 节具多枚直立鬃。后足腿节长，常达或超过腹端，腿节略扁平至中度扁平，基部宽，近端部渐变窄；胫节浅色，具 1 个或多个暗色环纹。雄虫生殖囊开口边缘有时具瘤状或片状突起。雄虫常为长翅型。

该属为一大属，全世界已知约 640 种，分布于世界各地；我国已记载 38 种，多数分布在我国北方地区；河南省目前发现 1 种。该属为河南省新记录属。

102. 长植盲蝽 *Phytocoris longipennis* Flor, 1861 (图 87，图版 VI-9)

Phylocoris longipennis Flor, 1861: 601; Nonnaizab & Jorigtoo, 1992: 313~322; Zheng et al., 2004: 495.

形态特征 身体底色棕黄,但由于具众多褐色斑块而显斑驳。头背面棕黄或棕绿色,额呈现放射形褐色条斑,头顶呈现"X"形斑纹,唇基基部、中部及端部各具褐色斑,颊及小颊也具褐色;触角第 1 节棕黄色,具不规则褐色斑驳,其余各节褐色,第 2 节基部浅黄色,亚端部浅褐色,端部黑褐色,第 3 节基部浅黄色;复眼黑褐色;喙棕黄色,第 4 节色暗,顶端黑褐色。领棕黄色,背面观具 4 个浅褐斑,均匀分布;前胸背板胝区及周围棕黄色,其余部分褐色,斑驳,在近后缘处具 1 列黑褐斑,有时连合,前胸背板后缘色淡;小盾片棕黄色,斑驳,亚端部具 1 艳黄区域,其两侧具一"八"字形暗斑。半鞘翅斑驳,爪片及革片内侧色暗,革片端部内侧具 1 斜形黑褐大斑;楔片基部浅棕黄色,端半斑驳,呈暗褐色;膜片棕灰色,斑驳,翅脉棕黄色。足棕黄色,腿节基部以上具密集的黑褐色斑,似呈网状,胫节具 4 个黑褐色环,跗节棕黄色,顶端色暗。胸部腹面大部浅褐色,腹部腹面大部棕黄色,周边及中纵线浅褐至褐色。

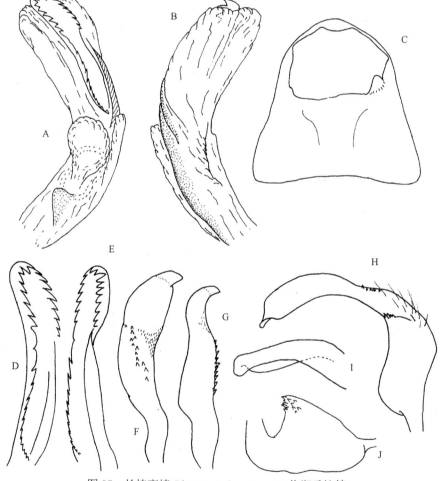

图 87 长植盲蝽 *Phytocoris longipennis* (仿郑乐怡等)

A、B. 阳茎端 (vesica);C. 雄虫生殖囊 (male genital capsule);D、E. 梳状板 (comb-shaped spiculum);F、G. 右阳基侧突 (right paramere);H. 左阳基侧突 (left paramere);I. 左阳基侧突杆部 (shaft of left paramere);J. 左阳基侧突感觉叶 (sensory lobe of left paramere)

　　结构　体狭长形，无刻点，具平伏的黑色直毛和浅色弯曲的丝毛。头下倾，额圆鼓；触角细而长，具浅色毛被，第 1 节长于头宽，除浅色平伏毛被外还具半直立暗色毛，第 2 节最长，长于第 3、第 4 节之和；喙较长，顶端伸达后足基节间。领略鼓；前胸背板后端鼓，前缘及侧缘近直，后缘稍弯；小盾片中部稍鼓，端部尖而下倾；前翅较平坦，侧缘略外弯。足较长，后足股节粗长，超过腹部末端，胫节刺浅色。

　　量度　体长 6.2~7.0 mm，宽 2.2~2.4 mm。

　　分布　河南 (嵩山)；内蒙古、黑龙江。

　　简记　该种为河南省新记录种。

(六十四) 异盲蝽属 *Polymerus* Hahn, 1831

Polymerus Hahn, 1831: 27. Type species: *Polymerus holosericeus* Hahn.

　　属征　体型中等大小，身体背面及腹面被金黄色或银色扁平毛，毛易于脱落，体背面具刻点但不很深。头顶后缘具脊，其上被平伏丝状毛，头顶中纵沟常甚浅。触角第 1 节粗于领或与其等粗，第 2 节细于领或与其等粗。前胸背板有明显刻点，领上被平伏丝状毛，盘域毛二型。小盾片多横皱，略隆起。爪片与革片表面常成不规则刻纹状，毛被二型。后足股节常加粗，第 1 跗节短于第 2 节。雄性外生殖器阳茎端囊状，具游离而粗大的骨化刺，系膜囊突上具带齿的骨化带，骨化刺的数目、粗细、是否分支、系膜上骨化带有无齿及与骨化刺间的连系等各种之间存有差距。

　　该属全世界已知近百种，为世界性分布，以北美洲分布的种类较多，古北区次之，热带种类较少。我国目前已记载有 9 种，均分布于我国北方或川西、藏东的高寒地区，只有一种的分布向南可伸达闽北地区。河南省目前仅知 1 种。

103. 红楔异盲蝽 *Polymerus cognatus* (Fieber, 1858) (图 88)

Poeciloscytus cognatus Fieber, 1858: 331.

Polymerus cognatus: Hsiao et al., 1963: 444；Zheng & Li, 1987: 49; Zheng et al., 2004: 551.

　　形态特征　身体底色棕黄，但由于具黑褐色斑而呈灰褐至黑褐色。头黑褐色，复眼与触角旁各有 1 对黄褐色斑，有时扩展而前后相连。触角第 1 节和第 2 节基部黑褐色，其余褐色；复眼黑褐色；喙褐色，末端黑色。前胸背板黑褐色，后缘具淡褐细边，小盾片大部黑褐色，端部具淡褐菱形斑。半鞘翅缘片、革片前半部淡褐色，其余黑褐色，端部具淡色横带，楔片基部、端部淡褐色，中部具紫红色大斑，向外逐渐变为黑褐色；膜片灰褐色。腹部腹面黑褐至淡褐色。足股节灰褐至黑褐色，或具淡色部分；胫节淡褐色，具灰褐至黑褐色斑，侧面具深褐色刺毛；跗节基部褐色，端部黑褐色。

　　结构　体较粗壮、背腹较凸，密被银灰色绒毛。触角第 2 节雄虫明显较雌虫粗。头后缘具横脊。喙末端伸达足后基节间。前胸背板几平直，后缘明显向后呈弧形；领粗约是头顶后缘脊直径 2 倍。半鞘翅具刻点。胫节具深褐色刺毛，跗节第 1 节短于第 2 节。

　　量度　体长 4.2~5.3 mm，宽 1.5~2.2 mm。

生物学特性　在我国新疆一年可发生 3~4 代，以卵在苜蓿、滨藜 *Atriplex patens*、苋菜 *Amaranthus tricolor* 等植物组织内越冬，翌年 5 月孵化，6 月出现成虫。

经济意义　为害甜菜 *Beta vulgaris*、菠菜 *Spinacia oleracea*、猪毛菜 *Salsola collina*、苜蓿、草木犀、三叶草 *Trifolium repens*、苋菜、亚麻 *Linum usitatissimum*、红花 *Chelonopsis pseudobracteata* var. *rubra*、胡萝卜、芫荽、苍术 *Atractylodes lancea*、苍耳 *Xanthium sibiricum*、藜、夏枯草 *Prunella vulgaris*；也在棉田偶然出现，在河南省还曾在芝麻上发现；国外报道为害马铃薯。

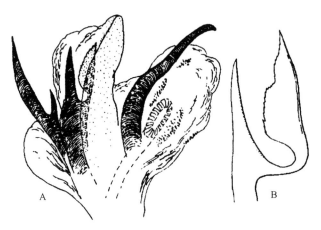

图 88　红楔异盲蝽 *Polymerus cognatus* (仿郑乐怡等)
A. 阳茎端 (vesica)；B. 阳茎端刺 II (spicule II of vesica)

分布　河南 (安阳)；黑龙江、吉林、内蒙古、河北、北京、天津、山西、山东、陕西、甘肃、新疆、四川；国外分布于欧洲大部、朝鲜、俄罗斯、土耳其。

(六十五) 狭盲蝽属 *Stenodema* Laporte, 1832

Stenodema Laporte, 1832: 40. Type species: *Cimex virens* Linnaeus.

Lobostethus Fieber, 1858: 301. Type species: *Cimex virens* Linnaeus; by monotypy. Syn. by Reuter, 1888: 409.

Neomiris Distant,1892: 113. Type species: *Neomiris praecelsus* Distant; by monotypy. Syn. by Carvalho, 1952: 84.

属征　体狭而长，中型或中大型，两侧平行或近平行，具弱光泽。多黄绿、绿至黄褐色，一色或前翅爪片与革片内半黑褐色。头平伸，唇基突出，两眼与前胸背板前缘接触，头顶具中纵沟，触角第 1 节短于头与前胸背板长度之和。前胸背板几平置，具刻点，侧缘锐，后缘中央前凹，领粗于触角第 2 节基部；小盾片平，其与半鞘翅上刻点同前胸背板。后足跗节第 1 节不长于第 2 节；头平伸。

该属全世界已知有 50 多种，为世界性分布。我国已记载 24 种，多数种类分布偏于西南地区，少数也向东分布至我国东北地区。河南省仅知 1 种。

104. 山地狭盲蝽 *Stenodema* (*Stenodema*) *alpestris* Reuter, 1904 (图 89)

Stenodema alpestre Reuter, 1904: 13; Carvalho, 1959: 303; Zheng, 1981: 93, 96; Josifov & Kerzhner 1999: 193,

Stenodema (*Stenodema*) *alpestris*: Schuh, 1995: 1020; Zheng et al., 2004: 618.

　　形态特征　**体色**　体侧缘草绿至黄褐色，中间锈褐至黑褐色，少数个体全身草绿色，该种是我国狭盲蝽属中色调最深的种类。头部中纵脊基部具 1 倒三角形小黄斑，背面全黑或仅纵沟两侧黄至黄褐色。复眼黄褐至黑褐色；触角黄褐色，第 1 节草绿色；喙末端黑褐色。前胸背板侧缘黄至草绿色，胝区黑褐至黑色，多数个体除中纵线和外侧缘外前胸背板全黑色；小盾片黄褐至黑色，中线色淡。半鞘翅前缘黄至草绿色，后半部黑褐至黑色，绿色个体爪片、革片各脉草绿色，脉间黄褐色，楔片与革片前缘同色，外基角大于 90°，膜片黄至淡黑褐色，基角色深。体腹面黄至淡草绿色。足黄色至淡黄褐色，除绿色个体外，各足股节均具明显黄褐至黑色斑点。腹中线两侧和侧接缘部位具黑褐色斑纹。

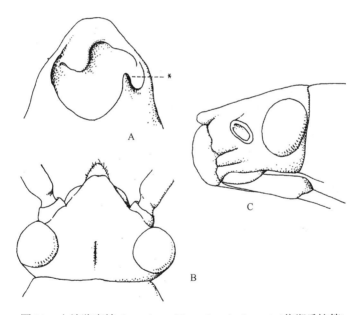

图 89　山地狭盲蝽 *Stenodema* (*Stenodema*) *alpestris* (仿郑乐怡等)

A. 生殖囊背面观 (星号示开口边缘突起) (genital capsule, asterisk showing process on margin)；B. 头部背面观　(dorsal view of head)；C. 头部侧面观 (lateral view of head)

　　结构　体大而狭长，多两侧平行。头三角形，中纵沟明显。触角被刚毛。喙末端伸达后足基节间。半鞘翅膜片大翅室、小翅室之间的脉纹发自楔片基角之后，大翅室外缘脉弧形弯曲，突出部位约与虫体中线平齐，小翅室尖长三角形，远小于膜片基角区。

　　量度　体长 8.3~9.3 mm，宽 1.8~2.0 mm。

经济意义　危害青稞 *Hordeum vulgare* var. *nudum*、小麦等和其他禾本科植物。

分布　河南 (嵩县、栾川、鸡公山)；陕西、湖北、江西、福建、广西、四川、贵州、云南、甘肃。

(六十六) 纤盲蝽属 *Stenotus* Jakovlev, 1877

Stenotus Jakovlev, 1877: 288. Type species: *Stenotus sareptanus* Jakovlev.

Tancredus Distant, 1904: 430. Type species: *Tancredus sandaracatus* Distant; by original designation. Synonymized by Poppius, 1911:16.

Indoelum Kirkaldy, 1906: 138. Type species: *Megacoelum rubricatum* Distant; by original designation. Synonymized with *Tancredus* by Distant, 1911: 240.

属征　身体较小，长椭圆形，常两侧近平行。头高与宽近等，头顶后缘光滑，不具脊；触角长，圆柱形略扁，第 1 节短于前胸背板，具平伏或半直立毛，第 2 节较第 1 节略细。前胸背板无粗刻点或粗皱纹，颈片略短于胝区，两胝较分离。后足跗节第 1 节长，长为第 2 节的 1.5 倍以上。

该属分布于欧洲、亚洲、非洲、印度及北美洲等地区。世界已知 52 种。我国已记载 6 种。目前，河南省仅记载 1 种。

105. 赤条纤盲蝽 *Stenotus rubrovittatus* (Matsumura, 1913)

Calocoris rubrovittatus Matsumura, 1913: 1217; Carvalho, 1959: 47.

Stenotus rubrovittatus: Hsiao & Men, 1963: 442; Schuh, 1995:950; Kerzhner & Josifov, 1999: 178; Zheng et al., 2004: 578.

形态特征　体色　红褐色，具光泽。头背红至红褐色，唇基黑色；触角第 1 节红褐色；第 2、第 3、第 4 节淡红褐色；头背中线处宽纵带黄色；前胸背板底色黄，具光泽，两侧各具 1 红色、红褐色或褐色宽纵带，起自领侧，向后渐宽，覆盖胝区外半，伸达背板后缘。小盾片中央为黄色宽条带，两侧区域红褐色。半鞘翅淡黄，爪片大部红色或红褐色，革片内角区域或内半斑块 (伸达楔片内角，此区域的外缘常为纵走直线) 红或红褐色；膜片脉红色。足股节红色；爪片外侧延爪片缝的窄条纹常为淡黄色；各足胫节淡黄色；胫节刺淡黄褐色，膜片淡烟色，微带红色。体腹面中域淡黄色，有光泽，腹面侧方有红褐色宽带贯全长。

结构　体长椭圆形。头平伸，额顶饱满，被短小密毛；头顶中纵沟极浅，略凹。触角第 1 节略短于头宽，约有 1/2 伸过头端；第 2、第 3、第 4 节较细，粗细一致；第 2 节粗细程度只有第 1 节的一半。喙伸达后足基节中部。前胸背板平置，几不前倾，后缘中段平直，侧缘近直，仅微凹弯；侧面观前胸背板侧缘较钝圆；盘域细密，明显具刻皱，毛短密，几平伏；胝略隆起，界限清楚，被毛形态与盘域同，无皱纹；胝间区略隆出，具皱纹。小盾片平坦。半鞘翅基外角略伸出于前胸背板之外；革片上毛短密，平伏，略弯曲。

量度　体长 4.3~5.6 mm，体宽 1.5~1.9 mm。

生物学特征　寄生于玉米、小麦和苜蓿等作物上，在棉田内数量很少。

经济意义　为害玉米、小麦和苜蓿等。

分布　河南 (安阳)；河北、江苏、湖北、江西、云南、陕西；日本、韩国、俄罗斯 (远东地区)。

(六十七) 赤须盲蝽属 *Trigonotylus* Fieber, 1858

Trigonotylus Fieber, 1858: 302. Type species: *Miris ruficornis* Geoffroy; by monotypy.

Callimiris Reuter, 1876a: 60. Type species: *Callimiris uhleri* Reuter. Designated by Kirkaldy, 1906a:144. Synonymized By Reuter, 1909b: 5.

Oronomiris Kirkaldy, 1902d: 144. Type species: *Oronomiris hauniiensis* Kirkaldy; by monotypy. Synonymized by Carvalho, 1952: 84.

属征　体较小，狭长而纤弱，两侧平行，绿色，无毛或具很细而短的毛。头、前胸背板及小盾片可有晕状暗色纵纹 (头部 3 条，前胸背板 4 条，小盾片 2 条)。头三角形，前伸，头顶有 1 纵沟，唇基突出，两侧压扁，额端明显伸过触角基。眼与前胸背板前缘接触或几乎接触。触角细长，第 1 节长于或等于头长，短于头与前胸背板之和；触角毛短，不超过触角节粗之半。前胸背板具不清晰的刻点，刻点不整齐，不覆盖小盾片的基部，小盾片光滑或具横皱纹。爪片与革片具较细密刻点。股节下方无刺。后足胫节刺与胫节刚毛状毛的长度和角度均较接近，长约等于该胫节直径。雄虫阳茎端无骨化附器，或有 1 根针突。

该属全世界已知 34 种，为世界性分布，但以古北区及新北区种类占绝对多数。我国已知有 7 种，河南省已知有 1 种。

106. 条赤须盲蝽 *Trigonotylus coelestialium* (Kirkaldy, 1902) (图 90，图版 VII-1)

Megaloceraea coelestialium Kirkaldy,1902: 226

Trigonotylus coelestialium (Kirkaldy): Reuter,1903:1; Carvalho, 1959:313; Zheng, 1985: 282; Golub,1989: 147; Kerzhner & Josifov, 1999: 199; Zheng et al., 2004: 648.

Trigonotylus procerus Jorigtoo et Nonnaizab, 1993: 354, 355. Syn. by Golub, 1994: 26.

形态特征　体淡绿或鲜绿色，干标本污黄褐色。背面具淡褐至淡红褐色中纵细纹，又沿触角基内缘经眼内缘至头后缘间有 1 淡褐细纵纹。复眼银灰色。触角红色。喙 4 节，黄绿色，顶端黑色。前胸背板绿色，小盾片黄绿色。前翅革片绿色，膜片白而透明。体腹面淡绿或黄绿色。足淡绿或黄绿色，胫节末端及跗节暗色。爪黑色。

结构　体细长。头略呈三角形，顶端向前突出。头顶中央具 1 纵沟，前伸不达头部中央；复眼半球形，紧接前胸背板前缘。触角等于或略长于体长，第 1 节粗短，有黄色细毛；喙长，顶端几达或略超过中足基节后缘。前胸背板梯形，前缘低平，后缘略拱；小盾片三角形，基部不被前胸背板后缘所覆盖。前翅膜片末端长度稍超过腹部末端。体腹面胸部光滑，腹部具稀疏浅色细毛。胫节及跗节具黄色细毛，跗节 3 节，假爪垫片状。

量度 体长 4.8~6.5 mm，宽 1.3~1.6 mm。

若虫 1 龄体长约 1 mm，宽 0.45 mm，初呈绿色，1d 后渐变淡绿色。触角和喙超过体长，前胸背板近方形；2 龄体长约 1.7 mm，宽 0.7 mm，长椭圆形，浅绿色，前胸背板长方形，触角和喙等于或略超过体长；3 龄体长 2.5 mm，宽 1 mm 左右，浅绿或黄绿色，前胸背板近长方形。翅芽略显，不达腹部第 1 节；4 龄体长约 3.5 mm，宽 1.2 mm。黄绿色，触角红色，胫、跗节末端及喙端部黑色，翅芽伸达腹部第 2 节；5 龄体长约 5 mm，宽 1.5 mm，黄绿色，触角红色，略短于体长。翅芽超过腹部第 3 节。

生物学特征 华北地区一年发生 3 代，以卵在杂草茎叶组织内越冬。翌年 4 月下旬 (气温达 12℃以上时) 孵化，5 月初盛孵，5 月中旬始羽，逐渐迁移到麦田内为害，5 月中下旬交配并产卵。第 2 代若虫 6 月上旬始孵，6 月下旬 (气温达 20~25℃，相对湿度 45%~50%时) 盛孵，6 月下旬羽化。第 3 代若虫 7 月上旬始孵，7 月中旬盛孵，8 月下旬至 10 月上旬随禾本科植物陆续成熟时，雌虫便在植物茎叶上产卵越冬。因成虫产卵期较长而不整齐，故存在世代重叠现象。第 1 代雌虫多在小麦叶鞘上端产卵，集生成纵列，一般 1 排，有时 2 排。每只雌虫一次能产卵 2~20 粒，一般 5~10 粒，第 2 代产卵植物除小麦外，还有燕麦、大麦 *Hordeum vulgare*、披碱草 *Elymus dahuricus*、羊草等。初孵若虫在卵壳附近停留片刻后，便开始活动取食。常在叶片背面，成虫一般在上午 9 时至下午 5 时前较活跃，夜间或清晨以及阴雨天，多潜伏在植物中下部的叶背面。

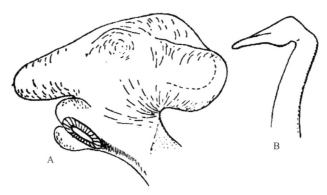

图 90 条赤须盲蝽 *Trigonotylus coelestialium* (仿郑乐怡等)
A. 阳茎端 (vesica)；B. 左阳基侧突 (left paramere)

经济意义 主要为害小麦、谷子 *Setaria italica*、玉米、高粱、燕麦、黑麦 *Secale cereale* 等作物以及羊草、赖草 *Leymus secalinus*、芦苇、芨芨草 *Achnatherum splendens*、苏丹草 *Sorghum sudanense*、无芒雀麦 *Bromus inermis*、冰草 *Agropyron cristatum*、披碱草等多种禾本科牧草，偶尔在苜蓿、白菜 *Brassica pekinensis*、甜菜、向日葵上也可采到。在我国北方草原牧区，是为害禾本科牧草的主要害虫之一。成虫和若虫能刺吸叶片汁液，有时也为害嫩茎及穗部。被害叶初现黄点，渐成黄褐色大斑，叶片顶端向内卷曲，严重时整个植株干枯死亡，影响作物和牧草的产量。

分布 河南 (全省)；河北、山西、内蒙古、辽宁、吉林、黑龙江、江苏、安徽、江西、山东、湖北、陕西、甘肃、四川、青海、宁夏、新疆。

过去国内一些文献中所记述的 "*Trigonotylus ruficornis* (Geoffroy)" 均为 *T. coelestialium* 或其他种类的误定。据知 *T. ruficornis* 在我国以及亚洲东部实际没有分布。

合垫盲蝽亚科 Orthotylinae

属 检 索 表

1. 体常为黑色。颊高与眼高相当，或大于复眼高；后足股节极度膨大；触角第 3 节直径常明显细于第 2 节 ···2
   体常为浅绿色。颊高小于眼；后足股节不极度膨大；触角第 3 节与第 2 节等粗 ················4
2. 触角第 2 节是第 1 节长约 4 倍或以上 ··3
   触角第 2 节是第 1 节长 3 倍或以下 ···································· 直头盲蝽属 *Orthocephalus* Fieber
3. 复眼不与前胸背板前缘相接触；雄虫左阳基侧突三叉形，楔片端部淡色 ························
   ··· 跃盲蝽属 *Ectometopterus* Reuter
   复眼与前胸背板前缘相接触；雄虫左阳基侧突不呈三叉形，楔片常一色 ··· 跳盲蝽属 *Halticus* Hahn
4. 头后缘具明显的脊 ···6
   头后缘不具脊，或很不明显 ···5
5. 前胸背板有明显横沟，前叶较短，明显窄于后叶 ···················· 胝突盲蝽属 *Cyllecoris* Hahn
   前胸背板无横沟，不分为前后两叶 ····································· 盔盲蝽属 *Cyrtorhinus* Fieber
6. 头后缘脊常具直立黑色毛 ·································· 突额盲蝽属 *Pseudoloxops* Kirkaldy
   头后缘脊无黑色粗毛 ··· 合垫盲蝽属 *Orthotylus* Fieber

(六十八) 胝突盲蝽属 *Cyllecoris* Hahn, 1834

Cyllecoris Hahn, 1834: 97. Type species by subsequent designation (Westwood, 1840: 122): *Cimex agilis* Fabricius (=*Cimex histrionius* Linnaeus).

属征 体长，两侧近平行。头部横阔，近椭圆形，横列，头顶后缘无横脊或横脊不明显。前胸背板前缘明显窄于头宽，胝呈半球形隆起，相互靠近，胝后缘具 1 横缢，伸达前胸背板侧缘，明显将前胸背板分为前叶和后叶，前叶较短，明显窄于后叶。触角第 1 节较长，长于或等于头宽，第 2 节长于第 3 节。楔片长，窄。

世界已知 10 种。中国已知 5 种，河南省已知仅 1 种。

107. 直缘胝突盲蝽 *Cyllecoris rectus* Liu et Zheng, 2000
Cyllecoris rectus Liu & Zheng, 2000: 105.

形态特征 体较狭长，两侧近于平行，红褐色，背面具黑色及黄色斑。头部横阔，黄褐色，表面光滑，具光泽，头的前缘及复眼内侧后部各具 1 边缘模糊的黑褐色斑。眼后缘至前胸背板前缘之间区域中，其基部为黑褐色，端半部黄色。复眼褐色。眼间距较窄，窄于眼宽。头顶后缘横脊不显著。触角细长，背淡黄色半倒伏短毛；触角第 1 节稍粗，细长，几与头宽相等，红黄色，基部褐色；第 2 节粗细均匀，红黄色，基部红褐色，长度为第 1 节的 2.4 倍，是头宽的 2.1 倍；第 3、第 4 节褐色成分较浓，2 节之和短于第 2 节。喙黄色，端部黑褐色，伸达中足基节之前。

前胸背板红褐色，较光滑，略具光泽，中部前收缩，领较狭，黄色。胝前缘 (靠近领片处) 黄色；中纵线区域黄色；胝明显隆出，其后缘具 1 横沟；前胸背板后叶前半部分两侧各具 1 边缘不清的黑褐色大斑；侧角黑褐色；前缘中部向后微凹入，后叶侧缘斜直，后缘向前凹入较深；前胸背板宽是长的 1.67 倍，是头宽的 1.47 倍。中胸盾片红褐色，中纵线黄色，两侧区域具污黑长三角形斑。小盾片三角形，光滑，微隆起，两侧及端部黄色，其余部分呈橘红色，两色之间界限不明显，宽略大于长。前翅革片红褐色，表面被同色短小细毛，翅前缘靠近楔片缝处黑褐色；缘片长是头宽的 1.85 倍；爪片内缘及爪片接合缝处黑色，爪片内半区域略带橘红色成分，顶角黑褐色；革片端半部褐色成分较浓；楔片橘黄色，外缘基半部黑褐色，长是宽的 1.88 倍；膜片烟色，翅脉略带红色。前胸腹面污黑色。侧面观前胸背板下折部分具 1 黑色横长三角斑。中胸、后胸腹侧板黑褐色。腹部腹面光滑，黄褐色，具不规则黑斑。各足被淡黄色半倒伏短毛；基节及股节黄色，胫节略带褐色，跗节褐色。

雄虫左抱器钩状突明显较粗壮，骨化较强，靠近端部具 1 小钩，感觉叶细长；左抱器无明显钩状突，呈长形，端部具较多齿。阳茎端刺 3 枚，其中 1 枚宽扁，端部分叉。

量度 体长 4.8 mm，宽 1.3 mm。

分布 河南 (安阳)。

(六十九) 盔盲蝽属 *Cyrtorhinus* Fieber, 1858

Cyrtorhinus Fieber, 1858: 313. Type species: *Capsus elegantulus* Meyer-Dür.

Chlorosomella Reuter, 1904: 6. Type species: *Chlorosomella geniculata* Reuter (monotypy)

Reuteriessa Usinger, 1951:54. Type species: *Cyrtorrhinus lividipennis* Reuter (original designation).

属征 体被单一类型半直立毛，色斑常为黑色或淡绿色。背面观头部前缘呈弧形，后缘无横脊；额面向下倾斜。触角基部靠近眼前缘。喙最长仅能伸达中足基节。前胸背板钟形，其宽长于头宽；胝略隆起，其后具 1 较浅的横沟。臭腺沟缘隆起。雌虫有时有短翅型。

雄虫阳基侧突左右不对称，阳基侧突均具明显的感觉叶；右阳基侧突钩状突短，端部不锐，宽；左阳基侧突钩状突长，细，弯曲，端部不宽；阳茎端刺圆形。雌虫具棱形的 K 结构。

该属全世界已知有 10 种，为世界性分布。我国仅记载 1 种。

108. 黑肩绿盲蝽 *Cyrtorhinus lividipennis* Reuter, 1885

Cyrtorhinus lividipennis Reuter, 1885: 199; Cavalho, 1956B: 57; Miyamoto, 1957: 77; Carvalho, 1958B: 55; Linnavuori, 1961A: 167; Hsiao and Meng, 1963: 445; Zhang et al., 1985: 200; Miyamoto and Yasunaga, 1989: 162; Zheng and Liu, 1992: 293; Schuh, 1995: 100; Zheng, 1995: 467.

形态特征　体黄绿色或绿色。头部中央至头顶有黑褐色斑纹；复眼黑褐色；触角除第 1 节端部为黄绿色外，其余部分及各节均为黑褐色；喙端部 2 节褐色。领片黑褐色。前胸背板胝区黄绿色，光滑，背板表面中纵线上具 1 较宽的黄绿色纵带，前半叶纵带两侧黄绿色 (胝区部分)，后半叶纵带两侧各具 1 近于方形黑斑，斑后缘近外端部分具 1 黄斑。小盾片中纵线区域具 1 较宽的黑色纵带，其余部分黄绿色，有时侧缘也呈褐色。半鞘翅缘片、楔片、革片及爪片均为淡绿色，膜片淡灰色近透明。足黄绿色，被半倒伏淡色毛。后足胫节基部淡褐色。体腹面黄或黄绿色，被淡色半倒伏短毛，有时胸部侧板略带黑褐色。

结构　体长椭圆形。头背面观横宽，明显宽于前胸背板前缘；复眼外伸，不与前胸背板接触。前胸背板钟状，侧缘凹弯，前胸背板中前方有 1 对瘤状突，前叶中线处下凹成 1 宽槽。前翅膜片基部有一大一小 2 个翅室。雄虫右阳基侧突钩状突较短，端部呈扁齿状，感觉叶发达；左阳基侧突钩状突较长，细，弯曲，端部略锐，感觉叶发达；阳茎较小，阳茎端针突发达。雌虫 K 结构弯曲。

量度　体长 2.8~3.0 mm，宽 1.2 mm。

若虫　共 5 龄。1 龄体长 0.45~0.60 mm，初孵淡黄色，渐呈淡绿。头钝圆，复眼赤红色；触角 4 节均灰色，各节基部色略深。中胸、后胸后缘平直。胫节与跗节带淡褐色，其基部色较深。2 龄体长 0.55~0.80 mm，淡绿色，中胸、后胸背板后缘略向前弯入。3 龄至 5 龄形态相似，体绿色；复眼赤红色。前胸背板呈梯形。触角及足的颜色与 1 龄相似。3 龄体长 0.37~1.30 mm，中胸、后胸背板后缘两侧明显向后突出，出现翅芽。4 龄体长 1.4~1.9 mm。前翅、后翅翅芽端部钝圆，前翅芽短于后翅芽，后期后翅芽达腹部的第 3~4 节后缘。5 龄体长 2.4~2.7 mm。前翅、后翅芽等长，前翅芽可分辨革片与膜片，长达腹部第 5、第 6 节后缘。

生物学特征　我国广东以成虫在田边杂草丛间越冬，4 月下旬早稻田中始见，6 月上旬渐增，至 10 月上旬达到最高峰，晚播收割时尚多。在常温下，一代历期 18~22 d，一般卵期为 6~8 d；若虫期 10~12 d，成虫寿命 9~21 d。成虫羽化后 2~3 d 交配，交配后当天开始产卵，直至死亡前 1~2 d 才停止，每雌一生产卵 50~80 粒，未交配的雌虫不能产卵。卵多单产于水稻叶鞘或叶中脉组织内，卵盖外露。成虫有较强的趋光性，常被灯光所诱集。

经济意义　常活动于稻丛基部，成虫、若虫觅食稻虱、叶蝉卵粒，以口针插入卵内吸吮汁液，未被吸干的卵也呈畸形，不能继续发育。一头黑肩绿盲蝽一生 (包括成虫和若虫) 能吸食飞虱卵 170~230 粒。对稻田稻虱、叶蝉的发生量有一定控制作用，是我国南方稻区重要天敌昆虫之一。

分布　河南 (安阳、新乡、许昌、郑州、原阳、信阳)；河北、陕西、上海、江苏、浙江、安徽、福建、江西、山东、湖北、湖南、广东、广西、四川、贵州、云南、海南、台湾；日本、越南。

（七十）跃盲蝽属 *Ectmetopterus* Reuter, 1906

Ectmetopterus Reuter, 1906: 59. Type species: *Ectmetopterus angusticeps* Reuter.

属征　体小，长椭圆形，头部背面观横阔，复眼后缘不紧靠前胸背板前缘。触角细长，第 2 节最长，是第 1 节长的 4 倍以上。喙长，伸达后足基节。前胸背板后缘在小盾片基部处常呈直线。楔片顶端常为淡黄色。

雄虫生殖节不对称，左阳基侧突三叉形，右阳基侧突长叶状，顶端略锐。

该属世界有 4 种，中国均有分布，目前河南省仅知 1 种。

109. 甘薯跃盲蝽 *Ectmetopterus micantulus* (Horváth, 1905)（图 91）

Halticus micantulus Horváth, 1905: 422.

Ectmetopterus angusticeps Reuter, 1906: 60. (syn. by Josifov & Kerzhner, 1972:169).

Ectmetopterus micantulus: Zou, 1995: 152; Zheng & Liu, 1992: 293; Zhang et al., 1995: 152; Schuh, 1995: 52; Zheng, 1995: 467.

形态特征　身体黑褐色或黑色，具稀疏的银白色鳞片。头褐色，光亮，头顶后缘处及眼内侧多为黄褐色。触角第 1 节褐色，第 2 节淡黄色，基部与端部褐色；第 3 节基部淡黄色，其余部分与第 4 节均为褐色，喙褐色。楔片黑褐色，仅端角常为黄褐色，膜片全部黑褐或底色为烟色，后半及脉的周围黑褐色，基外角处为 1 横行的宽浅色斑，脉黑色。足各基节黑褐色，腿节黑褐色；胫节基半部及端部黑褐色，其余为淡黄色；跗节端部褐色。

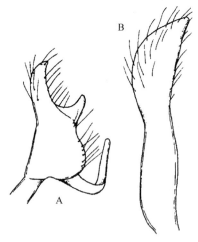

图 91　甘薯跃盲蝽 *Ectmetopterus micantulus*（仿郑乐怡等）

A. 左阳基侧突（left paramere）；B. 右阳基侧突（right paramere）

　　结构　体小，卵圆形，善跳跃。头部垂直，横阔，前面观向下颇为伸长，眼前部分长度明显长于眼高，眼接触前胸背板，头顶后缘具隆脊。触角第 1 节短粗，第 2 节细长，长为第 1 节的 6 倍；喙粗，端部伸达后足基节间。前胸背板梯形，无刻点和横皱，领狭细，胝区界限很不明显，后叶表面光滑。小盾片不具刻点。半鞘翅前缘明显外拱，除具稀疏白色鳞片外，还具斜立褐色毛，缘片端部圆弧形，革片也无刻点，革片前缘略拱弯，楔片顶角尖。体腹面光亮，胸部侧面的白色鳞片显著。腹部毛被褐色，密集。后足股节粗大，适于跳跃，具少量直立长毛。雌虫外生殖节纵裂至腹基部，雄虫阳基侧突左右不对称，骨化较强；左阳基侧突三叉形；右阳基侧突呈 1 长狭片状；阳茎较小无端刺。

　　量度　体长 2.5~2.7 mm，宽 1.2~1.5 mm。

　　经济意义　栖息于胡枝子 *Lespedeza bicolor*。

　　分布　河南 (安阳)；天津、北京、河北、甘肃、陕西、山东、安徽、江苏、浙江 (杭州、天目山)、湖南、湖北、福建、海南、广西、广东、贵州、四川；日本、朝鲜、俄罗斯。

(七十一) 跳盲蝽属 *Halticus* Hahn, 1833

Halticus: Latreille, 1829: 199. Type species: *Acanthia pallicornis* Fabricius.
Halticus Hahn, 1833: 113.

　　属征　体小型，卵圆，黑色。头近垂直，头高 2 倍于头长，头顶后缘锐，与前胸背板前缘紧贴；复眼后缘紧靠前胸背板前缘。此外，触角一般细长，长于身体，第 2 节为第 1 节的 4 倍以上，颊也较高，常大于眼的高度。该属种类后足粗壮，善跳。腹部基部不收缩。长翅型楔片有明显的缺刻所区分。雄虫左右阳基侧突不对称，右阳基侧突顶端不削尖，左阳基侧突端半部常呈细片状弯曲，感觉叶突出，或略突出。

　　该属全世界已知有 28 种，为世界性分布。我国已记载的 3 种，主要分布于我国南方地区。河南省已知 1 种。

110. 微小跳盲蝽 *Halticus minutus* Reuter, 1885 (图 92)

Halticus minutus Reuter, 1885: 197; Hsiao & Meng, 1963: 445; Zou, 1985: 202.

　　形态特征　**体色**　身体黑色。头黑色，光滑，闪光；触角第 1 节淡黄色；第 2 节端半部色渐深，第 3 节与第 4 节端部色渐深，基部均为淡黄色。喙黄褐色，基部略带红色，末端黑色。足基节、股节褐至黑褐色，其端部淡黄或黄褐色；前足、中足胫节淡黄色，被半倒伏硬毛；后足股节端部淡黄色，胫节基半部褐至黑褐色，端半及基部黄褐色；各足第 3 跗节褐色，其余黄褐色。

　　结构　体椭圆形，具褐色短毛，善跳。眼稍突，与前胸相接；颊高，等于或稍大于眼宽；头顶微呈弓形；触角细长，第 1 节膨大，具少许长毛，其长度约与第 1 节直径相等，第 2 节长几与革片前缘长度相等；喙第 1 节粗短，喙的末端伸达后足基节间。前胸背板短宽，微上拱，前缘和侧缘直，后缘成弧形后突。小盾片平，为等边三角形。半鞘翅短宽，前缘成弧形弯曲，楔片小，长三角形，膜片长于腹部末端。足基节长，后足腿节粗大并向内方弯曲，胫节细长。腹部具褐色毛。雄虫生殖节黑褐色，左右阳基侧突不对称，骨化较强；右阳基侧突片状，背面具较长的毛；左阳基侧突钩状突较细，弯曲，感觉叶端部较锐，具较细长毛，雌虫产卵器细长，镰刀形。

量度　体长 1.9~2.4 mm，宽 1.0~1.3 mm。

生物学特征　寄生于甘薯 *Dioscorea esculenta*、苜蓿和大豆等，以卵在苜蓿地内越冬。

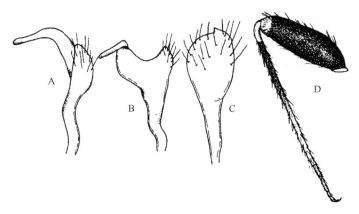

图 92　微小跳盲蝽 *Halticus minutus* (仿郑乐怡等)

A、B. 左阳基侧突 (left paramere)；C. 右阳基侧突 (right paramere)；D. 后足 (hind leg)

经济意义　为害甘薯、花生 *Arachis hypogaea*、大豆、苜蓿、薄荷 *Mentha haplocalyx*、菜豆。

分布　河南 (安阳、夏邑、许昌、中牟、郑州)；浙江、福建、江西、广东、广西、四川、云南、台湾、湖北、陕西。

(七十二) 直头盲蝽属 *Orthocephalus* Fieber, 1858

Orthocephalus Fieber,1858: 316. Type species: *Lygaeus brevis* Panzer.

属征　雄性长翅型，长椭圆形，身体两侧平行；雌性常为短翅型并呈卵圆形，有时为长翅型并呈长卵圆形，较雄性体宽。头垂直，从前面观长大于宽；头顶黑，但在复眼内侧各具 1 小棕色斑；触角第 2 节略粗，其余各节圆柱形，第 1 节具少数直毛，第 4 节短于第 3 节。后足跗节第 1 节长为第 2 节的一半。

该属全世界已知有 23 种，分布于欧洲、亚洲、北非及美国。我国记载有 2 种。该属在河南省为首次记录，仅发现 1 种。

111. 直头盲蝽 *Orthocephalus funestus* Jakovlev, 1887 (图版 VII-2、图版 VII-3)

Orthocephalus funestus Jakovlev, 1887: 195.

Orthocephalus funestus: Kerzhner, 1988: 827.

Orthocephalus beresovskii Reuter, 1906:57 (syn. by Namyatova & Konstantinov, 2009:51).

形态特征 体黑色，具光亮。头黑色，复眼内侧各具 1 三角形棕黄色斑，复眼黑褐色，边缘色淡；触角第 1 节棕黄色，基部黑褐色，第 2~4 节黑褐色；喙第 1 节端部及第 2 节基半棕黄色，其余黑褐色。足褐色，基节、股节基部、胫节端部、跗节及爪黑褐色；股节具黑褐色斑点，胫刺黑褐色，基部具黑褐色小斑点。体腹面黑色。

结构 体被淡色鳞片状及褐色长毛，体有长翅型与短翅型之分。一般长翅型为雄虫，短翅型为雌虫，但也有少数长翅型也为雌虫。

雄性 体较长，两侧近于平行。毛极稀少。头较长，斜下倾，唇基大而突出，额略圆突，头顶平，甚至略凹，无明显横脊；复眼大，突出，不与前缘接触；触角第 1 节短于头顶宽，第 2 节长于头及前胸背板长度之和，近等于第 3、第 4 节之和，第 3、第 4 节细丝状；喙粗短而弯，顶端不达中足基节。前胸背板梯形，向前下方倾斜，前缘近直，侧缘后部略内弯，后缘两端略后弯，中央稍前突，胝略鼓，两胝间略凹，盘域近平；小盾片略鼓，基部两侧略凹，具横皱纹，半鞘翅较平坦，在楔片缝后仅略下倾。

雌性 体卵圆，前端明显窄，头大而长，指向前下方。复眼小，两复眼距离大于复眼宽的 2 倍，额略鼓，头顶平坦，头明显宽于前胸背板前缘；触角第 1 节短于头顶宽，第 3、第 4 节细长，第 2 节短于第 3、第 4 节长度之和，喙较短粗，仅伸达中足基节间。前胸背板梯形，平坦，前缘略向前弯，侧缘稍内弯，后缘中部略前凹；小盾片平坦。半鞘翅向后渐宽，近革片端部时渐变窄，故体呈倒梨形，前翅弧形鼓起，楔片长不及宽，后缘弧形，无膜片，翅端部不覆盖腹部末端。后足股节宽扁，具黑短毛，胫节长，具短毛及半直立黑色胫刺。

量度 长翅型：体长 6.7~6.9 mm，宽 2.7 mm；短翅型：体长 4.9 mm，宽 3.1 mm。

分布 河南 (栾川)；内蒙古、吉林、黑龙江、江苏、湖北、四川、陕西、甘肃、新疆；日本、朝鲜、俄罗斯 (远东地区)。

简记 该种为河南省新记录种。

(七十三) 合垫盲蝽属 *Orthotylus* Fieber, 1858

Orthotylus Fieber, 1858: 315. Type species: *Orthotylus marginalis* Reuter.

Litosoma Douglas and Scott, 1865:334 (syn. by Reuter, 1883A:342). Type species: *Litosoma nassata* sensu Douglas & Scott (subseq. design)

Diommatus Uhler, 1887: 32 (syn. by Horváth, 1908:9).Type species: *Diommatus congrex* Uhler (monotypy) (=*Lygus dorsalis* Provancher)

属征 合垫盲蝽属在合垫盲蝽亚科中是一较大的属。体型较小，长椭圆形，体常为绿色或略带黄色，体背面常被半直立淡色或黑色毛，在 *Melanotrichus* 亚属等类群中常有银色鳞片状毛存在。头部头顶中央无纵沟，较为平坦，头顶后缘常具横脊，眼大，复眼后缘与前胸背板前缘接触或几乎靠近。触角细长。前胸背板梯形，侧缘略直，后缘弯曲，胝模糊。

雌虫常较短，但体比雄虫宽阔。

雄虫生殖节简单或开口背缘具一些突起；阳茎端刺突简单或复杂；阳基侧突多变，形状简单或复杂。雌虫具 K 结构。

该属全世界已知有 287 种。分布于欧洲、北美洲、南美洲及非洲、东南亚、俄罗斯等地区。我国仅记载 17 种，河南省仅知 1 种。

112. 杂毛合垫盲蝽 *Orthotylus* (*Melanotrichus*) *flavosparsus* (Sahlberg, 1842)

Phytocoris flavosparsus Sahlberg, 1842: 411.

Phytocoris viridipennis Dahlbom, 1851: 212 (syn. by Thomson, 1871: 439).

Lygus unicolor Provancher, 1872:105 (syn by Van Duzee, 1912:322).

Oncotylus pulchellus Reuter, 1874: 48 (syn. by Ossiannilsson, 1947: 32).

Orthotylus viridipunctatus Reuter, 1899:154 (syn. by Mumin, 1990:26).

Tuponia guttula Matsumura, 1917: 432; Yasunaga et al., 1996:93 (lectotype designation).

Orthotylus parallelus Lindberg, 1927: 24 (syn. by Josifov & Kerzhner, 1972:171).

Orthotylus nigropilosus Lindberg, 1934: 41 (syn. by Yasunaga et al., 1996: 93).

Orthotylus (*Melanotrichus*) *flavosparsus*: Southwood & Leston, 1959: 264; Wagner & Weber, 1964: 329; .
 Wagner, 1974:229; Miyamoto & Yasunaga, 1989: 162; Schuh,1995: 157 (= *Tuponia guttula* Matsumura, 1917) ; Yasunaga, 1999:155.

Melanotrichus flavosparsus: Hsiao & Meng, 1963: 445; Kelton, 1980:254;

Melanotrichus bicolor: Carvalho & Carpintero, 1986: 618,figs. 31~34 (syn. by Carvalho & Carpinteiro, 1991:33).

形态特征 **体色** 体草绿色。头黄绿色，具白色绒毛和粉被。触角黄褐色；第 1 节常呈淡黄绿色；第 2 节黄褐色；第 3、第 4 节颜色加深为褐色。眼褐色。喙黄褐色，端部黑褐色。前胸背板草绿色，具有少量黑色毛及淡色鳞片状毛；小盾片草绿至黄绿色，具隐约小黄斑，基部常为黄色。前翅缘片、革片、楔片、爪片草绿色，膜片翅室大部分草绿色，其余白色透明。足股节黄绿色，胫节基部黄绿色，端部淡黄色，具灰白色或黄褐色刚毛。腹部腹面绿色，具淡色细毛。

结构 雄虫体两侧近于平行，雌虫略呈长椭圆形。头略呈三角形；复眼靠近前胸背板前缘，离唇基的距离略小于复眼直径；触角第 1 节最粗，约为第 2 节粗的 1.5 倍，第 2 节最长，但仅稍长于第 3 节；喙伸达中足基节间。前胸背板密被黑褐色半直立长毛及淡色鳞片状毛。前缘中部微凹，后缘直，侧缘斜直，肩角和侧角圆钝。中胸盾片外露，呈长条状，黄褐色。小盾片基宽略大于其长。半鞘翅密被黑褐色半直立长毛及簇状分布的淡色鳞片状毛 (极易脱落)。雄虫生殖节开口处具 2 个大小不同的突起；左阳基侧突钩状突弯曲，感觉叶端缘锯齿状；右阳基侧突勺状，无任何突起，感觉叶内凹；阳茎端刺光滑，二分叉；K 结构简单，椭圆形，密被细小齿状突起。

量度 体长 3.2~4.2 mm，宽 1.2~1.6 mm。

若虫 1 龄体长约 0.9 mm，宽 0.4 mm，触角第 3 节明显长于第 2 节。2 龄长约 1.2 mm，宽 0.6 mm，触角第 3 节长于第 2 节。3 龄长约 1.6 mm，宽 0.8 mm。4 龄长 2.3 mm，宽 1.0 mm。5 龄长 3.2~3.3 mm，宽 1.6 mm；绿色，头三角形，上布白毛，复眼深褐色，紧靠前胸背板前缘；触角第 1 节粗，草绿色，其余各节黄绿色，第 3 节稍长于第 2 节；喙达中足基节，黄绿色，端部黑色；前胸背板短，具黑毛，并混有白毛；翅芽达腹部第 4 节，具粗短黑毛；腹部背面各节中部具 1 列排列不甚整齐的黑毛，并混有少量白毛，腹末数节毛多而不整齐；腹部第 3 节臭腺孔黄色；腹部腹面绿色，具白色毛；足股节绿色，胫、跗节逐渐为黄绿色，爪黑褐色，中足胫节具白色毛，后足胫节毛色灰褐色。

生物学特征　新疆乌鲁木齐、玛纳斯一带一年发生 3~4 代，世代重叠，以卵在藜科植物组织内越冬。5 月上旬开始孵化，5 月中旬孵化盛期，6 月上旬成虫羽化。成虫产卵于藜科植物的嫩茎和叶柄内，卵期 7~12 d。

经济意义　危害甜菜、菠菜 *Spinacia oleracea*、藜、滨藜 *Atriplex patens* 等植物的叶片及花蕾。

分布　河南 (安阳)；天津、河北、山西、内蒙古、黑龙江、浙江、江西、山东、湖北、四川、陕西、甘肃、宁夏、新疆；韩国、日本、哈萨克斯坦、乌兹别克斯坦、吉尔吉斯斯坦、塔吉克斯坦、伊朗、伊拉克、以色列、土耳其、俄罗斯、阿塞拜疆、亚美尼亚、格鲁吉亚、意大利、塞浦路斯、美国、阿根廷、智利。

(七十四)　突额盲蝽属 *Pseudoloxops* Kirkaldy, 1905

Loxops Fieber, 1858:314 (junior homonym of *Loxops* Cabanis, 1847, Aves). Type species: *Capsus coccineus* Meyer-Dür (monotype).

Pseudoloxops Kirkaldy, 1905: 268 (n. name for *Loxops* Fieber, 1858A).

Aretas Distant, 1909:450 (syn. Carvalho, 1952A:78). Type species: *Aretas imperatorius* Distant (monotype).

Zonodorellus Poppius, 1915:68 (syn. Carvalho, 1980:658). Type species: *Zonodorellus lateralis* Poppius (Orig. design).

属征　体长椭圆形，红或黄色，但以红色为主色调，具明显的直立毛。头小，仅为前胸背板宽的 0.5 倍，头后缘具脊，而且脊在两复眼间连续，并具 1 列直立毛，额在两触角基间突出。眼与前胸背板前缘相接触；触角第 2 节为第 3、第 4 节长的 1.8 倍；喙细。前翅暗淡，不透明。雄性生殖节较大，生殖腔左侧背缘常具 1 突起。

该属全世界已知 39 种。分布区包括欧洲、亚洲及太平洋等地区。我国仅记载有 5 种。河南省仅 1 种。

113. 紫斑突额盲蝽 *Pseudoloxops guttatus* Zou, 1987 (图 93)

Pseudoloxops guttatus Zou, 1987: 390; Zou, 1995: 153; Liu, 1999: 51.

形态特征　底色黄白色，具密集的紫红色斑点，故外观为紫红色。头黄白色，红斑较少，前部多少带有红色彩；喙端半褐色；触角暗血红色，第 1 节血红色，第 2 节黄褐色，第 3、第 4 节色深。前胸背板淡黄色，两侧缘暗红色，红斑较密，中部红斑稀疏，中央具 1 不甚清晰的淡红纵带，或无纵带，中央只有 1 椭圆形红斑；小盾片末端血红，接近侧角处微暗红。半鞘翅革片红斑较密，基部、前缘和内角为暗红色，缘片端部血红色，爪片红斑稀疏、色淡、两端黑红色，楔片外缘、顶角和基部血红色，中部色淡，膜片烟色，半透明，翅室端部的翅脉血红色。身体腹面一色淡黄。后足腿节端部 2/5~3/5 血红色，跗节端部和爪褐色。腹部两侧微红色，中部黄褐色。

　　结构　体长椭圆形，具长毛，毛基部具椭圆形的紫红色斑，体两侧毛粗，褐色，直立或斜立，体中部毛较细，斜立，黄褐色。头顶平，前端圆突，中央具 1 淡红色纵纹，后缘具横隆脊，并具 1 列直立长毛；喙长，端部伸达后足基节间；触角第 1 节粗，微呈弧形，向外弯曲，具密集的黑褐色刚毛，第 2 节细长，粗细均匀，第 3、第 4 节等粗。前胸背板侧缘直，前缘弯，后缘直；中胸盾片外露，长条状。小盾片平。足的股节具斜立毛，前足、中足胫节刚毛密，具少量直立长毛。雄虫生殖节开口基部右侧具 1 突起；右阳基侧突不分叉，端部较锐；左阳基侧突分叉，钩状突短粗，端缘具 1 列小齿。

　　量度　体长 3.4 mm，宽 1.6 mm。

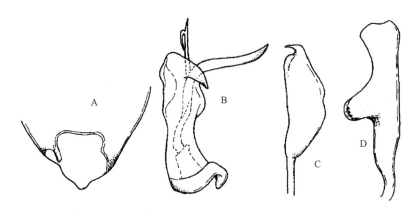

图 93　紫斑突额盲蝽 *Pseudoloxops guttatus* (仿郑乐怡等)

A. 雄虫生殖节端部背面观 (apical segments of abdomen, dorsal view, male)；B. 阳茎 (phallus)；C. 右阳基侧突 (right paramere)；D. 左阳基侧突 (left paramere)

　　经济意义　危害枣树、桃。

　　分布　河南 (安阳)；河北、山东、陕西。

叶盲蝽亚科 Phylinae

属 检 索 表

1. 副爪间突片状，端部相互靠拢 ·· 2
　 副爪间突刚毛状 ·· 3
2. 体形明显呈束腰状 ··· 束盲蝽属 *Pilophorus* Hahn
　 体形椭圆形 ··· 吸血盲蝽属 *Pherolepis*
3. 半鞘翅密被斑点 ······························· 杂盲蝽属 *Psallus* Fieber (部分)

　　半鞘翅无斑点或斑点极少 ……………………………………………………… 4

4.　体背毛被仅有 1 种类型 ……………………………………………………… 5
　　体背毛被具 2 种类型 ………………………………………………………… 7
5.　爪垫发达，超过爪腹面的 1/2 …………………… 蓬盲蝽属 *Chlamydatus* Curtis
　　爪垫不如上述发达程度，至多伸至爪腹面的 1/2 ……………………………… 6
6.　胫节刺基部无暗斑 …………………………………… 亮足盲蝽属 *Phylus* Hahn
　　胫节刺基部具暗斑 ………………… 斜唇盲蝽属 *Plagiognathus* Fieber (部分)
7.　右阳基侧突端部平截，端部通常两侧各有 1 小突起 ……… 欧盲蝽属 *Europiella* Reuter
　　右阳基侧突端部不平截，端部通常只有 1 小突起 …………………………… 8
8.　雄虫生殖囊具纵脊 …………………………… 杂盲蝽属 *Psallus* Fieber (部分)
　　雄虫生殖囊不具纵脊 ………………………………………………………… 9
9.　阳茎端中部中央具 1 轮齿带或片状突起 ……… 斜唇盲蝽属 *Plagiognathus* Fieber (部分)
　　阳茎端中部中央无 1 轮齿带或片状突起 …………………………………… 10
10.　体长小于 3 mm ……………………………… 微刺盲蝽属 *Campylomma* Reuter
　　体长大于 3 mm，体厚，股节具斑点 ……………… 杂盲蝽属 *Psallus* Fieber (部分)

(七十五) 微刺盲蝽属 *Campylomma* Reuter, 1878

Campylomma Reuter, 1878: 52. Type species: *Campylomma nigronasuta* Reuter.
Stenocapsus Bergroth, 1926: 64 [n. name for *Alluaudiella* Poppius (syn. by Linnavuo1993: 240)].

　　属征　体小型，卵圆形，一般为浅色。头短而垂直，唇基略超过小颊 (侧面观)。头侧面观眼下缘与小颊距离等于或小于复眼高之半。喙端伸达或超过中足基间。触角第 2 节近等于头宽，在雄性触角稍粗。股节及胫节浅色，胫节刺生于黑色斑点之上，后足跗节第 3 节与第 2 节近等粗。雄性外生殖器阳茎 "S" 形弯曲，顶端一般具两枚端刺，次生生殖孔近端部。阳茎鞘 "C" 形或 "L" 形。左阳茎基侧突舟形；右阳茎基侧突小，披针状。

　　该属全世界已知有 85 种，为世界性分布。我国记载的有 5 种。河南省发现 2 种。

种 检 索 表

1.　体淡褐色，毛被黑色；触角第 1 节黑色 …………………… 异须微刺盲蝽 *C. diversicornis*
　　体浅灰白或带黄色，毛被色淡；触角第 1 节色淡，具 1 黑色环 ……… 显角微刺盲蝽 *C. verbasci*

114. 异须微刺盲蝽 *Campylomma diversicornis* Reuter, 1878 (图 94)
Campylomma diversicornis Reuter, 1878: 55; Hsiao & Meng 1963: 446; Linnavuori 1986: 162; Qi et al., 1995: 62.

　　形态特征　体色　体淡褐色，体背绒毛黑色，腹部腹面细毛白色。复眼淡褐至黑褐色；触角第 1、第 2 节黑色，第 3、第 4 节淡灰色；唇基褐色；喙褐色，端部黑色。前胸背板棕黄色。半鞘翅淡褐色，其上绒毛黑色。足基、股、胫节淡褐色，跗节末端黑褐色；股节着生细长毛白色，端部具黑斑点，尤以后足股节为多；胫节刺黑色，着生于黑色小斑上。

　　结构　体椭圆形。背面密布绒毛，腹部腹面具细毛。头向下倾，宽大于长。复眼大，在触角基处弯曲，稍超过前胸背板侧缘；触角第 2 节最长，略等于头宽，第 3 节约为第 2 节的 2/3，第 4 节短于第 3 节但长于第 1 节；喙伸达后足基节间。前胸背板梯形。小盾片中央有 1 条下凹的纵沟。半鞘翅具绒毛，楔片处最密。股节具细长毛，胫节具刺。

　　量度　体长 2.4~2.8 mm，宽 0.9~1.2 mm。

　　4 龄若虫　淡黄绿色，触角第 1、第 2 节褐色，第 3、第 4 节淡灰色。足腿节端部具黑斑，胫节等距排列黑点。体长 1.0~1.2 mm，宽 0.6~0.7 mm。

　　5 龄若虫　淡绿色。头淡黄，宽大于长，向下倾斜。复眼褐色，触角第 1、第 2 节黑褐色，第 3、第 4 节淡色；喙淡黄褐色，端部褐色，伸过后足基节间达到腹部。前胸背板梯形，翅芽达腹部第 3 节，腹部淡绿色，臭腺孔同色。足股节淡黄绿色，端部具黑斑，胫节外侧等距离排列 1~2 个黑色斑点。长 1.8~2.0 mm，宽 1.0~1.1 mm。

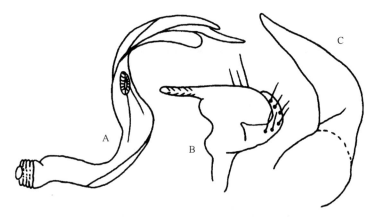

图 94　异须微刺盲蝽 *Campylomma diversicornis* (仿郑乐怡等)

A. 阳茎端 (vesica)；B. 左阳基侧突 (left paramere)；C. 阳茎鞘 (phallotheca)

　　生物学特征　新疆一年发生 4 代，世代重叠，以卵在植物组织内越冬。4 月若虫孵化，在杂草上繁殖一代；6 月第 1 代成虫羽化，迁入棉花等春播作物田内，6 月下旬产卵，7 月上旬若虫大量出现。7 月中下旬出现第 2 代成虫，8 月下旬出现第 3 代成虫，9 月中下旬 4 代成虫出现，10 月上旬产卵越冬。棉田以开花盛期至 9 月数量最多。

　　经济意义　捕食叶螨、蚜虫、蓟马等小型昆虫以及棉铃虫卵和初龄幼虫，并刺吸棉花、苜蓿、芝麻等植物的汁液。

　　分布　河南 (安阳、许昌、郑州、鄢陵、禹州)；河北、山西、内蒙古、湖南、宁夏、陕西、新疆、四川；伊朗、沙特阿拉伯、土耳其、俄罗斯 (亚洲部分)。

115. 显角微刺盲蝽 *Campylomma verbasci* (Meyer-Dür, 1843)

Capsus verbasci Meyer-Dür, 1843: 70.

Campylomma nicolasi Puton and Reuter: Reuter, 1883b: 251 (syn. by Carapezza, 1997: 130); Hsiao et al., 1963: 446.

形态特征　**体色**　淡灰白色或带黄色，毛被色淡，唇基端部淡色或局部黑色。触角第 1 节色淡，雄性具 1 黑色环斑，该黑色环在触角节外侧中断，第 2 节色淡，基部黑色；前翅一色，浅色。

结构　体表毛被细。体形椭圆。头顶在雄性 1.25 倍，在雌性 1.6 倍于眼宽，不具脊。触角第 2 节 0.9~0.92 倍于头宽；喙伸达或超过后足基节。阳茎端具 2 枚近等长的骨化刺。

量度　体长♂2.2~2.5 mm，♀2.3~2.8 mm。

生物学特征　栖息于芝麻与棉田、木槿 *Hibiscus syriacus* 和一些菊科植物上。

分布　河南 (安阳、许昌)；江西、湖北、四川、云南；国外分布于欧洲南部及非洲北部。

(七十六) 蓬盲蝽属 *Chlamydatus* Curtis, 1833

Chlamydatus Curtis, 1833: 198. Type species: *Chlamydatus marginatus* Curtis.

Eurymerocoris Kirschbaum, 1856: 246 (syn. by Reuter 1886: 122).

Agalliastes Fieber, 1858: 321 [n. gen. (syn. by Reuter 1886: 122)].

Platypsallus Sahlberg, J., 1875: 308 (syn. by Carvalho 1952:' 62).

Balticola Jensen-Haarup, 1913: 54 (syn. by Jensen-Haarup 1920: 209).

属征　体椭圆形或长椭圆形，长不超过 3.5 mm，长翅型，雌虫有时为短翅型。暗色，毛被浅色，不具鳞片状毛。头强烈下倾，横宽，几乎与前胸背板等宽，头顶后缘具脊，头侧面观眼下缘与小颊距离等于或近等于复眼高；唇基基部不具沟。复眼表面光滑；触角第 2 节一般不长于头宽。后足股节黑或褐，或浅色具黑色或褐色斑点，后足跗节第 3 节短于第 1、第 2 节长度之和。雄性阳茎 "S" 形弯曲，顶端具 1 骨化刺，次生生殖孔发达。

世界已知有 33 种，主要为全北界分布。我国已记载 5 种。河南省仅知 1 种。

116. 黑蓬盲蝽 *Chlamydatus pullus* (Reuter, 1870) (图 95)

Agaliastes pullus Reuter, 1870: 324.

Campylomma albicans Jakovlev, 1893: 308 (syn. by Josifov & Kerzhner,1967:3).

Chlamydatus pullus: Hsiaoe & Meng, 1963: 446; Schuh & Schwartz, 2005: 47; Li & Liu, 2006: 64.

形态特征　**体色**　黑色，光亮，体背面的细毛毛被黑色。触角黑色，喙黑色。足的股节黑色，其端部黄色，胫节刺黑色，着生于显著的黑色斑点上，跗节黑褐色。爪黑色，腹部黑色。

结构　体小，椭圆形，光亮，体背面具稀疏的细毛。

头垂直，光滑，被毛稀疏，头宽为前胸背板宽的 0.75~0.80 倍，头顶宽雄性 2 倍，雌性 2.1 倍于眼宽。触角短，第 2 节在雄性 0.9 倍，雌性 0.8 倍于头宽，并为第 3、第 4

节长之和的 0.75 倍；喙端伸达后足基节前缘。前胸背板微前倾，表面平整，后缘微向前凹，侧缘直或微内凹，胝不明显。中胸盾片外露部分窄，条形。小盾片饱满，毛同前胸背板。半鞘翅色单一，短翅型膜片仅具 1 个翅室，且不超过腹部末端，长翅型具 2 个翅室，并超过腹部末端。雄性阳茎鞘短而尖锐；阳茎端纤细而 "S" 形弯曲，骨化刺附于膜质带的边缘；雄性抱器较弱小。

量度　体长♂2~2.7 mm，♀2.2~2.7 mm。

生物学特征　成虫出现于 5~6 月和 8~10 月，一年 2 代，以卵越冬。

经济意义　栖生于山柳菊属 *Hieracium*、蓍属 *Achillea*、车轴草属 *Trifolium*、岩高兰属 *Empetrum*、草莓 *Fragaria ananassa* 等植物及棉田中。以卵在苜蓿的组织内越冬，春季在苜蓿地里数量很大，靠近苜蓿地的棉花上较多。

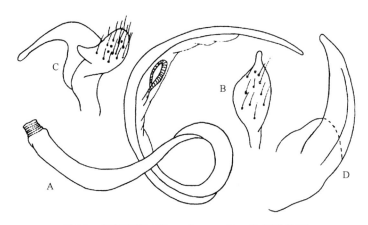

图 95　黑蓬盲蝽 *Chlamydatus pullus* (仿郑乐怡等)
A. 阳茎端 (vesica)；B. 右阳基侧突 (right paramere)；C. 左阳基侧突 (left paramere)；D. 阳茎鞘 (phallotheca)

分布　河南 (安阳)；吉林、北京、陕西、甘肃、河北、内蒙古、黑龙江、山东、宁夏、新疆；伊朗、芬兰、丹麦、俄罗斯、德国、英国、西班牙、意大利。

(七十七) 欧盲蝽属 *Europiella* Reuter, 1909

Europiella Reuter, 1909: 83. Type species: *Agalliastes stigmosus* Uhler.
Plagiognathus Poliopterus Wagner, 1949: 53 (syn. by Schuh et al., 1995a).
Plagiognathus Poliopterus: Wagner, 1961B: 65 [Key to spp.]
Plagiognathus Poliopterus: Wagner & Weber, 1964: 410 [Diag., key to spp.]
Plagiognathus Poliopterus: Wagner, 1975: 24 [Descr., key to spp.]

属征　体小型到大型，长椭圆形或椭圆形。体色多样，苍白色、绿色至完全黑色。表面光滑，一般被毛 2 种：一种为半直立刚毛；另一种为倒伏的丝状毛。

头部横宽，额微鼓，背面观，唇基不可见。眼相对小，雌雄无明显差异，眼不紧贴前胸背板。触角第 II 节细，雌雄也无明显差异。喙伸达中足基节至后足基节后缘。中胸盾片外露部分两侧一般为橙黄色。爪长，微弯曲，副爪间突刚毛状，爪垫小。腿节一般具黑斑，胫节刺深色，刺基通常具斑点。

生殖囊相对于整个腹部所占比例大。阳茎端多少扭曲，端突 2 枚，一般起始于阳茎端中部，有时较长，宽扁。次生生殖孔大，骨化强烈。右阳基侧突与其他多数叶盲蝽族种类不同，端部平截，通常两侧各具 1 小突起。

世界已知 29 种，全北区分布。我国记载 7 种。河南省已知 1 种。

117. 小欧盲蝽 *Europiella artemisiae* (Becker, 1864) (图 96)

Capsua artemisiae Becker, 1864: 487.

Plagiognathus solani Matsumura, 1971: 432 (syn. by Miyamoto, 1977b: 233).

Plagiognathus albipennis var. *obscura* J. Sahlberg, 1920: 167 (junior primary homonym of *Plagiognathus obscurus* Uhler, 1872 (syn. by Schuh et al., 1995: 386).

Plagiognathus (*Poliopterus*) *gracilis* Wagner, 1956j: 74 (syn. by Schuh et al., 1995: 386).

Plagiognathus (*Poliopterus*) *servadeii* Wagner, 1972d: 112 (syn. by Faraci & Kerzhner, 1977: 236).

形态特征　　**体色**　背面色不单一，头部和前胸背板色黑色或深黄褐色；中胸盾片外露部分两侧橙黄色，其余黑褐色；小盾片黑褐色，前翅银灰色或黄灰色。被毛色泽有 2 种：一种为半直立刚毛，金褐色；另一种为倒伏的丝状毛，银色。头顶一般两侧具 2 暗黄斑。小颊黑色，长毛毛被黑褐色。眼红褐色。触角第 1 节完全黑色；第 2 节完全黑色或基半部黑色，端半部黄褐色，其上被金褐色短毛；第 3、第 4 节黑色或黄褐色。喙黑色或黑褐色。楔片缝处为浅黄色斑。膜片烟色，近楔片端角处具浅色小斑。足基节黑褐色或基部黑褐色，端部污黄色。前足、中足股节污黄色，具小黑色斑；后足股节黑色，被金褐色毛。胫节污黄，基部黑褐色，胫节刺黑色，刺基通常具黑斑。跗节第 1 节污黄色，短；第 2 节污黄色；第 3 节黑色。体腹面黑色或黑褐色，其上毛被金褐色。

结构　　小型，雄虫两侧近平行，雌虫侧缘均匀外凸。被毛有 2 种：一种为半直立刚毛；另一种为倒伏的丝状毛。

头部近垂直，被毛蓬乱。额圆隆，与唇基相连处微凹。头顶表面微隆，后缘直。唇基拱隆，下指。小颊被长毛。眼高约占头高的 2/3。触角窝大，位于眼内下侧，距眼下缘 1/5 处，眼近触角窝处微凹。触角第 1 节基部光滑，缢缩，中部无硬毛；第 2 节长略短于前胸背板后缘宽，被短毛；第 3、第 4 节总长大于第 2 节长。喙伸达后足基节。前胸背板略前倾，光滑，侧缘直，有时微内凹，后缘中段直。胝不明显。中胸盾片外露部分相对宽。小盾片饱满，表面光滑，几为正三角形。半鞘翅光滑无刻点，楔片缝处翅面不下折。后足股节被毛，端部具刺。跗节第 1 节短；第 2 节长小于第 3 节。爪小，中部微弯曲，端半部直，爪垫小，近爪腹面中部。体腹面被毛。雄虫外生殖囊下倾，约占据腹长之半。阳茎端 "S" 形，端部具 2 枚刺突，次生生殖孔近端部，阳茎端中部具片状结构。左阳基侧突钩状突直，感觉叶端部突起小；右阳基侧突大，端部具 2 突起。阳茎鞘中部弯曲。

量度　　体长 2.8~3.0 mm，宽 1.0~1.2 mm。

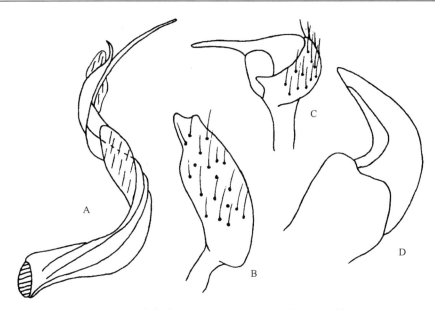

图 96　小欧盲蝽 *Europiella artemisiae* (仿郑乐怡等)
A. 阳茎端 (vesica)；B. 右阳基侧突 (right paramere)；C. 左阳基侧突 (left paramere)；D. 阳茎鞘 (phallotheca)

经济意义　已经记载的寄主有蒿属植物 *Artemisia absinthum*、*Artemisia vulgaris* (Wagner, 1975)。

分布　河南 (安阳)；北京、天津、河北、山西、内蒙古、辽宁、吉林、黑龙江、安徽、江西、山东、湖北、四川、云南、陕西、宁夏、新疆；日本、俄罗斯、德国、奥地利、意大利、美国。

(七十八) 吸血盲蝽属 *Pherolepis* Kulik, 1968

Pherolepis Kulik, 1968: 140. Type species: *Pherolepis aenescens* (Reuter).

　　体中型，椭圆形，较粗壮，颜色较暗，体被 3 种毛：第一种为直立、半直立或倾斜的刚毛状毛；第二种是平伏、弯曲、具明显光泽的丝状毛；第三种是平伏、弯曲、具明显光泽且明显宽扁的鳞状毛。头前伸，头顶宽阔，后缘隆脊状。上颚片和下颚片宽阔，具明显光泽。小颊厚实。喙相对较粗，至少伸至后足基节附近。前胸背板梯形，侧缘直，前角具直立长毛。小盾片中央微隆拱。半鞘翅宽阔，缘片外缘凸出呈弧形，程度因种类而异。楔片宽阔，中等程度下倾。副爪间突狭片状，中央宽，向两端渐尖。雄虫阳茎端骨化强烈，弯曲呈 "L" 形，中央具不同形状的狭长突起 (突起的形状是种类鉴定的重要依据)。末端膜叶较宽阔，次生生殖孔简单。左阳基侧突舟形，右阳基侧突狭片状，椭圆形。阳茎鞘圆柱形，末端侧突呈喙形。

　　本属世界记载 7 种，古北区分布，东洋区记载 1 种。我国共记载 6 种。河南省已知 2 种。

种 检 索 表

1. 体被直立、半直立、浓密、极长的刚毛状毛⋯⋯⋯⋯⋯⋯⋯⋯⋯⋯**长毛吸血盲蝽** *P. longipilus*

　 体被银白色、宽扁的鳞状毛⋯⋯⋯⋯⋯⋯⋯⋯⋯⋯⋯⋯⋯⋯ **鳞毛吸血盲蝽** *P. aenescens*

118. 鳞毛吸血盲蝽 *Pherolepis aenescens* (Reuter, 1901)

Neocoris aenescens Reuter, 1901: 188.

Hypseloecus aenescens: Kerzhner, 1970: 639.

Pherolepis aenescens: Schuh, 1995: 457; Zheng, 1995, 468; Zhang & Liu, 2009: 1.

　　形态特征　**体色**　黄褐色至黑色，半鞘翅基半及小盾片密布的平伏鳞状毛银白色。头顶及额黑色，近复眼处黄褐色，稀疏的平伏毛被略具闪光；唇基红褐色；上颚片及下颚片红褐色，两者连接处黄褐色；小颊前端棕黄色，向后端渐深至棕黑色；喙第 1、第 2 节红褐色，后两节棕黑色；触角第 1 节棕褐色，第 2 节基部顶点处污黄色，其余红褐色，端部略加深，第 3、第 4 节棕黑色。前胸背板除侧角棕黄色外黑色；中胸盾片外露部分黑色。小盾片除顶角处褐色外黑色。爪片棕黄色，革片大部黑褐色，端部红褐色；革片端部具光泽。楔片黑色，侧缘红褐色，平伏短毛被略带闪光。膜片淡棕黄色，翅脉浅而几不可见。中胸、后胸侧板黑色；中胸侧板具光泽；后胸侧板颗粒状。足基节基半黑褐色，端半污黄色；股节深褐色，基部略浅；胫节棕黄色，具 3 排半直立棕褐色硬刺；跗节第 1、第 2 节黄色，第 3 节深褐色。腹部黑色。雄虫生殖囊黑色。

　　结构　体宽椭圆形，半鞘翅基半及小盾片密布宽扁、平伏的鳞状毛。头下倾，较前伸，背面观可见唇基基部，正面观略宽，侧面观眼前部分与复眼等长，眼下部分小于复眼高的 1/2。头顶及额表面平坦无隆起，被稀疏平伏毛，头顶后缘隆脊几直；唇基显著隆起呈拱形；小颊狭长，被若干倾斜、纤细的长毛；喙细长，伸至后足基节末端；触角窝明显远离复眼前缘，距离约等于其直径，触角第 2 节几直，基部略细，第 3、第 4 节几等长。前胸背板梯形，略横宽，平坦、微隆，具浓密小刻点及浅横皱，几无毛；前缘均匀外凸，约为后缘宽的 3/5，侧缘直，前角无直立硬毛，侧角微侧伸，后缘几直。中胸盾片外露部分较宽阔，约为小盾片长的 1/3，微下倾。小盾片平坦无隆起，密布宽扁、具光泽的鳞状毛。半鞘翅较宽阔，缘片外缘微凸；革片基半密布宽扁鳞状毛；革片端部具光泽。楔片较下倾，具平伏短毛。中胸侧板平坦具明显横皱，具光泽，后缘具不规则的鳞状毛组成的纵带；后胸侧板颗粒状，后缘被略显杂乱的一簇鳞状毛。胫节直，具 3 排半直立硬刺；跗节第 2 节最短，第 1 节略长，第 3 节最长，约等长于前两节之和。腹部具明显光泽，被覆稀疏、纤细的平伏毛。雄虫生殖囊表面光滑、具光泽，被倾斜毛。阳茎端狭长，弯曲略呈 “C” 形，骨化杆端部 1/3 处具极纤细、略弯曲的刺状突起，其基部一侧着生尖锐的指状侧突。左阳基侧突钩状突和感觉叶较圆钝，被毛浓密。右阳基侧突呈宽叶状。阳茎鞘较粗壮，端部明显膨大。

　　量度　体长 3.42~4.13 mm，宽 1.60~1.83 mm。

　　经济意义　寄主有柳 *Salix* sp.、榆 *Ulmus pumila* (Kerzhner, 1970)。

　　分布　河南 (安阳)；内蒙古、北京、黑龙江、陕西、甘肃、宁夏；俄罗斯远东地区、蒙古国。

119. 长毛吸血盲蝽 *Pherolepis longipilus* Zhang et Liu, 2009

Pherolepis longipilus Zhang & Liu, 2009: 1

　　形态特征　**体色**　体棕黄色。头顶及额黑褐色，平伏毛被具闪光；唇基褐色。上颚片及下颚片红褐色。喙第 1 节浅红褐色，具光泽，其余 3 节棕黄色。触角第 1 节污黄色，背面 2 根直立短毛黑褐色；第 2 节基部 1/3 污黄色，端部红褐色，末端加深至黑褐色；第 3、第 4 节黑褐色。前胸背板、中胸盾片外露部分及小盾片黑褐色。半鞘翅革区浅棕黄色，爪片棕黄色至棕褐色，楔片浅棕黄色 (基部稀疏的丝状毛具闪光)。膜片色极淡，仅中央棕黄色，其余部分透明、无色。中胸、后胸侧板红褐色，具光泽；中胸侧板后缘带状排列的丝状毛具闪光；足基节黄色，股节棕黄色，基部略浅；前足胫节棕黄色，中足、后足胫节棕褐色；跗节第 1、第 2 节黄色，第 3 节黑褐色。腹部基半黄色，端半红褐色，丝状毛被具闪光。

　　结构　体椭圆形，体背密布半直立纤细长毛及丝状平伏毛。头明显前伸，背面观唇基可见，正面观复眼明显侧凸，侧面观较狭长。头顶及额密布半直立、平伏的丝状毛，头顶后缘隆脊几直；唇基平坦。上颚片及下颚片平坦、微隆，被少数几根丝状平伏毛。小颊具若干直立、半直立长毛。喙较纤细，伸至第 3 腹节末端，第 1 节略粗，具光泽，其余 3 节粗细均匀。触角第 1 节背面被 2 根直立短毛；第 2 节微弯曲，基部略细，第 3 节约为第 2 节长的 1/2。前胸背板、中胸盾片外露部分及小盾片密被半直立纤细长毛及丝状平伏毛。前胸背板梯形，横宽，平坦，具较短的横皱；前缘微凸，侧缘直，前角无直立硬毛，后缘中央微内凹。中胸盾片外露部分较短，长约为小盾片长的 1/5，微下倾。小盾片中央微隆，具浅横皱。半鞘翅密被半直立长毛及丝状毛，端半稀疏；缘片端半外缘凸出；楔片略下倾，基部具稀疏的丝状毛，其余部分无毛。中胸、后胸侧板具光泽；中胸侧板宽阔、平坦，后缘具带状排列、杂乱的丝状毛；后胸侧板中央内陷，具横皱，后缘具少数倾斜长毛。足基节较粗壮；跗节第 1、第 2 节几等长，第 3 节略短于前两节之和。腹部狭长，各腹节被闪光丝状毛及稀疏的半直立长毛，两侧稀疏或无。雄虫生殖囊表面光滑，具光泽，约占整个腹长的 1/4。阳茎端弯曲呈 "C" 形，端部 1/3 处具粗壮的矛尖状突起，其近端部一侧着生指状侧凸；次生生殖孔简单。左阳基侧突舟形，钩状突和感觉叶末端圆钝。右阳基侧突狭片状。阳茎鞘端半较狭，端部指状侧凸较小、略弯。

　　量度　体长 3.8~4.3 mm，宽 1.6~1.9 mm。

　　分布　河南 (安阳)；天津、陕西。

(七十九) 亮足盲蝽属 *Phylus* Hahn, 1831

Phylus Hahn, 1831: 26. Type species: *Phylus pallipes* Hahn.

　　属征　体狭长，长椭圆形，两侧近平行。浅褐色至完全黑色，体表光滑具光泽。体毛通常一种，为浅色具光泽的细毛。

头半垂直至垂直。额区与唇基相连处具不明显的凹痕。头项圆隆或扁平，后缘有时具不明显的脊。眼高小于头高，后缘多与前胸背板接触。触角窝位置较低，略高于眼下缘或与眼下缘齐平。触角细长，颜色多不一致，第 1 节长大于前胸背板后缘宽；第 3、第 4 节细，总长小于第 2 节长。喙伸达中足基节。

前胸背板前倾，色较均一，多窄长，侧缘通常内凹，后缘前凹或直，胝区微凸。中胸盾片外露部分较宽，高于小盾片。小盾片饱满，一般具较浅的横纹，长通常大于基宽。半鞘翅毛被整齐，翅面不下折或微下折。膜片浅褐色或黑褐色，通常无斑，翅脉颜色稍深。

足浅黄色或深黄色，股节无斑点，毛浅色。胫节完全浅色，胫节刺浅色，刺基无斑，后足胫节通常具纵向排列的黑色微刺。爪小，基部宽，常中部弯曲，爪垫宽扁，不超过爪中部。腹面深色或浅色，具稠密的软毛，具光泽。

雄虫生殖囊小，后缘腹面多具纵脊。

该属世界已知 9 种，古北界和东洋界分布。中国已知 2 种，河南省已知 1 种。

120. 米氏亮足盲蝽 *Phylus miyamotoi* Yasunaga, 1999

Phylus miyamotoi Yasunaga, 1999: 182.

形态特征　**体色**　背面黑褐色至全黑色，具光泽。背面平伏毛浅褐色至褐色。头具光泽。眼红褐色。触角颜色多样，第 1 节有时黄褐色，基部黑褐色，有时完全黑色；第 2 节有时完全黄褐色，有时完全黑色，有时基部黑色，端部黄褐色；第 3、第 4 节黄褐色。喙黄色或黄褐色，端部黑褐色。半鞘翅毛被具光泽。膜片黑褐色，不透明，或黄褐色，半透明，翅脉颜色稍深。足黄色，股节无斑点，其上刚毛黄色。胫节基部无暗色斑，胫节刺黄色，刺基无黑斑，后足胫节具几纵排微刺黑色。体下黑褐色，有时中部黄色，具光泽，其上毛被金褐色。

结构　体中型，狭长，两侧平行。背面具光泽，被毛 1 种，为平伏毛。

头垂直，光滑。额区强烈下倾，与翅面垂直，雌虫微圆隆，与唇基相连处不凹陷。头顶扁平，近后缘低平，具不明显脊，后缘直。唇基扁平，微弯曲。雄虫眼几占据整个头高，雌虫眼小。触角窝不与眼接触，下缘几与眼下缘齐平，眼近触角窝处微凹。触角第 2 节向端渐加粗，长大于前胸背板后缘宽，雄虫第 2 节较雌虫粗；第 3、第 4 节细短，总长度小于第 2 节。喙伸至中足基节后缘。

前胸背板前倾，长小于后缘宽，毛被稠密，胝微鼓，侧缘均匀微内凹，后缘前凹。中胸盾片外露部分较宽，高于小盾片，毛同前胸背板。小盾片饱满，表面具较浅的横纹，长大于基宽。爪片缝为翅面最高处，翅面在楔片缝处微下折，半鞘翅毛被密度均匀，毛具光泽。后足胫节具几纵排微刺。跗节短，第 2 节最长。爪小，中部弯曲，爪垫宽扁，伸达爪中部。体下具光泽。

雄虫生殖囊小，后缘腹面具纵脊。阳茎端细长，膜质构造发达，2 枚端突。较长的 1 枚端部弯曲，次生生殖孔位于中部。左阳基侧突钩状突端部稍膨大，感觉叶端部为小突起状；右阳基侧突钩状突尖。阳茎鞘直。

量度　体长 3.9~4.2 mm，宽 1.4~1.5 mm。

分布　河南 (栾川)；四川；日本。

(八十) 束盲蝽属 *Pilophorus* Hahn, 1826

Pilophorus Hahn, 1826: 23. Type species: *Cimex clavatus* Linnaeus.

Camarotonotus Fieber, 1858: 322 (syn. by Baerensprung, 1860: 18).

Alepidia Reuter, 1909: 75 (syn. by Schuh and Schwartz, 1988: 110).

Thaumaturgus Distant, 1909: 518 (syn. by Poppius, 1911: 31).

Bilirania Carvalho, 1956: 215 (syn. by Schuh, 1989: 10).

Strictotergum Zou, 1983: 283 (syn. by Schuh, 1989: 10).

　　属征　体小型，长，蚁型。色多以黄色、黄褐色、栗色和黑色为主，半鞘翅被排列呈带状或点斑状的鳞状毛。头中等程度下倾，微前伸。头顶均匀隆拱，头顶后缘隆脊内凹。唇基狭长，均匀隆拱，少数种类强烈隆拱。触角细长，第 2 节长，少数种类向端部明显加粗呈棒状。前胸背板下倾，梯形或钟形，表面平坦或端半隆拱，少数种类前胸背板中央强烈缢缩；前缘均匀前凸。小盾片中央微隆，两侧被带状排列的鳞状毛。半鞘翅狭长，缘片外缘中央内凹，程度因种类而异：被带状或点斑状排列的鳞状毛。楔片下倾明显。足细长，胫节刺基无深色斑。副爪间突狭片状，端部相互靠近。无爪垫。

　　该属全世界已知有 85 种，分布区包括欧洲、亚洲、非洲及北美洲。我国已记载有 30 余种，多数分布于包括台湾地区在内的我国南方地区。河南省仅知 3 种。

种 检 索 表

1. 半鞘翅密被细长的半直立或直立的刚毛状毛·····················长毛束盲蝽 *Pilophorus setulosus*
　　半鞘翅背面刚毛短或无···2
2. 半鞘翅鳞状毛排列成几个毛簇，爪片和缘片的鳞状毛在一个水平位置··········亮束盲蝽 *P. lucidus*
　　半鞘翅鳞状毛呈横带状排列···3
3. 前胸背板后半部两侧平行···朝鲜束盲蝽 *P. koreanus*
　　前胸背板后半部两侧向后渐宽···黄束盲蝽 *P. aureus*

121. 朝鲜束盲蝽 *Pilophorus koreanus* Josifov, 1977

Pilophorus koreanus Josifov, 1977: 283；Zou, 1989: 329；Schuh, 1995: 464；Zheng, 1995: 469.

　　形态特征　体色　体黄至黄黑色。额及头顶红褐色，唇基及颊褐色，颊顶端浅褐色；复眼褐色，触角第 1 节棕黄色，第 2 节基部 2/3 黄色，端部加深至黑褐色，第 3 节基半黄白色，端半渐变棕褐色，第 4 节棕褐色；喙第 1 节、第 2 节褐色，第 3 节棕黄色，第 4 节渐呈黑褐色。前胸背板棕褐色、小盾片及前翅一色黑，膜片烟黑褐色。体腹面一色黑。前足黄白色，仅腿节端部背面及胫节基部背面稍具棕色，中足基节黑色，向端部渐变棕色，腿节大部黑褐色，基部及端部腹面呈棕黄色，胫节棕黄色，基部色略深，后足基节基部黑色，端 2/3 棕黄白色，腿节基 3/5 黑褐色，基部及端 2/5 棕黄色。

　　结构　体较小，长形，具稀疏浅色平伏亮毛，背面白色鳞状毛排列成 2 条横带。头宽，下倾，后缘向前弧形凹曲，头背面观呈扁的三角形；触角第 1 节短，不及头顶宽的 1/2，第 2 节亚端部略渐变粗，第 3、第 4 节细，第 4 节短于第 3 节，第 2 节及以上各节具平伏密毛；喙顶端刚伸超中足基节间。前胸背板梯形，后缘略宽于前缘，盘域稍隆起，前缘向前弧形弯曲，侧缘前 2/3 近直，后 1/3 渐向外弯曲，后缘中部向前凹弯；小盾片较长，基部中央隆起，两侧及端部平坦，具平伏毛，两侧基角处各具 1 簇白色鳞状毛；半鞘翅具稀疏的平伏亮毛，白色鳞状毛排列成 2 条横带，1 条位于革片基部 1/3 处，不伸至爪片，1 条位于革片基部 2/3 处，弯曲排列，横跨体宽。足基节黄褐色，中足、后足基节黄色；腿节棕色，被几根直立纤细毛；胫节直，基部淡黄色，其余部分黄褐色，被棕黄色平伏毛，胫节刺棕色。跗节第 1、第 2 节几等长，第 3 节长约等于前两节之和。

　　量度　体长 3.42~3.85 mm，宽 1.24~1.61 mm。

　　分布　河南 (信阳)；山东；朝鲜。

122. 黄束盲蝽 *Pilophorus aureus* Zou, 1983 (图 97)

Pilophorus aureus Zou,1983: 285; Schuh, 1995: 459; Zheng, 1995: 468.

　　形态特征　体色　头黑色，前端和两侧红褐色，触角基部两节黑褐色，第 1 节色稍淡，第 3、第 4 节淡黄色，端半褐色；喙褐色。前胸及小盾片黑色。半鞘翅黄色，爪片基半黄褐色，其端部和革片端部的外方以及楔片红褐色，膜片烟色。身体腹面黑褐色，光亮。足基节、转节及腿节基半乳白色，股节大部红褐色，胫节红褐色，跗节黄褐色，

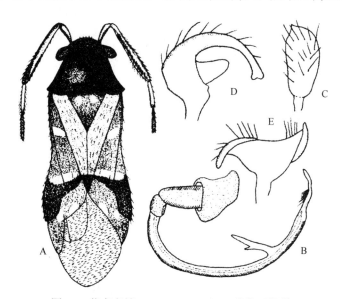

图 97　黄束盲蝽 *Pilophorus aureus* (仿郑乐怡等)

A. 体背面 (足缺) (habitus, without legs)；B. 阳茎端 (vesica)；C. 右阳基侧突 (right paramere)；D、E. 左阳基侧突 (left paramere)

末端黑褐色。

　　结构　体狭长。中部两侧微向内收缩。头宽短，小，明显下倾，后缘具长毛；触角细长，第 2 节向末端略加粗，第 3、第 4 节细；喙端伸达前足基节后缘。前胸背板侧缘内凹。小盾片中部两侧各具 1 银白色鳞片状毛斑，前胸背板及小盾片具平伏短毛。前翅被黄褐色平伏毛，前翅前缘微内凹，爪片端部 1/3 具 1 银白色鳞片状毛斑，革片具 2 条银白色鳞片状毛构成的横带，一条在基部 1/5 的短斜带，另一条在革片 2/3 处斜向爪片毛斑的长横带，革片端缘近中央及楔片基部各具 1 白色毛斑，膜片长于腹部末端。胸部腹面中胸侧板具 1 白色鳞片状斜毛带；腹部基部细，密被黄色毛，近基部两侧各具 2 白色鳞片状斜毛带。足腿节具黄褐色短毛和少数长毛，胫节具长刚毛。雄性左抱器感觉叶长，右抱器宽短，阳茎细长，骨化枝在长刺下方另分出 1 小刺状突。

　　量度　体长 3.26~3.60 mm，宽 1.25~1.36 mm。

　　分布　河南 (安阳)；河北、山东、北京。

123. 长毛束盲蝽 *Pilophorus setulosus* Horváth, 1905

Pilophorus setulosus Horváth, 1905: 421; Zou, 1989: 329; Schuh, 1995: 467; Zheng, 1995: 469.

　　形态特征　体色　褐色至栗色，体表直立长毛褐色，平伏毛为金黄色，鳞片状毛白色。头项及额褐色至黑褐色；唇基污黄色，末端褐色。上颚片、下颚片红褐色。小颊棕褐色或黑褐色。喙棕褐色。触角第 1 节污黄色，第 2 节基部 2/3 黄褐色，端部加深至黑褐色，第 3 节基部 1/3 黄白色，端部黑褐色，第 4 节黑褐色。前胸背板栗色或黑色；中胸盾片外露部分色同前胸背板。小盾片栗色。半鞘翅褐色至栗色，表面直立长毛被棕褐色、平伏毛金黄色及白色鳞状毛；楔片色同半鞘翅；膜片烟褐色，翅脉明显。中胸侧板黑褐色；后胸侧板黑褐色，后缘被零星的白色鳞状毛。足基节黄白色，端部褐色；腿节红褐色，端部色略淡；胫节红褐色，胫节刺黑褐色；跗节第 1、第 2 节污黄色，第 3 节黑褐色。腹部棕褐色，淡色个体呈褐色。

　　结构　体中型，较狭长，体被密度均等的直立长毛、较稀疏的平伏毛和鳞片状毛。头中等下倾，背面观唇基不可见；正面观略呈等边三角形；侧面观较狭长，眼前区域宽度大于复眼宽。头项及额较宽阔，均匀微隆，被直立或半直立毛；头顶后缘隆脊均匀内凹；额具不规则横皱，具粉被。唇基狭长，微隆拱。上颚片、下颚片较平坦，被具光泽的倾斜短毛。小颊被稀疏直立长毛。喙较狭长，伸至后足基节前缘，第 1 节较粗壮；第 2、第 3 节几等长；第 4 节略长于第 3 节。触角第 1 节背面具 2 根直立短硬毛，第 2 节几直，端部微加粗，无明显膨大。前胸背板梯形，较平坦、宽阔，被直立硬毛及平伏毛；胝区微隆；基半均匀下倾；前缘微凸，前角各具 1 根长毛，侧缘几直，仅在端部 1/4 处微凹，后缘微内凹。中胸盾片外露部分长度约为小盾片长之半。小盾片基部具横皱，中央隆拱。半鞘翅较平坦，中央沿爪片接合缝处略抬升，被明显的直立长毛及平伏毛；缘片外缘中部微内凹；半鞘翅具两条鳞状毛组成的横带：前横带位于革片基部 1/3 处，少数个体略靠下，较短且不达爪片，后横带位于革片端部 1/3 处，横跨体宽，微弯曲。楔片较宽阔，明显下折，被密度中等的倾斜刚毛状毛；中央具 1 簇鳞状毛。中胸侧板宽阔、平坦，具光泽，后缘具 1 条鳞状毛带；后胸侧板中央具较短的横皱，后缘被零星的鳞状毛。胫节直；跗节第 1、第 2 节几等长，第 3 节略长于前两节之和。腹部基部较宽阔，被密度均等的倾斜毛；第 3~5 腹节每节两侧各具 1 簇鳞状毛。雄虫生殖囊约占整个腹长的 l/4。阳茎端狭长，呈 "L" 形，中部具 1 较长的矛尖状突起，突起基部具狭长、弯曲的侧突；次生生殖孔简单，末端膜叶宽阔。左阳基侧突宽阔，被毛浓密，钩状突细长，末端微膨大，感觉叶末端圆钝。右阳基侧突呈宽叶状。阳茎鞘粗壮，直，端半略扩展，末端侧突呈喙状。

量度　体长 4.4~4.8 mm，宽 1.4~1.6 mm。

分布　河南 (安阳、西峡)；天津、河北、内蒙古、黑龙江、山东、四川、贵州、西藏、陕西、甘肃、宁夏、新疆；日本、俄罗斯。

124. 亮束盲蝽 *Pilophorus lucidus* Linnavuori, 1962

Pilophorus lucidus Linnavuori,1962:171; Zou, 1989: 327; Schuh, 1995: 464; Zheng, 1995: 469; Qi, 1996: 49.

形态特征　**体色**　体背除半鞘翅基部 2/3 污黄色外，其余均黑色或黑褐色，界限明显；半鞘翅具白色鳞状毛。

头顶及额黑色；上颚片及下颚片棕黄色，其上平伏毛被金黄色；小颊深褐色；喙第 1、第 2 节大部分及第 4 节棕黑色，第 2 节末端及第 3 节污黄色。触角第 1 节红褐色，第 2 节红褐色，端部色加深至黑褐色，第 3 节基部 1/3 黄白色，其余部分与第 4 节黑褐色。

前胸背板、中胸盾片外露部分与小盾片黑色且具明显光泽；小盾片中央近基部的平伏毛被金黄色；两侧基角与顶角处的鳞状毛簇白色；半鞘翅基部 2/3 黄色，端部黑色；稀疏平伏毛被金黄色；革片端部 1/3 具明显光泽楔片狭红褐色，无白色鳞状毛。膜片烟褐色，翅脉明显。中胸侧板及后胸侧板黑色，具光泽；前足基节基半、中足、后足基节黄色，前足基节端半、腿节及胫节褐色，中足胫节端半污黄色，胫节刺黑褐色，具光泽；跗节基半污黄色，端半黑褐色。

结构　体狭长形，微束腰。

头微下倾，背面观可见唇基上缘，侧面观眼前区域宽度略小于复眼宽。头顶及额平坦，被极少的倾斜毛，头项后缘脊均匀微凹。上颚片及下颚片平坦，被稀疏的平伏毛，下颚片后缘微隆。小颊狭长，被纤细长毛。喙纤细，伸至中足基节中央。触角第 1 节较纤细，第 2 节直，粗细均匀；第 4 节明显短于第 3 节。

前胸背板、中胸盾片外露部分与小盾片具明显光泽，表面颗粒状，密布小刻点，几无毛。前胸背板钟形，端半均匀隆起，基半平坦；侧缘端半明显侧凸；前角无直立长毛。中胸盾片外露部分宽阔，长度约为小盾片长的 1/3，均匀倾斜。小盾片中央近基部微隆拱，被若干平伏毛；两侧基角与顶角处具鳞状毛簇，顶角毛簇明显小于两侧基角。半鞘翅宽阔平坦，被稀疏的平伏毛；具 3 簇明显的鳞状毛：一簇位于革片基部 1/3 处，不达爪片；一簇位于缘片基部 2/3 处；一簇位于爪片近顶角处，后两簇位于同一水平线；革片端部 1/3 具明显光泽；缘片外缘中央内凹。楔片狭长，无鳞状毛。

中胸侧板及后胸侧板具光泽；中胸侧板后缘具 1 条规则的鳞状毛带和 1 小的鳞状毛

簇。跗节第 1、第 2 节几等长，第 3 节长约等于前两节之和。腹部腹面被倾斜毛，第 3~5 节每节两侧各具 1 簇显松散的白色鳞状毛。

雄虫生殖囊明显膨大，约占整个腹长的 1/3。阳茎端 "C" 形，基部 2/3 处具 1 较粗壮的突起，其端部明显分叉，一侧呈矛尖状，较细，另一侧粗壮，较长，明显弯曲；次生生殖孔简单；末端膜叶宽阔。左阳基侧突横宽，钩状突狭长，感觉叶片状，末端圆钝。右阳基侧突狭片状，椭圆形。阳茎鞘较粗壮，末端指状侧突明显。

量度　体长 3.3~3.7 mm，宽 1.1~1.3 mm。

分布　河南 (安阳)；山东、湖北；日本、俄罗斯。

(八十一) 斜唇盲蝽属 *Plagiognathus* Fieber, 1858

Plagiognathus Fieber, 1858: 320. Type species: *Lygaeus arbustorum* Fabricius.
Microphylellus Reuter, 1909: 76 (syn. by Schuh,2001:8).
Erhardiella Poppius, 1911: 84 (syn. by Carvalho,1952:65).
Leptotylus Van Duzee, 1916: 215 (syn. by Slater & Knight, 1954:143).
Psallus parapsallus Wagner, 1952: 187 (syn. by Schuh, 2001:8).

属征　体椭圆形或卵圆形。体背面毛被单一，半直立，体色多样，苍白色至完全黑色。

头小，强烈向下倾斜，头后缘不具脊。眼表面光滑；触角第 2 节长于头宽，在两者近等的种类则其后足腿节非为浅色具黑色斑点。体背面仅具浅色毛。前胸背板侧缘直。股节刻点黑色，胫节刺着生于黑色斑点之上，斑点在近基部大而近端部较小，跗节长，后足跗节第 3 节通常短于第 2 节。爪细，稍弯曲，假爪垫小而细，几乎以全长附着于爪上。雄性阳茎端 "S" 形，具 2 枚端突。

该属全世界已知有 120 余种，主要为全北区分布。我国记载的有 9 种，在南北方都有分布。河南省目前已知 2 种。

种 检 索 表

1.　体色黑褐，或仅头和前胸背板黑色；体毛黑色；雄虫生殖囊占腹部 1/3 长 ……………………………
　　……………………………………………………………………………… **远东斜唇盲蝽 *P. collaris***
　　体色黄褐，体毛黄色；雄虫生殖囊占腹部 1/2 长 ……………………… **龙江斜唇盲蝽 *P. amurensis***

125. 远东斜唇盲蝽 *Plagiognathus collaris* (Matsumura, 1911) (图 98，图版 VII-4)

Chlamydatus collaris Matsumura, 1911 : 40; Yasunaga et al., 1996: 92; Li et al., 1991: 89, 91.
Plagiognathus arbustorum Reuter, 1906: 75. (syn. by Kerzhner, 1988b: 76).
Plagiognathus collaris: Kerzhner, 1988b: 76; Yasunaga, 1999: 185; Schuh, 2001: 246.

形态特征　体棕黑色。头暗褐色，头顶及后缘棕褐色；触角黑褐色，第 3 节中部色稍淡；喙黑褐色。前胸背板及小盾片褐黑色，中胸背板暴露部分侧缘褐色。前翅褐色，膜片烟褐灰色，基外角处具三角形浅色斑。足基节棕黄色，基部浅棕褐色，其他各节褐色，具黑褐色斑点，斑点常分布于股节上缘及中纵线处，且在股节外侧斑点多于内侧，后足股节上缘具 1 列大斑点，中线 1 列较小斑点，胫节基部背面具 1 大黑褐斑，胫刺黑色，其基部黑斑大，胫节向端部色渐暗，跗节及爪黑褐色。身体腹面黑褐色。

结构　长椭圆形，较平坦，具平伏黑褐毛。头短，头顶圆，后缘无脊；复眼圆突；触角第 1 节短于头顶宽，第 2 节长于头与前胸背板长度之和，近等于第 3、第 4 节长度之和。前胸背板梯形，较平坦，向前下方倾斜，胝区不明显，前缘近直，侧缘中部略向内弯，后缘近直，在侧角处向前弯；小盾片中部略鼓。前翅具平伏暗褐毛，毛较稀疏，翅的边缘及楔片毛较多而长，翅在楔片缝后略斜下倾。足较长，特别是后足各节均较长，股节具平伏黑褐毛，胫节除黑褐短毛外，也具黑褐胫刺，刺长超过胫节粗度。

量度　体长 3.9~4.8 mm，宽 1.4~1.5 mm。

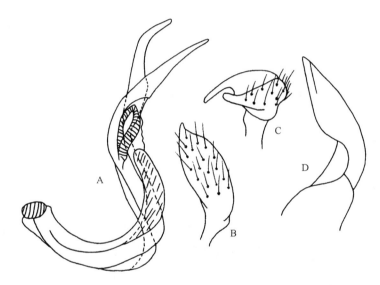

图 98　远东斜唇盲蝽 *Plagiognathus collaris* (仿郑乐怡等)

A. 阳茎端 (vesica)；B. 右阳基侧突 (right paramere)；C. 左阳基侧突 (left paramere)；D. 阳茎鞘 (phallotheca)

分布　河南 (栾川)；河北、黑龙江、吉林、内蒙古、湖北、四川、甘肃、宁夏、新疆；日本、俄罗斯。

简记　该种为河南省新记录种。

126. 龙江斜唇盲蝽 *Plagiognathus amurensis* Reuter, 1883

Plagiognathus amurensis Reuter, 1883: 454; Li et al., 1991: 88~97；Schuh, 2001: 2.

Plagiognathus nigricornis Hsiao & Meng, 1963: 447, 449 (syn. by Li & Zheng, 1991: 89, 92).

形态特征　体色　变化大，但大致为黄褐色，体表细毛黄色。头前端黑色。触角黑色，仅各节的连接处浅色；膜片烟黑色，翅脉浅色。身体腹面中央黑色 (深色个体大部或全部黑色)；后足股节具显著的黑色斑点，腹面顶端具 1 黑色条纹，胫节刺黑色，其着生处具黑色斑点，跗节端部黑色。雌虫一般颜色较浅，前翅膜片浅色，仅翅室顶部及翅室后方纵纹黑色。

结构 体具细毛。头垂直，中叶显著。触角着生于眼内缘的下端；触角细长，第 2 节粗细相对均一，长大于前胸背板后缘宽，被长短一致的浅褐色毛，毛长小于该节直径；第 3 节长约是第 4 节的 3 倍，第 3、第 4 节两节总长约等于第 2 节长。喙伸至后足基节前缘。前胸背板前倾，前缘内弓，侧缘及后缘平直，前角及侧角均为圆形。前翅楔片超过腹部末端。

量度 体长 3.17~3.76 mm，宽 1.25~1.69 mm。

生物学特征 以卵在葎草 *Humulus scandens* 的组织内越冬，也有少数在苘麻秆内产卵越冬。6 月间大量从葎草迁移到苘麻上，以后再转入棉田，在棉田内数量极多。

经济意义 为害苘麻 *Abutilon theophrasti*、葎草、大麻、马铃薯、大豆、苜蓿、苦荬菜 *Ixeris polycephala*、棉花、向日葵等。

分布 河南 (安阳)；北京、天津、黑龙江、山东、山西、江西、贵州、湖北、陕西、海南；俄罗斯。

(八十二) 杂盲蝽属 *Psallus* Fieber, 1858

Psallus Fieber, 1858: 321. Type species: *Lygaeus sanguineus* Fabricius.

Riops Fieber, 1870: 254 (syn. with Psallus Fieber by Reuter, 1878:101; see Carapezza, 1997: 147 for synonym with *Psallus*).

Phylidea Reuter, 1899: 150 (syn. by Kerzhner, 1964a: 991)

属征 体中小型，卵圆形或长卵圆形。体色多变，浅色至深色。体表一般被两种毛：一种为半直立刚毛，多为深色；另一种为鳞状毛，具光泽，多为银白色。头短，强烈下倾，头后缘平坦或不太鼓，也不具脊；复眼大，表面颗粒状；触角第 2 节圆柱形，有时雄虫较雌虫粗。股节黑或浅色，具褐色或黑色斑点，胫节刺黑色，基部通常具黑斑点，斑点较大，有时胫节部分黑或黑褐色。

该属为一较大属，全世界已知 140 多种，分布于世界各地。我国已记载 19 种，河南省已知 4 种。

种 检 索 表

1. 后足第 3 跗节长于第 2 节，等于或几乎等于第 1、第 2 节长度之和·················· **韩氏杂盲蝽 *P. hani***
   后足第 3 跗节短于第 2 节，明显短于第 1、第 2 节长度之和··3
2. 头背面、前胸背板杂乱分布红褐色斑点·· **河南杂盲蝽 *P. henanensis***
   头背面、前胸背板无杂乱分布红褐色斑点···4
3. 后足股节黑色或红褐色，无暗色斑·· **壮杂盲蝽 *P. fortis***
   后足股节浅色，有清晰的暗色斑·· **苹果杂盲蝽 *P. mali***

127. 苹果杂盲蝽 *Psallus mali* Zheng et Li, 1990 (图版 VII-5)

Psallus mali Zheng & Li, 1990: 15.

形态特征　体棕色，不具光亮，毛有黑色和银色两种。头暗棕褐色，唇基端部及小颊稍暗；复眼黑褐色；喙棕褐色，第 1 节及第 2 节基部暗棕褐色；触角浅棕色，第 2 节中部色稍暗。前胸背板棕色，胝区及周围暗棕褐色，并一直延续到前胸背板侧缘前端及前侧角；小盾片棕色，略带橙色，基部中央暗棕褐色。前翅棕色，革片端部内侧具 1 大的近三角形暗棕褐色斑，外侧端角及端缘外侧暗红色，楔片暗红色，基部呈浅色半透明横纹，膜片烟棕色，翅脉橙黄色，基外角处具 1 浅色斑。体腹面暗灰褐色，前胸侧板及中胸侧板后缘棕至棕黄色。足股节褐色，具黑褐色斑点，胫节及跗节棕黄色，胫刺黑色，刺基部具黑色斑点。

结构　体长椭圆形，头较短，明显下倾，额及头顶略圆突，具平伏银色扁平毛；触角第 1 节短，长度近于头顶宽的一半，近顶端具簇生的黑色刺，第 2 节短于前胸背板宽度，长于第 2、第 3 节之和；喙略超过后足基节后缘。前胸背板梯形，前倾，前缘近直，侧缘略外弯，后缘近直，具平伏黑色毛及银色扁平毛被，后端较平，两侧缘处毛半立且较长；小盾片较平坦，具平伏的黑毛及银色扁平毛。半鞘翅具平伏黑毛及银色鳞状毛，侧缘处及楔片黑毛较多，半鞘翅在楔片缝后明显下倾。后足股节宽短，长椭圆形，除具棕褐色短毛外，近端部具个别黑色刺，胫节具粗长的黑刺，刺长大于胫节直径。跗节第 1 节最短，第 2、第 3 节几等长。

量度　体长 3.14~3.52 mm，宽 1.14~1.58 mm。

分布　河南 (栾川)；甘肃、陕西。

简记　该种为河南省新记录种。

128. 韩氏杂盲蝽 *Psallus hani* Zheng et Li, 1990

Psallus (Pityopsallus) hani Zheng & Li, 1990: 18, 19.

形态特征　体色不均一，大致为黄褐色。头底色为黄色或暗黄褐色，头顶端部具 4 个黑褐色斑点，横向排列，边缘两个与复眼相接；触角基周围、唇基基部 1 小斑及唇基端部黑褐色，额的两侧各具相互平行的暗色条纹列 (可与头顶的黑褐斑相连接，从而使整个额的侧区呈黑褐色)；触角黄或浅黄褐色，毛被一色，第 1 节基部黑褐色，中部具 2 枚褐色刺，刺基部不具黑斑，第 2 节端部及第 4 节色暗。前胸背板前叶 (或仅胝区)、后叶的侧区及后缘黑褐色，后叶的大部亮粉褐色，中纵线浅色，中胸背板外露部分黑褐色，两侧粉褐色。半鞘翅爪片、革片端部及中部灰色至浅灰褐色，革片其余部分浅褐至黑褐色，楔片黑红褐色，基部浅色，端缘一窄区域黄色，膜片白色，中部具 1 烟色斑延 Cu 脉向后渐宽直至膜片端部，翅脉白黄色，每翅室具 1 烟色斑。体腹面褐色，臭脉孔缘黄白色，足基节、股节基半苍白色，股节端半褐色，具黑色斑点列，胫节黄色，胫刺黑色，长与胫节粗相等。

结构　体卵圆形，背面体毛两种：一种为黑色的半倒伏刚毛；另一种为银色鳞状毛。头近垂直，额区微鼓，与唇基相连处为较浅凹痕。头顶相对扁平，后缘脊明显。唇基宽扁，拱隆不强烈，微弯曲，端部下指。前胸背板略前倾，表面稍圆隆，小盾片微鼓，低于中胸盾片，楔片缝较浅，翅面在楔片缝处几不下折。

量度　体长 3.7~4.0 mm，宽 1.6~1.8 mm。

经济意义　寄主有小麦属 *Triticum*、梨属 *Pyrus*。

分布　河南 (安阳)。

简记　该种为河南省新记录种。

129. 壮杂盲蝽 *Psallus fortis* Li et Liu, 2007

Psallus fortis Li & Liu, 2007: 676.

形态结构　体色　棕褐色，被半直立刚毛褐色，鳞状毛银白色。头黑褐色。小颊黑褐色。眼褐色。触角污黄色，第 1 节基部黑褐色，第 2 节短毛毛被褐色，第 3、第 4 节颜色稍深。喙黄褐色，端部颜色稍深。前胸背板黑褐色，具光泽。中胸盾片外露部分及小盾片黑褐色。半鞘翅棕褐色，缘片后半部及楔片暗红褐色，楔片基部淡黄色，密被褐色刚毛及银白色鳞状毛。膜片半透明，烟褐色，翅脉颜色稍浅。股节黑褐色，端部颜色浅，暗红色，背缘近端部具数枚黑色硬刺。胫节黄褐色，胫节刺黑色，刺基红褐色，胫节表面具纵向排列的微刺黑色。跗节基部 2 节黄褐色，端节深褐色。体腹面黑褐色，被银白色毛。

结构　体小型，粗壮，椭圆形。体表光滑无刻点。被半直立刚毛及鳞状毛。头短，极度向下倾斜，几垂直，被蓬乱的长毛。唇基短，微隆，与额区之间无明显凹痕，被毛密集。小颊被近直立长毛。额区光滑，被较稀疏的长毛。头顶扁平，横阔，后缘直。眼褐色，较大，几占整个头高，眼宽小于眼间距，与触角窝相连处内凹。触角第 1 节粗短，基部缢缩，无硬毛；第 2 节粗细均一，密被短毛；第 3、第 4 节较第 2 节细，总长度小于第 2 节长。喙伸达中足基节和后足基节之间。前胸背板前倾，光滑无刻点，具光泽，毛被稀疏，胝不明显。小盾片光滑饱满，长约等于基宽。楔片密被刚毛及鳞状毛。翅面在楔片缝处下倾。股节背缘近端部具数枚硬刺。胫节刺略长于胫节直径，胫节表面具纵向排列的微刺。跗节第 3 节略短于第 2 节。爪小，弯曲，副爪间突刚毛状。体腹面毛被密集。雄虫生殖囊下倾，圆锥形，较大，约占整个腹部的 1/2。阳茎端粗壮，"C"形，端部结构复杂，次生生殖孔较大，卵圆形，位于阳茎端的中部，次生生殖孔下方有 1 枚尖锐粗刺。左阳基侧突感觉叶端部钝圆；右阳基侧突叶形。阳茎鞘稍弯曲。

量度　体长 2.76~2.90 mm，宽 1.43~1.58 mm。

分布　河南 (栾川)。

简记　该种与栗杂盲蝽 *Ps. castaneae* 在体型、体色方面非常相似，但两种雄性外生殖器结构互相不同，栗杂盲蝽左阳基侧突感觉叶端部较尖锐，本种左阳基侧突感觉叶端部钝圆，两种阳茎端结构差异也较大。

130. 河南杂盲蝽 *Psallus henanensis* Li et Liu, 2007

Psallus henanensis Li & Liu, 2007: 676.

形态特征　体色　红褐色，密被的半直立刚毛黑色，鳞状毛银白色。头深黄色，密布的小斑点红色；小颊淡黄色，与下颚片交界处的凹纹红褐色，长毛毛被浅黄色；额区具暗色横纹。复眼黑褐色。触角污黄色，第 1 节基部黑色，中部斜生 2 枚硬毛黑色，毛基黑色；第 2 节密被短毛灰色；第 3、第 4 节色稍深。喙黄褐色。前胸背板表面的小斑点红褐色。中胸盾片外露部分橘红色。小盾片红褐色，中央无浅色纵纹。前翅革质部红褐色，无明显色斑。楔片红褐色，基部淡黄色，密被的半直立刚毛黑色。膜片半透明，淡烟褐色，脉淡黄色。足污黄色，股节具黑褐色斑，后足股节常具红色成分，端半部黑褐斑密集，相互连接，近端部着生的数枚短刺黑色。胫节刺黑色，刺基具黑色斑，胫节具纵向排列的微刺黑色。跗节色稍深；体腹面红褐色，不均一，常出现黑褐色和黄褐色成分，细毛毛被银白色。

结构　体中型，长卵圆形，密被半直立刚毛及鳞状毛。头短，极度向下倾斜，近垂直，光滑无刻点，毛长甚稀。唇基表面圆隆，背面观唇基不可见，后缘与额间凹纹不明显。小颊被长毛。额区微隆，表面光滑。头顶扁平，横阔，后缘直。复眼较大，几乎占据整个头高，宽小于眼间距，与触角窝相连处内凹。触角第 1 节较粗，基部缢缩，中部斜生 2 枚硬毛；第 2 节略细于第 1 节，棒状，粗细均一，密被短毛；第 3、第 4 节较第 2 节细，总长度小于第 2 节。喙伸达后足基节，第 1 节粗壮，第 1 节与第 2 节之间向内弯曲。前胸背板向下倾斜，前缘、后缘均较直，胝不明显，前角处具直立硬毛，侧角圆钝。中胸盾片外露部分条形。小盾片微隆起。前翅革质部光滑，翅面后端沿楔片缝处向下倾斜。楔片密被较长的半直立刚毛。后足股节粗壮发达，近端部具数枚短刺。胫节刺刺长小于胫节直径，胫节具纵向排列的微刺。爪弯曲，爪垫小，副爪间突刚毛状。体腹面被细毛。雄虫外生殖囊下倾，圆锥形，较大。阳茎端细长，"C" 形，端部具齿状构造，具 4 枚突起，次生生殖孔大，卵圆形，位置近端部。左阳基侧突舟形；右阳基侧突端部平截，具 2 枚突起。阳茎鞘骨化，稍弯曲，端部渐尖。

量度　体长 3.79~4.11 mm，宽 1.56~1.85 mm。

分布　河南 (栾川)。

简记　该种与斑点杂盲蝽 *P. guttatus* 在体型及体色上较为相似，头部、前胸背板都具红褐色斑点。但后者雄虫外生殖器右阳基侧突端部仅 1 枚突起，本种右阳基侧突端部具 2 枚突起，另外两者阳茎端结构差异也较大，斑点杂盲蝽 *P. guttatus* 阳茎端较粗壮，近次生生殖孔处具 1 钩状骨化结构，本种阳茎端相对细长，次生生殖孔周围无钩状结构。本种与 *P. svidae* 阳茎端外形相似，但 *P. svidae* 右阳基侧突仅具 1 枚突起，两种易区分。

十五、网蝽科 Tingidae

网蝽科昆虫微小至小型，体长 3.0~4.0 mm；最大者可达 7.0 mm，小的只有 2.0 mm。颜色暗淡，一般为灰色，也有黄褐、褐或黑色的，与环境颜色非常统一。身体扁平，静止时平伏不易发现。头小，一般不宽于前胸背板的前端，背面常具长刺。复眼发达，无单眼；触角 4 节，着生于复眼的前方，第 3 节最长；喙较短，4 节，不越过后足基节间，个别长者可伸达腹部第 3 节，不用时隐藏于喙沟之中；小颊显著，前端多在喙的基部前方互相连接，有些种类在喙的基部前方只相接一部分，或完全不相接。前胸背板除少数外多呈奇异形状，具许多网状小室，前部中央常具一个高起而向前延伸的头兜，头兜有时甚大，可将头部完全覆盖，头兜后方具 1 条或 3~5 条纵脊，前胸背板两侧多扩展成侧背板，侧背板的形状变化多端，或向两侧及上方成叶状扩展，或翻卷平覆于背板两侧，或成带状或成球状凸起于背板的上方，前胸背板后部为三角形的三角突，覆盖小盾片的全部及前翅的爪片，或不呈三角形向后扩展并不覆盖前翅的爪片。前翅发达，具由翅脉形成的网状小室，无革质与膜质的区分，通常以翅脉分为前缘域、亚前缘域、中域、膜域，每个区域具有许多网状小室；一般在前缘域及亚前缘域之间的腹面还有一个较窄小的下前缘域。足正常，跗节 2 节，无爪垫。

本科种类均为植食性，多生活于叶的腹面或幼嫩枝条上。有些种类为害经济作物。例如，角菱背网蝽为害泡桐，膜肩网蝽为害毛白杨 *Populus tomentosa*、垂柳 *Salix babylonica* 及檫树，窄眼网蝽为害苹果及梨，小板网蝽为害沙柳 *Salix cheilophila*、新疆杨 *Populus alba* var. *pyramidalis* 及钻天杨 *Populus nigra* var. *italica*，茶脊冠网蝽为害茶 *Camellia sinensis*，樟脊冠网蝽为害樟 *Cinnamomum camphora*，梨冠网蝽为害梨及苹果等，少数种类，如粗角网蝽等可以造成虫瘿。

网蝽科分为 3 个亚科：长头网蝽亚科 Cantacaderinae、网蝽亚科 Tinginae 及南美网蝽亚科 Vianaidinae；我国仅分布有长头网蝽亚科和网蝽亚科的种类。

网蝽科是半翅目中一个中等大的科，全世界有 2124 种，隶属于 260 属，广泛分布于世界各地；新热带区种类最多，有 700 余种，非洲区和东洋区次之，各有 400 余种，古北区有 400 余种。

我国现有网蝽 200 多种，分隶于约 60 属。河南省已记载 8 属 10 种，仅隶属于网蝽亚科。其中 1 属 1 种为河南省首次记录。

属 检 索 表

1. 前胸背板简单，无头兜或头兜很小，仅超过头的基部；侧背板无或呈脊状，或呈窄片状扩展但不翻卷于背板上 ·· 2

　前胸背板常具明显的头兜；侧背板发达，成叶状扩展，或翻卷于背板之上 ·· 5

2. 前胸背板具 1 条纵脊，有时可有两侧脊的痕迹 ·· 3

　前胸背板具 3 条明显的纵脊 ··· 4

3. 前胸背板前缘直，侧角呈刺状、角状或圆弧状，无侧背板或侧背板仅呈脊状；前翅前缘域前向外扩展较宽且前后等宽 ·· **菱背网蝽属** *Eteoneus* Distant

　前胸背板前缘向内略弯，侧角宽圆形，侧背板在相当于胝区外方扩展呈半椭圆片翻卷并紧贴于胝的外侧，其上具明显小室；前翅前缘域很窄，仅具 1 列小室 ·········· **小板网蝽属** *Monosteira* Costa

4. 侧背板较宽，叶状或宽叶状，具多列小室，如仅有 1 列较大的长方形小室，则侧背板最大宽度大于复眼间距 ·· 7

　侧背板窄，脊状，具 1 列极小小室 ·· **柳网蝽属** *Metasalis* Lee

5. 头兜较小，向前不超过眼的中央，侧背板翻卷，覆盖于背板之上，侧背板外缘的前部一般覆盖两侧脊的前半；前翅基部与端部宽度近等 ····························· **负板网蝽属** *Cysteochila* Stål

　头兜大，向前至少伸超眼的中央，有时完全覆盖头部 ··· 6

6. 头兜完全覆盖头部或覆盖头的大部；侧背板前端圆，不呈锐角状前突；侧背板及前翅的小室大而透明；喙较短，不伸达中足基节间 ·······························冠网蝽属 *Stephanitis* Stål
   头兜不完全覆盖头部；侧背板前端向前伸出，呈锐角状；喙伸达中足基节间 ··············
   ···角肩网蝽属 *Uhlerites* Drake
7. 侧背板具 1 列较大的长方形小室 ·····························贝脊网蝽属 *Galeatus* Curtis
   侧背板具多列小室 ···菊网蝽属 *Tingis* Fabricius

(八十三) 负板网蝽属 *Cysteochila* Stål, 1873

Cysteochila Stål, 1873: 121, 129. Type species: *Monanthia tingoides* (Motschulsky).

属征　长椭圆形。头部短宽，具 5 枚头刺，有时前面 3 枚合并一起，后面 1 对或呈圆弧形，或彼此平行，前伸达触角基的基部，触角一般不很长，第 3 节约为第 4 节的 2.5 倍或 3 倍；小颊于喙基部前方全长相接。前胸背板的头兜较小，长椭圆形或三角形，不很高；侧背板十分发达，全部翻转于背板之上，或覆盖中纵脊，或与中纵脊接触，或仅覆盖二侧脊前半，不与中纵脊相接近；在外缘端角处往往向上圆鼓；二侧脊或彼此平行，或呈波状，或由前往后明显分歧。前翅常有明显横带斑，背面平坦，无任何明显鼓起，前缘域一般与亚前缘域等宽，或宽于亚前缘域 1 倍。

该属为大属之一，全世界共有 100 余种，多分布于新热带区，东洋区次之，中国已知有 6 种。该属在河南省为首次记录，仅发现 1 种。

131. 满负板网蝽 *Cysteochila ponda* Drake, 1937 (图版 VII-6)

Cysteochila ponda Drake, 1937: 593; Jing, 1981: 328; Péricart, 2001: 27.

形态特征　头黑褐色，头刺褐黄色；触角前 3 节褐色，第 4 节黑褐色。前胸背板的 3 条纵脊的端部均灰黄或黄白色。中胸、后胸腹板纵沟红褐色，较深，腹板纵沟侧脊黄白色。在前翅前缘域中部最宽处有 1 黑褐横带斑，该斑伸向亚前缘域并向中域逐渐增宽，除基部及端部外，中域大部均为褐斑；前缘域外 1 列小室的脉褐色，中域内缘纵脉的后半具 2~3 个黑褐线状斑，膜域端部之前有 1 小黄圆斑。

结构　头短宽，长及宽略等。头刺 5 枚，前面 1 对及中间 1 枚前指略向上翘；小颊叶状，于喙基部前方相接；喙端伸达后胸腹板中部或后胸腹板末端。前胸背板除三角突外，全部被头兜及侧背板所覆盖；头兜小，长椭圆形，背中央向上隆起呈脊状，前缘中部向前呈钝角突出，或向前略圆鼓；中纵脊贯穿前胸背板全长，十分突出，两侧脊短，仅见于三角突部，出自侧背板外缘的端部，由前往后呈向外的宽弧形；侧背板十分发达，全部翻卷于背板之上，外缘与中纵脊的中部紧相连接，后缘直截，其上小室蜂窝形，室脉粗厚，侧角内侧隆起呈 1 圆丘或瘤状物。中胸腹板纵沟侧脊多少平行，仅前端向内弯，后胸腹板纵沟侧脊的前端宽于后端，不平行，略呈倒心形，后端开放。前翅前缘略呈波形，前缘域稍宽于亚前缘，前缘域大部分透明，具 2 列较大的五角形小室，室脉多呈 "Y" 形，褐斑处的小室增为 3 列，亚前缘域具 2 列较小、排列整齐且室脉较厚的小室；中域宽，最宽处具 7 列与亚前缘域等大的小室，其内缘与外缘的纵脉粗厚，高出于中域的表面，膜域后半小室渐增大。

量度 雄虫体长 3.41 mm，宽 1.27 mm；雌虫体长 3.52 mm，宽 1.49 mm；触角各节长 0.13：0.13：0.88：0.37 mm。

分布 河南 (嵩县、栾川)；江西 (黄山)、湖北 (神农架红坪林场、房县)、四川 (宝兴、峨眉山、雅安)、福建 (崇安)、广西 (龙州)、云南 (西双版纳：勐龙、勐宋)。

简记 该种为河南省新记录种。

(八十四) 菱背网蝽属 *Eteoneus* Distant, 1903

Eteoneus Distant, 1903: 129. Type species: *Serenthia dilatata* Distant.

属征 卵圆形，全身上下、触角及各足均有光泽并被金色短毛。头部短宽，眼远离前胸背板前缘；触角稍细长，被短毛，第 4 节长于第 1、第 2 节之和。前胸背板前缘平直，不具头兜，领明显，侧角圆弧状、角状或刺状，两侧角之间部分向上半球状隆起，无侧背板或仅呈脊状；背板中央具 1 纵脊。前翅前缘域向外扩展较宽，中域及亚前缘域分界明显，其后端斜行狭窄。

该属全世界已知有 16 种，分布于东南亚及非洲。中国记载 3 种。河南省仅发现 1 种。

132. 角菱背网蝽 *Eteoneus angulatus* Drake et Maa, 1953 (图版 VII-7)
Eteoneus angulatus Drake & Maa,1953: 89; Jing, 1981: 293; Hu, 1985: 168; Péricart, 2001: 39.

形态特征 前翅具明显褐斑的种类。头、前胸背板深褐色；触角基黑褐色，触角褐色，第 4 节黑褐色；小颊褐色；喙端黑色。前胸背板除胝黑色、三角突端部黄褐色外，其余一色深褐色；胸部腹板纵沟侧脊灰黄色。前翅浅黄褐或灰黄色，前缘域及亚前缘域中部之前、前缘域的端部以及中域大部分的基部及端部均具明显的褐斑，膜域上也有 4~5 条斜线或直线褐斑；后翅烟色。

结构 头背面除前面一对头刺部分圆鼓外，其余部分平坦，但表面粗糙不光滑，中央具 2 列刻点，周缘被平伏金色短毛；头刺 5 枚，圆瘤状；前面一对黑褐，距离较近，后面一对距离较远，向前侧指。复眼后缘横椭圆斑褐并略圆鼓。触角基短突状，触角第 4 节被半直立短毛；小颊叶状，前端狭，后端稍宽并伸过头基部，具 2~3 列小室；喙端伸达中足基节间。前胸背板密被深刻点及金色平伏短毛，两侧角之间部分向上圆鼓，三角突的前半也有 1 半球形隆起，前后两隆起之间有 1 横缢，前侧缘直，后侧缘中部之前极轻微向内弯，侧角呈明显的锐角，三角突大，几呈等边三角形，端角呈锐角，直伸达前翅中域中部以远；背板中央的纵背脊后端未伸达三角突的末端，侧背板呈疹状。中胸、后胸腹板纵沟甚宽且浅，尤以后胸为甚，中胸腹板纵沟侧脊呈椭圆形，后胸腹板纵沟侧脊弯呈心形，末端封闭，且开放较大。前翅长于腹部末端，前缘呈明显的圆弧状，相当于中域端部之后渐缩窄至端部呈半圆形，前缘域宽于亚前缘域，具 5 列小室，亚前缘域也具 5 列小室，但小室面积小于前者，中域基部斜窄，端部几呈三角形，相当于三角突端角部分最宽，该处具 10~12 列与亚前缘域等大的小室，膜域宽大于中域，端部及后缘小室稍大且排列规则；后翅稍短于前翅。

量度　雄虫体长 3.87 mm，宽 1.05 mm；雌虫体长 4.07 mm，宽 2.06 mm；触角各节长为 0.15∶0.13∶1.25∶0.57 mm。

经济意义　寄主有泡桐、榆属 *Ulmus*。

分布　河南 (许昌、舞阳、洛阳、禹县、嵩山、鲁山、信阳)；江西 (莲塘、南昌)、福建 (建阳)、广西 (龙胜)。

(八十五) 贝脊网蝽属 *Galeatus* Curtis, 1837

Galeatus Curtis, 1833a: 196. Type species by monotypy: *Tingis spinifrons* Fallén.

Cadmilos Distant, 1909: 113 (syn. by Horváth 1911: 337).

属征　体浅黄至黄褐色，体表光滑。长翅型及短翅型均常见。头刺 5 枚或无头刺，头刺长；头顶丘隆，唇基垂直下倾；小颊左右平行，不在喙前相接；触角基瘤钝而小，触角细弱；具复眼后片；上额片可见。前胸背板具 3 纵脊，中纵脊高，直或背缘大多波曲；侧纵脊片状或贝壳状高耸 (侧面观呈半球形)。侧背板具 1 列大网室，前侧角尖，后侧角钝圆。头兜大小变化极大：侧扁，伸至头背面或伸过头前端；圆鼓，盖住头部。盘域隆起，三角突囊状隆起。前翅前缘基部突然加宽，翅面网室极大；前缘域 1~2 列大网室；亚前缘域 1~2 列大网室，斜置或近垂直；中域 2~4 个大网室，端角抬升，外侧上翘；膜域与中域分界不清晰，1~2 列大网室。Sc 强烈波曲，R+M 波曲，Cu 及 R+M+Cu 微弱且几与域内网脉等粗。后胸臭腺孔缺如。雌虫无下生殖片。

全世界已记载 15 种，多分布在古北区，部分种扩展至东洋区、非洲区、新北区。我国已知 7 种。河南省已知 1 种。

133. 短贝脊网蝽 *Galeatus affinis* (Herrich-Schäffer, 1835)

Tingis affinis Herrich-Schäffer, 1835: 58.

Tingis spinifrons (nec Fallén, 1807): Flor, 1860: 366.

形态特征　头部具 5 枚细长头刺，半直立，后头刺长度小于头兜高度的 2 倍；复眼后片十分发达；小颊左右平行，不在喙前相接；唇基垂直下倾，头短；上颚片宽大；触角细弱。头兜小，盔状，明显低于侧纵脊和中纵脊；中纵脊由 3 个大网室组成，前部低而后部明显加高；侧纵脊半球形，背方黑色，黑色网室内见细小颗粒；侧背板扇形，1列大网室，斜向上翘。三角突呈囊状隆起。前翅宽大，但外露于腹部末端部分明显短于腹部长度；中域 1 列共 3 个大网室，外侧上翘，R+M 隆起；Cu 细弱，膜域与中域分界不清；Sc 波曲，前缘域宽大，1 列大网室，但网室的大小差异很大。无后胸臭腺孔缘。

量度　体长 2.6~3.8 mm。

经济意义　为害蒿属植物。

分布 河南；北京、天津、黑龙江、辽宁、河北、山东、安徽、山西、陕西、甘肃、浙江、福建、湖北、四川、重庆、广西、云南；日本、朝鲜、蒙古国、俄罗斯、欧洲、美国。

(八十六) 柳网蝽属 *Metasalis* Lee, 1971

Metasalis Lee, 1971: 25. Type species: *Tingis populi* Takeya.

体长卵圆形。头顶丘隆，明显高于复眼；具3枚细弱指状头刺，背中刺位于丘隆中部，后头刺贴伏；唇基先斜向下倾，后垂直下倾，在头前端见明显网室；小颊近三角形，在喙前接触。喙伸达后胸腹板，喙沟浅；中胸喙沟侧脊近平行，略深于后胸喙沟。触角基瘤小，触角第1节约为第2节长度的2倍；第4节棒状，被半直立长毛。前胸背板具3条纵脊，各脊隐约可见1列网室。头兜屋脊状，前端略前伸，后端至两胝间。侧背板脊状平伸，1列网室。三角突平坦，不及前翅长度的1/3。前翅远超过腹部末端，前缘弧形，近端部略内收；前缘域宽大，2~3列网室，亚前缘域也宽大，有4~5列网室，中域短，约前翅长的1/3。膜域宽大，向后网室加大。

本属世界仅知1种，分布于东亚，我国从南至北均有分布。

134. 杨柳网蝽 *Metasalis populi* (Takeya, 1932) (图版 VII-8)

Tingis populi Takeya, 1932: 10.

Nobarnus hoffmanni Drake, 1938: 195 (syn. by Drake & Maa, 1953: 91).

Hegesidemus habrus Drake, 1966: 135 (syn. by Golub, 1987: 52).

Metasalis populi (Takeya): Péricart, 2001: 49; Li，2009: 272.

形态特征 头红褐色，光滑，头刺黄白。触角浅黄褐，第4节端半部黑褐；小颊黄白。前胸背板浅黄褐至黑褐，头兜、侧背板及三角突的端部黄白，该处之前往往具1大褐斑，头兜3条纵脊灰黄，胝深褐。前翅黄白，具深褐"X"形斑，后翅白。胸部腹面黑褐。各足基节基部及喙沟侧脊浅黄褐或黄白。足黄褐，跗节深褐。腹部下方锈褐或黑褐；雄虫腹部末端红褐。

结构 头短而圆鼓，前面1枚头刺短棒状，位于触角基之间，后面1对长，位于复眼内缘，紧贴头背面；触角被短毛，第4节被半直立长毛。小颊前缘窄，后缘宽，具3列小室；喙端未伸达中胸腹板中部。前胸背板遍布细刻点，三角突端部具小室；头兜屋脊状，前缘中部略向前拱出，具3条纵脊等高，两侧脊端半部与中纵脊平行，由中部往前渐向外分歧，至胝又向内略弯；侧背板窄，脊状，具1列小室，前半部略扩展呈窄叶状，具2列小室。喙沟侧脊较低而宽，后胸喙沟侧脊心形，后端封闭。前翅长椭圆形，长过腹部末端，最宽处正位于前缘域深褐横带斑处，端部彼此重叠，端缘呈半圆形，前缘域宽，具2列小室，横带斑处的小室不透明，室脉较粗，相对中域端部部分最宽，所具小室也较大；亚前缘域约与前缘域等宽，具4列小室；中域较短，不及前翅长度的1/2，最宽处具5列小室；亚前缘域及中域所具小室均远小于前缘域的；膜域长而宽，端部1/3

及后缘 1 排小室均较大而排列整齐。后翅稍短于前翅。

量度　雄虫体长 3.05 mm，宽 1.18 mm；雌虫体长 2.97 mm，宽 1.27 mm；触角各节长 0.15 : 0.08 : 0.99 : 0.37 mm。

经济意义　寄主有毛白杨 *Populus tomentosa*、垂柳、龙爪柳 *Salix matsudana* var. *tortuosa*、檫树。

分布　河南 (郑州、许昌、安阳、信阳)；北京 (香山)、河北 (唐山)、山西 (左权、太原)、河南 (安阳、信阳)、陕西 (武功、秦岭)、甘肃、江西 (南昌、定南)、湖北 (房县)、四川 (峨眉山、简阳)、广东 (连县)。

简记　本种在我国国内过去被称为膜肩网蝽。

(八十七) 小板网蝽属 *Monosteira* Costa, 1863

Monosteira Costa, 1863: 7. Type species: *Monanthia unicornis* Mulsant et Rey.

属征　体窄长或长椭圆。头部略短，复眼半球状，后缘紧接前胸背板前缘，两眼间距约为每眼宽度的 2 倍。头背面具 5 根刺，额部 2 根向中叶倾斜，伸达中叶前方，呈 "八" 字形排列，顶部 2 根较长，沿复眼内缘伸研究室眼的前缘，略向内弯拱。触角基位于眼前，钝角状；触角长度几与前胸背板长度相等，不及体长的 1/2。小颊前端略超过头顶或与头中叶等长。喙短，超过前足基节，不伸达中胸腹腔板末端。无头兜。前胸背板侧角钝圆，领带状，具 3~4 排小室，中纵脊明显，后端不达于背板的端部，脊状，具网状小室，以顶峰之后较为明显，无侧纵脊。侧背板脊状，不具小室，但在相当于胝的外方扩大呈半椭圆形片，其上具明显小室，并翻卷紧贴于胝的外侧。前翅外缘中部略向外弯拱，前缘域很窄，具 1 排排列整齐的小室，中域前端窄，向后逐渐扩大，中后部有 1 斜行横脉将中域横分成前后两部，亚前缘域窄于中域，膜域长于腹部末端，端部宽圆形。后胸腹片突然宽大，弓形；中足、后足基节较宽地分开，基节间距约为基节的 2.5 倍。

全世界已知有 6 种，分布在古北区，我国及河南省目前仅记载下列 1 种。

135. 小板网蝽 *Monosteira discoidalis* (Jakovlev, 1883)

Monanthia (*Monosteira*) *discoidalis* Jakovlerv, 1883: 107.

Monostira unicostata: Jing, 1981: 295; Lin, 1985: 170.

Monosteira discoidalis: Nonnaizab, 1988: 362; Péricart, 2001: 50.

形态特征　头部暗褐，头刺黄白，触角浅黄褐，第 1 节褐，第 4 节端半部深褐并被平伏短毛；小颊黄白。前胸背板黄褐，领、背板中部隆起后方的宽横带、中纵脊的前部及后部黄白，领后相当于胝的部位横贯 1 暗褐横带，背板的端角及中纵脊中间部分褐，侧背板的颜色同于前胸背板，前端相当于褐横带外方的叶状扩展黄白；胸部侧面除各足基节基部、前胸及后胸侧板后缘黄褐外，其余均为黑褐，中胸、后胸腹板黑褐，腹板纵沟侧脊黄白。前翅浅黄褐，前缘域各小室横脉除基部外均为褐，亚前缘域及中域的中部、中域端角的后方有暗褐椭圆形斑；膜域浅褐，小室脉杂有暗褐。腹部腹面红褐。足浅褐，胫节端及跗节褐，跗节端深褐。

结构 头背面不光滑，有不整齐的小颗粒；头刺 5 枚，均紧贴头背面；小颊宽叶状，具 3~4 列小室；喙伸达中胸腹板中部。侧背板脊状，前端具 2~3 列小室。腹板纵沟侧脊具 1 列小室。前翅膜域端部小室大于前半小室的 2 倍。雌虫腹部第 7 节腹面两侧各有 1 向外拱的角状突起。

量度 雄虫体长 2.6 mm，宽 0.9 mm；雌虫体长 2.5 mm，宽 0.9 mm；触角全长 0.99 mm，各节长 0.08：0.08：0.59：0.22 mm。

经济意义 寄主有沙柳、新疆杨、胡杨 *Populus euphratica* 幼树、钻天杨。

分布 河南；内蒙古 (巴盟额济纳旗)、宁夏 (白芨滩)、新疆 (鄯善、吐鲁番)。

(八十八) 冠网蝽属 *Stephanitis* Stål, 1873

Stephanitis Stål, 1873: 119, 123. Type species: *Stephanitis* (*Tingis*) *pyri* (Fabricius).

属征 头部前端略尖，具头刺，或头刺退化消失。触角细长，被毛，约与前翅等长，第 1 节长于第 2 节，第 4 节长于第 1 及第 2 节之和，第 3 节约为第 4 节长度的 3 倍。小颊或在喙基部前方相接，宽叶状且略突出于头前端，或不在喙基部前方相连，较短且前端向内深凹。喙较长，一般伸超前足基节，有时伸达腹部；喙沟较深，后胸腹板纵沟侧脊较低，且下缘中部略凹。臭腺沟可见。前足基节与中足基节之间的距离远大于中足基节及后足基节之间的距离；足细长。前胸背板盘域鼓起，胝平；头兜长大而宽，前端尖，侧扁，一般向前至少伸达复眼的前缘，覆盖头的大部，后端常与中纵脊相连；侧背板宽，强烈呈叶状扩展，或斜行向上翘，前端前伸但不超过头兜的顶端，不呈角状，多为圆形；中纵脊高，最高处正对前翅基部；两侧脊低，多具 1 列小室，有时全部缺如，有时于盘域前部消失；三角突长而末端尖。前翅基部较宽，端部最宽，呈宽圆形，静止时略重叠，但端部多少分歧；长度约为腹部的 2 倍；前缘域宽于中域，与亚前缘域之间的纵脉显著波状；亚前缘域一般宽于中域，与前缘域半垂直，或呈球状；中域一般举起与亚前缘域形成屋脊状或呈球状，从中部之后斜向膜域但与膜域之间无明显分界脉；膜域所具小室向后端渐变大。

该属为中等大属，全世界已知共有 58 种，我国已记载 27 种。河南省仅发现 2 种。

种 检 索 表

1. 头兜窄，宽度仅等于两复眼间距离；前胸背板两侧脊较长，为中纵脊长的 1/3 ·······················
·· 梨冠网蝽 *S. nashi*
   头兜大而宽，全部覆盖复眼或仅露复眼外缘；前胸背板两侧脊较短，为中纵脊长的 1/4 ···········
·· 钩樟冠网蝽 *S. ambigua*

136. 梨冠网蝽 *Stephanitis* (*Stephanitis*) *nashi* Esaki et Takeya, 1931 (图 99，图版 VII-9)
Stephanitis nashi Esaki & Takeya, 1931: 54; Jing, 1981: 355; Li, 1985: 172; Péricart, 2001: 61; Li, 2009: 269.

形态特征　体色灰白，半透明，前翅 "X" 形褐斑较为明显。头部红褐，头刺黄白；触角基触角浅黄褐，第 4 节色稍深；小颊浅黄褐，下缘及后缘黄白。前胸背板褐黄，中纵脊中部具 1 褐条斑，头兜侧面观前半部具 1 褐横带斑，三角突褐，末端黄白，侧背板后半部的室脉深褐并具 1 褐块斑。前翅 "X" 形褐斑之间的外缘隐约可见 1 褐横带斑。

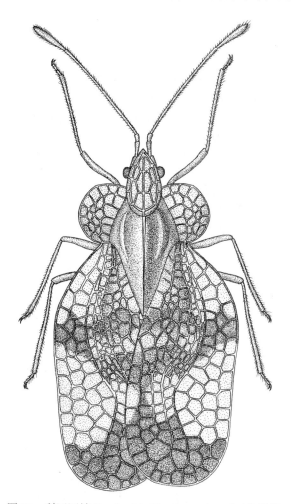

图 99　梨冠网蝽 *Stephanitis* (*Stephanitis*) *nashi* (仿周尧)

结构　头刺前面 3 枚略呈圆锥形，较短，刚超过头的前端，后面 1 对较细，沿眼内缘直达触角基基部；触角基较小，被平伏短毛，第 4 节毛较密略长，端半部稍膨大；小颊具 2~3 列小室，喙伸达中足基节。前胸背板被深而粗的刻点，胝附近被白粉被，三角突具较大网室；头兜囊状，窄长而两侧扁，宽度约为复眼间距，从背面观不覆盖两复眼、触角基及前胸背板的前部，前端伸达触角第 1 节中部，两侧横脉上具直立的长毛；中纵脊长度及高度均大于头兜的长度及高度，背缘呈圆弧状弓曲，具 3 列小室，两侧横脉上具直立长毛；两侧脊较低而短，长度约为中纵脊的 1/3；侧背板半圆片状，前半向侧方平伸，后半向侧上方微弯，前缘平直，侧缘圆弧状，后缘向内弯曲，最宽处具 4 列小室，各室室脉的上方、下方均具直立长毛。前翅前缘基部缩窄，以后逐渐增宽，至近中部最宽，再向后几成直线，至后端又渐缩窄，端部彼此平行；前缘域较宽，最宽处在中部后，具 4 列小室，亚前缘域最宽处具 2 列小室，中域较宽而长，表面略凹陷，长度约占前翅长度的 1/2，最宽处具 3~4 列小室，在与亚前缘域连接处后半部向止高起；膜域也具 3 列小室；下前缘域具 2 列极小小室；翅背面前半部具直立长毛。

量度　雄虫体长 2.97 mm，宽 1.60 mm；雌虫体长 3.12 mm，宽 1.76 mm；触角各节长 0.22：0.11：1.14：0.39 mm。

经济意义　寄主有蔷薇科的木瓜属 Chaenomeles、山楂属 Crataegus、棣棠花属 Kerria、苹果属 Malus、李属 Prunus、梨属。

分布　河南全省；北京 (香山)、天津 (杨柳青)、山西 (垣曲)、山东 (烟台)、河南 (桐柏县)、陕西 (武功)、浙江 (富阳)、江西 (上饶)、湖北 (武昌)、四川 (简阳、雅安、峨眉山、成都)、福建 (福州)、台湾、广东 (广州、连县)；日本、朝鲜。

137. 钩樟冠网蝽 Stephanitis (Stephanitis) ambigua Horváth, 1912

Stephanitis ambigua Horváth, 1912: 321, 328.

Stephanitis (Stephanitis) ambigua: Jing, 1981: 355; Péricart, 2001: 59; Li, 2009: 268.

形态特征　前翅有明显的 "X" 形褐斑。头浅褐，头刺黄白；触角浅黄褐；小颊黄白。前胸背板浅褐，有光泽，中纵脊背面具深褐条斑并且延伸至中部以后向腹面弯曲呈半圆弧状，侧纵脊灰白；头兜室脉浅褐；侧背板中部之后有 1 褐条斑延伸至后缘折叠处的末端。前翅具闪光及 "X" 形褐斑，该斑之间尚有 1 细横带褐斑。足浅黄褐，胫节端及跗节浅褐，跗节端深褐。

结构　头兜较大，不被刻点及粉被，头背面具 5 枚细长的头刺；触角被平伏的短毛，第 3 节最细，第 4 节端部略粗，中间向内微弯，其上的毛密而长；小颊前缘稍窄，伸出头中叶的前方，于喙基部前方仅有 1/2 彼此相连，具 3 列刻点般的小室。前胸背板被较深刻点，三角突具网室；头兜圆球形，前端逐渐变尖而长呈鸟嘴状，向前伸出触角第 2 节的末端，从背面观覆盖头的全部，每一侧具 6 列较大的玻璃状透明小室，室脉被稀疏半直立长毛；具 3 条纵脊，中纵脊长而高，稍长于头兜，高度与头兜高度相等，背缘自最高点向后呈直线倾斜，中部具 3 列小室，室脉上具稀疏直立的长毛；侧纵脊短而低，长度为中纵脊的 1/5，高度也为中纵脊的 1/5，后端略向外分歧；侧背板较宽，宽度与长度几相等，向侧上方翘起；前缘近直，后 1/3 部呈宽圆状向内弯曲，后缘明显向内折叠，最宽处具 4 列小室，室脉外侧具直立稀疏长毛。前翅玻璃状透明，前缘基部窄，端部宽圆，最宽处位于中部之后，后端略向外分歧；前缘域表面不平坦，基部略向上翘，近中部略向上隆起，隆起的前缘及后缘向下凹陷呈 1 浅沟，最宽处具 4~5 列较大的小室，室脉上有直立的长毛，分布较稀疏；亚前缘域窄，向上直立，与中域后半部相接呈一隆起，正位在翅的近中部，最宽处具 2 列小室，基部及端部均具 1 列小室；中域宽于亚前缘域，窄于前缘域最宽处，最宽处具 4 列小室，长度不及于前翅的 1/2；下前缘域具 1 列小室。

足细长。

量度　雄虫体长 3.19 mm，宽 1.71 mm；雌虫体长 3.34 mm，宽 1.82 mm；触角各节长 0.26∶0.08∶1.12∶0.44 mm。

经济意义　寄主有香叶树 *Lindera communis*。

分布　河南 (内乡)；北京 (昌平)、浙江 (天目山)、湖北 (神农架)、福建 (建阳)、台湾、广东 (连县)；日本、朝鲜。

(八十九)　菊网蝽属 *Tingis* Fabricius, 1803

Tingis Fabricius,1803: 124. Type species: *Cimex cardui* Linnaeus.

属征　头短，具 4 枚或 5 枚头刺；触角或长于前胸背板，或等于前胸背板。小颊前端在喙基部前方相遇；喙端伸至胸部末端，不达腹部；喙沟在后胸腹板处加宽，末端封闭。臭腺沟明显或不明显。前足及中足间的距离大于中足及后足间的距离。前胸背板具深刻点，与三角突之间具有 1 清晰的横缝，胝区鼓起，具 3 条较低的纵脊，有时低于盘域，中纵脊直伸至领的背面，有时消失在三角突上；侧背板平展或向上翘起。前翅长椭圆形或倒卵形，前缘域平展，具 1~4 列小室，亚前缘域斜置，中域长等于或短于前翅长的 1/2，外缘直或在末端稍向外弯，略向上翘，膜域全部重叠，基部小室大小同亚前缘域及中域小室，端部小室变大，同前缘域小室。

该属全世界已知近百种，分布于欧洲及亚洲东南部。我国已记载 22 种，半数以上分布于我国蒙新地区。河南省此前记载有 1 种，此次又发现 1 种。

种 检 索 表

1. 前胸侧背板外缘、前胸背板纵脊、前翅前缘以及各域间的纵脉上均具 1 列基部带齿的刚毛；前缘域较宽，所具小室与侧背板小室等大而透明，前半具 2~3 列小室，后半具 3 列小室更大……………………………………………………………………………………………**卷刺菊网蝽** *T. buddlieae*

上述部位具卷曲毛；前翅前缘域窄，具 2 列小室……………………**卷毛裸菊网蝽** *T. crispata*

138. 卷刺菊网蝽 *Tingis buddlieae* Drake, 1930

Tingis buddlieae Drake , 1930: 168.

Tingis (*Lasiotropis*) *buddlieae*: Jing, 1981: 302.

Tingis (*Tropidocheila*) *buddlieae*: Péricart, 2001: 66.

形态特征　身体浅黄褐，有光泽。头部黑褐，满布污白粉被及细毛，呈现浅黄褐，头刺浅黄褐；触角橘黄褐，第 4 节端部 3/4 处黑褐；小颊黄白。前胸背板浅黄褐，胝黑褐，三角突褐。前翅浅黄褐，前缘域中部之前具 1 褐横带斑，中域上有 8~10 个褐色圆形小斑，膜域前后缘端部具褐椭圆形斑；后翅浅褐。各足橘黄褐，跗节深褐。

结构　身体长椭圆形。前胸背板及前翅的背面具很密且平伏的或向下略弯曲的灰白细毛。头刺略向上翘，前指，前面 1 对尖端向内聚合，长度伸达触角第 1 节的中部；触角第 1 节较粗，被有短细毛，第 2 节略细略短于第 1 节，被有稀疏长细毛，第 3 节细，端部最细，被直立的刚毛，第 4 节近端部略膨大，被有稀疏直立的刚毛；小颊窄叶片状，下缘直，与体纵轴平行，具 2 列小室；喙端伸过腹板纵沟末缘。前胸背板满布圆形深刻点，外缘、纵脊、前翅前缘以及各域间的纵脉上均具 1 列基部带齿的刚毛。三角突不具刻点，具圆形小室；有 3 条长纵脊，均由 1 列近方形小室组成，两侧脊起自胝后缘，后端略相向聚合，中纵脊中部及后端具褐条斑，前端略向上举呈屋脊形头兜，所具小室较小，前缘向前略呈圆弧状；侧背板宽叶状，前端宽，并向前略突出刚超过复眼后缘，后端侧角部分较窄，前半部具 3 列小室，侧角部分具 1~2 列小室，所具小室较大而透明。胸部侧板被白色粉被，尤以前胸侧板为甚；后胸腹板纵沟侧脊较中胸腹板纵沟侧脊稍宽，末端不封闭；中足及后足之间的间隙宽于前足。前翅前缘基部略窄，端部呈半圆形，中部几呈直线，前缘域较宽，所具小室与侧背板小室等大而透明，前半具 2~3 列小室，后半具 3 列小室更大，最宽处位于相当于中域端角的外侧，亚前缘域窄于前缘域，具 2 列较小排列整齐的小室；中域较大，约占前翅的 3/4，基部及端部均较窄，其前后缘的纵脉呈脊状拱起，最宽处具 3~7 列与亚前缘域等大的小室，亚前缘域与中域虽呈角状连接，而前翅背面呈现平坦，无任何拱起。后翅稍短于前翅。各足被直立刚毛。

量度 雄虫体长 3.63 mm，宽 1.67 mm；雌虫体长 3.74 mm，宽 1.80 mm；触角各节长 0.15：0.13：0.83：0.39 mm。

经济意义 寄主有醉鱼草属 *Buddleja*。

分布 河南 (栾川)；陕西 (华山)、四川 (青城山、若尔盖、金川、小金)。

139. 卷毛裸菊网蝽 *Tingis crispata* (Herrich-Schäffer, 1838) (图版 VIII-1)

Derephysia crispata Herrich-Schäffer, 1838: 72.

Tingis (Tingis) crispata: Nonnaizab et al., 1988: 353; Nonnaizab, 1995: 121; Péricart, 2001: 72; Li, 2009: 274.

形态特征 身体黄灰或橘黄色。触角黄褐色；复眼褐色；小颊黄褐色；喙末端黑。前胸背板胝区褐色。前翅前缘中部室脉常褐色。胸部侧板同体色，腹部腹面浅黄褐色。足浅黄褐色，爪黑褐。

结构 身体长椭圆形，密被橘黄色卷曲细毛。头刺 5 枚，前 3 枚半直立，后 2 枚紧贴头背面，其顶端到复眼内侧中部；触角基顶端向内弯曲，触角 4 节，密被卷曲短细毛；复眼具毛，稍向外突出，约与前胸背板等宽；小颊密被卷曲短细毛，宽叶状，具 2 列圆形小室，顶端在喙的基部前方相接触；喙 4 节，末端伸达中胸腹板中部。前胸背板侧角向上鼓，3 条纵脊平行，具 1 列圆形小室；头兜宽扁，前缘中部稍突出，但不超过头的基部；侧背板斜上翘，前半端具 3 列小室，后端 5 列小室；三角突长，顶端钝，具圆形小室。前翅前缘域窄，具 2 列小室，亚前缘域具 2 列小室，中域最宽处具 7 列小室，膜域末端圆钝，最宽处 8~9 列小室。胸部侧板密被卷曲短细毛，后胸侧板后缘具 4~5 列小室，中胸纵沟深，侧脊高，呈弧形，具 1 列圆形小室，后胸纵沟浅，侧脊低，末端不封闭。臭腺孔明显。足具卷曲短毛，腹部腹面被白色短细毛。

量度 体长 2.3~3.0 mm，宽 1.0~1.1 mm；头顶宽 0.2 mm；触角各节长 0.12：0.10：

0.32：0.18 mm；前胸背板宽 0.7 mm。

生物学特征　栖息于草原，7~8 月若虫盛发，8 月中旬至 9 月成虫大量出现。有世代重叠现象。

经济意义　为害龙蒿 *Artemisia dracunculus* 等植物的叶片及嫩茎。

分布　河南 (栾川、内乡)；内蒙古。

(九十)　角肩网蝽属 *Uhlerites* Drake,1927

Uhlerites Drake, 1927：56. Type species: *Phyllontocheila debile* Uhler.

属征　体长椭圆形。头部极短，不被刻点，具 5 枚刺，后面一对紧贴头的背面；触角细长，第 1 节较第 2 节略为粗长，第 3 节极细长，第 4 节长于第 1 节，近端部略为膨大。前胸背板盘域明显隆起，被粗刻点，前端狭窄，具中纵脊，但无侧脊，侧角钝圆；头兜较大，前端呈钝角突出，伸达头的基部或眼的中部；侧背板扩展呈宽叶状并向前伸出，呈锐角 (前缘中部向内弯使外侧形成指向前方的锐角)。前翅长于腹部，前缘域宽于亚前缘域，中域长度几为前翅的一半或大于前翅的一半，亚前缘域及中域之间的纵脉明显隆起。喙伸达中足基节。臭腺沟及臭腺沟缘明显。

该属全世界 3 种，分布在亚洲东南部，中国记载有 3 种。河南省仅发现 1 种。

140. 褐角肩网蝽 *Uhlerites debilis* (Uhler, 1896) (图版 VIII-2)

Phyllontochila debilis Uhler, 1896: 265.

Uhlerites debilis: Jing, 1981: 367; Jing, 1995: 131; Péricart, 2001: 76.

形态特征　体色黄褐，前翅具深褐斑。头部黄褐，头刺黄白；触角灰黄，第 4 节褐；小颊端半部黑褐，后半部黄白。胸部腹板纵沟深褐，腹板纵沟侧脊黄白；喙浅褐，端部深褐。前胸背板褐色，胝区深褐；头兜、侧背板及三角突的端角黄白。前翅黄白，自中部至端部有 1 明显褐色 "X" 形斑。腹部腹面、中胸及后胸侧板前半部深褐，后半部黄白；臭腺沟缘黄白；腹部下方中间部分的前半部深褐，其余部分浅褐。各足黄白，胫节端部浅褐，跗节褐。

结构　身体长椭圆形。头短宽，其大部被头兜所覆盖；触角中长，被平伏短毛，第 4 节端半具半直立长毛；小颊具 4 列小室。胸部腹板纵沟前部窄，中部加宽，后部更宽呈近方形，腹板纵沟侧脊直立，具 1 列小室；喙顶端伸达中胸腹板后缘；后胸腹板纵沟侧脊心形，末端不封闭，中胸及后胸腹板纵沟侧脊之间断开。前胸背板较宽，头兜、侧背板及三角突的背面具深而大的刻点，至三角突刻点变大；头兜细棒状，侧面观屋脊状，向前扩展呈宽角状，前缘略平直，伸达头的前端，几覆盖头的大部，中纵脊直立，具 1 列较小不明显的小室，后端 1/3 略微高起；侧背板外缘中部略向内弯曲，前角侧面观稍伸过眼的中部，最宽处具 4 排小室。前翅宽椭圆形，端部合为一，呈宽圆形，前缘中部之后略向内缩窄；前缘域前后等宽，具 3 列大形小室；亚前缘域具 4 列较小小室，亚前缘域与中域呈斜面相接，中域较短，但长度约为前翅的 1/2，最宽处具 6 列小室，小室面积大于亚前缘域但小于前缘域的，中域及膜域之间界限明显；膜片较长，外缘端部不向外扩展。

量度　雄虫体长 2.72 mm，宽 1.40 mm；雌虫体长 2.87 mm，宽 1.43 mm；触角各节长 0.17：0.11：0.99 (♀) 1.14 (♂)：0. 35 mm。

经济意义　寄主有麻栎 *Quercus acutissima*、槲树 *Quercus dentata* 和短柄枹栎 *Quercus serrata* var. *brevipetiolata*。

分布　河南 (罗山、信阳、商城)；山西 (运城)、陕西 (周至、太白山)、台湾；日本、朝鲜、西伯利亚。

十六、姬蝽科 Nabidae

姬蝽科的所有种类均为捕食性，捕食多种小昆虫及其他小型无脊椎动物，是许多农、林、牧草害虫等的重要天敌。在我国，泛希姬蝽 *Himacerus apterous*、暗色姬蝽 *Nabis stenoferus* Hsiao 及华姬蝽 *Nabis sinoferus* Hisao 为姬蝽科的优势种，广泛分布于各种作物田间、草原、树丛中，活动及捕食能力强、繁殖快，成虫及若虫喜捕食蚜虫、红蜘蛛、长蝽、盲蝽、蓟马、棉铃虫、小造桥虫及多种鳞翅目幼虫和卵。在北方地区以成虫越冬。暗色姬蝽在河南省一年 4~5 代，最后一代成虫于 11 月进入越冬期，迁移到植物根际或枯枝落叶下越冬，来年越冬成虫到小麦田活动，雌虫产卵于小麦植株的基部。当棉花出现 3~4 个真叶时，雌虫产卵于棉苗的嫩枝梢组织中，6 月中旬至 7 月中旬为产卵盛期。在棉田中，华姬蝽高峰期的出现比棉铃虫的早几天，这些天敌昆虫对棉花害虫的自然抑制起着重要作用。

姬蝽科是半翅目的一个较小类群，该科昆虫多为中型、小型 (体长 5~14 mm) 或极小型个体 (体长 2~3 mm)。一般种类体色灰黄，具褐色、黑色或黄色斑；少数种类体色深，呈褐或黑褐色，通常具红色、橘红色的艳丽色彩。体长形，头短于前胸背板的长度，头背面具单眼 1 对，两侧的复眼大而显著，触角细长，4 节；跗节 3 节。前胸背板的前后叶之间有 1 横缢，背板前沿有或无领，小盾片三角形。前翅膜片具 2 个或 3 个长形翅室。前足粗于中后足。雄虫生殖器通常对称，雄虫后足胫节及生殖节上均有艾氏器。

姬蝽科世界已知种类达 386 种，分属于 31 属。中国的姬蝽科昆虫已知 14 属 77 种 (任树芝，1998)。河南省已知 5 属 14 种。

亚科检索表

1. 体健壮，足较短，前中足股节腹面有显著的成列小刺，后足股节短于腹部长度；前胸背板领退化或不明显，前翅爪片向后渐狭窄，爪片接合缝短于小盾片的长度；后胸臭腺沟缘发达 ⋯⋯⋯⋯⋯⋯
   ⋯⋯⋯⋯⋯⋯⋯⋯⋯⋯⋯⋯⋯⋯⋯⋯⋯⋯⋯⋯⋯ **花姬蝽亚科 Prostemminae**
   体细弱，足细长，前中足股节腹面无成列小刺，但通常具有浓密刚毛列，若具小刺突则甚小；后足股节长于腹部的长度；前胸背板领显著；前翅爪片向后渐宽，爪片接合缝长于小盾片的长度⋯
   ⋯⋯⋯⋯⋯⋯⋯⋯⋯⋯⋯⋯⋯⋯⋯⋯⋯⋯⋯⋯⋯⋯⋯ **姬蝽亚科 Nabinae**

姬蝽亚科　Nabinae

属 检 索 表

1. 雄虫抱器不分叶，但侧缘具不同形状的突起，阳茎的骨化刺少 (1 个或 2 个)，有些种很不明显 …………………………………………………………………………姬蝽属 *Nabis* Lattreille

   雄虫抱器分两叶，阳茎的骨化刺多……………………………………………………………2

2. 触角第 1 节长于前胸背板，雌虫生殖腔的骨化环小，具 2 个或 4 个，分别位于生殖腔的两侧……………………………………………………………………高姬蝽属 *Gorpis* Stål

   触角第 1 节短于前胸背板，雌虫生殖腔的骨化环大，具 1 个或 2 个，分别位于生殖腔的两侧……………………………………………………………希姬蝽属 *Himacerus* Wolff

(九十一) 高姬蝽属 *Gorpis* Stål, 1859

Gorpis Stål, 1859a: 377. Type species by monotypy: *Gorpis cribraticollis* Stål.

　　属征　通常前胸背板具刻点，或仅背板后叶刻点清楚。前足基节窝开放或关闭；前足、中足胫节端部的海绵窝构造特异。雄性抱器分内、外两叶；阳茎内部的构造较复杂；雌虫生殖腔的骨化环小，具 2 个或 4 个，分别位于生殖腔两侧。本属种类常栖息于灌木及乔木上捕食小虫。

　　本属我国已记录 9 种，河南省已知 3 种。

种 检 索 表

1. 前胸腹板不包围前足基节窝后方，即开放型基节窝，体狭长具光泽…… 山高姬蝽 *G. brevilineatus*

   前胸腹板包围前足基节窝后方，即封闭型基节窝…………………………………………2

2. 前胸背板侧角呈短锥状，前叶下方纵带纹褐色；阳茎构造简单，表面无骨化刺及小微刺，前足股节下缘具浅色浓密毛列，而无斑；体长 13.2~14.5 mm，腹宽 2.5~2.8 mm………………………………………………………………………………………角肩高姬蝽 *G. humeralis*

   前胸背板侧角无短锥状，但前叶显著向上圆隆；阳茎表面有小微刺及 4 个明显的骨化刺；前足股节外侧有 2 个斑，内侧有 1 个斑；体长 11.0~14.5 mm，腹宽 2.0~2.8 mm…………………………………………………………………………………日本高姬蝽　*G. japonicus*

141. 山高姬蝽 *Gorpis* (*Oronabis*) *brevilineatus* (Scott, 1874) (图 100，图版 VIII-3)

Nabis brevilineatus Scott, 1874: 445~446.

Gorpis suzuki Matsumura, 1919: 179.

Oronabgis gorpiformis Hsiao, 1964: 79.

Oronabis brevilineatus: Hsiao & Ren, 1981: 550; Cai et al., 1998: 235.

Gorpis (*Oronabis*) *brevilineatus gorpiformis*：Kerzhner, 1981: 127, figs. 147.

Gorpis (*Oronabis*) *brevilineatus*：Kerzhner, 1996: 91; Ren, 1998: 89; Ren & Wu, 2009: 280.

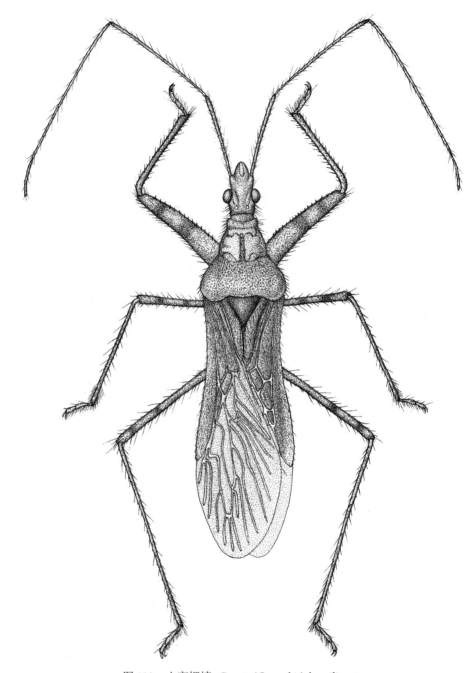

图 100　山高姬蝽 *Gorpis (Oronabis) brevilineatus*

形态特征　**体色**　污黄色。触角第 2 节端部、爪片顶端及侧接缘端部、各足股节端半部的两个不清楚的环纹浅褐色；头的腹面中央、中胸及后胸腹板中央、腹部腹面基半部中央褐色或黑褐色；中胸侧板中部及后胸侧板后缘的斑点黑色。

　　结构　前胸背板前叶长于后叶；各足具稀疏长毛；前足股节中部最粗，腹面具黑色小齿；中足股节与胫节等长；后足股节稍弯曲，略短于胫节；后足胫节腹面具 1 行排列整齐的长毛。雄虫抱器外叶显著小于内叶,阳茎基半部表面小刺浓密,并有 1 显著的骨化刺。雌虫生殖节发达,第 2 产卵瓣端半部内缘具 13~14 个显著的齿突及横脊纹,向前端渐渐消失,其一侧有 1 列小突起。

量度　体长 9.8~10.3 mm (♀),9.2~9.9 mm (♂),腹部宽 2.9~3.3 mm (♀),2.3~2.5 mm (♂)。头长,1.36~1.42 mm (♂),头宽,0.97~1.04 mm (♂);触角各节长度 Ⅰ∶Ⅱ∶Ⅲ∶Ⅳ =1.90~2.12 (♂)∶2.36~2.43 (♂)∶2.97~3.12 (♂)∶1.46~1.53 mm (♂)。前胸背板长 1.55~1.68 mm (♀),1.78~1.86 mm (♂),前角间宽 0.68~0.75 mm (♀),0.69~0.78 mm (♂),侧角间宽 2.00~2.25 mm (♀),1.90~2.25 mm (♂);前翅长 6.96~7.80 mm (♀)。

分布　河南 (栾川、鸡公山);吉林 (长白山)、辽宁 (千山)、天津 (蓟县)、河北、陕西 (周至)、甘肃 (天水、文县)、湖北 (房县)、湖南 (张家界)、江西 (庐山)、浙江 (天目山)、四川 (理县、宝兴、卧龙、金川、三江、万县)、福建 (建阳、崇安)、广西 (龙胜、南宁)、广东、海南 (琼中)、云南 (勐腊);日本、朝鲜、俄罗斯。

142. 角肩高姬蝽 *Gorpis* (*Gorpis*) *humeralis* (Distant, 1904) (图 101,图版 Ⅷ-4)

Dodomaeus humeralis Distant, 1904: 399, fig. 255.

Gopis (*Dodonaeus*) *humeralis*: Reuter, 1908: 95.

Gorpis humeralis: Harris, 1930: 421; Ren, 1992: 199; Cai et al., 1998: 235.

Gorpis (*Gorpis*) *humeralis*: Kerzhner, 1992: 255; Kerzhner, 1996: 91; Ren, 1998: 78.

别名　角肩高姬蝽。

形态特征　**体色**　淡草黄色。前胸背板前叶侧缘下方纵带纹及前翅革片中域的深色斑褐色;触角第 1、第 2 两节及中足、后足胫节基部和股节顶端略红;前翅爪片内侧域淡褐色,翅脉为淡褐色泽,膜片透明。腹部侧接缘黄色。

结构　体被褐色及淡黄色亮毛;前胸背板前叶光滑,后叶具密刻点及小皱纹;触角具褐色刚毛,第 1 触角节的刚毛显著长于其余各节的刚毛,喙第 1 节明显超过头的后缘。前胸背板前叶略长于后叶,后叶侧角向两侧呈短锥状突;前足股节长于胫节,前足股节下缘具浅色浓密毛列,胫节略向内弯曲。抱器的外叶大于内叶,阳茎无骨化刺突,但基半部表面布满着浓密小刺。

量度　体长 14.5 mm (♀),13.2 mm (♂),腹部宽 3.2 mm (♀),2.1 mm (♂)。头长 1.5 mm,头宽 1.0 mm,头顶宽 0.5 mm。触角各节长为 Ⅰ∶Ⅱ∶Ⅲ∶Ⅳ = 2.8 (♀),3.3 (♂)∶4.1 (♀),4.1 (♂)∶4.6 (♀),4.5 (♂)∶2.0 (♀),1.81 mm (♂)。喙各节长度 Ⅰ∶Ⅱ∶Ⅲ∶Ⅳ = 0.4 (♀),0.3 (♂)∶1.5 (♀),1.4 (♂)∶1.3 (♀),1.2 (♂)∶0.6 mm。前胸背板长 2.2 mm,前翅长 10.2~11.2 mm (♀),9.3~9.7 mm (♂)。

分布　河南 (嵩县);陕西 (留坝)、湖南 (桑植)、湖北 (武当山)、贵州 (雷县);印度、斯里兰卡。

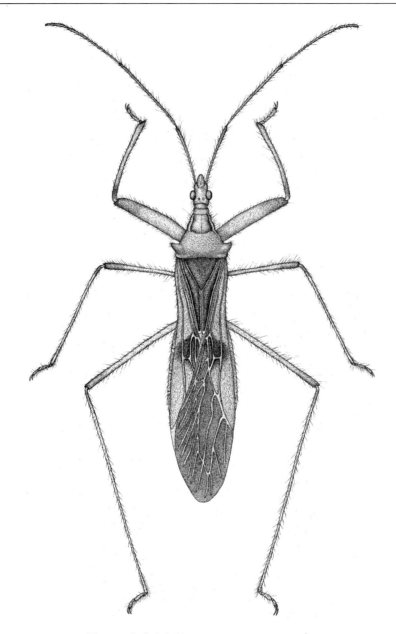

图 101　角肩高姬蝽 *Gorpis* (*Gorpis*) *humeralis*

143. 日本高姬蝽 *Gorpis* (*Gorpis*) *japonicus* Kerzhner, 1968 (图 102)

Gorpis japonicus Kerzhner, 1968: 849.

Gorpis japonicas: Hsiao & Ren, 1981: 550; Shen et al., 1993: 36.

Gorpis (*Gorpis*) *japonicas*: Kerzhner, 1981: 128; Kerzhner, 1996: 91; Ren, 1998: 80; Ren & Wu, 2009: 279.

　　形态特征　体色　浅黄色，具红色、橘黄色、淡褐色斑纹。触角第 1、第 2 两节，各足股节顶端及胫节基部红色；前胸背板前叶光亮，两侧及前翅膜片翅脉淡褐色；前胸

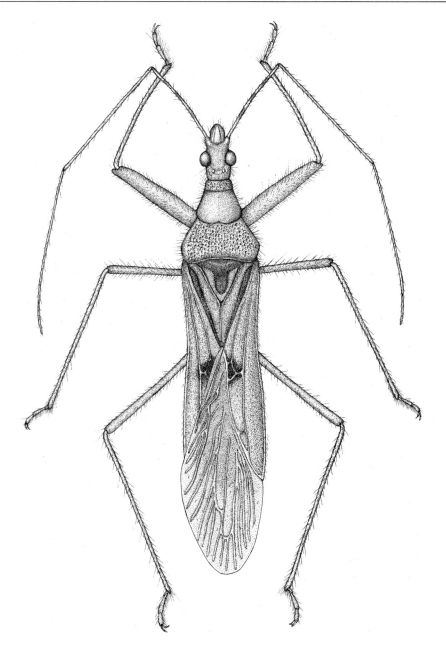

图 102 日本高姬蝽 *Gorpis (Gorpis) japonicas*

背板后叶两侧橘黄色，前翅爪片外缘、革片内缘、前足股节外侧有 2 个斑、内侧中部的斑红色；革片中部斑常由红色变暗；但多数干标本前足上的斑非常不明显或无。身体的红色色斑不稳定，老化的个体或干标本中前翅上的红色斑，常变为淡褐色或暗灰黄色，或此斑的周围呈红色，而中部为褐色；爪片及革片内侧的红色纵纹渐变为淡褐色；仅前翅革片端角的红色不易退色。

结构 被有稀疏淡色亮毛。前胸背板前叶长于后叶，前叶圆隆，后叶刻点浓密而明显。雄虫腹部第 4 腹板前缘中央具长突，顶端略弯。抱握器中部宽阔，外叶顶端钝，内叶顶端尖锐；阳茎基部有 3 个形状各异的骨化刺，表面基半部的小刺浓密而显著。雌虫生殖节构造复杂。

量度　体长 13.0~14.8 mm (♀)，11.2~13.1 mm (♂)，腹部宽 2.4~3.0 mm (♀)，2.1~2.2 mm (♂)。头长 1.7 mm (♂)，头宽 1.0 mm (♂)；触角各节长度 Ⅰ：Ⅱ：Ⅲ：Ⅳ =2.7 (♂)：3.8 (♂)：4.4 (♂)：1.4 mm (♂)。喙各节长度 Ⅰ：Ⅱ：Ⅲ：Ⅳ = 0.31 (♂)：1.4 (♂)：1.1 (♂)：0.6 mm (♂)；背板长 2.2 mm (♂)，前角间宽 0.8 mm (♂)，侧角间宽 2.3 mm (♂)；前翅长 8.9~10.1 mm (♀)，8.1~9.3 mm (♂)。

生物学特性　主要栖息在乔木、灌木丛中及作物、蔬菜等田中捕食小虫。一年一代，以卵在树皮缝中越冬。翌年 5 月下旬卵开始孵化，出现第 1 龄若虫，7 月中下旬出现第 5 龄若虫，7 月上旬陆续变为成虫，7 月中下旬为成虫盛期。8 月雌虫体内的卵开始成熟。

分布　河南 (新乡、栾川、嵩县、许昌、信阳)；北京 (妙峰山、香山)、河北 (保定、石家庄、邢台)、陕西 (武功、杨陵)、山东 (菏泽、邹县)、浙江 (杭州、天目山)、四川 (峨眉山)、贵州 (毕节、雷县)、福建 (崇安、武夷山)、海南；日本、朝鲜、俄罗斯。

(九十二) 希姬蝽属 *Himacerus* Wolff, 1881

Himacerus Wolff, 1881: 5. Type species by monotypy: *Reduvius apterus* Fabricius.

希姬蝽属 *Himacerus* Wolff 为姬蝽科的大型个体类群。体棕色、黄棕色、褐色或黑色，有的种类具黄色或橘黄色斑纹，触角第 1 节与头等长或几等长；前胸背板前叶与后叶之间分界明显，前胸腹板为开放型。前翅分短翅型与长翅型。雄虫抱器分两叶，具突起或呈阔片状，阳茎骨化刺数多、形态各异，并具囊突，这些中间特征通常显著不同。

我国记载 8 种，河南省仅知 1 种。

144. 泛希姬蝽 *Himacerus* (*Himacerus*) *apterus* (Fabricius, 1798) (图 103，图版 VIII-5)

Reduvius apterus Fabricius, 1798: 546.

Himacerus apterus：Southwood & Leston，1959: 165; Hsiao & Ren, 1981: 555; Yu et al., 1993: 107; Yang et al., 1996: 154.

Himacerus (*Himacerus*) *apterus*: Kerzhner, 1996: 94; Ren, 1998: 110; Ren & Wu, 2009: 282.

形态特征　体色　暗赭色，具淡黄色、暗黄色斑纹。触角第 2 节及各足胫节淡色环斑；前胸背板前叶与后叶之间两侧各具 1 暗黄色圆斑，后叶色暗，淡色斑纹隐约；小盾片黑色，仅两侧中部各具 1 橘黄色小斑；前翅革片色淡，膜片色较暗，具浅褐色点状晕斑。前足股节背面具暗黄色晕斑，外侧斜向排列的暗色斑之间为淡黄色，前足胫节亚端部及基部各具 1 个淡黄色环斑 (除两端及中部褐色)，内侧有 2 列小刺黑褐色；中足胫节色斑同前足，而后足胫节中部褐色域具 4 个淡色斑。腹部腹面光亮，黑褐色；侧接缘各节端部为淡黄色。

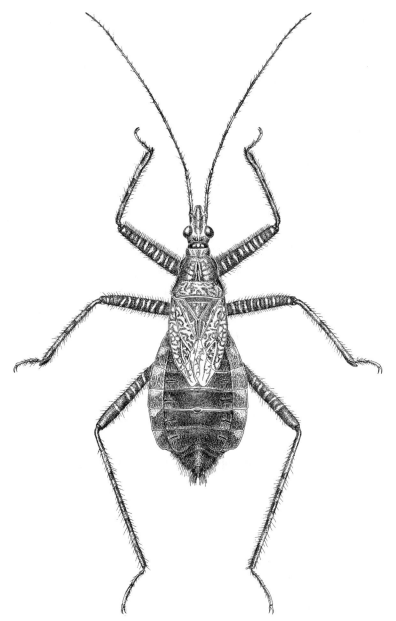

图 103　泛希姬蝽 *Himacerus (Himacerus) apterus*

　　结构　被淡色光亮短毛。成虫多数个体为短翅型，前翅仅达第 3 或第 4 腹背板；少数个体为长翅型，膜片发达，一般达腹部末端，或几乎达到或略超过腹部末端，通常雌虫的长翅型个体显著的比雄虫的长翅型个体多 (4∶1)；另外，随海拔升高短翅型比例增大。触角第 1 节与头等长。领显著，前胸背板前叶拱起，后叶平，侧角微隆起，后缘近直。后足胫节上的艾氏器由 45~47 根刚毛组成。雄虫生殖节端部平截，抱握器棕褐色、光亮，由近中部处分为内、外两叶，外叶小于内叶，顶端尖，内叶外缘近中部呈角状突，生殖节背面亚端部两侧的刚毛列的刚毛呈单行排列 (艾氏器)，阳茎休止状态，不易看出内部构造，当剥开阳茎鞘，逐渐膨胀，而呈具囊突的长囊状，近中部具 2 个长短、形状不同的囊突，各囊突的端部具骨化刺；阳茎的端半部及基半部均各具 2 列骨化刺构造，而基半部的骨化刺细小，近端部的骨化刺短粗。雌虫第 4 腹节腹板前缘中突长为该腹节长的 1/3，基半部细，向端部渐加宽，呈长椭圆形。产卵器短于腹部长的 1/2；第 1 产卵瓣端半部侧缘具 10 个齿突，端部的齿突小。

量度　体长 10.8~11.3 mm (♀)，7.8~9.7 mm (♂)，腹部宽 3.0~3.7 mm (♀)，2.8~3.1 mm (♂)。头长 1.3~1.5 mm (♀)，1.1~1.3 mm (♂)，头宽 1.1~1.3 mm (♀)，1.0~1.2 mm (♂)；触角各节长度 I：II：III：IV =1.4~1.6 (♀)，1.3~1.55 (♂)：2.4~2.5 (♀)，2.2~2.4 (♂)：2.2~2.4 (♀)，1.9~2.2 (♂)：1.6~1.8 (♀)，1.3~1.7 mm (♂)。喙各节长度 I：II：III：IV =0.4 (♀)：1.6 (♀)：1.4 (♀)：0.6 mm (♀)。前胸背板长 2.0~2.3 mm (♀)，1.7~1.9 mm (♂)，前角间宽 0.9~1.1 mm (♀)，0.8~0.9 mm (♂)，侧角间宽 2.5~2.9 mm (♀)，1.9~2.1 mm (♂)。

分布　河南 (济源、鸡公山)；黑龙江 (镜泊湖、尚志、牡丹江、勃利)、辽宁 (海城)、内蒙古 (呼和浩特、呼伦贝尔、兴安)、河北 (兴隆雾灵山)、北京 (百花山、香山)、宁夏 (六盘山)、甘肃 (榆中、镇原、平凉、天水、连县、党川、文县)、青海 (西宁、门源)、山西 (南曜、黎城、恒山)、陕西 (延安、武功、杨陵、凤县、南郑、镇巴)、山东、湖北 (武当山、鹤峰)、江苏、浙江、四川 (康定、卧龙、松潘、理县、马尔康、汶川、雅江)、西藏 (麦通、野贡、波密)、广东 (广州)、海南 (尖峰岭)、云南 (昆明、永胜、丽江、维西、中甸)；俄罗斯、朝鲜、日本、欧洲、北非。

(九十三) 姬蝽属 *Nabis* Lattreille, 1802

Nabis Lattreille, 1802: 248. Type species by subsequent designation (Westwood, 1840: 120): Type species: *Cimex vagans* Fabricius.

姬蝽属为姬蝽科的最大的类群，体色污暗，种间的体形、色斑的色泽相似。雄虫的抱器不分叶，但有的种类抱器侧缘具不同形状的突起；阳茎骨化刺少，多数种类具 1 个或 2 个骨化刺，雌虫生殖腔的前半部有 1 个或 2 个骨化环，骨化环的大小、形状因种而异，一般位于生殖腔的前端。

中国已知 20 种，河南省已知 7 种。

种 检 索 表

1. 雄虫抱器外缘近中部略突出或明显突出，端半部近圆形，阳茎基半部无骨化刺，端半部有骨化构造，雌虫腹部第 7 节腹板中突端缘圆 ·· 2
   雄虫抱器外缘近中部无上述特征，若中部有突起，则前端平；阳茎的基半部具 2 个显著的骨化刺，少数种的阳茎中的 1 个骨化刺甚小或无，仅有 1 个骨化刺 ···················· 4
2. 前翅长，膜片正常，几乎达到或超过腹部末端；雌虫腹部不显著向两侧扩展 ············· 3
   前翅短，膜片退化，一般不超过第 2 腹节背板；雌虫腹部显著向两侧扩展；雄虫抱器外缘近中部具短突起，端半部似半圆形，阳茎基半部略粗于端半部，中域有浓密小刺，3 个显著的骨化结构位于前半部，体长 5.0~6.2 mm ·· 小翅姬蝽 *N. apicalis*

3. 前翅革片端半部褐色小斑点分散，雄虫抱器前半部内缘平直，外缘近中部的突起短宽，阳茎由基部向端部渐细，近端部有 2 列强骨化刺；体长 6.1~7.1 mm ·························· 北姬蝽 *N. reuteri*

前翅革片中域有 4 个褐色斑纵行排列；雄虫抱器前半部内缘突出，外缘中部略突出，近基部有一锥状突；阳茎表面具稀疏小刺突，近中部小刺浓密；体长 5.0~5.2 mm ·········· 波姬蝽 *N. potanini*

4. 雄虫抱器前端圆，内缘前端呈鸟喙状，阳茎具 2 个大小、形状各异的骨化刺；雌虫生殖腔具 1 个骨化环；体长 7.1~8.3 mm，腹宽 1.8~2.1 mm ·························· 原姬蝽 *N. ferus*

雄虫抱器前端狭，叶突较长 ··· 5

5. 前翅无黑色斑，腹部腹面无深色纹，雄虫抱器宽阔，内缘近直，中部靠近外缘有 1 突起，前端叶突显著；膨胀状态的阳茎可见基半部的两囊突上各具 1 骨化刺结构 ·············· 华姬蝽 *N. sinoferus*

前翅有黑色斑，腹部腹面有深色纹 ··· 6

6. 体黄色，腹部腹面中央纵纹断续，小盾片中部黑色，抱器前半部内缘宽，阳茎骨化刺中部有 2 个大小及形状相似的骨化刺，位于中部两侧，体长 7.8~8.7 mm ··················· 暗色姬蝽 *N. stenoferus*

体灰色，腹部腹面中央褐色纵纹达生殖节端缘；抱器长，内缘略宽，叶突显著，阳茎表面有浓密小刺突，基半部具 2 个形状相似大小不同的骨化刺，体长 6.8~7.5 mm

·· 类原姬蝽亚洲亚种 *N. punctatus mimoferus*

145. 北姬蝽 *Nabis* (*Milu*) *reuteri* Jakovlev, 1876 (图 104，图版 VIII-6)

Nabis reuteri Jakovlev,1876: 230; Remane, 1964: 292; Hsiao & Ren, 1981: 558; Yu et al., 1993: 106.

Reuteronabis reuteri: Kerzhner, 1981: 173.

Nabis (*Milu*) *reuteri*: Kerzhner, 1996: 99; Kerzhner, 1988: 767; Ren, 1998: 167; Ren & Wu, 2009: 296.

别名　宽腹姬猎蝽。

形态特征　**体色**　灰黄色。头背面眼之间中央纵纹、前胸背板前叶中央纵带纹、小盾片中央、头腹面及头两侧眼前部和后部、胸部腹面及两侧均为黑色；腹部侧接缘暗黄色；各足股节花斑、前翅革片端半部散生的小点斑、侧接缘各节外侧前部腹面褐色；膜片翅脉棕褐色。体之间深色花斑常有变化，前胸背板后叶褐色纵纹显著或隐约不清，腹部侧接缘通常 1 色暗黄，并着红色纵纹 (靠近气孔处)，侧接缘深色斑有或无。

结构　触角第 1 节最短。前翅的长短不一，前翅几乎达到或刚达腹部末端，或超过腹部末端。雄虫抱器外缘直；阳茎具稀疏小刺，基半部粗于端半部，近端部具 2 列强度骨化构造，每列由 6 个小齿突组成。腹部第 7 腹节腹板前端中突呈粗棒状，短于第 7 腹板的长度，前端缘圆。

量度　体长 6.5~7.2 mm (♀)，5.6~6.2 mm (♂)；腹部宽 2.23~2.56 mm (♀)，1.54~1.65 mm (♂)。头长 0.98~1.17 mm (♀)，0.95~1.23 mm (♂)；头宽 0.87~1.02 mm (♀)，0.87~0.98 mm (♂)；触角各节长度 I：II：III：IV = 0.85~0.92 (♀)，0.87~0.91 (♂)：1.46~1.57 (♀)，1.35~1.46 (♂)：1.28~1.34 (♀)，1.08~1.26 (♂)：1.14~1.23 (♀)，1.08~1.22 mm (♂)。喙各节长度 I：II：III：IV =0.22~0.24 (♀，♂)：0.87~0.93 (♀，♂)：0.86~0.92 (♀，♂)：0.54~0.63 mm (♀，♂)；前胸背板长 1.35~1.46 mm (♀，♂)，前角间宽 0.64~0.72 mm (♀，♂)，侧角间宽 1.52~1.67 mm (♀，♂)；前翅长 4.1~4.7 mm (♀)，4.0~4.7 mm (♂)。

　　分布　河南 (中牟、沈丘)；黑龙江 (伊春、尚志)、吉林 (高岭子、净月、长白山)、内蒙古 (正镶白旗)、河北 (雾灵山、平泉)、北京 (香山)、天津 (蓟县)、陕西 (武功、杨陵)、甘肃 (麦积山)、山东 (昆嵛山)；朝鲜、日本、俄罗斯。

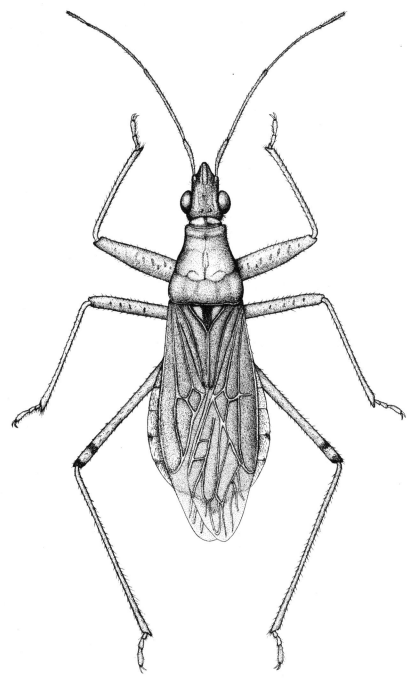

图 104　北姬蝽 *Nabis (Milu) reuteri*

146. 波姬蝽 *Nabis* (*Milu*) *potanini* Bianchi, 1896 (图 105，图版 VIII-7)

Nabis potanini Bianchi,1896: 113; Hsiao & Ren, 1981: 558; Cai et al., 1998: 235; Ren, 1992: 200.

Reuteronabis potanini: Kerzhner, 1981: 176; Ren, 1992: 170.

Nabis (*Milu*) *potanini*: Kerzhner, 1996: 99; Ren, 1998: 165; Ren & Wu, 2009: 294.

形态特征　体色　灰黄色。头背面中央、头腹面及眼前部、后部两侧、前胸背板前

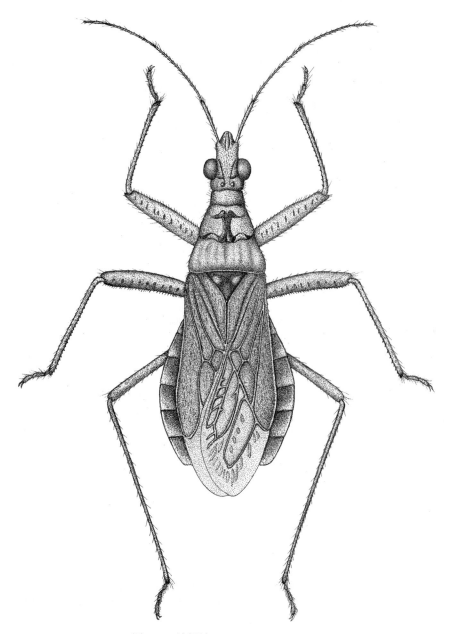

图 105　波姬蝽 *Nabis* (*Milu*) *potanini*

叶纵带纹黑色；前胸背板前叶云形斑纹、前翅爪片、革片散生的小点斑、前翅革片中域成纵行排列 4 个斑，褐色；后叶 6 条纵纹浅褐色；触角第 2 节顶端黑褐色；膜片翅脉深褐色。

　　结构　触角第 1 节略短于头的长度。抱器端半部宽阔，外缘近中部略突出，前端舌突明显，外缘圆，近基部具 1 锥状突。生殖节背面亚端部左右两侧艾氏器的刚毛成单行排列，每列由 39~40 根刚毛组成。当阳茎膨胀状态，端部细，向基部逐渐膨大，表面具稀疏小刺突，近中部的小刺显著浓密，位于端部有 2 个具齿缘骨化片，前者具 7 个齿突，后者较宽，具 4 个齿突。雌虫第 7 腹节腹板端中突呈短棒状，其长度略短于第 7 腹板的长度。雌虫生殖腔外形近圆形，前半部两侧各具 1 卵圆形骨化环。

　　量度　体长 5.9~6.7 mm (♀)，4.9~5.2 mm (♂)，腹部宽 2.33~2.47 mm (♀)，1.68~1.83 mm (♂)。头长 0.97~1.16 mm (♀)，0.81~0.93 mm (♂)，头宽 0.85~0.92 mm (♀)，0.77~0.82 mm (♂)；触角各节长度 I：II：III：IV = 0.86~0.91 (♀)，0.86~0.91 (♂)：1.46~1.58 (♀)，1.36~1.45 (♂)：1.26~1.35 (♀)，1.25~1.34 (♂)：1.02~1.14 (♀)，0.85~0.97 mm (♂)。前胸背板长 1.10~1.32 mm (♀)，0.95~1.14 mm (♂)，前角间宽 0.68~0.74 mm (♀)，0.58~0.64 mm (♂)，侧角间宽 1.30~1.44 mm (♀)，1.02~1.17 mm (♂)；前翅长 3.81~4.25 mm (♀)，2.8~3.2 mm (♂)。

　　分布　河南 (栾川、嵩县、灵宝、鸡公山)；河北 (雾灵山)、陕西 (佛坪)、湖北 (神农架、长阳)、四川 (宝兴、理县、茂县、小金、若尔盖、康定、泸定、卧龙)、贵州 (雷县)、西藏、云南 (昆明、丽江、中甸、景洪)；欧洲。

147. 小翅姬蝽 *Nabis* (*Milu*) *apicalis* Matsumura, 1913 (图 106，图版 VIII-8)

Nabis (*Reduviolus*) *apicalis* Matsumura，1913: 177.

Nabis apicalis: Hsiao & Ren, 1981: 557; Kerzhner, 1981: 179; Ren, 1992: 167; Yu et al., 1993: 106; Cai et al., 1998: 235.

Nabis (*Milu*) *apicalis*: Kerzhner, 1996: 99; Ren, 1998：163.

　　别名　小姬蝽、短翅姬猎蝽。

　　形态特征　体色　黄褐色至深褐色。触角淡黄色，第 2 节端部褐色；头背面、腹面及眼后部两侧黑褐色；前胸背板前叶具深色云形斑；小盾片中部褐色，两侧浅黄色；腹部侧接缘暗黄色，各节前端外缘褐色；腹部腹面棕褐色；前足股节褐色斑较中足、后足股节斑显著。

　　结构　被光亮淡色短毛。前翅短，膜片甚小，后缘近平截。抱握器前半部外缘宽于基半部，外缘中部呈锥状突，前半部外缘为弧状，内缘弯，前端舌突显著，从另一侧面观察，抱器前端狭而弯；生殖节背面亚端部的艾氏器刚毛成单行排列，每列由 29~30 根刚毛组成。由背面观察休止状态的阳茎外形似长方形；阳茎表面被小刺突，中域的小刺突似螺纹状排列，端半部内有锯齿缘骨化片及骨化刺。雌虫腹部显著向两侧扩展，第 7 腹节腹板前端中突呈短棒状，其长度为第 7 腹板长的 1/2；第 2 产卵瓣端半部侧缘齿突显著。

　　量度　体长 5.8~6.2 mm (♀)，4.9~5.1 mm (♂)，腹部宽 2.23~2.43 mm (♀)，1.65~1.72 mm (♂)。头长 1.18~1.34 mm (♀)，0.95~1.03 mm (♂)，头宽 0.89~0.96 mm (♀)，0.88~0.92 mm

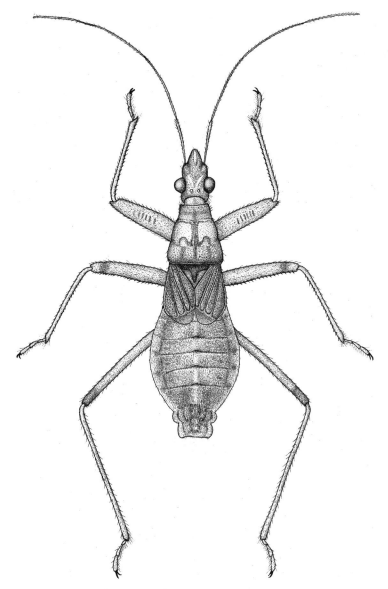

图 106　小翅姬蝽 *Nabis* (*Milu*) *apicalis*

(♂)；触角各节长度 Ⅰ：Ⅱ：Ⅲ：Ⅳ = 0.96~1.12 (♀)，0.96~1.04 (♂)：1.39~1.43 (♀)，
1.36~1.44 (♂)：1.46~1.55 (♀)，1.45~1.53 (♂)：1.23~1.34 (♀)，1.26~1.32 mm (♂)。喙各节
长度 Ⅰ：Ⅱ：Ⅲ：Ⅳ =0.31~0.36 (♀)：0.98~1.03 (♀)：0.96~1.02 (♀)：0.46~0.53 mm (♀)；
前胸背板长 1.10~1.24 mm (♀)，1.05~1.21 mm (♂)，前角间宽 0.67~0.74 mm (♀)，0.63~
0.71 mm (♂)，侧角间宽 1.10~1.26 mm (♀)，0.98~1.12 mm (♂)；前翅长 1.02~1.23 mm (♀)，
0.98~1.17 mm (♂)。

　　分布　河南 (中牟、灵宝、栾川、嵩县、西峡、驻马店、鸡公山)；湖北 (房县、神
农架、兴山)、江西 (庐山)、浙江 (天目山、庆元)、福建 (崇安、武夷山)、四川 (万县、

宝兴、灌县、青城山、峨眉山、硗碛)、贵州 (贵阳)、广西 (龙胜)；朝鲜、日本。

148. 原姬蝽 *Nabis* (*Nabis*) *ferus* (Linnaeus, 1758) (图 107，图版 VIII-9)

Cimex ferus Linnaeus,1758: 449.

Nabis ferus: Remane, 1964: 277; Hsiao & Ren, 1981: 560; Yu et al., 1993: 106; Shen et al., 1993: 36.

Nabis (*Nabis*) *ferus*: Kerzhner, 1981: 255; Kerzhner, 1996: 100; Ren, 1998: 179.

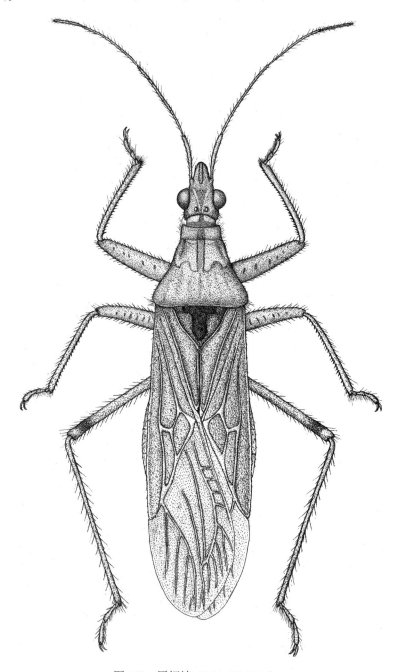

图 107　原姬蝽　*Nabis* (*Nabis*) *ferus*

形态特征　体色　浅黄褐色。头顶中央纵纹、眼后部两侧、前胸背板前叶中央纵走条纹及小盾片中部 (除基部两侧角橙色外)、中胸腹板中部及亚侧域黑褐色；触角第 2 节顶端、革片后半部中部的 3 个纵列小斑点、腹部腹面中央由基部伸达生殖节末端的纵纹、腹部两侧及各足股节的斑均为棕褐色；前翅膜片淡色。

结构　抱握器前半部显著大于基半部，内缘前端舌突呈鸟喙状，抱器近中部具 1 显著突出构造。生殖节背面亚端缘左右两侧的艾氏器各由 45~46 根单行排列的硬刚毛组成；阳茎的导精管细长，阳茎前半部细缩，表面被有浓密小刺突，基半部膨大，具 2 骨化刺；阳茎基部细，与导精管接连处有 1 小囊突。雌虫第 7 腹节腹板中突的长度为该腹板长的 1/2，前端钝圆；生殖腔具 1 个大的骨化环。

量度　体长 7.9~8.4 mm (♀)，6.75~7.30 mm (♂)，腹部宽 2.00~2.17 mm (♀)，1.77~1.86 mm (♂)。头长 0.98~1.12 mm (♀)，0.99~1.14 mm (♂)，头宽 0.88~0.95 mm (♀)，0.82~0.88 mm (♂)；触角各节长度 I：II：III：IV = 0.73~0.75 (♂)：1.06~1.22 (♂)：0.97~1.02 (♂)：0.73~0.81 mm (♂)。喙各节长度 I：II：III：IV =0.22~0.26 (♂)：0.39~0.41 (♂)：0.47~0.52 (♂)：0.38~0.41 mm (♂)；前胸背板长 1.46~1.51 mm (♀)，1.35~1.48 mm (♂)，前角间宽 0.71~0.77 mm (♀)，0.68~0.70 mm (♂)，侧角间宽 1.87~1.92 mm (♀)，1.70~1.83 mm (♂)；前翅长 5.3~5.8 mm (♀)，4.72~4.93 mm (♂)。

分布　河南 (封丘、永城、中牟、夏邑、民权、沈丘、项城、灵宝、鲁山、固始、信阳)；吉林 (长春)、内蒙古 (呼伦贝尔)、陕西 (秦岭)、新疆 (巴里坤、塔城、奎屯、哈巴河、石河子、额敏)、甘肃 (敦煌、麦积山)、宁夏 (六盘山)、青海 (大通)、四川 (若尔盖)、西藏、云南 (个旧)；欧洲、日本、蒙古。

149. 华姬蝽 *Nabis (Nabis) sinoferus* Hsiao, 1964 (图 108，图版 IX-1)

Nabis sinoferus Hsiao, 1964: 234; Hsiao & Ren, 1981: 558; Yu et al., 1993: 106; Shen et al., 1993: 36.
Nabis (Nabis) sinoferus: Kerzhner, 1981: 271; Kerzhner, 1996:104; Ren, 1998: 49; Ren & Wu, 2009: 300.

形态特征　成虫　体色　草黄色。头顶中央色斑甚小，有时不显著或消失。前胸背板领及后叶的纵纹不明显；小盾片中央及前翅爪片顶端黑色；革片端半部的 3 个斑点通常不清楚，膜片翅脉浅褐色；中胸及后胸腹板中部黑色；腹部腹面淡黄色，有的个体腹部中央具暗色纵条纹；各足股节具不明显的斑点及横纹。

结构　触角第 1 节略短于头长，喙第 3 节最长。雄虫抱器宽阔，内缘近直，中部近外缘具 1 小突起，抱器前端的叶突显著。阳茎膨胀时可见基半部的囊突，其中 2 个囊突内各具 1 骨化刺。雌虫第 7 腹节腹板前缘中突似粗棒状；雌虫生殖腔近圆形，两侧各具 1 骨化环。

量度　体长 8.2~9.2 mm (♀)，6.95~7.50 mm (♂)，腹部宽 1.97~2.23 mm (♀)，1.78~1.96 mm (♂)。头长 0.98~1.15 mm (♀)，0.92~1.03 mm (♂)，头宽 0.81~0.86 mm (♀)，0.78~0.83 mm (♂)；触角各节长度 I：II：III：IV = 0.88~0.92 (♀)，0.86~0.92 (♂)：1.58~1.63 (♀)，1.57~1.64 (♂)：1.36~1.42 (♀)，1.37~1.43 (♂)：0.87~0.92 (♀)，0.68~0.78 mm (♂)。喙各节长度 I：II：III：IV =0.25~0.32 (♀)：0.78~0.83 (♀)：0.88~0.92 (♀)：0.46~0.53 mm

(♀)；前胸背板长 1.32~1.43 mm (♀)，1.34~1.42 mm (♂)，前角间宽 0.67~0.76 mm (♂)，侧角间宽 1.69~1.84 mm (♀)，1.43~1.57 mm (♂)；前翅长 5.76~6.16 mm (♀)，5.1~5.8 mm (♂)。

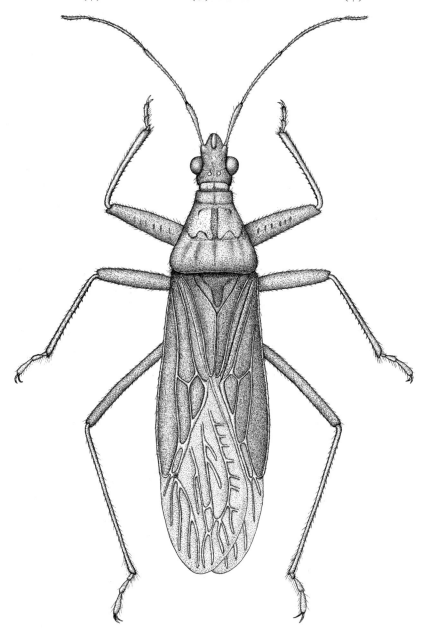

图 108　华姬蝽 *Nabis* (*Nabis*) *sinoferus*

　　若虫　1 龄若虫体色淡；复眼大，红色至红色；体长 1.8~1.9 mm。2 龄若虫乳黄色，胸部背面中央纵纹红色，具翅芽；体长 2.0~3.0 mm。3 龄若虫淡黄褐色，体两侧的纵纹灰褐色，翅芽达第 2 腹节；体长 3.2~4.0 mm。4 龄若虫草黄色，翅芽达第 4 腹节；体长 4.0~5.6 mm。5 龄若虫翅芽达第 5 腹节；体长 6.0~7.0 mm。

生物学特性　该蝽在安阳地区一年发生 5 代。第 1 代主要栖息于小麦、苜蓿、油菜等作物上捕食蚜虫等。第 1 代成虫于 6 月上旬转移到棉田中产卵繁殖，捕食棉铃虫 (卵和幼虫) 及棉蚜等，捕食能力强。在棉田繁殖 3~4 代，到第 4 代时有部分成虫迁至玉米、高粱、豇豆 *Vigna unguiculata*、黄瓜 *Cucumis sativus*、白菜 *Brassica pekinensis* 和萝卜等作物间繁殖第 5 代。11 月以成虫越冬。

经济意义　成虫及若虫常栖息于农田、果园、林区、灌木丛及杂草间。捕食蚜虫、飞虱、盲蝽、多种鳞翅目昆虫卵和幼虫。华姬蝽在棉田中，第 1~3 代的发生盛期与棉铃虫在这些作物上 1~3 代的发生盛期相吻合，即第 1 代棉铃虫幼虫达到高峰时，也是华姬蝽的若虫盛期。所以对保护、利用天敌来控制棉铃虫危害起了一定作用。

分布　河南 (广布)；黑龙江、吉林、内蒙古 (乌拉特中旗、额济纳旗、达拉特旗)、河北、北京 (香山)、天津 (杨柳青)、新疆 (吐鲁番、鄯善、哈密、奎屯、阿克苏、沙湾)、宁夏 (银川、中宁)、青海 (西宁)、陕西 (定边、武功、杨陵)、甘肃 (酒泉)、山西 (垣曲、介休、祁县、太原、襄垣、绛县、高平)、山东 (北镇、威海)、湖北 (房县)、广西 (柳州)；阿富汗、蒙古国、乌兹别克斯坦、吉尔吉斯斯坦、塔吉克斯坦。

150. 暗色姬蝽 *Nabis* (*Nabis*) *stenoferus* Hsiao, 1964 (图 109，图版 IX-2)

Nabis stenoferus Hsiao, 1964: 234, 237, 239; Hsiao & Ren, 1981: 550; Yu et al., 1993: 106; Shen et al., 1993: 36.

Nabis mandshuricus Remane, 1964: 263.

Nabis (*Nabis*) *stenoferus*: Kerzhner, 1981: 261; Ren, 1992: 170; Kerzhner, 1996: 104; Ren, 1998：205; Ren & Wu, 2009: 302.

别名　窄姬猎蝽。

形态特征　体色　灰黄色，具褐色及黑色纹斑。头顶中央纵带、眼前部及后部两侧、触角第 1 节内侧及第 2 节基部和顶端、前胸背板中央纵带 (领及背板后叶的部分较显著)、背板前叶两侧的云形斑纹、小盾片基部及中央、前翅革片端部 2 个斑点和膜片基部的 1 个斑点、胸腹板中部及胸侧板中央纵纹、腹部腹面中央及两侧纵纹黑色，或伴有红色泽 (淡色个体这些色纹斑常隐约不清或消失)；各足股节深色斑褐色至黑色。

结构　触角第 1 节短于头的长度，喙达中胸腹板中部。雄虫抱器前半部略弯，内缘近中部具刚毛，前端的舌突甚小，外缘表面有短毛。生殖节背面亚端部的艾氏器每列由 38~39 根刚毛组成。阳茎前端细，向后显著膨胀，大而宽阔，近基部各侧具 1 囊突，其中部有 2 大小及形状相似的骨化刺，呈赭棕色，光亮；阳茎布满稀疏微小刺；当阳茎外翻状态时，这些小微刺及 2 个骨化刺明显暴露在表面上。雌虫腹部第 7 节腹板前端的中突细长，顶端尖锐；生殖腔前部具 2 骨化环。

量度　体长　7.4~8.9 mm (♀)，6.7~7.9 mm (♂)，腹部宽 1.58~1.87 mm (♀)，1.55~1.69 mm (♂)。头长 0.97~1.14 mm (♀)，0.95~1.16 mm (♂)，头宽 0.75~0.82 mm (♀)，0.78~0.83 mm (♂)；触角各节长度 I：II：III：IV=0.95~1.11 (♀)，0.83~0.95 (♂)：1.63~1.73 (♀)，1.40~1.60 (♂)：1.65~1.72 (♀)，1.48~1.67 (♂)：1.07~1.23 (♀)，0.91~1.15 mm (♂)。喙各节长度 I：II：III：IV = 0.29~0.33 (♂)：0.85~0.98 (♂)：0.78~0.86 (♂)：0.40~0.45 mm (♂)；

前胸背板长 1.38~1.45 mm (♀)，1.24~1.34 mm (♂)，前角间宽 0.68~0.76 mm (♀)，0.55~0.68 mm (♂)，侧角间宽 1.43~1.57 mm (♀)，1.42~1.54 mm (♂)；前翅长 5.4~6.5 mm (♀)，5.3~5.7 mm (♂)。

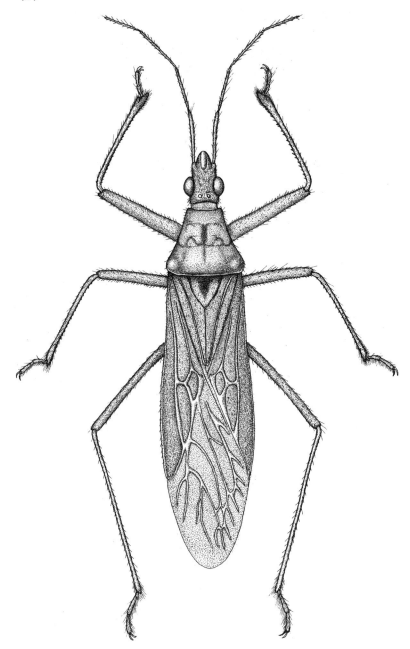

图 109　暗色姬蝽 *Nabis* (*Nabis*) *stenoferus*

生物学特性　成虫在向阳的植物根际处及土缝或枯枝落叶下越冬。翌年春越冬代成虫在早春植物上捕食蚜虫等小虫；通常将卵产在早春植物近基部茎组织中，卵成纵行排列，卵与卵之间有一定的间隔；卵体嵌埋在茎的组织内，而卵前极外露于植物组织表面，雌虫也常将卵产在麦茎的基部及棉花嫩枝梢处。一头雌虫每次产卵 14~30 粒，一生可产卵 100 多粒。

经济意义　该种为我国姬蝽科常见种，个体数量较大、分布广，通常栖息在农田、菜园、果园、森林中，捕食能力强、繁殖速度较快，成虫及若虫均喜欢捕食蚜虫、红蜘蛛、长蝽、盲蝽、蓟马及多种鳞翅目幼虫和卵等，对害虫具有一定的自然控制作用。

分布　河南 (安阳、封丘、永城、沈丘、项城、夏邑、郸城、中牟、栾川、确山、信阳、鸡公山)；黑龙江 (宝清)、吉林 (净月)、辽宁 (沈阳)、河北 (北戴河、昌黎、献县)、北京 (香山)、天津 (蓟县)、新疆 (塔城)、宁夏 (银川)、陕西 (定边、武功、杨陵、南郑)、甘肃 (康县、武都、党川)、山东 (泰安)、安徽 (合肥)、湖北 (孝感、武昌、崇阳、巴东、神农架)、上海、江西 (南昌、武宁、广丰)、浙江 (杭州)、福建 (泉州)、四川 (雅安、茂县、卧龙、宝兴)、云南 (丽江、勐腊)；日本、朝鲜、俄罗斯。

151. 类原姬蝽亚洲亚种 *Nabis* (*Nabis*) *punctatus mimoferus* Hsiao, 1946 (图 110, 图版 IX-3)

Nabis mimoferus Hsiao, 1964: 234; Yu et al., 1993: 106.

Nabis feroides mimoferus Hsiao: Kerzhner, 1968: 861; Hsiao & Ren, 1981: 550; Ren, 1981: 177; Shen et al., 1993: 36.

Nabis (*Nabis*) *punctatus mimoferus*: Kerzhner, 1981: 279; Kerzhner, 1996: 103; Ren, 1998: 195.

Nabis (*Nabis*) *puntatus*：Ren, 1992: 171.

别名　小姬猎蝽。

形态特征　**体色**　颜色着灰色；触角第 1 节较短，短于头的长度；革片端部毛稀少，毛的着生处具黑色点斑，一般端部的黑点较明显；触角浅褐色，头顶部中央、眼的后部两侧、前胸背板前叶中央两侧、小盾片基部及中央均为黑色，前胸背板后叶中央黑褐色纵纹带达后缘；小盾片 2 侧中部黄色；膜片翅脉褐色。腹部腹面中央褐色纵纹达生殖节的端缘。

结构　触角第 1 节较短于头长，前翅超过腹部末端，雄虫抱器长，内喙略弯，叶突显著；阳茎近中域明显细于端部及基部，表面被有浓密小刺突，面基半部的较端部的稀疏，并具 2 个形状相似的骨化刺，但大小略有不相同。

量度　体长 6.4~7.6 mm (♀)，5.8~6.9 mm (♂)，腹部宽 1.9~2.1 mm (♀)，1.7~1.9 mm (♂)。头长 0.95~1.14 mm (♀)，0.9~1.0 mm (♂)，头宽 0.85~0.93 mm (♀)，0.76~0.89 mm (♂)；触角各节长度 I：II：III：IV = 0.85~0.91 (♀)，0.78~0.91 (♂)：1.30~1.55 (♀)，1.4~1.6 (♂)：1.18~1.26 (♀)，1.2~1.3 (♂)：0.79~0.87 (♀)，0.81~0.90 mm (♂)。喙各节长度 I：II：III：IV = 0.29~0.31 (♂)：0.9~1.0 (♂)：0.85~0.96 (♂)：0.4~0.5 mm (♂)；前胸背板长 1.37~1.43 mm (♀)，1.3~1.4 mm (♂)，前角间宽 0.67~0.79 mm (♀)，0.75~0.87 mm (♂)，侧角间宽 1.41~1.53 mm (♀)，1.56~1.71 mm (♂)；前翅长 4.9~5.2 mm (♀)，4.2~4.7 mm (♂)。

生物学特性　成虫和若虫均捕食蚜虫、叶蝉、盲蝽若虫及鳞翅目幼虫。以成虫在苜蓿地土块下和地缝内及杂草根际处附近、枯枝落时下越冬。雌虫通常将卵产在苜蓿、藜、燕麦等植物的嫩茎内，卵前极卵壳盖露出于组织的表面上。雌虫每次产卵为 15 粒左右，卵排成纵行。类原姬蝽 (亚洲亚种) 为我国姬蝽的优势种之一。

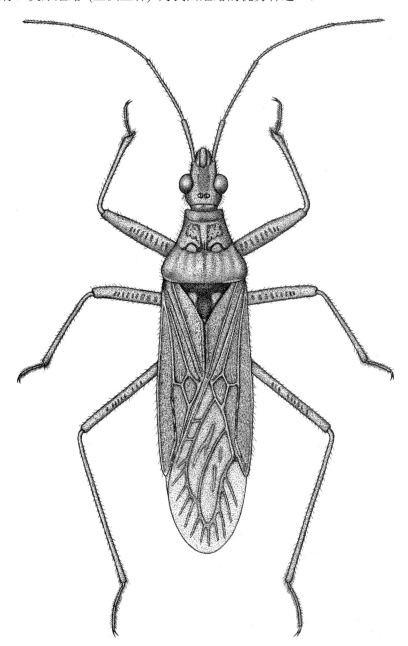

图 110　类原姬蝽亚洲亚种 *Nabis (Nabis) punctatus mimoferus*

分布　河南 (安阳、许昌、洛阳、南阳)；黑龙江 (佳木斯、勃利、哈尔滨)、吉林 (九站)、辽宁 (沈阳)、内蒙古 (阿里河、正镶白旗、齐奇岭、海拉尔)、北京 (香山)、天津 (蓟县)、河北 (平泉)、山西、陕西 (神木、定边、大保、佳县)、甘肃 (酒泉)、宁夏 (银川、盐池、固原)、新疆 (哈巴河、阿克苏、塔城、阿勒泰)、山东 (牟平)、四川 (理县、汶川、小金、若尔盖、红原)、贵州 (花溪)、西藏 (江达、红道班、芒康、察雅、曲松、易贡、沧桑、林芝、曲桑、察隅、拉萨)、云南 (昆明);中亚西亚、俄罗斯。

简记　本种的河南省种群为类原姬蝽亚洲亚种 *Nabis* (*Nabis*) *punctatus mimoferus* Hsiao, 1946。

花姬蝽亚科　Prostemminae

属 检 索 表

1. 前足股节腹面近中部具角状突或锐齿状突,此突起与前端之间具 2 列纵向小齿突;前足胫节略弯,端部膨大,前端无海绵窝构造,后胸臭腺沟缘向末端渐宽,略弯,长形···光姬蝽属 *Rhamphocoris* Kirkaldy
   前足股节明显加粗,背面圆隆,腹面近平直,具有排列规则的小刺;前足胫节前端的海绵窝显著;后胸臭腺发达,臭腺沟缘中部弯,呈角状·····································花姬蝽属 *Prostemma* Laporte

(九十四)　花姬蝽属 *Prostemma* Laporte, 1832

Prostemma Laporte, 1832: 12. Type species by monotypy: *Reduvius guttula* Fabricius.

体长椭圆形,体黑色、黑褐色或棕褐色,光亮,被有稀疏长毛及短毛,一般具橘红色或蛋黄色、白灰色斑。触角第 1 节短,约为头长的 1/2。头长与宽约相等。喙第 2 节短于第 3 节。前胸背板的前叶、后叶分界明显。前足股节明显加粗,背面圆隆,腹面近平直,具排列规则的小刺;前足胫节略向内弯,其前端的海绵窝显著。后胸臭腺发达,臭腺沟缘中部弯,呈角状。雄性生殖节的艾氏器由丛生的刚毛组成。雌性生殖腔具 1 个或 2 个骨化环。在种内或种间翅的大小多变化,可分为小翅型、短翅型及长翅型个体。

本属种类为古北区及东洋区系。我国已知 4 种,河南省已知 2 种。

分种检索表

1. 前胸背板前叶黑色,后叶红色。前翅革片中部具三角状淡色斑;各足股节具黑色列刺,臭腺沟缘光亮,较宽,中部弯,呈直角形;体长 6.2~7.1 mm,腹宽 2.4~2.6 mm···角带花姬蝽 *P. hilgendorffi*
   前胸背板前后叶均黑色,前翅革片中部无三角状斑;各足胫节无列刺,后足胫节内侧具 14 根棕色亮刚毛组成的艾氏器;后胸臭腺沟缘较大,前半部大,明显弯,中部外侧角小于直角,体长 9.5~9.8mm,腹宽 3.4~3.5 mm ···黄翅花姬蝽　*P. kiborti*

152. 角带花姬蝽 *Prostemma hilgendorffi* Stein, 1878 (图 111,图版 IX-4)

Prostemma hilendorffi Stein,1878: 378; Kerzhner, 1981: 96; Hsiao & Ren, 1981: 544; Yu et al., 1993: 107; Shen et al., 1993: 36; Kerzhner, 1996: 87; Ren, 1998: 61. Ren & Wu, 2009: 276.

形态特征　体色　黑色。触角及足黄褐色;前胸背板后叶、小盾片 (除基部黑色外)

端部 2/3 及前翅基半部浅红棕色或橘红色；前翅中部具呈三角状淡色斑，端半部具黄色或淡黄色斑块；后胸侧板及臭腺域暗黄色。

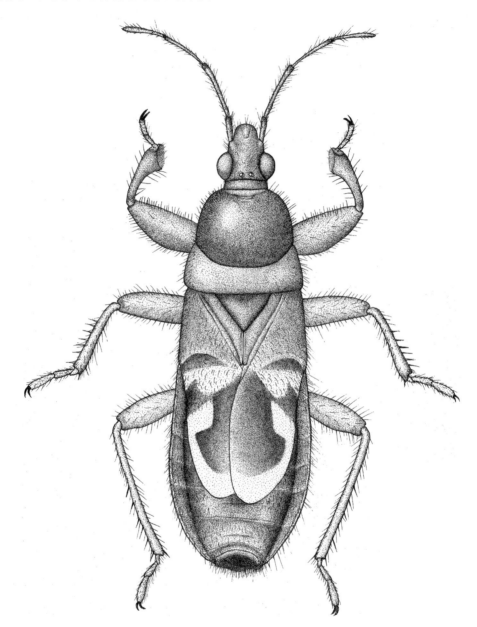

图 111　角带花姬蝽 *Prostemma hilgendorffi*

　　结构　被有黑褐色刚毛及浅色亮长毛。臭腺沟缘光亮、较宽，中部弯，几呈直角状，各足股节及胫节具刺列。前胸背板前叶光亮、圆隆，显著长于后叶，前胸背板后缘近直。前足股节显著加粗，明显粗于中足、后足股节，腹面部具刺列 (除两端外)；前足胫节略弯，基部狭，向端部渐显著加宽，腹面具 2 列粗刺，胫节的前端背面侧具栉刺，腹面具发达的海绵窝。抱握器宽镰刀状；生殖节亚端部具 4~5 列刚毛；阳茎管相对导精管粗，阳茎表面具排列均匀的小刺突。雌虫第 7 腹节腹板前缘中突粗杆状，前端圆钝。生殖腔前端具 2 圆形骨化环。

量度 体长 6.8~7.3 mm (♀)，5.8~6.4 mm (♂)，腹部宽 2.4~2.7 mm (♀)，2.10~3.42 mm (♂)。头长 0.87~0.92 mm (♀)，0.84~0.92 mm (♂)，头宽 0.87~0.90 mm (♀)，0.87~0.93 mm (♂)；触角各节长度 I：II：III：IV = 0.36~0.42 (♂)：0.76~0.83 (♂)：0.87~0.92 (♂)：0.75~0.82 mm (♂)。喙各节长度 I：II：III：IV =0.22~0.26 (♂)：0.39~0.41 (♂)：0.47~0.52 (♂)：0.38~0.41 mm (♂)；前胸背板长 1.55~1.68 mm (♀)，1.56~1.67 mm (♂)，前角间宽 0.68~0.75 mm (♀)，0.59~0.68 mm (♂)，侧角间宽 2.00~2.25 mm (♀)，1.80~2.05 mm (♂)；前翅长 3.9~4.3 mm (♀)，3.2~3.8 mm (♂)。

生物学特性 角带花姬蝽多栖息于农田，以成虫在向阳土缝、植物根际处下或枯枝落叶、石块下等处越冬；雌虫将卵散产于植物茎、叶或土表层内，卵体埋入植物的组织中或土内，仅卵前极外露；卵期 5~7 d。

分布 河南 (修武、中牟、偃师)；吉林、辽宁、北京 (香山)、天津 (蓟县)、上海、浙江 (杭州)、江西、四川；日本、朝鲜、俄罗斯。

153. 黄翅花姬蝽 *Prostemma kiborti* Jakovlev, 1889 (图 112，图版 IX-5)

Prostemma kiborti Jakovlev, 1889: 80; Kerzhner，1981: 58; Kerzhner, 1996: 87.

Prostemma lugubris Jakovlev, 1989: 338.

Nabis longicollis Reuter: Reuter & Poplius: 9, 14 (syn. Kerzhnere, 1968: 848).

Prostemma flavipennis Fukui, 1927: 82 (syn. Kerzhner, 1968: 848) ; Hsiao & Ren, 1981: 544.

Prostemma fulvipennis Lindberg, 1934: 32 (syn. Kerzhner, 1968: 848).

形态特征 体色 黑色。触角、各足及翅革片浅黄褐色，但触角第 3~4 两节及后足股节基半部色较浅。

结构 被有褐色及黄色毛。触角第 1 节最粗，后胸臭腺沟缘端半部长于基半部，向端部渐狭而明显弯向内方。后足胫节内侧的艾氏器由 14 根均匀排列的棕色亮刚毛组成；雄虫生殖节腹面两侧的艾氏器由多行短硬刚毛组成。

量度 体长 8.6~9.9 mm (♀)，8.4~9.7 mm (♂)，腹部宽 3.3~3.6 mm (♀)，3.1~3.5 mm (♂)。头长 0.98~1.17 mm (♂)，头宽 0.97~1.15 mm (♂)；触角各节长度 I：II：III：IV = 0.86~0.91 (♀)，0.46~0.57 (♂)：? (♀)，1.46~1.56 (♂)：? (♀)，1.36~1.47 (♂)：? (♀)，1.35~1.54 mm (♂)。喙各节长度 I：II：III：IV =0.87~0.93 (♀)：0.86~0.92 (♀)：0.54~0.63 (♀)：? mm；前胸背板长 2.55~2.67 mm (♀)，2.2~2.54 mm (♂)，前角间宽 0.98~1.05 mm (♀)，0.86~0.94 mm (♂)，侧角间宽 2.4~2.5 mm (♀)，2.30~2.45 mm (♂)；前翅长 1.8~3.4 mm (♂)。

分布 河南 (罗山)；湖北 (婺源)、江西、浙江 (天目山)；蒙古、俄罗斯、朝鲜、日本。

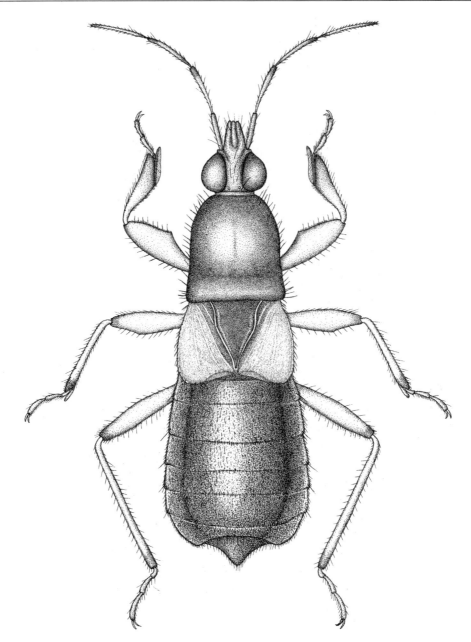

图 112　黄翅花姬蝽 *Prostemma kiborti*

(九十五) 光姬蝽属 *Rhamphocoris* Kirkaldy, 1901

Rhamphocoris Kirkaldy, 1901a: 221. Type species by monotypy: *Rhamphocoris dorothea* Kirkaldy.

　　属征　体光亮，长椭圆形，背、腹扁平。头略向下倾斜，触角第 1~2 节显著粗于第 3~4 节，前胸背板领的后缘及背板中部横缢具刻点，后叶显著宽于前叶，前叶中央具纵

沟 (明显或隐约)，两侧稍向上圆隆，后叶向两侧扩展，后缘直。小盾片近基部有 2 个小凹窝。前足股节腹面近中部具角状突或锐齿状突，此突起与前端之间有 2 列纵走的小齿突；前足胫节略弯，端部膨大，前端无海绵窝构造，后胸臭腺沟向末端渐宽，长形，略弯。

我国已记录 4 种，主要分布于南方地区；河南省仅知 1 种。

154. 黑头光姬蝽 *Rhamphocoris hasegawai* (Ishihara, 1943) (图 113，图版 IX-6)

Nabis hasegawai Ishihara, 1943: 63.

Rhamphocoris hasegawai: Hsiao & Ren, 1981: 542; Kerzhner, 1996: 90; Cai et al., 1998: 236; Ren, 1998: 49.

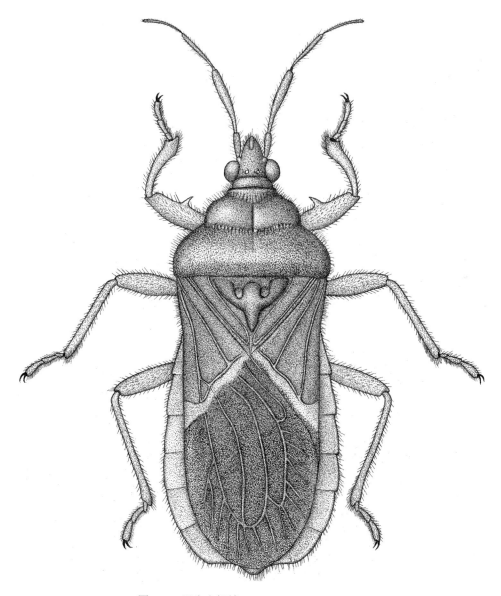

图 113　黑头光姬蝽 *Rhamphocoris hasegawai*

形态特征　体色　黑色。头前端及触角褐色，喙各节及各足 (除基节及转节、跗节黄色外)、腹部侧接缘红色；前翅中域前方斜横带黄褐色；腹部腹面褐色，中部色淡，腹部背板浅黄褐色。

　　结构　头向下倾斜，触角第 1 节显著短于第 2 节。前叶中央具纵沟，后叶后缘近平直；小盾片端部显著细缩。前翅近达或略超过腹部末端。

　　量度　体长 6.2 mm，腹部宽 2.5 mm。头宽 0.65 mm，头顶宽 0.3 mm。前胸背板长 1.2 mm，前角间宽 0.7 mm，侧角间宽 2.0 mm，小盾片长 0.9 mm，基部宽 1.2 mm；前翅长 4.5 mm。

　　分布　河南 (栾川)；福建、台湾、云南 (景东)。

　　简记　本种为日本学者 T. Ishihara (1943) 采自我国台湾的 1 枚雌性标本所命名；1981 年萧采瑜记载了该种在云南的分布；1996 年彩万志在栾川县龙峪湾自树皮下采集 1 枚雌性标本；在中国农业大学昆虫标本馆尚有 1 枚杨集昆采自福建的雌性标本；本种的雄性个体尚未采到。

十七、花蝽科 Anthocoridae

　　体长 1.4~5.0 mm。外观变化较大，与常见的花蝽相比，有些种类更扁平，狭长。触角第 3、第 4 节纺锤形，略细于第 2 节；或线形，明显细于第 2 节。喙直，长短不等，第 1 节退化，通常第 3 节最长。臭腺蒸发域形状不同，臭腺具 1 个囊和 1 个开口。前翅具楔片缝，膜片通常有 4 条脉。前足胫节通常有海绵窝，有时极度退化或缺失。腹部有背侧片，腹侧片与腹板愈合；腹部第 1 气孔缺。若虫臭腺位于腹部第 4~6 节背板前缘。雄虫生殖节不对称，右侧阳基侧突退化缺失；左侧阳基侧突常为镰状，有接受阳茎的沟槽，起交配器官的作用。精巢通常 2 叶。产卵器发达或极度退化。雌虫腹部有与创伤授精有关的雄性外生殖器刺入区域，或刺入孔，或交配管；无受精囊。卵在卵巢管中受精，卵产出前略有发育，卵无精孔 (micropyles)。

　　多为捕食性，原花蝽族 Anthocorini 和小花蝽族 Oriini 的某些种类有兼食花粉的习性。

　　Schuh 和 Štys (1991，1995) 根据臭虫型 Cimicomorpha 内科级支序分析的结果将 Carayon (1972) 等系统中原属于广义花蝽科 Anthocoridae (s. l.) 科内的细角花蝽亚科 Lyctocorinae 和毛唇花蝽亚科 Lasiochilinae 均提升为科，建立细角花蝽科 Lyctocoridae 和毛唇花蝽科 Lasiochilidae。原属于广义花蝽科毛唇花蝽亚科的族属全部归入毛唇花蝽科。原属于广义花蝽科细角花蝽亚科的族属只有该分类单元的模式属，即 *Lyctocoris* Hahn 置于细角花蝽科中；原属于广义花蝽科细角花蝽亚科中的其他族仍留在花蝽科 Anthocoridae (s. str.) 中。并仍然按照 Carayon (1972) 对族的划分意见，将原属于广义花蝽科花蝽亚科 Anthocorinae 和细角花蝽亚科中除细角花蝽族 Lyctocorini 以外的族归入花蝽科中，不再下设亚科，而直接分为 7 个族，即点刻花蝽族 Almeidini、原花蝽族 Anthocorini、刷花蝽族 Blaptostethini、沟胸花蝽族 Dufouriellini、小花蝽族 Oriini、齿股花蝽族 Scolopini 和仓花蝽族 Xylocorini。此 7 个族内的一些属在我国有分布。世界已知花蝽科昆虫 71 属 445 种。花蝽科在河南省发现 4 属 5 种。

属 检 索 表

1. 触角第 3、第 4 节略呈纺锤形，与第 2 节约等粗 (图 116-A)；前胸背板仅具 2 对长毛或无；雌虫有一个交配管 (图 116-D)；前跗节有爪垫；雄虫前足胫节内侧有齿；第 8 腹节强烈不对称，向左弯曲，生殖节左侧着生 1 个螺旋状阳基侧突 (图 116-C) ·························· **小花蝽属** *Orius* Wolff

   触角第 3、第 4 节线形，明显细于第 2 节 (图 118-A)；前胸背板有 3 对长毛；雌虫无交配管······2

2. 臭腺沟中部明显膝状弯曲 (图 118-B)；雄虫前足胫节由基向端部强烈扩展，端部比基部宽 2~3 倍，端部有明显的毛状刷 (图 118-C)；雄虫阳基侧突细长，在近基部和亚端部有两处弯曲 (图 118-F)。雌虫腹部第 2、第 3 背板右侧纳精器如图 118-G 所示······················· **仓花蝽属** *Xylocoris* Dufour

   臭腺沟中部不呈膝状弯曲，向前或向后弯 (图 114-C)；雄虫前足胫节由基向端很少扩大，端部宽不超过基部宽的 2 倍，端部毛刷不发达或缺······3

3. 后胸腹板端部延伸成二叉状 (图 114-D)；臭腺沟缘指向后方，延伸成 1 脊，折角后伸达后胸侧板前缘 (图 114-C)，折角大于 120°；雄虫阳基侧突细长，弯曲度较大 (图 114-B) ······················ ·· **叉胸花蝽属** *Amphiareus* Distant

   后胸腹板端部不延伸成二叉状；臭腺沟缘向前弯，端部延伸成脊状，不折角，直接达于后胸侧板前缘 (图 115-C)；雄虫生殖节如图 115-B 所示 ······················ **镰花蝽属** *Cardiastethus* Fieber

(九十六) 叉胸花蝽属 *Amphiareus* Distant, 1904

Xylocoris Dufour (part): Stål, 1858: 44.

Poronotus Reuter, 1871: 561. (preocc.)

Asthenidea Reuter (part), 1884: 156.

Cardiastethus Fieber (part): Lethierry & Severin, 1896: 237~252.

Amphiareus Distant, 1904: 220. Type species: *Xylocoris constrictus* Stål (monotypic).

体细长 (图 114-A)，长毛多。头长与宽约相等。喙伸达前足基节。前胸背板胝后为深凹陷，前半光滑，后半具刻点。前翅有长毛被，稀布刻点，近中部略扩展。中胸腹板有中纵沟，后胸腹板后端向后延伸呈二叉状为此属的显著特征。后足基节相互靠近。臭腺沟缘向侧后弯，再以折角状细脊向前延伸达后胸侧板前缘。腹部仅第 1、第 2 节具侧背片 (图 114-E)；第 2、第 3 腹节腹面节间呈锯齿状 (图 114-F)。雄虫阳基侧突细长，向端部渐细，弯曲。雌虫产卵器退化 (图 114-B)。雌雄腹末均有长毛伸出。

生活于粮食仓库，在野外曾发现于地被物中、枯枝落叶层下，以及覆有藤本植物的落叶树木上。我国记载 3 种，河南省 1 种。

155. 黑头叉胸花蝽 *Amphiareus obscuriceps* (Poppius, 1909) (图 114)

Cardiastethus obscuriceps Poppius, 1909: 19.

Cardiastethus fulvescens (Walker): Miyamoto, 1957: 76.

Amphiareus obscuriceps (Poppius): Zhang, 1985: 191; Zheng & Bu，1990: 27; Ke, Tian & Bu, 2009: 323.

　　形态特征　体黄褐色，长椭圆形，稀布直立或半直立长毛，毛长超过复眼直径之半 (图 114-A)。头长 0.42 mm，宽 0.41 mm；头顶黑色，前端稍浅；复眼黑，其上有短毛伸出；头顶后缘有 1 横列长毛，向后半直立，毛长者接近复眼直径；触角除第 2 节基部 3/4 黄色外，余污黄褐色，第 2 节毛长稍超过该节直径，第 3、第 4 节细，毛长者超过该节直

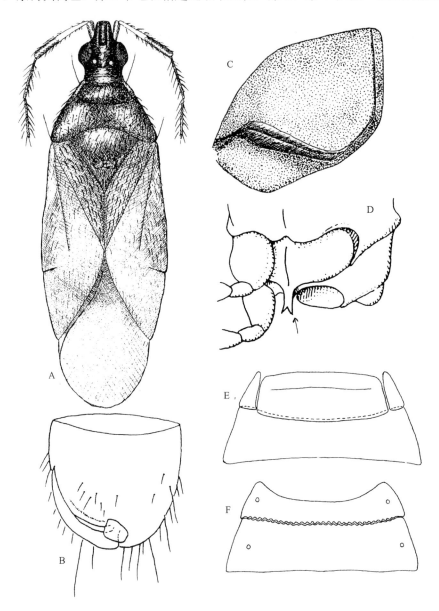

图 114　黑头叉胸花蝽 *Amphiareus obscuriceps*

A. 体背面观；B. 生殖节 (背面观)；C. 臭腺沟及蒸发域；D. 胸部 (腹面观)，示后胸腹板后缘中部突出，端部呈二叉状；
E. 腹部前两节 (背面观)；F. 腹部前两节 (腹面观)

径 2 倍。前胸背板长 0.36 mm，领宽 0.32 mm，后缘宽 0.90 mm；侧边黑褐；领窄，明显，后缘有 1 列刻点；侧缘微凹，略呈薄边状，近四角各有 1 直立长毛；胝区隆出，前半两侧各有 1 小陷窝，胝后下陷较深；后叶刻点浅、稀，中央浅宽凹陷，略成横皱状。小盾片基角及侧缘发污，中部凹陷，基部和端部隆出。前翅黄褐，楔片内缘深褐色，爪片基部和小盾缘、爪片接合缝两侧、内革片及楔片稍污暗；爪片外侧大部及外革片有光泽；膜片污灰褐；爪片和外革片毛被较密；外革片长 0.94 mm，楔片长 0.42 mm。喙黄褐，长超过前足基节，第 2~4 节长 0.12：0.44：0.23 mm。足深黄色，股节毛长不超过该节直径。臭腺沟缘端脊折角大于 120°，折角后直伸至蒸发域前缘（图 114-3）。雄虫阳基侧突细长，弯曲度较大（图 114-2）。体长 2.4~2.9 mm。

分布　河南 (郑州、长垣)；辽宁 (朝阳)、内蒙古 (土左旗)、天津、北京、河北 (昌黎、北戴河、大城、邯郸)、山东 (昆嵛山、牟平)、陕西 (龙岗、武功、留坝、宁陕)、甘肃 (天水)、江苏、浙江 (天目山、杭州、松阳)、湖南 (株洲)、四川 (灌县、理县、汶川)、广西 (龙胜)、云南 (武定)、海南 (吊罗山)、台湾 (张维球，1985)；日本。

本种曾采自粮食仓库和多种植物上，如玉米、稻、小麦、珍珠梅、苹果、栗 *Castanea mollissima*、柳树等。有趋光性。

(九十七)　镰花蝽属 *Cardiastethus* Fieber, 1860

Cardiastethus Fieber, 1860: 266. Type species: *Cardiastethus luridellus* Fieber.
Dasypterus Reuter, 1871: 564.

体长椭圆形 (图 115-A)。头短，喙伸过中胸腹板中部。前胸背板有刻点；领窄，胝区隆起，光滑。小盾片基半光滑，端半横皱状。前翅有细刻点，毛被略长密。中胸腹板有中纵沟，后胸侧板三角形，有中纵脊。臭腺沟缘半圆形，向前弯，伸达后胸侧板前缘。前足胫节近基部内侧有若干齿。腹部末端有长毛伸出。产卵器不发达。

世界已知 40 余种。我国记载 3 种，河南省 1 种。

156. 小镰花蝽 *Cardiastethus exiguus* Poppius, 1913 (图 115)

Cardiastethus exiguus Poppius, 1913: 253.
Cardiastethus pygmaeus Poppius, 1914: 7; Zheng & Bu, 1990: 27.
Triphleps cocciphagus Hesse, 1947: 42.

形态特征　体黄褐，长椭圆形 (图 114-A)。头前端色浅，复眼黑褐，长 0.28 mm，宽 0.32 mm，复眼较突出，其上有较密的短毛，头顶皱刻状，稀布短毛，头顶后缘有 1 横列毛，毛指向中央；触角第 3、第 4 节色深，各节长 0.08：0.24：0.16：0.15 mm，第 2 节毛长者稍超过该节直径，第 3、第 4 节较细，毛长超过该节直径 2 倍。前胸背板长 0.29 mm，领宽 0.28 mm，后缘宽 0.68 mm；毛被短密；领窄；侧缘直；四角各有 1 直立长毛，近前角处呈纵的凹陷状，凹陷前缘较深，陷窝状；胝区隆出显著，胝后缘凹陷较深；整个背板皱刻，污暗。小盾片中部有 2 个较大的凹陷。前翅稍污暗，外革片端半及楔片大部色深；侧缘稍凹，前 2/3 有短粗毛；膜片灰褐色；外革片长 0.48 mm，楔片长 0.35 mm。喙伸达前足基节，第 2~4 节长 0.15：0.28：0.20 mm；足黄色，后足胫节毛长者稍超过该节直径；臭腺沟缘端部略向后弯曲，然后沿 1 脊向前弯伸至后胸侧板前缘 (图 115-C)。雄虫生殖节如图 115-B 所示。腹部第 1~3 节具侧背片 (图 115-D)；第 2、第 3 腹节腹面节间呈锯齿状 (图 115-E)。

分布 河南 (长垣)；山东 (北海林场)、陕西 (镇巴)、江苏 (南京)、四川 (成都)、浙江 (杭州、江山)、上海 (松江)、湖北、湖南 (株洲)、广西、海南岛 (尖峰岭)、台湾 (Poppius，1915；Hiura，1960)；日本、印度、斯里兰卡、非洲。

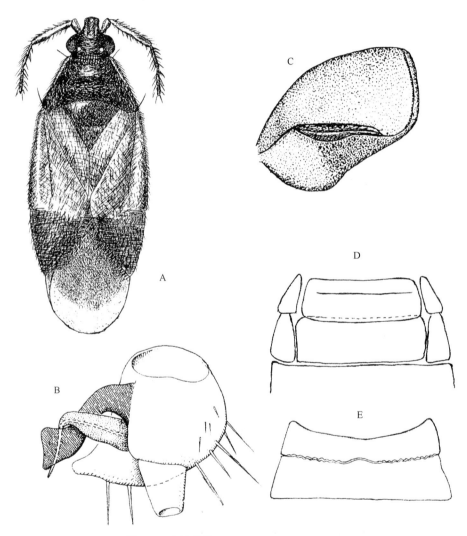

图 115 小镰花蝽 *Cardiastethus exiguus*

A. 体背面 (habitus)；B. 生殖节 (背面观) (genital segment of male, dorsal view)；C. 臭腺沟及蒸发域 (ostiolar peritreme and evaporatory area)；D. 腹部前两节 (背面观) (first 2 segments of abdomen, dorsal view)；E. 腹部前两节 (腹面观) (first 2 segments of abdomen, ventral view)

(九十八) 小花蝽属 *Orius* Wolff, 1811

Orius Wolff，1811: 4, fig. 161. Type speices: *Salda nigra* Wolff.

Salda Wolff (part), 1811: 4.

Rhynarius Hahn (part), 1831: 110.

Triphleps Fieber, 1860: 266.

体椭圆形，有光泽。头上大型刚毛状毛很短；单眼突出；触角粗细较为一致，常雌雄异型，雄虫触角常粗于雌虫者，其中第 2 节尤其明显。喙超过前足基节。前胸背板具刻点，领短，胝区隆起，光滑；四角具直立长毛或仅后角具直立长毛。前翅具刻点，膜片具 3 条脉。后足基节相互靠近，雄虫前足胫节内侧有小齿。臭腺沟缘向前弯 (图 116-B)，略呈半圆形。后胸腹板三角形。雄虫阳基侧突螺旋形，向左旋，分为叶部和鞭部 (图 116-C)，叶部具齿或无齿，鞭部 1~3 支。雌虫交配管着生于腹部第 7、第 8 腹节的节间膜上，分为基段和端段两部分，基段骨化较强，壁厚，端段骨化弱，壁薄 (图 116-D)。雄虫阳基侧突叶部的形状、叶上齿的有无、鞭的长短和形状，以及雌虫交配管的形状和着生位置是分亚属和分种的重要特征。

世界各大区均有分布，已知有 70 余种，是目前花蝽科中包含种类最多的属。我国已知 10 种，河南省 2 种。

种 检 索 表

1.　雄虫阳基侧突叶部窄，端部弯钩较大，叶部上的齿细小；鞭部基部 2/3 加粗，直伸，在 2/3 处有小齿状突起，端部明显变细 (图 116-C)；雌虫交配管基段中部弯曲 (图 116-D) ··· 东亚小花蝽 *O. sauteri*

　　雄虫阳基侧突叶部宽，端部弯钩小，叶部上的齿大，位于叶中部外侧缘，沿外侧平行延伸，鞭部仅最基部略粗，其余细长，弯曲，粗细一致无小齿状突起 (图 117-B)；雌虫交配管细长，基段直 (图 117-C)··· 微小花蝽　*O. minutus*

157. 东亚小花蝽 *Orius sauteri* (Poppius, 1909) (图 116)

Triphleps sauteri Poppius, 1909: 35.

Orius sauteri (Poppius): Zheng, 1982: 191, fig.9; Zhang, 1985: 193, pl.LVIII-268; Ke, Tian & Bu, 2009: 319.

Triphleps proximus Poppius, 1909: 36.

形态特征　本种为本属内体型中等大的类型 (图 116-A)。头黑褐，长 0.26 mm，宽 0.37 mm，头顶中部有纵列毛，呈 "Y" 形分布，两单眼间有 1 横列毛；触角第 1、第 2 节污黄褐，第 3、第 4 节黑褐，第 3、第 4 节毛长者可等于或稍长于该节直径；各节长 0.12：0.27：0.19：0.21 mm。前胸背板黑褐，长 0.27 mm，领宽 0.30 mm，后缘宽 0.70 mm；四角无直立长毛；雄虫的侧缘微凹，雌虫的侧缘直，全部或大部分呈薄边状；胝区隆出较弱，中线处具刻点及毛，胝后下陷清楚，胝区之前及之后刻点较深，呈横皱状；雄虫前胸背板较小。前翅爪片和革片淡色，楔片大部黑褐或仅末端色深，膜片灰褐色或灰白色；外革片长 0.66 mm，楔片长 0.35 mm。足淡黄褐色，股节外侧色较深；胫节毛长不超过该节直径。雄阳基侧突叶部较狭细，弯曲约成 1 直角，有 1 细小的齿，紧贴叶中部前缘，易被忽略；鞭部短，几不伸过或稍伸过叶的末端，基部成狭叶状扩展，扩展部分长占整个鞭长的 2/3，其末端有 1 向上翘起的小突起 (图 116-C)。雌虫交配管基段弯曲成直角状，端段细长，直径为基段的 1/2，比基段长 (图 116-D)。体长 1.9~2.3 mm。

分布　河南 (偃师)；黑龙江 (牡丹江)、吉林 (长白山)、辽宁 (兴城)、北京、天津、河北 (兴隆、昌黎、大城)、山西 (太原、垣曲、襄垣、高平、运城)、甘肃 (天水麦积山、康县)、湖北 (房县、武汉、孝感)、湖南 (株洲)、四川 (金川、丹巴、理县)；日本、朝鲜、俄罗斯。

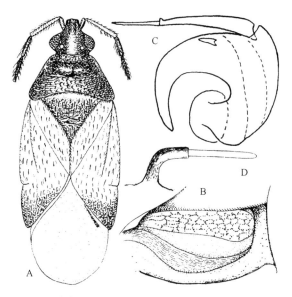

图 116　东亚小花蝽 *Orius sauteri*

A. 体背面 (habitus)；B. 臭腺沟及蒸发域 (ostiolar peritreme and evaporatory area)；C. 雄虫阳基侧突 (paramere)；D. 雌虫交配管 (腹部腹面第 7、第 8 节节间膜上) (copulary tube, located on ventral membrane between 7 th and 8 th abdominal segments, female)

　　本种为我国中部和北部最常见的小花蝽之一。Josifov 和 Kerzhner (1972) 根据选模 (模式产地为日本) 绘制阳基侧突图，并将此种置于 *Dimorphella* 亚属中。但根据 Wagner (1952) 建立该亚属时所包括的种类分析，*Dimorphella* 亚属的阳基侧突应该是无齿的，再根据前胸背板和臭腺孔区的构造等，作者认为应将 *O.sauteri* (Poppius) 置于 *Heterorius* 亚属之中 (郑乐怡，1982)。Yasunaga (1993) 也同意这一观点，并将其正式置于 *Heterorius* 亚属中。

158. 微小花蝽 *Orius minutus* (Linnaeus, 1758) (图 117)

Cimex minutus Linnaeus, 1758: 446.

Anthocoris fruticum Fallén (part) 1829: 68.

Triphleps luteolus Fieber 1860: 271.

Triphleps latus Fieber 1861: 140.

Triphleps pellucidus Garbiglietti 1869: 123.

Orius minutus (Linnaeus): Zheng, 1982: 191; Zhang, 1985: 193, pl.LVIII-266; Zheng & Bu, 1990: 25; Ren,
　　1992: 89; Ke, Tian & Bu, 2009: 318.

形态特征　体色　头深褐色，长 0.28 mm，宽 0.38 mm，头顶中部有纵列毛，呈 "Y"
形，两单眼间有 1 横列毛，雄虫触角第 1、第 2 节黄色，第 3、第 4 节褐色，雌虫第 2
节，有时第 3 节基部大半黄色，其余褐色；第 3、第 4 节毛长者达于或稍超过该节直径；
各节长 0.10：0.30：0.20：0.22 mm。前胸背板深褐色，长 0.29 mm，领宽 0.30 mm，后
缘宽 0.72 mm；四角无直立长毛；侧缘微凹，前半成薄边状；胝区较隆出，中部有纵列
刻点毛，其后缘下陷明显，胝区之前及前胸后叶刻点较深，横皱状。前翅爪片和革片淡
色，楔片大部赤褐或仅末端色深；毛被稍长密；外革片长 0.66 mm，楔片长 0.34 mm。
足淡黄或股节深色，后足胫节有时黑褐，胫节毛长不超过该节直径。雄虫阳基侧突叶部
的基部和中部极宽，端部迅速变细，接近鞭部着生有 1 大齿，贴近叶的前缘，鞭部细长
略弯，约 1/4 伸过叶端 (图 117-B)。雌虫交配管细长，基段长为端段长的 1.5~2.0 倍，基
段直径为长的 1/5 (图 117-C)。体长 1.9~2.3 mm。

　　本种是古北区广布种。

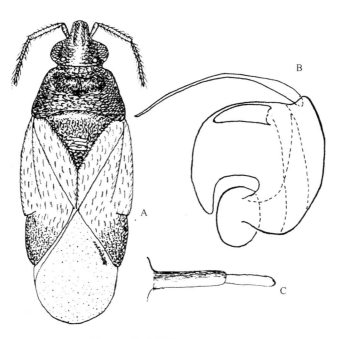

图 117　微小花蝽 *Orius minutus*

A. 体背面 (habitus)；B. 雄虫阳基侧突 (paramere)；C. 雌虫交配管 (腹部腹面第 7、第 8 节节间膜上) (copulary tube, located
on ventral membrane between 7 th and 8 th abdominal segments, female)

分布　河南 (偃师)；黑龙江、辽宁 (朝阳)、内蒙古 (固阳、阿里河)、甘肃 (靖远、

定西、康县、酒泉、高台、武威)、新疆 (阿勒泰)、天津、北京、河北 (北戴河、蓟县、昌黎、雾灵山)、山东 (济南、昆嵛山、烟台、即墨)、湖北、浙江 (松阳、江山)、湖南 (张家界)、四川 (雅安周公山)；蒙古、朝鲜、俄罗斯、欧洲、北非。

　　本种为我国长江以北地区最为常见的花蝽之一。 寄主有棉花、稻、玉米、高粱、大豆、芝麻、红苕、蓖麻 *Ricinus communis*、蚕豆 *Vicia faba*、豌豆、菜豆、黄瓜、西瓜 *Citrullus lanatus*、茄 *Solanum melongena*、辣椒 *Capsicum annuum*、洋葱 *Allium cepa*、菠菜、番茄 *Lycopersicon esculentum*、扁豆 *Lablab purpureus*、芥菜、南瓜 *Cucurbita moschata*、葫芦、马铃薯等作物及绿肥，早春在蚕豆上最多。

(九十九)　仓花蝽属 *Xylocoris* Dufour, 1831

Lygaeus Fabricius (part): Fallén, 1807: 74.

Anthocoris Fallén (part): Fallén, 1829: 69.

Xylocoris Dufour, 1831: 423. Type species: *Lygaeus cursitans* Fallén (monotypic).

Piezostethus Fieber, 1860: 265. (Type species: *Xylocoris rufipennis* Dufour, designated by Kirkaldy, 1906: 119.
　　Syn. by virtue of common Type species).

Hypophloeobiella Reuter, 1884: 114.

　　仓花蝽属所在的族仅包括此一属，属征见族征。本属在世界范围包括 40 余种。Carayon (1972) 根据雌虫腹部交配位点的位置和结构，以及雄虫前足胫节的宽度和足上刺的情况将其分为 4 个亚属：小仓花蝽亚属 (*Arrostelus* Kirkaldy)、前仓花蝽亚属 (*Proxylocoris* Carayon)、*Stictosynechia* Reuter 亚属和仓花蝽亚属 (*Xylocoris* Dufour)。

　　本属的一些种类生活于粮食或药材等其他仓库内，捕食仓库害虫。另一些种类生活于野外。

　　我国已发现 3 亚属 6 种，河南省 1 种。

159. 日浦仓花蝽 *Xylocoris* (*Proxylocoirs*) *hiurai* Kerzhner et Elov, 1976 (图 118)
Xylocoris hiurai Kerzhner et Elov, 1976: 366, figs. 2, 13; Zheng & Bu, 1990: 26; Ke et al., 2009: 321.

　　形态特征　体长椭圆形 (图 118-A)。头深褐色，前端色浅，长 0.38 mm，宽 0.45 mm，头顶较光滑，复眼较小，上有短毛伸出，复眼间宽 0.30 mm；触角第 1、第 2 节黄褐，第 2 节端部色深，第 3、第 4 节黑褐，各节长 0.12：0.32：0.30：0.30 mm，第 2 节毛长接近或稍超过该节直径，第 3、第 4 节细，其上毛长超过该节直径 2 倍以上。前胸背板和小盾片深栗褐色；前胸背板长 0.42 mm，领宽 0.37 mm，后缘宽 0.98 mm；侧缘直；前角垂缓；领不明显；前叶略隆起；后叶中部及亚中部浅凹陷，凹陷部呈横皱刻状，两侧毛被密，中部稀。前翅灰白色，仅爪片缝两侧和楔片内侧缘色深，毛被较长，稀；外革片长 0.96 mm，楔片长 0.48 mm。喙黄色，超过前足基节，第 2~4 节长 0.30：0.44：0.26 mm。足基节、股节、后足胫节黄褐色，前足、中足胫节黄色，前足、后足胫节较膨大，胫节毛被密，后足胫节刺长超过该节直径，毛长接近该节直径 (图 118-C~E)。臭腺沟缘较宽

大，端部接近但不达于蒸发域前缘 (图 118-B)。腹部腹面黑褐。翅伸过腹部末端。雄虫
阳基侧突细长，在近基部和亚端部有两处弯曲 (图 118-F)。雌虫腹部第 2、第 3 背板右
侧纳精器如图 118-G 所示。体长 2.2~2.7 mm。

分布　河南 (郑州、开封、长垣)；天津、北京、福建 (龙海)、广东 (广州)；日本
(Kerzhner and Elov, 1976)。

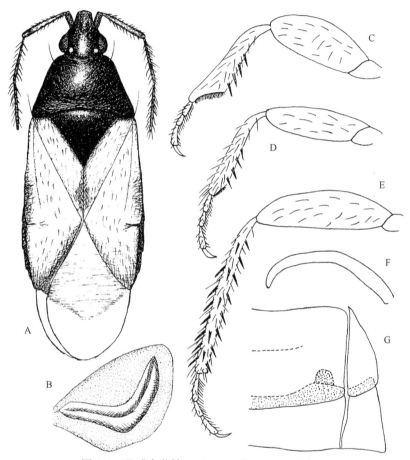

图 118　日浦仓花蝽 *Xylocoris* (*Proxylocoirs*) *hiurai*

A. 体背面 (habitus)；B. 臭腺沟及蒸发域 (ostiolar peritreme and evaporatory area)；C. 前足 (fore leg)；D. 中足 (mid leg)；
E. 后足 (hind leg)；F. 雄虫阳基侧突 (paramere)；G. 雌虫腹部第 2 节 (背面观) (2 nd segment of abdomen, dorsal view, female)

十八、细角花蝽科 Lyctocoridae

体长 2.0~6.0 mm。外观与花蝽科 Anthocoridae 和毛唇花蝽科 Lasiochilidae 相似。头
平伸；触角 4 节，第 3、第 4 节线形，明显细于第 1、第 2 节。喙直，至少伸达腹部基部，
第 1 节很短，第 2、第 3 节较长，第 3 节明显长于第 2 或第 4 节。有臭腺沟缘，臭腺具 1
个囊。前足胫节有海绵窝。前翅有 1 明显的楔片缝；膜片具 1~4 条脉。腹部有背侧片；
腹侧片与腹板愈合；腹部第 1 气孔缺；第 7 腹板前缘中部有 1 内突 (internal apophysis)，

若虫臭腺位于腹部第 4~6 背板前缘。雄虫生殖节不对称，阳基侧突 1 对，左大，右小，稍不对称，阳基侧突无容纳阳茎的沟槽，不起交配器官的作用；阳茎端部骨化较强，尖锐，有刺穿雌虫腹部的作用。雌虫腹部第 6、第 7 背板节间膜上有创伤授精的刺痕。产卵器发达，无受精囊 (spermatheca)，卵在卵巢管 (vitellarium) 内受精，产卵之前，卵巢已略有发育，卵无精孔 (micropyles)。

多为捕食性。少数种类生活于鸟巢中，或有吸食人类或其他哺乳动物血液的习性 (Štys and Daniel, 1957)。

分布较广，古北区的种类较为丰富。世界已知 1 属 27 种。我国已知 1 属 3 种。河南省已知 1 种。

Schuh 和 Štys (1991) 根据臭虫型 (Cimicomorpha) 内科级支序分析的结果将 Carayon (1972) 等系统中原属于广义 Anthocoridae (s. l.) 科内的 Lyctocorinae 亚科提升为科级，建立细角花蝽科 Lyctocoridae，且在该分类单元内只包括该 Lyctocorinae 的模式属，即 *Lyctocoris* Hahn，1835。原置于 "Lyctocorinae" 中的其他族属仍留在花蝽科 Anthocoridae (s. str.) 中。

（一〇〇）细角花蝽属 *Lyctocoris* Hahn, 1835

Lyctocoris Hahn, 1836: 19. Type species: *Lyctocoris domesticus* Hahn.

Euspudaeus Reuter, 1884a: 11 (syn. Carayon, 1972a: 336).

Nesidiocheilus Kirkaldy, 1902b: 127 (syn. Zimmerman, 1948: 147).

体长椭圆形，长翅型。头短，其上的大型刚毛状毛短；触角第 3、第 4 节细，多毛，毛长可超过该节直径 2 倍；喙长超过中足基节。前胸背板有细刻点，领窄，胝区稍隆起；后叶中部呈宽阔的凹陷，亚中部凹陷略深。小盾片基半有细刻点，端半横皱状。前翅刻点细密，毛被短，平伏。中胸腹板有中纵沟，后胸腹板圆，有中纵脊。臭腺沟缘折角状，向前弯，端部伸达后胸侧板前缘。前足、中足胫节有海绵窝。雄虫左右两侧的阳基侧突均发达，片状，内侧具小齿突，左侧阳基侧突大，右侧的小；阳茎细管状，有横皱折，端部骨化强，呈细长的刺状。雌虫产卵器发达。

本属的某些种类可生活于粮库、鸟巢中；偶尔进入居室；有吸食人类和其他哺乳动物血液的习性 (Štys and Daniel 1957)。

世界范围约 30 种。我国记载 4 种。河南省 1 种。

160. 东方细角花蝽 *Lyctocoris beneficus* (Hiura, 1957) (图 119)

Euspudaeus beneficus Hiura, 1957: 31.

Lyctocoris beneficus (Hiura): Zheng & Bu, 1990: 26; Zheng & Bu, 1991: 126; Ke, Tian & Bu, 2009: 305.

Lyctocoris campestris (Fabricius, 1794): Zhang, 1985: 192. (misidentification).

形态特征 体长椭圆形 (图 119-A)。头深栗褐色，前端色浅，长 0.54 mm，宽 0.58 mm，头顶中部有刻点列，略呈 "V" 形；复眼较突出，上有极短的毛；触角污黄褐，第 2 节基半色浅，各节长 0.19：0.62：0.40：0.46 mm，第 2 节毛长不超过该节直径，第 3、第 4 节细，其上毛长超过该节直径 2 倍。前胸背板和小盾片深褐色；前胸背板长 0.46 mm，领宽 0.42 mm，后缘宽 1.28 mm；领不明显，侧缘较凹，略呈薄边状，胝区较隆起，中部平坦，中纵线处为 1 列刻点，后缘凹陷较深，后叶中央凹陷浅，两侧呈三角形深凹陷，凹陷区呈横皱状，整个背板除胝区中部外刻点密，毛被短，较密。小盾片基半光滑，有零星小刻点，端半呈皱刻状。前翅污黄白色，爪片基部白色覆盖物被去掉后呈透明状，楔片后角浅黄褐色，刻点较密，毛生于刻点前缘，膜片浅灰白色，半透明；外革片长 1.20 mm，楔片长 0.70 mm。喙黄色，长达于中足基节，各节长 0.42：0.76：0.46 mm。臭腺沟缘如图 119-B 所示。足黄褐色，胫节刺长可超过该节直径。雄虫左、右阳基侧突端部渐尖，内外侧均狭缩 (图 119-C、图 119-D)；阳茎端部骨化部分短，直 (图 119-E)。体长 3.2~3.8 mm。

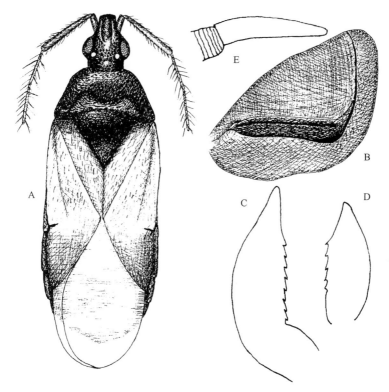

图 119　东方细角花蝽 *Lyctocoris beneficus*

A. 体背面 (habitus)；B. 臭腺沟及蒸发域 (ostiolar peritreme and evaporatory area)；C. 左阳基侧突 (left paramere)；D. 右阳基侧突 (right paramere)；E. 雄虫阳茎端部 (vesica)

分布　河南 (郑州、长垣)；天津、北京、河北 (大城)、山东 (昆嵛山)、陕西 (武功、周至、甘泉、太白山、合阳、宁陕)、江苏 (宜兴)、浙江 (杭州)、湖北 (黄冈、武昌、均县、谷城)、江西、四川 (成都)、广东 (中山)、广西 (龙胜)、贵州 (罗甸)；日本 (九州、四国、本州)。

此前国内报道 (张维球，1985) 的有关 *Lyctocoris campestris* (Fabricius, 1794) 在我国的记录为误定，实际应为东方细角花蝽 *L. beneficus* (Hiura)。

本种可在野外、粮库、居室内和鸟巢中采得，偶尔有吸血性。有趋光性。Chu (1969) 曾对此种的生物学做过较为详细的研究。

十九、臭蝽科 Cimicidae

小型至中小型。卵圆形，扁平，红褐色。外观几乎无翅。头平伸。唇基末端加宽，平截状。无单眼。喙第 1 节不显著，似 3 节。前胸背板前缘常后凹，侧缘宽扁。前翅极为退化，呈短小的三角形片状，向后最多伸达腹部第 2 节。后翅全无。中胸小盾片短，宽三角形。各足跗节 3 节，前足胫节具海绵窝。无爪垫。腹部背板不分出侧背片。腹部气门全部着生于腹面。雄虫生殖囊左右不对称。

全部以鸟兽血液为食，大部分种类生活在燕类、雨燕鸟巢内或蝙蝠巢内缝隙中，一般不附着在寄主身体上。少数种类吸食人血，造成骚扰。世界已知 24 属 110 种。我国已知 2 属 3 种。河南省记载 1 属 1 种。

(一〇一) 臭蝽属 *Cimex* Linnaeus, 1758

Cimex Linnaeus, 1758: 441. Type species: *Cimex lectularius* Linnaeus.

头长大于前胸背板中纵轴长，明显伸出，触角 4 节，细长，前胸背板前缘凹入，前角显著前伸，末端圆钝。前翅退化为鳞片状，革质，仅伸至腹部第 1 背板基部。腹部宽扁，刚毛密集，紧贴在身体上。

世界已知 16 种，全北区分布，我国已知 2 种。

161. 温带臭虫 *Cimex lectularius* Linnaeus, 1758 (图 120，图版 IX-6)

Cimex lectularius Linnaeus, 1758: 441; Liu & Zheng, 1999: 213; Liu, 2009 : 325.

形态特征　体色　红褐色。体表半直立刚毛淡褐色。复眼黑褐色。触角黄褐色。前胸背板、腹部、各足红褐色。

结构　体扁平，卵圆形。头宽短，唇基突出，前缘平至直，三角形，表面被半直立毛。复眼较小，向两侧突出，略具眼柄。头顶横宽，触角 4 节，第 1 节短粗，第 2 节略细，第 3、第 4 节最细；第 2 节短于第 3 节。喙短，仅伸达前足基节。前胸背板被淡褐色半直立毛；前缘弧形凹入，侧缘弓形向外突出；前角伸达复眼后缘；侧角圆钝，后缘中部微向前凹入。小盾片三角形，具不规则刻点。翅退化，前翅革片呈鳞状，上被半倒伏毛和较大的刻点。腹部扁阔，布半直立毛，气门腹生。雄虫尾部较尖，雌虫尾部圆钝。

量度　长 5.4~5.6 mm。

经济意义　吸食人血，造成骚扰。

分布　河南 (新乡)；福建、我国北部广布，主要分布在温带地区。

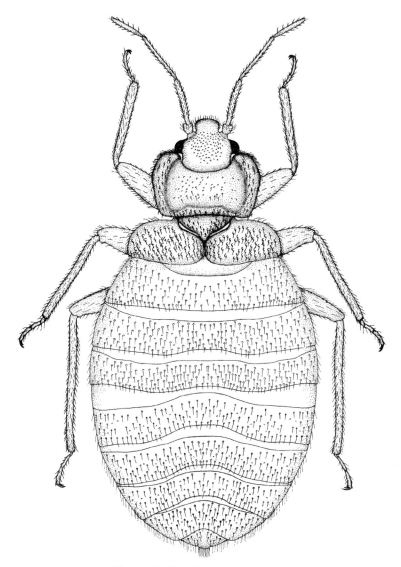

图 120　温带臭虫 *Cimex lectularius*

VI　蝽次目 Pentatomomorpha

科 检 索 表

1.　腹部腹面无毛点毛···**扁蝽科 Aradidae**

　　腹部腹面有毛点毛··· 2

2.　触角 5 节·· 3

　　触角 4 节··· 12

3.　跗节 3 节 ··· 4
　　跗节 2 节 ··· 9

4.　胫节具 2 列或多列发达的粗刺 ······································· 土蝽科 Cydnidae
　　胫节具刚毛但无粗刺 ·· 5

5.　小盾片大，覆盖腹部绝大部分 ································· 盾蝽科 Scutelleridae
　　小盾片三角形，如较大也不能覆盖腹部 ··· 6

6.　腹部第 2 节 (第 1 可见腹节) 气门完全暴露，远离后胸侧板后缘 ·········· 荔蝽科 Tessaratomidae
　　腹部第 2 节 (第 1 可见腹节) 气门大部被遮盖或完全被遮盖在后胸侧板下方 ········· 7

7.　单眼着生位置靠近头顶中线；触角着生在头侧缘边缘上 ········· 异蝽科 Urostylididae
　　单眼着生位置不靠近头顶中线，互相远离；触角着生在头侧缘下方 ········· 8

8.　雌虫第 7 腹节不纵向开裂，体红色，具黑色大型斑块 ········· 朱蝽科 Parastrachiidae
　　雌虫第 7 腹节纵向开裂，体色多样 ······························ 蝽科 Pentatomidae

9.　前翅远长于腹部，在膜片和革片间可如肘状折叠，置于小盾片下方；腹部每节两侧在毛点毛水平位置有 1 横沟 ······································· 龟蝽科 Plataspidae
　　前翅至多稍微长于腹部，无折叠构造；腹部每节两侧在毛点毛水平位置无横沟 ······ 10

10.　小盾片完全覆盖腹部；胫节具粗刺 ······························ 土蝽科 Cydnidae
　　小盾片不能完全覆盖腹部；后足胫节有时有刺，但较细 ······························ 11

11.　前胸腹板具 1 侧扁的龙骨状中脊；雄虫腹部第 8 节大而外露 ······ 同蝽科 Acanthosomatidae
　　前胸腹板无 1 侧扁的龙骨状中脊；雄虫腹部第 8 节小，一般不可见 ····· 蝽科 Pentatomidae

12.　小盾片大，覆盖腹部，几乎伸达腹部末端 ······················ 龟蝽科 Plataspidae
　　小盾片较小，绝不伸达腹部末端 ··· 13

13.　唇基宽阔，端部着生 4~5 个齿状或梳状刺突；胫节具强刺 ······ 土蝽科 Cydnidae
　　唇基端部无刺突；胫节无强刺 ··· 14

14.　单眼退化或缺 ··· 15
　　单眼发达 ··· 16

15.　前胸背板侧缘上翘；雌虫腹部第 7 节完整 ···················· 红蝽科 Pyrrhocoridae
　　前胸背板侧缘不上翘；雌虫腹部第 7 节中央纵向开裂 ·········· 大红蝽科 Largidae

16.　体极为细长，体长至少为前胸背板宽度的 8 倍 ·· 17
　　体型多样，如细长时，体长至多为前胸背板宽度的 5 倍 ································· 18

17.　腹部气门着生于背面 ·· 跷蝽科 Berytidae
　　腹部气门着生于腹面 ·· 蛛缘蝽科 Alydidae

18.　革片翅脉上具直立、微弯的刺列 ································ 跷蝽科 Berytidae
　　革片翅脉上无直立、微弯的刺列 ·· 19

19.　前翅膜片至多有 4~5 条翅脉，有时革片与膜片界限不清 ······························ 20
　　前翅膜片具多数放射状翅脉 ·· 21

20.　第 5~7 腹节侧接缘形成若干显著的齿突；第 5 腹节毛点毛显著 ······ 束长蝽科 Malcidae
　　第 5~7 腹节侧接缘不呈明显的齿突状；第 5 腹节毛点毛不特别显著 ··············· 26

21.　后胸臭腺沟缘缺如或很退化 ······································ 姬缘蝽科 Rhopalidae

后胸臭腺沟缘大而显著···22

22. 小颊后缘短，不超过触角基位置···23
　　小颊后缘较长，超过触角基位置··································缘蝽科 Coreidae

23. 体卵圆形，3~7 腹节气门后方各有 2 个毛点毛·····························24
　　体显著细长，不为卵圆形，在 3~7 腹节各节着生 3 个毛点毛，位于 5~7 节上的在气门后方着生···
　　··25

24. 膜片翅脉网状······································兜蝽科 Dinidoridae
　　膜片翅脉不呈网状·····························荔蝽科 (部分) Tessaratomidae

25. 单眼间距大于小盾片前缘宽度，雌虫产卵器圆片状···········蛛缘蝽科 Alydidae
　　单眼间距小于小盾片的前缘宽度，雌虫产卵器条片状，其边缘具细齿·······狭蝽科 Stenocephalidae

26. 腹部腹面第 4、第 5 节间缝在两侧向前弯曲，不呈一直线，一般不伸达两侧；此 2 节多少愈合···
　　··地长蝽科 Rhyparochromidae
　　腹部腹面第 4、第 5 节间缝直，完整，伸达体侧缘，此 2 腹节不愈合，节间缝清晰···········27

27. 腹部气门位于背面，前翅革片刻点稀少，后翅具钩脉···········长蝽科 Lygaeidae
　　腹部 2~7 节的气门至少有 1 对生于腹面··························28

28. 除第 7 腹节气门位于腹面外，其余均着生于背面······················29
　　除第 7 腹节气门位于腹面外，还有其他腹节气门着生于腹面···············30

29. 前翅爪片与革片密被明显的刻点，体不狭长。体不为黑色·········莎长蝽科 Cymidae
　　前翅爪片与革片无刻点，或具有极不明显的少数刻点；体黑色，狭长而两侧平行
　　··杆长蝽科 Blissidae

30. 第 3~7 腹节气门位于腹面·····································31
　　至少第 3~4 腹节气门位于背面························大眼长蝽科 Geocoridae

31. 前翅膜片脉间具横脉，在基部形成 1 个封闭翅室·········翅室长蝽科 Heterogastridae
　　前翅膜片脉间无横脉，其基部无封闭的翅室·············梭长蝽科 Pachygronthidae

二十、扁蝽科 Aradidae

　　扁蝽科昆虫体长 2.2~20 mm，背腹扁平，土褐色或黑色，背面常具各式瘤突或皱纹。口针长，不用时卷于头部口前腔内。气门多位于腹面，腹下无毛点毛。雄虫生殖囊具成对的生殖囊侧突，交尾时起抱握作用。雌虫产卵器条叶状，无第 3 产卵瓣。多活动于腐木树皮之下，常成群聚居，以菌丝为食。

　　世界已知 233 属 1931 种。中国已知 34 属 147 种。河南省扁蝽有 3 属 9 种。

属 检 索 表

1. 头中叶发达，颊不超过中叶前端；腹部背面光滑域，在侧接缘第 3~7 节各 2 个，中侧部各 1 个，内部各 1 个·································扁蝽属 *Aradus* Fabricius
　　颊发达，向前延伸或多或少超过中叶；腹部背面光滑域，在侧接缘第 3~7 节各 2 个，中侧部各 2 个，内侧部各 1 个································2

2. 喙基部前方开放；无臭腺沟；第 2、第 3 侧接缘分离，第 3 节内侧无三角形骨片⋯⋯⋯⋯⋯⋯
⋯⋯⋯⋯⋯⋯⋯⋯⋯⋯⋯⋯⋯⋯⋯⋯⋯⋯⋯⋯ **副无脉扁蝽属** *Paraneurus* Jacobs
基部前方封闭，仅留 1 纵缝；具明显的臭腺沟；第 4~6 腹节腹板基部各有 1 条横脊⋯⋯⋯⋯
⋯⋯⋯⋯⋯⋯⋯⋯⋯⋯⋯⋯⋯⋯⋯⋯⋯⋯⋯ **脊扁蝽属** *Neuroctenus* Fieber

（一〇二）扁蝽属 *Aradus* Fabricius, 1803

Aradus Fabricius, 1803: 116. Type species: *Cimex betulae* Linnaeus.

Piestosoma Laporte, 1833:53 (syn. Herrich-Schäffer, 1840: 93). Type species by monotypy: *Acanthia depressa* Fabricius.

Aneurisoma A. Costa, 1862:36 (syn. Puton, 1875: 32). Type species by monotypy: *Aradus lucasii* A. Costa (= *Aradus flavicornis* Dalman).

Stenopterus Signoret, 1865:120 (junior homonym of *Stenopterus* Illiger, Coleoptera; syn. Puton, 1876: 281). Type species by monotypy: *Stenopterus perrisi* Signoret (=*Aradus stenopterus* Bergroth, 1887).

Leptopterus Puton, 1875: 32 (junior homonym of *Leptopterus* Bonaparte, 1854, Aves).

属征　体多呈椭圆形。头通常长于宽，中叶突出，前端较膨大；复眼小，凸出，常具眼前刺和眼后刺；触角基齿形或刺状；触角第 1 节最短，第 2 或第 3 节最长；喙通常超过头的后缘；前胸背板横宽，有 4 条纵脊；小盾片三角形或五边形，边缘具隆脊；前翅完全，但也有短翅型；革片基部明显扩展，前翅膜片具少数显著翅脉；腹面中央具纵沟；前足、中足转节与股节局部愈合；腹节气门均位于腹面，接近各节前缘但远于侧缘，第 8 节气门位于侧缘。

扁蝽属是扁蝽亚科中最大的一个属，其中绝大多数种类分布于古北区和新北区。本属世界已知 219 种，国内目前已知 27 种。

种 检 索 表

1. 前胸背板侧缘前部近斜直或其中央稍向外弓曲⋯⋯⋯⋯⋯⋯⋯⋯⋯⋯⋯⋯⋯⋯⋯⋯⋯⋯2
　　前胸背板侧缘前部显著向内弯曲；侧角通常宽于前翅基部⋯⋯⋯⋯⋯⋯⋯⋯⋯⋯⋯⋯⋯4
2. 前胸背板侧缘粗锯齿状⋯⋯⋯⋯⋯⋯⋯⋯⋯⋯⋯⋯ **文扁蝽** *A. hieroglyphicus*
　　前胸背板侧缘光滑或仅具细齿⋯⋯⋯⋯⋯⋯⋯⋯⋯⋯⋯⋯⋯⋯⋯⋯⋯⋯⋯⋯⋯⋯3
3. 前胸背板最宽处位于其侧缘中央前方；触角第 2 节远短于第 3、第 4 节长度之和⋯⋯⋯⋯⋯
⋯⋯⋯⋯⋯⋯⋯⋯⋯⋯⋯⋯⋯⋯⋯⋯⋯⋯⋯⋯ **郑氏扁蝽** *A. zhengi*
　　前胸背板最宽处位于其侧缘中央后方；触角第 2 节约等于第 3、第 4 节长度之和⋯⋯⋯⋯
⋯⋯⋯⋯⋯⋯⋯⋯⋯⋯⋯⋯⋯⋯⋯⋯⋯⋯⋯⋯ **皮扁蝽** *A. corticalis*
4. 触角第 2 节粗于足股节；前胸背板不宽于前翅基部⋯⋯⋯⋯⋯ **刺扁蝽** *A. spinicollis*
　　触角第 2 节不粗于前足股节，触角短粗，完全是黑褐色到黑色；前胸背板常宽于前翅基部⋯⋯
⋯⋯⋯⋯⋯⋯⋯⋯⋯⋯⋯⋯⋯⋯⋯⋯⋯⋯⋯⋯ **东洋扁蝽** *A. orientalis*

162. 皮扁蜻 *Aradus corticalis* (Linnaeus, 1758) (图 121)

Cimex corticalis Linnaeus, 1758: 442.

Aradus complanams Burmeister, 1835: 256.

Aradus annulicornis (non Fabricius, 1803): Fieber, 1861: 113.

Aradus megerlei Reuter, 1881a: 172 (syn. Heiss, 1979: 124).

Aradus melancholicus Puton: 134.

Aradus melas Jakovlev, 1880: 168 (syn. Kerzhner, 1978: 49).

Aradus nigellus Kiritshenko, 1926: 62 (syn. Putshkov, 1974: 108).

Aradus (*Aradus*) *kiritshenkoi* Kormilev, 1970: 203 (syn. Kerzhner, 1978: 49).

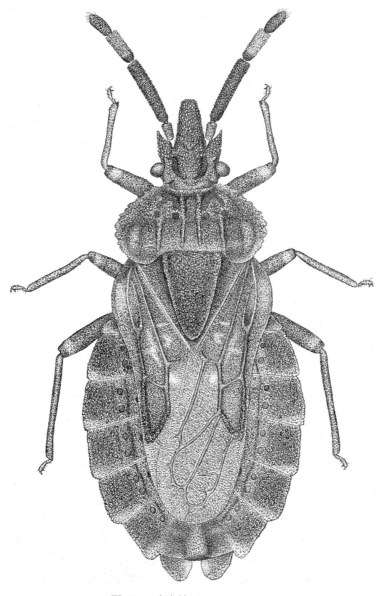

图 121　皮扁蜻 *Aradus corticalis*

形态特征　体色　棕褐色至褐色；触角第 3 节 (除基部外)、前胸背板侧缘后端、前翅革片大部、各足股节端部、各侧接缘后角外侧、第 8 侧叶内侧淡色，膜片褐色。

结构　体形 (雌虫) 长卵圆形；体表密布颗粒。头中叶隆起，端部略窄，伸达触角第 2 节 1/4 处；触角基突短粗，端部刺状，伸达触角第 1 节 2/3 处；复眼大，两侧突出；眼后域短，后角向后延伸突出为刺状，上覆颗粒；眼前刺不明显；头顶中央微隆，两侧深凹，眼内侧具 1 列瘤状脊，向后伸达头后缘；触角短粗，杆状，为头宽 1.4 倍；第 1 节最短，第 2 节最长，第 3、第 4 节之和短于第 2 节之长；第 2 节由基部逐渐增粗；喙伸达中胸腹板前缘；前胸背板前角钝，略突；侧缘前端平直，具大的齿状突起，侧角钝角状，并向上翘折，最宽为背板近中央下方；后缘中央宽弧状凹入，两侧于小盾片处向后圆弧状突出；背板中央有 4 条窄纵脊，中间 2 条贯穿背板，外侧 2 条达于前叶中央，后叶两侧具 2 条宽短纵脊；小盾片三角形，侧缘具脊，端部角状；背板中央微隆，端部略凹；前翅爪片延伸超过小盾片端部，革片基部向外半月形扩展，略宽于前胸背板，端部延伸至第 5 侧接缘中央，膜片伸达第 8 腹节前端；足细长，前足、中足股节与转节愈合，后足股节与转节分离；腹部第 2~7 节侧接缘后角略突出；气门 2~7 节位于腹面，第 8 节位于侧缘。

量度 (♀)　体长 7.5~8.4 mm，宽　3.3~4.0 mm；头长　1.38~1.44 mm，宽　1.26~1.34 mm；前胸背板长　0.90~1.02 mm，宽　2.28~2.48 mm；小盾片长　1.18~1.50 mm，宽　1.0~1.1 mm；翅基宽　2.31~2.64 mm；触角　0.26~0.30：0.92~1.18：0.5~0.6：0.42~0.46 mm。

分布　河南 (栾川)；吉林 (高岭子)、陕西 (甘泉)；欧洲、阿塞拜疆、俄罗斯、日本。

163. 文扁蝽 *Aradus hieroglyphicus* Sahberg, 1878 (图 122，图 123)

Aradus hieroglyphicus Sahlberg, 1878: 22; Kormilev & Froeschner, 1987: 46; Heiss, 2001: 14.

Aradus transiliensis Skopin, 1953: 92.

Aradus turkestanicus (non Jakovlev, 1894) Hsiao, 1964: 71; Liu, 1981: 237.

Aradus betulae (not Linnaeus, 1758) Hsiao, 1964: 71; Liu, 1981: 239. Misidentification.

Aradus chinensis Vásárhelyi, 1988: 89; Heiss, 2001:10; Heiss, 2007: 975.

形态特征　体色　黄褐色，具黑褐色斑。触角第 2 节上具有单个的浅色瘤，端半部为黑褐色；第 3 节基部为深褐色，余为淡黄色；第 4 节黑色，端部覆有银白色短刚毛。

结构　体型狭长；全身布瘤突。头长宽相等；中叶突出，两侧平行，明显超出触角第 1 节，中央隆起，端部钝圆；触角基突尖刺状，端部浅色，斜向外伸出，几达触角第 1 节端部；眼前刺较短，指状突起；眼后刺短，角状或刺状突出；头顶中央隆起，近复眼两侧凹陷，形成 "U" 形沟，内光滑无瘤；复眼大，黑褐，向两侧显著突出；触角第 1 节最短，第 2 节最长，远大于第 3、第 4 节长度之和，第 3、第 4 节约等长，触角各节比例为 4：24：9：10；喙较长，伸达中胸腹板近中央处；前胸背板约与前翅基部等宽，前侧缘近平直，两侧略上翘，边缘 1 列大的齿状突起，后缘中央平直，两侧呈弧形；背板中央具 4 列明显的瘤状脊；前叶、后叶隆起不显著，近前叶、后叶基部两侧各有 1 个明显的圆锥状突起；小盾片五边形，端半部略狭长，中央有 1 不明显的隆突，基部略凹，边缘具隆脊，微上折；雄虫前翅几乎伸达腹部末端，雌虫前翅超出第 7 腹节背板前缘，有时可伸达第 7 腹节背板中央，爪片明显超出小盾片端部，革片基部略扩展，边缘具浅色斑块，内角超出小盾片端部，雄虫顶角延伸近第 5 腹节前缘，雌虫顶角超过第 5 腹节前缘，端缘近前端处有 1 直角形的弯曲，翅脉明显，上覆有颗粒状瘤突，膜片粗糙，翅脉明显。各足股节、胫节上具有单个浅色的瘤状突，跗节 2 节，无爪垫；腹部卵圆形；

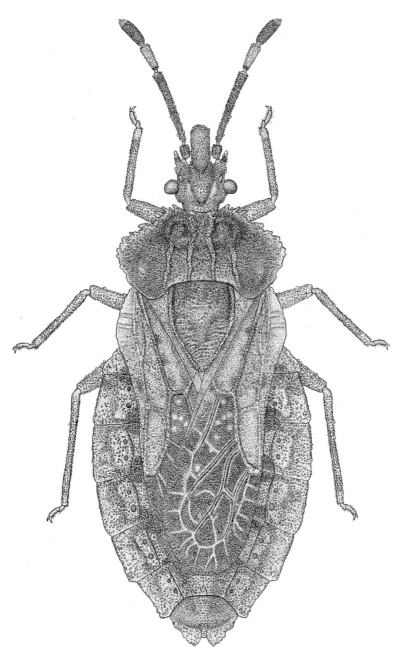

图 122　文扁蜷 *Aradus hieroglyphicus* (♀)

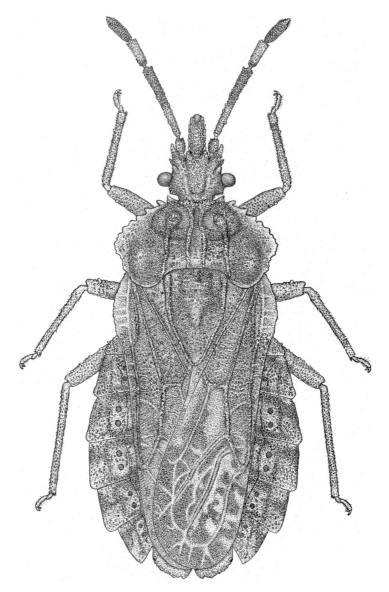

图 123　文扁蝽 *Aradus hieroglyphicus* (♂)

各腹节侧缘后角突出；雄虫生殖节发达，被前翅覆盖；雌虫第 7、第 8 腹节略向后延伸；第 2~7 腹节气门位于腹面，远离侧缘，第 8 腹节气门位于侧缘，背面可见；光滑域较小；腹面中央具纵沟。

　　量度　体长 ♂ 6.8~7.7 mm，♀ 8.2~9.4 mm，宽 ♂ 3.2~3.4 mm，♀ 3.8~4.1 mm；头长 ♂ 1.2 mm，♀ 1.25~1.45 mm，宽 ♂ 1.2 mm，♀ 1.25~1.45 mm；前胸背板长 ♂ 1.35~1.40 mm，♀ 1.55~1.75 mm，宽 ♂ 2.50~2.70 mm，♀ 2.90~3.35 mm；小盾片长 ♂ 1.35~1.45 mm，♀ 1.45~1.75 mm，宽 ♂ 1.0~1.05 mm，♀ 1.15~1.35 mm；触角 ♂ 0.20~0.25∶1.20~1.35∶0.45~0.50∶0.50~0.55 mm，♀ 0.20~0.25∶1.30~1.50∶0.50~0.60∶0.55~0.60 mm。

分布　河南 (郑州、信阳)；北京、天津、宁夏、内蒙古、山西 (祁县)、新疆；俄罗斯、韩国、日本。

164. 东洋扁蜷 *Aradus orientalis* Bergroth, 1885 (中国新记录种，图 124)

Aradus orientalis Bergroth, 1885: 7; Kormilev & Froeschner, 1987: 50; Heiss, 2001: 16.

Aradus iguchii Iguchi, 1908: 512.

Aradus iguchii Matsumura, 1913: 152 (syn. Usinger & Matsuda, 1959: 91).

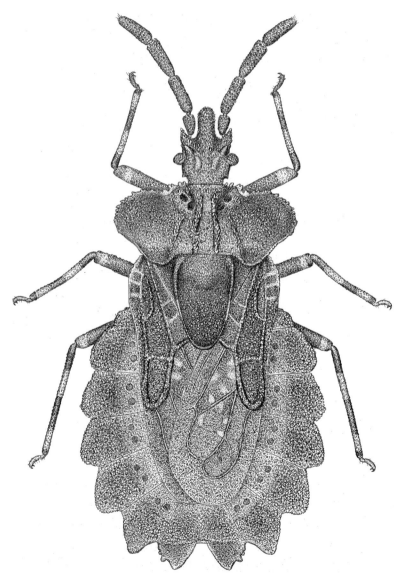

图 124　东洋扁蜷 *Aradus orientalis*

形态特征　体色　灰褐色至黑色；前胸背板侧缘端部、前翅革片基部外侧、小盾片侧缘中央、各足胫节 2 个环带浅色。

结构　体形 (雌虫) 体宽卵形；体表密布颗粒。头中叶隆起，两侧近平行，伸达触角第 2 节基部处；触角基突短，两侧平行，端部尖锐，伸达触角第 1 节 1/2 处；复眼小，两侧突出；眼后域两侧近平行，头后缘侧角处有 2 个瘤状突起；眼前刺突起明显；头顶中央微隆，两侧略凹，复眼内侧具瘤状脊，向后延伸至头后缘；触角短粗，与头宽比为 1.97；第 1 节最短，第 2 节最长，第 3、第 4 节等长，各节均为杆状；喙伸达前足基节中央；前胸背板宽为长的 2.57 倍，前角不突出；侧缘前端深凹，侧叶两侧强烈扩展并向上翘折，边缘具齿状突；后缘中央近平直，两侧于小盾片处向后宽舌状突出；背板中央有 2 条贯穿纵脊，两侧有 2 条短纵脊，伸达背板中间；小盾片三角形，侧缘具脊，基部高隆，端部低缓，并向上翘折；背板基部隆起，端部平坦；前翅基部不扩展，爪片伸达小盾片 1/2 处，革片伸达侧接缘第 4 节后缘，膜片伸达第 7 腹节前端；足细长，前足、中足股节与转节愈合，后足股节与转节分离，无爪垫；腹部第 2~7 节侧接缘后角渐次扩展突出，各节侧缘弧形，后缘平截；第 8 节侧叶板为三角状，侧缘有 1 齿状突起；气门 2~7 节位于腹面，第 8 节位于侧缘。

量度 (♀)　体长 9.3 mm，宽 5.3 mm；头长 1.4 mm，宽 1.34 mm；前胸背板长 1.4 mm，宽 3.6 mm；小盾片长 1.9 mm，宽 1.26 mm；翅基宽 2.88 mm；触角各节长Ⅰ：Ⅱ：Ⅲ：Ⅳ=0.36：0.78：0.76：0.76 mm。

分布　河南 (辉县)；日本。

165. 刺扁蝽 *Aradus spinicollis* Jakovlev, 1880 (图 125)

Aradus spinicollis Jakovlev, 1880: 166; Hsiao, 1964: 73; Liu, 1981: 239; Kormilev & Froeschner, 1987: 53; Heiss, 2001: 18.

形态特征　体色　褐色至黑色；触角第 4 节端部，前胸背板前叶两侧，革片基部外侧，喙第 1、第 2 节，各足转节、股节和胫节的 2 个环纹淡色。

结构　雄虫体长卵圆形，雌虫体宽圆形；具细颗粒，触角密布颗粒毛，第 4 节端部具柔毛。头前端隆起，伸达触角第 2 节 1/6 处；触角基突两侧近平行，端部尖锐，指状突出，伸达触角第 1 节 8/11 处；复眼膨大，两侧突出；眼后域两侧平行；眼前刺指状突起；头顶浅凹，中央微纵隆，复眼之间具两个卵圆形胼胝体，眼内侧具瘤状脊突，伸达头后缘；触角短粗，为头宽的 1.85 (♂) 倍或 1.75 (♀) 倍；第 1 节最短，第 2、第 3 节等长；第 1 节圆柱状，第 2~4 节棒状，第 2 节粗于前足股节；喙伸达前胸腹板前端；前胸背板前角具 1 刺状突起，前缘于领两侧略凹；侧缘具大的齿状突起，前端凹入，侧叶两侧扩展，并向上翘折；侧角钝形，其最宽处位于侧缘近中央，后缘中央略呈弧状；背板中央具 4 列纵瘤状脊，中央 2 列贯穿背板，外侧 2 列仅分布于后叶，前叶中央具不规则胼胝斑，后叶高隆；小盾片三角状，侧缘具脊并向上翘折，端部尖削；背板基部略隆，端部凹；前翅基部宽于前胸背板，爪片伸达小盾片端部，革片基半部不强烈向外扩展，端部伸达第 6 侧接缘前缘，膜片伸达第 8 腹节中央；足细长，前足、中足股节与转节愈合，后足股节与转节分离，无爪垫；腹部第 3~7 节侧接缘后角渐次向外角状突出；第 4~8 节侧接缘中央渐次角状突出；气门第 2~7 节位于腹面，第 8 节位于侧缘。

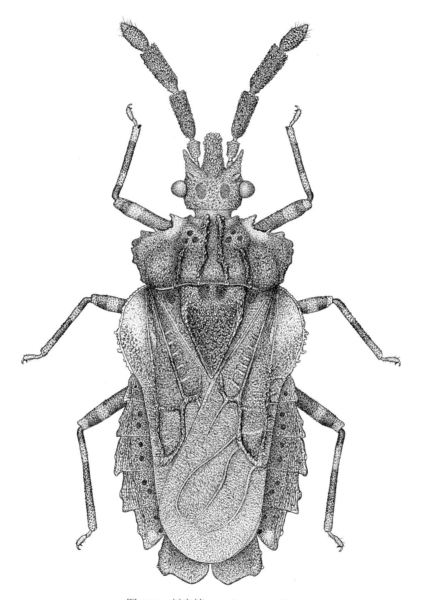

图 125　刺扁蝽 *Aradus spinicollis*

　　量度　体长 ♂ 5.8~6.3 mm，♀ 6.4 mm，宽 ♂ 2.6~2.8 mm，♀ 3.4 mm；头长 ♂ 0.98~1.00 mm，♀ 1.0 mm，宽 ♂ 1.08~1.10 mm，♀ 1.16 mm；前胸背板长 ♂ 0.86~0.90 mm，♀ 0.94 mm，宽 ♂ 2.11~2.24 mm，♀ 2.26 mm；小盾片长 ♂ 1.18~1.30 mm，♀ 1.40 mm，宽 ♂ 0.90~0.98 mm，♀ 1.0 mm；翅基宽 ♂ 2.39~2.60 mm，♀ 2.6 mm；触角 ♂ 0.22~0.24：0.64~0.68：0.66：0.46 mm，♀ 0.24：0.66：0.66：0.48 mm。

分布 河南 (栾川)；黑龙江、甘肃、湖北 (神农架)、四川 (宝兴)、福建 (建阳、邵武)；俄罗斯、韩国、日本。

166. 郑氏扁蝽 *Aradus zhengi* Heiss, 2001 (图 126)

Aradus zhengi Heiss, 2001: 1018.

形态特征 体色 褐色至黑褐色；各足转节、股节 2 个环纹及胫节 1 个环纹浅色。

结构 体型中型，宽卵形；体表密被颗粒和皱褶，足及触角被毛瘤。头中叶高隆，伸达触角第 2 节基部；触角基突短刺状，伸达触角第 1 节 1/2 处；复眼小，两侧突出；眼后域窄，两侧平行，后角处有 2 个瘤状突起；眼前刺瘤状；头顶中央微隆，两侧凹，

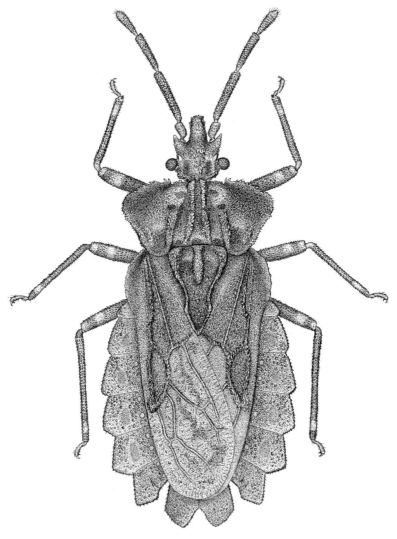

图 126 郑氏扁蝽 *Aradus zhengi*

内有胼胝沟，眼内侧具脊；触角细长，为头宽的 2.36 (♂) 倍或 2.18 (♀) 倍；第 1 节最短，第 2 节最长，第 3、第 4 节之和远大于第 2 节之长；第 1 节圆柱状，第 2、第 3 节杆状，中央两侧略细缩，第 4 节纺锤状；喙伸达前足基节前方；前胸背板前缘近平直，前角处具齿状突起，侧缘具细齿，前端较平直侧角钝角状，强烈向上翘折，最宽处位于背板中央上方，侧缘后端略内凹，后缘中央近平直，两侧于小盾片处微向后半月状突出；背板中央具 4 条纵脊，中间 2 条贯穿背板，外侧 2 条伸达前叶中央；小盾片长三角形，侧缘具脊，近中央处向内会聚，近端部略扩张，然后向端部会聚，端部尖削，并向上翘折，背板中央近基部有 1 短脊隆起；雄虫前翅基部略窄于前胸背板，雌虫前翅基部略宽于前胸背板；爪片未伸达小盾片端部，革片基部半圆形扩展，并向上翘折，端部伸达第 5 侧接缘中央，膜片伸达第 8 腹节中央；足细长，前足、中足股节与转节愈合，后足股节与转节分离，无爪垫；腹部各节侧接缘后角渐次向后宽叶状突出；气门第 2~7 节位于腹面，第 8 节位于侧缘。

　　量度　体长 ♂ 8.37~8.55 mm，♀ 10.93 mm，宽 ♂ 4.00~4.45 mm，♀ 5.55 mm；头长 ♂ 1.38~1.42 mm，♀ 1.48 mm，宽 ♂ 1.38~1.40 mm，♀ 1.46mm；前胸背板长 ♂ 1.40~1.42 mm，♀ 1.52 mm，宽 ♂3.28~3.55 mm，♀ 3.55 mm；小盾片长 ♂ 1.80~1.90 mm，♀ 1.96 mm，宽 ♂1.22~1.30 mm，♂ 1.34 mm；翅基宽 ♂ 3.09~3.18 mm，♀ 3.73 mm；触角 ♂ 1.38：1.18~1.34：0.88~1.08：0.62~0.72 mm，♀ 0.36：1.26：0.94：0.62 mm。

　　分布　河南 (宝天曼)；甘肃 (石门)、陕西 (汉中)、湖北 (神农架)。

(一〇三) 脊扁蝽属 *Neuroctenus* Fieber, 1860

Neuroctenus Fieber, 1860: 34. Type species: *Neuroctenus brasiliensis* Mayr.
Neuroctenus: Liu, 1981: 249; Kormilev & Froeschner, 1987: 163; Heiss, 2001: 29.

　　属征　长翅型。身体通常极扁平，无显著的突起；第 4~6 腹节腹板基部各有 1 条横脊，若有 1 列连续颗粒者，则腹部亚侧缘具纵脊；喙较短，通常伸达眼的后缘，最长伸达前胸腹板前缘；头长与宽约相等，颊在中叶前端稍突出，呈切口状；前胸背板前角简单，侧缘常凹入；小盾片三角形，侧缘具隆脊；前翅常伸达第 7 腹节背板前缘；侧接缘第 2、第 3 节常趋于愈合，第 2~6 腹节气门位于腹面。

　　本属世界已知 178 种，中国有 18 种。

种 检 索 表

1. 侧接缘各节具色斑 ·· 素须脊扁蝽 *N. castaneus*
   侧接缘各节单色，无色斑 ··· 2
2. 体长大于 8 mm，气门全部位于腹面，背面不可见 ···················· 黑脊扁蝽 *N. ater*
   体长小于 8 mm，第 8 节气门位于侧缘，背面可见 ············· 栎脊扁蝽 *N. quercicola*

167. 黑脊扁蝽 *Neuroctenus ater* (Jakovlev, 1878) (中国新记录种) (图 127，图版 IX-8)

Mezira atra Jakovlev, 1878: 136.

Mezira brevicornis Reuter, 1884: 136.

Neuroctenus ater (Jakovlev, 1878): Josifov & Kerzhner, 1974: 59; Kormilev & Froeschner, 1987: 165; Heiss, 2001: 30.

　　形态特征　体色　暗褐色；触角第 4 节端半部浅色，前翅膜片褐色，基部灰色，两侧斑黑色。

　　结构　体形狭长；体被颗粒。头长于宽，前端略超过触角第 1 节末端；颊超过中

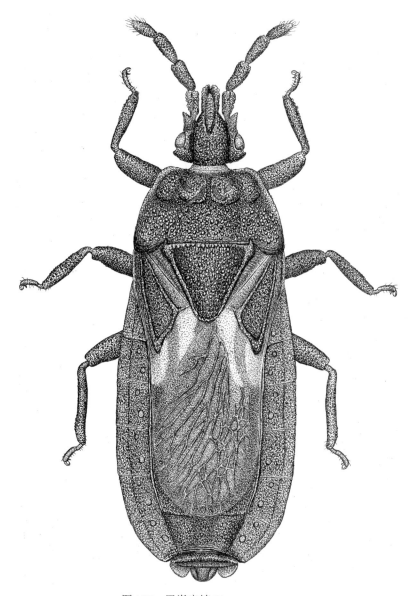

图 127　黑脊扁蝽 *Neuroctenus ater*

叶，前端扩展，中央略细缩；中叶高隆；触角基侧突齿状，端部尖锐，两侧平行；复眼
大，半球状突出；眼后刺宽齿状突出，略超过复眼外缘；头顶宽隆，两侧具窄的纵凹，
内有胼胝斑。喙短，未达喙沟后缘；喙沟后端封闭；触角短粗，为头宽的 1.1 (♂、♀) 倍；
触角第 1 节柱形，第 2、第 3 节棒状，第 4 节纺锤形；第 2 节最粗，第 4 节长于第 1 节，
第 2、第 3 节等长，第 1 节最短；前胸背板领较粗；前角略扩展，伸达领前缘；侧缘前
半部向前缓慢会聚，中央略凹入，近后部两侧平行；后缘宽弧状凹入；背板前叶中央有
2 个大的近圆形隆起，上有光滑胼胝域，中间具深纵沟；亚侧缘具短隆脊，明显；后叶
隆起，近侧缘具短脊；中央近平坦，微隆，两侧具浅沟；小盾片三角形，侧缘具脊，近
平直，近端部略外鼓，端部宽圆，开放；背板基部浅凹，中央微隆，有不明显纵脊，布
不规则短横脊；前翅爪片细长，未达小盾片端部；革片基部两侧平行，端部伸达侧接缘
第 3 节 1/3 处，端缘近平直，内角未达小盾片端部；膜片宽大，翅脉明显，伸达第 7 腹
板前缘；足短粗，各足股节膨大，前足胫节端部具栉状毛，爪具爪垫；腹部两侧近平行，
后部略扩展，亚中域退化，侧接缘各节后角不突出，雄虫第 8 腹节侧叶突窄叶状，伸达
端节 2/3 处；雌虫第 8 腹节侧叶突宽圆叶状，几伸达端节末端；雄虫生殖囊亚三角形，
侧缘略凹入，中央具侧三角形浅凹；气门全部位于腹面，背面不可见。

量度　体长 ♂ 8.1 mm，♀ 8.7~8.9 mm；宽 ♂ 3.16~3.33 mm，♀ 3.40~3.94 mm；头
长 ♂ 1.36~1.38 mm，♀ 1.32~1.42 mm；宽 ♂ 1.22~1.25 mm，♀ 1.36 mm；前胸背板长 ♂
1.29~1.22 mm，♀ 1.33~1.36 mm；宽 ♂ 2.65 mm，♀ 2.75~2.79 mm；小盾片长 ♂ 1.42 mm，
♀ 1.53 mm；宽 ♂ 1.77 mm，♀ 1.77~1.84 mm；触角 ♂ 0.44~0.47∶0.58~0.61∶0.58~0.61∶
0.51~0.54 mm，♀ 0.47~0.51∶0.61~0.64∶0.61~0.64∶0.54~0.58 mm。

分布　河南 (嵩县、栾川)；陕西 (甘泉)、吉林、北京、山西 (绛县)。

168. 素须脊扁蝽 *Neuroctenus castaneus* (Jakolev, 1878) (图 128)

Mezira castanea Jakovlev, 1878: 137.

Mezira oviventris Reuter, 1884: 137.

Neuroctenus castaneus (Jakovlev, 1878): Liu, 1981: 250; Kormilev & Froeschner, 1987: 166; Heiss, 2001: 30.

形态特征　**体色**　体暗褐色；喙、前胸背板前侧缘、革片大部为浅褐色；侧接缘各
节后缘、亚侧缘纵脊，光滑域为黄褐色。前翅膜片、基半部银白色，两侧斑黑色，端半
部暗褐色。

结构　体形长卵形；前胸背板具颗粒。头宽于长，前端略超过触角第 1 节末端，中
叶隆起，颊明显超过中叶，前端略扩展，两侧向后细缩；触角基齿状，端部尖，两侧略
平行；复眼大，半球形；眼后刺钝，伸达眼外缘；头顶中央宽隆，两侧具狭椭圆形凹，
内有胼胝斑；触角长为头宽的 1.8 (♂) 倍和 1.7 (♀) 倍，第 1 节端半部明显增粗，第 2、
第 3 节棒状，由基部向端部渐粗，第 4 节纺锤形，第 3 节最长，第 4 节短于各节；喙短，
仅伸达头喙沟后缘，喙沟后缘封闭；前胸背板领细，前角钝圆，微扩展，稍超过领前缘；
侧缘前端向内略凹入，中央微外鼓，后端两侧近平行，后缘宽弧状内凹；前胸背板前叶
中央具 2 个不规则隆起，上有胼胝斑，中央具浅纵沟，隆起两侧前端有 2 个小的胼胝斑；

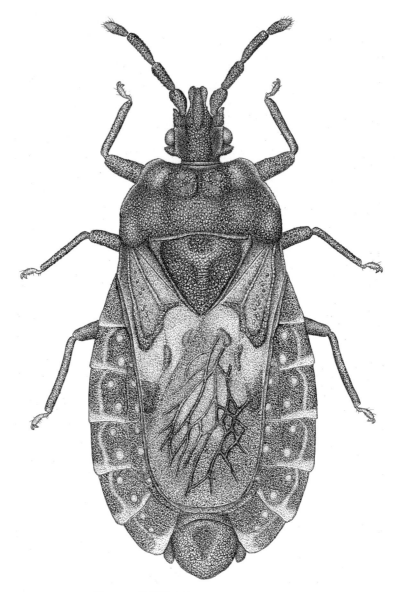

图 128　素须脊扁蝽 *Neuroctenus castaneus*

亚侧缘具短的纵脊，向前延伸至前缘；后叶基部两侧具短的隆起，中央较平坦、微隆；小盾片亚三角形，侧缘隆起近平直，端部开放，后缘宽弧状；背板基部隆起，中央浅凹，端半部中央具纵脊，明显，具不规则短横脊；前翅爪片细长，未伸达小盾片端部；革片基部两侧近平行，端部伸达侧接缘第 3 节中央；内角未达小盾片端部；膜片伸达第 6 节腹板后缘，基部半透明，翅脉明显；足细长，各足股节膨大，与转节分离，前足胫节端部具栉状毛；爪具爪垫；腹部略扩展，侧接缘各节后角微突出；亚中域明显，不被前翅覆盖；雄虫第 8 腹节侧叶突窄叶状，伸达端节 5/6 处；生殖囊球形，中央具亚三角形凹；雌虫第 8 腹节侧叶突宽齿状，伸达端节 2/3 处；气门全部位于腹面，背面不可见。

量度　体长 ♂ 6.50~6.70 mm，♀ 7.0~7.4 mm；宽 ♂ 3.10~3.15 mm，♀ 3.40~3.57 mm；头长 ♂ 0.90~0.95 mm，♀ 1.02~1.05 mm；宽 ♂ 1.00~1.05 mm，♀ 1.08~1.09 mm；前胸背板长 ♂ 1.00~1.05 mm，♀ 1.08~1.09 mm；宽 ♂ 2.15~2.25 mm，♀ 2.41~2.48 mm；小盾片长 ♂ 1.15~1.22 mm，♀ 1.19~1.20 mm；宽 ♂ 1.45~4.50 mm，♀ 1.56~1.60 mm；触角 ♂ 0.37~0.41：0.44~0.47：0.61：0.34~0.37 mm；♀ 0.41：0.44：0.61：0.37 mm。

分布　河南 (嵩县、栾川)；吉林、陕西 (甘泉)、甘肃 (文县)、福建 (邵武)；俄罗斯。

169. 栎脊扁蝽 *Neuroctenus quercicola* Nagashima et Shono, 2003 (中国新记录种) (图 129)

Neuroctenus quercicola Nagashima & Shono, 2003: 102.

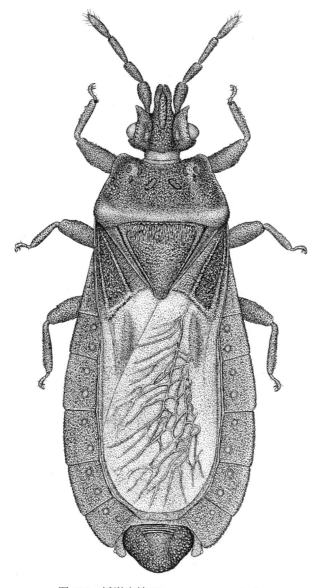

图 129　栎脊扁蝽 *Neuroctenus quercicola*

形态特征　**体色**　棕褐色；前翅膜片褐色，翅基部浅褐色。

结构　体形长卵形；体被颗粒。头等宽于长，头前端圆锥状，伸达触角第 1 节末端，颊明显超过中叶，并在前端聚合，仅具微小缺刻；中叶微隆起；触角基侧突矛状，端部斜指；复眼半球状，大，突出；眼后刺稍钝，几伸达眼外缘；头顶中央宽阔，平坦，两侧具宽的浅纵沟，内有 1 小的胼胝斑；喙短，未达喙沟后缘，喙沟后端封闭；触角细长，为头宽的 1.72 (♂) 倍和 1.55 (♀) 倍；第 1 节粗壮，第 2、第 3 节棒状，第 4 节长纺锤形；第 4 节最长，第 1、第 2 节等长；前胸背板领细，前角宽圆形突出，明显超过领的前缘；侧缘前端外鼓，然后明显内凹，中央近斜直，后端外鼓，后缘宽弧状凹入；小盾片三角形，侧缘具脊，斜直，近端部外鼓；端部角状，开放；背板基部平坦，中央具 1 不明显纵脊；前翅爪片细长，未伸达小盾片端部，革片基部两侧近平行，端部略过侧接缘第 3 节端缘，端缘中央略波曲，内角未达小盾片端部；膜片超过第 7 腹板前缘，翅脉明显；足细长，各足股节膨大，各足胫节背侧具 1 列齿状突，前足胫节端部具栉状毛，爪具爪垫；腹部略扩展，侧接缘各节后角突出，第 6、第 7 侧接缘外缘中央略凹，第 7 侧接缘后缘近平截；亚中域发达，可见；雄虫第 8 腹节侧叶突三角叶状，伸达端节 7/11 处，雌虫第 8 腹节侧叶突宽三角叶状，几伸达端节末端；气门第 2~7 节位于腹面，第 8 节气门位于侧缘，可见。

量度　体长 ♂ 5.65 mm，♀ 6.5~7.0 mm；宽 ♂ 2.45 mm，♀ 2.70~2.95 mm；头长 ♂ 0.90 mm，♀ 1.0 mm；宽 ♂ 0.90 mm，♀ 1.0 mm；前胸背板长 ♂ 0.80 mm，♀ 0.90 mm；宽 ♂ 1.80 mm，♀ 1.85~2.05 mm；小盾片长 ♂ 0.95 mm，♀ 1.05 mm；宽 ♂ 1.20 mm，♀ 1.30~1.35 mm；触角 ♂ 0.35：0.35：0.40：0.45 mm，♀ 0.35：0.35：0.40：0.45 mm。

分布　河南 (南阳)；湖北 (房县)、福建 (武夷山)。

(一〇四) 副无脉扁蝽属 *Paraneurus* Jacobs, 1986

Paraneurus Jacobs, 1986:17. Type species: *Aneurus ruandae* Hoberlandt.

属征　体表粗糙，具颗粒或刻纹；前足基节从背部不可见；第 2、第 3 侧接缘分离，第 3 节内侧无三角形骨片，第 7 腹背板后缘两侧也无小型三角形骨片；第 7 节侧接缘具前、后两个光滑域；各节气门位置变化大。本属世界已知 17 种，国内目前已知 6 种。

170. 日本无脉扁蝽 *Paraneurus nipponicus* (Kormilev et Heiss, 1976) (中国新记录种)
　　(图 130)

Aneurus nipponicus Kormilev & Heiss, 1976: 224, 225; Kormilev & Froeschner, 1987:28; Kanyukova, 1988: 158; Heiss, 2001: 6.

形态特征　**体色**　棕红色；头顶、前胸背板、小盾片及革片暗棕色，膜片银白色，不透明。

结构　体型小，长卵形；头顶、前胸背板、小盾片、侧接缘外缘、触角及足密布颗粒及皱纹，触角第 2 节端部以上被细毛，足胫节端部具刚毛。头等宽于长；头前端锥状，

未伸达触角第 1 节末端，颊窄缩，未达中叶端部；中叶纵隆；触角基突短小，端外侧具
细齿突，侧突；复眼大，半球形；眼后刺宽齿状，端部钝，未伸达眼外缘，后缘近平截；
头顶中央浅凹，两侧具长卵形胼胝斑；触角细长，约为头宽的 2 倍，第 1 节最短，第 3
节长于第 2 节，第 4 节短于第 2、第 3 节之和；第 1 节圆桶状，第 2、第 3 节棒状，第 4
节长纺锤形；喙短，未达眼后缘。前胸背板领细、前缘弯曲；前缘近平直，侧角微扩展，
超过领；侧缘前端强烈内凹，端部近平行，侧角宽圆状，后端两侧近平行；后缘浅弧状

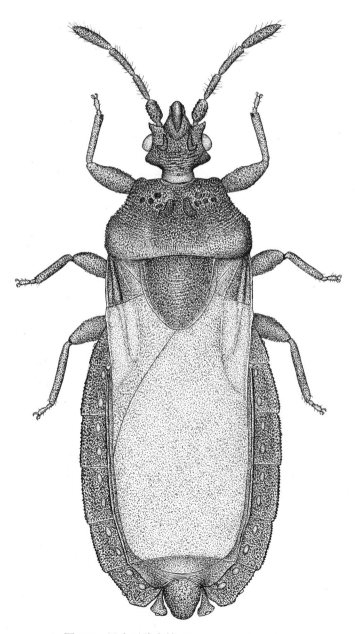

图 130　日本无脉扁蝽 *Paraneurus nipponicus*

前凸；背板前叶具不规则胼胝斑，覆盖大部，后叶中央平坦，近后缘两侧具宽隆纵脊；小盾片舌状，侧缘光滑，近侧缘及后缘具细脊，端部无，背板中央具不明显纵脊，密布不规则横纹；前翅略宽于前胸背板，爪片退化为小三角形骨片，位于小盾片基部，革片短小，伸达小盾片 1/2 处，膜片宽大，半透明，具皱，伸达第 7 腹背板 1/2 处；足短粗，各足股节膨大，与转节分离，前足胫节端部具栉状毛，爪具爪垫；腹部略扩展，腹宽约为前胸背板宽的 1.4 倍；侧接缘各节后角略突出，侧接缘第 2、第 3 节分离，沿背板边缘无粗糙纵带，第 7 侧接缘后缘钝圆，第 8 侧叶突三角叶状，超过第 7 节后缘，伸达端节 5/6 处，端节短小，心形，宽等于长，端部钝圆；雌虫第 8 侧叶突齿状突出，未达端节末端；气门第 2、第 7 节位于侧缘，第 3~6 节位于腹面，第 8 节位于端缘；前胸腹板略凹，密布不规则皱纹及颗粒，中胸、后胸腹板中央后端具光滑纵带，各节腹板中央具光滑纵斑，两侧具光滑域。

　　量度　体长 ♂ 4.45~4.65 mm，♀ 4.90~5.40 mm，宽 ♂ 1.75~1.90 mm，♀ 1.95~2.25 mm；头长 ♂ 0.60~0.65 mm，♀ 0.60~0.65 mm；头宽 ♂ 0.60~0.65 mm，♀ 0.60~0.65 mm；前胸背板长 ♂ 0.55~0.60 mm，♀ 0.60~0.65 mm；宽 ♂ 1.30~1.35 mm，♀ 1.40~1.55 mm；小盾片长 ♂ 0.65~0.70 mm，♀ 0.70~0.75 mm；宽 ♂ 0.75~0.85 mm，♀ 0.85~0.90 mm；翅基宽 ♂ 1.30~1.35 mm，♀ 1.50~1.60 mm；触角 ♂ 0.20∶0.25∶0.30∶0.45 mm，♀ 0.20~0.25∶0.25~0.30∶0.30~0.35∶0.40~0.45 mm；生殖囊长 0.35 mm；宽 0.35 mm。

　　分布　河南 (南阳)；日本。

二十一、跷蝽科 Berytidae

　　小至中小型。体细长，似蚊子，触角及各足纤细，灰黄色至红褐色。身体常具刻点、棘刺和粉被。头背面圆隆，有单眼。触角着生处在头侧面中线的上方。触角 4 节，极细长，前 3 节各节较长 (第 1 节末端明显加粗)，第 4 节短小，呈纺锤形。前翅前缘凹弯，使虫体呈束腰状。膜片脉 5 支，简单。各足股节、胫节均细长，股节末端明显加粗，跗节 3 节。后胸侧板臭腺沟缘在部分种类伸出体表呈角状。腹部气门位于背面。腹部腹面仅第 3 节有 2 对毛点毛 (跷蝽亚科)，或者第 3~7 节均有毛点毛 (背跷亚科)。雌虫第 8、第 9 腹节腹部完整，不纵裂为两半 (背跷亚科)，或两者均被 1 纵沟分成两半 (跷蝽亚科)。产卵器退化。若虫体表常有许多黏性毛。腹部背面臭腺开口于第 3、第 4 节节间，第 4、第 5 节节间，也有部分种类仅在第 3、第 4 节节间有臭腺孔。常栖息于叶片具黏性毛的植物叶片上，刺吸为害植物，也有捕食软体昆虫的记载。世界有 36 属 172 种，我国已知 8 属 20 余种，河南省已知 5 属 7 种。

属 检 索 表

1. 前胸背板有紧贴的丝状或卷曲的短毛⋯⋯⋯⋯⋯⋯⋯⋯⋯⋯⋯⋯⋯⋯⋯⋯⋯⋯⋯⋯⋯⋯⋯⋯⋯⋯2
   前胸背板无丝状或卷曲的短毛；腹部腹面第 3 节的毛点着生于一横向连续的脊上⋯⋯⋯⋯⋯⋯3
2. 头顶无向前的显著突起；前胸背板显著向上隆起⋯⋯⋯⋯⋯⋯⋯⋯⋯⋯ **异跷蝽属 *Yemmatropis* Hsiao**
   头顶有向前的显著的圆锥状突起；头长不短于前胸背板长，前翅为小翅型或短翅型，不超过腹部长度的 1/2 ··· **华椎跷蝽属** *Chinoneides* Studak

3. 臭腺蒸发域不具槽状延伸，在蒸发域表面有一 "L" 形裂缝 ·············· **肩跷蝽属** *Metatropis* Fieber
   臭腺蒸发域具明显的槽状延伸 ··· 4
4. 触角第 2 节不超过第 3 节 ····································· **背跷蝽属** *Metacanthus* Costa
   触角第 2 节远超过触角其他节的长度 ··················· **锤胁跷蝽属** *Yemma* Horváth

(一〇五) 华椎跷蝽属 *Chinoneides* Studak, 1989

Chinoneides Studak, 1989: 289. Type species: *Neides lushanica* Hsiao.

　　臭腺蒸发道细长，在接近顶端处微弱张开。腹部侧板上气门由背部可见。与 *Bezu* 属的区别是臭腺蒸发道更宽阔、向背部延伸更多。与 *Plyapomus* 属的区别是单眼不退化，小盾片上无 "Y" 形沟。

　　本属世界已知 2 种，中国已知 1 种。

171. 庐山华椎跷蝽 *Chinoneides lushanicus* (Hsiao, 1974) (图 131，图 132)

Neides lushanicus Hsiao, 1974: 56.

Chinoneides lushaicus [sic]: Stusak, 1989: 290.

Chinoneides lushanicus: Henry & Froeschner, 1998: 7; Péricart, 2001: 231.

　　形态特征　**成虫**　**体色**　黄褐色至棕色。头部、胸部及腹部基部的腹面颜色较深，近黑色。触角淡于体色，第 1 节基部和第 4 节基部 3/4 黑色；第 1 节端部膨大部分暗红褐色。复眼暗红色。单眼与体色同色。喙略淡于体色，第 4 节近黑色。前胸背板中央及两侧具 3 条淡色纵脊。各足淡于体色，无斑点；各足胫节末端、跗节近黑色。股节端部膨大部分色泽略加深。腹部腹面红褐色，两侧略暗。侧接缘各节中部具条形白斑，端部近黑色。

　　结构　体狭长。头部侧面及腹面、胸部腹面、各足基节上有白色平伏短毛。头顶具前伸的锥状突起，略下弯。腹面中央具纵沟，沟内有密集横纹。眼后横脊中央微向后弯。头腹面两侧有 2 条短毛组成的宽纵带。触角细长；第 1 节端部膨大部分较短、较细。复眼小，椭圆形，表面颗粒状。单眼小，圆形；单复眼距大于单眼间距；单眼间距与单眼至前胸背板前缘距离相等。喙几达后足基节。前胸背板梯形，与头等长。密布粗糙刻点。前部、后部均较平坦。两侧缘平直，后缘直，略外凸，中央及两侧具 3 条纵脊；纵脊在前胸背板后部不形成突起；胝部圆形，无大刻点，左右分离，中央纵脊在胝部有中断；小盾片倒三角形，无直立刺，末端形成 1 上翘小突起；臭腺孔延伸部分短，耳状；前翅退化，不达腹部第 2 节前缘，具 4 条纵脉；各足细长。股节端部膨大部分短而细。跗节 3 节，第 1 节最长，第 2 节最短。后足股节不达腹部末端。腹部扁平，梭状；背腹两面密布粗糙大刻点；第 3 节腹面无毛点。在背面两侧各具 1 条纵向皱褶，在每节中央皱褶上具 1 锥形小突起，伸向内后方。雄虫下生殖板长。

　　量度　体长　7.2 mm (♂)，7.8 mm (♀)；头长 (横缢前：横缢后) 0.6：0.3 mm (♂)，

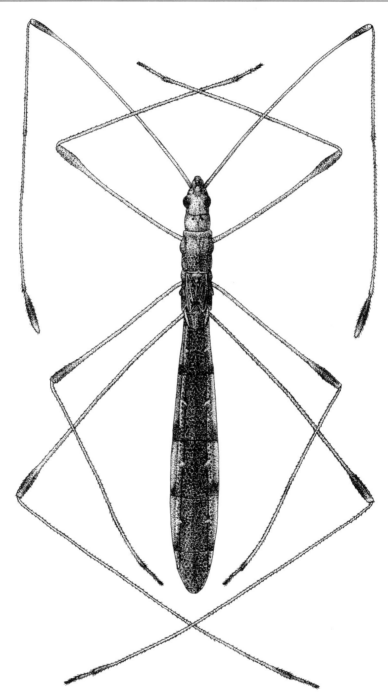

图 131　庐山华椎跷蝽 *Chinoneides lushanicus*

0.6∶0.3 mm (♀)，宽 0.5 mm (♂)，0.5 mm (♀)；前胸背板长 0.7 mm (♂)，0.8 mm (♀)，宽
(前角宽∶后角宽) 0.4∶0.5 mm (♂)，0.4∶0.5 mm (♀)；触角各节长 Ⅰ∶Ⅱ∶Ⅲ∶Ⅳ=4.2∶
2.0∶2.6∶0.7 mm (♂)，4.2∶2.2∶2.9∶0.7 mm (♀)；喙各节长 Ⅰ∶Ⅱ∶Ⅲ∶Ⅳ=0.4∶0.5∶
0.3∶0.5 mm (♂)，0.4∶0.5∶0.4∶0.6 mm (♀)；头顶突起长 0.15 mm (♂)，0.20 mm (♀)；

前翅长 0.7 mm (♂), 0.7 mm (♀); 前足长 (股节：胫节：跗节) 为 2.6：3.3：0.5 mm (♂), 2.8：3.6：0.5 mm (♀); 中足长 (股节：胫节：跗节) 为 3.0：3.5：0.5 mm (♂), 3.0：3.7：0.5 mm (♀); 后足长 (股节：胫节：跗节) 为 4.7：5.8：0.6 mm (♂), 4.7：6.2：0.5 mm (♀); 腹长 4.9 mm (♂), 5.1 mm (♀), 宽 0.9 mm (♂), 1.2 mm (♀)。

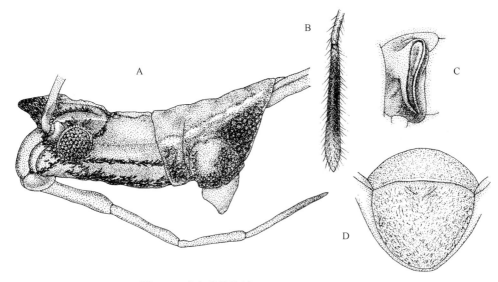

图 132　庐山华椎跷蝽 *Chinoneides lushanicus*

A. 头胸部侧面 (head and thorax, lateral view); B. 触角第 4 节 (4 th antennal segment); C. 臭腺蒸发槽 (peritreme); D. 生殖囊后面观 (genital capsule, caudal view, male)

经济意义　寄主为檫树 (楝叶吴萸) *Evodia glabrifolia*。

分布　河南 (嵩县、栾川); 江西、湖北、陕西。

(一〇六) 背跷蝽属 *Metacanthus* Costa, 1843

Metacanthus Costa, 1843: 27. Type species: *Berytus meridionalis* Costa.

额部粗糙，臭腺蒸发道延伸部分细长，顶端向下弯，超过前翅表面的部分不及总长度的 1/2，喙第 2 节长度不超过第 3 节。

本属世界已知 25 种，中国已知 2 种。

172. 娇背跷蝽 *Metacanthus pulchellus* (Dallas, 1852) (图 133，图版 IX-9)

Metacanthus pulchellus Dallas, 1852: 490; Stusak, 1971: 243; Henry & Froeschner, 1998: 35; Péricart, 2001: 239

Gampsocoris pulchellus: Hsiao, 1977: 287.

形态特征　成虫　体色　黄褐色。头部两侧眼上方、眼后方、颊端部、头部腹面、触角第 4 节 (端部 1/5 白色除外)、喙基部及第 4 节末端、各足跗节端半部黑色; 胸部腹板黑褐色。触角第 1 节可见深色小环 10~12 个，端部膨大部分色深。第 2、第 3 节也隐约可见一些小环。足淡黄色，股节和胫节均有多个黑色的环状斑纹。前胸背板 3 条纵脊色淡，3 纵脊后隆起深褐色。腹部腹面淡黄色，侧接缘褐色。

结构 狭长。头部光滑，额圆鼓。前胸背板密布粗糙刻点；胝光滑；3 条纵脊光滑，在后部形成 3 个隆起。臭腺蒸发道向上延伸部分较长，顶端向后弯曲。小盾片具直立长刺，稍弯。前翅几达腹末。

量度 体长 4.4 mm (♂)，4.6 mm (♀)。头长 (横缢前：横缢后) 0.4：0.1 mm (♂)，0.4：0.1 mm (♀)，宽 0.5 mm (♂)，0.5 mm (♀)；触角各节长 Ⅰ：Ⅱ：Ⅲ：Ⅳ=2.5：1.4：1.2：0.8 mm (♂)，2.4：1.3：1.1：0.7 mm (♀)；喙各节长 Ⅰ：Ⅱ：Ⅲ：Ⅳ=0.4：0.3：0.3：0.5 mm (♂)，0.3：0.4：0.3：0.5 mm (♀)。前胸背板长 0.9 mm (♂)，0.9 mm (♀)，宽 (前角宽：后角宽) 0.4：0.7 mm (♂)，0.4：0.7 mm (♀)；小盾片刺长 0.3 mm (♂)，0.3 mm (♀)；前翅长 2.9 mm (♂)：3.1 mm (♀)；前足长 (股节：胫节：跗节) 为 1.8：1.9：0.6 mm (♂)，1.8：1.9：0.6 mm (♀)；中足长 (股节：胫节：跗节) 为 2.0：2.2：0.5 mm (♂)，2.1：2.1：0.5 mm (♀)；后足长 (股节：胫节：跗节) 为 3.2：4.0：0.7 mm (♂)，3.2：3.9：0.8 mm (♀)。腹长 2.6 mm (♂)，2.6 mm (♀)，宽 0.5 mm (♂)，0.5 mm (♀)。

经济意义 为害木豆属 *Cajanus*、芒柄花属 *Ononis*、葫芦属 *Lagenaria*、曼陀罗属 *Datura*、番茄、烟草属 *Nicotiana*、茄属 *Solanum*、木槿属 *Hibiscus*、西番莲属 *Passiflora*、可可属 *Theobroma* 等属的植物。

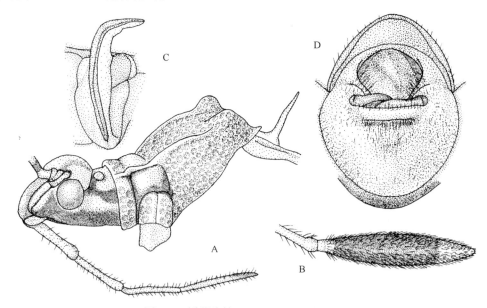

图 133 娇背跷蝽 *Metacanthus pulchellus*

A. 头胸部侧面 (head and thorax, lateral view)；B. 触角第 4 节 (4 th antennal segment)；C. 臭腺蒸发槽 (peritreme)；D. 生殖囊后面观 (genital capsule, caudal view, male)

分布 河南 (全省)；山东、浙江、湖北、湖南、江西、广东、广西、四川、贵州、云南、西藏；韩国、日本、印度、斯里兰卡、菲律宾、马来西亚、印度尼西亚、巴布亚新几内亚、澳大利亚。

(一〇七) 肩跷蝽属 *Metatropis* Fieber, 1859

Metatropis Fieber, 1859: 207. Type species: *Berytus rufescens* Herrich-Schäffer.

　　肩跷蝽属的种类体形较为粗短；头部腹面和喙沟处具有横向的深刻皱纹。臭腺蒸发区不具有槽状结构，但在其表面具一 "L" 形裂缝。

　　本属世界已知 10 种，中国已知 5 种。

种 检 索 表

1. 前胸背板侧角钝圆，稍呈瘤状突出，但不高出于中脊之上 ··2

　　前胸背板侧角极为突出，呈齿状，高出于中脊之上 ····························齿肩跷蝽 *M. denticollis*

2. 喙较长，达到后足基节，第 1 节几乎达到头的后缘；头两侧一色；腹部腹面具刻点；中央及侧接缘无黑纹；前翅较短，不达到腹部末端 ································圆肩跷蝽 *M. longirostris*

　　喙较短，达到中足基节，第 1 节稍超过眼的后缘；眼后两侧具黑色纵纹；腹部腹面无刻点；中央具黑色纵纹，侧接缘各节端部黑色；前翅较长，几乎达到腹部末端 ········光肩跷蝽 *M. brevirostris*

173. 光肩跷蝽 *Metatropis brevirostris* Hsiao, 1974 (图 134，图版 X-1)

Metatropis brevirostris Hsiao, 1974: 58; Hsiao, 1977: 284; Péricart, 2001: 242.

　　形态特征　**成虫**　**体色**　黄褐色。头部两侧眼后具 1 条显著的黑色条纹，前胸背板两侧也具有黑纹。头部腹面、胸部腹面 (除了前缘、喙沟两侧、前足基节中央、中足与后足基节之间大部分区域)、触角第 4 节 (除末端约 1/6 为灰白色外)、喙第 4 节、各足跗节端部黑色。触角第 1 节基半部和各足股节密布有小黑斑。触角第 1 节和各足股节末端的膨大部分红褐色。头部两侧具显著横纹。复眼朱红色。腹部腹面色较深，两侧具细横纹，中央贯穿 1 条黑色纵纹，在距两侧边约 1/4 腹部宽度处还各有 1 条深色纵纹。侧接缘各节中部具 1 窄小的淡色弧形区。背视侧接线各节基部 1/3 色深，端部 2/3 色较浅。

　　结构　体表光裸。喙达到中足基节。前胸背板密布粗糙刻点，后叶高耸，中央及两侧的 3 纵脊在前胸背板后叶耸起，形成 3 个显著的突起。臭腺蒸发区具 1 细沟，呈倒 "L" 形。前翅几乎达到腹末。股节膨大部分较短。腹部腹面无刻点。

　　量度　体长 8.6 mm (♂)，9.1 mm (♀)；头长 (横缢前：横缢后)为 0.4：0.2 mm (♂)，0.6：0.2 mm (♀)；头宽 0.7 mm (♂)，0.7 mm (♀)；触角各节长 I：II：III：IV=4.6：1.9：2.3：1.4 mm (♂)，4.7：2.1：2.3：1.4 mm (♀)；喙各节长 I：II：III：IV=0.7：0.5：0.4：0.7 mm (♂)，0.7：0.5：0.4：0.7 mm (♀)。前胸背板长 1.9 mm (♂)，1.7 mm (♀)，宽 (前角宽：后角宽)为 0.7：1.3 mm (♂)，0.8：1.4 mm (♀)；前翅长 5.6 mm (♂)，5.9 mm (♀)；前足长 (股节：胫节：跗节) 为 3.3：3.4：0.8 mm (♂)，3.3：3.5：0.8 mm (♀)；中足长 (股节：胫节：跗节) 为 3.7：3.8：0.8 mm (♂)，3.9：4.0：0.8 mm (♀)；后足长 (股节：

胫节：跗节) 为 5.6：6.7：0.9 mm (♂)，5.8：6.8：0.9 mm (♀)。腹长 5.2 mm (♂)，5.5 mm (♀)，宽 1.3 mm (♂)，1.3 mm (♀)。

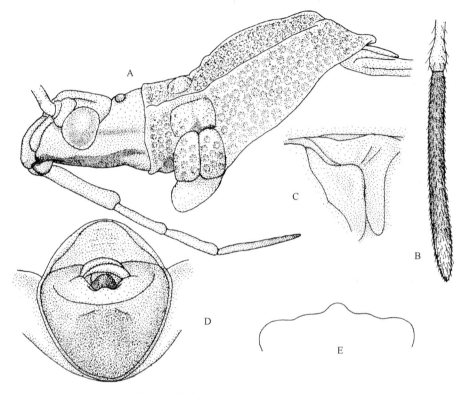

图 134 光肩跷蝽 *Metatropis brevirostris*

A. 头胸部侧面 (head and thorax, lateral view)；B. 触角第 4 节 (4 th antennal segment)；C. 臭腺蒸发槽 (peritreme)；D. 生殖囊后面观 (genital capsule, caudal view, male)；E. 前胸背板最高处横截面轮廓 (后视) (transverse section of highest part of pronotum, caudal view)

经济意义 为害刺槐 *Robinia pseudoacacia*。

分布 河南 (嵩县、鸡公山)；湖北、江西、福建 (邵武、沿山、云绵山)、广东 (连县)。

174. 齿肩跷蝽 *Metatropis denticollis* Lindberg, 1934 (图 135，图版 X-2)

Metatropis denticollis Lindberg, 1934: 28; Hsiao, 1977: 284; Péricart, 2001: 242.

形态特征 成虫 体色 棕褐色，躯体侧面颜色均一。头部腹面、胸部腹面黑色。前胸背板侧面和各足基节窝也有一些黑色斑纹。触角、足色略浅。触角第 1 节末端膨大部分和各足股节端部膨大部分呈深红褐色。触角各节均可见散布有一些暗色小斑点。各足股节分布有明显的黑色圆形小斑，大部分集中于基半部；胫节上也分布有一些颜色略浅的小斑。复眼深红褐色，单眼朱红色。2 单眼间距稍大于单复眼距的 2/3。中央及两侧的 3 条纵脊明显较淡。腹部腹面颜色均一，具密集的细横纹，侧接缘各节中部具纵条形白斑。

　　结构　复眼肾形。2 单眼间距稍大于单复眼距的 2/3。喙约可达到中足基节。前胸背板密布粗糙刻点，后叶高耸起，后缘向内凹，前胸背板后叶形成 3 个显著的突起，其中，两侧的突起稍向后指，大致呈三角形，明显高于中央的突起；胝部无刻点，左右两胝相连；小盾片呈三角形，顶角向后延伸，呈短刺状；臭腺蒸发区具倒 "L" 形的细沟；前翅长，雄虫达到或超过腹部末端，雌虫则比腹末略短；后足股节达到或超过身体末端。腹部腹面无刻点。

　　量度　体长 8.5 mm (♂)，9.6 mm (♀)；头长 (横缢前：横缢后) 为 0.6：0.2 mm (♂)，

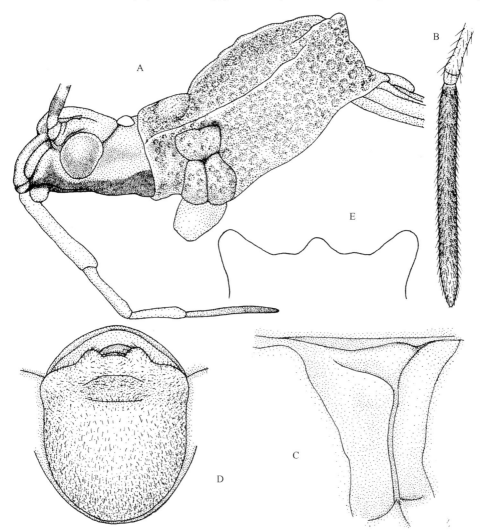

图 135　齿肩跷蝽 *Metatropis denticollis*

A. 头胸部侧面 (head and thorax, lateral view)；B. 触角第 4 节 (4 th antennal segment)；C. 臭腺蒸发槽 (peritreme)；D. 生殖囊后面观 (genital capsule, caudal view, male)；E. 前胸背板最高处横截面轮廓 (后视) (transverse section of highest part of pronotum, caudal view)

0.6∶0.2 mm (♀)；头宽 0.7 mm (♂)，0.8 mm (♀)；触角各节长 Ⅰ∶Ⅱ∶Ⅲ∶Ⅳ=4.8∶1.8∶
2.2∶2.2 mm (♂)，5.0∶1.9∶2.4∶2.3 mm (♀)；喙各节长 Ⅰ∶Ⅱ∶Ⅲ∶Ⅳ=0.9∶0.6∶0.5∶
0.8 mm (♂)，0.9∶0.6∶0.6∶0.8 mm (♀)。前胸背板长 1.7 mm (♂)，1.8 mm (♀)，宽 (前
角宽∶后角宽) 0.7∶1.4 mm (♂)，0.7∶1.5 mm (♀)；前翅长 5.8 mm (♂)，6.4 mm (♀)；前
足长 (股节∶胫节∶跗节) 为 3.3∶3.6∶1.0 mm (♂)，3.5∶3.9∶1.2 mm (♀)；中足长 (股
节∶胫节∶跗节) 为 3.7∶4.2∶1.0 mm (♂)，4.1∶4.3∶1.0 mm (♀)；后足长 (股节∶胫节∶
跗节) 为 5.8∶7.2∶1.0 mm (♂)，5.8∶7.8∶1.0 mm (♀)。腹长 4.9 mm (♂)，5.5 mm (♀)，
宽 1.3 mm (♂)，1.5 mm (♀)。

　　分布　河南 (嵩县、栾川)；陕西、甘肃、四川 (宝兴、马尔康)。

175. 圆肩跷蝽 *Metatropis longirostris* Hsiao, 1974 (图 136，图版 X-3)

Metatropis longirostris Hsiao, 1974: 57; Hsiao, 1977: 283; Péricart, 2001: 242; Xie et al., 2009 : 334.

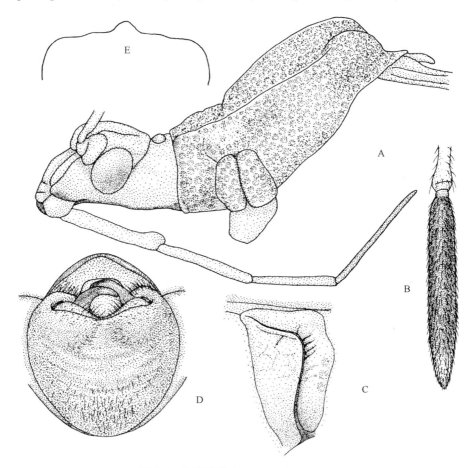

图 136　圆肩跷蝽 *Metatropis longirostris*

A. 头胸部侧面 (head and thorax, lateral view)；B. 触角第 4 节 (4th antennal segment)；C. 臭腺蒸发槽 (peritreme)；D. 生殖
囊后面观 (genital capsule, caudal view, male)；E. 前胸背板最高处横截面轮廓 (后视) (transverse section of highest part of
pronotum, caudal view)

形态特征　成虫　体色　黄褐色。头部侧面和身体的腹面基本为均一的黄褐色。触角第 4 节 (除末端约 1/6 为灰白色外)、喙第 4 节、各足胫节末端、跗节端部黑色。头部中央、胸部及喙沟附近有黑色部分。触角第 1 节和各足股节色较淡，分布有小黑斑。触角第 1 节和各足股节末端的膨大部分红褐色。复眼红色。

结构　体表光裸。复眼小，肾形。2 单眼间距等于相侧单复眼间距。喙达到中足基节后方，第 1 节接近头后缘。前胸背板密布粗糙刻点，后叶高耸，后缘内凹；中央及两侧的 3 纵脊在前胸背板基部耸起，侧角形成瘤状突起；两胝相连，中央纵脊在胝处中断；小盾片顶角向后形成短刺状；臭腺蒸发区具 1 细沟，呈倒 "L" 形；前翅不达到腹末。腹部腹面具较密的小刻点。

量度　体长 9.2 mm (♂),10.6 mm (♀)；头长 (横缢前：横缢后) 为 0.8：0.2 mm (♂)，0.9：0.2 mm (♀)；宽 0.8 mm (♂)，0.8 mm (♀)；前胸背板长 1.9 mm (♂)，2.2 mm (♀)，宽 (前角宽：后角宽) 为 0.8：1.4 mm (♂)，0.8：1.5 mm (♀)；触角各节长 I：II：III：IV= 4.5：2.0：2.8：1.2 mm (♂)；4.5：2.0：2.7：1.2 mm (♀)；喙各节长 I：II：III：IV=0.9：0.8：0.6：0.6 mm (♂)，0.9：0.9：0.7：0.7 mm (♀)；前翅长 5.5 mm (♂)，6.1 mm (♀)；前足长 (股节：胫节：跗节) 为 3.3：3.9：0.9 mm (♂)，3.7：3.9：0.9 mm (♀)；中足长 (股节：胫节：跗节) 为 4.0：4.5：0.8 mm (♂)，4.3：4.6：0.8 mm (♀)；后足长 (股节：胫节：跗节) 为 6.2：7.9：1.0 mm (♂),6.6：8.2：0.8 mm (♀)；腹长 5.3 mm (♂),6.1 mm (♀)，宽 1.4 mm (♂)，1.7 mm (♀)。

经济意义　寄主为禾本科杂草。

分布　河南 (嵩县、栾川)；河北、安徽、浙江、湖北、江西。

(一〇八) 锤跷蝽属 *Yemma* Horváth, 1905

Yemma Horváth, 1905: 56. Type species: *Yemma exilis* Horváth.

体细长，足细长，头部有光泽。后叶长度接近前叶的 2 倍，单复眼距与单眼到前胸背板前缘的距离几相等。眼后具有黑褐色的条纹。喙第 2 节明显比其他节长。

本属世界已知 5 种，中国已知 1 种。

176. 锤胁跷蝽 *Yemma signatus* (Hsiao, 1974) (图 137，图 138，图版 X-4)

Metacanthus signatus Hsiao, 1974: 61.
Yemma signatus: Hsiao, 1977: 285; Péricart, 2001: 241; Xie et al., 2009 : 335.

形态特征　成虫　体色　黄褐色，较均一。头部两侧由眼后的横缢两侧始，有一条前宽后窄的黑色弧形斑纹，达到头正侧面近基部处；其他部分均为黄褐色。触角黄褐色；第 1 节基部有 1 个很短的黑色环纹，中段具极不明显的褐色小斑点，末端的膨大部分颜色比其他部分略加深；第 2、第 3 节颜色均一；第 4 节基部 3/4 黑色，末端白色，两者之间界限明显。复眼深红褐色。单眼淡橙红色。喙淡黄褐色，第 4 节渐变为黑褐色。前胸侧板在前足基节臼上方具有细小的黑色条纹，其余部分颜色均一。前翅半透明，纵脉间密布细横纹。股节、胫节均具不明显的褐色小斑点。股节端部膨大略深于股节其余部分。胫节末端和跗节为深褐色。腹部腹面黄褐色。

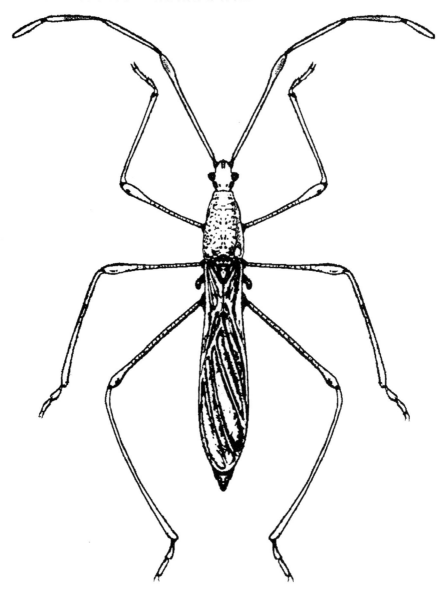

图 137　锤胁跷蝽 *Yemma signatus* (仿章士美)

　　结构　体狭长。头部较长，顶面鼓起，光秃。头部横缢与前胸背板前缘较远，基本平直。触角细长，第 1 节长，短于体长，也稍短于第 2、第 3 节长度的和；末端的膨大部分较细，直径约为其他处的 2 倍。复眼中等大小，圆形，表面颗粒状。单眼圆形。单复眼距大于单眼间距，单眼至前胸背板前缘的距离远小于前两者。喙伸达到后足基节，第 1 节达复眼后缘。前胸背板近长方形，远长于头部，密布粗糙刻点；前缘平直，两侧缘几平行，只在中后部略扩展；后缘中央向内凹；胝部前较平，后部隆起；中央及两侧具 3 条很细、不明显的纵脊，中脊在后部形成 1 较小的隆起，两后侧角球形突出，低于中央的隆起；胝光滑，左右两连；小盾片小，略呈半圆形，后缘平截，中央具 1 直立的刺；臭腺蒸发道延长部分长，末端显著向后弯曲；前翅狭长，不到腹部末端；足细长，股节端部膨大部分不很显著，直径约为股节其他部分的 2 倍；后足股节超过腹部末端。腹部狭长，腹面光滑无刻点。

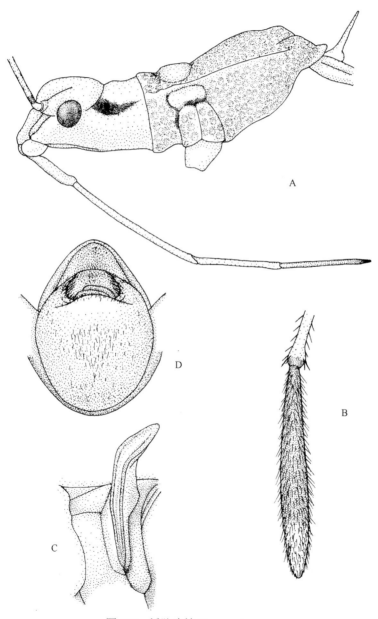

图 138　锤胁跷蝽 *Yemma signatus*

A. 头胸部侧面 (head and thorax, lateral view)；B. 触角第 4 节 (4th antennal segment)；C. 臭腺蒸发槽 (peritreme)；D. 生殖囊后面观 (genital capsule, caudal view, male)

量度　体长 6.6 mm (♂)，7.8 mm (♀)；头长 (横缢前：横缢后) 为 0.4：0.2 mm (♂)，0.6：0.2 mm (♀)；胸背板长 1.0 mm (♂)，1.3 mm (♀)；宽 (前角宽：后角宽) 为 0.4：0.6 mm (♂)，0.5：0.8 mm (♀)；小盾片刺长 0.2 mm (♂)，0.3 mm (♀)。触角各节长 I：II：III：IV=4.7：2.9：2.1：0.7 mm (♂)，4.6：2.7：2.1：0.6 mm (♀)，喙各节长 I：II：III：IV=0.3：0.8：0.6：0.6 mm (♂)，0.3：0.9：0.6：0.6 mm (♀)；前翅长 3.8 mm (♂)，4.8 mm (♀)；前足长 (股节：胫节：跗节) 为 3.0：3.6：0.7 mm (♂)，3.0：3.5：0.6 mm (♀)，中足长 (股节：胫节：跗节) 为 3.5：4.2：0.6 mm (♂)，3.5：3.9：0.5 mm (♀)；后足长 (股节：胫节：跗节) 为 5.3：7.1：0.6 mm (♂)，5.3：7.4：0.6 mm (♀)。腹长 4.4 mm (♂)，5.1 mm (♀)；宽 0.6 mm (♂)，0.9 mm (♀)。

经济意义　寄主多样，有泡桐、苹果、桃、芝麻、大豆、白菜 Brassica pekinensis、萝卜等多种果树和作物。

分布　河南 (嵩县、栾川、确山)；北京、河北、山东、陕西、甘肃、浙江、江西、四川、湖北、湖南、贵州、云南、广西、西藏 (察隅、吉隆热索)。

(一○九) 异跷蝽属 *Yemmatropis* Hsiao, 1977

Yemmatropis Hsiao, 1977: 285. Type species: *Metatropis dispar* Hsiao.

　　本属跷蝽体表有卷曲或绒毛状的短毛形成毛簇和条纹，臭腺蒸发道扩展，前翅具有棕色的条纹，中足基节臼缝上方具有 1 被绒毛簇围绕的圆形灰白色小片，腹部的腹面和背面均没有刻点。

　　本属世界已知 2 种，中国已知 2 种。

177. 肩异跷蝽 *Yemmatropis dispar* (Hsiao, 1974) (图 139)

Metatropis dispar Hsiao, 1974: 60.

Metatropis (*Yemmatropis*) *dispar*: Hsiao, 1977: 285.

Yemmatropis dispar: Stusak, 1989: 119; Péricart, 2001: 232.

　　形态特征　成虫　体色　黄褐色。头部的黑色光滑区域略小，中叶 (除最前端显黑褐色外) 为黄褐色；在侧面侧叶、复眼下方、复眼后方水平延伸至前胸背板前缘一线的下方和腹面为黑色区，单眼周围无黑色区域，但颜色加深，眼后横缢为黑色；胸部侧面前足基节臼上方及前方部分、前胸背板以下及腹面也为黑色区域，但腹部腹面的基部无黑色部分。头部和胸部的侧面、腹面生有卷曲的白色绒毛 (主要集中于黑色部分)，形成黑白相间的条纹。腹部腹面的基部两侧也生有较稀疏的白色卷毛。头顶光秃，在前叶复眼之间有 2 条颜色略深的较宽的纵纹，自触角基部向后、略向内延伸至接近横缢中央处，最后呈弧形向外侧弯曲并入横缢。头部白色短毛形成的斑纹，由复眼前方的侧叶基部始，经过眼下方在眼后下方平行向后延伸，在几乎达到前胸背板前缘处止；另一处白斑在眼正后方，向后上方至正后方发散的延伸，向上不超过横缢，一些短毛分布于横缢里，并从前方和内外两侧包围单眼；向下止于由眼正后方向后的水平线上，与前述第 1 条白斑略平行，向后延伸不到复眼后缘至前胸背板前缘的距离的一半处为止，在中叶上方的头顶处短毛较厚，并延触角基部与颅顶间的沟向后侧方延伸，超过沟长的一半。触角第 1 节基半部颜色淡于体色，但从第 1 节端半部色逐渐加深为黑褐色，只在各节末端色较淡。触角第 1 节的黑褐色斑点小而不明显，其膨大部分红褐色，淡于膨大之前的一段。触角第 2、第 3 节色较均一，第 4 节较细长，端部 1/5 白色，其余部分黑色。复眼红褐色。单眼淡黄色。喙淡黄褐色，第 4 节末端逐渐加深为黑色。

前胸背板中央及两侧的 3 条纵脊色淡，形成 3 个茶淡黄色的纵纹，中脊两侧各有一较宽的深褐色纵带，两侧角色较淡。侧面前足基臼上方和前方与前胸背板前缘之间、前胸背板以下的胸部侧面和整个胸部腹面 (除各足基节外) 黑色，光滑无刻点，其他部分黄褐色。白色短毛更为密集和广泛，具体为：前胸背板侧面靠近前缘处，由上至下延伸，两侧的条纹在前胸腹板上汇合，在前胸腹板的前缘以后布满前足基节之间；前足基节臼后上方和上方沿着侧脊的外侧纵向分布；胸部侧面前胸背板以下，白色短毛紧实地覆盖着中胸侧板上的黑色光滑区域，并在前端向下与延喙沟两侧分布短毛相接；中足基节臼上方和后上方也有分布；沿喙沟两侧分布的短毛一直延伸至后胸腹板末端，并与在末端横向分布的短毛相接，后者又在胸部腹面的后侧角与后胸腹板两侧纵向分布的短毛相接，并向后延伸至腹部第 2 节基部的两侧。小盾片具 1 淡色的中央纵脊。臭腺孔延伸部分在气味散发槽的上部较阔处为黄褐色，下方狭窄的部分近黑色。前翅基部、中部、后 1/3 处、近端部有 4 条深色横带。足比体色略淡。各足股节密布黑色小斑点，基半部比端半部略密集一些。前足、中足股节上有少数较大一些的暗色斑。股节端部膨大部分呈红褐色。胫节末端和跗节呈黑褐色。腹部腹面红褐色。

结构　体狭长。头部和胸部的侧面、腹面的生有卷曲的绒毛 (主要集中于黑色部分)。腹部腹面的基部两侧也生有较稀疏的卷毛。

头顶光秃。头部白色短毛的分布形状形成复杂图案。眼后横缢基本上平直。触角细长，触角第 1 节膨大部分较短、较粗；第 4 节较细长。复眼大，椭圆形，表面颗粒状。单眼圆形，单复眼距与 2 单眼间距几相等，单眼至前胸背板前缘的距离远小于前两者。喙达到后足基节，其第 1 节达到距头后缘很近处。前胸背板梯形，显著长于头部，密布粗糙刻点，前 1/3 较平坦，后部强烈鼓起；两侧缘在中部略向外凸，后缘中央内凹，中央及两侧有 3 条纵脊；两侧角球面状；侧面前足基臼上方和前方与前胸背板前缘之间、前胸背板以下光滑无刻点。白色短毛更为密集和广泛。胝部圆形，鼓起，较为光滑，左右分离，中央纵脊在胝部有中断。小盾片半圆形，无直立刺，但具 1 中央纵脊，向后延伸，突出小盾片后缘之外，形成 1 略向下弯的短刺，突出部分的长度约与小盾片长度相等。臭腺孔延伸部分较短，呈耳状，上端与半鞘翅外线平齐，气味散发槽的上部较阔，下方狭窄。前翅不达腹末端，除翅脉外均膜质。纵脉间密布细小的横纹。足各节细长。各足股节与后足胫节略弯曲。股节端部膨大部分较为显著。前足、中足股节的膨大部分直径超过其他部分的 2 倍。跗节 3 节，第 1 节长度略超过第 2、第 3 节的长度之和。后足股节与腹部约等长。腹部狭长，腹面光滑，背腹两面均没有刻点；第 3 腹节腹面的横脊上的毛点非常显著。

量度　雌虫体长 9.5 mm，头长 (横缢前：横缢后) 为 0.8：0.2 mm，头宽 0.7 mm。前胸背板长 1.6 mm，宽 (前角宽：后角宽) 为 0.6：1.0 mm；触角各节长 I：II：III：IV=

6.0：2.6：3.7：0.9 mm；喙各节长Ⅰ：Ⅱ：Ⅲ：Ⅳ=0.7：0.7：0.6：0.8 mm；前翅长 6.2 mm，前足长 (股节：胫节：跗节) 为3.8：4.3：0.8 mm；中足长 (股节：胫节：跗节) 为4.0：4.6：0.7 mm；后足长 (股节：胫节：跗节) 为6.5：8.8：07 mm。腹长 6.0 mm，宽 0.9 mm。

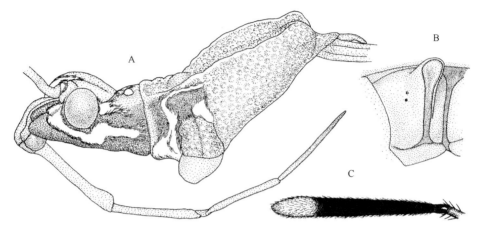

图 139　肩异跷蝽 *Yemmatropis dispar*

A. 头胸部侧面 (head and thorax, lateral view)；B. 触角第 4 节 (4th antennal segment)；C. 臭腺蒸发槽 (peritreme)

分布　河南 (鸡公山)；西藏、云南；尼泊尔、泰国、缅甸。

二十二、杆长蝽科 Blissidae

体黑色或黑褐色，狭长。前胸背板侧缘无楞边，前后 2 叶间无明显的横缢。革片淡色，几全无刻点。爪片接合缝不特别缩短。前股发达。腹部气门仅第 7 节位于腹面，其余均背生。腹部腹面各节间缝直伸侧缘。若虫臭腺孔位于第 4~5 节间和第 5~6 节间。雄虫阳茎端无螺旋丝。许多种类有翅多型现象。世界已知约 50 属 435 种。中国已知 8 属 35 种 (萧采瑜等，1981)。河南省已知 3 属 4 种。

属 检 索 表

1. 前足基节窝开式；足不呈明显的挖掘式；各足胫节不具粗刺列；小盾片大部或全部具粉被，形状一般 ·· 狭长蝽属 *Dimorphopterus* Stål
　前足基节窝闭式 ··· 2
2. 后足股节腹面具刺；前足、中足股节腹面无刺 ··············· 后刺长蝽属 *Pirkimerus* Distant
　后足股节腹面无刺；前股特别发达，下方具许多明显的刺，大小不一 ·····························
　··· 巨股长蝽属 *Macropes* Motschulsky

(一一〇) 狭长蝽属 *Dimorphopterus* Stål, 1872

Dimorphopterus Stål, 1872: 44. Type species: *Micropus spinolae* Signoret.

体狭长，两侧平行。头三角形。小盾片大部或全部被粉被，不特别宽大；前足基节臼开放；前足股节宽扁，端部下方突然变狭或切入；各足胫节无粗大刺列。

种 检 索 表

1. 前胸侧板无粉被，雄虫前足股节端部下方切入处大于直角 ·····················**高粱狭长蝽** *D. spinolae*
   前胸侧板有粉被，雄虫前足股节端部下方切入呈直角，小窝状 ················· **大狭长蝽** *D. pallipes*

178. 高粱狭长蝽 *Dimorphopterus spinolae* (Signoret, 1857) (图 140，图版 X-5~7)

Micropus spinolae Signoret, 1857: 30.

Dimorphopterus spinolae: Oshanin, 1906: 272; Zheng & Zou, 1981: 60; Nonnaizab, 1985: 151; Shen, 1993: 35; Péricart, 2001: 74.

别名　高粱长蝽。

形态特征　成虫　体色　黑色，具光泽。触角第 1~3 节褐色，第 4 节暗褐色；复眼红色；喙、足、前翅革片基部黄褐色；小盾片黑褐色；前翅革片端部、爪片基部暗褐色；膜片灰白色。

结构　有长翅型和短翅型两种。体略呈长方形，末端钝圆，全身密被灰白色细毛。头三角形，具小刻点；触角 4 节，第 4 节棍棒状，长为基节的 3.5 倍左右；复眼突出，半球形；单眼小，位于复眼稍后方；喙 4 节，不超过中足基节。前胸背板略呈方形，中央绩凹，前角圆，后缘直；小盾片小，三角形；跗节 3 节，第 2 节小，第 1 节长；前翅膜区有 3 条纵行脉纹；后翅膜质透明；长翅型翅长达腹部第 5 节后缘，短翅型仅达腹部第 1、第 2 节处。腹部侧接缘上翘。雄性外生殖器：阳茎鞘敞口，阳茎端骨化呈管状，盘旋 2 圈多。抱器基半部粗大，呈星状；端半部较细，开始 2/3 粗细一致，末 1/3 渐细。

量度　体长 3.0~4.8 mm，腹宽 1.4~1.7 mm。头长 0.46~0.49 mm，宽 0.65~0.67 mm；复眼间距 0.54~0.57 mm；触角各节长度 I：II：III：IV = 0.13~0.15：0.31~0.32：0.24~0.27：0.47~0.49 mm；前胸背板长 0.86~0.90 mm，前缘宽 0.42~0.56 mm，后缘宽 1.03~1.16 mm；小盾片长 0.30~0.32 mm，宽 0.45~0.52 mm；爪片接合缝长 0.71~0.76 mm，爪片端至革片端 0.78~0.86 mm，革片端至膜片端 1.15~1.24 mm。

卵　初产时乳白色，孵化前呈橙黄或红色。长椭圆形，表面光滑。长约 1 mm，宽 0.4 mm。

若虫　1 龄若虫头、前胸及中胸背板红褐色，后胸及腹部第 1 节白色，其余各腹节橙黄色；头、胸部狭，腹部较宽；体长 1 mm 左右。3 龄红褐色，后胸及腹部第 1 节白色，腹部末端黑色；触角 4 节，复眼红色，触角、足股节及胫节褐色；腹部第 3~6 可见腹节背面各有 1 个黑斑，以第 6 节的黑斑较大；体密被灰色细毛；体长约 3.3 mm，宽 1.1 mm。

生物学特性　河北及以北各省 (自治区) 一年发生 1 代，山东、湖北、湖南一年发生 2 代，以成虫在高粱等禾本科植物根际附近及野生禾本科杂草地深约 10 cm 土层中越冬。河北越冬成虫于翌年 4 月间随气温上升，逐渐向地表移动，群栖于地面土块下或草丛附近，至 5 月上旬开始密集于宿根性禾本科杂草或自生高粱苗上取食。5 月中旬、下旬播种的高粱苗出土后，渐向高粱地爬行迁移，并在幼苗心叶或叶背面群集为害。出土

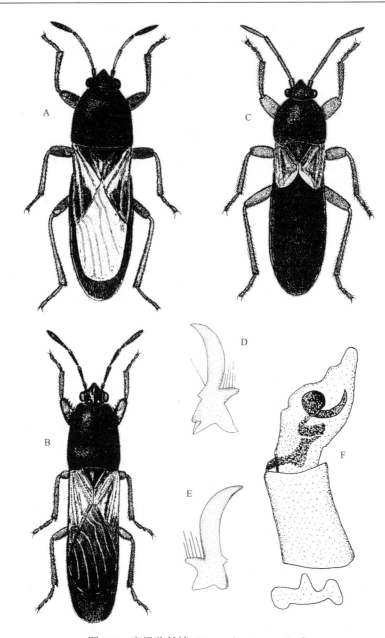

图 140　高粱狭长蝽 *Dimorphopterus spinolae*

A. 雌成虫 (female)；B. 雄成虫 (male)；C. 短翅型成虫 (female, brachyptery)；D、E. 右抱器 (right paramere)；F. 阳茎 (phallus)

后 10 d 内的幼苗受害最重。5 月中旬开始交配，6 月中旬开始产卵，7 月初盛产。6 月下旬始孵，6 月末至 7 月初出现 2 龄若虫，7 月中旬、下旬 3 龄若虫出现，8 月初至 9 月上旬为 4 龄、5 龄若虫的发生盛期。9 月末至 10 月初随高粱成熟及收获前后，成虫陆续爬出叶鞘入土越冬。湖南长沙越冬成虫于翌年 4 月上旬开始产卵，4 月下旬至 5 月上旬为产卵盛期，5 月上旬始孵，6 月中旬始羽化。一代成虫交尾后于 6 月下旬开始产卵，7 月中旬、下旬始孵，9 月中旬始羽化，不久进入越冬。长沙卵期第一代 19~27 d，第二代 21~31 d；若虫期第一代 39~50 d，第二代 57~71 d；成虫寿命第一代 51~73 d，第二代 120~221 d。全代历期第一代平均 127.2 d，第二代 269.8 d。雌虫产卵于寄主茎秆基部枯叶鞘内侧，少数产在其他部位及地面枯枝落叶上，成块，每块 4~5 粒或更多些，常排成 1 斜列。每雌产卵数 5~180 粒。成虫 1 d 内以下午较活跃，上午及夜间多潜伏在土中、叶鞘及心叶内不动，干旱或晴天时比阴天活跃。交尾一般多在下午，历时 6~16 h，最长可达48 h。

经济意义　主要为害高粱，兼害粟 *Setaria italica* var. *germanica*、稷 *Panicum miliaceum*、玉米、稻等作物及荻 *Triarrhena sacchariflora*、雀麦 *Bromus japonicus*、赖草、水稗 *Echinochloa phyllopogon*、芦苇等禾本科植物；辽宁西部偶尔也为害棉花。成虫和若虫均能在寄主幼苗的嫩茎、嫩叶上吸食汁液。幼苗被害后叶片最初出现红斑，然后整个叶片渐渐变红，最后干枯，轻者影响植物生长发育，重者全株枯死，甚至毁种。

分布　河南 (郑州、兰考、商丘、长垣)；黑龙江、吉林 (公主岭)、辽宁 (锦西)、内蒙古 (锡林郭勒盟)、河北、山东 (莱阳)、湖南 (岳阳、醴陵、沅江)、四川 (灌县、雅安)、江西 (庐山、萍乡)、福建 (建阳、邵武)、广东 (乐昌、连县)、陕西；俄罗斯、日本、北非。

179. 大狭长蝽 *Dimorphopterus pallipes* (Distant, 1883)

Blissus pallipes Distant, 1883: 432.

Dimorphopterus pallipes: Zheng, 1981: 63; Péricart, 2001: 74.

形态结构　成虫　**体色**　黑褐色，和高粱狭长蝽十分近似。膜片脉纹褐色。前胸腹板及侧板内域，中胸、后胸侧板灰蓝色。前足基节臼中部黄褐色，具光泽。

结构　体宽大。头及前胸背板的毛较长，较为直立。前胸背板胝间和胝后刻点略小，较不粗糙，但向后缘延伸较远，胝区刻点比高粱狭长蝽明显稀少。短翅型前翅内缘平行，几乎接触，膜片约呈三角形，其上脉纹不清晰。头下方除两侧外，均具粉被，前胸腹板及侧板内域具粉被，与中胸、后胸侧板同。前足基节臼大部具粉被，中部无粉被。雄虫前足股节端部下方强烈切入成直角，为小窝状，切刻下角外方有 1 向前伸的刺突。腹部较肥大，呈纺锤形，最宽处为前翅基部宽的 1.4 倍。腹部背面第 2~5 节中部刻点深大，粗糙，略呈横皱状。

量度　雄虫体长 4.5~6.0 mm。头长 0.59 mm，宽 0.81 mm，触角各节长 0.18∶0.46∶0.37∶0.69 mm。前胸背板长 0.88 mm，前缘宽 0.55 mm，后缘宽 1.12 mm，最大宽 1.16 mm。小盾片长 0.31 mm，宽 0.58 mm；前翅长 0.09 mm。

经济意义　为害芦苇。

分布　河南 (西峡)；广东；日本。

(一一一) 巨股长蝽属 *Macropes* Motschulsky, 1859

Macropes Motschulsky, 1859: 108. Type species: *Macropes spinimanus* Motschulsky.

Macropes: Distant, 1902: 24.

　　体狭长，杆状。头正常；前胸背板具光泽全无粉被；小盾片端半具中脊；革片端缘直；前足基节臼关闭；前股特别发达，极膨大，下方具许多明显的刺，大小不一；后股下方无刺。

180. 中华巨股长蝽 *Macropes harringtonae* Slater, Ashlock et Wilcox, 1969 (图 141，图版 X-8)

Macropes harringtonae Slater et al., 1969: 674,688; Péricart, 2001: 78.

Macropes sinicus Zheng & Zou，1981: 76; Shen, 1993: 35.

　　形态特征　体色　黑褐色至黑色。触角第 3 节和第 4 节基半部浅黑褐或红褐；前胸背板后叶棕褐至赤褐；前翅爪片与革片底色淡黄白，各脉及革片 M 脉以外的区域淡黄褐色，膜片透明，仅在基部革片内角后方有一很短的白色不透明狭带；各足股节黑褐，端

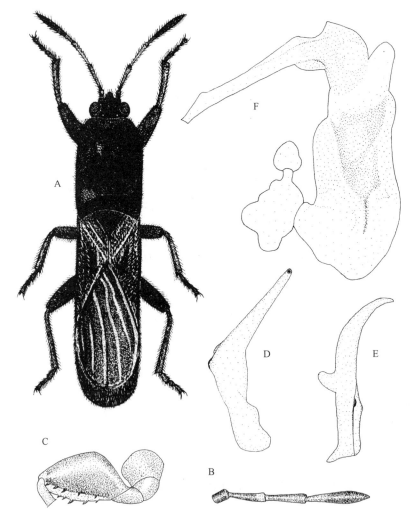

图 141　中华巨股长蝽 *Macropes harringtonae*

A. 体背面 (habitus)；B. 触角 (antenna)；C. 前足腿节 (fore femora)；D、E. 右抱器 (right paramere)；F. 阳茎 (phallus)

部红褐；或中足、后足股节红褐，各足胫节红褐；腹部棕褐或红褐色，腹面基部数节色深，呈黑褐色，侧缘色略淡。

　　结构　体细长而直。复眼远离前胸前缘。喙伸达前胸腹板后缘或略超过之。前胸背板后叶具刻点，背板表面微拱，两侧后半平行，在前方 2/5 处内折，然后直行，前叶中纵线处有两列刻点，无深沟，胝区有很稀疏的刻点，后叶横缢下陷程度不特别强烈，毛多为丝状平伏毛，后缘两侧多少后伸。小盾片端半具中脊，隆起不强烈，中脊以外的区域具粉被，有时不具粉被的区域较宽，宽于中脊，被有丝状毛。翅伸达第 7 腹节背板前部。中足、后足股节下方无刺。雄性外生殖器：阳茎鞘敞口，阳茎端不呈环曲形，由阳茎系膜发出后，渐细，只在近顶端处略膨大。抱器基半部较粗大，端半部渐细，近中部有一突起。

　　量度　体长 4.7~5.5 mm。头长 0.53~0.59 mm，宽 0.64~0.71 mm；触角各节长 Ⅰ：Ⅱ：Ⅲ：Ⅳ=0.13~0.52：0.33~0.36：0.35~0.39：0.59~063 mm。前胸背板长 1.15~1.19 mm，后缘宽 1.04~1.09 mm，最大宽度 1.06~1.08 mm；小盾片长 0.38~0.40 mm，宽 0.71~0.74 mm；爪片接合缝长 0.14~0.16 mm，爪片端至革片端 0.87~0.98 mm，革片端至膜片端 1.13~1.23 mm。

　　分布　河南 (信阳、鸡公山)；四川 (峨眉山)、福建 (邵武、龙岩)、广西 (上林)、云南 (昆明)、海南。

(一一二) 后刺长蝽属 *Pirkimerus* Distant, 1904

Pirkimerus Distant, 1904: 22. Type species: *Pirkimerus sesquipedalis* Distant.

　　体不扁平，较细长，长杆状。头及前胸背面具光泽，头部正常，侧叶及小颊正常，单眼显著。前胸背板前后叶间横缢不明显。臭腺沟缘短，隆出体表。前中股节下方无刺，雄虫后足股节不特别加粗，下方具刺。

181. 竹后刺长蝽 *Pirkimerus japonicus* (Hidaka, 1961) (图 142，图版 X-9)

Ischnomorphus japonicus Hidaka, 1961: 256.

Pirkimerus japonicus: Slater, 1968: 277; Zheng & Zou, 1981: 67; Zhang & Hu, 1985: 153; Shen, 1993: 36; Péricart, 2001: 80.

　　形态特征　成虫　体色　黑色，略具光泽。触角第 1~3 节、前翅革片基半部、各脉、各足黄褐色；触角第 4 节、前胸背板后缘、前翅爪片、革片端半部、膜片黑褐色，复眼及单眼黄褐色至褐色。

　　结构　体略呈长方形，被长短不一的直立或半直立淡色毛。头表面略拱圆，刻点不显著；触角较短；喙伸达中胸腹板前部。前胸背板侧缘近直，后缘凹入，肩角宽圆；小盾片后半部具中纵脊；革片毛长；后足股节较粗，基半部具 4~5 个较长的刺，前翅不达腹末，腹部边缘具很长的外伸刚毛。身体腹面具粉被。

　　量度　体长 7.6~9.0 mm，腹部宽 2.1~2.7 mm。头长 0.72~0.78 mm，宽 0.61~0.65 mm。触角各节长 Ⅰ：Ⅱ：Ⅲ：Ⅳ=0.18~0.21：0.42~0.47：0.42~0.47：0.70~0.79 mm；前胸背

板长 1.19~0.23 mm，宽 1.51~1.62 mm；小盾片长 0.55~0.60 mm，宽 0.68~0.75 mm；爪片接合缝长 0.63~0.66 mm，爪片端到革片端 1.18~1.34 mm；革片端至膜片端 2.38~2.46 mm。

卵　初产时乳白色，中期淡黄白，近孵时灰黄白色。长卵形，附着面稍扁平。壳表光滑。体长 1.50~1.52 mm，宽 0.45~0.48 mm。

若虫　1 龄若虫白至淡黄白色；复眼红色，触角和足黄白色，各腿节和胫节的小刺毛黄褐色，胫节末端的短刺环红棕色；卵形，被少量黄褐色绒毛，复眼不突出，体长 1.7~1.8 mm，宽 0.6~0.7 mm。3 龄若虫淡黄褐色；触角黄褐色，第 4 腹节背面中央臭腺孔乳状突起红色；全身被有黄褐色长绒毛 (以后各龄同)，复眼稍突出，触角各节长度大致相等，前翅芽达到第 1 腹节中部，各足小刺毛较少；体长 4.5~4.9 mm，宽 2.1~2.3 mm。5 龄黄褐色，触角基半部淡红色，复眼红色，腹背臭腺孔黑色；长椭圆形，头部中叶隆起，近端处有 2 根长刺毛，触角第 4 节最长，略呈纺锤形，复眼突出，前翅芽达第 3 腹节前缘，后足股节腹面有 2 排小刺，其中间 2 个显著较大，腹背臭腺孔模糊；体长 7.6~7.8 mm，宽 2.7~2.8 mm。

生物学特性　此虫在江西一年可以发生 2 代，以成虫、卵和各龄若虫在被害竹节内过冬，无明显休眠期。第 1 代 2~8 月，第 2 代 8~12 月；以 1 龄、2 龄若虫过冬的，则

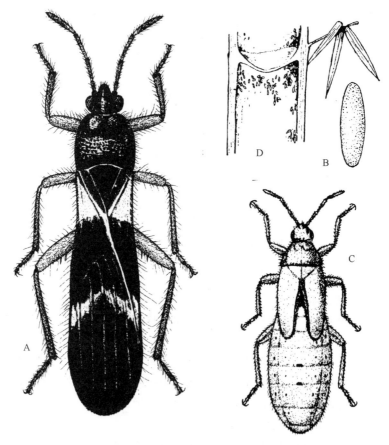

图 142　竹后刺长蝽 *Pirkimerus japonicus*
A. 体背面 (habitus)；B. 卵 (egg)；C. 若虫 (nymph)；D. 若虫在竹内为害状 (nymphs in bamboo)

一年只能发生 1 代。全年不同时期内均能见到各种虫态，发育极不整齐，3 月上旬初始产卵，但以 5 月、6 月和 8 月、9 月产卵繁殖最盛，6 月底至 9 月并能转株为害。据室内片段饲养，卵期 13~19 d；若虫期 1 龄 13~15 d，2 龄 17~21 d。可见在竹节内昼夜温差变化较小的情况下，若虫的发育期是比较长的。成虫在含水量较低的毛竹 *Phyllostachys edulis* 内难于生存，据室内饲养成虫 83 只，因竹节脱水变干，均在傍晚外逃。成虫和若虫性喜阴暗高湿，多在 2 年生、3 年生毛竹秆内为害，个别虫口密度高的，整个竹筒内壁几乎全被该虫所占据，曾剖查到一段 4 尺长的 3 年生竹秆内，有虫万只以上。当年生毛竹在展叶前未见侵害，展叶后少数株有虫，这是因展叶前竹腔内湿度过高，基本上是水腔，故无法生存。4 年生以上毛竹和竹秆上孔洞较大的节内，也少见有虫，主要是由于竹壁纤维硬化，含水量降低，较光亮和内多蚂蚁、步甲类等天敌的缘故。毛竹从蔸部至竹梢，凡是有孔洞的竹节，多数有虫，但以竹秆中部各节虫量最多，为害最重。在同一竹节内，成虫和若虫又多集中在背阳面或靠近有虫孔一面的上位节部处，若虫蜕的皮和死亡残骸也多集中在这些地方。卵多产于竹茎内部向阳面的表壁上，以距上部节位 1~6 cm 处最多，少数距离节位稍远。聚生，疏松纵向排列，少数散生。每处有卵 1~98 枚，多数 21~42 枚，也有平铺在一起的，一节内有卵多达 1877 枚。雌虫每次产卵 2~7 枚，多为 7 枚。在调查中还发现：向阳竹林比背阳竹林为害重，海拔较高的竹林比海拔低的受害重。

分布　河南 (新县、鸡公山)；浙江 (杭州、仙居)、江西 (万载、宜春、九江、宜丰、新建)、四川、福建 (邵武、建阳、崇安)；日本，越南。

二十三、莎长蝽科 Cymidae

体黑色或黑褐色，狭长。前胸背板侧缘无楞边，前后 2 叶间无明显的横缢。革片淡色，几全无刻点。爪片接合缝不特别缩短。前股发达。腹部气门仅第 7 节位于腹面，其余均背生。腹部腹面各节间缝直伸侧缘。若虫臭腺孔位于第 4~5 节间和第 5~6 节间。雄虫阳茎端无螺旋丝。许多种类有翅多型现象。世界已知约 50 属 435 种。中国已知 4 属 12 种。河南省已知 1 属 1 种。

(一一三)　蔺长蝽属 *Ninomimus* Lindberg, 1934

Ninomimus Lingdberg, 1934: 9. Type species: *Lygaeosoma flavipes* Matsumura.

复眼无柄，显著；喙端半显著加粗；革片沿爪片接合缝和端缘有刻点列，R 脉边缘也有刻点列，革片不透明，爪片端半透明；体有浓密粉被及长毛；与尼长蝽属近似，但后者革片完全透明，复眼生于眼柄之上。

182. 黄足蔺长蝽 *Ninomimus flavipes* (Matsumura, 1913) (图 143，图版 XI-1)

Lygaeosoma flavipes Matsumura, 1913: 25, 169.
Ninomimus flavipes: Zheng & Zou, 1981: 40; Cai et al., 1998: 234; Péricart, 2001: 70.

　　形态特征　**体色**　黄褐色。头、前足基节臼背方的斑、中胸、后胸腹面大部黑色，除头中叶、单眼前方 1 对大斑粉被较稀外，余均被浓厚白色粉被，致使头呈灰黑色；复眼紫红色；触角淡褐至褐色；胝灰黑，周围有灰色晕；前胸背板后角处的斑、革片末端及翅上的刻点黑褐色；爪片与革片淡黄褐色；头部腹面及胸部腹面中部粉被浓厚，呈灰白色。足股节略深。

　　结构　体较瘦狭。复眼大而圆，其后的区域饱满，触角第 3、第 4 节上的毛较密较短，约为该触角节直径的 2 倍。喙伸达中足基节。前胸背板具深色刻点，大部分区域均具粉被；后缘呈浅波状，两侧钝圆地向后略伸出；小盾片具浓厚粉被；爪片与革片不透明，仅革片沿内缘有 1 长卵形半透明区域，爪片上有 3 列较完整的刻点列，外侧 1 列不

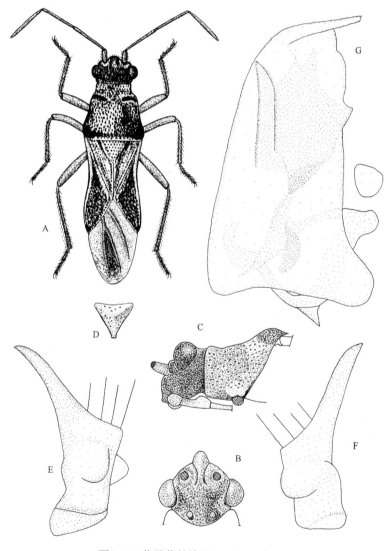

图 143　黄足蔺长蝽 *Ninomimus flavipes*

A. 体背面 (habitus)；B. 头部 (head)；C. 头部及前胸 (head and thorax)；D. 中胸小盾片 (scutellum)；E、F. 右抱器 (right paramere)；G. 阳茎 (phallus)

伸达爪片末端，革片中部共有刻点约 5 列。阳茎鞘敞口，阳茎端棒状，较短。抱器基半部明显较端半部粗大，基半部略呈方形。

量度　体长 3.37~3.72 mm。头长 0.37~0.41 mm，宽 0.35~0.39 mm；复眼间距 0.56~0.62 mm，单眼间距 0.11~0.13 mm；触角各节长 Ⅰ∶Ⅱ∶Ⅲ∶Ⅳ=0.21~0.24∶0.67~0.72∶0.59~0.64∶0.66~0.69 mm；前胸背板长 0.72~0.76 mm，前缘宽 0.49~0.56 mm，后缘宽 0.82~0.89 mm；小盾片长 0.30~0.32 mm，宽 0.38~0.41 mm；爪片接合缝长 0.31~0.35 mm，爪片端至革片端 0.68~0.71 mm，革片端至膜片端 0.72~0.79 mm。

分布　河南 (栾川、鸡公山)；浙江 (天目山)、江西 (庐山)、湖北 (武昌)、四川 (峨眉山、雅安、宝兴)、广西 (龙胜)；日本、俄罗斯。

二十四、大眼长蝽科 Geocoridae

本科昆虫复眼极为显著，肾形，头极宽。前足股节不特别加粗，无刺。前胸背板横缢不明显。腹部第 4、第 5 节间和第 5、第 6 节间的骨缝显著后弯。雄虫阳茎具极长的螺旋状附器。食性为捕食性。世界已知 25 属 274 种。我国已知 2 属 21 种。河南省已知 1 属 2 种。

(一一四) 大眼长蝽属 *Geocoris* Fallén, 1814

Geocoris Fallén, 1814: 10. Type species: *Cimex grylloides* Linnaeus.

小型。头大复眼突出，向后斜伸显著。喙第 2 节短于第 1 节。前胸背板前缘几达复眼中部水平位置；爪片狭窄，向端方渐狭；无爪片接合缝；革片各脉无刻点；刻点在革片端半及爪片缝附近分布；臭腺沟缘短。

种 检 索 表

1. 头部黑色或黑色为主，具少量白斑；前胸背板近长方形，几乎全黑，或只后角淡色，或前角、后角淡色，或侧缘色较淡，但模糊而狭窄，不成明显的白边；革片全部黄褐色，无黑色大斑；头横宽；体粗圆，两侧近平行；腹部末端宽圆；腹部腹面全黑，侧缘也黑；触角第 4 节黑褐…………
……………………………………………………… 宽大眼长蝽 *G. varius*
头部无明显黑色成分，即使有，占面积也极少；前胸背板黑色为主，侧缘全部或大部明显地成淡色边，或背板各缘均具淡色边；体毛较短；小盾片全黑，末端不成明显的黄白色斑；革片内角处有 1 小黑斑；腹部腹面各节侧缘淡色，成一系列黄斑状，侧接缘黄黑相间…………………………
…………………………………………………… 大眼长蝽 *G. pallidipennis*

183. 大眼长蝽 *Geocoris pallidipennis* (Costa, 1843) (图 144，图版 XI-2)
Ophthalmicus pallidipennis Costa, 1843: 293.
Geocoris pallidipennis: Oshanin, 1906: 280; Zheng & Zou, 1981：84; Zhang, 1985: 159; Li et al., 1985: 99; Yu et al., 1993: 90; Shen, 1993: 35; Péricart, 2001: 90; Xie et al., 2009: 338.

别名　大眼长蝽。

形态特征　成虫　体色　黑褐色。复眼暗褐色；单眼红色；雌虫触角 1~3 节黑色，第 4 节灰褐色，雄虫触角 1~2 节色深，其末端色淡，第 3、第 4 节淡色；喙深褐色，第 1 节与末节端半黑色；小颊黄白色；前胸背板大部、前胸腹面及小盾片黑色；前胸背板中部前缘有 1 小斑淡黄褐色；前胸背板两侧、后缘角及前翅革片、爪片均为淡黄褐色；膜片透明；足黄褐色；股节、跗节先端深褐色。

结构　头比前胸背板前缘宽，前端呈三角形突出；复眼大而突出；单眼位于头顶两侧后方。前胸背板有粗刻点。

量度　体长 2.9~3.7 mm，腹宽 1.3~1.5 mm。头长 0.48~0.51 mm，头宽 1.45~1.51 mm；复眼间距 0.72~0.79 mm；触角各节长度为 Ⅰ∶Ⅱ∶Ⅲ∶Ⅳ = 0.19~0.24∶0.42~0.45∶0.31~0.35∶0.42~0.46 mm；前胸背板长 0.86~0.89 mm，前缘宽 0.86~0.95 mm，后缘宽 1.39~1.51 mm；小盾片长 0.74~0.77 mm，宽 0.85~0.89 mm；革片端至膜片端 0.41~0.54 mm。

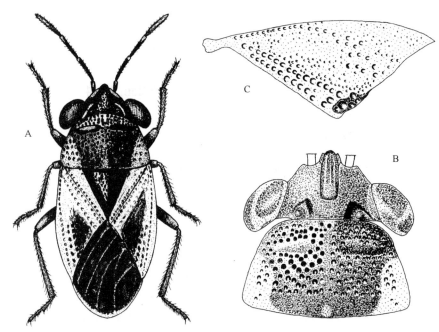

图 144　大眼长蝽 *Geocoris pallidipennis*

A. 体背面 (habitus)；B. 头及前胸 (head and thorax)；C. 右前翅革片 (right corium)

卵　淡橙黄色，孵化前在突起的一端出现 2 个红眼点。表面像花生壳，大的一头有 5 个“T”字形突起。长约 0.74 mm，宽 0.28 mm。

若虫　1 龄初期体长方形，头胸淡黄色，腹部橙黄色，复眼暗红色，突出，5 d 后体变紫黑色，头较尖，腹部大而圆钝。

生物学特性　江西以成虫在冬季绿肥田及枯枝落叶下过冬，翌年 4 月中下旬开始活动，6 月、7 月发生数量较多，并见各龄若虫及成虫，9 月后渐减。

经济意义　能猎食叶蝉、蓟马、盲蝽、棉蚜、叶螨等若虫及红铃虫、棉铃虫、小造桥虫等鳞翅目害虫的卵和小幼虫。

分布　河南 (全省)；北京、天津、河北 (昌黎、兴隆)、甘肃、山东 (威海、烟台、即墨、青岛)、山西 (太原、垣曲)、陕西 (武功)、江苏、安徽、湖北 (黄梅)、上海、浙江 (余姚、杭州)、四川 (马尔康、茂县、灌县、小金、西昌)、江西 (庐山)、湖南、贵州、云南、西藏。

184. 宽大眼长蝽 *Geocoris varius* (Uhler, 1860) (图 145，图版 XI-3)

Opthalmicus varius Uhler, 1860: 229.

Geocoris varius: Zheng & Zou, 1981：81; Li et al., 1985：99; Cai et al., 1998: 234; Péricart, 2001: 92.

形态特征　**体色**　黑褐色。头、单眼、中叶、喙、小盾片尖端、前足 (前爪除外)、中足、后足橙黄色；触角第 1 节、第 4 节、前股近端部环斑、中胫及后足近基部环斑淡褐色；触角第 2 节、第 3 节、前胸侧板、前胸腹板大部、中胸侧板及腹板、后胸侧板、

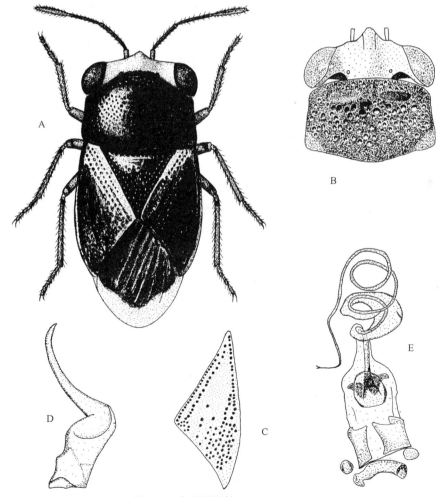

图 145　宽大眼长蝽 *Geocoris varius*

A. 体背面 (habitus)；B. 头及前胸 (head and pronotum)；C. 右前翅革片 (right corium)；D. 抱器 (paramere)；E. 阳茎 (phallus)

后胸腹板大部、腹部黑色；复眼红褐色；头部侧叶橙红色；前胸背板两侧后角淡黄褐色；前翅淡黄色；中股及后股近端部环斑、后足基节基部环斑褐色；前爪褐黄色；前胸腹板前缘、前足、中足、后足基节窝周缘隆起部分、前胸腹板后缘除中央及两侧外其余部分、后胸侧板上臭腺孔黄白色。

　　结构　头宽扁，光滑；触角棒状；复眼椭球形、大，突出头外，其长轴等于头宽的 1/3，约等于头长；中叶与侧叶一起成三角形突出头部；喙不紧贴于头腹面及胸腹面。前胸背板前缘微凸，后缘也凸出，侧后角圆钝，不特别向后伸出，前胸背板有刻点；小盾片基部有横脊，其上光滑，其余地方刻点密；革片上，与爪片相接处有 2 列刻点，前缘基半有 1 列刻点，端半刻点扩布满革片顶端，革片中央平坦，仅个别刻点；爪片上，靠近革片边缘有 1 列刻点；膜片与侧接缘齐，端部超过腹末端；各足跗节第 1 节超过第 2、第 3 节长度之和。腹部腹板侧区有皱纹。阳茎鞘敞口，阳茎端骨化呈管状，盘旋 5 圈多，基部向两侧形成宽边，外侧宽于内侧，顶端分叉呈蛇舌状。抱器基半部粗大，端半部渐细，末端尖锐。

　　量度　体长 4.5~4.8 mm，宽 2.3~2.4 mm。

　　分布　河南 (安阳、新乡、嵩县、栾川、洛阳、许昌、淮阳、南阳、鸡公山)；山西 (垣曲)、陕西 [周至、秦岭 (楼砚台、赤暗口)]、江苏 (南京)、浙江 (天目山)、江西 (萍乡、安源、庐山)、福建 (崇安、建阳)、四川 (宝兴、雅安)、贵州 (贵阳)、广东 (乐昌、连县)、广西 (龙胜)、台湾；日本。

二十五、翅室长蝽科 Heterogastridae

　　本科昆虫体小，长卵圆形，触角第 3、第 4 节细长，第 4 节加粗。单眼前方有沟，深浅不一。头、前胸背板、革片、爪片刻点显著。前翅膜片无横脉。前股无刺。仅腹部第 7 节气门腹生。若虫臭腺孔位于腹部背面第 3、第 4 节间和第 4、第 5 节间。世界已知 24 属 100 种。我国已知 2 属 21 种。河南省已知 2 属 2 种。

属 检 索 表

1. 雌虫腹节缝极度向前收缩至腹部基部；前胸背板横缢深，前后两叶分界明显 ……………………… …………………………………………………………**裂腹长蝽属 *Nerthus* Distant**
　　雌虫腹节缝显著向前收缩至腹部中部；前胸背板横缢不明显 …… **异腹长蝽属 *Heterogaster* Schilling**

(一一五) 异腹长蝽属 *Heterogaster* Schilling, 1829

Heterogaster Schilling, 1829: 84. Type species: *Cimex urticae* Fabricius.

　　长椭圆形。头宽，在眼后略收缩。前胸背板背面较平，无纵脊；横缢宽而浅，不显著；后缘在小盾片基部弯曲；小盾片三角形；翅达腹部末端；革片前缘基部直，中后稍外弯；臭腺沟缘耳状；后足股节粗大，腹面近端部具刺突。雌虫第 5、第 6 节腹节缝向前收缩至腹部中部，第 7 节腹部纵裂。

185. 中华异腹长蝽 *Heterogaster chinensis* Zou et Zheng, 1981

Heterogaster chinensis Zou & Zheng, 1981：111; Li et al., 1985：99; Shen, 1993：35; Péricart, 2001: 103.

形态特征　体色　黑色、闪光。头部中叶最末端、头基部中央小斑、前胸背板后叶上的中央纵纹、小盾片末端淡黄色；触角黑褐色，前 3 节最末端黄色；喙黄褐色；前翅刻点均为黑褐色，基半黄褐色，端半部黑褐色，爪片内半黑褐色，革片在接近爪片接合缝处具一黑褐色小斑，另外在革片亚前缘相当于小盾片末端还有一隐约褐斑，革片近顶角处的颜色稍淡，膜片微褐；足基节基部黑褐，转节黄褐，前足股节黑，前股节末端、中足和后足股节基半淡黄褐色，最末端淡黄色，胫节黄褐色，基部和中央具黑色环，其末端色暗；跗节第 1 节端部和第 3 节褐色；臭腺沟黄褐色，基部和蒸发面黑褐色。腹部紫黑色，侧接缘上的小斑淡黄色。

结构　刻点粗大而且密集，具斜立长毛。头顶凸圆，前端呈锥状；中叶高，长于侧叶；触角瘤在复眼前下方并向下倾斜，由背面不可见。触角具毛，第 1 节粗短，刚达头部末端，第 2、第 3 节长度约相等，均短于第 4 节，第 4 节纺锤形。喙伸达中足基节，第 1 节仅达头长之半，第 2 节最长，第 3、第 4 节等长，稍短于第 2 节。两单眼间的距离约为单眼至复眼间距的 3 倍，眼突出，头在眼后细缩，眼不与前胸背板相接。前胸背板两侧缘弯曲，边缘具脊，后侧角圆，并向后突出，其后缘在小盾片基部明显呈弧形弯曲。前胸背板在后部 2/5 处横缢，横沟宽而浅，背面向上中度隆起，以前叶最明显，刻点密集，前叶刻点比后叶小，而且圆。无中纵脊。小盾片平坦，三边微弯，长度相等，纵脊仅后半微显，刻点大，密，并具长毛。前翅密被斜立毛，有时则不明显；爪片具 3 列完整的刻点列。革片前缘基部直，后部微弯，但两侧基本平行；膜片透明，前翅与腹部等长或稍超过之。足具长黄白色毛，前足股节膨大，接近前端腹面具 1 大刺和 1 小刺，中足、后足股节端部膨大，臭腺沟缘耳状，侧接缘由背观微外露或不外露。雌虫生殖节纵裂至腹中部。

量度　体长 5.57~6.02 mm。头长 0.86~0.91 mm，宽 1.13~1.35 mm；复眼间距 0.68~0.71 mm，触角各节长 I：II：III：IV=0.29~0.31：0.58~0.61：0.59~0.60：0.67~0.71 mm。前胸背板长 1.16~1.20 mm，前缘宽 0.67~0.70 mm，后缘宽 1.63~1.70 mm；小盾片长 1.01~1.09 mm，宽 0.85~0.91 mm；爪片接合缝长 0.39~0.41 mm，爪片端至革片端 0.97~0.99 mm，革片端至膜片端 1.38~1.40 mm。

经济意义　能猎食叶蝉、蓟马、盲蝽、棉蚜、叶螨等若虫及红铃虫、棉铃虫、小造桥虫等鳞翅目害虫的卵和小幼虫。

分布　河南 (信阳、鸡公山)；江西 (庐山)、四川 (宝兴、茂县、雅安、峨眉山)、贵州 (湄潭)。

(一一六) 裂腹长蝽属 *Nerthus* Distant, 1909

Nerthus Distant, 1909: 327. Type species: *Nerthus dudgeoni* Distant.

　　长椭圆形。头宽，眼前部分短；中叶明显突出；单眼互相远离，更近于同侧复眼；喙伸过后足基节。前胸背板横缢深，将前胸背板分出明显 2 部分。前胸背板横缢在中部偏前 3/5 位置，横缢窄且深；前叶算珠形；后叶平，后角向后突出，圆弧形；前足股节腹面具刺。雌虫生殖节腹节缝极度向前收缩，几乎伸达腹部基部，雄虫腹部中央具纵脊。

186. 台裂腹长蝽 *Nerthus taivanicus* (Bergroth, 1914) (图 146，图版XI-4)

Hyginus taivanicus Bergroth, 1914: 358.

Nerthus taivanicus: Zheng & Zou, 1981 : 113; Péricart, 2001: 104.

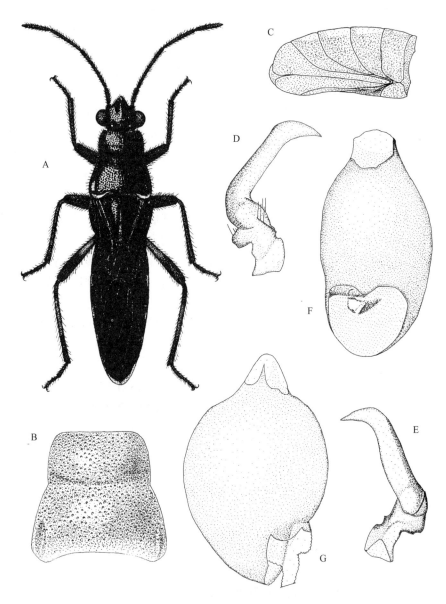

图 146　台裂腹长蝽 *Nerthus taivanicus*

A. 体背面 (habitus)；B. 前胸背板 (pronotum)；C. 腹部 (abdomen)；D、E. 右抱器 (right paramere)；F、G. 阳茎鞘 (phallotheca)

形态特征　体色　黑色。头中叶末端褐色；触角、前翅黑褐色；前胸背板后缘具细窄的条纹，小盾片纵脊黄褐色；侧接缘各节前半部黄色；足黑色或红褐色，但中足和后足股节基部黄褐色。

结构　头、胸背腹两面皆具密集刻点，全体被金黄色毛。头三角形，头顶平，中叶突出；头不与前胸背板相接；喙伸达或超过后足基节，第 1 节超过头的基部；小颊短小；触角细长，具毛，第 1 节最短，刚超过头部前端，第 2~4 节依次缩短。前胸背板长，后缘宽约为前缘宽的 1.6 倍，在中部横缢，中部下包，侧缘弯曲，前叶形似算盘珠形，后叶背面稍突，后侧角圆并向后稍成小叶状突出；小盾片长大于宽，基部微隆起，纵脊明显，也具刻点；前翅被黄褐色密毛，革片翅脉显著；后足第 1 跗节长于第 2、第 3 跗节之和；膜片超过或与腹部等长；腹部侧接缘由背面可见；雌虫腹板中央极度向前收缩，达到第 1 腹节；雄虫腹部内央具纵脊。阳茎鞘收口，囊状。抱器基半部稍微粗于端半部；端半部开始较直，末 1/3 向一侧弯曲。

量度　体长 11.1~11.6 mm。头长 1.11~1.21 mm，宽 2.10~0.29 mm；复眼间距 1.13~1.20 mm，单眼间距 0.58~0.61 mm；触角各节长 Ⅰ：Ⅱ：Ⅲ：Ⅳ=0.57~0.61：1.77~1.80：1.33~1.41：1.18~1.29 mm。前胸背板长 2.75~2.81 mm，前缘宽 1.74~1.81 mm，后缘宽 2.65~2.73 mm；小盾片长 1.75~1.80 mm，宽 1.52~1.59 mm；爪片端至革片端 2.29~2.51 mm，革片端至膜片端 2.68~2.77 mm。

分布　河南 (鸡公山)；浙江 (西天目山)、湖北 (武昌)、福建 (龙岩)、台湾、广西 (龙胜)、海南。

二十六、长蝽科 Lygaeidae

本科昆虫现包含背孔长蝽亚科 Orsillinae、蒴长蝽亚科 Ischnorhynchinae、长蝽亚科 Lygaeinae 3 个亚科。主要区别特征是气门背生，胝区上有凹线，小盾片有"Y"形脊。世界已知 102 属 968 种，其中背孔长蝽亚科约有 250 种，蒴长蝽亚科有 75 种，长蝽亚科种类最多，有 500 多种。我国已知 6 属 56 种 (萧采瑜等，1981)。河南省已知 5 属 10 种。

亚科检索表

1.　革片端缘直；体较大；常红黑相间，或多或少带有红色成分 ·················· 长蝽亚科 Lygaeinae
　　革片端缘基部明显内弯；体较小；常灰色或黄褐色，无红色斑纹 ·········· 背孔长蝽亚科 Orsillinae

长蝽亚科 Lygaeinae

分属检索表

1.　复眼有柄；单眼间距大于单眼至复眼间距；前胸背板四边形，后部具很深的刻点；胸部侧板具刻点；前胸和中胸侧板具明显的侧沟 ··················· 柄眼长蝽属 Aethalotus Stål
　　复眼无柄 ···2

2. 复眼与前胸背板前缘不接触；头在眼后明显膨大；前胸背板横缢明显，前叶和后叶中部隆出显著；触角瘤外侧端部不突出；头宽稍大于长；后胸侧板后缘直；触角第 4 节与第 2 节等长或略长之……………………………………………………………………**肿腮长蝽属** *Arocatus* Spinola
　　　复眼与前胸背板前缘接触……………………………………………………………………3
3. 前胸背板具完整的中纵脊，有时在后缘不大明显，侧缘隆起显著…………………………………………………………………………………………**脊长蝽属** *Tropidothorax* Bergroth
　　　前胸背板无明显的中纵脊……………………………………**红长蝽属** *Lygaeus* Fabricius

(一一七) 柄眼长蝽属 *Aethalotus* Stål, 1874

Aethalotus Stål, 1874: 100. Type species: *Astacops afzelii* Stål.

　　体长方形，头短，平滑三角形，黑色为主。复眼有柄；单眼间距大于单眼至复眼间距；前胸背板四边形，后部具很深的刻点；胸部侧板具刻点；前胸和中胸侧板具明显的侧沟。臭腺沟缘耳状；后胸侧板后缘平截；股节无刺。

187. 黑头柄眼长蝽 *Aethalotus nigriventris* Horváth, 1914 (图 147，图版 XI-5)
Aethalotus nigriventris Horváth, 1914: 632; Zheng & Zou, 1981: 21; Cai et al., 1998: 234; Péricart, 2001: 36.

　　形态特征　**体色**　黑色。前胸背板及腹板橘红色，后叶基部的黑色宽横带自后角前向两胝间延伸，形成近三角形的黑色大斑，前缘具黑色小斑，有时两斑在中部相连；中胸、后胸腹面灰黑色；前翅膜区、各足黑褐色；基节臼及臭腺沟缘黄白色。
　　结构　头三角形，具灰色短毛，光滑无刻点；复眼向侧面突出，具短柄；头宽与前胸背板后缘相等；两单眼间距为单眼至复眼间距的 1.5 倍；触角细长，第 2 节与第 3 节相等，第 4 节长于第 3 节；喙伸达中足基节，第 1 节超过前胸腹板前缘。前胸背板具灰色短毛，横缢深，胝区显著隆起，刻点较密，与底色同色；小盾片及前翅毛被极密，灰白色；革片前缘直，爪片缝与革片端缘等长；前翅超过腹末端；胸部侧板毛被稀少，刻点较密，清晰；后足跗节第 1 节长于第 2、第 3 节之和。腹部细长，侧接缘背面不外露。阳茎鞘敞口，阳茎端盘旋 3 圈多，基部生宽边，宽边分 2 段，基部一段半圆形，另一段宽边规则，仅向一侧发生，渐狭，于阳茎端 2/3 处消失。抱器基半部宽大，端半部渐细。
　　量度　体长 5.0~6.5 mm，腹宽 1.2~1.5 mm。头长 0.58~0.61 mm，宽 1.32~1.41 mm；复眼间距 0.72~0.79 mm，单眼间距 0.28~0.31 mm；触角各节长 Ⅰ：Ⅱ：Ⅲ：Ⅳ= 0.29~0.31：0.94~1.02：1.03~1.11：1.14~1.19 mm；前胸背板长 0.86~0.91 mm，前缘宽 1.08~1.21 mm，后缘宽 1.32~1.43 mm；小盾片长 0.58~0.63 mm，宽 0.73~0.82 mm；爪片端至革片端 1.45~1.66 mm，革片端至膜片端 0.91~1.00 mm。
　　分布　河南 (栾川)；四川 (汶川、茂县、青城山)、福建 (福州、鼓岭、南靖)、台湾、海南 (尖峰岭、南崖、儋县)、广西 (龙州)、云南 (昆明、景洪、勐腊、勐海)；越南。

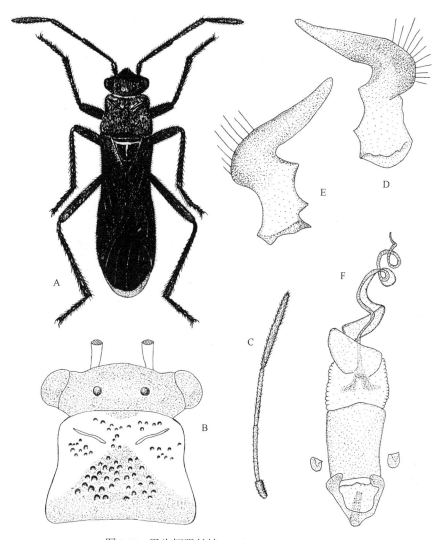

图 147　黑头柄眼长蝽 *Aethalotus nigriventris*
A. 体背面 (habitus)；B. 头及前胸 (head and pronotum)；C. 触角(antenna)；D、E. 左抱器 (left paramere)；F. 阳茎 (phallus)

(一一八) 肿腮长蝽属 *Arocatus* Spinola, 1837

Arocatus Spinola, 1837: 257. Type species: *Lygaeus melanocephalus* Fabricius.

　　体具浓密毛被；头宽稍大于长，在眼后明显膨大。触角第 4 节与第 2 节等长，或略长；复眼无柄，单复眼距大于单眼间距，复眼明显远离前胸背板前缘。前胸背板宽明显大于长，前叶和后叶中部隆起，横缢显著；前胸背板后角不呈叶状后伸；小盾片具 "T" 形脊；后胸侧板后缘直。

188. 韦肿腮长蝽 *Arocatus melanostoma* Scott, 1874 (图 148，图版 XI-6)

Arocatus melanostoma Scott, 1874: 426.

Arocatus melanostomus: Zheng & Zou, 1981: 18; Li et al., 1985: 99; Hu, 1995: 105; Xie et al., 2009 : 342.

Arocatus melanostoma: Péricart, 2001: 38.

形态特征　体色　鲜红色，略闪光。头基部、复眼间的斑纹、中叶端部、触角、前胸背板上的"人"字形斑、小盾片大部、前翅 (除前缘和外缘外)、腹部面两侧的宽纵带及腹部末端黑色；头的腹面、喙、各足黑褐色至褐黑色；膜片端部灰白色。

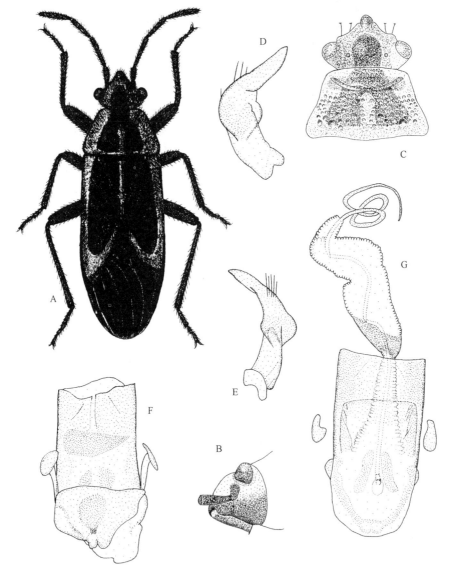

图 148　韦肿腮长蝽 *Arocatus melanostoma*

A. 体背面 (habitus)；B. 头部 (head)；C. 头及前胸 (head and pronotum)；D、E. 右抱器 (right paramere)；

F. 阳茎 (未伸展) (phallus, not extended)；G. 阳茎 (伸展) (phallus, extended)

　　结构　体长卵圆形，密被斜立黄色短毛。触角较粗，第 1 节长于头部末端；喙伸达后足基节，第 1 节达前胸腹板前缘。前胸背板横缢宽而浅，不甚明显；前胸背板前叶略隆起，后叶较平，前缘凹，后缘在小盾片基部微突，侧缘中前部略凹；小盾片 "T" 形脊较大。腹部较宽，侧接缘外露。阳茎鞘敞口，阳茎细膜中部有部分区域骨化，阳茎端骨化，盘旋 3 圈。抱器中部较宽，基半部粗细与端半部接近，端半部向一侧略膨大。

　　量度　体长 6.4~7.8 mm，腹宽 1.85~2.20 mm。头长 0.64~0.69 mm，宽 1.49~1.54 mm；复眼间距 0.90~0.92 mm，单眼间距 0.48~0.50 mm；触角各节长 Ⅰ∶Ⅱ∶Ⅲ∶Ⅳ=0.41~0.44∶1.00~ 1.10∶0.81~0.86∶1.18~1.24 mm。前胸背板长 1.25~1.32 mm，前缘宽 1.31~1.36 mm；后缘宽 2.11~ 2.23 mm；小盾片长 1.08~1.12 mm，宽 1.13~1.24 mm；爪片端至革片端 1.37~1.42 mm；革片端至膜片端 1.46~1.84 mm。

　　生物学特性　在江西宜春一年约发生 3 代，以成虫在枯叶下、土缝间、沙石堆等处越冬。翌年 4 月上旬始出活动，6 月下旬、7 月中下旬及 8 月下旬至 9 月上旬野外若虫较多。11 月中旬田间仍可采到成虫，并陆续开始蛰伏过冬。

　　各期习性　成虫、若虫每日 9~11 时及 15~17 时较为活泼，善疾行；喜在花序及嫩果上取食，遇惊扰即坠落地面。性畏强光，晴天中午前后栖息于寄主基部或地面。丘陵山区较为常见。

　　经济意义　主要为害长叶冻绿 *Rhamnus crenata*、青葙 *Celosia argentea*、窃衣 *Torilis scabra*，偶害麦类。

　　分布　河南 (鸡公山)；黑龙江 (小金山)、浙江 (天目山)、湖南 (南岳)、江西 (庐山)；日本、西伯利亚。

(一一九) 红长蝽属 *Lygaeus* Fabricius, 1794

Lygaeus Fabricius, 1794: 133. Type species: *Lygaeus militaris* Fabricius.

　　体色红黑相间；眼与前胸背板相接；喙至少伸达中足基节。前胸背板梯形，后缘直，无纵脊；小盾片扁平，具纵脊，多与基部横脊连接；革片鲜有刻点，端缘直；膜片伸过腹端，不透明；后胸侧板后缘直。

种 检 索 表

1. 头完全黑，基部有一小黄斑 ··· 2
   头不全黑 ··· 3
2. 前胸背板后部侧缘呈弧形弯曲，体长 15 mm ························· 红长蝽 *L. dohertyi*
   前胸背板后部侧缘较直，体长 8~9 mm ···························· 拟红长蝽 *L. vicarius*
3. 前胸背板胝沟以前不完全黑色，胝后有 2 个四方形黑色大斑；胸部腹面每侧具 6 个黑斑；头腹面黑色；小颊橘红色；革片和爪片上的光裸黑斑比复眼大；革片前缘黑，仅端部 1/5 红 ···
   ··· 拟方红长蝽 *L. oreophilus*
   前胸背板胝沟以前完全黑色，胝后无四方形大斑 ································ 4

4.　前胸背板前部黑色与后缘的 2 横黑斑不接；革片中部具不规则大圆斑，2 斑在爪片末端处相接，在
　　黑斑的前缘和后缘有 2 个光裸无毛的黑斑，有时不大清晰…………………… **横带红长蝽** *L. equestris*
　　前胸背板中线两侧向后延伸的斑与后缘的横带相接；革片中部和爪片近中部各具 1 光裸的黑斑…
　　………………………………………………………………………………… **角红长蝽** *L. hanseni*

189. 红长蝽 *Lygaeus dohertyi* Distant, 1904 (图 149，图版 XI-7)

Lygaeus dohertyi Distant, 1904: 7; Zheng & Zou, 1981：5; Yu & Sun, 1993: 89; Shen, 1993：35; Cai et al., 1998: 234; Péricart, 2001: 46.

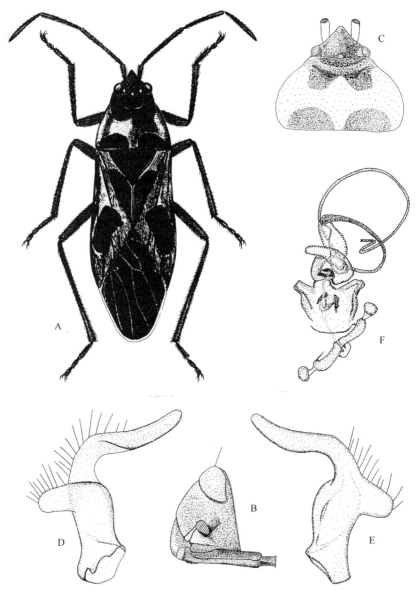

图 149　红长蝽 *Lygaeus dohertyi*

A. 体背面 (habitus)；B、C. 头及前胸 (head and pronotum)；D、E. 右抱器 (right paramere)；F. 阳茎 (phallus)

　　形态特征 体色　红色或黄褐色。头、触角、喙、小盾片、胸部腹面、足、前胸背板前部及其在中线两侧向后方的两叶状突出部、前胸背板后缘两个不相连接的横带、革片近中部向内倾斜的大型斑、爪片近中部椭圆形斑、各腹节的前半和腹部末端黑色；爪片端半部黑褐色；膜片烟褐色，内角和边缘灰白色；腹部红色。

　　结构 喙伸达中足基节。前胸背板两胝的后方深凹，中纵脊仅在中部显，前缘向后凹，后缘近直、平滑，仅在胝沟前后具少量刻点，其侧缘成弧形弯曲；小盾片具 "T" 形脊；膜片半透明，前翅超过腹部末端；股节无刺。阳茎鞘敞口，阳茎端盘旋 2 圈多，与阳茎细膜分界明显。阳茎端基部粗大，强度骨化，向端部渐细。抱器基半部粗大，中部侧突粗大，端半部较细，向一侧膨大，呈弧形弯曲。

　　量度 体长 15.0 mm。头长 1.49 mm，宽 2.18 mm；复眼间距 1.29 mm；触角各节长 0.80：2.20：1.69：2.10 mm。前胸背板长 2.77 mm，前缘宽 1.90 mm，后缘宽 4.45 mm；小盾片长 1.90 mm，宽 2.38 mm；爪片端至革片端 4.46 mm，革片端至膜片端 3.96 mm。

　　分布 河南 (许昌、郑州、偃师、栾川、嵩县)；云南 (西双版纳：景洪、橄榄坝)；缅甸。

190. 横带红长蝽 *Lygaeus equestris* (Linnaeus, 1758) (图 150，图版 XI-8)

Cimex equestris Linnaeus, 1758: 447.

Lygaeus equestris: Zheng & Zou, 1981：6; Li, 1983: 73; Nonnaizab, 1985: 148; Zhou, 1985: 20; Yu & Sun, 1993: 90; Shen, 1993：35; Péricart, 2001: 46; Xie et al., 2009 : 343.

　　形态特征 体色　红色。头中叶末端、眼内侧斜向头基部中央的斑点，触角、喙、头的腹面、前胸背板前叶及其在中纵线两侧向后的突出部、后缘两条近三角形横带 (不达侧缘) 及小盾片、胸部腹面、革片中部的不规则大斑 (两斑在爪片末端相连成一横带) 黑色；前翅爪片中部具椭圆形光裸黑斑，端部黑褐色；膜片黑褐；膜片上接近革片端缘两端的斑点、中部的圆斑以及边缘白色；胸部侧板每节各具两个较底色更黑的圆斑，其一在后背侧角上，另一在基节臼上，有时不明显；腹部每侧具 2 列黑色斑纹，各斑均位于腹节的前部，一列位于近侧接缘，另一列位于腹中线两侧，横带状。

　　结构 喙伸达或接近后足基节。前胸背板侧缘弯，后缘直。小盾片 "T" 形脊显著；在靠近革片前缘处，黑斑的前部和后部有 2 个光裸区，有时不明显。膜片超过腹部末端，爪片缝与革片端缘等长。阳茎鞘敞口，阳茎端骨化呈管状，盘旋 4~5 圈。阳茎端基部骨化程度强，略粗，近基部有 1 明显膨大。抱器与红长蝽相似，但端半部基 2/3 处粗大，端 1/3 粗细一致，与红长蝽不同。

　　量度 体长 11.4~12.3 mm。头长 1.15~1.27 mm，宽 2.10~2.19 mm，复眼间距 1.27~1.32 mm，触角备节长 I：II：III：IV=0.77~0.81：1.79~1.86：1.14~1.21：1.87~1.92 mm。前胸背板长 2.63~2.78 mm，前缘宽 2.03~2.10 mm，后缘宽 3.89~4.57 mm；小盾片长 1.56~1.79 mm，宽 2.16~2.31 mm；爪片接合缝长 1.43~52 mm；爪片端至革片端 3.26~3.49 mm，革片端至膜片端 3.23~33 mm。

　　分布 河南 (许昌、洛阳、偃师、嵩山、南阳、信阳)；辽宁 (辉山)、内蒙古 (五原、查干敖包、中旗塔什、四子王旗)、甘肃、山东 (烟台、泰山)、江苏 (南京)、云南 (元江)；古北区广布。

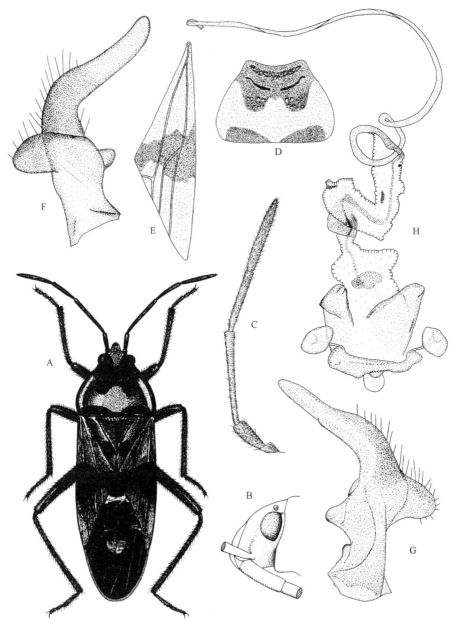

图 150　横带红长蝽 *Lygaeus equestris*

A. 体背面 (habitus)；B. 头侧面(Lateral view of head)；C. 触角 (antenna)；D. 前胸背板 (pronotum)；E. 右前翅革片 (right corium)；F、G.右抱器 (right paramere)；H. 阳茎 (phallus)

简记　本种与红长蝽很相似，但头部红色，膜片中央具白斑，及革片左右两大黑斑在爪片末端相接。

191. 角红长蝽 *Lygaeus hanseni* Jakovlev, 1883 (图 151，图版 XI-9)

Lygaeus hanseni Jakovlev, 1883: 427; Zheng & Zou, 1981: 7; Zhou, 1985: 20; Péricart, 2001: 47; Xie et al., 2009 : 343.

形态特征　**体色**　黑褐色。触角、喙、头部、前胸背板后部的角状斑、小盾片、胸部腹面及足、爪片近端部的光裸圆斑和革片中部的光裸圆斑、前翅膜片、腹部末端、侧

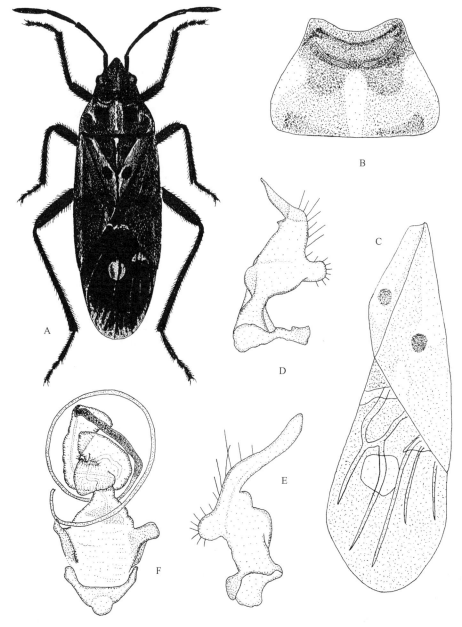

图 151　角红长蝽 *Lygaeus hanseni*

A. 体背面 (habitus)；B. 前胸背板 (pronotum)；C. 右前翅 (right wing)；D、E. 左抱器 (left paramere)；F. 阳茎 (phallus)

接缘各节基部、腹部腹中线两侧各腹节的基部的斑黑色；胝沟后方各具 1 深黑色的光裸圆斑；胸部侧板每节的后缘背侧角和基节臼各具 1 较底色更黑的圆斑；头顶基部至中叶中部的纵纹、前胸背板后叶的前侧缘及其中央的宽纵纹、爪片 (除外缘外)、革片在径脉的前方和圆斑的外方、腹部腹面红色；前翅暗红色或红色；膜片外缘灰白色，其内角、中央圆斑以及革片顶角处与中斑相连的横带乳白色。

结构 喙超过中足基节；复眼与前胸背板相接。前胸背板被金黄色短毛；小盾片横脊宽，纵脊明显。阳茎鞘敞口，阳茎端骨化程度强，其中以基部尤甚。阳茎端盘旋 2 圈多。抱器基半部较粗大，端半部渐细，近中部具半球形突起，其上及其端方着生少许刚毛。

量度 体长 7.8~9.2 mm。头长 1.05~1.17 mm，宽 1.69~1.81 mm；复眼间距 1.05~1.11 mm；触角各节长 I : II : III : IV=0.48~0.51 : 1.13~1.16 : 0.86~0.92 : 1.07~1.21 mm。前胸背板长 1.57~1.73 mm，前缘宽 1.49~1.58 mm，后缘宽 2.67~2.90 mm；小盾片长 1.08~1.13 mm，宽 1.35~1.47 mm；爪片接合缝长 0.98~1.11 mm；爪片端至革片端 1.99~2.18 mm，革片端至膜片端 2.11~2.32 mm。

分布 河南 (济源、新乡)；黑龙江 (亚布力、延边、呼伦贝尔盟)、辽宁 (彰武、熊岳)、吉林 (通辽、公主岭)、河北 (北戴河、白塔)、天津、甘肃南部、内蒙古 (鄂尔多斯)；俄罗斯、蒙古、哈萨克斯坦。

192. 拟方红长蝽 *Lygaeus oreophilus* (Kiritschenko, 1931) (图 152，图版 XII-1)

Spilostethus oreophilus Kiritscheko, 1931: 363.

Lygaeus oreophilus: Zheng & Zou, 1981：6; Hu, 1995: 101; Cai et al., 1998: 234; Péricart, 2001: 47.

形态特征 成虫 体色 红色。头中叶、基部两个小斑及眼内缘、触角、喙、头部腹面、前胸背板前部的横带 (有时被中线分开，胝后具 2 个四方形大黑斑)、小盾片 (除端部外)、爪片中后部光裸的椭圆斑、革片中部光裸的椭圆形斑、膜片、中胸腹板、后胸腹板、各足、腹中纵带、腹侧缘及生殖节黑色。前翅革片前缘区、爪片黑褐，膜片边缘白。

结构 体被极短小的白色毛。小颊长；喙伸达中足基节。前胸背板具稀疏刻点，侧缘弯曲，后缘直；小盾片基部平，具纵脊；革片前缘直，仅在后部微外拱，端缘直；膜片超过腹部末端；后胸侧板后侧角钝圆，臭腺沟耳状。阳茎鞘敞口，阳茎端略骨化，其基部与阳茎细膜连接处粗细一致，阳茎端近顶端处略膨大。阳茎端盘旋半圈。抱器基半部较粗大；端半部较细，向一侧形成叶状边，其余似角红长蝽。

量度 体长 8.2~10.6 mm，宽 2.7~3.8 mm。头长 1.00~1.18 mm，宽 1.79~1.84 mm；复眼间距 1.05~1.18 mm；触角各节长 I : II : III : IV=0.58~0.63 : 1.33~1.69 : 1.31~1.42 : 1.50~1.67 mm。前胸背板长 1.87~1.94 mm，前缘宽 1.59~1.65 mm，后缘宽 2.87~3.43 mm；小盾片长 1.28~1.33 mm，宽 1.66~1.72 mm；爪片端至革片端 2.49~2.63 mm，革片端至膜片端 2.06~2.37 mm。

若虫 老龄若虫体红色。头中叶、头基部的 2 个大斑、前缘区和胝后明显皱刻、小盾片、翅芽、各足黑褐色；复眼、触角、腹部中间深褐色；臭腺区黑色。体长卵圆形，被较长的白色毛；臭腺区略隆起，近圆形。体长 6.6~6.7 mm，宽 3.2~3.7 mm。

生物学特性　在西藏林芝、工布江达等海拔 3000~3400 m 处，5 月下旬左右为成虫羽化高峰期；日喀则麦田内，8 月底可采到成虫。

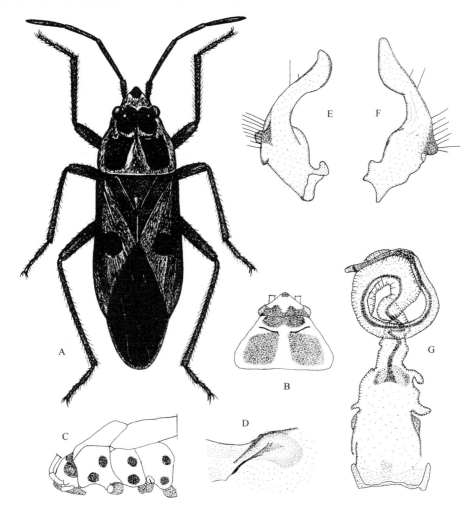

图 152　拟方红长蝽 *Lygaeus oreophilus*
A. 体背面 (habitus)；B、C. 头及前胸背板 (head and pronotum)；D. 臭腺 (peritreme)；E、F. 左抱器 (left paramere)；G. 阳茎 (phallus)

分布　河南 (栾川、嵩县、鸡公山)；四川 (宝兴、马尔康、小金)、云南 (大理)、西藏 (聂拉木、工布江达、察雅吉塘)。

193. 拟红长蝽 *Lygaeus vicarius* Winkler et Kerzhner, 1977 (图 153)

Lygaeus vicarius Winkler & Kerzhner, 1977: 254; Zheng & Zou, 1981: 7; Hu, 1995: 101; Péricart, 2001: 48.

形态特征　成虫　体色　红色。头部、复眼、喙、触角、前胸背板前缘和在中线两侧突出 2 个舌形大斑及基部在中线两侧的近半圆形大斑、小盾片、前翅革片近端部斜置的近长方形大斑、爪片中后部的卵圆形大斑、前翅膜片、胸部腹面及足、腹部腹面第 2 腹节中央、第 3~6 节腹中线两侧靠前缘的大斑、气门及其上外方、第 7 腹节大部分、生殖节黑色。膜片端部色略淡；喙第 1 节基部微红；多数个体在头顶基部中央的不很清晰的圆斑深土黄色；爪片端半黑褐。

　　结构　长椭圆形。喙第 1 节伸达后足基节前方。小盾片上 "T" 形脊隆拱、明显。

　　量度　体长 8.6~10.7 mm，宽 3.3~3.8 mm。

　　若虫　老龄若虫红色；头部、复眼、触角、喙、前胸背板沟后为中纵线所分开的大斑、翅芽、各足 (除基节外)、腹部臭腺孔附近黑色；头部腹面深红褐至黑色；喙第 1 节基部微红；小盾片黑褐色；各足基节、基节臼周围红褐色；腹部中央深红色。长椭圆形，全体被粗硬且较长的刚毛；前胸背板侧缘及后缘均较直，胝区前后凹陷，皱刻明显，后部有 1 深凹的横沟；小盾片近正三角形，中纵线界限模糊；翅芽伸达第 3 腹节近后缘；臭腺孔区域扁圆形，位于第 4~5、第 5~6 腹节间。长 6.8~7.6 mm，宽 2.9~3.4 mm。

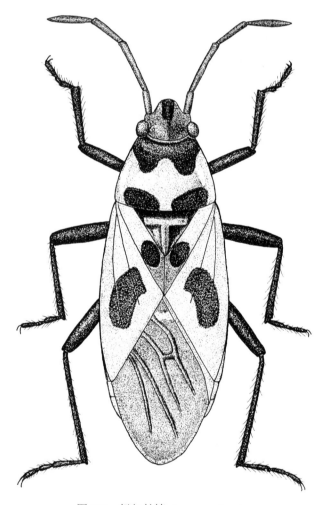

图 153　拟红长蝽 *Lygaeus vicarius*

生物学特性　在西藏朗县海拔 3200 m 处，8 月上旬采到成虫；在吉隆海拔 2700 m 处，5~9 月采到成虫，8 月底采到若虫，土大黄上发生数量较多。

经济意义　取食酸模属 *Rumex*、大黄属 *Rheum* 等植物。

分布　河南 (鸡公山)；四川 (理县、康定、小金、宝兴、雅安)、西藏 (吉隆、察雅吉塘、察雅吉坝)。

(一二〇) 脊长蝽属 *Tropidothorax* Bergroth, 1897

Tropidothorax Bergroth, 1897: 547. Type species: *Lygaeus venustus* Herrich-Schäffer.
Melanospilus Stål, 1868: 75.

触角第 2 节与第 4 节等长，或第 2 节稍短，喙中等长度。前胸背板无横缢，后缘直，中纵脊直达前缘；侧缘显著隆起，与中纵脊间区域显著凹陷；小盾片基部平，具纵脊；后胸侧板后缘直，平截，后侧角为直角；臭腺沟缘明显，端部膨大；股节无刺。

种 检 索 表

1 革片中央黑色大斑不达前翅前缘 ························· **中国脊长蝽** *T. sinensis*
　革片中央黑色大斑达到前翅前缘 ························· **斑脊长蝽** *T. cruciger*

194. 斑脊长蝽 *Tropidothorax cruciger* (Motschulsky, 1860) (图 154，图版 XII-3)

Lygaeus cruciger Motschulsky, 1860: 502.
Melanospilus elegans Distant, 1883: 428.
Tropidothorax elegans: Zheng & Zou, 1981: 8; Hu & Zou, 1985: 148; Zhou, 1985: 20; Yu & Sun, 1993: 90; Shen, 1993：36; Cai et al., 1998: 234; Péricart, 2001: 55; Xie et al., 2009 : 344.

别名　黑斑红长蝽，红脊长蝽。

形态特征　成虫　体色　红色具黑色大斑。头、触角、前胸背板后部纵脊两侧的 1 对近方形大斑、小盾片、前翅爪片中部、革片和缘片的中域的斑、膜片、足、腹部第 3 可见腹节以后的背板上的横斑及各节腹板上的横带、腹部末端黑色；膜片基部近小盾片末端处的斑、膜片前缘和外缘白色；后翅灰色，前缘基部赤黄色。

结构　长椭圆形，密被白色刚毛。头部背面凸圆，前端刚毛浓密，小颊长。前胸背板具刻点，纵脊由前缘直达后缘，侧缘直而隆起，后缘中部稍向前凹；小盾片三角形；雌虫前翅略短于腹末，雄虫则稍超过腹末。阳茎鞘敞口，阳茎端骨化程度强，盘旋 2 圈半。抱器基半部和端半部略呈直角，端半部向一侧呈叶状膨大。

量度　体长 8.2~11.0 mm，宽 3.1~4.3 mm。头长 0.91~0.99 mm，宽 1.61~1.73 mm；复眼间距 1.08~1.12 mm。触角各节长 Ⅰ：Ⅱ：Ⅲ：Ⅳ=0.51~0.56：1.54~1.62：1.19~1.30：1.54~1.62 mm。前胸背板长 1.67~1.75 mm，宽 2.78~2.94 mm；小盾片长 1.31~1.36 mm，宽 1.42~1.47 mm；爪片接合缝长 0.90~0.93 mm，爪片端至革片端 2.37~2.47 mm，革片端至膜片端 2.41~2.52 mm。

卵　初产时乳黄色，后变黄色，近孵化时为赭黄色。长卵形。卵壳上有许多细纵线，假卵盖周缘有 7~11 枚浅褐色精孔突，其中部还有 1~3 个小乳状突起。长 0.87~0.89 mm，宽 0.54~0.57 mm。

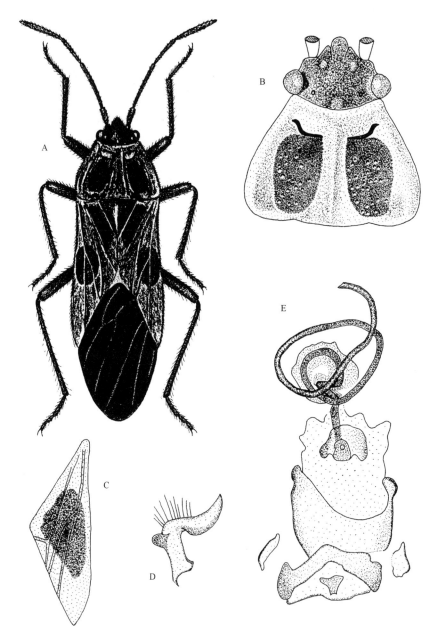

图 154　斑脊长蝽 *Tropidothorax cruciger*

A. 体背面 (habitus)；B. 头及前胸 (head and pronotum)；C. 右前翅革片 (right corium)；D. 抱器 (paramere)；E. 阳茎 (phallus)

若虫　1 龄若虫的头、胸和触角紫褐色，足黄褐，前胸背板中央有 1 橘红色纵纹。腹部红色，腹背有 1 深红斑，腹末黑色。长椭圆形，被有白或褐色长绒毛。体长 0.9~1.3 mm，宽 0.5~0.6 mm。2 龄若虫的头、触角、足和前胸、中胸背板黑褐色，纵脊和后胸橘红，腹部侧缘、腹末及第 1、第 2 腹节橘红色，余为黑褐色；腹部腹面橘红色，中央有 1 大黑斑。全身被有黑褐色刚毛，尤以腹侧为多。腹末锥形。体长 1.9~2.0 mm，宽 0.9~1.0 mm。3 龄若虫橘黄色，头、前胸背板后部中央和中胸、后胸两侧及腹背中央、腹末为紫黑色。触角紫黑，节间淡红色。前翅芽达第 1 腹节中央，全身被有黑色刚毛。体长 3.7~3.8 mm，宽 1.5~1.6 mm。4 龄若虫前翅芽达第 2 腹节前缘。体长 4.8~4.9 mm，宽 2.0~2.3 mm。5 龄若虫前胸背板后部中央有一突起，前胸背板两侧、翅芽漆黑色。腹部最后 5 节的腹板呈黄黑相间的横纹。翅芽达第 4 腹节中部；中胸、后胸腹板脊突呈圆形。体长 6.1~8.5 mm，宽 2.7~2.9 mm。

生物学特性　江西南昌一年 2 代，以成虫在石块下、土穴中或树洞里成团越冬。翌年 4 月中旬开始活动，5 月上旬交尾，5 月中旬至下旬末死亡。第 1 代若虫于 5 月底至 6 月中旬孵出，6 月底至 7 月中旬羽化，7 月下旬至 9 月上旬产卵，9 月中旬死亡。第 2 代若虫于 8 月上旬至 9 月中旬孵出，9 月中旬至 11 月中旬羽化，11 月上旬、中旬陆续进入越冬。南昌各虫态历期：第 1 代卵期 19~21 d；若虫期 30~41 d，其中 1 龄 5~7 d，2 龄 5~7 d，3 龄 7~8 d，4 龄 8~9 d，5 龄 7~11 d；成虫寿命 51~78 d，其中产卵前期 12~22 d。第 2 代卵期 14~16 d；若虫期 39~63 d，其中 1 龄 9~13 d，2 龄 7~11 d，3 龄 7~12 d，4 龄 8~13 d，5 龄 8~17 d；成虫寿命 180~257 d。成虫怕强光，晴天上午 11 时至下午 4 时常躲在寄主兜部、叶背、石块下或土缝中，上午 10 时前和下午 5 时后取食较盛。室内饲养时，曾见到成虫取食自己所产卵粒的汁液。若虫极活泼，1 龄、2 龄常群集于害主嫩头和叶背吸汁，3 龄后则多在嫩茎 (蔓) 和叶面。卵成堆产于土缝里、石块下或寄主根际附近的土表。每处一般 30 余枚，多达 200~300 枚，极少数散生。

经济意义　主要为害萝藦 *Metaplexis japonica*、牛皮消 *Cynanchum auriculatum*、长叶冻绿，偶尔为害黄檀 *Dalbergia hupeana*、垂柳、刺槐、花椒 *Zanthoxylum bungeanum*、小麦、油菜、千金藤 *Stephania japonica*、加拿大蓬 *Conyza canadensis* 等。成虫和若虫常群集于嫩茎及嫩叶上吸汁，嫩茎被害后呈褐色点斑，重则可导致植株焦枯；嫩叶被害后呈黄褐色斑块，提早枯萎脱落。也能为害油菜的嫩荚和小麦的嫩穗，导致结实率降低。

分布　河南 (安阳、许昌、栾川、南阳、信阳)；北京、天津、江苏 (南京)、浙江、江西、四川 (小金、金川)、广东 (连县)、广西 (龙胜)、云南 (西双版纳、橄榄坝、怒江西部河谷)、台湾；日本。

195. 中国脊长蝽 *Tropidothorax sinensis* (Reuter, 1888)

Lygaeus marginatus var. *sinensis* Reuter, 1888: 64.

Tropidothorax sinensis Slater, 1964: 232; Péricart, 2001: 56; Xie et al. , 2009 : 344.

形态特征　**体色**　体红色，具黑色大斑。头黑，有时头的背面基部具 1 橘黄色小斑；小颊橘红色。触角黑。喙黑。爪片黑色，端部红色，部分个体中部黑，基部和端部红色。革片红色，中部具不规则游离大斑；膜片黑色，内角和边缘白色。前胸腹面和基节臼红色，后者背方具 1 大型黑斑，中胸、后胸腹面黑色，仅基节臼及其侧板后缘红色；臭腺沟缘红色；足黑。腹部红色，各节均具大型黑色中斑和侧斑，有时连成横带；腹端也黑。

　　结构　头光滑，凸圆，无刻点；小颊长，头前端具直立毛。触角第 2 节与第 4 节等长。喙达后足基节，第 1 节达前胸腹板中部。前胸背板侧缘直，隆起，纵脊明显。革片上直立毛短小，膜片超过腹端。臭腺沟缘耳状。

　　量度　体长 10.0 mm，头长 0.98 mm，宽 1.71 mm；复眼间距 1.10 mm。触角各节长 0.55：1.59：1.22：1.59 mm。前胸背板长 1.17 mm，前缘宽 1.53 mm，后缘宽 2.93 mm；小盾片长 1.34 mm，宽 1.46 mm。爪片接合缝 0.92 mm。爪片端至革片端 2.44 mm，革片端至膜片端 2.44 mm。

　　分布　河南；河北、北京、天津、甘肃、陕西、江苏、四川、广西、广东、云南、台湾；日本。

背孔长蝽亚科 Orsillinae

（一二一）小长蝽属 *Nysius* Dallas, 1852

Nysius Dallas, 1852: 551. Type species: *Lygaeus thymi* Wolff.

　　体小，体毛背较浓密。头下倾明显，头背较平；头宽大于长，侧缘在复眼后明显内收；头高与长相等；喙不超过腹部第 1 节。前胸背板前角较方，前翅前缘在中部明显外隆；小盾片具 "Y" 形脊，脊背较圆钝；前翅至少伸达腹末；前股无刺。侧接缘不外露。

196. 谷子小长蝽 *Nysius ericae* (Schilling, 1829)（图 155，图版 XII-2）

Heterogaster ericae Schilling, 1829: 86.

Nysius ericae: Oshanin, 1906: 262; Zheng & Zou, 1981：32; Hu, 1985：149; Li et al., 1985：99; Yu & Sun, 1993: 89; Shen, 1993：35; Cai et al., 1998: 234; Péricart, 2001: 58; Xie et al., 2009 : 346.

　　别名　小长蝽、小褐长蝽。

　　形态特征　成虫　体色　褐至黑褐色，雌虫色较淡。触角第 1 节、第 4 节、跗节第 1 节端部和第 3 节暗褐色；触角第 2~4 节、足淡黄褐色；前翅革片末端斑纹黑色；膜区灰白色；股节上的斑点、胫节端部紫褐色；雌虫腹面暗褐色，雄虫黑色。

　　结构　体略呈长方形。头、前胸背板前部密布黑色粗颗粒；头三角形；触角密生灰白绒毛，第 1 节粗短，其余 3 节几等长，第 4 节棍棒状。前胸背板略呈方形，后部和小盾片上具黑色刻点；前翅革质部密布灰白色短绒毛；膜区透明，上有 5 条纵脉，无翅室，末端超出腹末甚多；足生有灰白绒毛，各足基部的基缘片和后基片极发达，呈白色薄片状，包住基节的大部分；胫节具黄白色端刺 1 枚；臭腺孔似烟斗形。腹面密被灰白绒毛，发亮。阳茎鞘敞口，阳茎端骨化弱，盘旋多圈。抱器中部方形，宽大，端半部渐尖。

　　量度　体长 3.9~4.8 mm，宽 1.4~1.7 mm。头长 0.63~1.76 mm，宽 0.94~1.00 mm；复眼间距 0.57~0.62 mm；触角各节长 I：II：III：IV=0.23~0.27：0.62~0.67：0.48~0.50：0.59~0.57 mm。前胸背板长 0.72~0.78 mm，宽 1.03~1.17 mm；小盾片长 0.59~0.62 mm，

宽 0.77~0.81 mm；爪片接合缝长 0.53~0.57 mm，爪片端至革片端 0.87~0.92 mm，革片端至膜片端 1.12~1.18 mm。

卵　初产时乳白色，后转淡黄棕色，孵化前为黄棕色，近假卵盖处褐色。长椭圆形。假卵盖周缘可见 6 枚精孔突，卵壳上有 6 条纵脊线。长 0.68~0.71 mm，宽 0.32~0.35 mm。

若虫　1 龄若虫头、触角、足和前胸、中胸浅灰棕色，后胸和腹部橘黄色；胸部背面中央有 1 淡黄色纵纹，后胸两侧各有 1 芝麻状小褐斑；腹部第 5、第 6 腹节的背面中央有 2 块相连的红斑，其余各节背面均有 1 红色小点组成的横向线纹。长卵形，触角第 1 节短小，色淡，第 4 节最长，纺锤形。体长 0.8~1.2 mm，宽 0.3~0.4 mm。2 龄若虫头黄白色，前胸、中胸紫褐色，后胸和腹背浅黄。头部背面有 6 条紫色纵纹。触角褐色，节间黄白色，第 4 节端部橘黄。胸部背面有 5 条浅色纵纹。各足股节端部和胫节外侧乳白，余为紫褐色。腹部背面密布白、红相间的斑纹。体长 1.4~1.8 mm，宽 0.8~0.9 mm。3 龄若虫胸、腹部草黄绿色；第 4、第 5 和第 5、第 6 腹节节间中央各有 1 黑色短横纹，上有臭腺孔 2 对。各足股节端部和胫节外侧浅灰色，余为黑褐色。前翅芽隐约可见；第 4、第 5 腹节背面中央向后突伸。体长 2.4~2.7 mm，宽 1.2~1.4 mm。4 龄若虫头浅灰白色，胸背淡灰绿，散生黑色条纹，腹背绿褐，散生白斑；前翅芽灰绿色，基部有 4 条黑纵纹。翅芽达第 2 腹节的后缘前方。体长 2.9~3.0 mm，宽 1.5~1.6 mm。5 龄若虫头、胸浅灰褐色，腹部浅灰绿，节间黄绿；触角黑褐，节间黄白色；前翅芽基部为 4 条虚线状黑纵纹；各足股节端部散生紫褐色斑点，胫节基部、端部和跗节褐色，余为黄白透明。翅芽达第 2 腹节的中部。体长 3.3~3.7 mm，宽 1.7~1.8 mm。

生物学特性　据在江西南昌室内饲养，一年 5 代，4 月下旬至 12 月上旬，田间各虫态并存，世代重叠。以成虫和部分高龄若虫在沙石堆中、石块下、垃圾堆、杂草蔸部、枯枝落叶和田岸土缝等处越冬。越冬虫态 3 月中旬开始活动取食，3 月底至 4 月初越冬若虫全部羽化，4 月中旬至 5 月中旬产卵，5 月下旬全部死亡。第 1 代若虫于 4 月下旬至 5 月下旬孵出，5 月下旬末至 7 月上旬羽化，6 月上旬至 7 月中旬产卵。第 2 代若虫于 6 月上旬至 7 月下旬孵出，6 月下旬至 8 月上旬羽化，7 月初至 8 月中旬产卵。第 3 代若虫于 7 月上旬至 8 月下旬孵出，7 月中旬末至 9 月中旬羽化，8 月上旬至 10 月上旬产卵。第 4 代若虫于 8 月中旬至 10 月下旬孵出，9 月上旬至 11 月上旬羽化，9 月中旬至 12 月上旬产卵。第 5 代若虫于 9 月下旬至 12 月中旬孵出，11 月上旬至翌年 4 月上旬羽化，12 月上旬、中旬后，成虫和部分高龄若虫滞育过冬。南昌各虫态历期：第 1 代卵期 7~9 天，若虫期 31~35 d，成虫期 32~43 d，其中产卵前期 8~13 d，产卵期 18~25 d，产卵后期 4~7 d。第 2 代卵期 4~6 d，若虫期 14~18 d，成虫期 14~27 d。第 3 代卵期 3~4 d，若虫期 13~16 d，成虫期 14~21 d，其中产卵前期 3~4 d，产卵期 10~14 d，产卵后期 2~5 d。第 4 代卵期 6~8 d，若虫期 14~22 d，成虫期 16~25 d。第 5 代卵期 8~11 d，若虫期 37~108 d，成虫期 56~178 d。成虫极活跃，善飞翔，遇惊即逃。在强日照和大雨下，多栖于叶背和枝杈处。雌雄比为 1∶1.13~1.18。若虫善爬行，受惊后具短暂"假死性"。成虫产卵植物有季节转换，不同季节有不同嗜好寄主。卵散生，多产于寄主植物花序的冠毛、花托、总轴和萼片上，少数产在支轴、苞叶、嫩叶和嫩茎上。雌虫一生产卵 13~51 枚，每次产 5~17 枚。已发现小红蚂蚁、多种瓢虫和草蛉幼虫等天敌，均能取食卵粒和初孵若虫。

经济意义　主要为害高粱、粟、芝麻、苋菜、野葵 *Malva verticillata*、刺苋 *Amaranthus spinosus*、野苋、小飞蓬 *Conyza canadensis*、加拿大蓬、一年蓬 *Erigeron annuus*、鸡冠花 *Celosia cristata*、乌蔹莓 *Cayratia japonica*、萹蓄 *Polygonum aviculare*、青葙、鼠麴草 *Gnaphalium affine*、莲子草 *Alternanthera sessilis*、狗尾草 *Setaria viridis* 等，并能形成较大群落及产卵繁殖。偶害稻、玉米、稗、荠菜 *Capsella bursa-pastoris*、婆婆纳 *Veronica*

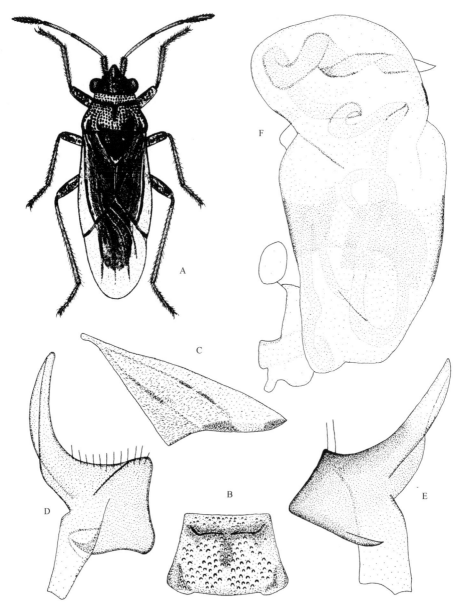

图 155　谷子小长蝽 *Nysius ericae*

A. 体背面 (habitus)；B. 前胸背板 (pronotum)；C. 右前翅革片 (right corium)；D、E. 右抱器 (right paramere)；F. 阳茎 (phallus) *didyma*、猪殃殃 *Galium aparine* var. *tenerum*、卷耳 *Cerastium arvense*、鸭咀草 *Monochoria vaginalis*、水蓼 *Polygonum hydropiper*、矮蒿、旱苗蓼 *Polygonum lapathifolium*、马兰 *Kalimeris indica*、垂柳等。成虫和若虫群集在蕾、花、幼果 (荚) 及嫩穗上为害，嫩枝、叶上也有。造成花蕾后期枯死脱落，子实不饱满，或形成空壳；嫩叶呈现焦黄白色斑块，甚至黄化卷曲，可造成严重减产。

　　分布　河南 (全省)；北京、天津、河北 (静海、献县)、陕西 (武功)、上海、江苏、贵州、浙江、江西、湖南、四川 (茂县)、广东、西藏、海南；全北区广布。

二十七、梭长蝽科 Pachygronthidae

　　本科昆虫包含梭长蝽亚科 Pachygronthinae、Teracriinae 2 个亚科。梭长蝽亚科特征是前足股节肥大，具显著刺列，触角第 1 节极长，第 2~8 腹节气门均着生在身体腹面。本科昆虫寄主植物为单子叶植物。Teracriinae 亚科昆虫触角较短，气门分布特征符合本科昆虫特征。世界已知 13 属 78 种。我国已知 4 属 12 种。河南省已知 1 属 1 种。

(一二二) 梭长蝽属 *Pachygrontha* Germar, 1837

Pachygrontha Germar, 1837: 152. Type species: *Pachygrontha lineate* Germar.

　　体密被粗大刻点；头微下倾，前胸背板平，头轴与身体长轴在同一平面；头部侧叶扁，竖立。触角基外缘尖锐，前突。触角细，极长；前胸背板侧缘直，具边，无纵脊；前翅前缘直；前股膨大，腹面具刺。腹部腹面腹节缝直，直伸达侧缘，腹部末端钝圆。

197. 长须梭长蝽 *Pachygrontha antennata* (Uhler, 1860) (图 156，图版 XII-4)

Peliosoma antennata Uhler, 1860: 227.

Pachygrontha antennata: Zheng & Zou, 1981：106; Yin, 1985: 158; Yu & Sun, 1993: 90; Shen, 1993：36; Cai et al., 1998: 234.

Pachygrontha antennata nigriventris: Li et al., 1985：99.

Pachygrontha antennata antennata: Li et al., 1985：99; Péricart, 2001: 98.

　　形态特征　成虫　体色　灰黑色，有光泽。小盾片近前缘的 2 个斑黄色；革质部近端缘离内角约 1/3 处和端角处的斑黑色。

　　结构　呈长棱形；密被细刻点。触角细长，雌虫的略比体长短，雄虫的则远比体长长，由基节到端节，逐渐递短，第 1 节端部膨大，第 2 节末端略粗些。前足股节粗大，其腹面具 1 列刺。阳茎鞘收口，囊状。抱器粗短，基半部较粗大，端半部极短；中部着生刚毛 6 根左右，极长。

　　量度　体长 6.5~8.9 mm，宽 1.23~1.65 mm。头长 0.83~1.02 mm，宽 0.98~1.23 mm；复眼间距 0.69~0.76 mm；触角各节长 I：II：III：IV=2.15~2.4 (♀)，4.23~4.45 (♂)：1.43~1.52 (♀)，2.78~2.96 (♂)：1.17~1.23 (♀)，2.05~2.34 (♂)：0.93~0.11 (♀)，1.02~1.21 mm

(♂)。前胸背板长 1.74~1.85 mm，宽 1.93~2.07 mm；小盾片长 1.09~1.12 mm，宽 1.07~
1.13 mm；爪片端至革片端 1.57~1.62 mm，革片端至膜片端 1.87~1.94 mm。

　　卵　长圆筒形，横置，表面光滑发亮。一端平截，为假卵盖；另一端钝圆。假卵盖
近周缘处有 7 枚白色精孔突，呈圆形排列。长约 1.4 mm，直径约 0.3 mm。

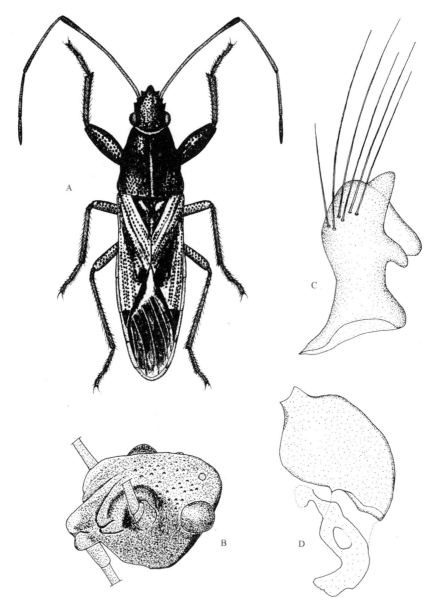

图 156　长须梭长蝽 *Pachygrontha antennata*
A. 体背面 (habitus)；B. 头部 (head)；C. 抱器 (paramere)；D. 阳茎 (phallus)

　　若虫　5 龄若虫头、胸、翅芽、触角第 3 节、第 4 节黑色；腹部近末端数节腹面中
央形成 3 块方斑、腹部末端漆黑色；触角第 1、第 2 节黑褐色，胸腹两侧灰白色，腹面

具 5 条紫褐色纵斑；腹部黄绿。体呈梭形；触角 4 节，第 1 节较长，前足股节粗大，其腹面有 1 列刺；翅芽伸达第 3 腹节后缘。体长约 6.0 mm，宽约 2.2 mm。

生物学特性　江西南昌一年 2 代，以成虫越冬，翌年 4 月上旬开始活动，4 月下旬至 6 月上旬产卵。第一代于 5 月上旬末始孵出，6 月中旬始羽化，7 月初产卵。第二代于 7 月上旬末始孵出，9 月上旬始羽化，10 月下旬后陆续蛰伏越冬。卵多产于寄主植物穗部 (荚) 的小梗上，散生，偶 2~3 枚在一起。

经济意义　主要寄主有大豆、油菜、狗尾草、野黍 *Eriochloa villosa* 等。成虫、若虫吸食茎、叶、穗部或果荚的汁液，影响植株生长和籽粒饱满。

分布　河南 (栾川、嵩县、确山、南阳、信阳、鸡公山)；河北、山东、江苏、安徽、湖北 (武昌)、浙江 (杭州、天目山)、福建 (邵武、建阳)、江西 (庐山)、湖南、广西；日本。

二十八、地长蝽科 Rhyparochromidae

本科昆虫包含地长蝽亚科 Pachygronthinae、全缝长蝽亚科 Plinthisinae 2 个亚科。地长蝽科昆虫特征是腹部腹面第 4~5 节间缝在体侧前弯，不伸达体侧 (全缝长蝽亚科无此特征)；复眼附近有 1 毛点毛。本科昆虫的地长蝽族 Rhyparochromini、缢胸族 Myodochini、林栖族 Drymini、直腹族 Ozophorini、毛肩族 Lethaeini 包含的种类超过本科昆虫的 70%。世界已知 372 属 1850 种。我国已知 81 属 210 种。河南省已知 12 属 13 种。

属　检　索　表

1　第 4 腹部气门背生··2

　　第 4 腹部气门腹生··5

2　第 2 腹部气门背生··3

　　第 2 腹部气门腹生··9

3　前胸背板无明显横缢·····················浅缢长蝽属 *Stigmatonotum* Lindberg

　　前胸背板有明显横缢··4

4　前胸背板无刚毛着生···································缢胸长蝽属 *Gyndes* Stål

　　前胸背板有刚毛着生····················刺胫长蝽属 *Horridipamera* Malipatil

5　第 5 腹节侧方毛点均在气门前方··7

　　第 5 腹节侧方毛点一个在气门后方··6

6　第 5 腹节侧方毛点 2 个·····························刺胸长蝽属 *Paraporta* Zheng

　　第 5 腹节侧方毛点 3 个·······················毛肩长蝽属 *Neolethaeus* Distant

7　腹部显著宽于前胸·······························松果长蝽属 *Gastrodes* Westwood

　　腹部胸部宽度接近··8

8　第 1 节触角一半以上伸过头末端···········点列长蝽属 *Paradieuches* Distant

　　第 1 节触角一半以下伸过头末端·················斑长蝽属 *Scolopostethus* Fieber

9　前胸背板侧缘圆钝·····························球胸长蝽属 *Caridops* Bergroth

前胸背板侧缘具窄棱边或宽薄边 ··· 10

10 第 1 节触角一半以上伸过头末端 ·· **迅足长蝽属 Metochus** Scott

第 1 节触角一半以下伸过头末端 ··· 11

11 小盾片端部中域黑色 ··· **狭地长蝽属 Panaorus** Kiritshenko

小盾片端部中域褐色 ··· **宽地长蝽属 Naphiellus** Scudde

(一二三) 球胸长蝽属 *Caridops* Bergroth, 1894

Caridops Bergroth, 1894: 158. Type species: *Caridops gibbus* Bergroth.

体狭长，具强光泽，着生稀疏直立毛，显著。头略下倾，侧叶侧缘成棱状边。前胸背板领明显，具整齐刻点；侧缘不成棱边或叶状边；前叶呈球形，明显高于后叶，长为后叶的 2 倍；小盾片具 "Y" 形脊；爪片有整齐刻点 3 列；股节粗大，下方多刺；雄虫前足胫节下方近中部多数有 2 大刺。腹部第 2 腹节气门背生；第 3、第 4 腹节气门背生。

世界已知 10 种，中国记载 5 种，河南省已知 1 种。

198. 白边球胸长蝽 *Caridops albomarginatus* (Scott, 1874) (图 157，图版 XII-5)

Gyndes albomarginatus Scott, 1874: 437.

Caridops albomarginatus: Zheng & Zou, 1981：189; Péricart, 2001: 193.

形态特征　**体色**　黑色。爪片 (除基角内半及内角附近的斑外)、革片基半内域灰黑色；革片外域淡白色，中横带内部内角下方白斑较大，带的外侧后方为 1 灰黑斑，再后为 1 淡白色弯纹，端缘基顶角黑色；膜片黑褐色，基部淡白色，半透明，呈大三角形状，外角有 1 小白斑，顶角横斑淡色；前股及前胫末端、中足、后足股节基部淡黄白色；腹部第 5 腹节侧缘背、腹面均有 1 小淡色斑。

结构　头宽阔，头顶略圆拱，复眼后区不大，侧缘在眼后较迅速的缢缩；触角基至复眼间距离约为复眼后区长的 2 倍，复眼前方的头侧缘略外弯，不直，眼毛较少；头部直立毛较短，密被黄色平伏毛和细刻点，以致表面呈粗糙状；头下方布满横皱及平伏毛；喙伸达中胸腹板前 1/3，第 1 节不达前胸前缘。前胸背板前叶明显狭于后叶，微宽于头，领于前叶间所成角度较平缓，领上的刻点列不整齐，后缘在小盾片前平直，两侧后伸，后角较圆钝，直立长毛暗褐色，前后叶均密被金黄色平伏毛，此毛被在两侧中央较稀，成一对边缘整齐的大椭圆形较为光滑的区域，前叶光泽不强，并有若干浅刻点，后叶无粉被；革片中横带宽度较一致；前胸侧板大部具横皱，外侧较深密，中胸侧板具刻点与横皱，在中胸腹板中线两侧有 1 列整齐的横皱，后胸侧板内侧 2/3 具粉被，延至中胸侧板后缘；雄虫前足胫节端半具 2 大刺，末端具 1 刺，刺间距离相近。腹部侧接缘上翘，露于翅外；腹基两侧各有 1 摩擦发音区，横纹较浅，该区域不隆出，无明显的界限。

量度　头长 1.10 mm，宽 1.52 mm，眼间距 0.96 mm。触角各节长 0.66：1.27：1.61：1.43 mm，前胸背板前叶长 1.43 mm，后叶长 0.65 mm，前缘宽 1.01 mm，前叶宽 1.53 mm，

后叶侧角间宽 1.83 mm，小盾片长 1.30 mm，宽 0.88 mm。爪片接合缝长 0.43 mm，爪片端至革片端 1.27 mm，革片端至膜片端 1.38 mm。体长 7.2~7.6 mm。

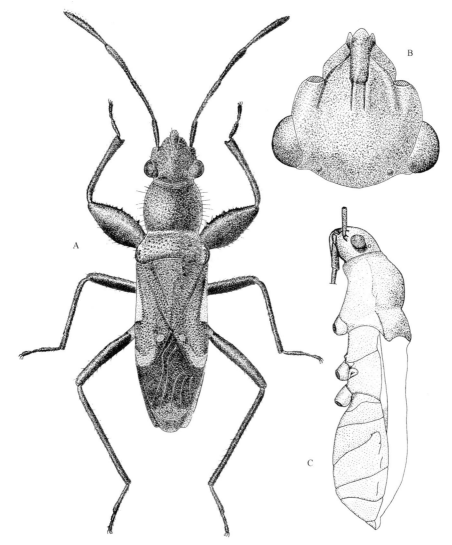

图 157　白边球胸长蝽 *Caridops albomarginatus*
A. 体背面 (habitus)；B. 头部 (head)；C. 侧面观 (lateral view)

分布　河南 (栾川、鸡公山)；湖北 (房县)、四川 (峨眉山)、广东 (梅县)；日本。

(一二四) 松果长蝽属 *Gastrodes* Westwood, 1840

Gastrodes Westwood, 1840: 122. Type species: *Gastrodes abietum* Bergroth.

体十分扁，宽卵圆形，头和前胸背板共同构成三角形状。头平伸，刻点显著，触角

第 1 节伸过头端；复眼不接触前胸背板前缘；喙达中后足基节之间。前胸梯形，无领，向前迅速变狭，横缝不明显；侧缘在前叶、后叶间显著加宽；革片褐色无斑纹，具均匀刻点，前缘弧形外拱；爪片周缘具刻点列，中部具 3 列刻点，外侧 1 列整齐；前足股节极为膨大。腹部卵圆形，明显宽于前胸；第 5 腹节腹面侧方的毛点均在该节气门前方，横向排列；稍后毛点远于该节后缘而近于该节气门；第 3、第 4 腹节气门腹生。

199. 中国松果长蝽 *Gastrodes chinensis* Zheng, 1981 (图 158，图版 XII-6)

Gastrodes chinensis Zheng, 1981: 145; Zheng, 1985: 156; Péricart, 2001: 127.

形态特征 成虫 体色 黑褐至黑色，有光泽或不具光泽。头、前胸背板前叶及小盾片黑色；触角深褐至黑褐色，第 4 节端部常较淡；前胸背板后叶锈褐至酱褐色，侧缘色较淡；前翅革片棕褐、锈褐至酱褐色，膜片深烟黑色；腹部腹面褐色，两侧渐成锈褐或黑褐色。

结构 体卵圆形，较宽扁。头小而伸出，背面除单眼前方的弯曲凹痕外密布刻点；复眼远离前胸；触角第 1 节近 1/2 伸过头端；喙达后足基节，第 1 节约达或伸达头的基部。前胸背板梯形，前叶平坦，中央横缝不明显，表面密布刻点，后叶更为粗糙；小盾片刻点较深；前胸背板和小盾片上的毛短而稀；前翅革片密布刻点；前足股节膨大，腹方有 2 刺列，内方刺列端侧有 1 大刺，其端方有 4 小刺，基方有小刺 10 枚 (雌) 或 20 枚 (雄) 左右。

量度 体长 6.5~7.2 mm，腹宽 3.0~3.3 mm。头长 0.98~1.0 mm，头宽 0.95~0.97 mm；复眼间距 0.64~0.67 mm；触角各节长度 Ⅰ：Ⅱ：Ⅲ：Ⅳ = 0.59~0.61：1.16~1.22：1.11~1.16：1.10~1.12 mm；前胸背板长 1.41~1.46 mm，前缘宽 0.72~0.76 mm，后缘宽 2.39~2.46 mm；小盾片长 1.14~1.22 mm，宽 1.40~1.46 mm；爪片接合缝长 0.71~0.76 mm，爪片端至革片端 1.78~1.84 mm，革片端至膜片端 1.11~1.14 mm。

若虫 5 龄若虫头、胸、触角及足紫褐至深紫褐色，腹部色较淡，灰褐至红褐色，前胸背板后缘中段常成淡黄白色斑；第 1 腹节后缘处淡黄白色；臭腺孔周缘黑褐；沿第 3~4 腹节节间缝处淡黄白，成淡色宽横纹状。体卵圆形，前端渐尖，扁平。与成虫相似，复眼距前胸更近，头几无刻点，各侧有 1 斜向浅纹，由眼前内角伸向后缘；喙伸达中足、后足基节之间。前胸背板侧边十分清楚，领片较宽，但界限不如成虫明显；翅芽伸达第 3 腹节前半，侧缘具明显的边，圆钝。腹宽圆，臭腺孔 3 枚，第 1 枚最宽大，宽约为后 2 枚的 2 倍，后 2 枚大小相近。前足胫节较成虫直，股节大刺位置同成虫，但其基方无小刺，端方有小刺 4 枚左右，较成虫短钝而弱。体长 5.7~6.3 mm，宽 1.2~1.6 mm。

生物学特性 6 月中旬、下旬在湖北房县发现老龄若虫和新羽化的成虫，7 月下旬在湖北利川只见到成虫，8 月下旬在广西北部龙胜地区也只采到成虫。以已经成熟、果鳞尖端开放、颜色黄褐、种子尚未散落的球果中较多；果鳞完全张开、颜色发黑、种子已经散落的陈旧或过老球果中则不能找到。一果中可多达六七只。成虫及若虫均行动活泼，受惊后迅速爬行，躲藏于树皮下或果鳞缝隙中，偶然也可在松树枝叶上发现。

经济意义 寄主有马尾松 *Pinus massoniana* 以及松属其他树种。成虫及若虫均生活于松树球果的种鳞下，以松树种子为食。

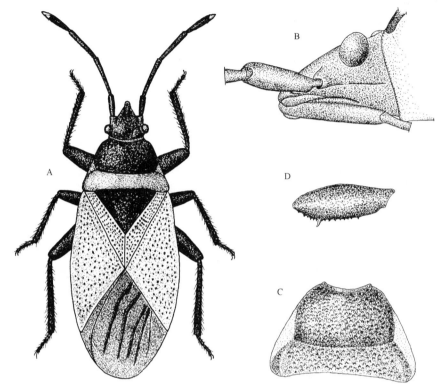

图 158　中国松果长蝽 *Gastrodes chinensis*

A. 体背面 (habitus)；B. 头部 (head)；C. 前胸背板 (pronotum)；D. 前足腿节 (fore femora)

分布　河南 (鸡公山)；湖北 (房县、利川)、广西 (龙胜)。

(一二五) 缢胸长蝽属 *Gyndes* Stål, 1862

Gyndes Stål, 1862b: 314. Type species by monotypy: *Rhyparochromus malayus* Stål.

Paraeucosmetus Malipatil, 1978: 67 (syn. Slater & O'Donnell, 1995: 156). Type species: *Rhyparochromus pallicornis* Dallas.

　　头为宽大三角形，平伸或前倾，侧叶外缘棱边显著。头部有细密平伏毛。领显著，具刻点列。前胸背板横缢显著，无直立或半直立毛。小盾片和革片也无直立或半直立毛。革片底色多淡色，中域常具暗色横斑，端缘及顶角常具黑褐色斑块。雄虫前足股节下方无刺突。

200. 川鄂缢胸长蝽 *Gyndes sinensis* (Zheng, 1981)

Paraeucosmetus sinensis Zheng, 1981: 179.

Gyndes sinensis (Zheng): Péricart, 2001: 172.

　　形态特征　成虫　体色　头黑。触角淡褐色，第 1 节背侧有黑褐色纵纹，第 2、第 3 节向端部渐深，第 4 节深褐色，在最基部之前有 1 个宽白环。前胸背板黑，后叶后缘成极狭窄的完整褐边。领的前缘也有狭窄褐边。后叶后半中央有 2 个褐色斑，其间距为 1 斑的宽度 (有时连接一起)，侧角前有 1 小褐斑。小盾片末端黄白。爪片黑褐，中央淡纹 2 条，外侧的长，起于基部，内侧的短；2 纹间被完整的黑纹分开；端部白纹明显，常为小三角形。革片斑纹及刻点列色深，黑褐色，中央横带最前部达爪片接合缝中部，内角白斑大，多少成三角形，顶角黑斑成斜四角形。膜片黑褐色，内侧 2 脉基部及外侧 3 脉淡色，端半部中央有 1 淡白大圆斑。体下黑褐，领下方前缘、前胸侧板后缘、各足基节臼后端褐至黄褐，后胸侧板后角黄白。前足黑褐，转节、胫节、第 1 跗节较淡，中足褐色，转节及股节基半较淡，黄褐色，与深色部分界限不明。后足转节及股节基半淡黄褐色，渐加深成黑褐色，胫节淡褐色，两端黑褐。腹部侧缘淡褐，第 4、第 5 节间一带为黄色。

　　结构　头比前胸前叶明显大，平伸，不下倾。头背面丝状平伏毛明显，眼较大，眼后区发达，该区长度等于眼至触角基之间的距离。头端至触角基∶触角基至眼∶眼长∶眼至前胸背板前缘＝3.5∶2∶3.5∶2。侧面头高∶领高＝7∶5.8。触角第 1 节约有 1/4 伸过头端。喙伸达前足基节后缘。前胸背板前叶与头宽相等，后叶比前叶宽出甚多，前后叶长度接近。侧面观，前叶明显低于后叶。前胸背板后叶后缘成极狭窄的边缘。领的前缘也有狭窄边。

　　量度　体长雌虫 6.5~6.9 mm，雄虫 6.0~6.2 mm。头长 1.10 mm，宽 1.08 mm，眼间距 0.58 mm。触角各节长 0.55∶1.32∶1.05∶1.38 mm。前胸背板领长 0.10 mm，前叶长 0.66 mm，后叶长 0.54 mm，领宽 0.70 mm，前叶宽 1.02 mm，后叶宽 1.54 mm，小盾片长 1.0 mm，宽 0.77 mm，爪片接合缝 0.55 mm，爪片端至革片端 1.32 mm，革片端至膜片端 1.05 mm。翅合拢宽 1.65 mm。

　　分布　河南 (内乡)；四川、湖北。

(一二六) 刺胫长蝽属 *Horridipamera* Malipatil, 1978

Horridipamera Malipatil, 1978: 89. Type species: *Plociomrus nietneri* Dohrn.

　　长椭圆形，多毛，体黑，具蓝色光泽。头较宽，复眼不接触前胸背板前缘，其后方内收。前胸背板领显著；前叶长于后叶，明显狭窄，筒形；后叶宽大，刻点明显；爪片具刻点列；前股粗大，端半有刺 2 列；雄虫前胫中域具 1 大刺及多个小刺。

201. 褐刺胫长蝽 *Horridipamera inconspicua* (Dallas, 1852) (图 159)

Phyparochromus inconspicua Dallas, 1852: 547.
Pamerarma rustica (Scott): Zheng & Zou, 1981: 169 (Misidentification).
Horridipamera inconspicua (Dallas): Péricart, 2001: 173.

　　形态特征　体色　黑褐色。头黑色；触角黄褐或淡褐色，第 1 节基半及第 4 节黑褐色；前翅斑驳，底色淡黄褐色，或爪片底色深褐色，外缘淡纹长，几贯全长，内脉纹可与端纹相接，常较细，此淡色部分之间常为褐色；足黄褐色，前股除端部外，前胫末端、中足、后足股节近端部的深色宽环均为黑褐色；腹下黄褐色而后半渐深，或全部紫褐色；前胸背板褐色，前叶、后叶有时具紫色光辉，或多少有光泽，后叶向后色渐淡，有时中部色淡及基部色淡而其余区域色深；革片刻点褐色，各脉淡色，Cu 脉内侧以及 R+M 脉与

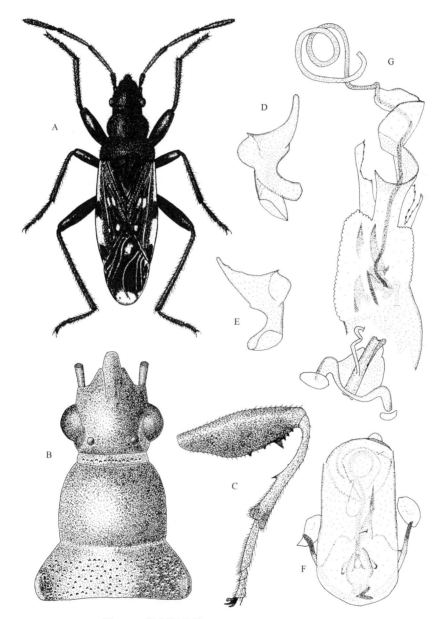

图 159　褐刺胫长蝽 *Horridipamera inconspicua*
A. 体背面 (habitus)；B. 头及前胸 (head and pronotum)；C. 雄虫前足 (fore leg, male)；D、E. 左抱器 (left paramere)；F. 阳茎 (未伸展) (phallus, not extended)；G. 阳茎 (伸展) (phallus, extended)

Cu 脉间区域色常深，黑褐色，R+M 脉两分支所包围的区域内近端缘处又有 1 很隐约但可看出的较小淡斑，深浅不一；小盾片黑褐色，微有 1 褐色细中脊，可贯全长，"Y" 形脊两臂处成较宽的褐色纹；前胸背板后缘、后缘前方小纵纹或斑、小盾片末端黄色。

结构　头三角形，平伸或前半微下倾，平伏毛细小，不蓬松，眼无毛；复眼前部分明显长，咽颊区略饱满；头高∶眼高∶领高=65∶34∶70；触角第 1 节刚过头端；喙伸达中足基节前缘。前胸毛被较短小，前叶多少呈桶状，可延伸较长，前叶长∶后叶长=6∶4，6∶5 或 6∶3；侧面观前叶表面低于后叶；革片除内角斑上外，遍布刻点，前翅伸达腹端；雄虫前胫下方中央有 1 较大的齿状刺。腹下丝状毛被细密而紧贴，不蓬松。阳茎鞘敞口，阳茎细膜上有不规则外长物，呈片状，外缘具齿，阳茎端骨化强，盘旋 2 圈半。抱器中部宽大，整体略呈三角形。

量度　体长 5.2~5.5 mm (♀)，5.5 mm (♂)。头长 0.65 mm，宽 1.0 mm；复眼间距 0.57 mm；触角各节长 0.42∶1.10∶0.89∶1.08 mm；前胸背板领长 0.10 mm，前叶长 0.65 mm，后叶长 0.43 mm，领宽 0.75 mm，前叶宽 1.05 mm，后叶宽 1.55 mm；小盾片长 1.10 mm，宽 0.90 mm；爪片接合缝长 0.45 mm，爪片端至革片端 1.10 mm，革片端至膜片端 0.80 mm；翅合拢宽 1.68 mm。

分布　河南 (鸡公山)；湖北 (武昌)、浙江 (天目山)、江西、云南 (思茅、景东)；日本。

(一二七) 迅足长蝽属 *Metochus* Scott, 1874

Metochus Scott, 1874: 433. Type species: *Metochus abbreviatus* Scott.

体常中大型，狭长。头平伸，体毛显著；复眼离开前胸前缘一定距离；触角第 1 节长，长度的 1/2 或 1/2 以上伸过头端；喙伸达中足基节。前胸背板侧缘为弧形细线状棱边，宽度均一，前叶筒状，前叶、后叶间侧面深缢入；小盾片具显著长毛和刻点；爪片有 4~5 列整齐刻点；足长，前股腹面有刺列，雄虫前足胫节下方有大齿。腹部第 2 腹节气门背生；第 3、第 4 腹节气门背生。

202. 短翅迅足长蝽 *Metochus abbreviatus* Scott, 1874 (图 160，图版 XII-8)

Metochus abbreviatus Scott, 1874: 434.

Metochus abbreviatus: Zheng & Zou, 1981：203; Hu, 1995：110; Shen, 1993：35; Péricart, 2001: 200.

形态特征　成虫　体色　褐黑至黑色，雌虫色较淡。头中叶端部、小盾片中央的一对小点斑褐色；触角深黑褐，各节基部均有 1 白环，尤以第 4 节的白环最宽；前胸背板后叶 "M" 形斑黄褐色；小盾片末端，爪片近基部斑纹，外脉基部及爪片缝缘，革片近端处的大斑，第 5、第 6 腹节侧缘中央的斑黄白色；革片端角后方的小斑、膜片脉基部的小斑白色；膜片端部浅灰，以淡纹与前方的深色部分分开；各足基、胫节、前足股节基部及中足、后足股节基半部、中足胫节和跗节淡污黄色。

结构　体狭长，两侧平行，被浅黄色细毛。头粗糙，中叶远长于侧叶。喙伸达中足基节。前胸背板前叶隆起，略似桶状，多少具灰色粉被；后叶较平坦，中央有略隆起的中脊穿过；侧缘弧形，前叶侧缘具细锯齿，两叶交界处缢缩，后缘微前凹。小盾片狭长；翅较短，第 7 腹节外露。前足股节较膨大，下方具刺。第 2 可见腹节的气门位于腹面，第 3 节后的各节气门位于侧接缘背面。

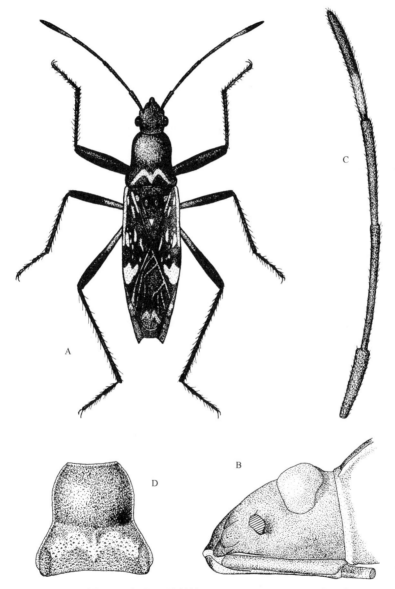

图 160　短翅迅足长蝽 *Metochus abbreviatus*

A. 体背面 (habitus)；B. 头部 (head)；C. 触角 (antenna)；D. 前胸背板 (pronotum)

量度　体长 9.6~11.2 mm，宽 2.3~2.7 mm。头长 1.61~1.67 mm，宽 1.64~1.66 mm；复眼间距 0.87~0.89 mm；触角各节长 Ⅰ：Ⅱ：Ⅲ：Ⅳ=1.17~1.24：2.26~2.37：2.03~

2.10∶2.28~2.35 mm。前胸背板长 2.29~2.36 mm，宽 2.43~2.72 mm；小盾片长 1.81~1.92 mm，宽 1.37~1.48 mm；爪片接合缝长 0.87~0.88 mm，爪片端至革片端 1.97~2.14 mm，革片端至膜片端 1.63~1.68 mm。

生物学特性　江西南昌、宜春等地，自 4 月下旬至 11 月均可采到成虫，尤以 7 月上旬至 9 月下旬为常见。成虫和若虫惧强光，晴天 10~16 时，多在土表杂草丛中或豆类基部叶背栖息。

经济意义　取食大豆、美丽胡枝子 *Lespedeza formosa*、稗等的幼嫩果荚或嫩穗，在丘陵山区常见危害大豆。

分布　河南 (信阳)；江苏 (南京)、湖南、江西、浙江 (天目山)、福建、台湾、广东、广西 (龙胜、龙州)、四川 (峨眉山)；日本、印度。

(一二八)　宽地长蝽属 *Naphiellus* Scudde, 1962

Naphiellus Scudde, 1962, 982. Type species: *Aphanus latus* Distant.

体宽大，刻点稠密。触角密生刚毛，第 1 节较短，伸出头端的部分不到该节之半；复眼接触或几乎接触前胸背板。前胸背板宽阔，侧缘宽阔叶状边，其上散布刻点；小盾片正三角形，端半淡色；革片散布黑刻点，前缘域有黑刻点；爪片中央有 1 列刻点，明显偏内侧，与爪片外侧刻点列间无其他刻点。腹部第 2 腹节气门背生；第 3、第 4 腹节气门背生。

203. 宽地长蝽 *Naphiellus irroratus* (Jakovlev, 1889) (图 161，图版 XII-9)

Emblethis irroratus Jakovlev, 1889: 61.

Rhaprochromus (Naphiellus) jakowlewi Seidenstucker, 1967: 262.；Zheng & Zou, 1981: 195.

Naphiellus irroratus: Scudder, 1970: 101; Pericart, 2001: 201.

形态特征　**体色**　黑褐色。头、体下、小盾片前半、小盾片上刻点、革片在 R+M 脉内支上相当于内角水平位置 1 小形黑色纵走斑。触角较黑褐，喙黑褐色，足深黑褐。前胸背板除前叶外，底色淡黄褐，前缘中部在中线两侧各有 1 半月形淡色斑。淡色部分全部密被不规则的黑褐刻点，点外有黑色晕圈；小盾片后半黄褐，革片上刻点黑褐色，点外有晕圈，膜片淡黑褐，脉色略深，沿脉的两侧为细白纹。各胸节侧板后缘、翅折缘下方及基节白黄白。

结构　体宽阔，刻点较稠密。头基部 1/3 除中线外，几无平伏毛，复眼与头后缘中段的水平位置有一定距离。触角密生粗糙的半直立毛，不甚长。喙伸达中足基节。头下方平伏毛密。　前胸背板宽阔，侧缘向前明显变狭；侧叶前角处前突甚显，侧叶宽阔，向前不显著变窄；后缘较平直，在小盾片前不显著地突然前凹。小盾片密被刻点，近于等边三角形。爪片内外刻点列整齐，中间散布不甚成行的密集刻点，其中外侧 1 列甚接近最外列并与之平行。革片密布刻点。前股下方端部具大齿，其余小齿中以中部 2 枚稍大。后足股节下方端半有硬直刚毛 4 根左右。阳茎鞘敞口，阳茎端骨化程度强，盘旋 3 圈多，阳茎端一侧着生整齐倒齿。抱器基半部较粗大，端半部较细，末端不尖锐。

量度　体长 8.6 mm。头长 1.10 mm，宽 1.52 mm，眼间距 1.05 mm，触角各节长 0.46：1.26：1.05：1.15 mm，前胸背板长 1.98 mm，宽 3.35 mm，小盾片长 0.93 mm，宽 1.98 mm，爪片接合缝长 0.70 mm，爪片端至革片端 1.60 mm，革片端至膜片端 1.05 mm，翅合拢宽 3.85 mm。

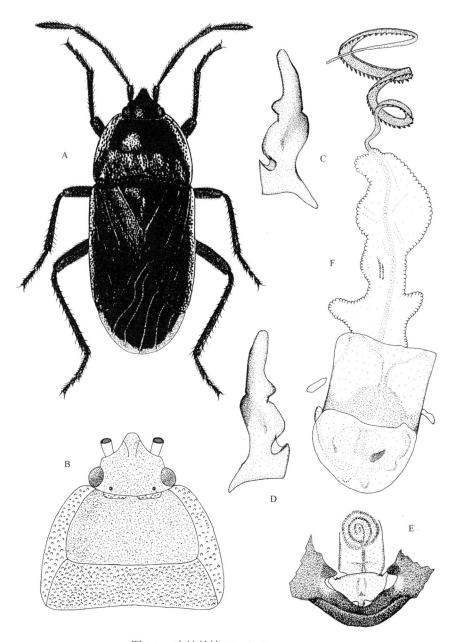

图 161　宽地长蝽 *Naphiellus irroratus*

A. 体背面 (habitus)；B. 头及前胸 (head and pronotum)；C、D. 右抱器 (right paramere)；E. 阳茎在生殖腔中着生状 (phallus, located in genital capsule)；F. 阳茎 (phallus)

分布　河南 (新乡、辉县、延津); 辽宁 (林西)、河北 (雾灵山); 蒙古国、西伯利亚。

(一二九) 毛肩长蝽属 *Neolethaeus* Distant, 1909

Neolethaeus Distant, 1909: 340. Type species: *Neolethaeus typicus* Distant.

体中型，椭圆形，多黑褐色并有杂色斑，体腹面具明显光泽。头平伸，较长; 触角第 1 节一半以上伸过头端; 头腹面较平坦，咽部不强烈突出。前胸背板梯形，较平，侧缘具狭边，多在前胸背板前角有一根显著的刚毛; 前后叶间横缢不明显，后叶较前叶粗糙; 小盾片具 "V" 形脊; 革片端缘直，膜片脉间常有横脉相连。第 3、第 4 腹节气门腹生; 第 5 腹节腹面侧方的毛点前后排成一直线。

204. 东亚毛肩长蝽 *Neolethaeus dallasi* (Scott, 1874) (图 162，图版 XIII-1)

Lethaeus dallasi Scott, 1874: 438.
Neolethaeus dallasi: Zheng & Zou, 1981: 125; Zou, 1995: 109; Péricart, 2001: 159; Li, Xie & Bu, 2009: 355.

形态特征　成虫　体色　黑褐色至黑色。触角褐至黑褐色，第 1 节除端部、第 2 节基部大半、第 3 节基部及末端色较淡; 喙黄褐色; 前胸背板深褐至黑褐色，胝区色深，领、侧边及后角处斑纹 (常横裂或呈 "L" 形) 黄色; 爪片底色深浅不一; 革片前缘基部淡色，基部、中部、端部具边缘不甚清晰的褐斑，革片内角和近端具白斑，即各脉淡色或至少 R+M 分支的两端部淡色，端缘处内侧 R+M 与 Cu 脉间有 1 大的方形淡斑，端缘处外侧有 1 形状不规则的大淡斑，深色个体中基半在 R+M 与 Cu 脉间底色也为黑褐色，中间包围 1 淡色斑块; 膜片淡烟色，脉色略深; 体下方栗褐色至黑褐色，具光泽。

结构　头有密而粗糙的刻点，基部无; 背面两侧被平伏小毛; 触角第 1 节一半以上伸过头端; 喙伸达后足基节，第 1 节约达头的基部; 头下方具粗糙刻点。前胸背板刻点较浅，胝区缺，侧缘中部微凹入; 小盾片 "V" 形脊上刻点稀少; 爪片内侧第 2 刻点列在后半多少弯曲，常在该处出现不整齐的两列; 前股节下方除具短刚毛状刺外，近端部有 3~4 根粗刺; 雄虫后足股节较膨大，下方有粗糙的疣状刺突。腹部第 7 节腹面后缘具 3 个小齿状突起。阳茎鞘敞口，阳茎细膜上着生 1 对刺状骨化突起，阳茎端棍状，较短。抱器形状奇特，中部极宽大，近方形，端部渐尖。

量度　体长 6.5~7.8 mm，宽 2.30~2.58 mm。头长 0.81~0.82 mm，宽 1.04~1.18 mm; 复眼间距 0.67~0.69 mm; 触角各节长 I：II：III：IV=0.71~0.74：1.16~1.19：1.03~1.11：1.02~1.10 mm。前胸背板长 1.29~1.35 mm，宽 2.21~2.32 mm; 小盾片长 1.31~1.39 mm，宽 1.27~1.34 mm; 爪片接合缝长 0.77~0.78 mm，爪片端至革片端 1.37~2.46 mm，革片端至膜片端 1.03~1.17 mm。

经济意义　取食荆条 *Vitex negundo* var. *heterophylla* 种子。

分布　河南 (辉县、济源); 山西 (高平、垣曲)、河北、山东 (烟台)、江苏 (南京)、浙江 (天目山)、江西 (庐山)、湖北 (武昌)、四川 (峨眉山、宝兴、蒙顶山)、福建 (建阳、邵武)、台湾、广东 (连县)、广西 (龙胜);日本。

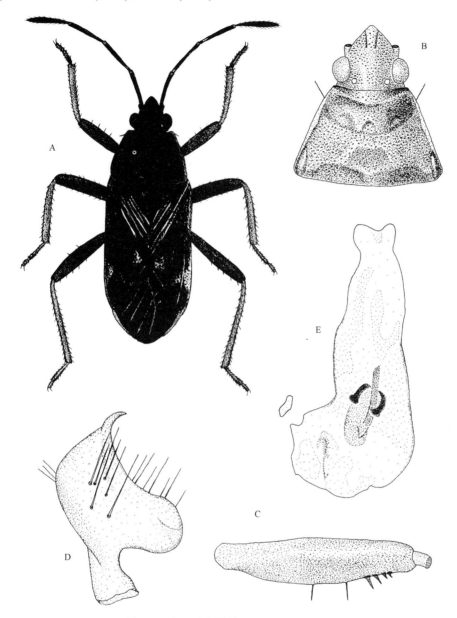

图 162　东亚毛肩长蝽 *Neolethaeus dallasi*

A. 体背面 (habitus);B. 头及前胸 (head and pronotum);C. 前足腿节 (fore femora);D. 右抱器 (right paramere);E. 阳茎 (phallus)

(一三〇) 狭地长蝽属 *Panaorus* Kiritshenko, 1951

Panaorus Kiritshenko, 1951: 215. Type species: *Pachymerus adspersus* Mulsant et Rey.

　　体中型，椭圆形，不宽大，头及前胸背板前叶黑色。头三角形，平伸，背面略隆；触角第 1 节较短，伸出头端的部分不到该节之半；复眼接触或几乎接触前胸背板；喙伸达中足基节。前胸背板侧缘具宽阔叶状边；前叶黑色，后叶淡色，横缢不明显；后叶刻点较前叶深陷并密集；小盾片有 "V" 形淡色斑；爪片中央有 1 列刻点，明显偏内侧，与爪片外侧刻点列间无其他刻点。前股下方具数个粗大刺突，后足股节刺突较细。腹部第 2 腹节气门背生；第 3、第 4 腹节气门腹生。

205. 白斑狭地长蝽 *Panaorus albomaculatus* (Scott, 1874) (图 163，图版 XIII-2)

Calyptonotus albomaculatus Scott, 1874: 439.

Rhyparochromus (Panaorus) albomaculatus: Zheng & Zou, 1981：193; Li, Xie & Bu, 2009: 363.

Rhyparochromus albomaculatus: Shen, 1993：36.

Panaorus albomaculatus Kerzhner, 1964: 791, 804; Péricart, 2001: 203.

　　形态特征　体色　褐至深褐色。头、前胸背板前叶、小盾片大部、革片在 R- M 脉外支末端及顶角处的小斑、各足基节、前足股节 (除最基部外)、中足、后足股节大部、各足胫节 (胫节有时黄褐至淡褐，端部常加深) 黑色；触角第 1 节褐至黑，有时前半部淡色，第 2 节黄褐，端部渐成黑褐，第 3 节几全黑，有时基部渐淡，第 4 节黑，基部有 1 宽白环；前胸背板后叶淡黄白色，或侧缘前端及后角处色略深；小盾片沿侧缘端半部各有 1 黄带，排成 "V" 字形，或仅末端淡色；爪片与革片淡黄褐色或淡黄白色，刻点褐色，爪片基部有时黑色；革片中部后方内角的水平位置处有 1 黑褐色横带，横贯全翅，达于前缘，向外渐狭，有时此带的外端渐淡，但仍可察知其存在，带后为 1 白色近三角形大斑，中有同色至淡褐色浅刻点若干，端缘处色较深；膜片黑褐，具不规则的细碎斑；前胸侧缘下方、后缘及后侧角、基节臼及后胸后缘黄白色；中足、后足股节基 1/3~1/2 淡黄褐色。

　　结构　头密被金黄色平伏短毛；触角第 1 节内侧有少数刚毛状毛，第 3 节向端渐膨大；头部腹面略具横皱；喙伸达中足基节，第 1 节达头的后缘。前胸背板前叶周缘及后叶具褐刻点，后叶具 1 较窄的中纵线，无刻点，侧缘上无刻点，或有时有很少数的褐刻点，前缘、后缘均凹入；小盾片具刻点；革片前缘域全无刻点。阳茎鞘敞口，阳茎端盘旋 8 圈多，阳茎端基部向两侧形成不对称宽边，外侧明显宽大。抱器基半部较端半部明显粗大，顶端向回弯，略呈钩状。

　　量度　体长 6.87~7.62 mm。头长 0.88~0.93 mm，宽 1.01~1.13 mm；复眼间距 0.81~0.86 mm。触角各节长Ⅰ：Ⅱ：Ⅲ：Ⅳ=0.62~0.67：1.34~1.38：1.17~1.22：1.32~1.38 mm。前胸背板长 1.62~1.68 mm，宽 2.41~2.48 mm；小盾片长 1.51~1.57 mm，宽 1.32 mm；爪片接合缝长 0.61~0.66 mm，爪片端至革片端 1.51~1.57 mm，革片端至膜片端 1.11~1.23 mm。

　　分布　河南 (安阳、鸡公山)；吉林 (小兴安岭)、北京、天津、河北 (雾灵山)、山西 (垣曲)、陕西 (宝鸡)、四川 (丹巴、康定、金川、小金)、江苏 (南京)、湖北 (武昌、神农架、房县)、广西 (龙胜)；日本、朝鲜、中亚。

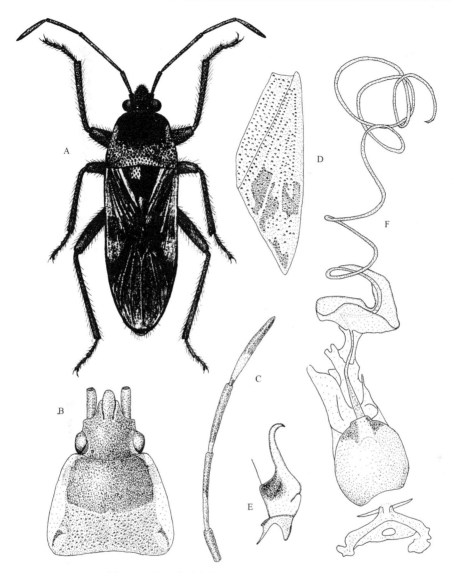

图 163　白斑狭地长蝽 *Panaorus albomaculatus*

A. 体背面 (habitus)；B. 头及前胸 (head and pronotum)；C. 触角 (antenna)；D. 右前翅爪片和革片 (right clavus and corium)；

E. 抱器 (paramere)；F. 阳茎 (phallus)

(一三一) 点列长蝽属 *Paradieuches* Distant, 1883

Paradieuches Distant, 1883: 438. Type species: *Paradieuches lewisi* Distant.

体中小型，狭长。头平伸，顶微隆，复眼离开前胸前缘一定距离；触角第 1 节长，至少一半伸过头端。前胸背板梯形，侧缘具叶状边；前叶、后叶间横缢明显，前叶隆出，后叶较平；爪片上有 3 列整齐刻点，革片沿爪片缝有整齐刻点 2 列；足较短，前足股节显著加粗。腹部第 3、第 4 腹节气门背生，第 2 腹节气门背生。

206. 褐斑点列长蝽 *Paradieuches dissimilis* (Distant, 1883) (图 164，图版 XIII-3)

Dieuches dissimilis Distant, 1883: 483.

Paradieuches dissimilis (Distant): Zheng & Zou, 1981：199; Péricart, 2001: 133.

形态特征 **体色** 褐色至黑色。斑纹美丽，无强光泽。头、中叶端部、前胸背板、小盾片、体下方黑色；触角第 3、第 4 节、膜片大部、革片上刻点列、革片前缘域中段及稍靠后的 2 个大斑黑褐色；爪片端部中央纵纹深褐色；触角、喙、足 (基节及前股常较深) 褐色；前胸背板侧边、前缘域中段及稍靠后的斑之间、爪片及革片基部 2/5 淡黄白色；前胸背板后端最外缘内侧为 1 淡褐色纵纹，爪片内缘、革片端部 3/5 褐色至锈褐色，一色而平整，革片内角及深色域前缘 R 于 Cu 脉间有 1 褐色小斑；膜片基缘及后缘宽阔地淡白色，顶角也淡色，后缘基部狭窄地淡黑褐色；腹部略具光泽。

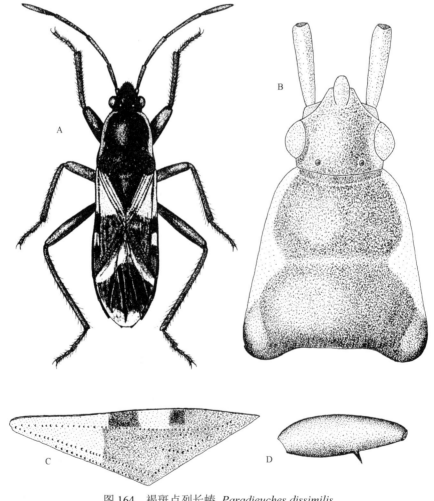

图 164 褐斑点列长蝽 *Paradieuches dissimilis*

A. 体背面 (habitus)；B. 头及前胸 (head and pronotum)；C. 右前翅革片 (right corium)；D. 前足股节 (fore femora)

结构　体狭长。头表面丝绒状，刻点极浅，平伏毛短小，密；头平伸，较尖；触角密被金黄色平伏小毛，第 1 节一半以上伸过头端；喙达中足基节，第 1 节伸达前胸前缘；头下具灰黑色粉被，后半具较明显的刻点。前胸背板表面丝绒状，狭长；革片前缘在 2/5 处显著扩大，以致身体后半渐宽，革片上刻点列整齐；膜片伸过腹部末端；胸下丝绒状 (具粉被)，具刻点。

量度　体长 4.5~5.8 mm，宽 1.3 mm。头长 0.75 mm，宽 0.90 mm；复眼间距 0.55 mm；触角各节长 0.61∶1.10∶1.10∶1.01 mm；前胸背板长 1.32 mm，前缘宽 0.75 mm，后缘宽 1.54 mm；小盾片长 1.10 mm，宽 0.70 mm；爪片接合缝长 0.53 mm，爪片端至革片端 1.23 mm，革片端至膜片端 1.23 mm。

分布　河南 (鸡公山)；福建 (崇安)、四川 (峨眉山)、云南 (西双版纳)；日本。

(一三二)　刺胸长蝽属 *Paraporta* Zheng, 1981

Paraporta Zheng, 1981: 156. Type species: *Paraporta megaspina* Zheng.

体常狭长，无明显刚毛。头常长而伸出，眼前区和眼后区等长，基部收缩成细颈状；复眼多远离前胸背板前缘。前胸背板有领，前叶圆球形，后叶平，侧角具大刺，斜指后上方；革片中部内收，束翅短，伸达第 6 腹节；足多较长。腹部膨大，最宽处明显宽于前翅；第 5 腹节腹面侧后方的 1 对毛点横向排列；第 5 腹节腹面的后毛点近于该节后缘而远于该节气门；第 3、第 4 腹节气门腹生。

207. 刺胸长蝽 *Paraporta megaspina* Zheng, 1981 (图 165，图版 XIII-4)
Paraporta megaspina Zheng , 1981: 156; Shen, 1993：36; Péricart, 2001: 182.

形态特征　体色　黑褐至褐黑色，稍光亮。头、领、前胸背板前叶、后叶刻点及其周围与侧角大刺基部、胸部腹面黑色；触角大部 (第 1 节略深)、革片上 R+M 脉处及亚前缘域处淡褐色；触角第 4 节基半部、革片基半部、革片内角下方 1 小斑及端缘外半前方的半月形大斑、中足、后足基部黄白色；前胸背板后叶及侧角刺褐色；爪片深栗褐色，基半沿爪片缝有 1 淡色纵斑；革片端半深栗褐或黑褐色，有些个体整个革片褐色；膜片有时具淡白色的端缘、端角内侧 2 脉及中央小斑；侧接缘各节上模糊的斑黄褐色；足栗褐色。

结构　头除少数区域外，背腹面均密被浅刻点及平伏毛，腹面具横皱；喙第 1 节只达复眼前部的水平位置。前胸背板前叶多少具粉被，光泽弱，具浅刻点及短小平伏毛，周缘的刻点较清楚，分布不甚均匀，有时连成线纹；前叶中部中线两侧各有 1 低的结节状突起；小盾片基部大半具粉被及刻点，基部略下凹；膜片较小，伸达第 6 腹节前半或中央；胸部腹面具薄粉被；前足股节下方端半有 2 刺。腹部被平伏毛。阳茎鞘敞口，阳茎端盘旋 1 圈多，骨化程度一般。抱器基半部宽大，略呈方形；突起明显，较长；端半部短，渐尖。

　　量度　体长 5.2~6.7 mm，腹宽 1.67~1.72 mm。头长 1.31~1.34 mm，宽 1.01~1.10 mm；复眼间距 0.51~0.56 mm；触角各节长 Ⅰ：Ⅱ：Ⅲ：Ⅳ=0.83~0.89：1.79~1.89：1.72~1.78：1.62~1.66 mm；前胸背板长 1.31~1.39 mm，宽 1.01~1.07 mm；小盾片长 0.61~0.66 mm，宽 0.48~0.51 mm；爪片接合缝长 0.98~1.05 mm，爪片端至革片端 1.08~1.12 mm，革片端至膜片端 0.36~0.39 mm。

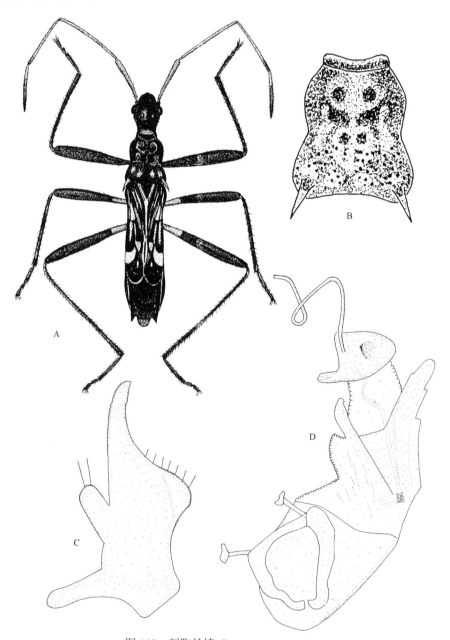

图 165　刺胸长蝽 *Paraporta megaspina*

A. 体背面 (habitus)；B. 前胸背板 (pronotum)；C. 右抱器 (right paramere)；D. 阳茎 (phallus)

分布　河南 (信阳)；浙江 (天目山)、江西 (庐山)、广东 (连县)、广西 (龙胜)。

(一三三) 斑长蝽属 *Scolopostethus* Fieber, 1860

Scolopostethus Fieber, 1860: 49. Type species: *Scolopostethus cognatus* Fieber.

体长椭圆形，小型，不扁。头平伸，背面略隆，触角第 1 节约 1/2 伸过头端；复眼靠近前胸背板前缘；前胸背板无领，前叶较隆，具薄边，此边在前叶、后叶间显著加宽，后叶平；小盾片基半中央略凹陷；革片底色具黑白相间的斑纹；爪片两侧平行，周缘具刻点列，中央具 2 列刻点；前股粗大，腹面具刺列，其中有 1~2 个大刺。腹部两侧近平行，与前胸约等宽，或较之略宽；第 5 腹节腹面侧方的毛点均在该节气门前方，横向排列，后毛点远于该节后缘而近于该节气门；第 3、第 4 腹节气门腹生。

208. 中国斑长蝽 *Scolopostethus chinensis* Zheng, 1981 (图 166，图版 XIII-5)

Scolopostethus chinensis Zheng, 1981: 138; Péricart, 2001: 134; Li, Xie & Bu, 2009: 358.

形态特征　**体色**　黑褐色。头、触角、前胸背板前叶、后叶刻点、小盾片、胸部下方、前股 (端部常淡色)、腹部 (有光泽) 黑色。领及后叶褐色，后叶中线两侧常有 2 条宽纵带，完整或向后渐消失，其外缘向后斜伸，后叶外缘处前叶的黑色部分后延成带状，达前胸后缘；前胸、后胸侧板后缘及基节臼褐色；膜片淡灰褐，脉及其周围的晕黑褐色，基缘内半成黑褐色横斑状，沿端缘也成斑驳的黑褐色。足基节黑褐，其余各部分黄褐，中后足股节端部常有 1 黑环，宽窄不等。前胸背板叶状边淡白，后端成黑斑状；爪片淡白，刻点及其周围，以及近端部处 1 不规则黑斑黑褐；革片底色淡白，具花斑刻点及其周围黑。

结构　头被平伏小毛，复眼内侧有 1 对长的毛点毛，其余无任何直立毛。触角第 2 节基部常渐狭，有时第 1 节末端也狭，喙达中足基节中部，第 1 节达头的基部，头背面刻点极不显著，几不可辨，有时头顶基部中央可见较明显的刻点，腹面基部有较明显的刻点。复眼具极短小的毛；前胸背板侧缘直或微内凹；长：宽=9：12~15，毛被极为短小；前胸下方全具刻点，侧板前半较稀；爪片中间刻点列在近端处多少分为两列状。前股下方刺列中，大刺位于中部略前，其基方有小刺数枚，端方 7~8 枚。雄虫中胸腹面有一对略向后指的短钝突起，此突起在雌虫中更钝而不显著。抱器中部宽大。

量度　体长 4.2~4.8 mm，宽 1.5~1.8 mm。头长 0.63 mm，宽 0.80 mm，眼间距 0.50 mm，触角各节长 0.44：0.66：0.55：0.66 mm。前胸背板长 0.95 mm，前缘宽 0.60 mm，后缘宽 1.32 mm，小盾片长 0.76 mm，宽 0.60 mm。爪片接合缝 0.44 mm，爪片端至革片端 0.83 mm，革片端至膜片端 0.68 mm。

分布　河南 (栾川)；河北 (雾灵山)、湖北 (神农架)、江西 (庐山)、四川 (小金、金川、理县、马尔康、宝兴)、云南 (金平、西双版纳)。

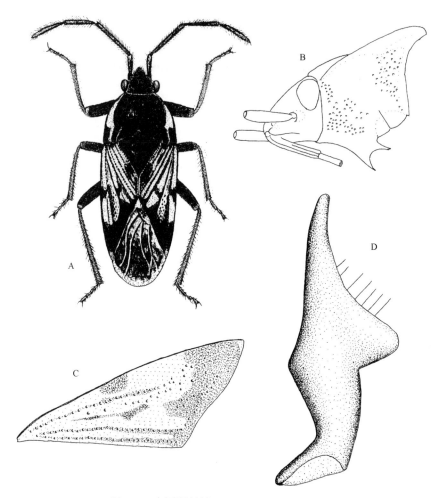

图 166　中国斑长蝽 *Scolopostethus chinensis*

A. 体背面 (habitus)；B. 头及前胸 (head and pronotum)；C. 右前翅革片 (right corium)；D. 左抱器 (left paramere)

(一三四) 浅缢长蝽属 *Stigmatonotum* Lindberg, 1927

Stigmatonotum Lindberg, 1927: 9. Type species: *Stigmatonotum sparsum* Lindberg.

种 检 索 表

1　触角第 1 节黑褐色，与第 2、第 3 节明显不同·····················小浅缢长蝽 *S. geniculatum*

　　触角第 1 节黄褐色，与第 2、第 3 节颜色相同·····················山地浅缢长蝽 *S. rufipes*

　　小型，3.5~5.0 mm。多褐色，体表密布平伏毛。头平伸，三角形，较短，眼后区短小，不发达。侧叶侧缘不呈檐状。眼有直立毛，触角第 1 节伸达或伸过头端。喙第 1 节远离头后缘。前胸背板较平，前叶与后叶界限不为深凹的线纹。侧缘在两叶交接处切入不深。前叶明显宽于头部，但狭于后叶，为梯形。背板无光泽，领及后叶具刻点。前叶刻点细小不明显。后缘中域凹入。爪片与革片底色淡色，刻点褐色，爪片刻点 4 列。革片色斑杂乱无规则，前缘中段有黑斑，内角有大白斑，其周围有黑色边缘，顶角黑色。胸部腹面粉被显著，腹部腹面有光泽。足前端有 1~2 枚大刺，有时还有若干小刺。

209. 小浅缢长蝽 *Stigmatonotum geniculatum* (Motschulsky, 1863)

Plociomerus geniculatum Motschulsky, 1863: 81.

Stigmatonotum rufipes: Zheng & Zou, 1981: 164.

Stigmatonotum geniculatum (Motschulsky): Péricart, 2001: 179.

形态特征　体很小，褐色。头黑褐，有光泽，密被显著丝状平伏毛。头的眼前部分长：眼长：眼后部分长＝7：5：1。眼后区很短，单眼几乎接触前胸背板前缘，复眼较圆、大，眼面的直立毛极小，几乎不可辨认。侧面观头高：眼高＝11：7。头下方有光泽，颜色与毛被同背面。触角第 1 节深褐色，第 2、第 3 节黄褐色，第 4 节黑褐，第 1 节约 1/3 伸过头端。喙可伸达中足基节中部，第 1 节黑褐，其余淡黄褐色，末端黑褐色。前胸背板下倾，倾斜程度明显大于山地缢长蝽。领及后叶暗黄褐，后叶后部色暗，侧角处多少有些黄色成分，斑驳，侧角顶端常淡黄而光亮，前叶紫褐，均略具光泽，前叶每侧有 1 个横列的椭圆形胝，光泽明显而鲜明，胝内毛被少，胝外均被粉被及较长的平伏毛，后叶毛短小。前胸背板领的后方界限不明显，前叶长：后叶长＝6.5：7，后缘微内凹。小盾片紫褐色，末端黄白色，被丝状平伏毛。爪片与革片淡黄褐，刻点褐色，外脉淡纹贯通全长，在小盾片水平位置向内分支有 1 黑褐色短纵纹，内脉基部略加粗，为节结状。革片各脉淡色，均为褐色刻点沿脉缘勾勒出轮廓，内角白斑三角形，其周缘为细褐线勾勒，革片端缘淡色。前缘域顶端相当于小盾片末端位置有 1 黑褐色斑，整个革片斑驳。膜片基部 1/4 淡色，基缘内侧 1/3 处有 1 黑斑，余黑褐，脉淡，外观斑驳状。胸下紫褐色，有时为黑褐色，具粉被而带有灰色色泽，遍布明显的刻点和平伏毛，前胸前缘及后胸侧板后缘、前足基节白褐色。各足基节黑褐色，其余淡黄褐色至淡褐色，前股中域端方一侧有 1 较宽的黑褐色环，中足、后足股节近端部也有 1 宽褐色环。前股下方有 1~2 个大刺及 1~2 个小刺。前足胫节直，无小齿状刺。腹下紫褐色。

量度　体长雄虫 3.1 mm；雌虫 3.5~3.6 mm。头长 0.48 mm，宽 0.70 mm，眼间距 0.35 mm，触角各节长 0.31：0.42：0.55：0.53 mm。前胸背板长 0.66 mm，前叶长 0.36 mm，后叶长 0.38 mm，领宽 0.46 mm，前叶宽 0.72 mm，后叶宽 1.01 mm。小盾片长 0.57 mm，宽 0.53 mm。爪片接合缝 0.35 mm，爪片端至革片端 0.66 mm，革片端至膜片端 0.43 mm，翅合拢宽 0.97 mm。

分布　河南 (西峡)；福建、广东、湖南、湖北、云南；日本。

210. 山地浅缢长蝽 *Stigmatonotum rufipes* (Motschulsky, 1866)

Plociomerus rufipes Motschulsky, 1866: 188.

Stigmatonotum sparsum Lindberg, 1927: 10; Zheng & Zou, 1981: 163.

Stigmatonotum rufipes (Motschulsky): Péricart, 2001: 180.

形态特征 成虫 体色 头黑，略具光泽，其上平伏毛金黄色。触角黄褐色，第 1 节基半及第 4 节黑褐色。前胸背板无光泽，前缘处及后叶淡褐至黑褐，前叶黑，具粉而发灰。后叶细中脊淡黄褐色，两侧中区宽纵带淡色，侧角处黄色，后叶刻点深黑褐色，前叶各侧椭圆形无粉被区形成的线纹黑色。前胸前缘及侧板后缘、前足基节臼后半褐色，前胸下方浓厚粉被灰黑色。小盾片黑，无光泽，"Y" 形脊两侧黄褐色，略具光泽，末端黄色。爪片及革片底色淡黄褐色，爪片外脉淡纹几乎贯川全长，清晰，内脉淡纹只基部隆出呈节结状，端部淡纹不显著，此纹前外方与外脉间黑色，略呈淡斑状；部分个体爪片全部淡色。革片具黑褐色斑。膜片底色淡白色，脉间沿脉纹淡黑褐色。中胸、后胸下方黑，基节臼及后胸侧板褐色，足基节、前股中段、中足、后足股节近末端处的宽环黑褐色，其余部分黄褐色，前足转节黄褐色。腹部黑，有光泽，侧缘及第 6、第 7 节后缘褐色。

结构 体小。头略具光泽，平伸，三角形，平伏毛浓密，向中聚集；眼大，较圆，眼面生直立毛；头下方毛被明显。触角黄褐色，第 1 节基半及第 4 节黑褐色；喙伸达中足基节前缘。前胸背板无光泽，前叶具粉。后叶具细中脊，两侧中区刻点较稀而光滑，略呈胝状，侧角处光滑，前叶各侧有椭圆形无粉被区形成的图案。领不发达，与前叶界限常不清晰，前叶较平，两叶间横缢较浅，侧缘于横缢处不深切入。后角圆，后缘微凹入；毛被短小，半直立，弯曲。前叶与后叶等长，宽于头。前叶表面略低于后叶。前胸下方全部被浓厚粉被，刻点显著，丝状毛显著。小盾片无光泽，"Y" 形脊两侧略具光泽。爪片及革片刻点列整齐，爪片外脉清晰，内脉基部隆出呈节结状。翅最宽处和革片内角在同一水平位置，前翅超过腹末端。中胸、后胸下方具粉被。前足股节下方大刺少，近端部有 1 个大刺，及 1~2 个小刺。雄虫前足胫节下方中部无小齿状刺突。腹部有光泽，侧缘及第 6、第 7 节后缘具平伏丝状毛。

量度 体长雄虫 4.1~4.3 mm，雌虫 4.2~4.7 mm。头长 0.64 mm，宽 0.82 mm，眼间距 0.43 mm，触角各节长 0.34：0.66：0.47：0.66 mm。前胸背板长 1.0 mm，前叶长 0.43 mm，后叶长 0.46 mm，领宽 0.76 mm，前叶宽 1.02 mm，后叶宽 1.45 mm，小盾片长 0.76 mm，宽 0.77 mm，爪片接合缝 0.45 mm，爪片端至革片端 0.90 mm，革片端至膜片端 0.83 mm。翅合拢宽 1.65 mm。

分布 河南 (内乡)；湖北、四川、黑龙江；俄罗斯远东地区。

二十九、束长蝽科 Malcidae

束长蝽科昆虫体型较小，为 3~4 mm；体壁较坚硬，具粗糙刻点；体表具鳞片状毛或弯曲的腺毛；头部甚倾斜，具单眼，小颊大，触角位于两眼中部连线之上；膜区有脉 5 条，不分支；跗节 3 节；腹部 2~5 节背板愈合，毛点毛生于小瘤上，位于第 3 腹板近中部及其他腹板侧上方对角线处，而第 4 腹板缺失；腹部第 5~7 节显著外展；腹部气门生于 2~6 节背面；幼虫臭腺孔小，位于 3/4、4/5、5/6 节背板间，或者位于 4/5、5/6 节背板间。

Stål 最早于 1859 年建立 *Malcus* 属，并将该属置于长蝽科中，Horváth 1904 年最早将之上升为亚科, Lethierry 和 Severin 在 1893 年将之置于束蝽科 Colobathristidae, Distant 在 1904 年也将该属归之于束蝽科。Štys 1967 年研究后发现比较长蝽总科内几个近似类群后,将束长蝽亚科和突眼长蝽亚科合并为束长蝽科,这种观点为 Schuh 和 Slater (1995) 等学者所接受。

　　世界已知 3 属 29 种,中国已知 3 属 21 种,河南省现有 2 属 2 种,分别属于束长蝽亚科和突眼长蝽亚科。

亚科检索表

1. 复眼不呈柄状;2 单眼共生于 1 瘤状突起上;前翅革片端部伸长变狭,末端加厚呈结节状;触角长, 第 2、第 3 节细长;体略呈束腰状;体表无蜡状鳞片;爪片接合缝远短于小盾片······························· ·· **束长蝽亚科 Malcinae**

　复眼具柄;2 单眼分开,不共同生于 1 瘤状突起上;前翅革片端部不伸长也不呈结节状,常较圆钝; 触角较短, 第 2、第 3 节不特别细长;体小而粗短厚实;体表覆蜡状鳞片;爪片接合缝稍稍短于小 盾片·· **突眼长蝽亚科 Chauliopinae**

突眼长蝽亚科 Chauliopinae

(一三五) 突眼长蝽属 *Chauliops* Scott, 1874

Chauliops Scott, 1874: 427. Type species: *Chauliops fallax* Scott.

　　小型,体壁坚实,具深刻点。头垂直于身体;触角基发达;复眼具柄。前胸背板剧烈下倾;翅前缘内凹;爪片狭窄,具 1 列刻点;爪片接合缝短;革片顶角圆钝,端缘基部凹入。股节下方常有 1 个刺突;腹部第 4 腹节后缘直达侧缘;第 5~7 节侧接缘发达, 呈叶状扩展。若虫无棘刺。

211. 豆突眼长蝽 *Chauliops fallax* Scott, 1874 (图 167, 图版 XIII-6)

Chauliops fallax Scott, 1874: 428; Zheng & Zou, 1981: 54; Zhang, 1985: 155; Yu et al., 1993: 89; Shen, 1993: 35; Cai et al., 1998: 234; Péricart, 2001: 227; Xie et al., 2009: 350.

　　别名　大豆突眼长蝽。

　　形态特征　成虫　体色　赭褐至黑褐色。复眼黑褐色;前胸背板中央有 1 较淡的纵纹;小盾片黑色,两侧各具 1 小白点;前翅革片淡黑褐色,膜片灰白色;足赭褐色,胫节 1/3 以下及跗节淡色。

　　结构　触角第 1 节较粗,第 2、第 3 节稍细,第 4 节椭圆,并较粗大;复眼突出于头的两侧。前胸背板密生刻点;前翅革片稀生刻点;膜区有纵脉 4 条。雄性外生殖器:阳茎鞘敞口,阳茎端骨化呈管状,盘旋 4 圈多。抱器基半部细,端半部明显膨大,向一侧呈叶状膨大。

量度　体长 2.8~3.2 mm。头长 0.53~0.56 mm，头宽 0.75~0.86 mm；复眼间距 0.71~
0.76 mm；触角各节长度Ⅰ：Ⅱ：Ⅲ：Ⅳ = 0.31~0.35：0.41~0.45：0.26~0.29：0.41~
0.42 mm；前胸背板长 0.69~0.74 mm，前缘宽 0.61~0.73 mm，后缘宽 1.08~1.17 mm；小
盾片长 0.44~0.47 mm，宽 0.54~0.57 mm；爪片接合缝长 0.09~0.12 mm，爪片端至革片端
0.43~0.46 mm，革片端至膜片端 0.75~0.79 mm。

卵　桶形，具假卵盖；初产时紫红色，后变黑褐，一边稍带灰白；长 0.5~0.6 mm。

若虫　初孵时鲜红色，触角第 3 节肉白色，各足胫节 1/3 以下及跗节为肉黄白色；
触角稀生刚毛，腹部每节侧方下缘有瘤突，上生刺毛 1 枚，腹末 3 节每瘤各具刺毛 2 枚。

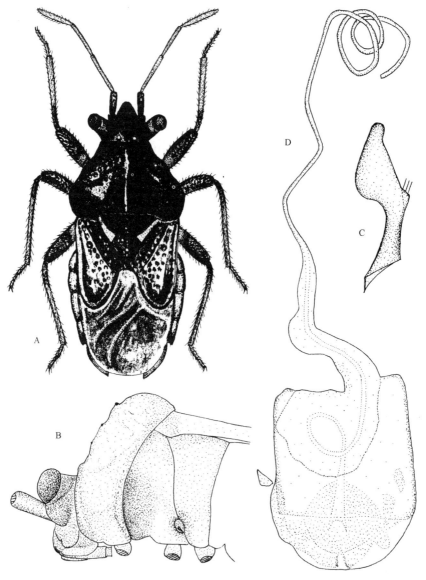

图 167　豆突眼长蝽 *Chauliops fallax*

A. 体背面 (habitus)；B. 头及胸部 (head and thorax，lateral view)；C. 左抱器 (left paramere)；D. 阳茎 (phallus)

长约 0.7 mm。2 龄体侧朱红色，余同 1 龄；体长 1.2 mm 左右。3 龄前胸背板黑褐色，微赭，边缘色泽较淡，每节下侧方的小瘤突黑色，翅芽微外露；体长 1.4 mm 左右。4 龄前胸背板色更深、漆黑；翅芽明显可见，伸达腹部背面第 2 节前缘；体长 1.6 mm 左右。5 龄翅芽比 4 龄发达，伸达腹部背面第 3 节大半；体长约 2.3 mm。

生物学特性　据在江西萍乡饲养观察，一年发生 1~3 代，以成虫在寄主附近枯叶下及土缝、石缝间越冬。翌年 4 月下旬春豆苗长半尺左右时开始活动取食，5 月初开始产卵，5 月、6 月盛发，7 月、8 月转到秋大豆上，这段时间各虫态均有，重叠发生，代间界限不明。10 月中下旬当平均气温降到 16℃ 以下时，即陆续进入越冬场所。由于各代成虫的产卵期均较长，越冬代为 25~96 d，一般为 45~55 d，第 1 代为 24~73 d，一般为 30~35 d，故越冬代成虫 5 月初早产的一批卵，如均按发育最早的一批饲养下去，到 10 月初即可完成 3 代，而在 8 月下旬迟产下的一批卵，则于完成成虫期的发育后不久，即进入冬眠状态，故仅一年 1 代。卵产于寄主叶背，散生，多附着在主脉或侧脉上，每叶 1 枚、2 枚，多至 7 枚、8 枚。若虫在叶背吸汁，羽化前未见转株，3 龄前且多在原来产卵附近的叶背爬动，成虫的迁移习性也不大。各虫态历期：5 月上旬产的卵，卵期为 12~24 d，7 月上旬产的为 9~11 d，若虫期 5 月底孵的 20~21 d，7 月中旬孵的为 28~36 d，成虫寿命第 1 代为 37~86 d，产卵前期为 13~15 d，越冬代寿命长达 10 个月许。

经济意义　大豆上的主要害虫之一，并加害菜豆、绿豆 *Vigna radiata*、葛藤 *Argyreia seguinii* 等。被害叶初呈黄白色小斑点，重时全叶干枯脱落，大大影响了豆粒的饱满程度。

分布　河南 (安阳、沈丘、栾川、鸡公山)；北京、天津、河北 (抚宁、昌黎、邯郸)、陕西 (武功)、湖南 (吉首)、广东 (连县)、广西、浙江、江西、福建、四川 (金川、灌县、宝兴、雅安、乐山、峨眉、西昌)、云南 (西双版纳)、台湾；日本、泰国。

束长蝽亚科 Malcinae

(一三六)　束长蝽属 *Malcus* Stål, 1860

Malcus Stål, 1860: 242. Type species: *Malcus flavidipes* Stål.

多黑褐色；狭长。触角第 2、第 3 节细杆状；第 1 节粗大，圆柱形；第 4 节也粗大，纺锤形。2 单眼着生在 1 个瘤突上。前胸背板后叶及体腹面多粗大刻点，直立刚毛显著；前胸背板下倾显著，侧缘具粗糙大颗粒，侧角圆钝，可隆起。小盾片中央隆起，两侧下陷；革片前缘中部凹入，体束腰状；端缘凹入，顶角隆起明显，节结状；臭腺沟缘小，明显突起。腹部第 5~7 节侧接缘向外平伸为大型叶片状，边缘具细齿突。若虫具刺毛状突起。

212. 中国束长蝽 *Malcus sinicus* Štys, 1967 (图 168，图版 XIII-7)

Malcus sinicus Štys, 1967: 501; Zheng & Zou, 1981: 46; Shen, 1993: 35; Cai et al., 1998: 234; Péricart, 2001: 229.

　　形态特征　体色　栗褐至黑褐色。头、眈区色较深，触角第 1 节深褐，第 2、第 3
节淡黄褐，第 4 节黑褐；小盾片黑褐至黑；革片基半及顶角前方黄褐色，顶角结节黑色，
黄褐部分与褐色部分之间的界限不清；膜片淡灰黄，布有许多不规则而多少相互连接的
黑褐色斑块；足淡黄褐，许多个体后足股节上有 1 明显的黑褐环，但部分个体则无，或
仅有隐约的痕迹。

　　结构　生有较多的直立毛，较长，接近复眼的长度。喙伸达中足基节中部或后缘。
前胸背板倾斜度较大，直立毛较多而长，长度接近复眼的长，除前叶生有直立长毛外，

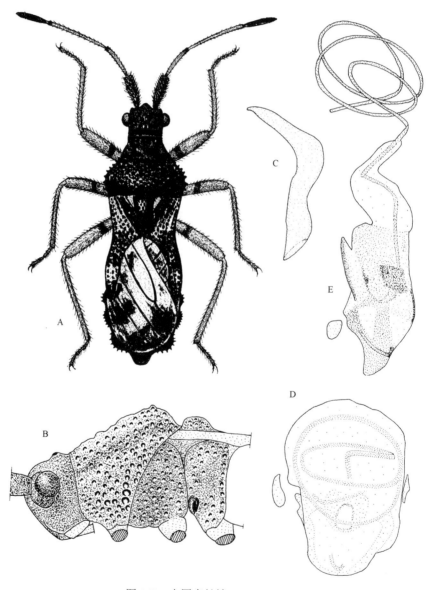

图 168　中国束长蝽 *Malcus sinicus*

A. 体背面 (habitus)；B. 头及胸部 (head and thorax, lateral view)；C. 右抱器 (right paramere)；D. 阳茎 (未伸展) (phallus, not
extended)；E. 阳茎 (伸展) (phallus, extended)

后叶前半也常具半直立毛，直立毛以外的弯曲平伏毛也较蓬松而方向不甚一致，侧缘略隆出，其上生有小颗粒状突起 3~4 个，侧角略微向上隆出；后叶侧缘有小颗粒状突起 12 个左右，突起的顶端生有弯曲毛。前翅膜片明显伸过腹部末端。雄虫生殖节端部不突然缢束伸出。阳茎鞘敞口，阳茎端盘旋 3 圈略多。抱器镰刀状。

量度 体长 3.59~3.72 mm。头长 0.35~0.38 mm，宽 0.71~0.82 mm；触角各节长 I：II：III：IV=0.57~0.63：0.69~0.76：1.42~1.65：0.52~0.55 mm。前胸背板长 0.83~0.86 mm，宽 1.20~1.30 mm；小盾片长 0.28~0.32 mm；爪片接合缝长 0.30~0.32 mm，爪片端至革片端 0.93~1.16 mm，革片端至膜片端 0.68~0.81 mm。

分布 河南 (栾川、嵩县、信阳、鸡公山)；陕西 (秦岭、西安)、四川 (灌县、宝兴、西昌、茂县、平武、康定、理县)、江苏 (苏州、南京)、浙江 (天目山)、福建 (建阳、福州、龙岩)、广西 (龙胜)、云南 (昆明、安宁、勐腊、勐海)。

三十、大红蝽科 Largidae

小至大型。常椭圆形，多数具红色斑块。亲缘关系与红蝽科密切，主要区别在于前胸背板侧缘无扁薄上卷的侧边，产卵器发达，雌虫第 7 腹板纵裂为 2 半。本科昆虫触角着生在两复眼中部连线的下方，单眼缺，前翅膜片基部具翅室，其上发出至少 7 条翅脉；后胸臭腺孔开口退化，有时在第 4 和第 5 腹节间的节间缝不完整。热带种类众多，世界已知 13 属 106 种，我国已知 4 属 8 种，河南省已知 1 属 2 种。

(一三七) 斑红蝽属 *Physopelta* Amyot et Serville, 1843

Physopelta Amyot & Serville, 1843: 271. Type species: *Physopelta erythrocephala* Amyot et Serville.

体较细长，头略大，侧缘略外突，整体呈等边三角形。雌雄成虫触角第 1 节均长于头部长度，但短于头部和前胸背板长度之和。喙伸达后足基节，第 1 节略短于头后缘，第 4 节短于第 3 节。前叶中域隆起显著，伸抵前缘，前胸背板侧缘上翘程度远不如翘红蝽属 *Iphita* 显著。前足股节下方具强刺。

种 检 索 表

1 前翅膜片淡棕色、半透明，触角各节长度 I：II：III：IV=1.8：2.5：1.8：2.6 mm·····················
·····················颈带斑红蝽 *P. cincticollis*

前翅膜片黑色，触角各节长度 I：II：III：IV=1.8：1.8：1.4：2.2 mm·····················
·····················四斑红蝽 *P. quadriguttata*

213. 颈带斑红蝽 *Physopelta cincticollis* Stål, 1863

Physopelta cincticollis Stål, 1863a: 392; Hussey, 1929: 30; Kerzhner, 2001: 246.

形态特征 **体色** 红褐色。头黑色；触角除第 4 节基半部为淡黄色外，余均黑色。前胸背板暗褐色，侧缘赤黄。小盾片暗褐色。前翅革质部浅色，散生许多黑色微点，中部有 1 大而近圆形的黑斑，端部也有 1 黑斑；膜质部基端淡黄，余为灰色，基角处有 1 浅黑色斑纹。足暗褐色。

结构 长椭圆形，腹面隆起，背面较平坦。头小，中叶长于侧叶，无单眼；触角 4 节，密被绒毛，第 1、第 2、第 3 节端部稍膨大。前胸背板梯形，中部有 1 横沟，中线隆出，将背板略分为 4 块；密布刻点和绒毛。小盾片小，除基部中央光滑外，密被绒毛。腹部第 5 可见腹节背板后缘中央呈舌状向后延伸，几达第 6 可见腹节的后缘。足密被绒毛，前足股节和胫节内侧有 2 排齿状刺，胫节端部有 1 距和环刺；中足、后足胫节上有散生刺，端部也有环刺。雌虫第 6 可见腹板后缘特别隆起，然后倾斜。雄虫则不特别隆起，渐倾斜。

量度 体长 11.4~15.8 mm，宽 4.2~5.2 mm。

卵 长 1.14~1.17 mm，宽 0.80~0.82 mm。长卵形，横置，附着面平坦。初产时乳白，后变浅黄色。卵壳光亮、网状，无附属物。

生物学特性 从 4 月上旬至 11 月中旬，黑光灯可诱到成虫。6 月上旬至下旬灯下虫量出现第 1 次高峰，10 月下旬至 11 月上旬出现第 2 次高峰。高峰期成虫有相当一部分体表较软，当系羽化不久。南昌 1 年有 2 代，以成虫越冬。成虫性喜荫蔽，白天常躲在叶背和石块下，阴天偶见外出觅食。趋光性强，越冬代雌虫比雄虫开始活动期早 5~11 d。

经济意义 在白楸 *Mallotus paniculatus* 和毛蕨 *Cyclosorus interruptus* 上采到成虫。

分布 河南 (确山、南阳、信阳、鸡公山)；江苏 (南京)、浙江、福建、江西、湖南、广东、四川、贵州；日本 (四国)，属东洋区系。

214. 四斑红蝽 *Physopelta quadriguttata* Bergroth, 1894 (图 169，图 170，图版 XIII-8)

Physopelta quadriguttata Bergroth, 1894: 160; Kerzhner, 2001: 246.

形态特征 **体色** 身体背面浅棕红色，腹面棕色。眼、头顶、前胸背板前叶及前翅膜片棕褐；触角 (除第 4 节基半部)、革片中央 1 较大圆斑及近顶角 1 小圆斑及第 3~5 腹节腹面侧方新月形斑黑色；触角第 4 节基半部浅黄；头腹面基部、前胸背板前缘侧缘和中央光滑纵线、革片外缘及侧接缘橘红色；前翅膜片浅棕，半透明；足暗棕或棕褐色。

结构 窄椭圆形，身体背面、腹面密被短毛。前胸背板后叶、小盾片及爪片刻点较粗，革片中部刻点较细，其外缘光滑。前足股节稍加粗，其腹面具稀疏粗刺。

量度 体长 12.0~16.9 mm，宽 5.0~5.8 mm。

生物学特性 在西藏吉隆海拔 2700 m 处，每年发生 1 代。成虫七月上中旬盛发，趋光性强。

分布 河南；福建、广东、四川、云南、西藏；印度，属东洋区系。

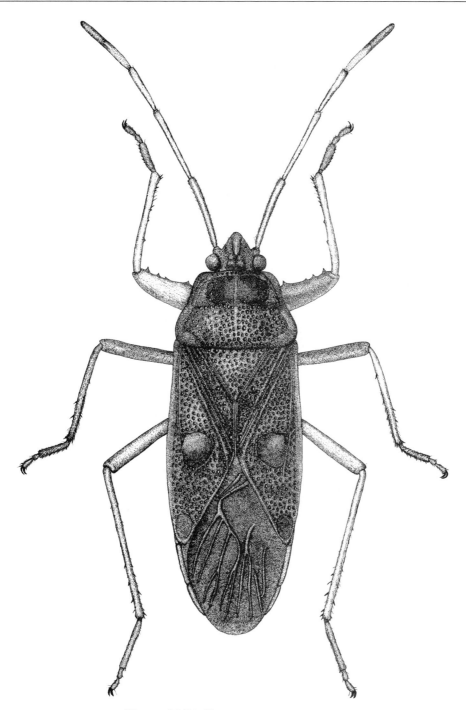

图 169　四斑红蝽 *Physopelta quadriguttata*

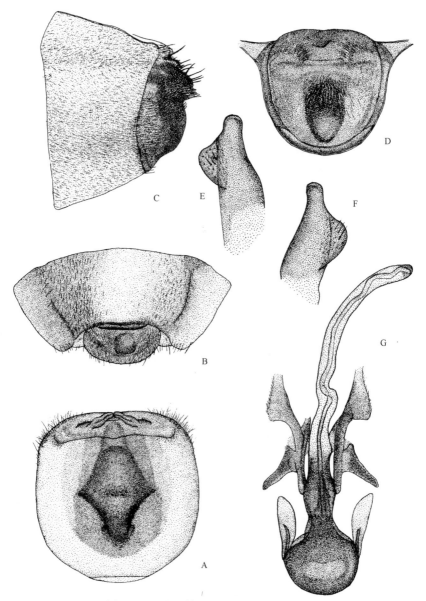

图 170　四斑红蝽 *Physopelta quadriguttata*

A. 雄虫腹部末端背面观 (apical segments of abdomen, dorsal view, male)；B. 雄虫腹部末端腹面观 (apical segments of abdomen, ventral view, male)；C. 雄虫腹部末端侧面观 (apical segments of abdomen, lateral view, male)；D. 雄虫生殖节后面观 (genitalia, dorsal view, male)；E. 抱器 (paramere)；F. 抱器 (另一角度) (paramere, different view)；G. 阳茎 (phallus)

三十一、红蝽科 Pyrrhocoridae

此科昆虫中型至大型，体长为 8~30 mm。体多椭圆形，多为鲜红色或黄色，并具黑色斑块，和长蝽科昆虫比较类似。缺单眼；后胸臭腺孔退化；前翅膜片具 2 个基室，其上发出 7~8 条翅脉。腹部毛点毛分布特点是在 3~6 腹节每组有 3 个毛点毛，第 7 节每组有 2 个毛点毛。腹部气门全部腹生。雌虫第 7 腹节腹板完整，不纵裂。本科昆虫均为植食性，如离斑棉红蝽 Dysdercus cingulatus 是棉花、柑橘 Citrus reticulata、甘蔗 Saccharum officinarum 的重要害虫。本科昆虫世界已知 33 属 340 种。我国已知 12 属 36 种。河南省记载有 4 属 7 种。

属　检　索　表

1. 革片端缘稍向外突出，顶角圆钝；前翅膜片翅脉乱网状····················红蝽属 Pyrrhocoris Fallén
   革片端缘几斜直或略内收，顶角尖锐；前翅膜片翅脉不为乱网状···································2
2. 头顶及前胸背板后叶较平坦，前胸背板侧缘近斜直，无臭腺沟··········直红蝽属 Pyrrhopeplus Stål
   头顶及前胸背板后叶较隆起，前胸背板侧缘显著内弯，臭腺沟明显··································
   ··棉红蝽属 Dysdercus Guérin-Méneville

（一三八）棉红蝽属 *Dysdercus* Guérin-Méneville, 1831

Dysdercus Guérin-Méneville, 1831: 12. Type species by monotypy: *Dysdercus peruvianus* Guérin-Méneville.

体长卵形。复眼无柄，显著陷入头侧缘。触角第 1 节长于第 2 节；喙长度变化幅度较大，第 1 节伸达头后缘；前胸背板侧缘中度扩展并向上折弯。前翅发育完全，膜区基部具 2 个显著翅室，翅脉较长。前足股节近端部具细齿突。腹部腹面接合缝平直。

种　检　索　表

1. 前翅具"X"形白色带纹；爪片棕黑色······························叉带棉红蝽 *D. decussatus*
   前翅无"X"形白色带纹；爪片不为棕黑色··························离斑棉红蝽 *D. cingulatus*

215. 离斑棉红蝽 *Dysdercus cingulatus* (Fabricius, 1775)（图 171，图版 XIII-9）

Cimex cingulatus Fabricius, 1775: 719; Goeze, 1778: 256; Fabricius, 1781: 364; Fabricius, 1787: 299; Gmelin, 1788: 2171.

Dysdercus cingulatus: Herrich-Schäffer, 1850: 177; Carpenter, 1891: 141; Bergroth, 1914: 354; Hussey, 1929: 87; Kerzhner, 2001: 252.

Dysdecus sidae Montrouzier, 1861: 68; Kirkaldy, 1905: 345.

别名　棉星蝽、棉红蝽、棉二星蝽。

形态特征　**成虫**　**体色**　橙红色，雄虫色稍淡。复眼、触角大部、小盾片、前翅膜区前翅革片中央略呈椭圆形的斑、各足胫节和跗节黑色；触角第 1 节基部、喙橙红色；前胸背板前缘的新月形斑、胸部腹面靠近头基部的宽环带及横带、腹部各节腹板上的斑纹白色。

结构　长椭圆形。头三角形，触角第 1 节最长，第 3 节最短，约为第 2 节的一半。

前胸背板侧缘的狭边上卷；侧角钝圆，靠近前缘有 1 深凹横沟。前翅长过腹末。腹部各节腹板的横带中段较细，第 1 横带中央线形，雄虫第 5 条白斑中段较宽，略呈八字形。

量度 体长 13~16 mm，宽 4~5.5 mm。

卵 黄色，椭圆形，长约 1.5 mm。

若虫 1 龄体长 1.5~3.5 mm，宽 0.8~1.0 mm，初孵时淡黄色，复眼及腹部红色，以后复眼渐变赤黑。腹背中央有 3 个深色斑，其上各有臭腺孔 1 对。5 龄体长 10~12 mm，

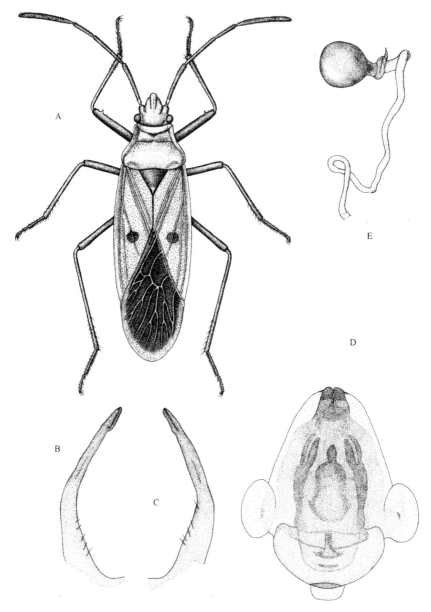

图 171 离斑棉红蝽 *Dysdercus cingulatus*

A. 体背面 (habitus)；B. 右抱器 (right paramere)；C. 左抱器 (left paramere)；D. 阳茎 (phallus)；E. 受精囊 (spermatheca)

宽 4~5 mm，红色，触角及足黑色。前胸背板靠近前缘、后缘处各有 1 条凹陷横沟，前缘新月形白斑明显。翅芽伸达第 3 腹节，末端色深；腹背两侧具白斑。体下白斑显现。

生物学特性　云南一年发生 2 代，广西、台湾报道 6 代。台湾以若虫，广西以成虫在野生植物或树木间越冬；云南以卵越冬，少数则为成虫和若虫。贵州 11 月可在堆放的枯棉秆上发现成虫。云南第 1 代 5~7 月出现，5 月下旬至 6 月间盛发；第 2 代 9~11 月出现，10 月间盛发。成虫寿命 2~3 个月，卵期 7~13 d，若虫期 30~40 d，共 5 龄。在棉田中，棉株前期发生极少，结铃后逐渐增多，开铃时发生最多。成虫喜在棉株上，缓缓爬行活动，交配时间较长，常历时 1 d，少数长达 12 d，故在发生季节，常见交配的成虫在棉株上爬行。每雌产卵 30 粒至 100 多粒，多产在棉田土表缝隙间，常数十粒堆集，也有产在地面落叶下或杂草根际附近的。初孵若虫群集于土缝隙内，稍吸水液，经 2~3 d 后进入 2 龄，才爬出土面，群集在植株上，吐絮的棉铃上尤多，3 龄起逐渐分散，并昼夜活动。

经济意义　主要为害棉花，还为害木棉 *Bombax malabaricum*、木槿、野棉花 *Anemone vitifolia*、木芙蓉 *Hibiscus mutabilis*、苘麻、蜀葵 *Althaea rosea* 等。为害棉花时，成虫、若虫多在棉叶及未裂的棉铃上吸汁，吐絮的棉铃上也有。被害棉叶出现褐色斑点，被害铃不能吐絮，即吐絮也不正常，并可引起病菌寄生，造成僵瓣，严重影响棉花的产量和品质。

分布　河南 (沈丘、固始)；福建、台湾、四川、贵州、广东、广西、云南；缅甸、越南、印度、巴基斯坦、马来西亚、斯里兰卡、菲律宾。

216. 叉带棉红蝽 *Dysdercus decussatus* Boisduval, 1835

Dysdercus decussates Boisduval, 1835: 640; Kerzhner, 2001: 251.
Lygaeus cruciatus Montrouzier, 1855: 106. (syn. Freeman, 1947: 417).
Lygaeus fabricii Montrouzier, 1855: 106. (syn. Bergroth, 1913b: 172).
Dysdercus crucifer Stål, 1870: 118. (syn. Freeman, 1947: 417).

形态特征　体色　大红色；触角、前胸背板前叶中央、小盾片、爪片及革片近内缘、革片中部亚三角形斑、前翅膜片、足及胸腹面棕黑至黑色；前胸背板前缘、后缘及其腹面前缘、革片端缘及近爪片缝斜带纹、前翅膜片端缘、足基节外侧及腹部各节腹板后缘淡黄色或灰白色；触角基部、头腹面、前胸背极大部及其腹面侧缘、革片前缘中央及腹部腹面大部红色。

结构　体延伸。前胸背板侧缘光滑，显著向上翘折；其后叶及革片具粗密刻点，前胸背板胝及小盾片隆起且光滑。

量度　长约 15.0 mm，前胸背板宽约 4.2 mm。

分布　河南 (郑州)；广东 (海南岛)、台湾及东南沿海岛屿；日本及其琉球群岛、菲律宾。

（一三九）红蝽属 *Pyrrhocoris* Fallén, 1814

Pyrrhocoris Fallén, 1814: 9. Type species by monotypy: *Cimex apterus* Linnaeus.

本属体型较小。革片端缘外突明显，呈弧形。短翅型常见。如前翅发育完整，膜片翅脉多为乱网状。多在地面活动，爬行迅速。

种 检 索 表

1. 前胸背板侧缘斜直；胝部较光滑，几乎没有刻点；后胸侧板后缘淡色 ⋯⋯⋯⋯ **先地红蝽 *P. sibiricus***
　　前胸背板侧缘明显弯曲；胝部具显著粗大刻点；后胸侧板后缘暗色 ⋯⋯⋯⋯ **曲缘红蝽 *P. sinuaticollis***

217. 先地红蝽 *Pyrrhocoris sibiricus* Kuschakewitsch, 1866 (图 172, 图 173, 图版 XIV-1)

Pyrrhocoris sibiricus Kuschakewitsch, 1866: 98; Liu, 1981: 231; Kerzhner, 2001: 256; Hua & Bu, 2009: 373.
Pyrrhocoris tibialis Stål, 1874a: 168.

形态特征 **体色** 通常灰褐色，具暗棕色刻点，有时虫体局部、甚至大部呈现红色。头、触角、喙、前胸背板胝区、股节、胫节腹面、跗节和爪及身体腹面均黑色。前胸腹面边缘、后胸侧板后缘、胫节背面、备足基节外侧、腹部腹面侧缘、最末腹节腹板后缘及雄虫生殖节基部白色或黄白色，偶有红色彩。头中叶及头顶由 5 个四边形斑组成的 "V" 形纹常棕褐色。小盾片中央隐约有浅色纵线，近基部中央多有 2 个暗色圆斑。腹部侧接缘黄褐色，偶有棕红色彩。

结构 雄虫较窄小，椭圆形。前胸背板胝区光滑，几无刻点，其侧缘常斜直。小盾片三角形。长翅型个体的前翅接近或伸达腹端，翅脉乱网状。胸侧板中区及腹部腹板几无刻点。

量度 体长 7.9~9.7 mm，前胸背板宽 2.8~3.3 mm，腹部宽 3.3~4.3 mm。

卵 长 1.12 mm，宽 0.68 mm，橄榄形。初产时乳白色、半透明，具光泽，其表面光滑，仅在 1 顶端中央有 6 个或 7 个瘤状小突起。临孵化前，卵壳几透明，可见其内胚胎雏形，眼鲜红色。

若虫 初孵若虫长约 1.4 mm，宽 0.7 mm 左右。长椭圆形，各附肢相对粗壮。触角 4 节，眼、触角端节、头顶 "V" 形缝及腹部橘红色至红色。头、触角第 1~3 节、前胸背板及足浅棕色。喙褐色，伸达后足基节前方。3 龄若虫体长 5.0 mm，前胸背板宽约 1.4 mm，腹部宽约 2.3 mm。卵形，常橘红色，具红色横带纹。头暗棕色，头顶至眼前缘有 1 浅色 "V" 形细缝。眼红色，触角、前胸背板、翅芽、腹部背面臭腺孔缘、头腹面、胸侧板、足、腹部最后 4 节基缘中央斑及腹端棕至暗棕色。喙棕色，常伸达中足基节中央。前胸背板及小盾片有 1 条明显的淡色中央纵线。翅芽长约 0.7 mm，伸达第 2 腹节中央。5 龄体长 5.7~7.7 mm，前胸背板宽 2.2~2.5 mm，腹部宽 2.0~3.9 mm。卵圆形。头顶、触角、眼、足及胸侧板棕黑色。喙伸达后足基节中央。前胸背板、小盾片、腹部背面臭腺孔、腹端及第 4~7 腹节腹板中央横斑暗棕色。前胸背板胝区、小盾片基角及翅芽常棕黑色。腹部浅褐，有不规则红色斑纹。翅芽长约 2.2 mm，伸达第 4 腹节背板中央。

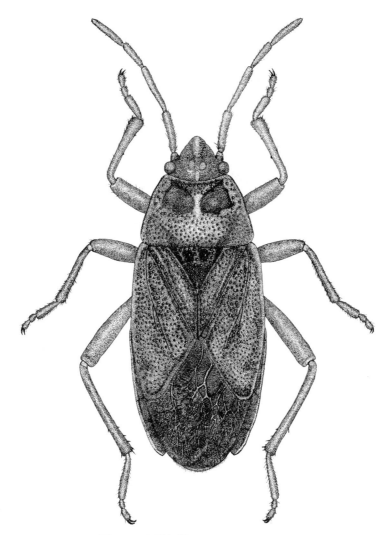

图 172　先地红蝽 *Pyrrhocoris sibiricus*

生物学特性　地红蝽在华北地区每年发生 2~3 代，以成虫隐匿于向阳背风的枯草落叶、碎石下或土缝中越冬。天津北部半山区 3 月底至 4 月初开始活动，4 月中旬开始交配，有多次交配现象，每次交配时间长短不一，有的可长达 2 h 左右，1~2 d 后开始产卵。卵多产于土块、石块下，每头产卵量多达 80 粒，常堆放在一起，排列不规则，在饲养条件下，偶尔也将卵产于植物叶腋处。产完卵的雌虫很快死亡，雄虫寿命稍长。卵期一般 3~5 d，若虫历期 2 周至月余，世代重叠现象显著，若虫蜕皮时常群聚在一起，成虫喜在干旱地面或路边疾行，不善飞翔，有假死现象。

经济意义　地红蝽对农作物的危害，目前仍不清楚。据观察，在四川省西北部，常群集为害一种冬葵属植物 *Malva verticillata*；在中北地区，通常吸食禾本科杂草幼嫩根部的汁液。

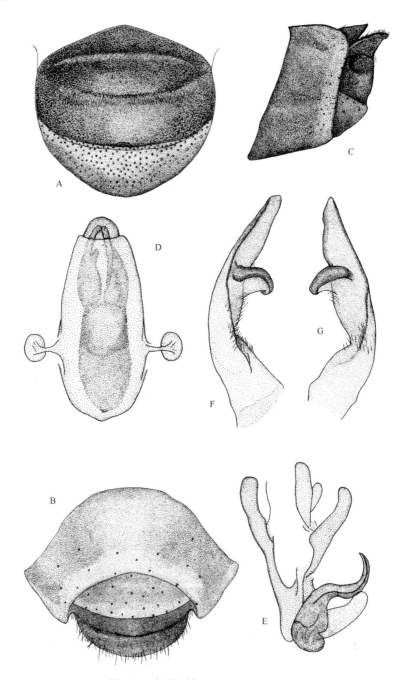

图 173   先地红蝽 *Pyrrhocoris sibiricus*

A. 雄虫腹部末端腹面 (apical segments of abdomen, ventral view, male)；B. 雄虫腹部末端背面 (apical segments of abdomen, dorsal view, male)；C. 雄虫腹部末端侧面 (apical segments of abdomen, lateral view, male)；D. 阳茎（未展开）(phallus, not extended)；E. 内阳茎 (endosoma)；F. 抱器，不同角度 (paramere, in different views)；G. 另一抱器 (the other paramere)

分布　河南 (大部)；国内分布甚广，在东北、华北及西南等地区极为常见；俄罗斯 (东西伯利亚)、蒙古国、朝鲜及日本均有记载。属古北区系。

218. 曲缘红蝽 *Pyrrhocoris sinuaticollis* Reuter, 1885 (图 174，图 175，图版 XIV-2)

Pyrrhocoris sinuaticollis Reuter, 1885b: 232; Liu, 1981 : 231; Kerzhner, 2001: 257; Hua & Bu, 2009: 374.

Pyrrhocoris stehliki Kanyukova, 1982: 307.

形态特征　体色　暗褐色，常具蓝光泽；头背、腹面、触角、前胸背板胝部、腹部腹面及足棕黑色至黑色；头中叶有 1 黄褐色纵带；前胸背板前缘、侧缘及其腹面，革片前缘、侧接缘及腹端缘通常红色或黄褐色。

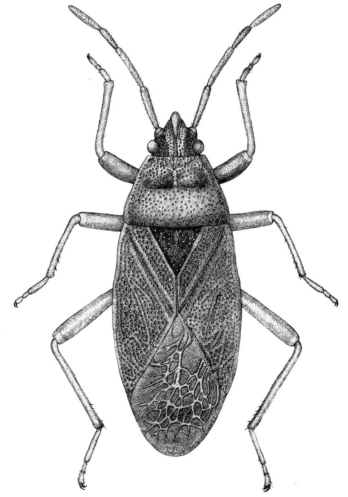

图 174　曲缘红蝽 *Pyrrhocoris sinuaticollis*

结构　窄椭圆形。喙第 1 节较短，不达前胸腹板前缘。前胸背板侧缘中央稍凹入，胝部及前胸背板大部、小盾片、革片及胸侧板具粗刻点。前翅膜片不超过腹端，其翅脉网状。

量度　长 7.5 mm，前胸背板宽 2.3 mm。

分布　河南；北京、湖北 (武昌、神农架)、江苏、浙江；西伯利亚东部。

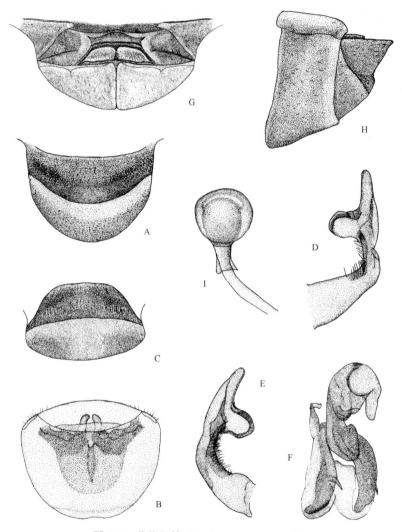

图 175　曲缘红蝽 *Pyrrhocoris sinuaticollis*

A. 雄虫生殖节腹面 (apical segments of abdomen, ventral view, male)；B. 雄虫生殖节背面 (apical segments of abdomen, dorsal view, male)；C. 雄虫生殖节后视 (genitalia, dorsal view, male)；D. 抱器 (paramere)；E. 抱器，另一角度 (paramere, different view)；F. 内阳茎 (endosoma)；G. 雌虫腹部末端腹面 (apical segments of abdomen, ventral view, female)；H. 雌虫腹部末端侧面 (apical segments of abdomen, lateral view, female)；I. 受精囊 (spermatheca)

(一四〇) 直红蝽属 *Pyrrhopeplus* Stål, 1870

Pyrrhopeplus Stål, 1870: 103. Type species: *Pyrrhocoris carduelis* Stål.

　　本属一般椭圆形，中等体型。复眼无柄；喙伸达后足基节。前胸背板侧缘扩展，光滑，略上翘。脏隆起，其前后缘具粗大刻点。臭腺沟不明显。前足股节较为粗壮，腹面端部具刺突。

219. 直红蝽 *Pyrrhopeplus carduelis* (Stål, 1863) (图 176，图 177，图版XIV-3)

Pyrrhocoris carduelis Stål, 1863a: 404; Liu, 1981: 233; Kerzhner, 2001: 257.

别名　朱红蝽。

形态特征　体色　朱红至红色。头中叶前端、头顶基部中央、触角、眼、喙、头腹面中央、前胸背板脏区、小盾片、革片中区椭圆形大斑、前翅膜片、胸腹板和侧板大部、足及各腹节腹板基半部暗棕至棕黑色；前胸背板前缘，背、腹面横带纹，各胸侧板后缘，足基节臼外侧及各腹节腹板端半部，常橘黄或黄白色。小盾片端角红色。

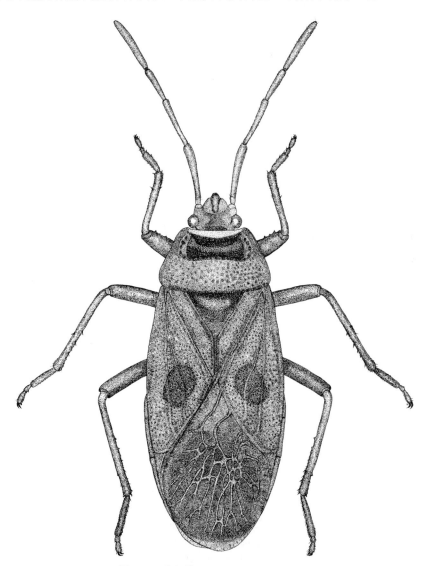

图 176　直红蝽 *Pyrrhopeplus carduelis*

　　　结构　长椭圆形。头三角形，宽稍过于长。眼凸突，但无柄。头顶平坦，有横皱纹，中叶长于侧叶。触角 4 节，第 4 节与第 1 节长度几乎相等。喙 4 节，伸达后足基节中央。前胸背板梯形，胝区较隆起且光滑，后部有明显刻点，侧缘微波曲，稍扩展，明显向上翘折。小盾片三角形，基缘较低凹。革片有细密刻点，前翅稍过腹端，膜片脉纹清楚。前足股节较粗壮，其腹面近端部内侧有 2~3 个明显短刺。腹部第 4、第 5 节腹板节缝近于直线形且伸达腹侧缘。

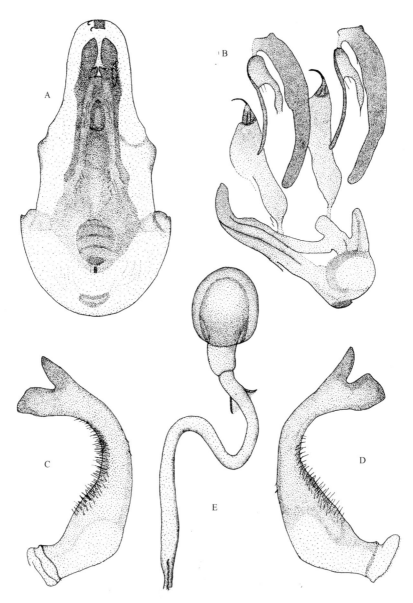

图 177　直红蝽 *Pyrrhopeplus carduelis*

A. 阳茎，未展开 (phallus, not extended)；B. 内阳茎 (endosoma)；C. 抱器 (paramere)；D. 另一抱器 (the other paramere)；

E. 受精囊 (spermatheca)

量度　体长 10.4~14.0 mm，前胸背板宽 3.0~4.5 mm。触角各节长度Ⅰ：Ⅱ：Ⅲ：Ⅳ= 2.0：1.6：1.3：2.0 mm。

卵　长 1.15~1.17 mm，宽 0.73~0.75 mm。卵圆形，横置，壳面光滑，无附属物。初产时淡红色。

若虫　1 龄体长 1.2~2.5 mm，宽 0.8~1.2 mm。长椭圆形，鲜红色。头顶黑色，余为红色。触角 4 节，漆黑色。前胸背板中部有 1 黑褐色长方形横纹，周缘红色。腹背有 3 个褐色小点。3 龄体长 5.4~6.7 mm，宽 3.1~3.6 mm，朱红或鲜红色。头部除侧叶红色外，余为黑色。触角第 1、第 2、第 3 节端部均稍膨大，第 4 节略呈纺锤状，黑褐色，节间红色。前胸背板中部黑色，周缘红色。小盾片黑色，端处红色。前翅芽黑色，达第 1 腹节后缘。臭腺孔 3 对，位于腹背第 3、第 4、第 5、第 6 腹节的节间黑斑上；腹末肛上板黑色。腹部第 4、第 5、第 6 节的腹板前缘中央各有 1 黑斑。5 龄体长 8.7~9.8 mm，宽 4.3~5 mm。头部除侧叶、支角突及触角窝周围红色外，余为黑色。触角第 1、第 4 节较长，第 3 节最短，第 1、第 2、第 3 节端部不膨大。前翅、后翅芽均为黑色，前翅芽达第 3 腹节的中部。足黑色，各足胫节内侧密生刺毛。腹背第 3 对臭腺孔，因第 5 腹节背板后缘中央向后延伸，故似生在第 6 腹节中央。腹部腹板红色，各节后缘有 1 狭窄的黄白色横纹。余同 3 龄特征。

生物学特性　在江西宜春山区此蝽以大小若虫 (1~5 龄均有) 在枯死的箬叶 *Aspidistra elatior*、小槐花 *Desmodium caudatum* 基部和杂草中过冬，也可能有部分为卵态。4 月下旬至 5 月陆续羽化，8 月中旬至 9 月上旬采来多只雌成虫剖腹，有些个体卵粒已成熟，但在野外未见到卵和若虫。成虫怕强光，中午多躲藏在寄主基部和叶背，上午 11 时前和下午 3 时后才爬至叶面、嫩头和花果上取食。雌虫每只腹内卵粒多为 35 枚，成熟度基本一致。在较寒冷的 2 月，各龄若虫仍很活泼，并能取食，说明其过冬虫态耐寒性强，并无明显的休眠期。

经济意义　为害茶、苎麻 *Boehmeria nivea*、箬叶、甜麻 *Corchorus aestuans*、小槐花。成虫和若虫喜群集在害主嫩头和上部叶片正面，吸取汁液，被害叶初现黄褐色斑点，终至焦枯，提早脱落，嫩茎严重被害时即干枯。

分布　河南；江苏、浙江、安徽、福建、江西、湖北、湖南、广东及我国东南沿海岛屿。属东洋区系。

三十二、蛛缘蝽科 Alydidae

中小型至中型，褐色或黑褐色。体多狭长，腹部基部呈束腰状。头平伸，多向前渐尖。触角常较细长。小颊很短，不伸过触角着生处。单眼不着生在小突起上。后胸侧板臭腺孔明显。雌虫第 7 腹板完整，不纵裂两半。产卵器片状。受精囊端段不膨大为球状。植食性，喜食未成熟的种子，少数种类在地表觅食种子。多栖息于植物上，活泼，善短距离飞翔。蛛缘蝽亚科主要为害豆科植物，其若虫极像蚂蚁；稻缘蝽亚科多取食禾本科植物。稻缘蝽属 *Leptocorisa* 对水稻可造成严重灾害。世界性分布，已知约 45 属 254 种 (Henry, 2009)。我国已知 14 属 34 种。河南省已知 5 属 6 种。

属 检 索 表

1. 后足股节腹面具刺，头的眼后部分突然狭窄，眼显著突出 ································ 2
　　后足股节无刺，头的眼后部分不狭窄，眼不显著突出 ····························· 4
2. 前胸背板侧角尖锐呈刺状；触角第 1 节长于第 2 节 ····························· 3
　　前胸背板侧角圆形或呈角状，但不尖锐呈刺状；触角第 1 节通常短于第 2 节 ·············
　　··· 蛛缘蝽属 *Alydus* Fabricius
3. 后足胫节等于或长于股节，不弯曲，其腹面顶端无齿 ·········· 长缘蝽属 *Megalotomus* Fieber
　　后足胫节短于股节，有 2 个弯曲，其腹面顶端具齿 ············ 蜂缘蝽属 *Riptortus* Stål
4. 头侧叶长于中叶 ······························· 稻缘蝽属 *Leptocorisa* Latreille
　　头侧叶短于中叶 ························· 副锤缘蝽属 *Paramarcius* Hsiao

（一四一） 蛛缘蝽属 *Alydus* Fabricius, 1803

Alydus Fabricius, 1803: 248. Type species: *Cimex calcaraatus* Linnaeus.

　　体狭长。黑褐或黑。头大，眼前部分呈三角形，眼后部分突然内缩，长度与前胸背板约相等，中叶长于侧叶；触角第 1 节短于第 2 节，第 4 节短于第 2、第 3 节之和；眼大，突出。前胸背板下倾，侧角圆或呈角状，但不尖锐呈刺状；小盾片无刺；后足股节粗，腹面具刺，胫节直，不短于股节。腹面两侧不扩展；气门接近侧缘，第 7 腹板中央不呈裂缝状。

220. 亚蛛缘蝽 *Alydus zichyi* Horváth, 1901 （图版 XIV-4）

Alydus zichyi Horváth, 1901: 257; Hsiao et al., 1977: 276; Zhou, 1985: 19; Nonnaizab, 1988: 303~304; Shen, 1993: 33; Dolling, 2006: 34; Zhu & Bu, 2009: 377.

　　形态特征　**体色**　黑褐或黑，触角第 1~3 节基部浅色，其余黑色，复眼黑褐色，单眼红色，喙棕褐色，小盾片末端黄色，革片浅棕色，膜片黄褐色，胸部腹面黑褐，中胸腹板中央有 1 纵长斑黄色，前胸侧板色较浅，各足股节黑褐，胫节 1 及第 1 跗节基部浅色，腹部背面橘红色，两侧圆斑、腹部腹面黑褐色，第 1~2 节背板、第 6 节背板后缘及第 7 节黑色。

　　结构　被直立或半直立长毛及黑褐刻点。头大，眼前部分呈三角形，中叶长于侧叶，侧叶纵带向后延伸至触角着生处，头顶中央稍凹，眼后部分突然细缩，触角位于头前端两侧，被半直立粗毛，前胸背板梯形，被直立黑毛及半直立浅色毛，前端稍下倾，颈片显著，前端及颈片无刻点，或刻点不清晰，前端 1/3 处中央有 1 凹陷，侧缘平直，后缘稍凹，侧角钝圆，上翘，小盾片长三角形，末端上翘，被直立黑色长毛和半直立浅色毛，前翅革片被浅色半直立长毛，雌虫膜片不达腹部末端，雄虫超过腹部末端，侧板刻点较密，后足股节腹面端部具 3~4 枚长刺，雄虫第 7 腹节背板后部中央具细皱纹，后缘外弓；

雌虫第 7 腹节背板后缘内凹；侧接缘不扩展，气门靠近侧缘；雄虫生殖节呈刺状，雌虫腹板中央不裂，具光滑纵瘠。

　　量度　体长 10.0~11.0 mm；腹部最大宽度 2.2~2.5 mm。头长 1.5~1.9 mm；复眼间距 1.4~1.5 mm，单眼间距 0.5~0.7 mm；触角长 I：II：III：IV=1.2~1.4：1.4~1.5：1.4~ 1.5：2.5~3.0 mm；胸部最大宽度 2.6~2.8 mm；小盾片长 1.4~1.6 mm；小盾片宽 1.3~1.5 mm；爪片接合缝 0.7~1.0 mm。

　　分布　河南 (安阳、信阳)；内蒙古、黑龙江 (高岭子)、北京 (延庆)、河北 (平山、北戴河、深县、围场)、山西 (太原、和顺、长治)。

(一四二) 稻缘蝽属 *Leptocorisa* Latreille, 1829

Leptocorisa Latreille, 1829: 421. Type species: *Leptocorisa tipuloides* de Geer.

　　细长种类，草绿色或草黄色。头长，多呈圆柱形，侧叶长于中叶，向前直伸，触角第 1 节端部膨大；前胸背板长，前端稍向下倾斜，中胸腹板具纵沟，后胸侧板后角尖削。

221. 异稻缘蝽 *Leptocorisa acuta* (Thunberg, 1783) (图 178，图版 XIV-5)
Cimex acuta Thunberg, 1783: 34.
Gerris varicornis Fabricius, 1803: 260.
Leptocorisa varicornis: Stål, 1873: 85; Hsiao et al., 1977: 272; Zhang et al., 1985: 139; Li et al., 1986: 91; Yu et al., 1993: 93; Shen, 1993: 34.
Leptocorisa acuta: Dolling, 2006: 29.

　　别名　稻蛛缘蝽。
　　形态特征　成虫　体色　黄绿稍带褐色，体下淡绿色。触角第 2、第 3、第 4 节基部棕褐，端部黑色。前翅革片前缘玉绿色，其余茶褐，膜片深褐色。
　　结构　细长形，密布黑色小刻点，头长，圆柱形，侧叶长于中叶，头前端凹缺，复眼向外突出，触角细长，第 1 节较长，与第 2 节长度之比大于 3：2，第 4 节长于头与前胸背板之和，喙伸过中足基节。前胸背板梯形，侧角钝圆。小盾片三角形，端部尖。中胸腹板具纵沟，后胸侧板后角尖削。雌虫第 8 腹节腹面纵裂成 2 片，腹末分叉；雄虫钝圆，不纵裂，抱器顶端二分叉。
　　量度　体长 14.0~16.5 mm；腹部最大宽度 2.0~3.0 mm。头长 2.2~2.6 mm；复眼间距 0.8~1.1 mm，单眼间距 0.3~0.4 mm；触角长 I：II：III：IV=4.0~4.4：2.5~2.8：1.9~2.2：5.4~5.5 mm；胸部最大宽度 2.2~2.7 mm；小盾片长 1.5~2.1 mm，小盾片宽 1.2~1.4 mm；爪片接合缝 1.1~1.5 mm。
　　卵　淡黄褐色，孵化前转为茶色，近椭圆形，稍扁平，长约 1.2 mm。
　　若虫　1 龄、2 龄狭长如线，无翅芽，3 龄翅芽出现，4 龄翅芽明显，伸达腹部第 1 节，5 龄翅芽更长，伸达第 3 腹节。成长若虫体长达 13~15 mm。

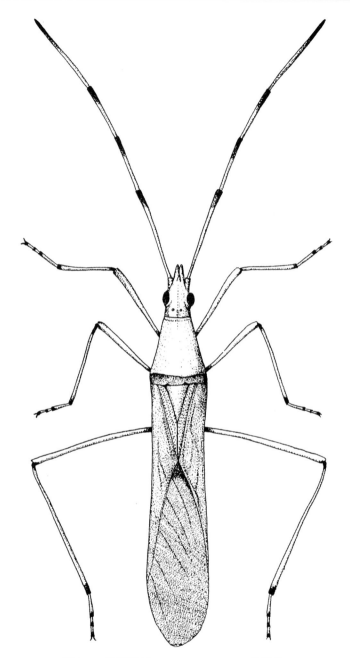

图 178　异稻缘蝽 *Leptocorisa acuta* (仿周尧)

　　下述 4 种稻缘蝽与异稻缘蝽外形相似，雌虫比较难区别，但雄虫抱器构造不同，可以分开：边稻缘蝽 (*L. costalis*) 体长 15~16 mm，最后 3 个腹节背面黑色，雄虫抱器基部狭窄，顶端平截；小稻缘蝽 (*L. lepida*) 体长 14 mm 以下，前翅革片全淡色，最后 3 个腹节背面全红或赭色，雄虫抱器狭长，基部不特别宽，顶端尖锐；大稻缘蝽 (*L. acuta*) 体长 17~18 mm，腹部最后 3 节背面全红或赭色，雄虫抱器基部宽阔，顶端尖锐；华稻

缘蝽 (*L. chinensis*) 体长 17~18 mm，触角第 1 节较短，与第 2 节长度之比小于 3：2，第 4 节短于头及前胸背板之和，雄虫抱器顶端粗钝。

生物学特性　广西柳州 1 年 4 代，以成虫在枝叶丛中或荫蔽的茶、栎 *Quercus* 等矮丛中越冬，常有群集性。第 1 代发生期为 5 月上旬至 9 月上旬，第 2 代 7 月下旬至 11 月下旬，第 3 代 8 月上旬至 11 月下旬，第 4 代 9 月中旬至越冬。各虫态历期：卵期 5~7 d，若虫期 20~29 d，非越冬成虫寿命 13~95 d，越冬成虫寿命可达 1 年之久。卵产于叶、茎、穗上，多在叶背边缘，排成 2 列，每块 9~16 粒，每雌可产卵 17~43 块。在广东，其寄主随着季节不同而更替：越冬成虫恢复活动后为害春作物，如小麦、油菜及常绿果木，后又转移到花生、大豆上，5 月、6 月转到稻田，并由早熟田向迟熟田扩散，早稻收割后又转到旱地作物或果木，晚稻收割后进入越冬场所。雄虫对腐熟的人粪便趋性较强。

经济意义　主要为害稻和麦类；也为害玉米、粟、高粱、大豆、花生、芝麻、棉花、柑橘、桃、枣、桑 *Morus alba*、甘蔗、烟草、茶、蔬菜等多种经济作物和禾本科杂草，在广东还为害木麻黄 *Casuarina equisetifolia*，吸食果实、穗及嫩芽汁液，稻、麦被害后可成枯心、白穗和秕粒。

分布　河南 (开封、沈丘、夏邑、内乡、信阳、固始)；福建、江西、广东 (广州)、广西 (龙舟)、云南 (东南河口、西双版纳)、台湾；东南亚、南太平洋诸岛、大洋洲。

(一四三) 长缘蝽属 *Megalotomus* Fieber, 1860

Megalotomus Fieber, 1860: 58, 226. Type species: *Cimex junceus* Scopoli.

体狭长。棕黄、黑褐或黑色。头大，眼前部分呈三角形，眼后部分突然狭窄，其长宽与前胸背板约相等；中叶长于侧叶；触角第 1 节通常长于第 2 节；眼大，突出，单眼间距小于或等于复眼至单眼间距。前胸背板下倾，侧角尖锐；小盾片无刺；前翅前缘中央及顶角中央浅色，后足股节腹面具长刺，胫节直，后足胫节长于股节，跗节第 1 节甚长，约为第 2、第 3 节之和的 2 倍；腹部两侧不扩展，气门几达侧缘，雌虫第 7 腹板中央分裂。

222. 黑长缘蝽 *Megalotomus junceus* (Scopoli, 1763) (图版 XIV-6)

Cimex junceus Scopoli, 1763: 135.

Megalotomus junceus Reuter, 1888: 98; Hsiao et al., 1977: 276~277; Zhou, 1985: 19; Nonnaizab, 1988: 307~308; Yu et al., 1993: 94; Shen, 1993: 34; Cai et al., 1998: 233; Zhang et al., 1995: 97~98; Dolling, 2006: 38.

形态特征　体色　黑色，前翅褐色，两单眼之间的小点、颈上的 2 个圆点、前翅前缘、各足胫节、侧接缘各节基部及腹部腹面基部中央纵纹均为浅色。

结构　前胸背板侧角尖锐，极度凹陷。

量度　体长 12.5~14.5 mm；腹部最大宽度 2.5~3.0 mm。头长 2.2~2.6 mm；复眼间距 1.8~2.3 mm，单眼间距 0.5~0.7 mm；触角长 Ⅰ：Ⅱ：Ⅲ：Ⅳ= 1.9~2.1：1.6~1.8：1.6~1.8：

4.4~5.5 mm；胸部最大宽度 2.9~3.0 mm；小盾片长 1.2~1.5 mm，小盾片宽 0.9~1.0 mm；爪片接合缝 1.1~1.5 mm。

分布　河南 (嵩县、信阳)；北京、山东 (青岛)、江苏 (南京)；西伯利亚、欧洲。

(一四四) 副锤缘蝽属 *Paramarcius* Hsiao, 1964

Paramarcius Hsiao, 1964: 255. Type species: *Paramarcius puncticeps* Hsiao.

头侧叶不长于中叶，眼后部分逐渐细缩；喙第 1 节伸过复眼后缘，第 2 节伸过前足基节。结构和锤缘蝽属 *Marcius* 相似。前胸背板与小盾片均无刺突，胝不明显。

223. 副锤缘蝽 *Paramarcius puncticeps* Hsiao, 1964
Paramarcius puncticeps Hsiao, 1964: 255; Hsiao, 1977: 274; Dolling, 2006: 33.

形态特征　雌成虫　体色　暗黄色，刻点黑色。头的腹面中央基部、中叶顶端及侧叶外侧黑色。触角浅褐色，第 1 节前侧黑色。喙腹面及顶端黑色。前胸背板前端横形凹陷前方为不均匀的黑色，中央具纵条纹，两侧小突浅色，前缘浅色；凹陷后方两侧黑色；侧角黑色。小盾片基部黑色。革片端色深，膜片白色，略透明。中胸及后胸腹板中央、中胸侧板中央横纹、后胸侧板侧缘及后部斜纹黑色。腹部背面黑色，后部中央有 1 纵列浅色圆点；侧接缘浅色，第 4 节后部及第 5 节黑色；腹部腹面中央黑色。

结构　体具显著刻点。头扁平，喙超过中足基节顶端。前胸背板前端约 1/3 处有横形凹陷，其前方纵条纹两侧各有 1 小突；侧角圆形。前翅伸达腹部末端，刻点稀疏。中胸腹板具深纵沟。

量度　雌虫体长 13.9 mm，宽 1.7 mm；头长 2.4 mm，宽 1.8 mm；触角各节长度 I：II：III：IV=2.1：2.2：2.1：3.7 mm；喙各节长度 I：II：III：IV=1.7：1.7：0.7：1.1 mm；前胸背板长 2.1 mm，前角间距 1.1 mm，侧角间距 1.9 mm。

经济意义　为害竹类 (Bambusoideae)。

分布　河南 (内乡)；福建。

(一四五) 蜂缘蝽属 *Riptortus* Stål, 1859

Riptortus Stål, 1859: 460. Type species: *Cimex pedestris* Fabricius.

体狭长。眼具短柄，向两侧突出，头不宽于前胸背板，触角第 1 节长于第 2 节，第 4 节长于第 2 节及第 3 节之和，前胸背板前缘具领，后缘具 2 个弯曲，侧角呈刺状，臭腺道几乎达于后胸侧板的前缘。

种 检 索 表

1. 前胸背板及前胸、中胸、后胸侧板具颗粒状小突起，头部及胸部两侧的黄色光滑斑纹成点状或消失⋯⋯⋯⋯⋯⋯⋯⋯⋯⋯⋯⋯⋯⋯⋯⋯⋯⋯⋯⋯⋯⋯⋯⋯⋯⋯**点蜂缘蝽** *R. pedestris*

   前胸背板及前胸、中胸、后胸侧板不具颗粒状小突起，头部及胸部两侧的黄色光滑斑纹成完整的带状，有时不甚清楚⋯⋯⋯⋯⋯⋯⋯⋯⋯⋯⋯⋯⋯⋯⋯⋯⋯⋯⋯⋯⋯⋯⋯**条蜂缘蝽** *R. linearis*

224. 条蜂缘蝽 *Riptortus linearis* (Fabricius, 1775) (图版 XIV-7)

Cimex linearis Fabricius, 1775: 710.

Riptortus linearis Stål, 1873: 94; Hsiao et al., 1977: 277; Zhang et al., 1985: 142~143; Li et al., 1986: 91; Yu et al., 1993: 94; Shen, 1993: 35; Liu et al., 1993: 150; Dolling, 2006: 41.

　　别名　白条蜂缘蝽。

　　形态特征　成虫　体色浅棕色。复眼黑色；单眼赭红色。头、胸两侧呈条状的斑纹黄色。

　　结构　体形狭长。头在复眼前部成三角形，后部细缩如颈；复眼大而突出，单眼突出；触角第 1 节长于第 2 节，第 4 节长于第 2、第 3 节之和，第 2 节最短。前胸背板向前下倾，前缘具领，后缘呈 2 个弯曲，侧角刺状；后胸腹板后缘极窄，几呈角状。后足股节基部内侧有 1 个显著的突起，股节腹面具 1 列黑刺，胫节稍弯曲，其腹面顶端具齿 1 枚。雄虫后足股节粗大。臭腺道长而向前弯曲，几乎达于后胸侧板的前缘。前翅革片前缘的近端处稍向内弯。腹部第 1 节较余节窄。

　　量度　体长 13.2~14.8 mm；腹部最大宽度 4.2~4.4 mm。头长 1.8~3.0 mm；复眼间距 1.5~1.8 mm，单眼间距 0.5~0.7 mm；触角长 Ⅰ：Ⅱ：Ⅲ：Ⅳ= 1.8~2.8：1.4~1.6：1.4~1.6：3.8~4.1 mm；胸部最大宽度 2.8~3.2 mm；小盾片长 1.3~1.5 mm；小盾片宽 1.2~1.5 mm；爪片接合缝 0.9~1.3 mm。

　　卵　初产时暗蓝色，渐变黑褐，近孵时黑褐色微显紫红。卵壳表面散生少量粉白色，略有金属光泽，半卵圆形，正面平坦，附着面弧状，假卵盖位于正面的一端，周缘有 5~7 个精孔突，长 1.3~1.4 mm，宽 0.9~1 mm。

　　若虫　1~4 龄体似蚂蚁、腹部膨大，但第 1 腹节小。5 龄狭长。全身密生白色绒毛。1 龄若虫紫褐色或褐色。触角第 1~3 节黄色，第 4 节黄褐；头大而圆鼓，触角长于体长，中胸、后胸两侧稍卷起。胸部长度约为腹长的 1.3 倍。腹部背面第 3、第 4 节和第 4、第 5 节节间中央各具 1 对突起的臭腺孔。1 龄体长 2.5~2.7 mm，宽 0.6 mm 左右。2 龄若虫复眼紫色，胸部背面中央有 1 条纵隆线黄白色；头在眼前部分成三角形，眼后部分变窄，复眼稍突出。触角略长于体。胸部与腹部的长度约相等。2 龄体长 4.2~4.4 mm，宽 1.1 mm 左右。3 龄若虫复眼黑褐色。复眼突出，触角与体长约相等。胸部长度略短于腹部长度。前胸背板侧角刺状；后胸后缘中央有 1 枚紫红色直立刺。前翅芽初露；3 龄体长 6.2~6.5 mm，宽 2 mm 左右。4 龄若虫体灰褐色。前胸背板边缘紫色，触角短于体长。胸部长度显著短于腹部长度。前胸背板后部向上成片状翘起，小盾片初现。前翅芽达后胸后缘；4 龄体长 9.1~9.8 mm，宽 3.2 mm 左右。5 龄若虫灰褐或黑褐色。前胸背板后部呈片状翘起，后缘中央向前成 2 个小弯曲，小盾片显著，前翅芽达第 2 腹节的中部。后足股节腹面具刺 1 列；5 龄体长 10~11.3 mm，宽 2.5~2.7 mm。

生物学特性 江西一年发生 3 代，以成虫在枯草丛中、树洞和屋檐下等处越冬。越冬成虫 3 月下旬开始活动，4 月下旬至 6 月上旬产卵，5 月下旬至 6 月下旬陆续死亡。第 1 代若虫 5 月上旬至 6 月中旬孵出，6 月上旬至 7 月上旬羽化，6 月中旬至 8 月中旬产卵，第 2 代若虫 6 月中旬末至 8 月下旬孵出，7 月中旬至 9 月中旬羽化，8 月上旬至 10 月下旬初产卵。第 3 代若虫 8 月上旬末至 11 月初孵出，9 月上旬至 11 月中旬羽化，此后如尚未羽化，则被寒流冻死。成虫于 10 月下旬至 11 月下旬陆续蛰伏越冬。南昌各虫态历期：卵期第 1 代 10~12 d，第 2 代 6~8 d，第 3 代 6~10 d。若虫期第 1 代 25~34 d，其中 1 龄 4~6 d，2 龄 5~6 d，3 龄 5~7 d，4 龄 6~8 d，5 龄 7~10 d；第 2 代为 21~26 d，其中 1 龄 2~4 d，2 龄、3 龄各 4~6 d，4 龄、5 龄各 5~7 d；第 3 代为 23~27 d，其中 1 龄 2~4 d，2 龄 4~5 d，3 龄 5 d，4 龄 5~7 d，5 龄 5~8 d。成虫寿命越冬代为 7~9.5 个月；第 1 代为 35~47 d。其中产卵前期 6~13 d；第 2 代为 28~43 d。成虫和若虫白天极为活泼，早晨和傍晚稍迟钝，阳光强烈时多栖息于寄主叶背。初孵若虫在卵壳上停息半天后，即可开始取食。成虫交尾多在上午进行，每次交尾持续时间为 35 min 至 2 h。卵多产于叶柄和叶背，少数产在叶面和嫩茎上，散生，偶聚产成行。雌虫每次产卵 5~14 枚，多为 7 枚。一生可产卵 14~35 枚。天敌已发现球腹蛛、长螳螂及蜻蜓类，均能捕食成虫和若虫。

经济意义 主要为害蚕豆 *Vicia faba*、豌豆、菜豆、绿豆、大豆、豇豆、昆明鸡血藤 *Millettia reticulata*、毛蔓豆 *Calopogonium mucunoides* 等豆科植物，也为害稻、麦类、高粱、玉米、稷、番薯 *Ipomoea batatas*、棉花、甘蔗、柑橘、丝瓜 *Luffa cylindrica*、狗尾草等。成虫和若虫均喜刺吸花果（豆荚）汁液，也可为害嫩茎、嫩叶。被害蕾、花凋落，果荚不实或形成瘪粒，嫩茎、嫩叶变黄，严重为害时植株死亡，完全不实，对产量影响颇重，甚至颗粒无收。

分布 河南（鸡公山、中牟、夏邑、沈丘、鄢城、信阳）、安徽、湖北、湖南、福建、台湾（新田）、江西（武宁、莲塘、南昌）、江苏、浙江（舟山）、广东（广州）、海南、广西（上思）、四川（峨眉山）、云南（潞西、景东、景谷、弥勒、个旧、曼耗、开远、河口、金平、元江、墨江、思茅、西双版纳：景洪）；缅甸、印度、泰国、斯里兰卡、马来西亚、菲律宾。

225. 点蜂缘蝽 *Riptortus pedestris* (Fabricius, 1775)（图版 XIV-8）

Cimex pedestris Fabricius, 1775: 727.

Riptortus pedestris Stål, 1873: 93: Hsiao et al., 1977: 277; Li, 1983: 73; Li et al., 1985: 99; Zhang et al., 1985: 143~144; Zhou, 1985: 19; Li et al., 1986: 91; Yu et al., 1993: 94; Shen, 1993: 35; Liu et al., 1993: 150; Cai et al., 1998: 233; Dolling, 2006: 41; Zhu & Bu, 2009: 378.

形态特征 成虫 体色 黄褐至黑褐色。触角第 1、第 2、第 3 节基半部、第 4 节基部距 1/4 处、胫节中段色淡，前翅膜片淡棕褐色，腹部侧接缘黄黑相间，足与体同色，后足股节斑黄色。腹部腹面散生许多不规则的黑色小点。

结构　狭长，被白色细绒毛，头在复眼前部成三角形，后部细缩如颈，触角第 1 节长于第 2 节，第 1、第 2、第 3 节端部稍膨大，喙伸达中足基节间，头、胸部两侧的黄色光滑斑纹成点斑状或消失。前胸背板及胸侧板具许多不规则的黑色颗粒，前胸背板前叶向前倾斜，前缘具领片，后缘有 2 个弯曲，侧角呈刺状。小盾片三角形。前翅膜片稍长于腹末。腹部侧接缘稍外露，后足股节极大，腹面具 4 个较长的刺和几个小齿，基部内侧无突起，后足胫节向背面弯曲。

量度　体长 15.0~17.0 mm；腹部最大宽度 3.6~4.5 mm。头长 2.0~2.6 mm；复眼间距 1.5~1.8 mm，单眼间距 0.3~0.5 mm；触角长 I：II：III：IV = 3.1~3.2：1.6~1.8：1.6~1.8：3.6~3.8 mm；胸部最大宽度 3.8~4.1 mm；小盾片长 1.4~2.6 mm；小盾片宽 1.2~1.5 mm；爪片接合缝 0.9~1.3 mm。

卵　与条蜂缘蝽的卵极相似，仅稍宽一些，上面平坦部的中间有 1 条不太明显的横形带脊。

若虫　体形也与条蜂缘蝽近似，但色较深。1~4 龄若虫体似蚂蚁，5 龄若虫除翅较短外，其他外形同成虫。1 龄体长 2.8~3.3 mm，宽 0.8 mm；2 龄体长 4.5~4.7 mm，宽 1.5 mm 左右；3 龄体长 6.8~8.4 mm，宽 2.7 mm 左右；4 龄体长 9.9~11.3 mm，宽 4.1 mm 左右；5 龄体长 12.7~14.0 mm，宽 3.8 mm 左右。

生物学特性　江西南昌一年 3 代，以成虫在枯枝落叶和草丛中越冬，翌年 3 月下旬开始活动，4 月下旬至 6 月上旬产卵，5 月下旬至 6 月下旬陆续死亡。第一代于 5 月上旬至 6 月中旬孵出，5 月上旬至 7 月上旬羽化，6 月中旬至 8 月中旬产卵。第二代于 6 月中旬末至 8 月下旬孵出，7 月中旬至 9 月中旬羽化，8 月上旬至 10 月下旬产卵。第三代于 8 月上旬末至 11 月初孵出，9 月上旬至 11 月中旬羽化，此后如尚未羽，则被冻死。成虫于 10 月下旬至 11 月下旬陆续蛰伏越冬。各虫态历期：第三代卵期 8~11 d；若虫期 26~32 d，其中 1 龄、2 龄各 4~5 d，3 龄 5~7 d，4 龄 7~8 d，5 龄 8~11 d；成虫寿命 7~10 个月。卵多散产于叶背、嫩茎和叶柄上，少数 2 枚在一起。雌虫每次产卵 7~21 枚，多为 7 枚，一生可产卵 21~49 枚。成虫和若虫极活跃，善于飞翔和疾行，早、晚温度低时稍迟钝。成虫需取食寄主生殖器官的汁液后，才能正常发育及繁殖。

经济意义　主害大豆、菜豆、蚕豆 Vicia faba、豇豆、绿豆等豆科植物，也能吸食稻、麦类、棉花、黄麻、丝瓜、野燕麦 Avena fatua 等汁液。在局部地区，当豆科植物和水稻等开始结实时，往往群集为害，致使蕾、花、幼穗凋落，果荚不实，或形成瘪粒；严重为害时植株枯死，颗粒无收。

分布　河南 (鸡公山、中牟、沈丘、许昌、登封、嵩县、栾川、固始、信阳)；辽宁 (沈阳、熊岳)、天津、北京、河北、陕西、安徽 (太平)、湖北 (武昌)、江西 (牯岭、莲塘、九江、武宁)、江苏 (南京)、浙江 (天目山、义乌)、福建 (厦门)、四川 (峨眉山)、西藏 (察隅、八卡)、广东、海南、云南 (金平、屏边、景东、河口、西双版纳：小勐养、景洪、大勐龙)；印度、缅甸、斯里兰卡、马来西亚。

三十三、缘蝽科 Coreidae

　　中型至大型。体形多样，多为椭圆形。体多黄色、褐色、黑褐色或鲜绿色。臭腺发达。体壁骨化程度和体型关系较大，大型种类体壁坚硬，中型个体体壁骨化程度低。头短，唇基略下倾或与头背面垂直。触角与足在部分种类中有扩展的叶状突起，前胸背板侧缘及侧角形态变化丰富。后胸侧板臭腺沟缘显著。后足股节形态多样，有时膨大，部分种类具齿列。产卵器片状。受精囊末端具膨大的球部。植食性，许多种类可对作物造成危害。例如，同缘蝽属 *Homoeocerus* 为害豆科、禾本科等，棘缘蝽属 *Cletus* 为害稻等，竹缘蝽属 *Notobitus* 为害竹类，原缘蝽属 *Coreus* 为害马铃薯等，瘤缘蝽属 *Acanthocoris* 为害茄科植物。世界性分布，暖热地带为多。世界已知 267 属 1884 种 (Henry, 2009)。我国已知约 63 属，有 200 余种。河南省已知 16 属 32 种。

亚科检索表

1. 头部复眼前方无中纵沟；胫节外侧无纵沟；后翅肘脉常有臀前刺突 ⋯⋯ **棍蝽亚科 Pseudophloeinae**
   头部复眼前方有中纵沟；胫节外侧有纵沟；后翅肘脉常无臀前刺突 ⋯⋯⋯⋯⋯⋯⋯ **缘蝽亚科 Coreinae**

缘蝽亚科 Coreinae

属 检 索 表

1. 前足股节腹面顶端前侧有 1~2 个尖锐的齿突 ⋯⋯⋯⋯⋯⋯⋯⋯⋯⋯⋯⋯⋯⋯⋯⋯⋯⋯⋯9
   前足股节腹面顶端无齿突，或具 2 列刺或突起 ⋯⋯⋯⋯⋯⋯⋯⋯⋯⋯⋯⋯⋯⋯⋯⋯⋯⋯⋯2
2. 前足股节不具刺；雄虫后足股节不显著粗大 ⋯⋯⋯⋯⋯⋯⋯⋯⋯⋯⋯⋯⋯⋯⋯⋯⋯⋯⋯⋯3
   前足股节腹面顶端具 2 列的刺或突起，雄虫后足股节端部粗大；前胸背板及后足股节具颗粒状突起 ⋯⋯⋯⋯⋯⋯⋯⋯⋯⋯⋯⋯⋯⋯⋯⋯⋯⋯ **瘤缘蝽属 *Acanthocoris* Amyot et Sserville**
3. 头较长，前端在触角着生处不突然向下弯曲，伸出于触角基的前方，如头较短，则雌虫第 7 腹板褶后缘不成角状或腹部两侧显著扩展 ⋯⋯⋯⋯⋯⋯⋯⋯⋯⋯⋯⋯⋯⋯⋯⋯⋯⋯⋯⋯⋯⋯4
   头方形，前端在触角着生处突然向下弯曲，触角基向前突出；雌虫第 7 腹板褶后缘呈角状，前足股节无刺，前胸背板前方向下倾斜，侧角不显著向前延伸 ⋯⋯⋯ **同缘蝽属 *Homoeocerus* Burmeister**
4. 浅色种类，膜片横脉外端靠近膜片基部，纵脉不互相连接；后翅沟脉不于下行脉基部靠近 ⋯⋯⋯5
   黑色种类；膜片横脉外端远离膜片基部，纵脉互相连接；后翅沟脉与下行脉基部靠近；雌虫腹板褶后缘呈角状 ⋯⋯⋯⋯⋯⋯⋯⋯⋯⋯⋯⋯⋯⋯⋯⋯⋯⋯⋯⋯⋯ **黑缘蝽属 *Hygia* Uhler**
5. 身体较宽；头小，不及体宽的一半；触角基部前方无小突起 ⋯⋯⋯⋯⋯⋯⋯⋯⋯⋯⋯⋯⋯⋯6
   身体狭长；头宽，宽于体宽的一半；触角基部前方具 1 小形齿状突起 ⋯⋯⋯⋯⋯⋯⋯⋯⋯⋯⋯⋯⋯⋯⋯⋯⋯⋯⋯⋯⋯⋯⋯⋯⋯⋯⋯⋯⋯⋯⋯⋯⋯⋯ **曼缘蝽属 *Manocoreus* Hsiao**
6. 腹部不向两侧扩展；气门与腹节侧缘的距离小于其与前缘的距离；中胸及后胸侧板各具 1 黑色斑点 ⋯⋯⋯⋯⋯⋯⋯⋯⋯⋯⋯⋯⋯⋯⋯⋯⋯⋯⋯⋯⋯⋯⋯⋯⋯⋯⋯⋯⋯⋯⋯⋯⋯⋯⋯⋯7

　　腹部显著向两侧扩展；气门远离腹部侧缘；胸侧板无黑色斑点；触角基顶端内侧具 1 长刺⋯⋯⋯⋯⋯⋯⋯⋯⋯⋯⋯⋯⋯⋯⋯⋯⋯⋯⋯⋯⋯⋯⋯⋯⋯⋯⋯⋯⋯⋯⋯**缘蝽属** *Coreus* Fabricius

7.　头长，显著地伸出于触角基的前方⋯⋯⋯⋯⋯⋯⋯⋯⋯⋯⋯⋯⋯⋯⋯⋯⋯⋯⋯⋯8
　　较短，前端向下倾斜，侧接缘一色⋯⋯⋯⋯⋯⋯⋯⋯⋯⋯⋯⋯**棘缘蝽属** *Cletus* Stål

8.　触角粗，基部 3 节呈三棱形，第 4 节短于第 3 节；侧接缘一色⋯⋯⋯**岗缘蝽属** *Gonocerus* Latreille
　　触角较细，圆柱形，第 4 节长于第 3 节；侧接缘基部黑色⋯⋯⋯⋯⋯⋯**普缘蝽属** *Plinachtus* Stål

9.　雌雄腹部腹面均简单，前胸背板侧叶通常极度扩展，侧接缘常具显著的锯齿⋯⋯⋯⋯⋯⋯⋯10
　　雄虫腹部腹面具刺或突起，雌虫有些腹板后缘的中央常向后突出；前胸背板侧角简单，侧接缘无显著的锯齿⋯⋯⋯⋯⋯⋯⋯⋯⋯⋯⋯⋯⋯⋯⋯⋯⋯⋯⋯⋯⋯⋯⋯⋯⋯⋯⋯⋯⋯⋯13

10.　前足胫节背面具显著叶状突起，向外扩展⋯⋯⋯⋯⋯⋯**勃缘蝽属** *Breddinella* Dispons
　　前足胫节背面无叶状突起⋯⋯⋯⋯⋯⋯⋯⋯⋯⋯⋯⋯⋯⋯⋯⋯⋯⋯⋯⋯⋯⋯⋯⋯⋯11

11.　前胸背板侧叶不扩展或轻微扩展，后足胫节腹背两面均扩展⋯⋯⋯⋯⋯⋯⋯⋯⋯⋯12
　　前胸背板向前扩展，后足胫节背面不扩展⋯⋯⋯⋯⋯⋯⋯⋯**奇缘蝽属** *Derepteryx* White

12.　前足胫节背面不宽阔，后足胫节背面前侧近顶端处逐渐宽阔⋯⋯⋯⋯⋯**赭缘蝽属** *Ochrochira* Stål
　　前足胫节背面前侧宽阔，后足胫节背面显著扩展⋯⋯⋯⋯⋯⋯⋯⋯⋯**辟缘蝽属** *Prionolomia* Stål

13.　前胸背板侧角显著，雄虫腹部第 3 节及第 4 腹板接合处通常强烈突起，雌虫第 3 腹板短于第 4 腹板⋯⋯⋯⋯⋯⋯⋯⋯⋯⋯⋯⋯⋯⋯⋯⋯⋯⋯⋯⋯⋯⋯⋯⋯⋯**侎缘蝽属** *Mictis* Leach
　　胸背板侧角钝圆，雄虫腹部腹面两侧无突起，雌虫第 3 腹板长于第 4 腹板⋯⋯⋯⋯⋯⋯⋯⋯⋯⋯⋯⋯⋯⋯⋯⋯⋯⋯⋯⋯⋯⋯⋯⋯⋯⋯⋯⋯⋯⋯**安缘蝽属** *Anoplocnemis* Stål

（一四六）瘤缘蝽属 *Acanthocoris* Amyot et Serville, 1843

Acanthocoris Amyot & Serville, 1843: 213. Type species: *Coreus scabrator* Fabricius.

　　前胸背板及后足股节具许多颗粒。前胸背板侧缘稍向内弯曲，侧角突出。前翅爪片缝长于革片顶缘，后足股节端部较粗，顶端背面 1 刺状突起，后足股节基部腹面稍扩展，中胸腹板中央无纵沟。

226. 瘤缘蝽 *Acanthocoris scaber* (Linnaeus, 1763) （图版 XIV-9）

Cimex scaber Linnaeus, 1763: 17.

Acanthocoris scaber: Stål, 1873: 71; Hsiao et al., 1977: 222; Li et al., 1985: 99; Zhang et al., 1985: 117~118; Li et al., 1986: 88; Yu et al., 1993: 95; Shen, 1993: 33; Liu et al., 1993: 143; Dolling, 2006: 56.

　　别名　辣椒缘蝽。
　　形态特征　成虫　体深褐色。复眼、膜区基部内角黑色；喙黄褐色；各足胫节近基部的半环、腹部腹面侧缘的斑黄白色；腹背橘黄色；侧接缘各节基部黄色；体下稍带棕色。
　　结构　密被短刚毛及粗细不一的颗粒。头较小；触角第 2 节最长；第 4 节最短，各节刚毛较粗硬。前胸背板后侧缘具大小不一的齿，后半段齿粗大，尖端略向后指，后侧缘齿稀小；前胸背板散生显著的瘤突；侧角向后斜伸，尖而不锐。前翅外缘基半段毛瘤显著，排成纵行。胸部臭腺孔上下缘呈片状突起。后足股节膨大；内侧端半段具 3 刺；外侧顶端具 1 粗刺。体下密被棕黄绒毛，尤以胸部更甚。

量度　体长 10.5~13.5 mm；腹部最大宽度 4.5~5.6 mm。头长 1.2~1.4 mm；复眼间距 1.1~1.3 mm，单眼间距 0.5~0.6 mm；触角长 I：II：III：IV = 2.0~2.5：2.3~2.6：1.9~2.1：1.2~1.5 mm；胸部最大宽度 5.8~6.4 mm；小盾片长 1.8~2.0 mm；小盾片宽 1.8~2.0 mm；爪片接合缝 0.9~1.2 mm。

若虫　1 龄若虫头背面灰白色，触角黑褐，毛瘤、刺、触角、喙及足初蜕皮时为红棕色，后变棕黑，复眼暗红色，喙第 1 节及第 2 节基部白色，其余黑色，胸背灰黑，中线白色，胸侧及足红棕色，足被白或褐色刚毛及毛瘤各足股节末端白色，具 1 黑刺，背侧缘白色，腹背大瘤突棕黑色。若虫体扁，形若蚁，密被白色细毛，胸背侧缘延展成片状，上翘，末端具刺。体长 2.0~2.2 mm，宽 0.8~1.0 mm。2 龄若虫毛瘤、触角、喙、足初蜕皮时为红棕色，后变为棕黑，复眼暗红色，胸背侧缘白色，腹部大瘤突棕黑色；密被白色细毛、毛瘤及刺，胸背侧缘延展呈片状，上翘，末端具刺。体长 2.6~3.0 mm，宽 1.0 mm 左右。4 龄若虫褐色，体上小圆斑棕色，头基半部黑褐，前胸前缘白色。全体密被白色细毛。体长 6~7 mm，宽 2~3 mm。5 龄若虫触角黑褐；前胸背板前缘及侧缘黄白色；足、胸背、腹部背面第 3~4 节及第 4~5 节间黑褐色；胫节基部两侧斑黄色；腹部黄褐色。全体密布黄色细绒毛；翅芽伸达第 3 腹节；腿节膨大具刺和颗粒，外侧顶端具 1 粗刺；侧接缘各节具刺。体长 8~9 mm，宽 3~4 mm。

生物学特性　江西萍乡一年至少 2 代，以成虫过冬，翌年 5 月上旬开始产卵，5 月中旬始孵。贵州贵阳 5 月上旬、中旬在野蔷薇 Rosa multiflora 上可发现大量成虫，8 月中旬在辣椒上又可发现大量成虫及少数 5 龄若虫。成虫经多次交尾，将卵产在寄主叶背，卵集中产，排列成行，较疏散。在饲养过程中，发现成虫喜食糖液。产卵前更大量取食。卵期 12~19 d，平均 15.3 d，1 龄 3~9 d，平均 4.7 d，2 龄 21~47 d，平均 29.3 d。

经济意义　主要为害辣椒、马铃薯、番茄、茄和蚕豆 Vicia faba、甘薯等，还为害刺花 (蔷薇科)、商陆 Phytolacca acinosa、旋花 Calystegia sepium 等野生植物。成虫、若虫常群集于嫩梢、叶柄、花梗上吸取汁液，受害部变色，有斑点，严重时影响结实，甚至整枝枯死。

分布　河南 (鸡公山、许昌、新县)；北京、山东 (费县)、江苏 (南京)、湖北 (武昌)、浙江 (天目山、舟山)、安徽、福建 (福州)、江西、湖南、四川 (峨眉山、西昌)、贵州、云南 (元江、金平、西双版纳：景洪)、广东 (广州)、海南、广西 (桂林)、西藏 (墨脱)；印度、马来西亚。

(一四七) 安缘蝽属 *Anoplocnemis* Stål, 1873

Anoplocnemis Stål, 1873: 47. Type species: *Cimex curvipes* Fabricius.

前胸背板侧角圆形；腹部腹面雌雄均无刺，第 3 腹板中央强烈向后延伸，伸入第 4

节；后足胫节较短，显著地短于股节；雄虫后足股节腹面扩展成三角形突起，胫节腹面无齿。

种 检 索 表

1. 身体较大，腹部背面红色，雄虫后足股节基部有 1 个显著的突起，雌虫后足无突起，但具有 1 个突起的痕迹 ·· 红背安缘蝽 *A. phasianus*

身体较小，腹部背面黑色，中央具 2 个浅色斑点；雄虫后足股节基部无突起 ························ ·· 斑背安缘蝽 *A. binotata*

227. 斑背安缘蝽 *Anoplocnemis binotata* Distant, 1918 (图版 XV-1)

Anoplocnemis binotata Distant, 1918: 153; Hsiao et al., 1977: 213~214; Li, 1983: 72; Li et al., 1985: 98; Zhang et al., 1985: 116; Zhou, 1985: 18; Shen, 1993: 33; Liu et al.,1993: 143; Cai et al., 1998: 233; Dolling, 2006: 88.

形态特征　成虫　体色　黑褐至黑色。触角前 3 节、腹部背面全黑，第 4 节基半赭红，端半褐具光泽，最末端赭色，有时全节为赭色；复眼黑褐色，单眼红；小盾片末端淡色，前翅革片棕褐，膜片烟褐；腹部背面中央有 2 个浅色斑块；体下赭褐或黑褐，臭腺孔周围淡赭色。

结构　体被白色短毛。头小，头顶前端具 1 短的纵凹陷，触角第 4 节基半部较粗，微向内弯，单眼靠近前胸背板前缘，喙长达中足前缘，第 1 节达于头后缘；前胸背板中央具纵纹，该纹在后部甚不明显，侧缘平直，侧角圆钝，表面具颗粒，小盾片有横皱纹。雄虫第 3 节腹板中部向后扩延，几达第 4 节腹板的后缘，形成横置瘤突。雌虫第 3 腹板中部向后弯曲。雄虫后足腿节粗壮弯曲，内侧近端部扩展成 1 三角形齿，后足胫节内侧轻度扩展，端部突出呈小齿状。

量度　体长 20~23 mm (♂)，22.0~24.5 mm (♀)；腹部最大宽度 7.1~7.3 mm (♂)，8.0~8.4 mm (♀)。头长 1.5~1.6 mm (♂)，1.6~1.8 mm (♀)；复眼间距 1.6~1.8 mm (♂)，1.7~2.3 mm (♀)，单眼间距 0.8~1.0 mm (♂)，0.9~1.1 mm (♀)；触角长 Ⅰ：Ⅱ：Ⅲ：Ⅳ= 4.0~4.2 (♂)，3.2~3.4 (♀)：3.0~3.5 (♂)，2.4~2.8 (♀)：2.8~3.0 (♂)，2.3~2.5 (♀)：4.0~4.1 (♂)，3.5~4.0 mm (♀)；胸部最大宽度 7.9~8.2 mm (♂)，8.0~8.3 mm (♀)；小盾片长 2.7~2.9 mm (♂)，2.6~2.9 mm (♀)，小盾片宽 3.6~4.5 mm (♂)，4.4~5.0 mm (♀)；爪片接合缝 1.6~1.8 mm (♂)，1.7~2.0 mm (♀)。

本种与红背安缘蝽 (*A. phasianus* Fabr.) 在外形上极为相似，但后一种体型较大，腹部背面红色，雄虫后足股节基部有 1 明显的突起，可以区别。

经济意义　寄主有紫穗槐 *Amorpha fruticosa*、赤松 *Pinus densiflora*、旱冬瓜 *Alnus nepalensis*。

分布　河南 (鸡公山、许昌、栾川、嵩山)；河北、天津、甘肃、山东 (烟台、崂山、牙山、黄县)、安徽 (太平县)、福建、江西、江苏 (南京、栖霞山、牛首山)、浙江 (杭州、天目山)、四川 (西昌、宝兴、理县、金川)、贵州、广东、广西、云南、西藏 (察隅、下察隅)；印度。属东洋区系。

228. 红背安缘蝽 *Anoplocnemis phasianus* (Fabricius, 1781) (图 179，图版 XV-2)

Cimex phasiana Fabricius, 1781: 361.

Anoplocnemis phasiana: Stål, 1873: 48; Hsiao et al., 1977: 213; Zhang et al., 1985: 116~117; Li et al., 1986: 87; Yu & Sun, 1993: 95; Shen, 1993: 33.

Anoplocnemis phasianus (Fabricius): Dolling, 2006: 89.

形态特征 成虫 体色 棕褐色。触角第 4 节棕黄；后胸臭腺孔、腹部背面橙红色，前胸背板中央有 1 条浅色纵带纹。

结构 前胸背板侧缘直，具细齿，侧角钝圆。雌虫第 3 节腹板中部向后稍弯曲，雄虫则相应部位向后扩延成瘤突，伸达第 4 节腹板的后缘。雌虫后足股节稍弯曲，近端处有 1 个小齿突。雄虫后足股节强弯曲，粗壮，内侧基部有显著的短锥突，近端处有 1 个大的三角形齿突。

量度 体长 20.5~27.5 mm；腹部最大宽度 8.0~10.0 mm。头长 1.4~2.4 mm；复眼间距 1.6~2.0 mm，单眼间距 1.2~1.6 mm；触角长 Ⅰ：Ⅱ：Ⅲ：Ⅳ = 4.8~5.2：3.0~3.6：2.4~2.8：4.6~5.0 mm；胸部最大宽度 8.5~10.4 mm；小盾片长 2.8~3.2 mm，小盾片宽 3.0~3.4 mm；爪片接合缝 1.8~2.0 mm。

卵 初产时淡褐色，以后变为暗褐，被粉白色。略呈腰鼓状，横置，下方平坦。假卵盖位于一端的上方，稍隆起，周线较模糊。长 2.2~2.6 mm，宽 1.1~1.2 mm。

若虫 1 龄若虫体黑色，形似蚂蚁，前胸、中胸、后胸背板后缘平直；腹部背面第 4、第 5 节及第 5、第 6 节节间中央各有 1 隆起斑及 1 对臭腺孔 (2 龄同)，前足胫节向背腹两侧扩展呈叶状 (2 龄、3 龄同)，体长 3~4 mm。2 龄若虫黑色，触角第 4 节基部黄褐色，前胸、后胸背板后缘平直，中胸背板侧后缘向后曲伸，2 龄体长 5~6 mm。3 龄若虫黑或灰黑色，触角第 3 节基部、第 4 节基部 1/2 及末端黄褐色；中胸、后胸背板侧后缘向后伸展成翅芽，到达腹部背面第 1 节后缘，腹部背面第 4、第 5 节及第 5、第 6 节节间中央各有 1 块橙红色斑及 1 对臭腺孔，3 龄体长 7~9 mm。4 龄若虫灰黑或黄褐色，触角除第 1、第 2、第 3 节基部和第 4 节基部及末端黄褐色外，余为黑色。翅芽伸达腹部背板第 2 节后缘或第 3 节前缘。腹部背面第 4、第 5 节及第 5、第 6 节节间中央各有 1 块淡灰黑或淡黄褐色斑和 1 对臭腺孔 (5 龄同)，4 龄体长 10~14 mm。5 龄若虫灰褐或黄褐色，触角除第 2、第 3 节端部为黑色外，余为红褐色；小盾片显现，三角形，翅芽伸达腹部背面第 3 节后缘或第 4 节前缘，体长 15~18 mm。

生物学特性 江西南昌一年以 2 代为主，少数 1 代，偏南可发生完整 2 代，长江以北只有 1 代。以成虫在寄主附近的枯枝落叶下越冬。据在南昌郊区观察，越冬成虫在 4 月中旬开始活动，4 月下旬开始交尾，5 月上旬至 7 月中旬产卵，5 月中旬至 6 月下旬盛产，6 月底至 7 月下旬陆续死亡。1 代若虫从 5 月中至 7 月底先后孵出，6 月中至 8 月底羽化。其中大多数可于 6 月下旬至 9 月上旬进行交尾，7 月上旬至 9 月上旬产卵，8 月下旬至 9 月中旬陆续死亡；另有少数在 8 月下旬羽化的，当年不再交尾产卵。第 2 代若虫从 7 月中旬末至 9 月中孵出，8 月下旬初至 10 月下旬先后羽化，11 月起陆续匿伏过冬。

各虫态历期：据上述地点观察；卵期第 1 代为 10~13~14 d，第 2 代 8~9~12 d，若虫期第 1 代 25~30~33 d，第 2 代 31~34~38 d；成虫寿命第 1 代 1.5~2~3 个月，少数越冬的长达 10~11 个月，第 2 代则为 9~10.5 个月。1 代成虫产卵前期一般 9~15 d。成虫、若虫在寄主嫩头或果实上吸汁。　卵产于茎秆及附近的杂草灌木上，聚生横置，纵列成串，每串 2~13.4~36 枚。

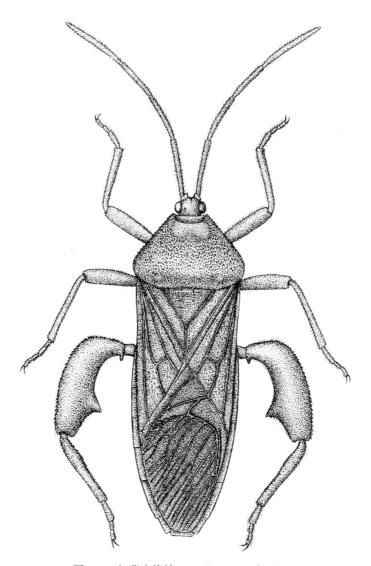

图 179　红背安缘蝽 *Anoplocnemis phasianus*

经济意义　主要为害大豆、豇豆、绿豆、花生，并喜食鸡血藤 *Kadsura interior*、紫穗槐、合欢 *Albizia julibrissin*、山蚂蝗等，成虫在黄檀、矮蒿 *Artemisia lancea*、盐肤木 *Rhus chinensis* 上也可以看到。成虫、若虫喜欢在嫩叶、嫩荚、果柄上吸汁，造成嫩叶凋萎，荚果不实，往往荚果中部、上部先枯，然后全部干瘪。南昌郊区 1978 年、1979 年两年的 7 月、8 月间，均曾发现局部性严重为害豇豆的现象。

分布 河南 (鸡公山、信阳)；江西 (庐山)、福建 (福州、建阳、福清)、广东 (广州、连县)、海南、广西 (上思、友谊关)、云南；日本、印度、越南、斯里兰卡、菲律宾、马来西亚。属东洋区系。

(一四八) 勃缘蝽属 *Breddinella* Dispons, 1962

Breddinella Dispons, 1962: 29. Type species by monotypy: *Derepteryx laticornis* Breddin.

前胸背板侧角极度扩展，呈半月形向前延伸，内外缘均具显著齿突，末端至少达到头前端。前足胫节背面具叶状扩展；小盾片末端无瘤状突起。

229. 肩勃缘蝽 *Breddinella humeralis* (Hsiao, 1963)

Derepteryx humeralis Hsiao, 1963: 315.
Pterygomia humeralis: Hsiao, 1977: 203.
Breddinella humeralis: Dolling, 2006: 90.

形态特征 成虫 体色 棕褐色。腹部背面红色，端部稍带暗色。触角黑褐色，第 4 节橙黄色。

结构 体密被黄棕色细毛。前胸背板稍具不规则皱纹；侧角向前突出，不超过或稍超过头端，其后部宽阔，前缘具 2~3 个大齿，后缘弯曲，呈不规则的锯齿状。腹部两侧弧形扩张。触角细。喙超过前足基节。雄虫后足股节粗大，基部稍弯曲，腹部中央具 1 个特大刺状齿，各足胫节背面中央前侧均成叶状扩展，后足胫节腹面中央前侧扩展成大齿突；雌虫后足胫节腹面稍扩张，不为齿状。

量度 体长 30.0 mm，宽 9.1 mm；前胸背板宽 17.4 mm，腹部最宽处 12.3 mm。

分布 河南 (内乡)；四川、云南；越南。

(一四九) 棘缘蝽属 *Cletus* Stål, 1860

Cletus Stål, 1860: 236. Type species: *Cimex trigonus* Thunberg.

头较短，前端向下倾斜，股节简单，腹部气门位于腹节的中央；腹节后角不显著，侧接缘一色；前翅革片无浅色斑点，或仅有 1 个斑点；雌虫第 7 腹板褶后缘凹陷，靠近该节的前缘。

种 检 索 表

1. 体长大于 9 mm ·· 2
   体长不大于 9 mm ··· 3
2. 前胸背板侧角刺细长，其后缘向内弯曲 ························· **稻棘缘蝽 *C. punctiger***

前胸背板侧角刺粗短，其后缘斜直，小齿状突起比较显著 ························ **禾棘缘蝽** *C. graminis*

3. 前胸背板侧角刺短，侧角间宽度小于体长的 1/2 ····················· **短肩棘缘蝽** *C. pugnator*

前胸背板侧角刺长，侧角间宽度大于体长的 1/2 ····················· **长肩棘缘蝽** *C. trigonus*

230. 禾棘缘蝽 *Cletus graminis* Hsiao et Cheng, 1964 (图版 XV-3)

Cletus graminus Hsiao & Cheng, 1964: 66; Hsiao et al., 1977: 248; Li et al., 1986: 90; Yu et al., 1993: 92; Shen et al., 1994: 90; Zhang et al., 1995: 87; Dolling, 2006: 76.

形态特征 成虫 体色 灰黄色，腹面较淡；背面刻点、复眼淡褐色，单眼红色，触角 1~3 节红色或红褐色，端节暗红褐色；侧角、腹部背面、胸侧板中央及各足基节外侧斑点、腹部腹面 6 列纵走斑点黑色，前翅革质部前缘基部 2/3 以上褐色，近内角翅室内的 1 光滑斑点奶油色；端部至少顶角带红色；足与体同色，跗节色较深，侧接缘黄色，端部中央暗红色，腹部腹面淡黄绿至淡黄色。

结构 头长方形，侧叶与中叶等长，或中叶稍长于侧叶，侧叶上点刻细密；复眼圆而突出，触角端节粗大，第 1~3 节近等长，第 4 节稍短，喙超过中足基节中央；自头部侧叶前方至前胸背板后缘近中央处各有 1 条由褐色点刻组成的宽纵带，此宽带有时仅隐约可见。前胸背板侧缘后部向内呈弧形凹入；侧角短刺状，向上翘起，后缘斜直，边缘具齿状突起。前翅伸达腹末，生殖节后缘宽圆。

量度 体长 9.5~10.0 mm；腹部最大宽度 2.5~3.0 mm。头长 1.0~1.1 mm；复眼间距 1.0~1.1 mm，单眼间距 0.4~0.6 mm；触角长 I∶II∶III∶IV = 1.7~1.8∶1.6~1.8∶1.4~1.6∶1.4~1.5 mm；胸部最大宽度 3.4~3.6 mm；小盾片长 1.0~1.2 mm，小盾片宽 1.2~1.5 mm；爪片接合缝 0.7~0.8 mm。

经济意义 危害稻及豆科植物 (如猪屎豆)。

分布 河南；福建 (建阳)、广东 (广州)、海南、贵州、云南 (西双版纳、普洱、金平)。属东洋区系。

231. 短肩棘缘蝽 *Cletus pugnator* Fabricius, 1803 (图版 XV-4)

Cimex pugnator Fabricius, 1787: 287.

Coreus pugnator Fabricius, 1803: 197.

Cletus pugnator: Hsiao et al., 1977: 249; Yu & Sun, 1993: 91; Dolling, 2006: 77.

形态特征 体色 暗黄色。触角第 4 节色较深；前胸背板前部、后部几成一色；前翅革片端部带红色。

结构 前翅内角翅室内的白斑清晰。侧角呈短刺状，其后缘与身体纵轴所成的夹角不大于 25°。触角第 1 节短于第 3 节。

量度 体长 7.0~8.5 mm；腹部最大宽度 2.7~3.0 mm。头长 1.0~1.1 mm；复眼间距 0.8~1.0 mm，单眼间距 0.4~0.5 mm；触角长 I∶II∶III∶IV = 1.2~1.4∶1.6~1.8∶1.4~1.5∶0.6~0.8 mm；胸部最大宽度 2.8~3.5 mm；小盾片长 1.3~1.4 mm，小盾片宽 1.4~1.5 mm；爪片接合缝 0.7~0.8 mm。

分布　河南 (信阳、新县)；江西 (莲塘)、广西 (柳州)、云南 (保山、元江、西双版纳)；缅甸、斯里兰卡、印度。

232. 稻棘缘蝽 *Cletus punctiger* Dallas, 1852 (图版 XV-5，6)

Cletus punctiger Dallas, 1852a: 494; Stål, 1873: 79: Hsiao et al., 1977: 248; Li, 1983: 73; Zhang et al., 1985: 130~131; Yu & Sun, 1993: 91; Shen, 1993: 33; Liu et al., 1993: 148; Bu, 1995: 127; Josifov & Kerzhner, 1978: 162; Zheng & Dong, 1995: 202; Dolling, 2006: 77.

Cletus rusticus Stål, 1860b: 237 (syn. Stål, 1863a: 499).

Cletus tenuis Kiritshenko, 1916: 184 (syn. Josifov & Kerzhner, 1978: 162) ; Hsiao et al., 1977: 248; Li et al., 1985: 99; Zhang et al., 1985: 129~130; Yu et al., 1993: 92; Shen, 1993: 34.

形态特征　成虫　体色　黄褐色，头顶及前胸背板前缘小颗粒黑色，复眼褐红，眼后有 1 纵纹黑色；单眼红色，周围有黑圈；喙末端黑。前胸背板多为一色，有时侧角间后区色较深；侧角末端黑，前翅革片侧缘、近顶缘的翅室内的斑点浅色。膜片淡褐色，透明。腹部背面橘红色，侧缘黑，腹下色较浅，各胸侧板中央小斑点、腹部腹板每节后缘 (在气门之内) 有明显列成 1 横排 6 个黑色小点；每节前缘横列若干小点也为黑色。

结构　狭长，密布刻点。头顶中央有短纵沟，触角第 1 节较粗，向外略弯，显著长于第 3 节，第 4 节纺锤形，喙伸达中足基节间；侧角细长，略向上翘，稍向前指，侧角后缘向内弯曲，有小颗粒突起，有时呈不规则齿状突。

量度　体长 9.5~11.0 mm；腹部最大宽度 2.8~3.8 mm。头长 0.8~1.0 mm；复眼间距 1.0~1.2 mm，单眼间距 0.4~0.5 mm；触角长 Ⅰ：Ⅱ：Ⅲ：Ⅳ= 1.6~1.7：1.8~2.0：1.4~1.5：1.3~1.4 mm；胸部最大宽度 4.8~5.0 mm；小盾片长 1.3~1.5 mm，小盾片宽 1.5~1.8 mm；爪片接合缝 0.8~1.0 mm。

卵　全体具白色光泽。状如杏核。表面有细密的六角形网纹。卵底中央在附着于植株的部分有 1 圆形浅凹。长 1.5 mm，高 1 mm，底宽 0.8 mm。

若虫　体色　初孵头、胸、触角、复眼及中足、后足股节为深褐色而有红色光泽，腹部淡绿。喙第 1、第 2 节淡色，第 2 节端部及末节红褐，最末端黑，头顶有浅色 "Y" 形纹；自前胸前缘至腹部第 1 节后缘有 1 淡色中纵纹。后胸背面淡色，两侧斑纹棕褐色。跗节末节端半棕黑色。腹下中域淡黄白色，头下、胸腹板淡红色。全体着生刺毛，触角 4 节，约与体等长，各节均具短刚毛，复眼内侧有 1 具齿的小突起。第 1 节三棱形，第 2、第 3 节侧扁，几呈椭圆叶形，第 4 节最小，圆锥形。喙 3 节，伸达腹部第 1 节。各足胫节具 4 个褐色环斑，每环斑上有刚毛 2 根，跗节 2 节，腹部第 4、第 5 节和第 5、第 6 节间各具臭腺孔 1 对，上具长的黑色棘突，以第 5、第 6 间的较长，并有红褐色不规则隆起斑。整个腹部上翘，尤以端部为甚。初孵时长 1.8~2.0 mm，宽 0.9~1.1 mm。3 龄若虫黄褐色，具红色毛点。自头顶后部至腹部第 1 节后缘，具淡色中纵纹，喙末端黑，臭腺孔具黑斑。中足、后足腹节与股节同色 (2 龄时中足、后足股节为褐红色)，体下色淡。喙伸达后足基节间 (2 龄时喙伸达腹基部)。翅芽达第 2 腹节前缘。单眼已形成。喙伸达后足基节前缘，体长 7 mm，宽 3 mm。5 龄若虫黄褐带绿色。头、胸、足具黑褐色刻点，腹部多红色毛点，其上刚毛黑色。腹部臭腺孔具黑斑。胸侧板和腹下侧区具纵走深色带纹，每胸侧板上各有 1 黑色刻点，每腹节腹板中域有横列 4 个小黑点。前翅芽可达第 4 腹节前缘，前胸背板侧角明显伸出，末端后指。5 龄体长 9.1 mm，宽 3.1 mm。

生物学特性　江西南昌一年发生 3 代，以成虫在杂草根际越冬，翌年 3 月下旬至 4 月上旬开始外出，4 月下旬至 6 月中下旬产卵，1 代羽化期始于 6 月上旬，2 代始于 8 月初，3 代始于 9 月底，可延续至 12 月上旬。11 月中下旬至 12 月越冬。各虫态历期：南昌卵期 5 月为 8~11 d，7 月为 5~6 d，9 月为 6~7 d；若虫期 5 月、6 月为 28~31 d，7 月、8 月为 22~28 d，9 月为 45~49 d。成虫寿命为 18~25 d，越冬代长达 7~10 个月，羽后 1 周始交尾，交尾后 4~5 d 开始产卵。卵散产于寄主叶、穗上。若虫孵化后多散居。

经济意义　为害稻、稗、麦及其他禾本科植物。喜聚集在稻穗、麦穗上吸汁，造成秕谷。在云南产稻的低热坝区，本种是棘缘蝽属的优势种。

分布　河南 (信阳、固始、桐柏、西峡、确山、西平、许昌、开封)；上海、江苏、浙江 (杭州)、安徽、福建、江西 (莲塘、庐山)、湖北 (武昌)、湖南、广东 (广州、连县)、云南、西藏 (聂拉木樟木)；印度。属东洋区系。

233. 长肩棘缘蝽 *Cletus trigonus* (Thunberg, 1783) (图版 XV-7)

Cimex trigonus Thunberg, 1783: 37.

Cletus trigonus: Hsiao et al., 1977: 249; Shen, 1993: 34; Zhang et al.,1985: 131~132; Li et al., 1986: 90; Dolling, 2006: 77.

形态特征　成虫　体色　浅褐色带紫色光泽。单眼红，复眼灰褐；体表粗刻点及前胸背板胝后 2 个，前足、中足胫节各 2 个，后足基节 1 个，前中胸侧板 2 个以及后胸侧板 1 个小型斑点黑色，腹部有 4 列点也是黑色，中央 2 列较小或不明显。小盾片刻点末端淡白。前翅革片内角翅室斑白色。侧接缘及体下淡色。前胸背板后域色深。

结构　头前端在触角基部几乎垂直下弯，触角第 1 节较粗，约与第 3 节等长，第 2 节最长，末节变粗呈纺锤状，头顶在触角后有黑刻点形成的纵纹，喙伸达中足基节间。侧角细长，呈刺状水平伸出，两侧角间宽度大于体长的 1/2，侧角后缘有小颗粒状突起。

量度　体长 7.5~8.8 mm；腹部最大宽度 3.4~3.6 mm。头长 0.9~1.0 mm；复眼间距 1.0~1.1 mm，单眼间距 0.4~0.5 mm；触角长 Ⅰ：Ⅱ：Ⅲ：Ⅳ = 1.2~1.4：1.6~1.8：1.4~1.5：1.3~1.4 mm；胸部最大宽度 4.0~5.0 mm；小盾片长 1.2~1.4 mm，小盾片宽 1.4~1.5 mm；爪片接合缝 0.6~0.8 mm。

本种与短肩棘缘蝽 *C. pugnator* 近似，体长均在 9 mm 以下，但后 1 种前胸背板侧角刺短，侧角间宽度小于体长的 1/2，可以区别。

经济意义　据广东记载，可在苋科的刺苋、绿苋 *Amaranthus viridis*、莲子草、藜科的土荆芥 *Chenopodium ambrosioides* 等上找到；云南元江在稻田多次发现取食稻叶、稻穗和稗，常与稻棘缘蝽混合发生，但数量较少。

分布　河南 (固始、信阳)；上海、江苏 (南京)、江西、广东 (广州)、云南 (西双版纳：勐龙、勐混)；菲律宾、孟加拉国、斯里兰卡、印度尼西亚。属东洋区系。

（一五〇）缘蝽属 *Coreus* Fabricius, 1794

Coreus Fabricius, 1794: 127. Type species: *Cimex marginatus* Linnaeus.

体大型。头小，前端陡然下折成直角，中叶、侧叶由头背面不可见，头顶前方短纵沟显著；触角基内侧各具 1 前指的长刺；触角第 1 节三棱形，第 4 节长纺锤形，复眼卵圆形，外突，单眼前方内陷，单眼间距大于单眼至复眼间距；小颊长，后伸几乎达复眼后缘。前胸背板前低后高，后端近后缘具 1 屋脊状隆起；小盾片三角形；前翅革片不透明；中胸、后胸腹板中央纵沟显著。腹部侧接缘扩展，雌虫第 7 腹节腹板褶后缘内凹，达该节前端的 1/4 处；雄虫生殖节舌形，不达腹部末端。

河南有 1 种。

234. 波原缘蝽 *Coreus potanini* Jakovlev, 1890 (图版 XV-8)

Coreus potanini Jakovlev, 1890: 551; Hsiao et al., 1977: 250~251; Zhang et al., 1985: 132; Zhou, 1985: 19; Nonnaizab, 1988: 248~249; Yu & Sun, 1993: 91; Shen, 1993: 34; Cai et al., 1998: 233; Dolling, 2006: 67.

形态特征 成虫 黄褐至黑褐色。复眼暗棕褐色，单眼红色；腹部腹板散生黑斑，深色个体尤显；股节上斑黑褐色；前翅膜片淡棕色，透明，可达腹末端；气门周围淡褐色。

结构 椭圆形，背腹均具细密刻点及小颗粒。头小，略呈方形，头前端在触角基内侧各具 1 棘，两棘相对向前伸；头顶中央具短纵沟；触角基部 3 节三棱形，以第 1 节最粗大，向外弯；第 2、第 3 节略扁，第 4 节纺锤形；喙达中足基节。前胸背板前部向下陡斜，侧角突出，近于（或稍大于）直角。腹部侧接缘扩展，显著宽于前胸侧角的宽度，并向上翘起。体下前胸侧板在近前缘处有 1 新月形斑痕。各足股节腹面有 2 列棘刺，前足更显，呈锯齿状，胫节上之黑斑几呈环形，在深色个体中环形更明显，胫节背面具纵沟。

量度 体长 11.5~13.5 mm；腹部最大宽度 6.4~6.7 mm。头长 1.6~1.8 mm；复眼间距 1.3~1.4 mm，单眼间距 0.5~0.6 mm；触角长 I：II：III：IV = 2.4~2.6：2.4~2.6：1.9~2.1：1.4~1.6 mm；胸部最大宽度 5.4~5.6 mm；小盾片长 1.6~1.8 mm，小盾片宽 1.9~2.3 mm；爪片接合缝 1.5~1.8 mm。

本种与原缘蝽（*C. marginatus*）相近似，但原缘蝽触角第 2、第 3 节圆柱形，触角基内侧端刺末端相遇，喙较短，仅及前足基节，前胸背板侧角圆钝，可以区别。

经济意义 可为害马铃薯、栎。

分布 河南（鸡公山、栾川、嵩县、信阳）；甘肃、陕西（西安）、河北（承德、张家口）、山西（交城）、四川（峨眉山、宝兴、康定）、云南。

(一五一) 奇缘蝽属 *Derepteryx* White, 1839

Derepteryx White, 1839: 542. Type species: *Cerbus* (*Derepteryx*) *hardwickii* White.
Moliptery Kiritshenko, 1916: 32.

本属的前胸背板侧角极度扩展，常呈半月形向前延伸，达到或超过头的前端，扩展部分的边缘常具锯齿。雌雄腹部均简单，后足胫节背面简单，前胸背板中部较光平，小盾片顶端具黑色瘤状突起。

种 检 索 表

1.　前胸背板侧角尖锐，向前伸达或超过背板的前端 ························· **月肩奇缘蝽 D. lunata**
　　前胸背板侧角方形，不伸达背板的前端 ························· **褐奇缘蝽 D. fuliginosa**

235. 褐奇缘蝽 *Derepteryx fuliginosa* (Uhler, 1860) (图版 XV-9)

Discogaster fuliginosa Uhler, 1860: 225.
Ochrochira fuliginosa: Distant, 1900: 370.
Derepteryx fuliginosa (Uhler): Hsiao et al., 1977: 202; Li et al., 1985: 98; Zhang et al., 1985: 112~113; Yu & Sun, 1993: 92; Shen, 1993: 34; Liu et al., 1993: 142.
Moliptery fuliginosa (Uhler, 1860): Dolling, 2006: 93.

形态特征　成虫　体色　深褐色。触角第 4 节红褐色，复眼、气门黑色，喙棕褐色；膜片暗褐色、透明；后胸部臭腺开口的前缘部分黄或橙色。

结构　头部短小、椭圆形。触角上有很多环节，第 1 节最长且粗；喙伸达后足基节；前胸背板极度扩展，呈薄片状，前角突出，其前缘有显著的锯齿，形成奇异形状，侧缘也有小锯齿，侧角后缘凹陷不平，但不呈齿状，侧角稍向前倾，但不达于前胸背板的前端；小盾片为正三角形；翅膜质部达到或稍超过腹部末端，有极多纵脉；腹部侧接缘明显地向两侧突出；足长大，股节粗，其先端部的内侧有 2 个棘状突起，前足、中足胫节外侧适度扩展。雄虫后足股节更粗，表面有细的棘状突起，并于胫节近端约 1/3 处的内侧有三角状突起；雌虫后足胫节内外侧也稍扩展。

量度　体长 23~27 mm (♂)，21~26 mm (♀)；腹部最大宽度 10~11.5 mm (♂)，9.5~11.5 mm (♀)。头长 2.9~3.1 mm (♂)，2.8~3.1 mm (♀)；复眼间距 1.8~2.0 mm (♂)，1.7~2.0 mm (♀)，单眼间距 1.2~1.4 mm (♂)，1.1~1.4 mm (♀)；触角触角长 Ⅰ：Ⅱ：Ⅲ：Ⅳ= 5.0~5.2 (♂)，4.5~4.8 (♀)：3.4~3.5 (♂)，3.9~4.1 (♀)：2.9~3.2 (♂)，3.3~3.6 (♀)：4.6~5.5 (♂)，4.8~5.0 mm (♀)；胸部最大宽度 11~12 mm (♂)，9.0~11.5 mm (♀)；小盾片长 2.9~3.2 mm (♂)，2.8~3.0 mm (♀)，小盾片宽 3.8~4.0 mm (♂)，3.7~3.9 mm (♀)；爪片接合缝 1.8~2.0 mm (♂)，1.8~1.9 mm (♀)。

生物学特性　黑龙江一年发生 1 代，以成虫越冬。

经济意义　生活在稻、枫香 *Liquidambar formosana*、盐肤木、蜂斗菜 *Petasites* *japonicus*、悬钩子 *Rosa rubus*、莓叶萎陵菜 *Potentilla fargarioides* L.等植物上，吸汁。

　　分布　河南 (鸡公山、新县、嵩县、栾川、罗山、信阳)；黑龙江 (高岭子)、甘肃 (天水、石门)、江苏 (南京)、江西 (于都)、浙江 (天目山)、福建 (建阳、崇安)、四川；朝鲜、日本、东西伯利亚。

236. 月肩奇缘蝽 *Derepteryx lunata* (Distant, 1900) (图版 XVI-1)

Ochrochira lunata Distant, 1900: 370.

Derepteryx lunata: Hsiao et al., 1977: 202; Zhang et al., 1985: 111~112; Yu & Sun, 1993: 92; Shen, 1993: 34; Bu, 1995: 127; Cai et al., 1998: 233.

Molipteryx lunata (Distant): Dolling, 2006: 93.

　　形态特征　成虫　体色　灰褐至深褐色。复眼黑褐，单眼淡红褐色，触角第 4 节赭色；前翅膜片烟褐色；腹部背面红色；气门周围淡色。

　　结构　密被黄褐细毛。头顶前端中央有短纵沟，触角细长，第 1 节最长，第 3 节最短，喙伸达中足基节；前胸背板向前扩展，扩展部内缘有大齿，外缘锯齿状，侧角尖锐，向前伸出于前胸背板前缘，但不超过头前端，前胸背板有粗皱纹，中央纵纹呈浅沟状，后缘之前有 1 明显横脊；小盾片有细横皱纹，末端呈黑色瘤状突起；膜片长于腹末端；侧接缘显著外露。雄虫后股节较粗，背面具瘤突，腹面端半有短刺突，各足股节腹面端部有 1~2 齿，后足胫节腹面在超过中部处呈角状扩张。

　　量度　体长 18.5~26.8 mm；腹部最大宽度 11.2~12.6 mm。头长 1.8~2.2 mm；复眼间距 1.8~2.2 mm，单眼间距 1.4~1.6 mm；触角长 Ⅰ：Ⅱ：Ⅲ：Ⅳ= 5.4~5.6：4.6~4.8：4.1~4.3：4.7~4.9 mm；胸部最大宽度 9.2~11.0 mm；小盾片长 2.8~3.0 mm，小盾片宽 3.5~4.2 mm；爪片接合缝 1.8~2.0 mm。

　　卵　初产时淡绿褐色，孵化前转为褐色，有珠泽，卵顶具 1 圈褐红色环纹。椭圆形，腹面微凹，背面圆凸，表面光滑有细微网纹，并常有白色分泌物形成不规则花纹。长 2.8 mm，宽 2.2 mm，厚 2.0 mm。

　　若虫　初龄黑褐色；背面小斑点灰色，触角棕红色，第 4 节赭黄，末端浅褐，复眼暗红褐色。触角、足及体周缘长有细密刚毛，喙伸达后足基节间，头基部有 1 浅色 "Y" 形纹；胸部中央有 1 浅色纵纹与头部 "Y" 形线相连；各足腿、胫节均两面扩张，胫节中脊上有细刚毛；腹部背面臭腺孔横椭圆形；各节侧缘圆凸。

　　生物学特性　昆明地区一年发生 2 代，以成虫越冬，翌年 2 月底、3 月初开始活动，3 月下旬已见产卵。第 1 代若虫于 4 月中旬始孵，第 2 代 7 月中旬始孵，10 月下旬、11 月初成虫进入越冬。早批卵期为 18 d 左右，1 龄期约 7 d。

　　经济意义　寄主有豆类、山桃、西南杭梢 *Campylotropis delavayi* 和悬钩子属 *Ruhus* spp. 植物。

　　分布　河南 (登封、栾川、信阳)；浙江 (天目山)、福建 (崇安、建阳)、江西 (九江)、湖北 (黄梅)、四川 (峨眉山、宝兴)、云南。属东洋区系。

（一五二）岗缘蝽属 *Gonocerus* Latreille, 1825

Gonocerus Latreille, 1825, 429. Type species: *Cimex insidiator* Fabricius.

　　头长，显著地伸出于触角基的前方，触角粗，基部 3 节呈三棱形，第 4 节短于第 3 节，股节简单，腹部气门位于腹节的中央；腹节后角不显著，侧接缘一色；雌虫第 7 腹板褶后缘凹陷，靠近该节的前缘。

种 检 索 表

1.　头中叶向前突出；喙短，仅达于中足基节基部；身体腹面无纵走带纹，腹部腹板两侧各有 1 个黑色小斑 ·· **扁角岗缘蝽 *G. lictor***

　　头中叶不向前突出；喙长，超过腹部的基部；身体腹面中央常具浅色纵走带纹，腹部腹板两侧无黑色小斑 ··· **长角岗缘蝽 *G. longicornis***

237. 扁角岗缘蝽 *Gonocerus lictor* Horváth, 1879 (图版 XVI-2)

Gonocerus lictor Horváth, 1879: 146; Hsiao et al., 1977: 245; Shen, 1993: 34; Dolling, 2006: 79.

　　形态特征　体色　黄色。触角、足、前胸背板中央及前翅（前缘除外）均带红色；背面刻点、腹面、小盾片亚顶角斑点、腹部腹板两侧小斑黑色（前胸和第 3、第 4、第 7 腹板上的黑斑有时不清楚）。
　　结构　触角较短，不及体长的 2/3。
　　量度　长 12.5~13.5 mm。
　　分布　河南（商城）；浙江（新昌）、江西（牯岭）。

238. 长角岗缘蝽 *Gonocerus longicornis* Hsiao, 1964 (图版 XVI-3)

Gonocerus longicornis Hsiao, 1964c: 92; Yu & Sun, 1993：95; Shen, 1993：34; Zhang et al., 1995：85~86; Dolling, 2006: 79.

　　形态特征　成虫 体色　草黄色。触角基部 3 节、眼、前胸背板后部两侧、侧角、革片内侧、爪片及各足跗节红色；小盾片近顶端处及中胸、后胸侧板的中央的圆点黑色，腹部背面橙黄色。
　　结构　体棱形。头小而长，前端平伸，突出于触角基的前方，头顶前方具纵走凹陷，喙长，伸达腹部第 4 节前缘，触角较粗，比身体长，基部 3 节呈三棱形，第 4 节短于第 3 节；各足胫节背面具纵沟；第 4、第 5 腹节背板后缘中央成叶状向后突出，伸入后 1 节中；身体腹面中央常具浅色宽阔纵走带纹；头部至第 3 腹节腹面具宽浅纵沟。雌虫第 7 腹板后缘平直；雄虫生殖节后缘中央成兔唇状突出。
　　量度　体长 13.5~14.5 mm；腹部最大宽度 3.9~5.0 mm。头长 2.0~2.2 mm；复眼间距 1.3~1.4 mm，单眼间距 0.5~0.6 mm；触角长 I ：II ：III ：IV= 3.1~3.3：4.4~4.6：2.4~2.6：

1.4~1.8 mm；胸部最大宽度 3.8~4.6 mm；小盾片长 1.7~1.9 mm，小盾片宽 1.8~2.0 mm；爪片接合缝 1.3~1.8 mm。

生物学特性 江西新建 5 月至 10 月中旬均可采到成虫和若虫。成虫、若虫多在嫩头上吸食，飞翔能力较强，在强日照下，多栖息于叶丛间或枝条上。

经济意义 危害紫薇 *Lagerstroemia indica*、糯米条 *Abelia chinensis*、豆类、松 *Pinus* sp.。

分布 河南 (鸡公山、确山、罗山、信阳)；江苏 (南京)、江西、浙江 (天目山)。

(一五三) 同缘蝽属 *Homoeocerus* Burmeister, 1835

Homoeocerus Burmeister, 1835: 316. Type species: *Homoeocerus puncticornis* Burmeister.

本属种类外形变化很大，从椭圆到狭长，从中型到大型。一般为黄绿色，或浅褐色，前翅带白色或黑色斑点。头方形，前端在触角基着生处截然向下弯曲，触角基向前向上突出；喙短，不达于中胸腹板基部；股节简单无刺；雌虫第 7 腹板褶后缘呈角状。

种 检 索 表

1. 身体宽短，椭圆形或纺锤形；腹部两侧通常显著扩展，侧接缘大部外露 ······2
   身体狭长；腹部两侧不显著扩展，侧接缘几乎全部为前翅所覆盖 ······4
2. 触角第 2 及第 3 节不呈三棱形，或稍呈三棱形，但不扁平；前胸背板前角不向前突出 ······3
   触角第 2 及第 3 节呈三棱形，并显著扁平；前胸背板前角向前突出；头部两侧复眼后方无纵走黑纹 ······ 广腹同缘蝽 *H. dilatatus*
3. 前胸背板中央有浅色斑纹，前翅革片中央有 1 小黑斑点；触角第 1 节呈三棱形；侧接缘具浓密小黑点 ······ 一点同缘蝽 *H. unipunctatus*
   前胸背板中央有浅色斑纹，前翅革片中央不具斑点；触角第 1 节不呈三棱形；侧接缘不具浓密小黑点 ······ 锡兰同缘蝽 *H. cingalensis*
4. 前翅革片无浅色斑点；胸侧板上无黑斑；侧角成显著的锐角 ······ 纹须同缘蝽 *H. striicornis*
   前翅革片有浅色斑点；中后胸侧板各具 1 黑斑；侧角不成显著的锐角 ····· 瓦同缘蝽 *H. walkerianus*

239. 广腹同缘蝽 *Homoeocerus dilatatus* Horváth, 1879 (图版 XVI-4)

Homoeocerus dilatatus Horváth, 1879: 145; Hsiao et al., 1977: 231~232; Li, 1983: 73; Zhang et al., 1985: 132; Zhou, 1985: 18~19; Yu & Sun, 1993: 92; Shen, 1993: 34; Bu, 1995: 127; Cai et al., 1998: 233; Dolling, 2006: 84.

形态特征 成虫 体色 褐至黄褐色。触角第 4 节黄色。

结构 体略呈宽纺锤形，密布深色小刻点。触角前 3 节三棱形，第 4 节长纺锤形，比前 3 节均短。前胸背前角向前突出，侧角稍大于 90°；前翅不达腹部末端，革片上无黑色斑点。腹部明显扩展，侧接缘大部外露，不为前翅所覆盖。

量度 体长 12.5~13.5 mm (♂)，14.0~14.5 mm (♀)；腹部最大宽度 6.5~6.8 mm (♂)，

6.7~6.9 mm (♀)。头长 1.7~1.9 mm (♂)，1.8~2.0 mm (♀)；复眼间距 1.2~1.4 mm (♂)，1.3~1.4 mm (♀)，单眼间距 0.4~0.6 mm (♂)，0.5~0.6 mm (♀)；触角长 Ⅰ：Ⅱ：Ⅲ：Ⅳ= 2.0~2.2 (♂)，2.0~2.1 (♀)：3.2~3.4 (♂)，3.2~3.4 (♀)：2.4~2.6 (♂)，2.2~2.3 (♀)：1.5~1.8 (♂)，1.2~1.5 mm (♀)；胸部最大宽度 4.3~4.8 mm (♂)，4.5~4.6 mm (♀)；小盾片长 1.4~1.5 mm (♂)，1.4~1.6 mm (♀)，小盾片宽 2.0~2.1 mm (♂)，2.0~2.2 mm (♀)；爪片接合缝 1.0~1.2 mm (♂)，1.1~1.3 mm (♀)。

生物学特性　江西以成虫越冬，翌年 4 月中旬开始外出活动，6~7 月采到若虫，10 月中下旬成虫陆续进入越冬场所。

经济意义　寄主有稻、玉米、豆类、橘、枣、刺槐等。主要为害大豆、胡枝子等豆科植物，山区局部地段密度较大，能造成一定程度的危害。

分布　河南 (鸡公山、嵩县、栾川、卢氏、洛宁、嵩山、信阳、商城)；黑龙江、吉林、辽宁、北京、河北、天津、陕西、江苏、湖北、湖南、浙江 (天目山、莫干山)、福建、江西 (庐山)、广东 (广州)、四川、贵州；朝鲜、日本、西伯利亚。

240. 锡兰同缘蝽 *Homoeocerus cingalensis* (Stål, 1860) (图版 XVI-5)

Tliponius cingalensis Stål, 1860a: 465.

Homoeocerus singalensis Stål, 1873: 60; Hsiao et al., 1977：234.

Homoeocerus cingalensis Stål: Dolling, 2006: 84.

形态特征　体色　浅栗色。腹部气门黑褐色，前翅革片、膜片浅色。

结构　体狭长。喙第 2 节短于第 3 节，头及腹部的腹面比较光滑。前胸背板侧缘平直，侧角钝圆。雄虫生殖节后缘简单，腹部两侧不显著扩展，侧接缘几乎全部为前翅所覆盖；触角第 1 节较长，通常长于或等于前胸背板，显著长于第 3 节或至少与第 3 节等长，如较短，则前胸背板侧缘向内极度弯曲，革片上常具浅色斑点，革片外角极狭长，喙第 3 节显著长于第 4 节，触角第 1~3 节三棱形，第 4 节短于第 3 节，中胸及后胸侧板具黑色　　斑点。

量度　长 13~15 mm。

分布　河南 (新县)；江苏 (栖霞山)、浙江 (嵊县)、江西 (资溪)、湖北 (武昌珞珈山)、福建 (厦门)、广东 (广州石牌)、海南；斯里兰卡。

241. 纹须同缘蝽 *Homoeocerus striicornis* Scott, 1874 (图版 XVI-6)

Homoeocerus striicornis Scott, 1874: 362; Hsiao et al., 1977: 235; Zhang et al., 1985: 125~126; Li et al., 1986: 89; Yu & Sun, 1993：95; Shen, 1993: 34; Liu et al., 1993: 145; Bu, 1995: 128; Dolling, 2006: 83.

形态特征　成虫　体色　淡草绿或淡黄褐色。触角红褐色，第 4 节淡黄褐色，端半部栗褐色，触角第 1、第 2 节外侧，前胸侧缘黑色，复眼黑褐，单眼红色；前胸侧缘内方纵纹淡红色，小盾片草绿色，前翅革片、膜片烟褐色；膜片透明；前胸背板侧缘、亚前缘和爪片内缘浅黑色；中足、后足胫节常呈淡褐红色。

结构　头顶中央稍前处有 1 短纵陷纹，触角第 1、第 2 节约等长，并长于前胸背板，复眼前方触角基的外侧有由小黑颗粒组成的纵斑，单眼之前各有 1 个小陷点，喙伸达中足基节前，第 3 节显著短于第 4 节；前胸背板长，有浅色刻点，侧角呈显著的锐角，略突出，侧角上有黑色颗粒，此颗粒向前方渐细小，小盾片具微皱纹，以基部较明；足细长。

　　量度　体长 16.0~18.5 mm (♂)，18.0~20.5 mm (♀)；腹部最大宽度 4.9~5.1 mm (♂)，4.9~5.2 mm (♀)。头长 1.9~2.1 mm (♂)，1.9~2.2 mm (♀)；复眼间距 1.6~1.8 mm (♂)，1.7~1.9 mm (♀)，单眼间距 0.8~1.0 mm (♂)，0.9~1.1 mm (♀)；触角长Ⅰ：Ⅱ：Ⅲ：Ⅳ= 4.1~4.3 (♂)，4.6~4.8 (♀)：4.8~4.9 (♂)，4.9~5.1 (♀)：3.0~3.2 (♂)，3.4~3.6 (♀)：2.5~2.8 (♂)，2.8~3.0 mm (♀)；胸部最大宽度 5.0~5.2 mm (♂)，5.9~6.1 mm (♀)；小盾片长 2.4~2.6 mm (♂)，2.9~3.1 mm (♀)，小盾片宽 2.6~2.8 mm (♂)，2.7~2.9 mm (♀)；爪片接合缝 2.5~2.7 mm (♂)，2.7~2.9 mm (♀)。

　　本种与黑边同缘蝽[*H. (A.) simiolus*]近似，但后一种中胸、后胸侧板上各具 1 黑色斑点，触角第 2 节显著长于第 1 节，喙第 3 节与第 4 节约等长，前翅革片无黑色边缘，可以区别。

　　经济意义　寄主有柑橘、合欢、紫荆、茄科和豆科植物。

　　分布　河南 (鸡公山、修武、济源、新县)、甘肃、北京、河北、湖北 (黄梅)、湖南、江苏、浙江、福建、台湾、江西 (莲塘、资溪、牯岭)、广东 (广州)、海南、四川 (峨眉山)、云南 (景东、西双版纳)；日本、印度、斯里兰卡。

242. 一点同缘蝽 *Homoeocerus unipunctatus* (Thunberg, 1783) (图版 XVI-7)

Cimex unipunctatus Thunberg, 1783: 38.

Homoeocerus unipunctatus: Hsiao et al., 1977: 232; Zhang et al., 1985: 125; Li et al., 1986: 88; Bu, 1995: 128; Cai et al., 1998: 233; Dolling, 2006: 85.

　　形态特征　**体色**　黄褐色。前翅革片中央 1 小点、触角小颗粒黑色。

　　结构　纺锤形。触角第 1~3 节略呈三棱形，第 1 节较粗壮，第 2 节最长，第 4 节纺锤状；前胸背板侧缘具淡色窄边，侧角稍突出，微向上翘；膜片不完全盖住腹部末端；腹部两侧较明显扩张，侧接缘部分露出，上具浓密小黑点。雌虫第 7 腹板后缘中缝两侧扩展部分较长，呈锐角，其内边稍呈弧形。

　　量度　13.5~14.5 mm。

　　生物学特性　江西奉新一年 2 代，以成虫过冬，翌年 4 月中下旬外出活动，5 月下旬开始产卵，一代羽化期在 7 月上旬至 8 月上旬，二代在 9 月上旬至 10 月上旬，10 月中下旬至 11 月陆续越冬。庐山牯岭山区 (海拔 1100 m) 一年仅有 1 代，6 月中下旬始得初孵若虫，8 月上旬至 9 月下旬羽化。

　　经济意义　主要为害大豆、绿豆、胡枝子，在油茶 *Camellia oleifera*、合欢、麻栎、稻、玉米、高粱上也有采到。局部山地密度较大，对豆类质量有不良影响。

　　分布　河南 (嵩县、栾川)；江苏、浙江、江西 (铜鼓)、山东 (泰山)、湖北、湖南、广东、四川、云南 (西双版纳)、西藏 (下察隅)、台湾；日本、缅甸、印度。属东洋区系。

243. 瓦同缘蝽 *Homoeocerus walkerianus* Lethierry et Severin, 1894 (图版 XVI-8)

Homoeocerus plagiatus Walker, 1871: 92 (junior primary homonym of *Homoeocerus plagiatus* Germar, 1838).

Homoeocerus walkerianus Lethierry & Severin, 1894, 38; Hsiao et al., 1977: 238; Li et al., 1985: 99; Zhang et al., 1985: 127~128; Yu et al., 1993: 93; Shen, 1993: 34; Liu et al., 1993: 145; Dolling, 2006: 84.

形态特征　成虫　体色　鲜黄绿色 (久藏标本为黄褐色)。头、前胸背板和前翅的绝大部分褐色；触角第 1~3 节紫褐色，第 4 节基中部黄绿或黄色，端半部褐或黑褐色；小盾片鲜绿或黄绿色，中胸、后胸侧板中央的小点、腹背末端黑色；足淡黄绿色；腹部背面红褐或红色。

　　结构　体狭长，两侧缘几平行。头小，密被黑色颗粒及白色绒毛；复眼大而突出，触角基突出，第 2 节稍长于第 1 节，第 4 节略膨大，最短；前胸背板梯形，极度倾斜，后缘隆起，侧角呈三角形稍向上翘，侧缘密被黑色小颗粒。小盾片小；前翅前缘有 1 条带纹，此纹在革质部近端 1/3 处向内扩展成近半圆形的斑；腹部侧接缘不扩展，全为前翅所覆盖。

　　量度　体长 13.5~14.5 mm (♂)，18.5~19.5 mm (♀)；腹部最大宽度 3.8~4.0 mm (♂)，5.2~5.4 mm (♀)。头长 1.7~1.9 mm (♂)，2.2~2.4 mm (♀)；复眼间距 1.6~1.8 mm (♂)，1.7~1.9 mm (♀)，单眼间距 0.4~0.6 mm (♂)，0.5~0.7 mm (♀)；触角长 I：II：III：IV= 3.6~3.8 (♂)，3.3~3.5 (♀)：3.8~3.9 (♂)，4.1~4.3 (♀)：2.9~3.1 (♂)，3.0~3.1 (♀)：2.9~3.1 (♂)，2.6~2.8 mm (♀)；胸部最大宽度 4.5~4.6 mm (♂)，5.3~5.5 mm (♀)；小盾片长 2.4~2.6 mm (♂)，2.4~2.6 mm (♀)，小盾片宽 2.6~2.8 mm (♂)，2.7~2.9 mm (♀)；爪片接合缝 1.8~2.0 mm (♂)，1.9~2.2 mm (♀)。

　　卵　初产时黄褐色，中期紫褐色，后期转为深褐。菱形，贴物面平坦，背面中部隆起，卵壳网纹状，有发亮的圆晕，假卵盖周缘具 18 枚红褐色精孔突。长 2.08~2.14 mm，宽 1.36~1.42 mm。

　　若虫　1 龄若虫头、触角、胸部两侧、足第 3、第 4 和第 5、第 6 腹节的节间中央的 1 腰形隆起斑紫黑色，胸部背板、腹部及复眼后缘至前胸背板中部的 "Y" 形纹黄绿色。头、胸小，腹背生有许多黑褐色疣状斑块和黑色小点。体洋梨形，触角 4 节，比体长，第 1~3 节扁平，第 4 节纺锤形。其上各着生臭腺孔 1 对。触角长为体长的 1.5 倍，1 龄体长 3.8~ 3.9 mm，宽 1.7~1.8 mm。2 龄若虫触角节间赤色。两臭腺孔中间的 1 相隔纵纹黄色。2 龄若虫胸部两侧稍向上翘起，后期背板后缘内凹。腹背密布黑色颗粒；触角略比体长。中胸背板中央稍凹陷，翅芽露出；胸背板窄小。2 龄体长 4.8~5 mm，宽 2.3~1.4 mm。3 龄若虫腹部侧缘线纹及小斑褐色，密布黑色小点 (5 龄同)，触角与身体约等长，3 龄体长 8.2~8.8 mm，宽 4.5~4.7 mm。4 龄若虫头、胸和足淡黄绿色，腹部绿色，第 1~3 节浅褐色，第 4 节基半部枯黄色，端半部紫褐。前胸背板后缘稍内凹，前翅芽达第 2 腹节前缘；腹部侧缘各节的后角上具黑斑；4 龄若虫臭腺孔为较大的黑点状突出。长椭圆形，5 龄若虫头、胸部背板中央淡黄褐色，中胸、后胸、腹部、翅芽、足及触角第 4 节基部 2/3 黄绿色。触角略短于体长，触角第 1~3 节和第 4 节端部淡黄褐色，前胸背板梯形，侧缘紫红色，后缘浅褐，中隆线淡黄绿。腹部侧缘各节的后角具褐斑；体长 10.5~11.8 mm，宽 5~5.5 mm。5 龄若虫翅芽达第 3 腹节后缘；臭腺孔为小黑点状突出。体长 15.3~15.8 mm，宽 6.8~6.8 mm。

生物学特性　江西南昌一年 2 代为主，部分 3 代。以成虫在枯草丛中、松、樟等常绿树枝叶茂密处越冬。翌年 4 月中旬开始活动，4 月下旬至 5 月下旬产卵，6 月上旬死亡。第 1 代若虫于 5 月上旬至 6 月中旬孵出，6 月中旬初至 7 月下旬羽化，6 月底至 8 月上旬产卵，9 月上旬死亡。第 2 代若虫于 7 月上旬至 8 月中旬孵出，早批 8 月上旬始羽化，8 月中旬、下旬产卵；8 月中旬以后羽化者，则在 9 月中旬后陆续进入越冬。部分第 3 代若虫于 8 月下旬至 9 月初孵出，9 月底至 10 月上旬羽化，10 月中旬至 12 月上旬陆续蛰伏越冬。

南昌各虫态历期：第 1 代卵期 12~17 d，多数 15 d；若虫期 32~46 d，其中 1 龄期 4~5 d，2 龄 5~7 d，3 龄 5~10 d，4 龄 6~10 d，5 龄 11~15 d；成虫寿命 43~62 d，其中产卵期 10~18 d。第 2 代卵期 5~7 d，多数 5 d；若虫期 30~43 d，其中 1 龄期 4~5 d，2 龄 5~7 d，3 龄 5~7 d，4 龄 6~10 d，5 龄 8~13 d；成虫寿命当代越冬的为 7.5~9 个月，不越冬的仅为 33~48 d。部分第 3 代卵期 6~7 d，若虫期 35~44 d。成虫寿命 6.5~8 个月。5 月至 9 月上旬成虫、若虫多在黄檀、糯米条、合欢上为害，9 月中旬以后则逐渐转移到松、樟等常绿树上取食。卵聚生，多产于寄主叶片正面近叶柄的主脉处。雌虫每次产卵 12 枚至十多枚，以 12 枚或 14 枚为多，成行或成块疏散排列。已发现广腹螳螂和长螳螂能捕食其成虫和若虫。

经济意义　常见为害黄檀、合欢、糯米条、松、樟、桑等，喜在嫩茎、嫩枝及较老的叶面吸汁，被害处呈黄褐色小点，严重时叶片出现小褐斑，最后穿孔或提早脱落，嫩茎、嫩枝凋萎枯死。

分布　河南 (鸡公山、确山、新县)；安徽 (合肥)、湖北 (武昌、黄梅)、湖南、江苏 (南京)、江西 (莲塘、庐山)、四川 (成都、西充)、广东。属东洋区系。

(一五四) 黑缘蝽属 *Hygia* Uhler, 1861

Hygia Uhler, 1861: 287. Type species: *Hygia opaca* Uhler.

本属常分为两个亚属：黑缘蝽亚属 *Hygia* 及沟缘蝽亚属 *Colpura*。暗黑缘蝽 *Hygia opaca* Uhler 及环胫黑缘蝽 *Hygia lativentris* (Motschulsky) 属于黑缘蝽亚属。其主要特征为：头短，显著短于其宽度；喙较短，不超过腹部第 2 节；腹部腹面无纵沟。前足股节腹面顶端无刺或齿，后足股节不特别粗大；膜片的横脉远离膜片基部，纵脉多互相连接。为暗黑色或褐色种类。

种 检 索 表

1. 膜片翅脉非网状；胫节具浅色环纹，股节具许多浅色斑点；雄虫生殖节后缘中央凹陷呈二叉状⋯⋯⋯⋯⋯⋯⋯⋯⋯⋯⋯⋯⋯⋯⋯⋯⋯⋯⋯⋯⋯⋯⋯⋯⋯⋯⋯⋯⋯⋯⋯⋯ **环胫黑缘蝽** *H. lativentris*

膜片翅脉网状；胫节无浅色环纹，股节仅基部浅色·····················2

2.　体较小，小于 11 mm···暗黑缘蝽 *H. opaca*

　　体较大，大于 15 mm···**大黑缘蝽 *H. magna***

244. 环胫黑缘蝽 *Hygia lativentris* (Motschulsky, 1866) (图版 XVII-1)

Maccevethus lativentris Motschulsky, 1866: 188.

Pachycephalus touchei Distant, 1901: 1901.

Hygia touchei Distant, 1902: 380; Hsiao et al., 1977: 227; Zhang et al., 1985: 123~124; Li et al., 1986: 88; Yu et al., 1993: 93; Shen et al., 1993: 34.

Hygia (*H*) *opaca* Uhler: Li et al., 1985: 99.

Hygia lativentris: Kerzhner & Jansson, 1985: 41; Dolling, 2006: 62.

　　形态特征　成虫　体色　黑棕色，触角两端、复眼深褐色，触角第 4 节中间淡黄褐，复眼略带褐红光泽；单眼暗红；前翅革片端颜色渐淡至棕褐色，端缘中央处 1 小斑浅色，膜片棕色；触角基、小盾片末端、各足基节深黄褐色，股节上的斑点、胫节环纹浅色；腹板端部横斑赭色。

　　结构　刻点粗糙。头顶在 2 单眼前内方各有 1 深的陷点，触角第 1 节较粗，向外略弯，第 4 节最短，纺锤形；喙长达第 3 腹板前缘；前胸背板表面稍隆，中央有纵横相交的 2 浅凹沟，沿侧缘之内也略凹，侧角圆钝不突出；膜片不达腹末端，翅脉明显，不呈网状；腹部侧接缘外露，延至腹面，每节腹板两侧区在气孔之内各有 1 个黑斑，第 3、第 4 节的较小，有时模糊，以后各节都较大而明显，第 3、第 4 节腹板中部又各有 2 个黑斑。雄虫生殖节后缘中央凹陷呈二叉状。

　　本种与黑缘蝽属其他种的主要区别是头的长度显然短于宽度；前翅膜片翅脉不呈网状；胫节有浅色环纹，股节具许多浅色斑点。

　　量度　体长 10~12 mm；腹部最大宽度 4.3~4.6 mm。头长 1.4~1.6 mm；复眼间距 0.8~1.0 mm，单眼间距 0.4~0.5 mm；触角长 I：II：III：IV= 1.7~1.8：2.4~2.6：1.9~2.1：1.2~1.4 mm；胸部最大宽度 3.4~3.6 mm；小盾片长 1.5~1.7 mm，小盾片宽 1.5~1.6 mm；爪片接合缝 0.5~0.7 mm。

　　经济意义　危害辣椒、灌木。

　　分布　河南 (鸡公山、新县、嵩县、栾川、鲁山、信阳)；江西 (庐山)、广西 (凭祥)、云南 (潞西、屏边、金平、西双版纳)、西藏 (察隅)；印度 (锡金)。

245. 大黑缘蝽 *Hygia magna* Hsiao, 1964

Hygia magna Hsiao, 1964: 94; Hsiao et al., 1977: 226; Dolling, 2006: 64.

　　形态特征　体色　暗黑。体表短刚毛黄色；触角第 4 节暗黄色。喙暗褐色。膜片浅灰色。后足股节基半部具 1 浅色条纹。

　　结构　头背面较平，触角第 1 节略弯曲，复眼大，头顶稍宽于复眼的 2 倍，喙达后足基节顶端。前胸背板中部平，近前缘处凹陷，领较明显，前角钝圆，向前突出，胝区略隆起，横沟不明显。前翅末端超过第 6 腹节，翅脉网状。各足股节腹面端部具 2 列小齿。雄虫生殖节后缘中央具宽而深的凹陷。

量度　体长 15~16 mm，宽 4~5 mm。

分布　河南 (卢氏)；云南。

246. 暗黑缘蝽 *Hygia opaca* (Uhler, 1860) (图版 XVI-9)

Pachycephalus opaca Uhler, 1860: 226.

Hygia opaca Uhler: Hsiao et al., 1977: 226; Zhang et al., 1985: 122~123; Yu & Sun, 1993: 93; Shen, 1993: 34; Liu et al., 1993: 144; Bu, 1995: 128; Dolling, 2006: 64.

别名　乌缘蝽。

形态特征　成虫　体色　黑褐色，无光泽。喙、触角末节 (除基部外)、各足基节和跗节、腹部侧接缘各节后端淡黄褐色。

结构　近长椭圆形，头背面拱起。喙长，伸过后足基节。前翅稍短，不达腹端。膜片的横脉远离膜片基部，纵脉互相连接。雄虫生殖节腹面完整，后缘稍凹陷。雌虫生殖节腹面有 1 条纵裂。

量度　体长 8.5~10.0 mm；腹部最大宽度 4.4~5.0 mm。头长 1.4~1.6 mm；复眼间距 1.2~1.3 mm，单眼间距 0.6~0.7 mm；触角长 I：II：III：IV = 1.4~1.5：1.9~2.1：1.4~1.6：0.9~1.0 mm；胸部最大宽度 3.2~3.5 mm；小盾片长 1.1~1.3 mm，小盾片宽 1.4~1.5 mm；爪片接合缝 0.5~0.7 mm。

卵　黑褐色，卵圆形，前端略尖钝。后端略圆钝，表面光滑，具光泽。假卵盖位于前端上方，周缘不清晰。长 1.4~1.5 mm，宽约 1.1 mm。

若虫　黑褐色；第 1 跗节白色。触角第 1 节稍粗，触角末节色稍淡，腹背中区黑褐，两侧紫色。1 龄、2 龄时胸背略呈梯形，但 1 龄前胸背板稍窄而长，后胸背板稍宽而短，长仅为前胸背板的 1/3。1 龄体长 1.9~2.3 mm。2 龄若虫密披黑点和绒毛；触角第 1 节麻灰色，末节顶端红褐，其余为黑褐色；2 龄若虫中胸、后胸背板宽度略等，后胸背板长度约为前胸背板的 2/3；腹背第 4、第 5 和第 5、第 6 节之间各具 1 对臭腺孔。2 龄起，腹背第 4、第 5 和第 5、第 6 节之间中央黑色，2 龄体长 2.8~3.4 mm。3 龄若虫触角色泽同 2 龄，头部前端和头顶后缘黑色；中胸、后胸背板前缘各具 2 枚不正形斑黑色；3 龄若虫翅芽长及后胸背板长度的一半，其中央呈圆弧状后延；后胸背板后缘平直。3 龄体长 4.3~5 mm，宽 2~2.3 mm。4 龄若虫密布黑点；翅芽伸达第 1 腹节后缘。4 龄若虫头、胸背面的黑斑同 3 龄；4 龄体长 5.8~7.0 mm，宽 2.5~3.0 mm。5 龄若虫头顶后缘黑色，其上有 4 个向前的齿状黑斑；中胸背板前缘有 2 个不正形的黑斑；5 龄若虫翅芽伸达腹背第 3 节中后区。近长椭圆形，喙长，伸达腹部第 1~2 节腹面；5 龄体长 7.8~9.1 mm，宽 3.2~4.0 mm。

本种与环胫黑缘蝽 *Hygia touchei* Disrant 相近似，也常在一个地区内混发。但后一种体型稍大，其足胫节具浅色环纹 (本种无)，可以区别。

生物学特性　江西一年发生 1 代，以成虫在寄主附近的枯枝落叶下和土缝中过冬。

据在南昌郊区系统观察，越冬成虫于 4 月中旬、下旬开始活动，4 月下旬至 6 月上旬交尾，5 月上旬至 6 月底产卵，其中以 5 月中旬至 6 月上旬为盛，5 月下旬至 7 月初陆续死亡。若虫 5 月中旬至 7 月 10 日左右孵出，其中以 5 月下旬至 6 月中旬为盛；8 月上旬至 9 月下旬羽化，其中以 8 月中旬至 9 月上旬为盛。10 月中下旬以后开始潜伏，准备过冬。南昌地区各态历期如下：卵期 9~11~14 d；若虫期 74~80~88 d，其中 1 龄 6~7 d，2 龄 13~14~16 d，3 龄 15~16~18 d，4 龄 18~20~22 d，5 龄 21~23~25 d；成虫寿命 9~10.5 个月。成虫在寄主茎秆上吸食汁液，越冬前多分散取食，越冬后有一定的群集性。卵产于叶、茎或寄主附近的粗糙物表面，散生，易脱落。若虫在寄主叶背或嫩茎上吸汁。

经济意义　常见寄主有南瓜、蚕豆 *Vicia faba*、花椒、乌蔹莓、山莓 *Rubus corchorifolius*、黄荆 *Vitex negundo* 等。成虫有一定的群集性，常见数十只在同一茎秆上吸汁，影响植株生长，使茎秆短细，叶片变小。若虫比较分散，其为害性不甚明显。

分布　河南 (新县)；江苏 (南部)、浙江 (杭州)、福建 (福州、邵武)、江西 (九江)、湖南 (南岳)、广东、广西 (龙胜)、四川 (峨眉山)；日本。属东洋区系。

(一五五) 曼缘蝽属 *Manocoreus* Hsiao, 1964

Manocoreus Hsiao, 1964: 90. Type species: *Manocoreus vulgaris* Hsiao.

身体狭长。头较宽，向前伸出于触角基的前方，中叶狭长，颊在触角基的前方具 1 齿状突起。股节简单，中胸及后胸腹板具纵沟。雌虫第 7 腹板中央纵裂，腹板褶形成 1 个三角形骨片，或仅成 1 横褶而为前节所覆盖。

247. 闽曼缘蝽 *Manocoreus vulgaris* Hsiao, 1964 (图版 XVII-2)

Manocoreus vulgaris Hsiao, 1964: 91; Hsiao et al., 1977: 244; Shen, 1993: 34; Liu et al., 1993: 146; Bu, 1995: 128; Dolling, 2006: 87.

形态特征　体色　背面、足污黄色，腹面黄色，刻点同色；触角红色，第 4 节色较浅；革片顶角红色；前胸背板侧缘、侧接缘背面各节 2 个斑及腹部腹面两侧的斑点黑色；腹部背面橙色。

结构　具褐色刻点和极短的浅色细毛。

量度　体长 12.5~14.0 mm；腹部最大宽度 3.4~5.0 mm。头长 1.5~1.6 mm；复眼间距 1.2~1.4 mm，单眼间距 0.6~0.7 mm；触角长 Ⅰ：Ⅱ：Ⅲ：Ⅳ = 2.9~3.0：2.7~2.8：2.4~2.8：1.5~1.6 mm；胸部最大宽度 2.8~3.5 mm；小盾片长 1.4~1.5 mm，小盾片宽 1.5~1.8 mm；爪片接合缝 1.2~1.5 mm。

经济意义　危害竹。

分布　河南 (新县)；福建 (崇安、建阳)、江西 (庐山、宜丰)、浙江 (天目山)、广东 (连县)。

（一五六）伈缘蝽属 *Mictis* Leach, 1814

Mictis Leach, 1814: 92. Type species: *Lygaeus profana* Fabricius.

后足胫节中央无巨刺，胫节背面不扩展，腹面扩展成巨齿；雄虫腹部背面两侧具刺状突起，第 3 及第 4 腹板节接合处常突出。

种 检 索 表

1. 足较长，后足股节长于胫节；雄虫后足胫节不显著弯曲 ·······················2
   足短，后足股节不长于胫节；雄虫后足胫节显著弯曲 ··············**曲胫伈缘蝽 *M. tenebrosa***
2. 各足胫节黑色 ··**黑胫伈缘蝽 *M. fuscipes***
   各足胫节黄色 ··**黄胫伈缘蝽 *M. serina***

248. 黑胫伈缘蝽 *Mictis fuscipes* Hsiao, 1963

Mictis serina fuscipes Hsiao, 1963: 321.

Mictis fuscipes: Hsiao et al., 1977: 212~213; Zhang et al., 1985: 113; Yu & Sun, 1993: 94; Shen, 1993: 34; Liu et al., 1993: 143; Dolling, 2006: 92.

形态特征　成虫　体色　深棕褐色。复眼具不规则黑褐色斑，单眼红色；触角第 4 节、小盾片末端、侧接缘每节基部、端部的狭横斑及各足跗节棕黄色；侧缘和背板中央纵纹、小盾片、革片前缘黑褐色；膜片棕褐色；股节和胫节黑色；气门周围浅色。

结构　被金黄色短毛。喙伸达中足基节中央之前；前胸背板侧角尖锐，稍扩展；小盾片具皱纹，膜片伸达腹末；腹部第 3 腹板两侧各有 1 短刺突；第 3、第 4 腹板相交处中央形成分叉状的巨突，突起的端部圆钝；前中足股节具 2 刺，后足股节长于胫节，在近基处弯曲，具 1 刺，基部内侧有暗褐红色小圆瘤，背面有纵脊，后足胫节靠近端部处有 1 大齿。

量度　体长 22.0~30.0 mm；腹部最大宽度 8~10 mm。头长 0.9~1.2 mm；复眼间距 1.4~1.5 mm，单眼间距 0.8~1.0 mm；触角长 Ⅰ：Ⅱ：Ⅲ：Ⅳ = 4.4~5.0：4.0~4.5：3.4~3.6：5.4~6.0 mm；胸部最大宽度 8.5~10.0 mm；小盾片长 2.0~3.0 mm，小盾片宽 2.7~2.9 mm；爪片接合缝 1.8~2.0 mm。

本种与伈缘蝽属 *Mictis* 其他种的主要区别在于后足股节长于胫节；胫节黑色。

经济意义　寄主豆类、蚕豆 *Vicia faba*、刺槐。

分布　河南（鸡公山、新县、信阳）；浙江（天目山）、福建（福州、崇安、邵武）、江西（九江）、四川（峨眉山）、广东（连县）、广西（龙舟）、云南。属东洋区系。

249. 黄胫伈缘蝽 *Mictis serina* Dallas, 1852（图版 XVII-3、图版 XVII-4）

Mictis serina Dallas, 1852: 403; Hsiao et al., 1977: 213; Zhang et al., 1985: 113~114; Shen, 1993: 34; Liu et al., 1993: 143; Bu, 1995: 128; Dolling, 2006: 93.

形态特征　**成虫**　**体色**　黄褐色。复眼棕褐色与黑褐色斑相间，单眼红，触角、喙、侧接缘褐色，第 4 节及侧接缘两节交界处棕黄色；前翅膜片深褐色；各足胫节污黄色。

结构　长形，密被短毛。头小，喙伸达中胸腹板后缘；前胸背板具稀疏小颗粒，中央有 1 纵走的小刻纹，侧角稍向外扩展，并微上翘；小盾片三角形，两侧角处具 1 小凹陷；前翅膜片长及腹末；足较长，各足股节棒状，后足股节长于胫节。雌雄异型，雌虫后足股节正常，雄虫该节较粗大，其基部较弯曲，后足胫节端部腹面具 1 刺，第 3 腹板后缘两侧各具 1 短刺突，第 3、第 4 节腹板相交处并形成 1 分叉状巨突。

量度　体长 22.0~30.0 mm；腹部最大宽度 8.5~12.0 mm。头长 0.8~1.2 mm；复眼间距 1.3~1.5 mm，单眼间距 0.7~1.0 mm；触角长 Ⅰ：Ⅱ：Ⅲ：Ⅳ = 4.4~5.0：4.0~4.5：3.4~3.6：5.4~6.0 mm；胸部最大宽度 8.5~10.0 mm；小盾片长 2.3~3.0 mm，小盾片宽 2.7~2.9 mm；爪片接合缝 1.8~2.0 mm。

卵　椭圆形，长 3.5 mm，深褐色，盖有一层灰色的粉状物。

若虫　1 龄若虫淡黄褐色，触角第 4 节端部淡色。长椭圆形，触角比体长，基部 3 节具毛，1 龄体长 4.5~5.0 mm。2 龄若虫腹部较宽圆，呈球形，2 龄体长 7 mm。3 龄若虫翅芽出现，体长约 9 mm。4 龄若虫翅芽伸达第 1 腹节，体长 12.5~17.0 mm。5 龄翅芽伸达第 3 腹节，体长约 20 mm。

本种与黑胫侎缘蝽 (*M. fuscipes*) 极相似，但后者色较深，各足胫节黑色。

生物学特性　广东一年发生 3~4 代，以成虫越冬。7 月、8 月间若虫期为 1 个月左右。

经济意义　主要为害潺槁木姜子 *Litsea glutinosa*、假柿木姜子 *Litsea monopetala*，也为害九节属 *Psychotria*、倒吊笔属 *Wrightia* 的植物和闽粤石楠 *Photinia benthamiana*。

分布　河南 (信阳)；浙江 (天目山)、福建、江西 (庐山、婺源)、广东 (梅县、连县、高要鼎湖山)、广西 (龙胜红滩)、四川 (峨眉山、雅安)。属东洋区系。

250. 曲胫侎缘蝽 *Mictis tenebrosa* (Fabricius, 1787) (图版 XVII-5)

Cimex tenebrosa Fabricius, 1787: 288.

Mictis tenebrosa: Stål, 1873: 45; Oshanin, 1906: 177; Hsiao et al., 1977: 211~212; Zhang et al., 1985: 114~115; Yu & Sun, 1993: 94; Shen, 1993: 34; Dolling, 2006: 93.

形态特征　**成虫**　**体色**　灰褐或灰黑褐色。后胸侧板臭腺孔外侧橙红色，触角同体色。

结构　头小，前胸背板侧缘直，具微齿，侧角钝圆。近后足基节外侧有 1 个白绒毛组成的斑点。雄虫后足股节显著弯曲、粗大，胫节腹面呈三角形突出；腹部第 3 可见腹板两侧具短刺状突起，其后缘中央与第 4 可见腹板前缘中央部分联合延伸成腹突，其顶端内凹；生殖节腹面圆鼓。雌虫后足股节稍粗大，末端腹面有 1 个三角形短刺；生殖节腹面纵裂，后缘内侧斜直。

量度　体长 18.5~23.8 mm；腹部最大宽度 6.5~9.0 mm。头长 1.4~1.6 mm；复眼间距 1.4~1.6 mm，单眼间距 0.8~1.2 mm；触角长 Ⅰ：Ⅱ：Ⅲ：Ⅳ = 4.0~4.6：3.4~3.6：2.9~3.1：5.0~5.5 mm；胸部最大宽度 6.6~7.5 mm；小盾片长 2.6~2.8 mm，小盾片宽 2.7~2.9 mm；爪片接合缝 1.4~1.6 mm。

卵　黑褐色，有光泽。略呈腰鼓状，横置；假卵盖位于一端的上方，近圆形，稍隆起，周线清楚；假卵盖上靠近卵中央的一侧，有 1 条清晰的弧形隆起线。长 2.6~ 2.7 mm，宽约 1.7 mm。

若虫　1 龄、2 龄体形近似黑蚂蚁。1~3 龄前足胫节强烈扩展成叶状，中足、后足胫节也稍扩展。各龄腹背第 4、第 5 和第 5、第 6 节中央各具 1 对臭腺孔。1 龄若虫中胸、后胸背板后缘平直，体长 3.2~4.0 mm，宽约 1.7 mm；2 龄若虫各股节和第 1 跗节顶端暗红色；中胸背板后缘两端稍向后弯，后胸背板后缘平直。腹背密布细白点，其中第 1 腹节有 1 横列白点；体长 4.5~6.0 mm，宽约 2.1 mm。3 龄起，后胸侧板靠近后足基节的外侧有 1 白色斑，腹背臭腺孔灰白色或淡灰色，体略呈长卵圆形，3 龄若虫灰黑色，密布细点白色，触角黑色，第 4 节基部红褐色，头小，翅芽盖及第 1 腹节后缘；3 龄体长 7.2~8.5 mm，宽 4.2~4.5 mm。4 龄若虫暗灰色，稍显褐色，密布细点白色。头小，触角第 4 节基部红褐色，第 4 节中上部、第 3 节及第 2 节上部黑色，第 2 节中下部和第 1 节暗褐色。后胸侧板前缘靠近中足基节处有 1 个小红点，而稍后在近后足基节外侧有 1 个白斑 (5 龄同)；4 龄体长 10.4~12.0 mm，宽 5.0~5.5 mm。5 龄若虫淡灰色，稍显黄褐，密布细白点。头小，触角第 4 节顶端显红褐，翅芽伸达腹背第 3 节后缘；5 龄体长 14.5~17.0 mm，宽 6.8~8.0 mm。

生物学特性　江西南昌、奉新一年发生 2 代，以成虫在寄主附近的枯枝落叶下过冬。翌年 3 月上中旬开始外出活动，4 月下旬开始交尾，4 月底 5 月初至 7 月初产卵，6 月上旬至 7 月中旬陆续死亡。第 1 代若虫于 5 月中旬初至 7 月中旬孵出，6 月中旬至 8 月中旬初羽化，6 月下旬至 8 月下旬初产卵，7 月下旬至 9 月上旬先后死去。第 2 代若虫于 7 月上旬至 9 月初孵出，8 月上旬至 10 月上旬羽化，10 月中下旬至 11 月中旬陆续进入冬眠。各态历期：卵期 1 代 8~14 d，2 代 7~10 d；若虫期 1 代 22~31 d，2 代 27~37 d；成虫寿命 1 代 26~56 d，2 代 9.5~10.5 个月；第 1 代产卵前期 8~15 d。

卵产于小枝或叶背上，聚生横置，纵列成串，每处 4~14 枚。初孵若虫静伏于卵壳旁，不久即在卵壳附近群集取食，一受惊动，便竞相逃散。2 龄起分开，与成虫同在嫩梢上吸汁。

经济意义　主要为害杨、柳、国槐 *Sophora japonica*、算盘子 *Glochidion puberum*、麻栎、白栎 *Quercus fabri*、栗、苦槠 *Castanopsis sclerophylla*、油茶、柿 *Diospyros kaki*、花生、菝葜 *Smilax china*、紫穗槐等。成虫、若虫在嫩头、嫩茎上吸食汁液，2~4 d 内嫩头、嫩梢凋萎，终至焦枯，大大地影响植株的长势。

分布　河南 (信阳)；长江以南，包括浙江、福建、江西以及云南、西藏等省、自治区。属东洋区系。

(一五七) 赭缘蝽属 *Ochrochira* Stål, 1873

Ochrochira Stål, 1873: 39. Type species: *Ochrochira albiditarsis* Westwood.

腹部腹板正常；前胸背板无颗粒状突起，侧叶不强烈扩展；前足胫节背面不宽阔，后足胫节背面近顶端处逐渐宽阔；雄虫后足股节近中央处有 1 巨刺。

本属河南省发现 1 种。

251. 波赫缘蝽 Ochrochira potanini (Kiritshenko, 1916) (图版 XVII-6)

Mictis potanini Kiritshenko, 1916: 45.

Ochrochira potanini: Hsiao et al., 1977: 206; Zhou, 1985: 18; Dolling, 2006: 95.

形态特征　**体色**　黑褐色，触角第 4 节棕黄色。

结构　被白色短毛，触角第 1 节稍短于第 4 节，第 2、第 3 节约等长。前胸背侧缘向内成弧形弯曲，锯齿甚小呈小疣状，侧角圆形，向上翘折。后足胫节背面向端部逐渐扩展。

量度　体长 20.0~23.0 mm；腹部最大宽度 7.4~8.0 mm。头长 1.3~1.7 mm；复眼间距 1.4~1.5 mm，单眼间距 0.8~1.0 mm；触角长 I：II：III：IV＝4.5~4.7：3.4~3.7：3.3~3.6：4.8~5.2 mm；胸部最大宽度 7.4~7.8 mm；小盾片长 2.3~2.6 mm，小盾片宽 2.3~2.4 mm；爪片接合缝 1.4~1.6 mm。

分布　河南 (鸡公山、嵩县、栾川、罗山)；河北 (兴隆)、天津 (蓟县)、湖北 (竹溪)、四川 (茂县、宝兴、汶川)、西藏 (察隅、阿扎)。

(一五八) 普缘蝽属 *Plinachtus* Stål, 1859

Plinachtus Stål, 1859: 470. Type species: *Plinachtus spinosus* Stål.

头长，显著地伸出于触角基的前方，触角较细，圆柱形，第 4 节长于第 3 节；气门与腹节侧缘的距离小于与腹节前缘的距离；中胸及后胸侧板各具 1 个黑色斑点；侧接缘基部黑色。

252. 钝肩普缘蝽 Plinachtus bicoloripes Scott, 1874 (图版 XVII-7, 8)

Plinachtus bicoloripes Scott, 1874: 363; Hsiao et al., 1977: 246~247; Yu et al., 1993: 94; Shen, 1993: 34; Cai et al., 1998: 233; Zhang et al., 1995: 86~87; Dolling, 2006: 80.

Plinachtus dissimilis Hsiao, 1964: 94; Hsiao et al., 1977: 246; Shen, 1993: 34; Dolling, 2006: 80. Syn. by Li et al., 2010: 36.

形态特征　**成虫**　**体色**　黑褐色，前胸背板侧缘、小盾片顶端、喙 (除基节外)、侧接缘各节端半、腹部末端背面及各腹节腹板两侧斑点均为黑色,但第 4 节两侧常无黑斑；触角、眼、股节端部、胫节及跗节红褐至暗褐色；单眼、各足基节及股节基部鲜红；前翅前缘基半部和身体腹面橘黄色；膜片烟褐色，半透明，腹部背面橘红。

结构　被浓密细小深色刻点，头几乎长方形，其前端亚平截。触角第 1~3 节具细瘤突和平覆短硬毛，端节无瘤突，被细密短毛。触角第 1 节粗壮，端部略向外弯曲，第 3 节端部常微侧扁，第 4 节细长纺锤形，在其基部有 1 个稍膨大的环形托。喙稍超过中足基节。前胸背板亚梯形，侧缘近斜直，边缘具细齿，侧角略突出，末端稍尖，部分个体为尖锐刺状。雄虫，前脑背板侧角明显向上翘折；前胸背板近后缘有 1 条显著横脊，后缘中央平直。小盾片三角形，有清楚横皱纹。膜片接近腹端。

量度 体长 13.5~16.8 mm；腹部最大宽度 5.0~6.6 mm。头长 1.9~2.0 mm；复眼间距 1.4~1.6 mm，单眼间距 0.9~1.1 mm；触角长 I：II：III：IV = 2.8~3.0：3.4~3.6：2.0~2.3：2.4~2.6 mm；胸部最大宽度 5.2~6.0 mm；小盾片长 1.8~2.0 mm，小盾片宽 2.1~2.2 mm；爪片接合缝 1.5~2.0 mm。

生物学特性 在天津蓟县山区，海拔 500 m 左右，9 月下旬有较多成虫聚集危害南蛇藤 Celastrus orbiculatus，但未采到其他虫态，在附近其他植物上，也未发现虫的踪迹。

经济意义 危害卫矛科植物南蛇藤，并危害南瓜、豆类、杨树 Populus spp.。

分布 河南 (登封、嵩县、栾川、信阳、鸡公山)；甘肃、陕西 (太白山、泾阳、武功)、山西 (大宁)、河北、湖北 (黄梅)、江苏、江西 (庐山)、浙江、四川 (懋功)、云南 (安宁、西双版纳)；日本。

简论 本种前胸背板侧角形态变化大，刺突长度呈系列变化；具明显刺突者 (图版 XVII 图 8) 曾被认为是一独立的种，即刺肩普缘蝽 P. dissimilis Hsiao，经李敏 (2010) 用分子生物学方法证实二者为一个种。

(一五九) 辟缘蝽属 *Prionolomia* Stål, 1873

Prionolomia Stål, 1873: 40. Type species: *Prionolomia malaya* Stål.

本属的后足胫节背腹两面均显著扩展，前足胫节背面前侧宽阔，雄虫后足股节腹面中央具刺。

253. 满辟缘蝽 *Derepteryx mandarina* (Distant, 1900) (图版 XVII-9)
Prionolomia mandarina Distant, 1900: 367; Hsiao et al., 1977: 204; Cai et al., 1998: 233.
Derepteryx mandarina (Distant): Dolling, 2006: 91.

形态特征 **体色** 烟褐色。身体腹面、触角、小盾片及足黑色，触角第 4 节及小盾片顶角黄色，腹部背面红色。

结构 被金黄色细毛，触角第 1、第 4 节约等长，第 2 节稍长于第 3 节。前胸背板侧角宽圆形，向上翘起，前缘具巨齿，后缘呈波状弯曲。小盾片具横皱纹，顶角尖锐。前翅前缘直形。腹部两侧扩展。前足、中足胫节背面稍扩展，雄虫后足股节粗大，前后两侧各具 1 列瘤状突起，腹面近中央处具强刺，顶端具齿；胫节背腹两面均扩展，背面中央处最宽，腹面该处呈角状扩展，雌虫后足股节较细，瘤状突起较小，胫节基部较宽，腹面不呈角状。

量度 体长 21.5~25.8 mm；腹部最大宽度 9.5~11.0 mm。头长 1.9~2.1 mm；复眼间距 1.9~2.1 mm，单眼间距 1.0~1.5 mm；触角长 I：II：III：IV = 5.8~6.5：3.8~4.3：3.0~3.5：6.2~6.5 mm；胸部最大宽度 11.0~12.0 mm；小盾片长 2.8~3.0 mm，小盾片宽 2.7~2.9 mm；爪片接合缝 1.8~2.2 mm。

本种外形与 *Derepteryx fuliginosa* (Uhler) 相似，但后足胫节背腹两面均扩展，小盾片顶角简单。

分布　河南 (栾川)；江苏 (镇江)、江西 (九江)。

棍蝽亚科 Pseudophloeinae

属 检 索 表

1. 前胸背板侧缘具成列的刺状突起，小盾片中部不向上鼓起，前胸背板后缘在小盾片基角处有 2 个刺状突起，侧接缘后角无刺 ···**颗缘蝽属** *Coriomeris* Westwood

前胸背板侧缘不具成列的刺状突起，小盾片中部向上鼓起，前胸背板后缘在小盾片基角处无突起，侧接缘后角具刺 ···**棒棍蝽属** *Clavigralla* Spinola

(一六〇) 棒棍蝽属 *Clavigralla* Spinola, 1837

Clavigralla Spinola, 1837: 200. Type species: *Clavigralla gibbosa* Spinola.

长形，多瘤状突起，触角不具刺状突起，前胸背板常具大瘤状突起，侧缘光平，侧角刺状，小盾片向上鼓起，腹部两侧呈宽圆形扩展，侧接缘各节后角具刺，后足股节棒状，端部腹面具刺。

254. 大棒缘蝽 *Clavigralla tuberosus* Hsiao, 1964 (图版 XVⅢ-1)
Clavigralla tuberosa Hsiao, 1964: 252; Hsiao et al., 1977: 257; Cai et al., 1998: 233.
Clavigralloides tuberosus (Hsiao): Dolling, 2006: 45.

形态特征　**体色**　红棕色，股节全部红棕色。

结构　被白色绒毛。本种的体形及颜色与四刺棒缘蝽 *Clavigralla acantharis* 相似，但身体较宽；前胸背板后部的 4 个刺较短，前部两侧具有显著的瘤状突起，刻点较密而均匀，侧缘与侧角前缘间的曲度较小；触角着生处前方不形成 1 个完整的触角窝；腹部腹面浅色斜纹不明显。喙不达于中足基节顶端。后足股节端部大，其内侧具强刺。

量度　体长 9.2~11.0 mm；腹部最大宽度 3.5~4.0 mm。头长 1.5~2.0 mm；复眼间距 1.0~1.2 mm，单眼间距 0.5~0.6 mm；触角长 Ⅰ：Ⅱ：Ⅲ：Ⅳ= 2.0~2.4：1.6~1.8：1.3~1.5：1.4~1.5 mm；胸部最大宽度 4.0~5.0 mm；小盾片长 1.0~1.8 mm，小盾片宽 1.2~1.8 mm；爪片接合缝 0.8~1.2 mm。

分布　河南 (嵩县、栾川)；浙江 (天目山)、福建 (崇安、建阳)、四川 (宝兴、金川、茂县)、云南 (昆明)、西藏 (察隅)。

(一六一) 颗缘蝽属 *Coriomeris* Westwood, 1842

Coriomeris Westwood, 1842: 6. Type species: *Coreus pilicornis* Klug.

身体具颗粒及细毛，后部较宽，头顶较鼓，触角基外侧向前呈刺状突起，触角各节约等长，前胸背板侧缘具刺状突起，顶端具细毛，后缘在小盾片基角处具 2 个刺，腹部两侧稍扩展，侧接缘后角无刺，后足端部膨大，腹面具刺。

255. 颗缘蝽 *Coriomeris scabricornis* (Panzer, 1809) (图版 XVIII-2)

Coreus scabricornis Panzer, 1809: 99, 21.

Coriomeris scabricornis: Gulde, 1935: 244; Hsiao et al., 1977: 255; Yu & Sun, 1993: 91; Shen, 1993: 34; Dolling, 2006: 52.

形态特征　**体色**　灰褐色。头、触角第 1 节及第 4 节黑褐色，当中两节红褐色；前胸背板具 2 条隐约的暗色带纹，其上约 10 个大小不等的突起及侧缘白色，突起顶端短毛灰色，侧角浅色；前翅膜片灰褐色，前翅翅脉黑褐色具白色斑点；胸腹板黑色，侧板浅褐色；股节具黑色斑点。

结构　具浓密颗粒。侧缘向内弯曲，指向两侧；后缘在小盾片基角的外方具 2 个刺；后足股节腹面端部具 1 个大刺，此大刺的外侧有 3 个小刺。

量度　体长 8.0~9.0 mm；腹部最大宽度 3.5~3.6 mm。头长 1.5~2.0 mm；复眼间距 1.0~1.1 mm，单眼间距 0.5~0.6 mm；触角长 I：II：III：IV= 0.9~1.1：0.9~1.0：0.9~1.0：0.8~0.9 mm；胸部最大宽度 2.8~3.1 mm；小盾片长 1.0~1.2 mm，小盾片宽 1.3~1.5 mm；爪片接合缝 1.0~1.2 mm。

经济意义　主要危害豆类、刺槐。

分布　河南 (安阳、郑州、许昌、信阳、南阳)；北京、天津、河北 (保定)、山东 (青岛)、山西、江苏 (南京)、陕西 (武功)、四川 (宝兴、若尔盖)、西藏 (波密、易贡)；西伯利亚、中亚细亚、欧洲。

三十四、姬缘蝽科 Rhopalidae

体小至中型。椭圆形，体色灰暗，形似长蝽或红蝽。2 单眼着生处分别隆起。触角较短，第 1 节较粗，短于头的长度。后胸侧板有臭腺开口，无明显的臭腺沟缘；前翅革片端缘直。腹部第 5 腹节背板后缘中央向前弯曲。雌虫第 7 腹板完整，不纵裂为两半。产卵器片状。受精囊末端具明显的球部。卵具 1 短柄，精孔突 "S" 形。植食性，栖息于植物上或地表，田间、草原中低矮植物上比较常见。世界性分布，已知 18 属 209 种左右，我国已知 14 属 39 种。河南省已知 5 属 8 种。

属 检 索 表

1. 身体宽短，体长不超过或稍宽于体宽的 3 倍，头前端向下倾斜，头在眼的后方突然狭窄，触角第 1 节显著地短于头顶的宽度 ···2
   身体狭长，体长大于体宽的 4 倍，头前端不向下倾斜，头在眼的后方不突然狭窄，触角第 1 节通常显著地长于头顶的宽短；触角及足具长刚毛，触角具小颗粒 ············· **迷缘蝽属 *Myrmus* Hahn**
2. 身体较小，颜色暗淡，革片及爪片透明，翅脉显著 ···3
   身体较大，红色，具显著的黑色斑纹；革片及爪片不透明，具刻点，膜片黑色·····················
   ··· **姬缘蝽属 *Corizus* Fallén**
3. 前胸背板前方横沟两侧弯曲成环，包围 1 个光滑的小岛或半岛；后胸侧板前后两部分界线不明显，刻点均匀，其后角宽圆形，由背面观察不可见····························· **环缘蝽属 *Stictopleurus* Stål**
   前胸背板前方横沟两侧不如上所述弯曲，后胸侧板前后两部分界线清楚，后部无光滑刻点或刻点不清楚，后角狭窄，向外开张，由虫体背面可见 ··4
4. 前胸背板颈片窄，界线清楚，无刻点，其后方有完整平滑的横脊··········· **粟缘蝽属 *Liorhyssus* Stål**
   前胸背板颈片宽，界线不清楚，具刻点，其后方无完整平滑的横脊····**伊缘蝽属 *Rhopalus* Schilling**

(一六二) 姬缘蝽属 *Corizus* Fallén, 1814

Corizus Fallén, 1814: 40. Type species: *Cimex hyoscyami* Linnaeus.
Therapha Amyot & Serville, 1843: 244.

　　体中型。宽短，长不超过宽的 3 倍。橙黄至红色，具显著的黑色斑纹，密被浅色细毛。头三角形，宽大于长，头顶中央较平，前端稍下倾，头在眼后方突然狭窄；中叶长于侧叶；触角 4 节，位于头前端两侧，触角第 1 节粗短，中端膨大，显著短于头顶宽，明显伸出头中叶前方；喙后伸超过中足基节。前胸背板前端有 2 个横长形黑斑 (有时连接为一块)，后端有 2 个或 4 个黑斑，前方横沟较宽，不达于侧缘；颈片界限清楚，其后方具完整平滑的粗横脊；小盾片基半部黑；前翅革片不透明，具清晰的黑色斑点，近内角翅室呈四边形，翅脉不显著，膜片透明，棕黄色至黑色；足黑褐。腹部腹面中央及两侧各具 1 列黑色斑点。

256. 亚姬缘蝽 *Corizus tetraspilus* Horváth, 1917 (图版 XVIII-3)
Corizus tetraspilus Horváth, 1917: 166; Nonnaizab, 1988: 268; Zhang et al., 1995: 90~91.
Therapha albomarginatus Blöte, 1934: 254; Dolling, 2006: 13.
Corizus albomarginatus Blöte: Hsiao et al., 1977: 261; Zhou, 1985: 19; Cai et al., 1998: 233.

　　**形态特征　成虫　体色　**红色，布显著黑色斑纹。头中央呈菱形部分红色。触角、侧缘、小盾片基半部、前翅爪片、革片内侧具不规则斑，腹部第 1、第 2、第 6、第 7 节背板黑褐或黑色，触角各节间色稍浅，其余红色。雌虫头下方中央、前胸背板中央、中胸腹板两侧的4块大斑、各节侧板前端、后胸侧板中央的1个斑、腹部腹板各节中央及两侧的1斑点黑色，第7腹板3个黑斑通常清晰。雄生殖节后缘内凹，后角钝圆。

　　结构　长椭圆形，密被浅色长毛。头三角形，在眼后突然狭窄，中叶长于侧叶，触角基顶端外侧向前突出呈刺状，第1节短粗，约为第2节长的一半，第2、第3节圆柱状，约等长，第4节长纺锤形，长于其他各节，单眼间距为单眼至复眼间距的2.7倍；前胸背板刻点密，前端2块黑斑通常界限清楚，后端4块纵长黑斑有时连接成2块横长的肾形斑；颈片界限清楚，具1列密集的刻点。雌虫第7腹节背板后缘窄，外弓，稍长于腹板。

　　量度　体长8.0~11.0 mm；腹部最大宽度2.4~2.6 mm。头长0.9~1.1 mm；复眼间距0.9~1.1 mm，单眼间距0.5~0.7 mm；触角长Ⅰ：Ⅱ：Ⅲ：Ⅳ=0.5~0.6：0.9~1.1：1.3~1.5：1.4~1.6 mm；胸部最大宽度2.6~2.8 mm；小盾片长1.4~1.6 mm；小盾片宽 1.2~1.6 mm；爪片接合缝0.5~0.7 mm。

　　生物学特性　黑龙江一年一代，小麦灌浆期受害较重，成虫6~8月三个月发生盛期，9月下旬开始越冬。

　　经济意义　危害小麦、苜蓿、碱菀*Tripolium vulgare*、蒲公英*Taraxacum mongolicum*、鸦葱*Scorzonera austriaca*。

　　分布　河南 (嵩县)；河北 (承德、张家口)、山西 (武乡、洪洞)、黑龙江、贵州、西藏；蒙古、俄罗斯。属古北区系。

(一六三) 粟缘蝽属 Liorhyssus Stål, 1870

Liorhyssus Stål, 1870: 55. Type species: *Lygaeus hyalinus* Fabricius.

　　体长约等于宽的3倍。长椭圆形。黄棕或黄褐色，被浅色细毛。头、前胸背板、小盾片布刻点。头三角形，长为宽的 2/3，前端显著伸出于触角基前方，头在眼后方突然狭窄；触角基顶端外侧突起不显著；触角位于头前端两侧，第1节短粗，显著短于头宽；复眼卵圆形，外突。单眼位于突起上，单眼间距大于单眼至复眼间距；小颊短，向后仅达复眼前缘；喙伸达后胸腹板。前胸背板侧缘完整；颈片窄，界限清楚，无刻点；前端横沟不达侧缘，横沟前方具横脊；前翅革片透明，翅脉显著，近内角翅室呈四边形；后胸侧板前后端分界清楚，后端光滑无刻点，或刻点极不清楚，后角狭窄，向外扩展，体背面可见。第5腹节背板前缘及后缘中央向内弯曲。

　　本属河南省有1种。

257. 粟缘蝽 Liorhyssus hyalinus (Fabricius, 1794) (图版ⅩⅧ-4)

Coreus hyalinus Fabricius, 1794: 201.

Liorhyssus hyalinus: Gulde, 1935: 263; Putschkov, 1962: 115; Hsiao et al., 1977: 265; Li, 1983: 73; Zhang et al., 1985: 135; Li et al., 1985: 99; Nonnaizab, 1988: 273; Shen, 1993: 34; Yu et al., 1993: 94; Dolling, 2006: 14.

　　别名　粟小缘蝽蟓、印度小缘蝽。

　　形态特征　成虫　体色　黄褐至灰褐色，具光泽，有时呈血红色，其色彩、斑纹在不同地区，或同地区的不同季节，变异较大。腹部背面及侧接缘各节端半部黑色；第4、第5腹节背板中央及其后方两侧、第6节端部中央及其后缘两侧、第7腹节端部中央及后缘斑带黄色；头、前胸背板、小盾片及胸腹面中央具不规则的、常有较大变异的黑色斑纹，触角及足斑点棕黑色。

结构　窄椭圆，被较密的淡色长毛。头三角形，眼较大，明显突出，触角第1节粗短，其中部略膨大，第3节稍长于第2节，均较细，第4节最长，粗棒状，前胸背板亚梯形，具刻点，但近前缘显著光滑，略隆起，其前方有1明显横沟，小盾片基角和端角光滑，前翅远超过腹部末端，革片除脉纹及前翅膜片均透明，革片中脉末端有1四边形翅室。

量度　体长6.0~8.2 mm；腹部最大宽度2.6~3.0 mm。头长0.9~1.2 mm；复眼间距0.9~1.1 mm，单眼间距0.5~0.7 mm；触角长Ⅰ：Ⅱ：Ⅲ：Ⅳ= 0.3~0.4：0.7~0.8：0.8~0.9：1.2~1.4 mm；胸部最大宽度2.0~2.8 mm；小盾片长0.9~1.1 mm；小盾片宽 1.0~1.1 mm；爪片接合缝0.5~0.6 mm。

卵　红色至暗红色。正面观亚卵圆形，侧面观似肾状，假卵盖近卵圆形，其中区微隆起，布满颗粒状小突起，近顶端中央有2个纵列的白色瘤状突起，卵盖周围至腹面中央两侧，有波曲的光滑深色隆线。长约0.80 mm，宽约0.40 mm，侧面观宽约0.52 mm。

若虫　初孵若虫，鲜红色，头、触角、前胸背板及足红棕色，喙红褐色，其末端棕黑色，臭腺孔深色。体多呈棱形，被深色硬短毛，喙较粗壮，超过腹部中央，腹部背面有2个臭腺孔。体长约1.3 mm，腹部宽约0.6 mm。3龄若虫腹部通常红色，其背面中区的对称斑黄色，其余部分棕色，长卵形，从眼前缘至头顶中央可见1明显的浅色"丫"形缝，喙伸达后足基节中央，前胸背板和小盾片中央有1淡色纵缝，翅芽伸达第2腹节背板基部。体长约4.4 mm，腹部宽约1.7 mm，翅芽长约0.8 mm。5龄若虫暗棕褐色，腹部黄褐，有大量红色细斑，头顶中央至小盾片顶端的中线淡色，腹部背面的对称斑黄色，臭腺孔缘棕黑，腹节气门黑色。体呈长棱形，喙伸达后足基节，翅芽伸至第4腹节背板基部。5龄若虫长约4.7 mm，前胸背板宽约1.4 mm，翅芽长约2.0 mm。

生物学特性　山西每年发生2~3代，以成虫在草堆或树皮下越冬，夏、秋两季为盛发期，常给夏谷造成严重损失。在天津平原地带，9~10月密度较大，多聚集在高粱穗部为害。在云南昆明，11月中尚见有成虫和若虫，聚集为害一种锦葵科植物 (*Malva* sp.)。山西卵期一般3~5 d。若虫期10~15 d。卵喜产于谷穗主轴上，也多产在其他寄主植物的花托或蒴果上，偶见产于穗的表面、小穗基部或叶片背面，排列不规则，每块有卵10~47粒。成虫极活泼，稍受惊扰，即速飞逃，并具有一定的趋光性。

经济意义　主要为害谷子、稷和高粱等禾本科植物，也加害苘麻、大麻、红麻 *Apocynum venetum*、青麻 *Abutilon theophrasti*、烟草、向日葵和橡胶草 *Taraxacum kok-saghyz* 等经济作物以及萝卜、白菜 *Brassica pekinensis* 等多种十字花科蔬菜。成虫和若虫常喜聚集在植物的花、果实和穗部等繁殖器官上，吸食汁液，使寄主遭受不同程度的损害。

分布　河南 (广布)；全国广布种。国外几乎遍及世界各地。

(一六四) 迷缘蝽属 *Myrmus* Hahn, 1831

Myrmus Hahn, 1831: 81. Type species: *Coreus miriformis* Fallén.

体狭长，长大于宽的 4 倍。草黄或草绿色；头前端平伸，超过触角第 1 节的一半，中叶长于侧叶，中叶前端具若干短粗毛及长刚毛，头在眼后方不突然狭窄；触角 4 节，位于头前端两侧，被刚毛及小颗粒，第 1 节短，不长于头的 2/3，第 2 节全长粗细均一；单眼至复眼间距大于单眼间距的一半。前胸背板宽大于长，刻点显著；前翅短，不超过腹部末端，有些种类有长翅型和短翅型；翅脉显著，近内角翅室呈四边形；胸部腹板中央具纵沟；臭腺孔位于中足、后足基节窝之间。雄虫腹部两侧近平行；雌虫腹部中央常外扩，呈纺锤形。

258. 黄边迷缘蝽 *Myrmus lateralis* Hsiao, 1964 (图版 XVIII-5)
Myrmus lateralis Hsiao, 1964: 252, 259; Kerzhner, 1966: 584~585; Hsiao et al., 1977: 267; Li, 1983: 73; Nonnaizab, 1988: 296~298; Shen, 1993: 34; Zhang et al., 1995: 93; Dolling, 2006: 26.

形态特征　体色　雄虫背面中央暗黑色，稍带红色，两侧具宽阔的草黄色边缘；腹面中央浅黄色，两侧色深，稍带红色；雌虫色较浅，除腹部背面中央、后足胫节顶端腹面及第 3 跗节外，在雄虫呈黑褐色的部分均呈红色。

结构　狭长，被白色细毛。触角被黄色直立长毛，第 2 节全长粗细均一，雌虫、雄虫长翅形，头长稍大于宽，头顶上方拱，中央纵沟不显著，复眼后方微隆，触角基顶端不突出，小颊上方具 1 光滑卵圆形斑点，喙向后略超过中足基节末端，前缘及侧缘略凹，后缘直，侧角圆钝，侧缘光滑，呈脊状，前翅革片除前侧缘及爪片基部外均透明，超过或不达第 4 腹节背板后缘，腹板中央具纵沟，后胸侧板后缘向后突出，足细长。

量度　体长 8.2~10.0 mm；腹部最大宽度 1.6~2.1 mm。头长 1.8~2.0 mm；复眼间距 0.8~1.2 mm，单眼间距 0.4~0.6 mm；触角长 Ⅰ：Ⅱ：Ⅲ：Ⅳ= 0.8~1.0：1.7~1.8：1.7~1.8：1.6~1.7 mm；胸部最大宽度 1.6~1.8 mm；小盾片长 1.2~1.3 mm；小盾片宽 1.2~1.5 mm；爪片接合缝 0.6~0.7 mm。

分布　河南 (信阳)；北京、河北 (交河)、山东 (费县)。

(一六五) 伊缘蝽属 *Rhopalus* Schilling, 1827

Rhopalus Schilling, 1827: 22. Type species by subsequent designation (Westwood, 1840a: 123): *Lygaeus capitatus* Fabricius (=*Cimex subrufus* Gmelin).

体长不超过宽的 3 倍。长椭圆形。黄红或淡褐色，常带棕色成分。密被直立或半直立毛；头、前胸背板、小盾片、前翅革片顶角、胸部侧板密布刻点。头三角形，长为宽的 2/3，前端伸出触角基前方，在眼后方突然狭窄；触角基外侧向前突出呈短刺状；触角 4 节，位于头前端两侧，第 1 节短粗，显著短于头宽，中端稍膨大，第 4 节长于其他各节；复眼外突，眼后隆起，两单眼间距远大于单眼与复眼间距；小颊不达复眼后缘。前胸背板梯形，前端横沟不达侧缘，横沟两端不弯曲呈环状；颈片宽，界限不清楚，具显著刻点，其后方无完整平滑的横脊；小盾片三角形；前翅革片中央透明，翅脉显著，通常散有若干褐色刻点，内角附近的翅室四边形，后胸侧板前后端分界清楚，后部光滑，无刻点，或具不清晰的透明斑点，后角狭窄，向外扩展，由体背面可见。腹部背面颜色及花斑为分种特征之一。

种 检 索 表

1. 触角基部 3 节一致浅红色，各足股节无黑色斑纹，腹部腹面两侧各具 1 列黑色斑点……………………………………………………………………………………**黄伊缘蝽 R. maculatus**
   触角基部 3 节颜色非如上述，各足股节具显著的黑色斑纹，腹部腹面两侧各具 2~3 列黑色斑点……2
2. 前胸背板侧缘平直，侧角不向上翘，中部稍鼓，触角第 2 节外侧具 1 条隐约的黑色条纹………………………………………………………………………………………**褐伊缘蝽 R. sapporensis**
   前胸背板侧缘稍向内凹，侧角向上翘起，中部较平，触角第 2 节外侧无黑色条纹………………………………………………………………………………………………**点伊缘蝽 R. latus**

259. 点伊缘蝽 *Rhopalus latus* (Jakovlev, 1882) (图版 XVIII-6)

Corizus latus: Jakovlev, 1882: 109; Oshanin, 1906: 225.

Aeschytelus notatus Hsiao, 1963: 330; Hsiao et al., 1977: 267; Zhang et al., 1985: 137~138; Cai et al., 1998: 233.

Rhopalus laetus: Hua, 2000: 184; Liu & Zheng, 1989: 270; Dolling, 2006: 17.

形态特征　成虫　体色　背面灰色微绿，腹面灰黄或黄褐色，腹线、缘片和爪片上若干点斑黑褐色。复眼、触角第 4 节中部紫黑色；单眼紫红；触角第 1 节、前胸背板和小盾片上刻点褐色，第 2、第 3 节浅红色呈橘黄色，第 4 节两端红色。前翅革片端角带红色，背板、触角第 1 节腹面、腹背股节和胫节上散生点斑，雌虫第 3 跗节、爪及雄虫胫节端部、第 3 跗节及爪黑色。中央浅黄褐，侧接缘黄黑相间。足黄色。

结构　长椭圆形，全身被有绒毛，头三角形，中叶长于侧叶，表面粗糙，端半部具长绒毛。复眼大而突出，触角第 1 节粗短，第 2 节最长，第 4 节纺锤形，前胸背板胝区有 1 横隆线，隆线前端细缩如短颈状；背板较宽，侧缘稍向内曲，盘区基部较平坦，侧角显著，并稍向上翘起，后胸侧板前部刻点粗大，后部刻点细稀。

量度　体长 6.2~8.0 mm；腹部最大宽度 3.4~3.6 mm。头长 2.3~2.5 mm；复眼间距 0.9~1.0 mm，单眼间距 0.5~0.6 mm；触角长Ⅰ：Ⅱ：Ⅲ：Ⅳ= 0.5~0.6：1.8~2.0：1.4~1.6：1.5~1.6 mm；胸部最大宽度 2.9~3.1 mm；小盾片长 1.3~1.5 mm。小盾片宽 1.2~1.5 mm；爪片接合缝 0.6~0.7 mm。

卵　初产时乳白色，中期金黄色，后期黄红褐色。近肾形，横置，正面隆起，中部凹陷处两侧各有 1 "八"字形紫褐纹，假卵盖上有 2 个精孔突。长 0.84~0.87 mm，宽 0.47~0.49 mm。与黄伊缘蝽的卵比较，仅稍宽短一些。

若虫　1 龄若虫头、胸浅黄色，腹部淡黄绿；洋梨形。头圆鼓，背面两侧各具 2 枚深紫色剑状刺，触角和足较长，头及腹末上翘；触角第 1 节较短，第 1、第 3 节几等长，第 4 节最长，纺锤状，触角除第 2、第 3 节端半部为白色透明外，余深紫色。各足股节、胫节基部外侧和爪深紫色，余为白色；第 4 腹节背面中央有 1 斑块淡橙黄色；上有臭腺孔 1 对，腹部两侧各具 3 枚深紫色剑状刺；腹末 2 节侧面斑纹深褐色。1 龄体长 0.9~1.1 mm，宽 0.4~0.5 mm。2 龄若虫腹末 2 节侧面斑纹各暗绿色，腹部绿色，2 龄体长 1.2~1.4 mm，宽 0.8~0.9 mm。3 龄若虫胸、腹部黄绿或绿色，其余 3 节几等长，触角第 1、第 2 节和第 3 节基中部背面白色，腹面紫褐；两复眼间前方有 1 红斑，后方有 1 褐斑，足白色，上有褐色斑点和紫红色纵纹；触角第 1 节短而粗，翅芽和小盾片稍外露，腹部两侧各具 6 枚枝刺；3 龄体长 2~2.4 mm，宽 1.1~1.2 mm。4 龄若虫触角第 1 节短而粗，第 2、第 4 节最长，触角第 1~3 节背面白色，腹面紫褐，第 4 节紫褐；翅芽乳白色，腿、胫节白色，有红色斑点，跗节淡黄，爪黑褐色。前胸背板两前角间有 1 条 "U" 形横沟，将背板分成前后几等长的两部，翅芽达第 3 腹节的前缘，翅芽中部爪区有 3 个横排的红色疣状颗粒；4 龄体长 3.7~3.8 mm，宽 1.8~2.0 mm。5 龄若虫头黄绿，胸、腹绿色，触角第 4 节橘黄色，其余 3 节为淡黄色，腹面线纹紫红，翅芽基半部淡黄白色，端半部紫黑；长椭圆形，前胸背板由前向后逐渐呈坡状隆起，横沟仅中央处可见，中隆线明显，其基部两侧各有 1 褐斑，翅芽达第 4 腹节前缘，5 龄体长 5.2~5.5 mm，宽 2.2~2.3 mm。

褐伊缘蝽 (*A. sparsus*) 与本种很相似，但其前胸背板侧缘平直，侧角不向上翘，中部稍鼓；触角第 2 节外侧具 1 条隐约的黑色条纹；后胸侧板前部刻点粗大稀疏，可以区别。

生物学特性　江西南昌一年 3 代，重叠发生，以成虫在杂草和枯枝落叶中越冬。越冬成虫翌年 3 月下旬开始活动，4 月下旬至 5 月下旬产卵，5 月下旬至 6 月上旬陆续死亡。第 1 代若虫于 5 月上旬至 6 月上旬孵化，6 月上旬至 7 月中旬羽化，6 月中旬至 8 月上旬产卵；第 2 代于 6 月下旬至 8 月中旬孵化，7 月底至 9 月中旬羽化，8 月上旬至 10 月中旬产卵；第 3 代于 8 月中旬至 11 月初孵化，9 月底至 11 月下旬羽化。1 月中旬开始蛰伏过冬。

南昌各虫态历期：第 1 代卵期 10~12 d；若虫期 25~31 d，其中 1 龄期 3~4 d，2 龄 4~5 d，3 龄 5~7 d，4 龄 6~8 d，5 龄 5~8 d；成虫期 33~56 d，产卵前期 6~17 d 成虫需取食花、穗 (荚) 营养之后，才能产卵繁殖。卵散生，多产于寄主叶背和小穗上。每雌能产卵 15~35 枚，每次产 3~5 枚，多为 5 枚。

经济意义　主要为害小麦、粟、高粱、油菜、大豆、花生、蚕豆 *Vicia faba*、茄、毛蔓豆、野燕麦、狗尾草、稗、老鹳草 *Geranium wilfordii* 和荠菜等。成虫和若虫多在花序、嫩穗 (荚)、嫩叶及嫩茎上吸食汁液，以老鹳草上较多，被害处现黄褐色斑点，严重时造成落花落粒 (荚)。

分布　河南 (嵩县、栾川)；山西 (霍山)、浙江、江西、四川 (峨眉山、理县、宝兴、小金)、云南、西藏、甘肃。

260. 黄伊缘蝽 *Rhopalus maculatus* (Fieber, 1836) (图版 XVIII-7)

Coreus crassicornis Latreille, 1804: 205 (junior secondary homonym of *Cimex crassicornis* Linnaeus, 1758; syn. Reuter, 1888a: 172).

Corizus maculates Fieber, 1836: 349; Fieber, 1861: 235.

Rhopatus chinensis Dallas, 1852: 520; Gulde, 1935: 266.

Aeschyntelus chinensis: Southwood et Leston, 1959: 68; Puschkov，1962: 122; Hsiao et al., 1977: 265; Li et al., 1985：99; Zhang et al., 1985：136~137; Yu et al., 1993: 91.

Rhopalus maculatus: Nonnaizab, 1988: 278; Liu et al.,1993: 149; Dolling, 2006: 17.

　　形态特征　成虫　体色　浅橙黄色。复眼紫褐色，单眼紫红色；触角第 1~3 节、腹部背面及侧接缘、胫节端部和跗节浅红色；触角第 4 节、股节及胫节上散生红色小点，背板和小盾片上的刻点、前翅革片散生的斑点、背板两侧和基部以及侧接缘上的小圆点褐色；膜片浅橙黄色，透明。足橙黄色，爪黑色。

　　结构　长椭圆形，头三角形，中叶长于侧叶，表面粗糙，被白绒毛；复眼突出，触角基顶端向前突出，被褐色长绒毛，第 1 节粗短，显著短于头宽，第 2 节最长，第 4 节纺锤形，前胸背板胝区有 1 横隆线，前端细缩如短颈状，上有黑色小点；盘区散生红色微点，尤以侧角处红点多而明；足被白色绒毛。

　　量度　体长 6.5~8.5 mm；腹部最大宽度 2.0~2.5 mm。头长 1.0~1.2 mm；复眼间距 0.8~1.0 mm，单眼间距 0.5~0.7 mm；触角长 I：II：III：IV= 0.5~0.6：1.3~1.5：1.0~1.2：1.3~1.5 mm；胸部最大宽度 1.2~1.6 mm；小盾片长 1.9~2.1 mm。小盾片宽 1.0~1.2 mm；爪片接合缝 0.5~0.6 mm。

　　卵　初产时乳白色，中期金黄，后期黄褐色，发亮。似肾形，横置，正面隆起，中部凹陷处两侧各有 1 "八" 字形紫褐纹，假卵盖上有 2 个精孔突，长 0.92~0.95 mm，宽 0.40~0.43 mm。

　　若虫　1 龄若虫头、胸初孵时红色，后变紫褐，腹部黄绿色，触角除第 2 节端部 1/3 和第 3 节白色外，余为紫褐色。各足胫节和跗节白色，余为紫褐色。腹部第 4 腹节背面中央 1 斑纹赤黄色，卵形，全身生有褐色绒毛。头顶中央两侧各具长刺 1 枚；触角 4 节，第 1 节略呈三棱形，最短，第 4 节纺锤状，最长，第 2、第 3 节几等长，第 5、第 6 腹节背面中央有 1 对臭腺孔。1 龄体长 1.2~1.3 mm，宽 0.5 mm 左右。3 龄若虫头、胸和触角紫褐，腹部黄绿色。前胸背板明显的中隆线紫白色，后胸背板中央黄褐色，两侧紫褐。前翅芽紫褐色，前足股节浅黄白色，中足、后足股节深紫，各足胫节浅黄白色，均具 5 条环纹深紫色。腹部背面第 4~6 腹节中央斑纹玫红色，头部中叶明显长于侧叶；触角第 1 节三棱形，长而大，第 2、第 3 节几等长，扁平，较小，第 4 节纺锤形，最短。第 4、第 5 和第 5、第 6 腹节节间的玫红斑两侧各有 1 枚长刺，腹侧具毛疣和 5 枚长刺。前翅芽达第 1 腹节前缘。余同 1 龄特征。3 龄体长 2.5~2.6 mm，宽 0.9~1.0 mm。5 龄若虫头、胸黄褐色，腹部橙黄或黄绿色。头、胸和翅芽有黑褐色颗粒状毛疣。触角第 1~3 节橙黄色，第 4 节稍膨大，紫褐色，节间黄白色。前翅芽基部橙黄，端部紫黑，达第 4 腹节前缘。腹侧具毛疣和长刺 6 枚。余同 3 龄特征。5 龄体长 4.6~4.9 mm，宽 1.3~2.3 mm。

生物学特性　江西南昌一年 3 代，重叠发生。以成虫在稻兜、莲子草和杂草丛中越冬。据在南昌饲养观察，越冬成虫翌年 3 月中旬开始活动，4 月下旬至 5 月下旬产卵，5 月下旬至 6 月上旬陆续死亡。第 1 代若虫于 5 月上旬至 6 月上旬孵出，6 月上旬至 7 月中旬羽化，6 月中旬至 8 月中旬产卵；第 2 代于 6 月下旬至 8 月下旬孵出，7 月底至 9 月下旬羽化，8 月上旬末至 10 月下旬产卵；第 3 代于 8 月中旬至 11 月上旬孵出，10 月上旬至 12 月中旬羽化，少数尚未羽化者，即被冻死。11 月下旬至 12 月中旬、下旬陆续蛰伏越冬。

南昌各虫态历期：第 1 代卵期 11~13 d，若虫期 28~37 d，成虫期 35~51 d，产卵前期 6~14 d。卵散生，多产于寄主叶背和萼片上。每雌虫能产卵 17~25 枚，每次产卵 2~5 枚，多为 5 枚。

经济意义　主要为害稻、小麦、粟、高粱、棉花、油菜、花生、萝卜、蚕豆 *Vicia faba*、松、菊花 *Dendranthema morifolium*、荠菜、狗尾草、野燕麦、莲子草和老鹳草等植物。成虫和若虫喜在花穗、嫩荚、嫩叶及嫩茎上吸食汁液。被害处呈黄褐色小点，严重时造成落花落果，籽粒不饱满或导致空壳；室内饲养时，曾见其在黑腹鲭的卵粒上吸汁。

分布　河南 (安阳、新乡、鸡公山)；吉林、黑龙江 (哈尔滨)、北京、天津、内蒙古、河北 (永年、昌黎、围场)、新疆 (玛纳斯)、辽宁、安徽 (太平、金寨)、湖北 (武昌、黄梅)、湖南、江西 (庐山、莲塘、弋阳、武宁)、上海、江苏、浙江 (杭州)、四川 (绵阳)、贵州 (花溪)、广东 (广州、连县)、广西、云南 (龙隆、保山、西双版纳)；俄罗斯、日本。

261. 褐伊缘蝽 *Rhopalus sapporensis* (Matsumura, 1905) (图版 XVIII-8)

Corizus sapporensis Matsumura, 1905: 17.

Rhopalus maculaatus var. *umbratilis* Horváth, 1917: 378.

Aeschyntelus sparsus: Hsiao, 1963: 330, 343; Josifov et Kerzhner，1978: 139; Hsiao et al., 1977: 266; Li et al., 1986: 90.

Aeschyntelus communis: Hsiao, 1963: 332.

Rhopalus sapporensis: Nonnaizab, 1988: 281; Bu, 1995: 128; Hua, 2000: 185; Dolling, 2006: 18.

形态特征　体色　背面灰绿色，腹面灰黄色，腹面斑点褐色，复眼与单眼之间的斑点、触角第 1 节外侧、前翅革片上的许多小点、腹部背面、侧接缘各节端部及身体腹面中央均为黑色；头、前胸背板及小盾片上的刻点、触角及足的斑点黑色或褐色。触角第 2 节背侧带有 1 条隐约的深色纵纹，有时身体腹面具有许多红色小斑点。

结构　椭圆形，被浅色长毛及黑褐刻点，头三角形，在复眼后方突然狭窄；中叶长于侧叶；近头后缘有 1 浅横沟，其后方有具光滑横脊；触角基顶端外侧突出呈短刺状，位于头前端两侧，被直立长毛和半直立短毛；复眼卵圆形，喙伸达中足基节后端，小颊布细刻点，前端宽而似平截，渐向后狭窄，向后不伸达复眼后缘，前胸侧板梯形，密被黑刻点及直立长毛，颈片宽，界限不清楚，具刻点，其后方横沟两端不弯曲成环，中部稍鼓，中纵脊明显，前缘略凹，侧缘及后缘平直，侧角圆钝，小盾片宽三角形，刻点略较前胸背板上的粗而稀，基角内侧及末端中央凹陷，中部稍鼓，侧缘脊状，顶端上翘，前翅透明，具密毛，半直立，不及头及前胸背板和小盾片毛长，后胸侧板前部刻点粗大稀疏，后角狭窄突出，向外扩展，体背面可见；股节粗大，胫节细直，前足、后足胫节长于股节，中足胫节短于或稍短于股节。雌虫第 7 腹板略长于背板，雄虫第 7 腹节背板长于腹板，两者形成向下的开口。

量度　体长 6.0~8.0 mm；腹部最大宽度 2.6~3.0 mm。头长 1.0~1.2 mm；复眼间距 0.9~1.1 mm，单眼间距 0.5~0.7 mm；触角长 I ∶ II ∶ III ∶ IV = 0.5~0.6 ∶ 1.4~1.6 ∶ 1.0~1.3 ∶ 1.5~1.6 mm；胸部最大宽度 1.8~2.8 mm；小盾片长 1.4~1.6 mm；小盾片宽 1.0~1.5 mm；爪片接合缝 0.5~0.6 mm。

分布　河南 (新乡、鸡公山)；黑龙江 (高岭子)、陕西 (苇子坪、终南山)、江苏 (南京)、浙江 (杭州、天目山)、江西 (广车、萍乡、庐山)、四川 (北碚、峨眉山、成都、乐山、雅安、金川、小金)、福建 (建阳)、广东 (乐昌、连县)、云南 (楚雄、昆明、水平、保山、景东、屏边、金屏、景洪、思茅)。

(一六六)　环缘蝽属 *Stictopleurus* Stål, 1872

Stictopleurus Stål, 1872: 55. Type species: *Cimex crassicornis* Linnaeus.

属性　身体宽短，体长不超过体宽的 3 倍；长椭圆形。通常被浅色短毛。头、前胸背板、小盾片密被刻点。头三角形，宽大于长，头前端向下倾斜，头顶不向上弓突，头在眼后突然狭窄，中叶长于侧叶，头顶中央前方具 1 不太显著的细纵沟，触角第 1 节短，显著地短于头顶的宽度，第 2 节及第 3 节显著地细于第 4 节，触角基顶端外侧通常向前突出成锐角，复眼卵圆形，外突，棕黄至棕褐色；单眼红，位于突起上，单眼间距显著地大于单眼至复眼间距；喙 4 节，末端黑。小盾片三角形，顶端中央凹陷；前翅革片中央透明，翅脉显著，近内角翅室呈四边形；前胸背板前方弯曲成环，包围 1 个光滑的小岛或半岛，胸部侧板密被均匀刻点，后胸侧板前后部分界限不清楚，刻点均匀，其后角宽圆形，由背面观察不可见；无臭腺孔，股节粗大，常布显著暗色斑纹，胫节细直，跗节 3 节。第 5 腹节背板前缘及后缘中央向内弯曲。

本属河南省有 2 种。

种 检 索 表

1. 前胸背板前端在横沟前方有 1 完整光滑的横脊，横沟两端弯曲成 1 个完整的环；侧接缘端部黑色
　……………………………………………………………………绿环缘蝽 *S. subviridis*
　前胸背板前端在横沟前方无光滑的横脊，横沟两端通常弯曲成不完整的环；侧接缘端部不为黑色
　………………………………………………………………… 开环缘蝽 *S. minutus*

262. 开环缘蝽 *Stictopleurus minutus* Blöte, 1934 (图版 XVIII-9)

Stictopleurus minutus Blöte, 1934: 264; Hsiao et al., 1977: 264; Li et al., 1985: 99; Shen, 1993: 35; Yu et al., 1993: 95; Zhang et al., 1995: 91~92; Bu, 1995: 129; Dolling, 2006: 21.

形态特征 成虫　体色黄绿色或略带棕褐色。触角黄褐色，基节色略暗，有黑色斑点。前翅除基部、前缘、翅脉及革片顶角外，完全透明。腹部背面、侧接缘各节后部斑点、足上斑点黑色。腹部背板第 5 节后半中央、第 6 节中部斑点及后缘和第 7 节的纵带、足及侧接缘黄色。

　　结构　椭圆形，除头部腹面及腹部腹面外，全身密布黑色刻点。头三角形，复眼突出、较大。前胸背板前端横沟前无光滑的横脊，沟的两端通常有 2 个不完整的环。雄性生殖节后缘中央呈角状突出，抱握器在近基部处弯曲，向端部逐渐细缩呈锥状，雌虫第 7 腹板呈龙骨状。

　　量度　体长 6.0~8.5 mm；腹部最大宽度 3.0~3.4 mm。头长 1.0~1.2 mm；复眼间距 0.9~1.1 mm，单眼间距 0.5~0.6 mm；触角长 I ： II ： III ： IV = 0.3~0.5 ： 1.0~1.4 ： 1.3~1.5 ： 1.5~1.7 mm；胸部最大宽度 2.6~2.8 mm；小盾片长 2.4~2.6 mm；小盾片宽 1.2~1.5 mm；爪片接合缝 0.5~0.7 mm。

　　生物学特性　黑龙江 1 年发生 1 代，以成虫越冬，7~8 月可采到成虫，成虫常喜在地面爬行。

　　经济意义　主要危害豆类、灌木等。

　　分布　河南 (鸡公山、信阳)；黑龙江 (伊春、高岭子、牧丹江、辰清)、吉林 (公主岭)、新疆、陕西、山西、河北、江苏、江西 (铅山、庐山)、浙江 (杭州、天目山)、福建、台湾、广东、四川 (峨眉山等)、云南、西藏；日本。

263. 绿环缘蝽 *Stictopleurus subviridis* Hsiao, 1977 (图版 XIX-1)

Stictopleurus subviridis Hsiao et al., 1977: 264; Cai et al., 1998: 233; Dolling, 2006: 23.

　　形态特征　体色　背面灰绿色，腹面黄绿色，头及前胸背板的刻点、小盾片刻点及皱纹、单眼附近的纵纹及眼后上方的斑点均为黑色。触角近端部带红色，第 1 节外前侧及第 2、第 3 节的细小斑点黑色，第 4 节红色较深。喙的腹面及端部黑色，各足具显著而浓密的黑色斑点，股节内侧黑斑浓密，互相连接，前翅翅脉具黑色斑点。腹部背面基部黑色，端部具对称的黄色斑纹，侧接缘端部黑色；腹部腹面及侧接缘一致黄绿色或略带红色小斑点。

　　结构　被白色短毛，喙达于后足基节中央，前翅超过腹部末端。第 7 背板向后延伸，顶缘宽圆形，生殖节后缘中央具角状突出，两侧具黑色小齿，抱器狭长，近中部处弯曲，端部黑色，两侧平行，顶缘斜截，中央向内弯曲。雌与雄相似，触角稍短，侧接缘背面完全黄色，第 7 背板不长于第 7 腹板，后者侧扁呈龙骨状。

　　量度　雄长 6.2 mm，头长 1.0 mm，宽 1.45 mm，头顶宽 0.8 mm。触角各节长 0.45 ： 1.1 ： 1.03 ： 1.13 mm。喙各节长 0.73 ： 0.77 ： 0.57 ： 0.57 mm。前胸背板长 1.2 mm，前角间宽 1.2 mm，侧角间宽 1.9 mm。小盾片长 1.1 mm。抱器长约 0.2 mm，雌触角各节长 0.40 ： 0.95 ： 0.93 ： 1.10 mm。

　　分布　河南 (栾川)；四川 (小金、若尔盖、理县)、甘肃 (兰州)。

三十五、狭蝽科 Stenocephalidae

体型中等，身体狭长，灰色至黑色，触角、足、侧接缘具黑色或白色斑纹。头的侧叶向前呈锥状延伸，在中叶前靠近。触角着生于头侧面，前翅膜片基部中央有 1 个较大翅室，其后有多条纵脉。雌虫产卵器针状，第 7 腹节腹板纵裂为 2 半。世界已知 1 属 16 余种，河南省已知 1 属 1 种。

(一六七) 狭蝽属 *Dicranocephalus* Hahn, 1826

Dicranocephalus Hahn, 1826: 24. Type species by monotypy: *Cimex nugax* Fabricius (=*Cimex agilis* Scopoli).

身体狭长，密布刻点及直立、半直立长毛。头部两侧近平行，侧叶向前呈锥状延伸，在中叶前互相接触，末端又分开。触角着生于头侧面。爪片接合缝长度和小盾片长度相当；前翅膜片基部中央有 1 个较大翅室，由翅室向端部发出多条扭曲纵脉，直接由革片端缘发出的翅脉不足 5 条。

264. 长毛狭蝽 *Dicranocephalus femoralis* (Reuter, 1888) (图版 XIX-2)

Stenocephalus femoralis Reuter, 1888b: 66; Hsiao et al., 1977: 280.
Dicranocephalus femoralis: Dolling, 2006: 4.

形态特征　**成虫**　**体色**　暗褐色。前胸背板、小盾片、前翅革片、侧角、足长毛黑色。喙第 1、第 2 节、触角第 2 节近基部及中央坏纹、第 3 节基部、第 4 节基部、各足转节、股节基部及胫节、小盾片顶端、侧接缘各节基部均为浅色；头前胸背板前部、各足股节色较深，膜片脉间具颗粒状深色斑点；后足股节基部浅色部分不大于股节的 1/3。

结构　体中型，身体狭长，多刻点，遍布长毛 (头部略少)，其中触角、各足多为半直立长毛，毛长于触角第 2 节及各足胫节宽度。头部狭长，侧叶向前呈锥状，2 侧叶的前端不互相靠近。前胸背板侧缘直，侧角不明显伸出体外；小盾片三角形；爪片接合缝长度和小盾片长度相当；前翅膜片基部中央有 1 个较大翅室，其后有多条纵脉。

量度　长 11.8~13.3 mm。

分布　河南 (辉县、许昌)；北京、吉林、甘肃、新疆。

三十六、同蝽科 Acanthosomatidae

同蝽科昆虫的大多数种类为林业害虫，其寄主较为广泛，多生活在乔木或灌木丛中，取食寄主的花序、嫩叶、嫩枝和果实，有时发生数量极大，给林业生产造成一定的损失。研究同蝽科的形态学和生物学特性，可以为林业生产提供可靠的基础资料，以便及时进行害虫治理。

同蝽科又称腹刺蝽科、短跗蝽科，该科昆虫的第 3 腹节腹面向头胸部伸出 1 长形的刺，这是同蝽科的主要鉴别特征。另外，同蝽科昆虫还具有以下分类学特征：足的跗节 2 节；具有中胸隆脊；头的下颚片上有瘤状突起；小盾片中等大小，顶端窄缩；第 2 腹节气门不可见；第 3~7 腹节有成对的毛点；雄虫第 8 腹节完整；雌虫第 6、第 7 腹节具有带刚毛的结构，即彭氏器 (Pendergrast's organ)。

同蝽科昆虫目前世界已知 200 余种，共分为 3 个亚科：Ditomotarsinae Signoret、Blaudusinae Kumar 和 Acanthosomatinae Stål。Ditomotarsinae Signoret 和 Blaudusinae Kumar 两个亚科主要分布于南美洲、非洲和澳大利亚，Acanthosomatinae Stål 分布于澳大利亚、新西兰、东洋区、古北区和北美洲 (包括墨西哥)。

中国的同蝽在分类上归于同蝽亚科 Acanthosomatinae Stål 中，目前已知 7 属 90 种。河南伏牛山区系东洋区和古北区的过渡地带，昆虫种类较为丰富。同蝽科昆虫在河南省现有记载 5 属 14 种。

属 检 索 表

1. 中胸腹板隆脊向后延伸至两中足基节之间或中后足基节之间 ··2
   中胸腹板隆脊在中足基节前方突然降低，不向后延伸至中足基节之间 ··3
2. 臭腺沟缘匙形，较短；侧接缘多为二色；雌虫无彭氏器 ·····················**匙同蝽属 Elasmucha** Stål
   臭腺沟缘直形，较长；侧接缘一色；雌虫第 VI、第 VII 腹节有彭氏器 ··
   ·· **直同蝽属 Elasmostethus** Fieber
3. 中胸腹板隆脊前端远不伸达前胸腹板前缘；前胸背板侧角薄而背腹扁平，呈板状 ··························
   ··· **板同蝽属 Lindbergicoris** Leston
   中胸腹板隆脊前端伸达或稍超过前胸腹板前缘；前胸背板侧角不薄，背腹至少有一面不扁平 ·····4
4. 前胸背板前部光滑，几乎无刻点；雄虫最末腹节后角尖或平截；雌虫多无彭氏器，第 9 侧背片前缘明显向前凸出 ··· **锥同蝽属 Sastragala** Amyot et Serville
   前胸背板除胝区外，或多或少有刻点；雄虫最末腹节后角钝圆；雌虫一般有彭氏器，第 9 侧背片前缘不向前凸出 ··· **同蝽属 Acanthosoma** Curtis

(一六八) 同蝽属 *Acanthosoma* Curtis, 1824

Acanthosoma Curtis, 1824: 28. Type species: *Cimex haemorrhoidalis* Linnaeus.

头三角形，触角第 1 节超过头的前端；前胸背板无隆起的光滑窄边，前部具刻点；中胸隆脊高起，在中足基节前突然降低，前端圆形，通常超过前胸腹板前缘；雄虫最后腹节后角圆形；雌虫第 VI、第 VII 腹节有彭氏器。

种 检 索 表

1. 前胸背板侧角不延伸呈刺状，不向后弯曲；雄虫生殖节背侧叶强烈向后延伸呈尾铗状 ··············2
   前胸背板侧角明显延伸呈刺状，并向后弯曲；雄虫生殖节背侧叶不向后延伸呈尾铗状 ··············4

2. 前胸背板侧角末端黑色···粗齿同蝽 *A. crassicauda*
　　前胸背板侧角末端红色··3
3. 雄虫生殖铗粗壮，端部扁宽，其后端略平行·····························宽铗同蝽 *A. labiduroides*
　　雄虫生殖铗细长，端部不扁宽，其后端远离·····························细铗同蝽 *A. forficula*
4. 中胸腹板隆脊低平，其前端稍锐···5
　　中胸腹板隆脊明显高起，前端钝圆···6
5. 腹部背面黑色；前胸背板侧角强烈向前方弯曲·····························黑背同蝽 *A. nigrodorsum*
　　腹部背面非黑色；前胸背板侧角不强烈向前方弯曲·····················泛刺同蝽 *A. spinicolle*
6. 头背面几乎无刻点···陕西同蝽 *A. shensiensis*
　　头背面具粗刻点···伸展同蝽 *A. expansum*

265. 粗齿同蝽 *Acanthosoma crassicauda* Jakovlev, 1880

Acanthosoma crassicauda Jakovlev, 1880: 390; Zheng et al., 1999: 251; Göllner-Scheiding, 2006: 167.

形态特征　成虫　体色　翠绿色或黄绿色。头及前胸背板前部黄褐色，触角暗黄褐色，第3~5节棕色。前胸背板侧角通常棕黑色。小盾片基部褐色，顶端黄褐色。革片褐绿色，膜片浅棕色，半透明。足黄褐色。腹部背面浅棕色，末端红棕色，侧接缘各节具黑色斑纹；腹面黄褐色或棕褐色。

结构　椭圆形。前胸背板侧角末端稍突出。小盾片基部具分散粗刻点，顶端突然狭缩并明显与膜片接触，光滑。革片刻点较小。雄虫生殖节短宽，末端稍超过膜片。

量度　长约 16 mm，宽 8 mm。

分布　河南 (西峡)；福建；日本、西伯利亚。

266. 伸展同蝽 *Acanthosoma expansum* Horváth, 1905

Acanthosoma expansum Horváth, 1905: 413; Hsiao et al., 1977: 179; Liu, 1992: 132; Zhang, 1987: 70; Göllner-Scheiding, 2006: 167.

形态特征　体色　体黄绿色。头黄褐色，触角第1、第2节及第3节基部浅黄褐色，第3节端部暗棕色，第4、第5节缺损 (资料记载第4、第5节为暗棕色)。喙黄褐色，顶端棕黑色。前胸背板前半部为黄褐色，后半部为褐绿色，侧角端部背面褐绿色。小盾片黄褐色，顶端浅黄褐色。前翅膜片淡褐色，几乎透明。腹部背面浅棕色，末端鲜红色，腹面及侧接缘均为黄褐色。

结构　头中叶长于侧叶，中叶、头顶侧缘及眼与单眼之间光滑无刻点，侧叶具红棕色刻点；触角第1节有超过 1/2 的部分超出头顶；无下颚瘤；喙向后伸达中后足基节之间。前胸背板具有分布均匀的刻点，侧角向侧方伸展，较平直，其基部具粗黑刻点。小盾片有黑色均匀刻点，顶端光滑无刻点。革片前缘光滑无刻点，其余部分刻点分布均匀。中胸隆脊较高，弯弓形，前端圆，稍超过前胸腹板前缘。后胸臭腺开口小，三角形；臭腺沟缘直形，较长，略弯向前方，向外延伸至侧板的 3/4 处；臭腺蒸发域在后胸向后延伸至侧板的 3/4 处，向外延伸至侧板的 9/10 处，占后胸侧板面积的 42.5%；在中胸向前延伸至侧板的近 1/2 处，向外延伸至侧板的侧顶缘，占中胸侧板面积的 29%；蒸发域总面积占中后胸侧板的 36%。腹部腹面光滑无刻点，雌虫腹末近腹面中央有 2 个棕黑色斑点。腹刺长，向前伸达前足基节。雌虫彭氏器均为半圆形，都接近节间缝，VI 稍小于 VII。雄虫生殖腔开口于背后方，侧缘不向后延伸；腹缘内褶与背缘内褶近等宽，均窄于侧缘内褶，腹缘具有 1 列细绒毛，侧缘内褶具有绒毛，腹缘两侧各有 1 个黑色骨化突起，背侧缘交界处内褶上有 1 个弧状骨化突起。抱器半圆形，内缘较直，外缘弧形，外缘近端部处微凸，近基部有 4 个小突起。阳茎系膜腹面着生 2 对附叶；储精器圆锥形；阳茎端中等长度，膜质，鞭状。雌虫第 9 侧背片相互分离，其前缘略向后凹入，外侧缘钝圆，不与第 7 腹节侧后缘相连。受精囊球部角形，顶端变细且弯折，基部较宽阔，骨化均匀。

量度 体长 15.75 mm (♀)，13.10 mm (♂)；体宽 6.00 mm (♀)，5.50 mm (♂)；头长 2.20 mm (♀)，2.00 mm (♂)；头宽 2.40 mm (♀)，2.30 mm (♂)；小盾片长 4.30 mm (♀)，4.24 mm (♂)；小盾片宽 3.55 mm (♀)，3.30 mm (♂)；前胸背板两侧角之间的距离为 8.40 mm (♀)，7.50 mm (♂)；触角各节的长度为 1.35：1.70：1.55：？：？ mm (♀)，1.35：1.65：1.60：？：？ mm (♂)；喙各节的长度为 1.00：1.40：1.20：0.85 mm (♀)，1.00：1.30：1.25：0.85 mm (♂)。

分布 河南 (西峡)；陕西 (华山)、湖北、浙江 (天目山)、四川 (峨眉山、灌县)、云南、西藏；日本。

267. 细铗同蝽 *Acanthosoma forficula* Jakovlev, 1880 (图版 XIX-3)

Acanthosoma forficula Jakovlev, 1880: 387; Hsiao et al., 1977:175; 刘胜利, 1992: 132; Göllner-Scheiding, 2006: 167.

形态特征 体色 触角第 1、第 2 节及第 3 节基部黄褐色，第 3 节端部至第 5 节棕红色。喙黄褐色，顶端黑色。前胸背板侧角橘红色。膜片黄褐色，半透明。腹部腹面黄褐色，具红色光泽，侧接缘黄褐色，各节具黑色宽横带。

结构 头中叶明显长于侧叶，头顶几乎无刻点，只在单眼前方有少数几个黑色刻点，头侧叶具有明显横皱纹。下颚瘤稍隆起，喙向后伸达中足基节之间。前胸背板前角有 1 个伸向前方的小齿，侧角稍突出，顶端钝圆，光滑无刻点。小盾片顶端窄缩，光滑无刻点。革片刻点细密。后翅有 Sc 脉，无钩脉。中胸隆脊低平，向前伸达前胸腹板前缘。后胸臭腺开口近三角形，臭腺沟缘直形，向外延伸至后胸侧板的 4/5 处；臭腺蒸发域在后胸向后延伸至侧板的 2/3 以下，向外延伸至侧板的 8/9 处，占后胸侧板面积的 46%；在中胸向前延伸至侧板的不足 1/2 处，向外延伸至侧板的侧顶缘，占中胸侧板面积的 26%；蒸发域总面积占中后胸侧板的 36%。腹刺向前伸达中胸腹板前缘。雌虫彭氏器近半圆形，VI>VII。雄虫生殖腔开口于腹后方，有 2 个细长的红色尾铗，铗端及铗端内侧具有细长绒毛；腹缘内褶较窄，腹缘内褶中央有 1 簇褐色长毛，侧缘内褶近腹缘处有黄褐色绒毛。抱器镰刀形，基部宽，内侧有长绒毛。雌虫第 9 侧背片相互分离，前缘不向前凸出，外侧缘钝圆，接近于第 7 腹节侧后缘。受精囊球部分为近等长的两部分，下部较宽阔，骨化较弱。

量度　体长 17.90 mm (♀)，16.90 mm (♂)；体宽 7.55 mm (♀)，6.45 mm (♂)；头长 2.10 mm (♀)，2.10 mm (♂)；头宽 2.70 mm (♀)，2.60 mm (♂)；小盾片长 4.95 mm (♀)，4.35 mm (♂)；小盾片宽 4.40 mm (♀)，3.40 mm (♂)；前胸背板两侧角之间的距离为 8.80 mm (♀)，7.30 mm (♂)；触角各节的长度为 1.75 : 2.20 : 1.35 : 2.20 : 1.75 mm (♀)，1.70 : 2.40 : 1.60 : 2.20 : 1.75 mm (♂)；喙各节的长度为 1.30 : 1.50 : 1.65 : 1.10 mm (♀)，1.25 : 1.50 : 1.65 : 1.15 mm (♂)。

分布　河南 (栾川)；安徽 (黄山)、湖北、浙江、福建、广西；日本、朝鲜。

268. 宽铗同蜷 *Acanthosoma labiduroides* Jakovlev, 1880 (图版 XIX-4)

Acanthosoma labiduroides Jakovlev, 1880: 386; Hsiao et al., 1977: 175; Zhang & Lin, 1980: 32; Liu, 1987: 154; Zhang & Xüe, 1992: 249; Liu, 1992: 132; Liu & Li, 1995: 62; Göllner-Scheiding, 2006: 168.

形态特征　体色　触角第 1、第 2 节及第 3 节基部暗褐色，第 3 节端部至第 5 节暗棕色；喙黄褐色，顶端黑色。前胸背板侧角橙红色；小盾片浅棕绿色。膜片棕色，半透明。腹部背面棕褐色，末端红色，侧接缘各节具黑色斑点，腹面淡黄褐色。雄虫生殖节背侧叶橘红色。

结构　头中叶稍长于侧叶，中叶光滑无刻点，其前部中央有 1 凹槽，侧叶具横皱纹和稀少刻点，头侧缘光滑。下颚瘤明显。喙向后伸达中足基节。前胸背板侧缘光滑，侧角甚短，末端圆钝，光滑。小盾片刻点较稀，顶端光滑无刻点。后翅 Sc 脉不明显，无钩脉。中胸隆脊高耸，前端圆形，向前伸达前胸腹板前缘。后胸臭腺开口三角形，臭腺沟缘直形，向外伸达侧板的 4/5 处；臭腺蒸发域在后胸向后延伸至侧板的 2/3 以下，向外延伸至侧板的 8/9 处，占后胸侧板面积的 40%；在中胸向前延伸至侧板的不足 1/2 处，向外延伸至侧板的侧顶缘，占中胸侧板面积的 29%；蒸发域总面积占中后胸侧板的 34%。腹刺向前伸达前足基节。雌虫彭氏器均为半圆形，均靠近节间缝，VI<VII。雄虫生殖节背侧叶发达，铗状，铗后端略平行，顶尖各有 1 束褐色长毛，生殖铗基部腹面内侧有许多黄褐色绒毛。生殖腔开口于腹后方，腹缘内褶明显窄于背缘及侧缘内褶，腹缘两侧各有 1 个大的黑色突起。抱器腹面观为 1 棒状结构，构造简单。阳茎鞘圆柱形，阳茎腹面有 1 对半膜质半骨化的阳茎系膜突起；储精器圆球形；阳茎端长，顶端弯曲呈螺旋状。雌虫第 9 侧背片相互分离，前缘不向前凸出，外侧缘钝圆，与第 7 腹节侧后缘相连。受精囊球部明显地分为两部分，上小下大，在中间部位弯折，骨化均匀。

量度　体长 16.70 mm (♀)，17.70 mm (♂)；体宽 8.25 mm (♀)，7.50 mm (♂)；头长 2.40 mm (♀)，2.30 mm (♂)；头宽 2.90 mm (♀)，2.80 mm (♂)；小盾片长 5.20 mm (♀)，4.90 mm (♂)；小盾片宽 4.50 mm (♀)，4.30 mm (♂)；前胸背板两侧角之间的距离为 9.10 mm (♀)，8.25 mm (♂)；触角各节的长度为 1.75 : 2.40 : 1.65 : 2.50 : 2.00 mm (♀)，1.90 : 2.25 : 1.40 : 2.75 : 2.20 mm (♂)；喙各节的长度为 1.10 : 1.30 : 1.80 : 1.00 mm (♂)。

经济意义　主要危害云南油杉 *Keteleeria evelyniana*、桧柏 *Sabina chinensis*。

分布　河南 (栾川)；黑龙江 (哈尔滨)、吉林、甘肃、宁夏、河北、北京 (百花山)、山西、陕西、湖南 (湘西)、湖北、浙江、江西、四川、广西、贵州、云南；俄罗斯 (西伯利亚)、日本、朝鲜。

269. 黑背同蝽 *Acanthosoma nigrodorsum* Hsiao et Liu, 1977 (图版 XIX-5)

Acanthosoma nigrodorsum Hsiao & Liu, 1977: 178; Zhang, 1987: 70; Göllner-Scheiding, 2006: 168.

　　形态特征　体色　头黄褐色；触角第 1 节棕黄色，第 2 节棕色，第 3、第 4 节棕红色，第 5 节暗棕色；喙黄褐色，顶端黑色。前胸背板侧角鲜红色。革片外域及顶角黄绿色，内域浅棕色；膜片黄褐色，半透明。腹部背面黑色，末端红色；侧接缘一色，为黄褐色；腹面棕黄色，光滑无刻点。

　　结构　头中叶稍长于侧叶，中叶及眼与单眼之间光滑无刻点，侧叶具粗黑刻点和明显横皱纹，头侧缘光滑无刻点但不隆起。触角第 1 节有一半以上超出头顶，第 1 节较粗壮。无下颚瘤，喙向后伸达中足基部。前胸背板侧缘光滑无刻点，侧角强烈向前方弯曲，顶端尖锐，其基部具黑色粗刻点，端部光滑无刻点。革片外域刻点较稀，内域刻点较细密。后翅 Sc 脉明显，无钩脉。中胸隆脊低平，向前伸达前胸腹板前缘。后胸臭腺开口三角形，臭腺沟缘直形，较宽，向外延伸至后胸侧板的 4/5 处；臭腺蒸发域在后胸向后延伸至侧板的 2/3 以下，向外延伸至侧板的 17/20 处，占后胸侧板面积的 28%；在中胸向前延伸至侧板的不足 1/2 处，向外延伸至接近侧板的侧顶缘，占中胸侧板面积的 17%；蒸发域总面积占中后胸侧板的 22%。腹刺向前伸达中胸腹板前缘。雌虫彭氏器VI近圆形，靠近节间缝，彭氏器VII卵圆形，远离节间缝，且颜色深，两个近等大。雄虫生殖腔开口于后方，腹缘内褶窄于背缘内褶，侧缘内褶最宽，腹缘中央有 1 列褐色绒毛，侧缘及其内褶有褐色绒毛，腹缘两侧及侧缘顶端各有 1 个小的黑色突起。抱器单叶，端部宽阔，似斧头形。阳茎鞘骨化较强；储精器近圆球形；阳茎端长，鞭状，半膜质半骨化。雌虫第 9 侧背片相互分离，前缘向后凹入，外侧缘钝圆，与第 7 腹节侧后缘相连。受精囊球部明显地分为上小下大两部分，在中间部位明显弯折。

　　量度　体长 15.20 mm (♀)，13.70 mm (♂)；体宽 6.50 mm (♀)，5.60 mm (♂)；头长 1.90 mm (♀)，1.70 mm (♂)；头宽 2.37 mm (♀)，2.15 mm (♂)；小盾片长 4.30 mm (♀)，3.75 mm (♂)；小盾片宽 3.50 mm (♀)，3.10 mm (♂)；前胸背板两侧角之间的距离为 8.00 mm (♀)，6.30 mm (♂)；触角各节的长度为 1.50∶1.80∶1.42∶2.25∶1.80 mm (♀)，1.45∶1.80∶1.35∶2.15∶1.80 mm (♂)；喙各节的长度为 0.87∶1.25∶1.40∶0.80 mm (♀)，0.90∶1.00∶1.25∶0.75 mm (♂)。

　　分布　河南 (栾川)；山西 (太原)、陕西、四川 (马儿康、理县)、西藏。

270. 陕西同蝽 *Acanthosoma shensiensis* Hsiao et Liu, 1977

Acanthosoma shensiensis Hsiao & Liu, 1977: 179; Liu, 1979: 58; Göllner-Scheiding, 2006: 168.

　　形态特征　体色　触角第 1、第 2 节及第 3 节基部黄褐色，第 3 节端部至第 5 节棕黑色；喙黄褐色，顶端黑色。前胸背板侧角全黑色。革片外域和顶角褐绿色，内域棕色；膜片浅棕色，半透明。小盾片基部中央棕红色，其余部分黄褐色。腹部背面暗棕色，侧接缘暗褐色，末两节具棕黑色横带纹，各节后角具黑色小齿；腹面黄褐色，光滑无刻点。

结构　头中叶稍长于侧叶,中叶光滑无刻点,侧叶只在单眼前方有2~3棕黑色刻点,其余部分无刻点,侧叶具明显横皱纹,头具有光滑隆起侧缘;触角第1节有一半以上超出头顶;下颚瘤明显;喙向后伸达中足基节之间。前胸背板侧角较粗壮,末端钝圆,稍向后弯曲。革片前缘光滑无刻点,外域和顶角刻点较稀疏,内域刻点较密。小盾片基部中央刻点较密,其余部分刻点较稀,顶端无刻点。雄虫后翅 Sc 脉明显,无钩脉;雌虫Sc 脉明显,具有钩脉,其中有一标本的右后翅在 M 脉的约 1/2 处有 1 钩脉,但其左后翅上无此脉。中胸隆脊高,弯弓形,向前伸达前胸腹板前缘。后胸臭腺开口三角形,臭腺沟缘直形,向外伸达侧板的 4/5 处;臭腺蒸发域在后胸向后延伸至侧板的 3/4 处,向外延伸至侧板的 9/10 处,占后胸侧板面积的 44%;在中胸向前延伸至侧板的近 1/2 处,向外延伸至侧板的侧顶缘,占中胸侧板面积的 25%;蒸发域总面积占中后胸侧板的 34%。腹刺向前伸达中胸腹板前缘。雌虫彭氏器两个都靠近节间缝,Ⅵ为半圆形,Ⅶ为椭圆形,Ⅵ>Ⅶ。雄虫生殖腔开口于后方;腹缘内褶<背缘内褶<侧缘内褶,腹缘中央有 1 列褐色绒毛,侧缘及其内褶有黄褐色绒毛,背缘凹入,其中央向腔内弯折。抱器端部宽阔,两顶端骨化最强。阳茎鞘长圆柱形,骨化较强;阳茎系膜突起骨化中等,端部钝圆;储精器近圆球形;阳茎端较长,鞭毛形,半膜质半骨化,且基部比端部骨化强。雌虫第 9 侧背片相互分离,其前缘不向前凸出,外侧缘与第 7 腹节侧后缘相连。受精囊球部明显分为两部分,两部分等大,骨化均匀。

量度　体长 16.20 mm (♀),14.80 mm (♂);体宽 7.65 mm (♀),7.10 mm (♂);头长 2.15 mm (♀),1.75 mm (♂);头宽 2.65 mm (♀),1.75 mm (♂);小盾片长 4.90 mm (♀),4.00 mm (♂);小盾片宽 4.40 mm (♀),3.65 mm (♂);前胸背板两侧角之间的距离为 10.30 mm (♀),8.75 mm (♂);触角各节的长度为 1.80∶2.00∶1.55∶2.25∶1.95 mm (♀),1.75∶2.00∶1.50∶2.26∶1.95 mm (♂);喙各节的长度为 1.10∶1.25∶1.70∶1.10 mm (♀)。

分布　河南 (栾川);陕西、湖北。

271. 泛刺同蝽 *Acanthosoma spinicolle* Jakovlev, 1880

Acanthosoma spinicolle Jakovlev, 1880: 387, 396; Hsiao et al., 1977:178; Liu, 1987: 154; Liu, 1992: 132;
　　Zhang, 1987: 70; Göllner-Scheiding, 2006: 169.

Acanthosoma axillare Jakovlev, 1889: 52.

Acanthosoma potanini Lindberg, 1936: 10.

形态特征　体色　体灰黄绿色。触角第 1、第 2 节暗褐色,第 3~5 节棕黑色。喙浅黄褐色,顶端黑色。前胸背板侧角红色。革片外域黄绿色,内域棕褐色;膜片黄褐色,半透明。腹部背面浅棕红色,各腹节后缘具黑色横带纹,侧接缘黄褐色,腹面黄褐色。

结构　头中叶长于侧叶,中叶及眼与单眼之间光滑无刻点,侧叶具横皱纹和黑色刻点,头顶具有光滑隆起侧缘。触角第 1 节有一半以上超出头顶。头腹面无刻点,下颚瘤较明显。喙向后伸达后足基节。前胸背板侧缘光滑,侧角延伸成短刺,末端尖锐,指向侧前方,侧角基部刻点紧密而大。小盾片具黑色粗密刻点,顶端稍延伸,光滑无刻点。革片外域刻点大而稀疏,内域刻点较细密。后翅 Sc 脉不明显,无钩脉。中胸隆脊低平,向前不伸达前胸腹板前缘。后胸臭腺开口三角形,臭腺沟缘直形,较宽,向外延伸至侧板的 3/4 处；臭腺蒸发域在后胸向后延伸至侧板的 2/3 处，向外延伸至侧板的 4/5 处，占后胸侧板面积的 37%；在中胸向前延伸至侧板的不足 1/2 处，向外不到侧板的侧顶缘，占中胸侧板面积的 25%；蒸发域总面积占中后胸侧板的 31%。腹刺前端稍超过中足基节。雌虫彭氏器半圆形，均稍远离节间缝，Ⅵ>Ⅶ。雄虫生殖腔开口于后方；腹缘内褶<背缘内褶<侧缘内褶，腹缘中央具有 2 束褐色长毛；侧缘稍向后延伸，侧缘内褶具黄褐色短绒毛；背缘内褶近中央两侧各有 1 个深黄褐色斑点，其内侧有 1 簇黄褐色绒毛。抱器构造简单，端部较宽，腹面内侧具细毛。阳茎鞘长圆柱形，骨化不强；阳茎系膜突起着生于腹面两侧，骨化中等，端部钝圆；储精器近圆球形；阳茎端长，半膜质半骨化，端部弯曲。雌虫第 9 侧背片相互分离，其前缘向后凹入，外侧缘钝圆，接近于第 7 腹节侧后缘。受精囊球部不分为两部分，鸭梨形，端部窄缩，基部圆阔。

　　量度　体长 14.50 mm (♀)，13.90 mm (♂)；体宽 6.50 mm (♀)，6.00 mm (♂)；头长 2.25 mm (♀)，2.10 mm (♂)；头宽 2.45 mm (♀)，2.25 mm (♂)；小盾片长 4.35 mm (♀)，3.95 mm (♂)；小盾片宽 3.60 mm (♀)，3.45 mm (♂)；前胸背板两侧角之间的距离为 8.00 mm (♀)，7.10 mm (♂)；触角各节的长度为 1.80：2.00：1.50：1.90：1.75 mm (♀)，1.65：1.65：1.37：2.00：1.65 mm (♂)；喙各节的长度为 1.00：1.30：1.50：1.15 mm (♀)，0.75：1.35：1.60：1.40 mm (♂)。

　　经济意义　寄主为榆树、白桦 *Betula platyphylla*、黑桦 *Betula dahurica*、山杨 *Populus davidiana*、柳树、鸡爪槭 *Acer palmatum*、桧柏、华山松 *Pinus armandii*、云南松 *Pinus yunnanensis*、柑橘。

　　分布　河南 (鸡公山)；吉林、黑龙江、辽宁、内蒙古、北京、河北、陕西、甘肃、宁夏、新疆、西藏、四川、云南；俄罗斯、蒙古国、西伯利亚、朝鲜及欧洲一些国家。

(一六九) 直同蝽属 *Elasmostethus* Fieber, 1860

Elasmostethus Fieber, 1860: 78. Type species: *Cimex dentatus* De Geer.

　　椭圆形，身体较小。前胸背板侧角短，不延伸成刺状，末端圆钝；中胸隆脊向后延伸至中后足基节之间；臭腺沟缘较长而直；侧接缘一色；雌虫第Ⅵ、第Ⅶ腹节有彭氏器。

种 检 索 表

1. 前胸背板侧缘明显加厚，雄虫生殖节后缘中央突出，具 2 束褐色长毛····· **宽肩直同蝽 E. humeralis**
   前胸背板侧缘不明显加厚·· 2
2. 雄虫生殖节后缘中央突出，具 1 束褐色长毛，小盾片狭长，顶端明显向后延伸·····················
   ·· **甘肃直同蝽 E. kansuensis**
   雄虫生殖节后缘几呈弧形，不明显突出，边缘具细长毛，小盾片长宽几乎相等，末端不明显向后延伸·· **钝肩直同蝽 E. nubilus**

272. 宽肩直同蝽 *Elasmostethus humeralis* Jakovlev, 1883 (图版 XIX-6)

Elasmostethus humeralis Jakovlev, 1883: 15; Hsiao et al., 1977: 162; Göllner-Scheiding, 2006: 172.

形态特征　**体色**　体黄褐色。头腹面黄褐色，触角黄褐色，喙黄褐色，顶端黑色。前胸背板胝区以前为黄褐色，以后为绿色，侧角棕黑色。前翅爪片红棕色，膜片黄褐色，几乎透明。腹部背面非黑色，侧接缘一色，为黄褐色，腹面黄褐色，具有许多不规则棕色斑纹，腹面两侧各有 1 对棕黑色斑点。

结构　头中叶明显长于侧叶，头顶光滑，仅单眼前方和两单眼之间具有几个黑色刻点，头顶具有光滑隆起侧缘。触角第 1 节超出头顶的部分不足 1/2。头腹面光滑无刻点，下颚瘤不明显。喙向后伸达中后足基节之间。前胸背板侧缘平直，侧角向侧方突出，顶端钝圆。小盾片长三角形，顶端有刻点。革片中部刻点较少。后翅具有 Sc 脉，无钩脉。中胸隆脊前端接近前胸腹板前缘，向后伸达中后足基节之间。后胸臭腺开口小，月牙形；臭腺沟缘直形，向外延伸至侧板的 4/5 处；臭腺蒸发域在后胸向后延伸至侧板的 2/3 以下，向外延伸至侧板的 19/20 处，占后胸侧板面积的 47%；在中胸向前延伸至侧板的 1/2 处，向外延伸至侧板的侧顶缘，占中胸侧板面积的 33%；蒸发域总面积占中后胸侧板的 40%。腹刺向前伸达中足基节处。雌虫彭氏器近圆形，VI<VII。雄虫生殖腔开口于背后方，腹缘内褶、背缘内褶、侧缘内褶均较大；腹缘中央凸起，具有 2 簇棕褐色绒毛，其两侧也有短绒毛，腹缘内褶近中央也有 2 簇绒毛，绒毛下有 2 棕黑色区域，背缘中央也有 2 小簇绒毛。抱器腹面观为斧头形，端部宽阔。阳茎鞘背面有 1 大的突起；阳茎系膜突起膜质，阳茎端短，膜质，顶端钝圆，不为鞭毛形。雌虫第 9 侧背片相互分离，前缘略向后凹入，外侧缘钝圆，接近于第 7 腹节侧后缘，但不相连。受精囊球部较大，端部稍膨大，无端檐。

量度　体长 12.00 mm (♀)，11.00 mm (♂)；体宽 5.40 mm (♀)，5.00 mm (♂)；头长 1.50 mm (♀)，1.50 mm (♂)；头宽 2.00 mm (♀)，1.85 mm (♂)；小盾片长 3.80 mm (♀)，3.75 mm (♂)；小盾片宽 3.10 mm (♀)，2.85 mm (♂)；前胸背板两侧角之间的距离为 6.15 mm (♀)，5.60 mm (♂)；触角各节的长度为 0.85∶1.40∶1.20∶1.65∶1.30 mm (♀)，1.10∶1.50∶1.35∶1.80∶1.40 mm (♂)；喙各节的长度为 0.80∶1.00∶1.70∶0.80 mm (♀)，0.80∶1.05∶1.20∶0.80 mm (♂)。

经济意义　寄主为榆树、白桦。

分布　河南 (嵩县、栾川)；吉林、内蒙古、北京 (百花山)、陕西、四川；俄罗斯、日本等。

273. 甘肃直同蝽 *Elasmostethus kansuensis* Hsiao et Liu, 1977

Elasmostethus kansuensis Hsiao & Liu, 1977: 162; Zheng et al., 1999: 251; Göllner-Scheiding, 2006: 172.

形态特征　**成虫**　**体色**　黄绿色。头黄褐色，刻点稀少。触角第 1、第 2 节浅褐绿色，第 3 节浅棕色。前胸背板前部有 1 个黄褐色的光滑横带，侧缘有 1 排较整齐的细刻点。前胸背板侧角后半部棕黑色，末端后侧缘暗棕红色。小盾片基部中央有 1 个模糊的黑棕色大斑，基角和顶角浅色。革片内缘及顶缘红棕色，中部浅黄褐色或黄绿色。腹部背面浅棕色，末端暗红色，侧接缘黄褐色；腹面黄褐色。

　　结构　身体较狭长。头刻点稀少。触角第 1、第 2、第 3 节长为 0.91：1.73：1.25 mm。前胸背板侧缘平直，有 1 排较整齐的细刻点；前胸背板后部较凸突，侧角末端圆钝；小盾片基角和顶角光滑；革片中部刻点较少；膜片超过腹部末端。

　　量度　雄虫长 10 mm，宽 4.7 mm。

　　分布　河南 (内乡)；甘肃 (天水)。

274. 钝肩直同蝽 *Elasmostethus nubilus* (Dallas, 1851)

Acanthosoma nubilum Dallas, 1851a: 305.

Clinocoris scotti Reuter, 1881: 82.

Elasmostethus scotti: Hsiao et al., 1977: 162. Misidentification (see Kerzhner, 2003a: 104) ; Zhang et al., 1980: 32.

Elasmostethus nubilus: Göllner-Scheiding, 2006: 173.

　　形态特征　**体色**　头黄褐色，触角浅棕色，喙黄褐色，顶端黑色。前胸背板侧角黑色。爪片及革片顶缘红棕色，革片中部浅黄褐色。腹部背面非黑色，腹面浅棕色。侧接缘一色，为黄褐色。

　　结构　头中叶明显长于侧叶，头顶光滑，只在单眼前方有少数几个刻点，侧叶具有横皱纹，头顶具有光滑隆起侧缘。头部腹面光滑无刻点；喙向后伸达中后足基节之间。前胸背板侧缘光滑，侧角末端钝圆。小盾片刻点较密。前翅革片中部刻点稀少；后翅 Sc 脉明显，无钩脉。中胸隆脊前端接近前胸前缘，向后伸达中后足基节之间。后胸臭腺开口卵圆形，中等大小；臭腺沟缘直形，向外延伸至后胸侧板的近 4/5 处；臭腺蒸发域在后胸向后延伸至侧板的 3/4 处，向外延伸至侧板的 9/10 处，占后胸侧板面积的 45%；在中胸蒸发域向前延伸至侧板的 1/2 处，向外延伸至侧板的侧顶缘，占中胸侧板面积的 33%；蒸发域总面积占中后胸侧板的 39%。腹部腹面光滑无刻点，腹刺向前伸达中足基节之间。雌虫彭氏器近半圆形，第 6 腹节的稍小于第 7 腹节的。雄虫生殖腔开口于背后方，背缘内褶小，背缘中央凹入，背缘、腹缘上均有黄褐色绒毛；抱器基部内侧突出，端部较宽；阳茎鞘骨化不强，无突起；阳茎系膜突起着生于腹面两侧，骨化较强；阳茎端无。雌虫第 9 侧背片相互分离，其前缘不向前凸出，外侧缘钝圆，远离第 7 腹节侧后缘；受精囊球肾形，骨化均匀，无端檐。

　　量度　体长 10.00 (♀)，9.50 mm (♂)；体宽 4.55 (♀)，4.50 mm (♂)；头长 1.35 (♀)，1.00 mm (♂)；头宽 1.75 (♀)，1.65 mm (♂)；小盾片长 3.20 (♀)，3.00 mm (♂)；小盾片宽 2.80 (♀)，2.70 mm (♂)；前胸背板两侧角之间的距离为 5.20 (♀)，4.80 mm (♂)；触角各节的长度为 0.65：1.20：0.90：1.35：1.20 (♀)，0.70：1.20：1.00：1.50：1.00 mm (♂)；喙各节的长度为 0.70：0.90：1.00：0.65 (♀)，0.75：0.93：1.00：0.65 mm (♂)。

　　经济意义　寄主为榆、灌木。

　　分布　河南 (信阳)；安徽 (黄山)、福建 (建阳、福州、光泽、南坪)、云南、广西 (花坪)。

简记　据 Kerzhner 研究 (Kerzhner, 2003)，本种的学名应为 *Elasmostethus nubilus* (Dallas, 1851)，不是萧采瑜等 (1977) 鉴定的 *Elasmostethus scotti* (Reuter, 1881)。中名维持原名，不再变动。

(一七〇) 匙同蝽属 *Elasmucha* Stål, 1864

Elasmucha Stål, 1864: 54. Type species: *Cimex ferrugator* Fabricius.

本属各种前胸背板侧角形状不一，末端圆钝或延伸成刺状或角状等；中胸隆脊向后延伸至中后足基节之间，臭腺沟缘显著短而呈匙形；侧接缘二色；雌虫第 VI、第 VII 腹节无彭氏器。

种 检 索 表

1. 前胸背板侧角较短，不延伸成刺状 ···5
   前胸背板侧角长，强烈延伸成刺状 ···2
2. 小盾片中央有 1 清楚黑斑 ··匙同蝽 *E. ferrugata*
   小盾片中央无黑斑 ··3
3. 前胸背板侧角粗壮，末端钝圆 ···4
   前胸背板侧角较窄细，末端尖锐，黑色；革片透明，浅黄绿色，近顶缘无光滑硬斑 ······
   ···娇匙同蝽 *E. decorata*
4. 体被细长毛，前胸背板侧角棕红色 ·······························棕角匙同蝽 *E. angularis*
   体不被细长毛，前胸背板侧角黑色 ·································糙匙同蝽 *E. aspera*
5. 喙极长，至少伸达腹部第 4 节后方，触角第 2、第 3 节等长 ·········构树匙同蝽 *E. broussonetiae*
   喙不伸达腹部 ···6
6. 前胸背板侧角不显著突出 ···7
   前胸背板侧角显著突出 ··8
7. 前胸背板前角有 1 明显横齿，侧接缘前部细锯齿状 ···················齿匙同蝽 *E. fieberi*
   前胸背板前角无明显横齿，侧接缘前部光滑 ···················灰匙同蝽 *E. grisea*
8. 触角第 2 节明显长于第 3 节 ·····································光腹匙同蝽 *E. laeviventris*
   触角第 2、第 3 节几乎等长 ···背匙同蝽 *E. dorsalis*

275. 棕角匙同蝽 *Elasmucha angularis* Hsiao et Liu, 1977

Elasmucha angulare Hsiao & Liu, 1977: 165.

Elasmucha angularis: Göllner-Scheiding, 2006: 174.

形态特征　成虫　体色　红棕色，刻点暗棕色。触角第 1 节至第 3 节褐色，第 4 节棕色，第 5 节除基部颜色略淡其余棕黑色。眼暗棕色。喙褐色，末端黑色。前胸背板侧角末端棕红色。小盾片基部具 1 个模糊的黄褐色大斑，顶端棕色。革片棕色，膜片透明。

足黄褐色或浅棕色，爪黑色。腹部背面红棕色，侧接缘黄褐色，各节具棕色带纹；腹面黄褐色，腹刺基部棕色。

结构　卵圆形，体被细长毛，具粗刻点。头稍延长，中叶稍长于侧叶，触角各节长为 1.14：1.82：1.43：1.71：1.60 mm。喙极长，伸达腹部末端。前胸背板具分布均匀的粗刻点，在两侧角之间有 2~3 排刻点显著粗大。前缘隆起，中央向后凹入，侧缘向内凹入，侧角粗壮，末端无刻点。小盾片刻点较粗大。革片刻点较细密。腹部基刺突的前端伸达后足基节。

量度　长 16 mm，宽 11.5 mm。

分布　河南 (西峡)；福建。

276. 糙匙同蝽 *Elasmucha aspera* (Walker, 1867)

Acanthosoma asperum Walker, 1867: 395.

Elasmostethus asperum: Distant, 1902: 330.

Elasmucha aspera: Hsiao et al., 1977: 166; Göllner-Scheiding, 2006: 176.

形态特征　椭圆形，长约 10 mm，宽约 6 mm，暗棕黄色，具稀疏而粗糙的暗棕色刻点。头棕黄色，有密集的棕黑色刻点，触角第 1、第 2 节黄褐色，第 3、第 4 节棕色，第 5 节端部棕黑色。喙棕黄色，末端黑色，伸达第 2 腹节。前胸背板棕黄色，具分散粗刻点，前部有 2 个外端向前弯曲的细带，光滑而黑褐色，侧角显著地向斜后方延伸，基部宽，末端窄，后缘微波伏，两侧角间通常有 1 条模糊的暗带。小盾片颜色较淡，具粗刻点。革片刻点较细密，但近顶缘中央处刻点稀少。膜片暗棕色，半透明。腹部背面浅棕色，末端微红，侧接缘棕黄色，各节有黑色横带；腹面棕黄色，两侧具棕色斑点，气门黑色。

分布　河南 (鸡公山)；浙江 (杭州)、江西 (庐山)；印度。

277. 构树匙同蝽 *Elasmucha broussonetiae* Li et Zheng, 2000

Elasmucha broussonetiae Li & Zheng, 2000: 98; Göllner-Scheiding, 2006: 174.

形态特征　淡黄褐色，刻点黑褐色。头中叶明显长于侧叶，复眼内侧及头顶后缘光滑；喙长，雌虫伸达第 4 腹节，雄虫可伸达第 5 腹节。触角第 2 节与第 3 节等长。前胸背板侧缘光滑，侧角有弱齿突。小盾片棕色，基角处有 1 不规则黄斑。中胸腹板脊前伸至前足基节前，腹基突伸达后足基节。雄虫生殖囊腹缘着生 3 丛长毛。

量度　体长 7.6~7.7 mm。头长 1.5~1.6 mm，头宽 1.5~1.6 mm。触角各节长 I：II：III：IV：V=0.65：1.0：1.0：1.2：1.0 mm (♂)；I：II：III：IV：V=0.65：0.8：0.8：1.0：1.0 mm (♀)。前胸背板长 1.7~1.8 mm，宽 3.90~4.15 mm。小盾片长 2.0~2.1 mm，宽 2.1~2.2 mm。革片长 2.9~3.0 mm，革片端至膜片端 1.9~2.0 mm。

经济意义　为害构树 *Broussonetia papyrifera*。

分布　河南 (内乡)。

278. 娇匙同蝽 *Elasmucha decorata* Hsiao et Liu, 1977

Elasmucha decorata Hsiao & Liu, 19771: 168; Zhang, 1987: 70; Göllner-Scheiding, 2006: 174.

形态特征　**体色**　头顶具分散的黑色粗刻点，触角第1、第2及第3节基半部黄褐色，第3节端半部和第4节浅棕色，第5节棕色；喙黄褐色，顶端棕黑色。前胸背板侧角基部暗棕色，中部棕红色，末端黑色；前胸背板后侧缘暗棕色。小盾片基角和基部中央有暗棕色斑，顶端红棕色。革片内角具棕黑色斑纹，膜片黄褐色，透明。腹部背面黄绿色，中央浅棕色，端部红色，端缘黑色；侧接缘一色；腹面黄绿色。

结构　头中叶稍长于侧叶，头顶具分散的黑色粗刻点，无光滑隆起侧缘，侧叶无横皱纹。触角第1节几乎与头顶相平。下颚瘤不明显；喙向后伸达后足基节。前胸背板具有分布不均的棕黑色粗刻点，侧缘稍凹入，后侧缘强烈延伸，覆盖小盾片基角和革片基部；侧角强烈延伸成粗直刺，顶端尖锐，侧角前缘光滑，后缘微波曲。小盾片中域有少数粗刻点，边缘刻点较密，顶端圆钝，有刻点。革片刻点细小，分布不均匀，中域几乎无刻点。胸部及侧角腹面具棕黑色密集刻点。后翅Sc脉不明显，无钩脉。中胸隆脊前端高耸，前端稍超过前胸腹板的1/2处，向后延伸至中后足基节之间。后胸臭腺开口长卵圆形，臭腺沟缘匙形，向外延伸至侧板的2/3处；臭腺蒸发域在后胸向后延伸至侧板的1/2处，向外延伸至侧板的7/10处，占后胸侧板面积的16%；在中胸向前延伸至侧板的不足1/2处，向外延伸至侧板的侧顶缘，占中胸侧板面积的9%；蒸发域总面积占中后胸侧板的12.5%。腹面无刻点，腹刺向前伸达中后足基节之间。雌虫无彭氏器。雄虫生殖腔开口于后方，腹缘内褶稍窄于背缘内褶，侧缘内褶最宽；腹缘中央有1簇短绒毛，腹缘两侧在接近腹缘的内褶上各有1个骨化的黑色长形斑；侧缘稍向后扩展，其内褶具有绒毛；生殖腔内开口为椭圆形。抱器单叶，构造简单，端部稍宽阔，顶端钝圆。阳茎系膜突起骨化不均匀；阳茎系膜顶端宽圆；阳茎端短，骨化不强；储精器近圆球形。雌虫第9侧背片相互分离，前缘向后凹入，外侧缘尖锐，远离第7腹节侧后缘；受精囊球部扁球形，无端檐。

量度　体长8.00 mm (♀)，9.00 mm (♂)；体宽4.20 mm (♀)，4.30 mm (♂)；头长1.15 mm (♀)，1.20 mm (♂)；头宽1.50 mm (♀)，1.60 mm (♂)；小盾片长2.41 mm (♀)，2.60 mm (♂)；小盾片宽2.25 mm (♀)，2.30 mm (♂)；前胸背板两侧角之间的距离为6.55 mm (♀)，7.00 mm (♂)；触角各节的长度为0.42：0.72：0.75：0.85：0.90 mm (♀)，0.45：0.75：0.85：0.95：0.95 mm (♂)；喙各节的长度为0.62：0.87：0.80：0.70 mm (♀)，0.65：0.85：0.80：0.70 mm (♂)。

分布　河南 (栾川)；湖北 (神农架)、西藏 (林芝、波密)、四川 (宝兴)。

279. 背匙同蝽 *Elasmucha dorsalis* (Jakovlev, 1876)

Elasmostethus dorsalis Jakovlev, 1876: 106.

Elasmucha dorsalis: Hsiao & Liu, 1977: 164; Göllner-Scheiding, 2006: 174.

形态特征　**成虫**　**体色**　黄绿色，掺有棕红色斑纹。头棕黄色，触角黄褐色，第5

节末端黑色。前胸背板中域及侧缘中央具黄色纵斑纹，侧角末端暗棕色。胸腹面各足基节之间黑褐色；腹部背面暗棕色，侧接缘各节具黑色宽带；腹面各气门外侧连接 1 条光滑的暗色短带。

　　结构　卵圆形。头具明显刻点，中叶与侧叶约等长，前端平截；喙不伸达后足基节，通常仅伸达中足基节。前胸背板具稀疏刻点，侧角明显突出。小盾片刻点较粗，分布较均匀。革片刻点较细小。胸腹面具密刻点；腹部腹面具稀疏刻点。雄虫抱器末端外侧斜截成锐角。雄虫生殖节后缘中央具 2 束褐色长毛。

　　量度　体长 7 mm，宽 4 mm。

　　分布　河南 (嵩县、栾川、西峡)；甘肃、河北、山西、陕西、安徽、浙江、湖北、江西、福建、广西；俄罗斯 (西伯利亚)、朝鲜、日本。

280. 匙同蝽 *Elasmucha ferrugata* (Fabricius, 1787) (图版 XIX-7)

Cimex ferrugatus Fabricius, 1787: 382.

Sastragala ferrugator: Fieber, 1861: 327.

Elasmucha ferrugata: Stål, 1870: 39; Hsiao et al., 1977: 165; Zhang et al., 1995: 65; Göllner-Scheiding, 2006: 176.

　　形态特征　体长 8.5~9 mm，宽 6 mm。黄棕色，具粗糙黑刻点。头部中叶微长于侧叶，黑色，具较粗大刻点；触角除第 5 节暗棕色外，其余 4 节均为淡黄褐色。前胸背板侧角强烈延伸成较直的黑色长刺，胝区黑色，表面布满粗大黑刻点，自两侧角间始，背板强烈下倾。小盾片黄棕色，中央有一边缘不整齐的大黑斑，黑色刻点稀疏。前翅革片黄棕并带棕红色，膜片半透明，带不规则的暗棕色斑。足跗爪端半部黑色。腹部背面浅棕色，腹面黄色，散生棕黑色刻点。

　　生物学　河南嵩山 1 年发生 1 代，以成虫越冬，越冬场所为榆、柞 *Xylosma racemosum* 树皮裂缝内，树根向阳处，翌年 4 月上旬开始活动。6~7 月是成虫数量最多的时期；文献记载本种雌虫产卵后，有静伏在卵块上护卵的习性。

　　经济关系　寄主植物为榆、柞。成虫、若虫均喜刺吸嫩叶、嫩果的汁液。

　　分布　河南 (嵩山)；黑龙江、四川；日本，欧洲。

281. 齿匙同蝽 *Elasmucha fieberi* (Jakovlev, 1865)

Elasmstethus fieberi Jakovlev, 1865: 125; Hsiao, 1977: 163; Göllner-Scheiding, 2006: 175.

　　形态特征　灰绿色或棕绿色，刻点黑色。头顶刻点黑色。触角雄虫黑色，雌虫浅棕色或黄褐色，第 4 节中部及第 5 节端半部棕黑色。前胸背板粗刻点黑色，侧角刻点较深暗；小盾片基部有 1 个轮廓不清的大斑；革片通常具红色细斑纹，膜片浅棕色，半透明。腹部背面暗棕色，侧接缘各节具黑色带纹；腹面有大小不一的黑色刻点，气门黑色。

　　结构　椭圆形，具粗刻点。头中叶稍长于侧叶，头顶有粗糙密集刻点。前胸背板具粗大刻点，前角具明显横齿，伸向侧方，侧角很短，末端圆钝，刻点较密。小盾片基部刻点粗大。革片通常具红色细斑纹，膜片浅棕色，半透明。腹部背面暗棕色，侧接缘各节具黑色带纹；腹面有大小不一的刻点。

　　量度　长 8.5 mm，宽 4 mm。

　　分布　河南 (嵩县、栾川)；北京 (延庆)、河北 (兴隆)、山西 (太原、恒山)、四川 (理县)；欧洲。

282. 灰匙同蝽 *Elasmucha grisea* (Linnaeus, 1758)

Cimex grisea Linnaeus, 1758: 445.

Elasmucha grisea: Hsiao et Liu, 1977: 163; Göllner-Scheiding, 2006: 176.

　　别名　桦慈蝽。

　　形态特征　成虫　灰棕或浅红棕色，刻点黑色。头顶刻点黑色。触角黄褐色，第 5 节端部棕黑。复眼棕红，单眼红色。喙淡褐色，末端棕黑。前胸背板侧角棕红色。小盾片中区有 1 宽弧形斑纹，此斑向基部颜色渐淡，界限不清，向端部界限较明显，端角淡黄色；基角黄褐。革片基部色淡，端缘浅棕色。前翅膜片色淡、半透明。腹部背面棕色，末端通常棕红色。侧接缘各节具黑色横带，各节后角黑色。腹部腹面有细小的浅色斑点，腹侧有斜刻纹。气门黑色。

　　结构　椭圆形，具明显粗刻点。头顶具粗密刻点。喙伸达中足、后足基节之间。前胸背板近梯形，其后部中央明显隆起，前角无显著横齿，侧缘几斜直，侧角钝圆，稍突出。小盾片三角形，基角略光滑。前翅稍超过腹端，革片基部有较细密的刻点。中胸隆脊显著片状，其前端钝圆，下缘几乎直，后端不达中足基节之间。臭腺孔缘匙形。侧接缘各节后角呈小齿状。腹部腹面几无刻点，腹侧有斜刻纹。雄虫生殖节后缘中央有 1 束长缘毛，其背侧角各有 1 亚三角形绒毛区。

　　量度　体长 6.5~8.5 mm，前胸背板宽 3.7~4.5 mm。

　　经济意义　多为害桦树 *Betula* spp.，喜群集花序处，有时数量极大，可造成灾害。

　　分布　河南 (嵩县、栾川)；黑龙江、湖北 (神农架)、新疆 (哈巴河)；广布于欧洲各国。属古北区系。

283. 光腹匙同蝽 *Elasmucha laeviventris* Liu, 1979 (图版 XIX-8)

Elasmucha laeviventris Liu, 1979: 56; Xüe & Zhang, 1990: 18; Göllner-Scheiding, 2006: 176.

　　形态特征　体色　头棕褐色，具有浓密棕黑色刻点；触角第 1~3 节及第 4 节基半部黄褐色，第 4 节端部深棕色，第 5 节棕黑色；喙黄褐色，顶端黑色。前胸背板侧缘和中域具亮黑色斑纹，其余部分深棕色，具棕黑色稀疏刻点；侧角黑色。前翅膜片黄褐色，半透明。胸部腹面具粗黑刻点，各足基节之间黑色。腹部背面深棕色，侧接缘各节具黑色宽横带，腹面黄褐色，各节气门内侧有 1 个黑色小圆斑；雌虫第 7 腹节近腹面中央两侧各有 1 个黑色大斑。

　　结构　头中叶稍长于侧叶，头顶无光滑隆起侧缘；触角第 1 节超出头顶的部分不足 1/2；下颚瘤较明显；喙顶端向后伸达中足基节。前胸背板侧角明显突出，顶端钝圆，不延伸成刺状；小盾片刻点较小且稀疏。后翅 Sc 脉明显，无钩脉。中胸隆脊前端远不伸达前胸腹板前缘，向后伸达中后足基节之间。后胸臭腺开口小，三角形；臭腺沟缘匙形，向外伸达侧板的 7/10 处；臭腺蒸发域在后胸向后延伸至侧板的 2/3 以下，向外延伸至侧板的 3/4 处，占后胸侧板面积的 27%，在中胸向前延伸至侧板的不足 1/2 处，向外延伸至侧板的侧顶缘，占中胸侧板面积的 18%；蒸发域总面积占中后胸侧板的 22%。腹刺向前伸达中足基节。雌虫无彭氏器。雄虫生殖腔开口于后方，腹缘内褶、背缘内褶、侧缘内褶近等宽，腹缘近中央有 2 束褐色长绒毛，背缘内褶中央具有绒毛，侧缘向内翻折，侧缘内褶有 2 个完全骨化的区域，两者之间具有几根细绒毛；背侧缘向后延伸，其内褶具有长绒毛。抱器单叶，顶端钝圆，端部骨化较强，外侧缘向内凹入。阳茎鞘骨化较强，阳茎端短，鞭状，中等骨化，储精器圆球形。雌虫第 9 侧背片相互分离，前缘不向前凸出，外侧缘钝圆，远离第 7 腹节侧后缘；受精囊球部圆球形。

　　量度　体长 8.60 mm (♀), 7.80 mm (♂)；体宽 4.30 mm (♀), 3.85 mm (♂)；头长 1.25 mm (♀), 1.22 mm (♂)；头宽 1.60 mm (♀), 1.55 mm (♂)；小盾片长 2.55 mm (♀), 2.10 mm (♂)；小盾片宽 2.45 mm (♀), 2.25 mm (♂)；前胸背板两侧角之间的距离为 4.96 mm (♀), 4.30 mm (♂)；触角各节的长度为 0.54：1.00：0.75：0.90：1.02 mm (♀), 0.50：0.93：0.75：0.90：0.91 mm (♂)；喙各节的长度为 0.65：0.85：0.82：0.53 mm (♀), 0.68：0.85：0.75：0.50 mm (♂)。

　　分布　河南 (栾川)；河北 (兴寨)、北京 (怀柔、百花山、黄安坨、小龙门)、安徽 (黄山)、湖北 (神农架)、福建 (建阳、崇安)。

（一七一）板同蝽属 *Lindbergicoris* Leston, 1953

Lindbergicoris Leston, 1953: 157. Type species: *Platacantha armifer* Lindberg.
Platacantha Lindberg, 1936: 12.

　　体卵圆形，触角第 1 节超出头的顶端；前胸背板侧角背腹扁平呈板状，向两侧延伸；中胸隆脊较高而短，前端远不伸达前胸腹板前缘，后端在中足基节前突然降低。

284. 绿板同蝽 *Lindbergicoris hochii* (Yang, 1933) (图版 XIX-9)

Elasmucha hochii Yang, 1933: 12.
Platacantha hochii (Yang)，Hsiao et al., 1977: 172.
Lindbergicoris hochii: Zheng & Wang, 1991: 17~26; Göllner-Scheiding, 2006: 179.

　　形态特征　体色　触角第 1、第 2 节及第 3 节基半部黄褐色，第 3 节端半部至第 5 节黑色。喙黄褐色，顶端黑色。前胸背板侧角深绿色，刺前缘有黑色斑纹。膜片透明，末端具棕色斑纹。

　　结构　头中叶与侧叶几乎等长，中叶前端钝圆而宽，头顶具光滑隆起侧缘，头前部及眼与单眼之间光滑，头后部具粗黑均匀刻点。喙向后伸达后足基节之间。前胸背板侧缘光滑隆起，其余部分具有粗密黑色刻点，侧角顶端尖锐，伸向侧后方，侧角腹面具有黑色刻点。小盾片具分布均匀的黑色刻点，顶端钝，光滑无刻点。革片前缘光滑，其余部分具细密刻点。后翅无 Sc 脉，无钩脉。中胸隆脊短而较高，前端远不伸达前胸腹板前缘，后端在中足基节前突然降低。后胸臭腺开口较大，三角形；臭腺沟缘直形，向外延伸至侧板的 4/5 处，臭腺蒸发域在后胸向后延伸至侧板的 1/2 处，向外延伸至侧板的 9/10 处，占后胸侧板面积的 32%；在中胸向前延伸至侧板的 1/2 处，向外延伸至侧板的侧顶缘，占中胸侧板面积的 22%；蒸发域总面积占中后胸侧板面积的 28%。腹刺向前伸达前足、中足基节之间。雌虫彭氏器Ⅵ近圆形，Ⅶ椭圆形，Ⅵ<Ⅶ，其后有 1 凹槽通向腹末骨化区域。雄虫生殖腔开口于后方，无生殖节背侧叶；背缘凹入，腹缘及侧缘具有黄褐色绒毛。抱器构造简单，顶端稍钝，中部较宽，腹面具有黄褐色绒毛。雌虫第 7 腹节后缘的骨化附器较大，近圆形，骨化程度不均。第 9 侧背片后端相互分离，前缘不向前凸出，外侧缘与第 7 腹节侧后缘相分离。受精囊球部明显地分为上大下小 2 部分，上部比下部骨化弱。

量度　体长 13.20 mm (♀)，10.00 mm (♂)；体宽 6.00 mm (♀)，4.50 mm (♂)；头长 1.80 mm (♀)，1.75 mm (♂)；头宽 2.20 mm (♀)，1.90 mm (♂)；小盾片长 4.00 mm (♀)，3.30 mm (♂)；小盾片宽 3.50 mm (♀)，2.80 mm (♂)；前胸背板两侧角之间的距离为 8.70 mm (♀)，6.70 mm (♂)；触角各节的长度为 0.95：1.45：1.82：2.14：1.94 mm (♀)，0.98：1.40：1.80：1.90：1.80 mm (♂)；喙各节的长度为 1.05：1.30：1.40：0.90 mm (♀)，0.90：1.20：1.25：0.80 mm (♂)。

分布　河南 (栾川)；河北、北京、山西、陕西。

(一七二) 锥同蝽属 *Sastragala* Amyot et Serville, 1843

Sastragala Amyot & Serville, 1843: 155. Type species: *Cimex uniguttatus* Donovan.

触角第 2 节通常不长于第 3 节；前胸背板前部光滑；侧角向两侧延伸成圆锥状刺，末端通常稍钝；中胸隆脊稍短，也不向后延伸，向前延伸多不超过前胸腹板前缘，前端较钝；雄虫最后腹节后角尖锐或几乎呈直角；雌虫第Ⅵ、第Ⅶ腹节通常无彭氏器。

285. 伊锥同蝽 *Sastragala esakii* Hasegawa, 1959 (图 180，图版 XX-1)

Sastragala esakii Hasegawa, 1959, Kontyu, 27: 86; Hsiao et al., 1977: 173; Zhang & Lin, 1980: 33; Liu, 1987: 153; Li, 1995: 70; Zhang & Xüe, 1992: 251; Göllner-Scheiding, 2006: 180.

形态特征　**体色**　触角第 1、第 2 节棕绿色，第 3~5 节黄褐色。喙黄褐色，顶端黑色。前胸背板前部黄褐色，光滑，侧角末端黑色。小盾片基部中央有 1 个黄褐色光滑大斑，小盾片两基角及顶端光滑，黄褐色，其余部分棕黑色。革片外域绿色，内域暗黄褐色；膜片黄褐色，几乎透明。腹部背面浅棕色，侧接缘黄褐色，腹面橘黄色。

结构　头中叶稍长于侧叶，头顶光滑，具光滑隆起侧缘；触角第 1 节有 2/3 的部分超出头顶；头腹面无刻点，下颚瘤明显，呈锥状；喙向后伸达中后足基节之间。前胸背板侧角短钝，末端微向后弯曲；小盾片基部中央的黄褐色大斑前缘中央切入。革片前缘光滑无刻点，膜片顶端稍超出腹部末端；后翅 Sc 脉明显，无钩脉。中胸隆脊向前伸达前胸腹板前缘，不向后延伸。后胸臭腺开口较大，卵圆形，臭腺沟缘直形，向外延伸至侧板的 3/4 处；臭腺蒸发域在后胸向后延伸至侧板的 2/3 以下，向外延伸至侧板的 8/9 处，占后胸侧板面积的 48%；在中胸向前延伸至侧板的 1/2 以上，向外延伸至侧板的侧顶缘，占中胸侧板面积的 40%；蒸发域总面积占中后胸侧板面积的 45%。腹刺向前伸达接近中胸腹板前缘。雌虫无彭氏器。雄虫生殖腔开口于背后方，无生殖节背侧叶；腹缘内褶不及背缘内褶、侧缘内褶宽阔，腹缘及其内褶近中央两侧以及侧缘内褶具有黄褐色长绒毛；腹缘两侧各具有 1 个黑色斑点，背缘近中央处具有 1 对黑色斑点。抱器后面观近三角形，构造简单，端部较宽阔，表面具有绒毛；阳茎鞘骨化中等，阳茎系膜突起着生于腹面两侧，端部不及基部骨化强；阳茎端中等长度，基部比端部骨化强；储精器圆锥形。雌虫

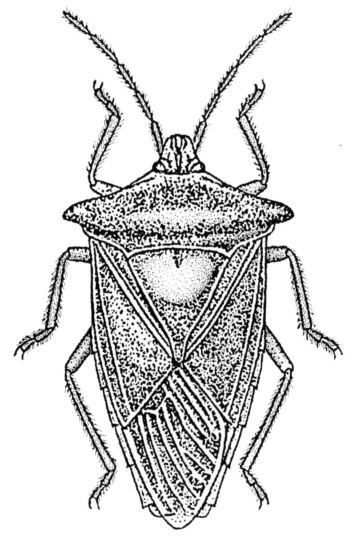

图 180　伊锥同蝽 Sastragala esakii (仿林毓鉴、章士美)

第 9 侧背片相互靠近，但不相连，前缘向前扩展，遮住第 1 载瓣片的一部分，外侧缘钝圆，与第 7 腹节侧后缘相连；受精囊球部圆球形。

量度　体长 12.00 mm (♀)，11.60 mm (♂)；体宽 6.10 mm (♀)，5.60 mm (♂)；头长 1.80 mm (♀)，1.60 mm (♂)；头宽 2.30 mm (♀)，2.05 mm (♂)；小盾片长 3.50 mm (♀)，3.10 mm (♂)；小盾片宽 3.50 mm (♀)，3.00 mm (♂)；前胸背板两侧角之间的距离为 7.60 mm (♀)，6.50 mm (♂)；触角各节的长度为 1.50：1.45：1.40：1.95：1.55 mm (♀)，1.55：1.48：1.40：1.95：1.60 mm (♂)；喙各节的长度为 0.85：1.15：1.50：0.80 mm (♀)，0.80：1.10：1.25：0.80 mm (♂)。

生物学特性　在河南鸡公山地区每年 5~10 月为成虫发生期，可在栲、栎混交林中见到。5 月初在树上交尾产卵。雌虫产卵后有静伏在卵块上护卵的习性。

经济意义　危害栲、枥 *Fraxinus insularis* 的叶、芽。

分布　河南；北京、山西、陕西、安徽 (黄山)、湖南 (湘北、湘西、湘南)、湖北、云南 (镇雄)、江西 (庐山)、四川 (峨眉山、马儿康)、福建 (崇安)、广西 (龙胜、花坪、金秀)、贵州、台湾；日本。

三十七、土蝽科 Cydnidae

体型变化较大。多为褐色、黑褐色或黑色。体壁坚硬，常有光泽。头平伸或前倾，常宽短，背面较平坦，前缘一般为弧形，其上多着生短栉状刚毛。上颚宽阔。触角一般 5 节，少数 4 节，粗短。前胸背板侧缘可有刚毛列。小盾片长度为前翅的一半，或略长。土蝽臭腺发达，臭腺沟缘长，挥发域面积大。腹部各节每侧有 2 个毛点毛，在气门后方排成纵列。各足跗节 3 节，胫节粗扁。若虫臭腺孔开口在第 3 节和第 4 节间，第 4、第 5 节的节间，第 5、第 6 节的节间，共 3 对。一般栖息在地表或土缝、植物根部土壤表层下方。刺吸为害植物的根部或茎基部。根土蝽属 *Schiodtella* 可为害小麦等作物；部分类群可为害植物地上部分。许多种类有趋光性。已知部分种类有成虫护卵和若虫聚集的习性。世界性分布。已知 89 属约 680 种 (Lis, 2006)。中国已知 20 属 50 多种 (郑乐怡，1999)。河南省已知 6 属 7 种。

属 检 索 表

1. 头前端近方形，边缘具锯齿状缺刻；中足、后足胫节为短棒状，胫节着生位置正常，但极不发达 ·················· **根土蝽属** *Schiodtella* Signoret
   头前端圆形，边缘光平，无锯齿；中足、后足正常 ·······················2
2. 前胸背板近侧缘具成列的刚毛及毛点 ·······························3
   前胸背板近侧缘无成列的刚毛及毛点 ·······························5
3. 触角 4 节，第 2 节特别长 ··················· **鳖土蝽属** *Adrisa* Amyot et Serville
   触角 5 节 ····································4
4. 前胸背板后缘向两侧扩展成瘤状，覆盖真正的侧角 ··········· **革土蝽属** *Macroscytus* Fieber
   前胸背板后缘不向两侧扩展成瘤状，不覆盖真正的侧角 ········· **弗土蝽属** *Fromundus* Distant

5.　头侧叶长于中叶，并在中叶前方互相接触；各足胫节色泽单纯·················
···轮土蝽属 *Canthophorus* Mulsant et Rey
　　头侧叶不长于中叶，如较长，则绝不在中叶前方接触；各足胫节背面具白色条纹··········
···哎土蝽属 *Adomerus* Mulsant et Rey

（一七三）哎土蝽属 *Adomerus* Mulsant et Rey, 1866

Adomerus Mulsant et Rey, 1866: 66. Type species: *Cimex biguttatus* Linnaeus.

　　虫体背面暗色区域面积大。头无长刚毛；侧叶与中叶等长，中叶不被侧叶包围；喙弯，不伸达腹部。前胸无长刚毛；小盾片正常大小；膜区翅脉普通，或有少数直脉，绝非网状，膜片小于革片面积。

种检索表

1　头侧叶长于中叶；前翅革片中部白色斑点斜长，其长大于宽的 3 倍···········**长点哎土蝽** *A. notatus*
　　头侧叶与中叶等长；前翅革片中部白色斑点较短，其长大于宽的 2 倍··························2
2　触角第 2 节短于第 3 节的 2/3 ·······················**三点哎土蝽** *A. triguttulus*
　　触角第 2 节较长，等于第 3 节或稍短······················**短点哎土蝽** *A. rotundus*

286. 长点哎土蝽 *Adomerus notatus* (Jakovlev, 1882)

Gnathoconus notatus Jakovlev, 1882: 141.

Adomerus notatus: Kiritshenko & Kerzhner, 1972: 401; Lis, 2006: 139.

Legnotus longiguttulus: Hsiao, 1977: 50 (syn. by Kanyukova, 1988: 918).

　　形态特征　成虫　体色　黑色。前胸背板侧缘、前翅革片前缘及中部的斜长形斑点、各足胫节背侧中部条纹及腹部侧缘白色。

　　结构　长圆形。全身具浓密刻点，前胸背板前部两胝光平。眼小，圆形，向两侧突出。喙伸达中足基节顶端，第 2、第 3 两节约等长，第 4 节最短，第 1 节稍长于第 4 节。臭腺孔暗区小，具刻点。

　　量度　雄虫长 4.4 mm, 前胸背板宽 2.3 mm, 腹部宽 2.7 mm。头长 0.5 mm, 宽 1.05 mm, 头顶宽 0.75 mm；触角长 2.3 mm，各节长比为 7∶9∶12∶21∶23。喙长 1.8 mm。雌虫长 5.4 mm，前胸背板宽 2.9 mm，腹部宽 2.3 mm。

　　分布　河南 (信阳、鸡公山)；河北 (雾灵山)。

287. 短点哎土蝽 *Adomerus rotundus* (Hsiao, 1977)

Legnotus totundus Hsiao, 1977: 52.

Legnotus breviguttulus Hsiao, 1977: 51.

Adomerus rotundus: Kanyukova, 1988: 918; Lis, 1999: 220; Lis, 2006: 139.

形态特征　成虫　体色　深褐或黑色，略具光泽。头部色较深暗，复眼颜色稍淡。前胸背板背面前半部色较深，侧缘和前翅革片前缘、腹部侧缘均布有狭细的白边。革片近中部处，具 1 白小斑，膜片浅褐。小盾片黑褐色。各足胫节背侧全长的 2/3 以上为白色。

结构　扁长圆形。头部表面粗糙，具粗刻点，中片与侧片等长，喙长达后足基节。触角 5 节，第 1 节最短，第 2、第 3 节约等长，第 4、第 5 节依次递长，各节长度比为 7：12：12：18：22。前胸背板略呈梯形，两侧缘弧状，背面前半部具均匀刻点。革片近中部处小斑块长约为宽的 2 倍。各足胫节具 2 列刺毛。

量度　体长约 5 mm，前胸背板宽 2.5 mm，腹部宽 2.9 mm 左右。

生物学特性　山西成虫从 4 月下旬开始活动，直到 10 月初均有，在 6 月下旬至 7 月上旬可见到若虫，生活于较潮湿的砂质壤土内，在土中穿行，也可在地面上活动，爬行于根际及枯枝落叶下。10 月初即开始转入土层内越冬，深度多在 40 cm 左右。

经济意义　多发生于苜蓿和蔬菜田土中，主要危害嫩根，刺吸汁液，致使根部吸收养料的能力受到损害，叶片变黄，影响正常的生长和发育。

分布　河南 (嵩县、栾川)、北京、天津、山西 (太原、阳城、晋城、长治)、山东 (泰安、烟台)、江苏 (南京)。

288. 三点哎土蝽 *Adomerus triguttulus* (Motschulsky, 1866) (图版 XX-2)

Legnotus triguttulus Motschulsky, 1866: 186; Hsiao, 1977: 51.

Adomerus triguttulus: Jakovlev, 1882: 143.

Adomerus triguttulus: Kerzhner & Jansson, 1985: 42; Lis, 2006: 139.

形态特征　成虫　黑褐色，光亮。复眼深褐色；喙褐色，第 1~3 节基部和末端浅色，第 4 节端部黑。前胸背板侧缘具白边。前翅革片侧缘具白边，中央有 1 斜长白斑，但有时消失。膜片烟黑色。腹部腹面光亮黑色，侧接缘乳白色。足黑，各足胫节外侧白色。

结构　长椭圆形，密被刻点。头部前端圆，向下稍倾斜，侧叶与中叶等长，侧叶侧缘脊状，稍上卷。复眼球状，被平伏短细毛；喙 4 节，伸达中足基节间。前胸背板宽约为长的 2.1 倍，前端及近侧缘刻点较密，胝区光滑，略隆起，侧缘弧形，侧角钝。小盾片长三角形，末端无刻点。膜片略超过腹部末端。前胸侧板具刻点及横皱纹，中胸、后胸侧板平，具刻点，前胸腹板中央有 1 浅纵沟，中胸腹板具低的纵脊。臭腺沟缘宽，臭腺孔暗区小。腹部腹面近侧缘刻点密，具横皱纹。各足跗节 3 节。

量度　雄虫体长 3.7~4.4 mm，宽 2.1~2.7 mm；雌虫体长 4.5~5.0 mm，宽 2.4~3.0 mm。

生物学特性　内蒙古以草原及林间草地较多，成虫越冬，5 月上旬出现，5 月中旬可见交尾现象。7 月中旬至 8 月初盛发。成虫、若虫都有群聚习性。

经济意义　危害益母草 *Leonurus artemisia* 的茎、叶片及花，也能在苜蓿、三球悬铃木 *Platanus orientalis* 等根部吸汁。

分布　河南；内蒙古、河北、山西、陕西、浙江、四川、云南；日本、蒙古国、俄罗斯 (西伯利亚南部、乌拉尔)。

(一七四) 鳖土蝽属 *Adrisa* Amyot et Serville, 1843

Adrisa Amyot et Serville, 1843: 89. Type species: *Adrida nigra* Amyot et Serville.

本属触角 4 节易于识别。触角第 1 节短，不伸出头前端，第 2 节长度和后 2 节长度和相当；喙第 2 节最粗最长，末节最短。体卵圆，略隆起。革片长度为膜片的 2 倍。小盾片末端尖锐。

289. 大鳖土蝽 *Adrisa magna* (Uhler, 1860)

Acatalectus magnus Uhler, 1860: 222.

Adrisa magna: Signoret, 1881: 206; Hsiao, 1977: 49; Lis, 2006: 125.

形态特征　成虫　体色　黑褐色或近于黑色。触角褐色，第 3、第 4 节色较浅。喙褐色。前翅膜片色较浅。前足胫节端部色较浅。

结构　椭圆形。头侧缘完整无锯齿，前端宽圆形，上面具皱纹及刻点，头侧叶长于中叶，几乎将中叶包围。触角 4 节，约等于体长的 1/3，第 2 节特长，约为第 1 节的 1.5 倍。喙伸达中胸腹板后缘。前胸背板具大而稀疏的刻点，侧缘近于平直，无刚毛，前角前缘具很密的 1 列短刚毛，后缘光平。小盾片长，超过腹部中央，侧缘平直，端角尖削，基部刻点大而稀，端部刻点小而密。前翅达于腹部末端，前缘无刚毛，革质部刻点小而密。腹部腹面中央光平，两侧刻点细小。

量度　体长 15~17 mm，宽 8.5~9.0 mm。

生物学特性　北京成虫 4~10 月在地下活动，7 月、8 月出现在地面，8 月可见到 5 龄若虫与成虫，9 月有新羽化的成虫。成虫、若虫多潜伏在潮湿的沙质壤土中，山区可灌溉的田地或水溪两旁较多，平原则少。成虫有时能在地面疾走。

经济意义　主要为害植物根系，吸食汁液，破坏根系从土壤中吸收水分和养料的能力，植株轻则部分变黄，生长延缓，重至枯萎死去。

分布　河南 (信阳、卢氏)、北京、四川、江西、浙江、广东、云南；越南、缅甸、印度。属东洋区系。

(一七五) 轮土蝽属 *Canthophorus* Mulsant et Rey, 1866

Canthophorus Mulsant & Rey, 1866: 54. Type species: *Cimex dubius* Scopoli.

头部无长刚毛；头侧叶长于中叶，左右愈合，将中叶包围；触角第 2 节短于第 3 节，个别种类仅为第 3 节触角长度的一半；喙短，不达腹部。前胸无长刚毛；后胸腹板无纵脊；膜片较革片小；小盾片正常大小。

290. 白边轮土蝽 *Canthophorus niveimarginatus* Scott, 1874

Canthophorus niveimarginatus Scott, 1874: 295; Lis, 2006: 141.

Sehirus niveimarginatus: Hsiao, 1977: 50.

形态特征　成虫　蓝黑色。前胸背板侧缘、前翅 (除端部) 前缘、腹部侧接缘 (除基部) 具狭窄的白色边缘。前翅膜片烟黑色。

结构　长圆形，全身具浓密刻点。头部前端窄，侧叶包围中叶，向上翘折。触角第1节最短，第5节最长，依次为第4、第3、第2节。喙达于中足基节。前胸背板侧缘向外圆凸，两胝光滑。小盾片顶角圆形。

量度　体长 6.0~8.0 mm，宽 3.2~4.3 mm。

卵　略呈椭圆形，长约 0.8 mm，直径 0.5 mm，淡黄白色。

若虫　1 龄体长 1.2 mm，长卵形。头部红褐或深褐色，具稀疏短毛，侧叶略细长。触角灰色，各节长之比为 1∶1.1∶1.1∶2.2。3 龄体长卵形，长 2.3 mm。头部黑或红黑色，具光泽，侧叶宽。触角 1~3 节棕色，第 4 节黑色，各节长之比为 1∶1.6∶1.5∶2.3。5 龄体长 5.5~6.7 mm，背面漆黑色，具光泽，腹部腹面红黄，具光泽。触角除各节联结处为红色外，其余部分及足均黑色，具光泽。触角各节长度 Ⅰ∶Ⅱ∶Ⅲ∶Ⅳ=1∶2.7∶2.2∶2.5 mm。翅芽伸达第 3 腹板后缘。

生物学特性　山西太原市郊一年 1 代，以成虫在深达 40 cm 左右土层中越冬。翌年 4 月下旬上升到表土层，开始活动，5 月上旬至 6 月下旬产卵，卵产于土表或苜蓿的根上，10 余粒或更多粒黏结成块。卵期约 10 余天，若虫主要生活在表土层，聚于寄主的根部，经 1.5~2 个月羽化，10 月下旬至 11 月初进入越冬。

经济意义　寄主苜蓿、百蕊草 *Thesium chinense* 等，吸食嫩根汁液。

分布　河南 (信阳)；内蒙古、陕西、山西、河北、山东、江苏、云南；俄罗斯、日本、朝鲜、欧洲 (芬兰)。属古北区系。

(一七六) 弗土蝽属 *Fromundus* Distant, 1901

Fromundus Distant, 1901: 582. Type species: *Fromundus opacus* Distant.

体较短宽，不发亮。头中度前伸，复眼明显，不接触前胸背板前缘，侧缘圆，前缘宽，略平截状，中叶与侧叶等长，前缘及侧缘共有长毛 12 根左右。触角 5 节，第 1 节和第 2 节最短，最细，基本等长。第 3、第 4、第 5 节增厚，第 5 节最长。喙伸达中足基节，第 2 节伸达前足基节。前胸背板宽大于长，前缘内陷容纳头部，前角宽，前突伸达复眼外侧；侧缘略斜圆，散生少量长毛。小盾片长大于宽，伸达腹部长度 2/3 处，侧缘略外凸，向端部逐渐变细。革片有腹部 2/3 长，侧缘中度膨胀外凸，宽于腹部，后缘略内凹。膜片短。前足胫节中度膨胀，外缘具 5~6 刺，端部还有 2 刺明显。中足、后足胫节内外两面均有大范围的棘刺。

291. 侏弗土蝽 *Fromundus pygmaeus* (Dallas, 1851)

Aethus pygmaeus Dallas, 1851: 120.

Geotomus pygmaeus: Signoret, 1881: 51; Hsiao, 1977: 48.

Aethus palliditarsus Scott, 1880: 309.

Fromundus pygmaeus: Lis, 1994a: 181; Lis, 2006: 125.

形态特征 成虫 体色 黑褐色，光亮。触角各节端部浅褐色，第 4、第 5 节的基部浅黄色，并具 1 个褐色小环。膜片透明，中间有 1 枚褐色长形的斑点。

结构 长卵圆形，光滑。头宽短，触角 5 节，各节基部较小，端部膨大，第 3 节显著长于第 2 节。头背面具 4 根刚毛，1 对位于复眼前方，另 1 对位于复眼与中叶间；喙达于中足基节，第 2 节最长，第 4 节最短，第 1、第 3 两节约等长。前胸背板近四边形，中部常具 1 条横缢；近前缘处具 1 列刻点，两胝间无刻点，后部刻点稀少；侧缘弧形，具 6~7 根刚毛。小盾片较长，侧缘近端部向内稍弯曲，端部细缩。前翅革片端缘平直，前缘向外呈弧形弯曲，基部有 1 根刚毛。头、小盾片和前翅革片刻点比较稠密。前足稍特化，胫节扁平，背面具 1 列强刺；中足、后足正常，胫节背腹两侧具成列的长刺。腹部腹面两侧具刻点。

量度 体长 3.5~4.5 mm，宽 1.7~2.0 mm。

卵 长 0.68~0.71 mm，宽 0.43~0.45 mm。卵形，横置，附着面稍扁平。初产时乳白色，不久渐变淡黄，近孵化时灰黄色。卵壳表面粗糙，密布黄色颗粒，在假卵盖的一端颗粒稍大。

若虫 3 龄体长 1.3~1.7 mm，宽 0.6~0.8 mm。长卵圆形，头、胸黄褐色，腹部褐黄。触角 4 节，黄白色，第 4 节稍粗。头、胸侧、腹侧和各足胫节上具有绒毛。腹部背面具 5 块横带形褐斑。

生物学特性 据在南昌饲养观察，一年发生 2 代为主，部分 3 代。以成虫在石块下、表土层和垃圾草堆中越冬。翌年 3 月下旬开始活动，4 月中旬至 6 月中旬产卵，越冬成虫 5 月下旬至 7 月初陆续死亡。第 1 代若虫在 4 月下旬至 6 月下旬孵出，6 月下旬至 8 月中旬羽化，7 月中旬至 9 月中旬产卵，成虫于 8 月上旬至 9 月下旬陆续死亡。第 2 代若虫在 7 月中旬至 9 月下旬孵出，8 月下旬至 10 月下旬羽化，部分早羽化的成虫于 9 月中旬至 10 月上中旬产卵，迟羽化的取食后不久即越冬。第 3 代若虫于 9 月下旬至 10 月中下旬孵出，11 月上旬始羽化，11 月下旬后如尚未羽化，则被冻死。11 月中旬开始蛰伏越冬。

南昌各虫态历期：第 1 代卵期 8~11 d；若虫期 49~72 d，其中 1 龄 7~11 d，2 龄 8~14 d，3 龄 10~15 d，4 龄 10~16 d，5 龄 12~19 d；成虫寿命 42~67 d。第 2 代卵期 6~8 d；若虫期 43~61 d，其中 1 龄 6~9 d，2 龄 7~10 d，3 龄 8~13 d，4 龄 10~15 d，5 龄 10~18 d；以此代越冬的成虫，寿命长达 9~11 个月，年内产卵的则寿命仅 40 d 左右。成虫具有较强的趋光性，灯下一年内可出现 3 次扑灯盛期，分别在 5 月上旬、7 月上中旬和 9 月上中旬。成虫交配多在傍晚进行，持续时间长达 21 h 左右，交配后约 12 d 开始产卵。成虫和若虫均喜在潮湿的砂壤和壤土中生活，常能在土中掘洞潜行，并可作土室栖息。若虫极为活泼，能在土表和寄主根系处疾行，取食须根和次生根的汁液。卵散产于土表缝隙、土块间、石块下和寄主根系上，偶尔数枚在一起。雌虫每次产卵 4~12 枚，一生产卵 20~48 枚。

经济意义　主要为害麦类、豆类、花生和马唐等禾本科杂草。成虫、若虫均在土中潜行，刺吸寄主根系的汁液。在一般情况下，为害不大，但虫口密度大时，受害寄主生长衰弱，叶片变黄，根系少，甚至提早枯死。

分布　河南 (信阳、息县)；江西、湖南、广东、广西、四川、云南；日本、缅甸、斯里兰卡、印度、马来西亚、新喀里多尼亚、夏威夷。属东洋区系。

(一七七) 革土蝽属 *Macroscytus* Fieber, 1860

Macroscytus Fieber, 1860: 83. Type species: *Cydnus brunneus* Fabricius.

本属小盾片明显较大，后足股节末端有 1 明显大刺；这些特征由 Signoret 总结。Stål 认为本属与 *Ethus* Dallas=*Cydnus* Fabricius 有关联，不同之处在于体表纤毛极为稀少，且头部边缘无小刺。

292. 青革土蝽 *Macroscytus subaeneus* (Dallas, 1851) (图版 XX-3)

Aethus subaeneus Dallas, 1851: 116.
Macroscytus subaeneus: Distant, 1899: 222; Hsiao, 1977: 46.

形态特征　成虫　深褐至黑褐色，光亮。复眼浅褐；单眼橙红色。触角浅褐。前翅膜片烟色，端部及翅脉具深色斑点。

结构　扁长卵圆形。头宽约为长的 2 倍，前端宽圆，稍向上卷起，具刚毛，中叶与侧叶等长；头背面无刻点，有 6 根长刚毛。复眼略似三角形。触角密生绒毛，各节依次增长。喙长达中足基节，第 4 节最短，第 2、第 3 节较长。前胸背板宽大于长的 2 倍，中部常具 1 横缢；前部中央及后缘光平，其余部分具有稀疏刻点；侧缘生 6~9 根刚毛，后缘两侧扩展成瘤状，盖住侧角。小盾片较长，密生刻点，基角光平，侧缘近端处向内弯曲，端部细缩。前翅刻点细密，前缘基部具 2~3 根毛。各足胫节密生长刺，后足股节腹面有小突起。

量度　体长 7.5~10.0 mm，宽 3.8~5.5 mm。

卵　长 1.00~1.04 mm，宽 0.60~0.65 mm。卵形，附着面稍扁平。初产时浅黄白，渐变淡黄，近孵化时为土黄色。卵壳表面粗糙，密布颗粒。

若虫　共 5 龄，1 龄体长 1.1~1.3 mm，宽 0.7~0.8 mm。长卵形，头及中胸、后胸棕黑，前胸浅黄褐，腹部黄白色。触角 4 节，浅褐黄色，棒状，各节大小和长度依次增加，节间极度缩小，白色。头和胸部的侧缘有长刚毛多枚。腹部背面 1~6 节节间有褐色斑块，前面 2 块条状，后面 3 块肾状；侧缘各节有浅褐色斑纹相间。足上密生刺毛。

生物学特性　南昌一年 2 代，以成虫在石块下、表土层越冬，翌年 4 月上旬开始活动，4 月中旬末至 6 月下旬产卵，5 月下旬至 7 月上旬死亡。第 1 代在 4 月下旬至 7

月上旬孵化，6 月下旬至 8 月下旬羽化，7 月中旬至 9 月中旬产卵，8 月中旬至 9 月下旬陆续死亡。第 2 代在 7 月下旬至 9 月下旬孵化，9 月中旬至 11 月中旬羽化，此后如尚未羽化，即被冻死。11 月上旬开始越冬。各虫态历期：第 1 代卵期 10~14 d；若虫期 58~79 d，其中 1 龄 9~14 d，2 龄 10~14 d，3 龄 10~15 d，4 龄 12~17 d，5 龄 15~22 d；成虫寿命 46~75 d。第 2 代卵期 8~10 d；若虫期 55~73 d，其中 1 龄 8~10 d，2 龄 8~11 d，3 龄 10~14 d，4 龄 11~17 d，5 龄 14~24 d；成虫寿命长达 8~11 个月。成虫越冬时具有成对聚集的习性，每处越冬栖所，至少可以找到雌雄 1 对。交尾多在傍晚进行，持续时间可达 20 h 左右。卵散产于土表缝隙间、石块下和寄主根系上。雌虫每次产卵 10~15 枚，多为 13 枚，一生产 23~80 枚。

经济意义　土栖性，主要吸食豆类、花生、麦类和禾本科杂草的根系汁液。常群集在一起，受害株轻则萎蔫变黄，重则干枯死去。

分布　河南 (郑州、信阳、罗山)；北京、甘肃、山东、山西、江苏、上海、浙江、安徽、江西、湖北、湖南、贵州、四川、福建、台湾、广东、云南、海南；日本、缅甸、越南、印度、马来西亚、俄罗斯。属东洋区系。

(一七八) 根土蝽属 *Schiodtella* Signoret, 1882

Schiodtella Signoret, 1882: 218. Type species: *Stibaropus tabulatus* Schiodte.
Neostibaropus Takno et Yanagihara, 1939: 135.

头前部弯向下方，长大于宽，端部略加厚，前缘、侧缘多刺，侧叶和中叶均具楔状刚毛。复眼球形，单眼较大；触角短，4 节，第 2 节较长，长于或等于第 3 节长度。喙细，常伸达后足基节。膜区发达，伸过腹末。前足胫节侧扁，基部外侧一半边缘具齿多数，内缘毛排列整齐，端部尤甚。跗节细长，基节最长。中足胫节棒状，强烈弯曲，外侧密布棘刺，端部尤甚；跗节着生在胫节端部，末节最长。后足特别粗大，稍短，股节宽大，略侧扁；胫节短，外侧多棘刺，胫节端部特别膨大，末端平截，形成一个卵圆形区域，其周缘密布棘刺；跗节很短，隐没于棘刺之中，不易发现。

293. 根土蝽 *Schiodtella formosanus* (Takano et Yanagihara, 1939) (图 181，图版 XX-4)
Neostibaropus formosanus Takano & Yanagihara, 1939: 135.
Stibaropus formosanus: Esaki & Ishihara, 1951: 30; Hsiao, 1977: 40.
Schiodtella formosanus: Lis, 2006: 121.

形态特征　成虫　棕褐或淡褐色，稍具光泽。头部黄褐，侧叶具深色皱纹。复眼橘红色。足黄褐色，胫节端部黑色。

结构　略呈椭圆形。头部前端突出，略向下倾。侧叶明显上翘，略长于中叶，具皱纹。头部前端边缘不整齐，锯齿状，并具 1 列短刺，一般为 18~20 枚，其中 2 枚位于中叶的前端；前缘下方具 1 列刚毛。复眼较小。触角 4 节，约为头长的 2 倍，第 2 节很短，不及第 1 节之半，第 3、第 4 节依次递长，均呈纺锤形。前胸背板宽阔，中央隆起，前部光滑，后部具刻点和横皱纹，侧缘有一些不整齐的长毛，小盾片较大，略呈等腰三角形。前足股节粗，胫节稍长于股节，特化成镰刀状，端部表面光滑，其他部分多毛并具刺，跗节退化；中足胫节棒状，后足股节粗壮，胫节变粗，端部平截，呈马蹄形，表面多毛，马蹄形的底面和其周缘具粗短刺。

量度　体长 4.1~5.5 mm，宽 2.3~3.4 mm。

卵　椭圆形，长 1.0~1.2 mm，宽 1.0 mm。初产时乳白色半透明，逐渐变深而呈浅黄色。

若虫　1 龄长约 1.2 mm，椭圆形，淡黄色，头前缘具刺毛 1 列。3 龄体长约 2.2 mm，浅黄色。头、胸部色较深，淡褐色。腹部背板上有 3 条黄色的横纹，臭腺孔隐约可见，翅芽出现。5 龄体长 4.5 mm 左右，宽 3.5 mm。头、胸及翅芽浅褐色，其余部分浅黄，翅芽伸达腹部的 2/5。

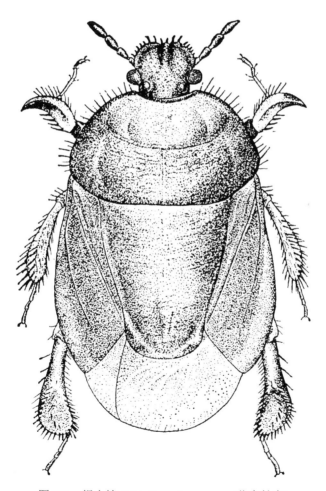

图 181　根土蜚 *Schiodtella formosanus* (仿李长安)

生物学特性　河北、山西两年发生 1 代，成虫，若虫均可越冬，深入土下 40 cm 左右，最深可达 80 cm。翌年 4 月下旬开始活动，5 月上旬、中旬上升到近地表 20 cm 处，开始危害小麦，从越冬成虫开始活动直到 8 月均可见到交尾，产卵盛期在 6 月中旬至 7 月上旬，孵化盛期在 7 月上旬至 9 月上旬。若虫数量出现最多时在 6 月下旬至 10 月中旬。由于本种产卵期较长，因此常年成虫、若虫和卵三态重叠出现。7 月中旬、下旬夏播玉米出苗后，开始群聚于玉米根部，进行危害。10 月下旬至 11 月初，当气温下降到 10℃以下，20 cm 深度土层的温度降到 18℃以下时，即开始下降至深土层中越冬。卵散产于土壤中，每雌产卵 100 粒左右，卵期约 15 d。成虫交尾呈直角状，雄虫竖立于雌虫的后上方，每次交尾长达 20 h 左右，交尾后约 12 d 开始产卵。成虫、若虫终年生活在土壤中，能掘洞潜行，在水浇地和较为潮湿的沙壤以及土质松、透水和通风性较好的土壤中，发生数量较多。

经济意义 本种是一种食性较窄的土栖性害虫，主要为害小麦、玉米，并为害高粱、谷子。成虫、若虫在土壤浅层中穿隧道，常数个至十数个聚集在寄主根部，吸取汁液，小麦苗期受害，能形成较严重的缺苗断垄现象，灌浆期受害，则使茎秆变黄、籽粒不饱满，造成严重减产。由于其发生量大，臭腺发达，所以有虫活动的土壤中也常有恶臭的气味。

分布 河南 (郑州、中牟、兰考、巩义、巩县、原阳)；河北、吉林、辽宁、天津、山东、山西、陕西、内蒙古。

三十八、兜蝽科 Dinidoridae

兜蝽科与蝽科近缘。中型至大型。椭圆形，褐色或黑褐色，多无光泽。触角着生处位于头的腹面；多数 5 节，少数 4 节，有时触角扁平；小颊后端左右愈合；喙短，一般不伸过前足基节。前胸背板表面常多皱纹；小盾片长不超过前翅长度的一半，末端宽钝；跗节 2 节或 3 节；膜片脉序网状。第 2 腹节气门外露可见，可不被后胸侧板遮盖。各腹节毛点毛位于气门后方内侧 1 脈状隆起上。受精囊管粗短，但常分出 1 盲管状分支。若虫臭腺孔共 2 对，分别开口于第 4、第 5 节节间，第 5、第 6 节节间。寄主多为葫芦科，皱蝽属 Cyclopelta 和瓜蝽属 Megymenum 是常见瓜类害虫。世界已知 16 属 65 种，我国已知 4 属 10 余种，河南省已知 3 属 4 种。

属 检 索 表

1. 触角 5 节 ··· **九香蝽属** *Coridius* Illiger
   触角 4 节 ··· 2
2. 头小，侧叶和中叶等长 ······································· **皱蝽属** *Cyclopelta* Amyot et Serville
   头大，侧叶明显长于中叶，多在侧叶前愈合，前胸背板侧缘内凹 ····································
   ··· **瓜蝽属** *Megyménum* Guérin-Méneville

(一七九) 九香蝽属 *Coridius* Illiger, 1807

Coridius Illiger, 1807: 361. Type species: *Cimex ianus* Fabricius.

体卵圆形；头小，比皱蝽属狭窄，侧缘薄片状，上卷，侧叶稍稍长于中叶；触角 5 节；喙伸过前足基节。小盾片短，端部宽；膜片大，翅脉网状；腹部基部无基突；股节在近端部有显著齿突。

294. 九香蝽 *Coridius chinensis* (Dallas, 1851) (图 182，图版 XX-5)

Aspongopus chinensis Dallas, 1851: 349; Hsiao, 1977: 70.

Coridius chinensis: Yang, 1934: 70; Lis, 2006: 229.

别名　九香虫、黑兜虫。

形态特征　成虫　体色　紫黑或黑褐色，稍有铜色光泽。触角 1~4 节黑，第 5 节橘黄或黄色。侧接缘及腹部腹面侧缘区各节黄黑相间，但黄色部常狭于黑色部。

结构　长卵圆形，密布刻点。头边缘稍上翘，侧叶长于中叶，并在中叶前方会合，触角 5 节，第 2 节长于第 1 节。前胸背板及小盾片上多少有近于平行的不规则横皱。

量度　体长 16.5~19.0 mm，宽 9.0~10.5 mm。

卵　长 1.24~1.27 mm，宽 0.95~1.18 mm；状似腰鼓。初产时天蓝色，后变暗绿，将孵化时土黄色。卵表密被白绒毛，假卵盖周缘具粒状精孔突 36~42 枚。

若虫　1 龄体长 3 mm，椭圆形，头及胸部背板黑色，腹部背面棕红色 (2 龄、3 龄同)，头侧叶长于中叶，并在中叶前方明显分开 (2 龄、3 龄同)，触角斗节，黑色。前胸、中胸、后胸背板侧缘具黄褐色边及 1 小锐刺；后胸背板宽于中胸 (2 龄同)。腹部背面各节中部有横形黑斑，此斑以第 4、第 5、第 6 节最大；第 3、第 4、第 4、第 5 及第 5、第 6 节之间各有 1 对臭腺孔 (以后各龄同)。2 龄体长 4.3 mm，触角基 3 节黑，端节橙红色 (3 龄、4 龄、5 龄同)，前胸、中胸、后胸背板侧缘各具黄褐色边 (3 龄同)；前胸背板侧缘近中部内凹，腹部背面第 1~2 节横形黑斑中断 (以后各龄同)。3 龄体长 5.5~6.5 mm。后胸背板狭于中胸背板。4 龄体长 8.5~10.0 mm。头及前胸背板暗黄褐至黑褐色，腹部土黄色。头侧叶长于中叶，在中叶前方几乎会合 (5 龄同)，翅芽伸过腹部背面第 2 节前缘。前胸背板侧缘及翅芽的前缘、外缘具暗橙红色狭边 (5 龄同)。5 龄体长 11.0~14.5 mm。翅芽伸过腹部背面第 3 节前半，小盾片显现。

生物学特性　江西一年 1 代，以成虫在土块、石块下、石缝中、瓜棚的竹筒内及墙壁裂隙间越冬。据在奉新观察，越冬成虫于翌年 5 月上旬、中旬开始活动，5 月中旬、下旬迁至南瓜苗上；6 月中旬至 8 月上旬产卵，6 月底至 8 月中旬孵化；越冬成虫于 7 月中旬至 8 月中旬陆续死亡，一代成虫于 8 月中旬至 10 月上旬羽化，10 月上旬至下旬陆续进入越冬。各虫态历期：据在南昌饲养观察，卵期 11 d 左右；若虫期 50~55 d，其中 1 龄 9~12 d，2 龄 10~12 d，3 龄 13~15 d；成虫寿命约 11 个月。卵块多聚产在瓜藤基部下方，单行排列，偶 2~3 行；也曾在南瓜植株附近的枯干芦苇丛中采到。成虫、若虫常数只至数十只栖集在瓜藤基部、卷须、腋芽和叶柄上为害，初龄若虫尤喜在蔓裂处。

经济意义　为害南瓜、丝瓜、冬瓜 *Benincasa hispida*。成虫在柑橘、桑、稻、玉米、茄、豇豆、大豆上也有采到。成虫、若虫小群栖集在瓜藤处吸食汁液，造成瓜藤凋萎，枯死，影响植株的生长发育颇大。此外，在医学上，常用此虫医治外伤、肝病、肾病、胃气痛等症，均有一定疗效。

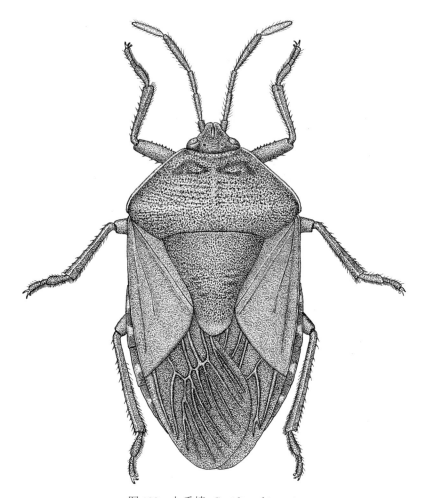

图 182　九香蝽 *Coridius chinensis*

分布　河南 (信阳、鸡公山)；江苏 (南京)、广东、广西、浙江、福建、台湾、四川 (雅安)。属东洋区系。为中国特有种。

(一八〇) 皱蝽属 *Cyclopelta* Amyot et Serville, 1843

Cyclopelta Amyot & Serville, 1843: 172. Type species: *Tessaratoma obscura* Lepeletier et Serville.

体卵圆形。头边缘明显卷起，侧叶稍稍长于中叶，末端略平截；触角 4 节，第 1 节伸出头前端；喙伸达中足基节；前胸背板侧角圆钝，不伸出体外；小盾片短，端部宽；膜片大，翅脉网状；中胸腹板有纵沟；腹部基部没有基突。

种 检 索 表

1. 体长超过 13 mm···大皱蝽 *C. obscura*

　体长不足 13 mm···小皱蝽 *C. parva*

295. 大皱蝽 *Cyclopelta obscura* (Lepeletier et Serville, 1828) (图版 XX-6)

Tessaratoma obscura Lepeletier & Serville, 1828: 592.

Cyclopelta obscura: Amyot & Serville, 1843: 172; Hsiao, 1977: 71; Lis, 2006: 229.

别名　槐蝽。

形态特征　成虫　黑褐至红褐色，无光泽。前胸背板胝色深。小盾片基部中央有 1 黄白色小斑，末端有时隐约可见黄白色小点 1 枚，小盾片上有较为明显的横皱。膜片棕褐色，后股节、胫节末端及跗节黑色。腹部背面红棕色，侧接缘黑色，每节中央有黄色小点；腹部腹面色淡，具不规则黑斑，或成黑色纵带纹，侧缘半圆形斑黑色。

结构　椭圆形。头顶方圆，侧叶宽阔，几为中叶的 4 倍，长于中叶且在中叶之前相交，侧叶端半部外侧上翘，触角多毛，2 节、3 节扁平。前胸背板基半部多平行皱纹，前角及侧角圆，胝隆起。小盾片上有较为明显的横皱。各足股节内侧具齿，前股节齿更多。

量度　体长 11.5~15.0 mm，宽 6.5~7.5 mm。

卵　长 0.9 mm，高 1.0 mm，宽 1.0 mm 左右，略呈方形，初产灰白至灰绿色，后变深绿，卵粒表面密布微粒及网纹，假卵盖周缘色略深，具小齿状精孔突。

若虫　1 龄体长 1.8~2.0 mm，宽 1.0~1.5 mm，卵圆形，头、触角、胸部及足均棕黑色，复眼棕红，喙黄黑色，超过后足基节，腹背黄色，具较多的棕红色横纹，中央有 7 个黑斑，第 3、第 4、第 5 斑上各具臭腺孔 1 对，末节黑色，侧缘黑斑中央有时黄色。腹部腹面红色，中央有 4 个大黑斑，侧缘斑黑色。2 龄体长 3~4 mm，宽 2.0~2.8 mm，椭圆形，喙及足褐色，喙末节黑色，胸背黄色，具 4 条黑色纵纹，但仅中央 2 条明显成行。腹部深黄或红黄色，腹背中央第 1 及第 2 斑中央断裂成黄白色，第 3 斑前缘中央有 1 黄白点，两侧各具 1 黑纵带。腹部腹面两侧棕褐色。3 龄体长 4~5 mm，宽 3.0~1.5 mm，椭圆形，胸背黄色，中央两行黑纵纹更明显，胸、腹两侧黑色；前足黑色，中足、后足股节及胫节除端部为橘红色外，其余灰黑或黑色。腹部黄色，腹背有 1 条黑色纵带，居中的 1 条更宽，其上有纵列成行的小黄点，腹部腹面中央深黄至深绿色，有时两侧颜色更深。4 龄体长 6~7 mm，宽 4~5 mm，头黑色，中叶深黄色，喙棕黄，末节黑色，胸部黄色，具黑色狭边，背腹面斑纹酷似 3 龄，翅芽明显伸达第 1 腹节，各足除胫节端部及跗节为黑色外，余均橘红色。5 龄体长 8~10 mm，宽 5~6 mm，黄色，酷似 4 龄若虫，中胸小盾片伸达第 1 腹节，除尖端外全为黑色宽纹所包围，芽翅伸达第 3 腹节。腹部黄中带绿，腹面有 2 条黑色纵纹，内侧 1 条细纹，与胸部黑纵纹相联。

生物学特性　江西、贵州一年发生 1 代，以成虫在植株基部的落叶下或杂草根际土面上群集越冬。据在贵阳花溪观察，越冬成虫于 5 月上旬开始取食，5 月中旬盛出，并开始交尾，5 月下旬至 6 月上旬至 7 月上旬产卵，7 月上旬、中旬陆续死亡。卵的孵化期为 6 月下旬至 7 月上旬至 7 月下旬。若虫的羽化期为 8 月上旬至 9 月中旬，但个别可延至 10 月中旬。成虫于 10 月上旬、中旬开始转入越冬场所。

各虫态历期：卵期 18~20 d。若虫期 98~125 d，平均 112 d，其中 1 龄 9~23 d，平均 17.6 d；2 龄 11~24 d，平均 17 d；3 龄 13~29 d，平均 18.6 d；4 龄 13~36 d，平均 20.8 d；5 龄 19~49 d，平均 18.9 d。成虫寿命长达 11 个月之久。雌雄性比近于 1：1。卵多产在当年生枝条上，少数也可产在老枝及幼树近土面的茎上，成行排列绕于枝上。若虫及成虫常数十至数百头互相挤触，吸食茎内汁液，遇惊分散，不久又复聚集一起，成虫有一定的飞翔能力。

经济意义　主要为害刺槐、紫荆 *Cercis chinensis*、豇豆、菜豆 *Phaseolus vulgaris*、扁豆 (刀豆) *Lablab purpureus*、大豆、咖啡属 *Coffea* 等。成虫、若虫常重叠群集于害主枝干或藤蔓上，刺吸汁液，影响植株生长和发育。刺槐幼树受害更重，叶片橘黄，提早脱落，严重时全株枯焦而死；大豆被害后，植株矮小，早期落叶，甚至全株枯死。

分布　河南 (董寨、商丘、开封)；浙江 (天目山)、广东、广西、四川、贵州、云南；菲律宾、越南、缅甸、印度、印度尼西亚。属东洋区系。

296. 小皱蝽 *Cyclopelta parva* Distant, 1900

Cyclopelta parva Distant, 1900: 220; Yang, 1934: 70; Hsiao, 1977: 70; Lis, 2006: 230.

形态特征　成虫　体色　暗栗褐色，无光泽。小盾片前缘中央有 1 个红黄色小点，有时末端也有 1 个小黄点。腹部侧接缘有黄色横点。

结构　卵圆形。头小，触角 4 节，第 2、第 3 节稍扁。前胸背板前侧缘平滑，其后半部和小盾片上具若干横皱。股节下方有刺。雌虫生殖节腹面稍凹陷，纵裂，后缘深内凹；雄虫生殖节腹面完整，稍鼓起，后缘圆弧状。

量度　体长 10.5~13.0 mm，宽 5.5~7.0 mm。

卵　长 0.7~0.9 mm，宽 0.9~1.0 mm，略呈短圆柱形。初产时乳白，渐变灰色，孵前为黑褐至黑色。假卵盖位于正上方，略拱起，卵壳两侧各具 1 条斜隆线。

若虫　卵圆形。头小，中叶长于侧叶。触角 4 节，第 2、第 3 节稍扁。胸背两侧缘稍上翘。腹背第 1、第 2、第 3、第 7、第 8 节中央各具 1 黑横纹，第 4、第 5 节和第 5、第 6 节之间的臭腺区为黑斑块，低龄的黑纹，黑斑清晰，高龄时色淡或模糊。1 龄体长 1.5~2.0 mm，宽 1.0~1.4 mm。头 (包括触角)、胸黑色，腹部淡红褐色。腹部两侧缘各节具 1 枚半圆黑斑，有时黑斑中央稍显灰色。1 龄、2 龄的前胸背板两侧缘灰白色半透明，中胸侧缘平直，中胸后缘显著地宽于后胸前缘，后胸后侧角圆弧状。2 龄体长 2.4~3.1 mm，宽 1.8~2.7 mm。2 龄起，体土黄色，触角黑褐，腹部两侧缘各节具 1 枚灰白色半圆斑，斑的周线黑色。2 龄胸背色较深，中央为褐色宽纵纹，两侧深褐。3 龄体长 3.2~4.5 mm，宽 2.5~3.4 mm。3 龄起腹背中央呈灰褐色宽纵条纹，两侧显灰黑宽纵条斑。3 龄胸背中央具 2 条黑褐色细纵纹，中胸中区土黄色，其后缘中央稍向后弯，初现小盾片；中胸侧缘圆弧状，其后缘与后胸前缘略等宽；后胸前侧角成锐角。4 龄体长 5.5~7.0 mm，宽 4.0~5.4 mm。4 龄起，前胸背板两胝明显，黑褐色；中胸背板中央小盾片明显。4 龄中胸背板后侧角稍向后延成翅芽,盖及第 1 腹节前缘。5 龄体长 7.5~10.2 mm,宽 5.8~7.5 mm,翅芽伸至第 3 腹节中后区。

生物学特性　各地一年均发生 1 代。以成虫在寄主附近的枯枝落叶下、石块下、土缝中蛰伏过冬。据在江西南昌郊区多年的系统观察,各虫态发生期大致如下:越冬成虫于 3 月下旬至 4 月上中旬开始活动,5 月中旬末至 6 月初开始交尾,产卵 6 月上旬至 6 月下旬盛产,7 月上旬结束,6 月下旬至 8 月上旬相继死去。卵自 6 月上旬开始孵化,6 月下旬初至 7 月上旬盛孵、7 月中旬末结束。若虫于 7 月底 8 月初开始羽化,8 月中旬初至 8 月下旬盛羽,9 月下旬初结束。10 月上旬前后,成虫陆续离开害主,爬至越冬场所,准备过冬。

各虫态历期:南昌卵期 15 d 左右;若虫期 51 d 左右,其中 1 龄 9 d 左右,2 龄 8 d 左右,3 龄 10 d 左右,4 龄 11 d 左右,5 龄 13 d 左右;成虫寿命长达 10~11 个月。山东徂徕山卵期为 16 d 左右,若虫期约需 55 d。卵多产于茎秆基部,串生成纵条,每串 11 枚左右,常数串并列,形成大块平铺,有时环包茎秆。初孵若虫静伏于卵壳上或卵壳旁,不久即与成虫一起群集。常见数十只以至数百只若虫和成虫拥挤在一起,有时小若虫趴在成虫背上。成虫常被白僵菌所寄生,其死亡率极高。

经济意义　主要为害刺槐,其次是紫穗槐、小槐花、葛藤、豇豆、扁豆 *Lablab purpureus*、大豆、荷包豆 *Phaseolus coccineus*、西瓜、南瓜等。成虫、若虫均喜群集于茎秆基部分枝处或 1~3 年生枝条基部,刺吸茎秆汁液。受害部位开始时出现紫红色斑块,该处逐渐臃肿、破裂、腐烂,轻者树势早衰,叶片枯落,重者整株或整枝枯死。

分布　河南 (辉县、开封、商丘、民权、中牟、西华、登封、确山、泌阳、信阳);辽宁、内蒙古、广东、海南岛、四川 (峨眉山)、浙江、福建,以山区、半山区较为常见;国外分布于缅甸、不丹。属东洋区系。

(一八一) 瓜蝽属 *Megymenum* Guérin-Méneville, 1831

Megymenum Guérin-Méneville, 1831: 12. Type species: *Megymenum dentatum* Guérin-Méneville.

头大,侧叶明显长于中叶,并在其前方愈合,侧缘在复眼处胀凸;复眼前方无刺或齿突;触角 4 节,第 2、第 3 节侧扁。前胸背板中部多瘤突;中胸腹板具深纵沟。腹部各节侧缘向后形成大型齿或隆叶,各节侧接缘中部具 1 小型齿突。

297. 细角瓜蝽 *Megymenum gracilicorne* Dallas, 1851 (图 183,图版 XX-7)
Megymenum gracilicorne Dallas, 1851: 364; Hsiao, 1977: 71; Lis, 2006: 232.

别名　锯齿蝽。
形态特征　成虫　体色　黑褐色,常有铜色光泽,翅膜片淡黄褐色。触角基部 3 节黑色,第 4 节除基端为棕褐色外,绝大部分黄或棕黄色。小盾片基角下陷处黑色并有金属闪光;基部中央有 1 枚小黄点。

　　结构　头部中央下陷呈匙状，侧缘内凹，在复眼前方的侧缘上有 1 外伸长刺；触角 4 节，圆柱状。前胸背板粗糙不平，胝间有 1 近圆形的肿包；侧缘凹凸不平，前侧缘前端凹陷较深，前角尖刺状，前伸而内弯，呈牛角形，侧角和前侧缘呈钝角状，显著突出。小盾片表面粗糙，有微纵脊，基角处下陷。股节腹面有刺，胫节外侧有浅沟；雌虫后足胫节基处内侧胀大，胀大部分稍内凹，似肾状。侧接缘每节有 1 个粗大的锯齿状突起。

　　量度　体长 12.0~14.6 mm，宽 6.0~7.8 mm。

　　卵　长 1.20 mm，宽 1.12 mm。略似圆柱形，中部稍鼓起，横置，附着部稍平坦。初产浅黄白色，密布小颗粒。假卵盖位于上方的一端，假卵盖周缘倾斜而稍隆起，具小颗粒状精孔突 28~30 枚。

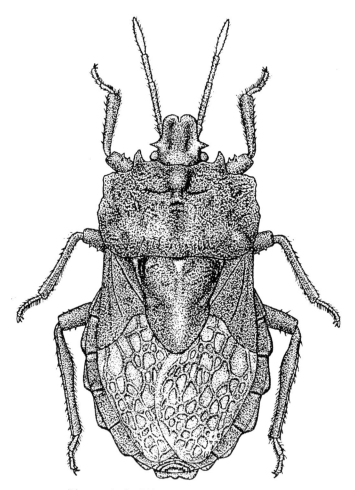

图 183　细角瓜蝽 *Megymenum gracilicorne*

　　若虫　1 龄体长 2.7~3.1 mm，宽 2.1~2.3 mm。卵形，淡黄色。头侧缘在复眼前方有 1 前伸的长指形突出；触角 4 节，被有长而硬直的白色刚毛，第 1 节最短，紫红色，其余各节腹面紫红色，背面淡黄微紫，第 4 节纺锤形，最长。前胸背板侧缘向两侧稍扩展，前角和前侧缘均呈指形突出，胸部各节背板的侧角也均呈指突。腹部侧接缘每节有 1 指

突；腹背中央黄或黄褐色，第 4、第 6 腹节中央两侧的臭腺孔呈瘤伏突起。3 龄体长 7.5~
8.3 mm，宽 5.1~5.3 mm。黄褐色。头侧叶远长于中叶；头侧缘在复眼前方有 1 长指形突
出，在复眼前上方也有 1 瘤突；触角基部 3 节黑色微紫，具多数毛瘤，第 4 节基部黑紫
色，端部橘黄，第 2 节最长。前胸背板中部两侧各有 1 黑褐色斑块；侧缘凹凸不平，前
角、前侧缘和侧角均呈三角形突出。前翅芽达第 1 腹节的中部。腹部略比胸部宽，腹侧
缘各节为锯齿状突出；5 龄体长 11.5~12.3 mm，宽 8.4~8.6 mm。暗黄褐或褐色，密被黑
色颗粒。头侧缘在复眼前方和前上方各具 1 指形突，但比 3 龄短。前翅芽达第 3 腹节后
缘。腹部比胸部显著更宽。各足股节腹面有小刺。余同 3 龄特征。

生物学特性　江西一年 1 代。以成虫在枯草丛中、竹筒内、草屋的杉皮下和石块土
缝等处越冬。翌年 5 月中旬开始活动，6 月初至 7 月下旬产卵，6 月中旬初至 8 月上旬孵
化，7 月中旬末至 9 月下旬羽化，10 月中旬、下旬陆续蛰伏越冬。成虫和若虫性喜荫蔽，
白天强光照时，往往躲在枯黄的卷叶内，近地面的藤蔓下向或蔓的分枝处，也有些躲在
兜部的土块下。卵多产于蔓基部下向和卷须上，少数产于叶背，成单行排列，极少 2 行。
雌虫每次产卵 24~32 枚，多为 26 枚。

经济意义　主要为害南瓜、苦瓜 *Momordica charantia* 和黄瓜，偶害豆类。成虫和若
虫在寄主兜部至高 3 m 左右的瓜蔓、卷须基部和腋芽处为害，1~2 龄若虫有群集性，多
数藏于蔓裂内为害。被害处初现黄褐色小点，卷须枯死，叶片变黄，严重时环蔓变褐，
提早枯死。

分布　河南 (辉县、鲁山、嵩山、汝阳、信阳、鸡公山)；上海、江苏、浙江、福建、
江西、山东、湖北、湖南、广东、广西、四川、贵州、陕西 (周至)；日本。属东洋区系。

三十九、朱蝽科 Parastrachiidae

本科包括 1 属，即朱蝽属 *Parastrachia*，为植食性，分布于亚洲。朱蝽属最初归入
蝽科的益蝽亚科 Asopinae，后归入土蝽的光土蝽亚科 Sehirinae，随后又提升为土蝽的一
个亚科 (Schaefer et al., 1988)，最后提升为一个独立的科 (Sweet and Schaefer, 2002; Lis,
2006)。世界已知 2 种，在我国均有分布，河南省记载 1 种。

(一八二) 朱蝽属 *Parastrachia* Distant, 1883

Parastrachia Distant, 1883: 424. Type species: *Parastrachia fulgens* Distant.

体长卵形；头大，侧叶长于中叶，在中叶前方不愈合，侧缘略加厚并强烈卷起；触
角第 1 节伸过头部前端；前胸背板侧缘弯曲，前侧缘加厚，前角略尖，后角阔圆，略外
突；小盾片长，侧缘直，末端细狭，基部中等程度地隆起，有 1 较粗中纵脊伸至小盾片
近末端；革片侧缘外凸弯曲程度中等，膜片超出腹部末端。各足圆柱形，无明显刺突，
跗节 3 节。腹部腹面有明显的中纵脊，但没有基刺前伸。雌虫第 7 腹板完整，不纵向
开裂。

298. 日本朱蝽 *Parastrachia japonensis* (Scott, 1880) (图版 XX-8)

Asopus japonensis Scott, 1880: 308.

Parastrachia fulgens Distant, 1883: 425.

Parastrachia japonensis Bergroth, 1908: 170; Schaefer et al., 1988: 203-311; Hsiao, 1977: 87.

形态特征 成虫 体色 朱红色。头背面基部具黑横斑，有些个体无或不明显；触角黑色。前胸背板前缘、前大部中央的大横斑、小盾片 (除末端外)、前翅革质部中央的大圆斑以及足及腹部腹面一些斑块，均为黑色。前翅膜片污烟色，端缘处色淡，透明。

结构 具密刻点。头侧叶长于中叶，侧缘上翘。触角第 2 节长于第 1 节，与第 3 节长度接近。前翅膜片稍长过腹末。

量度 体长 16~18 mm，宽 6~8 mm。

分布 河南 (鸡公山)；江西、湖南、广西、四川、贵州、云南；印度、缅甸。

四十、蝽科 Pentatomidae

蝽科昆虫体形变化较大，一般椭圆形，体扁平。蝽科昆虫触角一般 5 节，极少 4 节。单眼 2 个。前胸形态变化丰富，侧角和前侧缘形态多样。小盾片三角形 (部分种类极度发达，为宽舌状)，长度超过腹部长度一半，末端超过爪片，所以没有爪片接合缝结构 (此结构在多数半翅目昆虫中有)。跗节 3 节。腹部第 2 腹节气门常被后胸侧板遮盖。阳茎鞘骨化显著，阳茎导精管结构复杂。雌虫受精囊管的中段呈长大的纺锤形膜囊状构造，双层，膜质囊包围一段骨化的受精囊管。若虫臭腺孔开口于腹节背面第 3~6 节之间的节间缝处。蝽科昆虫成虫臭腺发生于后胸侧板前方内侧，主要结构有臭腺孔、臭腺沟缘、蒸发域。受惊扰后，分泌大量挥发性臭味气体。此类昆虫大多数为植食性，利用口针刺吸植物汁液，许多种类是重要的农林害虫，如斑须蝽 *Dolycoris baccarum*、茶翅蝽 *Halyomorpha halys*、稻绿蝽 *Nezara viridula*、稻黑蝽 *Scotinophara lurida*、菜蝽 *Eurydema dominulus* 等。益蝽亚科种类为捕食性，可刺吸鳞翅目和鞘翅目的幼虫。世界已知 900 属 4700 种 (Henry, 2009)，我国已知约 130 属 360 种 (郑乐怡，1999；萧采瑜等，1977；杨惟义，1962)。目前，河南省蝽科昆虫已知 54 属 90 种。

亚科检索表

1. 喙甚为粗壮，第 1 节粗大，只在基部被相对低矮的小颊所包围，其余绝大部分则明显外露于小颊之外，静止时，一般也不紧贴于头部腹面；喙活动时，第 1 节可与其他各节一起活动，活动关节在第 1 节基部与头部之间 ····················· **益蝽亚科 Asopinae**
   喙细长，第 1 节几全为小颊所包围，紧贴于头部腹面；喙活动时，活动关节在第 1 节与第 2 节之间，喙的第 1 节不参与喙的活动 ·· 2
2. 喙短，末端不超过前足基节或刚刚超过前足基节 ··············· **短喙蝽亚科 Phyllocephalinae**
   喙较长，末端明显越过前足基节。小盾片较长，多超过腹部的中央。前翅膜片上的脉不呈明显的不规则网状，横脉少或无 ·· **蝽亚科 Pentatominae**

益蝽亚科 Asopinae

属 检 索 表

1. 前足股节下方近末端处有 1 明显的大刺 …………………………………………………………2
前足股节下方近末端处无大刺 …………………………………………………………………6
2. 头部侧叶甚长于中叶，并在中叶的前方相遇。头部侧叶在中叶前方全长互相联合；前足胫节向外扩张呈叶片状；腹部基部中央有 1 短钝的前指突起；前胸背板侧角圆钝或呈耳状，伸出…………
……………………………………………………… 并蝽属 *Pinthaeus* Stål
头部侧叶与中叶等长，或稍长于中叶，但不在中叶前方相遇 …………………………………3
3. 前足胫节外侧不扩张成叶片状 ……………………………………………………………………4
前足胫节外侧扩展成叶片状 ………………………………………………………………………5
4. 腹部下方基部中央的前伸刺突长而明显；雄虫生殖节腹面有皱纹，或第 4、第 5 腹节腹面中线两侧有一密生小毛的 "绒毛区" ……………………………… 厉蝽属 *Eocanthecona* Bergroth
腹部下基部中央的前伸刺突较短；雄虫腹下体表无皱纹，亦无 "绒毛区" ……………………
……………………………………………………… 益蝽属 *Picromerus* Amyot et Serville
5. 小盾片基部有大形瘤状突起，中足、后足股节近基部处有 1 大刺。腹部各侧接缘向后不伸出，或略伸出，但短钝不呈尖棘状；前胸背板侧角不伸出，或呈角状伸出，但多不呈细长的棘刺状；雄虫腹部下方第 4、第 5 腹节之间两侧常有 1 小陷窝，其上密生小绒毛。小盾片瘤突成对，2 瘤峰之间具深沟，瘤体多不平整，具强刻点或皱痕 ………………………… 瘤蝽属 *Cazira* Amyot et Serville
小盾片无瘤状突起；体多较长而向后渐尖；头部中叶与侧叶等长或几等长；前胸背板前侧缘粗糙，侧角显著伸出，末端较尖。雄虫第 4、第 5 腹节腹面中线两侧有密生小毛的 "绒毛区"，常为长方形 ……………………………………………………… 厉蝽属 *Eocanthecona* Bergroth
6. 头部侧叶长于中叶，且在其前方相会合；前胸背板侧角伸出，但末端不锐；前胸背板前侧缘粗糙，后角远大于直角；腹部腹面基部中央有 1 明显的短刺突，指向前方；体较大型 …………………
……………………………………………………… 喙蝽属 *Dinorhynchus* Jakovlev
头部侧叶与中叶等长，或虽长于中叶，但不在其前方会合 ……………………………………7
7. 前胸背板侧角伸出不远，伸出部分的长度明显小于爪片基部的宽，不上翘；遮盖于爪片基部之上的前胸背板后角近于或大于直角，其尖端远未伸达爪片缝 …………… 蠋蝽属 *Arma* Hahn
臭腺沟外侧有很长的横行臭腺沟，并具臭腺沟缘。体色蓝，有光泽。前足胫节腹侧中部有 1 小的弯曲刺。前胸背板前侧缘光滑，前角微突出，前缘均匀地成弧形后凹 …………………………
……………………………………………………… 蓝蝽属 *Zicrona* Amyot et Serville

(一八三) 蠋蝽属 *Arma* Hahn, 1832

Arma Hahn, 1832: 91. Type species: *Cimex custos* F. (designated by Schouteden 1907) ; *Cimex lurida* F.
Harma Marshall 1868: 282.
Auriga Kirkaldy 1909a: 15. Type species: *Cimex custos* F.

头部侧叶与中叶等长，或虽长于中叶，但不在其前方会合。前胸背板侧角不上翘，伸出不远，伸出部分的长度明显小于爪片基部的宽度；前胸背板后角近于或大于直角，其尖端远未伸达爪片缝；前足股节下方近末端处无大刺。

299. 蠋蝽 *Arma chinensis* Fallou, 1881 (图 184，图版 XX-9)

Arma chinensis Fallou, 1881: 340; Zhang et al., 1985: 67; Hsiao, 1977: 86; Yang, 1997: 190; Thomas, 1994: 165; Rider & Zheng, 2002: 108; Rider, 2006: 236.

Arma discors Jakovlev 1902: 64.

Auriga discors: Kirkaldy 1909: 15.

Auriga chinensis: Kirkaldy 1909: 15.

Auriga peipingensis Yang 1933: 21.

别名　蠋敌。

形态特征　成虫　体色　黄褐或黑褐色 (体色变异较大)，腹面淡黄褐。复眼红褐，略外突，单眼红褐，位于复眼内下侧；头下方浅黄褐，刻点浅色，触角红褐色略带黄色；喙 4 节，黄褐，各足淡褐色；胸部侧板黄褐，布黑刻点，前胸、中胸侧板中央有 1 小黑斑；触角第 3、第 4 节为黑色或部分黑色，前胸背板前侧缘的白边内侧具黑色刻点，前翅革片侧缘具浓密黑色刻点，节缝处黑色，各节前后端常各有 1 小黑斑，足股节具细小黑点；密被深色刻点。触角 5 节，黄褐，位于头下方靠复眼内侧，第 3 节中部、第 4、第 5 节端半部常黑，触角基头背面可见，膜片白，透明，具 8~9 条纵脉纹，胸部腹板黄褐，中胸、后胸腹板中央具低的纵脊；足黄褐，布浅色刻点，前足胫节中部具小刺，端部腹面具浅色毛，跗节 3 节，第 2 节短，第 1 节长；爪黄褐。腹部腹面淡黄或黄褐，基部中央无突起，各节两侧基部中央有 1 小黑斑；气门黑。侧接缘黄黑相间。小颊低，黄，足胫、跗节略现浅红色。

结构　椭圆形。密布深色细刻点。头侧叶与中叶等长或稍长于中叶，侧叶顶端钝圆，侧缘凹，靠眼上方略外突，中叶后端稍鼓，具隐约可见的横皱纹；触角 5 节；前胸背板前侧缘常具很狭的白边，两侧缘前半部具细齿。前胸背板中部具隐约可见的横缢，纵中线可见，前缘内凹，前侧缘具窄的浅色边，呈细锯齿状，侧角钝圆，上翘，暗色，后缘直，后角尖，达爪片外缘。小颊下缘平直，具 1 列刻点，短于喙第 1 节；喙伸达后足基节处，小盾片侧缘中部内凹，顶端钝，基角处凹，纵中线清晰；前翅基部窄于前胸背板，顶角长于小盾片末端，端缘直；前胸背板稍鼓，前缘直，中胸、后胸侧板正常；臭腺孔明显，臭腺沟长，顶端上翘，中部具黑斑；雄虫抱器和阳茎如图 184-B、图 184-D 所示；雌虫受精囊如图 184-C 所示。

量度　体长 10.0~14.5 mm，宽 5~7 mm。头长 2.1 mm，宽 2.42 mm，复眼间距为 1.6 mm，喙各节长度 I : II : III : IV = 1.3 : 1.8 : 1.1 : 0.5 mm；触角各节长度 I : II : III : IV : V = 0.6 : 1.8 : 0.9 : 1.4 : 1.2 mm。前胸背板长 2.8 mm，宽 5.7~6.8 mm，单眼间距 1.1 mm，小盾片三角形，长 3.4 mm，基部宽 3.3 mm，膜片超过腹部末端约 0.7 mm；腹宽 6.0~6.6 mm。

卵　黄褐色。近顶端处有一圈宽阔的宽约为卵高 1/4 的淡黄色环；顶端处周缘生小短刺褐色。略呈圆筒形，表面粗糙，近顶端处具假卵盖。长 0.8~1.0 mm。

　　1 龄若虫　体色　头、胸部和腹部各节侧缘、第 1~6 腹节中央褐色，其余各部均为淡黄。量度　体长 0.8~1.0 mm。

　　3 龄若虫　体长 5 mm，宽 3.5~4.9 mm。卵圆形。浅黄褐，具不规则黑斑和浅色刻点。头长约 1.6 mm，宽 2.7 mm。头、前胸侧缘、腹背臭腺孔褐色，其余各部淡黄色。头侧叶与中叶等长，略宽，侧缘黑，中部凹，复眼褐，窄于前胸背板前缘，略外突；头下方黄褐，小颊低，平直；喙 4 节，黄褐，伸达后足基节间，触角 4 节，第 2 节侧缘、第 3 节端半部和第 4 节褐，其余黄褐，各节长度 I : II : III : IV=0.3 : 1.4 : 0.7 : 0.8 mm。前胸背板长方形，前缘凹，后缘直，侧缘略呈弧形，两侧具不规则黑斑；翅芽浅黄褐，端部具黑斑，长 0.3 mm，达第 I 腹节末端。胸部和腹部腹面浅黄褐；各足近基节处有 1 小黑斑，足腿节和胫节端部褐，其余黄褐，跗节 2 节，褐，第 1 节短。腹部背面黄褐，布浅色刻点，第IV、第V、第VI节中央两侧各具 1 臭腺孔。侧接缘黄黑相间。

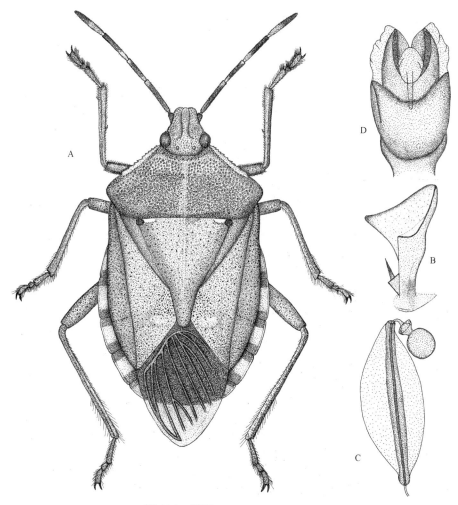

图 184　蠋蝽 *Arma chinensis*

A. 体背面 (habitus)；B. 抱器 (paramere)；C. 受精囊 (spermatheca)；D. 阳茎 (phallus)

5 龄若虫　体长约 7.7 mm，宽 5.7 mm。椭圆形。黄褐，布黑刻点。头长约 1 mm，宽 1.9 mm，侧叶与中叶等长，侧叶侧缘黑，中部略凹；复眼褐，略外突，窄于前胸背板前缘，体下方淡黄褐，布浅色刻点，小颊低；喙 4 节，淡黄褐，伸达后足基节处；触角 4 节，黄褐，第 3 节末端、第 4 节端半部褐，各节长度 Ⅰ：Ⅱ：Ⅲ：Ⅳ=0.3：1.9：1.0：1.1 mm。前胸背板长方形，长 1.5 mm，宽 4.4 mm，前缘直，侧缘稍外弓，黄，刻点浅色，具细锯齿，侧角外缘黑，后缘直，后角大于直角，胝区鼓，近侧缘刻点黑，小盾片三角形，基角处有黑斑，纵中线清晰；翅芽刻点黑，具黑斑，长 2.5 mm 左右，达腹部 Ⅳ 节末端，足黄褐，布浅色细毛，跗节 2 节，爪黄褐。第Ⅳ、第Ⅴ、第Ⅵ腹节中央两侧具臭腺孔；各节基和末端黑，腹部腹面黄褐，气门黑。5 龄体色全体褐色，具深黑刻点。

生物学特性　山东、山西、内蒙古一年 1 代，以成虫在杂草根部、石块、土缝下以及向阳面的树皮裂缝内过冬。翌年 5 月上旬、中旬开始活动，在小麦、春玉米等作物上觅食，7 月下旬大多转移到棉花、大豆等作物上，并交配、产卵。8 月初是产卵的高峰季节，8 月下旬孵化，10 月中旬成虫开始向冬麦田、杂草等处转移越冬。成虫羽化后，一般 4~5 d 就可交尾，再经 3 d、4 d 开始产卵，卵一般产于叶片正面，常十几粒排列在一起。初孵若虫，先在卵壳附近叶面上静伏不动，第二天才开始四处爬行，觅食活动。

经济意义　是一种有益的捕食性蝽类，幼龄若虫主要捕食蚜虫，3 龄后则主要捕食鳞翅目幼虫，如棉铃虫、大豆造桥虫、*Parasa* 属刺蛾幼虫等，常将口器刺入幼虫体内，吸尽体液，使寄主只剩一个空壳，老龄若虫，尤喜捕食 *Para* 属刺蛾幼虫。

分布　河南 (郑州、新乡、延津、安阳、兰考、偃师、禹县、汝阳、舞阳、新野、信阳、嵩县、栾川)；北京、黑龙江 (带岭、尚志帽儿山、哈尔滨)、吉林 (吉林、通化)、辽宁 (土门岭、盖平)、内蒙古 (锡林郭勒盟、呼和浩特、兴安盟、科尔沁右翼前旗、科尔沁右翼中旗、哲里木盟、赤峰、阿鲁科尔沁旗、乌兰察布盟)、河北 (兴隆雾灵山)、山西 (原平、中条山)、江苏、浙江、安徽、福建、江西、山东 (烟台、泰安)、湖北 (武昌)、湖南、四川 (金川、雅安、宝兴、峨眉山)、贵州、云南 (昆明)、陕西 (武功、甘泉)、甘肃 (天水)、新疆；俄罗斯 (西伯利亚)、日本、中亚、欧洲。

(一八四) 瘤蝽属 *Cazira* Amyot et Serville, 1843

Cariza Amyot & Serville, 1843:78. Type species: *Cazira verrucosa* Amyot et Serville, designated by Kirkaldy (1903: 230).

Cariza, subgenus *Teratocazira* Breddin 1903: 34. Type species, *Teratocazira horvathi* Breddin.

Cariza, subgenus *Metacazira* Schouteden 1907b: 22. Type species, *Pentatoma verrucosa* Westwood.

Paracazira Schouteden 1907b: 10. Type species, *Breddiniella insignis* Schouteden.

Breddiniella Schouteden 1907b: 44. Type species, *Breddiniella insignis* Schouteden.

Acizara Hsiao & Zheng 1977: 80. Type species, *Acicazira gibbosa* Hsiao et Zheng (Syn. by Zheng & Liu 1987b).

头部侧叶与中叶等长，或稍长于中叶，但不在中叶前方相遇；前胸背板侧角不伸出，或呈角状伸出，但多不呈细长的棘刺状；小盾片基部有大形瘤状突起，并且瘤突成对，两瘤峰之间具深沟，瘤体多不平整，具强刻点或皱痕；前足胫节外侧扩展成叶片状；前足股节下方近末端处有1明显的大刺；中足、后足股节近基部处有1大刺。腹部各侧接缘向后不伸出，或略伸出，但短钝不成尖棘状；雄虫腹部下方第4、第5腹节之间两侧常有1小陷窝，其上密生小绒毛。

种 检 索 表

1. 腹下基部中央的刺突明显，呈刺状。前翅膜片于两翅重叠时中央有深黑色或黑褐色宽纵带，其边缘界限极清楚；两侧透明。前胸背板侧角较钝，仅微伸出于体外。臭腺沟缘较狭细……………………………………………………………………………………………………… 峨眉瘤蝽 *C. emeia*
   腹下基部中央无刺突，或有钝状刺突………………………………………………………2
2. 小盾片瘤一般，后缘不平削。小盾片（包括瘤）的颜色常较体色略淡。头及前胸背板无淡色纵中带。雄虫腹下第4、第5节之间各有小凹陷状密生绒毛的"绒毛区" ……………… 无刺瘤蝽 *C. inerma*
   小盾片基部中央1极大的隆瘤，约占小盾片面积的一半，瘤体光滑，高出前胸背板表面甚多，峰顶具两个浅峰，光滑，两峰之间在中线处有1极浅的不明显凹痕……………… 峰瘤蝽 *C. horvathi*

300. 峨眉瘤蝽 *Cazira emeia* Zhang et Lin, 1982 (图 185，图版 XXI-1)

Cazira sp.; Hsiao, 1977: 82.

Cazira emeia Zhang & Lin, 1982: 58; Rider & Zheng, 2002: 109; Rider, 2006: 238.

形态特征　体色　与瘤蝽 (*Cazira verrucosa*) 十分近似，体较大。黄褐色至紫黑色，雌腹下与体一色而较深，雄腹下蓝黑色，胸部腹面侧方有一些细碎不规则的黄斑。足同体色，中足、后足股节及胫节中央有一细黄环。

结构　雄虫腹下第4、第5节间各侧有小"绒毛区"。头侧叶较明显地长于中叶，侧缘稍翘，刻点较浅；触角同体色，第1、第2节稍淡；喙伸达中足两基节间。前胸背板胝区各有两个瘤突，呈"八"字形排列；中央有似"巾"字形隆起纹，其前半呈瘤状，较大，后半多不呈瘤状，较细。前胸背板前角成小刺状伸出，前侧缘光滑，强烈内凹，侧角稍外伸，末端圆钝，基部有1个光滑的小瘤突。臭腺沟缘较长，呈香蕉状，末端明显上弯。小盾片基部有1个大瘤体，中央具纵走深凹槽，将其等分为二，两基角处还有1个小瘤，于大瘤体间也有浅凹槽隔开；小盾片端半平坦，上有3条隆起纹，末端稍卷。前翅革片具刻点，外端处有1个深色大斑，但有些个体不明显。膜片透明，两翅重叠时，中间具深褐色宽纵带。腹部背面，雄暗紫，雌深蓝绿，具密集刻点；腹下漆黑色，侧方散布一些细碎黄纹，第2~5可见腹节有小突起外伸。腹部下方基部中央有三角形的小刺突，平伸至后足基节间。雄体腹下第4、第5节间中域的两侧，各有1小"绒毛区"。足同体色，各足腿节下方近端处有1大刺，基部具小黄斑，近前半有2个黄色缺环，前足胫节背面扩大成叶状，中足、后足胫节正常，中央有1黄环，跗节色淡，翅革片较长，末端超过小盾片末端较多。雄虫抱器、阳茎如图185-C、图185-D所示，雌虫受精囊及腹部末端腹面观如图185-E、图185-B所示。

　　量度　体长 12.5 mm，宽 5.5~6.0 mm。头长为 1.6 mm，宽为 1.0 mm，复眼间距为 0.9 mm，喙各节长度 Ⅰ：Ⅱ：Ⅲ：Ⅳ=0.9：1.4：0.6：0.4 mm，触角各节长度为 Ⅰ：Ⅱ：Ⅲ：Ⅳ：Ⅴ=0.5：1.2：1.0：1.5：1.7 mm。前胸背板长为 3.0 mm，宽为 5.9 mm，单眼间距为 0.7 mm，小盾片长 3.9 mm，腹宽 5.8~6.0 mm。

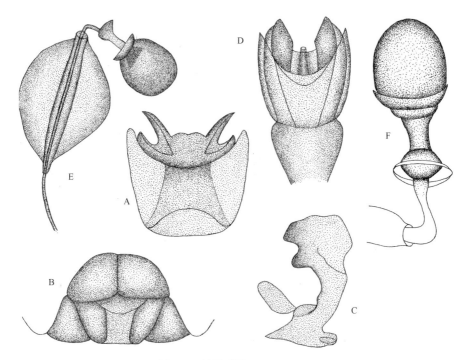

图 185　峨眉瘤蝽 *Cazira emeia*

A. 雄虫腹部末端腹面 (apical segments of abdomen, ventral view, male)；B. 雌虫腹部末端腹面 (apical segments of abdomen, ventral view, female)；C. 抱器 (paramere)；D. 阳茎 (phallus)；E. 受精囊 (spermatheca)；F. 受精囊球 (pump of spermatheca)

　　分布　河南 (嵩县、栾川)；陕西 (秦岭)、四川 (峨眉山、灌县)、福建 (建阳)、广东 (连县)。

301. 峰瘤蝽 *Cazira horvathi* Breddin, 1903 (图 186，图版 XXI-2)

Cazira horvathi Breddin, 1903：34; Rider, 2006: 238.

Aciczira gibbosa: Hsiao, 1977: 81; Zhang et al., 1995: 30; Rider & Zheng, 2002: 109.

　　形态特征　成虫 体色　红褐或棕褐色，略有光泽。触角浅褐色，稀疏具毛。中足、后足各足股节端半部常具 2 个淡色环。前胸背板后半刻点粗大黑色，前翅革片具黑褐刻点及黄白颗粒，膜片半透明，上具黑褐斑纹。胸部腹面色较深；足红褐，腹下黑褐色。

　　结构　椭圆形，头部长方形扁宽，表面凹凸不平，头顶中央具刻点。中叶与侧叶等长，侧缘微卷起并内凹。喙粗壮，伸达中足基节。前胸背板表面具不整齐的横皱突，后半刻点粗大黑色，前角外伸成小刺状，侧缘前半部外突，边缘呈瘤齿状，后半圆弧状内凹，在侧角处形成尖锐的刺突，其后基部有一圆形小突。小盾片端部宽舌状，基处有 1

大的峰状瘤突，光滑完整，高约 4.5 mm，位于前胸背板之上，瘤顶圆钝，略有一凹痕，将其平分为两浅峰；小盾片其余部分也凹凸不平。前翅较长，伸出腹末，革片具黑褐刻点及黄白颗粒。前足股节端部内侧有 1 大钝刺，胫节向两侧扩张呈圆叶状；中足、后足正常，侧接缘各节的后角尖长。腹部第 2~5 可见腹节侧缘有短棘外伸。雄虫抱器、阳茎如图 186-C、图 186-D、图 186-B 所示。

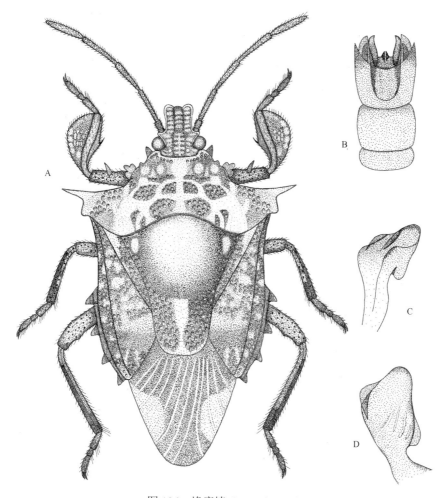

图 186 峰瘤蝽 *Cazira horvathi*

A. 体背面 (habitus)；B. 阳茎 (phallus)；C. 抱器 (paramere)；D. 抱器 (另一角度) (paramere, different side as above)

量度 体长雄虫 15.5 mm，宽 7.2 mm，雌虫 14 mm，宽 8 mm。头长为 2.2 mm，宽为 1.2 mm，复眼间距为 1 .0 mm，喙各节长度 I：II：III：IV=1.0：1.1：1.1：0.9 mm，触角各节长度 I：II：III：IV：V =0.4：1.5：1.8：1.1：1.5 mm。前胸背板长为 2.8 mm，宽为 8.6 mm，单眼间距为 0.8 mm，小盾片长 4.8 mm，腹宽 7.0 mm。

本属国产种类尚有：峨嵋瘤蝽 *Cazira emeia* Zhang et Lin、瘤蝽 *C. verrucosa* (Westwood)及黄瘤蝽 *C. mantandoni* Breddin，但这 3 种除体色与体型大小有差异外，主要是小盾片

上瘤突的峰顶，均具明显纵沟，将瘤突分为两个轮廓清晰的小峰，而本种则否，可以区别。

生物学特性　河南鸡公山主要生活于山间油松 *Pinus tabuliformis* 与栎、荆条等混交林中，常静伏在树枝上，待鳞翅目小幼虫、叶甲小幼虫爬近时，突伸出二前足将其攫住，并迅速以喙插入猎物体内，吸食汁液。5~7 月成虫数量较多，10 月下旬逐渐转入越冬场所，一般以向阳处的树皮裂缝内为主，估计该地年约 2 代。

经济意义　捕食多种鳞翅目小蛾类幼虫及叶甲类幼虫；在贵阳观察也偶害瓜类。

分布　河南 (信阳)；湖北、湖南、贵州、福建、广东；越南，属东洋区系。

302. 无刺瘤蝽 *Cazira inerma* Yang, 1935 (图 187，图版 XXI-3)

Cazira inerma Yang, 1935: 99; Hsiao, 1977: 82; Yang, 1962: 58; Rider & Zheng, 2002: 109; Rider, 2006: 238.

形态特征　**体色**　体红褐色，腹下同。小盾片后半段和基部两个大瘤的后侧色淡，有时为黄色，或深紫色。膜质部中间棕黑，两侧白色而透明。触角暗红褐色，或棕褐，其末端 3 节色更深。跗节、中足及后足的腿胫两节上，有狭圈，偶尔有些小点在腹下侧区，均为黄褐色。

结构　雌虫受精囊及腹部末端腹面观如图 187-A、图 187-B 所示。

量度　长 9.3~12 mm，宽 5.5~6 mm。头长为 2.0 mm，宽为 1.2 mm，复眼间距为 1.0 mm，喙各节长度 I：II：III：IV＝0.9：1.1：0.9：1.0 mm，触角各节长度 I：II：III：IV：V＝0.3：1.0：0.9：1.1：1.5 mm。前胸背板长为 2.9 mm，宽为 6.5 mm，单眼间距为 0.8 mm，小盾片长 4.5 mm，腹宽 5.9 mm。

经济意义　以蝶蛾类幼虫为食。

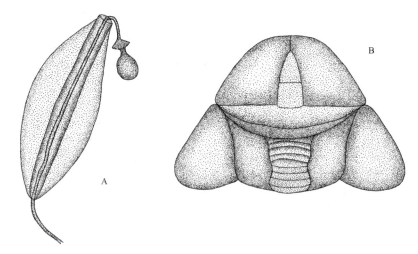

图 187　无刺瘤蝽 *Cazira inerma*

A. 受精囊 (spermatheca)；B. 雌虫腹部末端腹面 (apical segments of abdomen , ventral view, female)

分布 河南 (信阳)；陕西 (华山、南五台)、浙江 (天目山)、福建 (建阳)、四川 (荥经)、贵州。

(一八五) 喙蝽属 *Dinorhynchus* Jakovlev, 1876

Dinorhynchus Jakovlev, 1876: 107. Type species: *Dinorhynchus dybowskyi* Jakovlev.

体较大；头部侧叶长于中叶，且在其前方相会合。前胸背板前侧缘粗糙，侧角伸出，但末端不锐；后角远大于直角；前足股节下方近末端处无大刺；腹部腹面基部中央有一明显的短刺突，指向前方。

303. 喙蝽 *Dinorhynchus dybowskyi* Jakovlev, 1876 (图 188，图版 XXI-4)

Dinorhynchus dybowskyi Jakovlev, 1876:109; Yang, 1962: 65; Hsiao, 1977: 88; Rider & Zheng, 2002: 110; Rider, 2006: 239.

别名 青岛绿蝽。

形态特征 **体色** 金绿色。头部前端中央、前胸背板前缘及足均淡黄褐，前胸背板两侧缘也为极狭窄的淡黄褐色。前胸背板侧角黑色。触角黑。侧接缘黄黑相间。具不均匀的黄斑，密被黑刻点及浅色短细毛。复眼红褐，单眼黄，位于复眼内下侧，体下方淡黄褐；喙 4 节，第 1~3 节淡黄，第 4 节褐，触角 5 节，位于头下方复眼内侧，第 1 节黄褐，其余黑，具极浅色细毛，前胸背板具刻点和横皱纹，前缘黄褐，凹，前侧缘黄褐，粗糙不平，呈锯齿状，侧角黑，显著伸出，但不锐，上卷，后端具不均匀的黄斑，胝区光滑，后缘直，淡黄褐，后角大于直角；小盾片三角形，布不均匀黄斑，侧缘黄褐，后端内凹，顶端钝，基角处显著内凹；前翅革片侧缘黄褐，爪片顶端黄褐，膜片黑褐，前胸侧板稍鼓，布黑刻点，侧缘黑，前缘直；中胸、后胸侧板平，布不均匀小黑刻点；足基节黄，其余褐或黄褐，具浅色短毛，腿节具黑刻点，爪基部黄褐，端部黑。腹部腹面布浅色刻点，中部鼓，气门黑。侧接缘黄黑相间。

结构 椭圆形。头似长方形，具横纹和刻点，长 2.75 mm，宽 3.30 mm，前端略下倾，基部中央有 1 黄斑；头侧叶显著长于中叶，并在中叶前端相接触，宽，侧缘向顶端渐阔，具红褐窄边，顶端钝，靠复眼上方向外突，中叶顶端黄；复眼球状，外突，复眼内侧光滑，单眼和复眼间距等于复眼直径；小颊低，下缘平直，不包围喙第 1 节，喙伸达后足基节间，前翅革片前侧缘窄于前胸背板侧角，顶角超过小盾片末端，端缘直，膜片超过腹部末端约 2.5 mm，纵脉纹多，但不呈网状，臭腺孔明显，臭腺沟缘镰刀状；前胸、后胸腹板平，中胸腹板有一低的纵脊；前足胫节中部靠后有 1 小短刺，跗节 3 节，第 2 节短，第 1 节长；腹部中部基部中央有 1 明显的腹刺突，伸至后足基部处。雄虫生殖节、抱器、阳茎如图 188-D、图 188-G、图 188-F 所示；雌虫生殖节、受精囊如图 188-E、图 188-H 所示。

量度 长 18~23 mm，宽 10.0~11.5 mm。头似长方形，长 2.75 mm，宽 3.3 mm，复眼

间距为 1.9 mm，喙各节长度Ⅰ∶Ⅱ∶Ⅲ∶Ⅳ=2.2∶3.0∶1.9∶2.4 mm，触角各节长度为Ⅰ∶Ⅱ∶Ⅲ∶Ⅳ∶Ⅴ=0.49∶2.3∶2.4∶2.9∶1.6 mm。单眼间距为 1.4 mm。前胸背板长 5.2 mm，宽 (两侧角间) 11.0 mm 左右，前翅膜片超过腹部末端约 2.5 mm，腹宽 11.2 mm。小盾片长 7.9 mm。

经济意义　捕食杨毒蛾 *Leucoma candida* Studinger 的幼虫。

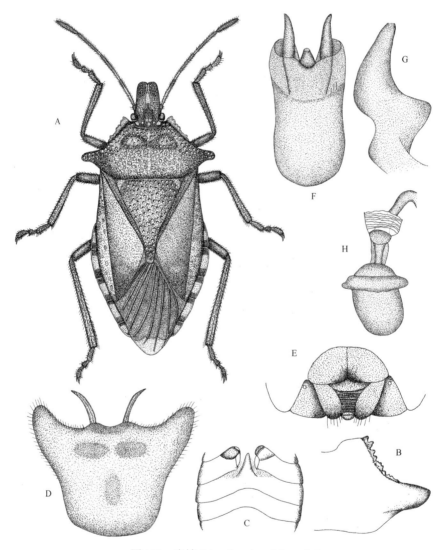

图 188　喙蝽 *Dinorhynchus dybowskyi*

A. 体背面 (habitus)；B. 前胸背板侧缘 (lateral margin of prothorax)；C. 腹部基部腹面 (basal part of abdomen, ventral view)；D. 雄虫腹部末端腹面 (apical segments of abdomen , ventral view, male)；E. 雌虫腹部末端腹面 (apical segments of abdomen , ventral view, female)；F. 阳茎 (phallus)；G. 抱器 (paramere)；H. 受精囊 (spermatheca)

分布　河南 (济源)；内蒙古 (呼和浩特市、呼伦贝尔盟的扎兰屯、赤峰市的阿鲁科尔沁旗)、黑龙江 (白利水、帽儿山)、吉林 (延吉)、北京 (昌平)、山东 (青岛)；西伯利亚、日本。

(一八六) 厉蝽属 *Eocanthecona* Bergroth, 1915

Eocanthecona Bergroth, 1915: 484. Type species: *Cimex furcellata* Wolff.

体多较长而向后渐尖；头部侧叶与中叶等长，或稍长于中叶，但不在中叶前方相遇。前胸背板前侧缘粗糙，侧角显著伸出，末端较尖。小盾片无瘤状突起；前足股节下方近末端处有 1 明显的大刺；前足胫节外侧不扩张成叶片状。雄虫第 4、第 5 腹节腹面中线两侧有密生小毛的"绒毛区"，常为长方形。

种 检 索 表

1. 前足胫节外侧强烈扩展成叶状，扩展部分超过胫节其他部分宽度······················厉蝽 *E. concinna*
   前足胫节外侧扩展部分等于胫节其他部分宽度或更为狭窄························黑厉蝽 *E. thomsoni*

304. 厉蝽 *Eocanthecona concinna* (Walker, 1867) (图 189，图版 XXI-5)

Canthecona concinna Walker, 1867: 131.

Contheconidea concinna: Schouceden, 1907: 45; Kirkaldy 1910: 104; Hoffmann, 1932: 7; Wu, 1933: 216; Yang, 1934: 101; Yang, 1962: 60; Hsiao, 1977: 84; Zhang et al., 1995: 29.

Eocanthecona concinna: Miyamoto 1965: 229; Thomas, 1994: 175; Rider & Zheng, 2002: 110; Rider, 2006: 240.

别名　海南蝽。

形态特征　成虫　体色　黄褐色，具金绿色成分，被粗密黑褐色刻点。复眼、小盾片基角近端部两侧黑褐色，前翅单革片中后部中央具 1 黑褐色斑；触角第 4、第 5 节端半黑色，前翅膜片黑色，第 7 腹节中央具黑色斑；单眼红色；触角、头中部、喙、脸面、胸部及腹部中区、足黄褐色；头下侧缘、小盾片基角外缘金绿色，脸面、胸部及腹部侧区有金绿色斑；前翅侧接缘黄黑相间，黑色部分常带金绿闪光。小盾片基角具 1 光滑黄色斑，小盾片基角端部黄色，前翅近端部两侧具 1 黄白斑。

结构　长椭圆形。头前端宽阔，侧叶与中叶等长，复眼突出；喙伸过后足基节；前胸背板前角状，前缘内凹，前侧缘前半具瘤状突，后半光滑，内凹，侧角伸出，末端呈叉状钝齿，两齿几等长；膜片伸出腹末；前足腹节外侧强烈扩展成叶状。雄虫腹部腹面第 4、第 5 节侧区有长方形的"绒毛区"，宽约为腹一侧的 1/3。雌虫受精囊如图 189-B 所示。

量度　体长 10.0~14.0 mm，宽 5.5~8.0 mm。头长 2.2 mm，头宽 1.3 mm。复眼间距 1.1 mm。喙各节长度 I：II：III：IV=1.2：1.5：1.8：1.1 mm，触角各节长度 I：II：III：IV：V=0.4：1.6：1.4：1.9：1.6 mm。前胸背板长 3.4 mm，宽 8.0 mm。单眼间距为 0.9 mm，小盾片长 4.8 mm，腹宽 6.5 mm。

卵　卵盖中央具灰色圆圈；初产时淡黄色，后渐变黑褐色。短圆筒形，卵盖外缘有 10 余个刺突状的精孔突。长 0.8~1.0 mm，宽 0.6~0.7 mm。

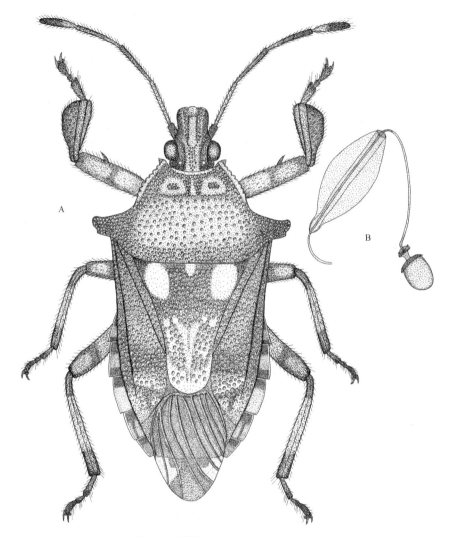

图 189 厉蝽 *Eocanthecona concinna*

A. 体背面 (habitus)；B. 受精囊 (spermatheca)

若虫 1 龄 体色 头部、胸部、喙、腹部中央及侧缘横斑黑褐色，其余黄褐色。结构 短椭圆形。量度 体长 1.2 mm、宽 1.0 mm。

2 龄 结构 形似 1 龄。量度 体长 2.4 mm，宽 1.3 mm。

3 龄 体色 稍深。量度 体长 3.5 mm，宽 2.4 mm。

4 龄 体色 头前半、触角、中后胸、足及腹部黑色，具金绿成分，其余黄色。结构 翅芽伸达第 1 腹节。量度 体长 1.5 mm，宽 4.0 mm。

5 龄 体色 前胸背板橙黄色，腹背底色黄，其余为金绿黑色。结构 翅芽伸达第 4 腹节。量度 体长 4.5 mm，宽 5.5 mm。

生物学特性 在广州地区 1 年 7 代，世代重叠，无真正冬眠现象。1 龄若虫只取食植物汁液，2 龄以后捕食各类昆虫的幼虫，也兼食少量植物汁液。

经济意义　为农林害虫天敌，捕食多种刺蛾、斑蛾、夜蛾、菜纷蝶、毒蛾、枯叶蛾等鳞翅目幼虫和樟叶蜂的幼虫，也捕食蚜虫。

分布　河南 (汝州)；福建 (南靖)、台湾、广东 (高要、梅县、南海)、海南、广西 (瑶山、南宁、龙胜、龙州)、四川 (峨眉山、成都)、贵州、云南 (西双版纳：勐混、勐遮、勐养、勐往)；越南。属东洋区系。

305. 黑厉蝽 *Eocanthecona thomsoni* (Distant, 1911) (图 190，图版 XXI-6)

Cantheconidea thomsoni Distant, 1911: 351; Yang, 1962: 61; Yang, 1997: 190; Zhang et al., 1995: 30.
Eocanthecona thomsoni: Thomas, 1994: 178; Rider & Zheng, 2002: 110; Rider, 2006: 240.

别名　黄点扁胫蝽。

形态特征　体色　色较深，常为黑褐色。头、前胸背板前部、侧角、小盾片周缘及身体下方的一些斑点常具金绿色光泽。小盾片侧角有 1 小黄斑，小盾片末端宽阔地黄白色。前足股节背侧及胫节黑褐，胫节中段无淡色环；中足、后足股节末端及胫节基部黑褐，胫节中段淡色。

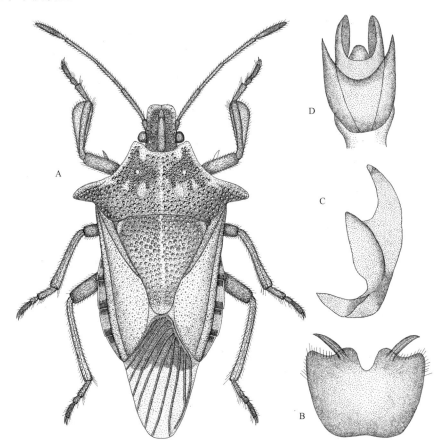

图 190　黑厉蝽 *Eocanthecona thomsoni*

A. 体背面 (habitus)；B. 雄虫腹部末端腹面 (apical segments of abdomen, ventral view, male)；C. 抱器 (paramere)；D. 阳茎
(phallus)

结构 体较狭，前胸背板侧角较尖，前侧缘颗粒状。前足胫节外侧叶状扩展部分较宽，其边缘弧度较大。

量度 体长 12 .5 ~15 mm，宽 6 ~7 mm。头长为 2.1 mm，宽为 1.2 mm，复眼间距为 1.0 mm，喙各节长度 I ：II ：III ：IV=1.1：1.2：1.0：0.9 mm，触角各节长度 I ：II ：III ：IV ：V =0.4：1.8：1.2：1.9：1.8 mm。前胸背板长为 3.2 mm，宽为 8.6 mm，单眼间距为 0.8 mm，小盾片长 4.2 mm，腹宽 6.2 mm。

分布 河南 (林州、内乡)；黑龙江、河北、浙江、湖北、江西、福建、四川、贵州。

(一八七) 益蝽属 *Picromerus* Amyot et Serville, 1843

Picromerus Amyot & Serville, 1843: 84. Type species: *Cimex bidens* Linnaeus.

头部侧叶与中叶等长，或稍长于中叶，但不在中叶前方相遇。前足股节下方近末端处有 1 明显的大刺；前足胫节外侧不扩张成叶片状。腹部下基部中央的前伸刺突较短；雄虫腹下体表无皱纹，也无 "绒毛区"。

306. 益蝽 *Picromerus lewisi* Scott, 1874 (图 191，图版 XXI-7)

Picromerus lewisi Scott, 1874: 293; Oshanin, 1906: 155; Schouuteden, 1907: 25; Hoffmann, 1932: 7; Yang, 1934: 103; Yang, 1962: 62; Zhang et al., 1985: 66; Hsiao, 1977: 84; Yang, 1997: 191; Rider & Zheng, 2002: 111; Rider, 2006: 243.

Cimex lewisi: Kirkaldy, 1909: 5.

别名 广喙蝽。

形态特征 成虫 体色 多灰褐色，具粗密棕或黑色刻点。触角褐色，第 3~5 节端半部常暗棕红色，单眼周围有显著黑色斑。喙 4 节，浅褐色，第 1 节粗壮，端节色暗，小盾片长三角形，基角具深刻斑，内侧常有 1 浅色斑，端角光滑，橘黄色或黄白色。前翅略超过腹端，膜片淡棕色，几透明，翅脉较凸突，色暗。胸侧板具显著粗黑刻点。足有暗棕色斑，前足股节近端部内侧，有 1 明显刺突，胫节外侧不扩展，近中央内侧生有 1 束密长毛。腹部侧缘光滑，侧接缘中部褐色，有时甚窄，其基部和端部均黑色。第 7 腹节腹板有 1 黑色大斑。本种外形接近于黑益蝽 (黑缘蝽) (*P. griseus*)，但后者前胸背板侧角明显呈二叉形，其末端不尖锐，且侧接缘均为暗棕色，可以区别。

结构 椭圆形，雌虫腹部较宽圆，雄虫腹部稍窄缩。头几长方形，侧叶与中叶等长，侧缘中央明显向内弯曲。喙伸达后足基节后端。前胸背板侧缘粗锯齿状，其外边似有淡色窄缘，侧角延伸呈角或刺形，其长度常有较大变异，但边缘尚光滑，偶有其后缘近末端呈 1 小突起者，然而决不为二分叉状。雌虫受精囊及雌虫腹部末端腹面观如图 191-C、图 191-D 所示。

量度 体长 11.0~16.0 mm，前胸背板宽 5.0~8.5 mm。头长为 2.2 mm，宽为 1.6 mm，复眼间距为 1.3 mm，喙各节长度 I ：II ：III ：IV=0.8：0.9：1.2：0.9 mm。前胸背板长

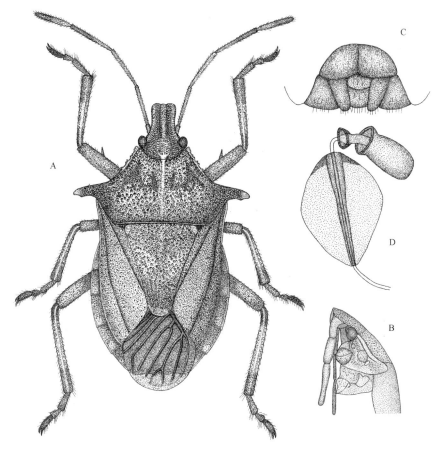

图 191　益蝽 *Picromerus lewisi*

A. 体背面 (habitus)；B. 头、前胸、中胸侧面 (head, prothorax and mesothorax, lateral view)；C. 雌虫腹部末端腹面 (apical segments of abdomen , ventral view, female)；D. 受精囊 (spermatheca)

为 3.1 mm，宽为 8.0 mm，单眼间距为 1.0 mm，小盾片长 4.7 mm，腹宽 6.9 mm。

　　经济意义　通常多捕食鳞翅目幼虫，对人们有益。在吉林延边地区，可能会侵害柞蚕幼虫。

　　分布　河南 (许昌、嵩山、信阳、鸡公山)；北京 (百花山)、河北、山西、山东、辽宁、吉林 (口前)、黑龙江 (带岭、郎乡、博克图、佳木斯、帽儿山)、江苏 (南京)、浙江 (杭州、天目山、莫干山、舟山、绍兴、百山祖)、安徽、福建 (建瓯、崇安、建阳)、江西 (武宁、铜鼓、庐山)、湖北、湖南 (南岳、沅江)、四川、贵州、广东、广西 (罗城)、陕西 (宝鸡、甘泉)、新疆、云南、西藏；朝鲜、日本。属古北区系。

(一八八) 并蝽属 *Pinthaeus* Stål, 1867

Pinthaeus Stål, 1867: 497. Type species: *Cimex sanguinipes* Fabricius.

头部侧叶甚长于中叶，并在中叶的前方相遇，全长互相联合；前胸背板侧角圆钝或呈耳状，伸出。前足股节下方近末端处有 1 明显的大刺；前足胫节向外扩张呈叶片状。腹部基部中央有 1 短钝的突起，指向前方。

307. 并蝽 *Pinthaeus humeralis* Horváth, 1911 (图 192，图版 XXI-8)

Pinthaeus humeralis Horváth, 1911: 43; Hoffmann, 1932: 7; Yang, 1934: 106; Yang, 1962: 65; Hsiao, 1977: 80; Yang, 1997: 191; Zhang et al., 1995: 31; Rider & Zheng, 2002: 111; Rider, 2006: 244.

别名　大理蝽。

形态特征　成虫　体背常为棕褐、黄褐或黑褐色，并稍带红色，有油润光泽，密被细小点刻。头部黑色，近长方形，有金绿光泽；在复眼之前的侧叶基半、中叶及头基半部有橘红色或黄色的不规则斑纹。复眼棕黑，单眼红色。触角棕黑，有时第 1 节和第 5 节基部约 1/4 处为黄色。头部腹面两侧黑色，喙黄褐，末端棕黑，伸达后足基节。前胸背板前半红黄，微带金绿光泽，具有不规则的黄色光滑斑；胝黑色，中央黄色，胝上、下各有 1 对边缘不整齐的大黄斑，上面一对常与具有分支的黄色中线和前缘的黄边相联，侧角黑色，前侧缘前段厚，具锯齿，边缘有红黄色宽边，向侧角逐渐变狭，前侧缘后半直至侧角均较薄。小盾片三角形，末端狭圆，淡黄，基角处有 1 个光滑的黄白色斑。前翅外革片从基部至端部 2/3 处散生橘黄色小点，膜片灰黑，长于腹末。中胸腹板具微脊，后胸腹板稍隆起，前足胫节向外扩展，股节近端部处有 1 枚大刺。腹部侧接缘显著外露，黄、黑相间。体腹面及足为淡黄至黄褐或红褐色，腹部中区 4 个纵列大斑，分布在第 3~6 可见腹节的中区；两侧区各有 2 条纵走云状斑，气孔及侧接缘节缝上的小点黑色，有时具金绿光泽。上述各斑纹在个体之间变异较大，或大或小，或不明显。腹基部中央有指向前方的短突。

结构　长椭圆形。头前端阔圆，侧叶稍长于中叶，左右相接或不相接而形成 1 个小缺凹，边缘波状；喙伸达后足基节，胝前角稍突起，与前侧缘的锯齿相连接；侧角伸出较长，呈角状，黑色，稍上翘，末端光滑，后角显著，稍尖；雌虫腹部末端腹面观如图 192-C 所示。

量度　体长 13~17 mm，宽 6~11 mm，头长为 2.8 mm，宽为 1.5 mm，复眼间距为 1.2 mm，喙各节长度 Ⅰ∶Ⅱ∶Ⅲ∶Ⅳ=1.7∶1.4∶1.5∶1.0 mm，触角各节长度 Ⅰ∶Ⅱ∶Ⅲ∶Ⅳ∶Ⅴ=0.6∶1.7∶1.5∶?∶? mm。前胸背板长为 4.0 mm，宽为 8.9 mm，单眼间距为 1.0 mm，小盾片长 5.7 mm，腹宽 8.6 mm。

若虫　5 龄体长 9~11 mm，宽 7~8 mm，椭圆形。头部金绿色，复眼黑色，侧叶宽大，长于中叶而不相接，前方具缺口。触角黑色，末节基部黄褐，第 2 节最长而较扁。喙伸达后足基节。前胸背板金绿色，前侧缘及胝区暗紫褐色，侧角略伸出，圆钝。小盾片及翅芽暗紫褐，具金绿斑纹，翅芽伸达第 3 腹节。腹部褐色，微带紫红，各节背板中域具金绿色横椭圆形大斑，侧区各节具近方形金绿色斑纹，侧接缘黄色，节缝前后墨绿。足黄褐至红褐色，股节上的斑纹及近端部的刺，胫节基部及端部、跗节均为金蓝黑色，体下黄褐。

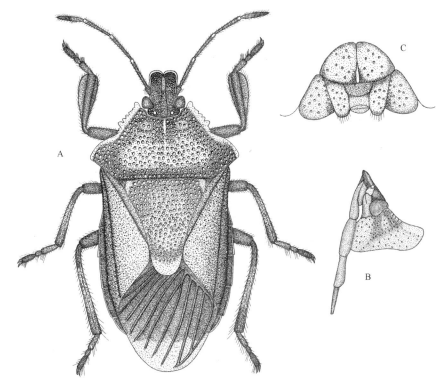

图 192　并蝽 *Pinthaeus humeralis*

A. 体背面 (habitus)；B. 头部侧面 (head, lateral view)；C. 雌虫腹部末端腹面 (apical segments of abdomen , ventral view, female)

经济意义　危害多种树木，并捕食鳞翅目昆虫的幼虫。

　分布　河南 (嵩县、栾川、西峡、鸡公山)；吉林、辽宁、江西、湖南、福建、陕西 (秦岭、赤塔口)、四川 (峨眉山、宝兴)、贵州、云南 (大理、潞西芒市)、西藏 (察隅)。

(一八九)　蓝蝽属 *Zicrona* Amyot et Serville, 1843

Zicrona Amyot & Serville, 1843: 86. Type species: *Cimex caerulea* Linnaeus, designated by Kirkaldy (1903: 230).

　体色蓝，有光泽。头部侧叶与中叶等长，或虽长于中叶，但不在其前方会合。前胸背板前侧缘光滑，前角微突出，前缘均匀地成弧形后凹；臭腺沟外侧有很长的横行臭腺沟，并具臭腺沟缘。前足股节下方近末端处无大刺；前足胫节腹侧中部有 1 小的弯曲刺。

308. 蓝蝽 *Zicrona caerulea* (Linnaeus, 1758) (图 193，图版 XXI-9)

Cimex caeruleus Linnaeus, 1758: 445; Wolff, 1800: 18.

Zicrona caerulea: Sahlberg, 1848: 19; Fieber, 1861: 346; Douglas et Scott, 1865: 88; Mulsant et Rey, 1866: 360; Stål, 1870: 36; Saunders, 1875: 123; Reuter, 1880: 80; Reuter, 1880: 132; Puton, 1881: 82; Saunders,

1892: 36; Distant, 1902: 255; Oshanin, 1906: 100; Schouteden, 1907: 47; Kirkaldy, 1909: 17; Lefroy, 1909: 677; Kirkaldy, 1910: 105; Kweshaw & Kirkaldy, 1909: 333; Feytaud, 1913: 90; Picard, 1913: 86; Matsumura, 1913: 122; Kolosov, 1914: 81; Bogoyavlenskaya, 1915: 51; Van Duzee, 1917: 81; Feytaud, 1917: 33~42; Hart, 1919: 202; Butler, 1923: 73; Parshley, 1923: 776; Feytaud, 1924: 66~73; Bouclier-Maurin, 1924: 415~416; Blatchley, 1926: 203; Bonnefoy, 1926: 369; Esaki, 1926: 151; Picard, 1926: 177; Horváth, 1929: 329; Garcia Lopez, 1930: 145; Baker, 1931: 210; Hoffmann, 1932: 141; Hoffmann, 1932: 7; Wu, 1933: 225; Yang, 1934: 76; Yang, 1934: 112; Yang, 1962: 58; Zhang et al., 1985: 68; Hsiao, 1977: 87; Rider & Zheng, 2002: 112; Rider, 2006: 246.

Pentatoma coeruleum: Hahn, 1834: 65.

Pentatoma concinna: Westwood, 1837: 39.

Zicrona illustris: Amyot & Serville, 1843: 86.

Entatoma violacea: Westwood, 1837: 39.

Asopus violacea: Kolenati, 1846: 162; Gorski, 1852: 114.

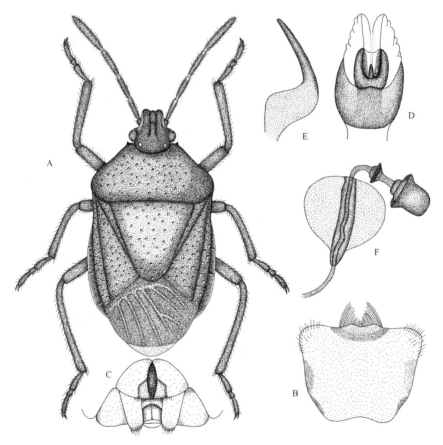

图 193　蓝蝽 *Zicrona caerulea*

A. 体背面 (habitus)；B. 雄虫腹部末端腹面 (apical segments of abdomen, ventral view, male)；C. 雌虫腹部末端腹面 (apical segments of abdomen , ventral view, female)；D. 阳茎 (phallus)；E. 抱器 (paramere)；F. 受精囊 (spermatheca)

别名　纯蓝蝽。

形态特征　体色　蓝、蓝黑或紫蓝色，有光泽，密布同色刻点。触角、喙蓝黑色；前翅膜片棕色；足与体同色。

结构　椭圆形。头略呈梯形，中叶与侧叶等长，触角 5 节。喙 4 节，末端伸达中足基节后缘。前胸背板侧角圆，微外突。小盾片三角形，端部圆。前翅膜片长于腹末。侧接缘几不显露。雌虫腹板粗糙，雄虫则较光滑。雌虫受精囊及腹部末端腹面观如图 193-C、图 193-F 所示，雄虫抱器、阳茎如图 193-E、图 193-D 所示。

量度　体长 6~9 mm，宽 4~5 mm。头长为 1.2 mm (♀)；1.1 mm (♂)，宽为 0.9 mm，复眼间距为 0.7 mm，喙各节长度 Ⅰ：Ⅱ：Ⅲ：Ⅳ=0.55：0.75：0.44：0.49 mm，触角各节长度 Ⅰ：Ⅱ：Ⅲ：Ⅳ：Ⅴ＝0.30：0.75：0.54：0.78：0.90 mm。前胸背板长为 2.0 mm (♀)；1.9 mm (♂)，宽为 3.8 mm (♀)；3.2 mm (♂)，单眼间距为 0.5 mm (♀)；0.5 mm (♂)，小盾片长 2.7 mm (♀)；2.1 mm (♂)，腹宽 4.0 mm (♀)；3.3 mm (♂)。

生物学特性　江西南昌一年发生 3~4 代，以成虫在田边、沟边杂草和土隙等处越冬。翌春 3 月下旬至 4 月上旬外出，5 月上旬开始产卵，5~9 月，田间各态均有，世代重叠。10 月下旬至 11 月上旬仍能采到少量高龄若虫，此后若尚未羽化，则被冻死。在广东中部地区，也以成虫过冬，早稻、晚稻在抽穗灌浆期，虫数较多。

经济意义　捕食菜青虫、眉纹夜蛾、黏虫、斜纹夜蛾、稻纵卷叶螟的幼虫，也见为害稻及其他植物，因此本种在农业上既有益处，也有一些害处。

分布　河南 (辉县、新乡、商水、郸城、郾城、许昌、登封、鲁山、栾川、西平、泌阳、宜阳、嵩县、固始、信阳、鸡公山)；全国其他各省 (自治区、直辖市)除西藏、青海不详外均有；国外分布于日本、缅甸、印度、马来西亚、印度尼西亚、欧洲、北美洲。为古北、新北、东洋区系共有种。

蝽亚科 Pentatominae

属 检 索 表

1. 小盾片极大，多为舌状 (两侧缘近平行，后端宽阔)，伸过腹部长度的 3/4 以上，可抵达腹部末端 ·········2

　　小盾片一般，多呈三角形，向后明显变狭，不呈两侧平行而末端圆钝的宽舌状。即使末端比较圆钝，小盾片的长度也不达腹部长度的 3/4 ··········12

2. 前胸背板侧角伸出甚长，呈尖角状··········3

　　前胸背板侧角不伸出甚长··········4

3. 体深黑褐色，头常具黄黑相间的纵走华纹，小盾片基角有大形黄色圆斑。前胸背板侧角末端常有 1 缺刻，近端处常有棱，角体粗圆劲直，末端尖锐似羊角状。中胸腹板凹入呈沟槽状。小盾片较狭长，侧缘近基部处折入。头部极度下倾，与体轴垂直。臭腺沟缘较长，略弯曲，末端圆钝··········**羚蝽属 *Alcimocoris* Bergroth**

　　体不呈黑褐色，为玉青色、青红色或红玉色，小盾片基部无黄色圆斑，体常具晕斑。小盾片较宽短，侧缘近中部处向内略刻入。头部强烈下倾，但尚不达与体轴垂直的程度。前胸背板侧角较短，末端多尖锐。臭腺沟缘长，略弯曲 ······················ 玉蝽属 *Hoplistodera* Westwood

4. 小盾片中央具 1 高耸的驼峰状突起，侧扁。体短厚，表面凸凹不平。头大，强烈倾垂，头顶中央有 1 尖突，侧叶在中叶之前会合，侧缘在近缘处成角状突出。小颊极发达而高。胸部腹板呈凹槽状。臭腺孔大，无沟。全身覆盖极浓密的平伏丝状毛 ··············· 驼蝽属 *Brachycerocoris* Costa

   小盾片正常 ·· 5

5. 中胸、后胸腹板强烈隆出，中胸腹板成 1 龙骨状粗棱，腹下基部中央隆出，其前端平阔地与隆起的后胸腹板相衔接。小盾片较狭，向后渐尖。前胸背板饱满，前侧缘光滑。臭腺沟缘长，略弯曲，末端几伸达后胸侧板的前侧角 ······················ 黄蝽属 *Eurysaspis* Signoret

   中胸、后胸腹板不强烈隆出成龙骨状粗棱 ··· 6

6. 头侧叶与中叶末端齐平，或中叶略伸出于侧叶末端之前 ····································· 7

   头侧叶超过中叶末端 ··· 9

7. 小盾片极大，几将腹部全部遮住，只露出前翅革质部分的小部分。体较小（长 3.0~4.5 mm）而短宽。头明显下倾，垂直，狭长，中叶常略伸出于侧叶末端之前。臭腺孔开口大，无臭腺沟 ···
   ··· 丸蝽属 *Sepontiella* Miyamoto

   小盾片较狭，露出前翅革质部分之大半 ··· 8

8. 体短宽，较小，褐色，常有铜质光泽。小盾片基角多有 2 个黄色的小圆斑。前胸背板侧角常略伸出 ······································ 二星蝽属 *Eysarcoris* Hahn

   体较狭长，黑褐色，一色无花斑，无光泽。小盾片基角无光滑的黄色圆斑 ·············
   ··· 黑蝽属 *Scotinophara* Stål

9. 头侧叶在中叶前会合 ··· 10

   头侧叶不在中叶前方会合。前足、中足股节下方无刺。头侧叶较狭窄，向前渐狭，前胸背板前侧缘光滑，前角外伸，侧角常成 1 小突尖向外方伸出。小盾片几乎伸达腹部末端，前翅革质部大部分露出。臭腺孔无沟。体多少呈狭长形，腹部两侧缘平行 ················ 黑蝽属 *Scotinophara* Stål

10. 前胸侧板前下角正常，不突出叶片状 ·· 11

   前胸侧板前下角突出，向下延伸成游离的叶片状。头长，长约等于宽或长大于宽，侧叶在中叶前会合后常重行分开，以致头的前端成 1 小叉状，肥厚，头较平缓地倾斜，远远不达垂直状。体较大，中小型 ······················ 麦蝽属 *Aelia* Fabricius

11. 前胸背板前侧缘成扁薄的边，光滑，不具齿，侧角圆钝，不伸出。体中大型，具黑色与黄红色相间的走条纹。小盾片较狭，伸达腹部末端，露出前翅革片的一部分。侧接缘明显外露。臭腺沟无沟，其外壁翘起 ······················ 条蝽属 *Graphosoma* Laporte

   前胸背板前侧缘不成扁薄的边，边缘圆钝，内凹；小盾片极为宽大，伸达腹部末端。体短小，无黑红相间纵纹 ······················ 滴蝽属 *Dybowskyia* Jakovlev

12. 光滑或只有极短小的毛或平伏绒毛，但绝无较长而直立的毛 ··························· 13

   体多毛，毛长且显著，多直立而非伏卧 ··· 53

13. 腹部腹面基部中央有 1 明显的突起，向前伸出，长短不一，常多少呈刺状 ·········· 14

   腹下基部中央没有明显突出的尖突；有时该处虽有些隆出，但宽阔而圆钝，尚不成为尖突，更不成为尖刺状 ·· 23

14. 中胸、后胸腹板均强烈突出。两者相连，成明显的脊状。腹下基部的刺突短，嵌在后胸腹板脊后端的凹槽中。前胸背板前侧缘光滑 ·· 15
中胸、后胸腹板平坦，或在中央具甚低的片状脊突，多不高出于足基节的表面 ··················· 16

15. 小盾片长度一般，不达腹部长度的 3/4。腹下基部中央的突起呈短刺状。体绿色而有油脂状光泽，体形极似绿蝽属 (*Nezara*)，但前胸背板前侧缘略向外成弧形弯曲 ········ **青蝽属** *Glaucias* Kirkaldy
小盾片较长，可达腹部长度的 3/4 以上。腹下基部中央虽隆出，但末端平截，不呈刺状。体淡黄褐色 ··· **黄蝽属** *Eurysaspis* Signoret

16. 前胸侧板内缘下折，在前胸腹板的两侧形成垂直的立壁，因此前胸下方中央形成 1 浅槽，腹基刺突的端部由此槽中通过。腹基刺突向前伸达头的下方，末端显著加粗 ·······················
··· **剑蝽属** *Iphiarusa* Breddin
腹基刺突短而简单，多成长短不同而直伸的突起状或刺状；除个别种类外，多数种类前伸不达前足基节 ··· 17

17. 前胸背板侧角不成角状伸出，前侧缘光滑 ··· 18
前胸背板侧角成角状伸出 ·· 21

18. 腹基突起短小，成 1 圆钝的小突起状，不伸过后足基节。体匀称，多为绿色或黄绿色 ···········
··· **绿蝽属** *Nezara* Amyot et Serville
腹基突起为尖长的刺，向前伸过后足基节 ··· 19

19. 臭腺沟短，沟缘呈小耳壳状，高出于体表。体较狭长而匀称，两侧约平行，多为褐色 ···········
··· **润蝽属** *Rhaphigaster* Laporte
臭腺沟缘较长，向外伸过后胸侧板的中央 ··· 20

20. 中胸腹板脊突前后高度均一，前端不加高。臭腺沟敞开，不为臭腺沟缘的前壁所完全覆盖。体多短小，卵圆形，常具较鲜明的花斑。头部较短。前胸背板前缘呈领状。前足胫节中部下方有 1 很小的弯钩状刺 ···································· **曼蝽属** *Menida* Motschulsky
中胸腹板脊突后部低，前端显著加高，几与足基节的表面平齐。臭腺沟为臭腺沟缘的前壁所覆盖 ··· **壁蝽属** *Piezodorus* Fieber

21. 头部侧叶明显超过中叶，并在其前方会合或近于会合。前胸背板侧角角体边缘光滑无锯齿，侧角粗大，强烈前弯，末端指向前方，较尖；前侧缘前半锯齿状。臭腺沟短小，沟缘成短耳壳状 ······
··· **弯角蝽属** *Lelia* Walker
头部侧叶与中叶末端平齐，或侧叶只略长于中叶，不在中叶的前方会合 ··················· 22

22. 腹基突长刺状，伸达前足基节；前胸背板前侧缘光滑 ··············· **浩蝽属** *Okeanos* Distant
腹基突多数伸达中足基节，如超过中足基节，则前胸背板前侧缘锯齿状 ····················
··· **真蝽属** *Pentatoma* Olivier

23. 前胸背板侧角末端扩大而宽扁，端缘有缺刻，呈螯脚状；前侧缘颗粒状或锯齿状。头侧叶明显超出中叶的末端，但不在其前方会合。前胸背板侧角多外伸，较短，不弯向前方。中胸腹板具粗的中脊，前伸过前足基节，后胸腹板隆出，但平坦而宽阔，后足左右两基节远离。体硕大粗壮 ·····
··· **莽蝽属** *Placosternum* Amyot et Serville
前胸背板侧角末端不呈螯脚状 ··· 24

24. 头部侧缘在近端处多少突出成一角度 ··· 25

头侧缘在近端处不突出成一角度，也不成角状突出 ·· 26

25. 腹下中央有凹下的纵沟。前足胫节加宽，扩大呈叶状。头部较狭长，侧叶与中叶末端约平齐，侧叶的末端狭尖。体中大型，较宽，黑色而具细碎的不规则黄斑。前胸背板侧角较尖而略伸出；前侧缘前半略呈锯齿状。 ···································· 麻皮蝽属 *Erthesina* Spinola
　　腹下中央无纵沟。雄虫生殖节每一侧叶无缺刻或只具很浅的缺刻，不呈明显的深二叶状，两侧叶中间的中央缺口浅。前胸背板侧角末端多略膨大而呈结节状，其基部常有一些皱缩状刻纹；或不呈结节状而简单。前足胫节在部分种类中加宽，扩大呈叶片状。前胸背板前侧缘颗粒状或锯齿状 ·· 岱蝽属 (部分) *Dalpada* Amyot et Serville

26. 腹下中央有 1 凹下的纵沟 ·· 27
　　腹下中央无纵沟 ·· 29

27. 前足胫节正常，不扩大呈叶片状。臭腺沟长香蕉状，端半上弯。头侧叶超过中叶末端不多。前胸背板侧角末端常略膨大呈结节状，或简单，伸出不太多，前侧缘颗粒状或锯齿状。体不扁平 ····· 岱蝽属 (部分) *Dalpada* Amyot et Serville
　　前足胫节加宽，扩大呈叶片状 ·· 28

28. 前胸背板侧角末端常稍膨大呈结节状，其基部具一些皱缩状凹纹 ····························· ·· 岱蝽属 (部分)*Dalpada* Amyot et Serville
　　前胸背板侧角末端不呈结节状，较尖而略伸出。头部较狭长，侧叶与中叶末端约平齐。体中大型，较宽，黑色而具细碎的不规则黄斑 ············· 麻皮蝽属 *Erthesina* Spinola

29. 前胸背板前侧缘不光滑，边缘呈锯齿状、颗粒状或浅波状 ································· 30
　　前胸背板前侧缘光滑 ·· 33

30. 头侧叶与中叶末端平齐 ·· 31
　　头侧叶明显长于中叶 ·· 32

31. 前胸背板侧角伸出，但末端平截，成各种形式 ····················· 真蝽属 *Pentatoma* Olivier
　　前胸背板侧角一般，伸出甚少，前侧缘前半锯齿状。体背较平。臭腺沟缘长而直，基半敞开而较宽广 ·· 格蝽属 *Cappaea* Ellenrieder

32. 头侧叶在中叶的前方会合，头部尖长，眼小。体扁平。前胸背板前侧缘粗锯齿状，侧角伸出，角状，但不尖锐。中胸腹板平滑无中脊。臭腺沟缘短小。前翅爪片缝末端抵达小盾片的近末端处 ·· 薄蝽属 *Brachymna* Stål
　　头侧叶不在中叶前方会合。体宽椭圆形。前胸背板一般不前倾而后隆；侧角明显伸出，末端圆钝，并略微指向前方，前侧缘内凹。臭腺沟缘长，端部呈细长的尾状。腹下基部中央多少有些隆起 ···· ·· 全蝽属 *Homalogonia* Jakovlev

33. 头部侧叶超过中叶前端 ·· 34
　　头部侧叶与中叶末端平齐，或中叶略超过侧叶末端 ··································· 45

34. 头侧叶在中叶前方不会合 ·· 35
　　头侧叶在中叶前方会合 ·· 42

35. 头部宽短，侧叶宽阔，可达中叶宽的 3 倍以上 ·· 36
　　头侧叶不特别宽阔，较狭长；头部长度与宽度 (包括眼在内) 约相等，或长大于宽 ············· 39

36. 头侧叶边缘扁薄，或多或少向上卷起，其前端呈宽阔的圆弧形。前胸背板侧角多不呈角状伸出。

体黄、褐或黑褐色，无鲜明的花斑······37

头部背面或多或少向上拱隆，边缘不向上卷起；头下倾。体中小型。头拱隆较显，中叶前成 1 明显缺口，侧叶肥厚，小颊前下角侧面观约成直角······ **珠蝽属** *Rubiconia* Dohrn

37. 前足、中足股节下方具刺列。头侧缘外弓，而不内凹；头侧叶前端较尖狭，明显长于中叶，但不向中靠拢。前胸、中胸腹板具纵沟。前胸背板前侧缘边缘宽薄，略卷起。臭腺沟短小············
······ **广蝽属** *Laprius* Stål

前足、中足股节下方无刺······38

38. 后胸腹板宽阔，后足基节左右离开，不互相靠紧。体较短宽而匀称，不向后渐狭。前胸背板前侧缘微内凹，几直，边缘具很狭窄的光滑边；侧角伸出甚少，末端突尖。臭腺沟较长，末端上弯···
······ **厚蝽属** *Exithemus* Distant

后胸腹板不隆出，后半狭窄，后足基节左右相互接触或靠近。前胸背板前侧缘呈圆弧状外弓，边缘扁薄，呈较宽阔的叶状。臭腺沟缘长度中等。头部侧叶略长于中叶。体型与邻近属相较，相对较大。前胸背板较均匀地隆起······ **卵圆蝽属** *Hippotiscus* Bergroth

39. 体青绿色。臭腺沟缘较长，端部狭细，最末端处黑色，呈 1 小黑斑状。体椭圆形，较宽。头侧叶或几乎在中叶前端会合，或左右尚远离，情况不等。前胸背板侧角多少较明显地伸出；前缘不具明显的白色狭边······ **碧蝽属** *Palomena* Mulsant et Rey

体褐色或黑褐色······40

40. 前胸背板前侧缘前端侧面常有 1 黄白色狭长的光滑面，呈胝状；前侧缘常为淡黄色。前胸背板侧角伸出，大部分种类圆钝，少数种类末端尖锐呈刺状。一些种类头部侧方在头侧叶的侧缘下方与之平行的棱纹比较突出，成 1 较明显的棱脊。体多具铜质光泽······ **辉蝽属** *Carbula* Stål

前胸背板前侧缘前端一般，无黄白色胝状构造。头部侧方侧缘之下与之平行的棱纹不明显。体不具铜质光泽，常具玫瑰红色、紫红色或青色色泽······41

41. 臭腺沟缘中等长度。前胸背板侧角多少伸出。体相对较大。前胸背板常有数条纵走的黑纹，常不清晰，前侧缘变扁薄，成略向上卷的宽边······ **果蝽属** *Carpocoris* Kolenati

臭腺沟极短，呈小耳壳状。前胸背板侧角不伸出，体相对较小。前胸背板前侧缘全长均扁薄，成锐边。小盾片基部成对的半圆形黑斑。雄性生殖节后角处没有极稠密呈撮状而弯曲的毛丛······
······ **实蝽属** *Antheminia* Mulsant et Rey

42. 头侧叶整个边缘强烈卷起，其前端也如此，由侧面观时更清楚；头侧叶前端圆钝。前胸背板侧缘较直。腹下基部中央常有 1 多少明显的圆钝隆起。臭腺沟长度中等，微弯······
······ **卷蝽属** *Paterculus* Distant

头侧叶前端不强烈卷起······43

43. 头宽度（包括眼）远大于长。臭腺沟及沟缘均缺。体具色彩鲜明的花斑。眼不突出，不呈柄状。前胸背板表面不隆出，前缘呈明显的"领圈"状······ **菜蝽属** *Eurydema* Laporte

头显然横宽，长宽约相等，或宽度（包括眼在内）仅略大于长······44

44. 体一色青绿，宽椭圆形。前胸背板侧角多圆钝地伸出······ **碧蝽属** （部分） *Palomeda* Mulsant et Rey

体非一色青绿。体长椭圆形，前胸背板前侧缘及前翅前缘呈明显的白边状······ **伊蝽属** *Aenaria* Stål

45. 臭腺沟缘甚长，端部细，几可伸达中胸侧板的后缘······46

臭腺沟缺，或较短，臭腺沟缘的长度最多为宽度的 3~4 倍······50

46. 头部相对较长，约与前胸背板等长。臭腺沟缘直，基部一半敞开，较为宽广。体较宽短而背面较平 ···**格蝽属** *Cappaea* Ellenrieder

头部一般短于前胸背板。臭腺沟缘弯曲，其前壁常覆盖于沟上，不敞开 ······················· 47

47. 前胸背板前侧缘呈一狭边状。黄褐色或棕、黑褐色 ··· 48

前胸背板前侧缘不呈狭边状，直。前胸背板饱满，前半略下倾。体多为绿色或黄褐色，常较鲜明而有光泽。头部侧缘肥厚，不呈扁薄的叶片状 ··················· **珀蝽属** *Plautia* Stål

48. 头部侧叶较宽，侧缘在近前端处成一明显的角度比较突然地弯曲。前胸背板前角略向外伸出；侧角较圆钝，向外伸出不多 ·······························**茶翅蝽属** *Halyomorpha* Mayr

头部侧叶较狭，侧缘平缓地弯曲，在近前端处不成一明显的角度；侧叶前端较狭 ············· 49

49. 前胸背板前缘简单，不呈领状，其中部平截地后凹；前侧缘直。小盾片基角处有 1 小而色黑的圆形凹陷。体较狭长。前翅外缘常具淡白色边 ············· **褐蝽属** *Niphe* Stål

前胸背板前缘具狭边而呈领状。小盾片基角处无小凹陷，该处多具黄色光滑圆斑。体较宽，不狭长。前翅前缘无淡白色边。 ···························· **点蝽属** *Tolumnia* Stål

50. 前胸背板侧角伸出较多；前侧缘基部常有 1 光滑而宽阔的淡黄色胝状构造。一些种类头部侧方在头侧叶的侧缘下方与之平行的棱纹比较突出，成较明显的棱脊。体多具铜质光泽 ···················
···**辉蝽属** *Carbula* Stål

前胸背板侧角不伸出或伸出甚少；即使伸出，也不具上项的综合特征 ························· 51

51. 体为鲜明的绿色或黄绿色。腹下基部中央微向前突出，呈短钝的突起状。头侧缘略内凹，不卷起。前胸背板饱满，前侧缘处略为扁薄，但不卷起。侧角圆钝，不伸出。臭腺沟缘呈耳壳状 ············
···**绿蝽属** *Nezara* Amyot et Serville

体色基调为褐色、黄褐色或灰褐色，常具紫红色、玫瑰色或淡青色色泽。腹部下方基部平坦，中央无突起 ··· 52

52. 臭腺沟缘较长。前胸背板侧角略伸出 ···························· **果蝽属** *Carpocoris* Kolenati

臭腺沟缘极短，呈小耳壳状。前胸背板侧角不伸出。前胸背板前侧缘全长均扁薄，成锐边。小盾片基部无成对的半圆形黑斑或黑环。雄性生殖节后角没有极稠密呈撮状而弯曲的毛丛 ··············
···**实蝽属** *Antheminia* Mulsant et Rey

53. 前胸背板侧角简单，伸出甚少，前侧缘前半锯齿状。体背较平。臭腺沟缘长而直，基半敞开而较宽广 ···**格蝽属** *Cappaea* Ellenrieder

前胸背板侧角向前方伸出，呈短刺状 ····························· **突蝽属** *Udonga* Distant

54. 小盾片基角具小形淡黄色光滑的圆斑。体深褐至黑褐色，有时有铜质光泽。头侧叶的侧缘下方有一与之平行的突出棱纹，侧面观察时，呈两条明显的平行棱脊。臭腺沟缘极小 ···············
···**辉蝽属** *Carbula* Stål

小盾片基角没有黄色光滑圆斑 ·· 54

55. 雄虫生殖节各侧有一与生殖节表面垂直的片状突起，略呈三角形。臭腺沟略长 ···················
···**斑须蝽属** *Dolycoris* Mulsant et Rey

雄虫生殖节表面没有垂直的片状突起。臭腺沟短，呈耳壳状 ···· **实蝽属** *Antheminia* Mulsant et Rey

(一九〇) 麦蝽属 *Aelia* Fabricius, 1803

Aelia Fabricius, 1803: 188. Type species: *Cimex acuminata* Linnaeus.

体较大，中小型；头长，长约等于宽或长大于宽，侧叶在中叶前会合后常重行分开，以致头的前端呈 1 小叉状，肥厚，头较平缓地倾斜，远远不达垂直状。前胸背板侧角几乎不伸出体外；前胸侧板前下角突出，向下延伸成游离的叶片状。中胸、后胸腹板不强烈隆出成龙骨状粗棱；小盾片舌状，伸过腹部长度的 2/3 以上。

种 检 索 表

1. 头侧叶在中叶前会合直至末端，或稍微分离，但不成明显的叉状。头下方颊中部的后角成明显向下突伸的尖齿。体背纵中线很细，线形，前后粗细一致。革片中部的翅脉很不清楚。喙伸达第 3 腹节 ···华麦蝽 *A. fieberi*
   头部从侧面观看时，颊中部的后角无明显向下突伸的尖齿。前胸背板纵中线中部靠前最粗，两端渐细。革片中部的分叉翅脉显著。喙伸达后足基节中部·····················**尖头麦蝽** *A. acuminata*

309. 尖头麦蝽 *Aelia acuminata* (Linnaeus, 1758)

Cimex acuminata Linnaeus, 1758: 723.

Cimex rostratus: De Geer, 1773: 271.

Cimex tesserophthalmus: Schrank, 1781: 536.

Aelia acuminata: Sahlberg, 1848: 27; Gorski, 1852: 71; Douglas & Scott, 1865: 68; Fieber, 1868: 466; Saunders, 1875: 122; Reuter, 1880: 126; Puton, 1881: 45; Rey, 1888: 93; Reuter, 1888: 37; Saunders, 1892: 23; Oshanin, 1906: 86; Yang, 1962: 85; Hsiao, 1977: 137; Hsiao & Zheng, 1978: 326; Rider et al., 2002: 135; Rider, 2006: 247.

Aelia pallida: Kust, 1852: 394; Flor, 1860: 121; Fieber, 1861: 352.

别名　麦蝽。

形态特征　**体色**　淡黄褐色，色斑似华麦蝽。前胸背板及小盾片表面不平整，在黑色纵带及淡色区域内均杂有数条无刻点的光滑纵纹。革片沿径脉内侧无黑纹。

结构　头三角形，侧缘直，近端部向外有 1 折角；侧叶长于中叶，左右愈合，末端有微弱分叉。喙伸达中足基节。前胸背板有狭边，伸至侧角下方，形成 1 缺刻；侧角圆钝，较膨凸；后缘直。各节侧接缘后角极不明显，仅生殖节前节侧接缘后角明显，不与生殖节侧接缘贯通为 1 线。臭腺沟缘极短，突出于侧板表面。雄虫生殖节很似华麦蝽者，但上缘较倾斜。

量度　体长 6.93 (♂) ~ 10.00 mm (♀)，宽 3.56 (♂) ~ 4.42 mm (♀)。头长 2.06 (♂) ~ 2.12 mm (♀)，宽 1.90 (♂) ~ 2.33 mm (♀)；复眼间距 1.53 (♂) ~ 1.69 mm (♀)，单眼间距 1.06 mm (♂, ♀)，前胸背板长 2.03 (♂) ~ 2.28 mm (♀)，宽 3.92 (♂) ~ 4.42 mm (♀)；触角各节长 I ： II ： III ： IV ： V ＝0.40 (♂, ♀) : 0.34 (♂) ~ 0.42 (♀) : 0.71 (♂) ~0.52 (♀) : ? (♂) ~

0.85 (♀)：？(♂) ~1.06 mm (♀)，喙各节长 Ⅰ：Ⅱ：Ⅲ：Ⅳ＝1.19 (♂) ~1.38 (♀)：1.22 (♂) ~ 1.38 (♀)：0.42 (♂) ~ 0.56 (♀)：0.56 (♂) ~ 0.63 mm (♀)，小盾片长 2.96 (♂)~3.52 mm (♀)，腹宽 3.76 (♂) ~ 4.50 mm (♀)。

分布 河南 (许昌、郑州、洛阳)；新疆 (奎屯、哈巴河)；欧洲、中亚、西亚、西伯利亚。

310. 华麦蝽 *Aelia fieberi* Scott, 1874 (图版 XXII-1)

Aelia fieberi Scott, 1874: 297; Rider et al., 2002: 135; Rider, 2006: 248.

Aelia nasuta Wagner, 1960b: 171 (syn. Kerzhner, 1978: 54) ; Zhang et al., 1985: 89; Hsiao, 1977: 136; Yang, 1997: 192; Hsioa & Zheng, 1978: 325; Hsioa & Zheng, 1978: 325.

别名 麦蝽象。

形态特征 成虫 体色 黄褐至污黄褐色，密布黑刻点。触角基部 2 节黄色；触角末端节渐红，第 5 节深红色；前翅爪片及内革片色灰暗；前翅爪片及内革片具黑色刻点，前胸背板及小盾片纵中线的两侧有由黑刻点组成的宽黑带，背板侧缘处的黑色纵带也较宽，膜片有 1 黑色纵纹，体下方淡色，有 6 条不完整的黑纵纹，各足股节端半有 2 个显著的黑斑。

结构 近菱形。头三角形，长宽 (包括复眼) 约相等；额前部低平，中部微凹入，后端成 1 尖角状向下突伸；喙伸达腹部第 3 节；前胸背板及小盾片具纵中线，粗细前后一致；革片中部的分叉翅脉极不显著，隆起的径脉内侧无黑纹。

量度 体长 8.0 (♂) ~10.2 mm (♀)，宽 3.5 (♂) ~4.8 mm (♀)。头长 2.05 (♂) ~2.07 mm (♀)，宽 2.35 (♂) ~2.52 mm (♀)；复眼间距 1.76 (♂) ~1.87 mm (♀)，单眼间距 1.27 (♂) ~1.34 mm (♀)，前胸背板长 2.35 (♂) ~2.46 mm (♀)，宽 4.33 (♂) ~4.76 mm (♀)；触角各节长 Ⅰ：Ⅱ：Ⅲ：Ⅳ：Ⅴ ＝0.40 (♂) ~0.52 (♀)：0.56 (♂) ~0.53 (♀)：0.73 (♂) ~0.82 (♀)：0.90 (♂) ~0.91 (♀)：1.17 (♂) ~1.20 mm (♀)，喙各节长 Ⅰ：Ⅱ：Ⅲ：Ⅳ＝0.83 (♂) ~？(♀)：1.73 (♂) ~1.88 (♀)：0.61 (♂) ~0.68 (♀)：0.55 (♂) ~0.66 mm (♀)，小盾片长 3.27 (♂) ~3.54 mm (♀)，腹宽 3.98 (♂) ~4.67 mm (♀)。

若虫 体色 4 龄：体色黄褐，密布黑刻点，前胸背板侧缘处具黑色纵带，臭腺孔黑色。扁椭圆形。结构 喙达腹部第 1 节，前胸背板翅芽伸达第 2 可见腹节背面，小盾片隐现，三角形，臭腺孔在腹部背面中央。量度 体长 3.5~4.5 mm，宽 3~3.5 mm。

5 龄 体色同 4 龄。结构体形同 4 龄，翅芽显见发达，伸至第 3 可见腹节背面列，盾片显现，三角形。量度 体长 5~7 mm，宽 3.5~4 mm。

近似种有同属的尖头麦蝽 (*A. acuminata*) 及西北麦蝽 (*A. sibirica*)，色斑大致与华麦蝽相似，但华麦蝽及尖头麦蝽的各足股节端中部有 2 个显著的黑斑，而西北麦蝽没有，可以与后一种区别开来；又华麦蝽头下方颊中部的后角成明显向下突伸的突齿，尖头麦蝽则该处没有明显向下突伸的尖齿，故此两种也易于相区别。3 种麦蝽雄虫的尾板及华麦蝽与西北麦蝽雄虫的抱器也有不同。

生物学特性 黑龙江一年 1 代，江西九江一年 2 代，均以成虫越冬，在向阳处的麦田、杂草根际隐藏。九江翌年 4 月中旬外出，4 月下旬产卵，6 月中旬羽化。第 2 代 8 月上旬至 9 月上旬羽化。黑龙江越冬成虫有群集性，翌年 5 月上旬开始为害，6 月、7 月为盛期。6~8 月 4 龄、5 龄若虫与成虫经常群集于禾本科杂草及小麦、稻等作物上吸汁，很易采到。卵多产于寄主叶背，卵块排成整齐的纵列。

经济意义　为害小麦、稻及禾本科杂草。成虫、若虫在害主叶片及穗上吸食汁液，使叶片变黄或枯萎卷曲，造成白穗或籽粒干缩。

分布　河南 (辉县、新县、嵩山、鸡公山)；黑龙江 (哈尔滨、佳木斯)、吉林 (公主岭、吉林、通化、集贤、集安、延边)、辽宁 (大连)、北京、天津、河北、甘肃 (麦积山)、山西 (高平、垣曲)、山东 (烟台、昆嵛山、威海)、湖北 (武昌、汉阳、竹溪)、江苏 (南京)、浙江 (天目山)、江西 (庐山)、湖南、四川、福建、云南、陕西 (武功、周至、西安、眉县、宝鸡)，长江以南，多产山区；蒙古国、俄罗斯。

(一九一)　伊蝽属 *Aenaria* Stål, 1876

Aenaria Stål, 1876: 55. Type species: *Drinostia lewisi* Scott.

体色青绿，有杂色大斑，长椭圆形，体壁光滑少毛。头显然横宽，长宽约相等，或宽度略大于长；头侧叶超过中叶前端，在中叶前方会合，在近端处自然弓形外凸。前胸背板前侧缘光滑，白边状，显著；小盾片三角形，向后变狭；前翅前缘呈明显的白边状。腹下基部中央没有明显突出的尖突；腹下中央无纵沟。

种 检 索 表

1. 前胸背板前侧缘微外弓，淡色部分甚宽。头部及腹部相对较宽 ·················· **宽缘伊蝽** *A. pinchii*
   前胸背板前侧缘直或微向内凹，淡色部分狭。头部及腹部相对较狭 ·················· **伊蝽** *A. lewisi*

311. 伊蝽 *Aenaria lewisi* (Scott, 1874) (图 194)

Drinostia lewisi Scott, 1874: 296.

Aenaria lewisi: Stål, 1876: 70; Distant, 1899: 432; Oshanin, 1906: 85; Kirkaldy, 1909: 41; Matsumura, 1913: 118; Shiraki, 1913: 195; Esaki, 1926: 147; Kuwayama, 1928: 107; Yang, 1962: 114; Hsiao, 1977: 147; Rider et al., 2002: 136; Rider, 2006: 257.

别名　勒氏蝽。

形态特征　**体色**　黄褐色，密布黑刻点。侧缘各节交界处黑色，体下侧方有 1 条由黑刻点组成的宽黑带，各足股节端半有 2 个显著的黑斑；触角基部棕褐色。

结构　近菱形，体较狭长。头部及前胸背板刻点较密，尤以前胸背板淡色侧缘内侧为最；前翅革片前缘淡色部分略狭。

量度　长 10~11 mm，宽 4.5~5.0 mm。

经济意义　为害稻、麦、果树。

分布　河南 (栾川)；江苏、湖南、江西 (庐山)、四川、广西；日本。

312. 宽缘伊蝽 *Aenaria pinchii* Yang, 1934

Aeneria pinchii Yang, 1934: 104; Yang, 1962: 114; Zhang et al., 1995: 48; Yang, 1997: 193; Rider et al., 2002: 136; Rider, 2006: 257.

别名　秉氏蝽。

形态特征　体色　淡黄绿色，密布黑刻点。头端部、触角、喙淡、脉纹褐色，膜片淡褐色；复眼黄褐色；触角端节、喙端节前半部黑褐色；前胸背板、小盾片黄绿色；前

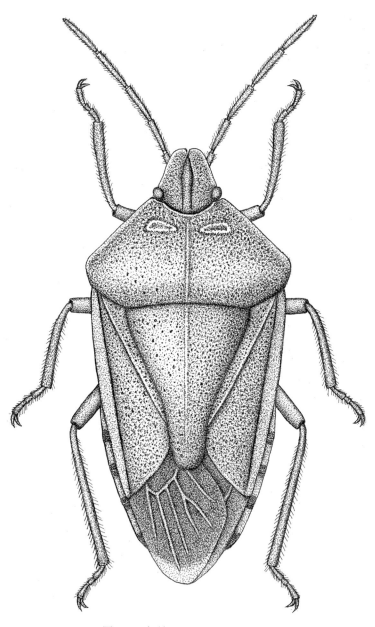

图 194　伊蝽 *Aenaria lewisi*

胸背板侧缘、前翅径脉以外前缘区淡黄白色；前翅革片赭褐色；足淡栗褐色；爪端、气门、胫节外侧纵沟的两侧刚毛列基部黑色；腹面淡黄带青。

结构　长椭圆形。头近等边三角形，端部较圆钝，基部刻点稀少，中叶锥状，侧叶宽大，边缘薄片状，相交于中叶前；触角第 1 节较粗短，第 2 节细长。喙伸达两中足基节间；前胸背板侧缘无刻点，薄片状，前侧缘微外弓；小盾片近似三角形，近端部中央有 1 条较平滑的浅纵沟。侧接缘各节后角显著。臭腺沟缘弯曲向前，末端不达侧板外侧 1/4 处。

量度　体长 10.3 (♂) ~11.6 mm (♀)，宽 5.7 (♂) ~5.9 mm (♀)。头长 2.22 (♂) ~2.30 mm (♀)，宽 2.80 (♂) ~2.82 mm (♀)；复眼间距 1.88 (♂) ~1.97 mm (♀)，单眼间距 0.97 (♂) ~1.00 mm (♀)，前胸背板长 2.70 (♂) ~2.79 mm (♀)，宽 5.71 (♂) ~5.79 mm (♀)；触角各节长 I : II : III : IV : V = 0.61 (♂) ~0.48 (♀) : 1.06 (♂) ~1.02 (♀) : 0.66 (♂) ~0.79 (♀) : 0.71 (♂) ~0.92 (♀) : 1.40 (♂) ~1.36 mm (♀)，喙各节长 I : II : III : IV = 0.85 (♂) ~1.90 (♀) : 0.98 (♂) ~1.90 (♀) : 1.32 (♂) ~1.90 (♀) : 0.74 (♂) ~1.59 mm (♀)，小盾片长 4.29 (♂) ~4.30 mm (♀)，腹宽 5.66 (♂) ~5.90 mm (♀)。

生物学特性　在浙江余杭县一年发生 1 代，以成虫在地面枯枝落叶及笋箨下越冬。翌年 3 月中下旬出蛰，4 月上旬开始交配，交配后雌虫产卵 1~2 块，每块含卵 14 粒左右。随后又取食、交尾、产卵。从 4 月中旬至 6 月上旬都可见卵，其中以 5 月中旬卵量最多。卵多于白天 11~16 时产出，历时 6~12 d 孵化。4 月下旬至 7 月上旬为若虫发生期，初孵若虫在卵壳旁静伏约 28 d，2 龄后分散觅食，若虫历 5 龄，经 45~55 d 羽化为成虫。成虫晴天活动，阴雨天则伏于落叶下。从 7 月中旬开始，成虫下到地面，寻找适当场所越夏、越冬，直至翌年 3 月中下旬才陆续出来活动，6 月上旬终见。

经济意义　危害竹类，也危害稻。成虫、若虫吸取竹杆、枝节等处汁液，发生严重时可致竹株枯死，翌年出笋率降低，竹林衰败。

分布　河南 (信阳、鸡公山、新县)；安徽、江苏、江西 (庐山、上饶、湖口、宜丰、铜鼓)、浙江 (天目山、莫干山、余杭)、福建 (崇安)、湖南、湖北、福建、广东、广西、四川、贵州。

(一九二) 羚蝽属 *Alcimocoris* Bergroth, 1891

Alcimocoris Bergroth, 1891: 214. Type species: *Alcimocoris lineolatus* Dallas.

体深黑褐色，头常具黄黑相间的纵走华纹，头部极度下倾，与体轴垂直。前胸背板侧角伸出甚长，呈尖角状，末端常有 1 缺刻，近端处常有棱，角体粗圆劲直，末端尖锐似羊角状。中胸腹板凹入呈沟槽状。小盾片较狭长，舌状，侧缘近基部处折入，基角有大形黄色圆斑。臭腺沟缘较长，略弯曲，末端圆钝。

313. 日本羚蝽 *Alcimocoris japonensis* (Scott, 1880) (图版 XXII-2)

Alcimus japonensis Scott, 1880: 310

Alcimocoris japoensis: Hsiao, 1977: 136; Rider et al., 2002: 136; Rider, 2006: 313.

形态特征 **体色** 黄褐色，密布黑褐色刻点。头端部、触角、喙淡褐色；前胸背板前部两侧各有 1 大块光滑的黄斑；前胸背板前缘处有 1 对狭长而弯曲的黄色斑，其后方中央有小黄斑，较不显著，小盾片基部有 1 对黄色大斑。

结构 头与身体垂直。头侧叶中叶齐平，侧叶端缘外侧圆弧形。触角基发达。喙伸达后足基节后缘。前胸背板前部与身体垂直，前侧缘前部光滑，圆钝，后部有 1 显著棱起，直达侧角端部前方；侧角角状，粗壮，末端尖锐，其前缘近端部有 1 缺刻，其后较阴显地后弯。小盾片几乎伸达腹末，基部大斑上光滑无刻点。臭腺沟缘短，弯曲，末端不达侧板外侧 1/4 位置。

量度 体长 7.2 mm (♂)，宽 8.6 mm (♂)。头长 1.75 mm (♂)，宽 2.33 mm (♂)；复眼间距 3.55 mm (♂)，单眼间距 2.39 mm (♂)，前胸背板长 2.00 mm (♂)，宽 8.60 mm (♂)；触角各节长 I : II : III : IV : V = 0.85 (♂) : 1.53 (♂) : 2.07 (♂) : 1.70 (♂) : 2.07 mm (♂)，喙各节长 I : II : III : IV = 1.59 (♂) : 2.92 (♂) : 1.38 (♂) : 2.12 mm (♂)，小盾片长 5.2 mm (♂)，腹宽 5.10 mm (♂)。

分布 河南 (鸡公山)；江苏 (南京)、浙江 (天目山)、陕西 (周至)；日本。

(一九三) 实蝽属 *Antheminia* Mulsant et Rey, 1866

Antheminia Mulsant & Rey, 1866: 238. Type species: *Carpocoris lynx*, Fabricius.

体色褐色、杂以黄、灰、紫、红、青等色，无铜质光泽。头部侧叶超过中叶前端，但在中叶前方不会合，或与中叶末端平齐，或中叶略超过侧叶末端；前胸背板前侧缘光滑，全长均扁薄，成锐边。前胸背板侧角不伸出。小盾片基角没有黄色光滑圆斑；体多直立长毛，或光滑少毛；小盾片三角形，向后变狭；臭腺沟短，呈耳壳状；腹部下方基部平坦，中央无突起；腹下中央无纵沟；雄性生殖节后角没有极稠密呈撮状而弯曲的毛丛；雄虫生殖节表面没有垂直的片状突起。

种 检 索 表

1. 小盾片 2 侧角和末端色淡，体毛极少 ······················ 甜菜实蝽 *A. lunulata*
   小盾片端部具狭窄淡纹，体多毛 ······················ 多毛实蝽 *A. varicornis*

314. 甜菜实蝽 *Antheminia lunulata* (Goeze, 1778)

Carpocoris lunulatus Goeze, 1778: 275; Yang, 1962: 121.
Carpocoris lunulata: Rider et al., 2002: 136; Rider, 2006: 269.

别名 甜菜蝽。

形态特征 **体色** 黄褐色。头部侧缘浅黑，复眼棕黑色。触角棕黑，第 1 节稍黄。喙黄褐色，末端黑。前胸背板具 4 条浅黑斜纵纹，2 条靠近前侧缘，2 条在中部。小盾片 2 侧角和末端色淡。膜片透明，脉纹无色。侧接缘黄褐色，节间有模糊黑点。气门黑色。

各足基节突上有黑点。胫节和跗节末端色较深。

结构　头部侧缘稍内凹，侧叶长于中叶，不相交。喙伸达后足基节。前胸背板前角微突，侧角圆，前侧缘平整，稍浅白。小盾片末端稍狭而圆。膜片伸过腹末。

量度　雄虫体长 8~10 mm，体宽 4.5~5.5 mm，雌虫体长 9~10 mm，体宽 5.5~6.0 mm。

分布　河南 (郑州)；黑龙江、吉林、内蒙古、河北、山西、新疆；俄罗斯、土耳其、欧洲。

315. 多毛实蝽 *Antheminia varicornis* (Jakovlev, 1874)

Mornidea varicornis Jakovlev, 1874: 58.

Antheminia varicornis: Hsiao, 1977: 152; Rider, Zheng & Kerzhner, 2002: 137; Rider, 2006: 270.

形态特征　体色　黄褐色。小盾片端部具狭窄淡纹。前胸背板后半、翅革片紫褐色。头侧缘及中央 1 对纵纹，前胸背板前半有 4 条纵纹黑色。触角、气门黑色。

结构　体密被长毛，密布刻点。头侧叶略超过中叶，前端外侧弧形，薄片状。喙伸达后足基节。前胸背板侧缘狭，薄边状，直；侧角圆钝；后缘直。侧接缘后角不显著，末节侧接缘圆钝。臭腺沟缘极短，末端突出于侧板表面。

量度　体长 8.3~11.0 mm，宽 4.6~6.0 mm。头长 1.12 mm (♂)，宽 2.66 mm (♂)；复眼间距 1.30 mm (♂)，单眼间距 0.80 mm (♂)，前胸背板长 1.96 mm (♂)，宽 4.62 mm (♂)；触角各节长Ⅰ∶Ⅱ∶Ⅲ∶Ⅳ∶Ⅴ＝ 0.40 (♂)∶0.80 (♂)∶0.60 (♂)∶0.90 (♂)∶1.05 mm (♂)，喙各节长Ⅰ∶Ⅱ∶Ⅲ∶Ⅳ＝ 1.10 (♂)∶1.30 (♂)∶0.75 (♂)∶0.55 mm (♂)，小盾片长 3.22 mm (♂)，腹宽 4.34 mm (♂)。

分布　河南 (嵩山)；黑龙江、内蒙古、新疆、河北、山西、陕西；小亚细亚、南欧、土耳其、西伯利亚。

(一九四) 驼蝽属 *Brachycerocoris* Costa, 1863

Brachycerocoris Costa, 1863: 191. Type species: *Brachycerocoris camelus* Costa.

体短厚，表面凸凹不平。全身覆盖极浓密的平伏丝状毛；头大，强烈倾垂，头顶中央有 1 尖突，侧叶在中叶之前会合，侧缘在近缘处成角状突出。小颊极发达而高。前胸背板侧角不伸出甚长；小盾片舌状，中央具 1 高耸的驼峰状突起，侧扁。胸部腹板呈凹槽状。臭腺孔大，无沟。

316. 驼蝽 *Brachycerocoris camelus* Costa, 1863 (图版 XXII-3)

Brachycerocoris camelus Costa，1863: 192; Stål, 1876: 31; Distant, 1902: 71; Schouteden, 1905: 9; Oshanin, 1906: 61; Hoffmann, 1932: 9; Yang, 1962: 86; Hsiao, 1977: 117; Rider & Zheng, 2005: 93; Rider, 2006: 382.

Teressa terranea: Walker, 1867:113.

别名　驼背蝽。

形态特征 **体色** 灰黄褐色至黑褐色。

结构 密覆短而平伏有丝光的毛，将体表全部遮盖，体厚实，强烈凹凸不平。头中央、前胸背板前半中央均有1显著的瘤突，前胸背板前半有强烈褶皱；小盾片基部中央有大瘤、侧扁，顶部呈陷沟状，小盾片后端处有1较小的瘤突。

量度 体长5.5~7.7 mm，宽4.0~4.8 mm。头长1.85 mm (♂)，宽2.04 mm (♂)；复眼间距1.45 mm (♂)，单眼间距0.70 mm (♂)，前胸背板长3.10 mm (♂)，宽4.65 mm (♂)；触角各节长Ⅰ：Ⅱ：Ⅲ：Ⅳ：Ⅴ=0.65：0.18：0.37：0.56：0.82 mm (♂)，喙各节长Ⅰ：Ⅱ：Ⅲ：Ⅴ=0.96：2.32：1.62：1.69 mm (♂)，小盾片长3.69 mm (♂)，腹宽4.79 mm (♂)。

分布 河南 (信阳、南阳、内乡、泌阳、确山、辉县)；安徽 (宁国)、江苏 (宝华山)、浙江 (天目山、舟山、莫干山)、湖北 (武昌)、福建 (建阳)、广东 (乐昌)、广西 (阳朔)；斯里兰卡。

(一九五) 薄蝽属 *Brachymna* Stål, 1861

Brachymna Stål, 1861: 142. Type species: *Brachymna tenuis* Stål.

体扁平，光滑少毛。头部尖长，侧叶在中叶的前方会合，侧叶外缘自然弯曲；眼小。前胸背板前侧缘粗锯齿状，侧角伸出，端角近直角；小盾片三角形，向后变狭；中胸腹板平滑无中脊；臭腺沟缘短小；爪片缝末端抵达小盾片的近末端处。腹下中央无纵沟；腹下基部中央没有明显突出的尖突。

317. 薄蝽 *Brachymna tenuis* Stål, 1861 (图195，图版XXII-4)

Brachymna tenuis Stål, 1861: 142; Stål, 1876: 70; Distant, 1900: 434; Kirkaldy, 1909: 41; Oshanin, 1910: 41; Hoffmann, 1932: 7; Wu, 1933: 216; Yang, 1934: 102; Yang, 1962: 97; Zhang et al., 1985: 80; Hsiao, 1977: 122; Yang, 1997: 193; Rider et al., 2002: 137; Rider, 2006: 358.

Balsa extenuate Walker, 1867: 410; Oshanin, 1906: 151.

别名 扁体蝽。

形态特征 **体色** 淡黄褐至灰褐色，密布黑色刻点。触角淡棕褐色，第4、第5节末端较暗；膜片侧接缘淡黄褐色；足淡棕褐色。体腹面淡黄色。前胸背板边缘黑色，小盾片基缘有横列的4个小黑点，小盾片前半中域还有2个有时模糊的小黑点，与基缘中间的2个排列近长方形，膜片各节间有1小黑点，足散生黑色小圆斑；体腹面散生稀小黑点，第3、第5腹节腹面中央有1 "V" 形黑纹；散生黑色小圆斑。

结构 长椭圆形。头部长三角形，侧叶长于中叶，并在中叶之前会合，前端分开，稍向上翘；触角5节；前胸背板前缘弯曲，前侧缘前半粗锯齿状，侧角伸出，末端稍尖；膜片透明。

量度 体长12~16 mm，宽5.5~7.0 mm。

生物学特性 江西一年发生1代，以成虫越冬。据在铜鼓观察，越冬成虫在4月间开始外出活动，1代若虫于6~7月盛见，8月上旬开始羽化。

经济意义　为害稻、竹。

分布　河南 (信阳、新县、西峡)；安徽 (黄山)、江苏 (南京、镇江)、上海、浙江 (杭州、绍兴、温州、舟山、莫干山、天目山、余杭)、江西 (庐山、上饶、景德镇)、四川 (雅安、荥经、峨眉山)、福建 (建阳、崇安)、广东、贵州、云南。

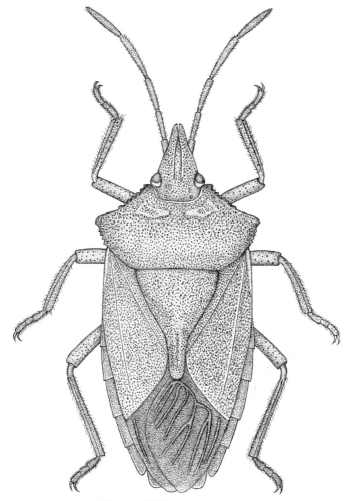

图 195　薄蝽 *Brachymna tenuis*

(一九六) 格蝽属 *Cappaea* Ellenrieder, 1862

Cappaea Ellenrieder, 1862: 146. Type species: *Pentatoma taprobanensis* Dallas.

　　体较宽短，体背较平，少毛。头略长或等长于前胸背板 (以中纵线长度计算) 头侧叶与中叶末端平齐，外侧在近端处自然弯曲。前侧缘前半锯齿状，在部分种类光滑；侧角一般，伸出甚少；小盾片三角形，向后变狭；臭腺沟缘长而直，基半敞开而较宽广，端部细，几可伸达中胸侧板的后缘。腹部宽圆；腹面基部中央无明显突出的尖突，腹部中央无纵沟。

318. 柑橘格蝽 *Cappaea taprobanensis* (Dallas, 1851) (图 196)

Pentatoma taprobanensis, Dallas, 1851: 244.

Peribalus pallescens: Jakovlev, 1902: 159.

Cappaea taprobanensis: Dallas, 1851: 244; Stål, 1876: 74; Distant, 1902: 149; Distant, 1902: 149; Kirkaldy, 1909: 49; Shiraki, 1913: 203; Fletcher, 1914: 470; Fletcher, 1917: 213; Fletcher, 1920: 251; Misra, 1920: 574; Fletcher, 1922: 51~67; Esaki, 1926: 147; Hoffmann, 1931: 140; Hoffmann, 1932: 7; Wu, 1933: 216; Hutson, 1933: 23; Shiraki, 1934: 34; Yang, 1962: 125; Hsiao, 1977: 153; Rider et al., 2002: 137; Rider, 2006: 261.

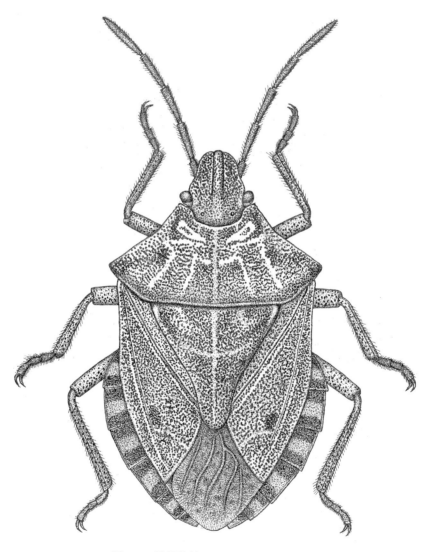

图 196 柑橘格蝽 *Cappaea taprobanensis*

别名　橘蝽。

形态特征　体色　底色黄褐色，刻点黑色，以致外观黑褐色。胝区淡色。前胸背板和小盾片上贯通的纵细纹显淡黄褐色；前胸背板中部横贯纹淡黄褐色。革片前缘域有平行于前缘的淡黄褐色纹。各节侧接缘中部黄褐色，基部和端部黑色。

结构　椭圆形，具密刻点。头侧叶和中叶齐平，前端弧形。喙伸达腹部第3节腹板中部。前胸背板前侧缘前半略有锯齿，后半直；侧角圆钝；后缘直。腹部宽大，圆形。各节侧接缘后角清晰。臭腺沟缘直，末端几乎伸达侧板边缘。中胸腹板有浅脊，高度均一。

量度　体长 11.1 mm (♂)，宽 6.77 mm (♂)。头长 2.51 mm (♂)，宽 2.46 mm (♂)；复眼间距 1.51 mm (♂)，单眼间距 0.80 mm (♂)，前胸背板长 2.75 mm (♂)，宽 6.42 mm (♂)；触角各节长 I：II：III：IV：V = 0.61 (♂)：1.16 (♂)：1.51 (♂)：1.64 (♂)：1.83 mm (♂)，喙各节长 I：II：III：IV = 1.85 (♂)：1.80 (♂)：1.51 (♂)：0.95 mm (♂)，小盾片长 3.94 mm (♂)，腹宽 6.77 mm (♂)。

经济意义　寄生于柑橘。

分布　河南 (西峡、桐柏)；湖南、四川 (成都、简阳、金堂)、贵州 (平塘)、福建 (福州)、台湾、广东 (梅县)、广西 (柳州)、云南 (西双版纳：景洪、勐龙)、海南；印度尼西亚、缅甸、印度、斯里兰卡。

(一九七) 辉蝽属 *Carbula* Stål, 1864

Carbula Stål, 1864: 140. Type species: *Carbula decorata* Signoret.

体褐色或黑褐色，多具铜质光泽，少毛，部分种类多直立毛。头部长度与宽度约相等，或长大于宽；头侧叶超过中叶前端，部分种类平齐或略短，不特别宽阔，较狭；头侧叶在中叶前方不会合，外缘近端处自然外弓凸；头侧叶的侧缘下方有一与之平行的突出棱纹。前胸背板前侧缘前端侧面常有一狭长的光滑面，胝状，常为淡黄色。前胸背板侧角伸出，大部分种类圆钝，少数种类末端尖锐呈刺状。臭腺沟缘极小，或缺；腹下中央无纵沟；腹下基部中央没有明显突出的尖突；小盾片三角形，向后变狭，基角具小型淡黄色光滑的圆斑。

种 检 索 表

1. 前胸背板胝色与身体一色，不呈黑色。触角在大多数个体中均为淡褐色，有时最后一节红褐色，但多不呈明显的黑褐色。前胸背板侧角多少略向上翘起。前胸背板前侧缘前半的黄白色胝状构造多光滑，无明显的横皱·············**红角辉蝽** *C. crassiventris*
前胸背板胝色黑。触角至少最后一节除基部外黑色。前胸背板侧不向上翘，前胸背板前侧缘前半的黄白色胝状构造有明显的横皱············2

2. 前胸背板前侧缘前半的黄白色胝状构造向后伸过前侧缘中部的折曲处，前侧缘凹入强烈。雌虫生殖节下方的中叶宽，两侧叶的内半黑色。头部中叶与侧叶平齐·············**凹肩辉蝽** *C. sinica*
前胸背板前侧缘前半黄白色胝状构造向后不伸过前侧缘中部的折曲处；前侧缘凹入不若上种之强

烈。雌虫生殖节下方的中叶极狭窄，两侧叶均为淡色。头部侧叶多略伸出于中叶之前。前胸背板侧角不尖锐，不显著向后弯 ··· 3

3. 体大，体长在 10 mm 以上。前胸背板侧角末端相对较尖 ····················· 北方辉蝽 *C. putoni*

 体较小，体长在 9 mm 以下。前胸背板侧角末端相对较钝 ····················· **辉蝽** *C. humerigera*

319. 红角辉蝽 *Carbula crassiventris* (Dallas, 1849)

Pentatoma crassiventre Dallas, 1849: 189.

Carbula crassiventris: Dallas, 1849: 189; Distant, 1902: 171; Kirkaldy, 1909: 88; Esaki, 1922: 50; Esaki, 1926: 148; Hoffmann, 1932: 8; Yang, 1934: 114; Yang, 1962: 113; Hsiao, 1977: 145; Yang, 1997: 193; Rider et al., 2002: 137; Rider, 2006: 295.

别名　胡枝子蝽。

形态特征　体色　全体污黄褐色，一致，密布黑刻点，有时有铜色光泽。触角多为淡褐色，最后 1 节红褐色。前胸背板胝色与身体一致，不呈黑色；侧角末端常呈棕红色。

结构　头部中叶与末端平齐。前胸背板侧角末端常呈棕红色。前胸背板前侧缘前半的黄白色胝状构造多光滑，无明显的横皱，向后不伸过前侧缘中部的曲折处；侧角略向上翘起，末端常呈棕红色。

量度　体长 7.1 (♂) ~ 8.5 mm (♀)，宽 5.6 (♀) ~6.5 (♂) mm。头长 1.72 (♀) ~1.81 mm (♂)，宽 1.86 (♀) ~1.93 mm (♂)；复眼间距 1.18 (♀) ~1.28 mm (♂)，单眼间距 0.87 (♀) ~ 0.85 mm (♂)，前胸背板长 1.11 (♂) ~ 1.64 mm (♀)，宽 5.61 (♀) ~5.71 mm (♂)；触角各节长 Ⅰ：Ⅱ：Ⅲ：Ⅳ：Ⅴ＝ 0.48 (♀) ~0.58 (♂)：0.66 (♀) ~0.79 (♂)：0.56 (♀) ~0.82 (♂)：1.15 (♀) ~1.32 (♂)：? (♂) ~ 1.35 mm (♀)，喙各节长 Ⅰ：Ⅱ：Ⅲ：Ⅳ＝ 1.11 (♂) ~ 1.19 (♀)：? (♂) ~ 1.48 (♀)：? (♂) ~ 0.69 (♀)：? (♂) ~ 0.48 mm (♀)，小盾片长 2.96 (♀) ~ 3.02 mm (♂)，腹宽 4.60 (♀) ~4.97 mm (♂)。

本种随分布区的不同而有以下变异：四川西部、广东北部的标本体较宽大，前胸背板侧角较短；海南岛、台湾地区的标本前胸背板侧角长，体较小；云南的标本则色淡，腹下几无黑斑。

分布　河南 (鸡公山)；黑龙江、山西、陕西、江苏、安徽、浙江、湖北、江西、湖南、福建、四川 (宝兴)、广东 (海南岛、连县)、台湾 (台中)、广西 (龙胜)、云南 (昆明，西双版纳：勐龙、勐混，安宁)、西藏 (波密、通麦、察隅)、贵州；日本、泰国、缅甸、不丹、印度。

320. 辉蝽 *Carbula humerigera* (Uhler, 1860)

Carbula humerigera Uhler, 1860: 223; Rider, Zheng & Kerzhner, 2002: 137; Rider, 2006: 295.

Carbula obtusangula Reuter, 1881: 233; Kirkaldy, 1909: 89; Hoffmann, 1932: 8; Zhang et al., 1985: 97; Hsiao, 1977: 146; Yang, 1997: 193.

形态特征　成虫 体色　暗褐至紫褐色，稍带铜至紫铜色光泽，密布黑色点刻。触角黄色，第 4、第 5 节端半棕黑。喙棕黄色，末节黑色。各足黄色，腹下黄褐色，股、胫节具黑点，腹部侧接缘黑色，各节外缘有星月形白边，靠近节缝处只各有 1 黄白色小点。侧区有由黑色点刻组成的宽窄深浅不一的纵带，近端部 2 个体节上各有 10 个黑斑，其前黑斑隐约可见，腹侧外缘各节具 1 小黑点。

结构　近卵圆形，头及前胸背板前半段向下倾斜。头长形，色更暗，侧叶稍长于中叶，但不相交于其前。前胸背板前缘内凹，前角前伸，直抵复眼，前侧缘厚，内凹，其前半段黄白色，具横皱，中线淡色，前缘区、前侧缘区及侧角区黑色，侧角较圆，末端向外平伸。小盾片末端钩圆，基缘有 3 个横列的小白点。前翅革质部基侧缘黄白色。

量度　体长 8.4 (♂) ~ 10.2 mm (♀)，宽 6.5 (♂) ~ 7.2 mm (♀)。头长 1.98 (♂) ~ 2.00 mm (♀)，宽 1.30 (♂) ~ 1.33 mm (♀)；复眼间距 1.43 (♂) ~ 1.47 mm (♀)，单眼间距 0.99 (♂) ~ 1.11 mm (♀)，前胸背板长 2.33 (♂) ~ 2.71 mm (♀)，宽 6.51 (♂) ~ 7.17 mm (♀)；触角各节长 Ⅰ : Ⅱ : Ⅲ : Ⅳ : Ⅴ = 0.59 (♂) ~ 0.66 (♀) : 0.75 (♂) ~ 0.92 (♀) : 0.97 (♂) ~ 1.07 (♀) : 1.30 (♂) ~ 1.34 (♀) : 1.62 (♂) ~ 1.50 mm (♀)，喙各节长 Ⅰ : Ⅱ : Ⅲ : Ⅳ = 1.46 (♂) ~ 1.48 (♀) : 1.47 (♂) ~ 1.66 (♀) : 0.55 (♂) ~ 0.81 (♀) : 0.81 (♂) ~ 0.85 mm (♀)，小盾片长 3.49 (♂) ~ 4.09 mm (♀)，腹宽 5.55 (♂) ~ 6.28 mm (♀)。

卵　桶形，高约 1 mm，直径 0.8 mm 左右。密布细颗粒，假卵盖周缘具白色小齿状精孔突，中部有深色宽环带。

若虫　**1 龄**　**体色**　头、喙、触角、胸部及足黑黄色，复眼棕红，其余各部为枯黄色。**结构**　腹背中央有 8 个黑斑，第 3、第 4、第 5 斑上各具臭腺孔 1 对，腹侧缘具黑斑，腹部腹面中央有 1 纵列黑色斑块。**量度**　体长 1.1~1.5 mm，宽 0.8~1.0 mm。

2 龄　**体色**　头、胸部背面及腹面两侧黑色；触角第 1、第 2、第 5 节黑色，第 3、第 4 节黄色，喙黄色，末端 2 节黑色。**结构**　胸背两侧延展呈片状，白色，边缘具细齿，足股节基半黄色，其余各节黑色，有时胫节中段有 1 黄色环圈。腹部腹面中区黑斑更大。**量度**　体长 2.5~3.0 mm，宽 1.5~2.0 mm。

3 龄　**体色**　酷似 2 龄，但腹背两侧各有 1 纵列白斑。**量度**　体长 3.0~3.1 mm，宽 2.0~2.5 mm。

4 龄　**体色**　头红黄色，中叶两侧点刻更密，几成黑色，触角深黄，末节黑色。复眼棕黑，其内侧有隆起而光滑的长形印纹。头腹面基部有 1 无点刻的白色三角形区，喙末 2 节黑色，其余黄色。胸背黄色，中线两侧棕红，前胸背后侧角黑色。翅芽伸达第 1 腹节，腹部棕红，腹侧缘黄斑不明显，上有黑色小点，各腹节后侧角黑色，胸、腹部腹面红棕色。各足黄色，股节端部、胫节两端及跗节黑色。**量度**　体长 5 mm，宽 3 mm。

5 龄　**体色**　黄白至黄褐色，密被黑色粗点刻，复眼棕红色，头基部靠近复眼处有 1 纵行凹陷光滑的长形印纹，其内侧黑色，外侧黄白。触角淡黄至黄褐色，第 1 及第 4 节黑色。喙第 1 节、第 2 节白色，第 3 节、第 4 节黑色。胸部背中线明显，前胸前侧缘具细齿，两侧角微隆，其上点刻更密而黑；前侧缘 2/3 处为黄白色宽边，其上点刻稀少，小盾片两侧靠近基角处各有 2 个光滑的灰白色印纹，基角处有 3 个不甚明显的黄褐色小点鼎立，翅芽伸达第 3 腹节。足白至黄白色，股节端半部具浅褐至深褐小点和环斑，尤以后足色更深，胫节末端及跗节黑色。腹背两侧各有 1 纵行白斑点，侧区散生红色点线，侧缘有黄白色狭边，各腹节后侧角黑色，臭腺孔内侧有 1 黄褐色小斑。**结构**　头侧叶稍长于中叶，但不相交，胸部背中线明显，前胸前侧缘具细齿，两侧角微隆，其上点刻更密而黑；**量度** 体长 5~6 mm，宽 4.0~4.2 mm。

生物学特性 江西奉新海拔 50 m 处，1 年大概 2 代，以成虫越冬。翌年 4 月中下旬开始活动取食。1 代、2 代卵期分别在 5 月上旬至 6 月上中旬及 7 月下旬至 8 月上中旬，10 月中旬、下旬陆续进入越冬。9 月上旬在贵阳采到较多成虫，并产卵孵化，10 月下旬开始进入 4 龄，11 月上旬全部进入 4 龄，一直到翌年 3 月下旬至 4 月上旬才陆续蜕皮为 5 龄。经在贵阳饲养得知，卵期 8~9 d；1 龄 7~12 d，平均 8.4 d；2 龄 21~25 d，平均 21.4 d；3 龄 18~23 d，平均 20.6 d；4 龄 149~152 d，平均 150.2 d。

经济意义 为害大豆、胡枝子、昆明鸡血藤，并能为害稻和取食禾本科杂草。成虫、若虫在嫩叶及花穗上吸食汁液，造成嫩叶凋萎，花器凋谢，影响植株生长发育。

分布 河南 (信阳、嵩县、栾川、内乡、西峡、泌阳)；甘肃、青海、河北、山西、陕西 (眉县、太白山、周至、西安、华山、甘泉)、北京 (房山)、山东、安徽、浙江 (杭州)、江西 (庐山)、湖北 (长阳)、湖南 (南岳)、四川 (汶川、雅安、小金、宝兴、理县、金川、康定)、贵州、福建、广东 (连县)、广西 (龙胜)、云南；日本。

321. 北方辉蝽 *Carbula putoni* (Jakovlev, 1878)

Eusarcoris putoni Jakovlev, 1878: 216.
Carbula putoni (Jakovlev) Kirkaldy, 1909: 89; Hsiao, 1977: 146; Zhang et al., 1995: 48; Rider, 2006: 296.
Carbula amurensis Reuter, 1881: 233; Rider et al., 2002: 138.

形态特征 **成虫** 体色深紫黑褐色，有铜或紫铜色光泽，密布黑刻点。前翅革质部基侧缘淡黄色。

结构 近卵圆形，头长形，色深暗，侧叶稍长于中叶。触角第 4、第 5 节除基部外黑色，其余各节颜色较淡。前胸背板前缘内凹，侧角末端相对较尖，小盾片末端钝圆。

量度 体长 7.99 ($\male$) ~ 9.89 mm ($\female$)，宽 6.77 ($\male$) ~ 7.78 mm ($\female$)。头长 2.12 ($\male$) ~ 2.17 mm ($\female$)，宽 2.12 ($\male$) ~ 2.18 mm ($\female$)；复眼间距 1.44 ($\male$) ~ 1.53 mm ($\female$)，单眼间距 0.98 ($\male$) ~ 1.03 mm ($\female$)，前胸背板长 2.01 ($\male$) ~ 2.33 mm ($\female$)，宽 6.77 ($\male$) ~ 7.78 mm ($\female$)；触角各节长 I : II : III : IV : V = 0.58 ($\male$) ~ 0.61 ($\female$) : 0.74 ($\male$) ~ 1.01 ($\female$) : 0.56 ($\male$) ~ 0.95 ($\female$) : 1.38 ($\male$) ~ 1.51 ($\female$) : 1.51 ($\male$) ~ 1.72 mm ($\female$)，喙各节长 I : II : III : IV = 0.85 ($\male$) ~ 1.14 ($\female$) : 1.77 ($\female$) ~1.80 ($\male$) : ? ($\male$) ~ 0.63 ($\female$) : ? ($\male$) ~ ? mm ($\female$)，小盾片长 3.60 ($\male$) ~ 3.97 mm ($\female$)，腹宽 5.71 ($\male$) ~ 6.09 mm ($\female$)。

本种与辉蝽 *Carbula obtusangula* Reuter 相似，但辉蝽体较小，前胸背板侧角末端相对较钝。

生物学特性 黑龙江一年发生 1 代，以成虫越冬，7~8 月可在林区及田间杂草上采到成虫。

经济意义 危害大豆、胡枝子及禾本科杂草。成虫和若虫喜在花穗及嫩叶上吸食汁液，影响植株生长发育。

分布 河南 (信阳)；黑龙江 (牡丹江、横道河子)、河北 (兴隆雾灵山)、山东 (泰山)；

俄罗斯远东地区。属古北区系。

322. 凹肩辉蝽 *Carbula sinica* Hsiao et Cheng, 1977 (图版 XXII-5)

Carbbula sinica Hsiao & Cheng, 1977: 145; Yang, 1997: 194; Rider et al., 2002: 138; Rider, 2006: 297.

形态特征　体色　体淡污黄色，密布黑刻点，有铜质光泽。头紫黑色，有铜质光泽，较强烈。触角淡黄，第 5 节除基部外漆黑。前胸背板前半除中央外紫黑色；胝区紫黑而有光泽。小盾片基缘两端及中央常有隐约而极小的黄白斑各一。

结构　中叶与侧叶平齐，前侧缘前半的黄白色胝状构造有明显的横皱，向后伸过前侧缘中部的曲折处，前侧缘凹入强烈，侧角不向上翘，末端相对较钝。翅革片外缘由近基部处开始多比较突然地向外弯成弧形。

量度　体长 7.1 (♂) ~ 8.3 mm (♀)，宽 5.1 (♂) ~ 5.7 mm (♀)。头长 1.90 (♂) ~ 2.06 mm (♀)，宽 1.27 (♂) ~ 1.30 mm (♀)；复眼间距 1.41 (♂) ~ 1.48 mm (♀)，单眼间距 0.97 (♂) ~ 1.03 mm (♀)，前胸背板长 2.06 (♂) ~ 2.29 mm (♀)，宽 5.09 (♂) ~ 5.71 mm (♀)；触角各节长 I：II：III：IV：V ＝ 0.46 (♂) ~ 0.56 (♀)：0.73 (♂) ~ 0.76 (♀)：0.75 (♂) ~ 0.71 (♀)：1.03 (♂) ~ 0.95 (♀)：1.43 (♂) ~1.35 mm (♀)，喙各节长 I：II：III：IV ＝ 1.11 (♂) ~1.13 (♀)：1.40 (♂) ~1.30 (♀)：0.51 (♂) ~ 0.63 (♀)：0.63 (♂) ~ 0.63 mm (♀)，小盾片长 2.89 (♂) ~ 3.33 mm (♀)，腹宽 4.76 (♂) ~ 5.55 mm (♀)。

本种可由前胸背板前侧缘强烈向下凹，前侧缘前半的"胝"色淡而显著、小盾片基缘有 3 个小黄斑等特征与本属其他种类相区别。此种与分布于邻近地区的特有种大斑辉蝽 (*Carbula maculata*) 比较接近。

分布　河南 (卢氏、嵩县、栾川、西峡)；甘肃、陕西、四川。

(一九八) 果蝽属 *Carpocoris* Kolenati, 1846

Carpocoris Kolenati, 1846: 45. Type species: *Carpocoris lynx* Fabricius.

体褐色或黑褐色，相对较大，体壁光滑少毛，不具铜质光泽，常具玫瑰红色、紫红色或青色色泽。头部长度与宽度约相等，或长大于宽；头侧叶不特别宽，略狭，在中叶前方不会合；头侧叶超过中叶前端或与中叶末端平齐，或略短；头侧缘在近端处自然弯曲；前胸背板侧角多少伸出。前胸背板常有数条纵走的黑纹，常不清晰，前侧缘光滑，扁薄，成略向上卷的宽边；前侧缘前端一般，无黄白色胝状构造；小盾片三角形，向后变狭；臭腺沟缘中等长度，或稍长，但不超过宽度的 4 倍。腹下中央无纵沟；腹下基部中央没有明显突出的尖突。

种 检 索 表

1. 前胸背板侧角伸出较长，末端较尖·······················紫翅果蝽 *C. purpureipennis*
   前胸背板侧角伸出较短，末端钝圆·······················东亚果蝽 *C. seidenstueckeri*

323. 紫翅果蝽 *Carpocoris purpureipennis* (De Geer, 1773) (图 197)

Carpocoris purpureipennis De Geer, 1773: 258; Zhang et al., 1985: 103; Hsiao, 1977:151; Rider et al., 2002: 138; Rider, 2006: 274.

Cimex nigricornis Fabricius, 1775: 701.

Carpocoris pudicus var. *fumarius* Stichel, 1924: 202.

别名　异色蝽象、紫黄四条蝽象。

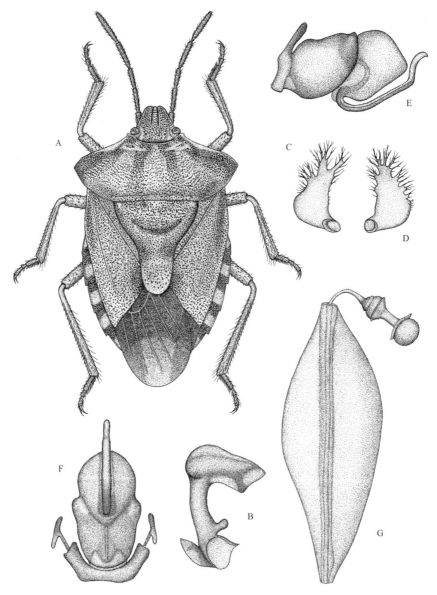

图 197　紫翅果蝽 *Carpocoris purpureipennis*

A. 体背面 (habitus)；B. 抱器 (paramere)；C. 假抱器 (pseudoparamere)；D. 另一假抱器 (pseudoparamere，the other one)；
E. 阳茎侧面 (phallus, lateral view)；F. 阳茎背面 (phallus, dorsal view)；G. 受精囊 (spermatheca)

形态特征　成虫　体色污黄至棕紫色。头卵圆形，两侧黑褐色。复眼棕黑，单眼褐色。触角第 1 节淡褐色，第 2 节以下均为黑色。喙黑色。前胸背板有 4 条较清晰的黑色纵纹，侧角较长，末端尖，略向后弯，角端的黑斑多靠前。小盾片中线淡黄色，两侧微黑，后端淡色。前翅革质部带红色，膜片黑褐，基内角有大黑斑。足褐色微紫，股节和胫节均布小黑点。跗节黑色。腹部侧接缘各节黑色，中间橙黄。体下黑褐。

　　结构　宽椭圆形，头左右侧叶略超过中叶，在头前方形成小缺刻，侧缘薄片状。喙略伸过中足基节后缘。前胸背板前侧缘光滑，稍内凹，具薄狭边，微上翘；侧角钝形约 100°，末端不尖锐。侧接缘各节后角方形，显著，末节后角圆钝。臭腺沟缘直，末端伸达侧板外侧 1/4 位置。雄虫第 8 腹节左右两生殖肢的内缘约平行，抱器外观见图 197-B，抱器体较直，叶片具 2 齿。假抱器如图 197-C、图 197-D 所示。

　　量度　体长 11.0 (♂) ~ 14.7 mm (♀)，宽 7.1 (♂) ~ 9.4 mm (♀)。头长 1.68 (♀) ~ 1.82 mm (♂)，宽 1.54 (♂) ~ 2.24 mm (♀)；前胸背板长 2.66 (♂) ~ 2.80 mm (♀)，宽 7.14 mm (♂, ♀)；触角各节长 I : II : III : IV : V = 0.80 (♂, ♀) : 1.15 (♀) ~1.20 (♂) : 0.90 (♂, ♀) : 1.30 (♂) ~ 1.45 (♀) : 1.50 (♂) ~ 1.65 mm (♀)，喙各节长 I : II : III : IV = 1.45 (♂, ♀) : 1.90 (♀) ~1.95 (♂) : 1.15 (♀) ~1.30 (♂) : 0.65 (♀) ~0.70 mm (♂)，小盾片长 4.20 (♂) ~ 4.62 mm (♀)，腹宽 6.72 (♂) ~ 7.28 mm (♀)。

　　经济意义　为害马铃薯、萝卜、胡萝卜、小麦、沙枣 *Elaeagnus angustifolia*、苹果。

　　分布　河南 (郑州、许昌、洛阳、嵩山、信阳)；北京、河北、山西 (关帝山)、辽宁、吉林 (左家)、黑龙江 (尚志)、山东、陕西 (甘泉、秦岭松树梁)、甘肃、青海、宁夏、新疆；俄罗斯 (西伯利亚)、日本、克什米尔、土耳其、伊朗、欧洲。属古北区系。

324. 东亚果蝽 *Carpocoris seidenstueckeri* Tamanini, 1959 (图 198)

Carpocoris seidenstueckeri Tamanini, 1959: 37; Rider, Zheng & Kerzhner, 2002: 138; Rider, 2006: 274.

Carpocoris seidenstuckeri (sic): Hsiao, 1977: 151.

　　形态特征　体色　体色及花斑极似紫翅果蝽。翅革片及前胸背板基半常呈紫红色。

　　结构　宽椭圆形，小盾片基中常有 1 不明显的横陷。

　　量度　长 12.5~13.0 mm，宽 7.0~7.5 mm。

　　分布　河南 (栾川)；吉林 (白城)、辽宁 (大连)、内蒙古 (呼和浩特、锡林郭勒盟、大青山)、北京、山东 (烟台)、陕西 (甘泉)；欧洲、北非、伊朗、叙利亚、中亚、日本、朝鲜、西伯利亚。

(一九九)　岱蝽属 *Dalpada* Amyot et Serville, 1843

Dalpada Amyot & Serville, 1843: 105. Type species: *Dalpada aspersa* Amyot et Serville.

　　体色变化大，翠绿色，有金属闪光，或褐色，具杂斑；体壁光滑。头侧叶外缘中域有 1 尖锐突起，侧叶和中叶相对长度一般近等长，也可侧叶明显长于中叶，并在其前方

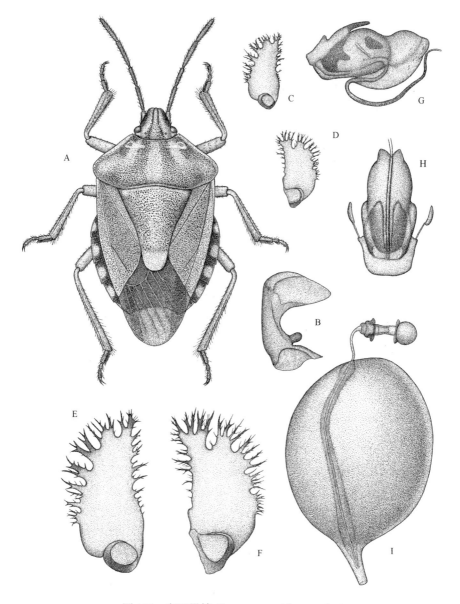

图 198　东亚果蝽 *Carpocoris seidenstueckeri*

A. 体背面 (habitus)；B. 抱器 (paramere)；C. 假抱器 (pseudoparamere)；D. 另一假抱器 (pseudoparamere, the other one)；
E. 假抱器 (放大) (pseudoparamere, enlarged)；F. 另一假抱器 (放大) (pseudoparamere, the other one, enlarged)；G. 阳茎侧面
(phallus, lateral view)；H. 阳茎背面 (phallus, dorsal view)；I. 受精囊 (spermatheca)

愈合。前胸背板前侧缘颗粒状或锯齿状，侧角略伸出体外，末端多略膨大而呈结节状，
其基部常有一些皱缩状刻纹；小盾片三角形，向端部渐狭；臭腺沟长香蕉状，端半上弯。
前足胫节端半部变化大，部分种类中加宽，扩大呈叶片状，宽于胫节宽度；也有种类稍
加宽但不宽于胫节宽的；也有种类正常，不扩大呈叶片状。 腹下基部中央没有明显突出
的尖突。雄虫生殖节每一侧叶无缺刻或只具很浅的缺刻，不呈明显的深二叶状，二侧叶

中间的中央缺口浅。

种 检 索 表

1. 体背面全部为鲜绿色或暗绿色，略具金属闪光。头部边缘无黄红色狭边。前胸背板前侧缘只前端处有极狭细的淡黄色狭边，前胸背板侧角端部为明显的黑色，此黑色部分的宽度约相当于爪片基部的宽···**绿岱蝽** *D. smaragdina*
   体褐色、黄褐色、黑褐色，或有各种金绿色斑，但非全部鲜绿色。头部侧叶与中叶约等长，侧叶前端圆。触角第 4、第 5 节基部淡黄白色。前胸前侧缘锯齿较不显著，且不整齐。腹下基部有沟，较短，伸达第 3 个腹节···**中华岱蝽** *D. cinctipes*

325. 中华岱蝽 *Dalpada cinctipes* Walker, 1867

Dalpada cinctipes Walker, 1867: 229; Distant, 1899: 443; Oshanin, 1906: 74; Hoffmann, 1932: 8; Hsiao, 1977: 119; Yang, 1997: 194; Rider et al., 2002: 138; Rider, 2006: 306.

　　形态特征　**体色**　紫褐色至紫黑或绿黑色，略具金属光泽。触角黑，第 4、第 5 节基部淡黄褐，第 3 节最长，略长于第 2、第 4、第 5 节，该三节约等长。前胸背板前半绿黑，后半隐约有 4 条绿黑色纵纹，小盾片基部色深，黑紫，基角黄斑大而圆。翅革片灰黄褐色，中部及端部处常呈紫红色，具不规则的黑斑 (常为 3 块)。侧接缘黄黑相间。体下淡黄褐，头下方及胸腹部侧方黑褐，具金属光。每一腹节在侧缘的黑色带中有 1 大黄斑。中胸腹板黑色。足股节基半黄褐，端半具黑褐色斑块，胫节两端黑，中央具黄环，各占 1/3，跗节黄，末端黑。

　　结构　体密布刻点，粗糙。头部侧叶中叶齐平，头侧叶前端圆，侧缘近末端处的突起较宽阔而斜外伸。喙伸达腹部第 5 节前方 1/5 处。前胸背板前半有隐约的细纵中脊，胝后有 4 个极小突起 (均为黄白斑)，前侧缘前部略外弓，锯齿细碎不整齐，侧角较尖，略呈结节伏。小盾片两基角光滑，无刻点 (均为大型黄白斑)。前足胫节三棱形，背侧具宽纵沟。侧接缘后角显著。臭腺沟弯曲，伸达侧板外侧 1/4 处。

　　量度　体长 16.5 (♂) ~ 18.9 mm (♀)，宽 8.8 (♂) ~ 9.5 mm (♀)。头长 3.49 (♂) ~ 3.57 mm (♀)，宽 3.62 (♂) ~ 3.54 mm (♀)；复眼间距 2.22 mm (♂, ♀)，单眼间距 0.95 (♂) ~ 0.98 mm (♀)，前胸背板长 4.11 (♂) ~ 4.13 mm (♀)，宽 8.78 (♂) ~ 9.52 mm (♀)；触角各节长 I : II : III : IV : V = 0.95 (♂) ~ 1.11 (♀) : 2.10 (♂) ~ 2.30 (♀) : 2.46 (♀) ~2.60 (♂) : ? (♂) ~ 3.02 (♀) : ? (♂) ~ 2.46 mm (♀)，喙各节长 I : II : III : IV = 2.30 (♂, ♀) : 2.78 (♂, ♀) : 2.68 (♀) ~2.78 (♂) : 1.44 (♂) ~ 1.59 mm (♀)，小盾片长 6.35 (♂) ~ 6.70 mm (♀)，腹宽 8.81 (♂) ~ 9.52 mm (♀)。

　　分布　河南 (嵩县、栾川、鲁山、嵩山、信阳、鸡公山)；甘肃、河北、陕西 (西安)、江苏 (南京)、安徽、浙江、江西 (庐山)、湖南 (南岳)、福建、广东、海南、四川、广西 (武鸣)、贵州、云南。

326. 绿岱蝽 *Dalpada smaragdina* (Walker, 1868) (图 199)

Udana smargdina Walker, 1868: 549.

Dalpada smaragdina: Kirkaldy, 1909: 194; Kirkaldy, 1910: 107; Maki, 1916: 265; Esaki, 1926: 146; Yang, 1962: 95; Zhang et al., 1985: 78; Hsiao, 1977: 118; Yang, 1997: 195; Rider et al., 2002: 138; Rider, 2006: 306.

Amasenoides virescens: Shiraki, 1913: 217.

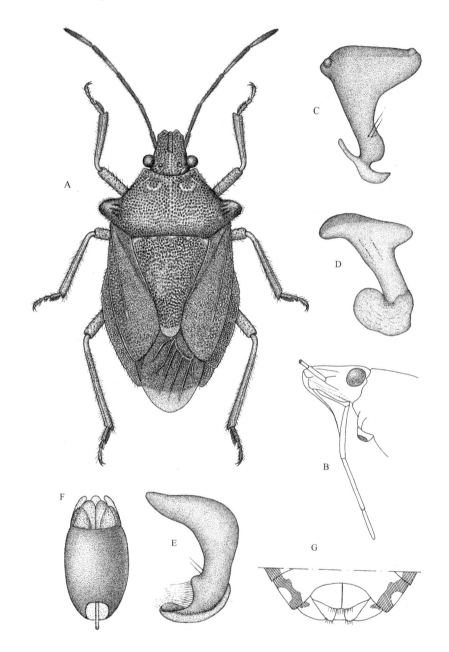

图 199　绿岱蝽 *Dalpada smaragdina*

A. 体背面 (habitus)；B. 头部侧面 (head, lateral view)；C. 抱器 (paramere)；D. 抱器 (另一角度) (paramere, different side)；E. 抱器 (另一角度) (paramere, another different side)；F. 阳茎 (未展开) (phallus, not extended)；G. 雌虫腹部末端腹面 (apical segments of abdomen , ventral view, female)

别名　绿背蝽。

形态特征　成虫　体色　体背鲜绿色，有金属光泽。头长方形，侧叶边缘波浪状，黑色，各侧具 2 齿，前齿尖，后齿钝圆，中叶与侧叶几等长。复眼棕黑色，单眼红色，触角棕黑至棕黄色，第 4、第 5 节基半色淡。前胸背板前侧缘具黄白色狭边，有微齿和绒毛，侧角结节状，油黑色，上翘，基部有短沟 2 条，尖端具小红点。小盾片末端边缘黄白色，基部有 5 个横列的小白点。腹下及足黄色，前胸两侧各有 1 金绿色小点，中足基节附近的内外侧各有 1 黑色小点，有时外侧的 1 个为金绿色，体侧缘从头端至腹末有 1 条金绿色宽纵带。

结构　体较大而厚实。头长方形，侧叶边缘波浪状，各侧具 2 齿，前齿尖，后齿钝圆，中叶与侧叶几等长。前胸背板前侧缘侧角结节状明显，上翘，基部有短沟 2 条，尖端具小红点。

量度　体长 15.2 (♂) ~ 17.8 mm (♀)，宽 8.73 (♂) ~ 9.71 mm (♀)。头长 3.02 (♂) ~ 3.57 mm (♀)，宽 3.49 (♂) ~ 3.65 mm(♀)；复眼间距 2.02 (♂) ~ 2.14 mm (♀)，单眼间距 1.02 (♂) ~ 1.10 mm (♀)，前胸背板长 3.89 (♂) ~ 4.25 mm (♀)，宽 8.73 (♂) ~ 9.65 mm (♀)；触角各节长 I：II：III：IV：V =0.90 (♂) ~ 1.00 (♀)：2.06 (♂) ~ 1.98 (♀)：2.22 (♀) ~ 2.78 (♀)：2.60 (♂) ~ 3.10 (♀)：2.49 (♂) ~ 2.86 mm (♀)，喙各节长 I：II：III：IV =2.06 (♂) ~ 1.75 (♀)：2.54 (♂) ~ 2.70 (♀)：2.22 (♂) ~ 2.48 (♀)：1.27 (♂) ~ 1.57 mm (♀)，小盾片长 5.62 (♂) ~ 6.75 mm (♀)，腹宽 8.41 (♂) ~ 9.71 mm (♀)。

卵　直径 1.80~1.85 mm，近圆球形，初产时淡黄绿色，以后色渐变深。卵壳光滑，假卵盖周缘具 1 隆脊，脊上有 1 列小颗粒状精孔突。

若虫　1 龄体长 3 mm 左右，宽约 2 mm，淡绿色。头基部有 1 "W" 形黑纹，中列端部两侧各有 1 黑色纵纹，触角第 1 节黑色，第 2、第 3 节淡黑，第 4 节淡绿。复眼棕红色，晚上黑褐色。胸部侧缘粗齿状，两侧有黑色纵纹及短横纹。各足色更淡，胫节末端黑色，跗节末端黄褐。腹部背面有规则的黑色斑块，臭腺孔明显。本种与红缘岱蝽 (*D. perelegans*) 极相似，但后者体躯较小，复眼前刺突为粉红色，侧接缘黄色与金绿色相间，前胸背板侧角结节较小，腹下侧缘金绿色纵带不规则，以相区别。

生物学特性　江西一年 1 代，以成虫越冬，翌年 5 月下旬开始活动，6 月中旬开始产卵，7 月初自然死亡。若虫于 6 月下旬始孵，8 月上旬始羽，9 月下旬开始蛰伏过冬。成虫交尾后 3~11 d 开始产卵。卵多产于叶片背面，聚生成块，每块 14~18 枚。贵州卵期 5~6 d，1 龄若虫期 4~5 d。

经济意义　为害油桐 *Vernicia fordii*、柑橘、油茶、紫薇、大青 *Clerodendrum cyrtophyllum*、构树、楸树等植物。成虫、若虫吸食嫩梢及叶片、叶柄汁液，被害枝梢枯萎。

分布　河南 (信阳、固始、新县、光山、西峡、登封)；江苏 (宜兴)、浙江 (杭州、天目山、缙云)、安徽 (黄山)、福建 (邵武、建阳、崇安、龙岩、南屏、福州)、江西 (婺源)、湖北 (武昌)、湖南、广东 (梅县)、广西 (百寿、永福、瑶山、三防、龙胜)、四川 (峨眉山、雅安、宝兴、重庆)、贵州 (贵定、麻江)、云南 (西双版纳、金平、屏边)、台湾。属东洋区系。

（二〇〇）斑须蝽属 *Dolycoris* Mulsant et Rey, 1866

Dolycoris Mulsant & Rey, 1866: 238. Type species: *Cimex baccarum* Linnaeus.

　　体多直立长毛。小盾片三角形，向后变狭，基角没有黄色光滑圆斑；臭腺沟略长。雄虫生殖节各侧有 1 与生殖节表面垂直的片状突起，略呈三角形。

种 检 索 表

1. 雄性生殖节侧面观下叶阔大，长于上叶，下叶末端无毛。体较宽，触角节末端及基部多为白色…
………………………………………………………………………………………斑须蝽 *D. baccarum*
　　雄性生殖节侧面观下叶较小，短于上叶，下叶末端有长毛丛。体较狭尖，触角全部漆黑…………
……………………………………………………………………………印度斑须蝽　*D. indicus*

327. 斑须蝽 *Dolycoris baccarum* (Linnaeus, 1758) (图 200，图版 XXII-6)

Cimex baccarum Linnaeus, 1758: 445; Linnaeus, 1761: 249, 928; Wolff, 1801: 57.

Dolycoris baccarum: Hahn, 1834: 63; Sahlberg, 1848: 26;　Reuter, 1851: 54; Reuter, 1880: 128; Distant, 1902: 159; Oshanin, 1906: 118; Kirkaldy, 1909: 58; Hukkinen, 1914: 9; Sacharov, 1914: 42; Uvarov, 1914: 86; Sacharov, 1915: 29; Vitkovsky, 1915: 68; Zolotarevaky, 1915: 12; Schoyen, 1917: 37~85; Schoyen, 1919: 71; Aoyama, 1920: 31; Zacher, 1922: 64~66; Butler, 1923: 49; Okamoto, 1924: 2; Morris, 1927: 65~67; Polizu, 1928: 7~12; Morris, 1929: 149~150; Morris, 1929: 43~44; Reh, 1929: 1; Kiritshenko, 1931: 363; Obarski, 1931: 14~23; Boselli, 1932: 270~275; Lehmann, 1932: 440~451; Yang, 1933: 36; Yang, 1934: 109; Yang, 1962: 69; Zhang et al., 1985: 68; Hsiao, 1977: 105; Yang, 1997: 196; Rider et al., 2002: 138; Rider, 2006: 278.

Pentatoma baccarum: Hahn, 1834: 63; Sahlberg, 1848: 26; Gorski, 1852: 88; Flor, 1860: 137; Douglas & Scott, 1865: 80.

Carpocoris baccarum: Kolenati, 1846: 181; Saunders, 1892: 28; Hoffmann, 1932: 7.

　　别名　细毛蝽。

　　形态特征　成虫　体色　椭圆形，黄褐或紫色，密被白色绒毛和黑色小刻点。复眼红褐色，触角 5 节，黑色，第 1 节粗短，第 2 节最长，第 1 节、第 2~4 节基部及末端及第 5 节基部黄色，整体看来黄黑相间，故称斑须蝽。喙端黑色，前胸背板前侧缘稍向上卷，浅黄色，后部常带暗红。小盾片三角形，末端钝而光滑，黄白色。前翅革片淡红褐或暗红色，膜片黄褐，透明，超过腹部末端。侧接缘外露，黄黑相间。足黄褐至褐色，腿、胫节密布黑色刻点。腹部腹面黄褐或黄色，有黑色刻点。

　　结构　体背面密布长毛，还密布大量刻点。头中叶稍短于侧叶，侧叶不接触。前胸背板前侧缘薄边状，薄边宽度一致，略向上翻卷；侧角圆钝，稍微伸出于体侧。单眼位于复眼后侧。喙伸至后足基节处。膜片超过腹部末端。前足胫节近中部腹面有 1 明显刺突。雄性生殖节侧面观下叶大于上叶，上叶端部有细毛，下叶光滑。

　　量度　体长 9.7 (♂) ~ 11.4 mm (♀)，宽 5.7 (♂) ~ 6.2 mm (♀)。头长 2.20 (♂) ~

2.46 mm（♀），宽 2.33（♂）~ 2.38 mm（♀）；复眼间距 1.59（♂）~ 1.69 mm（♀），单眼间距 0.87（♂）~ 0.92 mm（♀），前胸背板长 2.46（♀）~2.54 mm（♂），宽 5.66（♂）~ 6.24 mm（♀）；触角各节长 I：II：III：IV：V ＝0.58（♂）~ 0.63（♀）：0.63（♂）~ 1.26（♀）：0.80（♂）~ 0.92（♂）：1.19（♂）~ 1.15（♀）：1.27（♂）~ 1.29 mm（♀），喙各节长 I：II：III：IV＝1.43（♂，♀）：1.64（♂）~ 1.80（♀）：1.16（♀）~1.18（♂）：0.98 mm（♂，♀），小盾片长 3.97（♂）~ 4.72 mm（♀），腹宽 5.71（♂）~ 6.19 mm（♀）。

卵　长 1.0~1.1 mm，宽 0.75~0.80 mm。桶形，初时浅黄，后变赭灰黄色。卵壳有网状纹，密被白色短绒毛，假卵盖稍突出，周缘有 34 个精孔突，破卵口器 "♫" 状，黑褐色。

若虫　1 龄体长 1.2 mm，宽 1 mm 左右，卵圆形。头、胸和足黑色，具光泽。腹部淡黄，节间橘红，全身被白色短毛。复眼红褐，触角 4 节，第 4 节最长；纺锤形，各节端部黄白色。中胸、后胸背板几等长。腹部背面中央和侧缘具黑色斑块。2 龄体长 2.9~3.1 mm，宽 2.1 mm 左右。复眼黑褐色，中胸背板后缘直，第 4、第 5、第 6 可见腹节背面各具 1 对臭腺孔。3 龄体长 3.6~3.8 mm，宽 2.4 mm 左右。中胸背板后缘中央向后稍伸出。4 龄体长 4.9~5.9 mm，宽 3.3 mm 左右。头、胸浅黑色，腹部淡黄褐至暗灰褐色。小盾片显露，翅芽达第 1 可见腹节中部。5 龄体长 7~9 mm，宽 5~6.5 mm。椭圆形。黄褐至暗灰色，全身密布白色绒毛和黑色点刻。复眼红褐，触角黑色，节间黄白。小盾片三角形，两基角处各有 1 黄色小斑，翅芽达第 4 可见腹节中部。足黄褐色。腹部侧接缘黑黄相间，腹面黄褐，有黑色小刻点。本种与云南斑须蝽（*Dolycoris indicus*）很相近，但后者雄性生殖节侧面观下叶短于上叶，下叶末端有长毛丛，触角全黑，可以区别。

生物学特性　吉林一年 1 代，辽宁、内蒙古、宁夏 2 代，江西 3~4 代。以成虫在田间杂草、枯枝落叶、植物根际、树皮及屋檐下越冬。内蒙古越冬成虫 4 月初开始活动，4 月中旬交尾产卵，4 月末至 5 月初孵出。第 1 代成虫 6 月初羽化，6 月中旬产卵盛期，第 2 代于 6 月中下旬至 7 月上旬孵出，8 月中旬开始羽化，10 月上中旬陆续越冬。江西南昌越冬成虫 3 月中旬开始活动，3 月末至 4 月初交尾产卵，4 月初至 5 月中旬若虫出现，5 月下旬至 6 月下旬第 1 代成虫出现。第 2 代若虫期为 6 月中旬至 7 月中旬，成虫期 7 月上旬至 8 月中旬，第 3 代若虫期为 7 月中旬、下旬至 8 月上旬，成虫期 8 月下旬开始。第 4 代若虫期 9 月上旬至 10 月中旬，成虫期 10 月上旬开始，10 月下旬至 12 月上旬陆续越冬。

南昌各虫态历期　第 1 代卵期 8~14 d，若虫期 39~45 d，成虫寿命 45~63 d。第 2 代卵期 3~4 d，若虫期 18~23 d，成虫寿命 38~51 d。第 3 代卵期 3~4 d，若虫期 21~27 d，成虫寿命 52~75 d（越冬成虫更长）。第 4 代卵期 5~7 d，若虫期 31~42 d，成虫寿命 181~237 d。1~3 代成虫一般在羽化后 4~11 d 开始交尾，交尾后 5~16 d 产卵，产卵期为 25~41 d。卵多产在植物上部叶片正面或花、蕾、果实的苞片上，一般成块，多行整齐纵列，每块 3~43 枚，多数是 12 枚、14 枚或 24 枚。初孵若虫群集在卵壳上，2~3 d 后在卵壳附近取食，2 龄后扩散为害。

经济意义　寄主极杂，主要为害小麦、稻、棉花、亚麻、芝麻、油菜、萝卜、大豆、蚕豆 *Vicia faba*、绿豆、豌豆、苜蓿、燕麦 *Avena sativa*、野燕麦、羊草 *Leymus chinensis*、披碱草、野稻 *Oryza rufipogon*、芒稗 *Echinochloa caudata*、狗尾草、泡桐、桔梗 *Platycodon* *grandiflorus*、滇苦菜 *Picris divaricata*、老鹳草、山莓、茅莓 *Rubus parvifolius* 等植物，也能为害玉米、高粱、白茅 *Imperata cylindrica*、假稻 *Leersia japonica*、烟草、甘蓝 *Brassica oleracea*、胡萝卜、黄花菜 *Hemerocallis citrina*、白菜 *Brassica pekinensis*、甜菜、葱 *Allium fistulosum*、无芒雀麦、柑橘、梨、桃、梅 *Armeniaca mume*、苹果、杨梅 *Myrica rubra*、山楂 *Crataegus pinnatifida*、石榴 *Punica granatum*、牛蒡 *Arctium lappa*、艾蒿 *Artemisia* sp.、芫花 *Daphne genkwa* 等。成虫和若虫喜刺吸嫩叶、嫩茎及果、穗汁液，造成落蕾、落花，茎叶被害后出现黄褐色小点及黄斑，严重时叶片卷曲，嫩茎凋萎，影响生长发育，造成减产减收。

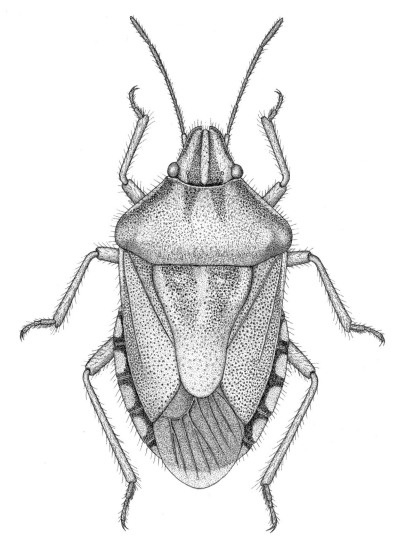

图 200　斑须蝽 *Dolycoris baccarum*

　　分布　河南 (全省)；国内北起黑龙江，南至海南岛，西抵新疆、西藏，东至沿海各省均有发生。国外见于蒙古国、俄罗斯、日本、印度、巴基斯坦、土耳其、阿拉伯、叙利亚、埃及。

328. 印度斑须蝽 *Dolycoris indicus* Stål, 1876

Dolycoris indicus Stål, 1876: 76; Yang, 1962: 70; Hsiao, 1977: 105; Rider, Zheng & Kerzhner, 2002: 139; Rider, 2006: 279.

别名　云南斑须蝽、印度毛蝽。

形态特征　体色　体椭圆形，被细密茸毛，体色甚似斑须蝽。前胸背板前侧缘为 1 橙黄色刻点的宽边，侧接缘橙黄色，其上的黑斑甚小，甚至完全没有黑斑。

量度　长 9.5~10.0 mm，宽 5 mm 左右。

分布　河南 (郑州)；云南 (西双版纳：勐遮、勐啊)；印度。

(二〇一) 滴蝽属 *Dybowskyia* Jakovlev, 1876

Dybowskyia Jakovlev, 1876: 85. Type species: *Bolbocoris reticulate* Dallas.

体短小，无黑红相间纵纹；头侧叶在中叶前会合。前胸背板前侧缘不成扁薄的边，边缘圆钝，内凹；前胸背板侧角不明显伸出体外；前胸侧板前下角正常，不突出叶片状；小盾片极为宽大，舌状，伸达腹部末端；中胸、后胸腹板不强烈隆出成龙骨状粗棱。该属为河南省新记录属。

329. 滴蝽 *Dybowskyia reticulata* (Dallas, 1851) (图版 XXII-7)

Bolbocoris reticulatus Dallas, 1851: 45.
Dybowskyia reticulate: Hsiao, 1977: 117; Rider & Zheng, 2005: 93; Rider, 2006: 399.
Dybowskyia ussurensis Jakovlev, 1876: 3.
Svarinella inexspectata Balthasar, 1937: 104.

形态特征　体色　棕褐色。有不规则云状斑，胝区及小盾片基角各有 1 对小黄斑。腹部腹面中央具淡色宽纵带。

结构　体型坚实，具密刻点。头侧叶发达，在中叶前方愈合。前胸背板前侧缘圆钝，不呈薄边状，侧角圆钝。小盾片极大，几达腹部末端。

量度　体长 5.0 (♂) ~ 5.4 mm (♀)，宽 3.4 (♂) ~ 3.9 mm (♀)。头长 1.46 (♂) ~ 1.67 mm (♀)，宽 1.54 (♂) ~ 1.70 mm (♀)；复眼间距 1.21 (♂) ~ 1.33 mm (♀)，单眼间距 0.64 (♂) ~ 0.70 mm (♀)，前胸背板长 1.33 (♂) ~ 1.86 mm (♀)，宽 3.41 (♂) ~ 3.95 mm (♀)；触角各节长 I : II : III : IV : V = 0.275 (♂) ~ 0.28 (♀) : 0.36 (♂) ~ 0.38 (♀) : 0.39 (♂) ~ 0.48 (♀) : 0.37 (♂) ~ 0.41 (♀) : 0.72 (♂) ~ 0.80 mm (♀)，喙各节长 I : II : III : IV = 0.59 (♀) : 0.80 (♀) : 0.30 (♀) : 0.43 mm (♀)，小盾片长 2.86 (♂) ~ 3.29 mm (♀)，腹宽 3.29 (♂) ~ 4.00 mm (♀)。

分布　河南 (郑州)；云南 (西双版纳：勐遮、勐啊)；印度。

简记　该种为河南省新记录种。

（二○二）麻皮蝽属 *Erthesina* Spinola, 1837

Erthesina Spinola, 1837: 291. Type species: *Cimex fullo* Thunberg.

体中大型，较宽，黑色而具细碎的不规则黄斑，体壁光滑。头部较狭长，头部侧缘在近端处多少突出成一角度；侧叶与中叶末端约平齐，侧叶的末端狭尖。前胸背板侧角较尖而略伸出；前胸背板侧角末端不呈鳌脚状；前侧缘前半略呈锯齿状。小盾片三角形，向后明显变狭。腹下中央有凹下的纵沟。前足胫节加宽，扩大呈叶状。腹下基部中央没有明显突出的尖突。

330. 麻皮蝽 *Erthesina fullo* (Thunberg, 1783)（图 201，图版 XXII-8）

Cimex fullo Thunberg, 1783: 42.

Dalpada japonica: Walker, 1867: 228.

Erthesina fullo: Stål, 1876: 45; Stål, 1876: 45; Atkinson, 1887: 5; Distant, 1902: 117; Oshanin, 1906: 74; Kirkaldy, 1909: 196; Lefroy, 1909: 675; Kirkaldy, 1910: 107; Patton and Cragg, 1913: 484; Matsumura, 1913: 118; Shiraki, 1913: 202; Maki, 1916: 265; Distant, 1921: 3; Esaki, 1926: 146; Hoffmann, 1930: 139; Hoffmann, 1931: 1916; Hoffmann, 1931: 140; Hoffmann, 1932: 8; Wu, 1932: 82; Wu, 1933: 218; Yang, 1933: 28; Yang, 1934: 97; Shiraki, 1934: 34; Yang, 1962: 83; Zhang et al., 1985: 76; Hsiao, 1977: 138; Yang, 1997: 196; Rider et al., 2002: 139; Rider, 2006: 307.

Erthesina mucorea: Spinola, 1837: 291.

Halys mucorea: Fabricius, 1803: 183; Wolff, 1801: 179.

别名　黄斑蝽

形态特征　成虫　体色　体较宽大，黑色，密布黑色刻点和细碎的不规则黄斑。触角 5 节，黑色，第 1 节短而极大，第 5 节基部 1/3 为浅黄白或黄色。喙淡黄色，末节黑色，伸达腹部第 3 节后缘。头部前端至小盾片基部有 1 条明显的黄色细中纵线。前胸背板前缘和前侧缘为黄色窄边；胸部腹板黄白色，密布黑色刻点。各股节基部 2/3 浅黄色，两侧及端部黑褐；各胫节黑色，中段具淡绿白色环斑；前足胫节端半部加宽，侧扁呈叶状。腹部各节侧接缘中间具小黄斑；腹面黄白色，节间黑色，两侧散生若干黑色刻点，气门黑色；腹面中央具 1 纵沟，长达第 5 腹节。

结构　头部较狭长，侧叶与中叶末端约等长，侧叶末端狭尖。喙伸达腹部第 3 节后缘。前胸背板前侧缘前半部略呈锯齿状；侧角呈三角形，略突出。臭腺沟缘较长而端部向上缓慢弯曲，呈香蕉状。

量度　体长 19.0（♂）~ 20.8 mm（♀），宽 10.8（♂）~ 11.6 mm（♀）。头长 4.13（♂）~ 4.08 mm（♀），宽 3.37（♂）~ 3.41 mm（♀）；复眼间距 1.98（♂）~ 2.10 mm（♀），单眼间距 1.11（♂）~ 1.14 mm（♀），前胸背板长 4.63（♂）~ 5.08 mm（♀），宽 9.89（♂）~ 10.30 mm（♀）；触角各节长 I：II：III：IV：V ＝ 1.03（♂）~ 1.83（♀）：2.46（♂，♀）：1.75（♀）~2.17（♂）：

2.68 (♀)~2.83 (♂)：? (♂) ~ 2.65 mm (♀)，喙各节长Ⅰ：Ⅱ：Ⅲ：Ⅳ＝3.25 (♂) ~ 1.95 (♀)：
3.65 (♂, ♀)：2.03 (♂) ~ 3.57 (♀)：2.11 (♂) ~ 2.40 mm (♀)，小盾片长 7.46 (♂) ~ 7.94 mm
(♀)，腹宽 10.83 (♂) ~ 11.62 mm (♀)。

　　卵　长 2.08~2.10 mm，宽 1.68~1.71 mm，竖置。近圆形。初产时淡绿色，中期米黄
色，近孵化时变为淡黄。卵壳网状，假卵盖呈半球形，其顶部中央多数有 1 枚颗粒状小
突起。假卵盖周缘有 1 透明的浅暗色箍形突，上有 33~34 个精孔突。破碎器三角形，黑色。

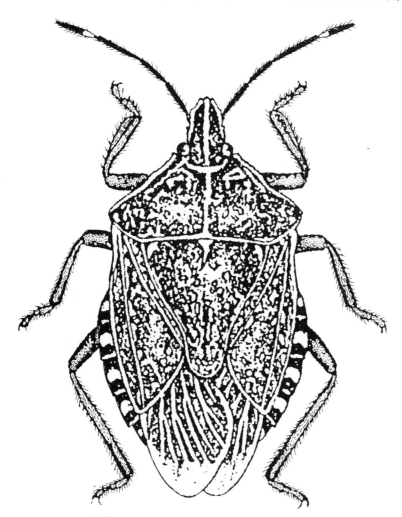

图 201　麻皮蝽 *Erthesina fullo* (仿章士美)

　　若虫　各龄若虫的共同特点是体扁洋梨形，前端较窄，后端宽圆，全身侧缘具浅黄
色狭边。触角 4 节，深褐或黑褐色，节间黄赤，第 4 节基部 1/3 白色。前足胫节端半部
加宽，侧扁呈叶状。备足胫节背面具有浅纵横，胫节和跗节上密生刚毛。腹背第 3、第 4、
第 5、第 6 节节间中央各具 1 块黑褐色隆起斑，斑块的周缘浅黄色，上具橙黄或红色臭
腺孔各 1 对。腹侧缘各节有 1 黑褐色斑。喙黑褐色 (高龄若虫转为黄褐色)，伸达第 3 腹

节后缘。1 龄体长 3.4~5.1 mm，宽 3.7~4.2 mm。头、胸和第 1 腹节深褐色，腹部浅黄，密布褐色刻点。头中叶长于侧叶；复眼浅褐色，不突出。头顶至第 2 腹节有 1 隐现的浅黄白色细中纵线。前胸背板侧缘稍向上卷起；前胸、中胸背板上各有 1 对浅红或赤黄色斑点。足黑褐色。腹部各节节间紫红色。2 龄体长 5.6~6.4 mm，宽 4.5~4.9 mm。头、胸深褐色，腹部浅黄褐色。复眼褐色，突出。头顶至第 2 腹节的黄白色细中纵线明显。3 龄体长 7.5~8.3 mm，宽 5.3~5.8 mm。头、胸黑褐，腹部黄褐。各足股节基部背面浅黄白色，余为黑褐色。前翅芽初露。4 龄体长 11.2~14.3 mm，宽 7~7.5 mm。头、胸黑褐，腹部浅灰褐色。除前胸、中胸背板上各有 1 对赤黄色斑点外，前翅芽内缘基部也有 1 赤黄色斑点。前翅芽达第 1 腹节前缘。小盾片初现。 各足股节基半部浅黄，中足、后足胫节中段背面浅黄白色，余为黑褐。5 龄体长 16.0~18.4 mm，宽 9.6~10.0 mm。头、胸、翅芽黑色，

腹部灰褐，全身被有白色粉末。头中叶与侧叶几等长。头前端至小盾片端部有 1 浅黄色中纵线。后翅芽内缘基部也有 1 红色或黄色斑点。各股节基部 2/3 为浅黄色，胫节中段黄白，余为褐色。

生物学特性 河北、山西一年发生 1 代，江西南昌 2 代，以成虫在屋檐下、墙缝、树皮裂缝、木接缝、瓜架竹洞等处越冬。各虫态历期如下：卵期第 1 代 5~7 d (4 月下旬产的可长达 16 d)，第 2 代 4~5 d。若虫期第 1、第 2 代各需 40~50 d。成虫寿命第 1 代约 50 d，其中产卵前期为 15~20 d；越冬代 10 个月左右 (南昌)。成虫飞翔力较强，多在较高的树干枝叶和嫩果上栖止；交配多在上午进行，长达 3 h 左右；中午强日照下，常栖息树干上或飞入屋檐下，并具有微弱的趋光性，灯下常可捕到。越冬时，成虫稍有群集性，一处常有 10 多只至近 100 只聚集在一起。初孵若虫常群集于叶背，2 龄、3 龄后才分散活动。卵多产于叶背，聚生成块，每块 12 枚。天敌已发现：卵寄生蜂——黑卵蜂 (*Telenomus* sp.)、平腹小蜂 (*Anostatus* sp.)；广腹螳螂捕食若虫及成虫。

经济意义 食性极杂，主要害主有梨、苹果、柑橘、泡桐、毛白杨，也能为害沙果 *Malus asiatica*、李、梅、桃、杏、枣、柿、石榴、樱桃 *Cerasus pseudocerasus*、山楂、海棠 *Chaenomeles sinensis*、栗 *Castanea mollissima*、龙眼 *Dimocarpus longan*、樟、桑、柳、榆、刺槐、合欢、枫杨 *Pterocarya stenoptera*、臭椿 *Ailanthus altissima*、构树、三球悬铃木和甘蓝等。成虫和若虫喜在果实、嫩叶及嫩茎上吸汁。果实被害后，常变成畸形，被害处硬化，对质量和产量均有很大影响。叶片和嫩茎被害后，则出现黄褐色斑点，导致叶片提早脱落，嫩茎甚至枯死。

分布 河南 (全省)；全国北起内蒙古、辽宁，西至陕西、四川、云南，南到广东、海南，东达沿海各省和台湾，均有发生，但黄河以南密度较大；国外分布于日本、缅甸、印度、斯里兰卡、安达曼群岛。属东洋区系。

(二○三) 菜蝽属 *Eurydema* Laporte, 1832

Eurydema Laporte, 1832: 61. Type species: *Cimex oleraceum* Linnaeus.

体具色彩鲜明的花斑，体壁光滑无毛。头宽度远大于长。头侧叶超过中叶前端，在中叶前方会合，在近端处弧形外凸，前端不强烈卷起；眼不突出，不呈柄状。前胸背板表面不隆出，前缘呈明显的"领圈"状，前侧缘光滑；小盾片三角形，向后变狭；臭腺沟及沟缘均缺。腹下基部中央没有明显突出的尖突；腹下中央无纵沟。

种　检　索　表

1. 翅革片蓝黑色，花纹较简单，侧缘白色，近端处有一橙红色横斑⋯⋯⋯⋯⋯ **横纹菜蝽** *E. gebleri*
   翅革片花纹复杂，具多种三角形花斑⋯⋯⋯⋯⋯⋯⋯⋯⋯⋯⋯⋯⋯⋯⋯⋯⋯⋯⋯⋯⋯⋯ 2
2. 头部除边缘为红、黄色外，其余部分全部黑色⋯⋯⋯⋯⋯⋯⋯⋯⋯⋯ **菜蝽** *E. dominulus*
   头部除边缘为黄、红、橙红或白色外，其他部分尚有淡色斑块⋯⋯⋯⋯⋯⋯⋯⋯⋯⋯⋯ 3
3. 腹部下方中央每节有 1 块横形黑斑⋯⋯⋯⋯⋯⋯⋯⋯⋯⋯⋯⋯ **云南菜蝽** *E. pulchra*
   腹部下方中央每节有 1 对黑斑⋯⋯⋯⋯⋯⋯⋯⋯⋯⋯⋯⋯⋯⋯ **新疆菜蝽** *E. ornata*

331. 菜蝽 *Eurydema dominulus* (Scopoli, 1763) (图 202)

Cimex dominulus Scopoli, 1763: 124.

Cimex cordiger: Goeze, 1778: 277.

Eurydema cordiger: Goeze, 1778: 277.

Eurydema fimbriolatum: Germar, 1817: 9.

Eurydema festiva: Hahn, 1831: 181; Fieber, 1861: 342; Mulsant & Rey, 1866: 215; Saunders, 1875: 124; Reuter, 1880: 150; Puton, 1881: 72; Saunders, 1892: 30.

Eurydema ornata: Sahlberg, 1848: 24; Flor, 1860: 144; Douglas & Scott, 1865: 85.

Strachia ornata: Douglas & Scott, 1865: 85.

Eurydema dominulus: Reuter, 1888: 62; Oshanin, 1906: 132; Kirkaldy, 1909: 99; Yang, 1933: 34; Yang, 1934: 117; Yang, 1962: 107; Zhang et al., 1985: 91; Hsiao, 1977: 140; Yang, 1997: 197; Rider et al., 2002: 139; Rider, 2006: 370.

别名　河北菜蝽。

形态特征　成虫　体色橙黄或橙红色。头黑，橙黄或橙红色，复眼棕黄，单眼红；触角全黑，喙基节黄褐色，其余 3 节黑色。前胸背板有 6 块黑斑，前 2 块为横斑，后 4 块斜长；小盾片基部中央有 1 大三角形黑斑，近端部两侧各有 1 小黑斑；翅革片橙黄或橙红色，爪片及革片内侧黑色，中部有宽横黑带，近端角处有 1 小黑斑。足黄、黑相间。侧接缘黄色或橙色与黑色相间，体下淡黄，腹下每节两侧各有 1 黑斑，中央靠前缘处也各有黑色横斑 1 块 (有的黑斑圆弧状，中央凹陷)。

结构　椭圆形。体背面刻点明显。头侧叶长于中叶，在其前方会合，头侧缘上卷。喙长达中足基节。前胸背板领及前侧缘边缘呈厚边状，上卷，宽窄程度均一；侧角钝圆；前部稍横向隆起。

量度　体长 6.7 (♂) ~ 7.0 mm (♀)，宽 3.8 (♂) ~ 4.4 mm (♀)。头长 1.27 (♂) ~ 1.43 mm (♀)，宽 1.90 (♂) ~ 2.06 mm (♀)；复眼间距 1.22 (♂) ~ 1.38 mm (♀)，单眼间距 0.56 (♂) ~ 0.65 mm (♀)，前胸背板长 1.56 (♂) ~ 1.64 mm (♀)，宽 3.50 (♂) ~ 4.08 mm (♀)；触角各

节长Ⅰ：Ⅱ：Ⅲ：Ⅳ：Ⅴ＝ 0.42 (♂) ~ 0.43 (♀)：0.61 (♀) ~0.94 (♂)：0.66 (♀) ~0.71 (♂)：1.06 (♀) ~1.08 (♂)：1.16 (♀) ~ 1.23 mm (♂)，喙各节长Ⅰ：Ⅱ：Ⅲ：Ⅳ＝ 0.56 (♀) ~0.77 (♂)：0.74 (♂) ~ 0.79 (♀)：0.32 (♂) ~ ? (♀)：0.40 (♂) ~ ? mm (♀)，小盾片长 2.66 (♂) ~ 4.17 mm (♀)，腹宽 3.81 (♂) ~ 4.38 mm (♀)。

　　卵　高 0.8~1.0 mm，直径 0.6~0.7 mm。鼓形。初产时乳白色，渐变灰白，后变黑色。顶端假卵盖周缘有 1 宽的灰白环纹，在环纹上有 32~35 枚白色短棒状精孔突，中央为不规则白色花纹；侧面近两端处有黑色环带，基部黑色。

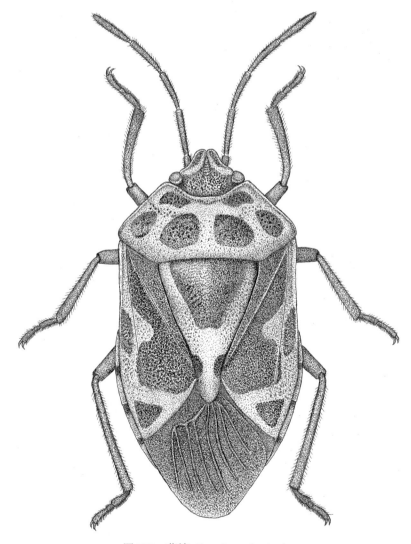

图 202　菜蝽 *Eurydema dominulus*

　　若虫　1 龄体长 1.2~1.5 mm，宽 1~2 mm。近圆形。橙黄色。头、触角及胸部背面黑色，腹部第 4~7 节节间背面有 2 块黑色横斑，足黑色。2 龄体长 2.0~2.2 mm，宽 1.5~1.8 mm。体形椭圆，其他同 1 龄。3 龄体长 2.5~3.0 mm，宽 2.0~2.3 mm。前胸背板两侧

和中央各显现橙黄斑，翅芽及小盾片向上突起，腹部第 8 节背面有 1 黑斑。4 龄体长 3.5~
4.5 mm，宽 2.5~3.0 mm。小盾片两侧各呈现卵形橙黄色区域，小盾片和翅芽伸长，腹部
第 4~6 节背面黑斑上的臭腺孔显著。5 龄体长 5~6 mm，宽 4.0~4.5 mm。翅芽伸达腹部第
4 节，其他同 4 龄。

生物学特性　在北京地区，一年发生 2 代，少数 1 代或 3 代，以成虫在石块下、土
缝、落叶枯草中越冬。翌年 3 月下旬开始活动，4 月下旬开始交配产卵。越冬成虫历期
很长，可延续至 8 月中旬，产卵末期也拖至 8 月上旬，此时所产的卵只能发育完成 1 代，
以第 1 代成虫越冬。早期所产的卵至 6 月中旬、下旬已发育为第 1 代成虫，经月余再发
育为第 2 代成虫。此代成虫大多数个体越冬，少数仍能产卵、孵化发育为第 3 代，但由
于气候及营养不良，第 3 代成虫能安全越冬者很少。此虫有明显的世代重叠现象，5~9
月，为成虫、若虫的主要为害时期。成虫寿命，第 1 代 90~330 d，第 2 代 270~330 d，
第 2 代 210~270 d。一般每雌产卵 100 余粒，多达 300 余粒，多夜间产，附在十字花科
植物的叶背面，高龄若虫适应性、耐饥力都较强。

经济意义　主要为害十字花科蔬菜。在北京以诸葛菜上较多，成虫、若虫均吸食叶
片汁液，造成叶片枯黄；当十字花科植物衰老或缺少时，也转害菊科植物。

分布　河南 (信阳、淅川、登封、郑州、中牟、新乡、辉县、栾川、嵩县)；北京、
黑龙江 (带岭)、吉林 (延吉)、内蒙古、河北、天津、山东、山西 (恒山)、陕西 (周至、
眉县、西安、秦岭：龙窝)、湖北、江苏、浙江、江西、湖南 (沅江)、四川 (茂县、宝兴、
汶川、理县、小金、成都、米易、简阳、康定、西昌)、福建、广东、海南、广西、贵州、
云南、西藏 (察隅、古井、下察隅、易贡)；俄罗斯 (西伯利亚和东部)、欧洲。为东洋、
古北两区共有种。

332. 横纹菜蝽 *Eurydema gebleri* Kolenati, 1846 (图 203，图版 XXII-9)

Eurydema gebleri Kolenati, 1846b: 23; Kirkaldy, 1909: 102; Yang, 1933: 30; Yang, 1962: 105; Zhang et al.,
　　1985: 92; Hsiao, 1977: 140; Rider et al., 2002: 139; Rider, 2006: 364.

别名　乌鲁木齐菜蝽。

形态特征　成虫　体色　头略带闪光，黄色或红色，具黑斑，全体密布点刻。头蓝
黑色略带闪光，边缘红黄色，复眼前方有 1 块红黄色斑，复眼、触角、喙均为黑色，单
眼红色。前胸背板红黄，有 4 个大黑斑，前列 2 个三角形，后列 2 个横长，其端部 1/3
处收缢；或收缢处断裂而成 2 个斑；中央有 1 隆起的黄色十形纹，纹的中央成光滑的红
色隆起，前缘和前侧缘卷边黄色。小盾片蓝黑色，上有黄色 "丫" 形纹，其末端两侧各
有 1 黑斑。前翅革质部蓝黑色，有闪光，末端 1 横长的红黄色斑，前缘有红黄色宽边，
但不及翅尖，膜质部棕黑色，有整齐的白色缘边。各足股节端部背面、胫节两端及跗节
均为黑色。胸、腹部腹面各有 4 条纵列黑斑，腹末节前缘处有 1 横长大黑斑。

结构　椭圆形。头侧叶长于中叶，愈合后前端有尖凹，两侧稍下凹，侧缘上卷。前
胸背板前缘和前侧缘有明显卷边，前角有小突起，侧角圆。臭腺沟缘短，不超过后胸侧
板中部。膜片稍长于腹末。

量度 体长 6.1 (♂)~7.7 mm (♀)，宽 4.0 (♂)~4.8 mm (♀)。头长 1.27 (♂)~1.44 mm (♀)，宽 1.90 (♂)~2.06 mm (♀)；复眼间距 1.25 (♂)~1.40 mm (♀)，单眼间距 0.62 (♂)~ 0.74 mm (♀)，前胸背板长 1.80 (♂)~1.84 mm (♀)，宽 3.57 (♂)~4.23 mm (♀)；触角各节长Ⅰ：Ⅱ：Ⅲ：Ⅳ：Ⅴ=0.37 (♂)~0.40 (♀)：0.69 (♂)~0.74 (♀)：0.53 (♂)~0.61 (♀)：0.85 (♂)~0.95 (♀)：0.93 (♂)~1.08 mm (♀)，喙各节长Ⅰ：Ⅱ：Ⅲ：Ⅳ=0.63 (♂)~0.74 (♀)：0.79 (♂)~0.94 (♀)：0.28 (♂)~0.42 (♀)：0.41 (♂)~0.48 mm (♀)，小盾片长 2.43 (♂)~3.12 mm (♀)，腹宽 4.02 (♂)~4.77 mm (♀)。

卵 高约 1 mm，直径 0.7 mm，桶形，初产白色，后变灰白，临孵化时为粉红色，表面密被细颗粒，上下两端各具 1 圈黑色带纹，假卵盖周缘具细刺，其顶端突起，纽扣状，突起中央光滑、下陷。

若虫 1 龄体长 1.0~1.3 mm，宽 0.8~1.0 mm，初孵时橘红色，约 0.5 h 后色变深，头、触角、喙、胸部及胸足黑色，触角第 1、第 2、第 3 节顶端浅黄，复眼棕黑。腹背黄色，中央有 7 个大小不等的黑色斑块，第 1 个斑的上侧角向外伸，末端钝圆，第 3、第 4、第 5 斑上有臭腺孔 1 对，各黑斑周围橘红色，胸足间及腹部腹面黄色，腹末数节具黑斑。2 龄体长 1.3~1.7 mm，宽 1.0~1.5 mm，橘黄至橘红色，胸部侧缘具白色狭边，腹部具黑色点刻，第 1 腹节背面两侧各有 1 褐至黑色短纹，腹背有 1 明显的白色圈环，黑斑 5 个。3 龄体长 2~3 mm，宽 1.5~2.0 mm，头基半部及中叶、触角、复眼、喙均为黑色，侧叶橘黄，边缘黑色。胸部黑色，前胸侧缘为白色宽边，胸背有 3 个呈三角形排列的橘红色斑，中央的斑大，其上有小黑斑。小盾片开始向后延伸，胸足黑或灰黑色，各足间黄色。腹部散生黑色小点，腹背有相间的红白圈环，中央第 1 个大黑斑短于第 2 个大黑斑，第 2、第 3 黑斑间黄白色，光滑；腹部腹面黄白相间。4 龄体长 1.5~4.0 mm，宽 3.0~3.5 mm，胸部背面中央的黄斑呈蘑菇状，两侧黄斑略呈三角形，翅芽伸达腹部第 1 节，胸膛两侧各节有 1 黄斑，各足股节基半段及端部腹侧面、胫节中段白色；其余各部均为黑色。腹背第 1 大黑斑与第 2 大黑斑几相等，弧形，前后缘呈波浪形。5 龄体长 5.0~5.5 mm，宽 3.5~4.0 mm，头、触角、胸部均为黑色，头部有三角形黄斑，前胸背板前缘及前角白色，侧区及后角橘黄色，胸背 3 个斑橘红色，小盾片端部有横皱，其尖端隐约可见黄色小点，翅芽伸达第 3 腹节，其外侧有 1 大黄斑。腹部玉白色，背面两侧各有 1 条外侧为红、内侧黄色的纵条纹，腹面散生黑色小点，有 4 排红色或黄色的纵列斑块，中间 2 行为长方形，两侧的近半圆形。

生物学特性 贵州山区 1 年发生 1~2 代，以成虫在蔬菜地附近、河沟两岸的石块下，或土洞中越冬。8 月下旬绝大多数成虫停止取食，9 月上旬越冬，但越冬期中如遇天气温暖，仍见取食 (室内观察)。翌年 4 月上旬开始活动取食，4 月下旬开始产卵。5 月上旬在威宁可发现各龄若虫及成虫，采回饲养至 7 月中旬全部死亡。成虫可多次交尾和产卵，卵多产在叶片背面，双行，4~13 粒一块，多数 12 粒。初孵若虫群集在卵壳附近。1~3 龄假死性较强，多喜于叶背取食。各虫态历期如下：卵期 6~10 d，平均 7.8 d；若虫期 28~43 d，平均 38.5 d。其中 1 龄 3~4 d，平均 3.3 d；2 龄 5~9 d，平均 6.9 d；3 龄 4~7 d，平均 6.4 d；4 龄 7~20 d，平均 10.2 d；5 龄 8~15 d，平均 12.1 d。成虫寿命可达 300 多天，性比近于 1：1。

经济意义　主要为害十字花科蔬菜及油料作物，如油菜，此外，还可为害十字花科杂草。成虫、若虫在叶片、茎、花及嫩荚上吸汁，叶片被害处稍凹陷，有枯白色圆斑，中央有黑色小点，严重时白斑联结成片，致使叶片枯死；茎、荚被害也现白斑。

分布　河南 (林州、辉县、嵩县、栾川、西峡、郑州、开封、许昌)；北京、天津、河北、山西 (祁县)、内蒙古、辽宁 (兴城、彰武、大连)、吉林 (乌兰浩特、集安、公主岭、吉林、延吉)、黑龙江 (哈尔滨)、江苏 (徐州)、安徽 (宿县)、山东 (泰山)、湖北 (应城、竹溪)、四川 (马尔康、金川、理县、宝兴、小金、丹巴、茂县)、湖南、贵州、云南、西藏 (林芝、江达)、陕西 (周至、武功、宝鸡、华山)、甘肃 (天水)、新疆；哈萨克斯坦、蒙古、俄罗斯、土耳其、朝鲜。

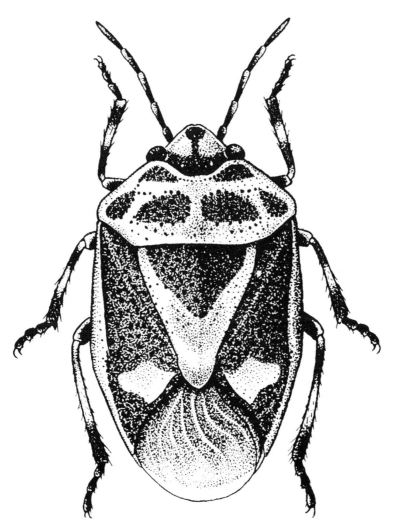

图 203　横纹菜蝽 *Eurydema gebleri* (仿周尧)

333. 新疆菜蝽 *Eurydema ornata* (Linnaeus, 1758) (图版 XXIII-1)

Cimex ornatus Linnaeus, 1758: 446.

Eurydema festiva : Linnaeus, 1767: 723; Wolff, 1801: 58; Reuter, 1888: 63; Distant, 1902: 191; Oshanin, 1906: 128; Kirkaldy, 1909: 100; Hoffmann, 1932: 8; Yang, 1962: 108; Hsiao, 1977: 141.

Pentatoma pictum: Herrich-Schäffer, 1833: 12, 13; Kolenati, 1846: 151; Hahn, 1836: 14.

Cimex fallax: Schltz, 1846: 154.

Eurydema festivum: Distant, 1902: 191; Uvarov, 1914: 86; Vassiliev, 1915: 16, 17; Schreiner, 1915: 55; Uvarov & Glazunov, 1916: 13~54, 7 fig; Wahl, 1920: 70; Bogdanov-Katkov, 1921: 47~78, 19 fig; Royer, 1924: 250; Morris, 1929: 43~44; Britton, 1931: 451~582.

Eurydema ornata : Yang, 1962: 110; Hsiao, 1977: 141; Rider, Zheng & Kerzhner, 2002: 139; Rider, 2006: 367.

Eurydema maracandicum: Zhang et al., 1985: 94.

形态特征　**体色**　外貌甚似菜蝽 (*Eurydema dominulus*)，体背面黑色部分以外多为淡黄色，且此淡色部分不若菜蝽之均匀一致，常在前胸背板边缘、背板正中、小盾片末端、前翅前缘基部、革片大黑斑之间的区域色深，为橙红色或红色。

　　量度　体长 7.25 (♂) ~ 7.51 mm (♀)，宽 4.23 (♂) ~ 4.50 mm (♀)。头长 1.53 mm (♂, ♀)，宽 2.19 (♂) ~ 2.22 mm (♀)；复眼间距 1.46 (♀) ~1.48 mm (♂)，单眼间距 0.78 (♂) ~ 0.79 mm (♀)，前胸背板长 1.28 (♀) ~1.72 mm (♂)，宽 4.13 (♂) ~ 4.31 mm (♀)；触角各节长 I：II：III：IV：V ＝ 0.45 (♂, ♀)：0.96 (♀) ~1.07 (♂)：0.71 (♂) ~ 0.59 (♀)：0.95 (♂, ♀)：1.01 (♀) ~1.06 mm (♂)，喙各节长 I：II：III：IV ＝ 0.90 (♀) ~0.95 (♂)：0.79 (♂) ~ 0.90 (♀)：0.40 (♂) ~ 0.96 (♀)：0.40 ~ 0.53 mm (♀)，小盾片长 2.97 (♂) ~ 3.23 mm (♀)，腹宽 4.23 (♂) ~ 4.50 mm (♀)。

　　经济意义　寄主为十字花科蔬菜。

　　分布　河南 (济源、鸡公山、信阳、许昌、陕县、灵宝)；内蒙古 (磴口、杭锦后旗)、新疆 (青河等若干地区)；欧洲、北非、叙利亚、土耳其、克什米尔。

334. 云南菜蝽 *Eurydema pulchra* (Westwood, 1837) (图版 XXIII-2)

Pentatoma pulchra Westwood, 1837: 34.

Eurydema ornate: Yang, 1962: 106; Hsiao, 1977: 141.

Eurydema pulchra: Rider et al., 2002: 139; Rider, 2006: 372.

形态特征　体型大小、一般外貌甚似菜蝽，但头部侧叶每侧有 1 淡色斑，有时中叶基部沿有 1 小形红黄色斑。

　　量度　体长 7.83 (♂) ~ 8.99 mm (♀)，宽 4.62 (♂) ~ 5.34 mm (♀)。头长 1.59 (♂) ~ 1.77 mm (♀)，宽 2.17 (♂) ~ 2.41 mm (♀)；复眼间距 1.40 (♂) ~ 1.61 mm (♀)，单眼间距 0.77 (♂) ~ 0.87 mm (♀)，前胸背板长 1.85 (♂) ~ 2.13 mm (♀)，宽 4.44 (♂) ~ 5.10 mm (♀)；触角各节长 I：II：III：IV：V ＝ 0.53 (♂) ~ 0.56 (♀)：1.01 (♂) ~ 1.06 (♀)：0.77 (♀) ~0.78 (♂)：1.16 (♀) ~1.17 (♂)：1.16 (♀) ~1.68 mm (♂)，喙各节长 I：II：III：IV ＝ 0.76 (♂) ~ 1.01 (♀)：0.95 (♀) ~0.99 (♂)：0.38 (♂) ~ 0.50 (♀)：0.56 mm (♂, ♀)，小盾片长 3.39

(♂) ~ 3.92 mm (♀)，腹宽　4.62 (♂) ~ 5.34 mm (♀)。

经济意义　寄主为十字花科蔬菜。

分布　河南 (确山、信阳)；北京、四川、云南、西藏 (岗托、同普)；印度尼西亚、缅甸、印度、日本。

(二〇四) 黄蝽属 *Eurysaspis* Signoret, 1851

Eurysaspis Signoret, 1851: 342. Type species: *Eurysaspis transversalis* Signoret.

前胸背板饱满，前侧缘光滑，侧角不伸出甚长。小盾片伸过腹部长度的 4/5，舌状，较狭，向后渐尖。中胸、后胸腹板强烈隆出，中胸腹板成一龙骨状粗棱，腹下基部中央隆出，其前端平阔地与隆起的后胸腹板相衔接。臭腺沟缘长，略弯曲，末端几伸达后胸侧板的前侧角。

335. 黄蝽 *Eurysaspis flavescens* Distant, 1911 (图 204，图版 XXIII-3)

Eurysaspis flavescens Distant, 1911: 346; Distant, 1911: 346; Hoffmann, 1932: 8; Yang, 1933: 19; Yang, 1934: 91; Wu, 1932: 82; Yang, 1962: 87; Zhang et al., 1985: 85; Hsiao, 1977: 132; Rider et al., 2002: 139; Rider, 2006: 294.

Euryapis (sic) *flavescens*: Yang, 1933: 19.

别名　稻黄蝽。

形态特征　**体色**　淡黄褐色，头部中片与侧片交界处并上延至单眼处呈淡褐色纹，头基部中央也有 1 淡褐色纵纹。触角淡红褐色。小盾片基角处每侧有 2 个小白圆点。侧缘中央附近有 1 至数个小白圆点。

结构　体表光滑。头侧叶外侧有 1 纵沟，后缘伸达复眼中部，和侧叶与中叶间的纵沟长度和宽度相仿。头基部中央有 1 纵沟，其前端也伸达复眼中部。复眼中部有 1 横沟，连通此 5 条纵沟 (侧叶和中叶间纵沟 2 条，侧叶外侧纵沟 2 条，头基部纵沟 1 条)。喙伸达中足基节。前胸背板和小盾片明显隆起。前胸背板前侧缘直且光滑。腹部侧接缘后角尖锐。腹部腹面基部具 1 明显突起，伸向前方，末端平截，并和隆起的后胸腹板、中胸腹板相连，成为一体。中胸腹板末端伸达前足基节，末端纵扁。雄虫腹末呈弧形内凹。

量度　体长 13.5~14.0 mm，宽 7~8 mm。头长 1.13 mm (♂)，宽 2.42 mm (♂)；复眼间距 1.30 mm (♂)，单眼间距 0.85 mm (♂)，前胸背板长 4.72 mm (♂)，宽 7.21 mm (♂)；触角各节长 I : II : III : IV : V = 0.65 : 0.69 : 1.34 : 1.59 : 1.77 mm (♂)，喙各节长 I : II : III : IV = 1.20 : 1.34 : 1.27 : 0.97 mm (♂)，小盾片长 6.34 mm (♂)，腹宽 7.32 mm (♂)。

分布　河南 (信阳、固始、西峡、驻马店、西平、夏邑)；天津、河北 (大城)、江苏 (南京)、湖北 (武昌)、江西 (莲塘)；印度尼西亚 (加里曼丹)。

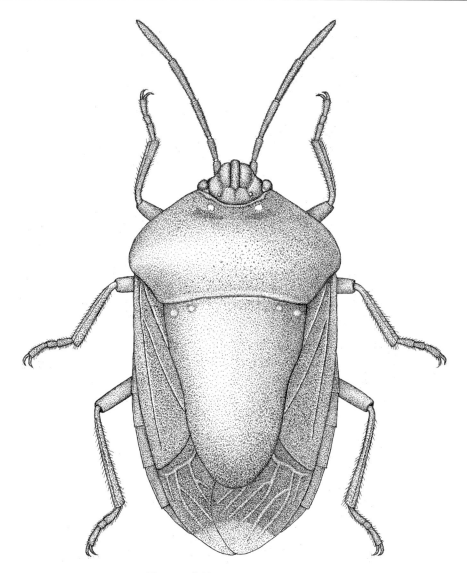

图 204　黄蝽 *Eurysaspis flavescens*

(二〇五) 厚蝽属 *Exithemus* Distant, 1902

Exithemus Distant, 1902: 199. Type species: *Exithemus assamensis* Distant.

　　体黄、褐或黑褐色，无鲜明的花斑；体较短宽而匀称，不向后渐狭；体壁光滑少毛。头部宽短，侧叶宽阔，边缘扁薄，或多或少向上卷起，其前端外侧呈宽阔的圆弧形，宽度可达中叶宽的 3 倍许；侧叶超过中叶前端，在中叶前方不会合。前胸背板前侧缘微内凹，几直，边缘具很狭窄的光滑边，侧角伸出甚少，末端突尖；小盾片呈三角形，向后明显变狭；后胸腹板宽阔；臭腺沟较长，末端上弯；前足、中足股节下方无刺；后足基节左右离开，不互相靠紧。腹下基部中央没有明显突出的尖突；腹下中央无纵沟。

336. 厚蝽 *Exithemus assamensis* Distant, 1902 (图 205)

Exithemus assamensis Distant，1902：199~200; Hsiao, 1977: 157; Zhang et al., 1995: 52; Rider et al., 2002: 139; Rider, 2006: 342.

形态特征　成虫　体色　椭圆形，黄褐色，密布黑刻点，以致外观呈黑褐色。复眼黑褐，单眼红。触角第 1 节黄褐，第 2~4 节黑褐，第 5 节黄褐。喙黄褐，末端黑。前胸背板前侧缘狭边黑色。小盾片基角具 1 小黄白斑，末端黄色。膜片烟褐。侧接缘各节中段黄褐，两端黑褐。腹面浅黄褐，侧区具刻点，胸部刻点较粗黑，第 7 腹节中央黑色。足

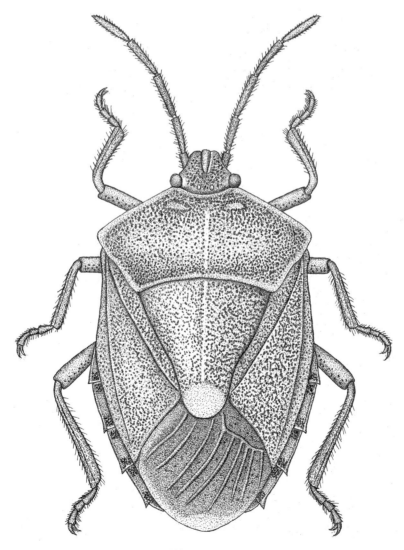

图 205　厚蝽 *Exithemus assamensis*

浅黄褐，散生褐色小点斑，胫节、跗节色较深，爪端半黑色。

　　结构　头、前胸背板、小盾片具横皱纹。头侧叶微长于中叶，左右不愈合，前缘及侧缘微上翘。复眼内侧有 1 无刻点光滑区。喙伸达后足基节前缘。前胸背板前缘内凹，前侧缘较直，具狭边，后缘几直。前翅前缘基部内凹，中部外弓，达腹末。各节侧接缘后角尖锐，显著，末节侧接缘也同。臭腺沟缘直，末端尖锐，伸过侧板外侧 1/4 位置。

　　量度　体长 13.6~18.0 mm，宽 8.12~9.50 mm。头长 1.54 mm (♂)，宽 3.36 mm (♂)；前胸背板长 3.36 mm (♂)，宽 7.84 mm (♂)；触角各节长 I：II：III：IV：V＝0.85 (♂)：1.60 (♂)：2.05 (♂)：2.30 (♂)：2.15 mm (♂)，喙各节长 I：II：III：IV＝1.45 (♂)：1.60 (♂)：1.45 (♂)：0.75 mm (♂)，小盾片长 5.88 mm (♂)，腹宽 8.12 mm (♂)。

　　经济意义　危害竹类，包括丛生竹和散生竹。

　　分布　河南 (信阳、鸡公山)；湖南 (南岳)、浙江 (西天目山)、福建 (邵武)、广东、四川 (峨眉山)、贵州；印度。属东洋区系。

(二〇六) 二星蝽属 *Eysarcoris* Hahn, 1834

Eysarcoris Hahn, 1834: 66. Type species: *Eysarcoris aeneus* Scopoli.

Eusarcoris, Puton, 1866: 11.

Eysarcocoris Stål, 1864: 135.

Stollia Ellenrieder, 1862: 149.

　　体短宽，较小，褐色，常有铜质光泽。头侧叶与中叶末端齐平，或中叶略伸出于侧叶末端之前；前胸背板侧角常略伸出。小盾片舌状，伸过腹部长度的 3/4 以上，较狭，露出前翅革质部分之大半，基角多有 2 个黄色的小圆斑。中胸、后胸腹板不强烈隆出成龙骨状粗棱。

种 检 索 表

1. 小盾片基部没有黑色三角形大斑 ·· 2
　　小盾片基部为 1 青黑色或紫黑色三角形大斑。前胸背板侧角极短钝 ··········· **瘤二星蝽 *E. gibbosus***
2. 前胸背板侧角几乎不伸出。体侧缘较平行，腹部不明显向后渐狭。小盾片基角黄斑较小，小于眼的直径 ·· **广二星蝽 *E. ventralis***
　　前胸背板侧角多少伸出体外 ·· 3
3. 前胸背板侧角略长，小盾片末端有 1 个隐约的锚形白斑 ·············· **锚纹二星蝽 *E. rosaceus***
　　前胸背板侧角短，小盾片末端常无较明显的锚形淡色斑，或极为隐约 ························ 4
4. 腹下中部黑色区窄，漆黑不均匀，两侧距气门较远，边缘不明确 ········· **二星蝽 *E. guttigerus***
　　腹下中部黑色区域宽，全部漆黑均匀，两侧几达气门附近，边缘明确 ········ **拟二星蝽 *E. annamita***

337. 拟二星蝽 *Eysarcoris annamita* Breddin, 1909

Eusarcoris annamita Breddin, 1909: 272.

Eysarcoris annamita: Rider, Zheng & Kerzhner, 2002: 140; Rider, 2006: 299.

　　形态特征　体型、大小等与二星蝽 *Eysarcoris guttigerus* (Thunberg) 很相似，区别在于腹下中部黑色区域宽，全部漆黑均匀，两侧几达气门附近，边缘明确。雄虫生殖节外观及抱器均不同。

　　分布　河南 (鸡公山)；江苏、浙江、湖北、福建、广东、广西、四川。

338. 二星蝽 *Eysarcoris guttigerus* (Thunberg, 1783) (图 206，图版 XXIII-4)

Cimex guttigerus Thunberg, 1783: 32.

Stollia guttiger: Hsiao, 1977: 134; Zhang et al., 1985: 86.

Eysarcoris guttiger: Yang, 1962: 91; Rider et al., 2002: 140.

Eysarcoris guttigerus (Thunberg): Rider, 2006: 299.

　　形态特征　**成虫**　卵圆形，黄褐或黑褐色，全身密被黑色刻点。头部黑色，触角黄褐色，第 5 节黑褐；复眼黑褐；喙黄褐色，末节黑色，前胸背板侧角黑色；侧缘卷边黄白色，胝黑色。小盾片两基角处各有 1 个黄白或玉白色的星点。足黄褐色，具黑点，跗节褐色。腹背污黑，侧接缘外侧黑白相间。腹部腹面漆黑色，发亮，侧区淡黄，密布黑色小刻点。

　　结构　侧叶和中叶等长；喙达第 1 可见腹节的中部。前胸背板侧角稍凸出，末端圆钝，前侧缘略卷起。小盾片舌状，长达腹末前端。翅达于或稍长于腹末，几乎全盖腹侧。

　　量度　体长 4.55 (♂) ~ 5.77 mm (♀)，宽 3.65 (♂) ~ 4.02 mm (♀)。头长 1.55 (♂) ~ 1.67 mm (♀)，宽 1.8 (♂) ~ 1.75 mm (♀)；复眼间距 0.97 (♂) ~ 1.11 mm (♀)，单眼间距 0.69 (♂) ~ 0.76 mm (♀)，前胸背板长 1.40 (♂) ~ 1.89 mm (♀)，宽 3.65 (♂) ~ 4.02 mm (♀)；触角各节长 I : II : III : IV : V = 0.33 (♂) ~ 0.37 (♀) : 0.47 (♂) ~ 0.48 (♀) : 0.41 (♂) ~ 0.48 (♀) : 0.49 (♂) ~ 0.66 (♀) : 0.7 (♂) ~ 0.83 mm (♀)，喙各节长 I : II : III : IV = 0.69 (♂) ~ 1.11 (♀) : 1.01 (♂) ~ 1.19 (♀) : 0.40 (♂) ~ 0.43 (♀) : 0.43 (♂) ~ 0.44 mm (♀)，小盾片长 2.65 (♂) ~ 2.76 mm (♀)，腹宽 3.70 (♂) ~ 3.65 mm (♀)。

　　卵　长、宽各为 0.7 mm 左右。近圆形，初产时淡黄色，中期灰黄褐，近孵时为红褐色。卵壳网状，密被黑色刚毛，尤以假卵盖和近假卵盖处为多，但假卵盖中央似秃顶，假卵盖周缘具 20~23 枚白色精孔突。

　　若虫　1 龄体长 1.0~1.2 mm，宽 0.9 mm 左右。近圆形，头、胸漆黑色，腹部赭黄，全身被有白色短绒毛，并具有小而少的黑色刻点。触角 4 节，第 4 节最长，纺锤形。前胸背板长度约为中胸、后胸背板长度之和的 4/5，中胸、后胸背板后缘平直，稍作弧形突出。腹部侧缘具小黑斑 8 枚，腹背中央各节有黑纹或黑斑，尤以第 3、第 4、第 5 腹节上的黑斑较大，上有臭腺孔各 1 对。2 龄体长 1.2~1.4 mm，宽 1 mm 左右。触角淡黄色，第 4 节长度略等于第 2、第 3 节之和。前胸背板长度也略等于中胸、后胸背板长度之和。中胸背板后缘平直，质胸背板后缘中央稍内凹。3 龄体长 2.1~2.4 mm，宽 1.7~1.8 mm。头、胸黑色，腹部黄绿色。中胸背板后缘中央向后突出，后胸背板两侧缘比两侧区为窄，中央极窄。腹部两侧缘黑斑较大，腹背中央有 1 似 "U" 形的隐纹，并具大小黑斑 5 个。第 2 个黑斑大，其后缘有 1 白色隆脊线，向前延伸至第 1 枚黑斑两侧。4 龄体长 2.9~3.0 mm，宽 2.2 mm 左右。头、胸浅褐色。腹部黄绿。触角第 4 节浅褐，余为淡黄色。

前胸背板和小盾片中央有 1 白色纵隆脊。小盾片近基部两侧各有 1 长形黄白斑。前翅芽达第 1 腹节后缘。腹背中央仅见 3 个黑斑，黑斑周围黄白色，第 2 个黑斑后缘有 1 白带。5 龄体长 4.1~4.3 mm，宽 3.3 mm 左右。头、胸黑褐或暗褐色，腹部淡黄褐色，全身密被黑色刻点。触角第 2 节最长，黄褐色，第 4 节黑色，节间紫红。前胸背板侧缘前端 2/3 黄白色。小盾片基部两侧各有 1 个近圆形的黄白色大斑。前翅芽达第 3 腹节前缘，后翅芽也明显。第 1、第 2 腹节背面淡灰黄色。其黑色刻点整齐地排成 1 条横线，其余各节黑色刻点不规则密布。

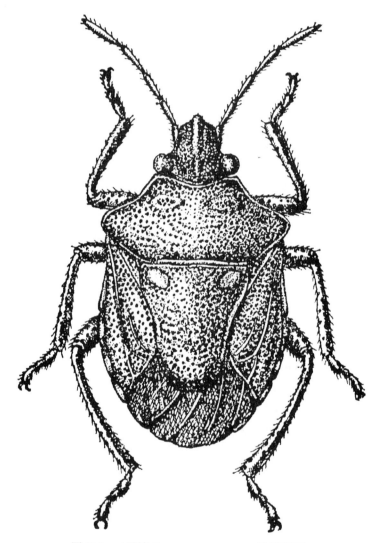

图 206　二星蝽 *Eysarcoris guttigerus* (仿陈凤玉)

生物学特性　浙江嘉兴及江西南昌一年 4 代，重叠发生。以成虫在杂草丛中、枯枝落叶下越冬。各虫态历期如下：第 1 代卵期 7~11 d，若虫期 31~39 d，少数个体可达 61 天，成虫寿命 24~70 d；第 2 代卵期 5~6 d，若虫期 26~30 d，成虫寿命 21~62 d；第 3 代卵期 4~5 d, 若虫期 21~23 d, 成虫寿命 20~35 d; 第 4 代卵期 6~7 d, 若虫期 28~39 d, 成虫寿命 142~237 d (南昌)。成虫和若虫性喜荫蔽, 多栖息在嫩穗 (荚)、嫩茎或浓密的叶丛间, 遇惊即跌落地面。成虫并具有弱趋光性, 可在黑光灯下诱到。产卵多在下午或晚间进行, 产于寄主叶背, 也有产在穗芒或托叶上的, 每处 4~12 枚, 多为 12 枚, 排成 1~2 纵行, 或不规则, 少数散生。每雌虫可产卵 75~110 枚。

经济意义　食性杂, 主要为害稻、小麦、大麦、高粱、玉米、甘薯、大豆、芝麻、花生、棉花、黄麻 *Corchorus capsularis*、茄、菜豆、扁豆 *Lablab purpureus*、无花果 *Ficus carica*、桑、臭椿、泡桐、小竹 *Neomicrocalamus prainii*、美丽胡枝子、桔梗、紫苏 *Perilla frutescens* 和老鹳草等几十种植物。成虫和若虫均喜在穗部、嫩茎及较老的叶片上吸汁。被害处呈黄褐色小点, 严重时嫩茎枯萎、叶片变黄、落柄脱粒, 或形成空壳。

分布　河南 (安阳、辉县、新乡、沈丘、中牟、郾城、新县、栾川、内乡、西峡、嵩县、嵩山、西平、罗山、固始、信阳、鸡公山、商城); 黑龙江、辽宁、内蒙古、河北、山西、宁夏、甘肃、江苏、安徽、浙江、福建、江西、山东、湖北、湖南、广东、广西、四川、贵州、云南、西藏、陕西、台湾、海南; 日本、朝鲜、菲律宾、越南、缅甸、印度、斯里兰卡。属东洋区系。

339. 锚纹二星蝽 *Eysarcoris rosaceus* Distant, 1901

Eysarcoris rosaceus Distant, 1901d: 109; Rider et al., 2002: 140; Rider, 2006: 300.
Stollia rosaceus: Hsiao, 1977: 134; Zhang et al., 1995: 43.

形态特征　成虫　头黑色, 具铜色反光, 有些个体基部有淡色短纵中线。触角淡褐, 复眼黑色。前胸背板侧角黑色; 前缘区色较深, 具古铜闪光。小盾片基角有 1 个横椭圆形玉白色小斑, 两侧区色较深, 中央较淡, 与小盾片末端淡色区相连而形成 1 个淡白色的锚状斑纹, 故名锚纹二星蝽。腹部腹面中央黑色区较狭。

结构　头较长。侧叶与中叶平齐, 前端外侧圆弧形。喙伸达后足基节后缘。前胸背板前侧缘有钝狭边, 直; 侧角伸出校长, 末端钝圆; 后缘直。小盾片几乎伸达腹末。臭腺沟缘极短, 突出于后胸侧板表面。本种与二星蝽 *Eysarcoris guttgerus* (Thunberg) 极相似, 但二星蝽前胸背板侧角伸出较短, 小盾片上常无显著的淡色锚状斑纹。

量度　体长 5.29 mm (♀), 宽 4.23 mm (♀)。头长 1.46 mm (♀), 宽 1.80 mm (♀); 复眼间距 1.16 mm (♀), 单眼间距 0.77 mm (♀), 前胸背板长 1.59 mm (♀), 宽 4.23 mm (♀); 触角各节长 Ⅰ : Ⅱ : Ⅲ : Ⅳ : Ⅴ =3.44 (♀) : 0.42 (♀) : 0.48 (♀) : 0.64 (♀) : 0.87 mm (♀), 喙各节长 Ⅰ : Ⅱ : Ⅳ : Ⅳ =0.90 (♀) : 1.11 (♀) : 0.40 (♀) : 0.45 mm (♀), 小盾片长 2.56 mm (♀), 腹宽 4.07 mm (♀)。

经济意义　危害稻及禾本科杂草。据记载 (杨惟义, 1962) 尚可危害小麦、高粱、玉米、大豆、甘薯等多种作物, 常与二星蝽及广二星蝽混合发生。

分布　河南 (辉县、信阳、鸡公山); 江苏、浙江、广东、广西、福建、四川、贵州、云南; 越南、缅甸、印度。属东洋区系。

340. 广二星蝽 *Eysarcoris ventralis* (Westwood, 1837) (图 207)

Pentatoma ventralis Westwood, 1837: 36.

Eysarcoris guttiger: Yang, 1962: 91.

Stollia ventralis: Hsiao, 1977: 133; Zhang et al., 1985: 88.

Eysarcoris ventralis: Rider et al., 2002: 140; Rider, 2006: 301.

别名　黑腹蝽、小二星蝽。

形态特征　成虫　黄褐色，刻点黑色。头部黑色或黑褐色，有些个体有淡色纵纹；多数个体头侧缘在复眼基部上前方有 1 个小黄白色点斑；触角基部 3 节淡黄褐色，端部 2 节棕褐。前胸背板骯黑色，背板前部刻点稍稀，侧缘狭边黄白色。小盾片基角处有黄白色小点，端缘常有 3 个小黑点斑。足黄褐色，具黑点。腹部背面污黑，侧接缘内侧、外侧黄白色，中间黑色，节间后角上具黑点。腹部腹面中域黑色，多数个体此区占腹宽的 1/3 左右，每侧尚有 1 隐约的深色纵纹，或中域黑色部分向外渐淡，一直扩展到气门附近。

结构　卵形，密被刻点。中叶稍长于侧叶或等长，前端外侧圆弧形。喙伸达后足基节。前胸背板侧角不突出，前侧缘直。小盾片舌状。翅长于腹末，几乎全盖腹侧。侧接缘各节后角露出。臭腺沟缘极短，突出于后胸侧板表面。

量度　体长 6.6 mm (♀)，宽 4.0 mm (♀)。头长 1.59 mm (♀)，宽 1.88 mm (♀)；复眼间距 1.22 mm (♀)，单眼间距 1.24 mm (♀)，前胸背板长 1.59 mm (♀)，宽 3.97 mm (♀)；触角各节长 I：II：III：IV：V =0.48 (♀)：0.59 (♀)：0.61 (♀)：0.62 (♀)：0.82 mm (♀)，喙各节长 I：II：III：IV =1.06 (♀)：1.24 (♀)：0.48 (♀)：0.45 mm (♀)，小盾片长 2.80 mm (♀)，腹宽 3.68 mm (♀)。

卵　长、宽均为 0.7 mm 左右，近圆形，初产时淡黄色，中期黄褐，近孵化时为红褐色。卵壳网状，密被黑褐色刚毛，但假卵盖中央、卵壳中部和假卵盖周缘刚毛较少，色淡。假卵盖周缘有 20~25 枚白色精孔突，多数并有 1 枚粗长的胶质刺状突。

若虫　1 龄体长 0.9~1.2 mm，宽 0.9 mm 左右。近圆形，头、胸褐色或微带紫色，胸侧和腹部紫褐，全身被有黑色刻点。头部中叶长于侧叶；触角黄褐，第 4 节纺锤形，端部褐色。前胸、中胸背板分别大于后胸，中胸、后胸背板后缘平直。腹背有 4 个大黑斑，侧缘并有 8 个黑褐色小点斑。2 龄体长 1.5~1.6 mm，宽 1.2 mm 左右。全身紫褐色。复眼突出。触角第 1 和第 4 节的端部褐色，第 2、第 3、第 4 节基部红色，余为黄褐色。胸部侧缘向上稍翘起，中胸背板后缘向后稍突伸，后胸背板后缘平直。腹背第 3、第 4、第 6 腹节上各有 1 个大黑斑，每斑着生臭腺孔 1 对；腹侧缘红、褐相间。腹部腹面紫色。3 龄体长 2.2~2.3 mm，宽 1.5~1.6 mm。头、胸茶褐色，腹部淡黄微带草绿色，前翅芽开始显露。4 龄体长 3.4~3.6 mm，宽 2.2 mm 左右。头、胸浅茶褐色，腹部淡黄，全身密被黑色刻点。胸部中隆线明显；小盾片盖住了后胸背板的绝大部分。前翅芽达第 1 腹节的后缘，后翅芽不发达。腹背各黑斑中央色淡。5 龄体长 3.7~4.7 mm，宽 2.9~3.0 mm。头部茶褐色，胸、腹浅黄褐或浅灰黄色。前胸背板侧缘呈黄白色卷起，骯褐色。小盾片盖没整个后胸背板中部。前翅芽达第 3 腹节后缘，后翅芽明显发达。腹背黑斑变成隐斑和黑点。

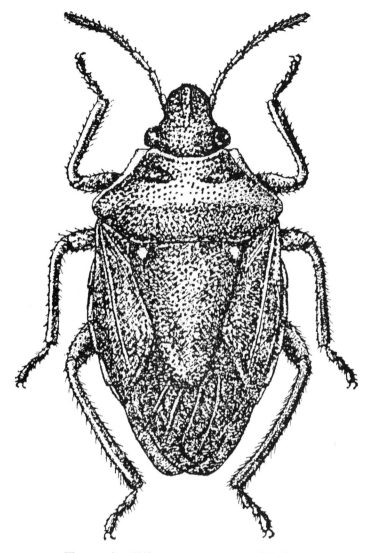

图 207 广二星蝽 *Eysarcoris ventralis* (仿胡梅操)

生物学特性 成虫在杂草丛中和枯枝落叶下越冬。南昌一年可发生 4 代, 各虫态历期如下: 第 1 代; 卵期 7~9 d, 若虫期 29~41 d, 少数个体可长达 63 d, 成虫寿命 31~73 d; 第 2 代; 卵期 4~5 d, 若虫期 16~27 d, 成虫寿命 23~45 d; 第 3 代卵期 4~5 d, 若虫期 14~23 d, 成虫寿命 18~37 d; 第 4 代; 卵期 5~6 d, 若虫期 23~29 d, 成虫寿命 168~241 d。成虫和若虫性喜荫蔽, 多在叶背、嫩茎和穗部吸汁, 强光照时常躲藏于叶背和茎秆上, 并具有较强的假死性, 遇惊立刻落地。产卵多在下午和晚间进行, 常产于寄主叶背, 也有少数产在穗芒或叶面上。块生, 每处 6~14 枚, 多数 12 枚, 排成 1~2 纵行, 或不规则, 极少数散生。每雌虫可产卵 100 枚至 160 多枚。

经济意义 主要为害稻、小麦、高粱、玉米、粟、甘薯、棉花、大豆、芝麻、花生、稗 *Echinochloa crusgalli*、狗尾草、马兰、牛皮消和老鹳草等。成虫和若虫多在嫩茎、穗部及较老的叶片上吸汁。寄主被害处呈黄褐色小点，重至嫩茎枯萎、叶片变黄，穗部形成瘪粒、空粒或落花。

分布　河南 (安阳、封丘、许昌、郾城、鄢陵、禹县、嵩县、栾川、嵩山、西平、固始)；北京、河北、陕西、山西、浙江、福建、江西、湖北、湖南、广东、广西、贵州、云南、台湾、海南；日本、越南、菲律宾、缅甸、印度、马来西亚、印度尼西亚。属东洋区系。

341. 瘤二星蝽 *Eysarcoris gibbosus* Jakovlev, 1904 (图版 XXIII-5)

Eusarcoris gibbosus Jakovlev, 1904: 23.

Stollia fabricii: Hsiao et al., 1977: 134, misidentification.

Eysarcoris gibbosus: Rider et al., 2002: 140; Rider, 2006: 299.

形态特征　成虫　**体色**　黄褐或黑褐色，密布紫黑色刻点。头部黑褐，触角淡褐色，第 4 节除基部外及第 5 节黑褐色；复眼黑褐；前胸背板胝区具 2 块近方形的紫黑斑，略带金属光泽。小盾片基部三角形大斑紫黑，略带金属光泽。足黄褐色，具黑点，跗节褐色。侧接缘黄黑相间。腹下紫黑。

结构　卵圆形。头侧叶和中叶等长；前胸背板侧角短钝，翅伸达或稍长于腹端。腹部侧接缘呈齿状缺刻。

量度　体长 5.8 mm (♂)，宽 4.0 mm (♂)。头长 1.22 mm (♂)，宽 1.57 mm (♂)；复眼间距 1.11 mm (♂)，单眼间距 0.61 mm (♂)，前胸背板长 1.70 mm (♂)，宽 1.57 mm (♂)；触角各节长 I：II：III：IV：V = 0.35 (♂)：0.38 (♂)：0.54 (♂)：0.67 (♂)：1.00 mm (♂)，喙各节长 I：II：III：IV = 0.81 (♂)：1.23 (♂)：0.42 (♂)：0.61 mm (♂)，小盾片长 2.57 mm (♂)，腹宽 3.98 mm (♂)。

生物学特性　黑龙江 1 年发生 1 代，以成虫在杂草中越冬，7 月、8 月可在林区及作物上采到。

经济意义　主要危害小麦、高粱等作物。成虫和若虫均喜在穗部及嫩叶上吸汁。

分布　河南 (嵩县、栾川、鸡公山)；黑龙江 (哈尔滨、高岭子、雅鲁、玉泉、扎兰屯)、吉林、陕西、江西、福建、四川；西伯利亚、越南、日本、欧洲、北非 (阿尔及利亚)。

简记　以前中文文献中记载的黑斑二星蝽 *Stollia fabricii* (Kirkaldy)[为 *Eysarcoris venustissimus* (Schrank)的异名] 为此种的错误鉴定；真正的黑斑二星蝽广布于欧洲，目前在中国并未发现。

(二〇七) 青蝽属 *Glaucias* Kirkaldy, 1908

Glaucias Kirkaldy, 1908: 124. Type species: *Rhaphigaster amyoti* Dallas.

体光滑，绿色而有油脂状光泽，体形极似绿蝽属 (*Nezara*)，但前胸背板前侧缘略向外成弧形弯曲；前胸背板前侧缘光滑；小盾片三角形，长度一般，不达腹部长度的 3/4。腹下基部中央的突起呈短刺状。中胸、后胸腹板均强烈突出。两者相连，呈明显的脊状。

腹下基部的刺突短，嵌在后胸腹板脊后端的凹槽中。

种 检 索 表

1　前胸背板青绿色···青蝽 *G. dorsalis*
　前胸背板前部黄色，中部、后部绿色·················黄肩青蝽 *G. crassus*

342. 黄肩青蝽 *Glaucias crassus* (Westwood, 1837)

Pentatoma crassa Westwood, 1837: 30.

Glaucias crassa: Hsiao, 1977: 106.

Glaucias crassus (Westwood): Rider, 2006: 327.

形态特征　成虫　体色　体绿色，具光泽。头黄色，边缘黑。触角绿或绿褐色，第 3 节端半、第 4 节端深绿色。前胸背板前部黄，此斑后缘及两侧各有 1 列刻点黑色；前翅前缘基部黄，膜片无色，透明。侧接缘黄。各足草绿色。腹部腹面黄绿色。

　　结构　体点密布。头部侧叶与中叶等长。前胸背板前部黄斑后缘及两侧各有 1 列刻点，前侧缘略外拱，侧角圆钝，稍外伸，前翅略超过腹末。

　　量度　体长 16.0~17.3 mm，宽 9.5~11.0 mm。

　　经济意义　为害稻。

　　分布　河南；福建、湖北、江西、广东、广西、云南、贵州、海南；印度、越南。

343. 青蝽 *Glaucias dorsalis* (Dohrn, 1860) (图版 XXIII-6)

Zangis dorsalis Dohrn, 1860: 401.

Glaucias dorsalis: Yang, 1962: 75; Hsiao, 1977: 106; Rider et al., 2002: 140; Rider, 2006: 327.

　　别名　油绿蝽。

　　形态特征　体色　体青绿色，具光泽。

　　结构　似稻绿蝽，但体较稻绿蝽大。头侧叶与中叶平齐，侧叶前端弧形。喙略伸过后足基节。前胸背板前侧缘直；侧角圆钝，不伸出体外；后缘直。侧接缘各节后角尖锐，明显。腹部基部中间具腹刺，前伸可达后足基节间。中胸及后胸腹板上具隆脊，后胸腹板上的隆脊较宽，其上平坦且后端与腹刺相接。中胸腹板上纵脊可达前足基节。臭腺沟缘直，伸达后胸侧板外侧 1/4 位置。

　　量度　体长 15.6 mm (♀)，宽 9.5 mm (♀)。头长 2.86 mm (♀)，宽 3.57 mm (♀)；复眼间距 2.25 mm (♀)，单眼间距 1.51 mm (♀)，前胸背板长 3.62 mm (♀)，宽 9.21 mm (♀)；触角各节长 I : II : III : IV : V =0.71 (♀) : 1.38 (♀) : 1.98 (♀) : 2.27 (♀) : 2.06 mm (♀)，喙各节长 I : II : III : IV =1.90 (♀) : 2.22 (♀) : 2.06 (♀) : 1.43 mm (♀)，小盾片长 6.35 mm (♀)，腹宽 9.52 mm (♀)。

　　经济意义　为害多种果树、栎树、风景树等。

　　分布　河南 (卢氏、栾川、汝阳、嵩县、郑州、洛阳)；广西、广东；越南、斯里兰卡。

(二〇八) 条蝽属 *Graphosoma* Laporte, 1833

Graphosoma Laporte, 1833: 67. Type speices: *Cimex italicus* Muller.

体中大型，具黑色与黄红色相间的纵条纹。头侧叶在中叶前会合。前胸背板前侧缘成扁薄的边，光滑，不具齿，侧角圆钝，不伸出；前胸侧板前下角正常，不突出叶片状；小盾片大，宽舌状，几乎抵达腹部末端，侧缘稍内凹，露出前翅革片的一部分；臭腺沟无沟，其外壁翘起；中胸、后胸腹板不强烈隆出成龙骨状粗棱。腹部侧接缘明显外露。

344. 赤条蝽 *Graphosoma rubrolineatum* (Westwood, 1837) (图 208，图 209，图版 XXIII-7)

Scutellera rubrolineata Westwood，1837: 12.

Graphosoma rubrolineata: Horváth, 1879: 143; Horváth, 1903: 346, 352; Schouteden, 1905: 17; Oshanin, 1906: 67; Hoffmann, 1932: 9; Yang, 1934: 82; Yang, 1962: 84; Zhang et al., 1985: 82; Hsiao, 1977: 117; Yang, 1997: 197.

Graphosoma crassa: Motschulsky, 1861: 22.

Graphosoma lineata: var. a. Stål, 1873: 31.

Graphosoma rubrolineatum: Rider & Zheng, 2005: 93; Rider, 2006: 385

形态特征 成虫 体色 橙红色，有黑色条纹纵贯全长；头部 2 条，前胸背板 6 条，小盾片上 4 条。其中小盾片上的黑纹向后方逐渐变细，两侧的 2 条着生在其侧缘处。触角棕黑色，基部 2 节红黄。喙黑色，基部黄褐。足棕黑色，各股节上有红黄相间的斑点。侧接缘每节皆具黑橙相间的点状纹，体下方橙红色，其上散生若干大的黑色斑点。

结构 体表粗糙，具细密刻点。头侧叶长于中叶，愈合，前端尖锐，边缘薄边状，较直，稍稍外凸。喙伸达中足基节。前胸背板前部 2/3 下弯显著，前侧缘较直，薄片状，中部稍稍内凹；侧角圆钝；后缘直，在后角稍向后凸。小盾片基部显著宽大，端部宽圆。侧接缘后角明显，圆钝。臭腺沟缘极短，长度不及臭腺孔开口直径的 2 倍，明显高于后胸侧板。

量度 体长 8.5 (♂) ~ 11.4 mm (♀)，宽 6.4 (♂) ~ 8.3 mm (♀)。头长 2.04 (♂) ~ 2.19 mm (♀)，宽 2.22 (♂) ~ 2.59 mm (♀)；复眼间距 1.56 (♂) ~ 1.79 mm (♀)，单眼间距 0.95 (♂)~ 1.16 mm (♀)，前胸背板长 2.59 (♂) ~ 2.94 mm (♀)，宽 6.40 (♂) ~ 8.33 mm (♀)；触角各节长 I：II：III：IV：V ＝ 0.48 (♂) ~ 0.56 (♀)：1.08 (♂) ~ 1.27 (♀)：0.48 (♂) ~ 0.68 (♀)：0.63 (♂) ~ 1.11 (♀)：1.32 (♂) ~ 1.59 mm (♀)，喙各节长 I：II：III：IV ＝ 1.11 (♂) ~ 1.51 (♀)：1.27 (♂) ~ 1.67 (♀)：0.53 (♂) ~ 0.63 (♀)：0.58 (♂) ~ 0.71 mm (♀)，小盾片长 5.66 (♂) ~ 7.65 mm (♀)，腹宽 6.30 (♂) ~ 8.25 mm (♀)。

卵 长 1.10~1.13 mm，宽 0.96~1.04 mm。桶形，竖置。初产乳白，后变浅褐黄色。卵壳上密布白色短绒毛，假卵盖稍隆起，周缘有精孔突 28~31 枚。

若虫 5 龄体长 8~10 mm，宽 7 mm 左右。橙红色，具黑纵纹，数目及排列同成虫。翅芽达腹部第 3 节，其周缘为黑色，侧接缘黑色，各节杂生红黄斑点。

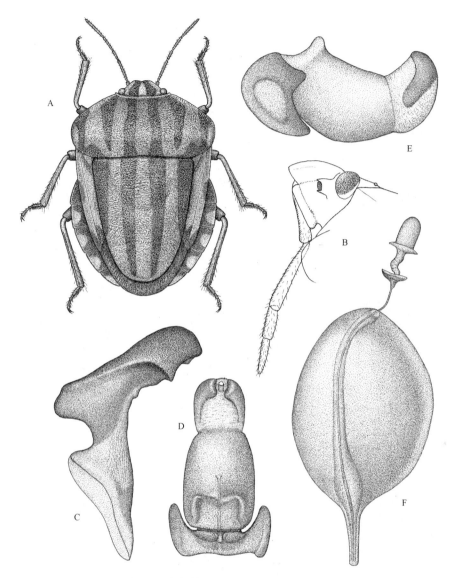

图 208　赤条蝽 *Graphosoma rubrolineatum*

A. 体背面 (habitus)；B. 头部侧面 (head, lateral view)；C. 抱器 (paramere)；D. 阳茎背面 (phallus, dorsal view)；E. 阳茎侧面 (phallus, lateral view)；F. 受精囊 (spermatheca)

生物学特性　河北、内蒙古、山西、江苏、江西等省（自治区）一年均为 1 代，以成虫在田间枯枝落叶、杂草丛中和土块下越冬。越冬代 4 月下旬开始活动，卵期 9~13 d；若虫期 40 d 左右。卵多产于害主叶片和嫩荚上，聚生，成 2 行紧凑排列，每块一般 10 枚。初孵若虫常在卵块附近聚集，2 龄后逐渐分散，高龄若虫及成虫常栖息于枝条、叶片、花蕾和嫩荚上。

经济意义　主要为害胡萝卜、萝卜、窃衣、洋葱、葱以及榆、栎等植物。成虫和若虫小群结集在寄主的花蕾和叶片上吸食汁液，严重时造成果实干缩、畸形，甚至使种籽收获量减少。

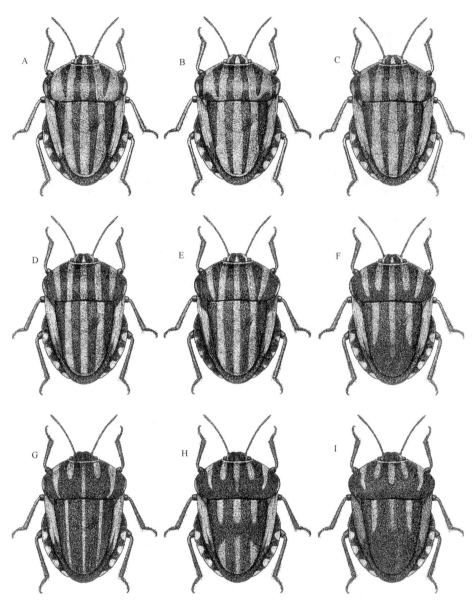

图 209　赤条蝽 *Graphosoma rubrolineatum* 体背色斑变化 (A~I)

分布　河南 (辉县、新乡、中牟、登封、嵩县、栾川、灵宝、嵩山、确山、泌阳、淅川、南阳、西峡、桐柏、罗山、信阳、鸡公山)；国内除西藏尚未发现外，其余各省（自治区）均有；国外分布于朝鲜、日本、俄罗斯 (西伯利亚东部)。属广跨性古北区系种类。

(二〇九) 茶翅蝽属 *Halyomorpha* Mayr, 1864

Halyomorpha Mayr, 1864: 911. Type species: *Cimex picus* Fabricius.

黄褐色或棕、黑褐色；体壁光滑少毛。头部一般短于前胸背板，侧叶与中叶末端平齐，或稍短；头部侧叶较宽，侧缘在近前端处成一明显的角度比较突然地弯曲。前胸背板前侧缘光滑，成一狭边状，前角略向外伸出，侧角较圆钝，向外伸出不多；臭腺沟缘弯曲，长，端部细，几可伸达中胸侧板的后缘；其前壁常覆盖于沟上，不敞开；小盾片三角形，向后变狭。腹下基部中央没有明显突出的尖突；腹下中央无纵沟。

345. 茶翅蝽 *Halyomorpha halys* (Stål, 1855) (图 210，图版 XXIII-8)

Pentatoma halys Stål, 1855: 182.
Halyomorpha halys: Yang, 1962: 125; Zhang et al., 1985: 103; Hsiao, 1977: 152; Yang, 1997: 197; Rider et al., 2002: 140; Rider, 2006: 261.

形态特征 成虫 体色 椭圆形略扁平，茶褐、淡褐黄或黄褐色，具黑色刻点；有的个体具有金绿色闪光刻点或紫绿色光泽，体色变异很大。触角黄褐，第 3 节端部、第 4 节中部、第 5 节大部为黑褐色。前胸背板前缘有 4 个黄褐色横列的斑点，小盾片基缘常具 5 个隐约可辨的淡黄色小斑点。翅褐色，基部色较深，端部翅脉的颜色也较深。侧接缘黄黑相间，腹部腹面淡黄白色。

量度 体长 13.2 (♂) ~ 13.5 mm (♀)，宽 7.83 (♂) ~ 8.25 mm (♀)。头长 2.75 (♂) ~ 2.78 mm (♀)，宽 2.72 (♂) ~ 2.91 mm (♀)；复眼间距 1.60 (♂) ~ 1.69 mm (♀)，单眼间距 0.95 (♂) ~ 1.01 mm (♀)，前胸背板长 3.25 (♂) ~ 3.17 mm (♀)，宽 7.83 (♂) ~ 7.88 mm (♀)；触角各节长 I : II : III : IV : V = 0.76 (♂) ~ 0.63 (♀) : 1.20 (♂) ~ 1.27 (♀) : 1.90 (♂) ~ 1.93 (♀) : 2.12 (♂) ~ 2.43 (♀) : 2.01 (♂) ~ 2.57 mm (♀)，喙各节长 I : II : III : IV = 1.90 (♂) ~ 2.04 (♀) : 2.17 (♂) ~ 2.22 (♀) : 1.85 (♂) ~ 1.80 (♀) : 1.43 mm (♂, ♀)。

卵 长 0.9~1.0 mm，短圆筒形，灰白色。具假卵盖，中央微隆，假卵盖周缘生有短小刺毛。

若虫 1 龄体长约 4 mm。淡黄褐色，头部黑色。触角第 3、第 4、第 5 节隐约见白色环斑。2 龄体长 5 mm 左右，淡褐色，头部黑褐，胸、腹部背面具黑斑。前胸背板两侧缘生有不等长的刺突 6 对。腹部背面中央具 2 个明显可见的臭腺孔。3 龄体长 8 mm 左右，棕褐色，前胸背板两侧具刺突 4 对，腹部各节背板侧缘各具 1 黑斑，腹部背面具臭腺孔 3 对，翅芽出现。4 龄长约 11 mm，茶褐色，翅芽增大，5 龄长约 12 mm，翅芽伸达腹部第 3 节后缘，腹部茶色。

生物学特性 山西、河北一年发生 1 代，江西 2 代，以成虫越冬，在房檐、屋角、墙缝、石块下以及其他比较向阳背风处，有群集性，常几个或十几个聚在一起。据山西观察，越冬成虫于 5 月上旬开始活动，多集中在桑、榆等植物上，5 月中旬、下旬逐渐出现在梨树上，7 月初为孵化盛期。成虫在 7 月中旬、下旬羽化，9 月下旬起逐渐转移越冬。10 月中旬室外有时尚可见到少量成虫。卵产叶背，块生，每处 20 粒左右，卵期 4~5 d，有时可达 1 周。初孵若虫常伏卵壳上或其附近，1 d 后始逐渐分散为害。成虫一般在中午气温较高、阳光充足时活动、飞翔交尾，清晨及夜间多静伏。

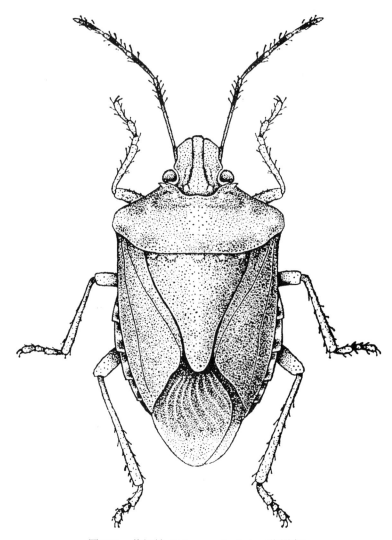

图 210　茶翅蝽 *Halyomorpha halys* (仿周尧)

经济意义　主要为害苹果、梨、桃、杏、海棠、山檀 *Pteroceltis tatarinowii* 等果树，有时也为害大豆、菜豆、甜菜以及榆、梧桐 *Firmiana platanifolia*、枸杞 *Lycium chinense* 等树木。在我国北方，以梨树受害严重。

分布　河南 (全省)；北京、天津、河北 (兴隆、保定)、山西 (太谷)、内蒙古、辽宁 (兴城、大连)、吉林 (公主岭)、黑龙江、上海、江苏 (南京)、浙江 (杭州、天目山、莫干山、余姚)、安徽 (黄山)、江西 (庐山、武宁、莲塘)、山东、湖北 (应城、宜昌、武昌、鹤峰、长阳、兴山)、湖南、广东 (梅县、广州)、广西 (桂林、龙胜、龙州、凭祥)、四

川 (峨眉、金川、宝兴、茂县、小金)、贵州 (湄潭)、云南、陕西 (周至、武功、华山、终南山)、甘肃、福建 (建阳、龙岩、邵武、福州)、台湾、西藏；日本、朝鲜、越南、缅甸、印度、斯里兰卡、印度尼西亚。为广跨性的东洋区系种类。

(二一〇) 卵圆蝽属 *Hippotiscus* Bergroth, 1906

Hippotiscus Bergroth, 1906: 2. Type species: *Plexippus dorsalis* Stål.
Hippota Bergroth, 1891: 214.
Plexippus Stål, 1870: 226.

体黄、褐或黑褐色；体壁光滑无毛。头部宽短，侧叶略长于中叶；侧叶宽阔，可达中叶宽的 3 倍许，端部超过中叶前端，在中叶前方不会合；侧叶边缘扁薄，略上卷，其前端呈宽阔的圆弧形。前胸背板较均匀地隆起，前侧缘光滑，圆弧状外弓，边缘扁薄，呈较宽阔的叶状，侧角为钝角，不甚尖锐；小盾片三角形，向后变狭；后胸腹板不隆出，后半狭窄，后足基节左右相互接触或靠近；臭腺沟缘长度中等；前足、中足股节下方无刺。腹下基部中央没有明显突出的尖突；腹下中央无纵沟。

346. 卵圆蝽 *Hippotiscus dorsalis* (Stål, 1870) (图版 XXIII-9)
Plexippus dorsalis Stål, 1870: 226.
Hippota dorsalis: Zhang et al., 1985: 98; Hsiao, 1977: 157; Yang, 1997: 198; Rider et al., 2002: 140; Rider, 2006: 292.

本种原置于属 *Plexippus* Stål 中，后发现属名已被占用，Bergroth (1891) 重置于属 *Hippota* 替代，后又发现被占用，Bergroth (1906) 又重置于属 *Hippotiscus* 替代。*Hippota dorsalis* 仍被广泛应用在昆虫应用文献中。

别名 宜丰蝽。

形态特征 成虫　体色　卵圆形，黄褐色，密布黑色刻点。头部侧叶略长于中叶，侧缘略向上翘，复眼内侧有 1 光滑小区；触角黄褐至黑褐色，第 5 节基半黄白。前胸背板后部均匀隆起，前侧缘稍外伸，呈弓形，其边缘及前翅外缘基部黑褐至漆黑色，略向上翘。小盾片基缘有 1 黄色横线，两基角处各有 1 小黄斑，末端具新月形黄斑。翅膜片淡褐色，半透明，脉纹色深。体下及足淡黄褐，气门黑色。

结构　头部侧叶略长于中叶，在端部左右愈合，然后又分开，侧缘薄片状，略上卷。喙伸达后足基节前缘。前胸背板后部均匀隆起，前侧缘稍外伸，呈弓形，其边缘及前翅外缘基部略向上翘。中胸腹板略有弱纵脊。侧接缘各节后角显著，在末节为方形。臭腺沟缘短，远未达侧板外侧 1/4 位置。

量度　体长 12.5 (♂) ~ 15.3 mm (♀)，宽 7.14 (♂) ~ 8.12 mm (♀)。头长 1.82 mm (♂、♀)，宽 2.94 mm (♂、♀)；复眼间距 1.90 (♂) ~ 1.85 mm (♀)，单眼间距 0.95 mm (♂、♀)，前胸背板长 3.36 (♂) ~ 3.08 mm (♀)，宽 6.58 (♂) ~ 7.42 mm (♀)；触角各节长 I：II：III：IV：V = 0.85 (♂) ~ 0.70 (♀)：1.10 (♂) ~ 1.25 (♀)：1.60 (♂) ~ 1.40 (♀)：1.85 (♂) ~ 1.90

(♀)：1.80 (♂)～1.65 mm (♀)，喙各节长Ⅰ：Ⅱ：Ⅲ：Ⅳ＝1.15 (♂)～1.45 (♀)：1.05 (♂)～1.25 (♀)：0.95 (♂)～1.05 (♀)：0.75 (♂)～0.70 mm (♀)，小盾片长 5.32 (♂)～5.88 mm (♀)，腹宽 7.14 (♂)～8.12 mm (♀)。

　　经济意义　仅见为害竹。成虫、若虫在叶片上吸食汁液，数量多时会影响植株的生长。

　　分布　河南 (新县、信阳)；安徽、浙江、湖南、福建 (建阳、邵武)、广西、四川、江西 (庐山)、贵州、西藏；印度。

(二一一) 全蝽属 *Homalogonia* Jakovlev, 1876

Homalogonia Jakovlev, 1876: 89. Type species: *Pentatoma obtusa* Walker.

　　体宽椭圆形，较为光滑，少毛。头侧叶明显长于中叶，不在中叶前方会合，侧缘在近端处自然弯曲。前胸背板前侧缘略呈锯齿状，侧缘内凹；侧角圆钝，明显伸出，略微指向前方；小盾片三角形，向后变狭；臭腺沟缘长，端部成细长的尾状。腹下基部中央多少有些隆起；腹下中央无纵沟。

种 检 索 表

1.　体长 12 mm 以下 ·· 松全蝽 *H. pinicola*
　　体长 12 mm 以上 ··· 2
2.　体宽椭圆形，灰褐色至黑褐色，密布黑刻点。触角黄褐或红褐色，第 4、第 5 节端半黑褐色。前胸背板胝区周缘光滑无刻点。翅膜片为极淡的烟色 ····························· 全蝽 *H. obtusa*
　　体长椭缘形，体背面黑褐色，散布淡黄色斑。触角黑褐，第 5 节基部 1/3 黄色。前胸背板中部胝后具 4 个黄白色小瘤突。前翅膜片烟褐色 ··· 灰全蝽 *H. grisea*

347. 灰全蝽 *Homalogonia grisea* Josifov et Kerzhner, 1978

Homalogonia grisea Josifov & Kerzhner, 1978: 175~179; Yang, 1997: 198; Zhang et al., 1995: 39; Rider et al., 2002: 141; Rider, 2006: 262.

　　形态特征　成虫　体色　灰色，略带黄褐，密布黑刻点。头中叶略长于侧叶，侧缘内凹，微翘，复眼内侧及近基缘处各有 1 小光滑区；复眼黑，单眼红棕色；触角黑，第 2 节两端、第 3 节端、第 6 节基及第 5 节近基半暗棕色。喙淡黄白，第 1 节近端半，第 2、第 3 节背面及端节黑，末端伸达第 2 可见腹节。前胸背板前缘内凹，后半有 6 条隐约的黑纵带；胝区周缘光滑，其后方各有 2 个横列的淡黄白色小斑点；前侧缘近中部处内凹，基部锯齿状，侧角钝圆，稍伸出。小盾片基缘有 3 个狭横长的淡色斑，近基角处各有 1 暗红棕色斑，基角黑色，小凹陷；近中部中央有 2 个凹瘤并向后斜伸的深色纹。前翅膜片色淡，透明，散有一些淡褐色小斑点，稍长过腹末。侧接缘显露，各节两端黑，中段淡黄，具刻点，节间绛红色。中胸、后胸腹板漆黑，中脊色淡。足淡黄白，具黑色小斑点，股节端大半及胫节两端的斑点较密，胫节近中部为淡色宽环，前足、中足第 1 跗节端半、各足第 3 跗节及爪均为黑色。腹部腹面淡黄褐，具黑翅点，两侧区刻点颇密，第

2 可见腹节中央具浅纵沟。

结构　体长椭圆形，头中叶略长于侧叶，侧缘内凹，微翘，复眼内侧及近基缘处各有 1 小光滑区；喙末端伸达第 2 可见腹节。前胸背板前侧缘近中部处内凹，基部锯齿状，侧角钝圆，稍伸出。

量度　体长 11.0~12.5 mm，宽 6.7~7.3 mm，前胸背板两侧角间宽 6.4~7.0 mm。

分布　河南；山东、河北、浙江、湖北、江西、广西、四川；朝鲜。

348. 全蝽 *Homalogonia obtusa* (Walker, 1868) (图 211，图版 XXIV-1)

Pentatoma obtusa Walker, 1868: 560.

Compastes minor: Atkinson, 1889: 344.

Homalogonia maculata: Jakovlev, 1897: 90; Puton, 1886: 14.

Homalogonia obtusa: Distant, 1881: 28; Distant, 1902: 202; Oshanin, 1906: 140; Kirkaldy, 1909: 148; Hoffmann, 1932: 8; Yang, 1962: 96; Hsiao, 1977: 123; Yang, 1997: 198; Zhang et al., 1995: 39; Rider et al., 2002: 141; Rider, 2006: 262.

别名　四横点蝽。

形态特征　成虫　体色　灰褐、黄褐至黑褐色，腹面及足较淡，有时为黄绿色；背面密布黑色点刻。复眼棕黑，单眼黄红。触角棕红褐色，末端两节各节端半黑色，第 1 节具黑点。喙棕褐，末端黑色。肛后方横列的 4 个小斑点白色。前翅革质部色泽一致，膜片色淡、透明，灰白或灰黄色。腹部背面黑色，侧接缘棕褐，各节缝间有时微显黄色。足上密被的小刻点黑色。前足、中足的基节外侧各有 1 小黑点。各足之间中央的纵脊淡色。腹下色淡，气门内侧后方具 1 纵列小黑点。

结构　宽椭圆形。头部侧缘整齐而较直，稍上卷；侧叶长于中叶，但不在中叶前方相交，以致中叶前方常有小缺口。喙伸达后足基节。前胸背板板前侧缘稍内凹，前半具锯齿，侧角钝圆，显著外伸，稍向上翘并向前侧方斜指；肛光滑。盾片近三角形，末端狭而不锐。腹下刻点稀少，基部无突出物。

量度　体长 12.0 (♂)~12.6 mm (♀)，宽 7.9 (♂)~8.3 mm (♀)。头长 2.43 (♂)~2.65 mm (♀)，宽 2.54 (♂)~2.72 mm (♀)；复眼间距 1.69 (♂)~1.78 mm (♀)，单眼间距 1.01 (♂)~1.11 mm (♀)，前胸背板长 2.94 (♀)~3.11 mm (♂)，宽 7.78 (♂)~8.36 mm (♀)；触角各节长 I：II：III：IV：V = 0.63 (♂, ♀)：1.15 (♂)~1.20 (♀)：1.19 (♂)~1.49 (♀)：1.53 (♂)~1.59 (♀)：1.21 (♂)~1.86 mm (♀)，喙各节长 I：II：III：IV = 1.59 (♂, ♀)：1.85 (♀)~1.59 (♂)：1.22 (♀)~1.34 (♂)：1.02 (♂)~1.08 mm (♀)，小盾片长 4.73 (♂)~5.13 mm (♀)，腹宽 7.94 (♂)~8.20 mm (♀)。

经济意义　为害玉米、大豆、漆树 *Toxicodendron vernicifluum*、栎、马尾松、油松、刺槐、苦楝 *Melia azedarach*、胡枝子、苹果及其他蔷薇科果树。

分布　河南 (开封、嵩县、栾川、西峡、鸡公山)；黑龙江 (哈尔滨、帽儿山、带岭)、吉林 (通化)、辽宁 (大连)、内蒙古、北京 (上方山)、陕西 (甘泉)、山西、河北 (兴隆)、山东、甘肃 (麦积山)、江苏 (南京)、湖北 (建始)、浙江、江西、广东、广西 (龙胜)、福建 (建阳、龙岩)、四川 (小金、宝兴、金川、成都)、贵州、云南、西藏 (下察隅、易页)；俄罗斯、日本、印度、越南。属古北、东洋两区共有种。

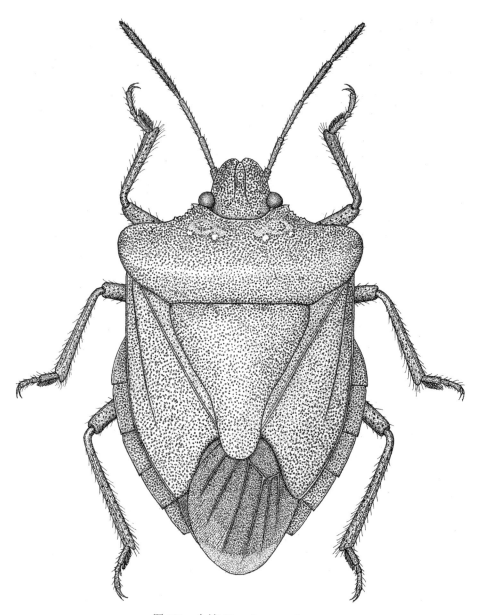

图 211　全蝽 *Homalogonia obtusa*

349. 松全蝽 *Homalogonia pinicola* Lin et Zhang, 1992 (图 212)

Homalogonia pinicola Lin & Zhang, 1992: 237; Lin et al., 1999：79; Rider, 2006: 262.

形态特征　成虫　体色　体褐黄或暗赭色，刻点暗棕褐色。触角第 1 节的小斑点、各足上的小斑点、触角第 4 节、第 5 节、前胸背板前侧缘边缘、小盾片基角处的小凹陷、侧接缘各节两端、跗节端及爪端、腹部腹面刻点黑色。小盾片近中部排成 2 列的 4 个凹痕，前翅革片近端部 (界限模糊) 暗色。腹部腹面淡黄至淡赭色。触角第 1 节、前胸背板胝后 2 个小斑点、小盾片基缘 4~5 个小斑点、各足、膜片上散布的小斑点黄白色。触角第 4 节基部，第 5 节基部稍大区域淡色。

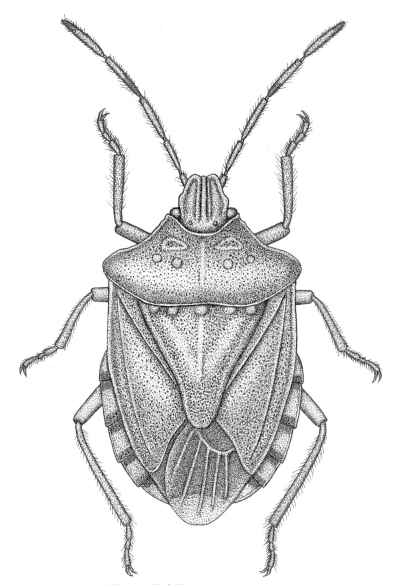

图 212　松全蝽 *Homalogonia pinicola*

　　结构　体密布刻点。头侧叶略长过中叶，侧缘微翘。前胸背板胝区周缘光滑；前侧缘略内凹，前部锯齿状，后大半扁薄，稍上翘，侧角圆钝，略外伸。小盾片 2 基角处各有 1 个小凹陷，近中部有 4 个凹痕，排成 2 列。前翅稍长于腹部末端。

　　量度　体长 12~15 mm，宽 7.8~8.0 mm。头长 2.62~2.80 mm，宽 2.62~2.80 mm；小盾片长 4.30~4.86 mm，宽 4.40~4.76 mm；触角各节长 I：II：III：IV：V＝0.60：1.23：

1.31∶1.38∶1.48 mm。

　　经济意义　危害马尾松。

　　分布　河南；甘肃、湖南、浙江、江西、福建 (连城、上杭)、广西。

(二一二) 玉蝽属 *Hoplistodera* Westwood, 1837

Hoplistodera Westwood, 1837: 18. Type species: *Hoplistodera testacea* Westwood.

　　体不呈黑褐色，为玉青色、青红色或红玉色，体常具晕斑。头部强烈下倾，但尚不达与体轴垂直的程度。前胸背板侧角呈尖角状，伸出甚长。小盾片较宽短，舌状，基部无黄色圆斑，侧缘近中部处向内略刻入。臭腺沟缘较长，略弯曲。

种 检 索 表

1. 体多红色艳丽。前胸背板侧角较短，前缘弯折成明显角度；侧角基部刻点显著粗糙…………………………………………………………………………………………… 红玉蝽 *H. pulchra*

　体多黄绿色。前胸背板侧角较细长，前缘弧形，无明显的弯折角度；侧角基部的刻点不特别粗糙…………………………………………………………………………………… 玉蝽 *H. fergussoni*

350. 玉蝽 *Hoplistodera fergussoni* Distant, 1911 (图版 XXIV-2)

Hoplistodera fergussoni Distant, 1911: 344; Hoffmann, 1932: 8; Yang, 1962: 90; Hsiao, 1977: 131; Zhang et al., 1995: 42; Yang, 1997: 199; Rider et al., 2002: 141; Rider, 2006: 313.

　　别名　角刺花背蝽。

　　形态特征　成虫　体色　黄绿色，具淡褐色粗刻点及暗色花斑。头部中叶较窄，明显长于侧叶，侧叶较为宽阔。前胸背板前半下倾；胝氏区平滑，黄棕色，两侧下角处深棕。前胸背板侧角较尖细，伸出两侧，背板表面刻点较密，并具暗色花斑。小盾片宽舌状，有暗色花斑与刻点，刻点前半稀疏，后端浓密。翅膜片透明。腹下淡黄白，中域具褐色刻点。

　　结构　头部中叶较窄，明显长于侧叶，侧叶较为宽阔，侧叶亚端部内侧相互靠近。喙伸至腹部第 2 节后缘前方。前胸背板前半下倾；胝氏区平滑，前胸背板侧角较尖细，伸出两侧，背板表面刻点较密，并具暗色花斑。前胸背板前角具齿突，前侧缘前半锯齿状；侧角较细长，侧角基部的刻点不特别强烈地粗糙。雄虫生殖节侧面观中部向后凸出。臭腺沟缘短，微弯，末端伸达后胸侧板 1/2 位置。

　　量度　体长 6.7 (♂) ~ 7.2 mm (♀)，宽 7.9 (♂) ~ 8.4 mm (♀)。头长 1.80 (♂) ~ 1.93 mm (♀)，宽 2.49 (♂) ~ 2.11 mm (♀)；复眼间距 1.32 (♂) ~ 1.38 mm (♀)，单眼间距 0.70 (♂) ~ 0.75 mm (♀)，前胸背板长 1.75 (♂) ~ 1.64 mm (♀)，宽 7.94 (♂) ~ 8.36 mm (♀)；触角各节长 I∶II∶III∶IV∶V = 0.50 (♂) ~ 0.51 (♀)∶0.79 (♂) ~ 0.69 (♀)∶0.77 (♂) ~ 0.74 (♀)∶0.66 (♂) ~ 0.93 (♀)∶0.62 (♂) ~ ? mm (♀)，喙各节长 I∶II∶III∶IV = 0.90 (♂) ~

1.08 (♀)：? (♂) ~ 1.24 (♀)：? (♂) ~ 0.86 (♀)：? (♂) ~ 0.82 mm (♀)，小盾片长　4.05 (♂) ~ 4.39 mm (♀)，腹宽　4.92 (♂) ~ 5.45 mm (♀)。

生物学特性　昆明成虫的盛发期为 4 月下旬至 8 月下旬。5 月中旬交尾产卵，年发生约 3 代。

经济意义　主要危害酸模、蓼属 *Polygonum* sp. 植物。

分布　河南 (嵩县、栾川、内乡、鸡公山)；陕西 (周至)、湖北、浙江 (天目山)、福建 (建阳、邵武)、四川 (峨眉山、宝兴、雅安、理县、茂县、马尔康)、广西 (龙胜)、云南 (昆明)、西藏 (察隅、易贡)。属东洋区系。

351. 红玉蝽 *Hoplistodera pulchra* Yang, 1934

Hoplistodera pulchra Yang, 1934: 110; Yang, 1962: 90; Hsiao, 1977: 131; Rider et al., 2002: 141; Rider, 2006: 313.

别名　红花丽蝽。

形态特征　体色　红色和艳丽，具显著花斑。

结构　背面显著隆起。前胸背板前缘弯折成明显角度，侧角基部刻点粗糙。小盾片表面光滑。

量度　体长　6.67 (♀) ~ 6.72 mm (♂)，宽　6.24 (♂) ~ 6.72 mm (♀)。头长 1.75 mm (♂, ♀)，宽　1.98 (♂) ~ 2.01 mm (♀)；复眼间距 1.27 (♂) ~ 1.34 mm (♀)，单眼间距 0.63 (♂) ~ 0.78 mm (♀)，前胸背板长 1.80 (♂) ~ 1.83 mm (♀)，宽　6.24 (♂) ~ 6.72 mm (♀)；触角各节长 I：II：III：IV：V ＝ 0.40 (♂) ~ 0.42 (♀)：0.71 (♂, ♀)：0.61 (♀) ~ 0.62 (♂)：0.84 (♀) ~ 0.86 (♂)：1.07 (♂) ~ 1.14 mm (♀)，喙各节长 I：II：III：IV ＝ 0.79 (♂) ~ 0.90 (♀)：1.11 (♂) ~ 1.14 (♀)：0.57 (♀) ~ 0.58 (♂)：0.66 mm (♂, ♀)，小盾片长 3.70 (♂) ~ 4.15 mm (♀)，腹宽　4.58 (♂) ~ 5.13 mm (♀)。

分布　河南 (辉县、内乡、嵩县、栾川)；浙江 (天目山)、福建 (南靖、建阳)、四川 (峨眉山、宝兴、雅安)、广西 (夏石、龙胜)。

简记　该种为河南省新记录种。

(二一三) 剑蝽属 *Iphiarusa* Breddin, 1904

Iphiarusa Breddin, 1904: 12. Type species: *Anaxandra compacta* Distant.

体光滑。前胸背板侧角明显伸出体外；前胸侧板内缘下折，在前胸腹板的两侧形成垂直的立壁，因此前胸下方中央形成 1 浅槽，腹基刺突的端部由此槽中通过；中胸、后胸腹板在中央具甚低的片状脊突，多不高出于足基节的表面；小盾片三角形，向后明显变狭。腹基刺突向前伸达头的下方，末端显著加粗。

352. 剑蝽 *Iphiarusa compacta* (Distant, 1887)

Anaxandra compacta Distant, 1887: 355.

Iphiarusa compata: Distant, 1918: 145; Hsiao, 1977: 108; Zhang et al., 1995: 34; Rider et al., 2002: 141; Rider, 2006: 327.

形态特征 成虫 体色 椭圆形，橄榄褐色，具光泽。头部淡黄褐色，具粗刻点，中叶比侧叶略短，中叶两侧与复眼间为黑色。触角第 1 节深褐，其余各节黑色。前胸背板前半颜色较浅，刻点稀疏，后半色泽较深，刻点粗密。两胝周围黑色。小盾片具刻点，基部中央有 1 较大椭圆形黑斑。翅膜片淡褐色，透明，并可见其下深色的腹部背板。侧接缘各节两端部分具黑斑。后胸腹板具 1 前端较为粗大的剑突，淡黄色。腹下两侧有由黑刻点与黑斑组成的黑纹两行，细而断续，各节前缘及侧角后端黑色。本种与尖尾剑蝽 *I. longicauda* Hsiao et Cheng 近似，但后者前胸背板侧角伸出较短，角的前缘略为上翘。雌虫腹部末节后缘两侧成角状突出，后胸腹板的剑突前端较细，可以区别。

结构 椭圆形，中叶比侧叶略短，后胸腹板具 1 前端较为粗大的剑突。

量度 体长 12 mm，宽 8.0 mm。

生物学特性 河南鸡公山每年 4~10 月均可采到成虫，以成虫态越冬。

经济意义 主要寄主植物为楸 *Catalpa bungei*、石斑木 *Rhaphiolepis indica*。成虫、若虫吸食嫩叶汁液，偶也危害嫩果。

分布 河南 (鸡公山)；江西、福建 (彰州)、四川 (峨眉山)；缅甸、印度。

(二一四) 广蝽属 *Laprius* Stål, 1861

Laprius Stål, 1861: 200. Type species: *Cimex gastricus* Thunberg.

体黄、褐或黑褐色，无鲜明的花斑，光滑，无明显刚毛；头部宽短，侧叶宽阔，达中叶宽的 3 倍许，边缘扁薄，或多或少向上卷起，其前端呈宽阔的圆弧形；侧叶前端较尖狭，明显长于中叶，但不向中靠拢。前胸背板前侧缘光滑；侧缘边缘宽薄，略卷起，侧角末端不呈鳖脚状；小盾片三角形，向后变狭；前胸、中胸腹板具纵沟，臭腺沟短小；前足、中足股节下方具刺列。腹下基部中央无明显突出的尖突；腹下中央无纵沟。

353. 广蝽 *Laprius varicornis* (Dallas, 1851) (图版 XXIV-3)

Sciocoris varicornis Dallas, 1851: 136.

Laprius varicornis: Stål, 1876: 52; Atkinson, 1887: 13; Distant, 1902: 130; Oshanin, 1906: 84; Kirkaldy, 1909: 206; Kirkaldy, 1910: 108; Hoffmann, 1932: 9; Yang, 1934: 107; Yang: 111; Hsiao, 1977: 156; Yang, 1997: 200; Rider et al., 2002: 141; Rider, 2006: 323.

别名 茼蒿蝽。

形态特征 体色 灰黄褐色、棕褐色至黑褐色不等。小盾片基角有小黄斑，中纵线成模糊的淡色纵纹。翅膜片烟色。触角第 3 节黄褐或淡红褐，第 5、第 6 两节黑褐，其基部淡色。腹下气门黑，其内方有 1 列淡色断续细纹，此纹两侧的刻点密集而色黑。

结构 长椭圆形，头侧叶宽，薄边状，微过中叶前端。喙伸达后足基节。前胸背板前缘深凹，前角尖，微向外指，伸出于眼的外缘之外；前侧缘薄边状，略呈弧形，光滑；肛后有 4 个小形光滑的结节。臭腺沟缘极短。各足胫节下方有一些小刺，前足胫节近端处有 1 大刺。腹部侧接缘薄边状。

量度　体长 11.3 mm (♂)，宽 6.3 mm (♂)。头长 2.65 mm (♂)，宽 2.80 mm (♂)；复眼间距 1.96 mm (♂)，单眼间距 1.01 mm (♂)，前胸背板长 3.02 mm (♂)，宽 6.30 mm (♂)；触角各节长 I：II：III：IV：V ＝ 0.61 (♂)：1.34 (♂)：0.69 (♂)：1.19 (♂)：1.59 mm (♂)，喙各节长 I：II：III：IV ＝ 1.48 (♂)：1.53 (♂)：1.22 (♂)：0.98 mm (♂)，小盾片长 4.58 mm (♂)，腹宽 6.30 mm (♂)。

分布　河南 (禹县、许昌、鄢陵、西华、鸡公山)；陕西 (眉县、周至)、江苏 (苏州、南京)、江西 (庐山)、福建 (福州、建阳)、湖北 (武昌、沔阳)、四川、广西 (雁山)；日本、菲律宾、越南、缅甸、印度。

(二一五) 弯角蝽属 *Lelia* Walker, 1867

Lelia Walker, 1867: 406. Type species: *Prionochilus octopunctata* Dallas.

体壁光滑。头部侧叶明显超过中叶，并在其前方会合或近于会合。前胸背板前侧缘前半锯齿状；侧角成角状伸出，侧角粗大，强烈前弯，边缘光滑，末端指向前方，较尖；小盾片三角形，向后略变狭；臭腺沟短小，沟缘呈短耳壳状；腹基刺突短而简单。

354. 弯角蝽 *Lelia decempunctata* (Motschulsky, 1860) (图版 XXIV-4)

Trocpicoris decempunctata Motschulsky, 1859: 501.

Lelia decempunctata: Oshanin, 1906: 142; Yang, 1962: 74; Zhang et al., 1985: 72; Hsiao, 1977: 109; Rider et al., 2002: 141; Rider, 2006: 328.

别名　十点蝽。

形态特征　成虫 体色　黄褐色，微现红褐，密布黑刻点。越冬代成虫色较深。触角黄褐色，末 2 节黑色，单眼红黄色。喙黄褐，末端黑色，长不超过后足基节。前胸背板中区有横列等距的 4 个黑点，排成一线。前侧缘稍内凹，且有小锯齿。小盾片色较深，其基部中间及中区各有 2 个黑点。膜片淡烟褐、透明。足黄褐，股节布有小黑点，胫节两端、跗节及爪黑色。腹部腹面黄红褐，越冬代成虫腹部腹面浅灰，气门黑色。

结构　体宽大，近于椭圆形，头侧片长于中片。喙略伸过中足基节后缘。前胸背板色较深，前侧缘在弯角前方有粗大锯齿，侧角大而尖，向外突出，并稍向前向上，侧角后缘有 1 小突起。腹基突伸达中足基节前缘。臭腺沟缘短耳状。

量度　体长 18.8 (♂) ~22.2 mm (♀)，宽 9.4 (♂) ~13.1 mm (♀)。头长 3.02 (♂) ~3.57 mm (♀)，宽 2.86 (♂) ~ 3.65 mm (♀)；复眼间距 2.84 (♂) ~2.54 mm (♀)，单眼间距 1.11 (♂) ~1.44 mm (♀)，前胸背板长 5.40 (♂) ~5.71 mm (♀)，宽 9.37 (♂) ~13.10 mm (♀)；触角各节长 I：II：III：IV：V ＝ 0.79 (♂) ~0.87 (♀)：1.19 (♂) ~1.43 (♀)：1.67 (♂) ~2.38 (♀)：1.75 (♂) ~2.37 (♀)：2.22 (♂) ~2.62 mm (♀)，喙各节长 I：II：III：IV ＝

1.98 (♂) ~2.06 (♀)：1.98 (♂) ~2.06 (♀)：1.75 (♂) ~2.22 (♀)：1.41 (♂) ~2.22 mm (♀)，小盾片长 6.83 (♂) ~8.41 mm (♀)，腹宽 9.52 (♂) ~12.50 mm (♀)。

卵　圆筒状，形似罐头，顶端有假卵盖。

若虫　5 龄体长 14~16 mm，宽 4~5 mm。形状、色泽和成虫相似，但体比成虫略扁，颜色稍黄。头部、前胸背板、小盾片、翅革质部密布黑色刻点。头部椭圆形，侧片长于中片。复眼黄褐色，触角黄褐。喙伸达后足基节间。前侧缘稍内凹，稍小锯齿。小盾片显现，三角形。前胸背板中区及小盾片较光滑。翅芽发达，伸过第 3 腹节背面前中。体下橙红色，在腹部背面第 3、第 4，第 4、第 5，第 5、第 6 节中央色深，各有臭腺孔 1 对。气门黑色。

生物学特性　黑龙江一年发生 1 代，以成虫越冬，7~9 月可在多种寄生植物上采到成虫和若虫。

经济意义　为害大豆、葡萄 *Vitis vinifera*、糖槭 *Acer negundo*、槭 *Acer truncatum*、胡桃楸 *Juglans mandshurica*、榆、杨、刺果茶藨子 *Ribes burejense* 及其他阔叶树。

分布　河南 (嵩县、栾川、内乡、济源)；内蒙古、辽宁 (彰武、章古山、沈阳)、吉林 (公主岭、四平、通化)、黑龙江 (哈尔滨、帽儿山)、浙江 (天目山)、安徽 (黄山)、江西、四川 (小金)、西藏 (下察隅)、陕西 (华山)；俄罗斯 (西伯利亚东部)、日本、朝鲜。属古北区系。

(二一六) 曼蝽属 *Menida* Motschulsky, 1861

Menida Motschulsky, 1861: 23. Type species: *Menida violacea* Motschulsky.

体多短小，体壁光滑，卵圆形，常具较鲜明的花斑。头部较短。前胸背板前缘呈领状。前胸背板侧角不成角状伸出，前侧缘光滑；中胸腹板脊突前后高度均一，前端不加高。臭腺沟敞开，不为臭腺沟缘的前壁所完全覆盖。臭腺沟缘较长，向外伸过后胸侧板的中央；前足胫节中部下方有 1 很小的弯钩状刺；腹基突起为尖长的刺，向前伸过后足基节。

种 检 索 表

1. 体背面隆出，头部强烈下倾；小盾片端部呈宽舌状 ·· 宽曼蝽 *M. lata*
   体背面一般，不强烈隆出。小盾片端部一般，不呈宽舌状 ·· 2
2. 体黄褐色或红褐色，有黑色斑 ·· 3
   体黑褐色，或紫绿色、绿黑色、金绿色，至少前胸背板如此；并具有淡色斑。前胸背板基半淡黄褐或黄白色，具深色刻点。腹下基部中央刺突较短，末端不超过前胸与中胸之间的缝 ·············
   ·· 紫蓝曼蝽 *M. violacea*
3. 体色较深，黑褐色及青灰色成分多，触角黑色或黄黑相间。雄虫生殖节基部成 1 很大的凹坑。小盾片较长，端部较狭。翅膜片一色透明。腹基部突末端不达中足基节，或只达中足中部，多不超过中足基节的前缘 ·· 北曼蝽 *M. disjecta*
   体色较淡，黄色、橙色、红色成分多。触角黄褐至红褐；头部有黄色纵纹 ····························

355. 北曼蝽 *Menida disjecta* (Uhler, 1860) (图 213)

Rhaphigaster disjectus Uhler, 1860: 224.

Menida disjecta: Rider et al., 2002: 141; Rider, 2006: 318.

Menida scotti Puton, 1886：94; Yang, 1962: 80; Hsiao, 1977: 113; Zhang et al., 1995: 36.

别名　内蒙蝽。

形态特征　成虫　体色　淡棕黄色，密布黑点。头部、前胸背板胝区、前侧缘、小盾片基部的三角形大斑及其近端处宽纵斑均为黑色，带有暗绿光泽。头的前部具 3 条黄

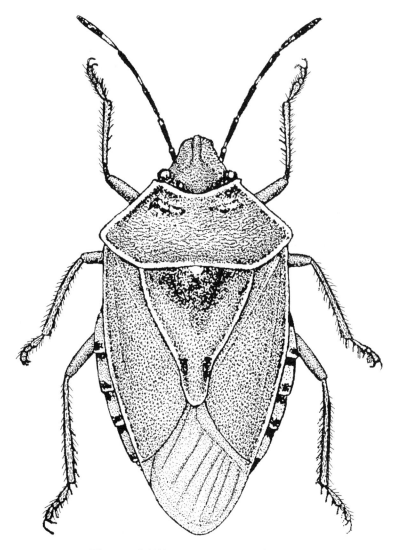

图 213　北曼蝽 *Menida disjecta* (仿陈凤玉)

褐纵纹，复眼棕黑色，单眼红棕色；触角黑，第 3 节端、第 4 节两端及第 5 节基部橙黄色；喙黄色，第 3、第 4 节黑色。前胸背板前侧缘及前缘大部均具微翘的黄褐色窄边。小盾片基缘有 3 个淡黄色小斑，端部黄色。前翅革片近端部处的中央具黑色短斜纹，膜片淡黄褐。侧接缘黄黑相同。腹部背面蓝黑色。足黄褐，后足股节端部、各足胫节两端及第 1、第 3 跗节均黑色。腹部腹面黄褐。

结构　椭圆形。头侧叶与中叶等长，侧缘稍内凹，边缘稍翘；喙末端伸达后足基节。前胸背板前侧缘平直，侧角圆钝，末端稍伸出体外。小盾片具稀少刻点，近端处中央有 1 中纵脊。膜片超过腹部末端。腹基突向前伸过后足基节。臭腺沟缘直，末端尖锐，伸达侧板外侧 1/4 位置。

量度　体长 9.7 (♂) ~ 10.6 mm (♀)，宽 5.04 (♂) ~ 5.74 mm (♀)。头长 1.12 (♂) ~ 1.26 mm (♀)，宽 2.10 (♂) ~ 2.38 mm (♀)；复眼间距 1.40 (♂) ~ 1.30 mm (♀)，单眼间距 0.90 (♂) ~ 0.95 mm (♀)，前胸背板长 1.82 (♂) ~ 2.24 mm (♀)，宽 4.48 (♂) ~ 5.18 mm (♀)；触角各节长 Ⅰ : Ⅱ : Ⅲ : Ⅳ : Ⅴ = 0.40 (♂, ♀) : 0.65 (♂, ♀) : 1.00 (♂) ~ 1.05 (♀) : 1.20 (♂, ♀) : 1.40 mm (♂, ♀)，喙各节长 Ⅰ : Ⅱ : Ⅲ : Ⅳ = 0.80 (♂) ~ 0.95 (♀) : 1.30 (♂) ~ 1.25 (♀) : 1.05 (♂) ~ 0.95 (♀) : 0.55 mm (♂, ♀)，小盾片长 3.36 (♂) ~ 3.78 mm (♀)，腹宽 5.04 (♂) ~ 5.74 mm (♀)。

经济意义　危害泡桐、玉米、高粱及梨树。

分布　河南 (西峡、栾川)；黑龙江、辽宁、内蒙古、甘肃、青海、河北、山西、陕西、湖北、江西、湖南、广西、四川、贵州、云南、西藏；西伯利亚、朝鲜、日本。属古北区系。

356. 宽曼蝽 *Menida lata* Yang, 1934 (图版 XXIV-5)

Menida lata Yang, 1934: 95; Yang, 1962: 78; Zhang et al., 1985: 74; Rider et al., 2002: 141; Rider, 2006: 318.

形态特征　成虫　体色　黄褐色，密布黑刻点，以致外观呈黑褐色。头部侧叶有 5 列断续的黄纵纹；触角 5 节，黄褐色，第 4、第 5 节端部色暗。前胸背板前缘及前侧缘具黄白色狭边，其上有一些不规则横列的黄白皱纹，胝区黑，中有小黄斑。小盾片两基角处各有 1 个纵列的肾形黄斑，或基半为 1 横列的大黄斑，端部黄白，呈新月状。翅膜片透明，大半淡褐。侧接缘黄黑相间。腹部腹面黑色，每节侧缘各有 1 个黄白色斑，第 2~6 可见腹节侧区各有 1 橙黄色横斑。足黄褐，股节近端处有暗褐色环。

结构　头部侧叶与中叶等长，前胸背板前缘及前侧缘具狭边，腹基突前伸超过后足两基节间。

量度　体长 6~7 mm，宽 4.0~4.5 mm。

经济意义　寄主以蚕豆 *Vicia faba*、菜豆为主，也可加害稻、刺槐、栗 *Castanea mollissima*、大豆、鸡血藤及长叶冻绿等。

分布　河南 (新县、嵩县、栾川、遂平、信阳、商城)；广东、广西、浙江、福建、四川等华南各省 (自治区)。属东洋区系。为中国特有种。

357. 稻赤曼蝽 *Menida versicolor* (Gmelin, 1790)

Cimex histrio Fabricius, 1787: 296.

Cimex versicolor Gmelin, 1790: 2155.

Rhaphigaster concinus: Dallas, 1851:285.

Rhaphigaster strachiodes: Walker, 1867:365.

Antestia histrio: Stål, 1868: 34; Dammerman, 1929: 222.

Menida histrio: Stål, 1876: 98; Distant, 1902: 228; Lefroy, 1909: 311; Shiraki, 1910: 101; Matsumura, 1910: 26; Matsumura, 1910: 136; Matsumura, 1913: 121; Shiraki, 1913: 197; Fletcher, 1913: 10; Fletcher, 1914: 474; Maki, 1916: 265; Flecher, 1917: 175, 184; Distant, 1918: 142; Fletcher, 1920: 255; Shroff, 1920: 342; Hutson, 1922: 23~26; Esaki, 1926: 150; Hutson et. al., 1929: 24; Hoffmann, 1931: 1020; Hoffmann, 1931: 142; Hoffmann, 1931: 1020; Wu, 1933: 221; Hutson, 1933: 23; Yang, 1962: 79; Zhang et al., 1985: 74; Hsiao, 1977: 113.

Menida bengalensis: Kirkaldy, 1909: 131; Kirkaldy, 1910: 106; Hoffmann, 1932: 8.

Menida versicolor: Rider et al., 2002: 142; Rider, 2006: 320.

别名　稻赤蝽、小赤蝽。

形态特征　成虫　卵圆形，黄褐至赤褐色，布有黑刻点。头三角形，中叶与侧叶等长，有黑色纵纹4条。复眼褐或黑，单眼红。触角红褐色，第1、第3节内侧有时有黑纵纹。前胸背板前侧缘平滑，边缘稍卷起，前角微突，侧角圆钝；胝区周围黑，背板后部刻点粗。小盾片三角形，长达腹部中央，末端圆；中央靠前处有1大黑斑，末端之前两侧各有1大黑斑。前翅革片顶端及内革片黑色。膜片淡色透明。体上黑斑颇有变化，有时扩大，有时缩小甚至消失。侧接缘略显露，红褐色，每节前缘黑。腹下基部具腹基刺，前伸可达中足基节间。腹下两侧及中央有黑纹。

结构　卵圆形，布有黑刻点。头三角形，中叶与侧叶等长，喙伸达腹基刺基部。前胸背板前侧缘平滑，边缘稍卷起，前角微突，侧角圆钝；胝区周围黑，背板后部刻点粗。小盾片三角形，长达腹部中央，末端圆；中央靠前处有1大黑斑，末端之前两侧各有1大黑斑。腹下基部具腹基刺，前伸可达中足基节间。

量度　体长5.2 mm (♂)，宽3.8 mm (♂)。头长1.35 mm (♂)，宽3.76 mm (♂)；复眼间距1.80 mm (♂)，单眼间距0.66 mm (♂)，前胸背板长1.32 mm (♂)，宽3.73 mm (♂)；触角各节长 I：II：III：IV：V = 0.34 (♂)：0.47 (♂)：0.58 (♂)：0.69 (♂)：0.82 mm (♂)，喙各节长 I：II：III：IV = 0.40 (♂)：0.74 (♂)：0.68 (♂)：0.48 mm (♂)，小盾片长2.39 mm (♂)，腹宽3.81 mm (♂)。

卵　圆桶形，黄色。卵顶周围有1列小齿状精孔突，白色。将孵化的卵，卵顶下出现三角形的红色短纵斑，卵嘴处为1灰黑色三角形斑，此斑正中有黑色短纵纹。

若虫　初孵若虫黑色，腹部红褐，臭腺孔斑及侧缘黑色。5龄若虫体长5.6 mm，宽卵3.8 mm。卵圆形。头、胸及翅芽黑色，触角赤褐色，前胸背板外缘前端蜡白色，正中有淡纵线直达中胸背板后缘。前胸、中胸背板中区各有1对黄白色椭圆形斑。腹部玉白色，散布黑色刻点。分节处浅红色。腹部背面正中横置2大黑斑，跨在第4、第5体节及第5、第6体节上；第3节后缘也有1小横斑。侧接缘每节有半圆形小黑斑。足橘红色，胫节端部、跗节和爪黑色。若虫蜕皮前全身皆呈红或红褐色。

生物学特性 南方每年发生 2~3 代。在云南元江县坝区，每年可发生 5~6 代。3 月底、4 月初越冬成虫开始活动，至 6 月中旬早稻收割前可发生 3 代，早稻收割后，有部分成虫可转移至甘蔗及田边稗草 Echinochloa sp.、杂草上。7 月中旬晚稻栽插后，继续为害晚稻，并大量发生，可繁殖 2~3 代。以成虫于杂草丛中和菜园、果园杂草落叶内越冬。卵产于稻叶或穗上，每卵块多数 12 粒，呈双排纵列。卵期 7~8 d。1 龄期 3~4 d。2 龄期 4~6 d。3 龄期 5~6 d。4 龄期 6~7 d。5 龄期 6~7 d。

经济意义 主要为害稻、小麦及玉米，也害甘蔗、亚麻、桑、柑橘、油桐及稗 Echinochloa crusgalli 等。喜食稻穗汁液，使被害谷粒成秕谷。在田间及室内饲养均发现能捕食鳞翅目幼虫。

分布 河南 (西峡)；福建 (崇安、龙岩、南靖、邵武、福州)、江西、广东 (连县、梅县、广州)、海南、广西 (南宁)、四川 (南部)、贵州、云南、西藏、台湾；越南、缅甸、印度、印度尼西亚。

358. 紫蓝曼蝽 *Menida violacea* Motschulsky, 1861 (图 214)

Menida violacea Motschulsky, 1861: 23; Yang, 1962: 79; Hsiao, 1977: 113; Zhang et al., 1985: 75; Rider et al., 2002: 142; Rider, 2006: 320.

别名 紫蓝蝽。

形态特征 成虫 紫蓝色，有金绿闪光。头中叶基部的后面有 2 条纵走细白纹，头腹面侧叶边缘黄白色，喙及触角黑色，但两者第 1 节均为黄色。前胸背板前缘及前侧缘黄白，后区有黄白色宽带，小盾片末端黄白色，其上散生黑色小点。腹部背面黑色，侧接缘有半圆形黄白色斑，节缝两侧金绿紫蓝色。腹面黄褐色。

结构 椭圆形，密布黑色点刻。头侧叶中叶平齐。喙伸达中足后缘。前胸背板领及前侧缘有狭边，边缘不扁薄。侧接缘各节后角显著。前翅膜片稍过腹末。腹部腹面基部中央有 1 粗壮锐刺，末端纵扁，明显伸至中足基节前方。臭腺沟缘狭长，末端伸达侧板外侧 1/4 位置。

量度 体长 8.04 (♂) ~ 8.81 mm (♀)，宽 5.02 (♂) ~ 5.58 mm (♀)。头长 1.43 (♂) ~ 1.69 mm (♀)，宽 2.06 (♂) ~ 2.33 mm (♀)；复眼间距 1.27 (♂) ~ 1.32 mm (♀)，单眼间距 0.79 (♂) ~ 0.85 mm (♀)，前胸背板长 2.12 mm (♂, ♀)，宽 5.02 (♂) ~ 5.61 mm (♀)；触角各节长 I ∶ II ∶ III ∶ IV ∶ V = 0.37 (♀) ~0.38 (♂) ∶ 0.53 (♂) ~ 0.58 (♀) ∶ 0.83 (♂) ~ 0.86 (♀) ∶ 0.93 (♂) ~ 1.00 (♀) ∶ 1.14 (♂) ~ 1.22 mm (♀)，喙各节长 I ∶ II ∶ III ∶ IV = 0.78 (♂) ~ 0.82 (♀) ∶ 0.71 (♂) ~ 1.08 (♀) ∶ 0.77 (♂) ~ 0.85 (♀) ∶ 0.61 (♀) ~0.64 mm (♂)，小盾片长 3.39 (♂) ~ 3.86 mm (♀)，腹宽 4.97 (♂) ~ 5.53 mm (♀)。

卵 高约 1 mm，直径 0.7 mm，桶形，上下端稍小，苹果绿色，具光泽，假卵盖略隆起，周缘具末端略膨大的细丝。

若虫 1 龄体长 1.0~1.4 mm，宽 0.9~1.1 mm，近圆形，初孵苹果绿色，复眼红色，以后颜色变深，头、触角、喙、足、胸部及腹部斑纹均为黑色，复眼红黑，腹背侧缘及

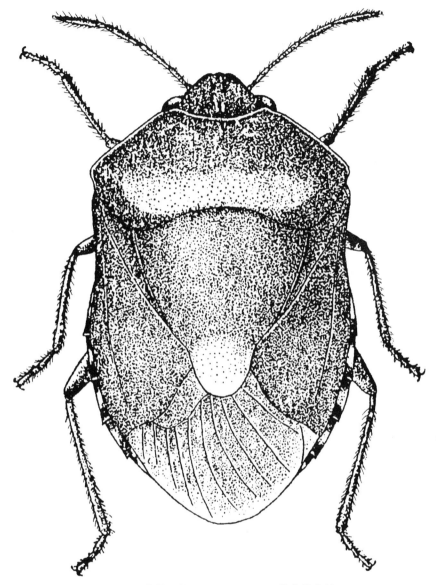

图 214　紫蓝曼蝽 *Menida violacea* (仿蒲蛰龙等)

末缘橘红色,第 3、第 4、第 5 斑上各生臭腺孔 1 对,腹面淡红黄色。2 龄体长 1.5~2.0 mm,宽 1.3~1.8 mm,全体密被黑色点刻。头、触角、喙、胸部及各足均为黑色,复眼棕红,胸侧缘具细齿,腹部绿色,背面中区黑斑周围红色。5 龄体长 6.5~7.0 mm,宽 4~5 mm,密被黑色点刻。头、前胸背板、翅芽及小盾片金绿色有闪光,复眼、触角及喙黑色。前胸背板侧缘锯齿状,具黄白至深黄色窄边,中胸背侧缘基端具黄白色短边,翅芽伸达第 3 腹节。胸部腹面除各足间及足基节为深黄色外,其余均黑色。腹部深黄至紫红色,腹背两侧点刻更密集,中区及侧缘长形斑蓝绿色,上具同色点刻,基部有 2 条由点刻连成的细横线。腹部腹面中区斑块及侧缘长形斑黑色,无点刻。

生物学特性 贵州毕节 5 月中下旬火棘开花盛期，可发现大量成虫。成虫能多次交尾，每次 1 h 左右，卵块产，每块 10 余粒至 20 余粒，多产在叶背，个别成虫会刺吸卵粒的汁液。1 龄若虫群集在卵壳上，2 龄起渐分散。卵期 5~9 d，1 龄期 4~5 d，2 龄期 9 d (室内)。

经济意义 为害稻、大豆、玉米、火棘 *Pyracantha fortuneana*，据记载还可为害梨、榆及小麦。

分布 河南 (中牟、登封、新县、嵩县、栾川、西峡、嵩山、信阳、鸡公山)；河北、内蒙古、辽宁、江苏、浙江、福建、江西、山东、湖北、广东、四川、贵州、陕西；俄罗斯西伯利亚东部、日本。属古北区系。

(二一七) 绿蝽属 *Nezara* Amyot et Serville, 1843

Nezara Amyot et Serville, 1843: 143. Type species: *Nezara viridula* Linnaeus.

体匀称，光滑，体为鲜明的绿色或黄绿色。头侧缘略内凹，不卷起。前胸背板饱满，前侧缘处光滑，略为扁薄，但不卷起。侧角圆钝，不伸出。小盾片三角形；腹基突起短小，呈 1 圆钝的小突起状，不伸过后足基节。中胸、后胸腹板平坦，或在中央具甚低的片状脊突，多不高出于足基节的表面。臭腺沟缘呈耳壳状。

种 检 索 表

1. 头侧叶与中叶等长，前胸背侧角常伸出较多；雄虫抱器内叶较宽，向端渐尖，背面观内侧缘波曲，外侧伸出 1 长的指状突，伸达内叶长度的一半处·····························黑须稻绿蝽 *N. antennata*
   头中叶略长于侧叶，前胸背板前侧缘略内凹，侧角稍外伸，雄虫抱器背面观外侧圆钝的突出，但不呈指状前伸······························稻绿蝽 *N. viridula*

359. 黑须稻绿蝽 *Nezara antennata* Scott, 1874 (图 215)

Nezara antennata Scott, 1874: 299; Lin & Zhang, 1992: 240; Lin, Zhang & Lin, 1999：84; Rider, Zheng & Kerzhner, 2002: 142; Rider, 2006: 329.

形态特征 体长 13.5~16.0 mm，宽 7.5~9.0 mm。体椭圆形，较宽短，鲜绿色，具同色刻点。触角暗色部分色较深，近黑色；头侧叶与中叶等长；前胸背板侧角常伸出较多；腹部基半的背板黑色。雄虫抱器内叶较宽，向端渐尖，背面观内侧缘波曲，外侧伸出 1 长的指状突，伸达内叶长度的一半处。

分布 河南；甘肃、新疆、河北、山西、江苏、湖北、江西、湖南、福建、广东、广西、四川、贵州、云南、西藏；日本。

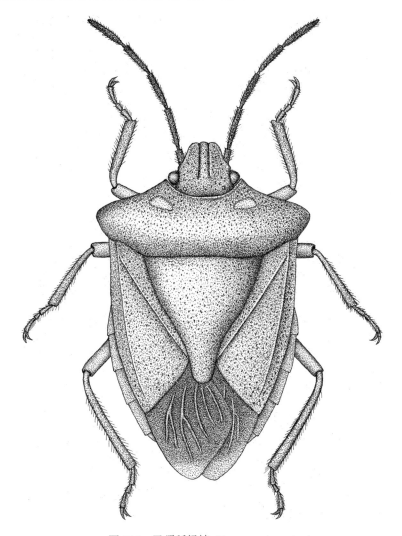

图 215　黑须稻绿蝽 *Nezara antennata*

360. 稻绿蝽 *Nezara viridula* (Linnaeus, 1758) (图 216，图版 XXIV-6)

Cimex viridulus Linnaeus, 1758: 444.

Nezara viridula: Yang, 1962: 126; Hsiao, 1977: 149; Zhang et al., 1985: 100; Rider et al., 2002: 142; Rider, 2006: 329.

别名　稻青蝽。

形态特征　成虫　体色　青绿色 (越冬成虫体色暗赤褐)，腹下色较淡。触角第 1 节黄绿，第 3、第 4、第 5 节末端棕褐，复眼黑，单眼红。喙伸达后足基节，末端黑色。前胸背板边缘黄白色。小盾片基部有 3 个横列的小白点。足绿色，跗节 3 节，灰褐，爪末端黑。腹下黄绿或淡绿色，密布黄色斑点。

结构　长椭圆形，头近三角形，侧角圆，稍突出。小盾片长三角形，末端狭圆，超过腹部中央。前翅稍长于腹末。雌虫生殖节较复杂，由十字形的沟缝分开，第 8 节 4 片，第 9 节 2 片；雄虫生殖节简单，为完整的 1 片。

量度 体长 13.75~ 13.58 mm，宽 7.15 mm。头长 1.72 mm (♂)，宽 2.00 mm (♂)；复眼间距 1.87 mm (♂)，单眼间距 1.12 mm (♂)，前胸背板长 7.15 mm (♂)，宽 3.15 mm (♂)；触角各节长 I：II：III：IV：V＝ 0.72 (♂)：1.00 (♂)：1.50 (♂)：1.43 (♂)：1.36 mm (♂)，喙各节长 I：II：III：IV＝ 1.23 (♂)：1.65 (♂)：2.09 (♂)：1.76 mm (♂)，小盾片长 5.00 mm (♂)，腹宽 7.15 mm (♂)。

卵 杯形，长约 1.2 mm，宽 0.8 mm，初产时淡黄白色，孵化前红褐，顶端有盖，其周缘有白色精孔突 1 环，计 24~30 个。

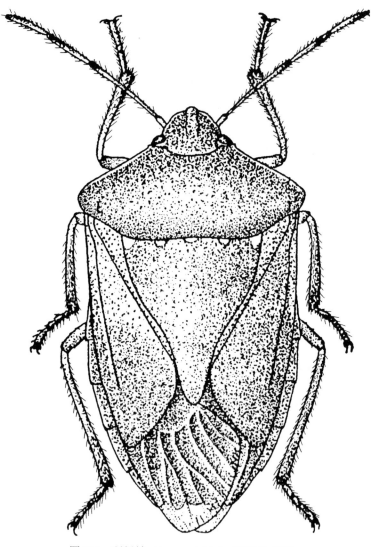

图 216 稻绿蝽 *Nezara viridula* (仿蒲蛰龙等)

若虫　1 龄体长 1.1~1.4 mm，椭圆形，初时橙黄色，腹背中央有 3 块排成三角形的黑斑，后期黄褐，胸部有 1 橙黄色圆斑，第 2 腹节有 1 长形白斑，第 5、第 6 腹节近中央两侧各有 4 个黄色斑，排成梯形。2 龄体长 2.0~2.2 mm，黑色，前胸、中胸背板两侧各有 1 黄斑。3 龄体长 4.0~4.2 mm，黑色，第 1、第 2 腹节背面有 4 个长形的横向白斑，第 3 腹节至末节背板两侧各具 6 个，中央两侧各具 4 个对称的白斑。4 龄体长 5.2~7.0 mm，体色变化较复杂，多数个体头部有倒"下"形黑斑，翅芽明显。5 龄体长 7.5~12.0 mm，绿色为主，触角 4 节，单眼出现，翅芽伸达第 3 腹节，前胸与翅芽散生黑色斑点，外缘橙红，腹部边缘具半圆形红斑，中央也具红斑，足赤褐，跗节黑色。稻绿蝽除全绿型[forma typica (Linnaeus)]外，还有 3 个型，它们之间能互相交配，繁殖后代，其区别：黄肩型 (黄肩绿蝽) [forma torgata (Fabricius)]头部前段及前胸背板两侧角间之前为黄色，后缘波浪状，其余部分青绿。点斑型 (点绿蝽) (forma aurantica Costa)橙黄至黄绿色，前胸背板前部中央具 2 个绿斑，小盾片基部具 3 个绿斑，末端绿色，前翅革片端方中央具 1 绿斑。综合型 (forma duyuna Chen) 头前半部黄色，后半部橘红或深黄色，前胸背板前半部黄色，后半部橘红或深黄色，中央具 3 个深绿斑，小盾片橘红或深黄色，基缘具 3 个横列的绿斑，末端具 1 绿斑，前翅革片橘红或深黄色，末端也具 1 绿色斑。

生物学特性　年发生世代自北向南递增，江苏、浙江北部 1 代，江西中部 3 代，四川 (峨眉) 3 代，广东中部 4 代为主，少数 5 代。以成虫在杂草、土缝、林木茂密处越冬。越冬成虫 3 月间恢复活动。各代发生期如下：第 1 代于 5 月中旬至 5 月底 6 月初，第 2 代于 6 月中旬至 7 月中旬、下旬，第 3 代于 8 月上旬至 9 月下旬，第 4 代于 10 月上旬、中旬至 11 月中旬、下旬。世代重叠。7 月中旬、下旬至 8 月上旬出现成虫高峰。日平均温度 27℃，卵期 5.5 d；若虫期 24 d，其中 1 龄 2 d，2 龄 4.5 d，3 龄 5 d，4 龄 6 d，5 龄 6.5 d；产卵前期 13.5 d，43 d 完成 1 个世代。成虫寿命一般 50 d 左右。其发育速度与食料的丰欠及气温的高低密切相关。卵和若虫的发育起点温度分别为 12.2℃和 11.6℃，有效积温 658 日度。越冬成虫出蛰后为害春作物，体色逐渐恢复青绿，性器官成熟，交配产卵。卵多成块产于寄主植物的叶片上，有规则地排成 3~9 行，每块 60~70 粒，多达百余粒。1 龄、2 龄若虫有群栖性，若虫与成虫有假死性，成虫并有趋光性和趋绿性。嗜食抽穗灌浆的稻、麦穗和开花结荚的豆类作物的生殖器官。天敌有青蛙、鸟类、蚂蚁、蜘蛛和稻蝽黑卵蜂 Telenomus gifuensis、绿蝽沟饵蜂 Trissolcus sp. 等卵寄生蜂。

经济意义　寄主有稻、豆类、花生、芝麻、麦类、玉米、高粱、粟、马铃薯、番茄、甜菜、油菜、白菜 Brassica pekinensis、甘蓝、紫云英 Astragalus sinicus、棉花、烟草、甘蔗，以及桃、梨、柑橘、苹果等，共计 32 科近 150 种植物，但主要为害对象各地区有所不同，如山东南部为大豆、小麦，江西为芝麻、水稻，广东为水稻、大豆、花生。大多聚集在抽穗灌浆的稻、麦穗部和开花结实的作物花果上，初期受害，造成秕粒，中后期受害则果实不饱满，并传播霉菌，使果实发黑，影响作物的产量和质量。近年来，由于耕作制度及栽培技术的改革，稻绿蝽为害日趋严重，有上升为主要害虫的趋势。

分布　河南 (林县、鲁山、嵩山、栾川、嵩山、南召、西峡、信阳)；北起吉林，西至甘肃、青海、四川、云南，南迄广东、广西，东达沿海各省及台湾省；朝鲜、日本、南亚及东南亚各地、欧洲地中海沿岸及东非、西南非、马达加斯加、毛里求斯、北美洲南部、中美洲、南美洲中部、西印度群岛、澳大利亚、新西兰等。属世界性广布种类。

(二一八) 褐蝽属 *Niphe* Stål, 1867

Niphe Stål, 1867: 516. Type species: *Pentatoma subferruginea* Westwood.

体黄褐色或棕、黑褐色，较狭长，体壁光滑少毛。头部一般短于前胸背板，侧叶与中叶末端平齐，或略短；头部侧叶前端较狭，外侧缘平缓地弯曲，在近前端处不成一明显的角度。前胸背板前缘简单，不呈领状，微凹入；前胸背板前侧缘光滑，成 1 狭边状，直；小盾片基角处有 1 小而色黑的圆形凹陷；前翅外缘常具淡白色边；臭腺沟缘弯曲，长，端部细，几可伸达中胸侧板的后缘，其前壁常覆盖于沟上，不敞开；小盾片三角形，向后变狭。腹下基部中央没有明显突出的尖突；腹下中央无纵沟。

361. 稻褐蝽 *Niphe elongata* (Dallas, 1851) (图 217)

Pentatoma elongata Dallas, 1851: 246.

Niphe elongate: Yang, 1962: 119; Hsiao, 1977: 148; Zhang et al., 1985: 99; Rider et al., 2002: 142; Rider, 2006: 358.

别名　白边蝽。

形态特征　成虫　淡黄褐色，刻点黑褐色。单眼红色；触角第 1 节淡黄褐；第 2、第 3、第 4 节基部一半及第 5 节两端淡棕红，第 4、第 5 节其余部分黑褐。前胸背板两胝、前侧缘及前翅革片外缘黄白。前胸背板两胝区间有 2 个并列的小黑点。小盾片基部中央也有 4 个小黑点，也有个体小盾片基部 2/3 黑褐色，逐渐过渡到端部浅褐色。膜片淡褐。体腹面及足淡黄白，散布一些小黑点。

结构　长椭圆形，密布刻点。头部中叶与侧叶等长，侧叶边缘狭薄边状。前胸背板前缘中域凹入明显；前侧缘直，薄边状；侧角圆钝；后缘直。喙伸达后足基节前缘。侧接缘后角露出，明显。臭腺沟缘弯曲，末端不达后胸侧板外侧 1/4 位置。

量度　体长 12.2 (♂) ~ 13.1 mm (♀)，宽 5.7 (♂) ~ 5.87 mm (♀)。头长 2.29 (♂) ~ 2.57 mm (♀)，宽 2.58 (♂) ~ 2.70 mm (♀)；复眼间距 1.72 (♂) ~ 1.83 mm (♀)，单眼间距 1.06 (♀) ~1.07 mm (♂)，前胸背板长 2.54 (♂) ~ 1.75 mm (♀)，宽 5.71 (♂) ~ 5.87 mm (♀)；触角各节长 I：II：III：IV：V = 0.53 (♂) ~ 0.53 (♀)：1.08 (♂) ~ 1.27 (♀)：0.77 (♂) ~ 0.9 (♀)：1.06 (♂) ~ 1.11 (♀)：1.16 (♂) ~ 1.19 mm (♀)，喙各节长 I：II：III：IV=1.11 (♂) ~ 1.43 (♀)：1.48 (♂) ~ 1.61 (♀)：1.06 (♂) ~ 1.32 (♀)：0.93 (♂) ~ 0.69 mm (♀)，小盾片长 5.03 (♂) ~ 5.32 mm (♀)，腹宽 5.41 (♂) ~ 5.71 mm (♀)。

卵　长约 1 mm，直径约 0.9 mm，杯形，顶端有圆晕 (假卵盖)，晕的周缘有 36~38 个精孔突。初产时乳白色，后变淡粉绿，圆晕半透明，将孵化前转为褐色。

若虫　1 龄体长 1.6 mm 左右，近圆形，淡黄褐色。头、胸具暗色斑。复眼不突出，触角 4 节，黑色。后胸背板宽于中胸背板 (2 龄同)，腹部各节侧缘有三角形褐斑 (2 龄同)，背面第 3、第 4 节，第 4、第 5 节及第 5、第 6 节之间各有 1 对臭腺孔，孔的外围斑纹褐

色 (2 龄、3 龄同)。2 龄体长 2.7 mm 左右，长卵形，深灰色，复眼显著突出。3 龄体长 4 mm 左右，长椭圆形，后胸背板狭于中胸背板，中胸背板后侧缘稍向后伸展成翅芽。4 龄体长 6.2 mm 左右，长椭圆形，翅芽伸达腹部背面第 2 节前缘，小盾片隐现，腹部背面中央及两侧 1/2 处各有 1 条黄色纵纹，臭腺孔外围斑纹转呈括弧形 (5 龄同)。5 龄体长 10 mm 左右，长椭圆形，淡黄色，翅芽伸达腹部背面第 3 节大半，小盾片显现。本种与伊蝽 *Aenari lewisi* 近似，但伊蝽头侧叶在中叶前方会合，体下两侧各有 1 条由黑点组成的宽带，可以区别。

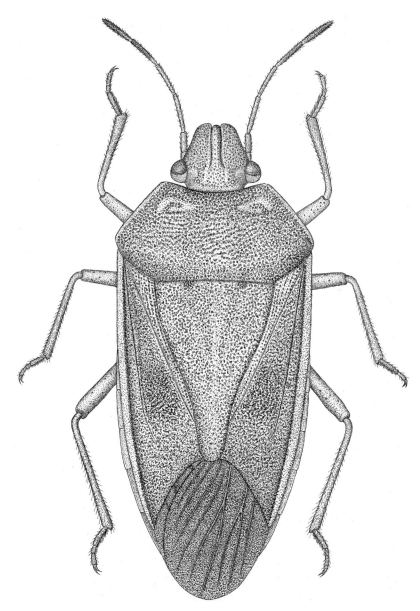

图 217 稻褐蝽 *Niphe elongata*

生物学特性　湖北、湖南、安徽、浙江、江西一年 2 代，广西柳州一年 1 代。以成虫在落叶下、禾兜间及田边禾本科杂草近根处越冬。越冬成虫于翌年 3 月起始出活动，越冬成虫于 6 月初迁入稻田，6 月上旬中至 7 月上旬产卵，6 月中旬开始孵化，第 1 代成虫于 7 月中旬、下旬羽化，8 月初产卵，3 月上旬末孵化；第 2 代成虫于 8 月下旬至 9 月中旬羽化，10 月中旬、下旬越冬 (南昌)。各态历期如下：卵期第 1 代为 2~4~6 d，第 2 代 3~4 d；若虫期第 1 代 16~18 d，第 2 代 15~19 d；成虫寿命第 1 代 7~25~34 d，第 2 代 230~320~346 d，其中产卵前期 7~10 d，产卵期长达 28 d。卵多产在稻叶背面基处，少数在叶鞘、茎秆或穗上，聚生，常 14 粒左右作直线排列。若虫初孵时群集在卵壳两旁静伏，2 龄起分散，夜晚与成虫同集在叶片及穗上，日间则潜伏在稻丛下部。

经济意义　主害稻，也能取食玉米、高粱、芒稗、丝茅 *Imperata koenigii*、马唐等禾本科植物。成虫、若虫小群结集在谷粒上吸食汁液。独穗扬花时被害，造成空壳；灌浆乳熟期被害，则造成秕谷，发生严重时，能使小面积稻田颗粒无收。

分布　河南 (新县、商城、罗山、信阳)；江苏 (江都)、浙江、福建、江西、湖北、湖南、广东 (海南岛)、广西、四川、贵州、云南；印度、越南、缅甸、菲律宾。属东洋区系。

(二一九)　浩蝽属 *Okeanos* Distant, 1911

Okeanos Distant, 1911: 347. Type species: *Okeanos quelpartensis* Distant.

　　体表光滑。头部侧叶与中叶末端平齐，或侧叶只略长于中叶，几乎不在中叶的前方会合。前胸背板前侧缘光滑，前胸背板侧角成角状伸出；小盾片三角形，向后明显变狭。腹基突长刺状，伸达前足基节；中胸、后胸腹板在中央具甚低的片状纵脊，不高出于足基节的表面。

362. 浩蝽 *Okeanos quelpartensis* Distant, 1911 (图 218)

Okeanos quelpartensis Distant, 1911: 347; Hsiao, 1977: 123; Zhang et al., 1995: 40; Rider et al., 2002: 142; Rider, 2006: 330.

　　形态特征　体色　触角深褐色、红褐色至酱褐色，有光泽。前胸背板基缘、小盾片侧区、翅革片外域绿黑色，有金属光泽。前胸背板侧角后方漆黑色。前胸背板前半及小盾片端部淡黄褐色。革片端缘具狭窄淡黄白色边。膜片淡褐色。侧接缘淡黄褐色。

　　结构　长椭圆形。前胸背板基缘、小盾片侧区、翅革片外域密布黑色刻点。前胸背板前半及小盾片端部刻点极少。头中叶和侧叶末端平齐。前胸背板前侧缘光滑，后半平直。前胸背板侧角稍伸出，伸出部分短于革片基部，末端钝圆。小盾片末端狭长较尖。腹部基部刺突粗大，但不伸达前足基节；腹部腹面中央纵向隆起脊状；腹部第 2 节气门开口可见。臭腺沟缘狭长，末端伸达侧板外侧 1/4 处。

　　量度　体长 13.8 (♂) ~ 16.3 mm (♂)，宽 8.7 (♂) ~ 9.5 mm (♂)。头长 2.38 (♂) ~

2.39 mm (♂)，宽 2.65 (♂) ~ 2.81 mm (♂)；复眼间距 1.58 (♂) ~ 1.67 mm (♂)，单眼间距 0.85 (♂) ~ 0.87 mm (♂)，前胸背板长 2.78 (♂) ~ 3.25 mm (♂)，宽 8.73 (♂) ~ 9.52 mm (♂)；触角各节长 I∶II∶III∶IV∶V= 0.81 (♂) ~ 0.97 (♂)∶1.56 (♂) ~ 1.83 (♂)∶2.14 (♂) ~ 2.38 (♂)∶2.57 (♂) ~ 2.62 (♂)∶2.28 (♂) ~ 2.46 mm (♂)，喙各节长 I∶II∶III∶IV= 1.40 (♂) ~ 1.43 (♂)∶1.75 (♂) ~ 1.98 (♂)∶1.59 (♂) ~ 1.64 (♂)∶1.38 (♂) ~ 1.51 mm (♂)，小

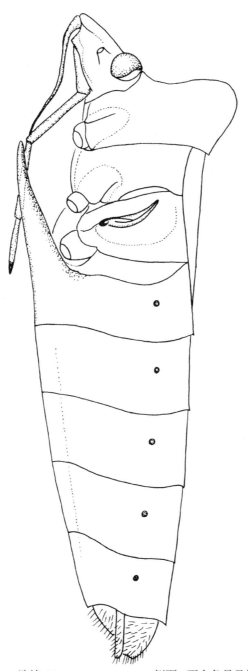

图 218　浩蜡 *Okeanos quelpartensis* 侧面 (不含各足及触角)

盾片长 5.66 (♂) ~ 5.92 mm (♂)，腹宽 7.83 (♂) ~ 9.42 mm (♂)。

分布 河南 (嵩山、栾川)；河北 (兴隆)、陕西 (周至)、四川 (马尔康、小金、雅安、康定、丹巴、峨眉山)。

(二二〇) 碧蝽属 *Palomena* Mulsant et Rey, 1866

Palomena Mulsant & Rey, 1866: 271. Type species: *Cimex viridissima* Poda.

整体青绿色，头侧叶在中叶前方会合，外侧缘近端部弧形。前胸背板前侧缘光滑，中域拱隆。小盾片不达腹部长度的 3/4，向端部渐细。腹部腹面中域圆鼓，腹基没有尖锐突起前伸。雄性生殖腔后缘及侧缘内壁具若干颗粒状小突起，后缘多少略向后伸出，后缘前方具堤状或壁状隆起。生殖腔开口两侧为 1 三角形凹洼，抱器顶叶静止时置于其中，凹洼外缘有竖立的低壁。阳茎鞘骨化强，黑色，较短；阳茎端发达，弯曲，伸出甚长；具背系膜与侧系膜，后者分叶，末端强烈骨化。雌虫受精囊具狭长的附器，泵部具上檐和下檐。

种 检 索 表

1. 侧接缘腹面有黑色狭边，由黑色刻点组成 ············· **缘腹碧蝽 P. limbata**
   侧接缘腹面无黑色狭边，与腹部腹面其他部位颜色一致 ····················· 2
2. 触角第 2 节与第 3 节长度接近，雄虫生殖节常红色 ········· **西藏碧蝽 P. tibetana**
   触角第 2 节明显长于第 3 节，或第 3 节明显长于第 2 节 ····················· 3
3. 触角第 3 节显著长于第 2 节。前胸背板侧角伸出较多；雌虫受精囊球部有 2 个附器 ·············
   ··· **川甘碧蝽 P. chapana**
   触角第 3 节明显短于第 2 节。前胸背板侧角伸出较少；雌虫受精囊球部有 3 个附器 ·············
   ··· **宽碧蝽 P. viridissima**

363. 川甘碧蝽 *Palomena chapana* (Distant, 1921)

Epagathus chapana Distant, 1921: 69.
Palomena haemorrhoidalis Lindberg, 1934a: 7 (syn. Rider et al., 2002: 142.) ; Zheng & Ling, 1989: 312.
Palomena unicolorella China, 1925: 453.
Palomena unicelorella: Hsiao et al., 1977: 141.
Palomena chapana (Distant): Rider, 2006: 286.

形态特征 体色 深绿色，色近似宽碧蝽，光泽显著。雄虫第 7 腹节腹面及生殖腔常为鲜红色。

结构 体型略小。头宽为长的 1.25 倍，前胸背板宽为长的 2.88 倍，体长为宽的 1.6 倍。触角第 3 节显著长于第 2 节。前胸背板前侧缘直或凹弯，边缘扁薄，侧角略伸出至相当尖长不等。雄虫生殖腔后缘前方隆堤肥厚，顶缘波曲。抱器端叶侧面观尖狭。阳茎系膜大致分 3 叶，短宽，约为球状，不为二叉形；侧系膜背支端部骨化部分长而均匀，端部渐尖，腹支端部较突然地变狭，呈 1 短尖突。雌虫受精囊球部附器 2 枚。此种标本在四川、湖北、甘肃、陕西，侧角短，但向南渐长，云南、缅甸标本侧角普遍伸出颇长，呈明显的长角状，但雄外生殖器完全一致。

量度　体长 11~12 mm (♂)，13.0~14.5 mm (♀)。

分布　河南 (西峡)；甘肃、河北、湖北、陕西、四川、云南；尼泊尔、缅甸。

364. 缘腹碧蝽 *Palomena limbata* Jakovlev, 1904

Palomena limbata Jakovlev, 1904: 72; Hsiao, 1977: 142; Rider et al., 2002: 143; Rider, 2006: 287.

形态特征　成虫　**体色**　绿至深绿色。触角第 1 节草绿，第 2、第 3 节色暗，其余暗褐；小盾片、前翅革质部及侧接缘同体色，膜片淡黄褐。侧接缘具淡色狭边。腹背黑色，腹部腹面下方有暗色狭边，局部不明显。

结构　体相对较小。头宽为长的 1.2 倍，前胸背板前侧缘直，或微内凹，侧角较伸出。各腹节腹面侧角处有一些小黑斑点，腹部腹面侧缘颜色加深。雄虫生殖腔后缘前方的隆堤背缘波曲，其基部的黑色颗粒突起排成整齐的圆弧形。阳茎背系膜明显二叉状，"Y" 形，两臂很长；侧系膜顶部膨大，呈帽状遮盖末端于骨化的背支之上，后者末端较尖，腹支末端也尖。雌虫受精囊球部附器 2 枚，1 枚极短，1 枚长，第 1 载瓣片平坦，无深色隆起。

量度　体长 12.3 mm (♀)，宽 8.3 mm (♀)。头长 2.54 mm (♀)，宽 2.83 mm (♀)；复眼间距 2.70 mm (♀)，单眼间距 1.10 mm (♀)，前胸背板长 3.27 mm (♀)，宽 7.94 mm (♀)；触角各节长 I : II : III : IV : V = 0.54 (♀) : 1.21 (♀) : 1.03 (♀) : 1.24 (♀) : 1.76 mm (♀)，喙各节长 I : II : III : IV = 1.51 (♀) : 1.59 (♀) : 1.35 (♀) : 1.14 mm (♀)，小盾片长 5.02 mm (♀)，腹宽 8.25 mm (♀)。

分布　河南 (嵩山)；四川、云南、西藏。

365. 西藏碧蝽 *Palomena tibetana* Zheng et Ling, 1989

Palomena tibetana Zheng & Ling, 1989: 317; Rider, 2006: 288.
Palomena prasina Hsiao et al., 1977: 142.

形态特征　成虫　**体色**　深绿色，鲜明，光泽明显。

结构　头宽为长的 1.25 倍，前胸背板宽为长的 3.8 倍，体长为宽的 1.9 倍。触角第 2、第 3 节约等长。前胸背板前侧缘凹弯，侧角微升起，角体宽大，伸出。小盾片较拱隆。生殖腔后缘前方隆堤顶缘弯曲，上部成 1 三角形尖突，表面下凹呈坑状，甚不平整。抱器端叶侧面观极尖狭。阳茎背系膜简单，球状，不呈二叉形；侧系膜背支骨化部分粗短而末端斜平截，腹支骨化部分狭长，向上折弯，末端钝圆。雌虫受精囊球部附器 2 枚，均较长。

量度　体长 14.0 (♂) ~ 15.1 mm (♀)，宽 7.7 (♂) ~ 8.3 mm (♀)。头长 2.38 (♂) ~ 2.48 mm (♀)，宽 2.70 (♂) ~ 2.97 mm (♀)；复眼间距 1.62 (♂) ~ 1.76 mm (♀)，单眼间距

0.97 (♂) ~ 1.00 mm (♀)，前胸背板长 2.97 (♂) ~ 3.08 mm (♀)，宽 7.68 (♂) ~ 8.25 mm (♀)；触角各节长 I：II：III：IV：V = 0.63 (♀) ~0.70 (♂)：1.13 (♂) ~ 1.40 (♀)：1.51 (♂) ~ 1.67 (♀)：1.56 (♂) ~ 1.67 (♀)：? (♂) ~ 1.52 mm (♀)，喙各节长 I：II：III：IV = 1.56 (♂) ~ 1.59 (♀)：1.76 (♀) ~1.83 (♂)：1.43 (♂) ~ 1.52 (♀)：1.14 (♀) ~1.27 mm (♂)，小盾片长 5.56 (♂) ~ 5.84 mm (♀)，腹宽 7.46 (♂) ~ 8.13 mm (♀)。

分布　河南 (许昌、西华)；西藏 (察隅、八卡、易贡、通麦)；欧洲、北非、土耳其、叙利亚、西伯利亚。

366. 宽碧蝽 *Palomena viridissima* (Poda, 1761) (图 219，图版 XXIV-7)

Cimex viridissima Poda, 1761: 56.

Cimex prasinus: Fieber, 1861: 339.

Palomena viridissima: Kirkaldy, 1909: 52; Hsiao, 1977: 142; Zhang et al., 1985: 96; Zheng & Ling, 1989: 310; Rider et al., 2002: 143; Rider, 2006: 288.

Palomena amplificata Distant, 1880b: 148; Yang, 1962: 110; Zhang et al., 1985: 95.

形态特征　成虫　宽椭圆形，鲜绿至暗绿色，体背刻点黑色。触角第 1~3 节绿色；第 4 节除基部为绿色外，与第 5 节均红褐色。复眼周缘淡褐黄，中间暗褐红；单眼暗红色。体侧缘包括前胸背板侧缘、侧角外缘、前翅革质部前缘基部及侧接缘外缘为淡黄褐色。前翅膜片淡烟褐色，透明。各足股节外侧近端处有 1 小黑点，以后足更明显。爪端半黑色。后胸臭腺沟末端有黑色瘤点。侧接缘有较密的黑刻点。体下淡绿，气门周围黑色。生殖节常呈鲜红色。

结构　体背有较密而均匀的刻点。头部侧叶长于中叶，并会合于中叶之前，最末端呈小缺口。触角基外侧有 1 片状突起将触角基遮盖；触角第 1 节不伸出头末端，第 2 节显著长于第 3 节。喙伸达后足基节间。前胸背板前侧缘外拱，侧角伸出较少，末端圆钝，大于直角。雄虫生殖腔后缘前方隆堤竖立，极宽，向外方渐低，顶缘平整连续；生殖腔壁的颗粒显著。阳茎背系膜分叉，呈 1 宽大的囊状，侧系膜背支端部骨化部分粗宽，明显弯拱，末端平截，腹支骨化部分末端尖锐。雌虫受精囊球部共有 3 条附器。

量度　体长 11.7 (♂) ~ 13.7 mm (♀)，宽 8.13 (♂) ~ 9.21 mm (♀)。头长 2.21 (♂) ~ 2.54 mm (♀)，宽 2.60 (♂) ~ 2.94 mm (♀)；复眼间距 1.73 (♂) ~ 2.81 mm (♀)，单眼间距 1.02 (♂) ~ 1.11 mm (♀)，前胸背板长 3.10 (♂) ~ 3.49 mm (♀)，宽 8.13 (♂) ~ 9.21 mm (♀)；触角各节长 I：II：III：IV：V = 0.51 (♂) ~ 0.57 (♀)：1.37 (♀) ~1.38 (♂)：1.16 (♂) ~ 1.32 (♀)：1.51 (♂) ~1.62 (♀)：1.81 (♀) ~1.90 mm (♂)，喙各节长 I：II：III：IV = 1.21 (♂) ~ 1.43 (♀)：1.59 (♀) ~1.75 (♂)：1.06 (♀) ~1.21 (♂)：1.03 mm (♂, ♀)，小盾片长 4.95 (♂) ~ 5.71 mm (♀)，腹宽 7.35 (♂) ~ 8.60 mm (♀)。

经济意义　寄主有黄麻、玉米等。

分布　河南 (许昌、栾川、西峡、济源、确山、泌阳、信阳、鸡公山、新县、光山、罗山)；河北、山西、黑龙江、内蒙古、辽宁、吉林、山东、云南、陕西、甘肃、青海、新疆；欧洲、北非、俄罗斯 (西伯利亚)、印度。

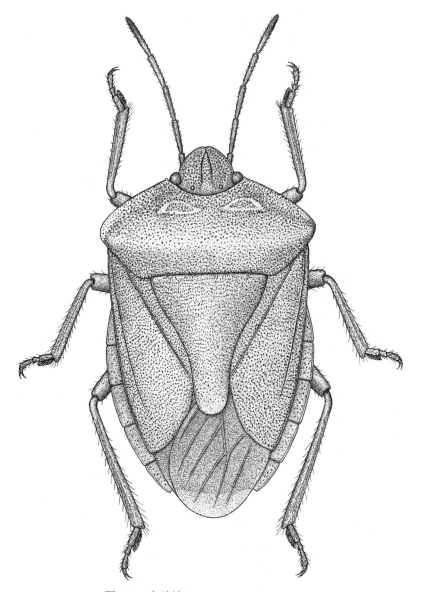

图 219 宽碧蝽 *Palomena viridissima*

(二二一) 卷蝽属 *Paterculus* Distant, 1902

Paterculus Distant, 1902: 233. Type species: *Plexippus affinis* Distant.

体壁光滑少毛；头侧叶整个边缘强烈卷起，其前端也显著上卷；头侧叶在中叶前方
会合，在近端处外缘自然弓弯外凸。前胸背板前侧缘光滑，较直；小盾片三角形，向后
变狭；臭腺沟长度中等，微弯。腹下基部中央常有 1 多少明显的圆钝隆起；腹下中央无

纵沟。

367. 卷蝽 *Paterculus elatus* (Yang, 1934) (图 220)

Kiangsi elatus Yang, 1934c: 118.

Paterculus elatus: Yang, 1962: 115; Hsiao, 1977: 157; Rider et al., 2002: 143; Rider, 2006: 286.

别名　牯岭卷头蝽。

形态特征　体色　底色黄褐，刻点黑褐色，以致外观呈黑褐色。前胸背板前侧缘具淡色狭边。前胸背板两侧角间有 1 无刻点的光滑淡色横纹，其前方色深，且具蓝色光泽。小盾片基角有 1 小黄斑，末端常具新月状黄斑。侧接缘外缘黄色。胸下中区有 1 黑色宽带。腹下侧区有由黑刻点组成的宽带。腹下后端中央有 1 黑斑。触角黄褐，第 4、第 5 节端半黑。足黄褐。

结构　椭圆形，密布刻点。头侧叶长于中叶，左右愈合，端部薄边状，剧烈上卷，侧缘薄边状，上卷程度稍小。喙伸达后足基节前缘。前胸背板前侧缘直，侧角圆钝。臭腺沟缘短，稍微弯曲。腹部末节侧角缘后角显著。

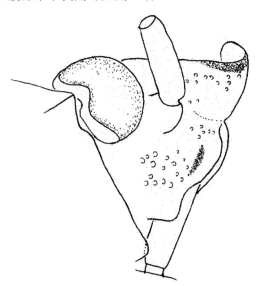

图 220　卷蝽 *Paterculus elatus* 头部侧面

量度　体长 10.4 (♀) ~10.5 mm (♂)，宽 7.41 mm (♂，♀)。头长 1.75 (♂) ~ 1.76 mm (♀)，宽 2.80 (♂) ~ 2.84 mm (♀)；复眼间距 1.61 (♂) ~ 1.64 mm (♀)，单眼间距 0.87 (♂) ~ 0.96 mm (♀)，前胸背板长 2.46 (♀) ~2.59 mm (♂)，宽 6.33 (♀) ~6.51 mm (♂)；触角各节长Ⅰ：Ⅱ：Ⅲ：Ⅳ：Ⅴ = 0.58 (♀) ~0.66 (♂)：0.87 (♀) ~ 1.08 (♂)：1.06 (♀) ~1.18 (♂)：1.43 (♀) ~1.64 (♂)：1.43 (♀) ~1.59 mm (♂)，喙各节长Ⅰ：Ⅱ：Ⅲ：Ⅳ = 0.58 (♂) ~ 1.01 (♀)：1.16 (♂，♀)：0.95 (♀) ~1.03 (♂)：0.63 (♂) ~0.66 mm (♀)，小盾片长 4.60 (♂) ~ 4.66 mm (♀)，腹宽 7.41 mm (♂，♀)。

分布　河南 (新县、光山、信阳、鸡公山)；浙江 (西天目山、青田)、湖南 (南岳)、

广西 (上林)、安徽 (黄山)、江西 (牯岭、铜鼓)、云南 (西双版纳：勐啊、勐混)。

(二二二) 真蝽属 *Pentatoma* Olivier, 1789

Pentatoma Olivier, 1789: 25. Type species: *Cimex rufipes* Linnaeus.

　　体表光滑，头部侧叶与中叶末端平齐，或侧叶只略长于中叶，不在中叶的前方会合；前胸背板侧角伸出，但末端平截，成各种形式。腹基突变化较大，当伸达中足基节时，前胸背板前侧缘一般较光滑；当超过中足基节时，或短而简单，仅呈宽阔圆钝的隆突，此时前胸背板前侧缘一般不光滑，边缘呈锯齿状、颗粒状，或浅波状。小盾片三角形，向后明显变狭。

种 检 索 表

1. 体黄褐色，前侧缘前半宽阔地白色。腹部腹面中央无纵走的棱脊 ············ **褐真蝽** *P. semiannulata*
　体黑褐色或紫褐色 ··· 2
2. 前胸背板侧角伸出极长 ·· **角肩真蝽** *P. angulata*
　前胸背板侧角不特别长。体较长，喙伸达第 2 或第 3 个可见腹节。触角第 3 节与第 2 节的长度差距较大，常可达后者的 2 倍 ·· **红足真蝽** *P. rufipes*

368. 角肩真蝽 *Pentatoma angulata* Hsiao et Cheng, 1977 (图 221)

Pentatoma angulata Hsiao & Cheng, 1977: 126; Rider, Zheng & Kerzhner, 2002: 143; Rider, 2006: 331.

　　形态特征　长 15~16 mm，宽 10 mm。椭圆形，紫黑色，略具铜色光泽，布黑刻点。头部侧叶几与中叶平齐，侧叶略伸出。触角黑褐或黄褐，各节长度比为 I：II：III：IV：V ＝7：10：15：21：20。具 1 前端较宽的浅纵中脊，前侧缘具浅锯齿，前角较短钝，侧角上表面拱起，下表面凹入，端缘平截，后角成小尖角状突出。小盾片末端黄白色，无刻点。翅膜片淡褐色。侧接缘各节两端黑色，中央黄色，各部分所占面积约相等。体下及足黄褐色，均具不甚规则的黑色点斑。后胸臭孔区黑褐色。腹下中央光滑，无黑色点斑。各节侧缘中部为 1 大黄斑。喙伸达第 2 个可见的腹节。雄虫腹基突起短钝；不呈棘刺状，雌虫则呈棘刺状，伸过后足基节前缘。

　　本种似红足真蝽 (*Pentatoma rufipes*)，但前胸背板侧角特长，且触角各节比例不同，可以区别之。

　　分布　河南 (嵩县、栾川)；四川 (峨眉山、丹巴)。

369. 红足真蝽 *Pentatoma rufipes* (Linnaeus, 1758) (图版 XXIV-8)

Cimex rufipes Linnaeus, 1758: 443.

Pentatoma rufipes: Yang, 1962: 93; Hsiao, 1977: 127; Zhang et al., 1985: 82; Rider, Zheng & Kerzhner, 2002: 143; Rider, 2006: 333.

　　别名　栗蝽。

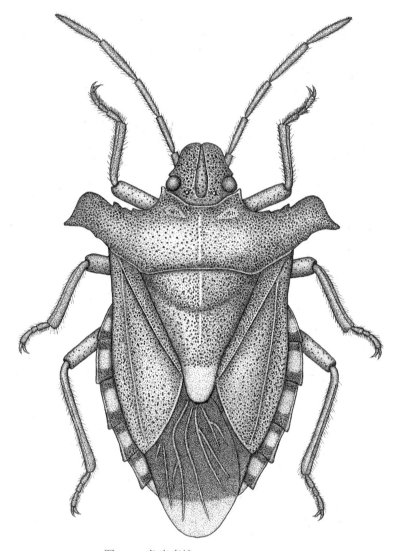

图 221 角肩真蝽 *Pentatoma angulata*

形态特征 成虫 体色 深紫黑色，略有金属光泽。触角棕黑色，第 1 节色淡；复眼棕黑，单眼红色。喙黄褐色，末端棕黑。侧接缘淡红褐色，各节前后缘黑色，两色相间成条纹。前胸背板边缘色淡，小盾片末端橙红。足深红褐，爪黑褐色。前翅膜片淡褐色。体下暗红褐色，腹部气门黑色。

结构 椭圆形，密布黑刻点，头部侧缘弧圆，略向上卷，侧叶长于中叶，并相交于其前，以后又分开，以致头部前端有 1 小裂口。喙伸达第 2 或第 3 可见腹节处，前胸背板侧角扁阔，黑色，向外突出，并略上翘，其前部圆，向后呈菱角状略弯；前侧缘强烈内凹，具小锯齿。小盾片甚大。前翅膜片长于腹端。

量度 体长 13.2 (♂) ~14.3 mm (♀)，宽 8.7 (♂) ~8.4 mm (♀)。头长 2.67 (♂) ~2.61 mm (♀)，宽 2.68 (♂) ~2.70 mm (♀)；复眼间距 1.73 (♂) ~1.67 mm (♀)，单眼间距 0.95 (♂) ~0.98 mm (♀)，

前胸背板长 3.46 (♂) ~3.38 mm (♀)，宽 8.65 (♂) ~8.37 mm (♀)；触角各节长Ⅰ：Ⅱ：Ⅲ：Ⅳ：Ⅴ =0.95 (♂) ~0.89 (♀)：1.51 (♂) ~1.44 (♀)：2.32 (♂) ~2.11 (♀)：2.35 (♂) ~2.43 (♀)：2.08 (♂) ~2.16 mm (♀)，喙各节长Ⅰ：Ⅱ：Ⅲ：Ⅳ =1.16 (♂) ~1.92 (♀)：1.90 (♂) ~1.98 (♀)：2.06 (♂) ~2.19 (♀)：1.51 (♂) ~1.52 mm (♀)，小盾片长 5.10 (♂) ~5.21 mm (♀)，腹宽 7.11 (♂) ~7.62 mm (♀)。

卵　圆筒状，形似罐头，顶端有盖。

若虫　5 龄体色、形状、色泽和成虫相似，但前侧缘小锯齿不明显。翅芽发达，伸达第 3 腹节背面。小盾片三角形。腹部背面有臭腺孔 3 对，位于第 3、第 4，第 4、第 5 及第 5、第 6 腹节上。

生物学特性　黑龙江一年发生 1 代，以成虫越冬，6 月初产卵，6 月下旬孵化，6~8 月成虫、若虫均可采到。

经济意义　为害小叶杨、柳、榆、花楸、桦、橡树、山楂、刺果茶藨子、杏、梨、海棠。成虫和若虫群集于枝叶上吸汁。

分布　河南 (栾川、鸡公山)；北京、河北、山西、内蒙古、辽宁、吉林、黑龙江、陕西、青海、新疆；俄罗斯 (西伯利亚、高加索)、朝鲜、日本、欧洲。属古北区系。

370. 褐真蝽 *Pentatoma semiannulata* (Motschulsky, 1860) (图 1，图 2，图 9，图版 XXIV-9)

Pentatoma armandi Fallou, 1881: 341.

Tropicoris semiannulata Motschulsky, 1860: 32 (2): 501.

Pentatoma armandi: Yang, 1962: 94; Hsiao, 1977: 126; Zhang et al., 1985: 81.

Pentatoma semiannulata: Rider et al., 2002: 143; Rider, 2006: 333.

别名　东陵蝽。

形态特征　成虫　体色红褐至黄褐色，无金属光泽，刻点棕黑色，局部刻点联合成短条纹。前胸背板稀疏刻点。腹部侧接缘各节基部和端部有不规则横斑纹黑色。股节和胫节斑块、喙末端、触角 3~5 节 (基部除外) 棕黑色。头侧叶、腹气门暗棕色。喙黄褐色 (末端除外)。腹部腹面浅黄褐。腹部侧接缘各节节缝黄色。膜片淡褐色，几透明。前胸背板前侧缘宽边黄白色。

结构　椭圆形，具棕粗刻点，局部刻点联合成浅沟。头近三角形，侧缘具边，微向上翘折，侧叶与中叶几等长，在中叶前方不会合。触角细长，第 2、第 3 节有稀疏细毛，第 4、第 5 节具密短毛。喙伸达第 3 腹节腹板中央。前胸背板中央无明显横沟，胝区较光滑，其中央仅有少量黑刻点。前胸背板前侧缘有宽边，其前半部粗锯齿状。侧角末端亚平截，其后侧缘近末端有 1 小突起。小盾片三角形，端角延伸且显著变窄。前翅稍超过腹端。足较细长。腹部腹面光滑无刻点，腹板中央无明显纵棱脊；腹基部中央刺突甚短钝，接近后足基节。

量度　体长 18.1 (♂) ~19.4 mm (♀)，宽 9.3 (♂) ~10.6 mm (♀)。头长 2.76 (♂) ~3.17 mm (♀)，宽 3.33 (♂) ~3.81 mm (♀)；复眼间距 2.05 (♂) ~2.38 mm (♀)，单眼间距 1.21 (♂) ~1.44 mm (♀)，前胸背板长 3.97 (♂) ~4.71 mm (♀)，宽 9.3 (♂) ~10.8 mm (♀)；触角各节长Ⅰ：Ⅱ：Ⅲ：Ⅳ：Ⅴ =1.08 (♂) ~1.02 (♀)：2.59 (♂) ~2.56 (♀)：3.57 (♂) ~

2.98 (♀)：3.25 (♂) ~3.86 (♀)：2.70 (♂) ~3.17 mm (♀)，喙各节长 I：II：III：IV＝ 1.86 (♂) ~2.54 (♀)：2.86 (♂) ~2.70 (♀)：2.63 (♂) ~3.17 (♀)：2.25 (♂) ~1.90 mm (♀)，小盾片长 6.06 (♂) ~7.22 mm (♀)，腹宽 8.76 (♂) ~10.00 mm (♀)。

经济意义　为害梨及桦树等林木。

分布　河南 (董寨、新县、嵩县、栾川、内乡、西峡、光山、商城、鸡公山)；北京 (延庆)、河北、山西、内蒙古、辽宁、吉林、黑龙江 (帽儿山)、宁夏、甘肃、青海、四川 (峨眉山)、江苏、浙江、江西、陕西、湖北、湖南、贵州；蒙古、朝鲜、日本、俄罗斯 (西伯利亚)。属古北区系。

(二二三) 璧蝽属 *Piezodorus* Fieber, 1860

Piezodorus Fieber, 1860: 78. Type species: *Piezodorus incarnates* Germar.

体壁光滑；前胸背板前侧缘光滑，侧角不成角状伸出；小盾片三角形，向后变狭。中胸腹板脊突后部低，前端显著加高，几与足基节的表面平齐。臭腺沟为臭腺沟缘的前壁所覆盖；臭腺沟缘较长，向外伸过后胸侧板的中央；腹基突起为尖长的刺，向前伸过后足基节。

371. 璧蝽 *Piezodorus hybneri* (Gmelin, 1790) (图 222)

Cimex rubrofasciatus Fabricius, 1787: 293.
Cimex hybneri Gmelin, 1790: 2151.
Piezodorus rubrofasciatus: Yang, 1962: 77; Hsiao, 1977: 107; Zhang et al., 1985: 71.
Piezodorus hybneri: Rider et al., 2002: 144; Rider, 2006: 340.

别名　小黄蝽。

形态特征　成虫 淡黄绿至淡黄褐色，雌虫头边缘色深，有时带紫红色，雄虫则淡；触角第 1、第 2 节黄红色，第 3、第 4、第 5 节紫红。前胸背板两侧角间横带脊，在雌虫为紫红色，雄虫淡黄白；脊的后方色深，前侧缘雌虫具深黄至紫红色狭边，雄虫则多为淡黄白色；前翅革质部外缘有黄或略带紫红色的狭边，革质部的内角处有 1 小黑点，膜质部无色透明。

结构　长椭圆形，密被细点刻。头近三角形，中叶与侧叶等长。前胸背板两侧角间有 1 条两端较细、中间较宽、点刻稀疏的横带脊；前侧缘直；侧角圆钝；后缘直。小盾片三角形，长及腹部中间。翅稍长于腹末。中胸腹部具纵脊，前端较后端显著高挺，伸达前足基节之间。腹部腹面基部有 1 前伸与喙相接的腹刺。臭腺沟缘直，末端伸达侧板外侧 1/4 位置。

量度　体长 8.4 mm (♂)，宽 4.7 mm (♂)。头长 1.59 mm (♂)，宽 2.02 mm (♂)；复眼间距 1.27 mm (♂)，单眼间距 0.74 mm (♂)，前胸背板长 1.80 mm (♂)，宽 4.68 mm (♂)；触角各节长 I：II：III：IV：V ＝ 0.37 (♂)：0.79 (♂)：0.69 (♂)：0.93 mm (♂)：? (♂)，喙各节长 I：II：III：IV＝0.50 (♂)：0.66 (♂)：0.82 (♂)：0.74 mm (♂)，小盾片长

3.65 mm (♂)，腹宽 4.68 mm (♂)。

卵 高约 1 mm，直径 0.7 mm 左右，桶形，初产时色淡，后为灰黑或茶褐色，表面密被细齿和纤毛，假卵盖中央灰白色，周缘有乳白色精孔突起 35~38 个，卵中部有 1 灰白色圈环。

若虫 1 龄体长 1.6 mm，宽 1 mm，卵圆形，头胸漆黑色，具光泽，复眼暗红，触角浅黑色，具毛。腹部黄红色至橘红色，背面中央有 5 个横长形黑斑，第 2、第 3 黑斑最大，第 1、第 2、第 3 斑上并各有臭孔 1 对，腹背两侧黑色。3 龄体长 2.5~3.0 mm，宽 2.0~2.5 mm，头、触角、复眼、喙、胸部及足黑色。腹部黄色，第 1、第 2、第 3 斑互相靠近，中区有橘红色宽带(等宽于前述黑斑)，腹基有 2 条细红横线，上具黑斑。4 龄体长 4.5 mm，宽 3.5 mm，米黄色，头中央具黑色纵纹，后缘中央具黑色横纹，纵横纹相接呈倒 "T" 状。前胸背板具 4 条黑纵纹，居中 2 条近弧形，两侧宽带状，侧缘淡黄，翅芽明显伸达第 1 腹节。腹背第 3、第 7 节中央备有 1 黑横斑，第 4、第 5 及第 5、第 6 节间又各具大黑斑 1 块，各斑均具淡黄小点 3 枚，前 3 块黑斑间紫红色，侧缘黑色。5 龄体长 6~7 mm，宽 4~5 mm，黄绿色，密布黑色点刻，体周缘黑色，但腹侧缘镶以白色狭边。头部背面中央有 1 黑色纵行宽带，基部中线两侧又有 1 极不明显的小红点，触角第 1、第 2、第 3 节黄色，第 4、第 5 节黑色，复眼红棕色，其前方有 1 微小曲角状突起。前胸背板中线两侧各有 1 条黑色斜纹，与头部黑纵带相联呈 "人" 形。翅芽伸达第 3 腹节，其端半部及基半部 1/3~1/2 处黑色。腹部背面中央第 1 黑斑的两端各有 1 白色横纹，第 2、第 3 黑斑上各有 3 个小白点，侧区黑斑半圆，腹面中区黑斑光滑。

生物学特性 江西南昌郊区一年发生 3 代，少数迟发的 2 代，以成虫在寄主附近枯枝落叶下及枯草丛中越冬。越冬成虫 3 月下旬、4 月初开始在小麦上活动，4 月下旬至 6 月中旬产卵，后逐渐转移到绿豆、大豆上，5 月卜旬至 6 月中旬陆续死亡。第 1 代若虫于 5 月上旬至 6 月下旬孵化，6 月中旬至 7 月下旬羽化，6 月下旬至 7 月中旬盛羽，7 月初至 8 月上旬产卵，7 月下旬至 8 月中旬先后死亡。第 2 代若虫于 7 月上旬末至 8 月中旬孵化，7 月底至 9 月中旬羽化，8 月中下旬盛羽，8 月中旬初至 9 月上旬产卵，8 月下旬至 9 月上旬末陆续死亡；少数羽化迟的，当年不产卵。第 3 代若虫于 8 月中旬末至 9 月中旬孵出，9 月下旬至 10 月下旬羽化，个别可迟到 11 月中旬，如再迟不羽，则因寒流低温致死。

各虫态历期：据南昌观察，卵期 6 月、7 月为 4~5 d，8 月、9 月为 4~9 d；若虫期 6 月、7 月为 16~22 d，8~10 月为 20~34 d；成虫寿命 (越冬代除外) 26~34~45 d，其中产卵前期 11~16~19 d。据贵州贵阳室内观察，7~9 月卵期为 6~7 d，1 龄 3~4 d，平均 11.1 d，3 龄 7~11 d，平均 8.9 d，4 龄 10~13 d，平均 11.8 d，5 龄 12~13 d，平均 12.3 d。

成虫 多产卵于叶背，部分可产在嫩豆荚上，成 2 纵列，每块 32~37~43 枚。

经济意义 主要为害大豆、稻、麦、玉米、高粱、菜豆、扁豆 *Lablab purpureus*、荷包豆 *Phaseolus coccineus*、白菜 *Brassica pekinensis*、稷等。成虫、若虫在叶片、嫩藤蔓及嫩荚上吸汁，被害部呈现小白斑，严重时植株萎蔫，荚果半实以至干瘪。

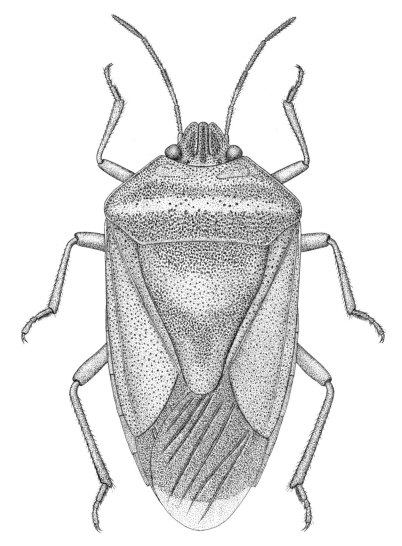

图 222 璧蝽 *Piezodorus hybneri*

分布 河南 (信阳)；江苏、浙江、福建、江西、山东、湖北、广东、广西、四川、贵州、云南、陕西 (武功)；日本、菲律宾、越南、缅甸、印度、斯里兰卡、印度尼西亚、大洋洲、斐济群岛。为东洋、大洋洲区系共有种。

(二二四) 莽蝽属 *Placosternum* Amyot et Serville, 1843

Placosternum Amyot & Serville, 1843: 174. Type species: *Cimex taurus* Fabricius.

体硕大粗壮，体壁光滑；头侧叶明显超出中叶的末端，但不在其前方会合。前侧缘颗粒状或锯齿状，侧角末端扩大而宽扁，端缘有缺刻，呈鳌脚状；前胸背板侧角多外伸，较短，不弯向前方；小盾片三角形，向后变狭；中胸腹板具粗的中脊，前伸过前足基节，后胸腹板隆出，但平坦而宽阔，后足左右两基节远离。腹下基部中央没有明显突出的尖突。

种 检 索 表

1. 体较大，前胸背板侧角末端有 3 个甚为明显的突起。小盾片平坦，中部没有明显的凹陷⋯⋯⋯⋯⋯⋯⋯⋯⋯⋯⋯⋯⋯⋯⋯⋯⋯⋯⋯⋯⋯⋯⋯⋯⋯⋯⋯⋯⋯⋯⋯⋯⋯⋯⋯⋯⋯ **莽蝽 *P. taurus***

　　体较小。前胸背板侧角端部宽于基部，末端的几个突起不明显，小盾片中部两侧有 1 较明显的凹陷，此处常为黑色。体上多有若干不规则的黑斑⋯⋯⋯⋯⋯⋯⋯⋯⋯⋯⋯⋯⋯ **斑莽蝽 *P. urus***

372. 莽蝽 *Placosternum taurus* (Fabricius, 1781)

Cimex taurus Fabricius, 1781: 344.

Placosternum taurus: Hsiao, 1977: 116; Zhang et al., 1995: 37; Rider et al., 2002: 144; Rider, 2006: 335.

　　形态特征　黄褐色，刻点黑褐色而带金属光泽。前胸背板侧角末端黑褐。侧接缘各节边缘深色，中央黄褐。翅膜片淡褐色，脉及膜片上的一些小点斑深色。触角黑色，各节两端淡色。体下及足黄褐，散布黑褐色点斑及浅刻点，腹下侧区较密。

　　结构　宽椭圆形，硕大，密布不均匀刻点。头侧叶长于中叶，薄片状，接近但不愈合。头部后方中域隆起。喙伸达中足基节。前胸背板侧角向前侧方伸出，末端有粗大锯齿，前侧缘锯齿状。中胸、后胸腹板隆起、愈合，和基节高度相等，向前方逐渐变狭、纵扁，前端最高，伸至前足基节。臭腺沟缘短，末端不超过中胸侧板中部 2/3 (距侧板边缘距离约合侧板宽度 1/3)。腹部腹面基部无刺状前伸突起，中域有宽阔纵沟。侧接缘后角突出、直角。

　　量度　体长 19.1 (♂) ~ 20.7 mm (♀)，宽 12.3 (♂) ~ 14.2 mm (♀)。头长 3.78 (♂) ~ 4.18 mm (♀)，宽 4.02 (♂) ~ 4.55 mm (♀)；复眼间距 2.65 (♂) ~ 2.89 mm (♀)，单眼间距 2.14 (♂) ~ 2.41 mm (♀)，前胸背板长 4.58 (♂) ~ 6.40 mm (♀)，宽 11.70 (♂) ~ 13.40 mm (♀)；触角各节长 Ⅰ：Ⅱ：Ⅲ：Ⅳ：Ⅴ = 0.96 (♂) ~ 1.24 (♀)：1.40 (♂) ~ 1.64 (♀)：1.56 (♂) ~ 1.74 (♀)：2.17 (♀) ~2.20 (♂)：1.70 (♀) ~2.07 mm (♂)，喙各节长 Ⅰ：Ⅱ：Ⅲ：Ⅳ = 1.45 (♂) ~ 2.09 (♀)：1.45 (♂) ~ 1.82 (♀)：1.83 (♂) ~ 2.17 (♀)：1.03 (♂) ~ 1.21 mm (♀)，小盾片长 8.04 (♂) ~ 9.34 mm (♀)，腹宽 12.30 (♂) ~ 14.18 mm (♀)。

　　分布　河南 (辉县、新县、信阳、商城)；云南；印度、缅甸、泰国、越南、马来西亚。

373. 斑莽蝽 *Placosternum urus* Stål, 1876 (图 223，图版 XXV-1)

Placosternum urus Stål, 1876: 107; Hsiao, 1977: 116; Zhang et al., 1985: 78; Rider et al., 2002: 144; Rider, 2006: 335.

　　形态特征　成虫　淡黄至深黄色，体背有由黑色点刻组成、形状不一的黑色斑块，头基部两侧靠近复眼处有 1 条黑斜纹，触角第 1 节黑色，但顶端背面色较淡，其余各节端半黑色，基半色淡。前胸背板侧角的前角色淡，后角及中央黑色；前翅膜片短宽，具黑褐色小斑点，中部黑斑成明显的半圆形。小盾片中部两侧凹陷黑色。胸部腹面散生黑色刻点，密集成不规则的大黑斑块，侧角黑色。足与体同色，具黑色点斑，股节近端部具黑环，胫节末端及第 1、第 3 跗节黑色，侧接缘黄黑相间，腹部腹面侧区有黑色宽带。

　　结构　宽椭圆形。头侧叶与中叶长度基本相等，中叶在端部直伸向前下方，侧叶在端部靠近，但不接触，部分遮盖住中叶。喙伸达中足基节前缘。前胸背板前部显著下弯 (头部也随之下弯)，前角尖刺状，前侧缘具细齿，侧角向外平伸，略上翘，末端宽，呈曲波状；小盾片基半部隆起，后半部较平，中部两侧各有 1 凹陷，末端两侧上翘。各节侧接缘明显，圆钝。腹部基部中央前伸，前端水平宽阔，嵌入后胸腹板，后胸腹板六边形，

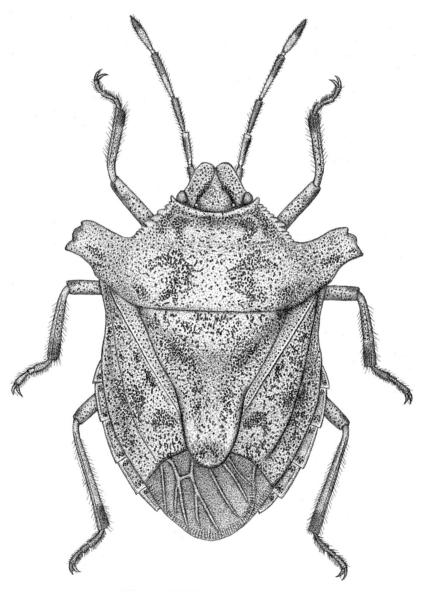

图 223　斑莽蝽 *Placosternum urus*

隆起达基节高度，前端和中胸腹板纵刺突宽阔的基部连接，中胸腹板刺突长三角形，前端尖锐，明显伸过前足基节前缘，但不达前胸腹板前缘。臭腺沟缘短，约为臭腺孔开口长径的 2.5 倍。

量度　体长 17.1~ 18.0 mm，宽 12.0~ 14.2 mm。头长 3.49 mm (♀)，宽 3.81 mm (♀)；复眼间距 2.35 mm (♀)，单眼间距 1.98 mm (♀)，前胸背板长 4.05 mm (♀)，宽 14.00 mm (♀)；触角各节长 Ⅰ：Ⅱ：Ⅲ：Ⅳ：Ⅴ = 0.98 (♀)：1.25 (♀)：1.59 (♀)：1.75 (♀)：1.71 mm (♀)，喙各节长 Ⅰ：Ⅱ：Ⅲ：Ⅳ = 1.43 (♀)：1.27 (♀)：1.56 (♀)：0.95 mm (♀)，小盾片长 7.63 mm (♀)，腹宽 11.80 mm (♀)。

生物学特性　贵阳花溪 5 月可见到成虫交尾产卵。卵产于害主叶背，成块，若虫孵化后群集叶背为害。

经济意义　主要为害青冈 *Cyclobalanopsis glauca*，吸食嫩叶汁液。

分布　河南 (辉县、新县、巩义、嵩山、信阳、商城)；江西 (宜丰)、贵州、云南；印度、斯里兰卡。属东洋区系。

(二二五)　珀蝽属 *Plautia* Stål, 1865

Plautia Stål, 1865: 514. Type species: *Cimex fimbriata* Fabricius.

体壁光滑少毛；体多为绿色或黄褐色，常较鲜明而有光泽。头部一般短于前胸背板。头侧缘在近端处自然弯曲；头部侧叶与中叶末端平齐，或略短，较肥厚，不呈扁薄的叶片状。前胸背板前侧缘光滑；前胸背板侧角末端不呈螯脚状；前胸背板前侧缘不呈狭边状，直。前胸背板饱满，前半略下倾；小盾片三角形，向后变狭；臭腺沟缘弯曲，长，端部细，几可伸达中胸侧板的后缘，其前壁常覆盖于沟上，不敞开；腹下基部中央没有明显突出的尖突；腹下中央无纵沟。

种 检 索 表

1. 触角黑色或深绿黑色。前胸背板侧角伸出较长，尖端广阔地鲜红色··········**庐山珀蝽** *P. lushanica*
   触角淡黄绿色或黄褐色。前胸背板侧角伸出较短，尖端不红或红斑极小································2
2. 前翅革片外域鲜绿，其上的刻点同色，内域暗红褐，刻点较粗大，色黑，常组成不规则的斑。头、前胸背板、小盾片鲜绿色 (久藏的标本常呈黄绿色或榄褐色) ·····················**珀蝽** *P. crossota*
   前翅内革片紫褐色，前胸背板前侧缘具黑褐色细纹。雄虫抱器顶面三齿状为其显著特征；雌虫第 1 载瓣片显著隆起，在后 1/3 处显著地向背方倾斜，内缘略外拱呈弧形，左右两内缘端部接近，向基方渐分开···**斯氏珀蝽** *P. stali*

374. 珀蝽 *Plautia crossota* (Dallas, 1851) (图版 XXV-2)

Pentatoma crossota Dallas, 1851: 252.
Plautia fimbriata: Hsiao, 1977: 154; Zhang et al., 1985: 104.
Plautia crossota: Rider et al., 2002: 144; Rider, 2006: 257.

别名　朱绿蝽、克罗蝽。

形态特征　成虫　具光泽，密被黑色或与体同色的细刻点。头鲜绿，触角第 2 节绿色，第 3、第 4、第 5 节绿黄，末端黑色；复眼棕黑，单眼棕红。前胸背板鲜绿，两侧角红褐色，后侧缘红褐。小盾片鲜绿，末端色淡。前翅革片暗红色，刻点粗黑，并常组成不规则的斑。腹部侧缘后角黑色，腹面淡绿，胸部及腹部腹面中央淡黄，足鲜绿色。

结构　长卵圆形。头前端完整弧形，侧叶与中叶齐平。喙伸达腹部第 3 节后缘。前胸背板领明显，前侧缘直，圆钝；侧角圆而稍凸起，中胸腹板上有小脊。侧接缘后角明显，略尖锐。臭腺沟缘狭长，末端伸达侧板 1/4 位置。

量度　体长 8.25 (♂) ~ 9.95 mm (♀)，宽 5.58 (♂) ~ 6.56 mm (♀)。头长 1.96 (♂) ~ 2.11 mm (♀)，宽 2.33 (♂) ~ 2.60 mm (♀)；复眼间距 1.22 (♂) ~ 1.68 mm (♀)，单眼间距 0.96 (♂) ~ 1.11 mm (♀)，前胸背板长 2.01 (♂) ~ 2.54 mm (♀)，宽 5.61 (♂) ~ 6.51 mm (♀)；触角各节长 I：II：III：IV：V = 0.61 (♂) ~ 0.54 (♀)：0.79 (♂) ~ 0.98 (♀)：1.06 (♂) ~ 1.07 (♀)：1.26 (♂) ~ 1.40 (♀)：1.38 (♂) ~1.46 mm (♀)，喙各节长 I：II：III：IV = 1.22 (♂) ~ 1.24 (♀)：1.32 (♂) ~ 1.46 (♀)：1.14 (♂) ~ 1.16 (♀)：1.06 (♀) ~1.20 mm (♂)，小盾片长 3.52 (♂) ~ 4.13 mm (♀)，腹宽 5.40 (♂) ~ 6.56 mm (♀)。

卵　长 0.94~0.98 mm，宽 0.72~0.75 mm。圆筒形，初产时灰黄，渐变为暗灰黄色。假卵盖周缘具精孔突 32 枚，卵壳光滑，网状。

若虫　共 5 龄，2 龄若虫体长 2.1~2.3 mm，宽 1.3~1.6 mm，卵圆形，黑色。头部中叶长于侧叶，淡黄色，头顶黑色；触角 4 节，第 4 节最长，黑色，其余各节黄色，节间紫红。前胸、中胸背板侧缘扩展，上具淡黄色透明大斑块，边缘黑色。第 1 腹节两侧和中央各有黄白色斑纹 1 个，余为黑色；各节侧接缘上也有 1 个淡黄色斑块；腹背第 3、第 4、第 5 节上各具臭腺孔 1 对。足紫红色，跗节淡黄，胫节外侧槽状。

生物学特性　江西南昌一年 3 代。以成虫在枯草丛中、林木茂密处越冬，翌年 6 月上旬、中旬开始活动，各虫态历期如下：卵期第 1 代 7~9 d，第 2 代 5~7 d，第 3 代 6~9 d。若虫期第 1 代 1 龄 7~8 d，2 龄 9~11 d；第 2 代 31~37 d，其中 1 龄 4~6 d，2 龄、3 龄各 5~7 d，4 龄 7~9 d，5 龄 8~11 d；第 3 代 36~43 d，其中 1 龄 4~7 d，2 龄 5~7 d，3 龄 6~8 d，4 龄 8~11 d，5 龄 9~15 d。成虫寿命第 2 代 35~56 d，第 3 代约 9 个月。卵多产于寄主叶背，聚生成块，每块 14 枚，呈双行或不规则紧凑排列。成虫具有较强的趋光性，晴天上午 10 时前和下午 3 时后较活泼，中午常栖于害主荫蔽处。

经济意义　为害稻、大豆、菜豆、玉米、芝麻、苎麻、茶、柑橘、梨、桃、柿、李、泡桐、马尾松、杉 Cunninghamia lanceolata、枫杨、盐肤木等。

分布　河南 (济源、嵩县、鸡公山)；北京、河北、江苏、浙江、安徽、福建、江西、山东、陕西、湖北、湖南、广东、广西、四川、贵州、云南、西藏；日本、缅甸、印度、马来西亚、菲律宾、斯里兰卡、印度尼西亚、西非和东非。

375. 庐山珀蝽 *Plautia lushanica* Yang, 1934 (图版 XXV-3)

Plautia lushanica Yang, 1934c: 120; Hsiao, 1977: 154; Rider et al., 2002: 144; Rider, 2006: 258.

形态特征　头、前胸背板 (侧角除外)、小盾片及足为暗绿色，或深榄绿色，有时头及前胸背板前半呈黄绿色。前胸背板侧角红，小盾片末端淡绿色。翅革片大部暗红褐色，外缘绿色。腹下淡黄褐色。

结构　头侧叶与中叶齐平，外侧端部外缘弧形，边缘略扩展。喙伸达后足基节。前胸背板前侧缘光滑，稍内凹，边缘略扩展；侧角圆钝；后角微向后凸；后缘直，微微内凹。各节侧接缘后角显著，方形，末节后角圆钝。臭腺沟缘直，末端稍伸过侧板外侧 1/4 位置。

量度　体长 11.8 (♂) ~ 11.6 mm (♀)，宽 6.86 (♂) ~ 6.72 mm (♀)。头长 1.54 mm (♂, ♀)，宽 2.38 (♂) ~ 2.24 mm (♀)；前胸背板长 2.52 mm (♂, ♀)，宽 2.86 (♂) ~ 2.72 mm (♀)；触角各节长 I：II：III：IV：V=0.65 (♂) ~ 0.70 (♀)：1.05 (♂, ♀)：1.35 (♂) ~ 1.40 (♀)：1.75 (♂) ~ 1.55 (♀)：1.85 mm (♂, ♀)，喙各节长 I：II：III：IV= 1.05 (♂) ~ 1.20 (♀)：1.85 (♂) ~ 1.60 (♀)：1.45 (♂) ~ 1.30 (♀)：0.80 (♂) ~ 0.90 mm (♀)，小盾片长 4.34 (♂) ~ 4.20 mm (♀)，腹宽 6.30 (♂) ~ 6.16 mm (♀)。

分布　河南 (栾川、鸡公山)；陕西 (华山、周至、太白山)、浙江 (天目山)、江西 (庐山)、四川 (崇州、金川、峨眉山)、贵州。

376. 斯氏珀蝽 *Plautia stali* Scott, 1874

Plautia stali Scott, 1874: 299; Lin, Zhang & Lin, 1999：89; Rider et al., 2002: 144; Rider, 2006: 258.

形态特征　体色　绿色，前翅内革片紫褐色。触角第 3~5 节端部黑褐。前胸背板前侧缘具黑褐色细纹。腹部各节后侧角具小黑斑。

结构　雄虫抱器顶面三齿状为其显著特征；雌虫第 1 载瓣片显著隆起，在后 1/3 处显著地向背方倾弯，内缘略外拱成弧形，左右两内缘端部接近，向基方渐分开。

量度　体长 9.5~12.5 mm，宽 5.6~7.0 mm。

经济意义　寄主包括梓 *Catalpa ovata*、女贞 *Ligustrum lucidum*、大豆、泡桐、柑橘、桃、梨、绣线菊 *Spiraea salicifolia* 等。

分布　河南 (栾川、内乡)；吉林、辽宁、甘肃、河北、山西、陕西、山东、江苏、浙江、湖北、江西、湖南、福建、广东、广西、四川；日本。

(二二六) 润蝽属 *Rhaphigaster* Laporte, 1833

Rhaphigaster Laporte, 1833: 35. Type species by subsequent designation (Westwood, 1840: 124): *Cimex griseus* sensu Fabricius (=*Cimex nebulosus* Poda).

Rhaphidodaster Agassiz, 1846: 323.

体表光滑，较狭长而匀称，两侧约平行，多为褐色。前胸背板侧角不成角状伸出，前侧缘光滑；小盾片三角形。臭腺沟短，沟缘呈小耳壳状，高出于体表。腹基突起为尖长的刺，向前伸过后足基节。

377. 庐山润蝽 *Rhaphigaster genitalia* Yang, 1934

Rhaphigaster genitalia Yang, 1934: 81; Yang, 1962: 77; Hsiao, 1977: 154; Rider et al., 2002: 144; Rider, 2006: 336.

别名　庐山蝽。

形态特征　体色　暗褐色，具油脂状光泽。小盾片近末端无黑色斑。雌性第 1 对生殖片上各有 1 黑褐色斑点。侧接缘各节交接处黑色，在各节交接线上黑斑中央各有 1 黄色小斑。

结构　体背面密布黑色刻点，略小。体腹面刻点较粗大。臭腺沟呈弧形弯曲；腹基部刺突伸达前足基部。

量度　体长 10.0~13.5 mm，宽 5.5~7.0 mm。

分布　河南 (鸡公山)；江西 (庐山)、浙江 (莫干山、天目山)。

(二二七) 珠蝽属 *Rubiconia* Dohrn, 1860

Rubiconia Dohrn, 1860: 102. Type species: *Cydnus intermedia* Wolff.

体中小型，光滑，无明显刚毛。头部宽短，下倾，背面拱隆较显，边缘不向上卷起；侧叶宽阔，肥厚，可达中叶宽的 3 倍许，超过中叶前端，在中叶前成 1 明显缺口，外缘在近端处自然弯曲；小颊前下角侧面观约成直角。前胸背板前侧缘光滑；小盾片三角形，向后变狭。腹下中央无纵沟；腹下基部中央没有明显突出的尖突。

种 检 索 表

1.　小颊前缘呈直角状，股节前缘无黑色斑，腹气门周缘有黄色或黄褐色环斑 ······ 珠蝽 *R. intermedia*
　　小颊前缘圆形，股节前缘具黑斑，腹部气门周缘具黑色环斑 ····················· 圆颊珠蝽 *R. peltata*

378. 珠蝽 *Rubiconia intermedia* (Wolff, 1811) (图 224，图版 XXV-4)

Cydnus intermedia Wolff, 1811: 182.

Rubiconia intermedia: Yang, 1962: 112; Hsiao, 1977: 143; Zhang et al., 1985: 96; Rider et al., 2002: 145; Rider, 2006: 290.

别名　肩边白。

形态特征　成虫　宽卵形，灰褐至暗褐色，有粗黑刻点。头背面黑褐色，常现金绿光泽，中央有 1 黄色纵带。触角褐色，端部 2 节暗褐至黑色。喙浅褐色，端部黑褐。前胸背板前侧缘通常有显著黄白色窄边，侧角短钝。小盾片端角黄白色，其基角常有淡黄色光滑斑点。膜片淡棕色，翅脉暗褐。足黄褐色，常有不规则棕黑斑。侧接缘腹面有黑或棕色密刻点。在腹面侧缘接合缝处各有 1 黑色圆斑。

结构　被稀疏平伏短毛，头前部显著下斜，头侧叶长于中叶，且 3 倍宽于中叶；头侧缘近前端明显收缩，但前端不会合，具深缺口。小颊由侧面观，其前端呈直角形。喙伸达后足基节。前胸背板近梯形，前部中央无明显横沟，侧缘光滑。小盾片亚三角形，基部稍隆起，刻点甚粗密，端角较宽圆且光滑，稍超过腹部中央。前翅革片刻点均匀，膜片略微超过腹端。腹部侧接缘几乎不外露。

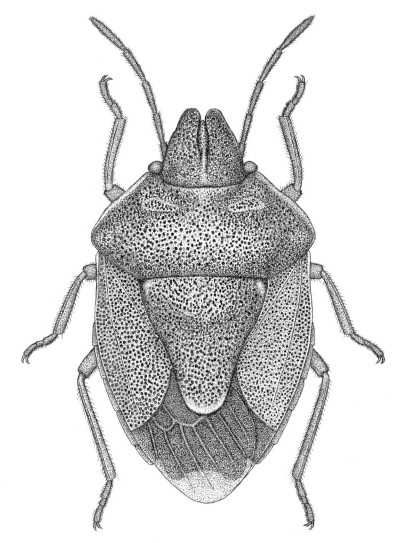

图 224　珠蝽 *Rubiconia intermedia*

量度　体长 6.24 (♂) ~ 7.46 mm (♀)，宽 4.4 (♂) ~ 4.6 mm (♀)。头长 1.8 mm (♂, ♀)，宽 2.13 (♂) ~ 2.24 mm (♀)；复眼间距 1.59 mm (♂, ♀)，单眼间距 0.91 (♂) ~ 1.01 mm (♀)，前胸背板长 1.90 (♂) ~ 2.22 mm (♀)，宽 4.39 (♂) ~ 4.58 mm (♀)；触角各节长 I ∶ II ∶ III ∶ IV ∶ V = 0.37 (♂) ~ 0.45 (♀) ∶ 0.56 (♂) ~ 0.63 (♀) ∶ 0.56 (♂) ~ 0.57 (♀) ∶ 0.73 (♂) ~ 0.83 (♀) ∶ 0.98 (♂) ~ 1.01 mm (♀)，喙各节长 I ∶ II ∶ III ∶ IV = 0.74 (♂, ♀) ∶ 1.11 (♀) ~ 1.22 (♂) ∶ 0.58 (♂) ~ 0.71 (♀) ∶ 0.53 (♀) ~ 0.63 mm (♂)，小盾片长 2.65 (♂) ~ 2.80 mm (♀)，腹宽 4.34 (♂) ~ 4.55 mm (♀)。

卵　长 0.83~0.85 mm，宽 0.68~0.71 mm，圆筒形，初产时垩白色。假卵盖周缘具白色微粒状精孔突 24~30 枚，卵壳上多数并具 1~3 枚白色胶质刺突。

本种外形与广二星蝽 (黑腹蝽 *Stollia ventralis*) 很相似，但后者小盾片宽舌状，伸达腹部 3/4；头侧叶与中叶近于平齐；腹部腹面中区黑色，约占腹宽的 1/3，可以区别。

生物学特性　江西南昌一年 3 代，世代重叠。以成虫在杂草丛中、枯枝落叶和土缝中越冬，翌年 3 月上旬开始活动，4 月下旬至 6 月中旬产卵。卵期第 1 代 10~12 d，第 2、第 3 代 7~10 d。若虫期第 1 代 34~45 d，其中 1 龄 5~7 d，2 龄 6~8 d，3 龄 6~10 d，4 龄、5 龄各 7~12 d。成虫寿命第 1 代 37~61 d，第 3 代 10 个月左右。11 月上旬至 12 月上旬陆续蛰伏越冬 (南昌)。卵多产于嫩叶背面，聚生成块，每块 14 枚，呈 4 行排列。

经济意义　主要为害稻、麦类、豆类、泡桐、毛竹、苹果、枣、狗尾草，也为害小槐花、大青、老鹳草、柳叶菜 *Epilobium hirsutum*、水芹菜 *Arabis gemmifera* 等植物。

分布　河南 (新县、嵩县、栾川、嵩山、罗山、光山、鸡公山)；北京、天津、河北、山西、辽宁、吉林、黑龙江、宁夏、青海、陕西、甘肃、江苏、浙江、安徽、江西、湖北、湖南、广西 (凤山)、四川 (小金、汶川)、贵州、广东；欧洲、俄罗斯、蒙古国、日本。属古北区系。

379. 圆颊珠蝽 *Rubiconia peltata* Jakovlev, 1890

Rubiconia peltata Jakovlev, 1890: 543; Rider et al., 2002: 145; Rider, 2006: 290.

形态特征　体色　体形、色斑相似于珠蝽，个体略大，主要区别在于本种小颊前端圆形，股节前缘具黑斑，腹气门常具黑色环。

量度　体长 6.9~9.3 mm，宽 4.6~5.2 mm；头长 1.3~1.7 mm，宽 2.3 mm；前胸背板长 1.8~2.3 mm，宽 4.6~5.2 mm；小盾片长 2.7~3.2 mm，宽 2.9~3.2 mm。

分布　河南；河北、内蒙古、辽宁、吉林、黑龙江、安徽、浙江、江西、湖北、湖南、陕西、甘肃、四川；俄罗斯、朝鲜、日本。

(二二八) 黑蝽属 *Scotinophara* Stål, 1867

Scotinophara Stål, 1867: 502. Type species: *Cimex inuncta* Fabricius.
Amaurochrous Stål, 1872: 15.
Opocrates Horváth, 1883: 161.
Petalodera Horváth, 1883: 138.
Podops Laporte, 1832: 72.

体多少呈狭长形，腹部两侧缘平行；体较狭长，黑褐色，一色无花斑，无光泽。头侧叶变化大，可与中叶末端齐平，或中叶略伸出于侧叶末端之前；也可长于中叶，头侧叶较狭窄，向前渐狭，头侧叶不在中叶前方会合。前胸背板前侧缘光滑，前角外伸，侧角常成 1 小突尖向外方伸出。小盾片舌状，基角无光滑的黄色圆斑，几乎伸达腹部末端；前翅革质部大部分露出；中胸、后胸腹板不强烈隆出成龙骨状粗棱；臭腺孔无沟；前足、中足股节下方无刺。

种 检 索 表

1. 头部侧叶显著长于中叶，以至头部前端中央呈小缺刻状；前胸背板前半多凹凸不平。前胸背板前角甚为尖长而弯曲，指向前方，其末端已达或几达相当于眼前缘的水平位置；雄虫腹部末端有一对向后的突起。小盾片末端远离腹部末端……………………………………**弯刺黑蝽** *S. horvathi*
   头部侧叶末端几与中叶末端齐平，或中叶略长于侧叶。头部前端中央不呈明显的缺刻状。前胸背板前半较平整。前胸背板前角的突起完全向外平指。侧角也平指，或有略向后指的倾向。体色深，深黑褐色至黑色…………………………………………………… **稻黑蝽** *S. lurida*

380. 弯刺黑蝽 *Scotinophara horvathi* Distant, 1883 (图版 XXV-5)

Scotinophara horvathi Distant, 1883: 421; Hsiao, 1977: 129; Rider & Zheng, 2005: 94; Rider, 2006: 397.

形态特征　体密被灰黄色短毛，头、前胸背板前半色深。前胸背板有 1 明显的淡色 (黄色或黄褐色) 细中纵线贯穿全长，有时伸达小盾片基部上面。后足胫节中段黄褐色；腹部腹面侧方于气门内侧常有 1 列不规则的黄色斑。

结构　头侧叶稍长于中叶，头前端呈缺刻状。触角基极度膨大。复眼显著突出。前胸背板前角尖长弯曲，末端伸向前侧方，可伸达复眼后缘水平位置。前胸背板前侧缘近直，侧角平伸出于身体之外，较长。前胸背板前叶粗糙，高于后叶。小盾片宽舌状，几乎伸达腹部末端。

量度　体长 9.15 (♀) ~ 10.01 mm (♂)，宽 6.01 mm (♂, ♀)。头长 1.92 (♀) ~1.96 mm (♂)，宽 2.28 mm (♂, ♀)；复眼间距 1.65 (♂) ~ 1.69 mm (♀)，单眼间距 0.85 (♂) ~ 0.90 mm (♀)，前胸背板长 2.86 (♂) ~ 3.02 mm (♀)，宽 5.77 (♂) ~ 5.93 mm (♀)；触角各节长 Ⅰ：Ⅱ：Ⅲ：Ⅳ：Ⅴ =0.69 (♂) ~ 0.56 (♀)：0.39 (♂) ~ 0.40 (♀)：0.76 (♂) ~ 0.77 (♀)：0.74 (♀) ~ 0.82 (♂)：1.08 (♀) ~1.17 mm (♂)，喙各节长 Ⅰ：Ⅱ：Ⅲ：Ⅳ= 1.11 (♀)：1.43 (♀)：0.58 (♀)：0.63 mm (♀)，小盾片长 5.03 (♂) ~ 5.08 mm (♀)，腹宽 6.01 (♀) ~ 6.03 mm (♂)。

分布　河南 (信阳、内乡)；福建 (崇安)、四川 (崇州、宝兴)。

381. 稻黑蝽 *Scotinophara lurida* (Burmeister, 1834) (图版 XXV-6)

Tetyra lurida Burmeister, 1834: 288.

Scotinophara lurida: Yang, 1962: 86; Hsiao, 1977: 130; Zhang et al., 1985: 84; Rider & Zheng, 2005: 94; Rider, 2006: 397.

形态特征　成虫　体色　黑褐至黑色，有光泽，但经常沾满污物而呈无光泽的灰黑色。

结构　长椭圆形，头中叶与侧叶等长，前缘弧形。复眼突出，喙可达后足基节间，触角上着生短刚毛。前胸背板前角刺向侧方平伸，侧角平伸或微向后倾。小盾片舌形，末端平截或稍内凹，几乎伸达腹末，中部有 1 对向内向后斜行的棱起，两侧边缘在中部靠前处内弯。前翅革片大部显露。侧接缘每节后角呈圆突状。腹下臭腺区为无光泽的皱折，臭腺沟缘极短。

量度　体长 8.2 mm (♀)，宽 4.6 mm (♀)。头长 1.53 mm (♀)，宽 2.04 mm (♀)；复眼间距 1.17 mm (♀)，单眼间距 0.69 mm (♀)，前胸背板长 1.88 mm (♀)，宽 4.43 mm (♀)；触角各节长 I：II：III：IV：V = 0.48 (♀)：0.40 (♀)：0.60 (♀)：? (♀)：? mm (♀)，喙各节长 I：II：III：IV = 0.85 (♀)：1.16 (♀)：0.80 (♀)：0.86 mm (♀)，小盾片长 4.92 mm (♀)，腹宽 4.58 mm (♀)。

卵　杯形，顶端有圆盖，初产淡绿色，后变黄褐，再转为红褐色。

若虫　共 5 龄，初孵时紫红色，第 1 次蜕皮后转为赭色，3 龄灰色，4 龄淡棕褐色，5 龄淡黑，腹部稍带绿色，背面有 3 个横椭圆形黑皱纹，是臭腺孔所在处。近似种有弯刺黑蝽 (S. horvathi) 及短刺黑蝽 (S. scotti)，后 2 种头部侧叶显著长于中叶，头部前端中央呈小缺刻，而本种则中叶、侧叶平齐或中叶略长于侧叶，头前端中央不呈缺刻，可以区别。弯刺黑蝽的前胸背板前角甚为尖长而弯曲，短刺黑蝽则前角较短，呈小锥状指向前方，不弯曲。

生物学特性　此虫在广东 1 年 2 代，部分 3 代，江西 2 代，江苏、浙江 1 代，以成虫在温暖干燥的石块下、落叶中、田边杂草根际越冬。广东第 1 代发生于 5 月中旬，第 2 代为 9 月上旬、中旬，部分第 3 代在 11 月间。江西南昌第 1、第 2 代羽化期分别在 7 月上旬至下旬及 9 月中旬至 10 月上中旬。浙江嘉兴 6 月下旬至 7 月上旬成虫群集稻田为害，7 月中旬交尾产卵最盛，9 月上旬盛羽，10 月上旬开始过冬。

各虫态历期：南昌卵期第 1 代 4~5 d，第 2 代 4~6 d，若虫期第 1 代 28~35 d，第 2 代 35~48 d，成虫寿命第 1 代 21~29 d，第 2 代 8~9 个月。若虫、成虫畏阳光，白天多潜伏在稻基下部近水面处，傍晚以后上行取食，卵产在稻株离水面 6~9 cm 的叶鞘上，聚生，常 14 粒排成 2 列，每雌产卵 10~25 粒。在斑掠鸟的胃中曾发现黑蝽尸体，可能斑掠鸟是一种捕食黑蝽的益鸟。

经济意义　主要为害稻，也为害小麦、粟、甘蔗、玉米、豆、马铃薯等农作物和柑橘等果树。对水稻会造成枯心、白穗，并影响分蘖与发育。

分布　河南 (中牟、桐柏、新县、信阳)；河北、江苏、浙江、安徽、福建、江西、山东、湖北、湖南、广东、广西、四川、贵州、云南、台湾；日本、印度、斯里兰卡、马来半岛。属东洋区系。

(二二九)　丸蝽属 *Sepontiella* Miyamoto, 1990

Sepontiella Miyamoto, 1990: 21. Type species: *Sepontia aenea* Distant.

体较小 (长 3.0~4.5 mm) 而短宽。头明显下倾，垂直，狭长，中叶常略伸出于侧叶末端之前。前胸背板侧角不伸出甚长；小盾片极大，几将腹部全部遮住，只露出前翅革质部分的小部分；中胸、后胸腹板不强烈隆出成龙骨状粗棱；臭腺孔开口大，无臭腺沟；跗节 3 节。

382. 紫黑丸蝽 *Sepontiella aenea* (Distant, 1883)

Sepontia aenea Distant, 1883: 422; Hsiao, 1977: 135; Zhang et al., 1995: 44.

Sepontiella aenea: Miyamoto, 1990: 22; Rider et al., 2002: 145; Rider, 2006: 303.

形态特征 **成虫** **体色** 黑紫铜色，刻点黑色，具光泽。头前部、喙第 4 节、小盾片前部有 1 "山" 形的大斑，小盾片近中部处有 2 个稍分开的大斑，胸部各节侧板、各足股节、胫节基部及近端、爪黑色；单眼、喙第 3 节棕黑色；复眼，喙 1 节、2 节暗棕色；触角、前胸背板后域中部及前半中央中纵线、小盾片底色及端部近边缘散生若干碎斑、前翅革片 (基部除外)、胫节、跗节、腹部腹面各节腹侧缘近基处小斑纹黄褐色；前胸背板前缘窄边黄白色；小盾片基缘 3 个光滑小斑及小斑间光滑纵线、各足股节近端处环带淡黄色。

结构 宽圆形，密布刻点。头向前下倾，中叶略长于侧叶，侧缘内凹；触角黄褐色，喙末端伸达第 3 可见腹节前部。前胸背板前缘后凹，具窄边，前侧缘稍内凹，边缘狭窄地微翘，侧角圆钝。小盾片宽舌状。胸部各节腹板稍内凹，平坦，臭腺沟短，沟缘呈小耳壳状。

量度 体长 3.5~3.8 mm，宽 2.6~2.9 mm，前胸背板两侧角间宽 2.6~2.9 mm。

经济意义 为害蓼科植物酸模。

分布 河南 (信阳)；浙江；日本。

(二三〇) 点蝽属 *Tolumnia* Stål, 1867

Tolumnia Stål, 1867: 515. Type species: *Tolumnia trinotata* Westwood.

体黄褐色或棕、黑褐色，较宽，不狭长，体壁光滑少毛。头部一般短于前胸背板。头部侧叶前端较狭，侧缘平缓地弯曲，在近前端处不成一明显的角度；侧叶与中叶末端平齐，或稍短。前胸背板前缘具狭边而呈领状，前侧缘光滑，呈 1 狭边状。小盾片三角形，向后变狭，基角处无小凹陷，该处多具黄色光滑圆斑。前翅前缘无淡白色边。臭腺沟缘弯曲，长，端部细，几可伸达中胸侧板的后缘，其前壁常盖于沟上，不敞开。腹下基部中央没有明显突出的尖突；腹下中央无纵沟。

383. 点蝽 *Tolumnia latipes* (Dallas, 1851) (图 225)

Pentatoma latipes Dallas, 1851: 238.

Tolumnia latipes: Hsiao, 1977: 150; Zhang et al., 1995: 50; Rider et al., 2002: 145; Rider, 2006: 263.

形态特征 **成虫** **体色** 淡黄色，具黑色不规则云斑，外观呈黑褐色。中叶浅黄色。触角淡黄褐，第 1 节下侧，第 3、第 4 节基部淡黄，其余黑色。前胸背板除前侧缘具淡黄色窄边外，其余部分密布黑褐色云斑与刻点。小盾片基部两侧角及末端各具 1 大白斑。前翅中域具 1 较大的不规则形黄斑，膜片色淡而透明。足淡黄，散生小黑点。前足、中足胫节端部，后足股节端部及胫节基部、端部为黑色。

结构　椭圆形，密布刻点。头部两侧叶扁阔，与中叶等长，具密粗黑褐色刻点，中叶窄，光滑无刻点。喙伸达腹部第 2 节后缘 1/4 位置。前胸背板领狭边状，明显；侧缘也狭边状，直；侧角圆钝。前足胫节外侧明显扩展。侧接缘后角显著。臭腺沟缘微弯，末端伸过侧板外侧 1/4 处。

量度　体长 8.68 (♂) ~ 9.97 mm (♀)，宽 5.24 (♂) ~ 5.93 mm (♀)。头长 2.12 (♂) ~ 2.28 mm (♀)，宽 2.01 (♂) ~ 2.23 mm (♀)；复眼间距 1.13 (♂) ~ 1.32 mm (♀)，单眼间距 0.63 (♂) ~ 0.76 mm (♀)，前胸背板长 2.17 (♀) ~2.25 mm (♂)，宽 5.19 (♂) ~ 5.93 mm (♀)；触角各节长 I：II：III：IV：V = 0.63 (♂) ~ 0.68 (♀)：1.01 (♂, ♀)：1.27 (♀) ~1.32 (♂)：1.46 (♀) ~1.56 (♂)：? (♂) ~ 1.83 mm (♀)，喙各节长 I：II：III：IV = 1.38 (♂) ~ 1.27 (♀)：1.43 (♂) ~ 1.69 (♀)：1.19 (♂) ~ 1.30 (♀)：0.87 (♂) ~ 0.98 mm (♀)，小盾片长 3.36 (♂) ~ 3.97 mm (♀)，腹宽 5.24 (♂) ~ 5.82 mm (♀)。

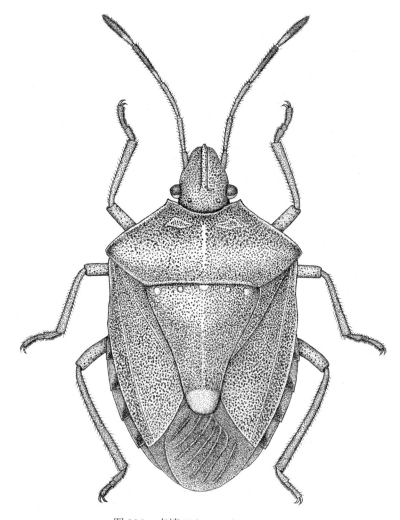

图 225　点蝽 Tolumnia latipes

生物学特性 在云南南部地区1年发生2代或3代，4~10月可采到成虫。成虫、若虫多聚集在寄主植物的叶基部叶脉处危害。

经济意义 主要危害陆稻 *Oryza sativa*、香茅 *Cymbopogon citratus*，也可危害甘蔗、玉米、柑橘等，刺吸较幼嫩的叶片，影响叶片正常生长。

分布 河南 (栾川、嵩山)；云南、广西、广东、江西；越南、柬埔寨、马来西亚、印度尼西亚。属东洋区系。

(二三一) 突蝽属 *Udonga* Distant, 1921

Udonga Distant, 1921: 69. Type species: *Udonga spinidens* Distant.

384. 突蝽 *Udonga spinidens* Distant, 1921 (图 226)

Udonga spinidens Distant, 1921: 69; Lin et al., 1999: 93; Rider, 2006: 322.

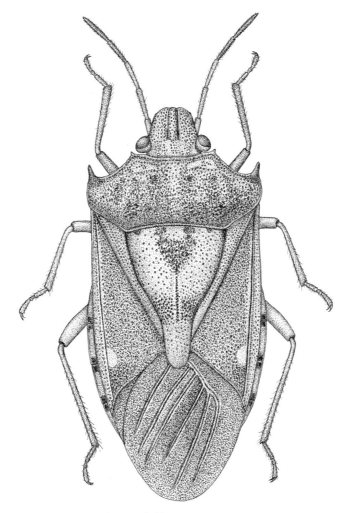

图 226 突蝽 *Udonga spinidens*

形态特征 成虫 体色 体灰褐色、黄褐色或棕褐色。触角黄褐色，第 4、第 5 节棕黑色。小盾片黑色，基部有 4 个隐约小黑点，端部色淡。膜片无色。侧接缘黄褐色，前后端黑色。足淡黄褐色，股节端及跗节色暗。腹部腹面淡黄色。

结构 体密布刻点。头侧叶与中叶等长。前胸背板胝区周缘光滑，前侧缘稍波曲，细锯齿状，侧角向前折伸呈刺状。小盾片基角凹陷。前翅超过腹末。

量度 体长 9.5~12.0 mm，宽 4.5~5.0 mm。

经济意义 可为害小麦、泡桐。

分布 河南 (信阳)；福建、陕西、湖北、浙江、江西、湖南、广东、广西、四川、云南、贵州、海南、西藏；越南。

短喙蝽亚科 Phyllocephalinae

属 检 索 表

1. 臭腺沟缘较细长而略弯曲。头宽大于长，侧叶在中叶前相遇，其侧缘呈明显的圆弧形。体硕大，小盾片基角处有明显的卵圆形斑 ·········· 双斑蝽属 *Chalcopis* Kirkaldy
   臭腺沟缘较短小，常呈耳壳状。小盾片基角处无卵圆形斑 ······················ 2

2. 前胸背板两侧向前方强烈突出，呈两个前伸的尖角状，其末端可达相当于头中叶末端的水平位置或超过之。前胸背板前伸的尖角不侧扁 ·········· 角胸蝽属 *Tetroda* Amyot et Serville
   前胸背板一般，没有向正前方强烈伸出的尖角状突出部分 ······················ 3

3. 头侧叶极发达，强烈前伸，左右两叶远离，呈剪刀状远伸出于中叶之前。前胸背板侧角呈尖角状突出 ·········· 剪蝽属 *Diplorhinus* Amyot et Serville
   头侧叶也发达，但在中叶之前左右相遇，不呈剪刀状分歧；头多呈三角形 ·········· 4

4. 前胸背板侧角不突出于体外，或仅略微突出 ·········· 梭蝽属 *Megarrhamphus* Bergroth
   前胸背板侧角明显伸出于体外 ·········· 5

5. 前胸背板侧角较短，近于直角或稍长，末端外指或稍向前指，不向后指 ············
   ·········· 谷蝽属 *Gonopsis* Amyot et Serville
   前胸背板侧角尖长，末端多稍向后指 ·········· 拟谷蝽属 *Gonopsimorpha* Yang

(二三二) 双斑蝽属 *Chalcopis* Kirkaldy, 1909

Chalcopis Kirkaldy, 1909: 244. Type species: *Edessa glandulosa* Wolff.

体型大。头宽大于长，侧叶在中叶前方愈合，侧缘圆弧形；喙短，喙最长仅达前足基节。臭腺沟缘细长弯曲；小盾片基角处有明显卵圆形大斑。

385. 双斑蝽 *Chalcopis glandulosa* (Wolff, 1811) (图 227)

Edessa glandulosa Wolff, 1811: 172.

Dalsira glandulosa Distant, 1902: 292; Hoffmann, 1934: 140; Wu, 1933: 218

Metonymia glandulosa: Hsiao, 1977: 76.

Chalcopis glandulosa: Rider & Zheng, 2005: 90; Rider, 2006: 378.

别名　臭大姐，大臭蝽。

形态特征　成虫　体色黄褐色略带红泽。触角基部 2 节暗红褐色，端部 3 节暗褐，末节有时稍淡。前胸背板、小盾片红褐色。小盾片基角处有 2 个十分显著的椭圆形、金绿色的大斑，具强烈光泽。腹下红褐色。各足股节端半部背面黑，胫节背面具纵行黑点。气门周围黑色。

结构　卵圆形，头部侧叶长于中叶，薄片状，前端弧形，并在中叶前紧密会合。单眼和前胸背板前缘接触。喙短，仅及前足基节中部。前胸背板前侧缘锯齿状，侧角钝形；后部中域横向隆起显著。小盾片散生稀疏小刻点。侧接缘各节后角明显，末节侧节缘后角圆钝。前翅革片端缘弧形。臭腺沟缘极短，突出于后胸侧板表面。

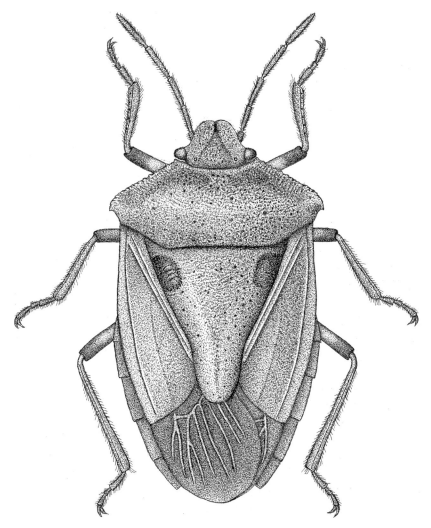

图 227　双斑蝽 *Chalcopis glandulosa*

　　量度　体长 22.1 (♂) ~ 26.2 mm (♀)，宽 13.1 (♂) ~ 14.9 mm (♀)。头长 3.81 (♂) ~ 4.29 mm (♀)，宽 4.89 (♂) ~ 5.33 mm (♀)；复眼间距 3.24 (♂) ~ 3.81 mm (♀)，单眼间距 2.10 (♂) ~ 2.46 mm (♀)，前胸背板长 5.43 (♂) ~ 5.87 mm (♀)，宽 13.10 (♂) ~ 14.90 mm (♀)；触角各节长 I：II：III：IV：V = 1.32 (♂) ~ 1.59 (♀)：1.92 (♂) ~ 1.84 (♀)：1.98 (♂) ~ 2.06 (♀)：2.22 (♂) ~ 2.54 (♀)：3.17 (♂) ~ 3.44 mm (♀)，喙各节长 I：II：III：IV = 1.27 (♂) ~ 1.03 (♀)：0.79 (♂，♀)：0.71 (♂) ~ 0.79 (♀)：0.87 (♂) ~ 0.79 mm (♀)，小盾片长 9.60 (♂) ~ 10.95 mm (♀)，腹宽 12.70 (♂) ~ 14.52 mm (♀)。

　　经济意义　为害稻、芦苇，并能取食禾本科杂草、果树、柑橘和风景林。

　　分布　河南 (新县、光山、罗山、信阳、商城)；山东、江苏、江西、福建 (福州)、广东 (广州)、海南、广西 (夏石)、云南；缅甸、越南、泰国、印度、斯里兰卡、印度尼西亚。

(二三三) 剪蝽属 *Diplorhinus* Amyot et Serville, 1843

Diplorhinus Amyot & Serville, 1843: 178; Stål, Enum. 1876: 122. Type species: *Ateloceus furcaus* Westwood.

　　头侧叶极为发达，强烈前伸，左右两叶远离，剪刀状；喙短，喙最长仅达前足基节。前胸背板侧角尖锐，明显伸出体侧。臭腺沟缘短，耳壳状。

386. 剪蝽 *Diplorhinus furcatus* (Westwood, 1837) (图 228，图版 XXV-7)

Ateloceus furcaus Westwood, 1837: 20.

Diplorhinus furcatus (Westwood): Amyot & Serville, 1843: 178; Yang, 1962: 54; Hsiao, 1977: 75; Zhang et al., 1995: 26; Rider & Zheng, 2005: 91; Rider, 2006: 379.

Phyllocephala distans Herrich-Schäffer, 1844: 71.

Diplorhinus sinensis Walker, 1868: 494.

　　形态特征　**成虫**　**体色**　体黄褐至浅黑褐色，腹面更淡，刻点黄、黄褐及黑色。复眼黑色；单眼红色。触角黑褐至黄褐色，第 5 节稍淡。喙黑褐。小盾片中线明显、色淡，沿中线两侧及小盾片侧缘色黑。前翅革片外缘浅黄褐色，其内侧有 1 条黑色纵线；膜片黄色，透明，翅脉黑色。气门黑色。

　　结构　体长卵形，体密被点刻。头侧叶宽薄，甚长于中叶，强烈前伸，在中叶前方形似张开成一定角度的剪刀，侧叶外缘具细锯齿。单眼远离复眼。喙伸达前足基节。前胸背板刻点粗而深，侧角呈粗尖角状，前角和前侧缘呈锯齿状；前胸背板及小盾片基部 2/3 处表面多较粗的横皱。小盾片三角形，末端圆钝。翅折叠时不覆盖侧接缘和腹部末端，尾节外露。胸部腹面刻点粗密；臭腺沟缘较短小，呈耳状。腹部腹面具致密微皱，第 1 可见腹节被后胸侧板遮盖大部。

　　量度　体长 18.2 (♂) ~ 17.5 mm (♀)，宽 9.32 (♂) ~ 8.92 mm (♀)。头长 3.97 mm (♂，♀)，宽 3.81 (♂) ~ 3.65 mm (♀)；复眼间距 2.85 (♂) ~ 2.62 mm (♀)，单眼间距 1.75 (♂) ~ 1.71 mm (♀)，前胸背板长 3.73 (♂) ~ 4.03 mm (♀)，宽 9.44 (♂) ~ 8.86 mm (♀)；触角各

节长 I∶II∶III∶IV∶V = 1.06 (♂) ~ 1.79 (♀)∶0.79 (♂) ~ 0.84 (♀)∶1.19 (♂, ♀)∶1.32 (♂) ~ ? (♀)∶1.83 mm (♂) ~ ? (♀)，喙长 2.70 (♂) ~ 2.94 mm (♀)，小盾片长 6.67 (♂) ~ 6.49 mm (♀)，腹宽 9.25 (♂) ~ 8.92 mm (♀)。

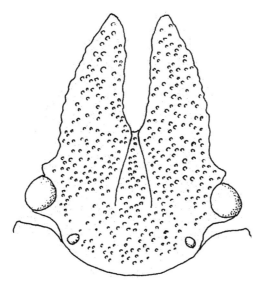

图 228　剪蝽 *Diplorhinus furcatus* 头部背面

生物学特性　江西宜春于 5~11 月均可采到成虫。成虫多在嫩头或水稻上部叶片及稻穗上取食，白天强日照时栖息于稻丛间或害主中部、下部叶片上。

经济意义　为害稻、甘蔗、葛藤。

分布　河南 (罗山)；湖南、江西、浙江、福建、广东、广西、贵州、云南；印度、印度尼西亚。

(二三四) 拟谷蝽属 *Gonopsimorpha* Yang, 1934

Gonopsimorpha Yang, 1934: 67. Type species: *Gonopsimopha ferruginea* Yang.

头三角形，前端尖锐，侧叶发达，在中叶前愈合；喙短，喙最长仅达前足基节。前胸背板侧角尖长，明显伸出体外，不上翘，末端多稍指向后方。臭腺沟缘短，耳壳状。

387. 拟谷蝽 *Gonopsimorpha ferruginea* Yang, 1934 (图 229)

Gonopsimopha ferruginea Yang, 1934: 68; Hsiao, 1977: 74; Rider & Zheng, 2005: 91; Rider, 2006: 379.

形态特征　体色　淡黄褐色至玫瑰色，刻点淡黄褐色。触角鲜红色。前胸背板侧角末端黑色，两侧角之间的横带与小盾片两侧的链状皱褶淡黄白色。前翅革片较深，膜片透明。

结构　头三角形，侧叶长于中叶，并在中叶前会合；前胸背板前侧缘锯齿状，稍内凹，侧角伸出体外，末端尖锐，略向后弯；前胸背板两侧角间横带与小盾片两侧各有 1 条链状皱褶。前翅短于腹末，侧接缘外露。腹部腹面具零星刻点。

　　量度　长 11.5~15.0 mm，宽 7.5~9.5 mm。

　　分布　河南 (嵩县、栾川)；江西、湖北 (武昌)、福建 (武夷山)、海南。

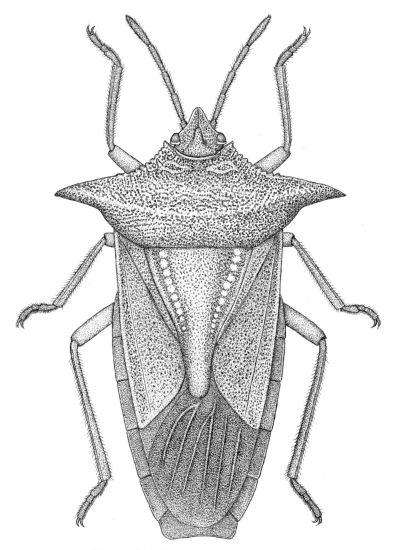

图 229　拟谷蝽 *Gonopsimorpha ferruginea*

(二三五) 谷蝽属 *Gonopsis* Amyot et Serville, 1843

Gonopsis Amyot & Serville, 1843: 180. Type species: *Gonopsis denticulate* Amyot et Serville.

　　头三角形，前端尖锐，侧叶发达，在中叶前愈合；喙短，喙最长仅达前足基节。前胸背板侧角较短，近于直角或稍长，末端外指或稍前指。臭腺沟缘短，耳壳状。

388. 谷蝽 *Gonopsis affinis* (Uhler, 1860) (图 230，图版 XXV-8)

Dichelops affinis Uhler, 1860: 224.

Gonopsis affinis: Kirkaldy, 1909: 247; Yang, 1962: 55; Zhang et al., 1985: 59; Hsiao, 1977: 73; Rider & Zheng, 2005: 91; Rider, 2006: 379.

Macrina vacillans: Walker, 1868: 497.

别名　虾色蝽。

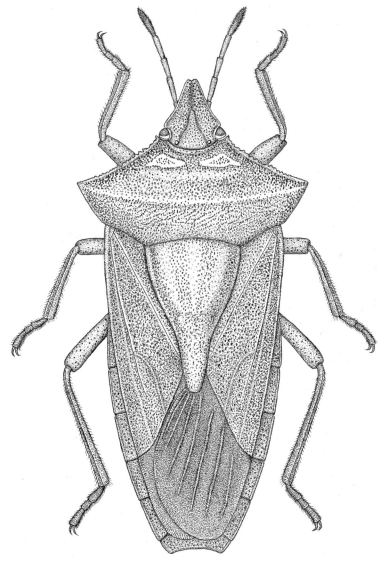

图 230　谷蝽 *Gonopsis affinis*

形态特征　体色　黄褐至红褐色。触角5节，紫红色，第1节淡黄，第5节末端红黑。小盾片正中有1条淡黄色纵纹，其两侧各有1条呈串球状的淡色纵纹。前翅革质部紫红色，膜片透明，前翅与腹末等长或稍短。体下及足黄褐色。

结构　头侧叶长于中叶，并在中叶之前会合；喙伸达前足基节。前胸背板前侧缘锯齿状，侧角平伸，末端尖，在两侧角之间有1条淡色的横脊。

量度　体长12~18 mm，宽6~9 mm。头长2.96 mm (♀)，宽2.61 mm (♀)；复眼间距1.90 mm (♀)，单眼间距1.41 mm (♀)，前胸背板长3.94 mm (♀)，宽8.21 mm (♀)；触角各节长Ⅰ∶Ⅱ∶Ⅲ∶Ⅳ∶Ⅴ=0.63∶1.01∶0.52∶0.94∶1.27 mm (♀)，喙长1.94 mm (♀)，小盾片长5.94 mm (♀)，腹宽6.77 mm (♀)。

生物学特性　江西铜鼓一年1代，部分可能2代，以成虫越冬。翌年4月间外出取食，第1代成虫在7月下旬至8月下旬羽化。

经济意义　为害稻，也能取食粟、甘蔗、五节芒 *Miscanthus floridulus* 等禾本科植物。成虫、若虫在叶片及穗上吸食汁液，影响植物生长和种籽的结实。

分布　河南 (辉县、信阳、鲁山)；北京、上海、江苏 (南京、苏州、徐州)、浙江 (杭州、天目山、莫干山、温州)、福建、江西 (庐山、武宁、铅山)、山东 (泰山)、湖北 (武昌)、湖南 (南岳)、广东、广西 (龙胜)、贵州 (三合)、陕西 (周至、秦岭)；日本。属东洋区系。

(二三六) 梭蝽属 *Megarrhamphus* Bergroth, 1891

Megarrhamphus Bergroth, 1891: 214; Amyot & Serville, 1843: 179; Stål, 1876: 118. Type species: *Megarrhamphus rostratus* Fabricius.

头三角形，前端尖锐，侧叶发达，在中叶前愈合；喙短，喙最长仅达前足基节。前胸背板侧角不突出体外，或略微突出少许。臭腺沟缘短，耳壳状。

种 检 索 表

1. 头部中叶前方的长度约等于中叶长，头远短于前胸背板。各足胫节背面的纵沟处有1黑色纵纹………
………………………………………………………………………… 平尾梭蝽 *M. truncatus*
头部中叶前方的长度为中叶的2倍以上，头约与前胸背板等长。各足胫节背面无黑色纵纹………
………………………………………………………………………………… 梭蝽 *M. hastatus*

389. 梭蝽 *Megarrhamphus hastatus* (Fabricius, 1803) (图231，图版 XXV-9)

Aelia rostrata Fabricius, 1803: 18.

Lygaeus hastatus: Fabricius, 1803: 239.

Megarhynchus elongates de Gastelnau, 1832: 65.

Megarhynchus hastatus: Vollenhoven, 1868: 42.

Megarhynchus rostratus: Distant, 1902: 302; Distant, 1921: 168; Esaki, 1922: 53.

Megarrhamphus hastatus: Kirkaldy, 1909: 251; Kirkaldy, 1910: 103; Esaki, 1926: 152; Miller, 1930: 50;

Hoffmann, 1932: 140; Wu, 1933: 220; Yang, 1962: 53; Hsiao, 1977: 75; Zhang et al., 1985: 61; Rider & Zheng, 2005: 91; Rider, 2006: 377.

别名　梭形蝽。

形态特征　成虫　体色　赭红色带黄。触角 5 节，第 1 节淡黄，其余鲜红色。头顶、前胸背板及小盾片具梭状的淡色纹 (头 2 条、前胸背板及小盾片各 3 条)。前胸背板前侧缘细锯齿状，具黄白色狭边。前翅革质部赭红，前缘具黄白狭边；膜片透明。体腹面淡黄褐，足淡赭红。喙伸达两前足基节间。

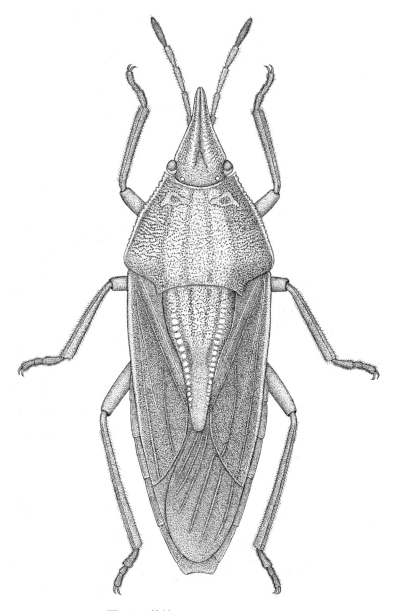

图 231　梭蝽 *Megarrhynchus hastatus*

结构 长椭圆形。头长三角形，中叶小，侧叶发达，并在中叶之前会合；前胸背板前侧缘细锯齿状，具黄白色狭边。喙伸达两前足基节间。

量度 体长 17.0~21.3 mm，宽 5.0~6.6 mm。头长 3.75 (♂) ~4.60 mm (♀)，宽 2.54 (♂) ~3.10 mm (♀)；复眼间距 1.97 (♂) ~2.30 mm (♀)，单眼间距 1.17 (♂) ~1.55 mm (♀)，前胸背板长 4.57 (♂) ~5.2 mm (♀)，宽 5.63 (♂) ~6.5 mm (♀)；触角各节长 Ⅰ：Ⅱ：Ⅲ：Ⅳ：Ⅴ = 0.78 (♂) ~0.63 (♀)：1.11 (♂) ~1.06 (♀)：0.98 (♂) ~1.06 (♀)：1.17 (♂) ~1.13 (♀)：1.62 (♂) ~1.52 mm (♀)，喙长 2.06 (♂) ~2.68 mm (♀)，小盾片长 6.10 (♂) ~6.97 mm (♀)，腹宽 5.71 (♂) ~6.48 mm (♀)。

卵 杯形，淡绿色，假卵盖周缘具白色的小齿状精孔突。

若虫 5 龄若虫体长 16~17 mm，宽 4~5 mm。淡黄褐色，翅芽伸至第 3 腹节前半。体侧自前至后有黑色线，前胸背板侧缘内方、侧区中部、翅芽前缘内方及体背中央处各有 1 条由黑色刻点组成的宽纵带。头长三角形，侧缘具橙红边；触角 4 节，橙红色，第 1 节色浅，第 4 节端部较暗。前胸背板前角前指，呈锐角状。小盾片显现，三角形。其近基角处及翅芽近端部各有 1 明显的小黑点。翅芽后缘并有 1 列由黑色稀刻点组成的带纹。腹部背面第 3、第 4，第 4、第 5 及第 5、第 6 节之间各有 1 对臭腺孔，腹侧区各有 2 条朱红色纵线。

生物学特性 江西南昌一年发生 2 代，以成虫在草丛中、土块或石块下越冬。越冬代 5 月上旬至 7 月上旬产卵。1 代若虫于 5 月中旬、下旬至 7 月中旬先后孵出；2 代若虫于 8 月初至 9 月上旬孵出，9 月中旬至 10 月上旬、中旬羽化。卵多产在害主植物的叶片或茎秆上，聚生平铺，每块一般为 20~30 枚。若虫初孵时群集，以后逐渐分散，与成虫同在叶片、茎秆或穗上吸食。

经济意义 为害稻、甘蔗、玉米、高粱、粟及白茅 Imperata cylindrica 等禾本科植物。成虫、若虫在叶片茎秆和穗上吸食汁液，影响植株生长和种籽结实。

分布 河南 (中牟、新县、光山、信阳)；江苏 (南京)、湖北 (武昌、荆门、麻城)、海南、广东、广西 (龙州、凭祥、南宁、上思)、浙江 (杭州)、福建、台湾、四川 (金堂)、贵州；日本、越南、缅甸、印度、泰国、马来西亚、印度尼西亚。

390. 平尾梭蝽 *Megarrhamphus truncatus* (Westwood, 1837) (图 232)

Megarhynchus truncatus Westwood, 1837: 20; Distant, 1902: 302; Distant, 1921: 168; Esaki, 1922: 54.

Megarrhamphus testaceus: Amyot & Serville, 1843: 180.

Megarrhamphus truncatus: Kirkaldy, 1909: 251; Esaki, 1926: 153; Wu, 1932: 82; Hoffmann, 1934: 693; Yang, 1962: 54; Zhang et al., 1985: 61; Hsiao, 1977: 74; Rider & Zheng, 2005: 92; Rider, 2006: 378.

形态特征 成虫 体色 黄色带红泽。触角端节黑。复眼褐色，单眼红色。头及前胸背板有密而黑的刻点，背板后部刻点浅色。小盾片长三角形，末端圆，黄色；基部两侧有 1 明显的黑褐色纵纹达于中部，最外侧为 1 白色纵纹，其上刻点粗而黑；中区有 3~4 条由刻点组成的纵纹自基部至末端。前翅革片淡红褐色，有明显的白纵纹；膜片淡色、透明，翅脉围有整齐的细黑线，膜片不达腹末端。足黄色，有时胫节带红色光泽，胫侧有黑纵线，以前足为甚。腹部末端平截。腹下黄或黄褐色，头、胸及腹部两侧密布黑刻点。

结构　宽梭形。头部三角形，侧叶长于中叶并在中叶前会合，头末端有时开口呈缺刻状。头远短于前胸背板之长。喙短，仅达前足基节前缘。前胸背板后区有横皱纹，前侧缘锯齿状，侧角不突出。小盾片长三角形，末端圆。膜片不达腹末端。腹部末端平截。

量度　体长 17.1 (♂) ~21 mm (♀)，宽 6.83 (♂) ~8 mm (♀)。头长 2.92 mm (♂)，宽 2.63 mm (♂)；复眼间距 1.98 mm (♂)，单眼间距 1.27 mm (♂)，前胸背板长 4.19 mm (♂)，宽 6.75 mm (♂)；触角各节长 Ⅰ：Ⅱ：Ⅲ：Ⅳ：Ⅴ＝0.76 (♂)：1.40 (♂)：0.87 (♂)：1.35 (♂)：2.05 mm (♂)，喙长 2.30 mm (♂)，小盾片长 6.79 mm (♂)，腹宽 6.22 mm (♂)。

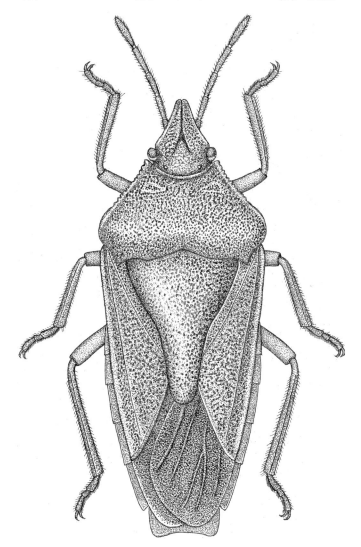

图 232　平尾梭蝽 *Megarrhamphus truncatus*

卵　杯形，淡黄白色。直径 1.4 mm，卵高 1.6 mm。

若虫　初孵时为极淡的黄白色，体腹背扁平。5 龄若虫体长 17.5 mm，体宽 7.5 mm。淡绿色。触角黑色，基节淡褐。头部侧叶末端明显分开，侧缘黑色，头顶基部有 1 短纵黑斑，其两侧散生稀疏黑刻点。复眼褐色略带红泽，单眼红色，靠近前胸背板前缘。喙淡黄绿色，末端黑。前胸背板、翅芽和腹部各节侧缘黑色；前胸背板、小盾片和翅芽上密布粗而黑的刻点。由前胸背板至腹末，中央有 2 条由黑色刻点组成的纵带，其中间在腹部各节为玉白色，两侧淡黄色。腹下淡黄绿，胸侧板侧缘黑，散生稀疏黑刻点。各股节淡黄绿色，末端有黑斑，前足胫、跗节全黑，中足、后足胫节在沟槽内有黑色纵纹，跗节黑褐色。本种与梭蝽 (*M. hastatus*) 在外形上很近似，但棱蝽体型较小，且头部侧叶在中叶前会合部分甚长，其长度为中叶长的 2 倍以上，头约与前胸背板等长；各足胫节背面无黑色纵纹。

生物学特性 云南元江一年发生 2 代。卵产叶片上，块生成纵行双排，每块以 14 粒为多。

经济意义 为害稻、甘蔗、玉米，其他寄主有金茅 *Eulalia speciosa*、荻、麻栎、毛藤 *Cnesmone* sp.和五节芒。该虫在甘蔗上为害甚烈，被害蔗叶侧半呈黄色纵斑，与健叶分界清楚，成明显对照，发生多时可致全叶枯萎。

分布 河南；河北、安徽、福建 (建阳、福州、邵武)、江西 (庐山)、山东 (高要、连县)、广东、广西 (上思、龙胜、龙州、凭祥)、贵州、云南 (西双版纳：勐混)；日本、菲律宾、越南、缅甸、印度、马来西亚、泰国、印度尼西亚。

(二三七) 角胸蝽属 *Tetroda* Amyot et Serville, 1843

Tetroda Amyot & Serville, 1843: 177; Dallas, 1851: 355; Walker, 1868: 493; Stål, 1864: 234; 1876: 118; Atkinson, 1889: 103; Distant, 1902: 298; Kirkaldy, 1909: 249; Stichel, 1960-1962: 726. Type species: *Acanthis histeroids* Fabricius, by monotypy.

头侧叶极发达，强烈前伸，呈尖锐的狭片状，远超过中叶，左右两叶不接触，或为剪刀状。前胸背板前伸的尖角不侧扁。臭腺沟缘短，耳壳状。

391. 角胸蝽 *Tetroda histeroides* (Fabricius, 1798) (图 233)

Acanthia histeroides Fabricius, 1798: 526.

Aelia furcata Fabricius, 1803: 188.

Megarhynchus quadrispinosa, Westwood, 1837: 19.

Tetroda histeroides var. *sumatrana* Ellenrieder, 1862: 171.

Tetroda bilineata Walker, 1868: 494.

Tetroda histeroides: Yang, 1962: 53; Hsiao, 1977: 75; Rider & Zheng, 2005: 92; Rider, 2006: 381.

别名 四剑蝽、角肩四剑蝽。

形态特征 成虫 体色 灰褐、棕褐或黑褐色，前胸背板后部及小盾片色较深。触角黑褐色。喙短，仅及前足前缘。小盾片侧缘黑色，内侧齿状波纹黄白色，有些个体波纹不明显或缺。前翅膜片灰黄色。

结构 长卵形，头侧叶呈角状向前突出，其外缘或多或少成弧状弯曲，或略外弯，头部两侧叶比较接近，但不接触，其内缘不呈明显的"V"形，中叶长三角形，生于两侧叶基部。前胸背板中域具显著横皱，前角极度前突，角状，大小与头侧叶接近；侧角圆钝；后角微向后凸；后缘内凹。小盾片长三角形。前翅较短小，不及腹末。侧接缘较宽。腹下稍隆起，腹末平截。

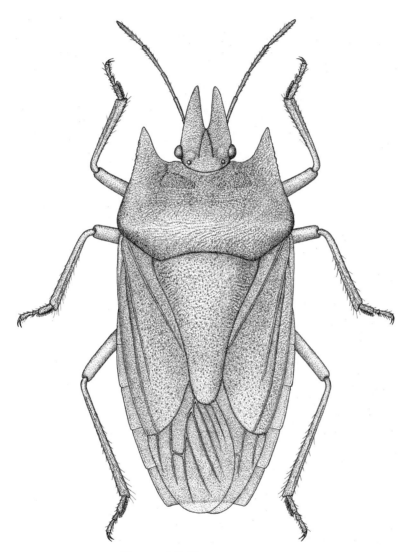

图 233　角胸蝽 *Tetroda histeroides*

量度　体长 14.0 (♂) ~ 17.3 mm (♀)，宽 7.0 (♂) ~ 8.1 mm (♀)。头长 3.21 mm(♀)，宽 2.70 mm (♀)；复眼间距 2.06 mm (♀)，单眼间距 1.43 mm (♀)，前胸背板长 3.49 mm (♀)，宽 7.46 mm (♀)；触角各节长Ⅰ∶Ⅱ∶Ⅲ∶Ⅳ∶Ⅴ=1.03 (♀)∶0.97 (♀)∶0.92 (♀)∶1.22 (♀)∶1.68 mm (♀)，喙各节长Ⅰ∶Ⅱ∶Ⅲ∶Ⅳ=0.59 (♀)∶0.49 (♀)∶0.60 (♀)∶0.60 mm (♀)，小盾片长 6.43 mm (♀)，腹宽 8.10 mm (♀)。

卵　杯状，长 1.1 mm，宽 0.8 mm，初产乳白色，不久转为淡绿，孵前灰黑。端部周缘有 1 列白色小齿突精孔突。

若虫　1 龄体长约 2 mm，近圆形，淡黄色，触角及足黑色。2 龄体长约 4 mm，椭圆形，头部及前胸背板角状突不明显，腹部丰满。3 龄体长约 7 mm，头及前胸背板角状突明显，翅芽微露，腹部偏扁。4 龄体长约 10 mm，翅芽明显，伸达第 1 腹节。5 龄体长约 14 mm，黄褐色，密布红褐色刻点，小盾片两侧角及翅芽基部有黑色刻点，腹背有 4 条深色纵纹，腹部饱满，翅芽伸达第 3 腹节。本种与异角胸蝽 (*Tetroda* sp.) 甚为近似，但后者头侧叶外缘直，两侧叶明显分歧，呈 "V" 字形，前胸背板皱纹较不明显，前伸的角状突外缘平直。

生物学特性　在江西大余、广东连南、广西昭平一年均为 2 代，以成虫在稻田附近的山边、坡地上的草丛、土隙、石隙、树洞中越冬，有群栖性；福建福鼎一年 2~3 代，多以 2 代成虫越冬。越冬成虫于 3 月下旬至 4 月上旬开始活动，5 月中下旬产卵盛，第 1 代若虫于 4 月下旬始孵，7 月中旬始羽化，第 2 代若虫于 8 月上旬始孵，9 月上旬至 10 月下旬陆续羽化。各虫态历期：据广西昭平观察数据，卵期 7~9 d，成虫寿命 100~200 d，长达 350 多天（李纬，1955）。卵产于稻叶上，苗期以叶面为主，个别在叶背，分蘖期则多在叶鞘上，每块卵 7~30 粒，14 粒为常，成两纵行排列。初孵若虫群栖，2 龄起分散活动，若虫与成虫日中多静伏于稻丛下部离水面 4 cm 处，早晚及夜间爬至叶面。雌雄都可交配多次，交配后 3~4 d 开始产卵，每雌产卵 150~180 粒。

经济意义　主要为害稻，是我国南方稻区的主要害虫之一，局部田段常暴发成灾，减产 30%~40%，甚至颗粒无收。若虫与成虫刺吸稻苗心叶的汁液，造成稻株萎黄枯死，抽穗灌浆期则群集穗部，造成白穗、秕粒。还可为害小麦、茭白 *Zizania latifolia*、雀稗 *Paspalum thunbergii* 及其他禾本科植物。山地及半山区发生较多。

分布　河南（信阳）；江苏、浙江、福建、江西、湖北、湖南、广东、广西、四川、贵州、云南、台湾；缅甸、印度、印度尼西亚。

四十一、龟蝽科 Plataspidae

龟蝽科昆虫体壁坚硬，小盾片发达，盖及腹部大部或全部，外形乌龟状，故名"龟蝽"。其体长为 2~20 mm，近圆形或椭圆形，所以旧有"圆蝽"之称。此外，该种昆虫腹部腹面扁平，故以前还称为"平腹蝽"。

该科昆虫全部为植食性，能为害豆科、菊科、茄科、蓼科等植物，但主要为害豆科植物，常以成虫或若虫聚集在嫩枝、嫩叶及花序上吸食植物汁液，造成植物生长不良，叶枯花谢，种子籽粒不饱满等。有些种类是豆科农林植物的重要害虫，如筛豆龟蝽 *Megacopta cribraria* (Fabricius) 是大豆、菜豆、绿豆等的重要害虫，20 世纪 70 年代中期曾在江西等地大发生，造成大豆减产，50 年代中后期曾在山东省局部暴发成灾。

龟蝽科是半翅目中一个中等大小的科，全世界已知 59 属 560 种，中国已知 7 属 90 余种，河南省已知 2 属 17 种。

属 检 索 表

1. 后足胫节背面全长具纵沟；腹部腹面通常具辐射状浅色带纹；雌虫生殖节小，显著地窄于头的宽度，外形简单·······················豆龟蝽属 *Megacopta* Hsiao et Ren
   后足胫节圆柱状，背面不具纵沟；腹部腹面无辐射状带纹，仅侧缘及靠近侧缘的斑点黄色；雌虫生殖节较大，通常等于或大于头的宽度，外形复杂·····················圆龟蝽属 *Coptosoma* Laporte

(二三八) 圆龟蝽属 *Coptosoma* Laporte, 1833

种 检 索 表

1. 头雌雄异型，侧叶长于中叶；雄虫的头两侧平行，前缘平截，2 个侧叶在中叶前方互相接触或重叠；雌虫的头前端狭窄，前缘圆形或尖形，两侧叶在中叶前方接近或互相接触；头完全黑色或前缘稍带褐色·····································2
   头雌雄同型，侧叶不长于中叶，或较长，但不在中叶的前方相交·····················3
2. 小盾片完全黑色，前胸背板除侧缘外完全黑色；雄虫生殖节上缘具 3 个显著的突起·····················小黑圆龟蝽 *C. nigrellum*
   小盾片基胝具 2 个黄色斑点，前胸背板前缘或前部常具黄色斑纹。前胸背板 (除侧缘外) 及小盾片侧胝黑色；触角一色；腹部腹面两侧刻点深而浓密；雄虫头前部两侧不扩展，侧缘平行，生殖节上缘中央有 1 显著的小突起；雌虫头侧叶前端互相接触，第 6 腹板后缘中央呈弧形，第 1 对生殖板较短，其长度之比约为 5∶8·····················双列圆龟蝽 *C. bifarium*
3. 前足及中足的胫节背面端部 2/5~1/2 具纵沟·····································4
   前足、中足胫节背面无纵沟，或仅最顶端扁平·····································7
4. 前胸背板前端及中部无黄斑，小盾片侧胝完全黑色，后部黄色边缘不扩展；头的背面靠近眼的内侧各有 1 个浅色小斑点·····················小饰圆龟蝽 *C. parvipictum*
   前胸背板前端或中部具黄色斑纹；小盾片基胝有 2 个显著的黄斑，侧胝各有 1 小黄斑，后部黄色边缘中央向内延伸·····································5
5. 前胸背板侧缘前方具 1 条黄色斑纹，前部中央具 2 个黄色斑纹；小盾片两侧黄色边缘不向内成三角形扩展·····································6
   前胸背板侧缘前方具 2 条黄色条纹，前部中央具 4 个黄色斑点；小盾片两侧黄色边缘向内成三角形扩展·····················孟达圆龟蝽 *C. mundum*
6. 头完全黑色，前胸背板中部前方无黄色斑点，仅前缘具 2 个黄斑·········浙江圆龟蝽 *C. chekianum*
   头侧叶具黄色斑点，前胸背板中部前方具 2 个黄色斑点·····················达圆龟蝽 *C. davidi*
7. 头完全黑色···8
   头具黄色斑纹···9
8. 前胸背板前部无黄斑，小盾片基胝黄斑较小，圆形；雄虫生殖节大，稍大于头的宽度·····················双痣圆龟蝽 *C. biguttulum*
   前胸背板前部有两个黑斑，小盾片基胝黄斑较大，横长；雄虫生殖节较小，稍小于头的宽度······

.... 高山圆龟蝽 *C. montanum*

9. 前胸背板侧缘前方扩展部分具 1 条黄色条纹，如具 2 条黄纹，则小盾片斑纹呈橘红色，基胝斑点横长方形，侧胝常完全黑色。小盾片基胝具 2 个黄色斑纹，小盾片正常，窄于身体的长度 .... 显著圆龟蝽 *C. notabile*
前胸背板侧缘前方扩展部分具 2 条黄色条纹 10

10. 小盾片端部宽阔黄色。较小，体长不及 3.5 mm；前胸背板前部有 4 个横长的黄色斑纹，靠近前缘的 2 个较小，在其后方的 2 个较大，通常均不与侧缘黄纹相连接 .... 子都圆龟蝽 *C. pulchellum*
小盾片端部黄色边缘狭窄 11

11. 雄虫生殖节较小，不大于头的宽度，上下稍扁，略呈梯形，中部凹陷部分较小，黄色边缘较宽，但在两侧上方中断；雌虫第 6 腹板后缘中央不向前凹陷，第 7 腹板中部扁平，具细浅刻点 .... 多变圆龟蝽 *C. variegatum*
雄虫生殖节较大，大于头的宽度，略呈方形，中部凹陷部分甚大，黄色边缘较窄，但两侧不中断；雌虫第 6 腹节后缘中央呈角状向前凹，第 7 腹板中部稍鼓，光亮无刻点 .... 类变圆龟蝽 *C. simillimum*

392. 双列圆龟蝽 *Coptosoma bifarium* Montandon, 1897　（图版 XXVI-1）

Coptosoma bifarium Montandon, 1897: 450.

Coptosoma bifaria: Kirkaldy, 1909: 329; Hsiao et al., 1977：29; Shen, 1993: 32; Bu et al., 1997: 212; Shen et al., 1998: 235; Lin & Zhang，1992: 21; Davidová-Vilímová, 2006: 154.

形态特征　体色　黑色。复眼红褐色；单眼红色；触角、前胸背板侧缘、前翅前缘基部、腹部腹面侧接缘、亚侧接缘各节具前大后小的纵斑、雄虫生殖节侧缘、小盾片基胝的 2 个小斑黄色；喙、足、雌虫生殖节中央黄褐色。

结构　圆形，具浓密细小刻点。头部雌、雄异型，雄虫侧叶长于中叶，并在中叶前方相交，两侧平行，前端平，向上翘；雌虫头较短，侧叶长于中叶，在中叶前方相互接触，前端圆形。喙中部由粗糙刻点组成横缢，前面部分几无刻点，后面部分刻点较密。小盾片两侧刻点较粗，基胝光滑。腹部腹面具浓密粗糙刻点，似呈横列状。雄虫生殖节上缘狭细，中央有 1 个突起。抱握器端部及亚端部扁平，稍弯曲。

量度　体长 3.2~3.9 mm，前胸背板宽 2.2~2.9 mm，小盾片宽 3.0~3.5 mm。

经济意义　危害艾蒿 *Artemisia* sp.、菊花。

分布　河南 (栾川、信阳、鸡公山)；北京、山西、陕西、宁夏、甘肃、安徽、湖北、湖南、江西、福建、广西、四川、贵州。

393. 双痣圆龟蝽 *Coptosoma biguttulum* Motschulsky, 1859　（图版 XXVI-2）

Coptosoma biguttula Motschulsky, 1859: 501; Kirkaldy, 1909: 329; Li, 1985: 33; Hsiao et al., 1977: 33; Yu et al., 1993: 74; Lin & Zhang，1992: 215; Zhang，1993: 27.

Coptosoma chinensis: Wu, 1932: 82.

Coptosoma biguttulum Motschulsky: Davidová-Vilímová, 2006: 154.

形态特征　**体色**　黑色。触角、足、前胸背板两侧缘各有的 1 条细的缘纹、小盾片基胝两端的斑点、小盾片侧缘后部及顶缘的边缘、腹部侧缘及各节具有的逗号形斑点、中叶顶端下方黄色；触角端部、喙、足股节基部褐色；触角第 1、第 2 及第 3 节基半部、喙各节基部、爪基部黄褐色；膜片浅棕色；臭腺沟黑色。

结构　近圆形，具微细刻点。头小，前端圆形，下倾，后端上拱，窄于前胸背板前缘，前半端具皱纹，侧叶与中叶等长，侧叶内侧及中叶后端布刻点，侧叶侧缘脊状，外弓，略上翘。复眼扁卵形，外突。单眼位于复眼内下侧。触角 5 节，位于头下方复眼内侧，达于后足基节。喙 4 节，位于头下方基部，伸达后足基节处。前胸背板后端上拱，中部具横缢、无刻点，其内侧及横缢处刻点密，前侧缘外弓，前角处外扩，前角钝圆，侧角圆，前缘内凹，后缘直，窄于小盾片基部，前胸背板两侧刻点较粗糙。小盾片大，刻点稀，均匀，基半部上鼓，后端下倾，完全覆盖腹部末端，基胝分界清楚，基胝和侧胝明显。后缘中央略凹；前翅大部膜质，静止时折叠于小盾片下，基部外露。膜片纵脉多，展开时超过腹部末端 2.4 mm。后翅透明，下缘 3 裂，具 5 条纵脉。臭腺沟斜上达后胸腹板基部。足腿节粗，胫节背面无纵沟，密披浅色细毛，跗节 2 节，第 1 节短于第 2 节。腹部两侧刻点密，均匀，中央刻点稀，腹部腹面具刻点。第 6 腹板下缘中央略凹。各节侧缘近端角有 2 个互相靠近的毛点。雄虫生殖节约与头等宽，上缘中央有 1 列刷状毛，下缘中央有 1 小突起，其上具浅色长毛。

量度　体长 3.0~4.0 mm，宽 4.5~5.5 mm。触角各节长度 Ⅰ：Ⅱ：Ⅲ：Ⅳ：Ⅴ=0.20：0.09：0.45：0.39：0.53 mm。前胸背板宽 2.0~3.0 mm，小盾片宽 2.5~3.5 mm，长 2.7~3.0 mm。

生物学特性　山西一年 1 代，浙江、江西一年可 2 代或 3 代，以成虫在豆科植物的残茬、土缝、土块下越冬。在山西，每年 4 月中旬越冬成虫开始出现，5 月上旬交尾产卵，5 月上旬至 6 月上旬大量孵化，10 月上旬成虫开始越冬。在江西，盛发期在 5 月、6 月，此时各虫态均可见到，夏季卵期 5~7 d，若虫期 25~34 d；在山西，卵期为 10 d 左右。卵成块产于豆科植物的叶背，每块 20~30 粒；初孵幼虫多在嫩头和嫩叶上取食，高龄若虫和成虫喜群聚在花蕾、嫩茎和叶柄上。

经济意义　主要为害豆科植物，对大豆的危害较为严重，次为扁豆 *Lablab purpureus*、刺槐、链荚豆 *Alysicarpus vaginalis*、胡枝子等。成虫、若虫喜群聚在花蕾上刺吸汁液，叶及叶柄上也有，被害花萎谢脱落，豆荚常出现褐色斑点，严重时籽粒不饱满，影响产量。

分布　河南 (信阳、鸡公山)；北京、山西 (夏县)、黑龙江、浙江 (杭州)、江西、四川 (打箭炉)、福建 (建阳黄坑)、西藏 (察隅)；朝鲜、日本。

394. 浙江圆龟蝽 *Coptosoma chekianum* Yang, 1934 (图版 XXVI-3)

Coptosoma chekiana Yang, 1934a: 158, 202; Hsiao et al., 1977: 32; Lin & Zhang, 1992: 215; Yu et al., 1993: 74; Zhang, 1993: 27; Davidová-Vilímová, 2006: 155.

形态特征　**体色**　黑色。前胸背板前端具有的 2 个横斑、侧缘的 1 个条纹、小盾片的 2 个显著的斑点、侧胝的小斑、侧缘后部及后缘、腹部腹面侧缘及其内缘的 1 列斜长斑点黄色。

　　结构　近圆形。具细小刻点。侧叶与中叶约等长。前胸背板中部具微弱横缢。小盾片基胝分界清楚。后缘中央间向内呈角状扩展。

　　量度　体长 3.6~4.5 mm, 宽 4.0 mm。

　　生物学特性　寄主以合欢等豆科植物为主。江西南昌、宜春等地一年发生约 2 代，以成虫在杂草丛间、树皮裂缝处过冬。宜春越冬成虫 4 月下旬始出活动，5 月中下旬始产卵，第 1 代于 5 月下旬始孵出；5 月下旬至 10 月上旬，野外均可见到若虫，6 月中旬至 7 月上旬及 8 月初至 9 月中旬可见到初龄若虫，10 月下旬至 11 月上旬、中旬成虫相继进入越冬期。经片段观察，卵期 7~9 d，若虫期 27~39 d。卵成块产在嫩枝上或嫩叶背面，每块 8~21 粒，双行纵列。若虫和成虫多群集于株高 1.5 m 以下的幼树嫩头及花序上吸食，遇惊后即缩足坠地，迅又爬散。

　　经济意义　危害桑树、豆类、稻、茄等植物。

　　分布　河南 (许昌、信阳)；浙江 (天目山、禅源寺、仙人顶)、福建 (龙岩永和)。

395. 达圆龟蝽 *Coptosoma davidi* Montandon, 1897 (图版 XXVI-4)

Coptosoma davidi Montandon, 1897: 460; Kirkaldy, 1909: 331; Hsiao et al., 1977: 32; Lin & Zhang, 1992: 215; Davidová-Vilímová, 2006: 156.

　　形态特征　体色　黑色。侧叶中央、前胸背板近前缘中部的 2 个斑、侧缘的条纹、小盾片基胝的 2 个显著的斑块、侧胝的小斑、侧缘后部及后缘、后缘中央的斑、腹部腹面侧缘及其内缘有 1 列斜长斑点黄色。

　　结构　近圆形，背面圆鼓，密被小刻点。头侧叶与中叶约等长。前胸背板中部微弱横缢。盾片基胝分界清楚，后缘中央黄斑向前呈角状扩展。各足胫节圆柱形，前足、中足胫节背面顶端具极短的纵沟。前胸腹板两侧在前足基节臼的前方具 1 条显著横褶。雄虫生殖节较大，通常宽于或等于头的宽度。

　　量度　体长 4.0~4.9 mm，小盾片宽 3.5~4.4 mm。

　　生物学特性　江西宜春从 5 月上旬至 10 月下旬，均可采到成虫，5 月下旬至 10 月上旬可见到若虫。

　　经济意义　吸食合欢嫩叶、嫩头及花序的汁液。

　　分布　河南；江西、浙江、福建 (福州邵武、崇安三港、武夷、建阳黄坑、龙岩永和)、四川。

396. 高山圆龟蝽 *Coptosoma montanum* Hsiao et Ren, 1977 (图版 XXVI-5)

Coptosoma montana Hsiao & Ren, 1977: 34.

Coptosoma montanum: Davidová-Vilímová, 2006: 157.

　　形态特征　体色　黑色，光亮。前胸背板侧缘的 1 条纹、近前缘处的 2 个横长的斑、小盾片基胝的 2 个横长的大斑、侧胝很小的斑、侧缘及后缘的边、腹部侧缘及其内 1 列纵长的斑、雄虫生殖节边缘的斑黄色；触角、喙、足深褐色；股节端部、胫节浅褐色。

结构　近圆形。具浓密刻点，头侧叶与中叶等长。前胸背板近前缘处的 2 个横长的斑后方有时尚有 2 个小斑。小盾片后缘黄边中央微向内成角状扩展，雄虫后缘中央向内凹陷。雄虫生殖节稍窄于头的宽度。

量度　♂ 长 2.8 mm，前胸背板宽 2.3 mm，小盾片宽 2.55 mm；♀长 3.2 mm，前胸背板宽 2.55 mm，小盾片宽 3.1 mm。

分布　河南 (信阳)；江西 (庐山牯岭)、浙江 (天目山)。

397. 孟达圆龟蝽 *Coptosoma mundum* Bergroth, 1893 (图版 XXVI-6)

Coptosoma mundaum Bergroth，1893: 172.

Coptosoma munda: Kirkaldy, 1909: 334; Hsiao et al., 1977: 32; Shen, 1993: 32; Cai et al., 1998: 235; Yu et al., 1993: 74.

Coptosoma munda：Lin & Zhang, 1992: 216.

Coptosoma mundum: Davidová-Vilímová, 2006: 157.

形态特征　体色　黑色。侧叶中央、前胸背板侧缘前方的 2 条纹、前部中央的 4 个斑、小盾片基胝的 2 个横长圆形斑、侧胝的小斑、两侧及后缘、腹部腹面侧接缘的斑纹、股节端部 1/3 黄色；小盾片两侧及后缘的刻点、足褐色。

结构　宽卵圆形。头中叶与侧叶等长。前胸背板侧缘横缢刻点较浓密。小盾片基胝分界清楚，其后缘中央向内扩展成凹尖角形。

量度　体长 3.9~4.1 mm，宽 3.6~3.9 mm。

生物学特性　海南的乐东、昌江 1~3 月仍见成虫活动取食，该处未见休眠。

经济意义　危害杧果 *Mangifera indica* 花核及腰果 *Anacardium occidentale* 嫩梢、刺槐等。

分布　河南 (栾川、驻马店、南阳、信阳)；福建 (龙岩、厦门)、广东、海南。东洋区系，目前只在中国发现。

398. 小黑圆龟蝽 *Coptosoma nigrellum* Hsiao et Ren, 1977 (图版 XXVI-7)

Coptosoma nigrella Hsiao et Ren，1977: 29; Hsiao et al., 1977: 29; Shen, 1993: 32; Bu & Ren, 1995: 120; Zhang, 1993: 28.

Coptosoma nigrellum: Davidová-Vilímová, 2006: 158.

形态特征　体色　黑色。前胸背板两侧前方扩展部分的亚侧缘、前翅前缘基部、腹部侧缘及其内侧的斑点、触角、喙、足、雄虫生殖节两侧及中央突起带均赤褐色；前足、中足股节基部及后足腿、胫节深褐色。

结构　体背圆鼓，腹面稍鼓，密被刻点。头侧叶长于中叶，并在中叶前方会合。雌雄头部异型，雄虫头宽 1.1 mm，前端方形，前缘显著向上翘折；雌虫头宽 1.2 mm，前端圆形。雄虫小盾片后缘中央向前凹陷，生殖节大，约与头部等宽，上缘中央具 3 个小突起。

量度　长 3.3~3.4 mm。前胸背板宽 2.6 mm，小盾片宽 3.1~3.2 mm。

生物学特性　江西宜春一年约发生 2 代，于 4 月中旬至 10 月下旬均可见到成虫，5 月中旬至 10 月中旬可采到若虫，尤以 5 月下旬至 9 月下旬为盛。以成虫在枯枝落叶、杂草丛间过冬。卵聚产于叶柄、花序小梗和嫩茎上，纵行排列。若虫和成虫喜群集于嫩头、嫩叶和花序上取食，强日照时，则栖息于嫩头的叶柄基部，遇惊即飞走或坠落地面。

经济意义　在江西山区和丘陵地，危害菜豆、大豆、番薯较烈，也取食美丽胡枝子。

分布　河南 (信阳、鸡公山)；江西、福建 (崇安三港)。

399. 显著圆龟蝽 *Coptosoma notabile* Montandon, 1894 (图版 XXVI-8)

Coptosoma notabilis Montandon,1894: 278; Kirkaldy, 1909: 337; Yin, 1985: 33; Hsiao et al., 1977: 35; Lin & Zhang, 1992: 216; Zhang, 1993: 28; Cai et al., 1998: 235.

Coptosoma notabile: Davidová-Vilímová, 2006: 158.

形态特征　体色　黑色。头侧叶中部、触角基部、前翅前缘基部、前胸背板侧缘前方的线状纹、小盾片基胝的 2 个略呈横长方形的斑点、小盾片两侧缘及后缘的边缘、腹部腹面侧缘、侧缘内侧每节的 1 枚纵长形斑黄色；触角端部、小盾片侧胝、足褐色，股节顶端及胫节淡褐色。

结构　近圆形，背面密被小刻点。头小，侧叶与中叶等长；小盾片两侧的黄边常不达小盾片的基部；雄虫生殖节略扁，稍窄于头的宽度。

量度　长 2.0~3.5 mm，前胸背板宽 3.0 mm，小盾片宽 3.4 mm。

生物学特性　江西于都一年发生 2 代。以成虫越冬，翌年 4 月中下旬开始交尾、产卵，第 1 代成虫于 7 月、8 月交尾、产卵。在江西南昌一年发生 2 代，以成虫在杂草丛间、枯枝落叶下过冬。翌年 4 月中下旬始出活动，4 月下旬至 5 月上旬始交尾、产卵，第 1 代成虫发生于 7 月、8 月，8 月、9 月出现第 2 代若虫。卵成块产在寄主嫩茎和嫩叶柄上，若虫和成虫喜群集在嫩茎和嫩头上取食。

经济意义　寄主有葛藤等。成虫、若虫在茎秆上吸食汁液，有一定的群集性，影响植株生长发育。

分布　河南 (栾川)；浙江、福建、江西、湖北、广东、四川。属东洋区系。

400. 小饰圆龟蝽 *Coptosoma parvipictum* Montandon, 1892 (图版 XXVI-9)

Coptosoma parvipicta Montandon, 1892: 281; Kirkaldy, 1909: 337; Hsiao et al., 1977: 31; Lin & Zhang, 1992: 216.

Coptosoma parvipictum: Davidová-Vilímová, 2006: 158.

形态特征　体色　本种体色多变。复眼内侧小点及眼红褐色；触角、喙、足、腹部腹面侧缘、雄虫生殖节中部、边缘 (侧缘下部除外) 褐色；前胸背板侧缘近中央的近三角形小斑、小盾片基胝两侧的倒卵圆形小斑黄褐色；小盾片侧胝黑色；小盾片侧缘后部及后缘的狭边、前翅前缘基部、雌虫第 6 腹板后缘中央的横纹、近下缘中央的圆形突起、边缘侧缘下部黄色。

结构　卵圆形，具同色刻点。头小，后部陷入前胸前缘；前胸背板侧缘前方扩展较大，前角几与眼平齐；前足、中足胫节背面端部具浅纵沟；腹部腹面亚侧缘内侧黄斑自前向后由大变小；雄虫生殖节小，圆形较平坦。

量度　体长 3.8~4.3 mm，前胸背板宽 2.7~3.1 mm，小盾片宽 3.2~3.7 mm。

生物学特性　贵州都匀 1 年发生 1 代。以成虫在寄主附近的枯枝、落叶及土缝、石缝中越冬，翌年 5 月上旬、中旬交尾、产卵，6~9 月危害盛，10 月中旬进入越冬，为害时有一定群集性。

经济意义　寄主为赤胫散 *Polygonum runcinatum*。

分布　河南 (信阳、沙窝、新县)；浙江 (杭州)、安徽、福建 (建阳黄坑、邵武、崇安三港)、广东 (连县)、广西、贵州。属东洋区系。

401. 子都圆龟蝽 *Coptosoma pulchellum* Montandon, 1894 (图版 XXVI-10)

Coptosoma pulchellum Montandon, 1894: 136; Davidová-Vilímová, 2006: 158.

Coptosoma pulchella：Kirkaldy, 1909: 337; Hsiao et al., 1977: 37; Shen, 1993: 32; Lin & Zhang, 1992: 215.

形态特征　**体色**　黑色有黄斑。头、喙、雄虫生殖节下缘及中央突起、小盾片基胝、侧胝后部及两侧的粗糙刻点褐色；头侧叶中区及头部腹面、前胸背板侧缘、亚侧缘的纵纹、前缘内侧及背板前区的 4 个前小后大的横斑、侧角后部、小盾片基胝、侧胝的横斑、腹部腹面侧缘、亚侧缘的纵斑、雄虫生殖节上缘及侧缘黄色；雄虫生殖节 (下缘及中央突起除外)、腹部腹面黑色；足黄褐色；复眼棕红；单眼红色。

结构　近圆形。刻点细小。头小，侧叶与中叶约等长；前胸背板近前缘横斑不与亚侧缘纵纹相连；小盾片侧缘及后缘光滑；雄虫生殖节较大，大于头的宽度。后部及两侧的斑变化极大。

量度　体长 2.3~3.3 mm，小盾片宽 2.3~3.0 mm。

生物学特性　贵州罗甸于 5 月中旬越冬成虫开始活动，8~9 月数量较多，10 月底进入越冬。

经济意义　危害大豆、紫穗槐，主要聚集于幼嫩枝梢及腋芽处取食。另外危害檀香 *Santalum album* 等林木。

分布　河南 (信阳)；四川 (金川)、贵州。

402. 类变圆龟蝽 *Coptosoma simillimum* Hsiao et Ren, 1977 (图版 XXVI-11)

Coptosoma simillima Hsiao & Ren, 1977: 38.

Coptosoma simillimum: Davidová-Vilímová, 2006: 160.

形态特征　**体色**　黑色。头侧叶中部及头的腹面、触角基部、前胸背板侧缘前部扩展部分的 2 条纹、前缘的 2 个斑、前部的 2 个横长纹、侧角的斑、小盾片基胝的 2 个斑点、侧胝的斑点黄色；触角端部褐色；生殖节稍带紫褐色。

结构　近圆形。头小，侧叶与中叶等长；前胸背板横缢显著，侧缘前部扩展部分较小；小盾片基胝显著，侧缘的黄边长短不一，有时达于基部；后缘黄边较为固定，中央向内成角状延伸，雌虫尤为显著；雄虫生殖节较小，稍窄于头的宽度；雌虫第 6 腹板后缘向前弯曲，第 7 腹板中部扁平，具细浅刻点。

量度　♂长 2.6 mm，前胸背板宽 2.2 mm，小盾片宽 2.5 mm；♀较大，长 3.1 mm，前胸背板宽 2.5 mm，小盾片宽 3.3 mm。

经济意义　为害刺槐等林木。

分布　河南 (新县)；福建 (福州、邵武、建阳、崇安)、广东、云南 (昆明、安宁、西双版纳)、海南。

403. 多变圆龟蝽 *Coptosoma variegatum* (Herrich-Schäffer, 1839) (图版 XXVI-12)

Thyreocoris variegatus Herrich-Schäffer, 1839: 83.

Coptosoma variegatum: Montandon, 1894: 134; Distant, 1918: 114; China, 1928: 185; Hoffmann, 1931: 115; Hoffmann, 1931: 138; Hoffmann, 1931: 1015; Davidová-Vilímová, 2006: 160.

Coptosoma variegata: Kirkaldy, 1909: 340; Wu, 1933: 226; Yin, 1985: 34; Hsiao et al., 1977: 38; Shen, 1993: 32; Yu et al., 1993: 75; Lin & Zhang, 1992: 21; Zhang, 1993: 29.

形态特征　成虫　体色　黑色。头侧叶中部及头的腹面、触角、前胸背板侧缘前部扩展部分的 2 条纹、前缘的 2 个斑点、前部的 2 个横长纹、后侧角的斑点、小盾片基胝的 2 个大斑点、侧胝的斑点、腹背侧缘、腹部腹面各节侧缘各具有的 1 个斑点黄色；触角端部褐色。

结构　近圆形，密布细小刻点。头小；小盾片大，盖及全腹背，基胝显著，后缘中央的黄边向内呈角状延伸，尤以雌虫显著；生殖节雄虫中央凹陷，雌虫扁平不凹陷。

量度　体长 2.2~3.2 mm，宽 2.0~3.2 mm. 前胸背板宽 1.8~2.6 mm，小盾片宽 2.0~3.2 mm。

卵　初产乳白色，渐变米黄，孵前微黄；前部较细，后部稍粗，略呈茄子形，前端为假卵盖，平而微拱；中部具纵凹陷 2 条，凹陷之间为宽纵隆起，假卵盖周缘具乳白色精孔突 28~30 枚，其基部不相连；长 0.5~0.6 mm，宽约 0.3 mm。

若虫　头、胸漆黑色，胸背中央具玉白色纵条，腹部灰白，腹背中央肉红色，腹侧缘各节平生 1 根白长毛，稍内又各竖生黑长毛 2 根；龟状；1 龄若虫体长 0.6~0.8 mm，宽约 0.5 mm。

生物学特性　江西南昌一年 1 代，以成虫在寄主菀部草丛及枯枝落叶下越冬。翌年 4 月中旬、下旬开始外出活动，5 月下旬至 8 月中旬交尾、产卵，以 6 月上旬至 7 月上旬为产卵盛期，6 月下旬至 9 月中旬陆续死亡。若虫于 6 月上旬至 8 月中旬孵出，以 6 月中旬至 7 月中旬为孵化盛期。10 月中旬、下旬陆续开始蛰伏越冬。卵期 6~8~12 d。若虫期 47~61 d，成虫寿命长达 11 个月左右。卵多成块产于寄主嫩茎与叶柄基部或叶背主脉近处，少数产于叶面、托叶和茎枝上，聚生，平铺斜置，呈羽状双行纵列，后端接近，前端斜向两边。每雌一生可产卵 3~8 块，每块有卵 8~15~23 枚。初孵若虫先静伏于卵壳旁，不久即四散爬行。若虫和成虫喜群集于嫩头、嫩叶背面和嫩枝上吸食，遇惊即分散或坠落地面。已发现斜纹猫蛛 (*Oxyopes sertatus*) 能捕食其成虫。

经济意义　主要为害算盘子、花椒、白栎 *Quercus fabri*、贴梗海棠 *Chaenomeles speciosa*、白兰 *Michelia alba*、山槐 *Albizia kalkora*、昆明鸡血藤、千金藤等。成虫喜群

集于嫩茎、新枝上吸汁，致使被害茎枝瘦短，叶片变黄，提早衰落。

分布 河南；福建、江西、贵州、云南、西藏；东洋区其他各地。属东洋区系。

(二三九) 豆龟蝽属 *Megacopta* Hsiao et Ren, 1977

种 检 索 表

1. 腹部腹板两侧各具辐射状横带，组成宽阔的浅色边缘 ·····················2
   腹部腹板两侧无辐射横带，因此腹部完全黑色，仅各节边缘具浅色斑点或条纹。身体背面黑色，无黄色麻点，头基部黑色，端部红黄色；前胸背板前侧缘扩展部分有 1 条黄色条纹 ·····················
   ·····················**镶边豆龟蝽** *M. fimbriata*

2. 头侧叶长于中叶，并在中叶前方互相接触将中叶包围 ·····················3
   头侧叶不长于中叶，如稍长，但不在中叶前方互相交接 ·····················4

3. 腹部腹板两侧浅色带纹中央有 1 条黑色横纹，除节间外无刻点，或刻点稀少。头的前缘中央向前圆凸；前胸背板领的中部细缩或消失，前部的横纹通常不整齐；雄虫腹部第 2、第 3 节的辐射状横带很长，其他节的甚短，第 3 节以后具浓密的短毛 ·····················**筛豆龟蝽** *M. cribraria*
   腹部腹板两侧浅色辐射状横带具浓密的褐色刻点，中央无黑色横纹。腹板横带较窄，腹部腹面中部黑色，两侧浅色 ·····················**和豆龟蝽** *M. horvathi*

4. 前胸背板后部无深色斑纹 ·····················**圆头豆龟蝽** *M. cycloceps*
   前胸背板后部黑色或具黑色或褐色斑纹 ·····················5

5. 小盾片两侧的黄色部分较宽，与基胝两端的黄斑相连，后部黄色区域较大，占小盾片的 2/3 以上，不呈双峰状；腹部腹面两侧黄色带纹较宽，约占各侧之半 ·····················**狄豆龟蝽** *M. distanti*
   小盾片两侧的黄色部分较窄，不与基胝两端的黄斑相连，后部黄色区域小，呈双峰状向内扩展，腹部两侧黄色带纹较窄，不及各侧之半 ·····················**双峰豆龟蝽** *M. bituminata*

404. 双峰豆龟蝽 *Megacopta bituminata* (Mondandon, 1897) (图版 XXVII-1)

Coptosoma bituminata Montandon, 1897b: 452.

Megacopta bituminata: Hsiao et al., 1977: 27; Bu & Ren, 1995: 120; Davidová-Vilímová, 2006: 162

形态特征 **体色** 黑色。触角、喙及足、小盾片基胝黄斑上刻点褐色；前胸背板侧缘的 2 条纹、前端靠近前缘的 2 个横长的斑点、小盾片基胝的 2 个横长的斑点、侧胝的斑点、后部的宽阔双尖形斑点、前翅前缘基部、腹部腹面侧接缘、亚侧接缘的 1 列纵斑、雄生殖节边缘、雌第 1 对生殖节的斑点黄色。

结构 近圆形，具细小刻点。头雌雄异型，雄头方形，前端两侧向外扩展，雌头前端圆形，中央稍凹陷，两个侧叶几相接触；触角几等于体长之半，第 2 节极短，其他各节约等长，缘超过第 1 腹板的中央；前胸背板刻点细小、稀疏，横缢刻点较密，侧缘的 2 条黄纹，外边的 1 条占扩展部分的外部，内边的 1 条直达侧角，前胸背板前端近前缘的 2 个横长斑后有 2 个小斑；小盾片基胝 (侧胝除外) 刻点较显著，两侧黄色边缘不达于侧缘基部；腹部腹面刻点较显著；雄生殖节大，微小于头的宽度。

量度　♂长 3.9 mm，前胸背板宽 2.9 mm，小盾片宽 3.1 mm；♀长 4.1 mm，前胸背板宽 3.1 mm，小盾片宽 3.8 mm。

经济意义　寄主有马尾松、云南松、核桃 *Juglans regia*、椤木石楠 *Photinia davidsoniae*、云南鸡血藤 *Kadsura interior* 等。

分布　河南 (信阳)；天津、湖北、湖南、浙江、江西、广西、福建 (建阳、邵武)、海南、四川、贵州、云南。

405. 筛豆龟蝽 *Megacopta cribraria* (Fabricius, 1798) (图版 XXVII-4)

Cimex cribrarius Fabricius, 1798: 531.

Coptosoma cribrarium: Distant, 1902: 22; Matsumura, 1910: 26; Shiraki, 1913: 208; Hutson, 1920: C8-C10; Esaki, 1926: 142.

Coptosoma cribraria: Kirkaldy, 1909: 331; Kershaw, 1910: 71; Aiyar, 1913: 412; Fletcher, 1914: 469; Fletcher, 1917: 51, 57, 76; Fletcher, 1920: 249; Shroff, 1920: 344; Austin, 1926: 241; Wu, 1933: 226; Hsiao et al., 1977: 22; Davidová-Vilímová, 2006: 162.

Megacopta cribraria: Hsiao et al., 1977: 22; Yin, 1985: 34; Shen, 1993: 33; Yu et al., 1993: 75; Lin & Zhang, 1992: 217; Zhang, 1993: 30.

形态特征　成虫　体色　淡黄色或黄绿色，密布黑褐色小刻点。复眼红褐色；小盾片基胝两端灰白色；头中叶与侧叶的边缘、腹面条纹、前胸背板前部的 2 条弯曲的横纹黑色；腹面、触角、喙、腹部腹面两侧的辐射状宽带纹黄色。

结构　近卵圆形。前胸背板有 1 列刻点组成的横线；小盾片侧胝无刻点；各足胫节背面全长具纵沟；雄虫小盾片后缘向内凹陷，露出生殖节。

量度　体长 4.3~5.4 mm，宽 3.8~4.5 mm。

卵　初产乳白，渐现微黄，孵前肉黄色，卵盖周缘具精孔突 15~16 个，乳白色；略呈圆桶状，横置，一端为假卵盖，微拱起，另一端钝圆；长 0.6~0.7 mm，宽约 0.4 mm。

若虫　淡黄绿色，密被黑白混生的长毛，其中以两侧的白毛为最长。第 1 龄若虫复眼红褐色，腹背中央肉黄色，腹侧缘各节向外平生 2 根白长毛；扁卵圆形，中胸背板后缘平直，其后角不与第 1 腹节相接触；体长 1.2~1.4 mm，宽 0.9~1.1 mm。第 2 龄腹侧缘各节向外平生 2 根白长毛；扁卵圆形，中胸背板后缘平直，其后角与第 1 腹节相接触；体长 1.9~2.4 mm，宽 1.4~1.7 mm。第 3 龄腹侧缘薄板上各节平生 7 根白长毛；从 3 龄起体形龟状，胸腹各节 (后胸除外) 两侧均向外前方扩展成半透明的半圆薄板，3 龄中胸背板后缘中央稍向后弯曲，其后角后延成翅芽，盖于第 1 腹节前缘；体长 2.8~3.2 mm，宽 2.0~2.3 mm。第 4 龄腹侧缘薄板上各节平生 8 根白长毛；翅芽伸达第 1 腹节后缘或第 2 腹节前缘；体长 3.7~4.5 mm，宽 2.8~3.3 mm。第 5 龄腹侧缘薄板上各节平生 9 根白长毛；翅芽伸达第 2 腹节后缘或第 3 腹节前缘；体长 4.8~6.0 mm，宽 3.6~4.5 mm。

生物学特性　江西南昌一年发生 2 代为主，少数 1 代；在广西柳州一年 2~3 代，2 代为主；在山东济南也有 2~3 代，2 代为主。在广东广州一年至少 3 代。各地均以成虫存在在地面落叶、作物残茬、土缝中，海拔 170 m 以下较多，海拔 350 m 以上不见。以成虫在寄主植物附近的枯枝落叶下越冬。据在南昌郊区观察，越冬成虫在 4 月上旬开始活动，4 月中旬开始交尾，4 月下旬至 7 月中旬产卵，6 月中旬至 7 月下旬陆续死亡。一代若虫从 5 月初至 7 月下旬先后孵出，6 月上旬至 8 月下旬羽化。其中大多数可在 6 月中下旬至 8 月底交尾产卵，8 月中旬至 9 月上旬陆续死亡；但少数在 8 月中旬末以后羽化的，当年即不交尾产卵，与二代成虫一起蛰伏过冬。二代若虫从 7 月上旬至 9 月上旬孵出，7 月底至 10 月中旬羽化，10 月中旬、下旬起陆续过冬。卵产于叶片、叶柄、托叶、荚果和茎秆上，聚生成 2 纵行，平铺斜置，每块 10~32 枚，成羽毛状排列。每雌一生可平均产卵 278 粒，最多 533 粒，可分 5~8 块，每块 10~32 粒，多数 16 粒。若虫、成虫均有群集性，多在较荫蔽的茎秆、叶柄、嫩头和荚柄上，昼夜取食。每天多在 7~8 时或 17~18 时扩散为害，晴天中午前后一般不活动。

各虫态历期：据南昌郊区观察，卵期第 1 代 7~10 d，第 2 代 5~7 d；若虫期第 1 代 26~35~42 d，第 2 代 25~30~37 d；成虫寿命第 1 代 1.5~2~3 个月，少数越冬的长达 10~11 个月，第 2 代 9~10.5 个月。第 1 代成虫产卵前期 12~15~20 d。在济宁卵期第 1 代 8~9 d，第 2 代 5~6 d；若虫期第 1 代 50 余天，第 2 代 30 余天；在柳州卵期 4 月中旬产的为 8~11 d，5 月上旬至 6 月下旬产的为 5~6 d，若虫期 4 月下旬孵的为 35~40~51 d，5 月中旬孵的为 16~26~30 d，6 月下旬孵的 20 d 左右；成虫寿命越冬代 165~221 d，产卵期平均 36 d，长可达 75 d。

经济意义　寄主有大豆、葛藤、刺槐、菜豆、绿豆、扁豆 *Lablab purpureus*、美丽胡枝子、昆明鸡血藤、桑等近 20 种植物，以大豆、葛藤、美丽胡枝子上较多。成虫、若虫害发生在茎秆上，也会在叶柄和荚果上群集，吸食汁液，影响植株生长发育，造成叶片枯黄，茎秆瘦短，株势早衰，荚果枯瘪不实。江西南昌郊区 20 世纪 70 年代中期曾发现局部田块大豆受害严重，山东济宁在 50 年代中后期也曾局部成灾。

分布　河南 (信阳、许昌、郑州、兰考)；大致以长城附近为北限，最北采地河北、山西，西界四川、云南，东部各省（自治区）均有；朝鲜、日本、越南、缅甸、印度、斯里兰卡、印度尼西亚。属东洋区系。

406. 圆头豆龟蝽 *Megacopta cycloceps* Hsiao et Ren, 1977

Megacopta cycloceps Hsiao & Ren, 1977: 22; Zheng et al., 1999: 251; Davidová-Vilímová, 2006: 163.

形态特征　**体色**　草黄色，刻点褐色。中叶前缘及基部黑色，侧叶内缘褐色；单眼外侧凹陷处具黑色斜纹。前胸背板前缘及侧缘黑色，侧缘前部扩展部分的基部具褐色纹；前部波状横纹褐色。小盾片具狭窄的褐色边缘。中胸、后胸腹板及腹部中央黑色，腹部侧域各节中央横纹褐色。

结构　体表光亮，具刻点。头顶光滑，前缘圆形，侧叶与中叶等长，中叶前端狭窄；单眼外侧凹陷。前胸背板侧缘前部扩展；前部刻点细小稀疏，具波状横纹。小盾片无基胝，侧胝显著，光滑。腹部两侧辐射状横带宽阔，光滑。

量度　体长 3.75 mm；前胸背板宽 3.25 mm，小盾片宽 3.75 mm。头宽 1.5 mm，头顶宽 0.9 mm。

经济意义　寄主有栎属 *Quercus* sp.、黄荆。

分布 河南 (内乡)；广西。

407. 狄豆龟蝽 *Megacopta distanti* (Montandon, 1893) (图版 XXVII-5)

Coptosoma distanti Montandon, 1893: 564; Distant, 1902: 20; Kirkaldy, 1909: 331.

Megacopta distanti: Hsiao et al., 1977: 27; Cai et al.，1998: 235; Lin & Zhang, 1992: 217; Davidová-Vilímová, 2006: 163.

形态特征 **体色** 背面大部漆黑色，具棕色细密刻点。头部前半及两眼的前侧缘、前胸背板前缘两侧及侧缘、小盾片基胝两侧、侧胝、侧缘及后部、触角、喙及后足暗棕黄色；腹部中央黑色；腹部两侧为宽阔的辐射状带纹 (具细密棕色刻点)，黄色。

结构 近梯形。头部中叶、侧叶等长。小盾片侧缘和后部的黄色部分相当宽阔。

量度 体长 4.0~4.5 mm，前胸背板宽 3.0~3.5 mm。

生物学特性 河南信阳鸡公山地区一年发生 2 代，以成虫在枯枝落叶下越冬。有群聚性，常在茎秆、嫩果荚等部位刺吸为害。

经济意义 主要寄主植物为野葛 *Gelsemium elegans*、胡枝子等。

分布 河南 (栾川、鸡公山)；北京、河北、甘肃、陕西、浙江、江西、湖南、广西、福建、四川 (宝兴城关)、贵州 (平伐)、西藏、云南；印度。

408. 镶边豆龟蝽 *Megacopta fimbriata* (Distant, 1887) (图版 XXVII-2)

Coptosoma fimbriaum Distant，1887: 342; Distant, 1902: 34.

Coptosoma fimbriata: Kirkaldy, 1909: 332.

Megacopta fimbriata: Hsiao et al., 1977: 28; Shen, 1993: 33; Yu et al., 1993: 75.

形态特征 **体色** 黑色。头前端、足赭红色；头的腹面、小盾片边缘、前胸背板侧缘、各节腹板侧缘及亚侧缘的纵长斑点赭色；触角基部绿色；触角端部褐色；喙褐色。

结构 头侧叶与中叶约等长，后者前端较窄；喙达于腹部基部；前胸背板无横缢。

量度 体长 4.8~5.5 mm，前胸背板宽 3.3~4.0 mm。

生物学特性 成虫 5 月开始出现。

经济意义 为害刺槐等林木。

分布 河南 (洛阳)；贵州 (平伐)。

409. 和豆龟蝽 *Megacopta horvathi* (Montandon, 1894) (图版 XXVII-8)

Coptosoma fimbriatum Distant, 1887: 342.

Coptosoma horvathi Montandon, 1894: 260.

Megacopta horvathi: Hsiao & Ren, 1977: 23; Ru & Ren, 1995: 120; Lin & Zhang, 1992: 217; Lin & Zhang, 1992: 217; Davidová-Vilímová, 2006: 163

形态特征 **成虫** **体色** 草黄色，具黑褐刻点。头基部及侧缘、中叶、前胸背板中部的 1 条横纹上的粗糙刻点、腹下中部黑色；头侧叶内侧、两单眼间的短纵斑、前胸背板前部黄色；触角端部、前胸背板中央的 1 条短纵纹黑褐色；触角、前胸背板后部侧角、腹两侧的粗糙刻点褐色；小盾片、足黄褐色；头、胸部下方暗黑色；腹两侧辐射状宽横带草黄色。

结构　近圆形。头小，前端狭窄，侧叶长于中叶，并在中叶之前相交；前胸背板中部的横纹把背板分成前、后两部，前部较小，刻点少，后部较大，具粗糙刻点，前胸背板中央的 1 条短纵纹两侧有波状横纹；小盾片具粗糙刻点，基胝区分界线中间隔断，侧胝横长，窄而光亮；足胫节背面有纵沟；第 6 腹板后缘前弯，雌虫呈弧形，雄虫呈钝角，生殖节小。

量度　体长 3.5~5.2 mm，宽 3.2~5.1 mm。

卵　卵初产时乳白色，渐变为浅黄至黄色。

若虫　黄褐色，体表密被白色细毛；腹面平坦。1 龄若虫复眼红色；卵形，背隆起；体长 1.2~1.3 mm，宽 0.9 mm。2 龄体长 1.9~2.1 mm，宽 1.1 mm。3 龄足、触角黄褐色；头、前胸背板及腹部背面两侧颜色较深，臭腺孔痕隆起较高，翅芽明显；体长 3.2~3.5 mm，宽 1.5~2.2 mm。4 龄若虫翅芽达第 1 腹节；体长 4.0~4.3 mm，宽 2.3 mm。5 龄若虫翅芽达第 3 腹节；体长 5.0~5.2 mm，宽 3.6~3.8 mm。翅芽达第 3 腹节。

生物学特性　贵州都匀 1 年发生 1 代。以成虫在枯枝、落叶下越冬。翌年 4 月中旬开始活动，5 月中旬开始交配，6 月上旬至 7 月交配盛。成虫产卵期可长达 1~2 个月，卵期 7~12 d。6 月底至 8 月下旬陆续孵出若虫。

卵产在叶柄基部或幼嫩茎枝上，纵向 2 行平铺斜置，羽状排列，一般每块有卵 15~17 粒，最多可达 24 粒。初孵幼虫先在卵块周围聚集 1~1.5 h，然后向嫩枝叶扩散。成虫、若虫均有群聚性，稍受振动即假死落地。

经济意义　主要为害云实 *Caesalpinia decapetala*，其次为害豇豆、木蓝 *Indigofera tinctoria*、刺槐。若虫、成虫群集为害，在幼嫩藤蔓上吸食，造成被害蔓萎蔫、落叶、落花，结荚量减少。

分布　河南 (新县)；湖北、福建 (崇安三港、邵武、鼓岭、建阳黄坑)、广东 (连县)、广西 (龙胜天坪山)、四川 (南层乡)、贵州。

四十二、盾蝽科 Scutelleridae

体中小型至大型，椭圆或长椭圆形，背面圆隆；多数种类具有艳丽的色斑和金属光泽，毛少。上颚片等于、长于或短于前唇基；触角多 5 节，第 2 节短，少数种类触角 4 节；喙 4 节，伸达或超过后足基节。小盾片甚为发达，盖及腹部和前翅的绝大部分；足多短，胫节及跗节具短毛，跗节 3 节；前胸腹板前部深凹，其两侧多呈片或叶状突出。抱握器形状变化较大，有时呈两节状 (图 234-D)；雌虫受精囊中部常具大型球状构造 (图 235-G)。

盾蝽为植食性，多生活于木本植物上。我国常见的种类中，丽盾蝽 *Chrysocoris grandis* (Thunberg) 能为害柑橘、油桐、柚、栗 *Castanea mollissima* 等果树和经济林木，油茶宽盾蝽 *Poecilocoris latus* Dallas 是油茶和茶园的害虫，扁盾蝽 *Eurygaster testudinarius* (Geoffroy) 则为害小麦等禾本科作物。

该科昆虫广布于世界各大动物区，共知近 81 属 450 种。中国已知 16 属近 50 种。河南省曾记述 5 属 8 种 (申效诚，1993；彩万志等，1999)，但郑乐怡教授认为麦扁盾蝽 *Eurygaster integriceps* Puton 为典型的中亚细亚种，该种是否分布于河南省尚待调查证实 (郑乐怡，个人通信)。连同本书记述的 1 河南省新记录属种，河南省该科已知的肯定种类为 6 属 8 种。

属 检 索 表

1. 触角第 3 节明显长于第 2 节的 2 倍 ······················2

   触角第 3 节短于或近等于第 2 节的 2 倍 ······················3

2. 前胸背板后部和小盾片基部的连接处下陷成凹槽，小盾片基部具横走的刻纹 ·····················
   ······················ 丽盾蝽属 *Chrysocoris* Hahn

   前胸背板后部和小盾片基部的连接处不向下陷入，小盾片基部无横走的刻纹 ·····················
   ······················ 宽盾蝽属 *Poecilocoris* Dallas

3. 头长大于或近等于头宽，上颚片外缘不向内弯，前胸背板多具侧角刺，小盾片后端多少平截 ······
   ······················ 角盾蝽属 *Cantao* Amyot et Serville

   头宽于长，上颚片外缘多明显向内弯，前胸背板侧角钝圆，小盾片后端钝圆 ·····················4

4. 体狭长；前胸背板前半部有 1 明显的横凹 ·················· 长盾蝽属 *Scutellera* Lamarck

   体粗壮；前胸背板前半部无明显的横凹 ·····················5

5. 体背强烈隆起，多具强烈金属光泽 ·················· 亮盾蝽属 *Lamprocoris* Stål

   体较扁平，不具金属光泽 ·················· 扁盾蝽属 *Eurygaster* Laporte

(二四○) 角盾蝽属 *Cantao* Amyot et Serville, 1843

Cantao Amyot & Serville, 1843: 29. Type species by monotypy: *Cimex dispar* Fabricius.
Iostethus Stål, 1873: 10 (syn. McDonald, 1988: 287).

体较狭长，倒卵形。头长，侧缘略内收；喙不达腹部基部。前胸背板长度大于宽度，侧角显著或刺状；小盾片长于腹部，末端稍平截。腹部基部中央有纵沟；革片外端角延长外伸，末端尖锐。

410. 角盾蝽 *Cantao ocellatus* (Thunberg, 1784) (图 234)

Cimex ocellatus Thunberg, 1784: 60.
Cantao ocellatus: Distant, 1902: 43; Kirkaldy, 1909: 308; Lefroy, 1909: 672; Matsumura, 1913: 104; Bernard, 1919: 11; Ayyar, 1920: 910; Takahashi, 1921: 81; Esaki, 1926: 143; China, 1928: 186; Hoffmann, 1931: 139; Hoffmann, 1932: 140; Wu, 1933: 229; Hoffmann, 1935: 36; Hsiao et al., 1977: 60; Chen, 1987: 125; Zhang et al., 1992: 219; Shen, 1993: 29; Cai et al., 1999: 157; Lin et al., 1999: 41; Göllner-Scheiding, 2006: 193.
Cantao ocellatus rufipes Taeuber, 1929: 219.

别名　桐蝽。

形态特征　体色　红褐、黄褐或棕褐色。头基部、中叶基半部及触角为蓝黑或绿黑色，有金属光泽。前胸背板有 2~8 个黑斑点，小盾片上有 3~8 个黑斑点，黑斑周围浅色。这些黑斑数量变异甚大，在黑斑减少的种类中，仅剩下浅色斑。体腹面：头 (除端缘、侧缘)，胸部 (除前胸前缘、侧缘，中胸后缘)，腹部中央及腹侧斑点，前足、中足胫节、跗节，后足股节 (有时仅末端)、胫节、跗节及喙蓝黑或绿黑色，有金属光泽。

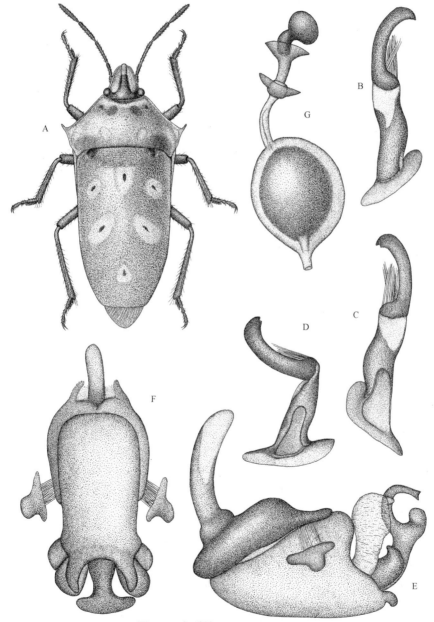

图 234　角盾蝽 *Cantao ocellatus*

A. 整体；B. 抱器；C. 抱器 (另一角度)；D. 抱器 (示中部折弯状态)；E. 阳茎侧面；F. 阳茎背面；G.受精囊

结构 前胸背板侧角呈细而尖的刺状，弯向前方 (有时刺消失)，刺黑色，前胸背板后角在小盾片基侧处成角状后伸。头、腹部下多细毛，白色，尤以胸部的毛长密而显著。小盾片基角处有深陷点。前翅革片由体背面不可见，膜片棕色，长于腹末。喙伸过后足基节，有些雄虫可伸达腹中部。

量度 体长 19~26 mm，宽 10.5~13.5 mm。

若虫 5 龄体长 15 mm，宽 9 mm。椭圆形，橘红色。头、前胸背板 (除侧缘橘红)、小盾片、翅芽、腹部背面臭腺孔区、腹节侧缘半圆形斑及胸侧板黑绿色有金属光泽。触角、足、腹部第 4~7 节腹板中央斑点、气门周围黑色，喙黑色，其基节基部橘红色。前胸背板后缘在小盾片基角处呈角状突出。小盾片末端平截，末端之前有 1 弧形凹陷。前胸背板侧区隆凸。腹部腹板黑斑中央浅色，向腹末渐细，第 6 腹节的黑斑中央稍凹下呈 1 浅纵沟。第 3 腹板前缘两侧各有 1 浅褐色细横斑。

生物学特性 江西南丰一年大概 1 代，7 月中旬出现中、大若虫，7 月下旬至 8 月下旬羽化。

经济意义 为害油桐、油茶、血桐 *Macaranga tanarius*、构树、番石榴 *Psidium guajava*、杜鹃 *Rhododendron simsii*、梨等。

分布 河南 (信阳)；安徽、湖北、浙江、江西、湖南、贵州 (贵阳、威宁)、福建 (浦城、漳平、龙岩、永安、安溪、平和)、台湾、广西、广东、海南、云南、西藏 (墨脱、下察隅)；日本、菲律宾、越南、缅甸、印度、马来西亚、斯里兰卡、印度尼西亚。

(二四一) 丽盾蝽属 *Chrysocoris* Hahn, 1834

Chrysocoris Hahn, 1834: 38. Type species by monotypy: *Cimex stollii* Hahn.

头大，倾斜程度中等。前胸背板侧缘中度内收；前侧缘直。小盾片基部不隆起；胫节有完整纵沟。

种 检 索 表

1. 体黄色至黄褐色 ··· 丽盾蝽 *C. grandis*
   体蓝色或紫色 ··· 紫蓝丽盾蝽 *C. stollii*

411. 丽盾蝽 *Chrysocoris grandis* (Thunberg, 1783) (图 235，图版 XXVII-3)

Cimex grandis Thunberg, 1783: 31.

Chrysocoris grandis: Distant, 1902: 54; Esaki, 1914: 328; Takahashi, 1918: 6; Ghosh, 1923: 1~14; 1924: 1~19; Esaki, 1926: 145; Hoffmann, 1931: 140; Hoffmann, 1932: 140; Wu, 1933: 229; Hsiao et al., 1977: 57; Chen, 1987: 126; Zhang et al., 1992: 219; Shen, 1993: 29; Cai et al., 1999: 157; Lin et al., 1999: 42.

Chrysocoris (Eucorysses) grandis: Kirkaldy, 1909: 295; Hoffmann, 1935: 26.

别名 苦楝蝽、苦楝盾蝽、大盾蝽象、黄色长盾蝽。

形态特征 体色 黄至黄褐色，有时有淡紫闪光，密布黑色小刻点。头基部与中叶黑色。触角黑色。喙黑。前胸背板前半有 1 黑斑，小盾片基缘处黑色，前半中央有 1 黑斑，中央两侧各有 1 短黑横斑。足黑。侧接缘黄黑相间。胸部下方、腹基部、每腹节下方的后半及第 7 腹板中央黑色。雌虫前胸背板前半中央的黑斑与头基部黑斑分离，而雄虫则此两斑互相连接。

　　　结构　椭圆形，密布小刻点。头三角形，中叶长于侧叶。触角第 2 节甚短。喙伸达腹部中央。前翅膜片稍长于腹末。足胫节背面有纵沟。

　　　量度　体长 18~25 mm，宽 8~12 mm。

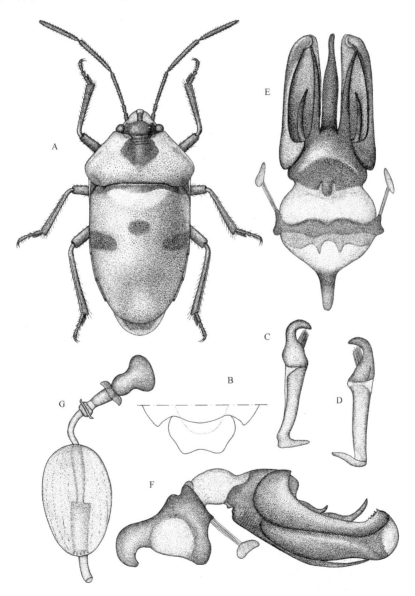

图 235　丽盾蜡 *Chrysocoris grandis*
A. 整体；B. 雄虫腹部末端腹面；C. 抱器；D. 抱器 (另一角度)；E. 阳茎背面；F. 阳茎侧面；G. 受精囊

生物学特性 广东以成虫在浓荫密蔽的树叶背面越冬，翌年 3 月、4 月外出活动，取食栗 *Castanea mollissima* 花序及番石榴等植物的嫩梢。多分散为害，越冬前后则较为集中。

经济意义 主要为害柑橘、梨、枇杷 *Eriobotrya japonica*、番石榴、栗 *Castanea mollissima*、苦楝、油桐、油茶、八角 *Illicium verum*、臭椿等果树和经济林木。

分布 河南 (信阳)；江西 (抚州)、福建 (福州、莆田、仙游、漳平、龙岩、南安、长泰、南靖、龙海)、台湾、贵州 (贵阳、贵定、罗甸、兴义、都匀)、广东、海南、广西、云南、西藏；日本、越南、印度、不丹、泰国、印度尼西亚。

412. 紫蓝丽盾蝽 *Chrysocoris stollii* (Wolff, 1801) (图 236，图版 XXVII-7)

Cimex stollii Wolff, 1801: 48.

Chrysocoris stollii: Distant, 1902: 58; Lefroy, 1909: 673; Esaki, 1926: 145; Wu, 1932: 82; Zhang et al., 1992: 220; Lin et al., 1999: 43; Göllner-Scheiding, 2006: 196.

Chrysocoris (*Fitha*) *stollii*: Kirkaldy, 1909: 295; Hoffmann, 1935: 28.

Chrysocoris stolli [sic]: Matsumura, 1913: 110.

Chrysocoris stolii [sic]: Hsiao et al., 1977: 57; Cai et al., 1999: 157.

别名 紫丽盾蝽、金花蝽。

形态特征 体色 艳丽的紫蓝、紫红或蓝绿色，有强烈金属光泽，体色可随光线反射角不同而变化。头部金蓝绿色，基部紫蓝更暗；复眼褐红，单眼玉红；触角黑色。喙第 2 节端和第 3、第 4 节黑色。前胸背板上有 8 块黑斑，成 2 列，前列 3 个，后列 5 个。前胸背板与小盾片间明显下陷成 1 横沟，背板及小盾片上有均匀的刻点，小盾片上有黑斑 7 个：基部并列 2 个，中部横列 3 个，近端部并列 2 个；有时小盾片末端黑色或暗红。这些黑斑在一些标本中为深红或紫红色。各足胫节紫蓝色；股节端部紫蓝，基节及股节褐黄，有时全足蓝黑。体下黄褐或黄红色，但头下端区、胸腹板、胸侧板 (除后缘)、腹部基部及端部斑块、气门周围为黑色。腹部两侧缘紫红。

结构 头部中叶长于侧叶，侧缘在复眼之前内凹；触角第 2 节最短，为第 3 节的 1/5~1/4，第 3 节稍扁，第 4、第 5 节更扁。喙伸过腹基部。前胸背板侧角圆钝。前胸背板与小盾片间明显下陷成 1 横沟，背板及小盾片上有均匀的刻点，小盾片基部有 1 弧形刻痕，刻痕所围部分隆起，隆起部无刻点而具微横皱纹；小盾片宽大，完全覆盖腹部背面。各足胫外侧端半部有浅沟。

量度 体长 11.0~14.5 mm，宽 6~8 mm。

若虫 5 龄若虫金蓝绿色，有金紫光泽，近于球形。头部中叶长于侧叶，中叶暗蓝色，侧叶侧缘上卷，暗蓝色；复眼内侧有暗蓝色圆斑；触角 4 节全黑；复眼红褐色。喙伸达后足基节后缘。前胸背板前侧缘略上卷，胝蓝黑色。背板、小盾片和翅芽上刻点均匀。前胸背板前缘至小盾片末端有 1 中纵线。小盾片基角处各有 2 个黑色小斑，中央有 1 金蓝色椭圆斑，向小盾片末端渐细缩。翅芽中央靠外侧处各有 1 近三角形的蓝黑色斑。足除基节和股节基部黄褐色外，余皆蓝绿具金属光泽。跗节黑。腹部第 1、第 2 节仅在小盾片与翅芽间隙处可见，第 3 节缩在第 4 节之下，只有褶皱可见，第 4 节呈哑铃状、两侧扩大，中间狭细，其前缘盖住小盾片末端，第5、第6两节显著而突出，成为腹背面的主要部分；第8、第9节腹板中央有蓝绿色横斑，每节侧缘区都有1金蓝色斑块，中央区与侧区金蓝绿斑块之间为黄褐色，其上有红色斑块。腹下黄褐，腹部腹板侧缘有黑色半圆斑。

经济意义　害主为木荷 *Schima superba*、茶树、水冬瓜 *Idesia polycarpa* 及算盘子属 *Glochidion*、九节属 *Psychotria* 植物。

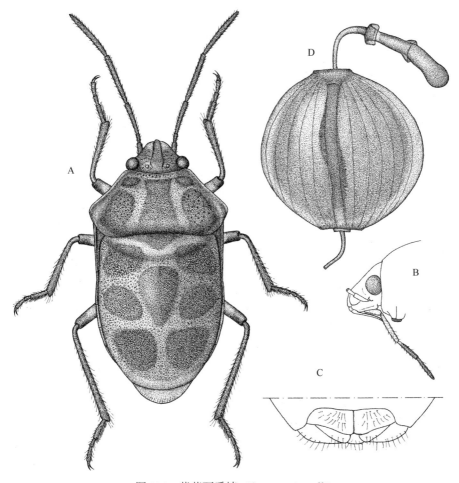

图 236　紫蓝丽盾蝽 *Chrysocoris stollii*

A. 体背面 (habitus)；B. 头部侧面 (head, lateral view)；C. 雌虫腹部末端腹面 (apical segments of abdomen , ventral view, female)；D. 受精囊 (spermatheca)

分布　河南；甘肃 (兰州)、江西、湖南、福建 (福州、建阳、罗源、连江、闽清、仙游、南安、长泰、厦门、南靖、龙海、云霄)、台湾、四川、广东、海南、广西、云南、西藏；越南、缅甸、印度、斯里兰卡。

(二四二) 扁盾蝽属 *Eurygaster* Laporte, 1832

Eurygaster Laporte, 1832: 69, as the subgenus of *Eurygaster*. Type species by subsequent sesignation (Anonymous, 1838: 295): *Cimex hottentotta* Fabricius.

Eurygaster: Spinola, 1837: 365; Distant, 1903: 68; Hsiao et al., 1977: 60; Nonnaizab, 1988: 81.

Bellocoris (part) Hahn, 1834: 42.

体椭圆形或卵形，中度隆起。头扁，下弯，略上隆。触角短，细。前胸背板六边形；小盾片明显比腹部狭窄，革片侧缘 (特别是基部) 外露。腹部侧接缘扁，扩展程度超过前胸背板。胫节背侧具纵沟。中国已知 3 种，河南省曾记载 2 种。

种 检 索 表

1. 前胸背板前侧缘略呈弧形，微外突；体色较淡 ………………………………… 麦扁盾蝽 *E. integriceps*
   前胸背板前侧缘平直，不呈弧形外突；体色多较深 ………………………………… 扁盾蝽 *E. testudinarius*

413. 麦扁盾蝽 *Eurygaster integriceps* Puton, 1881

Eurygaster integriceps Puton, 1881: 119; Hsiao et al., 1977: 60; Shen, 1993: 30; Cai et al., 1999: 157; Göllner-Scheiding, 2006: 219.

形态特征　**体色**　黄褐或棕黄色，体表小刻点同色。触角黄褐，第 4、第 5 节色深；单眼浅棕色，复眼棕褐；喙端黑褐色，其余黄褐。足淡褐色，跗节及爪较深。前翅革质部基缘近基角断凹处内侧有 1 光滑黄白色胝状斑。腹面黄褐或红褐，臭腺沟缘末端及腹部侧缘每节中央各有 1 小黑斑，气门浅褐。

结构　虫体椭圆形，密布小刻点。头近三角形，中叶、侧叶等长，侧叶更宽；喙伸达中足基节处。前胸背板前半部前倾，侧缘呈弱弧形外弓，后侧角钝圆；小盾片舌形，盖至腹端。前翅革质部基外缘和腹背侧接缘外露明显，基半部中央具隆起纵脊，基缘近基角断凹处内侧有 1 光滑胝状结构。

量度　体长 9~12 mm，宽 5.5~7.0 mm。

经济意义　主要为害麦类，抽穗期集中在穗部吸食浆汁。

分布　河南 (栾川、信阳)；黑龙江、内蒙古 (呼伦贝尔盟、昭乌达盟)、新疆 (天山以北)；俄罗斯 (中亚、高加索、克里米亚欧洲部分南境)、阿富汗、巴基斯坦、伊朗、伊拉克、土耳其、叙利亚、以色列、黎巴嫩、约旦、欧洲。

414. 扁盾蝽 *Eurygaster testudinarius* (Geoffroy, 1758) (图 237)

Cimex testudinarius Geoffroy, 1785: 195.

Eurygaster brealis Ribaut, 1926: 103.

Eurygaster testudinarius: China, 1926: 251; Hsiao et al., 1977: 60; Nonnaizab, 1988: 82; Shen, 1993: 30; Cai et al., 1999: 157; Lin et al., 1999: 44; Göllner-Scheiding, 2006: 221.

形态特征　体色多变异，由灰黄褐至暗棕色，体表局部聚集的刻点棕或黑色，构成不规则斑纹状。触角第 1 节黄褐色，第 2、第 3 节棕色，第 4、第 5 节棕黑色。喙黄褐至棕褐色，末端暗棕。头及胸腹面较密刻点棕黑色。臭腺孔及其沟缘外端各有 1 暗色斑。股节有暗棕色斑，胫节小刺棕色。腹节侧接缘各节基半部色浅，端半部密集刻点黑色，似呈黑斑纹。腹部腹面刻点棕红至红色。腹节气门、腹端中央及各腹节侧缘中区常有黑斑纹。

　　结构　雌虫通常稍大。椭圆形，背面较隆起，局部被相对集中的密刻点。头三角形，宽大于长，其前端明显下斜，中叶与侧叶约等长。触角第 1 节棒状，第 2、第 3 节较细，

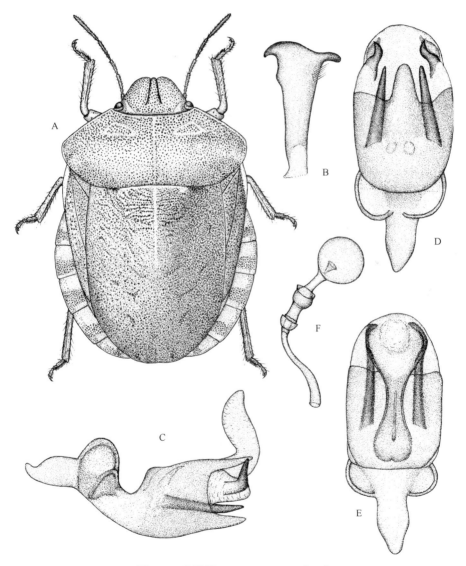

图 237　扁盾蝽 *Eurygaster testudinarius*

A. 体背面 (habitus)；B. 抱器 (paramere)；C. 阳茎侧面 (phallus, lateral view)；D. 阳茎背面 (phallus, dorsal view)；E. 阳茎腹面 (phallus, ventral view)；F. 受精囊 (spermatheca)

微弯曲，第 4、第 5 节稍粗。喙伸达后足基节。前胸背板横宽大于其长的 2 倍，前侧缘几斜直，侧角钝圆。小盾片发达，舌状，略超过腹端，但相对较窄，前翅露出部分的最宽处，约为小盾片宽的 1/4。头及胸腹面具较密刻点。足较粗短，胫节具小刺。腹节侧接缘弧形，较平滑，各节端半部具粗密刻点。腹部腹面中区刻点较稀少。

量度　体长 8.0~10.9 mm，前胸背板宽 5.4~7.0 mm。

经济意义　主要为害麦类、稻及其他一些禾本科作物。

分布　河南 (林州、辉县、许昌、西峡、罗山、信阳、鸡公山、商城)；黑龙江 (尚志、安宁)、吉林、辽宁、内蒙古 (呼和浩特、鄂温克旗、布特哈旗、扎赉特旗、科尔沁右翼前旗、科尔沁右翼中旗、阿鲁科尔沁旗、喀喇沁旗、克什克腾旗、西乌珠穆沁旗、多伦、凉城、卓资)、陕西 (杨凌、武功、西安、华县)、青海、宁夏、甘肃、新疆 (巴里坤)、山西、山东、湖北、江苏、浙江、江西、四川 (宝兴、灌县)、福建 (武夷山)、广东；日本、俄罗斯、土耳其、叙利亚、小亚细亚、欧洲、南非、印度。

(二四三) 亮盾蝽属 *Lamprocoris* Stål, 1865

Lamprocoris Stål, 1865c: 34. Type species by subsequent monotypy (Stål, 1866: 155): *Scutellers lateralis* Guérin-Méneville.

触角第 3 节长于第 2 节，但其长度不足第 2 节长度的 2 倍。胫节圆柱形，不扁，也没有纵沟。小盾片基角前缘略下弯。该属为河南省新记录属。

415. 亮盾蝽 *Lamprocoris roylii* (Westwood, 1837) (图 238，图版 XXVII-6)

Callidea roylii Westwood, 1837: 16.

Lamprocoris roylii: Distant, 1902: 65; Kirkaldy, 1909: 301; Hoffmann, 1935: 143; Hsiao et al., 1977: 62; Zhang et al., 1992: 220; Lin et al., 1999: 45; Göllner-Scheiding, 2006: 197.

别名　洱源蝽。

形态特征　体色　金绿色，具光泽。头中叶靛蓝色，触角黑色。前胸背板正中具靛蓝色纵中带，此带两侧各有 3 个靛蓝色的横斜斑，侧角内侧也具有 1 靛蓝色斑纹。小盾片基部隆起上有 3 个靛蓝色斑点，中部具略向上弯的靛蓝色横带，此带有些个体中断，端部有 5 个靛蓝色斑点，2 个在侧缘略小，2 个在中央较大，1 个在近末端。足蓝黑色，腹部腹面具蓝黑色与金绿色相间的横纹，各节侧接缘赭红色，此斑向内侧每节凹入。

结构　具刻点及光泽。头中叶长于侧叶。前胸背板前侧缘稍内凹，侧角圆钝。前胸背板后缘与小盾片基缘连接处下陷。小盾片基部隆起。

量度　体长 8.8~10.0 mm，宽 5.5~6.5 mm。

经济意义　寄主为泡桐。

分布　河南 (栾川)；浙江、江西、湖南 (大庸)、四川、贵州、福建 (邵武)、广西、广东、云南、西藏；印度、不丹。

简记　该种为河南省新记录种。

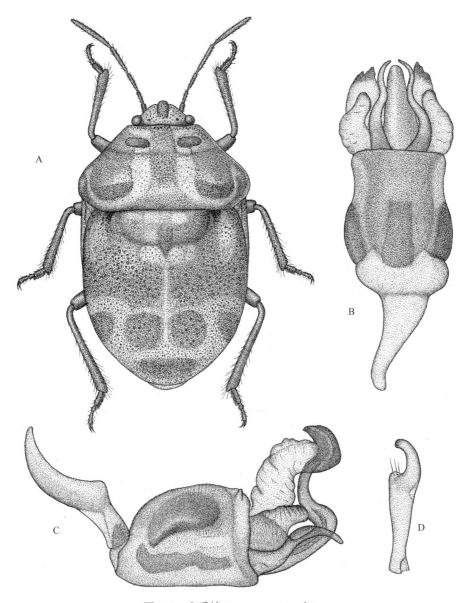

图 238　亮盾蝽 *Lamprocoris roylii*

A. 体背面 (habitus)；B. 阳茎背面 (部分展开) (phallus，partly extended)；C. 阳茎侧面 (部分展开) (phallus, lateral view, partly extended)；D. 抱器 (paramere)

(二四四) 宽盾蝽属 *Poecilocoris* Dallas, 1848

Poecilochroma A. White, 1842a: 84 (junior homonym of *Poecilochroma* Stephens, 1829, Lepidoptera). Type species by monotypy: *Cimex druraei* Linnaeus.

Poecilocoris Dallas, 1848: 100. New name for *Poecilochroma* White, 1842.

体卵圆形，隆起；头大，宽，侧缘内收。触角 5 节，第 1 节短，粗壮，第 2 节最短，最细；第 3、第 4、第 5 节，每节长度至少为前 2 节长度之和，宽扁，有纵沟。小盾片端部稍平截，腹部腹面有显著的沟槽。

种 检 索 表

1. 小盾片基部中央有 "Y" 形纹 ·· 斜纹宽盾蝽 *P. dissimilis*
   小盾片基部中央无 "Y" 形纹 ·· 金绿宽盾蝽 *P. lewisi*

416. 斜纹宽盾蝽 *Poecilocoris dissimilis* Martin, 1902 (图 239)

Poecilocoris dissimilis Martin, 1902: 333; Kirkaldy, 1909: 305; Hoffmann, 1935: 32; Hsiao et al., 1977: 58; Chen, 1987: 128; Zhang et al., 1992: 220; Shen, 1993: 31; Cai et al., 1999: 157; Lin et al., 1999: 45; Göllner-Scheiding, 2006: 196.

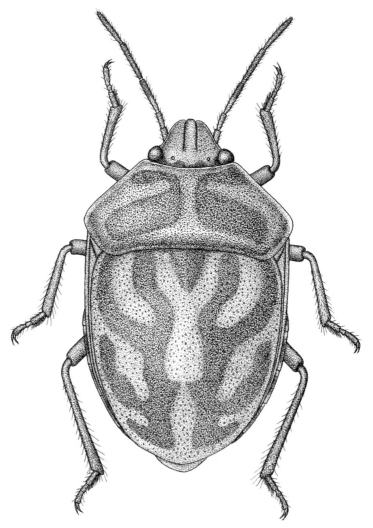

图 239　斜纹宽盾蝽 *Poecilocoris dissimilis*

别名　昆明龟蝽、明龟蝽。

形态特征　体色　蓝绿色，夹以紫色斑纹，有金属光泽。头部红褐；侧缘色较淡。触角第 1、第 2 节及第 3 节基半为黄褐色，第 3 节端半和第 4、第 5 节黑色。喙末端黑。前胸背板红褐色，中央有 1 纵纹，后缘有 1 横纹，胝后各有 1 与侧缘相平行的斜纹，此 4 条斑纹相互连接，均黄褐色。小盾片红褐；小盾片中央有 "Y" 形纹，此纹在中部之后细缩直达末端，在末端之前又扩大，几呈菱形。小盾片周缘 1 圈为褐黄纹，两侧区各有 3 条内斜的黄褐纹，中间的 1 条较长，近端部的 1 条成短斑，有时与末端之前中央的菱形斑相连。前翅革片前缘褐红色。侧接缘外露，具不规则的皱纹和深色刻点。腹下及足一致黄褐。爪黑色。气门周围黑，气门后的腹板侧区有红褐色斑。

结构　卵圆形。头部具刻点，复眼后方有 1 浅凹陷。头中叶略长于侧叶，末端圆钝。触角着生于头下，第 1 节不超过头末端。喙长，可伸达腹部第 3 节。前胸背板侧缘区有横皱纹，边缘光滑。小盾片靠近基角处各有 1 小陷点。前翅革片前缘外露。侧接缘外露，具不规则的皱纹和明显刻点。各足胫节背面具纵沟。腹部基半中央有浅纵沟。

量度　体长 16.0~20.5 mm，宽 10~12 mm。

经济意义　寄主有华山松、云南松、栎、木姜子 *Litsea pungens*、梨、油茶、旱冬瓜等。

分布　河南 (信阳)；江西、湖南、贵州 (贵阳、平坝、安顺、安龙)、福建 (邵武、顺昌)、广西、云南。

417. 金绿宽盾蝽 *Poecilocoris lewisi* (Distant, 1883) (图 240，图版 XXVII-9)

Poecilochroma lewisi Distant, 1883: 419.

Poecilocoris lewisi: Kirkaldy, 1909: 305; Matsumura, 1913: 107; Esaki, 1914: 327; Esaki, 1926: 144; Hoffmann, 1935: 34; Hsiao et al., 1977: 58; Chen, 1987: 129; Zhang et al., 1992: 221; Shen, 1993: 31; Cai et al., 1999: 157; Göllner-Scheiding, 2006: 196.

Poecilocoris lewisi var. *peipingensis* Yang, 1934: 266.

别名　金缘宽盾蝽、异色花龟蝽、异色花龟蝽、松蝽。

形态特征　体色　金绿色，斑纹赭红，有的个体略带蓝紫。头部金绿色，中叶尖端金黄；复眼黑，单眼红；触角基节黄褐色，其余 4 节蓝黑；喙黄褐色，末端棕黑。前胸背板有 1 个横置的 "日" 字形纹；小盾片有许多花纹，前缘有 "~" 形纹、端部周缘和中部有 2 条横波状纹，在 2 条横纹中央又有 1 纵短纹；前翅基角外缘显露部分 1/2 金绿色，其余革质部黄褐，膜片及后翅灰褐，翅脉棕褐。足黄褐并带金绿光泽。腹下侧缘金绿，其他部分黄色，气门上有 1 黑点；雌性生殖节上有黑点 1 枚；雄性则为 2 枚，并略带金绿闪光。

结构　宽椭圆形。头部侧叶稍短于中叶，侧缘微弱上卷；触角细长，5 节；喙伸达腹部第 4 节的前缘。

量度　体长 13.5~16.0 mm，宽 9~11 mm。

卵　高 1.6~1.7 mm，直径 1.5~1.6 mm。近球形，乳白色，半透明，后变黄褐至黄绿色，顶端假卵盖周缘有白色粒状精孔突 43~45 枚，破碎器位于假卵盖中央。

若虫 1 龄体长 2.5~3.5 mm，宽 2.0~2.5 mm。体近圆形，黄褐色，有金绿色斑块。头金绿色，触角黄褐；前胸、中胸、腹部第 5~7 节背面及第 4 节两侧各有 1 金绿色斑块；足黄褐色。2 龄体长 3.5~4.5 mm，宽 3.0~3.5 mm；后胸背面也呈金绿色；腹部背面第 3 节两侧各有 1 金绿色小斑，余同 1 龄特征。3 龄体长 5.0~6.5 mm，宽 4~5 mm；前翅芽略现。4 龄体长 7~9 mm，宽 6.0~7.5 mm；金绿色部分光泽减少，黑色成分增加；原黄褐

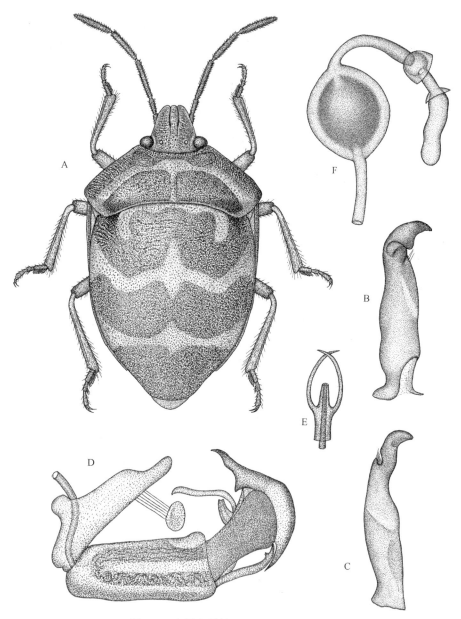

图 240 金绿宽盾蝽 *Poecilocoris lewisi*

A. 体背面 (habitus)；B. 抱器 (paramere)；C. 抱器（另一角度）(paramere, different side)；D. 阳茎侧面 (phallus, lateral view)；

E. 阳茎端刺突 (spine of vesica)；F. 受精囊 (spermatheca)

色部分变为黄白。小盾片和前翅芽明显伸展；触角、足及胸部腹面都为黑褐色；腹部背面第 4~6 节色斑上的 3 对臭腺孔明显可见，第 8 节有 2 块黑褐斑，末节黑褐色，侧接缘有黑褐斑。5 龄体长 10.0~13.5 mm，宽 8.5~10.0 mm；前翅芽伸达腹部第 4 节的中部，其余同 4 龄。

生物学特性　北京一年发生 1 代，以 5 龄若虫在石块下、土缝中越冬。春季出来活动，到葡萄等藤本植物上吸食汁液，5 月下旬至 6 月羽化。成虫多在松、柏上活动为害，7 月底至 8 月中旬交配产卵，8 月、9 月若虫由 1 龄发育至 5 龄，9 月间 5 龄若虫为害松、柏严重，此时成虫已少见，10 月仅有 5 龄若虫，11 月转移越冬。

各虫态历期：卵期 4~10 d；若虫期 300 d 左右或更长些，其中 1 龄 2~5 d，2 龄 3~6 d，3 龄 4~10 d，4 龄 5~14 d，5 龄 270~300 d；成虫寿命 60~90 d。卵多产在各种寄主植物的叶背面，呈块状，每块 20~30 粒，在针叶树上多呈长条状排列，阔叶树上则多 4 粒一排，呈倾斜方向。若虫 1~5 龄均具有群聚性。

经济意义　寄主有松、侧柏 *Platycladus orientalis*、葡萄、荆条等，9 月以后，1 龄若虫会转移到扁担杆 *Grewia biloba*、鸭距草 *Commelina communis*、秋英 *Cosmos bipinnata* 等植物上。在贵州，寄主还有栎、羊蹄 *Rumex japonicus*、石榴、缫丝花 *Rosa roxburghii* 等。成虫、若虫皆吸食嫩芽、嫩叶汁液，被害处很快干枯。

分布　河南 (辉县)；北京、黑龙江、辽宁、河北、山东、陕西、江西、四川、贵州 (贵阳、遵义紫云、安顺、毕节、罗甸、都匀)、云南；日本。

(二四五)　长盾蝽属 *Scutellera* Lamarck, 1801

Scutellera Lamarck, 1801: 293. Type species by monotypy: *Cimex nobilis* sensu Fabricius.

体狭长，体表有毛，但不甚明显。头长，三角形，略隆，斜向前下方伸出；喙伸达第 2 腹节端部，或略超过之。中胸腹板具显著凹沟。腹部粗壮，具宽阔纵凹沟，向腹末方向逐渐变窄。

418. 长盾蝽 *Scutellera perplexa* (Westwood, 1873) (图 241)

Tectocoris perplexa Westwood, 1873: 4

Scutellera perplexa: Kirkaldy, 1909: 304; Hsiao et al., 1977: 61; Chen, 1987: 127; Shen, 1993: 32; Cai et al., 1999: 157; Lin et al., 1999: 47; Göllner-Scheiding, 2006: 200.

别名　龙陵蝽。

形态特征　体色　蓝绿色具金属光泽，有黑色斑纹。头部中叶稍长于侧叶，最末端橘黄色。复眼棕黑，单眼红色。中叶和侧叶交接缝上有黑色纵纹，直至头基部，并在基部相遇。触角基部橘红色，其余黑色。喙第 3 节棕黑，第 4 节黑色。头下金绿色，基部黄红。前胸背板前侧缘红黄色；前胸背板中央有 1 黑色纵纹，向基部渐粗，呈棒状，胝区有上、下 2 条短横纹，黑色，上边的 1 条在侧缘处分叉；中央纵纹的后半部两侧各有 1 圆形黑斑点，侧角处也有 1 黑色圆斑。小盾片在基部之前至中部育 1 黑色中纵线，向末端渐细，纵纹两侧各有 2 个黑色圆斑，斜向纵列，中央纵线之后侧各有 1 黑色较大的横斑；侧缘处有一大一小 2 个纵列黑斑；末端之前有 1 大的黑斑。前翅革片仅前缘基部外露部位蓝黑色，最外缘红黄色。膜片深棕。侧接缘红黄色。前胸侧板周缘红黄色，中间金蓝绿色；中胸、后胸侧板多为金蓝绿色，后胸臭腺孔区红黄色。各足基节、股节黄红色，股节端部、胫节金蓝绿色，跗节棕黑。腹部各腹节基缘有金紫色横斑，向腹侧缘渐扩大，在气孔内侧呈金蓝绿色。气孔周围有黑色小圆斑。腹下黄红色。

　　结构　长棱形。头部中叶稍长于侧叶，侧缘在复眼之前内凹。喙长，可伸达第 4 腹节基部。前胸背板前半部有 1 横沟，横沟及前缘均有较深且粗的刻点；侧角不突出；前侧缘稍内凹、厚；小盾片向末端渐狭，长于腹末。前翅革片仅前缘基部外露。膜片长于小盾片末端。前胸侧板前缘呈领状；后胸臭腺孔区平滑光亮。腹部中央有纵沟。腹部腹板侧缘中央在气门内侧有短的横沟。腹下具长绒毛。

　　量度　体长 18~22 mm，宽 6.5~8.0 mm。

　　经济意义　寄主为橘、云南松、油茶。

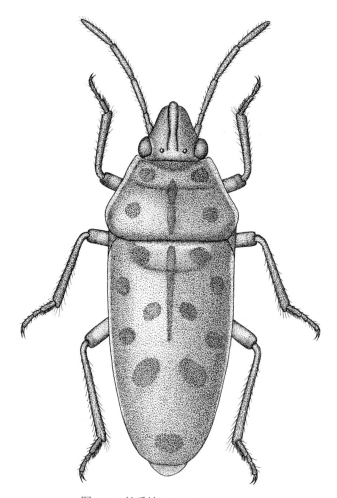

图 241　长盾蝽 *Scutellera perplexa*

分布　河南 (信阳)；四川、贵州 (茂兰)、福建 (三明)、广西、广东、海南、云南；印度、缅甸、马来西亚、斯里兰卡。

四十三、荔蝽科 Tessaratomidae

体中到大型。卵圆形，或阔或狭，有时近长方形。黄褐色至紫褐色，有些种类具金属光泽。头小，近三角形，两上颚片交接于前唇基之前。触角多 4 节，第 1 节很短。喙较短，4 节，不伸过前足基节。前胸背板宽大，后缘有时向后伸展。小盾片发达，顶端多呈舌状，伸达前翅膜区的基部。足多粗壮，雄虫后足股节在有些属中很发达，跗节多 3 节，第 1 节最长且下面具很多整齐的毛。腹部第 2 节腹板上的气门大多不被后胸腹板所遮盖。受精囊管基部常明显扩大。

荔蝽科昆虫多生活于乔木上，取食果实、嫩枝、嫩梢。其中荔蝽 *Tessaratoma papillosa* (Drury) 是我国南方荔枝 *Litchi chinensis*、龙眼产区的重要害虫，常年使荔枝减产 20%~30%，大发生年份则达 80%~90%。

荔蝽科为一中等偏小的科，分布于非洲区、东洋区、澳洲区和新热带区，以东洋区和非洲区种类最多。全世界已知 55 属 240 种，Rolston 等 (1994) 曾编制了该科世界种类名录。中国已知 11 属 26 种，Yang (1935) 和谢蕴贞 (1957) 曾对我国该科当时已知种类进行过较为详细的研究，分别记述了 7 属 15 种和 9 属 23 种；萧采瑜等 (1977) 编制了中国种类分属检索表及大部分属的分种检索表。河南省已知 3 属 3 种，其中硕蝽 *Eurostus validus* Dallas 为河南省较为常见的种类，暗绿巨蝽 *Eusthenes saevus* Stål 和荔蝽的种群数量较小。

属 检 索 表

1. 后胸腹板中部隆起，其表面与足之基节位于同一平面上，前端强烈向前伸出·······················2
   后胸腹板中部不隆起，凹陷于后足基节之间····························**硕蝽属** *Eurostus* Dallas
2. 前胸背板后缘中部向后延伸呈宽舌状覆盖于小盾片的基部·······························
   ··**荔蝽属** *Tessaratoma* Lepeletier et Serville
   前胸背板正常，后缘中部不明显向后延伸·················· **巨蝽属** *Eusthenes* Laporte

(二四六) 硕蝽属 *Eurostus* Dallas, 1851

Eurostus Dallas, 1851: 342; Stål, 1865: 225; Vollenhoven, 1866: 217; Walker, 1868: 468; Stål, 1870: 70; Atkinson, 1889: 69; Lethierry & Severin, 1893: 230; Montandon, 1894: 636; Distant, 1902: 268; Oshanin, 1906: 163; Kirkaldy, 1909: 354; Oshanin, 1912: 20; Yang, 1935: 119; Tang, 1935: 266; Xie，1957: 441; Kumar & Ghauri, 1970: 23; Hsiao et al., 1977: 68; Rolston et al., 1993: 63. Type species: *Eurostus validus* Dallas.

鉴别特征：长卵圆形。上颚片显著超过前唇基；触角第 2 节长于第 3 节，各节均有细短毛。前胸背板后缘略凸，表面具皱纹。中胸腹板中央具纵沟，后胸腹板中央不隆起。小盾片端部边缘上卷。各足股节内侧有 2 列小刺，近端部有 2 个大刺突；雄虫后足股节特别发达。侧接缘发达，各节后角突出。

　　世界已知近 6 种，中国已知 5 种，河南省仅知 1 种。

419. 硕蝽 *Eurostus validus* Dallas, 1851 (图 242，图版 XXVII-10)

Eurostus validus Dallas, 1851: 343; Dohrn, 1859: 21; Walker, 1868: 468; Stål, 1870: 72; Horváth, 1879: 145; Atkinson, 1887: 69; Lethierry & Severin, 1893: 230; Oshanin, 1906: 163; Kirkaldy, 1909: 355; Kirkaldy, 1910: 62; Oshanin, 1912: 20; Matsumura, 1913: 119; Sonan, 1920: 126; Esaki, 1926: 153; Matsumura, 1930: 112; Matsumura, 1931: 1182; Hoffmann, 1932: 10; Yang, 1934: 54; Hoffmann, 1935: 135; Yang, 1935: 120; Wu, 1935: 367; Blöte, 1945: 303; Hoffmann, 1948: 36; Miller, 1956: 28; Xie，1957: 442; Yang，1962: 40; Stichel, 1962: 205; Miyamoto, 1965: 229; Kumar & Ghauri, 1974: 23; Zhang, 1974: 357; Hsiao et al., 1977: 67; Zhang & Yin, 1980: 228; Chen, 1980: 54; Yin, 1985: 50; Zhang et al., 1992: 223; Rolston et al., 1993: 64; Lin et al., 1999: 50; Rider, 2006: 184.

Eurostus varidus [sic]: Chen, 1987: 137.

Eusthenes pratti Distant, 1890: 160; Sharp, 1890: 403; Sharp, 1901: 533; Singh-Pruthi, 1925: 149, 256; Hoffmann, 1932: 10.

Eurostus moutoni Montandon, 1894: 636; Oshanin, 1906: 163; Bergroth, 1908: 186; Kirkaldy, 1909: 354; Oshanin, 1912: 20; Hoffmann, 1932: 10; Lindberg, 1934: 14; Hoffmann, 1935: 135; Lindberg, 1939: 120; Rolston et al., 1993: 64.

　　别名　大臭蝽、硕荔蝽。

　　形态特征　成虫　体色　棕红色，具金属光泽。触角黑褐色至黑色，末节枯黄色。喙黄褐色，外侧及末端棕黑色；前胸背板前缘带蓝绿光；小盾片两侧缘、侧接缘蓝绿色；足深栗色，跗节稍黄；腹部背面紫红，节缝处微红。

　　结构　长卵形，密布细刻点。头小，三角形，上颚片长于前唇基。喙长达中胸中部。小盾片近正三角形，有强烈的皱纹，末端呈小匙状。股节近末端有 2 枚锐刺。侧接缘较宽；第 1 可见腹节背面近前缘处有 1 对发音器，长梨形，雌雄均有，由硬骨片和相连之膜所组成，系通过鼓膜振动形式发音，遇敌或求偶时常会发出"叽、叽"的叫声。雄虫尾节端部中央内凹 (图 242-C)；抱握器顶端呈镰刀形弯曲，近端部有 1 宽突，宽突上密被细毛 (图 242-D、图 242-E)。阳茎基和阳茎鞘简单；系膜侧突骨化，略弯，顶端较尖；系膜背突膜质，从基部向端部渐尖；阳茎端骨化，弯曲，上翘；阳茎端侧突棒状，伸向腹面 (图 242-F)。雌虫腹部末端的构造见图 242-G；受精囊如图 242-H 所示。

　　量度　体长 23~31 mm，宽 11~14 mm。

　　卵　状似乒乓球，灰绿色，直径约 2.5 mm。将孵化时可见 2 个小眼点。破卵器"T"字形。

　　若虫　1 龄若虫扁椭圆形。中胸、后胸背板宽度相等，腹末平直。初孵时淡黄绿色，显淡褐斑，第 2 天起渐变红褐乃至红色，后变淡黄，斑纹红色。腹部各节侧缘具明显的半圆形白斑。取食后体渐丰满，略呈胸小腹大的亚梨形；体色淡黄绿至淡绿色。体长 5~9 mm，宽 4~7 mm。2 龄若虫体略呈扁长方形，中部稍宽；后胸背板显著窄于中胸背板；

刚蜕皮时为草绿色，一两天后变淡黄绿色，有细红斑，稍后红斑消失，体也逐渐丰满；体长 8~12 mm，宽 6~8 mm。3 龄若虫黄绿至淡草绿色，侧缘稍显红色；中胸背板后角延伸为翅芽，与第 1 腹节前缘相接或部分相叠；体长 11~15 mm，宽 7~9 mm。4 龄若虫初蜕皮时草绿色，不显斑纹，后变淡黄绿，有红斑，侧缘红色；越冬后体色稍深，也有红

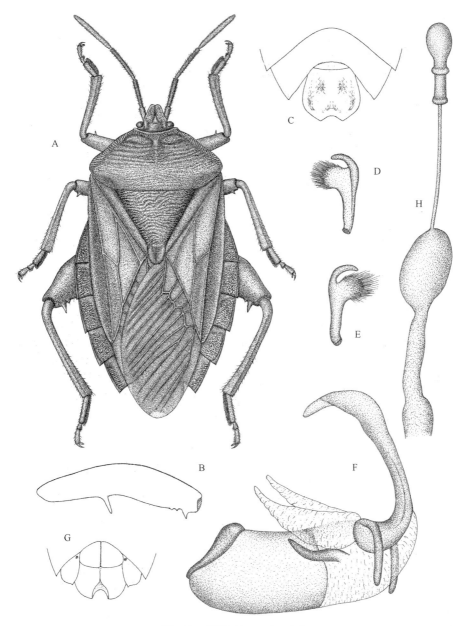

图 242　硕蝽 *Eurostus validus*

A. 体背面 (habitus)；B. 后足股节 (hind femora)；C. 雄虫腹部末端腹面 (apical segments of abdomen, ventral view, male)；D. 抱器 (paramere)；E. 抱器 (另一角度) (paramere, different side)；F. 阳茎侧面 (phallus, lateral view)；G. 雌虫腹部末端腹面 (apical segments of abdomen , ventral view, female)；H. 受精囊 (spermatheca)

斑，侧缘更为鲜红；翅芽伸长至第 2 腹节背面；体长 15~19 mm，宽 8~11 mm。5 龄若虫初蜕皮时红黄色，显红斑，后体渐丰满，色也变黄绿色至淡绿色，红斑消失；翅芽发达，伸至第 3 腹节背面；体长 19~25 mm，宽 11~15 mm。

生物学特性　一年 1 代，以 4 龄若虫在寄主植物附近杂草或灌木丛近地面的青绿叶背越冬。该虫在江西南昌各虫态历期为：卵期 9~13 d；若虫期 1 龄 11~28 d，2 龄 12~23 d，3 龄 31~77 d，4 龄 190 余天，5 龄 32~75 d，共计 9.5~10.5 个月；成虫寿命 43~70 d，产卵前期 25~28 d，产卵历期 15~40 d。卵多产在寄主植物附近的双子叶杂草叶背，少数直接产在寄主叶背，聚生平铺，每块多数为 14 枚，排列成 3~4 行，少数 12~13 枚，也有个别少至 2 枚的。初孵若虫静伏卵壳上。1~3 龄若虫在叶背吸汁，4~5 龄若虫和成虫一起在嫩梢上吸食。天敌已发现一种螽斯 *Homorocoryphus fuscipes* 和 1 种小蚂蚁 *Aphaenogaster* sp.，会吃卵块。前 1 种系将卵粒啃食，后一种则先啃掉卵块周围的叶组织，然后将整块卵搬走。据在南昌观察，2 种天敌对抑制硕蝽的发生量，均有一定作用。

经济意义　主要为害栗 *Castanea mollissima*、茅栗 *Castanea seguinii*、白栎 *Quercus fabri*、苦槠、麻栎等。成虫尚见取食乌桕 *Sapium sebiferum*、胡椒 *Piper nigrum*、梨、泡桐、油桐及梧桐。喜在嫩梢上吸食汁液，3~5 d 内嫩梢呈现凋萎，终至焦枯。对栗苗期的生长，影响较大。

分布　河南 (辉县、嵩山、泌阳、新县、南阳、桐柏、确山、固始、南召、镇平、信阳、鸡公山、商城)；辽宁、河北、甘肃、陕西、山西、山东、湖北、福建、台湾、江西、浙江、湖南、四川、贵州、广东、广西、海南；越南、老挝、缅甸。

(二四七) 巨蝽属 *Eusthenes* Laporte, 1833

Eusthenes Laporte, 1833: 64; Spinola, 1837: 303; Amyot & Serville, 1843: 167; Agassiz, 1846: 8; Dallas, 1851: 317; Herrich-Schäffer, 1851: 283; Stål, 1865: 225; Vollenhoven, 1868: 27; Walker, 1868: 467; Stål, 1870: 71; Atkinson, 1889: 63; Lethierry & Severin, 1893: 229; Montandon, 1894: 639; Distant, 1902: 263; Oshanin, 1906: 163; Kirkaldy, 1909: 353; Oshanin, 1912: 20; Yang, 1935: 105; Hoffmann, 1935: 132; Tang, 1935: 264; Xie, 1957: 430; Kumar & Ghauri, 1970: 21; Hsiao et al., 1977: 68; Rolston et al., 1993: 65. Type species: *Tessaratoma robusta* Lepeletier et Severin.

鉴别特征：长卵形。前胸背板正常，侧角圆钝，后缘近直。后胸腹板中央近菱形隆起，面平。小盾片端呈 "U" 字形。足粗壮，各足股节近端部具 2 刺，雄虫后足股节特别发达，近基部具一大刺，内侧有 2 列细刺。第 1 跗节近等于其余两节长度之和。

世界已知近 20 种，中国已知 7 种，河南省仅知 1 种。

420. 暗绿巨蝽 *Eusthenes saevus* Stål, 1863 (图 243，图版 XXVIII-1)

Eusthenes saevus Stål, 1863: 597; Walker, 1868: 468; Stål, 1870: 72; Horváth, 1879: 145; Atkinson, 1889: 68; Lethierry & Severin, 1893: 230; Distant, 1902: 265; Distant, 1903: 237; Oshanin, 1906: 163; Kirkaldy, 1909: 354; Oshanin, 1912: 20; Distant, 1921: 164; Hoffmann, 1932: 10; Yang, 1934: 56; Hoffamnn, 1935: 134; Yang, 1935: 113; Tang, 1935: 365; Blöte, 1945: 300; Hoffmann, 1948: 34; Xie, 1957: 432;

Yang, 1962: 40; Zhang, 1974: 356; Hsiao et al., 1977: 68; Chen, 1980: 53; Nuamah, 1982: 15; Datta et al., 1985: 23; Chen, 1987: 136; Rolston et al., 1993: 68; Lin et al., 1999: 51; Rider, 2006: 186.

Eusthenes philoctetes China, 1925: 455; Yang, 1935: 113, 129; Hoffamnn, 1935: 133; Tang, 1935: 364; Stichel, 1962: 204.

Eusthenes saevus var. *obsoletus* Yang, 1935: 114.

别名　牯岭蝽、暗绿巨荔蝽。

形态特征　**体色**　紫绿色至紫褐色，或深榄绿色，具金绿色光泽。触角大部栗褐色，第4节基半部和顶端淡黄色至棕黄色，有的个体第三节端部的颜色也较淡。小盾片末端常黄褐色。体腹面及足深栗褐色至棕红色。侧接缘如为橄榄绿色，则各节基部常呈紫色，有时也呈棕黄色。

结构　椭圆形，大型。头部具明显的皱纹，上颚片上卷。前胸背板及小盾片具细皱纹，前胸背板前角成小尖角状突出。雌虫后胸腹板中央隆起前后较钝 (图243-C)，雄虫后胸腹板中央隆起前后较尖 (图243-B)。雄虫尾节后缘中央弧凹 (图243-D)；雌虫第7腹节腹板后缘中央呈三角形深凹 (图243-E)。

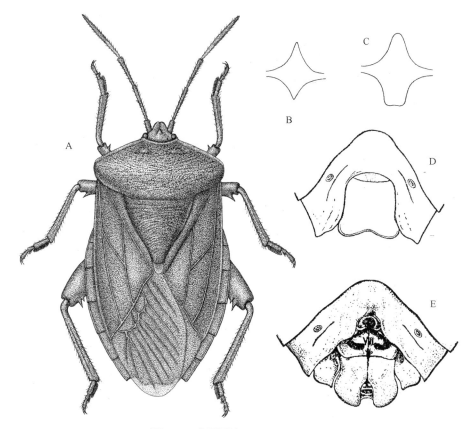

图 243　暗绿巨蝽 *Eusthenes saevus*

A. 体背面 (habitus)；B. 雄虫后胸腹板 (metasternum, male)；C. 雌虫后胸腹板 (metasternum, female)；D. 雄虫腹部末端腹面 (apical segments of abdomen, ventral view, male)；E. 雌虫腹部末端腹面 (apical segments of abdomen , ventral view, female)

量度　长 24~31 mm，宽 12~16 mm。

经济意义　为害栎类。

　分布　河南 (新县、桐柏、南召、罗山、商城、信阳)；安徽、福建、浙江、江西、四川、贵州、广东、云南、海南；不丹、印度。

　简记　陈凤玉 (1987) 的著作中将本种的中名误印成 "暗缘巨蝽"。作者未能见到采自河南省的标本。

(二四八) 荔蝽属 *Tessaratoma* Lepeletier et Serville, 1825

Tessaratoma Lepeletier & Serville, 1825:590; Berthold, 1827: 416; Laporte, 1833: 55; Hahn, 1835: 122; Brullé, 1835: 394; Spinola, 1837: 340; Agassiz, 1846: 19; Dallas, 1851: 317; Stål, 1865: 224; Stål, 1870: 66; Atkinson, 1889: 53; Lethierry & Severin, 1893: 226; Distant, 1902: 257; Schouteden, 1905: 221; Kirkaldy, 1909: 349; Muri & Kershaw, 1911: 3; Yang, 1935: 105; Hoffmann, 1935: 130; Tang, 1935: 263; Villiers, 1952: 82; Xie, 1957: 426; Jordan, 1972: 39; Hsiao et al., 1977: 65; Rolston et al., 1993: 82. Type species: *Cimex papillosus* Drury.

Tesseratoma [sic]: Latreille, 1829: 195; Burmeister, 1834: 14; Boisduval, 1835: 631; Burmeister, 1835: 347; Blanchard, 1840: 142; Amyot & Serville, 1843: 164; Spinola, 1850: 32; Herrich-Schäffer, 1851: 284; Spinola, 1852: 72; Vollenhoven, 1868: 25. Type species: *Cimex papillosus* Drury.

　鉴别特征：前胸背板后缘中部强烈向后扩展，呈舌状覆盖在小盾片基部之上。后胸腹板隆起，呈五角形，前端伸达前足基节。各足股节近端部具刺突。第 2 腹板被后胸腹板截为两段；腹部腹面中央具平滑的纵脊。

　种类：世界已知 20 余种，中国已知 2 种，河南省仅知 1 种。

421. 荔蝽 *Tessaratoma papillosa* (Drury, 1773) (图 244)

Cimex papillosus Drury, 1773: 96; Fabricius, 1794: 106 (misdet) ; Wolff, 1800: 12; Donovan, 1800: 21.

Tessaratoma papillosa: Hahn, 1835: 123; Brullé, 1835: 395; Spinola, 1837: 341; Westwood, 1842: 24; Amyot & Serville, 1843: 165; Stål, 1870: 67; Sharp, 1890: 402; Lethierry & Severin, 1893: 227; Distant, 1900: 60; Distant, 1901: 817; Distant, 1902: 259; Kershaw, 1907: 253; Muir, 1907: 256; Kirkaldy, 1909: 350; Maxwell-Lefroy, 1909: 678; Kirkaldy, 1910: 111; Bugnion & Popoff, 1911: 649; Siedlecki, 1917: 232; Falkenstien, 1925: 64; Groff & Howard, 1925: 108; van der Meer Mohr, 1927: 97; Hoffmann, 1929: 2034; Weber, 1930: 75, 256; Falkenstien, 1931: 29; Hartman, 1931: 283; Chan, 1931: 399; Hoffmann, 1931: 144; Hoffmann, 1931: 1026; Hoffmann, 1932: 141; Hoffmann, 1932: 10; Wu, 1932: 82; Wu, 1933: 224; Schouteden, 1933: 51; Yang, 1934: 52; Yang, 1935: 128; Hoffmann, 1935: 130; Cheo, 1935: 31; Tang, 1935: 363; Blöte, 1945: 294; Hoffmann, 1948: 30; Poisson, 1951: 1793; Dupuis, 1953: 25; Stichel, 1956: 204; Xie, 1957: 427; Yang, 1962: 40; Hesegawa, 1962: 7; Zhang, 1974: 356; Hsiao et al., 1977: 66; Chen, 1980: 53; Hill, 1983: 268; Chen, 1985: 48; Schaefer & Ahmad, 1987: 27; Chen, 1987: 131; Ren, 1990: 191; Ren, 1992: 32; Easton, 1991: 107; Rolston et al., 1993: 88; Lin et al., 1999: 53; Rider, 2006: 184.

Edessa papillosus: Fabricius, 1803: 150 (misdet.).

Tessaratoma paplliosa [sic]: Wu, 1932: 82.

Cimex chinensis Thunberg, 1783: 45.

Cimex sinensis [sic]:Gmelin, 1790: 2158.

Tessaratoma chinensis: Laporte, 1833: 59; Dallas, 1851: 340; Hart, 1919: 16.

Tessaratoma sonneratii Lepeletier & Serville, 1828: 590; Burmeister, 1834: 293.

Tessaratoma [sic] *sonneratii*: Guérin-Ménèville, 1831: 65, fig. 4; Guérin-Ménèville, 1834: 55,fig. 4; Burmeister, 1834: 293; Blanchard, 1840: 142.

Tessaratoma [sic] *chinensis*: Guérin-Ménèville, 1831: 345, pl. 55, fig. 4.

Tessaratoma [sic] *papillosa*: Amyot & Serville, 1843: 165; Herrich-Schäffer, 1851: 309; Sienkiewicz, 1964: 112.

Tessaratome [sic] *papillosa*: Kirkaldy, 1901: 52.

Tessaratoma ossacruenta Gray, 1832: 239.

Tessaratoma striata Walker, 1867: 463.

Tessaratoma clara Walker, 1867: 464.

别名　荔枝蝽、臭屁虫、光背、石背。

形态特征　成虫　体色　黄褐色。复眼棕褐色，单眼红色；触角、喙 (除端部外) 深褐色；喙端部褐黑色至黑色；腹面色稍深，常被白色粉状物；臭腺孔周围黑色。

结构　椭圆形。头短，三角形。复眼肾形。触角较粗短。喙伸达中胸腹板中部。前胸背板前部向下倾斜，中部隆起，后部覆盖小盾片基部，前侧缘的形状变化较大，呈不同程度的扩展，个别个体与方肩荔蝽的前胸背板形态近似。小盾片三角形，端部边缘微翘。前胸背板、小盾片、爪片具刻点，有些个体前胸背板微皱。前翅伸达或稍超过腹末。侧接缘狭窄，锯齿状。前胸腹板下陷，中胸、后胸腹板中央呈五角形隆起，前角尖长，并向前伸 (图 244-B)。足较粗短。腹下中央隆起，第 2 节中央下陷，不显露。雄虫尾节端部中央弧凹 (图 244-C)；抱握器大体呈三角形，从基部到端部逐渐变阔 (图 244-D)。阳茎基和阳茎鞘简单；系膜侧突骨化，略弯，顶端圆钝；系膜背突膜质，羊角状；阳茎端骨化，弯曲，上翘；阳茎端侧突锥状，伸向腹面 (图 244-E)。雌虫腹部末端的构造见图 244-F；受精囊如图 244-G 所示。

量度　体长 21~31 mm，宽 11~17 mm。

卵　圆形，直径 2.5~2.8 mm，多为绿色，孵前变红，近中央处环绕 1 条白纹。

若虫　共 5 龄。初孵时红色，渐变深蓝，1 龄若虫椭圆形，触角 4 节，前胸背板甚宽大，两侧朱红色；腹背第 4、第 5 节及第 6 节间各有臭腺孔 1 对，能分泌臭液；体长 4~5 mm。2 龄若虫长方形，黄褐色，腹背略带红色；中胸背板特别发达，末端两侧向下伸展，达于腹部第 3、第 4 节接合处；后胸小，缩在第 2 腹节的中央，腹部狭长；体长 7~9 mm。3 龄若虫翅芽初见，体长 10~12 mm。4 龄若虫翅芽明显，伸达第 1 腹节，体长 14~17 mm。5 龄若虫翅芽发达，伸达第 3 腹节，出现 1 对淡色单眼；体长 19~22 mm。

生物学特性　一年 1 代，以成虫在荔枝、龙眼树上越冬，少量在其他果树或房舍、草堆、砖瓦缝隙处越冬。翌春 2 月、3 月间爬出来到嫩枝或花穗上活动为害，并进行交配产卵。一般长势旺盛、枝叶浓密、通风向阳、靠近村庄的荔枝、龙眼树上虫口密度较大。4 月、5 月为产卵盛期，7 月、8 月直至 10 月初在荔园仍可采到卵块。新成虫于 6

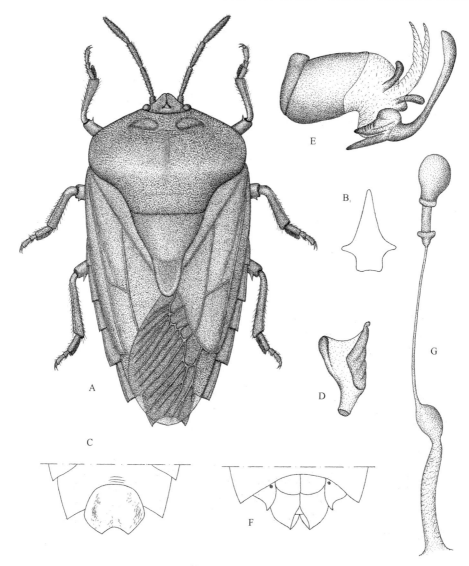

图 244　荔蝽 *Tessaratoma papillosa*

A. 体背面 (habitus)；B. 雄虫后胸腹板 (metasternum, male)；C. 雄虫腹部末端腹面 (apical segments of abdomen, ventral view, male)；D. 抱器 (paramere)；E. 阳茎侧面 (phallus, lateral view)；F. 雌虫腹部末端腹面 (apical segments of abdomen , ventral view, female)；G. 受精囊 (spermatheca)

月中下旬始见，当年不交配产卵，7 月、8 月老成虫逐渐死亡。在广州地区各虫态历期：卵期 10~15 d，若虫期 82 d，其中 1 龄 21 d，2 龄 8 d，3 龄 10 d，4 龄 17 d，5 龄 16 d。成虫的寿命 203~371 d，平均 311 d。80% 的卵产于下部树冠的叶背，部分产于花穗、果梗或枝条上，通常每次产卵 14 粒，排成 2~3 行。每雌一生产卵 4~5 次，多可达 10 次。初孵若虫有群栖性，数小时后爬散。1 龄、2 龄若虫受惊则自行脱落，阳光强烈高温的中午也会自行掉落地面，以后又沿着树干爬上枝叶。3 龄以后的若虫受惊则射出臭液自卫，也有趋向花果、嫩梢的习性。耐饥力和抗药性较强。主要天敌有平腹小蜂 *Anastatus* sp.、

荔蝽卵跳小蜂　*Ooencyrtus corbetti*、马来西亚黄腹卵小蜂　*O. malayensis*、黄足小蜂 *O. samardina* 等，此外，还有一些捕食性天敌和白僵菌。平腹小蜂防治荔蝽有明显的效果，在广东各地曾广为应用。

经济意义　是荔枝、龙眼的主要害虫,还为害柑橘、梅、梨、桃、橄榄 *Canarium album*、香蕉 *Musa nana* 等果树。成虫和若虫吸食花、幼果和嫩梢的汁液,造成花穗萎缩,果皮焦黑,落花落果,枝叶生长缓慢,甚至枯死,尤以幼果结成 30 d 内,最为严重。荔蝽分泌的臭液有腐蚀作用,能使花蕊枯死,果皮发黑,影响质量;还能损伤人的眼睛及皮肤。若虫为害有时比成虫更烈。

分布　河南 (南阳);福建、台湾、江西、贵州、广东、广西、云南、海南;菲律宾、越南、缅甸、印度、泰国、马来西亚、斯里兰卡、印度尼西亚。

简记　《中国经济昆虫志》第 31 册第 49 页中该种的图注与方肩荔蝽的图注印刷颠倒,图版 1 中该种的学名被注为方肩荔蝽的学名。河南省南阳为该种目前的最北分布点。

四十四、异蝽科 Urostylididae

体小至中型。长椭圆形,背面较平,腹面稍鼓。头小,似呈三角形,前端稍倾,中部与侧叶等长或稍长于侧叶;触角丝状,等长或稍长于体长,4 节或 5 节,第 1 节明显超过头的前端,第 2 节略长于其他各节,第 3 节约为第 2 节的一半 (华异蝽属 *Tessauomerus* Kirkaldy 除外)。喙 4 节,一般不超过腹基部,第 2 节略长于其他各节,其他各节大致等长。前胸背板梯形,与腹部几乎等宽;小盾片通常三角形,超过腹部的中央,顶端尖;前翅爪片长,超过小盾片顶端,膜片达或超过腹部末端,具 6~8 条纵脉。胸部腹板深,臭腺孔明显,臭腺沟针状 (版纳异蝽属 *Bannacoris* 除外);足及胫节不具深沟,跗节 3 节。雄性外生殖器多少突出。

该科昆虫均为植食性,成虫及若虫常喜聚集在嫩枝或嫩梢上为害,严重时造成林木成片枯死,是一类重要的林木害虫。

世界已知 10 余属 200 余种,我国已知 10 属 150 种以上,河南省已知 4 属 11 种。

异蝽亚科 Urostylinae

椭圆形或梭形,背腹扁平;有单眼或无或退化成新月状,小盾片很短,不伸达腹部的中部,被爪片包围。触角第 1 节长,多超过头顶端;触角基突出,从头背面明显可见;头前端分叶明显,中叶略向前突出。体背面布有刻点。

属 检 索 表

1. 触角 4 节 ························华异蝽属 *Tessaromerus* Kirkaldy
   触角 5 节 ···2
2. 无单眼或退化成新月形 ··················**盲异蝽属** *Urolabida* Westwood
   有单眼 ···3

3. 触角第 1 节的长度小于头长的 2 倍，短于头及前胸背板之和，体较粗壮，体多呈暗褐色…………
………………………………………………………………壮异蝽属 *Urochela* Dallas
触角第 1 节的长度等于或超过头长的 2 倍，等于头及前胸背板之和，体较纤弱，体多呈绿色……
…………………………………………………………娇异蝽属 *Urostylis* Westwood

(二四九) 华异蝽属 *Tessaromerus* Kirkaldy, 1908

Tessaromerus Kirkaldy, 1908: 452. Type species: *Tessaromerus quadriarticulatus* Kirkaldy.

椭圆形，体略粗壮，多为赭色或褐色。触角 4 节，较粗，各节长度略一致，不同种类，其第 2 节的长度不一。

种 检 索 表

1 后胸侧板后角无黑斑，侧接缘后角突出，边缘呈波纹状，腹部明显宽于胸部…………………
…………………………………………………………宽腹华异蝽 *T. tuberlosus*
后胸侧板后角有黑斑，侧接缘后角不突出，边缘不呈波纹状，腹部略宽于胸部…………………
…………………………………………………………光华异蝽 *T. licenti*

422. 光华异蝽 *Tessaromerus licenti* Yang, 1939 (图 245，图版 XXVIII-2)
Tessaromerus licenti Yang, 1939: 54; Hsiao et al., 1977: 183; Cai et al., 1998: 232.
Urochela licenti: Rider, 2006: 108.

形态特征 **体色** 赭色。单眼、复眼、触角第 1 节、第 2~4 节基部红赭色。腹面、足、喙黄色微泛绿。触角第 2~4 节端半部、喙末端、气门黑色。前胸侧板侧缘的端半部有 1 褐色条纹，后胸侧板的后角有 1 褐色椭圆形斑。雌虫侧节缘黄色，具黑斑，雄虫侧节缘褐色，无黑斑。跗节棕褐色。

结构 体呈椭圆形。前胸背板、小盾片及革片上具黑色刻点。腹面、足、喙无刻点。触角、胫节及跗节具短毛，其余部分光滑，触角第 1 节粗壮弯曲，第 2 节最长，超过前胸背板的 1/2，第 3、第 4 节等长。喙伸达中足基节 1/2 处。前翅膜片无沟槽，雌虫膜片长过腹末，雄虫则与腹末等长，膜片基部有不规则条纹；翅脉简单，少有分叉，4~5 条。雌虫侧接缘完全外露，雄虫侧接缘则完全被革片覆盖。臭腺孔有耳状突起。

量度 体长 8.0~8.5 mm (♂)，9.0~9.5 mm (♀)；前胸背板宽度 3.3~3.5 (♂) mm，3.7~4.5 mm (♀)；腹部宽度 4.0 (♂) mm，4.5~5.2 mm (♀)；触角各节长度 I：II：III：IV=2.1：3.3：2.1：2.1 mm (♂)，2.5：3.8：2.5：2.5 mm (♀)。

分布 河南 (嵩县、栾川)；河北、北京、山西 (关帝山、长治)、云南。

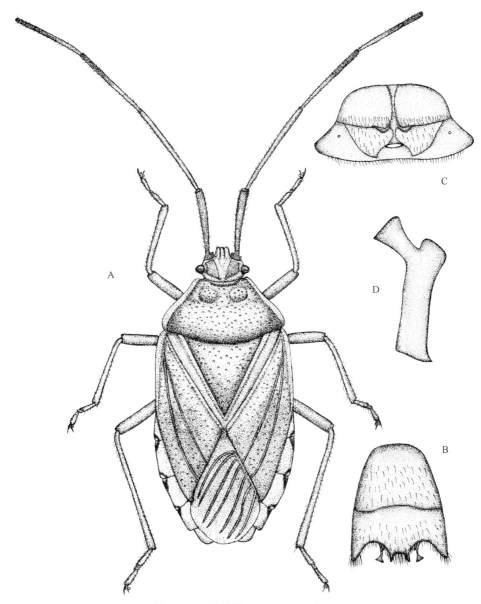

图 245　光华异蝽 *Tessaromerus licenti*

A. 体背面 (habitus)；B. 雌虫腹部末端腹面观 (apical segments of abdomen , ventral view, female)；C. 雄虫腹部末端腹面观
(apical segments of abdomen, ventral view, male)；D. 抱器 (paramere)

423. 宽腹华异蝽 *Tessaromerus tuberlosus* Hsiao et Ching, 1977 (图 246，图版 XXVIII-3)

Tessauomerus tuberlosus Hsiao & Ching, 1977: 183; Cai et al., 1998: 232; Rider, 2006: 107.

　　形态特征　**体色**　土黄色或赭色。复眼、触角第 1~2 节赭色，单眼、触角第 3~4 节基半部、腹面、足、喙土黄色。触角第 2~4 节端半部、喙末端、气门黑色。
　　结构　体呈椭圆形。头、腹面无刻点，体背面具细的黑色刻点。触角第 3~4 节等长。

喙伸达中足基节。前胸背板端半部及革片内域端部的刻点稀疏或近于无，侧接缘明显露出于革片之外，边缘呈弧状，翅脉简单，5~6 条，少有分叉，膜片基部有不规则条纹。雌虫膜片稍短于腹末，雄虫则长过腹末。

　　量度　体长 9.0~9.5 mm (♂)，10.5~11.0 mm (♀)；前胸背板宽度 4.0~4.2 mm (♂)，3.5~4.0 mm (♀)；腹部宽度 3.8~4.1 mm (♂)，6.0~6.2 mm (♀)。触角各节长度Ⅰ：Ⅱ：Ⅲ：Ⅳ=2.6：3.5：2.3：2.3 mm (♀)。

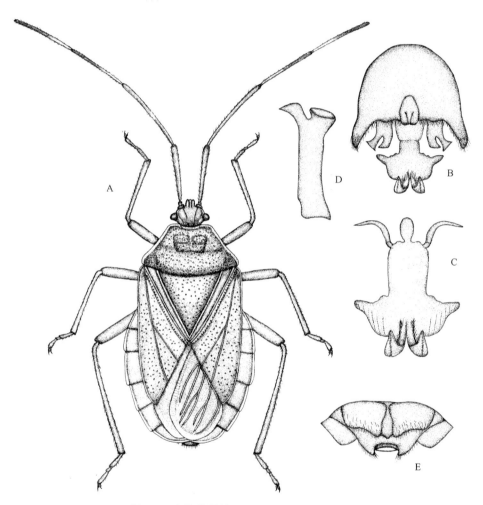

图 246　宽腹华异蝽 *Tessaromerus tuberlosus*

A. 体背面 (habitus)；B. 雄虫腹部末端腹面 (apical segments of abdomen, ventral view, male)；C. 阳茎 (phallus)；D. 抱器
(paramere)；E. 雌虫腹部末端腹面 (apical segments of abdomen , ventral view, female)

　　分布　河南 (嵩县、栾川)；四川 (宝兴、峨眉山、小金、马尔康、康定)。

（二五〇）壮异蝽属 *Urochela* Dallas, 1850

Urochela Dallas, 1850: 2. Type species: *Urochela quadripunctata* Dallas.

体中型，宽而粗壮。多为暗赭色、褐色；触角短粗，第 1 节较其他各节粗而短，长度不及头长的 2 倍，短于头及前胸背板之和，中部略向内弯曲；体背面刻点深而密。

我国已知 15 种左右，河南省有 5 种。

种检索表

1. 革片上具深色斑纹··2
   革片上不具深色斑纹，气门周缘有黑圈·································**无斑壮异蝽 U. pallescens**
2. 革片中部有 1 个较大，形状不规则的深褐色的斑纹···3
   革片上有 2 个明显或模糊的红褐色或黑褐色圆斑···4
3. 雌虫膜片至少达于腹部末端，雄虫生殖节中突末端 "U" 形分叉，向前上倒弯·················
   ··**花壮异蝽 U. luteovaria**
   雌虫膜片显著短于腹部末端，雄虫生殖节中突末端 "Y" 形分叉，向后平伸····**短壮异蝽 U. falloui**
4. 革片上有 2 个明显的圆形斑；体型较大，体长为 14~16 mm·····································5
   革片上有 2 个圆形斑不明显；体型较小，体长为 10~12 mm·············**亮壮异蝽 U. distincta**
5. 足红色、紫红色或红褐色···**红足壮异蝽 U. quadrinotata**
   足黑色···**黑足壮异蝽 U. rubra**

424. 亮壮异蝽 *Urochela distincta* Distant, 1900（图 247，图版 XXVIII-4）

Urochela distincta Distant, 1900: 226; Wu, 1935: 370; Yang, 1936: 57; Yang, 1936: 1041; Yang, 1939: 11; Hsiao et al., 1977: 191; Lin, 1985: 109; Ren, 1997: 292; Liu, 1998: 89; Rider, 2006: 109.

形态特征 **体色** 棕褐色。前胸背板及革片略带红色，全身有光泽。触角第 1~3 节、前胸背板侧角前方、前缘基角后方和近中部各具的 1 个斑纹、前翅革片中部、端缘的中央各具的 1 个圆斑黑褐色。触角第 4~5 节的基半部淡黄色，端半部黑色。前胸背板基半部具 4 块略呈方形的褐斑，有时消失。小盾片 2 基角各具的 1 内陷小斑、气门周缘的圆斑、各腹节侧缘中部各具的 1 长方形斑黑色。腹面、足深褐色。

结构 体长椭圆形。头部中叶略长于侧叶。前胸背板、小盾片、股节上具黑色粗大刻点。前胸背板前侧缘及革片前缘基半部色浅光滑，略向上翘。前翅长略超过腹末，翅脉 7 条，膜片淡色透明，略呈杯状。

量度 体长 8.0~10.0 mm（♂），10.0~12.0 mm（♀）；前胸背板宽度 3.5~4.5 mm（♂），4.0~5.0 mm（♀）；腹部宽度 3.7~4.8 mm（♂），4.5~5.5 mm（♀）；触角各节长度 I：II：III：IV：V = 1.8：2.1：1.0：2.4：2.1 mm。

生物学特性 江西一年发生 1 代，成虫于初冬开始陆续离开寄主树木，迁移到向阳山崖缝石下枯枝落叶下，隐藏在枯树皮内堆积物等隐蔽场所，通常是许多个体积聚在一起。翌年春天开始活动取食，约 15 d 后交尾产卵，若虫出现在夏季；秋天，若虫变为成虫进入越冬阶段。1937 年庐山牯岭曾大发生，5 月中旬曾见结群飞来，遮天蔽日，落入池中，池水为之发臭。

经济意义　为害芝麻、乌柏，大发生时污染池水，影响饮食卫生。

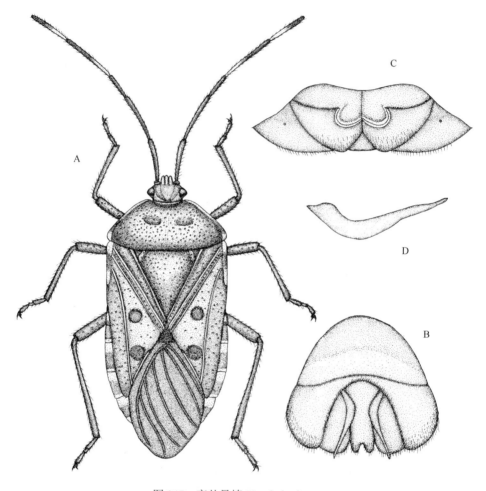

图 247　亮壮异蝽 *Urochela distincta*

A. 体背面 (habitus)；B. 雄虫腹部末端腹面 (apical segments of abdomen, ventral view, male)；C. 雌虫腹部末端腹面 (apical segments of abdomen, ventral view, female)；D. 抱器 (paramere)

分布　河南 (信阳、鸡公山、商城、新县)；山西 (太谷)、陕西 (终南山)、浙江 (杭州、天目山、台州)、湖北 (恩施)、湖南 (南岳、衡山)、福建 (崇安、宁德)、广东 (连县)、江西 (庐山)、四川 (理县)、贵州、云南。

425. 短壮异蝽 *Urochela falloui* Reuter, 1888

Urochela falloui Reuter, 1888: 65; Hsiao & Ching, 1977: 188; Cui & Cai, 2006: 53; Rider, 2006: 109.

形态特征　长椭圆形，体色变化大，多背面赭色，腹面多少带红色；前足基节基部有黑色刻点，前胸侧板前缘、后缘，后胸侧板后缘均有黑色刻点。雌虫膜片短于腹部末端。雄虫生殖节中突末端"Y"形分叉，向后平伸。

量度　体长 10~11.8 mm，宽 4.8~5.5 mm。

分布　河南 (内乡)；河北、山西、山东、青海。

426. 花壮异蝽 *Urochela luteovaria* Distant, 1881 (图 248，图版 XXVIII-5)

Urochela luteovaria Distant, 1881: 28; Matsumura, 1931: 1189; Yang, 1939: 23; Hsiao et al., 1977: 188; Lin, 1985: 109; Shen, 1993: 98; Ren, 1997: 293; Cai et al., 1998: 232; Rider, 2006: 110.

别名　梨蝽象。

形态特征　成虫　体色　黑褐色杂生淡斑。头、前胸背板侧缘狭边基半部、腹面黄绿。前胸背板、小盾片深褐色，前胸背板前半部、小盾片内侧、革片基半侧区和末端各有 1 淡绿色斑 (有些个体小盾片末端淡绿斑明显)。前胸背板后缘中央有 1 淡黄色短纵纹，后胸侧板外缘、后缘、前足基外侧、中足基内外各有黑斑 1 枚，腹面两侧分别在第 2~5 节各有 3 枚，第 6 节 4 枚。前足前缘有 1 斜行短纹。复眼暗褐或红色，单眼红或褐色。头部中央条纹、前胸背板胝区、后缘端半部及其内侧、小盾片基角、触角、前翅、中足股节端部、胫节两端、跗末节黑色。触角第 4~5 节基半部黄色。各足股节绿色，各胫节中段淡绿至白色。雌虫 4~6 节中区两侧前缘各有 1 黑短横纹，雄虫不显。雌虫第 6 节中央有 1 黑宽纵纹，雄虫无此纹。腹部侧接缘黑白相间。雄虫生殖节中突末端"U"形分叉，向前上倒弯回来。

结构　体长椭圆形。身体被黑及黄白色刚毛。前胸背板、方小盾片及前翅革片具黑色刻点。头部侧叶长于中叶，末端圆，略向两侧斜伸，中叶小而尖。触角第 2、第 4 节等长，第 5 节长约是第 3 节的 2 倍。前胸背板前缘及侧缘有上卷的狭边，膜片达于或稍超过腹部末端。雄虫生殖节端缘中域呈二叉状，弯向身体前方。

量度　体长 9.5~11.0 mm (♂)，11.0~12.5 mm (♀)；前胸背板宽度 3.5~4.7 mm (♂)；4.8~5.0 mm (♀)；腹部宽度 4.0~4.7 mm (♂)；5.0~5.8 mm (♀)；触角各节长度 I∶II∶III∶IV∶V = 2.5∶3.0∶1.0∶2.5∶2.0 mm。

若虫　淡绿色。5 龄体长 7.0~8.0 mm，宽 4.0~6.0 mm。头基部两侧、触角、复眼后缘、中胸小盾片两侧缘、胸侧板外缘、足基周围、气门黑色。头中央有 5 个基部相连的大斑。复眼、各胸足褐色。前胸背板后缘中线两侧有 1 淡色宽边；边的两端、复眼内侧、腹背第 3~5 节中央、翅芽中部近后缘、基端及靠近端部前缘处各有 1 黑斑。中胸小盾片两侧则各有 4~5 个黑斑。腹侧缘各节具方形黑斑。腹背中区两侧有密集的红色小点，其上黑斑上各具臭腺孔 1 对。翅芽淡绿色，伸达第 1 腹节，末端浅褐色。

生物学特性　各地发生均一年 1 代，以 2 龄若虫在树皮裂缝下或伤口裂缝中越冬，当桃树或梨树始发芽时，越冬若虫开始活动。贵阳地区 5 月下旬开始羽化，6 月上旬为羽化末期，8 月中旬、下旬交尾；8 月下旬、9 月上旬产卵，1 周后孵化，10 月蜕皮一次后越冬。成虫、若虫均有在树干、枝梢阴面、叶簇或叶背等荫蔽处群集的习性。成虫受惊后有假死性，产卵于树干粗皮裂缝中。初孵若虫群集于卵块上。

经济意义 主害梨树，并害桃、李等。成虫、若虫均在嫩枝条上和叶背吸食汁液，嫩枝被害严重时枯死。成虫尚可在果实上吸汁，被害果凸凹不平，被害处有黑色小圆斑，组织硬化，对果实的品质和产量影响较大。

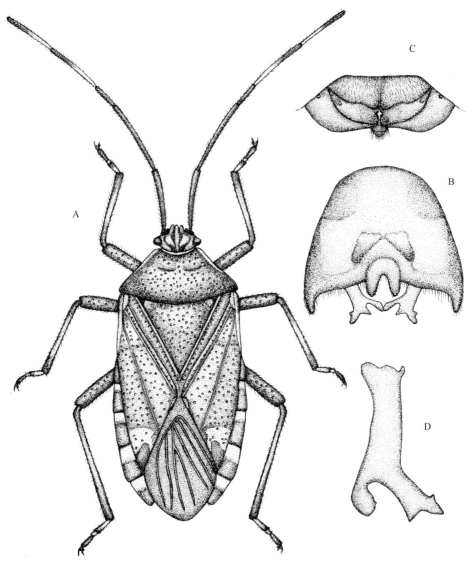

图 248　花壮异蝽 *Urochela luteovaria*

A. 体背面 (habitus)；B. 雄虫腹部末端腹面 (apical segments of abdomen, ventral view, male)；C. 雌虫腹部末端腹面 (apical segments of abdomen , ventral view, female)；D. 抱器 (paramere)

分布 河南 (嵩县、栾川、汝南、陕县、开封、商丘)；辽宁 (锦西)、吉林 (东南部)、内蒙古 (敖汉、赤峰)、河北 (兴隆)、山西、陕西 (华山)、浙江、湖北 (咸宁、恩施、神农架)、江西 (靖安、安福)、福建 (建阳)、台湾、四川 (开县、宝山、峨嵋山)、贵州 (贵阳)、广西 (龙胜花坪)、云南 (昆明、富源)；日本、朝鲜。

427. 无斑壮异蝽 *Urochela pallescens* (Jakovlev, 1890)

Urostylis pallescens Jakovelv, 1890: 545; Oshanin, 1906: 174; Wu, 1935: 370; Yang, 1939: 47.

Urostylis agna China, 1925: 457.

Urochela pallescens: Hsiao et al., 1977: 192; Rider, 2006: 108.

形态特征 体色 土黄色或浅褐色。复眼、单眼红色。前胸背板基部及革片端半部褐色并带有绿色。前胸背板近眼处、小盾片基角处常有两个黑色小点斑,有时不明显。触角第 1~2、第 4~5 节的基半部 (有时第 4、第 5 节基半部土黄色)、胫节端部及跗节褐色;第 3~5 节的端半部黑色。腹面、侧接缘、膜片土黄色。足赭色。

结构 雌虫椭圆形,雄虫棱形。体面较光滑,仅触角、跗节及胫节前端具稀疏软毛。头部及前胸背板胝部无刻点,革片内域及外域端部刻点稀疏,革片端缘少有刻点。身体背面刻点黑色,腹面无刻点。雄虫的侧接缘被革片覆盖,雌虫的则露出革片之外,其肩角略突出,使侧接缘外缘略呈波状,其上无斑纹。膜片透明。

量度 体长 8.5~9.5 mm (♂),10.0~10.5 mm (♀);前胸背板宽度 3.5~4.5 mm (♂),4.0~4.2 mm (♀);腹部宽度 3.8~4.1 mm (♂),4.0~4.3 mm (♀);触角各节长度 I : II : III : IV : V = 2.5 : 2.5 : 1.0 : 2.5 : 2.1 mm。

分布 河南 (栾川);山西、甘肃、四川 (宝兴、小金、马尔康、雅安、康定)、云南。

428. 红足壮异蝽 *Urochela quadrinotata* Reuter, 1881 (图 249,图版 XXVIII-6)

Urochela quadrinotata Reuter, 1881: 83; Oshanin, 1906: 176; Esaki, 1932: 15; Yang,1933: 15; Wu, 1935: 370; Yang, 1939: 18; Hsiao et al., 1977: 188; Wang et al., 1984: 18; Zhang, 1985: 109; Nonnaizab, 1988: 236; Rider, 2006: 111.

Urochela jozankeana Matsumura, 1930: 18. pl. 12; Matsumura, 1931: 1189.

Urochela scutellata Yang, 1938: 229.

别名 四点尾蝽。

形态特征 成虫 体色 赭色略带红色,头、胸、腹面浅褐色或土黄色。前胸背板胝部有 2 枚黑色斜行线斑,中胸及后胸腹板黑褐。触角、小盾片基角处各具的 1 个斑、翅的革质部各具的 2 个斑、气门黑色。触角第 4~5 节基部的 1/2 呈土黄色。膜质部淡褐色,半透明。足暗红褐色或红色,基节黄色。

结构 体背扁平,头部小,无刻点。头及触角基后方的中央有横皱纹。前胸及后胸侧板后缘有稀疏的黑色细刻点。前胸背板侧缘的中部向内凹陷呈波状。侧接缘上有长方形黑、黄相间的色斑。小盾片细长,基半部略隆起,其上的刻点大而深,基角呈 1 黑色椭圆形刻痕。触角第 1 节粗壮,稍向外侧弯曲,第 3 节最短。翅的革质部很发达,纵脉 7 条,膜片等长于或超过腹末。

量度 体长 12.0~15.5 mm (♂),14.5~17.0 mm (♀);前胸背板宽度 4.8~5.5 mm (♂),5.0~6.0 mm (♀);腹部宽度 5.0~6.0 mm (♂),6.2~6.5 mm (♀);触角各节长度 I : II : III : IV : V =3.1 : 3.3 : 1.6 : 3.0 : 2.5 mm (♂),3.2 : 3.5 : 2.0 : 3.1 : 2.8 mm (♀)。

生物学特性 在山西地区为害白榆。越冬成虫于 4 月下旬开始活动取食,5 月交尾,产卵期约持续 1 个月，6 月底为产卵盛期，8 月为成虫盛期，以成虫越冬。

经济意义 为害榆、榛 *Corylus heterophylla* 等阔叶树。

分布 河南 (陕县、汝南、登封、开封、商丘、信阳)；黑龙江 (哈尔滨)、吉林、辽宁 (辽阳)、内蒙古 (固阳、呼和浩特大青山、乌兰察布盟、伊克昭盟)、北京、河北 (怀来、杨家坪、白塔、张家口)、山西 (祁县、太原)、陕西 (终南山)；朝鲜、日本、俄罗斯。

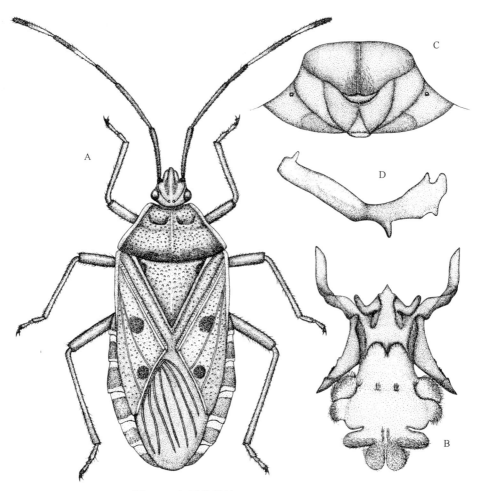

图 249 红足壮异蝽 *Urochela quadrinotata*

A. 体背面 (habitus)；B. 阳茎端 (vesica)；C. 雌虫腹部末端腹面 (apical segments of abdomen , ventral view, female)；

D. 抱器 (paramere)

429. 黑足壮异蝽 *Urochela rubra* Yang, 1938

Urochela rubra Yang, 1938: 232; Hsiao et al., 1977: 189; Zheng et al., 1999: 251.

形态特征 长椭圆形。深红色，触角第 5 节基部的 1/3 红褐色，其余各节黑色；足、前胸背板前缘、基半部中央的长方形斑、小盾片基部隆起及膜片均黑色；足的基节基部、前胸、后胸侧板后缘均为黄色；革片内域及侧接缘前 4 节的每一节中部的长方形斑均为浅黑色；腹部腹面暗红色。身体背面有小而无色的刻点，头部无刻点。

量度　体长 14.0~14.8 mm，宽 6.0~6.5 mm。

分布　河南 (内乡)；福建、四川、西藏。

(二五一) 盲异蝽属 *Urolabida* Westwood, 1837

Urolabida Westwood, 1837: 45. Type species: *Urolabida tenera* Westswood.

长椭圆形，背腹略为扁平，前胸背板约与腹部等宽；无单眼或退化成新月形；头小，中叶顶端略向前突出，喙不伸达中足基部，雄虫触角细长，多超过体长，第 3 节短于其他各节；雌虫触角不超过体长；膜片具明显而粗的脉；足细长。

430. 淡边盲异蝽 *Urolabida marginata* Hsiao et Ching, 1977

Urolabida marginata Hsiao & Ching, 1977: 187; Shen, 1993: 33; Liu, 1998: 89; Rider, 2006: 104.

形态特征　**体色**　草绿色。头部腹面、各胸侧板绿色，其余部分赭色。前胸背板侧缘及革片前缘灰色或土黄色。膜片半透明，基缘、内缘及中部具浅褐色斑纹。足草绿色，股节绿中带有赭色。

结构　体呈长椭圆形。头部无刻点，前胸背板、小盾片及革片均有褐色刻点，革片内域几无刻点。

量度　长 13.8 mm，宽 5.0 mm。

分布　河南 (安阳)；浙江 (龙王山)。

(二五二) 娇异蝽属 *Urostylis* Westwood, 1837

Urostylis Westwood, 1837: 45. Type species: *Urostylis punctigera* Westwood.

体椭圆或梭形，背腹扁平。体纤弱，多为绿色，遍布黑刻点。具单眼；触角细长，5 节，第 1 节较细，不很弯曲，2 倍于头长，等于头和前胸背板之和，其他各节很细；喙 4 节，不达中足基节，膜片具 6~7 条纵脉。

种 检 索 表

1. 雄虫生殖节端缘中突末端密生长刚毛 ··2
　 雄虫生殖节端缘中突末端光裸，无显著长刚毛 ··3
2. 腹部气门外缘有 1 黑环 ································· 黑门娇异蝽 *U. westwoodii*
　 腹部气门外缘无 1 黑环 ··································· 淡娇异蝽　*U. yangi*
3. 雄虫生殖节端缘中突末端略切入，凹入部分明显；侧突末端圆钝，向后方平伸··················
　 ··· 匙突娇异蝽 *U. striicornis*

雄虫生殖节端缘中突末端平截；侧突末端向背侧形成 1 弯钩，后缘 (侧视) 平截 ······························
··环斑娇异蝽 *U. annulicornis*

431. 环斑娇异蝽 *Urostylis annulicornis* Scott, 1874 (图 250)

Urostylis annulicornis Scott, 1874: 361; Nonnaizab, 1988: 242; Ren, 1997: 294; Cai et al., 1998: 232; Rider, 2006: 112.

Urostylis adiai Nonnaizab, 1984: 342.

别名　阿氏娇异蝽、安娇异蝽。

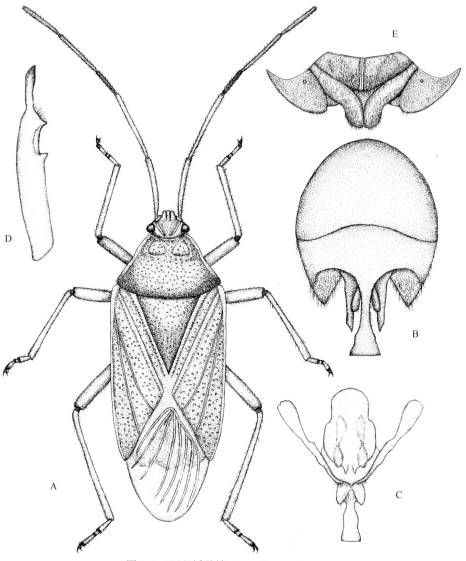

图 250　环斑娇异蝽 *Urostylis annulicornis*

A. 体背面 (habitus)；B. 雄虫腹部末端腹面 (apical segments of abdomen, ventral view, male)；C. 阳茎与生殖节中突 (phallus and pygofer ventral process, dorsal view)；D. 抱器 (paramere)；E. 雌虫腹部末端腹面 (apical segments of abdomen , ventral view, female)

形态特征 成虫 体色 绿色，腹面色淡。前胸腹板亚侧缘前部 2/3 处有 1 黑色纵纹。触角第 3 节、各足胫节基部黑色。触角第 4~5 节、跗节褐色。前翅膜片烟色，纵脉之间为棕褐色，因而膜片呈现 5~6 条深色纵色斑 (有的个体此色斑常不显著)。

结构 前胸背板、小盾片、前翅爪片及革片均具黑色刻点、身体背腹面、喙、足都具浅色细毛；前胸背板侧缘略上卷，后缘近直。触角第 1 节粗壮弯曲，第 2 节最长。小盾片三角形，基部具横皱纹；前翅爪片长，包围小盾片；膜片明显长出腹末。雄虫生殖节端缘的中突外观呈铲状扁平，明显长于侧突，而侧突短，似短锥状，抱器前部 1/5 处显著细于后部。

量度 体长 11.8~12.0 mm(♂)，12.8~13.5 mm (♀)；前胸背板宽度 3.5~4.0 mm(♂)，4.5~5.0 mm (♀)；腹部宽度 3.8~4.0 mm(♂)，4.6~5.0 mm (♀)；触角各节长度 Ⅰ：Ⅱ：Ⅲ：Ⅳ：Ⅴ = 2.3：2.6：1.2：2.2：1.8 mm(♂)，2.5：3.5：1.4：2.7：2.3 mm (♀)。

经济意义 为害蒙古栎 *Quercus mongolica*。

分布 河南 (鸡公山)；黑龙江、吉林、内蒙古(固阳)、甘肃、河北、天津、陕西、湖北 (兴龙山)、浙江、四川 (万县)、广西；俄罗斯、蒙古国、日本、朝鲜。

432. 匙突娇异蝽 *Urostylis striicornis* Scott, 1874 (图 251，图版 XXVIII-7)

Urostylis striicornis Scott, 1874: 360; Distant, 1883: 427; Yamada, 1915: 313; Esaki, 1932: 1602; Yang, 1939: 35; Hsiao et al., 1977: 197; Ren, 1997: 296; Rider, 2006: 115.

形态特征 成虫 体色 黄绿或棕绿。复眼黑色，单眼红色。胸部略带绿色，腹面棕黄色。触角第 1 节略带绿色，第 3~4 节的端半部及喙尖端褐色。膜片浅棕色，半透明，其上有数条褐色线斑。各足的胫节基部呈黑色。

结构 体宽梭形。身体背腹面、足及触角上被有细短毛。前胸背板及小盾片具棕色刻点，革片上具深褐色刻点。前胸背板侧缘略弯，前角近直角。腹面、胸部无刻点。前翅长超过腹末。雄虫生殖节端缘侧突短，前缘钝；中突基半部细缩，呈柄状，而端半部向两侧扩展，端缘向中央显著切入，颇似匙状；抱器近前端 1/3 处具 1 短突。

量度 体长 11.8~12.0 mm(♂)，12.0~14.0 mm (♀)；前胸背板宽度 4.0~4.2 mm(♂)，4.2~4.6 mm (♀)；腹部宽度 4.9 mm(♂)，4.7~5.2 mm (♀)；触角各节长度 Ⅰ：Ⅱ：Ⅲ：Ⅳ：Ⅴ = 3.2：3.8：1.0：3.5：2.0 mm。

分布 河南 (济源、嵩县、栾川)；陕西 (周至)、浙江 (杭州)、湖北 (兴山、恩施、襄阳、神农架)、江西 (庐山)、四川 (峨眉山、丰都)；日本。

433. 淡娇异蝽 *Urosytlis yangi* Maa, 1947 (图 252，图版 XXVIII-8)

Urosytlis yangi Maa, 1947: 132; Hsiao et al., 1977: 195; Lin, 1985: 109; Shen, 1993: 33; Cai et al., 1998: 232; Rider, 2006: 116.

形态特征 成虫 体色 草绿色。复眼黑色，单眼淡褐色。前胸背板及前翅革片外缘米黄。触角第 1 节草绿色，外侧有 1 深赭色线条；第 2~5 节及足浅赭色，第 3~5 节末端及腿、跗节赭色很深。腹下浅赭带草绿色，各节两侧有 1 米黄色宽带。膜片透明无色。

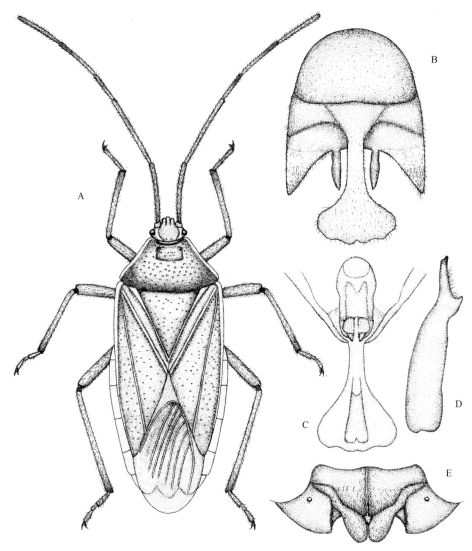

图 251 匙突娇异蝽 *Urostylis striicornis*

A. 体背面 (habitus)；B. 雄虫腹部末端腹面 (apical segments of abdomen, ventral view, male)；C. 阳茎与生殖节中突 (phallus and pygofer ventral process, dorsal view)；D. 抱器 (paramere)；E. 雌虫腹部末端腹面 (apical segments of abdomen , ventral view, female)

　　结构　体呈椭圆形。头小，中叶长于侧叶。前胸背板、小盾片及革片内域刻点无色，革片外域有黑色稀疏刻点。前胸背板前缘、侧缘稍向上卷；前角、侧角不突出，两侧角基附近各有1小黑点。小盾片呈倒等腰三角形，被两爪片包围，但不形成完整的爪片接合缝。触角第2节最长，第3节最短；喙4节，伸达前足基节。雌虫前翅明显长过腹部末端，雄虫则与之等长。臭腺孔缘狭，端缘达中胸侧板的后缘。雄虫生殖节中突略长于侧突，中突向两侧扩展，似长椭圆形；侧突锥状，抱器端部略弯，向顶端渐狭。

　　量度　体长 9.5~10.0 mm (♂)，12.5~13.5 mm (♀)；前胸背板宽度 3.2~3.5 mm (♂)，3.4~4.0 mm (♀)；腹部宽度 3.5~4.3 mm (♂)，4.4~5.0 mm (♀)；触角各节长度Ⅰ∶Ⅱ∶Ⅲ∶

Ⅳ：Ⅴ = 2.9：3.5：1.3：2.6：2.1 mm (♂)，2.9：3.8：1.5：2.8：2.4 mm (♀)。

　　若虫　第 1~2 龄透明无色或淡绿色 (色泽的变化与卵的发育有关)，体长 1.2~1.3 mm；第 3 龄淡黄色，体长 2.6 mm，宽 1.6 mm，头长 0.72 mm，第 4、第 5 龄淡绿色，长 6.0~10.0 mm，宽 3.5~4.6 mm，体背有明显的翅芽。第 3 龄开始分散，上树为害嫩叶及新芽，常 5~6 头，多者 40 头至 50 余头若虫集聚在嫩枝处为害。

　　生物学特性　河南信阳一年 1 代，以卵越冬。翌年 3 月上旬开始孵化，3 月中旬盛孵；4 月上旬、中旬开始危害幼芽和嫩梢；5 月中旬、下旬盛羽；10 月中旬开始产卵越冬。卵多产在植物叶片内，少数产在树皮裂缝间或杂草基部，卵呈条块状，互不重叠，近平行排列。卵块上覆蜡状混合物，其为护卵安全越冬的护卵物和 1~3 龄若虫的食料。防治的关键时期应在 4 月上旬、中旬，若虫上梢前后。

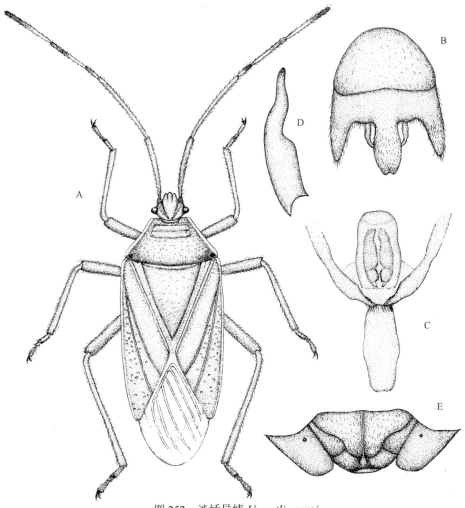

图 252　淡娇异蝽 *Urosytlis yangi*

A. 体背面 (habitus)；B. 雄虫腹部末端腹面 (apical segments of abdomen, ventral view, male)；C. 阳茎与生殖节中突 (phallus and pygofer ventral process, dorsal view)；D. 抱器 (paramere)；E. 雌虫腹部末端腹面 (apical segments of abdomen , ventral view, female)

经济意义 为害栗 *Castanea mollissima*、茅栗。成虫、若虫小群栖集在嫩芽、嫩叶上吸食汁液，被害处初呈褐色小斑点，然后变黄、皱缩、凋萎干枯，严重时造成林木成片枯死。

分布 河南 (安阳、辉县、西峡、栾川、鲁山、信阳、鸡公山、罗山、新县)；安徽 (金寨)、湖北 (房县、神农架、兴山、恩施、郧阳、武当山)、浙江 (武义、仙居、建德、兰溪、金华、天目山)、江西 (庐山)、四川 (峨眉山)、福建 (邵武)。

434. 黑门娇异蝽 *Urostylis westwoodii* Scott, 1874 (图 253，图版 XXVIII-9)

Urostylis westwoodii Scott, 1874: 362; Rider, 2006: 116.

Urostylis westwoodi: Oshanin, 1906: 175; Matsumura, 1931: 1190; Esaki, 1932: 1601; Yang, 1939: 2; Hsiao et al., 1977: 195; Ren, 1997: 297.

形态特征 **成虫** **体色** 草绿色，略带棕色。复眼暗红色，单眼红色。前胸背板基部、侧缘及革片前缘黄色，其侧角有褐色圆斑。腹面浅赭色带绿。触角第 1~2 节、第 3~5 节基半部、足土黄色；第 1 节基半部外侧有褐色条纹，第 3~5 节的端半部棕色。膜片浅赭色，半透明，内角附近有 1 褐色横椭圆形斑。足胫节基部黑色，跗节第 3 节末端褐色。

结构 体宽梭形。头无刻点，中叶较两侧叶短。身体背面有棕色刻点。前胸背板胝部、小盾片基部有稀疏赭色刻点。前胸背板侧缘直，向上翘折，边缘呈脊状。前胸背板、触角及足上都有细毛。触角第 1、第 2 节较长，第 3 节最短，约为第 4 节的 1/2。前翅长超过腹部末端。雄虫生殖节端缘的中突长于侧突，而侧突明显粗于中突，抱器基半部宽于端半部，近中部有 1 突起，外观呈三叉状。气门外缘有 1 黑环。

量度 体长 11.0~13.0 mm (♂)，11.0~12.5 mm (♀)；前胸背板宽度 4.0~4.2 mm (♂)，4.1~4.2 mm (♀)；腹部宽度 4.2~4.5 mm (♂)，4.3~5.0 mm (♀)；触角各节长度 I : II : III : IV : V = 2.4 : 3.8 : 1.1 : 2.3 : 2.1 mm。

若虫 1 龄、2 龄若虫停留于卵块上取食胶质物，3 龄分散到嫩叶、幼芽上危害。5 龄若虫体长 7.0 mm，宽 4.9~5.1 mm。翅芽草绿色。胸部有 3 个明显的肾状纹，两侧边缘各有 8 个黑色斑纹，末端有 2 个并排的长方形黑褐色斑。

生物学特性 各地 1 年 1 代，以卵在树干粗皮缝、伤疤等处越冬。在低海拔山区，2 月下旬开始孵化 (随海拔升高而略有推后)，3 月中旬、下旬大量孵化，4 月上旬孵化基本结束；成虫 10 月下旬交尾、产卵。卵产在树皮缝中，长条状，单层，排列整齐，上覆褐绿色胶质物，两侧明显可见卵端的白色球杆状附属物。成虫补充营养期长达 5 个月以上，几乎整个生长季都在寄主树冠上潜居危害，以 4 月、5 月危害最重。

经济意义 为害麻栎、栓皮栎 *Quercus variabilis*。成虫、若虫昼夜群集于幼芽、嫩叶丛间食害，严重时芽多不能正常萌发，直至枯死。

分布 河南 (西峡)；河北 (东陵)、山西、陕西 (终南山)、浙江 (天目山)、湖北 (兴山、巴东、恩施)、四川 (峨眉山)；日本、朝鲜。

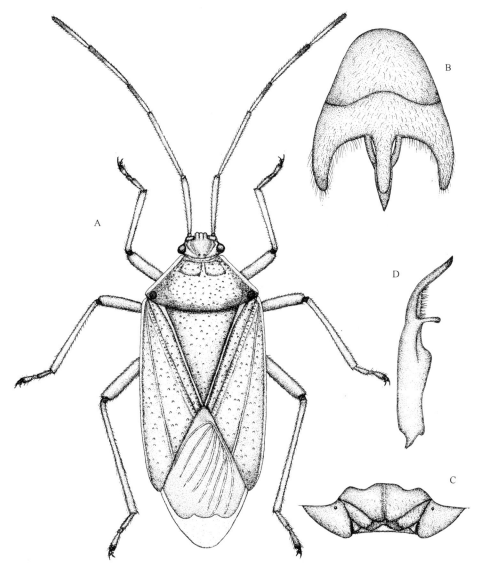

图 253　黑门娇异蝽 *Urostylis westwoodii*
A. 体背面 (habitus)；B. 雄虫腹部末端腹面 (apical segments of abdomen, ventral view, male)；C. 雌虫腹
部末端腹面 (apical segments of abdomen , ventral view, female)；D. 抱器 (paramere)

参 考 文 献

Aglyamzyanov R S. 1994. Review of species of the genus *Lygus* in the fauna of Mongolia, II (Heteroptera: Miridae). *Zoosystematica Rossica*, 3: 69-74.

Amyot C J B, Serville J G A. 1843. *Histoire Naturelle des Insectes. Hémiptères*. Libraire Encyclopedique de Roret, Paris: i-lxxvi: 1-675.

Andersen N M. 1995. Infraorder Gerromorpha. *In*: Aukema B, Rieger C. *Catalogue of the Heteroptera of the Palaearctic Region, Vol. 1, Enicocephalomorpha, Dipsocoromorpha, Nepomorpha, Gerromorpha and Leptopodomorpha*. Amsterdam: Netherlands Entomological Society: 77-114.

Aukema B, Rieger C. 1995-2006. *Catalogue of the Heterptera of the Palaearctic Region*, Vols 1-5. Amsterdam: Netherlands Entomological Society.

Baptist B A. 1941. The morphology and physiology of the salivary glands of Hemiptera-Heteroptera. *Quarterly Journal of Microscopical Science*, 82: 91-139.

Becker A. 1864. Naturhistorische Mitteilungen. *Bulletin de la Société des Naturalises de Moscou*, 37 (2): 477-493.

Bergroth E. 1885. Descriptions of two new species of Aradidae. *Entomologist's Monthly Magazine*, 22: 7-9.

Bergroth E. 1892. Plataspidinae quattuor novae. *Wiener Entomologische Zeitung*, 11: 171-173.

Bergroth E. 1894. Rhynchota orientalia. *Revue d'Eniomologie*, 13: 152-164.

Bergroth E. 1914. H. Sauter's Formosa-Ausbeute: Hemiptera Heteroptera 1. Aradidae. Pynhocoridae. Myodochidae, Tingidac, Reduviidae, Ochteridae. *Entomologische Mitteilungen*, 3: 353-364.

Betts C R. 1986a. The comparative morphology of the wings and axillae of selected Heterotpera. *Journal of Zoology (B)*, 1: 255-282.

Betts C R. 1986b. Functioning of the wings and axillary sclerites of Heteroptera during flight. *Journal of Zoology (B)*, 1: 283-301.

Betts C R. 1986c. The kinematics of Heteroptera in free flight. *Journal of Zoology (B)*, 1: 303-315.

Blanchi V. 1896. De speciebus duabus novis generis *Nabis* Latr. *Ezhegodnik Zoologicheskago Muzeya Imperatorskoi Akademii Nauk*, 1: 113-116.

Blöte H C. 1934. Catalogue of the Coreidae in the Rijksmuseum van Natuurlijke Historic Part I. Corizinae, Alydinae. *Zoologische Mededeelingen, Leiden*, 17: 253-285.

Boisduval J A. 1835. Faune emomologique de l'Ocean Pacifique avec l'illustration des insectes nouveaux recueillis pendant le voyage 2. *In*: *Voyage de découvertes de l'Astrolabe exécuté par ordre du Roi, pendant les années 1826-1827-1828-1829, sous le commandement de M. J. Dumont d'Urville: v-vii*, 1-716. Tastu. Paris.

Börner C. 1904. Zur systematik der Hexapoden. *Zoologischer Anzeiger*, 27: 511-533.

Borror D J, Delong D M. 1957. *An Introduction to the Study of Insects*. New York: Rhinehart & Co: 817 pp.

Boudreaux H B. 1979. *Arthropod Phylogeny, with Special Reference to Insects*. New York: Wiley & Sons, 320 pp.

Breddin G. 1903. Neue Hemipterenarten aus Südost-Asien. *Societas Entomologica*, 18: 33-35.

Breddin G. 1909. Rhynchoten von Ceylon, gesammelt von Dr. Walter Horn. *Annales de la Société Entomologique de Belgique*, 53: 250-309.

Brues C T, Melander A L. 1932. Classification of insects. *Bulletin of the Museum of Comparative Zoology at Harvard College*, 73: 1-672.

Brues C T, Melander A L, Carpenter F M. 1954. Classification of insects. Keys to the living and extinct families of insects, and to the living families of other terrestrial arthropods. *Bulletin of the Museum of Comparative Zoology at Harvard College*, 108: 1-917.

Bu W J, Zheng L Y. 2001. *Fauna Sinica*: Insecta, 24 (*Hemiptera*: *Heteroptera*: *Lasiochilidae, Lyctocoridae, Anthocoridae*). Beijing: Science Press: 1-267[卜文俊, 郑乐怡. 2001. 中国动物志: 昆虫纲: 半翅目: 异翅亚目: 毛唇花蝽科, 细角花蝽科, 花蝽科. 北京: 科学出版社: 1-267.]

Burmeister H. 1832-1835. *Handbuch der Entomologie, vol. 1*. G. Berlin: Reimer: 696 pp.

Burmeister H. 1834. Rhyngota seu Hemiptera. *In*: Meyen F J F. Beiträge zur Zoologie, gesammelt auf einer Reise um die Erde, und W. Erichson's und H. Burmeister's Beschreibungen und Abbildungen der von Herm Meyen auf dieser Reise gesammelten Insekten. *Nova Acta Academiae Caesareae Leopoldino-Carolinae Naturae Curiosorum 16, suppl.*: 285-308 [also published separately with pages 409-432].

Burmeister H. 1835-1839. *Handbuch der Entomologie, vol. 2*. G. Reimer, Berlin. 1050 pp.

Burton G. 1963. Bed bugs in relation to transmission of human diseases. *Public Health Reports,* 78(6): 513-524.

Butler E A. 1923. *A Biology of the British Hemiptera-Heteroptera*. London: Witherby: 682 pp.

Cai W, Shen X. 1997. A key to Chinese species of *Reduvius* with descriptions of five new species (Heteroptera: Reduviidae: Reduviinae). Entomotaxonomia, 19 (4): 253-267.[彩万志, 申效诚. 1997. 中国猎蝽属分类检索表及五新种记述. 昆虫分类学报, 19 (4): 253-267.]

Cai W, Chai L, Chen X, et al. 1999. Checklist of Heteroptera in Henan Province. *In*: Shen X, Deng G. *Fauna and Taxonomy of Insects in Henan, Vol. 3, Insects of Jigong Mountain Region*. Beijing: China Agricultural Science and Technology: 155-176. [彩万志, 柴立英, 陈锡岭, 等. 1999. 河南省半翅目昆虫名录. 见: 申效诚, 邓桂芬. 河南昆虫分类区系研究(第三卷)鸡公山区昆虫. 北京:中国农业科技出版社. 155-176.]

Calabrese D M. 1980. Zoogeography and cladistic analysis of the Gerridae (Hemiptera: Heteroptera). *Miscellaneous Publications of the Entomological Society of America*, 11: 1-119.

Carayon J. 1971. Notes et documents sur l'appareil odorant métathoracique des Hémiptères. *Annales de la Société Entomologique de France (N. S.)*, 7: 737-770.

Carayon J. 1972. Caractères systématiques et classification des Anthocoridae [Hemipt.]. *Annales de la Société Entomologique de France (N. S.)*, 8: 309-349.

Chang S M. 1965. A discussion on the line of demarcation of the Palearctic and Oriental regions east of Chinling based on the knowledge of the distribution of some agricultural insects. *Acta Entomologica Sinica*,

14(4): 411-419. [章士美. 1965. 从某些农业昆虫的分布来讨论古北、东洋两界在我国秦岭以东的分界线问题. 昆虫学报, 14(4): 411-419.]

Chen S. 1958. A new system of insect classification. *Chinese Science Bulletin*, 4: 110-111. [陈世骧. 1958. 昆虫分类的一个新系统. 科学通报, 4: 110-111.]

Chen X. 1997. *Insect Biogeography*. Beijing: Chinese Forestry Press: 102 pp. [陈学新. 1997. 昆虫生物地理学. 北京:中国林业出版社: 102 页.]

China W E. 1933. A new Family of Hemiptera Heteroptera with Notes on the Phylogeny of the Suborder. *Annals and Magazine of Natural History*, 12(10): 180-196.

China W E. 1940. Key to the subfamilies and genera of Chinese Reduviidae with descriptions of new genera and species. *Lingnan Science Journal*, 19: 205-255.

China W E. 1945. A completely blind bug of the family Lygaeidae (Hemiptera-Heteroptera). *Proceedings of the Royal Entomological Society of London*, 14(9-10): 126-128.

China W E, Usinger R L. 1949. A new genus of Tribelocephalinae from Fernando Poo (Hemiptera: Reduviidae). *Annalidel Museo Civico di Storia Naturale di Genova*, 64: 43- 47.

China W T, Miller N C E. 1959. Check-list and keys to the families and subfamilies of the Hemiptera-Heteroptera. *Bulletin of the British Museum* (*Natural History*), *Entomology*, 8(1): 1-45.

Chu Y. 1969. On the bionomics of *Lyctocoris beneficus* (Hiura) and *Xylocoris galactinus* (Fieber) (Anthocoridae, Heteroptera). *Journal of the Faculty of Agriculture of the Kyushu University*, 15(1): 1-136.

Cobben R H. 1968. *Evolutionary Trends in Heteroptera. Part I. Eggs, Architecture of the Shell, Gross Embryology, and Eclosion*. Netherlands: Wageningen: 475 pp.

Cobben R H. 1978. *Evolutionary Trends in Heteroptera. Part 2. Morthpart-structures and Feeding Strategies*. Mededlingen Landbouwhogeschool 78-5. Wageningen: Veeman: 407 pp.

Cobben R H. 1981a. Comments on some cladograms of major groups of Heteroptera. *Rostria*, 33(suppl.): 29-39.

Cobben R H. 1981b. The recognition of grades in the Heteroptera and comments on R. Schuh's cladograms. *Systematic Zoology*, 30: 181-191.

Comstock J H. 1918. *The Wings of Insects*. Ithaca, NewYork: Comstock Publishing Co: 430 pp.

Comstock J H. 1924. *An Introduction to Entomology*. Ithaca, New York: Comstock Publishing Co: 1044 pp.

Comstock J H, Needham J G. 1898. The wings of insects. *American Naturalist*, 32: 81-89, 117-126, 573-582, 845-860.

Costa A. 1843. Saggio d'una monografia delle specie del genere *Ophthalmicus* (Emitteri Eterotteri) indigene al regno di Napoli, con note su talune altre di Europa. *Annali dell'Accademia degli Aspiranti Naturalisti, Napoli*, 1: 293-316.

Costa A. 1863. Illustrazione di taluni Emitter stranieri all'Europa. I. *Rendiconti dell'Accademia delle Scienze Fisiche e Matematiche Napoli*, 2: 190-194.

Dallas W S. 1849. Notice of some hemipterous insects from Boutan (East Indies), with descriptions of the new species. *Transactions of the Entomological Society of London*, 5: 186-194.

Dallas W S. 1850. Notice of some Hemiptera insect from Boutan in the Collection of the Hon. East India

Company. *Transactions of the Royal Entomological Society of London*, (2) 1: 4-11.

Dallas W S. 1851. *List of the Specimens of Hemipterous Insects in the Collection of the British Museum. Part 1*: 1-368, pis I-XI. Taylor, London.

Dallas W S. 1852. *List of the Specimens of Hemipierous Insects in the Collection of the British Museum* 2: 369-592. Trustees (of the British Museum), London.

Davidová-Vilímová J. 2006. Family Plataspidae. *In*: Aukema B, Rieger C. *Catalogue of the Heteroptera of the Palaearctic Region, Vol. 5, Pentatomorpha II*. Amsterdam: Netherlands Entomological Society: 150-165 pp.

Davis N T. 1961. Morphology and phylogeny of the Reduvioidea (Hemiptera: Heteroptera). Part II. Wing venation. *Annals of the Entomological Society of America*, 54: 340-354.

De Geer C. 1773. *Memoires pour servir a l'histoire des insectes 3*: i-viii, 1-696. Hasselberg, Stockholm.

Distant W L. 1879. Hemiptera from the north-eastern frontier of India. *Annals and Magazine of Natural History*, (5) 3: 44-53, 121-126, 127-133.

Distant W L. 1881. Notes on a small collection of Rhynchota from Tokei, Japan. *Annals and Magazine of Natural History*, (5) 8: 27-29.

Distant W L. 1883. First report on the Rhynchota collected in Japan by Mr. George Lewis. *Transactions of the Royal Entomological Society of London*, 1883: 413-443.

Distant W L. 1887. Contributions to a knowledge of Oriental Rhynchota. Part 1. Fam. Pentatomidae. *Transactions of the Entomological Society of London*, 1887: 341-359.

Distant W L. 1900a. Rhynchotal notes VI. Heteroptera: Dinidorinae, PhyllocephaUnae, Urolabidinae, and Acanthosominae. *Annals and Magazine of Natural History*, (7) 6: 220-234.

Distant W L. 1900b. Rhynchotal notes VII, Heteroptera: Fam. Coreidae. *Annals and Magazine of Natural History*, (7) 6: 366-378.

Distant W L. 1901. Enumeration of the Heteroptera (Rhynchota) collected by Signor Leonardo Fea in Burma and its vicinity. Part I. Family Pentatomidae. *Transactions of the Entomological Society of London*, 1901: 99-114.

Distant W L. 1902. *The Fauna of British India, Including Ceylon and Burma. Rhynchota 1 (Heteroptera)*: i-xxviii, 1-438. Taylor & Francis, London.

Distant W L. 1903a. *The Fauna of British India, Including Ceylon and Burma. Rhynchota 2 (1)*: i-i, 1-242. Taylor & Francis, London.

Distant W L. 1903b. Rhynchotal notes. XVI. Heteroptera: family Reduviidae (continued), Apiomerinae, Harpactorinae and Nabidae. *Annals and Magazine of Natural History*, (7) 11: 203-213, 245-258.

Distant W L. 1903c. Rhynchotal notes. XIX. *Annals and Magazine of Natural History*, (7) 12: 469-480.

Distant W L. 1904. *The Fauna of British India, Including Ceylon and Burma. Rhynchota 2 (2)*: x-xviii, 243-503. Taylor & Francis, London.

Distant W L. 1906. *The Fauna of British India, Including Ceylon and Burma. Rhynchota 3*: i-xiv, 1-503. Taylor and Francis, London.

Distant W L. 1911. Rhynchotal notes LIV. Pentatomidae from various regions. *Annals and Magazine of*

Natural History, (8) 7: 338-354.

Distant W L. 1918. *The Fauna of British India, Including Ceylon and Burma. Rhynchota. Vol, 7. (Homoptera: appendix; Heteroptera: addenda)*: i-vii, 1-210. Taylor & Francis, London.

Distant W L. 1921. The Heteroptera of Indo-China. *Entomologist*, 54: 3-6, 40-44, 68-69, 164-169.

Dohrn A. 1860. Zur Heteropteren-Fauna Ceylon's. *Stettiner Entomologische Zeitung*, 21: 399-409.

Dolling W R. 2006. Superfamily Coreoidea. *In*: Aukema B, Rieger C. *Catalogue of the Heteroptera of the Palaearctic Region, Vol. 5, Pentatomorpha II.* Amsterdam: Netherlands Entomological Society: 2-101pp.

Douglas J W. 1874. British Hemiptera - additional species. *Entomologist's Monthly Magazine*, 11: 9-12, 142-144.

Drake C J. 1930. Concerning some Tingitidae from The Philippines (Hemiptera), with new species. *Proceedings of the Entomological Society of Washington*, 32: 165-168.

Drake C J, Maa T. 1953. Chinese and other Oriental Tingoidea. (Hemiptera). *Quarterly Journal of the Taiwan Museum*, 6: 87-101.

Drake C J. 1937. Tingitidae from South China (Hemiptera). *Lingnan Science Journal*, 16: 591-594.

Drury D. 1770. *Illustrations of Natural History 1*: i-xxviii, 1-130. White, London [index containing scientific names published in 1773 and appended to vol. 2].

Dufour L. 1833. Recherches anatomiques et physiologiques sur les Hémiptères, accompagnées de considérations relatives à l'histoire naturelle et à la classification de ces insectes. *Mémoires des Savants étrangers de l' Académie Royale des Sciences de l' Institut de France*, 4: 129-462.

Eidmann H. 1930. Entomologische Ergebnisse einer Reise nach Ostasien. *Verhandlungen der Zoologisch-Botanischen Gesellschaft in Wien*, 79 (1929): 308-325.

Ekblom T. 1929. New contributions to the systematic classification of Hemiptera-Heteroptera. *Entomologisk Tidskrift*, 50: 169-180.

Emsley M G. 1969. The Schizopteridae (Hemiptera: Heteroptera) with the description of new species from Trinidad. *Memoirs of the American Entomological Society*, 25: 1-154.

Esaki T, China W E. 1927. A new family of aquatic Heteroptera. *Transactions of the Royal Entomological Society of London*, 75(2): 279-295.

Esalki T, Takeya C. 1931. Identification of a Japanese tingitid injurious to the pear tree. *Mushi*, 4: 51-59 [In Japanese and English].

Essig E O. 1942. *College Entomology*. New York: MacMillan Co: 900 pp.

Fabricius J C. 1775. *Systema entomologiae, sistens insectorum classes, ordines, genera, species, adjectis synonymis, locis, descriptionibus, observationibus*: i-xxx, 1-832. Kortii, Flensburgi & Lipsiae.

Fabricius J C. 1781-1782. *Species insectorum exhibentes eorum differentias specificas, synonyma auctorum, loca natalia, metamorphosin adjectis observationibus, descriptionibus 2*: 1-517. Bohnii, Hamburgi et Kilonii [1781: 1-494, 1782:495-517].

Fabricius J C. 1787. *Mantissa insectorum sistens species nuper detectas adjectis synonymis, observationibus, descriptionibus, emendationibus 2*: 1-382. Proft, Hafhiae.

Fabricius J C. 1794. *Entomologia systematica emendata et aucta secundum classes, ordines, genera, species adjectis synonymis, locis, observationibus, descriptionibus 4*: i-v, 1-472. Proft, Hafniae.

Fabricius J C. 1798. *Entomologia systematica emendata et aucta. secundum classes, ordines, genera, species adjectis synonymis, locis. observationibus, descriptionibus, Suppl.*: 1-572. Proft, Hafniae.

Fabricius J C. 1803. *Systema Rhyngotorum secundum ordines, genera, species adjectis synonymis, locis, observationibus, descriptionibus*: i-vi, 1-314 plus emendanda and index. Reichard, Brunsvigae,

Fallén C F. 1807. *Monographia Cimicum Sveciae*: 1-123. Proft, Hafniae [second printing 1818].

Fallou G. 1881. Hemipteres nouveaux de la Chine. *Naturaliste*, 3: 340-341.

Fallou G. 1887. Insectes Hémiptères nouveaux recueillis par M. de la Touche à Fo-kien (Chine). *Le Naturaliste*, 3: 413.

Feng L C. 1938. Geographical distribution of mosquitoes in China. *Medizinische und Veterinär Entomologie*, 5: 1579-1588.

Fieber F X. 1836. Beiträge zur Kenntniss der Schnabelkerfe (Rhynchota). *Beiträge zur gesammten Natur- und Heilwissenschaft* (W.R. Weitenweber, ed.): 97-111, Weitenweber, Prag.

Fieber F X. 1858. Criterien zur genenschen Theilung der Phytocoriden (Capsini aut.). *Wiener Entomologische Monatschrift*, 2: 289-327, 329-347, 388.

Fieber F X. 1861. *Die europäischen Hemipteren*. Wien: Carl Gerold's Sohn: 444.

Flor G. 1861. Die Rhynchoten Livlands in systematischer Folge beschrieben. 2: 1-638. Karaw, Dorpat.

Folsom J W, Wardle R A. 1934. *Entomology, Its Ecological Aspects*. Philadelphia: P. Blakiston & Son Co: 605.

Ford L. 1979. *The phylogeny and biogeography of the Cimicoidea* (Insecta: Hemiptera). M. S. Thesis, University of Connecticut, Storrs.

Fourcroy A F. 1785. *Entomologia Parisiensis; sive catalogus insectorum quae in agro Parisiensi reperiuntur 1*: i-viii, 1 -233; 2: 234-544. Via et Aedibus Serpentineis, Paris.

Ghauri M S K. 1964. A remarkable phenomenon amongst the males of Piratinae (Reduviidae, Heteroptera). *Annals and Magazine of Natural History, Series 13*, 7: 733-737.

Goeze J A E. 1778. *Entomologische Beyträge zu des Ritter Linné zwölften Ausgabe des Natursystems 2*: i-lxxii, 1-352. Weidmanns Erben & Reich, Leipzig.

Göllner-Scheiding U. 2006. Family Acanthosomatidae, family Scutelleridae. *In*: Aukema B, Rieger C. *Catalogue of the Heteroptera of the Palaearctic Region, Vol. 5, Pentatomorpha II*. Amsterdam: Netherlands Entomological Society: 166-181, 190-227 pp.

Handlirsch A. 1908. *Die Fossilen Insekten und die Phylogenie der Rezenten Formen*. Engelmann, Leipzig. 1430 pp.

Handlirsch A. 1925. Geschichte, Literatur, Technik, Paläontologie, Phylogenie, Systematik, pp. 1-1202. *In*: Schröder C. *Handbuch der Entomologie, Band III*. Jena: Von Gustav Fischer.

Hasegawa H. 1959. Descriptions of two new species of the family Acanthosomidae from Japan (Hemiptera-Heteroptera). *Kontyu*, 27: 86-90.

Heilprin A. 1887. *The Geographical and Geological Distribution of Animals*. New York: Appleton, 435 pp.

Heiss E. 2001. A new species of the flat bug genus *Aradus* Fabricius 1803 from China (Heteroptera,

Aradidae). Linzer Biologische Beiträge, 2001d, 33 (2): 1017-1023.

Heiss E. 2001. Superfamily Aradoidea. *In*: Aukema B, Rieger C. *Catalogue of the Heteroptera of the Palaearctic Region, Vol. 4, Pentatomorpha I*. Amsterdam: Netherlands Entomological Society: 3-34 pp.

Heiss E, Péricart J. 2001. Family Piesmatidae. *In*: Aukema B, Rieger C. *Catalogue of the Heteroptera of the Palaearctic Region, Vol. 4, Pentatomorpha I*. Amsterdam: Netherlands Entomological Society: 221-226pp.

Hennig W. 1950. *Grundzüge einer Theorie der phylogenetischen Systematik*. Berlin: Deutscher Zentralverlag: 370 pp.

Hennig W. 1953. Kritische Bemerkungen zum phylogenetischen System der Insekten. *Beiträge zur Entomologie*, 3(Sonderheft): 1-85.

Hennig W. 1981. *Insect Phylogeny*. New York: Wiley: 514 pp.

Henry T J. 2009. Biodiversity of Heteroptera. *In*: (Foottit R G, Alder P H): *Insect Biodiversity: Science and Society*. Chichester: Blackwell Publishing: 223-263.

Herrich-Schäffer G A W. 1835. Nomenclator entomologicus. *Verzeichniss der europäischen Insecten; zur Erleichterung des Tauschverkehrs mit Preisen versehen. Heft 1. Lepidoptera und Hemiptera, leztere synoptisch bearbeitet und mit vollständiger Synonymie*: i-iv, 1-116. Pustet, Regensburg.

Herrich-Schäffer G A W. 1836-1853. *Die Wanzenartigen Insekten getreu nach der Natur abgebildet und beschrieben* 3 (1836): 33-114; 4 (1837-1839): 1-108; 5 (1839-1840): 1-108; 6 (1840): 1-36. (1841) 37-72, (1842): 73-118: 7 (1842-1844): 1-134; 8 (1845-1847): 1-130; 9 (1849-1851): 1-348.

Hidaka T. 1961. Studies on the Lygaeidae. XXV. A new genus of the subfamily Blissinae from Japan. *Kontyu*, 29: 255-257.

Hiura I. 1957. Description of a new species of Japanese Anthocoridae and its biology (Hemiptera Heteroptera). *Science Bulletin, Faculty of Agriculture, Kyushu University*, 16: 31-40.

Hoke S. 1926. Preliminary paper on the wing-venation of the Hemiptera (Heteroptera). *Annals of the Entomological Society of America*, 19: 13-34.

Horváth G. 1879. Hemiptera-Heteroptera a Dom. Joanne Xantus in China et in Japonia collecta enumeravit. *Természetrajzi Füzetek*, 3: 140-152.

Horváth G. 1895. Hémiptères nouveaux d'Europe et des pays limitrophes. *Revue d'Entomologie*, 14: 152-165.

Horváth G. 1901. Hemiptera. *In: Zoologische Ergebnisse der dritten Asiatischen Forschungsreise des Grafen Eugen Zichy 2*: 245-274. Hornyansky & Hiersemann, Budapest & Leipzig.

Horváth G. 1905. Hemipteres nouveaux de Japon. *Annates Historico-Naturales Musei Nationalis Hungarici*, 3: 413-423.

Horváth G. 1911. Miscellanea hemipterologica. VI-VII. *Annates Historico-Naturales Musei Nationalis Hungarici*, 9: 423-435.

Horváth G. 1912. Species Generis tingicidarum *Stephanitis*. *Annates Historico-Naturales Musei Nationalis Hungarici*, 10: 319-339.

Horváth G. 1914. Miscellanea hemipterologica. XIII-XVU. *Annates Historico-Narurales Musei Nationalis Hungarici*, 12: 623-660.

Horváth G. 1917. Species generis *Corizus* Fall. (Therapha Am. Serv.). *Annales Historico-Naturales Musei*

Nationalis Hungarici, 15: 166-174.

Hsiao C. 1962. First report on Chinese *Adelphocoris* Reuter with descriptions on five new species (Hem., Miridae). Acta Entomologica Sinica, 11 (supp.): 80-89.[萧采瑜. 1962. 我国北方常见苜蓿盲蝽属种类初记. 昆虫学报, 11 (supp.): 80-89.]

Hsiao C. 1963a. Taxonomic classification of Heteroptera (Insecta: Hemiptera). *Insect Knowledge*, 9(2): 93-95. [萧采瑜. 1963. 半翅目异翅亚目的分类系统. 昆虫知识, 9(2): 93-95.]

Hsiao C. 1963b. Results of the zoologico-botanical expedition to southwest China, 1955-1957 (Hemiptera, Coreidae). Acta Entomologica Sinica, 12: 310-344 [萧采瑜. 1963. 云南生物考察报告 (半翅目: 缘蝽科). 昆虫学报, 12 (3): 310-340.].

Hsiao C. 1964a. New Coreidae from China (Hemiptera, Heteroptera) III. Acta Zoologica Sinica, 16 (2): 251-262 [萧采瑜. 1964. 中国缘蝽新种记述 III. 动物学报, 16 (2): 251-262.].

Hsiao C. 1964b. New species of Nabidae from China (Hemiptera-Heteroptera). Acta Entomologies Sinica, 13: 76-87. [萧采瑜. 1964. 中国姬猎蝽新种记述. 昆虫学报, 13 (1): 76-87.]

Hsiao C. 1964c. New Coreidae (Hemiptera, Heteroptera) from China II. Acta Zoologica Sinica, 16: 89-100 [萧采瑜. 1964. 中国缘蝽新种记述 II. 动物学报, 16 (1): 89-100].

Hsiao C. 1974. New stilt-bugs from China (Hemiptera: Berytidae). Acta Entomologica Sinica, 17: 55-65 [萧采瑜. 1974. 中国跷蝽科记述. 昆虫学报, 17 (1): 55-65.].

Hsiao C. 1979. New species of Harpactorinae from China. I. (Hemiptera, Reduviidae). *Acta Zootaxonomica Sinica*, 4 (2): 137-155 [萧采瑜. 1979. 中国真猎蝽亚科新种记述 I (半翅目: 猎蝽科). 动物分类学报, 4 (2): 137-155.

Hsiao C, Meng H. 1963. The plant bugs collected from cotton fields in China (Hemiptera-Hctcroptera, Miridae). Acta Zoologica Sinica, 26: 69-77.[萧采瑜, 孟祥玲. 1963. 中国棉田盲蝽记述. 动物学报, 26: 69-77.]

Hsiao C, Zheng L. 1964. On the Chinese species of *Cletus* Stål (Hemiptera: Coreidae). Acta Zootaxonomica Sinica, 1 (1): 65-69.[萧采瑜, 郑乐怡. 1964. 中国棘缘蝽属记述. 动物分类学报, 1 (1): 65-69.]

Hsiao C, Ren S. 1981. Reduviidae. *In*: Hsiao T Y, et al. *A Handbook for the Determination of the Chinese Hemiptera-Heteroptera. II*: 390-538, 615-623. Science Press, Beijing [in Chinese, English summary].

Hsiao C, et al. 1977. *A Handbook for the Determination of the Chinese Hemiptera-Heteroptera*. Vol. 1, 1-330. Beijing: Science Press. [萧采瑜,等. 1977. 中国蝽类昆虫鉴定手册 (第一册). 北京: 科学出版社: 1-330.]

Hsiao C, et al. 1981. *A Handbook for the Determination of the Chinese Hemiptera-Heteroptera*. Vol. 2, 1-654. Beijing:Science Press. [萧采瑜,等. 1981. 中国蝽类昆虫鉴定手册 (第二册). 北京: 科学出版社: 1-654.]

Hua J, Li M, Dong P, et al. 2008. Comparative and phylogenomic studies on the mitochondrial genomes of Pentatomomorpha (Insecta: Hemiptera: Heteroptera). *BMC Genomics*, 9: 610.

Imms A D. 1934. *A General Textbook of Entomology*. New York: E. P. Dutton and Co., Inc: 727 pp.

Ishihara T. 1943. The genus *Aristonabis* of Formosa (Hemiptera, Nabidae). *Mushi*, 15: 61-68.

Jakovlev V E. 1865. Hemiptera of the Volga region fauna. *Uchenye Zapiski Kazanskogo Universiteia, Otdelenie Fiziko-Matematicheskikh i Meditsinskikh Nauk*, 1 (1864): 109-129 [in Russian].

Jakovlev V E. 1874. Contributions to the entomological fauna of European Russia. IV. *Trudy Russkago*

Entomologicheskago Obshchestva, 8: 46-82 [in Russian].

Jakovlev V E. 1876a. New bugs Hemiptera Heteroptera of the Russian fauna. *Bulletin de la Société Imperiale des Naturalistes de Moscou*, 50-51 (3): 85-124 [in Russian and German].

Jakovlev V E. 1876b. Description of new bugs of the Russian fauna. *Trudy Russkago Entomologicheskago Obshchestva*, 9: 216-231 [in Russian and German].

Jakovlev V E. 1880a. Contributions to the fauna of Heteroptera of Russia and the neighbouring countries. I-III. *Bulletin de la Société Imperia67le des Naturalistes de Moscou*, 55 (1): 157-173 [in Russian and German).

Jakovlev V E. 1880b. Contributions to the fauna of bugs of Russia and the neighbouring countries. IV. *Bulletin de la Société Imperiale des Naturalistes de Moscou*, 55 (2): 385-398 [in Russian and German].

Jakovlev V E. 1881. Contributions to the Hemipteran fauna of Russia and adjacent regions. V-VIII. *Bulletin de la Société Imperiale des Naturalistes de Moscou*, 56: 194-214 [in Russian and German].

Jakovlev V E. 1882a. Contributions to the fauna of bugs of Russia and the neighbouring countries. *Trudy Russkago Entomologicheskago Obshchestva*, 13: 141-152 [in Russian and German].

Jakovlev V E. 1882b. New species of the fam. Capsides. *Trudy Russkago Entomologicheskago Obshchestva*, 13: 169-175 [in Russian and German].

Jakovlev V E. 1883a. Contributions to the fauna of Heteroptera of Russia and the neighbouring countries. X. *Bulletin de la Société Imperiale des Naturalistes de Moscou*, 57 (3): 98-112 [in Russian and German].

Jakovlev V E. 1883b. Neue Rhynchoten der russischen Fauna. *Revue Mensuelle d'Entomologie*, 1: 14-16.

Jakovlev V E. 1883c. Contributions to the fauna of the Heteropteran insects of Russia and the neighbouring countries. XI. *Bulletin de la Société Imperiale des Naturalistes de Moscou*, 58 (1): 103-108 [in Russian and German].

Jakovlev V E. 1883d. Contributions to the fauna of Heteroptera of Russia and the neighbouring countries. XII. *Bulletin de la Société Imperiale des Naturalistes de Moscou*, 58 (2): 423-437 [in Russian and German].

Jakovlev V E. 1889a. Contributions to the fauna or the Heteropteran insects of Siberia (Hemiptera Heteroptera Sibirica). I. *Horae Societatis Entomologicae Rossicae*, 23: 72-82 [in Russian].

Jakovlev V E. 1889b. Hemiptera Heteroptera Irkutensia nova. *Horae Societatis Entomoiogicae Rossicae*, 23: 50-71[in Russian and German].

Jakovlev V E. 1890. Insecta, a cl. G.N. Potanin in China et in Mongolia novissime lecta. XVII. Hemiptera-Heteroptera. *Horae Societatis Entomologicae Rossicae*, 24: 540-560 [in Russian and German].

Jakovlev V E. 1893. Reduviidae palaearcticae novae. *Horae Societatis Entomologicae Rossicae*, 27: 319-325. [in Russian and German].

Jakovlev V E. 1904. *Palomena limbata*, n. sp., and its Palaearctic relatives (Hemiptera-Heteroptera, Pentatomidae). *Horae Societatis Entomologicae Rossicae*, 37: 71-73 [in Russian and French].

Josifov M. 1978. Neue Miridenarten aus Nord-Korea (Heteroptera). *Acta Entomologica Musei Nationalis Pragae*, 39 (1977): 279-287.

Josifov M, Kerzhner I M. 1978. Heteroptera aus Korea. II. Teil (Aradidae, Berytidae, Lygaeidae, Pyrrhocoridae, Rhopalidae, Alydidae, Coreidae, Urostylidae, Acanthosomatidae, Scutelleridae, Pentatomidae, Cydnidae, Plataspidae). *Fragmenta Faunistica*, 23: 137-196.

Kerzhner I M. 1968. New and little known Palaearctic bugs of the family Nabidae (Heteroptera). *Entomologicheskoe Obozrenie*, 47: 848-863 [in Russian].

Kerzhner I M. 1981. *Fauna of the USSR. Bugs. Vol. 13, no. 2. Heteroptera of the Family Nabidae.* Acad. Sci. USSR, Zool. Inst. Nauka, Leningrad. 326.

Kerzhner I M. 1995. Infraorder Enicocephalomorpha, Infroorder Dipsocoromorpha. *In*: Aukema B, Rieger C. *Catalogue of the Heteroptera of the Palaearctic Region, Vol. 1, Enicocephalomorpha, Dipsocoromorpha, Nepomorpha, Gerromorpha and Leptopodomorpha.* Amsterdam: Netherlands Entomological Society: 1-12pp.

Kerzhner I M. 1996. Superfamily Joppeicoidea, family Nabidae, family Polyctenidae. *In*: Aukema B, Rieger C. *Catalogue of the Heteroptera of the Palaearctic Region, Vol. 2, Cimicomorpha I.* Amsterdam: Netherlands Entomological Society: 2, 84-107, 145-146 pp.

Kerzhner I M. 2001. Family Malcidae, family Colobathristidae, superfamily Pyrrhocoroidea. *In*: Aukema B, Rieger C. *Catalogue of the Heteroptera of the Palaearctic Region, Vol. 4, Pentatomorpha I.* Amsterdam: Netherlands Entomological Society: 227-229, 243-258 pp.

Kerzhner I M. 2003. Notes on distribution, nomenclature and distribution of some Palaearctic Coreoidea and Pentatomoidea (Heteroptera). *Zoosystematica Rossica*, 12: 101-107.

Kerzhner I M, Elov E S. 1976. Bugs of the genus *Xylocoris* Duf. from the subgenus *Proxylocoris* Carayon (Heteroptera, Anthocoridae) of the fauna of the USSR and adjacent regions. *Entomologicheskoe Obozrenie*, 55: 364-368 [in Russian].

Kerzhner I M, Josifov M. 1999. Family Miridae. *In*: Aukema B, Rieger C. *Catalogue of the Heteroptera of the Palaearctic Region, Vol. 3, Cimicomorpha II.* Amsterdam: Netherlands Entomological Society: 577 pp.

Kiritshenko A N. 1916. *Coreidae (Coreinae). Fauna Rossii. Nasekomye poluzhestkokrylye (insecta Hemiptera)* 6 (2): i-iv, 1-395 [in Russian, with Latin diagnoses].

Kiritshenko A N. 1926. Beiträge zur Kenntnis paläarktischen Hemipteren. *Konowia*, 5: 218-226.

Kiritshenko A N. 1931. Hemiptera-Heteroptera of the third Mount Everest expedition, 1924 I. *Annals and Magazine of Natural History*, (10) 7: 362-385.

Kirichenko A N. 1951. *True Heteroptera of the European Part of the USSR.* Moscow: Academiya Nauk SSSR: 423 pp.

Kirkaldy G W. 1897. Aquatic Rhynchota: Descriptions and notes. No. 1. *Annals and Magazine of Natural History*, (6) 20: 52-60.

Kirkaldy G W. 1902a. Memoir upon the Rhynchotal family Capsidae auctt. *Transactions of the Entomological Society of London*, 1902: 243-272.

Kirkaldy G W. 1902b. Eine neue morgenländische Miriden (Capsiden) Gattung (Rhynchota). *Wiener Entomologische Zeitung*, 21: 225-226.

Kirkaldy G W. 1909. *Catalogue of the Hemiptera (Heteroptera) with Biological and Anatomical References, List of Food Plants and Parasites, etc., vol. 1. Cimicidae [=Pentatomidae].* Berlin: Dames: 392 pp.

Kolenati F A. 1846. *Meletemata Entomologica. IV. Hemiptera Caucasi Pentatomidae monographic dispositae*, 1-72, Academia Scientiarum, Petropoli.

Kormilev N A. 1957. Notes on Oriental Phymatidae (Hemiptera). The Oriental Phymatidae in the Drake collection. *Quarterly Journal of the Taiwan Museum*, 10: 63-69.

Kristensen N P. 1975. The phylogeny of hexapod 'orders'. A critical review of recent accounts. *Zeitschrift für zoologische Systematik und Evolutionsforschung*, 13: 1-44.

Kristensen N P. 1981. Phylogeny of insect orders. *Annual Review of Entomology*, 26: 135-157.

Kuschakewitsch A A. 1866. Several new species of bugs (Hemiptera). *Horae Soctetatis Entomoiogicae Rossicae*, 4: 97-101 (in Russian).

Latreille P A. 1804. *Histoire naturelle, générate et particulière des crustacés et des insects*, 12: 1-424. Dufart, Paris.

Latreille P A. 1810. *Considérations générales sur l'ordre naturel des animaux composant les classes des crustacés, des arachnides, et des insectes; avec un tableau méthodique de leurs genres, disposés en familles*. Paris: Schoell: 444.

Latreille P A. 1825. *Familles Naturelles du Régne Animal, Exposées Succinctement et dans un Ordre Analytique, avec l'Indication de Leurs Genres*. Paris: Baillière: 570.

Leach W E. 1815. Entomology. Brewster's Edinburgh Encyclopaedia, 9: 57-192.

Lepeletier A L M, Serville J G A. 1828. Encyclopedie Methodique. *Les insectes* (G.A. Olivier, ed.) 10: 345-833. Agasse, Paris.

Leston D. 1954. Wing venation and male genitalia of *Tessaratoma* Berthold, with remarks on Tessaratominae Stal (Hemiptera: Pentatomidae). *Proceedings of the Royal Entomological Society of London, A*, 29: 9-16.

Leston D. 1962. Tracheal capture in ontogenetic and phylogenetic phases of insect wing development. *Proceedings of the Entomological Society of London (A)*, 37: 135-144.

Leston D, Pendergrast J G, Southwood T R E. 1954. Classification of terrestrial Heteroptera (Geocorisae). *Nature*, 174(4419): 91-92.

Li C. 1983. Research on the true bug fauna of Song Mountain. *Journal of Shanxi University*, 6(4): 70-74. [李长安. 1983. 嵩山半翅目昆虫研究. 山西大学学报, 6(4): 70-74.]

Li C, Zheng L. 2000. Descriptions of two new species of *Elasmucha* Stål (Hemiptera: Heteroptera: Acanthosomatidae) from China. *In*: Zhang Y. Proceedings of 5th National Congress of Insect Taxonomy. 96-101. Beijing: China Agriculture Press.

Li C, Han F, Zhang M, et al. 1985. Investment of the true bug fauna of Jigong Mountain, Henan Province. *Journal of Shanxi University*, 8(3): 97-100. [李长安, 韩凤英, 张明, 等. 1985. 河南省鸡公山地区半翅目昆虫区系调查. 山西大学学报, 8(3): 97-100.]

Li S. 1578. *Compendium of Materia Medica*. Ming Dynasty. [李时珍. 1578. 本草纲目.明朝.]

Li X, Liu G. 2007. Two new species of the genus *Psallus* Fieber from China (Hemiptera, Miridae, Phylinae). Acta Zootaxonomica Sinica, 32 (3): 674-679. [李晓明, 刘国卿. 2007. 中国杂盲蝽属二新种记述 (半翅目, 盲蝽科, 叶盲蝽亚科). 动物分类学报, 32 (3): 674-679].

Lindberg H. 1934. Schwedisch-chinesische wissenschaftiiche Expedition nach den nordwestlichen Provinzen Chinas. Insekten. 47, Hemiptera. 2. Hemiptera Heteroptera. *Arkiv för Zoologi*, 27A (28): 1-43.

Lindberg H. 1939. Über einige chinesische Hemipteren im Naturhistorischen Reichsmuseum in Stockholm.

Notulae Entomologicae, 18: 119-124.

Lindskog P. 1995. Infraorder Leptopodomorpha. *In*: Aukema B, Rieger C. *Catalogue of the Heteroptera of the Palaearctic Region, Vol. 1, Enicocephalomorpha, Dipsocoromorpha, Nepomorpha, Gerromorpha and Leptopodomorpha*. Amsterdam: Netherlands Entomological Society: 115-141pp.

Linnaeus C. 1735. *Systema naturae, sive Regna tria naturae. Systematice proposita per Classes, Ordines, Genera, and Species.* Lugduni Batavorum, Apud Theodorum Haak.

Linnaeus C. 1758. *Systema naturae per regna tria naturae, secundum classes, ordines, genera, species, cum characteribus, differentiis, synonymis, locis. Editio decima, reformata*: i-v, 1-824. Salvii, Holmiae.

Linnaeus C. 1758. *Systema Naturae*, 10 th ed. 824 pp. Holmiae: Salvii.

Linnaeus C. 1763. Centuria Insectorum rariorum: i-vi, 1-37. Upsaliae [also published in: *Amoenitates Academiae*, 6: 384-415, Holmiae].

Linnavuori R. 1961. Contributions to the Miridae fauna of the Far East. *Annales Entomologici Fennici*, 27: 155-169.

Linnavuori R. 1962. New or lesser known species of the genus *Pilophorus* Hhn. (Het., Miridae). *Annales Entomologici Fennici*, 28: 169-172.

Lis J A. 2006. Family Thaumastellidae, family Parastrachiidae, family Cydnidae, family Thyreocoreidae, family Dinidoridae. *In*: Aukema B, Rieger C. *Catalogue of the Heteroptera of the Palaearctic Region, Vol. 5, Pentatomorpha II*. Amsterdam: Netherlands Entomological Society: 117-149, 228-232 pp.

Liu G, Bu W. 2006. *The Fauna of Hebei, China, Hemiptera*: *Heteroptera*. Beijing: China Agricultural Science and Technology Press: 528 pp. [刘国卿, 卜文俊. 河北动物志, 半翅目: 异翅亚目. 北京: 中国农业科技出版社: 528 页.]

Liu G, Wang H. 2001. Genus *Chelocapsus* Kirkaldy of Mainland China (Insecta: Hemiptera: Miridae: Mirinae). Reichenbachia, 37: 61-65.

Liu Q, Zheng L. 1989. A review on the Chinese species of *Rhopalus* Schilling. *Entomotaxonomia*, 11(4): 269-277. [刘强, 郑乐怡. 1989. 中国的伊缘蝽属. 昆虫分类学报, 11(4): 269-277.]

Liu S. 1979. Acanthosomatidae from west Hubei Province, China (Hemiptera). Entomotaxonomia, 1 (1): 55-59 [刘胜利. 1979. 鄂西神农架的同蝽 (半翅目: 同蝽科). 昆虫分类学报, 1 (1): 55-59].

Lu J, Cai W. 1994. An annotated checklist of assassin bugs (Heteroptera: Reduviidae) from Henan with description of a new subspecies. 17-27. *In*: Shen X, Shi Z. *Fauna and Taxonomy of Insects in Henan (I)* 17-27. Beijing: China Agricultural Science and Technology:

Lu N, Zheng L. 1997. Four new species of the genus *Apolygus* China (Insecta: Hemiptera: Miridae). Acta Zootaxonomica Sinica, 22 (2): 162-168.[吕楠, 郑乐怡. 1997. 后丽盲蝽属四新种记述. 中国动物分类学报, 22 (2): 162-168.]

Lutz F E. 1935. *Field Book of Insects (3 ed.).* New York: Putnam: 510 pp.

Lydekke B A. 1896. *A Geographical History of Mammals.* Cambridge: Cambridge University Press: 400 pp.

Ma S. 1959. *The Outline of Chinese Insect Ecological Geography.* Beijing: Science Press: 109 pp. [马世骏. 1959. 中国昆虫生态地理概述. 北京:科学出版社: 109 页.]

Maa T C. 1947. Records and descriptions of some Chinese and Japanese Urostylidae (Hemiptera:

Heteroptera). *Notes d'Entomologie Chinoise*, 11: 121-144.

Macleay W S. 1821. *Horae Entomologicae: or Essays on the Annulose Animals, volume 1, part 2*. London: S. Bagster: 318 pp.

Mahner M. 1993. Systema cryptoceratorum phylogeneticum (Insecta, Heteroptera). *Zoologica*, 143: 1-302.

Maldonado-Capriles J, Santiago-Blay J A. 1991. Classification of *Homalocoris* (Heteroptera: Reduviidae: Hammacerinae), with the description of a new species. *Proceedings of the Entomological Society of Washington*, 93: 703-708.

Martin J. 1902. Hémiptères hétéroptères nouveaux d'Asie. *Bulletin du Muséum d'Histoire Naturelle*, 8: 333-337.

Matsumura S. 1905a. Die Wasser-Hemipteren Japans. *Journal of the Sapporo Agricultural College*, 2 (2): 53-66.

Matsumura S. 1905b. *Thousand Insects of Japan 2*: 1-213, 17 pls. Keiseisha, Tokyo [in Japanese].

Matsumura S. 1913. *Thousand Insects of Japan. Additamenta 1*: 1-184. Keiseisha, Tokyo [in Japanese, with diagnoses of new taxa also in English].

Matsumura S. 1915. Uebersicht der Wasser-Hemipteren von Japan und Formosa. *Entomological Magazine, Kyoto*, 1: 103-119.

Matsumura S. 1917. *Oyo Konchu-gaku [Applied Entomology]*: 1-11, 1-731, 1-12. Keiseisha, Tokyo [in Japanese].

Mayr E. 1942. *Systematics and the Origin of Species, from the Viewpoint of a Zoologist*. New York: Columbia University Press: 365 pp.

Mayr G. 1865. Diagnosen neuer Hemipteren. II. *Verhandlungen der Zoologisch-Botanischen Gesellschaft in Wien*, 15: 429-446.

Mella C A. 1869. Di un nuovo genere e di una nuova specie di Fitocoride. *Bollettino della Società Entomologica Italiana*, 1: 202-204.

Meyer-Dür L R. 1841, Idenrität und Separation einiger Rhynchoten. *Stettiner Entomologische Zeitung*, 2: 82-89.

Meyer-Dür L R. 1843. *Verzeichnis der in der Schweiz einheimischen Rhynchoten (Hemiptera Linn.). Erstes Heft. Die Familie der Capsini: i-x*, 11-116, i-iv. Jent &. Gassmann, Solothurn.

Miles P W. 1972. The saliva of Hemiptera. *Advances in Insect Physiology*, 9: 183-255.

Miller N C E. 1940. New genera and species of Malaysian Reduviidae. Part 1. *Journal of the Federated Malay States Museum*, 18: 415-599.

Miller N C E. 1954a. New genera and species of Reduviidae (Hemiptera-Heteroptera). *Commentationes Biologicae*, 13 (17) (1953): 1-69.

Miller N C E. 1954b. New genera and species of Reduviidae from Indonesia and the description of a new subfamily (Hemiptera-Heteroptera). *Tijdschrift voor Entomologie*, 97: 75-114.

Miller N C E. 1956a. Centrocneminae, a new subfamily of the Reduviidae (Hemiptera-Heteroptera). *Bulletin of the British Museum (Natural History). Entomology*, 4(6): 219-283.

Miller N C E. 1956b. *Biology of the Heteroptera*. London: Leonard Hill Books: 162 pp.

Miyamoto S. 1961. Comparative morphology of the alimentary organs of Heteroptera with phylogenetic considerations. *Sieboldia*, 2(4): 197-259.

Miyamoto S. 1965. Enicocephalidae in Taiwan (Hemiptera). *Sieboldia*, 3: 295-304.

Montandon A L. 1892. Hémiptères Plataspides nouveaux. *Revue d'Entomologie*, 11: 273-284.

Montandon A L. 1893. Espèces nouvelles ou peu connues de la famille des Plataspidinae. *Annales de la Société Entomologique de Belgique*, 37: 558-570.

Montandon A L. 1894a. Viaggio di Leonardo Fea in Birmania e regioni vicine. LVIII. Hémiptères de la s. fam. des Plataspidinae récoltés par M. Leonardo Fea en Birmanie et régions voisines. *Annali del Museo Civico di Storia Naturale di Genova*, 34: 119-144.

Montandon A L. 1894b. Nouveaux genres et espèces de la s. f. des Plataspidinae. *Annales de la Société Entomologique de Belgique*, 38: 243-281.

Montandon A L. 1897. Les Plataspidines du Muséum d'histoire naturelle de Paris. *Annales de la Société Entomologique de France*, 65 (1896): 436-464.

Motschulsky V. 1860. Catalogue des insectes rapportés des environs de fl. Amour, depuis la Schilka jusqu'à Nikolaëvsk, examinés et énumérés. *Bulletin de la Société Impériale des Naturalistes de Moscou*, 32 (4) (1859): 487-507.

Motschulsky V. 1861. Insectes du Japon (continuation). *Etudes Entomologiques*, 10: 1-24.

Motschulsky V. 1863. Essais d'un catalogue des insectes de I' île Ceylan (Suite). *Bulletin de la Société Impériale des Naturalistes de Moscou*, 35 (2): 1-153.

Motschulsky V. 1866. Catalogue des insectes reçus du Japon. *Bulletin de la Société Impériale des Naturalistes de Moscou*, 39 (1): 163-200.

Myers J G. 1924. On the systematic position of the family Termitaphididae (Hemiptera, Heteroptera), with a description of a new genus and species from Panama. *Psyche*, 31: 259-278.

Niu Y, Zhu D, Yang X, et al. 1996. Preliminary report on the insect fauna of Dongzhai Birds Natural Reserve. *In*: Song C, Qu W. *Scientific Survey of the DongZhai Birds Natural Reserve* 121-128. Beijing: Chinese Forestry Press. [牛瑶, 朱东明, 杨新芳, 等. 1996. 董寨鸟类自然保护区昆虫考察初步报告. 见: 宋朝枢, 瞿文元. 董寨鸟类自然保护区科学考察集:北京:中国林业出版社: 121-128.]

Osborn H. 1895. The phylogeny of the Hemiptera. *Proceedings of the Entomological Society of Washington*, 3: 185.

Panzer G W F. 1805. *Faunae Insectorum Germanicae initia oder Deutschlands Insecten 99*: pis 1-24, and text. Felsecker, Nürnberg.

Parshley H M. 1925. *A Bibliography of the North American Hemiptera-Heteropera*. Massachusetts: Smith College, Northampton: 252 pp.

Pendergrest J G. 1957. Studies on the reproductive organs of the Heteroptera with a consideration of their bearing on classifications. *Transactions of the Royal Entomological society of London*, 109: 1-63.

Péricart J. 1996. Family Microphysidae, family Anthocoridae, family Cimicidae. *In*: Aukema B, Rieger C. *Catalogue of the Heteroptera of the Palaearctic Region, Vol. 2, Cimicomorpha I*. Amsterdam: Netherlands Entomological Society: pp. 79-83, 108-140, 141-144.

Péricart J. 2001. Superfamily Lygaeoidea, family Berytidae. *In*: Aukema B, Rieger C. *Catalogue of the Heteroptera of the Palaearctic Region, Vol. 4, Pentatomorpha I*. Amsterdam: Netherlands Entomological Society: pp. 35-220, 230-242.

Péricart J, Golub V B. 1996. Superfamily Tingoidea. *In*: Aukema B, Rieger C. *Catalogue of the Heteroptera of the Palaearctic Region, Vol. 2, Cimicomorpha I*. Amsterdam: Netherlands Entomological Society: 3-78pp.

Perrier T. 1935. *La Faune de la France. Tome 4, Hemipteres, Anoploures, Mallophages, Lepidopteres*. Paris: Librairie Delagrave: 243 pp.

Poda N. 1761. Insecta Musei Graecensis, quae in ordines, genera et species juxta. *Systema Naturae Caroli Linnaei*: 1-127. Widmanstad, Graecii.

Poisson R. 1951. Ordre des hétéroptères. *In*: Grasse P P. *Traité de Zoologie*, vol. 10. Paris: Mason: pp. 1657-1803.

Polhemus J T. 1981. African Leptopodomorpha (Hemiptera: Heteroptera): A checklist and descriptions of new taxa. *Annals of the Natal Museum*, 24: 603-619.

Polhemus J, Jansson A, Kanyukova E V. 1995. Infraorder Nepomorpha. *In*: Aukema B, Rieger C. *Catalogue of the Heteroptera of the Palaearctic Region, Vol. 1, Enicocephalomorpha, Dipsocoromorpha, Nepomorpha, Gerromorpha and Leptopodomorpha*. Amsterdam: Netherlands Entomological Society: 13-76pp.

Popov Y. 1968. *The origin and basic evolutionary trends of Nepomorpha bugs (Heteroptera)*. 13th International Congress of Entomology, Moscow 1968. 203.

Popov Y. 1971. Historical development of Hemiptera infraorder Nepomorpha (Heteroptera). *Trudy Paleontologicheskogo Instituta Akademii Nauk SSSR*, 129: 1-230.

Poppius B. 1909. Beiträge zur Kenntnis der Anthocoriden. *Acta Societatis Scientiarum Fennicae*, 37 (9): 1-43.

Poppius B. 1911. Eine neue *Lygus*-Art aus Finland. *Meddelanden af Societas pro Fauna et Flora Fennica*, 37: 96-98.

Puton A. 1881. Synopsis des Hémiptères-Héteroptères de France. 4e Partie: 1-129. Puton, Remiremont [also published in: *Mémoires de la Société des Sciences, de l'Agriculture et des Arts de Lille*, (4) 10: 229-357].

Putshkov P V. 1996. Family Pachynomidae. *In*: Aukema B, Rieger C. *Catalogue of the Heteroptera of the Palaearctic Region, Vol. 2, Cimicomorpha I*. Amsterdam. Netherlands Entomological Society: 147 pp.

Putshkov P V, Putshkov V G. 1996. Family Reduviidae. *In*: Aukema B, Rieger C. *Catalogue of the Heteroptera of the Palaearctic Region, Vol. 2, Cimicomorpha I*. Amsterdam: Netherlands Entomological Society: pp. 148-265.

Reieger C. 1977. Neue Ochteridae aus der Alten Welt. *Deutsche Entomologische Zeitschrift (Neue Folge)*, 24(1-3): 213-217.

Ren S. 1992. *An Iconography of Hemiptera-Heteroptera Eggs in China*. Beijing: Science Press: 1-251. [任树芝. 1992. 中国半翅目昆虫卵图志. 北京: 科学出版社:1-251.]

Reuter O M. 1870. Pargas sockens Heteroptera, förtecknade. *Notiser ur Sällskapets pro Fauna et Flora Fennica Förhandlingar*, 11: 309-326 (1871-1873, sep. 1870).

Reuter O M. 1878. *Hemiptera Gymnocerata Europae. Hémiptères Gymnocérates d'Europe, du bassin de la Méditerranée et de I'Asie Russe. I*: 1-187. Helsingfors [also published in *Acta Societatis Scientianim Pennicae 13* (1884): 1-187].

Reuter O M. 1881a. Ad cognitionem Reduviidarum mundi antiqui: 1-71 [also published in *Acta Societatis Scientiarum Fennicae*, 12 (1883): 269-339].

Reuter O M. 1881b. Acanthosomina et Urolabidina nova et minus cognita. *Berliner Entomologische Zeitschrift*, 25: 67-86.

Reuter O M. 1882. Monographia generis *Oncocephalus* Klug proximeque affinium: 1-86. [also published in *Acta Societatis Scientiarum Fennicae*, 12 (1883): 673-758).

Reuter O M. 1883. *Hemiptera Gymnocerata Europae. Hémiptères Gymnocérates d'Europe, du bassin de la Méditerranée et de I'Asie Russe. III*: 313-496. Helsingfors [also published in *Acta Societaris Scienriarum Fennicae*, 13 (1884): 313-96].

Reuter O M. 1885a. Species Capsidarum quas legit expeditio danica Galateae descripsit. *Entomologisk Tidskrift*, 5: 195-200.

Reuter O M. 1885b. Hemiptera duo novae Fennia. *Meddelanden af Societas pro Fauna et Flora Fennica*, 11: 164-167.

Reuter O M. 1885c. Ad cognitionem Lygaeidarum Palaearcticarum. *Revue d'Entomologie*, 4: 199-233.

Reuter O M. 1887. Reduviidae novae el minus cognitae descriptae. *Revue d'Entomologie*, 6: 149-167.

Reuter O M. 1888a. Hemiptera Sinensia enumeravit ac novas species descripsit. *Revue d'Entomologie*, 7: 63-69.

Reuter O M. 1888b. Hemiptera amurensia enumeranl E. Autran et O.-M.Reuter, novas species descripsit O.-M. Reuter. *Revue d'Entomologie*, 7: 199-202.

Reuter O M. 1895. Ad cognitionem Capsidarum. III. Capsidae ex Africa boreali. *Revue d'Entomologie*, 14: 131-142.

Reuter O M. 1901. Capsidae rossicae descnptae. *Öfverstgt af Finska Vetenskapssocietetens Förhandlingar*, 43: 161-194.

Reuter O M. 1903. Capsidae Chinenscs et Tibetanae hactenus cognitae enumeratae novaeque species descnptae. *Öfverstgt af Finska Vetenskapssocietetens Förhandlingar*, 45 (16): 1-23.

Reuter O M. 1904. Uebersicht der paläarktischen *Stenodema*-Arten. *Öfverstgt af Finska Vetenskapssocietetens Förhandlingar*, 46 (15): 1-21.

Reuter O M. 1906. Capsidae in prov. Sz'tschwan Chinae a DD. G. Potanin et M. Beresowski collectae. *Ezhegodnik Zoologicheskago Muzeya Imperatorskoi Akademii Nauk*, 10: 1-81.

Reuter O M. 1910. Neue Beiträge zur Phylogenie und Systematik der Miriden nebst einleitenden Bemerkungen über die Phylogenie der Heteropteren-Familien. *Acta Societatis Scientiarum Fennicae*, 37(3): 1-167.

Reuter O M. 1912. Bemerkungen über mein neues Heteropteren-System. *Öfversigt af Finska Vetenskapssocietetens Förhandlingar*, 54A (6): 1-62.

Richards O W, Davies R G. 1977. *Imm's General Textbook of Entomology. 10th ed.* London: Chapman and Hall: 948 pp.

Rider D A. 2006. Family Urostylidae, family Tessaratomidae, family Pentatomidae. *In*: Aukema B, Rieger C. *Catalogue of the Heteroptera of the Palaearctic Region, Vol. 5, Pentatomorpha II.* Amsterdam: Netherlands Entomological Society: 102-116, 182-189, 233-414 pp.

Rider D A, Zheng L, Kerzhner I. 2002. Checklist and nomenclatural notes on the Chinese Pentatomidae (Heteroptera). II. Pentatominae. *Zoosystematica Rossica*, 11 (1): 135-153.

Rider D A, Zheng L. 2002. Checklist and nomenclatural notes on the Chinese Pentatomidae (Heteroptera). I. Asopinae. *Entomotaxonomia*, 24 (2): 107-115.

Rider D A, Zheng L. 2005. Checklist and nomenclatural notes on the Chinese Pentatomidae (Heteroptera). III. Phyllocephalinae and Podopinae. *Proceedings of the Entomological Society of Washington*, 107 (1): 90-98.

Rolston L H, Aalbu R L, Murray M J, et al. 1994. A catalog of the Tessaratomidae of the world. *Papua New Guinea Journal of Agriculture, Forestry and Fisheries*, 36(1993): 36-108.

Sahlberg C R. 1841. Nova species generis *Phytocoris* ex ordine Hemipterorum descripta. *Acta Societatis Scientiaium Fennicae*, 1: 411-412.

Sahlberg J. 1878. Bidrag till nordvestra Sibiriens Insektfauna, Hemiptera Heteroptera insamlade under expeditionerna till Obi och Jenesej 1876 och 1877. *Kungliga Svensica Vetenskapsakademiens Handlingar*, 16 (4): 1-39.

Schaefer C W, Chopra N P. 1982. Cladistic analysis of the Rhopalidae, with a list of food plants. *Annals of the Entomological Society of America*, 75: 224-233.

Schaefer C W, Dolling W R, Tachikawa S. 1988. The shieldbug genus *Parastrachia* and its position within the Pentatomoidea (Insecta: Hemiptera). *Zoological Journal of the Linnean Society*, 93: 283-311.

Schiφdte JM C. 1869. Nogle nye hovedsaetninger af Rhynchoternes morphologi og systematik. *Naturhist Tidsskrift*. (ser. 3), 6: 237-266.

Schilling P S. 1829. Hemiptera Heteroptera Silesiae systematice disposuit. *Beiträge zur Entomologie, Breslau*, 1: 34-92.

Schrank F von P. 1776. *Beytrage zur Naturgeschichte*: 1-137. Fritsch, Leipzig.

Schuh R T. 1979. [Review of] Evolutionary trends in Heteroptera. Part II. Mouthpart-structures and feeding stragegies. *Systematic Zoology*, 28: 653-656.

Schuh R T. 1981. Comments on definitive indicators of relationships: A response to Cobben. *Systematic Zoology*, 30: 192-197.

Schuh R T. 1986. The influence of cladistics on heteropteran classification. *Annual Review of Entomology*, 31: 67-93.

Schuh R T, Polhemus J T. 1980. Analysis of taxonomic congruence among morphological, ecological and biogeographic data sets for the Leptopodomorpha (Hemiptera). *Systematic Zoology*, 29: 1-26.

Schuh R T, Štys P. 1991. Phylogenetic analysis of cimicomorphan family relationships (Heteroptera). *Journal of the New York Entomological Society*, 99: 298-350.

Schuh R T, Slater J A. 1995. *True Bugs of the World* (*Hemiptera: Heteroptera*) - *Classification and Natural History*. Ithaca: Cornell University Press: 336 pp.

Schuh R T, Weirauch C, Henry T J, et al. 2008. Curaliidae, a new family of Heteroptera (Insecta: Hemiptera) from the eastern United States. *Annals of the Entomological Society of America*, 101: 20-29.

Schumacher F. 1917. Über die Gattung *Stethoconus* Flor (Hem. Het. Caps.). *Sitzungsberichte der Gesellschaft der Naturforschenden Freunde zu Berlin*, 1917: 344-345.

Sclater P L. 1858. On the general geographical distribution of the members of the class Aves. *Journal of the Proceedings of the Linnean Society: Zoology*, 2: 130-145.

Sclater P L, Sclater W L. 1899. *The Geography of Mammals*. London: Kegan Paul, Trench, Trübner & Co: 338 pp.

Scopoli J A. 1763. *Entomologia carniolica exhibens Insecta Camioliae indigena et distributa in ordines, genera, species, varietatis. Methodo Linnaeana: i-xxxvi*, 1-420, Trattner, Vindobonae.

Scott J. 1874. On a collection of Hemiptera Heteroptera from Japan. Descriptions of various new genera and species. *Annals and Magazine of Natural History*, (4) 14: 289-304, 360-365, 426-452.

Scott J. 1880. On a collection of Hemiptera from Japan. *Transactions of the Entomological Society of London*, 1880: 305-317.

Scudder G G E. 1957. The higher classification of the Rhyparochrominae (Hem., Lygaeidae). *Entomologist's Monthly Magazine*, 93: 152-156.

Scudder G G E. 1959. The female genitalia of the Heterotpera: morphology and bearing on classification. *Transactions of the Royal Entomological Society of London*, 111: 405-467.

Shen X. 1993. *A Checklist of Insects from Henan*. Beijing: China Agricultural Science and Technology: 352 pp. [申效诚. 1993.河南昆虫名录. 北京: 中国农业科技出版社: 352 页.]

Shen X, Shi Z. 1994. *Fauna and Taxonomy of Insects in Henan, Vol. 1*. Beijing: China Agricultural Science and Technology: 97 pp. [申效诚, 时振亚. 1994. 河南昆虫分类区系研究. 北京: 中国农业科技出版社.: 1-97 页.]

Shen X, Shi Z. 1998. *Fauna and Taxonomy of Insects in Henan, Vol. 2, Insects of Funiu Mountains Region (1)*. Beijing: China Agricultural Science and Technology: 368 pp. [申效诚, 时振亚. 1998. 河南昆虫分类区系研究 (第二卷) 伏牛山区昆虫 (一). 北京: 中国农业科技出版社: 368 页.]

Shen X, Deng G. 1999. *Fauna and Taxonomy of Insects in Henan, Vol. 3, Insects of Jigong Mountain Region*. Beijing:China Agricultural Science and Technology: 368 pp. [申效诚, 邓桂芬. 1999. 河南昆虫分类区系研究 (第三卷) 鸡公山区昆虫. 北京: 中国农业科技出版社: 368 页.]

Shen X, Pei H. 1999. *Fauna and Taxonomy of Insects in Henan, Vol. 4, Insects of the Mountains Funiu and Dabie Regions*. Beijing: China Agricultural Science and Technology: 415 pp. [申效诚, 裴海潮. 1999. 河南昆虫分类区系研究 (第四卷) 伏牛山南坡及大别山区昆虫. 北京, 中国农业科技出版社. 415 页.]

Shen X, Zhao Y. 2002. *Fauna and Taxonomy of Insects in Henan, Vol. 5, Insects of the Mountains Taihang and Tongbai regions*. Beijing:China Agricultural Science and Technology: 453 pp. [申效诚, 赵永谦. 2002.河南昆虫分类区系研究 (第五卷) 太行山及桐柏山区昆虫. 北京: 中国农业科技出版社: 453 页.]

Shen X, Lu C. 2008. *Fauna and Taxonomy of Insects in Henan, Vol. 6, Insects of Baotianman National Nature Reserve*. Beijing: China Agricultural Science and Technology: 431 pp. [申效诚.鲁传涛. 2008 河南昆虫分类区系研究 (第六卷) 宝天曼自然保护区昆虫. 北京: 中国农业科技出版社: 431 页.]

Shi M, Cai W. 1997. A synopsis of Chinese species of *Scadra* Stål (Heteroptera: Reduviidae: Ectrichodinae). *Entomotaxonomia*, 19 (3): 196-208.[石明旺，彩万志. 1997. 中国斯猎蝽属小汇 (异翅目: 猎蝽科: 光猎蝽亚科). 昆虫分类学报,19 (3): 196-208.]

Shiraki T. 1954. *Insect Classification*. Tokyo: Hokuryukan Co. Ltd., 916 pp. [素木得一. 1954. 昆虫の分类. 东京: 北隆馆, 916 页.]

Signoret V. 1857. Essai monographique du genre *Micropus* Spinola. *Annates de la Société Entomologique de France*, (3) 5:23-32.

Signoret V. 1862. Quelques espèces nouvelles d'Hémiptères de Cochinchine. *Annales de la Société Entomologique de France*, (4) 2: 123-126.

Singh-Pruthi H. 1925. The morphology of the male genitalia in Rhynchota. *Transactions of the Royal Entomological Society of London*, 73: 127-267.

Snodgrass R E. 1935. *Principles of Insect Morphology*. New York: MacGraw-Hill Book Co.: 667 pp.

Southwood T R E. 1954. The egg and first instar larva of *Empicoris vagabundus* (L.) (Hem., Reduviidae). *Entomologist's Monthly Magazine*, 91: 96-97.

Spooner C S. 1938. *The Phylogeny of the Hemiptera Based on a Study of the Head Capsule*. Urbana: University of Illinois Press: 118 pp.

Stål C. 1854. Nya Hemiptera. *Öfversigt af Kungliga Vetenskapsakademiens Förhandlingar*, 11 (8): 231-255.

Stål C. 1855. Nya Hemiptera. *Öfversigt af Kungliga Vetenskapsakademiens Förhandlingar*, 12: 181-192.

Stål C. 1859a. Till kännedomen om Reduvini. *Öfversigt af Kungliga Vetenskapsakademiens Förhandlingar*, 16: 175-204.

Stål C. 1859b. Till kännedomen om Reduvini. *Öfversigt af Kungliga Vetenskapsakademiens Förhandlingar*, 16: 363-386.

Stål C. 1860. Hemiptera. Species novas descripsit. *In: Konghluf Svenska Fregattens Eugenies resa omkring Jorden under befäl af C. A, Virgin aren 1851-1853 II. Zoologi,'Insecter*: 219-298. Norstedt, Stockholm.

Stål C. 1861. Miscellanea hemipterologica. *Stettiner Entomologische Zeitung*, 22: 129-153.

Stål C. 1863a. Beitrag zur Kenntniss der Pyrrhocoriden. *Berliner Entomologische Zeitschrift*, 8: 390-404.

Stål C. 1863b. Hemipterorum exoticorum generum et specierum nonnullarum novarum descriptiones. *Transactions of the Entomological Society of London*, (3) 1: 571-603.

Stål C. 1863c. Formae speciesque novae reduvirdum. *Annates de la Society Entomologique de France*, (4) 3: 25-58.

Stål C. 1864. *Hemiptera Africana. Vol. 1*. Stockholm: Norstedtiana: 256 pp.

Stål C. 1865a. *Hemiptera Africana. Vol. 2*. Stockholm: Norstedtiana: 181 pp.

Stål C. 1865b. *Hemiptera Africana. Vol. 3*. Stockholm: Norstedtiana: 200 pp.

Stål C. 1866a. *Hemiptera Africana. Vol. 4*. Stockholm: Norstedtiana: 275 pp.

Stål C. 1866b. Analecta hemipterologica. *Berliner Entomologische Zeitschrift*, 10: 151-172.

Stål C. 1867a. Bidrag till hemipternas systematik. *Öfversigt af Kongliga Vetenskapsakademiens Förhandlingar*, 24: 191-560.

Stål C. 1867b. Bidrag till Reduviidemas kännedom. *Öfversigt af Kungliga Vetenskapsakademiens Förhandlingar*, 23: 235-302.

Stål C. 1868. Hemiptera Fabriciana. 1. *Kungliga Svenska Vetenskapsakademiens Handlingar*, 7(11): 1-148.

Stål C. 1870a. Analecta hemipterologica. *Berliner Entomologische Zeitschrift*, 13 (1869): 225-242.

Stål C. 1870b. Enumeratio Hemipterorum. Bidrag till en förteckning öfver alla hittills kända Hemiptera, jemte systematiska meddelanden. 1. *Kongl Svenska Vetenskaps-Akademiens Förhandlingar*, 24: 491-560.

Stål C. 1871. Hemiptera Insularum Philippinarum. Bidrag till Philippinska öames Hemipter-fauna. *Öfversigt af Kungliga Vetenskapsakademiens Förhandlingar*, 27 (1870): 607-776.

Stål C. 1872. Enumeratio Hemipterorum. Bidrag till en förteckning öfver alla hittills kända Hemiptera, jemte systematiska meddelanden. 2. *Kongl Svenska Vetenskaps-Akademiens Förhandlingar*, 10(4): 1-159.

Stål C. 1873. Enumeratio Hemipterorum. Bidrag till en förteckning öfver alla hittills kända Hemiptera, jemte systematiska meddelanden. 3. *Kongl. Svenska Vetenskaps-Akademiens Handlingar (N.F.)*, 11 (2): 1-163.

Stål C. 1874. Enumeratio Hemipterorum. Bidrag till en förteckning öfver alla hittills kända Hemiptera, jemte systematiska meddelanden. 4. *Kongl Svenska Vetenskaps-Akademiens Förhandlingar*, 12(1): 1-186.

Stål C. 1876. Enumeratio Hemipterorum. Bidrag till en förteckning öfver alla hittills kända Hemiptera, jemte systematiska meddelanden. 5. *Kongl. Svenska Vetenskaps-Akademiens Handlingar (N.F.)*, 14 (4): 1-162.

Stein J P E F. 1878. Einige neue *Prostemma*-Arten. *Berliner Entomologische Zeitschrift*, 22: 377-382.

Sternberg L. 1930. A case for asthma caused by the *Cimex lectularius*. *Medical Journal of Recovery*, 129: 622.

Stichel W. 1955. *Illustrierte Bestimmungstabellen der Wanzen. Vols. 1-4*. Berlin: Hermsdorf: 2071 pp.

Štys P. 1967a. Medocostidae, a new family of cimicomorphan Heteroptera based on a new genus and two new species from tropical Africa. I. Descriptive part. *Acta Entomologica Bohemoslovaca*, 64: 439-465.

Štys P. 1967b. Monograph of Malcinae, with reconsideration of morphology and phylogeny of related groups (Heteroptera, Malcidae). *Acta Entomologica Musei Nationalis Pragae*, 37: 351-516.

Štys P. 1970a. A review of the Palaearctic Enicocephalidae (Heteroptera). *Acta Entomologica Bohemoslovaca*, 67: 223-240.

Štys P. 1970b. On the morphology and classification of the family Dipsocoridae s. lat., with particular reference to the genus *Hypsipteryx* Drake (Heteroptera). *Acta Entomologica Bohemoslovaca*, 67: 21-46.

Štys P. 1974. *Semangananus mirus* gen. n., sp. n. from Celebes, a bug with accessory genitalia (Heteroptera, Schizopteridae). *Acta Entomologica Bohemoslovaca*, 71: 382-397.

Štys P. 1977. First records of Dipsocoridae and Ceratombidae from Madagascar (Heteroptera). *Acta Entomologica Bohemoslovaca*, 74: 295-315.

Štys P. 1982. A new Oriental genus of Ceratocombidae and higher classification of the family (Heteroptera). *Acta Entomologica Bohemoslovaca*, 79: 354-376.

Štys P. 1983a. A new coleopteriform genus and species of Ceratocombidae from Zaire (Heteroptera, Dipsocoromorpha). *Vestnik Ceskoslovenko Spolia Zoologica*, 47: 221-230.

Štys P. 1983b. A new family of Heteroptera with dipsocoromorphan affinities from Papua New Guinea. *Acta Entomologica Bohemoslovaca*, 80: 256-292.

Štys P. 1984. *Phylogeny and classification of lower Heteroptera*. XVII International Congress of Entomology, Hamburg 1984. Abstract Vol., 12.

Štys P. 1985. The present state of beta-taxonomy in Heteroptera. *Práce Slovenská Entomologická Spolocnostśva, Bratislva*, 4: 205-235.

Štys P, Kerzhner I M. 1975. The rank and nomenclature of higher taxa in recent Heteroptera. *Acta Entomologica Bohemoslovaca*, 72: 64-79.

Sulzer J H. 1776. *Abgekürzte Geschichte der Insecten, nach dem Linnäischen System 1*: i-xxvii. 1-274; 2: 1-71. Winterthur: Steiner.

Sweet M H, Schaefer C W. 2002. Parastrachiinae (Hemiptera: Cydnidae) raised to family level. *Annals of the Entomological Society of America*, 95: 441-448.

Takeya C. 1932. Some Corean lace-bugs (Hemiptera, Tingidae). *Mushi*, 5: 8-13.

Takano S, Yanagihara M. 1939. Researches on injurious and beneficial animals of sugarcane. *Taiwan Sugar Experimental Station, Extra Reports*, 2: 1-311 [in Japanese].

Tamanini L. 1959. Un nuovo *Carpocoris* dell'Asia orientale (Heteroptera, Pentatomidae). *Annali del Museo Civico di Storia Naturale "Giacomo Doria"*, 71: 34-40.

Tanaka T. 1926. Homologies of the wing veins of the Hemiptera. *Annotationes Zoologicae Japonenses*, 11(1): 33-57.

Teodoro G. 1924. Sopra un prticolare organo esistente nelle elitre degli eterotteri. *Redia*, 15: 87-95.

Thomson C G. 1871. Ofversigt af Sveriges Salda-arter. *Thomson's Opuscula Entomologica*, 4: 403-409.

Thunberg C P. 1783. *Dissertatio entomologica novas insectorum species, sistens, cujus partem secundum. 2*: 29-52. Edman, Upsaliae.

Thunberg C P. 1784. *Dissertatio entomologica novas insectorum species, sistens, cujus partem secundum. 3*: 53-68. Edman, Upsaliae.

Tillyard R J. 1926a. The order Hemiptera. Part 9. *American Journal of Science (ser. 5)*, 11: 381-395.

Tillyard R J. 1926b. Upper Permian insects of New South Wales. Part I. Introduction and the order Hemiptera. *Proceedings of the Linnean Society of New South Wales*, 51: 1-30.

Tullgren A. 1918. Zur Morphologie und Systematik der Hemipteren. *Entomologisk Tidskrift*, 39: 113-132.

Uhler P R. 1860. Hemiptera of the North Pacific Exploring Expedition under Com'rs Rodgers and Ringgold. *Proceedings of the Academy of Natural Sciences of Philadelphia*, 12: 221-231.

Uhler P R. 1897. Summary of the Hemiptera of Japan, presented to the United States National Museum by Professor Mitzukuri. *Proceedings of the United States National Museum*, 19: 255-297.

Usinger R L. 1943. A revised classification of the Reduvioidea with a new subfamily from South America (Hemiptera). *Annals of the Entomological Society of America*, 36: 602-617.

Van Duzee E P. 1917. Report upon a collection of Hemiptera made by Walter M. Giffard in 1916 and 1917, chiefly in California. *Proceedings of the California Academy of Sciences (4)*, 7: 249-318.

Venkatachalam P S, Belavady B. 1962. Loss of haemoglobin iron to excessive biting by bed bugs. A possible aetiological factor in the iron deficiency anaemia of infants and children. *Transaction of Royal Society for Tropical Medcine and Hygiene*, 56: 218-221.

Verhoeff C. 1893. Vergleichende Untersuchungen uber die Abdominal-Segmente der Weibchen Hemiptera-Heteroptera und Homoptera. *Entomologische Nachrichten*, 19: 369-378.

Vuillefroy F. 1864. Htrniptires nouveaux. *Annates de ta Sociite' Entomologique de France*, 33: 141-142,1 pi.

Wagner E. 1961. Unterordnung: Ungleichflugler, Wanzen, Heteroptera (Hemiptera). *Die Tierwelt Mitteleuropas*, 4: 1-173.

Walker F. 1867a. *Catalogue of the Specimens of Heteropterous Hemiptera in the Collection of the British Museum 1*: 1-240. British Museum (Natural History), London.

Walker F. 1867b. *Catalogue of the Specimens of Heteropterous Hemiptera in the Collection of the British Museum 2*: 241-417. British Museum (Natural History), London.

Walker F. 1868. *Catalogue of the Specimens of Heteropterous Hemiptera in the Collection ofthe British Museum 3*: 418-599. British Museum (Natural History), London.

Walker F. 1872. *Catalogue of the Specimens of Hemiptera Heteroptera in the Collection of the British Museum 5*: 1-202. British Museum (Natural History), London.

Walker F. 1873. *Catalogue of the Specimens of Hemiptera Heteroptera in the Collection of the British Museum 6*: 1-210. British Museum (Natural History), London.

Wallace A R. 1876. *The Geographical Distribution of Animals, with a Study of the Relations of Living and Extinct Faunas as Elucidating the Past Changes of the Earth's Surface*. Volume 1, & Volume 2. London: Macmillan & Co.: 580 pp, 607 pp.

Weber H. 1933. *Lehrbuch der Entomologie*. Stuttgart: Gustav Fischer Verlag: 726 pp.

Weber H, Weidner H. 1974. *Grundness der Insecktenkunde*. Stuttgart: Fischer: 640 pp.

Wen L. 1997. Brief introduction to insect foods of Mexico. *Entomological Knowledge*, 34(5): 307-309. [文礼章. 1997. 墨西哥食用昆虫简介. 昆虫知识, 34(5): 307-309.]

Westwood J O. 1837. *In*: Hope F W. *A Catalogue of Hemiptera in the Collection of the Rev. F. W. Hope, M. A. with Short Latin Diagnoses of the New Species*: 1-46. Bridgewater, London.

Wheeler W C, Schuh R T, Bang R. 1993. Cladistic relationships among higher groups of Heteroptera: congruence between morphological and molecular data sets. *Scandinavian Entomology*, 24: 121-137.

Winkler N G, Kerzhner I M. 1977. Palaearctic species of true bugs of the genus *Lygaeus* F. (Heteroptera, Lygaeidae). *Nasekomye Mongolii*, 5: 254-267 [in Russian].

Wolff J F. 1800-1811. *Icones Cimicum Description bus Illustratae* 1 (1800): i-vii, 1-40; 2 (1801): 41-82; 3 (1802): 85-126; 4 (1804): 127-166; 5 (1811): i-viii, 167-208. Palm, Erlangen.

Wootton R J, Betts C R. 1986. Homology and function in the wings of Heteroptera. *Systematic Entomology*, 11: 389-400.

Wu H, Yu P. 1991. Primary discussion on the insect fauna in Mt. West Tianmu, China. *Journal of Zhejiang Forestry College*, 8(1): 71-77. [吴鸿, 俞平. 1991. 天目山昆虫区系初探. 浙江林学院学报, 8(1): 71-77.]

Wygodzinsky P, Štys P. 1982. Two new primitive genera and species of Enicocephalidae from Singapare (Heteroptera). *Acta Entomologica Bohemoslovaca*, 79: 127-142.

Yang W I. 1933. Notes on some species of Pentatomidae from N. China. *Bulletin of the Fan Memorial Institute of Biology*, 4: 9-46.

Yang W I. 1934a. Pentatomidae of Kiangsi, China. *Bulletin of the Fan Memorial Institute of Biology*, 5: 45-136.

Yang W I. 1934b. Revision of Chinese Plataspidae. *Bulletin of the Fan Memorial Institute of Biology*, 5: 137-235.

Yang W I. 1934c. Notes on the Chinese Asopinae (Heteroptera, Pentatomidae). *Sinensia*, 5: 92-121.

Yang W I. 1935. Notes on the Chinese Tessaratominae with description of an exotic species. *Bulletin of the Fan Memorial Institute of Biology*, 6: 103-144.

Yang W I. 1936-1937. The distribution of Chinese insects as shown in the families of Plataspidae, Pentatomidae, Urostylidae, Cydinidae and some other families. *Peking Natural History Bulletin*, 2(4): 309-320.

Yang W I. 1938. Two new Chinese urostylid insects. *Bulletin of the Fan Memorial Institute of Biology*, 9: 229-236.

Yang W I. 1939. A revision of Chinese urostylid insects (Heteroptera). *Bulletin of the Fan Memorial Institute of Biology*, 9: 5-66.

Yang H S. 1940. A new species of Reduviidae (Heteroptera). *Bulletin of the Fan Memorial Institute of Biology*, 8: 105-108.

Yang W I. 1962. *Economic Insects Fauna of China. Fasc., 2 (Hemiptera: Pentatomidae)*, 378 pp. Beijing: Sicence Press. [杨惟义. 1962. 中国经济昆虫志, 第二册 (半翅目: 蝽科). 北京: 科学出版社: 378 页.]

Yang X. 1994. New records on Heteroptera of Henan Province. *In*: Shen X, Shi Z. *Fauna and Taxonomy of Insects in Henan (I)*: Beijing: China Agricultural Science and Technology: 28-32. [杨新芳. 1994. 河南省半翅目昆虫新记录. 见: 申效诚, 时振亚. 河南昆虫分类区系研究(第 1 卷). 北京: 中国农业科技出版社: 28-32.]

Yang X, Chen G, Niu Y, et al. 1996. Preliminary report on the insect fauna of *Macaca mulatta* Natural Reserve in the Taihang Mountain. *In*: Song C, Qu W. *Scientific Survey of Macaca mulatta Natural Reserve in the Taihang Mountain*. Beijing: Chinese Forestry Press: 144-156. [杨新芳, 陈广文, 牛瑶, 等. 1996. 太行山猕猴自然保护区昆虫考察初步报告. 见: 宋朝枢, 瞿文元. 太行山猕猴自然保护区科学考察集. 北京: 中国林业出版社: 144-156.]

Yang X. 1997. *Insects of the Three Gorges Reservoir Area of Yangtze River*, I. Chungqing: Chongqing Publishing House: 974 pp. [杨星科. 1997. 长江三峡库区昆虫. 重庆: 重庆出版社: 947 页.]

Yang Y, Si S. 1994. On the geographical region of the agricultural insects in Henan Province. *Acta Agriculturae Boreali-Sinica*, 9(2): 88-93. [杨有乾, 司胜利. 1994. 河南省农业昆虫地理区划初探. 华北农学报, 9(2): 88-93.]

Yasunaga T. 1999. New or little known phyline plant bugs of Japan (Heteroptera: Miridae: Phylinae). *Insecta Matsumurana (new series)*, 55: 181-2-1.

Zetterstedt J W. 1838-1840. *Insecta Lapponica Descripta: i-vi*, 1-1140 (1838: 1-868). Voss, Lipsiae.

Zhang S [Chang S.]. 1963. Discussion on the insect geographic region of Kiangxi, Hunan & Hupei. *Acta Entomologica Sinica*, 12(3): 376-381. [章士美, 1963. 对赣、湘、鄂三省昆虫地理区划的初步意见. 昆虫学报, 12(3): 376-381.]

Zhang S. 1985. *Economic Insect Fauna of China. Fasc. 50. Heteroptera (I)*. Beijing: Science Press: 1-242. [章士美. 1985. 中国经济昆虫志·半翅目 (一) (第三十一册).北京: 科学出版社: 1-242.]

Zhang H. 1995. On the geographial regions of agricultural and forest insects in Anhui Province. *Entomological Journal of East China*, 4(1): 13-18. [张汉鹄. 1995. 安徽农林昆虫地理区划探析. 华东昆虫学报, 4(1): 13-18.]

Zhang S. 1995. *Economic Insect Fauna of China. Fasc. 50. Heteroptera (II)*. Beijing: Science Press, 242 pp. [章士美. 1995. 中国经济昆虫志 (第五十册), 半翅目 (II). 北京: 科学出版社, 242 页.]

Zhang S. 1996. *The Outline of Insect Geography*. Nanchang: Jiangxi Science and Technology Press, 102 pp. [章士美. 1996. 昆虫地理学概论. 南昌:江西科学技术出版社, 102 页.]

Zhang S. 1998. *Geographical Division of Agricultural and Forestal Insects from China*. Beijing: China Agriculture Press, 304 pp. [章士美. 1998. 中国农林昆虫地理区划. 北京:中国农业出版社, 304 页.]

Zhang S, Lin Y. 1982. Three new species of Asopinae from China (Hemiptera: Pentatomidae). *Entomotaxonomia*, 4: 57-60 [章士美, 林毓鉴. 益蝽亚科三新种 (半翅目: 蝽科). 昆虫分类学报, 4: 57-60].

Zhang W, Lin Y. 1985. Anthocoridae. *In*: Zhang S, et al. *Economic Insect Fauna of China (Vol. 31), Hemiptera*. 191-196. [张维球, 林毓鉴. 1985. 花蝽科. 见: 章士美, 等.中国经济昆虫志, 31 册, 半翅目: 191-196.]

Zhang S, Lin Y, Gui A. 1992. Hemiptera: Pentatomidae. *In*: *Iconography of Forest Insects of Hunan* (J. W. Peng, ed.): 219-248. Changsha: Hunan Scientific and Technical Publications [章士美, 林毓鉴, 桂爱礼. 1992. 半翅目: 蝽科. 219-248. 见: 彭建文, 刘友樵. 湖南森林昆虫图鉴.长沙:湖南科学技术出版社]

Zhang S M, Hu M C. 1993. *Biology of Chinese Heteroptera*. Nanchang: Jianxi University Press, 260 pp. [章士美, 胡梅操. 中国半翅目昆虫生物学. 南昌: 江西高校出版社, 260 页.]

Zhang X, Liu G. 2009. Revision of the pilophorine plant bug genus *Pherolepis* Kulik, 1968 (Hemiptera: Heteroptera: Miridae: Phylinae). *Zootaxa*, 2281: 1-20.

Zheng L. 1999. Class Insecta: Order Hemiptera: Suborder Heteroptera (=Order Hemiptera s. str.). In: Zheng L, Gui H. *Insect Taxonomy (Part I)*. Nanjing: Nanjing Normal University Press: pp. 442-524. [郑乐怡. 1999. 昆虫纲: 半翅目-异翅亚目[= 半翅目(狭义)]. 见: 郑乐怡, 归鸿. 昆虫分类(上). 南京: 南京师范大学出版社, 442-524 页.]

Zheng L, Wang X. 1983. New species and new records of *Lygus* (subg. *Apolygus*) form China (Hemiptera: Miridae). *Acta Zootaxonomica Sinica*, 8 (4): 422-433. [郑乐怡, 汪兴鉴. 1983. 中国丽盲蝽属 *Apolygus* 亚属新种及新纪录 (半翅目: 盲蝽科). 动物分类学报, 8 (4): 422-433.]

Zheng L, Ling Z. 1989. A revision of East Asiatic species of genus *Palomena* (Hemiptera: Pentatomidae). *Acta Zootaxonomiea Sinica*, 14: 309-326 [郑乐怡, 凌作培. 1989. 碧蝽属亚洲东部种类的修订. 动物分类学报, 14 (3): 309-326.].

Zheng L, Li H. 1990. Four new species of *Psallus* Fieb. from China (Insecta, Hemiptera, Heteroptera: Miridae). *Reichenbachia*, 28: 15-19.

Zheng L, Liu G. 1992. Hemiptera: Miridae. *In*: Peng J W. *Iconography of Forest Insects of Hunan*: Changsha: Hunan Scientific and Technical Publications: 290-305. [郑乐怡, 刘国卿. 1992. 半翅目: 盲蝽科. 见: 彭建文, 刘友樵. 湖南森林昆虫. 长沙: 湖南科技出版社: 290- 305.].

Zheng L, Ma C. 2004. A study on Chinese species of the genus *Alloeotomus* Fieber (Heteroptera, Miridae, Deraeocorinae). *Acta Zootaxonomica Sinica*, 29 (3): 474-485. [郑乐怡, 马成俊. 点盾盲蝽属中国种类记述 (半翅目, 盲蝽科, 齿爪盲蝽亚科). 动物分类学报, 29 (3): 474-485.]

Zheng L, Lu N, Liu G et al. 2004. *Fauna Sinica: Insecta, 33 (Hemiptera: Miridae: Mirinae)*. Beijing: Science Press, 680 pp. [郑乐怡, 吕楠, 刘国卿, 等. 2004. 中国动物志: 昆虫纲: 第三十三卷 (半翅目: 盲蝽科: 盲蝽亚科). 北京: 科学出版社, 680 页.]

Zia Y. 1957. Tesaratominae of China. *Acta Entomologica Sinica*, 7(4): 423-448. [谢蕴贞. 1957. 中国荔蝽亚科记述. 昆虫学报, 7(4): 423-448.]

Zou H. 1983. A new genus and three new species of Pilophorini Reuter from China (Hemiptera: Miridae). *Acta Zootaxonomica Sinica*, 8: 283-287. [邹环光, 19837. 中国束盲蝽族一新属三新种突额盲蝽属二新种 (半翅目: 盲蝽科). 动物分类学报, 8: 283-287.].

Zou H. 1987. Two new species of *Pseudoloxops* Kirk. from China (Hemiptera: Miridae). *Acta Zootaxonomica Sinica*, 12: 389-392. [邹环光. 1987. 突额盲蝽属二新种 (半翅目: 盲蝽科). 动物分类学报, 12: 389-392]

Zrzavý J. 1990. Evolution of antennal sclerites in Heteroptera (Insecta). *Acta Universitatis Carolinae Biologica*, 34: 189-227.

英 文 摘 要 (English summary)

Enicocephalidae

Oncylocotis Stål, 1855

Oncylocotis shirozui Miyamoto, 1965

Gerromorpha

Key to families

1. Body prolonged; length of head more than 3 times as long as its width; eyes separated far from posterior margin of head ·· Hydrometridae

   Body not prolonged; length of head at most 3 times as long as its width; eyes close to posterior margin of head ·· 2

2. Claws inserted apically on last tarsal segment ·· Mesoveliidae

   Claws inserted distinctly before apex of last tarsal segment ·· 3

3. Rostrum 3-segmented; head dorsally with distinct longitudinal groove; hind femora usually distinctly stouter than mid femora ·· Veliidae

   Rostrum 4-segmented; head dorsally without distinct longitudinal groove; hind femora usually distinctly slimmer than mid femora ·· Gerridae

Mesoveliidae

Mesovelia Mulsant et Rey, 1852

Mesovelia vittigera Horváth, 1859

Hydrometridae

Hydrometra Latreille, 1796

Hydrometra albllineata (Scott, 1874)

Gerridae

Aquarius Schellenberg, 1800

Key to species

1. Body length over 20 mm; connexivum yellowish ································*Aquarius elongatus*

   Body length less than 20 mm; connexivum blackish brown with pale markings ························
   ··*Aquarius paludum*

Veliidae

Microvelia Westwood, 1834

Microvelia douglasi Scott, 1874

Nepomorpha

Key to families

1. With ocelli; eye without obvious stalk; scutellum even ························· **Ochteridae**

   Without ocelli··2

2. Rostrum stout, not cylindrical, but conical, not distinctly segmented; fore tarsus spoon-shaped············
   ·· **Corixidae**

   Rostrum slim, cylindrical, distinctly segmented; fore tarsus not spoon-shaped····························3

3. With long respiratory siphon, nonretractile··· **Nepidae**

   Without any respiratory siphon, or only with short, usually flat air straps, ························4

4. Hind tarsus apically without obvious claws; hind leg oar-shaped····························· **Notonectidae**

   Hind tarsus apically with obvious claws; hind leg never oar-shaped ····························5

5. Body small, less than 3 mm; beetle-like water bug ·································· **Pleidae**

   Body large, over 3 mm; forewing in common hemelytra; body even dorsally ············**Belostomatidae**

Ochteridae

Ochterus Latreille, 1807

Ochterus marginatus (Latreille, 1804)

Belostomatidae

Key to subfamilies

1. Abdominal sternum 6 with midplate and paired lateral plates, the latter not differentiated by a mesal sulcus ···Belostomatinae

   Abdominal sternum 6 with mesal, sublateral, paired-spiracle bearing lateral plates ···········Lethocerinae

Belostomatinae

Diplonychus Laporte, 1833

Diplonychus rusticus (Fabricius, 1776)

Lethocerinae

Lethocerus Mayr, 1809

Lethocerus (*Lethocerus*) *deyrolli* (Vuillefroy, 1864)

Nepidae

Key to genera

1. Body flat, oval; anterior lobe of pronotum prominently broader than head················*Laccotrephes* Stål

   Body pipe-shaped, extremely slender; anerior lobe of pronotum obviously slender than head···············

   ··· *Ranatra* Fabricius

Laccotrephes Stål, 1866

Laccotrephes japonensis Scott, 1874

Ranatra Fabricius, 1790

Key to species

1. Body length about 42 mm ·· *Ranatra chinensis*

   Body length about 15 mm ··· *Ranatra unicolor*

Corixidae

Key to genera

1. Scutellum easily seen; body length less than 4 mm ·· *Micronecta* Kirkaldy
   Scutellum completely covered by pronotum; body length over 4 mm ···················· *Sigara* Fabricius

Micronecta Kirkaldy, 1897

Micronecta sahlbergii (Jakovlev, 1881)

Sigara Fabricius, 1775

Key to speices

1. Fore tarsus of male with 1 row of spines ··· *Sigara bellula*
   Fore tarsus of male with 2 rows of spines ·· *Sigara substriata*

Notonectidae

Key to subfamilies

1. Claval commissure basally with a pit ··· Anisopinae
   Claval commissure basally without a pit ·· Notonectinae

Anisopinae

Anisops Spinola, 1837

Anisops ogasawarensis Matsumura, 1915

Notonectinae

Key to genera

1. Anterolateral margin of pronotum not foveate ·· *Notonecta* Linnaeus
   Anterolateral margin of pronotum foveate ··· *Enithares* Spinola

Enithares Spinola, 1837

Enithares sinica (Stål, 1854)

Notonecta Linnaeus, 1758

Key to species

1.　Fore trochanter of male inner-upperly with a teeth-like projection ···················· *Notonecta chinensis*

　　Fore trochanter of male inner-upperly without a teeth-like projection ··············· *Notonecta montandoni*

Pleidae

Paraplea Esaki et China, 1928

Paraplea indistinguenda (Matsumura, 1905)

Leptopodomorpha

Saldidae

Saldula van Duzee, 1914

Key to species

1.　Head with distinct erected long hairs, which not obvious for other parts of body ········· *Saldula palustris*

　　Body dorsally in whole with distinct erected long hairs ······································ *Saldula pilosella*

Cimicomorpha

Key to families of Cimicomorpha

1.　Labium conspicuously 4-segmented, inserted ventrally on head, segment 1 reaching posterior margin of head or nearly so; fossula spongiosa never present ···2

　　Labium usually with 3 obvious segments, inserted anteriorly on head, if 4-segmented, segment 1 never approaching posterior margin of head; fossula spongiosa often present on 1 or more pairs of legs ········4

2.　Pronotum and hemelytra areolate; hemelytra of nearly uniform texture throughout, without obvious corium-clavus and membrane; antennal segment II short; ocelli always absent; tarsi 2-segmented ··········

　　·· **Tingidae (part)**

　　Pronotum and hemelytra never aerolate, although sometimes heavily punctured; hemelytra usually with obvious corium, clavus and membrane, although rarely coleopteroid; antennal segment 2 more elongate, usually much longer than segment 1; ocelli present or absent; tarsi 2- or 3-segmented ····················3

3.　Macropterous or brachypterous, rarely coleopteroid; R+M of forewing never raised and keel-like;

compound eyes always normally developed; trichobothria present on meso- and metafemora; male genitalia always asymmetrical; tarsi 2- or 3-segmented; ocelli present or absent····················**Miridae**

Usually coleopteroid, heavily punctured, compound eye greatly reduced and ocelli absent, or, if macropterous, R+M in forewing elevated and keel-like, compound eyes developed and ocelli present; trichobothria never present on meso- and metfemora; male genitalia symmetrical; tarsi 2-segmented ·· **Tingidae (part)**

4. Prosternal sulcus present, usually in the form of a stridulitrum, receiving apex of labium; labium usually short, stout, and strongly curving, sometimes more slender and nearly straight; head necklike behind eyes, frequently with a transverse impression anterior to ocelli; membrane usually with 2 large cells or rarely with a few longitudinal neins·· **Reduviidae**

No prosternal sulcus receiving apex of labium; labium straight or curving; head not conspicuously necklike behind eyes, never with a transverse impression anterior to ocelli; membrane venation variable ··· 5

5. Hemelytra usually well developed; never ectoparasitic ·· 6

Hemelytra always staphylinoid, in the form of small pads; ectoparasitic ························· **Cimicidae**

6. Costal fracture present in macropterous forms, usually demarcating a distinct cuneus ····················· 7

Costal fracture absent in macropterous forms, no cuneus ································· **Nabidae**

7. Female with internal apophysis on anterior margin of abdominal sternum 7 ···················**Lyctocoridae**

Female lacking apophysis on abdominal sternum 7 ··· **Anthocoridae**

Reduviidae

Key to subfamilies

1. Forefemora tremendously dilated, the tibiae chelate; antennal segments III and IV incrassate ············· ·· **Phymatinae**

Forefemora not tremendously dilated; antennal segments III and IV more slender than remaining segments··· 2

2. Without ocelli (except Australian *Armstrongocoris singularis* and Chinese *Ocelliemesina sinica*)········· 3

With ocelli ··· 5

3. Forefemora as standard grasping type; forecoxae extremely long, its length at least 4 times as long as its width ·· **Emesinae**

Forefemora not as standard grasping type; forecoxaea short, its length less than 3 times as long as its width ·· 4

4. Body prolonged, without closely long hairs; both pronotum and scutellum with long spines; foretibiae curved obviously ·· **Saicinae**

Body broad, with close long hairs; pronotum and scutellum never with long spines; foretibiae not distinctly curved··· **Tribelocephalinae**

5. Scutellum apically truncated or with 2 or 3 tubercles··· **Ectrichodinae**

Scutellum apicad gradually slim, with erected or forked spines································ 6

6.　Cubitus branching to form an additional 4- to 6-angled cubital cell between corium and membrane ······8
Cubitus simple, not forming such a cubital cell···7

7.　Pronotum with a distinct constriction behind middle; forefemora usually extremely robust ······ **Peiratinae**
Pronotum with a distinct constriction anteriorly to middle; forefemora not robust as above·····**Reduviinae**

8.　Cubital cell usually hexagonal; antennal segment Ⅰ stout ···**Stenopodainae**
Cubital cell usually quadrangular; antennal segment Ⅰ usually slender ························· **Harpactorinae**

Ectrichodinae

Neozirta Distant, 1919

Neozirta eidmanni (Taueber, 1930)

Labidocoris Mayr, 1865

Labidocoris pectoralis (Stål, 1963)

Ectrychotes Burmeister, 1835

Ectrychotes andreae (Thunberg, 1784)

Scadra Stål, 1859

Scadra sinica Shi et Cai, 1997

Haematoloecha Stål, 1874

Key to species of *Haematoloecha*

1.　Abdomen ventrally reddish, laterally with a broad blackish stripe··············· *Haematoloecha fokinensis*
Abdomen ventrally blackish (except lateral margins), centrally tingedly reddish, or completely dark yellowish ··2

2.　Head long, much longer than 2nd antennal joint; 1st rostral joint equal to 2nd and 3rd joints together in length; forewing reddish only in costal region ·· *Haematoloecha limbata*
Head short, less than 2nd antennal joint in length; 1st rostral joint longer than 2nd and 3rd joints together ··· *Haematoloecha nigrorufa*

Emesinae

Myiophanes Reuter, 1881

Myiophanes tipulina Reuter, 1881

Harpactorinae

Agriosphodrus Stål, 1867

Agriosphodrus dohrni (Signoret, 1862)

Coranus Curtis, 1833

Coranus dilatatus (Matsumura, 1913)
Coranus lativentris Jakovlev, 1890

Key to species of *Coranus*

1. Large sized, body length about 17.0－18.0mm; tibiae completely blackish·············*Coranus dilatatus*
2. Small sized, body length less than 13.0mm; tibia with a pale annular marking·········*Coranus lativentris*

Cosmolestes Stål, 1867

Cosmolestes annulipes Distant, 1879

Cydnocoris Stål, 1867

Cydnocoris russatus Stål, 1866

Epidaus Stål, 1859

Epidaus tuberosus Yang 1940

Isyndus Stål, 1858

Isyndus obscurus (Dallas, 1850)

Polididus Stål, 1858

Polididus armatissimus Stål, 1859

Rhynocoris Hahn, 1833

Key to species of *Rhynocoris*

1. Small sized, body length 12–14 mm; 2nd antennal joint often much longer than 3rd joint ··················
··· *Rhynocoris altaicus*
   Often larger than above, over 14 mm; 2nd antennal joint often equal to, shorter, or slightly over 3rd joint
   in length ··2
2. Surface of anterior lobe rough, with distinct sculpted markings as cloud racks································3

Surface of anterior lobe smooth, without distinct sculpted markings ···················· *Rhynocoris fuscipes*

3.   Body large sized, robust, over 14 mm; with deep sculpted markings as cloud racks ···· *Rhynocoris incertis*

     Body smaller than above, its length less than 14 mm; with shallow sculpted markings as cloud racks ·····

··· *Rhynocoris marginellus*

Scipinia Stål, 1861

Scipinia horrida (Stål, 1859)

Sphedanolestes Stål, 1867

Key to species of *Sphedanolestes*

1.   Connexivum with one unique color, or at least in its margin as so ·················· *Sphedanolestes gularis*

     Connexivum with two different colors ·· 2

2.   Femora with distinct annular markings; body robust ·················· *Sphedanolestes impressicollis*

     Femora with one unique color; body slender ································· *Sphedanolestes subtilis*

Velinus Stål, 1866

Velinus nodipes Uhler, 1860

Yolinus Amyot et Serville, 1843

Yolinus albopustulatus China, 1940

Peiratinae

Peirates Serville, 1831

Key to species of *Peirates*

1.   Apex of scutellum curved upward distinctly ··························· *Peirates arcuatus*

     Apex of scutellum not curved upward ······································· 2

2.   Membrane with 2 blackish markings, one present at the base of the inner cell, the other almost covering

     the whole of the outer cell ··· *Peirates atromaculatus*

     Membrane with 1 large blackish cell ··· 3

3.   Corium mostly in pale brownish ·· *Peirates fulvescens*

     Corium mostly in blackish ··· *Peirates turpis*

Sirthenea Spinola, 1837

Sirthenea flavipes (Stål, 1855)

Phymatinae

Cnizocoris Handlirsch, 1897

***Cnizocoris sinensis* Kormilev, 1957**

Reduviinae

Acanthaspis Amyot et Serville, 1843

***Acanthaspis cincticrus* Stål, 1859**

Reduvius Fabricius, 1775

***Reduvius fasciatus* Reuter, 1887**
***Reduvius froeschneri* Cai et Shen, 1997**

Key to species of *Reduvius*

1. Pronotum blackish (except lateral margin of posterior lobe) ·······························*Reduvius froeschneri*
   Anterior lobe of pronotum blackish, posterior lobe completely yellowish or mostly yellowish except the
   blackish anterior part ··*Reduvius fasciatus*

Saicinae

Gallobelgicus Distant, 1906

***Gallobelgicus typicus* Distant, 1906**

Stenopodainae

Oncocephalus Klug, 1830

Key to species of *Oncocephalus*

1. Foretibia centrally with 2 blackish annular markings ···························*Oncocephalus breviscutum*
   Foretibia centrally with 1 blackish annular marking ···2
2. Posteriorly with a distinct tubercle on the lateral margin of anterior lobe of pronotum. ·····················3

　　　Posteriorly without a tubercle, or with an undistinguishalbe one, on the lateral margin of　anterior lobe

　　　of pronotum ··· *Oncocephalus lineosus*

3.　Lateral angle of pronotum rounded or in obtuse angle-shaped, not obvious······ *Oncocephalus philippinus*

　　　Lateral angle of pronotum sharp, laterad protrusive, large ··4

4.　Marking within the outer cell of membrane small, less than 1/2 of outer cell in length ····················

　　　··· *Oncocephalus simillimus*

　　　Marking within the outer cell of membrane large, over 1/2 of outer cell in length ···························

　　　··· *Oncocephalus scutellaris*

Pygolampis Germar, 1817

Pygolampis bidentata (Goeze), 1778

Pygolampis foeda Stål, 1859

Key to species of *Pygolampis*

1.　First joint of antenna short, not over the length of head ······························ *Pygolampis bidentata*

　　　First joint of antenna long, over the length of head ································· *Pygolampis foeda*

Staccia Stål, 1866

Staccia diluta Stål, 1859

Staccia laticollis (Miller, 1940)

Key to species of *Staccia*

1.　Anteocular portion of head with 2 strong spines down-pointed; forefemora ventrally with 2 rows of

　　　strong spines ·· *Staccia diluta*

　　　Anteocular portion of head without a strong spines down-pointed; forefemora ventrally with 1 rows of

　　　strong spines ·· *Staccia laticollis*

Thodelmus Stål, 1859

Thodelmus falleni Stål, 1859

Opistoplatys Westwood, 1835

Opistoplatys mustela Miller, 1954

Tribelocephala Stål. 1854

Tribelocephala walkeri China, 1940

Miridae

Key to subfamilies of Miridae

1. Parempodia always at least fleshy, flattened and usually either obviously convergent or divergent apically ···2

2. Parempodia always setiform, never weakly to strongly flattened and flashy, although sometimes not perfectly straight ···3

3. Parempodia always fleshy and divergent apically; rounded or flattened pronotal collar always present; pulvilli usually developed on ventral surface of claw··**Mirinae**

4. Parempodia usually convergent apically, rarely nearly straight; pronotal collar present or absent; pulvilli present or absent ··· **Orthotylinae**

5. Claws with pulvilli or other fleshy structures arising at base or from ventral or mesal surface·············4

6. Claws without pulvilli or other fleshy structures arising from basal, ventral, or mesal surface ···**Deraeocorinae**

7. Pulvilli arising from ventral surface of claw; pronotal collar developed; tarsi dilated distally; forewing membrane with only one cell··· **Bryocorinae**

8. Pulvilli covering most of mesal (inner) surface of claw, or pseudopulvilli arising at verybase of claw and free from claw over nearly entire length; tarsi never dilated distally; forewing membrane with two cells ···**Phylinae**

Bryocorinae

Key to genera of Bryocorinae

1. With a distinct transverse groove posterior to pronotal calli; without a large transverse dark marking at apical part of corium···*Nesidiocoris* Kirkaldy
   Without a distinct transverse groove posterior to pronotal calli; with a large transverse dark marking at outer part of apex of corium ······································· *Bryocoris* Fallén

Bryocoris Fallén, 1829

Key to species of genus *Bryocoris*

1. Head monochromatic, blackish, and without any pale markings; body length less than 4mm; anterior margin of forewing not convex ·· *Bryocoris hsiaoi*
   Head not monochromatically in black, dorsally with 1 longitudinal posteriorly-extending yellowish marking close to eye·· *Bryocoris biquadrangulifer*

Nesidiocoris Kirkaldy，1902

Nesidiocoris tenuis (Reuter, 1895)

Deraeocorinae

Key to genera of Deraeocorinae

1. Corium without puncture, transparent, embolium distinctly broad ·······················*Stethoconus* Flor

   Corium with obvious punctures, semitransparent, embolium slender ······························2
2. Hind tarsi with 1st segment at least as long as combine length of 2nd and 3rd segments ···················

   ···*Alloeotomus* Fieber

   Hind tarsi with 1st segment much shorter than combine length of 2nd and 3rd segments···················

   ···*Deraeocoris* Kirschbaum

Alloeotomus Fieber，1807

Alloeotomus humeralis Zheng et Ma, 2004

Deraeocoris Kirschbaum，1856

Deraeocoris (*Camptobrochis*) *punctulatus* (Fallén, 1807)

Stethoconus Flor, 1861

Key to species of genus *Stethoconus*

1. Scutellum with 2 yellowish markings ··*Stethoconus japonicus*

   Scutellum monochromatic, in blackish brown ···*Stethocomus pyri*

Mirinae

Key to genera of Mirinae from Henan

1. Hind tarsi with 1st segment obviously shorter than combine length of 2nd and 3rd tarsal segments ·······3

   Hind tarsi with 1st segment never shorter than combine length of 2nd and 3rd tarsal segments ···········2
2. Scutellum with large and deep punctures···*Stenodema* Laporte

   Scutellum without puncture or with very weak punctures ·····························*Trigonotylus* Fieber
3. Pronotum with large and deep punctures ···4

   Pronotum without puncture or with very weak punctures, or with some transverse wrinkles ·············9
4. Body dorsally and ventrally with broad and compressed shinny scalelike hairs ····························5

　　　　Body ventrally without shinny scalelike hairs ···6

5.　Collar width equal to diameter of 2nd antennal segment in length; hind tarsi with 1st segment clearly shorter than 2nd; body with shallow punctures dorsally····································*Polymerus* Hahn

　　Collar width about 2 times as wide as diameter of 2nd antennal segment; hind tarsi with 1st and 2nd segments equal in length; body with deep punctures dorsally ····················*Charagochilus* Fieber

6.　Body small and hardy, less than 5.5 mm in length ·····························*Chilocrates* Horváth

　　Body larger, not compact ··7

7.　Scutellum with hairs erected or slightly slanted posteriorly ························*Orthops* Fieber

　　Scutellum with hairs procumbent or slanted ···8

8.　Sensory lobe of left paramere with some short spines; spines of tibiae blackish ··············*Lygus* Hahn

　　Sensory lobe of left paramere without some short spines ························*Apolygus* China

9.　Body hairs with 2 types, bristle-like hairs blackish and compressed scale-like hairs golden yellowish or yellowish brown···10

　　Body hairs monotypic ···11

10.　First antennal segment stout and compressed laterad greatly; with a velours-like blackish marking between eye and antennal base···*Eurystylus* Stål

　　First antennal segment pillar-like; without a velours-like blackish marking between eye and antennal base ···*Eurystylopsis* Poppius

11.　Hind femur slightly compressed, long and surpassing tip of abdomen ··················*Phytocoris* Fallén

　　Hind femur never surpassing tip of abdomen ···12

12.　Vortex with a longitudinal groove ···13

　　Vortex without a longitudinal groove ···14

13.　Pronotal lateral margin carinate; vertex protruding forwardly·····················*Cheilocapsus* Kirkaldy

　　Pronotal lateral margin normal, not carinate; rostrum surpassing mid-coxae ········*Adelphocoris* Reuter

14.　First tarsomere much longer than second tarsomere ····························*Stenotus* Jakovlev

　　First tarsomere never more than second tarsomere in length ···············*Creontiades* Distant

Adelphocoris Reuter，1896

Key to species of genus *Adelphocoris*

1.　Scutellum with a couple of dark marking beside longitudinal line·················*Adelphocoris lineolatus*

　　Scutellum without a couple of dark markings beside longitudinal line································2

2.　Pronotum blackish except calli and region prior to them, which are pale yellowish ····················

　　···*Adelphocoris reicheli*

　　Pronotum with coloration not as above mentioned································3

3.　Pronotum pale colored, or with a rounded marking posterior to each callus ·····················4

　　Pronotum with transverse blackish marking posteriorly·····································5

4.　Pronotum pale colored, without blackish marking ····························*Adelphocoris nigritylus*

Pronotum with a rounded marking posterior to each callus ························· *Adelphocoris suturalis*

5. Scutellum in pale yellowish white or yellowish brown, except basal angle regions in dark color ··· *Adelphocoris fasciaticollis*

Scutellum monochromatic, grey- and yellowish brown or tarnished brown ······· *Adelphocoris fuscicornis*

Apolygus China, 1941

Key to species of genus *Apolygus*

1. Body greenish, without any dark marking on pronotum, clavus and scutellum ····························· 2

Body brownish ··· *Apolygus ulmi*

2. Cuneus apically blackish ··· 3

Cuneus apically never blackish, always in same color as body color···················· *Apolygus lucorum*

3. Embolium apically dark, corium apically with a dark marking; basal part of each tibial spine blackish ··· *Apolygus gleditsiicola*

Without dark markings on apical parts of embolium and corium; basal part of each tibial spine without blackish marking ·· *Apolygus spinolae*

Charagochilus Fieber, 1858

Charagochilus angusticollis (Linnavuori, 1961)

Cheilocapsus (Kirkaldy, 1902)

Key to species of Genus *Cheilocapsus*

1. basal 2/3 to 3/4 of 3rd antennal segment in pale color; at least apical 1/3 of cuneus in dark color ·········· 2

basal 1/3 to 1/2 of 3rd antennal segment in pale color; apical 1/7 to 1/5 of cuneus in dark color ············ *Cheilocapsus maculipes*

2. Body dorsally blackish brown; vesica with spicule extremely sharp and needlike apically··················· *Cheilocapsus nigrescens*

Body dorsally yellowish brown; vesica with spicule robust and abruptly sharp apically···················· *Cheilocapsus thibetanus*

Chilocrates Horváth, 1889

Chilocrates patulus (Walker, 1873)

Creontiades Distant, 1883

Creontiades coloripes Hsiao, 1963

Eurystylopsis Poppius, 1911

Eurystylopsis clavicornis (Jakovlev, 1890)

Eurystylus Stål, 1871

Key to species of genus *Eurystylus*

1. Pronotal coloration simple, monochromatic, without dark marking in disk ·······································
 ··*Eurystylus costalis*
 Pronotal disk with a couple of dark markings·······························*Eurystylus coelestialium*

Lygus Hahn, 1833

Key to species of genus *Lygus*

1. Vortex laterally with transverse ridges, if not, corium with diameter of punctures about 1/2 as large as that in pronotum ··· *Lygus rugulipennis*
 Vortex laterally without transverse ridge; corium with diameter of punctures about as large as that in pronotum ··2
2. Corium centrally with punctures not as closely as those of pronotum; cuneus with outer margin in pale color···*Lygus punctatus*
 Corium centrally with punctures much more closely than those of pronotum ····························3
3. Cuneus wholly with outer margin in pale color, sometimes at both ends in dark color ····· *Lygus pratensis*
 Cuneus with basal 1/3 of outer margin blackish ··································· *Lygus orientis*

Orthops Fieber, 1858

Orthops (*Orthops*) *udonis* (Matsumura, 1917)

Phytocoris Fallén, 1814

Phytocoris longipennis Flor, 1861

Polymerus Hahn, 1831

Polymerus cognatus (Fieber, 1858)

Stenodema Laporte, 1832

Stenodema (*Stenodema*) *alpestris* Reuter, 1904

Stenotus Jakovlev, 1877

Stenotus rubrovittatus Matsumura, 1913

Trigonotylus Fieber, 1858

Trigonotylus coelestialium (Kirkaldy, 1902)

Orthotylinae

Key to genera of Orthotylinae

1. Body usually dark; gula never shorter than eye in height; hind femur greatly enlarged; 3rd antennal segment much slimmer than 2nd segment ··2
   Body usually pale greenish; gula shorter than eye in height; hind femur not enlarged as above; 3rd antennal segment as robust as 2nd segment ··4
2. Antennae with 2nd segment about 4 times as long as that of 1st segment ···························3
   Antennae with 2nd segment about 3 times as long as that of 1st segment, or less·····························
   ··*Orthocephalus* Fieber
3. Eye and pronotum never meeting; left paramere of male three-branched; cuneus apically in pale color
   ··*Ectometopterus* Reuter
   Eye and pronotum meeting together; left paramere of male never three-branched; cuneus monochromatic
   ··*Halticus* Hahn
4. Posterior margin of head with an obvious ridge ··6
   Posterior margin of head without any ridge, or with a very weak ridge································5
5. Pronotum with a distinct transverse groove, the anterior pronotal lobe short, much slender than the posterior lobe ··*Cyllecoris* Hahn
   Pronotum without a transverse groove, anterior lobe and posterior lobe not easily distinguished
   ··*Cyrtorhinus* Fieber
6. Ridge of posterior margin of head usually with erected hairs ····················*Pseudoloxops* Kirkaldy
   Ridge of posterior margin of head without erected blackish hair ····················*Orthotylus* Fieber

Cyllecoris Hahn, 1834

Cyllecoris rectus Liu et Zheng, 2000

Cyrtorhinus Fieber, 1858

Cyrtorhinus lividipennis Reuter, 1885

Ectmetopterus Reuter, 1906

Ectmetopterus micantulus (Horváth, 1905)

Halticus Hahn, 1833

Halticus minutus Reuter, 1885

Orthocephalus Fieber, 1858

Orthocephalus funestus Jakovlev, 1887

Orthotylus Fieber, 1858

Orthotylus (Melanotrichus) flavosparsus (Sahlberg, 1842)

Pseudoloxops Kirkaldy, 1905

Pseudoloxops guttatus Zou, 1987

Phylinae

Key to genera of Phylinae

1. Parempodia always at least fleshy, flattened, apically converged each other ·············2
   Parempodia setiform ···················3
2. Body obviously sinuated laterally ···················*Pilophorus* Hahn
   Body oval ···················*Pherolepis* Kulik
3. Fore wing with close markings···················*Psallus* Fieber (in part)
   Fore wing without marking, or rare markings ···················4
4. Body dorsally with monotypic hairs···················5
   Body dorsally with 2 types of hairs···················7
5. Pulvulli developed greatly, surpassing 1/2 of claw ventrally ···················*Chlamydatus* Curtis
   Pulvulli not developed as above mentioned, not surpassing 1/2 of claw ventrally ···················6
6. Basal part of tibial spines without dark markings ···················*Phylus* Hahn
   Basal part of tibial spines with dark markings ···················*Plagiognathus* Fieber
7. Right paramere distally truncated, with 2 small protuberances apart ···················*Europiella* Reuter
   Right paramere distally not truncated, with 1 small protuberance ···················8
8. Pygopher in male with a longitudinal ridge ···················*Psallus* Fieber (in part)
   Pygopher in male without a longitudinal ridge ···················9
9. Vesica centrally, at the midpoint, with gearlike sliced structure···················*Plagiognathus* Fieber
   Vesica centrally, at the midpoint, without gearlike sliced structure···················10
10. Body length less than 3 mm ···················*Campylomma* Reuter
    Body length over 3 mm, compact, with spotted markings on femora ···················*Psallus* Fieber (in part)

Campylomma Reuter, 1878

Key to species of genus *Campylomma*

1. Body color pale brownish, covering with blackish hairs; 1st antennal segments blackish ⋯⋯⋯⋯⋯⋯⋯
    ⋯⋯⋯⋯⋯⋯⋯⋯⋯⋯⋯⋯⋯⋯⋯⋯⋯⋯⋯⋯⋯⋯⋯⋯⋯⋯⋯⋯⋯ *Campylomma diversicornis*
    Body color in pale grayish white, or yellowish, covering with pale hairs; 1st antennal segment in pale
    color, with a black ring-like markings ⋯⋯⋯⋯⋯⋯⋯⋯⋯⋯⋯⋯⋯⋯⋯⋯⋯⋯*Campylomma verbasci*

Chlamydatus Curtis, 1833

Chlamydatus pullus (Reuter, 1870)

Europiella Reuter, 1909

Europiella artemisiae (Becker, 1864)

Pherolepis Kulik, 1968

Key to species of genus *Pherolepis*

1. Body with close, extremely long, erected or semi-erected bristle-like hairs⋯⋯⋯⋯⋯*Pherolepis longipilus*
    Body with prostrate, curled, laterad compressed hairs⋯⋯⋯⋯⋯⋯⋯⋯⋯⋯⋯⋯⋯ *Pherolepis aenescens*

Phylus Hahn, 1831

Phylus miyamotoi Yasunaga, 1999

Pilophorus Hahn, 1826

Key to species of genus *Pilophorus*

1. Forewing closely with slender erected or semi-erected bristle-like hairs ⋯⋯⋯⋯⋯⋯ *Pilophorus setulosus*
    Forewing with short hairs or without any hairs ⋯⋯⋯⋯⋯⋯⋯⋯⋯⋯⋯⋯⋯⋯⋯⋯⋯⋯2
2. Scalelike hairs of forewing distributed in several tufts, those on clavus and embolium in same level
    transversely ⋯⋯⋯⋯⋯⋯⋯⋯⋯⋯⋯⋯⋯⋯⋯⋯⋯⋯⋯⋯⋯⋯⋯⋯⋯ *Pilophorus lucidus*
    Scalelike hairs of forewing distributed in transverse stripes ⋯⋯⋯⋯⋯⋯⋯⋯⋯⋯⋯⋯⋯⋯3
3. Basal part of lateral margins of pronotum in parallel ⋯⋯⋯⋯⋯⋯⋯⋯⋯⋯⋯⋯ *Pilophorus koreanus*
    Basal part of lateral margins of pronotum divergent posteriorly ⋯⋯⋯⋯⋯⋯⋯⋯⋯ *Pilophorus aureus*

Plagiognathus Fieber, 1858

Key to species of genus *Plagiognathus*

1.　Body color blackish brown, or only with head and pronotum in black; pygophore of male about 1/3 of abdomen in length; body covered with blackish hairs ································ *Plagiognathus collaris*
　　Body color grayish yellow, covered with yellowish hairs; pygophore of male about 1/2 of abdomen in length ·· *Plagiognathus amurensis*

Psallus Fieber, 1858

Key to species of genus *Psallus*

1.　Hind tarsi with 3rd segment longer than 2nd segment, about same as combine length of 1st and 2nd segments ··· *Psallus hani*
　　Hind tarsi with 3rd segment shorter than 2nd segment, obviously shorter the combine length of 1st and 2nd segments ·· 2
2.　Head and pronotum mottled with reddish brown markings ···························· *Psallus henanensis*
　　Head and pronotum mottled without reddish brown marking ··· 3
3.　Hind femora monochromatic, in black or reddish brown, without dark marking ·············· *Psallus fortis*
　　Hind femora in pale color, with obvious dark markings ······································· *Psallus mali*

Tingidae

Key to genera

1.　Pronotum simple, without hood, otherwise with very weak hood, paranota absent, or ridge-like, or narrowed and never reflex upward and closely combining with its original dorsal surface ················ 2
　　Pronotum with distinctly hood, paranota greatly developed, laminal, or reflexed upward and closely combining with its original dorsal surface ·· 5
2.　Pronotum with 1 longitudinal ridge distinctly ··· 3
　　Pronotum with 3 longitudinal ridge distinctly ··· 4
3.　Antennal segment Ⅳ longer than collective length of segments of Ⅰ and Ⅱ; pronotal anterior margin straight ·· *Eteoneus* Distant
　　Antennal segment Ⅳ equal to or shorter than collective length of segments of Ⅰ and Ⅱ; pronotal anterior margin slightly concave ·· *Monosteira* Costa
4.　Bucculae prolong, surpassing dorsal apex of head ································· *Tingis* Fabricius
　　Bucculae short, not surpassing dorsal apes of head ····························· *Hegesidemus* Distant
5.　Hood small, not surpassing middle of eye in lateral view ·························· *Cysteochila* Stål

Hood at least attaining middle of eye in lateral view ···6

6.　Hood covering most of head or entire; rostrum not reaching mesocoxae ···················· *Stephanitis* Stål

Hood covering head not entirely; rostrum reaching mesocoxae ······························· *Uhlerites* Drake

Cysteochila Stål, 1873

Cysteochila ponda Drake, 1937

Eteoneus Distant, 1903

Eteoneus angulatus Drake et Maa, 1953

Galeatus Curtis, 1837

Galeatus affinis (Herrich-Schäffer, 1835)

Metasalis Lee, 1971

Metasalis populi (Takeya, 1932)

Monosteira Costa, 1863

Monosteira discoidalis (Jakovlev,1883)

Stephanitis Stål, 1873

Key to species

1.　Hood transversely narrowed, its width equal to distance between eyes ····················*Stephanitis nashi*

Hood broad, covering eyes entirely or most part of eye (except outer margin only) ···*Stephanitis ambigua*

Tingis Fabricius, 1803

Key to species

1.　Costal margin of fore wing with 3 rows of cell posteriorly ·································· *Tingis buddlieae*

Costal margin of fore wing with 2 rows of cell entirely ····································· *Tingis crispata*

Uhlerites Drake, 1927

Uhlerites debilis (Uhler, 1896)

Nabidae

Key to subfamilies

1.　Scutellum with 1-7 pairs of conspicuous trichobothria along lateral margins; labium relatively short and stout ··· Prostemminae

Scutellum without thichobothria; labium generally relatively slender and elongate ··············· Nabinae

Nabinae

Key to genera

1. Clasper of male without any lateral lobe, expanded aedeagus with 1 or 2, sometimes none of sclerotized large spines exposed ·· *Nabis* Lattreille

   Clasper of male with a prominent inner lobe, about equal in size as outer lobe, expanded aedeagus with many sclerotized small spines exposed ·· 2

2. Antennal segment 1 longer than length of pronotum ································· *Gorpis* Stål

   Antennal segment 1 shorter than length of pronotum ····························· *Himacerus* Wolff

Gorpis Stål, 1859

Key to species

1. Fore coax-cavity posteriorly enclosed ···································· *Gorpis brevilineatus*

   Fore coax-cavity posteriorly opened ·· 2

2. Pronotal lateral angle conical; fore femora without any marking, unicolored ···························
   ·· *Gorpis humeralis*

   Prnotal lateral angle blunt; fore femora outerly with 2 markings and innerly with 1 marking ············
   ·· *Gorpis japonicus*

Himacerus Wolff, 1881

Himacerus (*Himacerus*) *apterus* (Fabricius, 1798)

Nabis Lattreille, 1802

Key to species

1. Basal half of expanded aedeagus without any large, distinctly sclerotized spines ····················· 2

   Basal half of expanded aedeagus with 1 or 2 large, distinctly sclerotized spines ····················· 4

2. Fore wing normal ··· 3

   Fore wing degenerate, not surpassing abdominal tergite 2 ·························· *Nabis apicalis*

3. Apical half of corium scattered with brownish spots ·························· *Nabis reuteri*

   Centrally corium with 4 brownish, longitudinal arranged markings ··············· *Nabis potanini*

4. Clasper of male apically rounded ·· *Nabis ferus*

   Clasper of male apically much slender ··· 5

5. Fore wing without any blackish markings; abdomen ventrally without any dark marking ··················
··· *Nabis sinoferus*
Fore wing with blackish markings; abdomen ventrally with some dark markings ·······················6
6. Body yellowish; abdomen ventrally and mesally with a discontinuous longitudinal marking ···············
·· *Nabis stenoferus*
Body grayish; abdomen ventrally and mesally with a brownish, continuous, longitudinal marking
reaching to apex ··· *Nabis punctatus mimoferus*

Prostemminae

Key to genera

1. Fore femora ventrally and medianly with horn-like or sharp teeth-like projection, and apically with 2
rows of small denticles between the projection and apex of femur; fore tibiae apically without fossula
spongiosa ··· *Rhamphocoris* Kirkaldy
Fore femora ventrally with 2 rows of small regularly arranged denticles; fore tibiae apically with
distinctly fossula spongiosa ··· *Prostemma* Laporte

Prostemma Laporte, 1832

Key to species

1. Pronotum with anterior lobe blackish and posterior lobe reddish ·················· *Prostemma hilgendorffi*
Pronotum with both anterior and posterior lobes blackish ························· *Prostemma kiborti*

Rhamphocoris Kirkaldy, 1901

Rhamphocoris hasegawai (Ishihara, 1943)

Anthocoridae

Key to genera

1. Antennal segment of Ⅲ and Ⅳ both with same width as segment of 2 ·················· *Orius* Wolff
Antennal segment of Ⅲ and Ⅳ both prominently slender, not broad as segment of 2 ···················2
2. Metapleural scent-gland groove centrally curved, knee-shaped ·························· *Xylocoris* Dufour
Metapleural scent-gland groove centrally curved, not knee-shaped ·····························3
3. Metasternum apicall as Y-shaped fork; peritreme apically sharply bending ··········· *Amphiareus* Distant
Metasternum simple, apicall not as Y-shaped fork; peritreme apically straight, not sharply bending
··· *Cardiastethus* Fieber

Amphiareus Distant, 1904

Amphiareus obscuriceps (Poppius, 1909)

Cardiastethus Fieber, 1860

Cardiastethus exiguus Poppius, 1913

Orius Wolff, 1811

Key to species

1. Paramere apically slender, much stronger curved anticlockwise, its outer margin medially with flagellate
    process, which straight, from base to apex progressively slender, and nodulated outwards on the 2/3 from
    base ·· ***Orius sauteri***
    Paramere apically stout, much weakly curved anticlockwise, its outer margin medially with flagellate
    process, which curved slightly, basally stout and apical 2/3 much slender, not codulated outwards on the
    2/3 from base ··· ***Orius minutus***

Xylocoris Dufour, 1831

Xylocoris (Proxylocoirs) hiurai Kerzhner et Elov, 1976

Lyctocoridae

Lyctocoris Hahn, 1835

Lyctocoris beneficus (Hiura, 1957)

Cimicidae

Cimex Linnaeus, 1758

Cimex lectularius Linnaeus, 1758

Pentatomomorpha

Key to families of Pentatomomorpha

1. Abdomen ventrally without trichobothria ·· **Aradidae**
    Abdomen ventrally with trichobothri ··· 2

2. Antenna 5-segmented···3
    Antenna 4-segmented···12
3. Tarsi 3-segmented··4
    Tarsi 2-segmented···9
4. Tibiae with at least 2 rows of robust spines ···**Cydnidae**
    Tibiae without robust spines···5
5. Scutellum large, covering most part of abdomen ·····································**Scutelleridae**
    Scutellum triangular, if large, never covering most part of abdomen···6
6. Spiracle of abdominal segment 2 exposed completely, separated far from posterior margin of metapleura
    ··**Tessaratomidae**
    Spiracle of abdominal segment 2 completely or mostly covered by metapleura··························7
7. Ocelli close to central longitudinal line; antenna inserted on the upper side of lateral margin···········
    ··**Urostylididae**
    Ocelli seperated far from each other, not close to central longitudinal line; antenna inserted at the lower
    side of lateral margin ···8
8. Sternum of abdominal segment 7 never divided longitudinally; body reddish with large black markings··
    ··**Parastrachiidae**
    Sternum of abdomina segment 7 divided longitudinally; body color varied greatly ··········**Pentatomidae**
9. Forewing much longer than abdomen, elbowed between corium and membrane, and folded below
    scutellum in repose; abdominal venter with a straight black sulcus on either side at level of trichobothria
    ··**Plataspidae**
    Forewing at most slightly longer than abdomen, not elbowed at juncture of corium and membrane;
    abdominal sternum lacking a straight, black, transverse sulcus on either side at level of trichobothria ·····
    ··10
10. Scutellum covering entire abdomen; tibiae with heavy black bristles ·······················**Cydnidae**
    Scutellum not covering entire abdomen; if hind tibiae with spines, then these not appearing as heavy
    black bristles ··11
11. Prosternum usually with a large compressed median keel; abdominal segment 8 in males large, exposed
    ··**Acanthosomatidae**
    Prosternum usually lacking a large compressed median keel; abdominal segment 8 in males much smaller,
    mostly concealed ···**Pentatomidae**
12. Scutellum large, covering nearly entire corium, reaching or almost reaching end of abdomen··············
    ··**Plataspidae**
    Scutellum much smaller, never attaining end of abdomen, never almost covering entire abdomen,
    sometimes not visible··13
13. Clypeus broad, bearing 4-5 distinct toothlike or peglike spines; tibiae with strong spines ········**Cydnidae**
    Clypeus usually without spines, but if spines present never arranged along broadened anterior margin as a
    row of pegs; tibiae lacking strong spines ···14

14. Ocelli absent or vestigial ·· 15

　　Ocelli present ·· 16

15. Pronotum laterally reflexed; abdominal sternum 7 entire in female ····················· **Pyrrhocoridae**

　　Pronotum not laterally reflexed; abdominal sternum 7 of female split medially ················· **Largidae**

16. Body elongate, slender, at least 8 times as long as maximum of pronotal width ···················· 17

　　Body of varied shapes, but if elongate and slender, not more than 5 times as long as maximum of pronotal width ·· 18

17. Abdominal spiracles present dorsally ·· **Berytidae**

　　Abdominal spiracles present ventrally ··· **Alydidae**

18. Veins of corium with rows of erected, slightly recurved, spines ···························· **Berytidae**

　　Veins of corium lacking rows of erected, slightly recurved, spines ···························· 19

19. Membrane of forewing with at most 4 or 5 veins, sometimes corium and membrane not differentiated ···· ··· 20

　　Membrane of forewing with numerous often anastomosing veins ···························· 21

20. Connexiva on abdominal segments 5-7 produced into conspicuous dentate lobes; trichobothria conspicuous on sternum 5 ·· **Malcidae**

　　Connexiva on abdominal segments 5-7 not prominently produced; trichobothria present or absent ····· 26

21. Metathoracic scent-gland auricles absent or greatly reduced ·························· **Rhopalidae**

　　Metathoracic scent-gland auricles large and conspicuous ···························· 22

22. Bucculae not extending posteriorly beyond base of antennae ·························· 23

　　Bucculae extending posteriorly beyond base of antennae ···························· **Coreidae**

23. Body shape ovoid-elliptical; 2 trichobothria posterior to spiracles on abdominal sterna 3-7 ············· 24

　　Body more elongate, shape never obviously ovoid-elliptical; 3 trichobothria on abdominal sterna 3-7, posterior to spiracles on sterna 5-7 ·· 25

24. Membrane of forewing with reticulate venation ··· **Dinidoridae**

　　Membrane of forewing lacking reticulate venation ·· **Tessaratomidae**

25. Interocular distance greater than width of anterior margin of scutellum; ovipositor platelike ····· **Alydidae**

　　Interocular distance less than width of anterior margin of scutellum; ovipositor laciniate ·················· ··· **Stenocephalidae**

26. Suture between abdominal sterna 4 and 5 usually curving forward laterally and rarely attaining lateral margins of abdomen; if suture above mentioned complete, trichobothria usually present on head ·· **Rhyparochromidae**

　　Suture between abdominal sterna 4 and 5 not curving forward, attaining lateral margins of abdomen; head without trichobothria ·· 27

27. Spiracles on abdominal segments 2-7 all located dorsally; clavus impunctate ·················· **Lygaeidae**

　　At least 1 pair of spiracles on abdominal segments 2-7 located ventrally ···················· 28

28. Spiracles of abdominal segment 7 ventral, all others dorsal ···························· 29

　　At least spiracles of abdominal segments 6 and 7 ventral ···························· 30

29.　Hemelytra coarsely punctate; bucculae short not extending caudad of base of antenniferous tubercles; trichobothria present laterally on obdominal sterna 3-7 ·· **Cymidae**

Hemelytra impunctate or at most with only weak, scattered punctures; body blackish in color, with lateral margins in parallel ··· **Blissidae**

30.　Spiracles on abdominal segments 3-7 ventral ·· 31

Spiracles on abdominal segments 3 and 4 dorsal ··· **Geocoridae**

31.　Cross vein present in membrane of forewing creating a closed basal cell ····················· **Heterogastridae**

No cross vein or closed cell basally in membrane of forewing ····························· **Pachygronthidae**

Aradidae

Key to the genera

1.　Genae reduced, not surpassing clypeus; glabrous areas in connexival part of each segment from III to VII with two, lateral part of corresponding abdominal segment with one, middle part with one ·················· ···*Aradus* Fabricius

Genae large, surpassing clypeus; glabrous areas in connexival part of each segment from III to VII with two, lateral part of corresponding abdominal segment with two, middle part with one ························ 2

2.　Rostral atrium open; without metapleural scent glsnd glove; dorsal external laterotergeites II and III separated, inner part of III segment without triangular sclerite ··························· *Paraneurus* Jacobs

Rostral atrium closed; with metapleural scent glsnd glove; base of sterna from IV to VI each with a transverse carina ·· *Neuroctenus* Fieber

Aradus Fabricius, 1803

Key to the species

1.　Fore lateral margins of pronotum oblique substraight or slightly convex ······································ 2

Fore lateral margins of pronotum strongly concave; prontum wider than base of fore wing ··············· 4

2.　Lateral margins of pronotum with strong spines ······························· *Aradus hieroglyphicus*

Lateral margins of pronotum smooth or only thin dentate ··· 3

3.　The most width situation of prontum before of mid line of lateral margins, antenna II shorter than III+IV ··· *Aradus zhengi*

The most width situation of prontum behind of mid line of lateral margins, antenna II as long as III+IV ·· ··· *Aradus corticalis*

4.　Antenna II wider than femur; prontum not wider than base of fore wing ················ *Aradus spinicollis*

Antenna II wider than femur, short and black; prontum wider than base of fore wing ··· *Aradus orientalis*

Neuroctenus Fieber, 1860

Key to the species

1. Dorsal external laterotergeites with color spots ·· *Neuroctenus castaneus*

   Dorsal external laterotergeites without color spot ··· 2

2. Body longer than 8 mm, abdominal spiracles ventral, not visible from above ············· *Neuroctenus ater*

   Body shorter than 8 mm, abdominal spiracle VIII lateral, visible from above ······ *Neuroctenus quercicola*

Paraneurus Jacobs, 1986

Paraneurus nipponicus (Kormilev et Heiss, 1976)

Berytidae

Key to genera

1. Pronotum with many short hairs, filiform or curled ·· 2

   Pronotum without filiform or curled hair ··· 3

2. Fron rounded anteriorly ·· *Yemmatropis* Hsiao

   Fron produced above clypeus into a laterally compressed crest or cone ··············· *Chinoneides* Studak

3. Evaporatorium without a straight groove ································· *Metatropis* Fieber

   Evaporatorium with a prominent straight groove ··· 4

4. Antennal segment II shorter than III ······································· *Metacanthus* Costa

   Antennal segment II extremely longer than III ····························· *Yemma* Horváth

Chinoneides Studak, 1989

Chinoneides lushanicus (Hsiao, 1974)

Metacanthus Costa, 1843

Metacanthus pulchellus (Dallas, 1852)

Metatropis Fieber, 1859

Key to species

1. Pronotal lateral angle rounded, not above mesal ridge ··· 2

   Pronotal lateral angle prominently elevated, dentiform, above mesal ridge ··········· *Metatropis denticollis*

2. Rostrum long, attaining hind coxae ··· *Metatropis longirostris*

   Rostrum short, attaining mid coxae ··· *Metatropis brevirostris*

Yemma Horváth, 1905

Yemma signatus (Hsiao, 1974)

Yemmatropis Hsiao, 1977

Yemmatropis dispar (Hsiao, 1974)

Blissidae

Key to genera

1.　Socket of fore coxae open ·· *Dimorphopterus* Stål
　　Socket of fore coxae close ·· 2
2.　Hind femora with spines ventrally ······································· *Pirkimerus* Distant
　　Hind femora without spines ventrally ······························· *Macropes* Motschulsky

Dimorphopterus Stål, 1872

Key to species

1.　Propleuron never waxy ··· *Dimorphopterus spinolae*
　　Propleuron waxy ··· *Dimorphopterus pallipes*

Macropes Motschulsky, 1859

Macropes harringtonae Slater, Ashlock et Wilcox, 1969

Pirkimerus Distant, 1904

Pirkimerus japonicus (Hidaka, 1961)

Cymidae

Ninomimus Lindberg, 1934

Ninomimus flavipes (Matsumura, 1913)

Geocoridae

Geocoris Fallén, 1814

Key to species

1.　Abdomen wholly black ventrally ··· *Geocoris varius*

Each abdominal segment with a yellow marking; connexvium with black and yellow markings in interval each other ···································· *Geocoris pallidipennis*

Heterogastridae

Key to genera

1. Female abdomen beneath with a distinct, central, longitudinal, carinate line, attaining to abdominal basal part ····················· *Nerthus* Distant

   Female abdomen beneath cleft and not attaining to abdominal basal part but the center ·················· *Heterogaster* Schilling

Heterogaster Schilling, 1829

Heterogaster chinensis Zou et Zheng, 1981

Nerthus Distant, 1909

Nerthus taivanicus (Bergroth, 1914)

Lygaeidae

Key to subfamilies

1. Apical corial margin straight ······················· Lygaeinae

   Apical corial margin sinuate on mesal half ··············· Orsillinae

Lygaeinae

Key to genera

1. Eye stylate ······················· *Aethalotus* Stål

   Eye sessile ·······················2

2. Eyes and anterior margin of pronotum not contiguous ············· *Arocatus* Spinola

   Eyes and anterior margin of pronotum contiguous ·············3

3. Pronotum with a prominent ridge mesally ············· *Tropidothorax* Bergroth

   Pronotum without a ridge mesally ············· *Lygaeus* Fabricius

Aethalotus Stål, 1874

Aethalotus nigriventris Horváth, 1914

Arocatus Spinola, 1837

Arocatus melanostoma Scott, 1874

Lygaeus Fabricius, 1794

Key to species

1. Head blackish wholly except a very small yellow basal marking ··· 2

    Head not all blackish ··· 3

2. Posterior half of pronotal lateral margin convex; body length 15 mm ····················· *Lygaeus dohertyi*

    Posterior half of pronotal lateral margin straight; body length 8-9mm ····················· *Lygaeus vicarius*

3. Pronotal anterior part against collars not completely blackish; pronotum posteriorly with 2 large blackish

    square marking ··· *Lygaeus oreophilus*

    Pronotal anterior part against collars completely blackish; pronotum posteriorly without any large

    blackish square marking ··· 4

4. Two posterior marginal blackish markings never contiguous with blackish area of anterior part of

    pronotum ··· *Lygaeus hanseni*

    Transverse marking of posterior margin contiguous with 2 mesal markings ·············· *Lygaeus equestris*

Tropidothorax Bergroth, 1897

Key to species

1. Central blackish marking of corium reaching to anterior margin of forewing ····························

    ··· *Tropidothorax sinensis*

    Central blackish marking of corium separated far from anterior margin of forewing ·······················

    ··· *Tropidothorax cruciger*

Orsillinae

Nysius Dallas, 1852

Nysius ericae (Schilling, 1829)

Pachygronthidae

Pachygrontha Germar, 1837

Pachygrontha antennata (Uhler, 1860)

Rhyparochromidae

Key to genera

1. Spiracles on abdominal segment 4 dorsal ···2
   Spiracles on abdominal segment 4 ventral ··5
2. Spiracles on abdominal segment 2 dorsal ··3
   Spiracles on abdominal segment 2 ventral ··9
3. Pronotum without distinct transverse groove centrally ····················*Stigmatonotum* Lindberg
   Pronotum with distinct transverse groove centrally ···4
4. Pronotum without any hairs ··*Paraeucosmetus* Malipatil
   Pronotum more or less with some hairs·····································*Horridipamera* Malipatil
5. Posterior trichobothrium of abdominal segment 5 before spiracle ································7
   Posterior trichobothrium of abdominal segment 5 behind spiracle ······························6
6. Abdominal segment 5 each laterally with 2 trichobothria·························*Paraporta* Zheng
   Abdominal segment 5 each laterally with 3 trichobothria······················*Neolethaeus* Distant
7. Abdomen distinctly broader than pronotum······························*Gastrodes* Westwood
   Abdomen and pronotum about equal in width ···8
8. Antennal segment of Ⅰ at least 1/2 surpassing anterior apex of head ···········*Paradieuches* Distant
   Antennal segment of Ⅰ at most 1/2 surpassing anterior apex of head··············*Scolopostethus* Fieber
9. Pronotum with lateral margin rounded···································*Caridops* Bergroth
   Pronotum with lateral margin acute, with narrow or broad edge ·································10
10. Antennal segment of Ⅰ at least 1/2 surpassing anterior apex of head ···················*Metochus* Scott
    Antennal segment of Ⅰ at most 1/2 surpassing anterior apex of head·····························11
11. Apical half of scutellum blackish mesally·····························*Panaorus* Kiritshenko
    Apical half of scutellum brownish mesally·····························*Naphiellus* Scudde

Caridops Bergroth, 1894

Caridops albomarginatus (Scott, 1874)

Gastrodes Westwood, 1840

Gastrodes chinensis Zheng, 1981

Gyndes Stål, 1862

Gyndes sinensis (Zheng, 1981)

Horridipamera Malipatil, 1978

Horridipamera inconspicua (Dallas, 1852)

Metochus Scott, 1874

Metochus abbreviatus (Scott, 1874)

Naphiellus Scudde, 1962

Naphiellus irroratus (Jakovlev, 1889)

Neolethaeus Distant, 1909

Neolethaeus dallasi (Scott, 1874)

Panaorus Kiritshenko, 1951

Panaorus albomaculatus (Scott, 1874)

Paradieuches Distant, 1883

Paradieuches dissimilis (Distant, 1883)

Paraporta Zheng, 1981

Paraporta megaspina Zheng, 1981

Scolopostethus Fieber, 1860

Scolopostethus chinensis Zheng, 1981

Stigmatonotum Lindberg, 1927

Key to species

1. Antennal segment of 1 blackish brown ·· *Stigmatonotum geniculatum*
   Antennal segment of 1 yellowish brown ··· *Stigmatonotum rufipes*

Malcidae

Key to subfamilies

1. Eye stylate; ocelli widely separated form one another ································· Chauliopinae
   Eye sessile; ocelli close together, situated on a common tubercle ···················· Malcinae

Chauliopinae

Chauliops Scott, 1874

Chauliops fallax Scott, 1874

Malcinae

Malcus Stål, 1860

Malcus sinicus Štys, 1967

Largidae

Physopelta Amyot et Serville, 1843

Key to species

1. Membrane of fore wing pale-brown colored, semitransparent ····················*Physopelta quadriguttata*
   Membrane of fore wing blackish ··· *Physopelta cincticollis*

Pyrrhocoridae

Key to genera

1. Apical margin of corium convex prominently ····································· *Pyrrhocoris* Fallén
   Apical margin of corium not convex ···2
2. Pronotal lateral margin straight ·· *Pyrrhopeplus* Stål
   Pronotal lateral margin prominently concave medianly ······················ *Dysdercus* Guérin-Méneville

Dysdercus Guérin-Méneville, 1831

Key to species

1. Corium innerly with a sharply bending stripe, when in rest, forming an X-shaped marking dorsally by 2
   fore wings ··*Dysdercus decussatus*
   Corium innerly without a sharply bending stripe, when in rest, without forming an X-shaped marking

dorsally by 2 fore wings·· *Dysdercus cingulatus*

Pyrrhocoris Fallén, 1814

Key to species

1. Pronotal lateral margin straight ··· *Pyrrhocoris sibiricus*

   Pronotal lateral margin medianly prominently sinuated ························· *Pyrrhocoris sinuaticollis*

Pyrrhopeplus Stål, 1870

Pyrrhopeplus carduelis (Stål, 1863)

Alydidae

Key to genera

1. Hind femora with spines beneath ··2

   Hind femora without spines beneath ···4

2. Pronotal lateral angle spiny and sharp ··3

   Pronotal lateral angle rounded, or horn-shaped ······························· *Alydus* Fabricius

3. Hind tibiae not shorter than hind femora, straight, apically and ventrally without any denticles

   ·· *Megalotomus* Fieber

   Hind tibiae shorter than hind femora, with 2 curves, apically and ventrally with denticles ···············

   ·· *Riptortus* Stål

4. Lateral lobes longer than central lobe ·································· *Leptocorisa* Latreille

   Lateral lobes shorter than central lobe ·································· *Paramarcius* Hsiao

Alydus Fabricius, 1803

Alydus zichyi Horváth, 1901

Leptocorisa Latreille, 1829

Leptocorisa acuta (Thunberg, 1783)

Megalotomus Fieber, 1860

Megalotomus junceus (Scopoli, 1763)

Paramarcius Hsiao, 1964

Paramarcius puncticeps Hsiao, 1964

Riptortus Stål, 1859

Key to species

1. Pronotum and thoracic pleurons all covered with tiny, sandy process; head and thoracic Pleurons with yellowish, levigate markings in row on each side ···································· *Riptortus pedestris*
   Pronotum and thoracic pleurons without tiny, sandy process; head and thoracic pleurons with a complete yellowish levigate streak on each side ···································· *Riptortus linearis*

Coreidae

Key to subfamilies

1. Median sulcus present on head before eyes; tibiae sulcate on outer surface; hindwing usually lacking an antevannal spur of cubitus ···································· **Coreinae**
   Head lacking a median sulcus in front of eyes; tibiae not sulcate on outer surface; antevannal spur of cubitus usually present on hind wing ···································· **Pseudophloeinae**

Coreinae

Key to genera

1. Fore femora with 1-2 sharp denticles apically and ventrally ···································· 9
   Fore femora apically and ventrally without any denticles, or with 2 rows of spines ···································· 2
2. Fore femora apically and ventrally without any denticles; male hind femora not prominently clavate ····· 3
   Fore femora apically and ventrally with 2 rows of spines; male hind femora prominently clavate ···································· *Acanthocoris* **Amyot et Sserville**
3. Head elongate with anterior part before antennal base not declivate abruptly; if head short, female with abdominal segment 7 anteriorly without a bending pleat , or abdomen expanded laterad prominently ···· 4
   Head square, with anterior part before antennal base declivate abruptly; female with abdominal segment 7 anteriorly with a angle-bending pleat ···································· *Homoeocerus* **Burmeister**
4. Body pale colored; basal transverse vein of membrane laterad close greater with corium; membrane with longitudinal veins separated each other ···································· 5
   Body black wholly; basal transverse vein of membrane laterad apart greater with corium; membrane with longitudinal veins reticulate ···································· *Hygia* **Uhler**
5. Body broad; head narrow, its width not more than half of body width; head without a small teeth-shaped process before antennal base ···································· 6
   Body slender; head broad, its width more than half of body width; head with a small teeth-shaped process

before antennal base ·· *Manocoreus* Hsiao

6. Abdomen not expanded laterad; abdominal spiracles more closer to lateral margin than anterior margin on each segment; meso- and metapleura with a black marking each ································7

Abdomen prominently expanded laterad; abdominal spicracles more closer to anterior margin than lateral margin on each segment; meso- and metapleura lacking a black marking each ············ *Coreus* Fabricius

7. Head elongate, with anterior part before antennal base not declivate ······································8

Head short, with anterior part before antennal base declivate ····························· *Cletus* Stål

8. Antennae stout, basal 3 segments three-sides prism-shaped, segment Ⅳ shorter than Ⅲ; connexivum unicolored ··· *Gonocerus* Latreille

Antennae slender, pillar-shaped, segment Ⅳ longer than Ⅲ; connexivum basally blackish ············· ·· *Plinachtus* Stål

9. Abdominal ventrally simple in both genders; pronotal lateral angle often extremely expanded; connexivum often greatly serrated ··10

Abdominal ventrally with spines in male; sometime sterna posteriorly mesally with process in female; pronotal lateral angle simple; connexivum never prominently serrate ·······························13

10. Fore tibiae dorsally dilative prominently, laminated ························· *Breddinella* Dispons

Foretibiae dorsally without dilation ···11

11. Pronotal lateral angle not expanded or weakly expanded; hind tibiae dorsally and ventrally dilative ···· 12

Pronotal lateral angle expanded laterad and apically forward; hind tibiae dorsally never dilative ··· *Derepteryx* White

12. Fore tibiae dorsally not dilative; hind tibiae dorsally dilative distad gradually ············ *Ochrochira* Stål

Fore tibiae dorsally dilative; hind tibiae dorsally expanded greatly ······················· *Prionolomia* Stål

13. Pronotal lateral angle prominent; juncture of abdominal segments of 3 and 4 exetremely prominent in male ··· *Mictis* Leach

Pronotal lateral angle rounded; abdomen ventrally and laterally without promontory in male; abdominal segment 3 longer than 4 in female ································· *Anoplocnemis* Stål

Acanthocoris Amyot et Serville, 1843

Acanthocoris scaber (Linnaeus, 1763)

Anoplocnemis Stål, 1873

Key to species

1. Body large, dorsally reddish; hind femora basally with a promontory in male, lacking in female ··········· ··· *Anoplocnemis phasianus*

Body small, dorsally blackish and with 2 pale colored markings centrally; hind femora basally without a promontory in male ··· *Anoplocnemis binotata*

Breddinella Dispons, 1962

Breddinella humeralis (Hsiao, 1963)

Cletus Stål, 1860

Key to species

1. Body length over 9 mm ···2
    Body length less than 9 mm ···3
2. Pronotal lateral angle slender, with posterior margin concave························· *Cletus punctiger*
    Pronotal lateral angle stout, its posterior margin straight and with some prominent denticles ··············
    ··· *Cletus graminis*
3. Pronotal lateral angles short, distance apart them shorter than half of body length ·························
    ··· *Cletus pugnator*
    Pronotal lateral angles long, distance apart them longer than half of body length ·························
    ··· *Cletus trigonus*

Coreus Fabricius, 1794

Coreus potanini Jakovlev, 1890

Derepteryx White, 1839

Key to species

1. Pronotal lateral angle sharp, prolonged forward and surpassing anterior margin of pronotum ··············
    ··· *Derepteryx lunata*
    Pronotal lateral angle square, not surpassing anterior margin of pronotum ··········· *Derepteryx fuliginosa*

Gonocerus Latreille, 1825

Key to species

1. Rostrum attaining to mesocoxae ·· *Gonocerus lictor*
    Rostrum surpassing basal part of abdomen ································· *Gonocerus longicornis*

Homoeocerus Burmeister, 1835

Key to species

1. Body stout; abdomen laterad expanded prominently with connexivum mostly exposed ···················2
    Body slender; abdomen not expanded laterad with connexivum mostly enclosed by coriums ··············4

2. Antennal segments of 2 and 3 not depressed; pronotal anterior angle not prolonged forward ·············3

Antennal segments of 2 and 3 depressed prominently; pronotal anterior angle prolonged forward obviously ··· *Homoeocerus dilatatus*

3. Corium centrally with a black marking; antennal segment of 1 transversely in shape of triangle; connexivum with close, blackish, tiny spots ······························· *Homoeocerus unipunctatus*

Corium centrally without a black marking; antennal segment of 1 transversely not in shape of triangle; connexivum without close, blackish, tiny spots ······························· *Homoeocerus cingalensis*

4. Corium without pale colored markings; meso- and metapleura without blackish markings; pronotal lateral angle prominently acute·· *Homoeocerus striicornis*

Corium with pale colored markings; meso- and metapleura with a black marking each; pronotal lateral angle blunt ·· *Homoeocerus walkerianus*

Hygia Uhler, 1861

Key to species

1. Veins of membrane not reticulate; tibiae with pale colored ring-shaped markings; femora with many pale spots; genital capsule of male mesally concave as fork-shape in posterior margin ········· *Hygia lativentris*

Veins of membrane reticulate; tibiae without pale colored ring-shaped markings; femora only basally pale colored; genital capsule of male slightly concave in posterior margin ·······································2

2. Body shorter than 11 mm ··· *Hygia opaca*

Body longer than 15 mm··· *Hygia magna*

Manocoreus Hsiao, 1964

Manocoreus vulgaris Hsiao, 1964

Mictis Leach, 1814

Key to species

1. Legs elongate, hind femora longer than tibiae; hind tibiae not prominently curved in male ················2

Legs short, hind femora shorter than tibiae; hind tibiae prominently curved in male ······················ ·· *Mictis tenebrosa*

2. Tibiae blackish ·· *Mictis fuscipes*

Tibiae yellowish ··· *Mictis serina*

Ochrochira Stål, 1873

Ochrochira potanini (Kiritshenko, 1916)

Plinachtus Stål, 1859

Plinachtus bicoloripes Scott

Prionolomia Stål, 1873

Prionolomia mandarina (Distant, 1900)

Pseudophloeinae

Key to genera

1. Lateral margins of pronotum with spines in row; scutellum centrally even; posterior margin of pronotum with a spiny process near basal angle of scutellum; posterior angles of connexivum never spiny
   ·· *Coriomeris* Westwood

   Lateral margins of pronotum without spines in low; scutellum centrally elevated; posterior margin of pronotum without a spiny process near basal angle of scutellum; posterior angles of connexivum spiny
   ·· *Clavigralla* Spinola

Clavigralla Spinola, 1837

Clavigralla tuberosus Hsiao, 1964

Coriomeris Westwood, 1842

Coriomeris scabricornis Panzer, 1809

Rhopalidae

Key to genera

1. Body stout, it length shorter than 3 times as width; head declinate; antennal segment Ⅰ prominently shorter than width of vertex ··· 2

   Body slender, its length longer than 4 times as width; head not declinate; antennal segment Ⅰ prominently longer than width of vertex ································· *Myrmus* Hahn

2. Body small, dark colored; corium and clavus both transparent ································ 3

   Body large, reddish with prominent blackish markings; corium and clavus both opaque ··················
   ·· *Corizus* Fallén

3. Later-posterior angle of metapleuron not seen in dorsal view ··················· *Stictopleurus* Stål

   Later-posterior angle of metapleuron clearly seen in dorsal view ······························· 4

4. Pronotal collar prominent, narrow, not punctuate, posteriorly with complete, smooth, transverse ridge
   ·· *Liorhyssus* Stål

   Pronotal collar obscure, broad, punctuate, posteriorly without complete, smooth, transverse ridge

.... *Aeschyntelus* Stål

Corizus Fallén, 1814

Corizus tetraspilus Horváth, 1917

Liorhyssus Stål, 1870

Liorhyssus hyalinus (Fabricius, 1794)

Myrmus Hahn, 1831

Myrmus lateralis Hsiao, 1964

Rhopalus Schilling, 1827

Key to species

1. Legs without black markings; abdominal venter laterally with black markings in a row·····················
   ··*Rhopalus maculatus*
   Legs with prominent black markings; abdominal venter laterally with black markings in 2-3 rows········2
2. Pronotal lateral margin straight, slightly elevated medaily ·························*Rhopalus sapporensis*
   Pronotal lateral margin sinuate slightly, not elevated medianly ·······························*Rhopalus latus*

Stictopleurus Stål, 1872

Key to species

1. Pronotum anteriorly with a transverse groove, and a smooth, complete, transverse ridge closely ahead it;
   connexivum apically black ··*Stictopleurus subviridis*
   Pronotum anteriorly with a transverse groove, without a smooth transverse ridge closely ahead it;
   connexivum apically not black ···*Stictopleurus minutus*

Stenocephalidae

Dicranocephalus Hahn, 1826

Dicranocephalus femoralis (Reuter, 1888)

Acanthosomatidae

Key to genera

1. Ridge of mid sterna at least posteriorly extending to center of mid coxae ··································2
   Ridge of mid sterna with a prominent fall, not extending posteriorly to mid coxae ··················3
2. Peritreme spoon shape, short ··*Elasmucha* Stål
   Peritreme straight, long ···*Elasmostethus* Fieber
3. Ridge of mid sterna not extending to anterior margin of fore sterna ··············*Lindbergicoris* (Lindberg)
   Ridge of mid sterna extending to or surpassing anterior margin of fore sterna ··················4
4. Pronotum with anterior part polished, without puncture ··················*Sastragala* Amyot et Serville
   Pronotum more or less with some punctures except collars ··················*Acanthosoma* Curtis

Acanthosoma Curtis, 1824

Key to species

1. Pronotal lateral angle not spiny, not posteriorly curved; male genital capsule with dorso-lateral lobe posteriorly prominent and pincers-shaped ··2
   Pronotal lateral angle considerably spiny, posteriorly curved; male genital capsule with dorso-lateral lobe not prominent posteriorly ··4
2. Pronotal lateral angle apically blackish ··································*Acanthosoma crassicauda*
   Pronotal lateral angle apically reddish ··································3
3. Male genital pincers stout, apically broader, not divergent ··················*Acanthosoma labiduroides*
   Male genital pincers slender, apically simple and divergent ··················*Acanthosoma forficula*
4. Ridge of mesosterna low, anteriorly somewhat spiny ··································5
   Ridge of mesosterna elevated obviously, anteriorly somewhat rounded ··································6
5. Abdomen dorsally blackish; pronotal lateral angle prominently curved forwards ··························
   ··································*Acanthosoma nigrodorsum*
   Abdomen dorsally not blackish; pronotal lateral angle not curved forwards ······· *Acanthosoma spinicolle*
6. Head dorsally without punctures ··································*Acanthosoma shensiensis*
   Head dorsally with coarse punctures ··································*Acanthosoma expansum*

Elasmostethus Fieber, 1860

Key to species

1. Pronotal lateral margin prominently obtuse ··································*Elasmostethus humeralis*
   Pronotal lateral margin weakly obtuse ··································2

2. Posterior margin of male genital capsule protrudent mesally, with a tuff of long hairs; scutellum elongate with apex considerably prolonged ·· *Elasmostethus kansuensis*

Posterior margin of male genital capsule convex with fine long hairs, but without any prominent protrusion; scutellum with length and width about equal in length, its apex without prominently prolongate ·· *Elasmostethus nubilus*

Elasmucha Stål, 1864

Key to species

1. Pronotal lateral angle short, not spinuous ··· 5
   Pronotal lateral angle long, sharp ··· 2
2. Scutellum with a clear black marking centrally ·· *Elasmucha ferrugata*
   Scutellum without a black marking centrally ··· 3
3. Pronotal lateral angle stout, apically rounded ··· 4
   Pronotal lateral angle slender, apically sharp ·································· *Elasmucha decorata*
4. Body covered with long, fine hairs; pronotal lateral angle reddish-brown apically ································
   ··· *Elasmucha angulare*
   Body covered without long, fine hairs; pronotal lateral angle blackish ················· *Elasmucha aspera*
5. Rostrum long, attaining to abdominal segment of 4 ···························· *Elasmucha broussonetiae*
   Rostrum short, not attaining to abdomen ··· 6
6. Pronotal lateral angle not prominent ·· 7
   Pronotal lateral angle prominent ·· 8
7. Pronotal anterior angle with a prominent, outward-pointing teeth ··················· *Elasmucha fieberi*
   Pronotal anterior angle without a prominent, outward-pointing teeth ·················· *Elasmucha grisea*
8. Antennal segments 2 and 3 equal in length ·· *Elasmucha dorsalis*
   Antennal segment 2 obviously longer than 3 ·································· *Elasmucha laeviventris*

Lindbergicoris (Leston, 1953)

Lindbergicoris hochii (Yang, 1933)

Sastragala Amyot et Serville, 1843

Sastragala esakii Hasegawa, 1959

Cydnidae

Key to genera

1. Body reddish, with large blackish markings ······································· *Parastrachia* Distant
   Body ground color never reddish ··· 2

2. Head anteriorly somewhat squared, marginally serrate; femora of mid- and hind legs clavate ················ *Stibaropus* Dallas

Head anteriorly rounded, marginally smooth, not serrate; femora of mid- and hind legs simple ··········· 3

3. Pronotum with line-arranged setae and trichobothria submarginally ······························· 4

Pronotum without line-arranged setae and trichobothria submarginally ······························· 6

4. Antennae 4 segmented ··· *Adrisa* Amyot et Serville

Antennae 5 segmented ·· 5

5. Pronotal posterior margin tuberculously expanded laterad and covering lateral angle ····················· *Macroscytus* Fieber

Pronotal posterior margin not tuberculously expanded laterad and not covering lateral angle ·············· *Fromundus* Distant

6. Lateral lobes of head prolonged ahead central lobe, not separated; tibiae unicolored ····················· *Canthophorus* Mulsant et Rey

Lateral lobes of head shorter than central lobe, if prolonged ahead the latter, separated each other; tibiae dorsally with whitish streaks ······································ *Adomerus* Mulsant et Rey

Adomerus Mulsant et Rey, 1866

Key to species

1. Lateral lobes prolonged ahead central lobe; corium centrally with a whitish streak, its length 3 times as broad ·· *Adomerus notatus*

Lateral lobes and central lobe of head equal in length; corium centrally with a whitish short streak, its length about 2 times as broad ·· 2

2. Antennal segment of 2 shorter than 2/3 of length of 3 ···························· *Adomerus triguttulus*

Antennal segment of 2 equal to , or slightly shorter than 3 in length ··················· *Adomerus rotundus*

Adrisa Amyot et Serville, 1843

Adrisa magna (Uhler, 1860)

Canthophorus Mulsant et Rey, 1866

Canthophorus niveimarginatus Scott, 1874

Fromundus Distant, 1901

Fromundus pygmaeus (Dallas, 1851)

Macroscytus Fieber, 1860

Macroscytus subaeneus (Dallas, 1851)

Schiodtella Signoret, 1882

Schiodtella formosanus (Takano et Yanagihara, 1939)

Dinidoridae

Key to genera

1. Antenna with 5 segments ···*Coridius* Illiger
    Antenna with 4 segments ···2
2. Lateral lobes of head and central lobe equally in length····························· *Cyclopelta* Amyot et Serville
    Lateral lobes of head prolonged, not separated ·······························*Megymenum* Guérin-Méneville

Coridius Illiger, 1807

Coridius chinensis (Dallas, 1851)

Cyclopelta Amyot et Serville, 1843

Key to species

1. Body length over 13 mm ···*Cyclopelta obscura*
    Body length less than 13 mm···*Cyclopelta parva*

Megymenum Guérin-Méneville, 1831

Megymenum gracilicorne Dallas, 1851

Parastrachiidae

Parastrachia Distant, 1883

Parastrachia japonensis (Scott, 1880)

Pentatomidae

Key to subfamilies

1. Labium very short, not extending posteriorly beyond posterior margin of fore coxae ·····**Phyllocephalinae**
    Labium more elongate, considerably exceeding fore coxae ···2
2. Basal labial segment thickened, not concealed between bucculae ·······································**Asopinae**
    Basal labial segment not noticeably thickened; concealed between bucculae···················**Pentatominae**

Asopinae

Key to genera

1. Femora of forelegs with a prominent spine before apex ································· 2

   Femora of forelegs without a prominent spine before apex ······················· 6

2. Head with lateral lobes prolonged, not separated ································· *Pinthaeus* Stål

   Head with lateral lobes not prolonged ··· 3

3. Foretibae strongly dilated ··· 5

   Foretibae not strongly dilated ··· 4

4. Abdomen armed with a short central basal spine ···················· *Eocanthecona* Bergroth

   Abdomen being practically unarmed at base ················· *Picromerus* Amyot et Serville

5. Scutellum gibbous and lobately tuberculous at base ············· *Cazira* Amyot et Serville

   Scutellum not tuberculous at base ····························· *Eocanthecona* Bergroth

6. Head with lateral lobe prolonged, not separated ···················· *Dinorhynchus* Jakovlev

   Head with lobes equally in length, or with lateral lobes prolonged but separated ············· 7

7. Body blue, shining ··································· *Zicrona* Amyot et Serville

   Body not blue ·· *Arma* Hahn

Arma Hahn, 1832

Arma chinensis Fallou, 1881

Cazira Amyot et Serville, 1843

Key to species

1. Abdomen not armed with a central basal spine ························· *Cazira inerma*

   Abdomen armed with a central basal spine ···························· 2

2. Abdomen armed with a sharp central basal spine ······················· *Cazira emeia*

   Abdomen armed with a blunt central basal spine ······················· *Cazira horvathi*

Dinorhynchus Jakovlev, 1876

Dinorhynchus dybowskyi Jakovlev, 1876

Eocanthecona Bergroth, 1915

Key to species

1. Fore tibae strongly dilated, with the expanding width larger than the origin width ··················

   ··· *Eocanthecona concinna*

Fore tibae dilated not strongly as above mentioned ·································· *Eocanthecona thomsoni*

Picromerus Amyot et Serville, 1843

Picromerus lewisi Scott, 1874

Pinthaeus Stål, 1867

Pinthaeus humeralis Horváth, 1911

Zicrona Amyot et Serville, 1843

Zicrona caerulae (Linnaeus, 1758)

Pentatominae

Key to genera

1. Scutellum tongue-shaped, large, covering most part of abdomen ································2
    Scutellum triangular, not covering abdomen more than half ·······························12
2. Pronotum with a considerable lateral spine ·····································3
    Pronotum without a prominent lateral spine ·································4
3. Scutellum with a large, yellowish, roundish marking on each basal angle ············ *Alcimocoris* Bergroth
    Scutellum without a roundish marking on each basal angle ···················· *Hoplistodera* Westwood
4. Scutellum centrally gibbous, tuberculous····························· *Brachycerocoris* Costa
    Scutellum simple ··5
5. Mesosternum with a broad central elevated ridge narrowed forwardly and terminating between the anterior coxae; metasternum elevated, slightly notched posteriorly to receive the short abdominal basal spine ··· *Eurysaspis* Signoret
    Mesosternumand metasternum not elevated prominently ·····························6
6. Lateral lobes of head equal to the central lobe, or slightly shorter than the lesser ·····················7
    Lateral lobes of head prolonged, longer than the central lobe ·····················9
7. Scutellum large, broad, almost covering the whole abdomen; corium exposed a little ·····················
    ··· *Sepontiella* Miyamoto
    Scutellum much slender; most of corium exposed ······························
8. Body brown, short, stout, often shining with copper-color···················· *Eysarcoris* Hahn
    Body much slender, dark brown, not shining at all···················· *Scotinophara* Stål
9. Lateral lobes not separated ·····································10
    Lateral lobes separated ···································· *Scotinophara* Stål
10. Propleuron with simple inner angle ·····························11
    Propleuron laminated, prolonged ···························· *Aelia* Fabricius

11. Pronotum with lateral margins laminated ···································· *Graphosoma* Laporte

　　　Pronotum with lateral margins rounded, broadly sinuated ···················· *Dybowskyia* Jakovlev

12. Body smooth, not pilous, especially without erected hairs ······························· 13

　　　Body pilous, with many erected hairs ·· 53

13. Abdomen with a prominent and somewhat spinous central basal protruding ·············· 14

　　　Abdomen with any spine or protuberance ·· 23

14. Mesosternum and metasternum prominently elevated, forming one ridge ················· 15

　　　Mesosternum and metasternum somewhat simple ··································· 16

15. Scutellum not occupying more than three-fourth of the abdomen; abdominal central basal protruding spinous ··· *Glaucias* Kirkaldy

　　　Scutellum occupying more than three-fourths of the abdomen; abdominal basal protruding truncatee ··· *Eurysaspis* Signoret

16. Abdominal basal spine reaching head ·· *Iphiarusa* Breddin

　　　Abdominal basal spine not surpassing fore coxae ··································· 17

17. Pronotal lateral angle rounded ·· 18

　　　Pronotal lateral angle spinous ··· 21

18. Abdominal basal central protruding much blunt, not surpassing hind coxea ······ *Nezara* Amyot et Serville

　　　Abdominal basal central protruding long, spinous, surpassing hind coxae ·············· 19

19. Scent-gland groove short; peritreme auricled ······························· *Rhaphigaster* Laporte

　　　Scent-gland much longer, surpassing the center of metapleuron ························ 20

20. Mesosternum equally elevated at anterior part than other parts ·············· *Menida* Motschulsky

　　　Mesosternum more prominently elevated at anterior part than other parts ·········· *Piezodorus* Fieber

21. Lateral lobes of head obviously longer than central lobe, not separated somewhat ········· *Lelia* Walker

　　　Lateral lobes of head slightly longer than central lobe, or equally in length ·············· 22

22. Abdominal central basal spine long, reaching to fore coxae; pronotal lateral margin smooth ··· *Lelia* Walker

　　　Abdominal central basal spine not as long as above mentioned, otherwise pronotal lateral margin serrated ·· *Pentatoma* Olivier

23. Pronotal lateral angles produced, more or less truncate apically ·········· *Placosternum* Amyot et Serville

　　　Pronotal lateral angles not as above mentioned ······································ 24

24. Llateral margin of head somewhat reflected subapically ······························ 25

　　　Lateral margin of head rounded subapically ·· 26

25. Center of abdomen grooved longitudinally ······························· *Erthesina* Spinola

　　　Center of abdomen not grooved longitudinally ······················· *Dalpada* Amyot et Serville (part)

26. Center of abdomen grooved longitudinally ·· 27

　　　Center of abdomen not grooved longitudinally ····································· 29

27. Fore tibae simple ······································· *Dalpada* Amyot et Serville (part)

　　　Fore tibae strongly dilated ·· 28

28. Pronotal lateral angle blunt, apically tuberculous ·················· *Dalpada* Amyot et Serville (part)

Pronotal lateral angle not tuberculous, somewhat spinuous, slightly prolonged beyond body margin
·· *Erthesina* Spinola

29. Anterior lateral margin of pronotum serrated, or waved·· 30

Anterior lateral margin of pronotum smooth ··· 33

30. Lateral lobes of head equal to the central lobe ·· 31

Lateral lobes of head prolonged, prominently surpassing the central lobe ························· 32

31. Pronotal lateral angle prolonged, somewhat truncate apically ····························· *Pentatoma* Olivier

Pronotal lateral angle simple, slightly extending beyond body margin ·············· *Cappaea* Ellenrieder

32. Lateral lobes of head prolonged, not separated ··································· *Brachymna* Stål

Lateral lobes of head separated, never closing up frontward ····················· *Homalogonia* Jakovlev

33. Head with lateral lobes surpassing the central lobe ··· 34

Head with lateral lobes not surpassing the central lobe·· 45

34. Head with lateral lobes separated ··· 35

Head with lateral lobes not separated each other ··· 42

35. Head prominently broad, lateral lobe more than 3 times width than the central lobe ·················· 36

Width of head about same long as or slightly shorter than length of head ······················· 39

36. Lateral margins of head laminated, slightly bending upward gradually ···························· 37

Lateral margins of head never bending upwards ······································· *Rubiconia* Dohrn

37. Midtibae and hindtibae with many spines in a line beneath··························· *Laprius* Stål

Midtibae and hindtibae without any spines beneath·· 38

38. Hind coxae separated obviously ·· *Exithemus* Distant

Hind coxae somewhat closing up ·· *Hippotiscus* Bergroth

39. Body greenish ·· *Palomena* Mulsant et Rey (part)

Body brown or dark brown ··· 40

40. Pronotum with the anterior lateral margins generally obtuse, never acute, terminated by a levigate edge
which is rarely crenulated·· *Carbula* Stål

Pronotal anterior lateral margins without any levigate edge ··· 41

41. Scent-gland groove with medium length; pronotal lateral angle more or less extending beyond body
margin ··· *Carpocoris* Kolenati

Scent-gland groove prominently short, auricled; pronotal lateral angle not extending beyond body margin
·· *Antheminia* Mulsant et Rey

42. Head with margins of lateral lobes prominently curving upwards ······················· *Paterculus* Distant

Head with margins of lateral lobes not curving upwards as above mentioned ···················· 43

43. Width of head greatly longer than length ······································· *Eurydema* Laporte

Width of head somewhat equal to, or slightly longer than length ···································· 44

44. Body greenish ·· *Palomeda* Mulsant et Rey (part)

Body not greenish·· *Aenaria* Stål

45. Scent-gland groove long, almost extending to posterior margin of midpleuron ·················· 46

Scent-gland groove absent, or very short, its length not 4 times more than width ·················· 50

46. Length of head about equal to pronotum; scent-gland groove straight, with basal half exposed ············
·· *Cappaea* Ellenrieder

Length of head often shorter than pronotum; scent-gland groove curved, not exposed, covered by anterior
margin of peritreme ··· 47

47. Pronotum with obviously narrow anterior lateral margins ··· 48

Pronotum without narrow anterior lateral margins ····································· *Plautia* Stål

48. Lateral lobe of head broad, its margin with a distinct obtuse angle at anterior subapex ···············
·· *Halyomorpha* Mayr

Lateral lobe of head narrow, its margin rounded at anterior subapex ························· 49

49. Pronotum with anterior margin elevated ···································· *Tolumnia* Stål

Pronotum with anterior margin simple ·· *Niphe* Stål

50. Pronotal lateral angle extending greatly beyond body margin ···················· *Carbula* Stål

Pronotal lateral angle extending slightly, or never beyond body margin ····················· 51

51. Body brightly greenish ····································· *Nezara* Amyot et Serville

Body with dark colors, not greenish ·· 52

52. Scent-gland grooves long; pronotal lateral angle slightly extending beyond body margin ·················
·· *Carpocoris* Kolenati

Scent-gland very short, auricled; pronotal lateral angle not extending beyond body margin ···············
·· *Antheminia* Mulsant et Rey (part)

53. Scutellum with small, yellowish, levigate, rounded marking at basal angle ·················· *Carbula* Stål

Scutellum without rounded marking at basal angle ···································· 54

54. Scent-gland groove with medium length ··························· *Dolycoris* Mulsant et Rey

Scent-gland groove short, auricled ································ *Antheminia* Mulsant et Rey (part)

Aelia Fabricius, 1803

Key to species

1. Rostrum extending to 3rd segment of abdomen ····································· *Aelia fieberi*

Rostrum extending to hind coxae ·· *Aelia acuminata*

Aenaria Stål, 1876

Key to species

1. Pronotal anterior lateral margin convex, with broad pale marking ···················· *Aenaria pinchii*

Pronotal anterior lateral margin straight or concave, with narrow pale marking ··············· *Aenaria lewisi*

Alcimocoris Bergroth, 1891

Alcimocoris japonensis (Scott, 1880)

Antheminia Mulsant et Rey, 1866

Key to species

1. Body with rare hairs ·· *Antheminia lunulata*
   Body with prominent hairs ··· *Antheminia varicornis*

Brachycerocoris Costa, 1863

Brachycerocoris camelus Costa, 1863

Brachymna Stål, 1861

Brachymna tenuis Stål, 1861

Cappaea Ellenrieder, 1862

Cappaea taprobanensis (Dallas, 1851)

Carbula Stål, 1864

Key to species

1. Pronotal collar with same color as body, never black ···················· *Carbula crassiventris*
   Pronotal collar black ·· 2
2. Levigate area of pronotal anterior lateral margin surpassing the median position where inwards bending occurring ··· *Carbula sinica*
   Levigate area of pronotal anterior lateral margin not surpassing the median position where inwards bending occurring ·· 3
3. Body length over 10 mm ··· *Carbula putoni*
   Body length less than 9 mm ·· *Carbula humerigera*

Carpocoris Kolenati, 1846

Key to species

1. Pronotal lateral angle extending beyond body margin somewhat long, apically somewhat spinous ········· ·· *Carpocoris purpureipennis*
   Pronotal lateral angle extending beyond body margin short, apically rounded ·································· ·· *Carpocoris seidenstueckeri*

Dalpada Amyot et Serville, 1843

Key to species

1. Body with dorsal color greenish ·······························*Dalpada smaragdina*

   Body with dorsal color not wholly greenish·························· *Dalpada cinctipes*

Dolycoris Mulsant et Rey, 1866

Key to species

1. Body broad; antennae with most of 1 st segment yellowish, segments 2-4 basally and apically yellowish, segment 5 basal half yellowish·······························*Dolycoris baccarum*

   Body narrow; antennae wholly black ·····························*Dolycoris indicus*

Dybowskyia Jakovlev, 1876

Dybowskyia reticulata (Dallas, 1851)

Erthesina Spinola, 1837

Erthesina fullo (Thunberg, 1783)

Eurydema Laporte, 1832

Key to species

1. Corium with simple color pattern with lateral margin whitish and with a transverse yellowish marking subapically ·······························*Eurydema gebleri*

   Corium with complex color pattern with many different triangle markings·····························2

2. Head black except marginal areas ·····························3

   Head with pale areas except marginal areas·····························4

3. Each segments of abdominal ventrally and centrally with 1-2 black markings, which separated each other ·······························*Eurydema dominulus*

   Abdomen with a large black marking ventrally·····························*Eurydema ornata*

4. Each segments of abdominal ventrally and centrally with 1 black, transverse marking ·····················

   ·······························*Eurydema pulchra*

   Each segments of abdominal ventrally and centrally with 2 black markings·············· *Eurydema festiva*

Eurysaspis Signoret, 1851

Eurysaspis flavescens Distant, 1911

Exithemus Distant, 1902

Exithemus assamensis Distant, 1902

Eysarcoris Hahn, 1834

Key to species

1. Scutellum without a large, basal, black, triangular marking ·································2

    Scutellum basally with a large, cyan-black or purpure-black, triangular marking ···························

    ··· *Eysarcoris fabricii*

2. Pronotal lateral angle not extending beyond body margin ···························· *Eysarcoris ventralis*

    Pronotal lateral angle obviously extending beyond body margin ·····································3

3. Scutellum apically with an obscure, anchor-shaped, whitish marking ················ *Eysarcoris rosaceus*

    Scutellum apically without an obscure, anchor-shaped, whitish marking·····························4

4. Abdomen ventrally with a central, black, narrow marking, its margin obscure, widely separated from

    spiracles ··· *Eysarcoris guttigerus*

    Abdomen ventrally with a central, black, broad marking, its margin distinct, narrowly separated from

    spiracles ··· *Eysarcoris annamita*

Glaucias Kirkaldy, 1908

Key to species

1. Pronotum cyan-greenish ·· *Glaucias dorsalis*

    Pronotum with anteriorly yellowish, centrally and posteriorly greenish ················· *Glaucias crassus*

Graphosoma Laporte, 1833

Graphosoma rubrolineatum (Westwood, 1837)

Halyomorpha Mayr, 1864

Halyomorpha halys (Stål, 1855)

Hippotiscus Bergroth, 1906

Hippotiscus dorsalis (Stål, 1870)

Homalogonia Jakovlev, 1876

Key to species

1. Body length less than 12 mm·· *Homalogonia pinicola*

Body length over 12 mm ··2

2. Antenna yellowish brown, or reddish brown, with apical halves of 4 th and 5 th segments blackish brown

·· *Homalogonia obtusa*

Antenna blackish brown, with basally 1/3 yellowish ································ *Homalogonia grisea*

Hoplistodera Westwood, 1837

Key to species

1. Body reddishly colorful; pronotum with short lateral angle; pronotal lateral angle basally with distinct large punctures, its anterior margin obtuse-angled ······················· *Hoplistodera pulchra*

Body usually in yellowish green; pronotum with long, slender lateral angle; pronotal lateral angle basally without distinct punctures, its anterior margin without a distinct obtuse angle ···· *Hoplistodera fergussoni*

Iphiarusa Breddin, 1904

***Iphiarusa compacta* (Distant, 1887)**

Laprius Stål, 1861

***Laprius varicornis* (Dallas, 1851)**

Lelia Walker, 1867

***Lelia decempunctata* (Motschulsky, 1860)**

Menida Motschulsky, 1861

Key to species

1. Body elevated dorsally; scutellum apically broad in tougue-shaped ······················· *Menida lata*

Body dorsally not elevated; scutellum simple ··2

2. Body dark, with pale markings; pronotum with basal half prominently paler than anterior half ············

·· *Menida violacea*

Body yellowish brown, or reddish brown, with blackish markings ···································3

3. Body light colored; antennae yellowish brown or reddish brown ······················· *Menida versicolor*

Body dark colored in general; antennae blackish, or sometimes black and yellow in interval each other···

·· *Menida disjecta*

Nezara Amyot et Serville, 1843

Key to species

1. Head with lateral lobes and central lobe equally in length; pronotal lateral angle extending beyond body

margin prominently ·· *Nezara antennata*

Head with central lobe slightly prolonged over lateral lobes; pronotal lateral angle enxtending beyond body margin obscurely ·· *Nezara viridula*

Niphe Stål, 1867

Niphe elongata (Dallas, 1851)

Okeanos Distant, 1911

Okeanos quelpartensis Distant, 1911

Palomena Mulsant et Rey, 1866

Key to species

1. Connexivum ventrally narrowly with blackish margin ·· *Palomena limbata*

   Connexivum ventrally same color as other parts of abdominal venter ··································· 2

2. Antennae with 2nd and 3rd segments equally in length ·· *Palomena tibetana*

   Antennae with 2nd and 3rd segments not equally in length ··· 3

3. Antennae with 2nd segment prominently longer than 3rd ······································ *Palomena viridissima*

   Antennae with 3rd segment prominently longer than 2nd ·· *Palomena chapana*

Paterculus Distant, 1902

Paterculus elatus (Yang, 1934)

Pentatoma Olivier, 1789

Pentatoma angulata Hsiao et Cheng, 1977

Key to species

1. Body yellowish brown ··· *Pentatoma semiannulata*

   Body blackish brown or purpure-brown ··· 2

2. Pronotal lateral angle extremely extending beyond body margin ······················· *Pentatoma angulata*

   Pronotal lateral angle short ·· *Pentatoma rufipes*

Piezodorus Fieber, 1860

Piezodorus hybneri (Gmelin, 1790)

Placosternum Amyot et Serville, 1843

Key to species

1. Scutellum even, centrally without any pits ··· *Placosternum taurus*

Scutellum centrally with prominent 2 pits in both sides ·································· *Placosternum urus*

Plautia Stål, 1865

Key to species

Antennae black or dark greenish black ·· *Plautia lushanica*

Antennae light yellowish green or yellowish brown ·· 2

Corium purpure-brown ·· *Plautia stali*

Corium with marginally half bright greenish, inner half dark reddish brown scattering with irregular markings owing to punctures ·· *Plautia crossota*

Rhaphigaster Laporte, 1833

Rhaphigaster genitalia Yang, 1934

Rubiconia Dohrn, 1860

Key to species

1. Buccula anteriorly right-angled; spiracles of abdomen surrounded by a yellowish or pale brownish ringed marking ·· *Rubiconia intermedia*

    Buccula anteriorly rounded; spiracles of abdomen surrounded by a black ringed marking ·················· ·· *Rubiconia peltata*

Scotinophara Stål, 1867

Key to species

1. Lateral lobes of head prolonged prominently as central lobe ························· *Scotinophara horvathi*

    Lateral lobes of head not surpassing central lobe ······································ *Scotinophara lurida*

Sepontiella Miyamoto, 1990

Sepontiella aenea (Distant, 1883)

Tolumnia Stål, 1867

Tolumnia latipes (Dallas, 1851)

Udonga Distant, 1921

Udonga spinidens Distant, 1921

Phyllocephalinae

Key to genera

1. Peritreme slender and curved; scutellum with a large, elongate, oval, shining, greenish-black spot at each basal angle ·· *Chalcopus* Kirkaldy

    Peritreme short and auriculate; scutellum without a spot as above mentioned ······························ 2
2. Pronotum with the anterior angles laminately produced anteriorly into broad apically acute processes ··· *Tetroda* Amyot et Serville

    Pronotum without such anterior angles mentioned as above ··· 3
3. Head about as long as pronotum, with the lateral lobes prolonged, widely separated, their apices acuminate; pronotum with lateral angles somewhat strongly and acuminately produced ·····················

    ··· *Diplorhinus* Amyot et Serville

    Head with lateral lobes acuminately produced, slightly sepatated at their apices ······················· 4
4. Pronotum with lateral angles not extending beyond the body ··················· *Megarrhamphus* Bergroth

    Pronotum with lateral angles extending beyond the body considerably ·································· 5
5. Lateral angles of pronotum short, with apices straight or anteriorly curving ·····························

    ··· *Gonopsis* Amyot et Serville

    Lateral angles of pronotum much slender, with apices posteriorly curving ··········· *Gonopsimorpha* Yang

Chalcopis Kirkaldy, 1909

Chalcopis glandulosa (Wolff, 1811)

Diplorhinus Amyot et Serville, 1843

Diplorhinus furcatus (Westwood, 1837)

Gonopsimorpha Yang, 1934

Gonopsimorpha ferruginea Yang, 1934

Gonopsis Amyot et Serville, 1843

Gonopsis affinis (Uhler, 1860)

Megarrhamphus Bergroth, 1891

Key to species

1. Head shorter than pronotum considerably ······································· *Megarrhamphus truncatus*

    Head equal to or slighterly longer than pronotum ···························· *Megarrhamphus hastatus*

Tetroda Amyot et Serville, 1843

Tetroda histeroides (Fabricius, 1798)

Plataspidae

Key to genera

1. Hind tibiae dorsally and wholly with a longitudinal groove ························ *Megacopta* Hsiao et Ren
   Hind tibiae dorsally and wholly without a longitudinal groove ······················· *Coptosoma* Laporte

Coptosoma Laporte, 1833

Key to species

1. Lateral lobes of head much longer than central lobe, surrounding the latter and apically overlapping especially in male ··2
   Lateral lobes of head shorter than central lobe, if longer, not surrounding the latter ······················3
2. Scutellum wholly blackish; pronotum blackish except lateral margins ··············· *Coptosoma nigrellum*
   Scutellum with 2 yellowish markings on lateral of basal hump; pronotum anteriorly with yellowish markings, sometimes on anterior margin ··· *Coptosoma bifarium*
3. Fore tibiae and mid tibiae dorsally with groove on 2/5-1/2 apical part·····································4
   Fore tibiae and mid tibiae dorsally without groove ···7
4. Pronotum anteriorly and centrally without yellowish markings ····················· *Coptosoma parvipictum*
   Pronotum anteriorly and centrally with some yellowish markings···5
5. Pronotal lateral margin anteriorly with 1 yellowish stripe; pronotum anteriorly and centrally with 2 yellowish markings ··6
   Pronotal lateral margin anteriorly with 2 yellowish stripe; pronotum anteriorly and centrally with 4 yellowish markings ·· *Coptosoma mundum*
6. Head wholly blackish; pronotum with 2 yellowish markings on anterior margin, but on anterior and central part without any yellowish marking ··*Coptosoma chekianum*
   Lateral lobes of head with yellowish markings; pronotum with 2 yellowish markings on anterior and central part ·· *Coptosoma davidi*
7. Head wholly blackish···8
   Head with yellowish markings ···9
8. Pronotum anteriorly without yellowish markings; each side of scutellum with a small, rounded marking on basal hump ··· *Coptosoma biguttulum*
   Pronotum anteriorly with 2 yellowish markings; each side of scutellum with a much larger, transversely elongate marking on basal hump··· *Coptosoma montanum*

9.　Pronotal lateral margin with 1 yellowish stripe anteriorly; otherwise scutellum with 2 yellowish, transversely oblong markings on basal hump ·· *Coptosoma notabile*

　　Pronotal lateral margin with 2 yellowish stripes anteriorly ·· 10

10.　Scutellum apically with a broad yellowish marking ······························· *Coptosoma pulchellum*

　　Scutellum apically with a slender yellowish marking··· 11

11.　Genital capsule of male smaller, its width not larger than head ···················*Coptosoma variegatuma*

　　Genital capsule of male larger, its width shorter than head width··················· *Coptosoma simillimum*

Megacopta Hsiao et Ren, 1977

Key to species

1.　Abdomen ventrally and laterally with broad transverse streaks, radiately arranged, forming pale-colored margin ·· 2

　　Abdomen ventrally and laterally without radiately arranged, broad, transverse streaks, but with some pale-colored markings marginally ··· *Megacopta fimbriata*

2.　Lateral lobes longer than central lobe of head, not separated, surrounding the latter ······················· 3

　　Lateral lobes not longer than central lobe of head, if longer, then separated, not surrounding the latter ··· 4

3.　Centrally present a blackish transverse slender stripe on each of pale-colored transverse streaks on both sides of abdomen ·· *Megacopta cribraria*

　　Centrally without a blackish transverse slender stripe on each of pale-colored transverse streaks on both sides of abdomen ·· *Megacopta horvathi*

4.　Scutellum with much broader marginal markings, meeting the yellowish markings on lateral of basal hump, posteriorly this marking quite large and not in shape of double-humps, and all pale-colored parts occupying 2/3 area of scutellum; abdomen with broad transverse streaks laterally, theirs width over 1/4 of width of sternum each ·· *Megacopta distanti*

　　Scutellum with slender marginal markings, not meeting the yellowish markings on lateral of basal hump, posteriorly this marking quite small and in shape of double-humps; abdomen with narrower transverse streaks laterally, their width less than 1/4 of width of sternum each ··················· *Megacopta bituminata*

Scutelleridae

Key to genera

1.　Antennal segment Ⅲ pronomently longer than 2 times of segment Ⅱ ··· 2

　　Antennal segment Ⅲ not longer than segment Ⅱ ·· 3

2.　Anastomosis of pronotum and scutellum deeply grooved························· *Chrysocoris* Hahn

　　Anastomosis of pronotum and scutellum without deeply grooved······················· *Poecilocoris* Dallas

3.　Pronotal lateral angle sharp ·· *Cantao* Amyot et Serville

Pronotal lateral angle rounded ···4

4. Pronotal anteriorly transversely indented prominently ·······························*Scutellera* Lamarck

Pronotal anteriorly without a prominent transverse indented area ·······························5

5. Body with bright metallic color ·· *Lamprocoris* Stål

Body without bright metallic color ···*Eurygaster* Laporte

Cantao Amyot et Serville, 1843

Cantao ocellatus (Thunberg, 1784)

Chrysocoris Hahn, 1834

Key to species

1. Body color yellowish or yellowish brown ·······································*Chrysocoris grandis*

Body color blue or purplish ··*Chrysocoris stollii*

Eurygaster Laporte, 1832

Key to species

1. Pronotal lateral margin convex slightly; body coler pale ·······················*Eurygaster integriceps*

Pronotal lateral margin straight; body color often dark ·····················*Eurygaster testudinarius*

Lamprocoris Stål, 1865

Lamprocoris roylii (Westwood, 1837)

Poecilocoris Dallas, 1848

Key to species

1. Scutellum with "Y"-shaped marking in the central base ·······················*Poecilocoris dissimilis*

Scutellum without "Y"-shaped marking in the central base ·····················*Poecilocoris lewisi*

Scutellera Lamarck, 1801

Scutellera perplexa (Westwood, 1873)

Tessaratomidae

Key to genera

1. Metasternum upheaved with same level as top of metacoxa ·······················*Eurostus* Dallas

Metasternum not upheaved, depressed between metacoxae ·······································2

2. Posterior margin of pronotum mesally distinctly expanded and covering basal part of scutellum
·· *Tessaratoma* Lepeletier et Serville
   Pronotum normal, its posterior margin not expanded backward ························· *Eusthenes* Laporte

Eurostus Dallas, 1851

Eurostus validus **Dallas, 1851**

Eusthenes Laporte, 1833

Eusthenes saevus **Stål, 1863**

Tessaratoma Lepeletier et Serville, 1825

Tessaratoma papillosa **(Drury, 1773)**

Urostylididae

Key to genera

1. Antennae 4 segmented ·· *Tessaromerus* Kirkaldy
   Antennae 5 segmented ··2
2. Ocelli absent or regressive·· *Urolabida* Westwood
   Ocelli normal ···3
3. Length of 1 st antennal segment shorter than whole length of head and pronotum; body stout, often dark brown ··*Urochela* Dallas
   Length of 1 st antennal segment longer than whole length of head and pronotum; body slender, often greenish·· *Urostyli*s Westwood

Tessaromerus Kirkaldy, 1908

Key to species

1. Later-posterior angle of mesopleuron without a black marking; posterior angle of each segment of connexivum acute; abdomen much broader than pronotum ························· *Tessaromerus tuberlosus*
   Later-posterior angle of mesopleuron with a black marking; posterior angle of each segment of conneximum not prominent; abdomen slightly broader than pronotum··············· *Tessaromerus licenti*

Urochela Dallas, 1850

Key to species

1. Corium with dark markings ···2

Corium without any dark markings·· *Urochela pallescens*

2. Corium centrally with a large, irregular, dark brown marking··································3

Corium with 2 clear or obscure, reddish brown or blackish brown, rounded markings ·····················4

3. Membrane at least attaining to tip of abdomen; male genital capsule with median process apically U-shaped, this fork distally curving upwards and forwards····························· *Urochela luteovaria*

Membrane short, never attaining to tip of abdomen; male genital capsule with median process apically Y-shaped, this fork distally not curved, posterior pointed ···························· *Urochela falloui*

4. Corium with 2 clear rounded markings; legs reddish, or reddish brown, or aubergine ·····················

··· *Urochela quadrinotata*

Corium with 2 obscure rounded markings; legs blackish or brown, ochreous ············ *Urochela distincta*

Urolabida Westwood, 1837

Urolabida marginata Hsiao et Ching, 1977

Urostylis Westwood, 1837

Key to species

1. Male genital capsule with median process apically covering long, close setae ·····························2

Male genital capsule with median process apically bare ···3

2. Abdominal spiracles surrounded with a black ring······································· *Urostylis westwoodii*

Abdominal spiracles surrounded without a black ring ································· *Urostylis yangi*

3. Male genital capsule with median process apically concave obviously; its lateral process apically rounded, not curved ··· *Urostylis striicornis*

Male genital capsule with median process apically truncate; its lateral process apically truncate, upwards curved in hook-shaped ··· *Urostylis annulicornis*

中文学名索引

A

哎土螨属　458
安缘螨属　401, 402
暗黑缘螨　418, 419, 420
暗绿巨螨　637, 640, 641
暗色姬螨　244, 253, 261, 262
暗乌毛盲螨　178, 180, 181
凹肩辉螨　509, 513
奥盲螨属　161, 194

B

白斑狭地长螨　364, 365
白边轮土螨　461
白边球胸长螨　352, 353
白纹原尺螨　34
斑背安缘螨　403
斑草盲螨　188, 192,
斑长螨属　351, 369
斑红螨属　377
斑脊长螨　13, 343, 344
斑莽螨　583, 584
斑须螨　1, 474, 520, 522, 523
斑须螨属　498, 520
斑缘猛猎螨　105, 109, 110
斑足乌毛盲螨　178, 179, 180
板同螨属　440, 454
棒棍螨属　427
棒角拟厚盲螨　184
北方辉螨　510, 512
北姬螨　253, 254

北曼螨　558, 559
贝脊网螨属　233, 235
背匙同螨　29, 449, 451
背跷螨属　303, 305
背条原水螨　33
辟缘螨属　401, 426
碧螨属　497, 572
璧螨　580, 582
璧螨属　495, 580
扁螨科　9, 27, 283~301
扁螨属　285, 286
扁盾螨　621, 628, 629
扁盾螨属　622, 628
扁角岗缘螨　413
鳖土螨属　457, 460
柄眼长螨属　331, 332
并螨　490, 491
并螨属　475, 489
波姬螨　253, 255
波原缘螨　7, 410
波赭缘螨　425
勃缘螨属　401, 406
薄螨　506, 507
薄螨属　496, 506

C

菜螨　1, 474, 527, 528, 532
菜螨属　497, 526
仓花螨属　271, 278
糙匙同螨　449, 450
草盲螨属　161, 188

叉带棉红蝽　381, 383

叉胸花蝽属　271

茶翅蝽　2, 474, 547, 548

茶翅蝽属　498, 547

茶褐盗猎蝽　28, 115, 117

长翅大鼋蝽　36

长蝽科　2, 9, 14, 22, 26, 285, 331, 372, 380

长点哎土蝽　458

长盾蝽　624, 635, 636

长盾蝽属　622, 635

长肩棘缘蝽　407, 409

长角岗缘蝽　413

长毛草盲蝽　188, 190, 191

长毛束盲蝽　222, 224

长毛吸血盲蝽　219, 220

长毛狭蝽　28, 439

长须梭长蝽　349, 350

长缘蝽属　392, 395

长植盲蝽　195, 196

朝鲜束盲蝽　222

匙同蝽　449, 452

匙同蝽属　440, 449

匙突娇异蝽　655, 657, 658

尺蝽科　5, 9, 27, 32, 34

齿匙同蝽　449, 452

齿肩跷蝽　307, 308, 309

齿爪盲蝽属　156, 157

赤猎蝽属　63, 70

赤条蝽　1, 14, 544, 545, 546

赤条纤盲蝽　200

赤须盲蝽属　161, 201

翅室长蝽科　27, 258, 328, 329

臭蝽次目　22, 23, 30, 61

臭蝽科　19, 62, 282

臭蝽属　282

蜍蝽　40

蜍蝽科　27, 30, 39, 40

蜍蝽属　12, 40

川鄂缢胸长蝽　355

川甘碧蝽　572

锤跷蝽属　303, 311

锤胁跷蝽　311, 312, 313

蝽次目　22, 23, 283

蝽科　3, 9, 22, 26, 473, 474

刺扁蝽　286, 292, 293

刺肩普缘蝽　426

刺胫长蝽属　351, 356

刺胫盲猎蝽属　131

刺胸长蝽　367, 368

刺胸长蝽属　351, 367

刺胸猎蝽属　132, 140

粗齿同蝽　441

粗仰蝽属　55, 56

D

达圆龟蝽　609, 612

大棒缘蝽　427

大鳌土蝽　7, 16, 460

大红蝽科　27, 284, 377

大洲负蝽　43, 44, 45

大鼋蝽属　35

大土猎蝽　79, 80

大蚊猎蝽属　73

大狭长蝽　317, 319

大眼长蝽　325, 326

大眼长蝽科　27, 285, 325,

大眼长蝽属　325

大仰蝽属　55, 57

大皱蝽　469

岱蝽属　496, 515

淡边盲异蝽　655

淡带荆猎蝽　28, 123~126

淡娇异蝽　2, 655, 657, 659

淡盲蝽属　162, 182

淡裙猎蝽　113

淡须苜蓿盲蝽　162, 170, 171

淡缘厚盲蝽 185
淡舟猎蝽 145
盗猎蝽属 114
稻赤曼蝽 559, 561
稻褐蝽 568
稻黑蝽 1, 474, 591
稻棘缘蝽 406, 408
稻绿蝽 1, 474, 543, 564, 565~567
稻缘蝽属 391~393
滴蝽 523
滴蝽属 494, 523
狄豆龟蝽 617, 620
地长蝽科 26, 285, 351
点蝽 593
点蝽属 498, 593
点盾盲蝽属 156
点蜂缘蝽 397, 398
点列长蝽属 351, 365
点伊缘蝽 433
东方草盲蝽 188, 193
东方细角花蝽 280~282
东亚奥盲蝽 194
东亚果蝽 513, 515
东亚毛肩长蝽 362
东亚小花蝽 275
东洋扁蝽 286, 291
兜蝽科 27, 285, 466
豆龟蝽属 609, 617
豆突眼长蝽 7, 373, 374
独环瑞猎蝽 90~92
短斑普猎蝽 133, 138~139
短贝脊网蝽 235
短翅迅足长蝽 28, 358
短点哎土蝽 458
短肩棘缘蝽 28, 407, 409
短壮异蝽 649, 650
盾蝽科 6, 11, 27, 284, 621
盾猎蝽属 67

盾普猎蝽 133, 137
钝肩普缘蝽 425
钝肩直同蝽 446, 448
多变光盲蝽 182
多变圆龟蝽 28, 610, 616
多毛实蝽 504~505
多氏田猎蝽 3, 7, 76~78

E

峨眉瘤蝽 479, 480
二星蝽 536, 537~539
二星蝽属 494, 536

F

泛刺同蝽 441, 445
泛希姬蝽 16, 244, 250
峰瘤蝽 479~481
蜂缘蝽属 392, 396
弗土蝽属 457, 461
福建赤猎蝽 70
福氏猎蝽 4, 127, 130
负板网蝽属 232, 233
负蝽科 2, 3, 9, 27, 39, 40
负蝽属 41
副锤缘蝽 396
副锤缘蝽属 392, 396

G

甘薯跃盲蝽 206
甘肃直同蝽 446~447
杆长蝽科 27, 285, 316
柑橘格蝽 508
岗缘蝽属 401, 413
高姬蝽属 245
高粱狭长蝽 317~319
高山圆龟蝽 610, 612
革土蝽属 457, 463
格蝽属 496, 498, 507

根土蝽　1, 464

根土蝽属　457, 464

沟背奇蝽属　30

钩樟冠网蝽　238, 240

构树匙同蝽　449, 450

谷蝽　601

谷蝽属　596, 600

谷子小长蝽　346, 348

固蝽科　27, 39, 58

瓜蝽属　466, 471

冠网蝽属　233, 238

光腹匙同蝽　449, 453

光华异蝽　646, 647

光姬蝽属　265, 268

光肩跷蝽　307, 308

光猎蝽属　67

光盲蝽属　161, 181

广蝽　556

广蝽属　497, 556

广大蚊猎蝽　73, 74

广二星蝽　536, 539~542, 590

广腹同缘蝽　29, 414

广舟猎蝽　145~146

龟蝽科　5, 11, 26, 284, 608

果蝽属　497, 498, 513

H

韩氏杂盲蝽　228, 229

浩蝽　570, 571

浩蝽属　495, 570

禾棘缘蝽　407

合垫盲蝽属　203, 209

和豆龟蝽　617, 620

河南杂盲蝽　228, 230

褐斑点列长蝽　366

褐蝽属　498, 568

褐刺胫长蝽　356, 357

褐负蝽　2, 7, 41

褐沟背奇蝽　31

褐角肩网蝽　243

褐菱猎蝽　10, 16, 85

褐奇缘蝽　10, 29, 411

褐伊缘蝽　28, 433, 434, 436

褐真蝽　5, 6, 19, 577, 579

褐锥绒猎蝽　149

黑背同蝽　441, 444

黑长缘蝽　395

黑蝽属　494, 590

黑唇苜蓿盲蝽　162, 168

黑盾猎蝽　67, 68

黑腹猎蝽　127~129

黑股隶猎蝽　16

黑光猎蝽　67

黑红赤猎蝽　70~72

黑脊扁蝽　295, 296

黑肩绿盔盲蝽　205

黑胫侏缘蝽　422, 423

黑厉蝽　485, 487

黑门娇异蝽　655, 660

黑蓬盲蝽　215, 216

黑食蚜齿爪盲蝽　158

黑头柄眼长蝽　332

黑头叉胸花蝽　271

黑头光姬蝽　269

黑须稻绿蝽　564

黑缘蝽属　400, 418, 419

黑脂猎蝽　111

黑足壮异蝽　649, 654

横带红长蝽　336~338

横纹菜蝽　527, 529, 531

横纹烁划蝽　16, 53

红背安缘蝽　403~405

红彩瑞猎蝽　90, 95~97

红长蝽　335, 336~338

红长蝽属　332, 335

红蝽科　2, 22, 27, 284, 377, 380

红蝽属　381, 384

红角辉蝽　509, 510

红猎蝽属　75, 83

红楔异盲蝽　28, 197, 198

红玉蝽　10, 554, 555

红缘猛猎蝽　105

红足真蝽　577

红足壮异蝽　649, 653, 654

后刺长蝽属　316, 321

后丽盲蝽属　161, 171

厚蝽　535

厚蝽属　497, 534

厚盲蝽属　161, 185

花蝽科　2, 3, 19, 27, 62, 270

花姬蝽属　265

花肢淡盲蝽　183

花壮异蝽　649~652

华粗仰蝽　13, 56

华姬蝽　244, 253, 259~261

华麦蝽　1, 7, 499~500

华斯猎蝽　4, 69

华螳瘤猎蝽　13, 121

华眼蚊猎蝽　73

华异蝽属　645, 646

华椎跷蝽属　303

划蝽科　3, 8, 21, 27, 39, 52

环斑娇异蝽　656

环斑猛猎蝽　105, 106, 108

环胫黑缘蝽　418~420

环勺猎蝽　82

环缘蝽属　429, 437

环足健猎蝽　64, 65

黄边迷缘蝽　432

黄翅花姬蝽　265, 267

黄蝽　533, 534

黄蝽属　494, 495, 533

黄肩青蝽　543

黄胫侏缘蝽　422

黄束盲蝽　222, 223

黄纹盗猎蝽　115

黄伊缘蝽　433, 435

黄缘瑞猎蝽　90, 98~101

黄足蔺长蝽　323

黄足直头猎蝽　28, 119

灰匙同蝽　449, 453

灰全蝽　550

辉蝽　510, 512

辉蝽属　497~499

喙蝽　483, 484

喙蝽属　475, 483

J

姬蝽科　2, 3, 11, 14, 15, 17, 26, 62, 244, 250, 252

姬蝽属　3, 245, 252

姬缘蝽科　27, 284, 428

姬缘蝽属　429

棘猎蝽　87

棘猎蝽属　75, 87

棘缘蝽属　1, 400, 401, 406

脊扁蝽属　286, 295

脊长蝽属　332, 343

尖头麦蝽　499, 450

肩勃缘蝽　406

肩跷蝽属　303, 307

肩异跷蝽　314, 316

剪蝽　598

剪蝽属　596, 598

剑蝽　555

剑蝽属　495, 555

健猎蝽属　63, 64

娇背跷蝽　305, 306

娇匙同蝽　449~451

娇异蝽属　646, 655

角带花姬蝽　265~267

角盾蝽　28, 622

角盾蝽属　622

角红长蝽　14, 28, 336, 339, 340

角肩高姬蝽　245, 247, 248

角肩网蝽属　233, 243

角肩真蝽　577

角菱背网蝽　232, 234

角胸蝽　606, 607

角胸蝽属　596, 606

金绿宽盾蝽　13, 14, 632~634

荆猎蝽属　123

颈带斑红蝽　377

九香蝽　467, 468

九香蝽属　466

菊网蝽属　233, 241

巨蝽属　637, 640

巨股长蝽属　316, 319

卷蝽　576

卷蝽属　497, 575

卷刺菊网蝽　241

卷毛裸菊网蝽　241, 242

蕨盲蝽属　152, 153

军配盲蝽属　156, 159

K

开环缘蝽　12, 437

颗缘蝽　28, 428

颗缘蝽属　427, 428

宽碧蝽　10, 572, 574, 575

宽蝽科　17, 27, 32, 38

宽大眼长蝽　325, 327

宽地长蝽　360

宽地长蝽属　352, 360

宽盾蝽属　622, 631

宽腹华异蝽　646~648

宽铗同蝽　441, 443

宽肩直同蝽　28, 446, 447

宽曼蝽　558, 560

宽缘伊蝽　501, 502

盔盲蝽属　203, 204

L

蓝蝽　491~493

蓝蝽属　475, 491

渤负蝽属　43

类变圆龟蝽　610, 615

类原姬蝽亚洲亚种　253, 263~265

梨冠网蝽　2, 10, 232, 238, 239

离斑棉红蝽　381, 382

厉蝽　7, 485, 486

厉蝽属　475, 485

丽盾蝽　621, 624, 625

丽盾蝽属　622, 624

栎脊扁蝽　295, 299

荔蝽　637, 642, 644, 645

荔蝽科　20, 27, 284, 285, 637

荔蝽属　637, 642

镰花蝽属　271, 273

亮盾蝽　630, 631

亮盾蝽属　622, 630

亮钳猎蝽　28, 66

亮束盲蝽　222, 225

亮壮异蝽　649, 650

亮足盲蝽属　213, 220

猎蝽科　2~5, 8, 9, 11, 15, 17, 19, 20, 22, 26, 62

猎蝽属　123, 127

裂腹长蝽属　328, 329

邻固蝽属　58

鳞毛吸血盲蝽　219

蔺长蝽属　323

羚蝽属　493, 503

菱背网蝽属　232, 234

菱猎蝽属　75, 85

瘤蝽属　475, 478

瘤二星蝽　536, 542

瘤突素猎蝽　84

瘤缘蝽　401

瘤缘蝽属　400, 401

柳网蝽属　232, 236

龙江斜唇盲蝽　226, 227

隆背蕨盲蝽　153

庐山华椎跷蝽　303~305

庐山珀蝽　585, 586

庐山润蝽　588

绿板同蝽　454

绿蝽属　495, 498, 542, 564

绿岱蝽　517, 518

绿后丽盲蝽　171, 173, 174

绿环缘蝽　437, 438

卵圆蝽　549

卵圆蝽属　497, 549

轮刺猎蝽　101~103

轮刺猎蝽属　75, 101

轮土蝽属　458, 460

M

麻皮蝽　2, 3, 524, 525

麻皮蝽属　496, 524

麦扁盾蝽　622, 628

麦蝽属　494, 499

满辟缘蝽　426

满负板网蝽　233

曼蝽属　495, 558

曼缘蝽属　400, 421

盲蝽科　2, 8, 9, 14, 19, 26, 62, 151, 152

盲异蝽属　645, 655

莽蝽　583

莽蝽属　495, 582

毛顶跳蝽　60, 61

毛肩长蝽属　351, 362

毛邻固蝽　59

锚纹二星蝽　536, 539

猛猎蝽属　75, 104, 109

孟达圆龟蝽　609, 613

迷缘蝽属　429, 432

米氏亮足盲蝽　221

侏缘蝽属　401, 422

棉红蝽属　381

黾蝽次目　11, 12, 22, 23, 30, 32

黾蝽科　17, 27, 32, 35

闽曼缘蝽　421

敏猎蝽　147, 148

敏猎蝽属　132, 147

牧草盲蝽　188, 189

苜蓿盲蝽　12, 162~164

苜蓿盲蝽属　1, 162

N

南普猎蝽　133, 136

拟二星蝽　536

拟方红长蝽　335, 340, 341

拟谷蝽　599, 600

拟谷蝽属　596, 599

拟红长蝽　335, 341, 342

拟厚盲蝽属　161, 183

O

欧盲蝽属　213, 216

P

蓬盲蝽属　213, 215

皮扁蝽　286, 287

平尾梭蝽　602, 604, 605

苹果杂盲蝽　228, 229

珀蝽　12, 585

珀蝽属　498, 585

扑氏军配盲蝽　159, 160

普猎蝽属　132, 133

普小仰蝽　55

普缘蝽属　401, 425

Q

奇蝽次目　9, 12, 22, 23, 30

奇蝽科　15, 19, 23, 27, 30

奇缘蝽属　401, 411

钳猎蝽属　63, 65

浅缢长蝽属　351, 370

跷蝽科　8, 22, 27, 284, 302

青蝽　543

青蝽属　495, 542

青革土蝽　28, 463

球胸长蝽属　351, 352

曲胫侎缘蝽　422, 423

曲缘红蝽　384, 387, 388

全蝽　550~552

全蝽属　496, 550

裙猎蝽属　75, 112

R

日本高姬蝽　245, 248, 249

日本军配盲蝽　159

日本羚蝽　503

日本无脉扁蝽　300, 301

日本朱蝽　474

日本壮蝎蝽　46

日浦仓花蝽　278, 279

日月盗猎蝽　115, 116

绒猎蝽属　149, 150

瑞猎蝽属　75, 89

润蝽属　495, 587

S

萨棘小划蝽　52

三点哎土蝽　458, 459

三点苜蓿盲蝽　162, 164~166

莎长蝽科　27, 285, 323

筛豆龟蝽　10, 608, 617, 618

山地浅缢长蝽　370, 371

山地狭盲蝽　199

山高姬蝽　245, 246

陕西同蝽　441, 444

勺猎蝽属　75, 82

伸展同蝽　441

实蝽属　497, 498, 504

束长蝽科　27, 284, 372

束长蝽属　375

束盲蝽属　212, 222

双斑蝽　596, 597

双斑蝽属　596

双刺胸猎蝽　140, 141

双峰豆龟蝽　617

双环普猎蝽　133~135

双列圆龟蝽　609, 610

双痣圆龟蝽　13, 14, 609, 610

水蝽科　9, 27, 32, 33

烁划蝽属　52, 53

硕蝽　637~639

硕蝽属　637

斯猎蝽属　63, 69

斯氏后丽盲蝽　171, 174, 175

斯氏珀蝽　585, 587

四斑红蝽　377~380

四纹普猎蝽　133, 136

松果长蝽属　351, 353

松全蝽　550, 552, 553

素猎蝽属　75, 84

素须脊扁蝽　295, 297, 298

粟缘蝽　430

粟缘蝽属　429, 430

碎斑大仰蝽　57, 58

梭长蝽科　27, 285, 349

梭长蝽属　349

梭蝽　602, 603, 606

梭蝽属　596, 602

T

台裂腹长蝽　330

螳瘤蝽属　121

螳蝎蝽属　47

田猎蝽属　75, 76

甜菜实蝽　504

条赤须盲蝽　201, 202

条蝽属　494, 544

条蜂缘蝽　13, 397, 399

跳蝽科　27, 60

跳蝽属　60

跳盲蝽属　17, 203, 207

同蝽科　11, 26, 284, 439, 440

同蝽属　440

同缘蝽属　400, 414

突蝽　595

突蝽属　498, 595

突额盲蝽属　203, 211

突肩点盾盲蝽　157

突眼长蝽属　373

土蝽科　17, 27, 284, 457

土猎蝽属　75, 78

驼蝽　505

驼蝽属　494, 505

W

瓦绒猎蝽　150, 151

瓦同缘蝽　16, 414, 417

弯刺黑蝽　591, 592

弯角蝽　557

弯角蝽属　495, 557

丸蝽属　494, 592

网蝽科　6, 9, 20, 22, 26, 61, 62, 231, 232

微刺盲蝽属　213, 213

微小花蝽　3, 275~277

微小跳盲蝽　207, 208

韦肿腮长蝽　334

温带臭虫　2, 3, 282, 283

文扁蝽　286, 288~290

纹唇盲蝽属　161, 177

纹须同缘蝽　414, 415

乌黑盗猎蝽　15, 115, 118

乌毛盲蝽　178

乌毛盲蝽属　162, 178

乌须苜蓿盲蝽　162, 167

污刺胸猎蝽　140, 142~144

无斑壮异蝽　649, 653

无刺瘤蝽　479, 482

X

西藏碧蝽　572, 573

吸血盲蝽属　212, 218

希姬蝽属　13, 245, 250

锡兰同缘蝽　414, 415

细蝽次目　22, 23, 30, 60

细铗同蝽　441, 442

细角瓜蝽　7, 471, 472

细角花蝽科　27, 62, 270, 279, 280

细角花蝽属　280

狭长蝽属　316

狭蝽科　27, 285, 439

狭蝽属　439

狭地长蝽属　352, 363

狭领纹唇盲蝽　177, 178

狭盲蝽属　161, 198, 199

先地红蝽　384~386

纤盲蝽属　162, 200

显角微刺盲蝽　213, 214

显著圆龟蝽　610, 614

镶边豆龟蝽　617, 620

萧氏蕨盲蝽　153

小板网蝽　232, 237

小板网蝽属　232, 237

小长蝽属　346

小翅姬蝽　253, 256, 257

小黑圆龟蝽　609, 613

小花蝽属　271, 275

小划蝽属　52

小宽蝽属　38

小宽龟蝽　38

小镰花蝽 273, 274

小欧盲蝽 217, 218

小浅缢长蝽 370, 371

小饰圆龟蝽 609, 614

小仰蝽属 54, 55

小皱蝽 469, 470

蝎蝽次目 9, 12, 22, 23, 30, 39

蝎蝽科 3, 9, 15, 27, 39, 45

斜唇盲蝽属 213, 226

斜纹宽盾蝽 632

新疆菜蝽 527, 532

迅足长蝽属 352, 358

Y

亚姬缘蝽 10, 429

亚蛛缘蝽 28, 392

烟草盲蝽 154, 155

烟盲蝽属 152, 154

眼斑厚盲蝽 185~187

艳红猎蝽 83

杨柳网蝽 236

仰蝽科 2, 3, 9, 27, 39, 54

一点同缘蝽 414, 416

一色螳蝎蝽 16, 48, 50, 51

伊蝽 501, 502, 569

伊蝽属 497, 501

伊缘蝽属 429, 432

伊锥同蝽 455, 456

异赤猎蝽 70

异蝽科 26, 284, 645

异稻缘蝽 28, 293, 294

异腹长蝽属 328

异盲蝽属 161, 197

异跷蝽属 302, 314

异须微刺盲蝽 28, 213, 214

益蝽 488, 489

益蝽属 475, 488

缢胸长蝽属 351, 355

印度斑须蝽 520, 523

榆后丽盲蝽 171, 176

玉蝽 554

玉蝽属 494, 554

原尺蝽属 34

原刺胫盲猎蝽 132

原姬蝽 253, 258

原水蝽属 33

圆龟蝽属 609

圆颊珠蝽 588, 590

圆肩跷蝽 307, 310

圆头豆龟蝽 617, 619

圆臀大黾蝽 16, 36, 37

缘蝽科 2, 3, 8, 14, 22, 26, 285, 400

缘蝽属 401, 410

缘腹碧蝽 572, 573

远东斜唇盲蝽 226, 227

月肩奇缘蝽 411, 412

跃盲蝽属 203, 206

云斑瑞猎蝽 90, 92~94

云南菜蝽 527, 532

Z

杂盲蝽属 212, 213, 228

杂毛合垫盲蝽 210

皂荚后丽盲蝽 171, 172

泽跳蝽 60

赭缘蝽属 401, 424

浙江圆龟蝽 609, 611

真蝽属 495, 496, 577

郑氏扁蝽 286, 294

胝突盲蝽属 203

脂猎蝽属 75, 111

直红蝽 389, 390

直红蝽属 381, 388

直同蝽属 440, 446

直头猎蝽属 114, 118

直头盲蝽 208

直头盲蝽属　203, 208

直缘脒突盲蝽　4, 203

植盲蝽属　161, 195

中国斑长蝽　369, 370

中国脊长蝽　343, 345

中国束长蝽　375, 376

中国松果长蝽　354, 355

中黑苜蓿盲蝽　162, 169

中黑土猎蝽　79, 81

中华大仰蝽　7, 57

中华岱蝽　517

中华巨股长蝽　320

中华螳蝎蝽　10, 48, 49

中华异腹长蝽　329

钟迁烁划蝽　53

肿腮长蝽属　332, 333

舟猎蝽属　132, 144

皱蝽属　466~468

朱蝽科　27, 284, 473

朱蝽属　473

侏弗土蝽　462

珠蝽　588, 589, 590

珠蝽属　497, 588

蛛缘蝽科　284, 285, 391

蛛缘蝽属　392

竹后刺长蝽　321, 322

蠋蝽　3, 476, 477

蠋蝽属　475

壮蝎蝽属　45

壮异蝽属　14, 646, 649

壮杂盲蝽　228, 230

锥绒猎蝽属　149

锥同蝽属　440, 455

子都圆龟蝽　610, 615

紫斑突额盲蝽　211, 212

紫翅果蝽　513, 514, 515

紫黑丸蝽　593

紫蓝丽盾蝽　624, 626, 627

紫蓝曼蝽　558, 562, 563

棕角匙同蝽　449

拉丁学名索引

A

abbreviatus, Metochus　28, 358, 359

Acanthaspis　28, 123~126

Acanthocoris　400, 401

Acanthosoma　400~445, 448, 450

Acanthosomatidae　284, 439

acuminata, Aelia　499, 500

acuta, Leptocorisa　393, 394

Adelphocoris　1, 12, 162~171

Adomerus　458, 459

Adrisa　7, 16, 457, 460

Aelia　1, 7, 494, 499, 500, 602, 606

Aenaria　497, 501, 502

aenea, Sepontiella　593

aenescens, Pherolepis　218, 219

Aethalotus　331~333

affinis, Dichelops　601

affinis, Galeatus　235

affinis, Gonopsis　601

affinis, Lestomerus　16

affinis, Plexippus　575

affinis, Tingis　235

Agriosphodrus　3, 7, 75~78

albllineata, Hydrometra　34

albomaculatus, Panaorus　364, 365

albomaculatus, Calyptonotus　364

albomaculatus, Rhyparochromus　364

albomarginatus, Caridops　352, 353

albomarginatus, Gyndes　352

albomarginatus, Therapha　429

albomarginatus, Corizus　429

albopustulatus, Yolinus　113, 114

Alcimocoris　493, 503

Alloeotomus　156, 157

alpestris, Stenodema (Stenodema)　199

altaicus, Rhynocoris　90~92

altaicus, Harpactor　90

Alydidae　284, 285, 391

Alydus　28, 392

ambigua, Stephanitis (Stephanitis)　238, 240

Amphiareus　271, 272

amurensis, Plagiognathus　226, 227

amurensis, Carbula　512

andreae, Ectrychotes　67, 68

angularis, Elasmucha　449

angulata, Pentatoma　577, 578

angulatus, Eteoneus　234

angusticollis, Charagochilus　177, 178

Anisops　55

annamita, Eysarcoris　536

annulicornis, Aradus　287

annulicornis, Urostylis　656

annulipes, Cosmolestes　82

annulipes, Neozirta　64

Anoplocnemis　401~405

antennata, Nezara　564, 565

antennata, Pachygrontha　349, 350

antennata, Peliosoma　349

Antheminia　497, 498, 504, 505

Anthocoridae　2, 62, 270, 279, 280

apicalis, Nabis (Milu)　253, 256, 257

Apolygus　161, 171~174

apterus, Cimex　384

apterus, Himacerus (*Himacerus*)   16, 250

apterus,Reduvius   250

Aquarius   16, 35~37

Aradidae   5, 283, 285

Aradus   285~294

arcuatus, Peirates   115~117

arcuatus, Spilodermus   116

Arma   3, 475~477

armatissimus, Polididus   87, 88

Armstrongocoris   73

Arocatus   28, 332~334

artemisiae, Capsua   217

artemisiae, Europiella   217, 218

aspera, Elasmucha   449, 450

assamensis, Exithemus   534, 535

ater, Neuroctenus   295, 296

atromaculatus, Cleptocoris   115

atromaculatus, Peirates   115

aureus, Pilophorus   222, 223

B

baccarum, Cimex   520

baccarum, Dolycoris   1, 474, 520, 522

baccarum, Pentatoma   520

baccarum, Carpocoris   520

bellula, Corisa   53

bellula, Callicorix   53

bellula, Sigara   53

Belostomatidae   2, 39, 40

beneficus, Euspudaeus   280

beneficus, Lyctocoris   280~282

Berytidae   284, 302

bicoloripes, Plinachtus   425

bidentata, Cimex   140

bidentata, Pygolampis   140, 141

bifarium, Coptosoma   609, 610

biguttulum, Coptosoma   609, 610

binotata, Anoplocnemis   403

biquadrangulifer, Bryocoris   153

biquadrangulifer, Cobalorrhynchus   153

bituminata, Coptosoma   617

bituminata, Megacopta   617

Blissidae   285, 316

Brachycerocoris   494, 505

Brachymna   496, 506, 507

Breddinella   401, 406

brevilineatus, Gorpis (*Oronabis*)   245, 246

brevilineatus, Nabis   245

brevirostris, Metatropis   307, 308

breviscutum, Oncocephalus   133~135

broussonetiae, Elasmucha   449, 450

Bryocoris   152, 153

buddlieae, Tingis   241

C

Clavigralla   427

caerulae, Zicrona   491, 492

camelus, Brachycerocoris   505

Campylomma   28, 213~215

Cantao   28, 622, 623

Canthophorus   458, 460, 461

Cappaea   486, 498, 507, 508

Carbula   497, 498, 509~513

Cardiastethus   271, 273, 274

carduelis, Pyrrhocoris   388, 389

carduelis, Pyrrhopeplus   389, 390

Caridops   351~353

Carpocoris   497, 498, 504, 513~516, 520

castaneus, Neuroctenus   295, 297, 298

Cazira   475, 478~482

Chalcopis   596, 597

chapana, Epagathus   572

chapana, Palomena   572

Charagochilus   161, 177, 178

Chauliops   7, 373, 374

Cheilocapsus   162, 178~181

chekianum, Coptosoma 609, 611

Chilocrates 161, 181, 182

chinensis, Arma 3, 476, 477

chinensis, Coridius 3, 467, 468

chinensis, Gastrodes 354, 355

chinensis, Heterogaster 329

chinensis, Notonecta 7, 57

chinensis, Ranatra 6, 10, 48, 49

chinensis, Scolopostethus 369, 370

Chinoneides 303~305

Chlamydatus 213, 215, 216, 226

Chrysocoris 621, 622, 624~627

Cimex 34, 35, 60, 67, 78, 79, 89, 95, 114, 127,
140, 162, 188, 195, 198, 203, 222, 241, 252,
258, 276, 282, 283, 286, 287, 325, 337, 381,
384, 392, 393, 395~398, 401, 402, 404, 406,
407, 409, 410, 413, 416, 423, 429, 432, 435,
437, 439, 440, 446, 449, 452, 453, 455, 458,
460, 466, 475, 485, 488, 489, 491, 499, 514,
520, 524, 526, 527, 532, 537, 542, 544, 547,
556, 561, 565, 572, 574, 577, 580, 582, 583,
585, 587, 590, 618, 622, 624, 626, 628, 631,
635, 642, 643

Cimicidae 2, 62, 282

Cimicomorpha 22, 30, 61, 270, 280

cincticollis, Physopelta 377

cincticrus, Acanthaspis 28, 123~126

cinctipes, Dalpada 517

cingalensis, Homoeocerus 414, 415

cingulatus, Dysdercus 381, 382

clavicornis, Eurystylopsis 184

Cletus 1, 10, 28, 400, 401, 406~409

Cnizocoris 13, 121, 122

coelestialium, Eurystylus 185~187,

coelestialium, Trigonotylus 201~203

cognatus, Polymerus 28, 197, 198

collaris, Plagiognathus 226, 227

coloripes, Creontiades 183

compacta, Iphiarusa 555

concinna, Eocanthecona 7, 485, 486

Coptosoma 13, 14, 28, 609~620

Coranus 75, 78~81

Coreidae 2, 285, 400

Coreus 7, 400, 401, 407, 410, 428, 430, 432,
435

Coridius 3, 466~468

Coriomeris 28, 427, 428

Corixidae 21, 39, 52

Corizus 10, 429, 433, 435, 436

corticalis, Aradus 286, 287

Cosmolestes 75, 82

costalis, Eurystylus 185, 186

crassicauda, Acanthosoma 441

crassiventris, Carbula 509, 510

crassus, Glaucias 543

Creontiades 162, 182, 183

cribraria, Megacopta 10, 608, 617, 618

crispata, Tingis 242

crossota, Plautia 12, 585

cruciger, Tropidothorax 13, 343, 344

cycloceps, Megacopta 617, 619

Cyclopelta 466, 468~470

Cydnidae 284, 457

Cydnocoris 75, 83

Cyllecoris 4, 203

Cymidae 285, 323

Cyrtorhinus 203, 204, 205

Cysteochila 232, 233

D

dallasi, Neolethaeus 362, 363

Dalpada 496, 515, 517, 518, 524

davidi, Coptosoma 609, 612

debilis, Uhlerites 243

decempunctata, Lelia 557

decorata, Elasmucha 451

decussatus, Dysdercus 381, 383

denticollis, Metatropis 307~309

Deraeocoris 10, 156~159

Derepteryx 10, 29, 401, 406, 411, 412, 426, 427

deyrolli, Lethocerus (Lethocerus) 6, 43, 44

Dicranocephalus 28, 439

dilatatus, Coranus 79, 80

dilatatus, Homoeocerus 29, 414

diluta, Staccia 145, 146

Dimorphopterus 316~319

Dinidoridae 285, 466

Dinorhynchus 475, 483, 484

Diplonychus 2, 7, 41, 42

Diplorhinus 596, 598, 599

discoidalis, Monosteira 237

disjecta, Menida 558, 559

dispar, Yemmatropis 314, 316

dissimilis, Paradieuches 366

dissimilis, Poecilocoris 632

dissimilis, Plinachtus 425

distanti, Megacopta 617, 620

distincta, Urochela 649, 650

diversicornis, Campylomma 28, 213, 214

dohertyi, Lygaeus 335, 336

dohrni, Agriosphodrus 3, 7, 76~78

Dolycoris 1, 474, 498, 520~523

dominulus, Eurydema 474, 527, 528, 532

dorsalis, Elasmucha 29, 449, 451

dorsalis, Glaucias 543

dorsalis, Hippotiscus 549

douglasi, Microvelia 38

dybowskyi, Dinorhynchus 483, 484

Dybowskyia 494, 523

Dysdercus 381~383

E

Ectmetopterus 206

Ectrychotes 63, 67, 68

eidmanni, Neozirta 64, 65

Elasmostethus 28, 440, 446~451

Elasmucha 4, 29, 440, 449~454

elatus, Paterculus 576

elongate, Niphe 568, 569

elongatus, Aquarius 36

emeia, Cazira 479~481

Enicocephalidae 23, 30

Enicocephalomorpha 9, 22, 30

Enithares 13, 55, 56

Eocanthecona 7, 475, 485~487

Epidaus 75, 84

equestris, Lygaeus 336~338

ericae, Nysius 346, 348

Erthesina 2, 496, 524, 525

esakii, Sastragala 455, 456

Eteoneus 232, 234

Europiella 213, 216~218

Eurostus 637~639

Eurydema 1, 474, 497, 526~532

Eurygaster 621, 622, 628, 629

Eurysaspis 494, 495, 533, 534

Eurystylopsis 161, 183, 184

Eurystylus 161, 183~187

Eusthenes 637, 638, 640, 641

exiguus, Cardiastethus 373, 274

Exithemus 497, 534, 535

expansum, Acanthosoma 441

Eysarcoris 494, 536~542

F

fabricii, Stollia 542

fallax, Chauliops 7, 373, 374

falleni, Thodelmus 147, 148

falloui, Urochela 649, 650

fasciaticollis, Adelphocoris 162, 164~166

fasciatus, Reduvius 127~129

femoralis, Dicranocephalus　28, 439

fergussoni, Hoplistodera　554

ferrugata, Elasmucha　449, 452

ferruginea, Gonopsimorpha　599, 600

ferus, Nabis (Nabis)　253, 258

fieberi, Aelia　7, 499, 500

fieberi, Elasmucha　449, 452

fimbriata, Megacopta　617, 620

flavescens, Eurysaspis　533, 534

flavipes, Ninomimus　323, 324

flavipes, Sirthenea　28, 119, 120

flavosparsus, Orthotylus (Melanotrichus)　210

foeda, Pygolampis　140, 142~144

fokinensis, Haematoloecha　70

forficula, Acanthosoma　441, 442

formosanus, Schiodtella　1, 464, 465

fortis, Psallus　228, 230

froeschneri, Reduvius　4, 127, 130

Fromundus　457, 461, 462

fuliginosa, Derepteryx　10, 29, 411, 427

fullo, Erthesina　2, 524, 525

fulvescens, Peirates　28, 115, 117

funestus, Orthocephalus　208, 209

furcatus, Diplorhinus　598, 599

fuscicornis, Adelphocoris　162, 167

fuscipes, Mictis　422, 423

fuscipes, Rhynocoris　90, 95, 96

G

Galeatus　233, 235

Gallobelgicus　131, 132

Gastrodes　351, 353~355

gebleri, Eurydema　527, 529, 531

geniculatum, Stigmatonotum　370, 371

genitalia, Rhaphigaster　588

Geocoridae　285, 325

Geocoris　325~327

Gerridae　17, 32, 35

Gerromorpha　11, 22, 30, 32

gibbosus, Eysarcoris　536, 542

glandulosa, Chalcopis　596, 597

Glaucias　495, 542, 543

gleditsiicola, Apolygus　171, 172

Gonocerus　401, 413

Gonopsimorpha　596, 599, 600

Gonopsis　596, 600, 601

Gorpis　245~249

gracilicorne, Megymenum　7, 471, 472

graminis, Cletus　407

grandis, Chrysocoris　12, 621, 624, 625

Graphosoma　1, 14, 15, 494, 544~546

grisea, Elasmucha　449, 453

grisea, Homalogonia　550

gularis, Sphedanolestes　105, 106

guttatus, Pseudoloxops　211, 212

guttigerus, Eysarcoris　536~538

Gyndes　351, 352, 355

H

Haematoloecha　63, 70~72

Halticus　17, 203, 206~208

Halyomorpha　2, 474, 498, 547, 548

halys, Halyomorpha　2, 474, 547, 548

hani, Psallus　228, 229

hanseni, Lygaeus　14, 28, 336, 339

harringtonae, Macropes　320

hasegawai, Rhamphocoris　269

hastatus, Megarrhamphus　602, 603, 606

henanensis, Psallus　228, 230

Heterogaster　328, 329

Heterogastridae　285, 328

hieroglyphicus, Aradus　286, 288~290

hilgendorffi, Prostemma　265, 266

Himacerus　13, 16, 244, 245, 250, 251

Hippotiscus　497, 549

histeroides, Tetroda　606, 607

hiurai, Xylocoris (Proxylocoirs) 278, 279

hochii, Lindbergicoris 454

Homalogonia 496, 550~553

Homoeocerus 12, 16, 29, 400, 414~417

Hoplistodera 10, 494, 554, 555

horrida, Scipinia 101~103

Horridipamera 351, 356, 357

horvathi, Cazira 479, 480, 481

horvathi, Megacopta 617, 620

horvathi, Scotinophara 591, 592

hsiaoi, Bryocoris 153

humeralis, Alloeotomus 157

humeralis, Breddinella 406

humeralis, Elasmostethus 28, 446, 447

humeralis, Gorpis (Gorpis) 245, 247, 248

humeralis, Pinthaeus 490, 491

humerigera, Carbula 510

hyalinus, Liorhyssus 430

hybneri, Piezodorus 580, 582

Hydrometridae 5, 7, 32, 34

Hydrometra 34, 36

Hygia 400, 418~420

I

impressicollis, Sphedanolestes 104~108

incertis, Rhynocoris 90, 92~94

inconspicua, Horridipamera 356, 357

indicus, Dolycoris 520, 521, 523

indistinguenda, Paraplea 59

inerma, Cazira 479, 482

integriceps, Eurygaster 622, 628

intermedia, Rubiconia 588, 589

Iphiarusa 495, 555, 556

irroratus, Naphiellus 360, 361

Isyndus 10, 16, 75, 85, 86

J

japonensis, Alcimocoris 503

japonensis, Laccotrephes 46

japonensis, Parastrachia 474

japonicus, Gorpis (Gorpis) 245, 248

japonicus, Pirkimerus 321, 322

japonicus, Stethoconus 159

junceus, Megalotomus 395

K

kansuensis, Elasmostethus 446, 447

kiborti, Prostemma 265, 267, 268

koreanus, Pilophorus 222

L

Labidocoris 28, 63, 65, 66

labiduroides, Acanthosoma 441, 443

Laccotrephes 45, 46

laeviventris, Elasmucha 449, 453

Lamprocoris 622, 630, 631

Laprius 497, 556

Largidae 284, 377

lata, Menida 558, 560

lateralis, Myrmus 432

laticollis, Staccia 145, 146

latipes, Tolumnia 593, 594

lativentris, Coranus 79, 81

lativentris, Hygia 418, 419

latus, Rhopalus 433

lectularius, Cimex 2, 282, 283

Lelia 495, 557,

Leptocorisa 391~394

Leptopodomorpha 30, 60

Lestomerus 16

Lethocerus 3, 6, 43, 44

lewisi, Aenaria 501, 502

lewisi, Picromerus 488, 489

lewisi, Poecilocoris 14, 633, 634

licenti, Tessaromerus 646, 647

lictor, Gonocerus 413

limbata, Haematoloecha　70

limbata, Palomena　572, 573

Lindbergicoris　440, 454

linearis, Riptortus　13, 397

lineolatus, Adelphocoris　12, 162~164

lineosus, Oncocephalus　133, 136

Liorhyssus　429, 430

lividipennis, Cyrtorhinus　204, 205

longicornis, Gonocerus　413

longipennis, Phytocoris　195, 196

longipilus, Pherolepis　219, 220

longirostris, Metatropis　307, 310

lucidus, Pilophorus　222, 225

lucorum, Apolygus　171, 173~175

lunata, Derepteryx　411, 412

lunulata, Antheminia　504

lurida, Scotinophara　1, 474, 591

lushanica, Plautia　585, 586

lushanicus, Chinoneides　303~305

luteovaria, Urochela　649~652

Lyctocoridae　62, 270, 279, 280

Lyctocoris　270, 280~282

Lygaeidae　2, 285, 331

Lygaeus　14, 28, 156, 177, 194, 208, 226, 228,
　　278, 332, 333, 335~346, 383, 422, 430, 432,
　　602

Lygus　161, 171, 173, 174, 176, 188~194, 209,
　　210

M

Macropes　316, 319, 320

Macroscytus　28, 457, 463

maculatus, Rhopalus　433, 435

maculipes, Cheilocapsus　178~180

magna, Adrisa　6, 16, 460

Malcidae　284, 372

Malcus　12, 372, 375, 376

mali, Psallus　228, 229

mandarina, Derepteryx　426

Manocoreus　400, 421

marginata, Urolabida　655

marginatus, Ochterus　40

marginellus, Rhynocoris　90, 98~101

Megacopta　10, 608, 609, 617~620

Megalotomus　392, 395

Megarrhamphus　596, 602, 604, 605

megaspina, Paraporta　367, 368

Megymenum　2, 7, 466, 471, 472

melanostoma, Arocatus　334

Menida　495, 558~563

Mesovelia　33

Mesoveliidae　32

Metacanthus　303, 305, 306, 311

Metasalis　232, 236

Metatropis　303, 307~310, 314

Metochus　28, 352, 358, 359

micantulus, Ectmetopterus　206

Micronecta　52

Microvelia　38

Mictis　401, 422, 423, 425

mimoferus, subsp., *Nabis (Nabis) punctatus*
　　253, 263~265

minutus, Halticus　207, 208

minutus, Orius　3, 275, 277

minutus, Stictopleurus　437

Miridae　2, 62, 151

miyamotoi, Phylus　221

Monosteira　232, 237

montandoni, Notonecta　57, 58

mundum, Coptosoma　609, 613

mustela, Opistoplatys　149

Myrmus　429, 432

N

Nabidae　2, 62, 244

Nabis　244, 245, 252~269

Naphiellus 352, 360, 361

nashi, Stephanitis (Stephanitis) 2, 10, 239

Neolethaeus 351, 362, 363

Neozirta 63~65

Nepidae 39, 45

Nepomorpha 9, 22, 30, 39

Nerthus 328~330

Nesidiocoris 152, 154, 155

Neuroctenus 286, 295~299

Nezara 1, 474, 495, 498, 542, 564~566

nigrellum, Coptosoma 609, 613

nigrescens, Cheilocapsus 178, 180, 181

nigritylus, Adelphocoris 162, 168

nigriventris, Aethalotus 332, 333

nigrodorsum, Acanthosoma 441, 444

nigrorufa, Haematoloecha 70~72

Ninomimus 323, 324

Niphe 498, 568, 569

nipponicus, Paraneurus 300, 301

niveimarginatus, Canthophorus 461

nodipes, Velinus 111, 112

notabile, Coptosoma 610, 614

notatus, Adomerus 458

Notonecta 7, 52, 53, 55~58

Notonectidae 2, 39, 54

nubilus, Elasmostethus 446, 448, 449

Nysius 346, 348

O

obscura, Cyclopelta 469

obscuriceps, Amphiareus 271, 272

obscurus, Isyndus 10, 16, 85, 86

obtusa, Homalogonia 550~552

ocellatus, Cantao 28, 622, 623

Ocelliemesina 73

Ochrochira 401, 411, 412, 424, 425

Ochteridae 39, 40

Ochterus 12, 40

ogasawarensis, Anisops 55

Okeanos 495, 570, 571

Oncocephalus 132, 133~139, 144, 145

Oncylocotis 30, 31

opaca, Hygia 418~420

Opistoplatys 149

oreophilus, Lygaeus 335, 340, 341

orientalis, Aradus 286, 291

orientis, Lygus 188, 193

Orius 3, 271, 275~277

ornata, Eurydema 527, 532

Orthocephalus 203, 208, 209

Orthops 161, 194, 195

Orthotylus 203, 209, 210

P

Pachygrontha 349, 350

Pachygronthidae 285, 349

pallescens, Urochela 649, 653

pallidipennis, Geocoris 325, 326

pallipes, Dimorphopterus 317, 319

Palomena 10, 497, 572~575

paludum, Aquarius 16, 35~37

palustris, Saldula 60

Panaorus 352, 363~365

papillosa, Tessaratoma 637, 642~644

Paradieuches 351, 365, 366

Paramarcius 392, 396

Paraplea 58, 59

Paraporta 351, 367, 368

Parastrachia 473, 474

Parastrachiidae 284, 473

parva, Cyclopelta 469, 470

parvipictum, Coptosoma 609, 614

Paterculus 497, 575, 576

patulus, Chilocrates 181, 182

pectoralis, Labidocoris 28, 66

pedestris, Riptortus 28, 397, 398

Peirates　15, 28, 114, 115~118

peltata, Rubiconia　588, 590

Pentatoma　5, 6, 19, 478, 492, 495, 496, 507,
　　508, 510, 520, 532, 540, 543, 547, 550, 551,
　　568, 577~579, 585, 593

Pentatomidae　284, 474

Pentatomomorpha　22, 30, 283

perplexa, Scutellera　635, 636

phasianus, Anoplocnemis　403~405

Pherolepis　212, 218~220

philippinus, Oncocephalus　133, 136

Phylus　213, 220, 221

Physopelta　377~380

Phytocoris　161, 170, 171, 182, 192, 195, 196,
　　210

Picromerus　475, 488, 489

Piezodorus　495, 580, 582

Pilophorus　212, 222~225

pilosella, Saldula　60, 61

pinchii, Aenaria　501, 502

pinicola, Homalogonia　550, 552

Pinthaeus　475, 489~491

Pirkimerus　316, 321, 322

Placosternum　495, 582~584

Plagiognathus　213, 216, 226, 227

Plataspidae　5, 284, 608

Plautia　12, 498, 585~587

Pleidae　39, 58

Plinachtus　401, 425

Poecilocoris　13, 14, 621, 622, 631~634

Polididus　75, 87, 88

Polymerus　28, 161, 197, 198

ponda, Cysteochila　233

populi, Metasalis　236

potanini, Coreus　4, 410

potanini, Nabis (Milu)　253, 255

potanini, Ochrochira　425

pratensis, Lygus　188, 189

Prionolomia　401, 426

Prostemma　265~268

Psallus　212, 213, 226, 228~230

Pseudoloxops　203, 211, 212

pugnator, Cletus　28, 407, 409

pulchellum, Coptosoma　610, 615

pulchellus, Metacanthus　305, 306

pulchra, Eurydema　527, 532

pulchra, Hoplistodera　10, 554, 555

pullus, Chlamydatus　215, 216

punctatus, Lygus　188, 192,

punctatus, Nabis (Nabis)　253, 263~265

puncticeps, Paramarcius　396

punctiger, Cletus　10, 28, 406, 408

punctulatus, Deraeocoris (Camptobrochis)　158,
　　159

purpureipennis, Carpocoris　513, 514

putoni, Carbula　510, 512

pygmaeus, Fromundus　462

Pygolampis　132, 140~144

pyri, Stethoconus　159, 160,

Pyrrhocoridae　2, 284, 380

Pyrrhocoris　381, 384~389

Pyrrhopeplus　381, 388~390

Q

quadriguttata, Physopelta　377, 378~380

quadrinotata, Urochela　649, 653, 654

quelpartensis, Okeanos　570, 571

quercicola, Neuroctenus　295, 299

R

Ranatra　6, 10, 16, 47~50

rectus, Cyllecoris　4, 203

Reduviidae　2, 5, 22, 62

Reduvius　4, 67, 78, 82, 89, 95, 98, 104, 111,
　　118, 123, 127~130, 133, 250, 265

reicheli, Adelphocoris　162, 170, 171

reticulate, Dybowskyia 523

reuteri, Nabis (*Milu*) 253, 254

Rhamphocoris 265, 268, 269

Rhaphigaster 495, 542, 559, 561, 587, 588

Rhopalidae 284, 428

Rhopalus 28, 429, 432~436

Rhynocoris 12, 75, 89~101

Rhyparochromidae 285, 351

Riptortus 13, 28, 392, 396~398

rosaceus, Eysarcoris 536, 539

rotundus, Adomerus 458

roylii, Lamprocoris 630, 631

Rubiconia 497, 588~590

rubra, Urochela 649, 654

rubrolineatum, Graphosoma 2, 14, 544, 546

rubrovittatus, Stenotus 200

rufipes, Pentatoma 577

rufipes, Stigmatonotum 370, 371

rugulipennis, Lygus 188, 190, 191

russatus, Cydnocoris 83

rusticus, Diplonychus 2, 7, 41, 42

S

saevus, Eusthenes 637, 640, 641

sahlbergii, Micronecta 52

Saldidae 60

Saldula 60, 61

sapporensis, Rhopalus 28, 433, 436

Sastragala 440, 452, 455, 456

sauteri, Orius 275, 276

scaber, Acanthocoris 401

scabricornis, Coriomeris 28, 428

Scadra 4, 63, 69~71

Schiodtella 1, 457, 464, 465

Scipinia 75, 101~103

Scolopostethus 351, 369, 370

Scotinophara 1, 474, 494, 590, 591

scutellaris, Oncocephalus 133, 137

Scutellera 544, 622, 635, 636

Scutelleridae 6, 284, 621

seidenstueckeri, Carpocoris 513, 515, 516

semiannulata, Pentatoma 5, 6, 19, 577, 579

Sepontiella 494, 592, 593

serina, Mictis 422

setulosus, Pilophorus 222, 224

shensiensis, Acanthosoma 441, 444

shirozui, Oncylocotis 31

sibiricus, Pyrrhocoris 384~386

Sigara 16, 52, 53

signatus, Yemma 311~313

simillimum, Coptosoma 610, 615

simillimus, Oncocephalus 133, 138, 139

sinensis, Cnizocoris 13, 121, 122

sinensis, Gyndes 355

sinensis, Tropidothorax 343, 345

singularis, Armstrongocoris 73

sinica, Carbula 509, 513

sinica, Enithares 13, 56

sinica, Ocelliemesina 73

sinica, Scadra 4, 69,

sinicus, Malcus 375, 376

sinoferus, Nabis (*Nabis*) 244, 253, 259, 260

sinuaticollis, Pyrrhocoris 384, 387, 388

Sirthenea 28, 114, 118~120

smaragdina, Dalpada 517, 518

Sphedanolestes 75, 92, 98, 104~110

spinicolle, Acanthosoma 441, 445

spinicollis, Aradus 286, 292, 293

spinidens, Udonga 595

spinolae, Apolygus 171, 174, 175

spinolae, Dimorphopterus 317, 318

Staccia 132, 144~146

stali, Plautia 585, 587

Stenodema 285, 439

stenoferus, Nabis (*Nabis*) 244, 253, 261

Stenotus 162, 200

Stephanitis　2, 10, 233, 238~240

Stethoconus　156, 159, 160

Stictopleurus　12, 429, 437, 438

Stigmatonotum　351, 370, 371

stollii, Chrysocoris　624, 626, 627

striicornis, Homoeocerus　414, 415

striicornis, Urostylis　655, 657, 658

subaeneus, Macroscytus　28, 463

substriata, Sigara　16, 53

subtilis, Sphedanolestes　105, 109, 110

subviridis, Stictopleurus　437, 438

suturalis, Adelphocoris　162, 169

T

taivanicus, Nerthus　330

taprobanensis, Cappaea　508

tenebrosa, Mictis　422, 423

tenuis, Brachymna　506, 507

tenuis, Nesidiocoris　154, 155

Tessaratoma　468, 469, 637, 640, 642~644

Tessaratomidae　284, 285, 637

Tessaromerus　645~648

testudinarius, Eurygaster　621, 628, 629

tetraspilus, Corizus　10, 429

Tetroda　596, 606~608

thibetanus, Cheilocapsus　178

Thodelmus　132, 147, 148

thomsoni, Eocanthecona　485, 487

tibetana, Palomena　572, 573

Tingidae　6, 22, 61, 62, 231

Tingis　12, 233, 235, 236, 238, 241, 242

tipulina, Myiophanes　73, 74

Tolumnia　498, 593, 594

Tribelocephala　149~151

Trigonotylus　161, 201~203

trigonus, Cletus　407~409

triguttulus, Adomerus　458, 459

Tropidothorax　13, 332, 343~345

truncatus, Megarrhamphus　602, 604, 605

tuberlosus, Tessaromerus　646~648

tuberosus, Clavigralla　427

tuberosus, Epidaus　84

turpis, Peirates　15, 115, 118

typicus, Gallobelgicus　131, 132

U

Udonga　498, 595

udonis, Orthops (Orthops)　194, 195

Uhlerites　233, 243

ulmi, Apolygus　171, 176

unicolor, Ranatra　16, 48, 50

unipunctatus, Homoeocerus　414, 416

Urochela　2, 14, 646, 649~654

Urolabida　645, 655

Urostylididae　284, 645

Urostylis　2, 646, 653, 655~661

urus, Placosternum　583, 584

V

validus, Eurostus　637~639

varicornis, Antheminia　504, 505

varicornis, Laprius　556

variegatum, Coptosoma　28, 610, 616

varius, Geocoris　325, 327

Veliidae　17, 32, 38

Velinus　75, 111, 112

ventralis, Eysarcoris　536, 540, 541

verbasci, Campylomma　213, 214

versicolor, Menida　559, 561

vicarius, Lygaeus　335, 341, 342

violacea, Menida　558, 562, 563

viridissima, Palomena　10, 572, 574, 575

viridula, Nezara　1, 474, 564~566

vittigera, Mesovelia　33

vulgaris, Manocoreus　421

W

walkeri, Tribelocephala 150, 151

walkerianus, Homoeocerus 16, 414, 417

westwoodii, Urostylis 655, 660, 661

X

Xylocoris 3, 271, 278, 279

Y

yangi, Urosytlis 2, 655, 657, 659

Yemma 303, 311~313

Yemmatropis 302, 314, 316

Yolinus 75, 112~114

Z

zhengi, Aradus 286, 294

zichyi, Alydus 28, 392

Zicrona 475, 491, 492

寄主中名索引

A

矮蒿　349, 405
艾蒿　522, 610

B

八角　626
菝葜　424
白菜　190, 202, 261, 314, 431, 522, 567, 581
白桦　446, 447
白兰　616
白栎　424, 616, 640
白茅　522, 604
白楸　378
百蕊草　461
稗　48, 51, 348, 360, 409, 434, 541, 562
稗属　562
薄荷　208
蓖麻　167, 278
萹蓄　348
扁担杆　638
扁豆　166, 278, 470, 471, 539, 581, 611, 619
滨藜　198, 211
冰草　202
菠菜　190, 198, 211, 278

C

菜豆　166, 208, 278, 375, 398, 399, 470, 539,
　　548, 560, 581, 586, 608, 614, 619
蚕豆　278, 398, 399, 402, 421, 422, 434, 436,
　　521, 560
苍耳　198

苍术　198
草莓　216
草木犀　166, 198
侧柏　635
茶　232, 391, 395, 424, 586, 621, 627
檫树　232, 237, 305
潺槁木姜子　423
车轴草属　216
赤胫散　615
赤松　403
臭椿　526, 539, 626
垂柳　232, 237, 345, 349
刺果茶藨子　558, 579
刺槐　308, 345, 415, 422, 428, 470, 471, 526,
　　551, 560, 611, 613, 616, 619, 620, 621
刺苋　348, 409
葱　522, 545

D

大豆　166, 208, 228, 278, 314, 351, 360, 373,
　　375, 395, 398, 399, 405, 415, 416, 434, 467,
　　470, 471, 478, 512, 521, 539, 541, 548, 551,
　　558, 560, 564, 567, 581, 586, 587, 608, 611,
　　614, 615, 619
大黄属　343
大麻　167, 228, 431
大麦　202, 539
大青　519, 590
倒吊笔属　423
稻　1, 2, 47, 119, 190, 205, 273, 278, 319, 348,
　　391, 395, 398, 399, 400, 407, 409, 411, 415,
　　416, 436, 467, 493, 501, 503, 507, 512, 521,

539, 541, 543, 562, 564, 567, 570, 581, 586, 590, 592, 595, 598, 599, 602, 604, 606, 608, 612, 630

荻 319, 606

棣棠花属 240

滇苦菜 522

冬瓜 467

冬葵 386

豆科 164, 170, 391, 398, 399, 400, 407, 415, 416, 608, 611, 612

豆类 170, 190, 360, 412, 414, 415, 416, 422, 426, 428, 438, 463, 464, 473, 567, 590, 612

杜鹃 624

短柄枹栎 244

多花木姜子 423

F

番茄 167, 278, 306, 402, 567

番石榴 624, 626

番薯 398, 614

枫香 411

枫杨 526, 586

蜂斗菜 411

G

甘蓝 522, 526, 567

甘薯 208, 402, 539, 541

甘蔗 381, 395, 398, 562, 567, 592, 595, 599, 602, 604, 606

柑橘 381, 395, 398, 416, 446, 467, 509, 519, 522, 526, 562, 567, 586, 587, 592, 595, 598, 621, 626, 645

橄榄 645

高粱 167, 170, 202, 261, 278, 317, 318, 319, 348, 395, 398, 416, 431, 434, 436, 466, 522, 539, 541, 542, 560, 567, 570, 581, 604

葛藤 375, 471, 599, 614, 619

狗尾草 348, 351, 398, 434, 436, 521, 541, 590

枸杞 548

构树 450, 519, 526, 624

谷子 202, 431, 466

桧柏 443, 446

国槐 424

H

海棠 526, 548, 579

旱冬瓜 403, 633

旱苗蓼 349

旱烟 156

蒿属 169, 218, 236

合欢 405, 416, 418, 526, 612

荷包豆 471, 581

核桃 618

黑桦 446

黑麦 202

红花 198

红麻 431

胡椒 640

胡萝卜 167, 195, 198, 515, 522, 545

胡桃楸 558

胡杨 238

胡枝子 207, 415, 416, 512, 551, 611, 620

葫芦属 306

槲树 244

花椒 345, 421, 616

花生 208, 395, 405, 424, 434, 436, 463, 464, 539, 541, 567

华山松 446, 633

桦 453, 579, 580

黄豆 278, 470

黄瓜 261, 278, 473

黄花菜 522

黄荆 421, 619

黄麻 170, 399, 539, 574

黄檀 345, 405, 418

茴香 177

火棘　564

J

芨芨草　202

鸡冠花　348

鸡血藤　405, 560

鸡爪槭　446

稷　319, 398, 431, 581

加拿大蓬　345, 348

假稻　522

碱菀　430

豇豆　261, 398, 399, 405, 406, 467, 470, 471,
　　621

茭白　608

金茅　606

荆条　362, 482, 635

九节木属　627

桔梗　521, 539

菊花　436, 610

卷耳　349

K

咖啡属　470

可可属　306

苦瓜　473

苦楝　551, 626

苦荬菜　228

苦槠　424, 640

昆明鸡血藤　398, 512, 616, 619

L

辣椒　278, 402, 419

赖草　202, 319

狼杷草　177

老鹳草　434, 436, 522, 539, 541, 590

梨　2, 190, 232, 522, 526, 547, 548, 560, 564,
　　579, 580, 586, 587, 624, 626, 633, 640, 645,
　　651, 652

梨属　230, 240

藜　167, 169, 198, 211, 263

李属　240

枥　457

荔枝　637, 643, 645

栎　395, 410, 457, 482, 543, 545, 482, 543, 545,
　　551, 619, 633, 635, 642

栎属　619

栗　2, 273, 424, 526, 560, 621, 626, 640, 660

莲子草　348, 409, 436

链荚豆　611

蓼属　177

柳　166, 167, 273, 424, 446, 526, 579

柳属　166, 232, 237

柳叶菜　590

龙蒿　243

龙眼　526, 637, 643, 645

龙爪柳　237

芦苇　167, 202, 319, 467, 598

萝卜　190, 261, 314, 431, 436, 515, 521, 545

萝藦　345

椤木石楠　618

绿豆　375, 398, 399, 405, 416, 521, 581, 608,
　　619

绿苋　409

葎草　228

M

麻栎　244, 416, 424, 606, 660

马兰　349, 541

马铃薯　166, 190, 198, 228, 278, 400, 402, 410,
　　515, 567, 592

马唐　169, 463, 570

马尾松　354, 551, 554, 586, 618

麦　1, 158, 167, 190, 200, 201, 202, 244, 261,
　　263, 335, 341, 395, 398, 399, 409, 430, 434,
　　436, 457, 463, 464, 466, 478, 500, 501, 515,
　　521, 539, 541, 542, 562, 567, 581, 590, 592,

596, 608, 621, 628, 630

曼陀罗属 306

芒稗 521, 570

芒柄花属 306

杧果 613

毛白杨 232, 237, 526

毛蕨 378

毛蔓豆 398, 434

毛藤 606

毛竹 323, 590

茅栗 640, 660

茅莓 522

莓叶萎陵菜 412

梅 522, 526, 645

美丽胡枝子 360, 539, 614, 619

蒙古栎 657

棉 1, 26, 119, 164, 166, 167, 169, 170, 183, 190, 198, 201, 214~216, 228, 244, 261, 263, 278, 319, 326, 381, 383, 395, 398, 399, 436, 478, 521, 539, 541, 567

闽粤石楠 423

木豆属 306

木芙蓉 383

木瓜属 240

木荷 627

木姜子 633

木槿 215, 283

木槿属 306

木蓝 621

木麻黄 395

木棉 383

苜蓿 164, 166, 183, 190, 198, 201, 202, 208, 214, 216, 228, 261, 263, 430, 459, 461, 521

N

南瓜 278, 421, 426, 467, 471, 473

南蛇藤 426

牛蒡 522

牛筋草 169

牛皮消 345, 541

糯米条 414, 418

女贞 587

P

泡桐 156, 232, 235, 314, 521, 526, 539, 560, 586, 587, 590, 596, 630, 640

披碱草 202, 521

枇杷 626

苹果 2, 190, 232, 273, 314, 515, 522, 526, 548, 551, 567, 590

苹果属 240

婆婆纳 348

葡萄 558, 635

蒲公英 430

Q

漆树 551

荠菜 348, 434, 436

槭 558

千金藤 345, 616

荞麦 167

茄 278, 402, 434, 467, 539, 612

茄属 306

窃衣 335, 545

青冈 585

青稞 200

青麻 431

青葙 335, 348

苘麻 228, 383, 431

秋英 635

楸 519, 556

雀稗 608

雀麦 319

箬叶 391

S

三球悬铃木　459, 526

三叶草　198

桑　395, 418, 467, 526, 539, 547, 562, 612, 619

缫丝花　635

沙果　526

沙柳　232, 238

沙枣　515

山槐　616

山柳菊属　216

山莓　421, 522

山檀　548

山杨　446

山楂　522, 526, 579

山楂属　240

杉　586

商陆　402

薯属　216

石斑木　556

石榴　522, 526, 635

柿　424, 526, 586

蜀葵　383

鼠麹草　348

栓皮栎　660

水稗　318

水冬瓜　627

水蓼　349

水芹菜　590

丝瓜　398, 399, 467

丝茅　570

松　354, 414, 418, 436, 635

松属参见松

苏丹草　202

粟　319, 348, 395, 434, 436, 541, 567, 592, 602, 604

酸模　158, 555, 593

酸模属　343

算盘子　424, 616

算盘子属　627

T

檀香　615

糖槭　558

桃　2, 190, 212, 314, 395, 522, 526, 548, 567, 586, 587, 645, 651, 652

甜菜　198, 202, 211, 522, 548, 567

甜麻　391

贴梗海棠　616

土荆芥　409

W

豌豆　166, 278, 398, 521

乌桕　640, 650

乌蔹莓　348, 421

无花果　539

无芒雀麦　202, 522

梧桐　548, 640

五节芒　602, 606

X

西番莲属　306

西瓜　278, 471

西南杭梢　412

夏枯草　198

苋菜　198, 348

香蕉　645

香茅　595

香叶树　241

向日葵　167, 202, 228, 431

橡胶草　431

小飞蓬　348

小槐花　391, 471, 590

小麦属　230

小竹　539

新疆杨　232, 238

杏　190, 526, 548, 579

绣线菊　587

悬钩子　412

悬钩子属　412

旋花　402

血桐　624

Y

鸦葱　430

鸭咀草　349

鸭跖草　635

亚麻　198, 521, 562

烟草　156, 359, 431, 522, 567

烟草属　306

岩高兰属　216

盐肤木　405, 411, 586

燕麦　202, 264, 521

羊草　202, 521

羊蹄　635

杨　166, 167, 232, 424, 426, 558

杨梅　522

洋葱　278, 545

洋麻　167

腰果　613

野稻　521

野葛　620

野葵　348

野棉花　383

野蔷薇　402

野黍　351

野苋　169, 348

野燕麦　399, 434, 436, 521

叶蓼　555

一年蓬　348

益母草　459

樱桃　526

油菜　190, 261, 345, 351, 395, 434, 436, 521, 531, 567

油茶　416, 424, 519, 621, 624, 626, 633, 636

油松　482, 551

油桐　519, 562, 521, 624, 626, 640

榆　167, 446~448, 452, 526, 545, 547, 548, 558, 564, 579, 654

榆属　235

玉米　119, 167, 170, 201, 202, 261, 273, 278, 319, 348, 395, 398, 415, 416, 466, 467, 478, 522, 539, 541, 551, 560, 562, 564, 567, 570, 574, 581, 586, 592, 595, 604, 606

芫花　522

云南鸡血藤　618

云南松　446, 618, 633, 636

云南油杉　443

云实　621

Z

枣　177, 186, 212, 395, 415, 526, 590

皂荚　173

柞　452, 457

樟　232, 418, 526

长叶冻绿　335, 345, 560

榛　654

芝麻　156, 167, 198, 214, 215, 278, 314, 348, 395, 521, 539, 541, 567, 586, 650

猪毛菜　198

猪殃殃　349

竹　322, 323, 396, 400, 421, 467, 503, 507, 536, 550

苎麻　351, 586

梓　587

紫荆　416, 470

紫苏　539

紫穗槐　403, 405, 424, 471, 615

紫薇　414, 519

紫云英　567

钻天杨　232, 238

醉鱼草属　242

寄主学名索引

A

Abelia chinensis   414

Abutilon theophrasti   228, 431

Acer negundo   558

Acer palmatum   446

Acer truncatum   558

Achillea   216

Achnatherum splendens   202

Agropyron cristatum   202

Ailanthus altissima   526

Albizia julibrissin   405

Albizia kalkora   616

Allium cepa   278

Allium fistulosum   522

Alnus nepalensis   403

Alternanthera sessilis   348

Althaea rosea   383

Alysicarpus vaginalis   611

Amaranthus lividus   169

Amaranthus spinosus   348

Amaranthus tricolor   198

Amaranthus viridis   409

Amorpha fruticosa   403

Amygdalus persica   2

Anacardium occidentale   613

Anemone vitifolia   383

Anisodus acutangulus   156

Apocynum venetum   431

Arabis gemmifera   590

Arachis hypogaea   208

Arctium lappa   522

Argyreia seguinii   375

Armeniaca mume   522

Armeniaca vulgaris   190

Artemisia   169, 522, 610

Artemisia alsinthum   218

Artemisia dracunculus   243

Artemisia lancea   405

Artemisia vulgaris   218

Aspidistra elatior   391

Astragalus sinicus   567

Atractylodes lancea   198

Atriplex patens   198, 211

Avena fatua   399

Avena sativa   521

B

Bambusoideae   396

Benincasa hispida   467

Beta vulgaris   198

Betula   453

Betula dahurica   446

Betula platyphylla   446

Bidens tripartita   177

Boehmeria nivea   391

Bombax malabaricum   383

Brassica campestris   190

Brassica oleracea   522

Brassica pekinensis   190, 202, 261, 314, 431, 522, 567, 581

Bromus inermis   202

Bromus japonicus 319

Broussonetia papyrifera 450

Buddleja 242

C

Caesalpinia decapetala 621

Cajanus 306

Calopogonium mucunoides 398

Calystegia sepium 402

Camellia oleifera 416

Camellia sinensis 232

Campylotropis delavayi 412

Canarium album 465

Cannabis sativa 167

Capsella bursa-pastoris 348

Capsicum annuum 278

Castanea mollissima 2, 273, 424, 526, 560, 621, 626, 640, 660

Castanea seguinii 640

Castanopsis sclerophylla 424

Casuarina equisetifolia 395

Catalpa bungei 556

Catalpa ovata 587

Cayratia japonica 348

Celastrus orbiculatus 426

Celosia argentea 335

Celosia cristata 348

Cerastium arvense 349

Cerasus pseudocerasus 526

Cercis chinensis 470

Chaenomeles 240

Chaenomeles sinensis 526

Chaenomeles speciosa 616

Chelonopsis pseudobracteata 198

Chenopodium album 167

Chenopodium ambrosioides 409

Cinnamomum camphora 232

Citrullus lanatus 278

Citrus reticulata 381

Clerodendrum cyrtophyllum 519

Cnesmone 606

Coffea 470

Commelina communis 635

Conyza canadensis 345, 348

Corchorus aestuans 391

Corchorus capsularis 170, 359

Corylus heterophylla 654

Cosmos bipinnata 635

Crataegus 240

Crataegus pinnatifida 522

Cucumis sativus 261

Cucurbita moschata 278

Cunninghamia lanceolata 586

Cyclobalanopsis glauca 585

Cyclosorus interruptus 378

Cymbopogon citratus 595

Cynanchum auriculatum 345

D

Dalbergia hupeana 345

Daphne genkwa 522

Datura 306

Daucus carota 167

Dendranthema morifolium 436

Desmodium caudatum 391

Digitaria sanguinalis 169

Dimocarpus longan 626

Dioscorea esculenta 208

Diospyros kaki 424

E

Echinochloa 562

Echinochloa caudata 521

Echinochloa crusgalli 541, 562

Echinochloa phyllopogon 319

Elaeagnus angustifolia 515

Eleusine indica   169

Elymus dahuricus   202

Empetrum   216

Epilobium hirsutum   590

Erigeron annuus   348

Eriobotrya japonica   626

Eriochloa villosa   351

Eulalia speciosa   606

Evodia glabrifolia   305

F

Fagopyrum esculentum   167

Ficus carica   539

Firmiana platanifolia   548

Foeniculum vulgare   177

Fragaria ananassa   216

G

Galium aparine var. *tenerum*   349

Gelsemium elegans   620

Geranium wilfordii   434

Gleditsia   173

Glochidion   627

Glochidion puberum   424

Glycine max   166, 278

Gnaphalium affine   348

Gossypium hirsutum   1

Grewia biloba   635

H

Helianthus annuus   167

Hemerocallis citrina   522

Hibiscus   306

Hibiscus cannabinus   167

Hibiscus mutabilis   383

Hibiscus syriacus   215

Hieracium   216

Hordeum vulgare   202

Hordeum vulgare var. *nudum*   200

Humulus scandens   228

I

Idesia polycarpa   627

Illicium verum   626

Imperata cylindrica   522, 604

Imperata koenigii   570

Indigofera tinctoria   621

Ipomoea batatas   398

Ixeris polycephala   228

J

Juglans mandshurica   558

Juglans regia   618

K

Kadsura interior   405, 618

Kalimeris indica   349

Kerria   240

Keteleeria evelyniana   443

L

Lablab purpureus   278, 470, 471, 539, 581, 611, 619

Lagenaria   306

Lagerstroemia indica   414

Leersia japonica   522

Leonurus artemisia   459

Lespedeza bicolor   207

Lespedeza formosa   360

Leymus chinensis   521

Leymus secalinus   202

Ligustrum lucidum   587

Lindera communis   241

Linum usitatissimum   198

Liquidambar formosana   411

Litchi chinensis   637

Litsea　423, 633

Litsea glutinosa　423

Litsea monopetala　423

Litsea pungens　633

Luffa cylindrica　398

Lycium chinense　548

Lycopersicon esculentum　278

M

Macaranga tanarius　624

Mallotus paniculatus　378

Malus　240

Malus asiatica　526

Malus pumila　2

Malva　431

Malva verticillata　348

Mangifera indica　613

Medicago sativa　164

Melia azedarach　551

Melilotus officinalis　166

Mentha haplocalyx　208

Metaplexis japonica　345

Michelia alba　616

Millettia reticulata　398

Miscanthus floridulus　602, 606

Momordica charantia　473

Monochoria vaginalis　349

Morus alba　395

Musa nana　645

Myrica rubra　522

N

Nicotiana　306

Nicotiana tabacum　156

O

Ononis　306

Oryza rufipogon　521

Oryza sativa　1, 190, 595

P

Panicum miliaceum　319

Paspalum thunbergii　608

Passiflora　306

Paulownia fortunei　156

Perilla frutescens　539

Petasites japonicus　411

Phaseolus coccineus　471, 581

Phaseolus vulgaris　166, 470

Photinia benthamiana　423

Photinia davidsoniae　618

Phragmites australis　167

Phyllostachys edulis　323

Phytolacca acinosa　402

Picris divaricata　522

Pinus　354, 414

Pinus armandii　446

Pinus densiflora　403

Pinus massoniana　354

Pinus tabuliformis　482

Pinus yunnanensis　446

Piper　640

Piper nigrum　640

Pisum sativum　166

Platanus orientalis　459

Platycladus orientalis　635

Platycodon grandiflorus　521

Polygonum　177, 555

Polygonum aviculare　348

Polygonum hydropiper　349

Polygonum lapathifolium　349

Polygonum runcinatum　615

Populus　166

Populus alba var. *pyramidalis*　232

Populus davidiana　446

Populus euphratica　238

Populus nigra var. *italica*　232

Populus tomentosa　232, 237, 526

Potentilla fragarioides　412

Prunella vulgaris　198

Prunus　240

Psidium guajava　624

Psychotria　423, 627

Pterocarya stenoptera　526

Punica granatum　522

Pyracantha fortuneana　564

Pyrus　2, 230

Q

Quercus　395, 619

Quercus acutissima　244

Quercus dentata　244

Quercus fabri　424, 640

Quercus variabilis　660

R

Raphanus sativus　190

Rhamnus crenata　335

Rhaphiolepis indica　556

Rheum　343

Rhododendron simsii　624

Rhus chinensis　405

Ribes burejense　558

Ricinus communis　167, 278

Robinia pseudoacacia　308

Rosa multiflora　402

Rosa roxburghii　635

Rosa rubus　412

Rubus corchorifolius　421

Rubus parvifolius　522

Rumex　343

Rumex acetosa　158

Rumex japonicus　625

S

Sabina chinensis　443

Saccharum officinarum　381

Salix　219

Salix babylonica　166, 232

Salix cheilophila　232

Salix matsudana var. *tortuosa*　237

Salsola collina　198

Santalum album　615

Sapium sebiferum　640

Schima superba　627

Scorzonera austriaca　430

Secale cereale　202

Sesamum indicum　156

Setaria　202, 319, 348

Setaria italica　202

Setaria italica var. *germanica*　319

Setaria viridis　348

Smilax china　424

Solanum　306

Solanum melongena　278

Solanum tuberosum　166

Sophora japonica　424

Sorghum bicolor　167

Sorghum sudanense　202

Spinacia oleracea　190, 198, 211

Spiraea salicifolia　587

Stephania japonica　345

T

Taraxacum kok-saghyz　431

Taraxacum mongolicum　430

Theobroma　306

Thesium chinense　461

Torilis scabra　335

Toxicodendron vernicifluum　551

Triarrhena sacchariflora　319

Trifolium　216

Trifolium repens　198

Tripolium vulgare　430

Triticum　230

Triticum aestivum　1

U

Ulmus　235

Ulmus pumila　167, 219

V

Vernicia fordii　519

Veronica didyma　348

Vicia faba　278, 398, 399, 402, 421, 422, 434, 436, 521, 560

Vigna radiata　375

Vigna unguiculata　261

Vitex negundo　421

Vitex negundo var. *heterophylla*　362

Vitis vinifera　558

W

Wrightia　423

X

Xanthium sibiricum　198

Xylosma racemosum　452

Z

Zanthoxylum bungeanum　345

Zea mays　167

Zizania latifolia　608

Ziziphus jujuba　177

图　　版

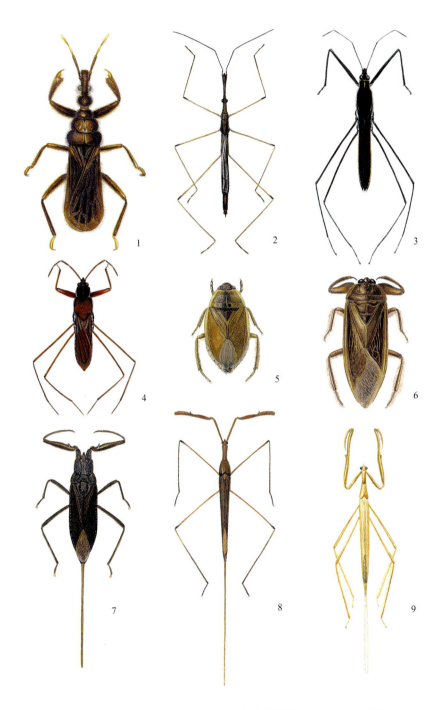

1. 褐沟背奇蝽 *Oncylocotis shirozui* Miyamoto, 1965；2. 白纹原尺蝽 *Hydrometra albllineata* (Scott, 1874)；
3. 长翅大黾蝽 *Aquarius elongatus* (Uhler, 1879)；4. 圆臀大黾蝽 *Aquarius paludum* (Fabricius, 1794)；
5. 褐负蝽 *Diplonychus rusticus* (Fabricius, 1776)；6. 大渤负蝽 *Lethocerus* (*Lethocerus*) *deyrolli* (Vuillefroy,
1864)；7. 日本壮蝎蝽 *Laccotrephes japonensis* Scott, 1874；8. 中华螳蝎蝽 *Ranatra chinensis* Mayr, 1865；
9. 一色螳蝎蝽 *Ranatra unicolor* Scott, 1874

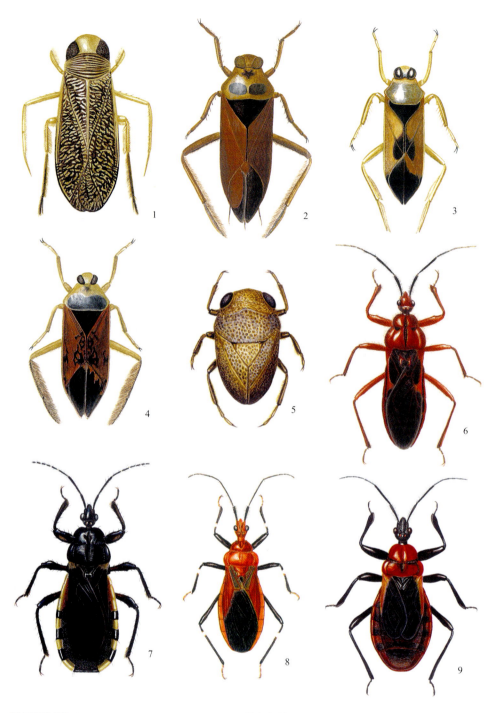

1. 钟迁烁划蝽 *Sigara bellula* (Horváth, 1897)；2. 普小仰蝽 *Anisops ogasawarensis* Matsumura, 1915；
3. 中华大仰蝽 *Notonecta chinensis* Fallou, 1887；4. 碎斑大仰蝽 *Notonecta montandoni* Kirkaldy, 1897；
5. 毛邻固蝽 *Paraplea indistinguenda* (Matsumura, 1905)；6. 亮钳猎蝽 *Labidocoris pectoralis* (Stål, 1963)；
7. 黑盾猎蝽 *Ectrychotes andreae* (Thunberg, 1784)；8. 华斯猎蝽 *Scadra sinica* Shi et Cai, 1997；9. 异赤
猎蝽 *Haematoloecha limbata* Miller, 1954

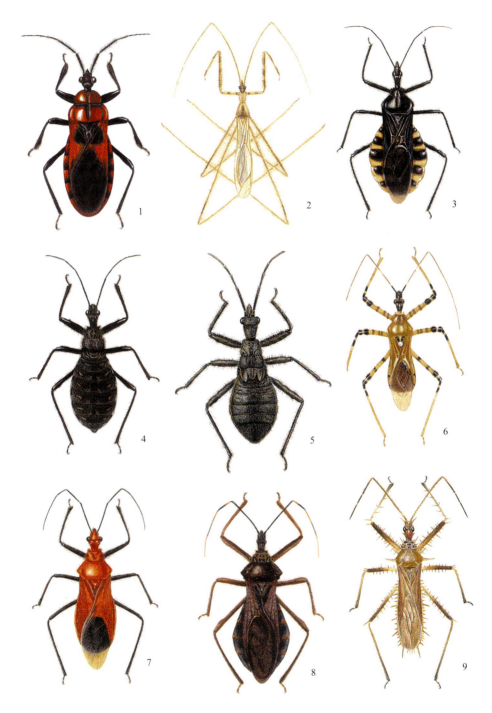

1. 黑红赤猎蝽 *Haematoloecha nigrorufa* (Stål, 1867)；2. 广大蚊猎蝽 *Myiophanes tipulina* Reuter, 1881；
3. 多氏田猎蝽 *Agriosphodrus dohrni* (Signoret, 1862)；4. 大土猎蝽 *Coranus dilatatus* (Matsumura, 1913)；
5. 中黑土猎蝽 *Coranus lativentris* Jakovlev, 1890；6. 环勺猎蝽 *Cosmolestes annulipes* Distant, 1879；7. 艳
红猎蝽 *Cydnocoris russatus* Stål, 1866；8. 褐菱猎蝽 *Isyndus obscurus* (Dallas, 1850)；9. 棘猎蝽 *Polididus
armatissimus* Stål, 1859

1. 独环瑞猎蝽 *Rhynocoris altaicus* Kiritshenko, 1926；2. 云斑瑞猎蝽 *Rhynocoris incertis* (Distant 1903)；
3. 红彩瑞猎蝽 *Rhynocoris fuscipes* (Fabricius, 1787)；4. 黄缘瑞猎蝽 *Rhynocoris marginellus* (Fabricius, 1803)；5. 轮刺猎蝽 *Scipinia horrida* (Stål, 1859)；6. 红缘猛猎蝽 *Sphedanolestes gularis* Hsiao, 1979；7. 环斑猛猎蝽 *Sphedanolestes impressicollis* (Stål, 1861)；8. 斑缘猛猎蝽 *Sphedanolestes subtilis* (Jakovlev, 1893)；9. 黑脂猎蝽 *Velinus nodipes* (Uhler, 1860)

1. 淡裙猎蝽 *Yolinus albopustulatus* China, 1940；2. 黄纹盗猎蝽 *Peirates atromaculatus* (Stål, 1870)；3. 日月盗猎蝽 *Peirates arcuatus* (Stål, 1870)；4. 茶褐盗猎蝽 *Peirates fulvescens* Lindberg, 1939；5. 乌黑盗猎蝽 *Peirates turpis* Walker, 1873；6. 黄足直头猎蝽 *Sirthenea flavipes* (Stål, 1855)；7. 华螳瘤猎蝽 *Cnizocoris sinensis* Kormilev, 1957 雄虫；8. 华螳瘤猎蝽 *Cnizocoris sinensis* Kormilev, 1957 雌虫；9. 褐锥绒猎蝽 *Opistoplatys mustela* Miller, 1954

图版 VI

1. 瓦绒猎蝽 *Tribelocephala walkeri* China, 1940; 2. 萧氏蕨盲蝽 *Bryocoris hsiaoi* Zheng et Liu, 1992; 3. 苜蓿盲蝽 *Adelphocoris lineolatus* (Geoze, 1778); 4. 黑唇苜蓿盲蝽 *Adelphocoris nigritylus* Hsiao, 1962; 5. 淡须苜蓿盲蝽 *Adelphocoris reicheli* (Fieber,1836); 6. 棒角拟厚盲蝽 *Eurystylopsis clavicornis* (Jakovlev, 1890); 7. 眼斑厚盲蝽 *Eurystylus coelestialium* (Kirkalely, 1902); 8. 斑草盲蝽 *Lygus punctatus* (Zetterstedt, 1838); 9. 长植盲蝽 *Phytocoris longipennis* Flor, 1861

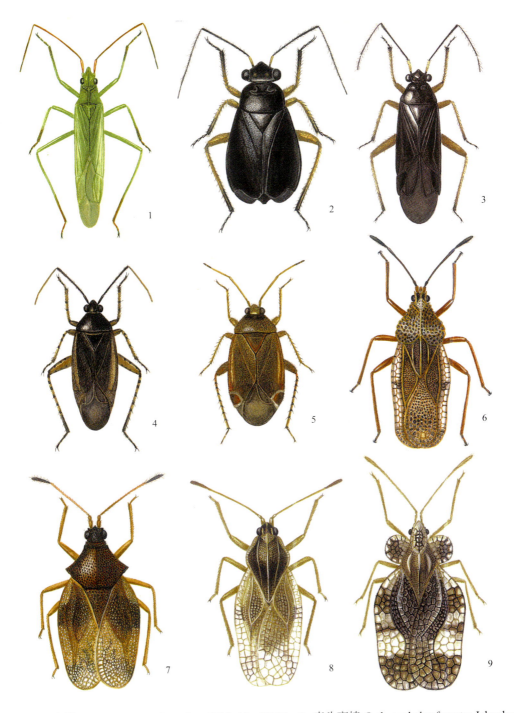

1. 条赤须盲蝽 *Trigonotylus coelestialium* (Kirkaldy, 1902)；2. 直头盲蝽 *Orthocephalus funestus* Jakovlev, 1887 雌虫；3. 直头盲蝽 *Orthocephalus funestus* Jakovlev, 1887　雄虫；4. 远东斜唇盲蝽 *Plagiognathus collaris* (Matsumura, 1911)；5. 苹果杂盲蝽 *Psallus mali* Zheng et Li, 1990；6. 满负板网蝽 *Cysteochila ponda* Drake, 1937；7. 角菱背网蝽 *Eteoneus angulatus* Drake et Maa, 1953；8. 杨柳网蝽 *Metasalis populi* (Takeya, 1932)；9. 梨冠网蝽 *Stephanitis* (*Stephanitis*) *nashi* Esaki et Takeya, 1931

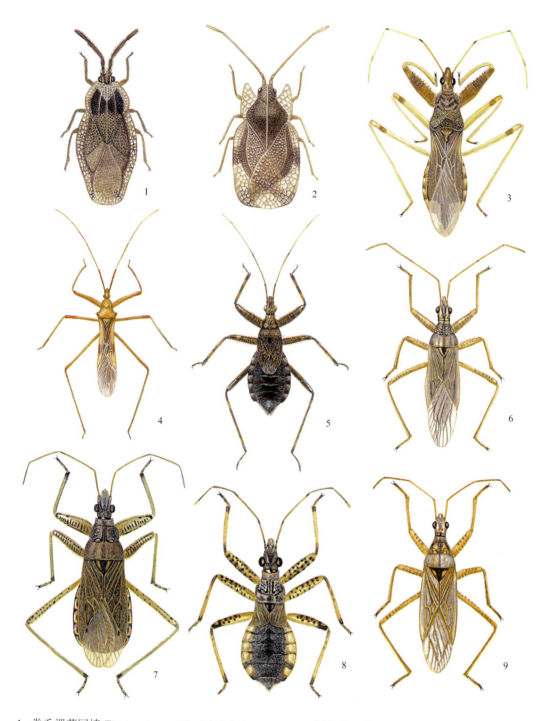

1. 卷毛裸菊网蝽 *Tingis crispata* (Herrich-Schäfer, 1838)；2. 褐角肩网蝽 *Uhlerites debilis* (Uhler, 1896)；
3. 山高姬蝽 *Gorpis* (*Oronabis*) *brevilineatus* (Scott, 1874)；4. 角肩高姬蝽 *Gorpis* (*Gorpis*) *humeralis*
(Distant, 1904)；5. 泛希姬蝽 *Himacerus* (*Himacerus*) *apterus* (Fabricius, 1798)；6. 北姬蝽 *Nabis* (*Milu*)
reuteri Jakovlev, 1876；7. 波姬蝽 *Nabis* (*Milu*) *potanini* Bianchi, 1896；8. 小翅姬蝽 *Nabis* (*Milu*) *apicalis*
Matsumura, 1913；9. 原姬蝽 *Nabis* (*Nabis*) *ferus* (Linnaeus, 1758)

1. 华姬蝽 *Nabis (Nabis) sinoferus* Hsiao, 1964；2. 暗色姬蝽 *Nabis (Nabis) stenoferus* Hsiao, 1964；3. 类原姬蝽亚洲亚种 *Nabis (Nabis) punctatus mimoferus* Hsiao, 1946；4. 角带花姬蝽 *Prostemma hilgendorffi* Stein, 1878；5. 黄翅花姬蝽 *Prostemma kiborti* Jakovlev, 1889；6. 黑头光姬蝽 *Rhamphocoris hasegawai* (Ishihara, 1943)；7. 温带臭虫 *Cimex lectularius* Linnaeus, 1758；8. 黑脊扁蝽 *Neuroctenus ater* (Jakovlev, 1878)；9. 娇背跷蝽 *Metacanthus pulchellus* (Dallas, 1852)

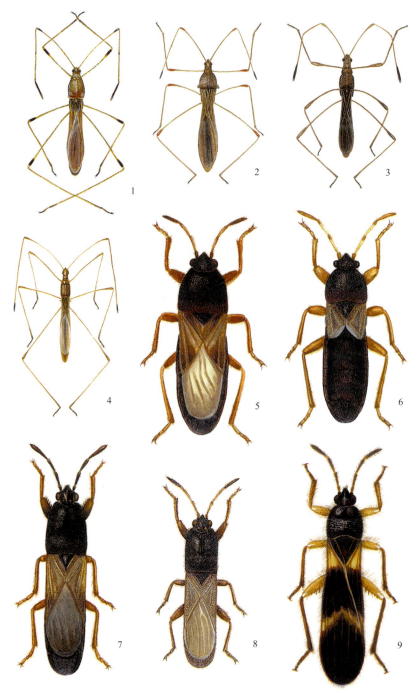

1. 光肩跷蝽 *Metatropis brevirostris* Hsiao, 1974；2. 齿肩跷蝽 *Metatropis denticollis* Lindberg, 1934；3. 圆肩跷蝽 *Metatropis longirostris* Hsiao, 1974；4. 锤胁跷蝽 *Yemma signatus* (Hsiao, 1974)；5. 高粱狭长蝽 *Dimorphopterus spinolae* (Signoret, 1857) 长翅型雌虫；6. 高粱狭长蝽 *Dimorphopterus spinolae* (Signoret, 1857) 短翅型雌虫；7. 高粱狭长蝽 *Dimorphopterus spinolae* (Signoret, 1857) 雄虫；8. 中华巨股长蝽 *Macropes harrringtonae* Slater, Ashlock et Wilcox, 1969；9. 竹后刺长蝽 *Pirkimerus japonicus* (Hidaka, 1961)

1. 黄足蔺长蝽 *Ninomimus flavipes* (Matsumura, 1913); 2. 大眼长蝽 *Geocoris pallidipennis* (Costa, 1843);
3. 宽大眼长蝽 *Geocoris varius* (Uhler, 1860); 4. 台裂腹长蝽 *Nerthus taivanicus* (Bergroth, 1914); 5. 黑
头柄眼长蝽 *Aethalotus nigriventris* Horváth, 1914; 6. 韦肿腮长蝽 *Arocatus melanostoma* Scott, 1874;
7. 红长蝽 *Lygaeus dohertyi* Distant, 1904; 8. 横带红长蝽 *Lygaeus equestris* (Linnaeus, 1758); 9. 角红长
蝽 *Lygaeus hanseni* Jakovlev, 1883

图版 XII

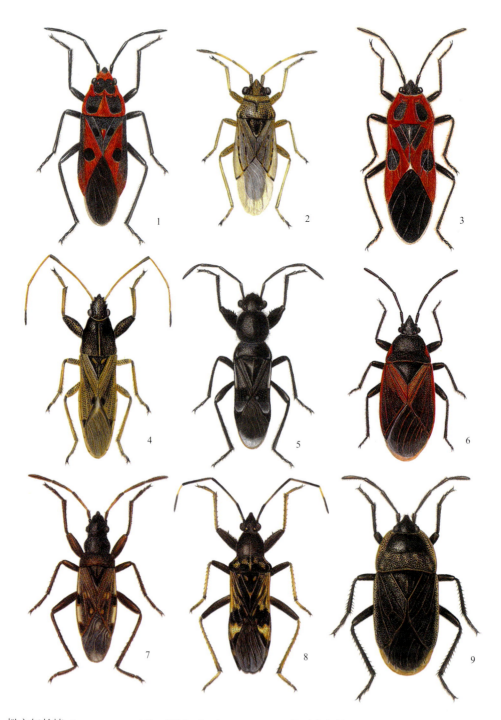

1. 拟方红长蝽 *Lygaeus oreophilus* (Kiritschenko, 1931); 2. 谷子小长蝽 *Nysius ericae* (Schilling, 1829);
3. 斑脊长蝽 *Tropidothorax cruciger* (Motschulsky, 1860); 4. 长须梭长蝽 *Pachygrontha antennata* (Uhler, 1860); 5. 白边球胸长蝽 *Caridops albomarginatus* (Scott, 1874); 6. 中国松果长蝽 *Gastrodes chinensis* Zheng, 1981; 7. 褐刺胫长蝽 *Horridipamera inconspicua* (Dallas, 1852); 8. 短翅迅足长蝽 *Metochus abbreviatus* (Scott, 1874); 9. 宽地长蝽 *Naphiellus irroratus* (Jakovlev, 1889)

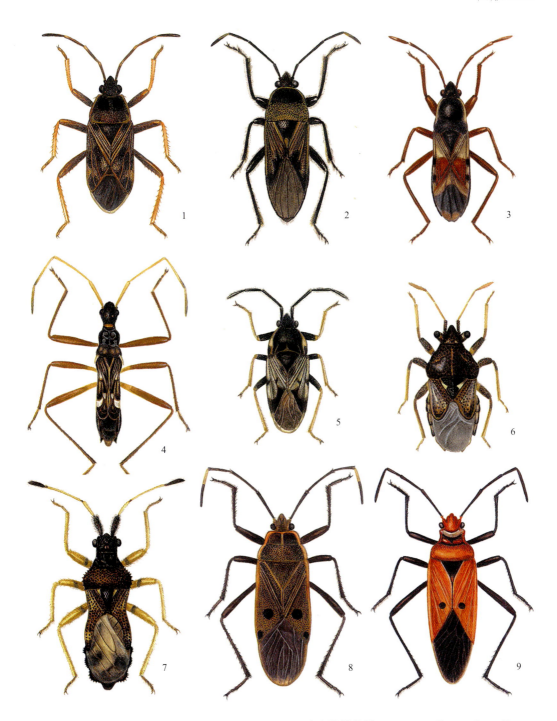

1. 东亚毛肩长蝽 *Neolethaeus dallasi* (Scott, 1874)；2. 白斑狭地长蝽 *Panaorus albomaculatus* (Scott, 1874)；3. 褐斑点列长蝽 *Paradieuches dissimilis* (Distant, 1883)；4. 刺胸长蝽 *Paraporta megaspina* Zheng, 1981；5. 中国斑长蝽 *Scolopostethus chinensis* Zheng, 1981；6. 豆突眼长蝽 *Chauliops fallax* Scott, 1874；7. 中国束长蝽 *Malcus sinicus* Štys, 1967；8. 四斑红蝽 *Physopelta quadriguttata* Bergroth, 1894；9. 离斑棉红蝽 *Dysdercus cingulatus* (Fabricius, 1775)

1. 先地红蝽 *Pyrrhocoris sibiricus* Kuschakewitsch, 1866；2. 曲缘红蝽 *Pyrrhocoris sinuaticollis* Reuter, 1885；3. 直红蝽 *Pyrrhopeplus carduelis* (Stål, 1863)；4. 亚蛛缘蝽 *Alydus zichyi* Horváth, 1901；5. 异稻缘蝽 *Leptocorisa acuta* (Thunberg, 1783)；6. 黑长缘蝽 *Megalotomus junceus* (Scopoli, 1763)；7. 条蜂缘蝽 *Riptortus linearis* (Fabricius, 1775)；8. 点蜂缘蝽 *Riptortus pedestris* (Fabricius, 1775)；9. 瘤缘蝽 *Acanthocoris scaber* (Linnaeus, 1763)

1. 斑背安缘蝽 *Anoplocnemis binotata* Distant, 1918；2. 红背安缘蝽 *Anoplocnemis phasianus* (Fabricius, 1781)；3. 禾棘缘蝽 *Cletus graminis* Hsiao et Cheng, 1964；4. 短肩棘缘蝽 *Cletus pugnator* Fabricius, 1803；5. 稻棘缘蝽 *Cletus punctiger* Dallas, 1852；6. 稻棘缘蝽 *Cletus punctiger* Dallas, 1852；7. 长肩棘缘蝽 *Cletus trigonus* (Thunberg, 1783)；8. 波原缘蝽 *Coreus potanini* Jakovlev, 1890；9. 褐奇缘蝽 *Derepteryx fuliginosa* (Uhler, 1860)

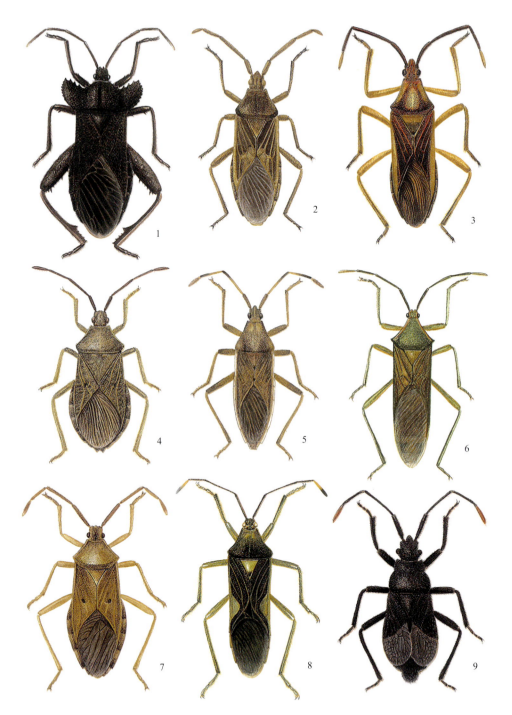

1. 月肩奇缘蝽 *Derepteryx lunata* (Distant, 1900)；2. 扁角岗缘蝽 *Gonocerus lictor* Horváth, 1879；3. 长角岗缘蝽 *Gonocerus longicornis* Hsiao, 1964；4. 广腹同缘蝽 *Homoeocerus dilatatus* Horváth, 1879；

5. 锡兰同缘蝽 *Homoeocerus cingalensis* (Stål, 1860)；6. 纹须同缘蝽 *Homoeocerus striicornis* Scott, 1874；7. 一点同缘蝽 *Homoeocerus unipunctatus* (Thunberg, 1783)；8. 瓦同缘蝽 *Homoeocerus walkerianus* Lethierry et Severin, 1894；9. 暗黑缘蝽 *Hygia opaca* (Uhler, 1860)

1. 环胫黑缘蝽 *Hygia lativentris* (Motschulsky, 1866); 2. 闽曼缘蝽 *Manocoreus vulgaris* Hsiao, 1964;
3. 黄胫侎缘蝽 *Mictis serina* Dallas, 1852 雌虫; 4. 黄胫侎缘蝽 *Mictis serina* Dallas, 1852 雌虫; 5. 曲
胫侎缘蝽 *Mictis tenebrosa* Fabricius, 1787; 6. 波赭缘蝽 *Ochrochira potanini* (Kiritshenko, 1916); 7、8.
钝肩普缘蝽 *Plinachtus bicoloripes* Scott, 1874; 9. 满辟缘蝽 *Derepteryx mandarina* (Distant, 1900)

1. 大棒缘蝽 *Clavigralla tuberosus* Hsiao, 1964；2. 颗缘蝽 *Coriomeris scabricornis* (Panzer, 1809)；3. 亚姬缘蝽 *Corizus tetraspilus* Horváth, 1917；4. 粟缘蝽 *Liorhyssus hyalinus* (Fabricius, 1794)；5. 黄边迷缘蝽 *Myrmus lateralis* Hsiao, 1964；6. 点伊缘蝽 *Rhopalus latus* (Jakovlev, 1882)；7. 黄伊缘蝽 *Rhopalus maculatus* (Fieber, 1836)；8. 褐伊缘蝽 *Rhopalus sapporensis* (Matsumura, 1905)；9. 开环缘蝽 *Stictopleurus minutus* Blöte, 1934

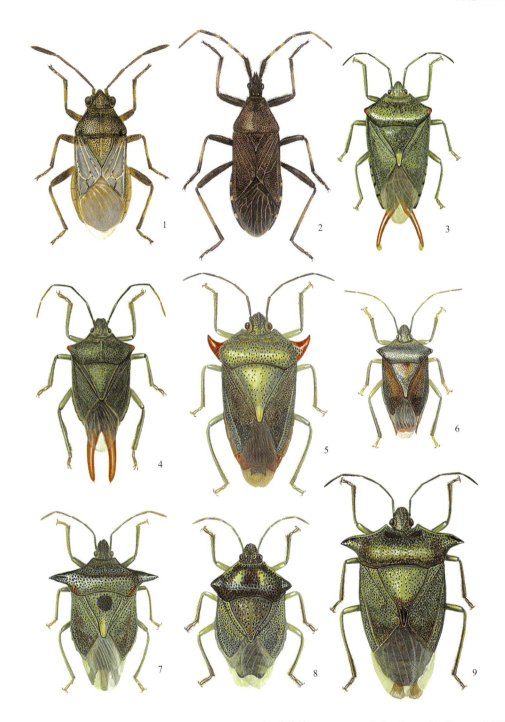

1. 绿环缘蝽 *Stictopleurus subviridis* Hsiao, 1977；2. 长毛狭蝽 *Dicranocephalus femoralis* (Reuter, 1888)；
3. 细铗同蝽 *Acanthosoma forficula* Jakovlev, 1880；4. 宽铗同蝽 *Acanthosoma labiduroides* Jakovlev, 1880；
5. 黑背同蝽 *Acanthosoma nigrodorsum* Hsiao et Liu, 1977；6. 宽肩直同蝽 *Elasmostethus humeralis*
Jakovlev, 1883；7. 匙同蝽 *Elasmucha ferrugata* (Fabricius, 1787)；8. 光腹匙同蝽 *Elasmucha laeviventris*
Liu, 1979；9. 绿板同蝽 *Lindbergicoris hochii* (Yang, 1933)

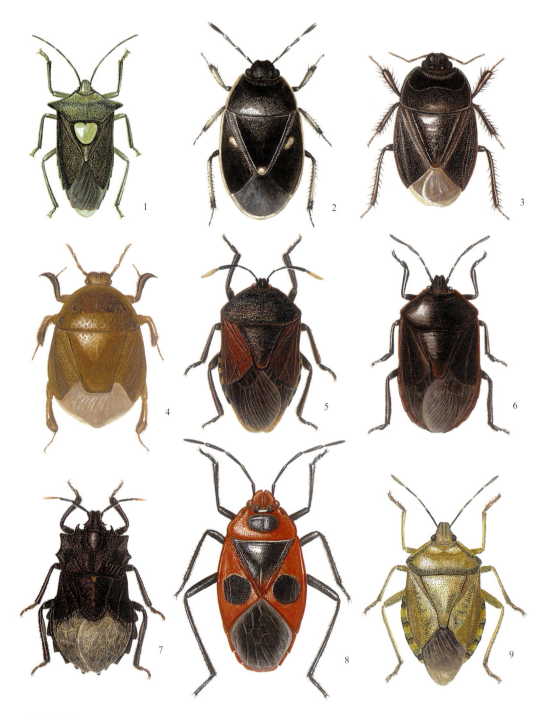

1. 伊锥同蝽 *Sastragala esakii* Hasegawa, 1959；2. 三点哎土蝽 *Adomerus triguttulus* (Motschulsky, 1866)；3. 青革土蝽 *Macroscytus subaeneus* (Dallas, 1851)；4. 根土蝽 *Schiodtella formosanus* (Takano et Yanagihara, 1939)；5. 九香蝽 *Coridius chinensis* (Dallas, 1851)；6. 大皱蝽 *Cyclopelta obscura* (Lepeletier et Serville, 1828)；7. 细角瓜蝽 *Megymenum gracilicorne* Dallas, 1851；8. 日本朱蝽 *Parastrachia japonensis* (Scott, 1880)；9. 蠋蝽 *Arma chinensis* Fallou, 1881

1. 峨眉瘤蝽 *Cazira emeia* Zhang et Lin, 1982；2. 峰瘤蝽 *Cazira horvathi* Breddin, 1903；3. 无刺瘤蝽
Cazira inerma Yang, 1935；4. 喙蝽 *Dinorhynchus dybowskyi* Jakovlev, 1876；5. 厉蝽 *Eocanthecona concinna* (Walker, 1867)；6. 黑厉蝽 *Eocanthecona thomsoni* (Distant, 1911)；7. 益蝽 *Picromerus lewisi* Scott, 1874；8. 并蝽 *Pinthaeus humeralis* Horváth, 1911；9. 蓝蝽 *Zicrona caerulae* (Linnaeus, 1758)

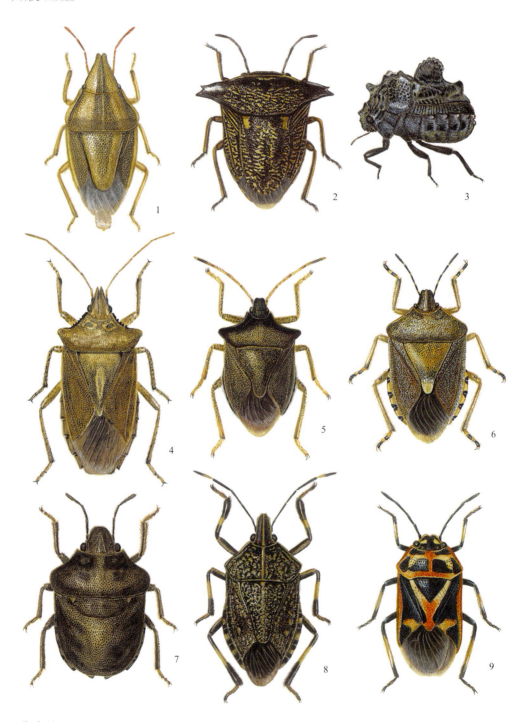

1. 华麦蝽 *Aelia fieberi* Scott, 1874；2. 日本羚蝽 *Alcimocoris japonensis* (Scott, 1880)；3. 驼蝽 *Brachycerocoris camelus* Costa, 1863；4. 薄蝽 *Brachymna tenuis* Stål, 1861；5. 凹肩辉蝽 *Carbula sinica* Hsiao et Cheng, 1977；6. 斑须蝽 *Dolycoris baccarum* (Linnaeus, 1758)；7. 滴蝽 *Dybowskyia reticulata* (Dallas, 1851)；8. 麻皮蝽 *Erthesina fullo* (Thunberg, 1783)；9. 横纹菜蝽 *Eurydema gebleri* Kolenati, 1846

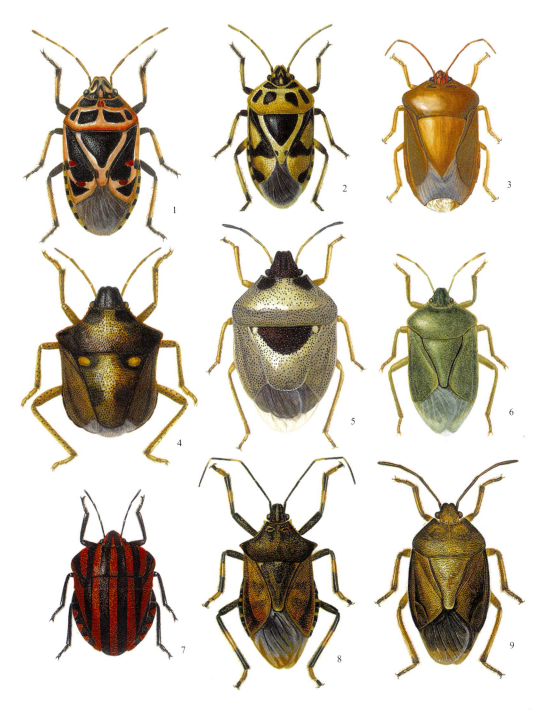

1. 新疆菜蝽 *Eurydema ornata* (Linnaeus, 1758)；2. 云南菜蝽 *Eurydema pulchra* (Westwood, 1837)；3. 黄蝽 *Eurysaspis flavescens* Distant, 1911；4. 二星蝽 *Eysarcoris guttigerus* (Thunberg, 1783)；5. 瘤二星蝽 *Eysarcoris gibbosus* Jakovlev, 1904；6. 青蝽 *Glaucias dorsalis* (Dohrn, 1860)；7. 赤条蝽 *Graphosoma rubrolineatum* (Westwood, 1837)；8. 茶翅蝽 *Halyomorpha halys* (Stål, 1855)；9. 卵圆蝽 *Hippotiscus dorsalis* (Stål, 1870)

1. 全蝽 *Homalogonia obtusa* (Walker, 1868)；2. 玉蝽 *Hoplistodera fergussoni* Distant, 1911；3. 广蝽 *Laprius varicornis* (Dallas, 1851)；4. 弯角蝽 *Lelia decempunctata* (Motschulsky, 1860)；5. 宽曼蝽 *Menida lata* Yang, 1934；6. 稻绿蝽 *Nezara viridula* (Linnaeus, 1758)；7. 宽碧蝽 *Palomena viridissima* (Poda, 1761)；8. 红足真蝽 *Pentatoma rufipes* (Linnaeus, 1758)；9. 褐真蝽 *Pentatoma semiannulata* (Motschulsky, 1860)

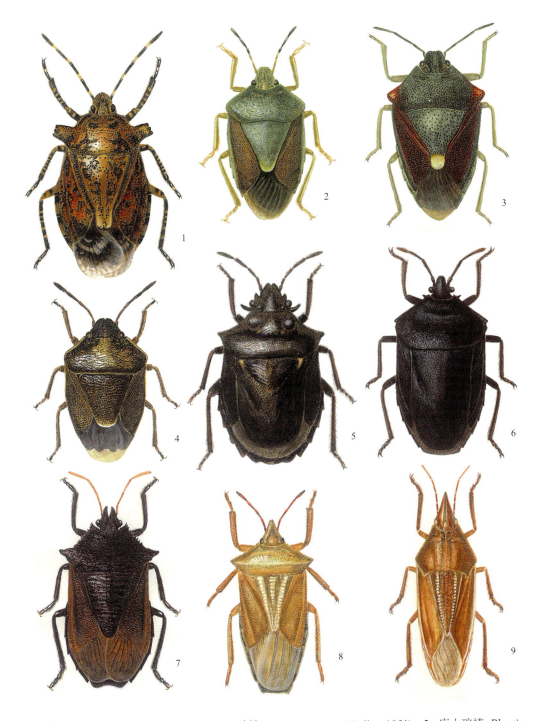

1. 斑莽蝽 *Placosternum urus* Stål, 1876; 2. 珀蝽 *Plautia crossota* (Dallas, 1851); 3. 庐山珀蝽 *Plautia lushanica* Yang, 1934; 4. 珠蝽 *Rubiconia intermedia* (Wolff, 1811); 5. 弯刺黑蝽 *Scotinophara horvathi* Distant, 1883; 6. 稻黑蝽 *Scotinophara lurida* (Burmeister, 1834); 7. 剪蝽 *Diplorhinus furcatus* (Westwood, 1837); 8. 谷蝽 *Gonopsis affinis* (Uhler, 1860); 9. 梭蝽 *Megarrhamphus hastatus* (Fabricius, 1803)

1. 双列圆龟蝽 *Coptosoma bifarium* Montandon, 1897; 2. 双痣圆龟蝽 *Coptosoma biguttulum* Motschulsky, 1859; 3. 浙江圆龟蝽 *Coptosoma chekianum* Yang, 1934; 4. 达圆龟蝽 *Coptosoma davidi* Montandon, 1897; 5. 高山圆龟蝽 *Coptosoma montana* Hsiao et Ren, 1977; 6. 孟达圆龟蝽 *Coptosoma mundum* Bergroth, 1893; 7. 小黑圆龟蝽 *Coptosoma nigrellum* Hsiao et Ren, 1977; 8. 显著圆龟蝽 *Coptosoma notabile* Montandon, 1894; 9. 小饰圆龟蝽 *Coptosoma parvipictum* Montandon, 1892; 10. 子都圆龟蝽 *Coptosoma pulchellum* Montandon, 1894; 11. 类变圆龟蝽 *Coptosoma simillimum* Hsiao et Ren, 1977; 12. 多变圆龟蝽 *Coptosoma variegatum* (Herrich-Schäffer, 1839)

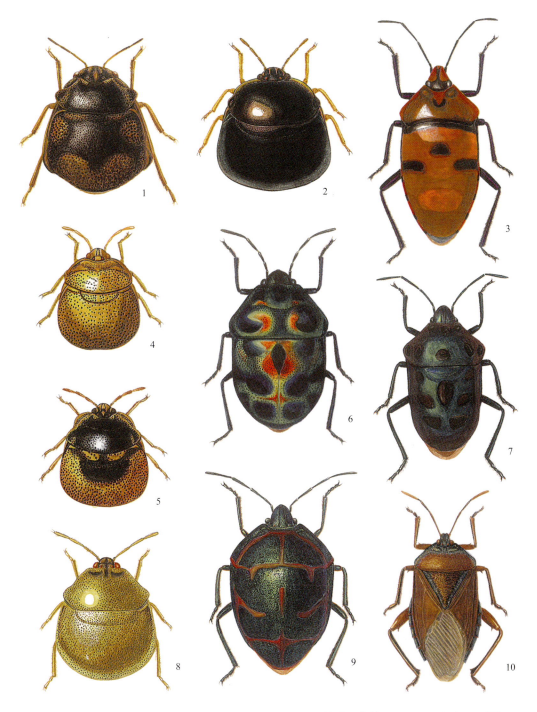

1. 双峰豆龟蝽 *Megacopta bituminata* (Mondandon, 1897)；2. 镶边豆龟蝽 *Megacopta fimbriata* (Distant, 1887)；3. 丽盾蝽 *Chrysocoris grandis* (Thunberg, 1783)；4. 筛豆龟蝽 *Megacopta cribraria* (Fabricius, 1798)；5. 狄豆龟蝽 *Megacopta distanti* (Montandon, 1893)；6. 亮盾蝽 *Lamprocoris roylii* (Westwood, 1837)；7. 紫蓝丽盾蝽 *Chrysocoris stollii* (Wolff, 1801)；8. 和豆龟蝽 *Megacopta horvathi* (Montandon, 1894)；9. 金绿宽盾蝽 *Poecilocoris lewisi* (Distant, 1883)；10. 硕蝽 *Eurostus validus* Dallas, 1851

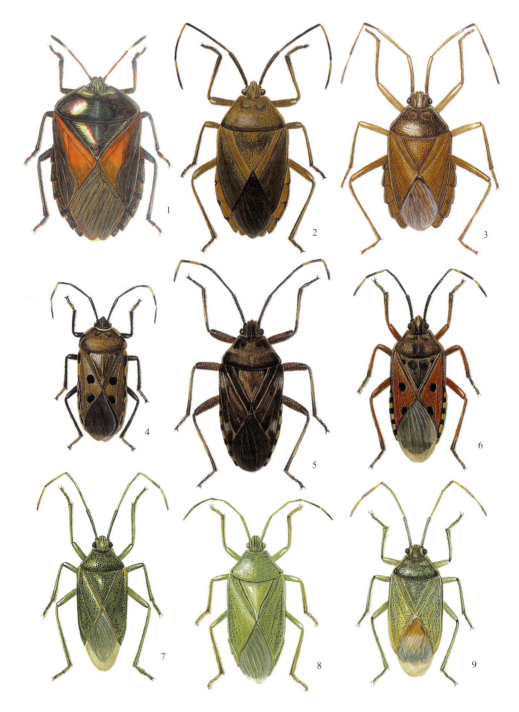

1. 暗绿巨蝽 *Eusthenes saevus* Stål, 1863；2. 光华异蝽 *Tessaromerus licenti* Yang, 1939；3. 宽腹华异蝽 *Tessaromerus tuberlosus* Hsiao et Ching, 1977；4. 亮壮异蝽 *Urochela distincta* Distant, 1900；5. 花壮异蝽 *Urochela luteovaria* Distant, 1881；6. 红足壮异蝽 *Urochela quadrinotata* Reuter, 1881；7. 匙突娇异蝽 *Urostylis striicornis* Scott, 1874；8. 淡娇异蝽 *Urosytlis yangi* Maa, 1947；9. 黑门娇异蝽 *Urostylis westwoodii* Scott, 1874

Q-3712·01

ISBN 978-7-03-047330-1

定价：350.00 元